Full수록
수능기출문제집

수능 준비 최고의 학습 재료는 기출 문제입니다.
지금까지 다져온 실력을 기출 문제를 통해 확인하고, 탄탄히 다져가야 합니다.
진짜 공부는 지금부터 시작입니다.

"Full수록"만 믿고 따라오면
수능 1등급이 내 것이 됩니다!!

" 방대한 기출 문제를 효율적으로 정복하기 위한 구성 "

1 일차별 학습량 제안

하루 학습량 30문제 내외로 기출 문제를 한 달 이내 완성하도록 하였다.
→ 계획적 학습, 학습 진도 파악 가능

2 평가원 기출 경향을 설명이 아닌 문제로 제시

일차별 기출 경향을 문제로 시각적·직관적으로 제시하였다.
→ 기출 경향 및 빈출 유형 한눈에 파악 가능

3 보다 효율적인 문제 배열

문제를 연도별 구성이 아닌 쉬운 개념부터 복합 개념 순으로, 유형별로 제시하였다.
→ 효율적이고 빠른 학습이 가능

일차별 학습 흐름

기출 경향 파악 ➡ 실전 개념 정리 ➡ 기출 문제 정복 ➡ 해설을 통한 약점 보완 을 통해 계획적이고 체계적인 수능 준비가 가능합니다.

1 오늘 공부할 기출 문제의 기출 경향 보기

✓ 빈출 문제, 빈출 유형을 한눈에 파악 가능

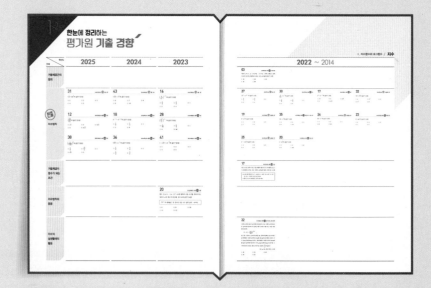

2 기출 문제에서 도출한 실전 개념

✓ 기출 문제를 분석하여 문제 풀이에 필요한 하위 개념까지 완벽하게 제시

✓ 개념을 쉽게 이해하도록 예시 강화

Full수록 기출문제집

Full수록은 Full(가득한)과 수록(담다)의 합성어로 '평가원의 양질의 기출문제'를 교재에 가득 담았음을 의미한다.
또한, 교재 네이밍인 Full수록 발음 시 '풀수록 1등급 달성'과 '풀수록 수능 만점' 등 목표 지향적 의미를 함께 내포하고 있다.

Full수록 기출문제집은 평가원 기출을 가장 잘 분석하여 30일 내 수능기출을 완벽 마스터하도록 구성하였다.

세상이 변해도
배움의 즐거움은
변함없도록

시대는 빠르게 변해도
배움의 즐거움은
변함없어야 하기에

어제의 비상은
남다른 교재부터
결이 다른 콘텐츠
전에 없던 교육 플랫폼까지

변함없는 혁신으로
교육 문화 환경의 새로운 전형을
실현해왔습니다.

비상은 오늘, 다시 한번
새로운 교육 문화 환경을 실현하기 위한
또 하나의 혁신을 시작합니다.

오늘의 내가 어제의 나를 초월하고
오늘의 교육이 어제의 교육을 초월하여
배움의 즐거움을 지속하는 혁신,

바로, 메타인지 기반 완전 학습을.

상상을 실현하는 교육 문화 기업 비상

메타인지 기반 완전 학습
초월을 뜻하는 meta와 생각을 뜻하는 인지가 결합한 메타인지는
자신이 알고 모르는 것을 스스로 구분하고 학습계획을 세우도록 하는
궁극의 학습 능력입니다. 비상의 메타인지 기반 완전 학습 시스템은
잠들어 있는 메타인지를 깨워 공부를 100% 내 것으로 만들도록 합니다.

3 핵심 개념별로 구성한 기출 문제

✓ 유형별 문제 구성을 통해 효율적인 학습 가능

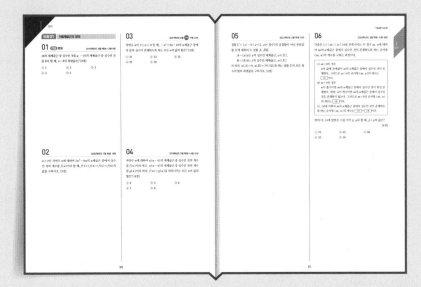

4 단계별로 제시된 해설

✓ 쉽게 이해할 수 있도록 문제 풀이를 단계별로 제시

일차별 학습 계획

제안하는 학습 계획 936제 24일 완성

나의 학습 계획 936제 ( )일 완성

		학습 내용	쪽 수	문항 수	학습 날짜	
I. 지수함수와 로그함수	**1** 일차	지수	006쪽	44제	월	일
	2 일차		022쪽	26제	월	일
	3 일차	로그	030쪽	35제	월	일
	4 일차		043쪽	46제	월	일
	5 일차	지수함수	056쪽	42제	월	일
	6 일차	로그함수	074쪽	37제	월	일
	7 일차		090쪽	31제	월	일
	8 일차	지수방정식과 지수부등식	104쪽	49제	월	일
	9 일차	로그방정식과 로그부등식	124쪽	49제	월	일
	10 일차		142쪽	31제	월	일
II. 삼각함수	**11** 일차	삼각함수와 그 그래프	152쪽	48제	월	일
	12 일차		169쪽	36제	월	일
	13 일차	삼각방정식과 삼각부등식	182쪽	40제	월	일
	14 일차	사인법칙과 코사인법칙	198쪽	45제	월	일

한눈에 정리하는
평가원 기출 경향

주제＼학년도	2025	2024	2023
거듭제곱근의 정의			
빈출 지수법칙			
거듭제곱이 정수가 되는 조건			
지수법칙의 응용			
지수의 실생활에의 활용			

지수법칙

31 — 2025학년도 수능 (홀) 1번

$\sqrt[3]{5} \times 25^{\frac{1}{3}}$의 값은? [2점]

① 1   ② 2   ③ 3
④ 4   ⑤ 5

43 — 2024학년도 수능 (홀) 1번

$\sqrt[3]{24} \times 3^{\frac{2}{3}}$의 값은? [2점]

① 6   ② 7   ③ 8
④ 9   ⑤ 10

16 — 2023학년도 수능 (홀) 1번

$\left(\dfrac{4}{2^{\sqrt{2}}}\right)^{2+\sqrt{2}}$의 값은? [2점]

① $\dfrac{1}{4}$ ② $\dfrac{1}{2}$ ③ 1
④ 2   ⑤ 4

---

12 — 2025학년도 9월 모평 1번

$\dfrac{\sqrt[4]{32}}{\sqrt[8]{4}}$의 값은? [2점]

① $\sqrt{2}$ ② 2   ③ $2\sqrt{2}$
④ 4   ⑤ $4\sqrt{2}$

18 — 2024학년도 9월 모평 1번

$3^{1-\sqrt{5}} \times 3^{1+\sqrt{5}}$의 값은? [2점]

① $\dfrac{1}{9}$ ② $\dfrac{1}{3}$ ③ 1
④ 3   ⑤ 9

28 — 2023학년도 9월 모평 1번

$\left(\dfrac{2^{\sqrt{3}}}{2}\right)^{\sqrt{3}+1}$의 값은? [2점]

① $\dfrac{1}{16}$ ② $\dfrac{1}{4}$ ③ 1
④ 4   ⑤ 16

---

38 — 2025학년도 6월 모평 1번

$\left(\dfrac{5}{\sqrt[3]{25}}\right)^{\frac{3}{2}}$의 값은? [2점]

① $\dfrac{1}{5}$ ② $\dfrac{\sqrt{5}}{5}$ ③ 1
④ $\sqrt{5}$ ⑤ 5

36 — 2024학년도 6월 모평 1번

$\sqrt[3]{27} \times 4^{-\frac{1}{2}}$의 값은? [2점]

① $\dfrac{1}{2}$ ② $\dfrac{3}{4}$ ③ 1
④ $\dfrac{5}{4}$ ⑤ $\dfrac{3}{2}$

41 — 2023학년도 6월 모평 1번

$(-\sqrt{2})^4 \times 8^{-\frac{2}{3}}$의 값은? [2점]

① 1   ② 2   ③ 3
④ 4   ⑤ 5

지수법칙의 응용

20 — 2023학년도 9월 모평 11번

함수 $f(x) = -(x-2)^2 + k$에 대하여 다음 조건을 만족시키는 자연수 n의 개수가 2일 때, 상수 k의 값은? [4점]

> $\sqrt{3}^{f(n)}$의 네제곱근 중 실수인 것을 모두 곱한 값이 -9이다.

① 8   ② 9   ③ 10
④ 11   ⑤ 12

2022 ~ 2014

---

03 2021학년도 6월 모평 가형 12번

자연수 n이 $2 \le n \le 11$일 때, $-n^2+9n-18$의 n제곱근 중에서 음의 실수가 존재하도록 하는 모든 n의 값의 합은? [3점]

① 31   ② 33   ③ 35
④ 37   ⑤ 39

---

27 2022학년도 수능(홀) 1번

$(2^{\sqrt{3}} \times 4)^{\sqrt{3}-2}$의 값은? [2점]

① $\frac{1}{4}$ ② $\frac{1}{2}$ ③ 1
④ 2   ⑤ 4

30 2022학년도 9월 모평 1번

$\frac{1}{\sqrt[4]{3}} \times 3^{-\frac{7}{4}}$의 값은? [2점]

① $\frac{1}{9}$ ② $\frac{1}{3}$ ③ 1
④ 3   ⑤ 9

17 2022학년도 6월 모평 1번

$2^{\sqrt{3}} \times 2^{2-\sqrt{3}}$의 값은? [2점]

① $\sqrt{2}$ ② 2   ③ $2\sqrt{2}$
④ 4   ⑤ $4\sqrt{2}$

32 2021학년도 수능 가형(홀) 1번

$\sqrt[3]{9} \times 3^{\frac{1}{3}}$의 값은? [2점]

① 1   ② $3^{\frac{1}{3}}$ ③ 3
④ $3^{\frac{4}{3}}$ ⑤ 9

---

19 2021학년도 수능 나형(홀) 1번

$3^0 \times 8^{\frac{2}{3}}$의 값은? [2점]

① 1   ② 2   ③ 3
④ 4   ⑤ 5

35 2021학년도 6월 모평 가형 1번 / 나형 1번

$\sqrt[3]{8} \times 4^{\frac{3}{2}}$의 값은? [2점]

① 1   ② 2   ④ 4
④ 8   ⑤ 16

24 2020학년도 수능 나형(홀) 1번

16×2^{-3}의 값은? [2점]

① 1   ② 2   ④ 4
④ 8   ⑤ 16

23 2020학년도 9월 모평 나형 1번

$3^3 \div 81^{\frac{1}{2}}$의 값은? [2점]

① 1   ② 2   ③ 3
④ 4   ⑤ 5

---

25 2019학년도 수능 나형(홀) 1번

$2^{-1} \times 16^{\frac{1}{2}}$의 값은? [2점]

① 1   ② 2   ③ 3
④ 4   ⑤ 5

20 2019학년도 6월 모평 나형 1번

$2^2 \times 8^{\frac{1}{3}}$의 값은? [2점]

① 2   ② 4   ③ 6
④ 8   ⑤ 10

---

17 2022학년도 6월 모평 21번

다음 조건을 만족시키는 최고차항의 계수가 1인 이차함수 $f(x)$가 존재하도록 하는 모든 자연수 n의 값의 합을 구하시오. [4점]

> (가) x에 대한 방정식 $(x^n-64)f(x)=0$은 서로 다른 두 실근을 갖고, 각각의 실근은 중근이다.
> (나) 함수 $f(x)$의 최솟값은 음의 정수이다.

---

22 2014학년도 6월 모평 A형 15번 / B형 24번

지면으로부터 H_1인 높이에서 풍속이 V_1이고 지면으로부터 H_2인 높이에서 풍속이 V_2일 때, 대기 안정도 계수 k는 다음 식을 만족시킨다.

$$V_2 = V_1 \times \left(\frac{H_2}{H_1}\right)^{\frac{2-k}{2-k}}$$

(단, $H_1 < H_2$이고, 높이의 단위는 m, 풍속의 단위는 m/초이다.)
A지역에서 지면으로부터 12 m와 36 m인 높이에서 풍속이 각각 2(m/초)와 8(m/초)이고, B지역에서 지면으로부터 10 m와 90 m인 높이에서 풍속이 각각 a(m/초)와 b(m/초)일 때, 두 지역의 대기 안정도 계수 k가 서로 같았다. $\frac{b}{a}$의 값은?

(단, a, b는 양수이다.) [4점]

① 10   ② 13   ③ 16
④ 19   ⑤ 22

지수

1 거듭제곱근

(1) 거듭제곱근

실수 a와 2 이상인 자연수 n에 대하여 n제곱하여 a가 되는 수, 즉 $x^n=a$를 만족시키는 수 x를 a의 n제곱근이라 한다. 이때 a의 제곱근, a의 세제곱근, a의 네제곱근, … 을 통틀어 a의 거듭제곱근이라 한다.

예 • -8의 세제곱근은 방정식 $x^3=-8$의 근이므로

$x^3+8=0$, $(x+2)(x^2-2x+4)=0$ $\therefore x=-2$ 또는 $x=1\pm\sqrt{3}i$

따라서 -8의 세제곱근은 -2, $1\pm\sqrt{3}i$이다.

• 81의 네제곱근은 방정식 $x^4=81$의 근이므로

$x^4-81=0$, $(x+3)(x-3)(x^2+9)=0$ $\therefore x=\pm3$ 또는 $x=\pm3i$

따라서 81의 네제곱근은 ±3, $\pm3i$이다.

(2) 실수 a의 n제곱근 중 실수인 것

① n이 홀수인 경우

a의 n제곱근 중 실수인 것은 오직 하나뿐이고, 이를 $\sqrt[n]{a}$로 나타낸다.

② n이 짝수인 경우

(ⅰ) $a>0$일 때, a의 n제곱근 중 실수인 것은 양수와 음수 각각 하나씩 있고, 이를 각각 $\sqrt[n]{a}$, $-\sqrt[n]{a}$로 나타낸다.

(ⅱ) $a=0$일 때, a의 n제곱근은 0 하나뿐이다. 즉, $\sqrt[n]{0}=0$이다.

(ⅲ) $a<0$일 때, a의 n제곱근 중 실수인 것은 없다.

예 • -8의 세제곱근 중 실수인 것은 -2이다. ⇨ $\sqrt[3]{-8}=-2$

• 81의 네제곱근 중 실수인 것은 ±3이다. ⇨ $\sqrt[4]{81}=3$, $-\sqrt[4]{81}=-3$

주의 'a의 n제곱근'과 'n제곱근 a'는 다름에 주의한다.

⇨ 16의 네제곱근은 ±2, $\pm2i$, 네제곱근 16은 $\sqrt[4]{16}=2$

참고 (1) $f(x)$의 n제곱근 중 음의 실수가 존재하도록 하는 x의 값의 범위는

① n이 홀수일 때, $f(x)<0$ ② n이 짝수일 때, $f(x)>0$

(2) $f(x)$의 n제곱근 중 양의 실수가 존재하도록 하는 x의 값의 범위는

① n이 홀수일 때, $f(x)>0$ ② n이 짝수일 때, $f(x)>0$ → n의 값에 관계없이 $f(x)>0$이야.

고1 다시보기

이차식으로 주어진 실수의 n제곱근에 대한 문제에서 이차부등식의 해를 이용하므로 다음을 기억하자.

• 이차부등식의 해

$x^2+ax+b=(x-\alpha)(x-\beta)$ $(\alpha<\beta)$일 때

(1) 이차부등식 $x^2+ax+b>0$의 해 ⇨ $(x-\alpha)(x-\beta)>0$에서 $x<\alpha$ 또는 $x>\beta$

(2) 이차부등식 $x^2+ax+b<0$의 해 ⇨ $(x-\alpha)(x-\beta)<0$에서 $\alpha<x<\beta$

---

2 거듭제곱근의 성질

$a>0$, $b>0$이고 m, n이 2 이상인 자연수일 때

(1) $(\sqrt[n]{a})^n=a$

(2) $\sqrt[n]{a}\sqrt[n]{b}=\sqrt[n]{ab}$

(3) $\dfrac{\sqrt[n]{a}}{\sqrt[n]{b}}=\sqrt[n]{\dfrac{a}{b}}$

(4) $(\sqrt[n]{a})^m=\sqrt[n]{a^m}$

(5) $\sqrt[m]{\sqrt[n]{a}}=\sqrt[mn]{a}$

(6) $\sqrt[np]{a^{mp}}=\sqrt[n]{a^m}$ (단, p는 자연수)

예 (1) $(\sqrt[3]{4})^3=4$

(2) $\sqrt[3]{2}\sqrt[3]{8}=\sqrt[3]{2\times8}=\sqrt[3]{16}$

(3) $\dfrac{\sqrt[4]{15}}{\sqrt[4]{3}}=\sqrt[4]{\dfrac{15}{3}}=\sqrt[4]{5}$

(4) $(\sqrt[3]{2})^4=\sqrt[3]{2^4}=\sqrt[3]{16}$

(5) $\sqrt[3]{\sqrt{5}}=\sqrt[3\times2]{5}=\sqrt[6]{5}$

(6) $\sqrt[12]{8}=\sqrt[12]{2^3}=\sqrt[4]{2}$

+

• a의 n제곱근
  $\Longleftrightarrow$ n제곱하여 a가 되는 수
  $\Longleftrightarrow$ 방정식 $x^n=a$의 근 x

• 실수 a의 n제곱근은 복소수의 범위에서 n개가 있다.

• $\sqrt[n]{a}$는 'n제곱근 a'라 읽는다.

• 실수 a의 n제곱근 중 실수인 것

a 〳 n	$a>0$	$a=0$	$a<0$
홀수	$\sqrt[n]{a}$	0	$\sqrt[n]{a}$
짝수	$\sqrt[n]{a}$, $-\sqrt[n]{a}$	0	없다.

• 실수 a의 n제곱근 중 실수인 것에 대한 문제는 n이 홀수, 짝수인 경우로 나누어 a의 부호를 판단한다.

• $a>0$이고 n이 2 이상인 자연수일 때,
  $(\sqrt[n]{a})^n=\sqrt[n]{a^n}=a$

이차방정식의 두 근이 거듭제곱근으로 주어지거나 함숫값이 거듭제곱근으로 주어지는 문제에서 이용하는 다음 개념을 기억하자.

- 이차방정식의 근과 계수의 관계

  이차방정식 $ax^2+bx+c=0$의 두 근을 α, β라 하면

  $$\alpha+\beta=-\frac{b}{a},\ \alpha\beta=\frac{c}{a}$$

- 역함수

  함수 f의 역함수가 f^{-1}일 때,

  $$f^{-1}(a)=b \Longleftrightarrow f(b)=a$$

- 역함수 구하기

  일대일대응인 함수 $y=f(x)$의 역함수는 다음과 같은 순서로 구한다.

  (1) x에 대하여 풀어 $x=f^{-1}(y)$ 꼴로 나타낸다.

  (2) x와 y를 서로 바꾸어 $y=f^{-1}(x)$로 나타낸다.

3 지수의 확장과 지수법칙

(1) 0 또는 음의 정수인 지수

$a\neq0$이고 n이 양의 정수일 때

① $a^0=1$

② $a^{-n}=\dfrac{1}{a^n}$

(2) 유리수인 지수

$a>0$이고 m, $n\,(n\geq2)$이 정수일 때

① $a^{\frac{m}{n}}=\sqrt[n]{a^m}$

② $a^{\frac{1}{n}}=\sqrt[n]{a}$

예 (1) $8^{\frac{2}{3}}=\sqrt[3]{8^2}=\sqrt[3]{2^6}=2^2=4$

   (2) $16^{\frac{1}{2}}=\sqrt{16}=\sqrt{4^2}=4$

(3) 지수법칙

$a>0$, $b>0$이고 x, y가 실수일 때

① $a^x a^y=a^{x+y}$

② $a^x \div a^y=a^{x-y}$

③ $(a^x)^y=a^{xy}$

④ $(ab)^x=a^x b^x$

예 (1) $5^2 \times 5^{-4}=5^{2+(-4)}=5^{-2}=\dfrac{1}{5^2}=\dfrac{1}{25}$

   (2) $7^{\frac{2}{3}} \div 7^{\frac{1}{6}}=7^{\frac{2}{3}-\frac{1}{6}}=7^{\frac{1}{2}}=\sqrt{7}$

   (3) $(3^{\frac{4}{3}})^{\frac{3}{2}}=3^{\frac{4}{3} \times \frac{3}{2}}=3^2=9$

   (4) $(2^{2\sqrt{2}} \times 3^{\sqrt{2}})^{\sqrt{2}}=2^{2\sqrt{2} \times \sqrt{2}} \times 3^{\sqrt{2} \times \sqrt{2}}=2^4 \times 3^2=144$

참고 거듭제곱근을 포함한 계산을 할 때, $\sqrt[n]{a^m}=a^{\frac{m}{n}}$임을 이용하여 거듭제곱근을 유리수인 지수로 변형한 후 지수법칙을 이용하면 편리하다.

예 $\sqrt[3]{2} \times \sqrt[6]{16}=2^{\frac{1}{3}} \times (2^4)^{\frac{1}{6}}=2^{\frac{1}{3}} \times 2^{\frac{2}{3}}=2^{\frac{1}{3}+\frac{2}{3}}=2$

- 밑이 다른 식이 주어질 때의 식의 값

  $a^x=k$, $b^y=k\,(a>0,\ b>0,\ xy\neq0)$일 때, 식의 값을 구하는 문제는

  $$a=k^{\frac{1}{x}},\ b=k^{\frac{1}{y}}$$

  임을 이용하여 밑을 통일한 후

  $$ab=k^{\frac{1}{x}+\frac{1}{y}},\ \frac{a}{b}=k^{\frac{1}{x}-\frac{1}{y}}$$

  임을 이용한다.

- 거듭제곱근이 자연수가 되는 조건

  세 자연수 a, m, $n\,(a\geq2,\ n\geq2)$에 대하여 $\sqrt[n]{a^m}$

  이 자연수이려면 $a^{\frac{m}{n}}$에서

  (1) a가 소수일 때

  ⇨ m은 n의 배수, n은 m의 약수이어야 한다.

  (2) m, n이 서로소인 자연수일 때

  ⇨ a는 어떤 자연수의 n제곱이어야 한다.

4 지수의 실생활에의 활용

주어진 관계식에서 각 문자가 나타내는 것이 무엇인지 파악한 후 조건에 따라 수를 대입하고 지수법칙을 이용하여 값을 구한다.

유형 01 거듭제곱근의 정의

01 대표문제

2016학년도 4월 학평-나형 9번

16의 네제곱근 중 실수인 것을 a, -27의 세제곱근 중 실수인 것을 b라 할 때, $a-b$의 최댓값은? [3점]

① 1   ② 2   ③ 3

④ 4   ⑤ 5

02

2022학년도 7월 학평 19번

$n \geq 2$인 자연수 n에 대하여 $2n^2-9n$의 n제곱근 중에서 실수인 것의 개수를 $f(n)$이라 할 때, $f(3)+f(4)+f(5)+f(6)$의 값을 구하시오. [3점]

03

2021학년도 6월 모평 가형 12번

자연수 n이 $2 \leq n \leq 11$일 때, $-n^2+9n-18$의 n제곱근 중에서 음의 실수가 존재하도록 하는 모든 n의 값의 합은? [3점]

① 31   ② 33   ③ 35

④ 37   ⑤ 39

04

2019학년도 3월 학평-나형 15번

자연수 n에 대하여 $n(n-4)$의 세제곱근 중 실수인 것의 개수를 $f(n)$이라 하고, $n(n-4)$의 네제곱근 중 실수인 것의 개수를 $g(n)$이라 하자. $f(n)>g(n)$을 만족시키는 모든 n의 값의 합은? [4점]

① 4   ② 5   ③ 6

④ 7   ⑤ 8

05

집합 $U=\{x\,|\,-5\le x\le 5,\ x$는 정수$\}$의 공집합이 아닌 부분집합 X에 대하여 두 집합 A, B를

$A=\{a\,|\,a$는 x의 실수인 네제곱근, $x\in X\}$,

$B=\{b\,|\,b$는 x의 실수인 세제곱근, $x\in X\}$

라 하자. $n(A)=9$, $n(B)=7$이 되도록 하는 집합 X의 모든 원소의 합의 최댓값을 구하시오. [3점]

06

다음은 $1\le |m| < n\le 10$을 만족시키는 두 정수 m, n에 대하여 m의 n제곱근 중에서 실수인 것이 존재하도록 하는 순서쌍 $(m,\ n)$의 개수를 구하는 과정이다.

(i) $m>0$인 경우

 n의 값에 관계없이 m의 n제곱근 중에서 실수인 것이 존재한다. 그러므로 $m>0$인 순서쌍 $(m,\ n)$의 개수는 (가) 이다.

(ii) $m<0$인 경우

 n이 홀수이면 m의 n제곱근 중에서 실수인 것이 항상 존재한다. 한편, n이 짝수이면 m의 n제곱근 중에서 실수인 것은 존재하지 않는다. 그러므로 $m<0$인 순서쌍 $(m,\ n)$의 개수는 (나) 이다.

(i), (ii)에 의하여 m의 n제곱근 중에서 실수인 것이 존재하도록 하는 순서쌍 $(m,\ n)$의 개수는 (가) $+$ (나) 이다.

위의 (가), (나)에 알맞은 수를 각각 p, q라 할 때, $p+q$의 값은? [4점]

① 70 ② 65 ③ 60

④ 55 ⑤ 50

07 대표 문제
2018학년도 3월 학평-나형 2번

$\sqrt{4} \times \sqrt[3]{8}$의 값은? [2점]

① 4   ② 6   ③ 8

④ 10   ⑤ 12

08
2019학년도 6월 학평(고2)-가형 22번

$\sqrt[3]{5} \times \sqrt[3]{25}$의 값을 구하시오. [3점]

09
2014학년도 7월 학평-A형 1번

$\sqrt{8} \times \sqrt[4]{4}$의 값은? [2점]

① $\sqrt{2}$ ② 2   ③ $2\sqrt{2}$

④ 4   ⑤ $4\sqrt{2}$

10
2020학년도 9월 학평(고2) 3번

$\sqrt[3]{-8} + \sqrt[4]{81}$의 값은? [2점]

① 1   ② 2   ③ 3

④ 4   ⑤ 5

11

2014학년도 7월 학평–B형 1번

$\sqrt[4]{81} \times \sqrt{\sqrt{16}}$의 값은? [2점]

① 6　　　　② 12　　　　③ 18

④ 24　　　　⑤ 30

13

2019학년도 6월 학평(고2)–나형 10번

$\sqrt{(-2)^6} + (\sqrt[3]{3} - \sqrt[3]{2})(\sqrt[3]{9} + \sqrt[3]{6} + \sqrt[3]{4})$의 값은? [3점]

① 7　　　　② 9　　　　③ 11

④ 13　　　　⑤ 15

12

2025학년도 9월 모평 1번

$\dfrac{\sqrt[4]{32}}{\sqrt[8]{4}}$의 값은? [2점]

① $\sqrt{2}$　　　　② 2　　　　③ $2\sqrt{2}$

④ 4　　　　⑤ $4\sqrt{2}$

14 대표문제

x에 대한 이차방정식 $x^2 - \sqrt[3]{81}\,x + a = 0$의 두 근이 $\sqrt[3]{3}$과 b일 때, ab의 값은? (단, a, b는 상수이다.) [4점]

① 6   ② $3\sqrt[3]{9}$ ③ $6\sqrt[3]{3}$

④ 12   ⑤ $6\sqrt[3]{9}$

15

자연수 n에 대하여 좌표가 $(0, 3n+1)$인 점을 P_n, 함수 $f(x) = x^2 \ (x \geq 0)$이라 하자. 점 P_n을 지나고 x축과 평행한 직선이 곡선 $y = f(x)$와 만나는 점 Q_n에 대하여 점 Q_n의 y좌표를 a_n이라 할 때, $f^{-1}(a_2) \cdot f^{-1}(a_9)$의 값은? [3점]

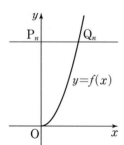

① $\dfrac{7\sqrt{2}}{2}$ ② 7   ③ $7\sqrt{2}$

④ $7\sqrt{3}$ ⑤ 14

16 대표문제

$\left(\dfrac{4}{2^{\sqrt{2}}} \right)^{2+\sqrt{2}}$의 값은? [2점]

① $\dfrac{1}{4}$ ② $\dfrac{1}{2}$ ③ 1

④ 2   ⑤ 4

17

$2^{\sqrt{3}} \times 2^{2-\sqrt{3}}$의 값은? [2점]

① $\sqrt{2}$ ② 2   ③ $2\sqrt{2}$

④ 4   ⑤ $4\sqrt{2}$

18

$3^{1-\sqrt{5}} \times 3^{1+\sqrt{5}}$의 값은? [2점]

① $\dfrac{1}{9}$ ② $\dfrac{1}{3}$ ③ 1

④ 3   ⑤ 9

20

$2^2 \times 8^{\frac{1}{3}}$의 값은? [2점]

① 2   ② 4   ③ 6

④ 8   ⑤ 10

19

$3^0 \times 8^{\frac{2}{3}}$의 값은? [2점]

① 1   ② 2   ③ 3

④ 4   ⑤ 5

21

$3^{2\sqrt{2}} \times 9^{1-\sqrt{2}}$의 값은? [2점]

① $\dfrac{1}{9}$ ② $\dfrac{1}{3}$ ③ 1

④ 3   ⑤ 9

22

$4^{1-\sqrt{3}} \times 2^{1+2\sqrt{3}}$의 값은? [2점]

① 1   ② 2   ③ 4

④ 8   ⑤ 16

23

$3^3 \div 81^{\frac{1}{2}}$의 값은? [2점]

① 1   ② 2   ③ 3

④ 4   ⑤ 5

24

16×2^{-3}의 값은? [2점]

① 1   ② 2   ③ 4

④ 8   ⑤ 16

25

$2^{-1} \times 16^{\frac{1}{2}}$의 값은? [2점]

① 1   ② 2   ③ 3

④ 4   ⑤ 5

26

2023학년도 10월 학평 1번

$2^{\sqrt{2}} \times \left(\dfrac{1}{2}\right)^{\sqrt{2}-1}$ 의 값은? [2점]

① 1   ② $\sqrt{2}$ ③ 2

④ $2\sqrt{2}$ ⑤ 4

28

2023학년도 9월 모평 1번

$\left(\dfrac{2^{\sqrt{3}}}{2}\right)^{\sqrt{3}+1}$ 의 값은? [2점]

① $\dfrac{1}{16}$ ② $\dfrac{1}{4}$ ③ 1

④ 4   ⑤ 16

27

2022학년도 수능 (홀) 1번

$(2^{\sqrt{3}} \times 4)^{\sqrt{3}-2}$ 의 값은? [2점]

① $\dfrac{1}{4}$ ② $\dfrac{1}{2}$ ③ 1

④ 2   ⑤ 4

29

2021학년도 4월 학평 1번

$(\sqrt{3^{\sqrt{2}}})^{\sqrt{2}}$ 의 값은? [2점]

① 1   ② 3   ③ 5

④ 7   ⑤ 9

30

$\dfrac{1}{\sqrt[4]{3}} \times 3^{-\frac{7}{4}}$의 값은? [2점]

① $\dfrac{1}{9}$ ② $\dfrac{1}{3}$ ③ 1

④ 3   ⑤ 9

31

$\sqrt[3]{5} \times 25^{\frac{1}{3}}$의 값은? [2점]

① 1   ② 2   ③ 3

④ 4   ⑤ 5

32

$\sqrt[3]{9} \times 3^{\frac{1}{3}}$의 값은? [2점]

① 1   ② $3^{\frac{1}{2}}$ ③ 3

④ $3^{\frac{3}{2}}$ ⑤ 9

33

$\sqrt[3]{16} \times 2^{-\frac{1}{3}}$의 값은? [2점]

① $\dfrac{1}{4}$ ② $\dfrac{1}{2}$ ③ 1

④ 2   ⑤ 4

34

$\sqrt{8} \times 4^{\frac{1}{4}}$의 값은? [2점]

① 2   ② $2\sqrt{2}$ ③ 4

④ $4\sqrt{2}$ ⑤ 8

36

$\sqrt[3]{27} \times 4^{-\frac{1}{2}}$의 값은? [2점]

① $\dfrac{1}{2}$ ② $\dfrac{3}{4}$ ③ 1

④ $\dfrac{5}{4}$ ⑤ $\dfrac{3}{2}$

35

$\sqrt[3]{8} \times 4^{\frac{3}{2}}$의 값은? [2점]

① 1   ② 2   ③ 4

④ 8   ⑤ 16

37

$\left(\dfrac{4}{\sqrt[3]{2}} \right)^{\frac{6}{5}}$의 값은? [2점]

① 1   ② 2   ③ 3

④ 4   ⑤ 5

38

$\left(\dfrac{5}{\sqrt[3]{25}}\right)^{\frac{3}{2}}$의 값은? [2점]

① $\dfrac{1}{5}$ ② $\dfrac{\sqrt{5}}{5}$ ③ 1

④ $\sqrt{5}$ ⑤ 5

39

$\sqrt[3]{8} \times \dfrac{2^{\sqrt{2}}}{2^{1+\sqrt{2}}}$의 값은? [2점]

① 1   ② 2   ③ 4

④ 8   ⑤ 16

40

$(3\sqrt{3})^{\frac{1}{3}} \times 3^{\frac{3}{2}}$의 값은? [2점]

① 1   ② $\sqrt{3}$ ③ 3

④ $3\sqrt{3}$ ⑤ 9

41

$(-\sqrt{2})^4 \times 8^{-\frac{2}{3}}$의 값은? [2점]

① 1   ② 2   ③ 3

④ 4   ⑤ 5

42

$(27 \times \sqrt{8})^{\frac{2}{3}}$의 값은? [2점]

① 9   ② 12   ③ 15

④ 18   ⑤ 21

43

$\sqrt[3]{24} \times 3^{\frac{2}{3}}$의 값은? [2점]

① 6   ② 7   ③ 8

④ 9   ⑤ 10

44

$\sqrt[3]{54} \times 2^{\frac{5}{3}}$의 값은? [2점]

① 4   ② 6   ③ 8

④ 10   ⑤ 12

유형 01 지수법칙을 이용하여 식의 값 구하기

01 대표 문제

2019학년도 4월 학평-나형 16번

두 실수 a, b에 대하여 $2^a=3$, $6^b=5$일 때, 2^{ab+a+b}의 값은?

[4점]

① 15　　　② 18　　　③ 21

④ 24　　　⑤ 27

02

2016학년도 10월 학평-나형 3번

$a=\sqrt{2}$, $b=\sqrt[3]{3}$일 때, $(ab)^6$의 값은? [2점]

① 60　　　② 66　　　③ 72

④ 78　　　⑤ 84

03

2019학년도 6월 학평(고2)-가형 4번

실수 x가 $5^x=\sqrt{3}$을 만족시킬 때, $5^{2x}+5^{-2x}$의 값은? [3점]

① $\dfrac{19}{6}$　　　② $\dfrac{10}{3}$　　　③ $\dfrac{7}{2}$

④ $\dfrac{11}{3}$　　　⑤ $\dfrac{23}{6}$

04

2015학년도 3월 학평-A형 7번

두 실수 a, b에 대하여 $2^a=3$, $3^b=\sqrt{2}$가 성립할 때, ab의 값은?

[3점]

① $\dfrac{1}{6}$　　　② $\dfrac{1}{4}$　　　③ $\dfrac{1}{3}$

④ $\dfrac{1}{2}$　　　⑤ 1

05

두 실수 a, b가 $3^{a-1}=2$, $6^{2b}=5$를 만족시킬 때, $5^{\frac{1}{ab}}$의 값을 구하시오. [3점]

06

두 실수 x, y가 $2^x=3^y=24$를 만족시킬 때, $(x-3)(y-1)$의 값은? [3점]

① 1　　　　　② 2　　　　　③ 3
④ 4　　　　　⑤ 5

07

두 실수 a, b에 대하여

$$2^a+2^b=2,\ 2^{-a}+2^{-b}=\frac{9}{4}$$

일 때, 2^{a+b}의 값은 $\dfrac{q}{p}$이다. $p+q$의 값을 구하시오.

(단, p와 q는 서로소인 자연수이다.) [3점]

08

두 실수 x, y에 대하여

$$75^x=\frac{1}{5},\ 3^y=25$$

일 때, $\dfrac{1}{x}+\dfrac{2}{y}$의 값은? [3점]

① -2　　　　② -1　　　　③ 0
④ 1　　　　　⑤ 2

09

양수 a와 두 실수 x, y가

$$15^x = 8, \ a^y = 2, \ \frac{3}{x} + \frac{1}{y} = 2$$

를 만족시킬 때, a의 값은? [4점]

① $\dfrac{1}{15}$ ② $\dfrac{2}{15}$ ③ $\dfrac{1}{5}$

④ $\dfrac{4}{15}$ ⑤ $\dfrac{1}{3}$

유형 02   거듭제곱이 정수 또는 유리수가 되는 조건

10 대표문제

2 이상의 자연수 n에 대하여 $(\sqrt{3^n})^{\frac{1}{2}}$과 $\sqrt[n]{3^{100}}$이 모두 자연수가 되도록 하는 모든 n의 값의 합을 구하시오. [4점]

11

10 이하의 자연수 a에 대하여 $(a^{\frac{2}{3}})^{\frac{1}{2}}$의 값이 자연수가 되도록 하는 모든 a의 값의 합은? [3점]

① 5   ② 7   ③ 9

④ 11   ⑤ 13

12

2016학년도 3월 학평-나형 24번

100 이하의 자연수 n에 대하여 $\sqrt[3]{4^n}$이 정수가 되도록 하는 n의 개수를 구하시오. [3점]

14

2015학년도 3월 학평-A형 24번

$30 \le a \le 40$, $150 \le b \le 294$일 때, $\sqrt{a} + \sqrt[3]{b}$의 값이 자연수가 되도록 하는 두 자연수 a, b에 대하여 $a+b$의 값을 구하시오.

[3점]

13

2021학년도 7월 학평 9번

2 이상의 두 자연수 a, n에 대하여 $(\sqrt[n]{a})^3$의 값이 자연수가 되도록 하는 n의 최댓값을 $f(a)$라 하자. $f(4)+f(27)$의 값은?

[4점]

① 13   ② 14   ③ 15
④ 16   ⑤ 17

15

2019학년도 10월 학평-나형 8번

$m \le 135$, $n \le 9$인 두 자연수 m, n에 대하여 $\sqrt[3]{2m} \times \sqrt{n^3}$의 값이 자연수일 때, $m+n$의 최댓값은? [3점]

① 97   ② 102   ③ 107
④ 112   ⑤ 117

16

두 자연수 a, b에 대하여

$$\sqrt{\frac{2^a \times 5^b}{2}}\text{이 자연수, } \sqrt[3]{\frac{3^b}{2^{a+1}}}\text{이 유리수}$$

일 때, $a+b$의 최솟값은? [4점]

① 11   ② 13   ③ 15

④ 17   ⑤ 19

유형 03 지수법칙의 응용

18 대표문제

2 이상의 자연수 n에 대하여 x에 대한 방정식
$$(x^n - 8)(x^{2n} - 8) = 0$$
의 모든 실근의 곱이 -4일 때, n의 값은? [4점]

① 2   ② 3   ③ 4

④ 5   ⑤ 6

17

다음 조건을 만족시키는 최고차항의 계수가 1인 이차함수 $f(x)$가 존재하도록 하는 모든 자연수 n의 값의 합을 구하시오. [4점]

> (가) x에 대한 방정식 $(x^n - 64)f(x) = 0$은 서로 다른 두 실근을 갖고, 각각의 실근은 중근이다.
> (나) 함수 $f(x)$의 최솟값은 음의 정수이다.

19

1이 아닌 세 양수 a, b, c와 1이 아닌 두 자연수 m, n이 다음 조건을 만족시킨다. 모든 순서쌍 (m, n)의 개수는? [4점]

> (가) $\sqrt[3]{a}$는 b의 m제곱근이다.
> (나) $\sqrt{b}$는 c의 n제곱근이다.
> (다) c는 a^{12}의 네제곱근이다.

① 4   ② 7   ③ 10

④ 13   ⑤ 16

20

함수 $f(x)=-(x-2)^2+k$에 대하여 다음 조건을 만족시키는 자연수 n의 개수가 2일 때, 상수 k의 값은? [4점]

> $\sqrt{3^{f(n)}}$의 네제곱근 중 실수인 것을 모두 곱한 값이 -9이다.

① 8 ② 9 ③ 10
④ 11 ⑤ 12

21

그림과 같이 좌표평면에 두 함수 $f(x)=x^2$, $g(x)=x^3$의 그래프가 있다. 곡선 $y=f(x)$ 위의 한 점 $P_1(a, f(a))$ $(a>1)$에서 x축에 내린 수선의 발을 Q_1이라 하자. 선분 OQ_1을 한 변으로 하는 정사각형 OQ_1AB의 한 변 AB가 곡선 $y=g(x)$와 만나는 점을 P_2, 점 P_2에서 x축에 내린 수선의 발을 Q_2라 하자. 선분 OQ_2를 한 변으로 하는 정사각형 OQ_2CD의 한 변 CD가 곡선 $y=f(x)$와 만나는 점을 P_3, 점 P_3에서 x축에 내린 수선의 발을 Q_3이라 하자. 두 점 Q_2, Q_3의 x좌표를 각각 b, c라 할 때, $bc=2$가 되도록 하는 점 P_1의 y좌표의 값은?

(단, O는 원점이고, 두 점 A, C는 제1사분면에 있다.) [4점]

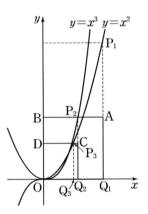

① 8 ② 10 ③ 12
④ 14 ⑤ 16

22 대표문제

지면으로부터 H_1인 높이에서 풍속이 V_1이고 지면으로부터 H_2인 높이에서 풍속이 V_2일 때, 대기 안정도 계수 k는 다음 식을 만족시킨다.

$$V_2 = V_1 \times \left(\frac{H_2}{H_1}\right)^{\frac{2}{2-k}}$$

(단, $H_1 < H_2$이고, 높이의 단위는 m, 풍속의 단위는 m/초이다.)

A지역에서 지면으로부터 12 m와 36 m인 높이에서 풍속이 각각 2(m/초)와 8(m/초)이고, B지역에서 지면으로부터 10 m와 90 m인 높이에서 풍속이 각각 a(m/초)와 b(m/초)일 때, 두 지역의 대기 안정도 계수 k가 서로 같았다. $\frac{b}{a}$의 값은?

(단, a, b는 양수이다.) [4점]

① 10   ② 13   ③ 16
④ 19   ⑤ 22

23

어느 필름의 사진농도를 P, 입사하는 빛의 세기를 Q, 투과하는 빛의 세기를 R라 하면 다음과 같은 관계식이 성립한다고 한다.

$$R = Q \times 10^{-P}$$

두 필름 A, B에 입사하는 빛의 세기가 서로 같고, 두 필름 A, B의 사진농도가 각각 p, $p+2$일 때, 투과하는 빛의 세기를 각각 R_A, R_B라 하자. $\frac{R_A}{R_B}$의 값을 구하시오. (단, $p > 0$) [3점]

24

반지름의 길이가 r인 원형 도선에 세기가 I인 전류가 흐를 때, 원형 도선의 중심에서 수직 거리 x만큼 떨어진 지점에서의 자기장의 세기를 B라 하면 다음과 같은 관계식이 성립한다고 한다.

$$B = \frac{kIr^2}{2(x^2+r^2)^{\frac{3}{2}}}$$ (단, k는 상수이다.)

전류의 세기가 I_0($I_0 > 0$)으로 일정할 때, 반지름의 길이가 r_1인 원형 도선의 중심에서 수직 거리 x_1만큼 떨어진 지점에서의 자기장의 세기를 B_1, 반지름의 길이가 $3r_1$인 원형 도선의 중심에서 수직 거리 $3x_1$만큼 떨어진 지점에서의 자기장의 세기를 B_2라 하자. $\frac{B_2}{B_1}$의 값은? (단, 전류의 세기의 단위는 A, 자기장의 세기의 단위는 T, 길이와 거리의 단위는 m이다.) [4점]

① $\frac{1}{6}$ ② $\frac{1}{4}$ ③ $\frac{1}{3}$
④ $\frac{5}{12}$ ⑤ $\frac{1}{2}$

25

2019학년도 6월 학평(고2)-가형 21번

자연수 n에 대하여 $f(n)$이 다음과 같다.

$$f(n)=\begin{cases} \sqrt[4]{9\times2^{n+1}} & (n\text{이 홀수}) \\ \sqrt[4]{4\times3^{n}} & (n\text{이 짝수}) \end{cases}$$

10 이하의 두 자연수 p, q에 대하여 $f(p)\times f(q)$가 자연수가 되도록 하는 모든 순서쌍 (p, q)의 개수는? [4점]

① 36   ② 38   ③ 40

④ 42   ⑤ 44

26

2017학년도 3월 학평-나형 21번

자연수 m에 대하여 집합 A_m을

$$A_m=\left\{(a, b)\,\middle|\,2^a=\frac{m}{b},\ a,\ b\text{는 자연수}\right\}$$

라 할 때, 〈보기〉에서 옳은 것만을 있는 대로 고른 것은? [4점]

─────〈 보기 〉─────

ㄱ. $A_4=\{(1, 2), (2, 1)\}$

ㄴ. 자연수 k에 대하여 $m=2^k$이면 $n(A_m)=k$이다.

ㄷ. $n(A_m)=1$이 되도록 하는 두 자리 자연수 m의 개수는 23이다.

① ㄱ   ② ㄱ, ㄴ   ③ ㄱ, ㄷ

④ ㄴ, ㄷ   ⑤ ㄱ, ㄴ, ㄷ

2
일차

3~4일차

한눈에 정리하는
평가원 기출 경향

2022 ~ 2014

21   2022학년도 수능 (홀) 16번

$\log_3 120 - \dfrac{1}{\log_{15} 2}$ 의 값을 구하시오. [3점]

17   2022학년도 9월 모평 16번

$\log_2 100 - 2\log_2 5$ 의 값을 구하시오. [3점]

13   2022학년도 6월 모평 16번

$\log_4 \dfrac{2}{3} + \log_4 24$ 의 값을 구하시오. [3점]

16   2021학년도 수능(홀) 나형 24번

$\log_3 72 - \log_3 8$ 의 값을 구하시오. [3점]

---

07   2021학년도 9월 모평 나형 24번

$\log_5 40 + \log_5 \dfrac{5}{8}$ 의 값을 구하시오. [3점]

32   2020학년도 9월 모평 나형 8번

$\log_2 5 = a$, $\log_2 3 = b$ 일 때, $\log_3 12$ 를 a, b로 옳게 나타낸 것은? [3점]

① $\dfrac{1}{a} + b$ ② $\dfrac{2}{a} + b$ ③ $\dfrac{1}{a} + 2b$

④ $a + \dfrac{1}{b}$ ⑤ $2a + \dfrac{1}{b}$

11   2019학년도 9월 모평 나형 25번

양수 a에 대하여 $a^{\frac{1}{2}} = 8$일 때, $\log_2 a$의 값을 구하시오. [3점]

12   2017학년도 수능(홀) 나형 3번

$\log_{15} 3 + \log_{15} 5$의 값은? [2점]

① 1   ② 2   ③ 3

④ 4   ⑤ 5

---

15   2017학년도 9월 모평 나형 4번

$\log_3 6 - \log_3 2$의 값은? [3점]

① 1   ② 2   ③ 3

④ 4   ⑤ 5

14   2014학년도 6월 모평 A형 5번

$\log_5(6 - \sqrt{11}) + \log_5(6 + \sqrt{11})$의 값은? [3점]

① 1   ② 2   ③ 3

④ 4   ⑤ 5

---

13   2021학년도 9월 모평 가형 11번

1보다 큰 세 실수 a, b, c가

$$\log_a b = \dfrac{\log_b c}{2} = \dfrac{\log_c a}{4}$$

를 만족시킬 때, $\log_a b + \log_b c + \log_c a$의 값은? [3점]

① $\dfrac{7}{2}$ ② 4   ③ $\dfrac{9}{2}$

④ 5   ⑤ $\dfrac{11}{2}$

18   2020학년도 9월 모평 나형 28번

네 양수 a, b, c, k가 다음 조건을 만족시킬 때, k^2의 값을 구하시오. [4점]

(가) $3^a = 5^b = k$

(나) $\log c = \log(2ab) - \log(2a + b)$

01   2018학년도 수능 나형(홀) 16번

1보다 큰 두 실수 a, b에 대하여

$$\log_{\sqrt{3}} a = \log_9 ab$$

가 성립할 때, $\log_a b$의 값은? [4점]

① 1   ② 2   ③ 3

④ 4   ⑤ 5

04   2018학년도 9월 모평 나형 13번

두 실수 a, b가

$$ab = \log_3 5, \ b - a = \log_2 5$$

를 만족시킬 때, $\dfrac{1}{a} - \dfrac{1}{b}$의 값은? [3점]

① $\log_5 2$ ② $\log_3 2$ ③ $\log_2 5$

④ $\log_3 5$ ⑤ $\log_2 5$

---

26   2022학년도 수능 (홀) 13번

두 상수 a, $b (1 < a < b)$에 대하여 좌표평면 위의 두 점 $(a, \log_2 a)$, $(b, \log_2 b)$를 지나는 직선의 y절편과 두 점 $(a, \log_4 a)$, $(b, \log_4 b)$를 지나는 직선의 y절편이 같다. 함수 $f(x) = a^{bx} + b^{ax}$에 대하여 $f(1) = 40$일 때, $f(2)$의 값은? [4점]

① 760   ② 800   ③ 840

④ 880   ⑤ 920

33   2021학년도 수능 가형(홀) 27번

$\log_4 2n^2 - \dfrac{1}{2}\log_2 \sqrt{n}$ 의 값이 40 이하의 자연수가 되도록 하는 자연수 n의 개수를 구하시오. [4점]

21   2021학년도 6월 모평 가형 6번

두 양수 a, b에 대하여 좌표평면 위의 두 점 $(2, \log_2 a)$, $(3, \log_2 b)$를 지나는 직선이 원점을 지날 때, $\log_a b$의 값은? (단, $a \neq 1$) [3점]

① $\dfrac{1}{4}$ ② $\dfrac{1}{2}$ ③ $\dfrac{3}{4}$

④ 1   ⑤ $\dfrac{5}{4}$

19   2021학년도 6월 모평 나형 11번

좌표평면 위의 두 점 $(2, \log_4 2)$, $(4, \log_2 a)$를 지나는 직선이 원점을 지날 때, 양수 a의 값은? [3점]

① 1   ② 2   ③ 3

④ 4   ⑤ 5

---

28   2019학년도 수능 나형(홀) 15번

2 이상의 자연수 n에 대하여 $5\log_n 2$의 값이 자연수가 되도록 하는 모든 n의 값의 합은? [4점]

① 34   ② 38   ③ 42

④ 46   ⑤ 50

20   2019학년도 6월 모평 나형 13번

좌표평면 위의 두 점 $(1, \log_2 5)$, $(2, \log_2 10)$을 지나는 직선의 기울기는? [3점]

① 1   ② 2   ③ 3

④ 4   ⑤ 5

46   2017학년도 6월 모평 나형 30번

다음 조건을 만족시키는 20 이하의 모든 자연수 n의 값의 합을 구하시오. [4점]

$\log_2(na - a^2)$과 $\log_2(nb - b^2)$은 같은 자연수이고 $0 < b - a \leq \dfrac{n}{2}$인 두 실수 a, b가 존재한다.

27   2014학년도 수능 A형(홀) 14번

자연수 n에 대하여 $f(n)$이 다음과 같다.

$$f(n) = \begin{cases} \log_3 n & (n \text{이 홀수}) \\ \log_2 n & (n \text{이 짝수}) \end{cases}$$

20 이하의 두 자연수 m, n에 대하여 $f(mn) = f(m) + f(n)$을 만족시키는 순서쌍 (m, n)의 개수는? [4점]

① 220   ② 230   ③ 240

④ 250   ⑤ 260

---

38   2016학년도 9월 모평 A형 16번 / B형 25번

고속철도의 최고소음도 $L(\text{dB})$를 예측하는 모형에 따르면 한 지점에서 가까운 선로 중앙 지점까지의 거리가 $d(\text{m})$, 열차가 가까운 선로 중앙 지점을 통과할 때의 속력을 $v(\text{km/h})$라 할 때, 다음과 같은 관계식이 성립한다고 한다.

$$L = 80 + 28\log\dfrac{v}{100} - 14\log\dfrac{d}{25}$$

가까운 선로 중앙 지점 P까지의 거리가 75 m인 한 지점에서 속력이 서로 다른 두 열차 A, B의 최고소음도를 예측하고자 한다. 열차 A가 지점 P를 통과할 때의 속력이 열차 B가 지점 P를 통과할 때의 속력의 0.9배일 때, 두 열차 A, B의 예측 최고소음도를 각각 L_A, L_B라 하자. $L_B - L_A$의 값은? [4점]

① $14 - 28\log 3$ ② $28 - 56\log 3$ ③ $28 - 28\log 3$

④ $56 - 84\log 3$ ⑤ $56 - 56\log 3$

40   2015학년도 수능 A형(홀) 10번 / B형 25번

디지털 사진을 압축할 때 원본 사진과 압축한 사진의 다른 정도를 나타내는 지표의 최대 신호 대 잡음비를 P, 원본 사진과 압축한 사진의 평균제곱오차를 E라 하면 다음과 같은 관계식이 성립한다고 한다.

$$P = 20\log 255 - 10\log E \ (E > 0)$$

두 원본 사진 A, B를 압축했을 때 최대 신호 대 잡음비를 각각 P_A, P_B라 하고, 평균제곱오차를 각각 $E_A(E_A > 0)$, $E_B(E_B > 0)$이라 하자. $E_B = 100E_A$일 때, $P_A - P_B$의 값은? [3점]

① 30   ② 25   ③ 20

④ 15   ⑤ 10

41   2015학년도 9월 모평 A형 10번 / B형 10번

도로용량이 C인 어느 도로구간의 교통량을 V, 통행시간을 t라 할 때, 다음과 같은 관계식이 성립한다고 한다.

$$\log\left(\dfrac{t}{t_0} - 1\right) = k + 4\log\dfrac{V}{C} \ (t > t_0)$$

(단, t_0은 도로 특성 등에 따른 기준통행시간이고, k는 상수이다.)

이 도로구간의 교통량이 도로용량의 2배일 때 통행시간은 기준통행시간 t_0의 $\dfrac{7}{2}$배이다. k의 값은? [3점]

① $-4\log 2$ ② $1 - 7\log 2$ ③ $-3\log 2$

④ $1 - 6\log 2$ ⑤ $1 - 5\log 2$

39   2015학년도 6월 모평 A형 15번

세대당 종자의 평균 분산거리가 D이고 세대당 종자의 증식률이 R인 나무의 10세대 동안 확산에 의한 이동거리를 L이라 하면 다음과 같은 관계식이 성립한다고 한다.

$$L^2 = 100D^2 \times \log_3 R$$

세대당 종자의 평균 분산거리가 20이고 세대당 종자의 증식률이 81인 나무의 10세대 동안 확산에 의한 이동거리 L의 값은? (단, 거리의 단위는 m이다.) [4점]

① 400   ② 500   ③ 600

④ 700   ⑤ 800

43   2014학년도 수능 A형(홀) 10번 / B형(홀) 25번

단면의 반지름의 길이가 $R(R < 1)$인 원기둥 모양의 어느 급수관에 물이 가득 차 흐르고 있다. 이 급수관의 단면의 중심에서의 물의 속력을 v_c, 급수관의 벽면으로부터 중심 방향으로 $x(0 < x \leq R)$만큼 떨어진 지점에서의 물의 속력을 v라 하면 다음과 같은 관계식이 성립한다고 한다.

$$\dfrac{v_c}{v} = 1 - k\log\dfrac{x}{R}$$

(단, k는 양의 상수이고, 길이의 단위는 m, 속력의 단위는 m/초이다.)

$R < 1$인 이 급수관의 벽면으로부터 중심 방향으로 $R^{\frac{11}{13}}$만큼 떨어진 지점에서의 물의 속력이 중심에서의 물의 속력의 $\dfrac{1}{2}$일 때, 급수관의 벽면으로부터 중심 방향으로 R^a만큼 떨어진 지점에서의 물의 속력이 중심에서의 물의 속력의 $\dfrac{1}{3}$이다. a의 값은? [3점]

① $\dfrac{39}{23}$ ② $\dfrac{37}{23}$ ③ $\dfrac{35}{23}$

④ $\dfrac{33}{23}$ ⑤ $\dfrac{31}{23}$

로그

1 로그의 정의

(1) $a > 0$, $a \neq 1$, $N > 0$일 때,
$$a^x = N \iff x = \log_a N$$

(2) $\log_a N$이 정의되려면
  ① 밑은 1이 아닌 양수이어야 한다. ⇨ $a > 0$, $a \neq 1$
  ② 진수는 양수이어야 한다. ⇨ $N > 0$

  예 (1) $\log_{x-1} 4$가 정의되려면 $x-1 > 0$, $x-1 \neq 1$ ∴ $1 < x < 2$ 또는 $x > 2$
  (2) $\log_3 (x-2)$가 정의되려면 $x-2 > 0$ ∴ $x > 2$

> **고1 다시보기**
>
> 진수가 이차식으로 주어진 로그가 정의되는 조건을 구하는 문제에서 이차부등식이 항상 성립할 조건을 이용하므로 다음을 기억하자.
>
> • 이차부등식이 항상 성립할 조건
>
>   이차방정식 $ax^2 + bx + c = 0$의 판별식을 D라 할 때, 모든 실수 x에 대하여 주어진 이차부등식이 항상 성립할 조건은 다음과 같다.
>   (1) $ax^2 + bx + c > 0$ ⇨ $a > 0$, $D < 0$
>   (2) $ax^2 + bx + c < 0$ ⇨ $a < 0$, $D < 0$

2 로그의 성질

(1) 로그의 성질

  $a > 0$, $a \neq 1$, $M > 0$, $N > 0$일 때
  ① $\log_a 1 = 0$, $\log_a a = 1$
  ② $\log_a MN = \log_a M + \log_a N$
  ③ $\log_a \dfrac{M}{N} = \log_a M - \log_a N$
  ④ $\log_a M^k = k \log_a M$ (단, k는 실수)

  예 (1) $\log_3 1 = 0$, $\log_3 3 = 1$
  (2) $\log_3 12 = \log_3 (3 \times 4) = \log_3 3 + \log_3 4 = 1 + \log_3 4$
  (3) $\log_3 \dfrac{4}{3} = \log_3 4 - \log_3 3 = \log_3 4 - 1$
  (4) $\log_3 3^5 = 5 \log_3 3 = 5$

(2) 로그의 밑의 변환

  $a > 0$, $a \neq 1$, $b > 0$일 때
  ① $\log_a b = \dfrac{\log_c b}{\log_c a}$ (단, $c > 0$, $c \neq 1$)
  ② $\log_a b = \dfrac{1}{\log_b a}$ (단, $b \neq 1$)

  예 (1) $\log_3 5 = \dfrac{\log_2 5}{\log_2 3}$ (2) $\log_3 2 = \dfrac{1}{\log_2 3}$

(3) 로그의 여러 가지 성질

  $a > 0$, $a \neq 1$, $b > 0$일 때
  ① $\log_{a^m} b^n = \dfrac{n}{m} \log_a b$ (단, $m \neq 0$이고, m, n은 실수)
  ② $a^{\log_c b} = b^{\log_c a}$ (단, $c > 0$, $c \neq 1$)

  예 (1) $\log_{5^2} 7^3 = \dfrac{3}{2} \log_5 7$ (2) $5^{\log_5 7} = 7^{\log_5 5} = 7$

• $\log_a N$에서 a를 밑, N을 진수라 한다.

• **로그의 값이 자연수가 되는 조건**

  $\log_a N$이 자연수가 되도록 하는 a 또는 N의 값을 구할 때, $\log_a N = k$ (k는 자연수)로 놓고 로그의 정의를 이용하여 $a^k = N$ 꼴로 변형한 후 해결한다.

  예 $2 \log_a 3$이 자연수가 되도록 하는 2 이상의 자연수 a의 값을 구해 보자.
  $2 \log_a 3 = k$ (k는 자연수)라 하면
  $\log_a 3 = \dfrac{k}{2}$, $a^{\frac{k}{2}} = 3$ ∴ $a = 3^{\frac{2}{k}}$
  이때 $\dfrac{2}{k}$가 자연수이어야 하므로
  $k = 1$ 또는 $k = 2$
  ∴ $a = 3$ 또는 $a = 9$

• 로그의 값을 문자로 나타낼 때는 다음과 같은 순서로 한다.
  (1) 로그의 밑의 변환을 이용하여 주어진 문자를 나타내는 로그와 구하는 로그의 밑을 같게 한다.
  (2) 구하는 로그의 진수를 곱의 꼴로 나타낸 후 로그의 성질을 이용하여 로그의 합 또는 차의 꼴로 나타낸다.
  (3) (2)의 식에 주어진 문자를 대입한다.

• $a > 0$, $a \neq 1$, $b > 0$, $b \neq 1$일 때,
  $\log_a b \times \log_b a = 1$

• $a > 0$, $a \neq 1$, $b > 0$일 때,
  $a^{\log_a b} = b$

고1 다시보기

이차방정식의 근과 계수의 관계를 이용하여 구한 값을 로그로 표현된 식에 대입한 후 로그의 성질을 이용하여 그 값을 계산하는 문제가 출제된다. 또 다양한 개념과 연관된 로그의 활용 문제가 출제되므로 다음을 기억하자.

- 이차방정식의 근과 계수의 관계

  이차방정식 $ax^2+bx+c=0$의 두 근을 α, β라 하면

  $$\alpha+\beta=-\frac{b}{a},\ \alpha\beta=\frac{c}{a}$$

- 세 점 A, B, C가 일직선 위에 있을 조건

  (두 점 A, B를 지나는 직선의 기울기)=(두 점 A, C를 지나는 직선의 기울기)

- 일대일대응

  함수 $f:X\longrightarrow Y$에서 정의역 X의 임의의 두 원소 x_1, x_2에 대하여

  (i) $x_1\neq x_2$이면 $f(x_1)\neq f(x_2)$

  (ii) 치역과 공역이 같다.

  를 모두 만족시킬 때, 이 함수 f를 일대일대응이라 한다.

예 (1)

정의역의 서로 다른 두 원소에 대응하는 공역의 원소가 다르고 치역과 공역이 같지 않다.

⇨ 일대일함수이지만 일대일대응은 아니다.

(2)

정의역의 서로 다른 두 원소에 대응하는 공역의 원소가 다르고 치역과 공역이 같다.

⇨ 일대일대응이다.

- 두 점 (x_1, y_1), (x_2, y_2)를 지나는 직선의 기울기

  ⇨ $\dfrac{y_2-y_1}{x_2-x_1}=\dfrac{y_1-y_2}{x_1-x_2}$ (단, $x_1\neq x_2$)

- 일대일함수

  함수 $f:X\longrightarrow Y$에서 정의역 X의 임의의 두 원소 x_1, x_2에 대하여

  $x_1\neq x_2$이면 $f(x_1)\neq f(x_2)$

  가 성립할 때, 이 함수 f를 일대일함수라 한다.

---

3 상용로그

(1) 상용로그

10을 밑으로 하는 로그를 상용로그라 한다.

이때 양수 N에 대하여 상용로그 $\log_{10}N$은 밑 10을 생략하여 $\log N$으로 나타낸다.

예 · $\log 1000=\log_{10}10^3=3\log_{10}10=3$

· $\log\dfrac{1}{100}=\log_{10}10^{-2}=-2\log_{10}10=-2$

· $\log\sqrt{10}=\log_{10}10^{\frac{1}{2}}=\dfrac{1}{2}\log_{10}10=\dfrac{1}{2}$

(2) 상용로그표

상용로그표는 0.01의 간격으로 1.00부터 9.99까지의 수의 상용로그의 값을 반올림하여 소수점 아래 넷째 자리까지 나타낸 것이다.

예 다음 상용로그표에서 $\log 5.17$의 값을 구하려면 5.1의 가로줄과 7의 세로줄이 만나는 곳에 있는 수를 찾으면 된다. 이때 상용로그표에서 .7135는 0.7135를 뜻하므로 $\log 5.17=0.7135$이다.

수	0	1	$\cdots$	7	8
$\vdots$	$\vdots$	$\vdots$	$\cdots$	$\vdots$	$\vdots$
5.0	.6990	.6998	$\cdots$	.7050	.7059
5.1	.7076	.7084	$\cdots$	.7135	.7143
5.2	.7160	.7168	$\cdots$	.7218	.7226
$\vdots$	$\vdots$	$\vdots$	$\cdots$	$\vdots$	$\vdots$

- $10^a<x<10^b$에서 각 변에 상용로그를 취하면

  $\log 10^a<\log x<\log 10^b$이므로

  $a<\log x<b$

- 로그의 성질을 이용하여 상용로그표에 없는 양수의 상용로그의 값도 구할 수 있다.

  예 $\log 51.7=\log(5.17\times 10)=\log 5.17+1$

  이고 이때 왼쪽의 상용로그표에서

  $\log 5.17=0.7135$이므로

  $\log 51.7=1.7135$

---

4 로그의 실생활에의 활용

주어진 관계식에서 각 문자가 나타내는 것이 무엇인지 파악한 후 조건에 따라 수를 대입하고 로그의 정의 및 성질을 이용하여 값을 구한다.

3~4 일차

유형 01 로그의 정의

01 대표문제
2016학년도 3월 학평-나형 22번

$\log_4 a = \dfrac{7}{2}$일 때, a의 값을 구하시오. [3점]

02
2016학년도 3월 학평-나형 5번

양수 a에 대하여 $\log_2 \dfrac{a}{4} = b$일 때, $\dfrac{2^b}{a}$의 값은? [3점]

① $\dfrac{1}{16}$ ② $\dfrac{1}{8}$ ③ $\dfrac{1}{4}$

④ $\dfrac{1}{2}$ ⑤ 1

유형 02 로그가 정의되는 조건

03 대표문제
2019학년도 3월 학평-나형 26번

$\log_x(-x^2 + 4x + 5)$가 정의되기 위한 모든 정수 x의 값의 합을 구하시오. [4점]

04
2018학년도 4월 학평-나형 12번

$\log_a(-2a + 14)$가 정의되도록 하는 정수 a의 개수는? [3점]

① 1 ② 2 ③ 3

④ 4 ⑤ 5

05

$\log_{(a+3)}(-a^2+3a+28)$이 정의되도록 하는 모든 정수 a의 개수를 구하시오. [3점]

06

모든 실수 x에 대하여 $\log_a(x^2+2ax+5a)$가 정의되기 위한 모든 정수 a의 값의 합은? [3점]

① 9   ② 11   ③ 13
④ 15   ⑤ 17

유형03   로그의 성질을 이용한 계산

07 대표 문제

$\log_5 40+\log_5 \dfrac{5}{8}$의 값을 구하시오. [3점]

08

$\log_2(2^2\times2^3)$의 값을 구하시오. [3점]

09

$\log_2 \sqrt{8}$의 값은? [2점]

① 1   ② $\dfrac{3}{2}$ ③ 2

④ $\dfrac{5}{2}$ ⑤ 3

11

양수 a에 대하여 $a^{\frac{1}{2}}=8$일 때, $\log_2 a$의 값을 구하시오. [3점]

10

$4^{\frac{1}{2}}+\log_2 8$의 값은? [2점]

① 1   ② 2   ③ 3

④ 4   ⑤ 5

12

$\log_{15} 3 + \log_{15} 5$의 값은? [2점]

① 1   ② 2   ③ 3

④ 4   ⑤ 5

13

$\log_4 \dfrac{2}{3} + \log_4 24$의 값을 구하시오. [3점]

14

$\log_5(6-\sqrt{11}) + \log_5(6+\sqrt{11})$의 값은? [3점]

① 1   ② 2   ③ 3

④ 4   ⑤ 5

15

$\log_3 6 - \log_3 2$의 값은? [3점]

① 1   ② 2   ③ 3

④ 4   ⑤ 5

16

$\log_3 72 - \log_3 8$의 값을 구하시오. [3점]

17

$\log_2 100 - 2\log_2 5$의 값을 구하시오. [3점]

19

$10^{0.94} = k$라 할 때, $\log k^2 + \log \dfrac{k}{10}$의 값은? [3점]

① 1.82   ② 1.85   ③ 1.88

④ 1.91   ⑤ 1.94

18

$\log_3 10 + \log_3 \dfrac{9}{5} - \log_3 \dfrac{2}{3}$의 값은? [3점]

① 1   ② 2   ③ 3

④ 4   ⑤ 5

20

이차방정식 $x^2 - 18x + 6 = 0$의 두 근을 α, β라 할 때, $\log_2(\alpha + \beta) - 2\log_2 \alpha\beta$의 값은? [3점]

① -5 ② -4 ③ -3

④ -2 ⑤ -1

유형 04 로그의 밑의 변환과 여러 가지 성질을 이용한 계산

21 문제

2022학년도 수능 (홀) 16번

$\log_2 120 - \dfrac{1}{\log_{15} 2}$의 값을 구하시오. [3점]

23

2023학년도 4월 학평 1번

$\log_6 4 + \dfrac{2}{\log_3 6}$의 값은? [2점]

① 1   ② 2   ③ 3

④ 4   ⑤ 5

22

2023학년도 3월 학평 16번

$\log_2 96 - \dfrac{1}{\log_6 2}$의 값을 구하시오. [3점]

24

2018학년도 3월 학평-나형 12번

$\dfrac{1}{\log_4 18} + \dfrac{2}{\log_9 18}$의 값은? [3점]

① 1   ② 2   ③ 3

④ 4   ⑤ 5

25

$\log_2 9 \times \log_3 16$의 값을 구하시오. [3점]

26

$a = 9^{11}$일 때, $\dfrac{1}{\log_a 3}$의 값을 구하시오. [3점]

27

$\dfrac{\log_5 72}{\log_5 2} - 4\log_2 \dfrac{\sqrt{6}}{2}$의 값을 구하시오. [3점]

28

$\log_3 54 + \log_9 \dfrac{1}{36}$의 값은? [2점]

① 1   ② 2   ③ 3

④ 4   ⑤ 5

• 해설편 029쪽

29

$\log_2 96 + \log_{\frac{1}{4}} 9$의 값을 구하시오. [3점]

30

$4^{\log_2 3}$의 값은? [2점]

① 3   ② 6   ③ 9

④ 12   ⑤ 15

31

두 실수 $a = 2\log \dfrac{1}{\sqrt{10}} + \log_2 20$, $b = \log 2$에 대하여 $a \times b$의 값은? [3점]

① 1   ② 2   ③ 3

④ 4   ⑤ 5

유형 05 로그를 주어진 문자로 나타내기

32 대표 문제

2020학년도 6월 모평 나형 8번

$\log_2 5 = a$, $\log_5 3 = b$일 때, $\log_5 12$를 a, b로 옳게 나타낸 것은?

[3점]

① $\dfrac{1}{a} + b$ ② $\dfrac{2}{a} + b$ ③ $\dfrac{1}{a} + 2b$

④ $a + \dfrac{1}{b}$ ⑤ $2a + \dfrac{1}{b}$

33

2017학년도 3월 학평-나형 8번

$\log 2 = a$, $\log 3 = b$라 할 때, $\log \dfrac{4}{15}$를 a, b로 나타낸 것은?

[3점]

① $3a - b - 1$ ② $3a + b - 1$ ③ $2a - b + 1$

④ $2a + b - 1$ ⑤ $a - 3b + 1$

34

2019학년도 6월 학평(고2)-가형 9번

$\log 2 = a$, $\log 3 = b$라 할 때, $\log_5 18$을 a, b로 나타낸 것은?

[3점]

① $\dfrac{2a + b}{1 + a}$ ② $\dfrac{a + 2b}{1 + a}$ ③ $\dfrac{a + b}{1 - a}$

④ $\dfrac{2a + b}{1 - a}$ ⑤ $\dfrac{a + 2b}{1 - a}$

35

2019학년도 3월 학평-나형 10번

$\log 1.44 = a$일 때, $2 \log 12$를 a로 나타낸 것은? [3점]

① $a + 1$ ② $a + 2$ ③ $a + 3$

④ $a + 4$ ⑤ $a + 5$

유형 01 로그의 성질을 이용하여 식의 값 구하기

01 대표 문제

1보다 큰 두 실수 a, b에 대하여

$$\log_{\sqrt{3}} a = \log_9 ab$$

가 성립할 때, $\log_a b$의 값은? [4점]

① 1   ② 2   ③ 3

④ 4   ⑤ 5

02

두 양수 a, b에 대하여 $\log_2 a = 54$, $\log_2 b = 9$일 때, $\log_b a$의 값은? [3점]

① 3   ② 6   ③ 9

④ 12   ⑤ 15

03

두 실수 a, b가

$$3a + 2b = \log_3 32, \quad ab = \log_9 2$$

를 만족시킬 때, $\dfrac{1}{3a} + \dfrac{1}{2b}$의 값은? [3점]

① $\dfrac{5}{12}$ ② $\dfrac{5}{6}$ ③ $\dfrac{5}{4}$

④ $\dfrac{5}{3}$ ⑤ $\dfrac{25}{12}$

04

두 실수 a, b가

$$ab = \log_3 5, \quad b - a = \log_2 5$$

를 만족시킬 때, $\dfrac{1}{a} - \dfrac{1}{b}$의 값은? [3점]

① $\log_5 2$ ② $\log_3 2$ ③ $\log_3 5$

④ $\log_2 3$ ⑤ $\log_2 5$

05

1보다 큰 두 실수 a, b에 대하여

$$\log_a \frac{a^3}{b^2} = 2$$

가 성립할 때, $\log_a b + 3\log_b a$의 값은? [3점]

① $\dfrac{9}{2}$ ② 5 ③ $\dfrac{11}{2}$

④ 6 ⑤ $\dfrac{13}{2}$

06

1이 아닌 두 양수 a, b에 대하여 $7\log a = 2\log b$일 때, $\dfrac{8}{21}\log_a b$의 값은? [3점]

① $\dfrac{1}{3}$ ② $\dfrac{2}{3}$ ③ 1

④ $\dfrac{4}{3}$ ⑤ $\dfrac{5}{3}$

07

1이 아닌 두 양수 a, b에 대하여

$$\log_2 a = \log_8 b$$

가 성립할 때, $\log_a b$의 값은? [3점]

① $\dfrac{1}{3}$ ② $\dfrac{1}{2}$ ③ 2

④ 3 ⑤ 4

08

1보다 큰 세 실수 a, b, c에 대하여 $\log_c a : \log_c b = 2 : 3$일 때, $10\log_a b + 9\log_b a$의 값을 구하시오. [3점]

09

2020학년도 7월 학평-나형 24번

1보다 큰 두 실수 a, b에 대하여

$$\log_{27} a = \log_3 \sqrt{b}$$

일 때, $20 \log_b \sqrt{a}$의 값을 구하시오. [3점]

11

2016학년도 10월 학평-나형 25번

1이 아닌 두 양수 a, b에 대하여 $\dfrac{\log_a b}{2a} = \dfrac{18 \log_b a}{b} = \dfrac{3}{4}$이 성립할 때, ab의 값을 구하시오. [3점]

4 일차

10

2019학년도 10월 학평-나형 23번

1이 아닌 두 양수 a, b가 $\log_a b = 3$을 만족시킬 때, $\log \dfrac{b}{a} \times \log_a 100$의 값을 구하시오. [3점]

12

2019학년도 11월 학평(고2)-가형 6번

두 양수 a, b에 대하여

$$\log_9 a^3 b = 1 + \log_3 ab$$

가 성립할 때, $\dfrac{a}{b}$의 값은? [3점]

① 6   ② 7   ③ 8

④ 9   ⑤ 10

13

1보다 큰 세 실수 a, b, c가

$$\log_a b = \frac{\log_b c}{2} = \frac{\log_c a}{4}$$

를 만족시킬 때, $\log_a b + \log_b c + \log_c a$의 값은? [3점]

① $\frac{7}{2}$ ② 4 ③ $\frac{9}{2}$

④ 5 ⑤ $\frac{11}{2}$

14

1보다 크고 10보다 작은 세 자연수 a, b, c에 대하여

$$\frac{\log_c b}{\log_a b} = \frac{1}{2}, \quad \frac{\log_b c}{\log_a c} = \frac{1}{3}$$

일 때, $a + 2b + 3c$의 값은? [4점]

① 21 ② 24 ③ 27

④ 30 ⑤ 33

유형 02 로그의 성질의 응용

15 대표 문제

2 이상의 세 실수 a, b, c가 다음 조건을 만족시킨다.

> (가) $\sqrt[3]{a}$는 ab의 네제곱근이다.
>
> (나) $\log_a bc + \log_b ac = 4$

$a = \left(\dfrac{b}{c}\right)^k$이 되도록 하는 실수 k의 값은? [4점]

① 6 ② $\frac{13}{2}$ ③ 7

④ $\frac{15}{2}$ ⑤ 8

16

다음 조건을 만족시키는 두 실수 a, b에 대하여 $a + b$의 값을 구하시오. [4점]

> (가) $\log_2 (\log_4 a) = 1$
>
> (나) $\log_a 5 \times \log_5 b = \frac{3}{2}$

17

2019학년도 6월 학평(고2)-나형 16번

두 양수 a, $b\,(b\neq1)$가 다음 조건을 만족시킬 때, a^2+b^2의 값은? [4점]

> (가) $(\log_2 a)(\log_b 3)=0$
> (나) $\log_2 a+\log_b 3=2$

① 3   ② 4   ③ 5
④ 6   ⑤ 7

18

2020학년도 9월 모평 나형 28번

네 양수 a, b, c, k가 다음 조건을 만족시킬 때, k^2의 값을 구하시오. [4점]

> (가) $3^a=5^b=k^c$
> (나) $\log c=\log(2ab)-\log(2a+b)$

19 대표 문제

2021학년도 6월 모평 나형 11번

좌표평면 위의 두 점 $(2,\ \log_4 2)$, $(4,\ \log_2 a)$를 지나는 직선이 원점을 지날 때, 양수 a의 값은? [3점]

① 1   ② 2   ③ 3
④ 4   ⑤ 5

20

2019학년도 6월 모평 나형 13번

좌표평면 위의 두 점 $(1,\ \log_2 5)$, $(2,\ \log_2 10)$을 지나는 직선의 기울기는? [3점]

① 1   ② 2   ③ 3
④ 4   ⑤ 5

21

두 양수 a, b에 대하여 좌표평면 위의 두 점 $(2, \log_4 a)$, $(3, \log_2 b)$를 지나는 직선이 원점을 지날 때, $\log_a b$의 값은?

(단, $a \neq 1$) [3점]

① $\dfrac{1}{4}$ 　　② $\dfrac{1}{2}$ 　　③ $\dfrac{3}{4}$

④ 1 　　⑤ $\dfrac{5}{4}$

23

좌표평면 위에 서로 다른 세 점 $A(0, -\log_2 9)$, $B(2a, \log_2 7)$, $C(-\log_2 9, a)$를 꼭짓점으로 하는 삼각형 ABC가 있다. 삼각형 ABC의 무게중심의 좌표가 $(b, \log_8 7)$일 때, 2^{a+3b}의 값은?

[4점]

① 63 　　② 72 　　③ 81

④ 90 　　⑤ 99

22

좌표평면 위의 두 점 $(0, 0)$, $(\log_2 9, k)$를 지나는 직선이 직선 $(\log_4 3)x + (\log_9 8)y - 2 = 0$에 수직일 때, 3^k의 값은?

(단, k는 상수이다.) [4점]

① 16 　　② 32 　　③ 64

④ 128 　　⑤ 256

24

수직선 위의 두 점 $P(\log_5 3)$, $Q(\log_5 12)$에 대하여 선분 PQ를 $m : (1-m)$으로 내분하는 점의 좌표가 1일 때, 4^m의 값은?

(단, m은 $0 < m < 1$인 상수이다.) [4점]

① $\dfrac{7}{6}$ 　　② $\dfrac{4}{3}$ 　　③ $\dfrac{3}{2}$

④ $\dfrac{5}{3}$ 　　⑤ $\dfrac{11}{6}$

25

좌표평면 위에 두 점 $A(4, \log_3 a)$, $B\left(\log_2 2\sqrt{2}, \log_3 \dfrac{3}{2}\right)$이 있다. 선분 AB를 $3 : 1$로 외분하는 점이 직선 $y = 4x$ 위에 있을 때, 양수 a의 값은? [4점]

① $\dfrac{3}{8}$ ② $\dfrac{7}{16}$ ③ $\dfrac{1}{2}$

④ $\dfrac{9}{16}$ ⑤ $\dfrac{5}{8}$

26

두 상수 a, $b\,(1 < a < b)$에 대하여 좌표평면 위의 두 점 $(a, \log_2 a)$, $(b, \log_2 b)$를 지나는 직선의 y절편과 두 점 $(a, \log_4 a)$, $(b, \log_4 b)$를 지나는 직선의 y절편이 같다. 함수 $f(x) = a^{bx} + b^{ax}$에 대하여 $f(1) = 40$일 때, $f(2)$의 값은? [4점]

① 760   ② 800   ③ 840

④ 880   ⑤ 920

27

자연수 n에 대하여 $f(n)$이 다음과 같다.

$$f(n) = \begin{cases} \log_3 n & (n \text{이 홀수}) \\ \log_2 n & (n \text{이 짝수}) \end{cases}$$

20 이하의 두 자연수 m, n에 대하여 $f(mn) = f(m) + f(n)$을 만족시키는 순서쌍 (m, n)의 개수는? [4점]

① 220   ② 230   ③ 240

④ 250   ⑤ 260

4
일차

28 [대표]문제

2019학년도 [수능] 나형(홀) 15번

2 이상의 자연수 n에 대하여 $5\log_n 2$의 값이 자연수가 되도록 하는 모든 n의 값의 합은? [4점]

① 34   ② 38   ③ 42

④ 46   ⑤ 50

30

2019학년도 6월 학평(고2)-나형 19번

자연수 n에 대하여 $2^{\frac{1}{n}}=a$, $2^{\frac{1}{n+1}}=b$라 하자. $\left\{\dfrac{3^{\log_2 ab}}{3^{(\log_2 a)(\log_2 b)}}\right\}^5$이 자연수가 되도록 하는 모든 n의 값의 합은? [4점]

① 14   ② 15   ③ 16

④ 17   ⑤ 18

29

2019학년도 9월 학평(고2)-나형 17번

2 이상의 자연수 n에 대하여

$$\log_n 4 \times \log_2 9$$

의 값이 자연수가 되도록 하는 모든 n의 값의 합은? [4점]

① 93   ② 94   ③ 95

④ 96   ⑤ 97

31

2023학년도 6월 [모평] 21번

자연수 n에 대하여 $4\log_{64}\left(\dfrac{3}{4n+16}\right)$의 값이 정수가 되도록 하는 1000 이하의 모든 n의 값의 합을 구하시오. [4점]

● 해설편 042쪽

32

$10 \leq x < 1000$인 실수 x에 대하여 $\log x^3 - \log \dfrac{1}{x^2}$의 값이 자연수가 되도록 하는 모든 x의 개수를 구하시오. [3점]

34

$\log_2(-x^2 + ax + 4)$의 값이 자연수가 되도록 하는 실수 x의 개수가 6일 때, 모든 자연수 a의 값의 곱을 구하시오. [4점]

33

$\log_4 2n^2 - \dfrac{1}{2}\log_2 \sqrt{n}$의 값이 40 이하의 자연수가 되도록 하는 자연수 n의 개수를 구하시오. [4점]

35

자연수 k에 대하여 두 집합

$A = \{\sqrt{a} \mid a는 \ 자연수, \ 1 \leq a \leq k\}$,

$B = \{\log_{\sqrt{3}} b \mid b는 \ 자연수, \ 1 \leq b \leq k\}$

가 있다. 집합 C를

$C = \{x \mid x \in A \cap B, \ x는 \ 자연수\}$

라 할 때, $n(C) = 3$이 되도록 하는 모든 자연수 k의 개수를 구하시오. [4점]

36 대표문제

다음은 상용로그표의 일부이다.

수	...	2	3	4	...
⋮		⋮	⋮	⋮	
3.0	...	.4800	.4814	.4829	...
3.1	...	.4942	.4955	.4969	...
3.2	...	.5079	.5092	.5105	...
3.3	...	.5211	.5224	.5237	...

$\log 32.4$의 값을 위의 표를 이용하여 구한 것은? [3점]

① 0.4800　　② 0.4955　　③ 1.4955

④ 1.5105　　⑤ 2.5105

37

다음은 상용로그표의 일부이다.

수	...	7	8	9
...	...	...	...	...
4.0	...	0.6096	0.6107	0.6117
4.1	...	0.6201	0.6212	0.6222
4.2	...	0.6304	0.6314	0.6325
...	...	...	...	...

위의 표를 이용하여 구한 $\log\sqrt{419}$의 값은? [3점]

① 1.3106　　② 1.3111　　③ 2.3106

④ 2.3111　　⑤ 3.3111

38 대표문제

고속철도의 최고소음도 L(dB)을 예측하는 모형에 따르면 한 지점에서 가까운 선로 중앙 지점까지의 거리를 d(m), 열차가 가까운 선로 중앙 지점을 통과할 때의 속력을 v(km/h)라 할 때, 다음과 같은 관계식이 성립한다고 한다.

$$L = 80 + 28\log\frac{v}{100} - 14\log\frac{d}{25}$$

가까운 선로 중앙 지점 P까지의 거리가 75 m인 한 지점에서 속력이 서로 다른 두 열차 A, B의 최고소음도를 예측하고자 한다. 열차 A가 지점 P를 통과할 때의 속력이 열차 B가 지점 P를 통과할 때의 속력의 0.9배일 때, 두 열차 A, B의 예측 최고소음도를 각각 L_A, L_B라 하자. $L_B - L_A$의 값은? [4점]

① $14 - 28\log 3$　　② $28 - 56\log 3$　　③ $28 - 28\log 3$

④ $56 - 84\log 3$　　⑤ $56 - 56\log 3$

39

세대당 종자의 평균 분산거리가 D이고 세대당 종자의 증식률이 R인 나무의 10세대 동안 확산에 의한 이동거리를 L이라 하면 다음과 같은 관계식이 성립한다고 한다.

$$L^2 = 100D^2 \times \log_3 R$$

세대당 종자의 평균 분산거리가 20이고 세대당 종자의 증식률이 81인 나무의 10세대 동안 확산에 의한 이동거리 L의 값은?

(단, 거리의 단위는 m이다.) [4점]

① 400　　② 500　　③ 600

④ 700　　⑤ 800

40

디지털 사진을 압축할 때 원본 사진과 압축한 사진의 다른 정도를 나타내는 지표인 최대 신호 대 잡음비를 P, 원본 사진과 압축한 사진의 평균제곱오차를 E라 하면 다음과 같은 관계식이 성립한다고 한다.

$$P = 20\log 255 - 10\log E \ (E > 0)$$

두 원본 사진 A, B를 압축했을 때 최대 신호 대 잡음비를 각각 P_A, P_B라 하고, 평균제곱오차를 각각 $E_A(E_A > 0)$, $E_B(E_B > 0)$이라 하자. $E_B = 100E_A$일 때, $P_A - P_B$의 값은? [3점]

① 30   ② 25   ③ 20

④ 15   ⑤ 10

41

도로용량이 C인 어느 도로구간의 교통량을 V, 통행시간을 t라 할 때, 다음과 같은 관계식이 성립한다고 한다.

$$\log\left(\frac{t}{t_0} - 1\right) = k + 4\log\frac{V}{C} \ (t > t_0)$$

(단, t_0은 도로 특성 등에 따른 기준통행시간이고, k는 상수이다.)
이 도로구간의 교통량이 도로용량의 2배일 때 통행시간은 기준통행시간 t_0의 $\frac{7}{2}$배이다. k의 값은? [3점]

① $-4\log 2$ ② $1 - 7\log 2$ ③ $-3\log 2$

④ $1 - 6\log 2$ ⑤ $1 - 5\log 2$

42

컴퓨터 통신이론에서 디지털 신호를 아날로그 신호로 바꾸는 통신장치의 성능을 평가할 때, 전송대역폭은 중요한 역할을 한다. 서로 다른 신호요소의 개수를 L, 필터링과 관련된 변수를 r, 데이터 전송률을 R(bps), 신호의 전송대역폭을 B(Hz)라고 할 때, 다음의 식이 성립한다고 한다.

$$B = \left(\frac{1 + r}{\log_2 L}\right) \times R$$

데이터 전송률이 같은 두 통신장치 P, Q의 서로 다른 신호요소의 개수, 필터링과 관련된 변수, 신호의 전송대역폭이 다음과 같을 때, k의 값은? [4점]

	서로 다른 신호요소의 개수	필터링과 관련된 변수	신호의 전송대역폭
P	l^3	0.32	b
Q	l	k	$4b$

① 0.74   ② 0.75   ③ 0.76

④ 0.77   ⑤ 0.78

단면의 반지름의 길이가 $R\,(R<1)$인 원기둥 모양의 어느 급수관에 물이 가득 차 흐르고 있다. 이 급수관의 단면의 중심에서의 물의 속력을 v_c, 급수관의 벽면으로부터 중심 방향으로 $x\,(0<x\le R)$만큼 떨어진 지점에서의 물의 속력을 v라 하면 다음과 같은 관계식이 성립한다고 한다.

$$\frac{v_c}{v}=1-k\log\frac{x}{R}$$

(단, k는 양의 상수이고, 길이의 단위는 m, 속력의 단위는 m/초이다.)

$R<1$인 이 급수관의 벽면으로부터 중심 방향으로 $R^{\frac{27}{23}}$만큼 떨어진 지점에서의 물의 속력이 중심에서의 물의 속력의 $\frac{1}{2}$일 때, 급수관의 벽면으로부터 중심 방향으로 R^a만큼 떨어진 지점에서의 물의 속력이 중심에서의 물의 속력의 $\frac{1}{3}$이다. a의 값은?

[3점]

① $\dfrac{39}{23}$ ② $\dfrac{37}{23}$ ③ $\dfrac{35}{23}$

④ $\dfrac{33}{23}$ ⑤ $\dfrac{31}{23}$

$4<a<b<200$인 두 자연수 a, b에 대하여 집합 $A=\{k\,|\,k=\log_a b,\ k\text{는 유리수}\}$라 하자. $n(A)$의 값은? [4점]

① 11 ② 13 ③ 15

④ 17 ⑤ 19

45

2 이상의 자연수 x에 대하여

$$\log_x n \ (n은 1 \le n \le 300인 자연수)$$

가 자연수인 n의 개수를 $A(x)$라 하자. 예를 들어, $A(2)=8$, $A(3)=5$이다. 집합 $P=\{2, 3, 4, 5, 6, 7, 8\}$의 공집합이 아닌 부분집합 X에 대하여 집합 X에서 집합 X로의 대응 f를

$$f(x)=A(x) \ (x \in X)$$

로 정의하면 어떤 대응 f는 함수가 된다. 함수 f가 일대일대응이 되도록 하는 집합 X의 개수를 구하시오. [4점]

46

다음 조건을 만족시키는 20 이하의 모든 자연수 n의 값의 합을 구하시오. [4점]

$\log_2(na-a^2)$과 $\log_2(nb-b^2)$은 같은 자연수이고 $0<b-a\le\dfrac{n}{2}$인 두 실수 a, b가 존재한다.

한눈에 정리하는
평가원 기출 경향

주제 \ 학년도	**2025**	**2024**	**2023**

지수함수의 그래프와 성질

11   2025학년도 수능 (홀) 20번

곡선 $y=\left(\frac{1}{5}\right)^{x-3}$ 과 직선 $y=x$가 만나는 점의 x좌표를 k라 하자. 실수 전체의 집합에서 정의된 함수 $f(x)$가 다음 조건을 만족시킨다.

> $x>k$인 모든 실수 x에 대하여 $f(x)=\left(\frac{1}{5}\right)^{x-3}$이고 $f(f(x))=3x$이다.

$f\left(\dfrac{1}{k^3\times 5^{3k}}\right)$의 값을 구하시오. [4점]

지수함수의 최대, 최소

빈출

지수함수의 그래프의 활용

35   2025학년도 6월 모평 12번

그림과 같이 곡선 $y=1-2^{-x}$ 위의 제1사분면에 있는 점 A를 지나고 y축에 평행한 직선이 곡선 $y=2^x$과 만나는 점을 B라 하자. 점 A를 지나고 x축에 평행한 직선이 곡선 $y=2^x$과 만나는 점을 C, 점 C를 지나고 y축에 평행한 직선이 곡선 $y=1-2^{-x}$과 만나는 점을 D라 하자. $\overline{AB}=2\overline{CD}$일 때, 사각형 ABCD의 넓이는? [4점]

① $\dfrac{5}{2}\log_2 3-\dfrac{5}{4}$ ② $3\log_2 3-\dfrac{3}{2}$ ③ $\dfrac{7}{2}\log_2 3-\dfrac{7}{4}$

④ $4\log_2 3-2$ ⑤ $\dfrac{9}{2}\log_2 3-\dfrac{9}{4}$

41   2023학년도 9월 모평 21번

그림과 같이 곡선 $y=2^x$ 위에 두 점 $P(a, 2^a)$, $Q(b, 2^b)$이 있다. 직선 PQ의 기울기를 m이라 할 때, 점 P를 지나며 기울기가 $-m$인 직선이 x축, y축과 만나는 점을 각각 A, B라 하고, 점 Q를 지나며 기울기가 $-m$인 직선이 x축과 만나는 점을 C라 하자.

$$\overline{AB}=4\overline{PB}, \quad \overline{CQ}=3\overline{AB}$$

일 때, $90\times(a+b)$의 값을 구하시오. (단, $0<a<b$) [4점]

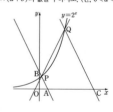

2022 ~ 2014

08

함수 $f(x) = -2^{4-3x} + k$의 그래프가 제2사분면을 지나지 않도록 하는 자연수 k의 최댓값은? [3점]

① 10   ② 12   ③ 14

④ 16   ⑤ 18

17

$-1 \le x \le 3$에서 함수 $f(x) = 2^{|x|}$의 최댓값과 최솟값의 합은? [3점]

① 5   ② 7   ③ 9

④ 11   ⑤ 13

15

$1 \le x \le 3$에서 함수 $1 + \left(\frac{1}{3}\right)^{x-1}$의 최댓값은? [3점]

① $\frac{5}{3}$ ② 2   ③ $\frac{7}{3}$

④ $\frac{8}{3}$ ⑤ 3

12

$0 < a < 1$인 실수 a에 대하여 함수 $f(x) = a^x$은 $-2 \le x \le 1$에서 최솟값 $\frac{5}{6}$, 최댓값 M을 갖는다. $a \times M$의 값은? [3점]

① $\frac{2}{5}$ ② $\frac{3}{5}$ ③ $\frac{4}{5}$

④ 1   ⑤ $\frac{6}{5}$

16

$-1 \le x \le 3$에서 두 함수

$$f(x) = 2^x, \ g(x) = \left(\frac{1}{2}\right)^{2x}$$

의 최댓값을 각각 a, b라 하자. ab의 값을 구하시오. [3점]

31

직선 $y = 2x + k$가 두 함수

$$y = \left(\frac{2}{3}\right)^{x+3} + 1, \ y = \left(\frac{2}{3}\right)^{x+1} + \frac{8}{3}$$

의 그래프와 만나는 점을 각각 P, Q라 하자. $\overline{PQ} = \sqrt{5}$일 때, 상수 k의 값은? [4점]

① $\frac{31}{6}$ ② $\frac{16}{3}$ ③ $\frac{11}{2}$

④ $\frac{17}{3}$ ⑤ $\frac{35}{6}$

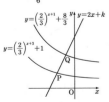

30

곡선 $y = 2^{ax+b}$과 직선 $y = x$가 서로 다른 두 점 A, B에서 만날 때, 두 점 A, B에서 x축에 내린 수선의 발을 각각 C, D라 하자. $\overline{AB} = 6\sqrt{2}$이고 사각형 ACDB의 넓이가 30일 때, $a + b$의 값은? (단, a, b는 상수이다.) [3점]

① $\frac{1}{6}$ ② $\frac{1}{3}$ ③ $\frac{1}{2}$

④ $\frac{2}{3}$ ⑤ $\frac{5}{6}$

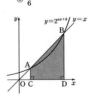

39

두 곡선 $y = 2^x$과 $y = -2x^2 + 2$가 만나는 두 점을 (x_1, y_1), (x_2, y_2)라 하자. $x_1 < x_2$일 때, 〈보기〉에서 옳은 것만을 있는 대로 고른 것은? [4점]

〈 보기 〉
ㄱ. $x_2 > \frac{1}{2}$
ㄴ. $y_2 - y_1 < x_2 - x_1$
ㄷ. $\frac{\sqrt{2}}{2} < y_1 y_2 < 1$

① ㄱ   ② ㄱ, ㄴ   ③ ㄱ, ㄷ

④ ㄴ, ㄷ   ⑤ ㄱ, ㄴ, ㄷ

42

다음 조건을 만족시키는 두 자연수 a, b의 모든 순서쌍 (a, b)의 개수를 구하시오. [4점]

(가) $1 \le a \le 10$, $1 \le b \le 100$
(나) 곡선 $y = 2^x$이 원 $(x-a)^2 + (y-b)^2 = 1$과 만나지 않는다.
(다) 곡선 $y = 2^x$이 원 $(x-a)^2 + (y-b)^2 = 4$와 적어도 한 점에서 만난다.

32

그림과 같이 함수 $y = 2^x$의 그래프 위의 한 점 A를 지나고 x축에 평행한 직선이 함수 $y = 15 \cdot 2^{-x}$의 그래프와 만나는 점을 B라 하자. 점 A의 x좌표를 a라 할 때, $1 < \overline{AB} < 100$을 만족시키는 2 이상의 자연수 a의 개수는? [4점]

① 40   ② 43   ③ 46

④ 49   ⑤ 52

5 — 일차

지수함수

1 지수함수의 그래프

(1) 지수함수의 그래프와 성질

지수함수 $y=a^x$ $(a>0,\ a\neq1)$의 그래프는 a의 값의 범위에 따라 다음과 같다.

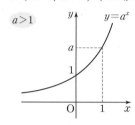 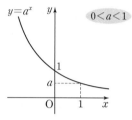

이때 지수함수 $y=a^x$ $(a>0,\ a\neq1)$의 성질은 다음과 같다.

① 정의역은 실수 전체의 집합이고, 치역은 양의 실수 전체의 집합이다.

② 일대일함수이다.

③ $a>1$일 때, x의 값이 증가하면 y의 값도 증가한다.

 $0<a<1$일 때, x의 값이 증가하면 y의 값은 감소한다.

④ 그래프는 점 $(0,\ 1)$을 지나고, 그래프의 점근선은 x축(직선 $y=0$)이다.

> **참고** 함수 $y=a^x$에서 $a=1$이면 $y=1^x=1$이므로 $y=a^x$은 상수함수가 된다.
>
> 따라서 지수함수의 밑은 1이 아닌 양수인 경우만 생각한다.

(2) 지수함수의 그래프의 평행이동과 대칭이동

지수함수 $y=a^x$ $(a>0,\ a\neq1)$의 그래프를

① x축의 방향으로 m만큼, y축의 방향으로 n만큼 평행이동한 그래프의 식

 $\Rightarrow y=a^{x-m}+n$

② x축에 대하여 대칭이동한 그래프의 식 $\Rightarrow y=-a^x$

③ y축에 대하여 대칭이동한 그래프의 식 $\Rightarrow y=a^{-x}=\left(\dfrac{1}{a}\right)^x$

④ 원점에 대하여 대칭이동한 그래프의 식 $\Rightarrow y=-a^{-x}=-\left(\dfrac{1}{a}\right)^x$

> **예** 함수 $y=3^x$의 그래프를
>
> (1) x축의 방향으로 -1만큼, y축의 방향으로 4만큼 평행이동한 그래프의 식
>
> $\Rightarrow y=3^{x+1}+4$
>
> (2) x축에 대하여 대칭이동한 그래프의 식 $\Rightarrow y=-3^x$
>
> (3) y축에 대하여 대칭이동한 그래프의 식 $\Rightarrow y=3^{-x}=\left(\dfrac{1}{3}\right)^x$
>
> (4) 원점에 대하여 대칭이동한 그래프의 식 $\Rightarrow y=-3^{-x}=-\left(\dfrac{1}{3}\right)^x$

고1 다시보기

지수함수의 그래프 위의 두 점을 이은 선분의 내분점의 좌표를 구한 후 이를 이용하여 지수함수의 그래프 위의 점의 좌표를 구하는 문제가 출제되므로 다음을 기억하자.

• **좌표평면 위의 선분의 내분점**

 좌표평면 위의 두 점 $A(x_1,\ y_1)$, $B(x_2,\ y_2)$를 이은 선분 AB를 $m:n\,(m>0,\ n>0)$으로 내분하는 점의 좌표는

 $$\left(\dfrac{mx_2+nx_1}{m+n},\ \dfrac{my_2+ny_1}{m+n}\right)$$

> **예** 좌표평면 위의 두 점 $A(6,\ 2)$, $B(-2,\ -4)$를 이은 선분 AB를 $3:2$로 내분하는 점의 좌표는
>
> $$\left(\dfrac{3\times(-2)+2\times6}{3+2},\ \dfrac{3\times(-4)+2\times2}{3+2}\right) \qquad \therefore \left(\dfrac{6}{5},\ -\dfrac{8}{5}\right)$$

• 지수함수 $y=a^x$의 그래프가 점 $(p,\ q)$를 지나면
 $\Rightarrow q=a^p$

• 지수함수 $y=a^x$에서
 (1) $a>1$일 때, $x_1<x_2$이면 $a^{x_1}<a^{x_2}$
 (2) $0<a<1$일 때, $x_1<x_2$이면 $a^{x_1}>a^{x_2}$

• **지수함수 $y=a^{x-m}+n$의 성질**
 (1) 정의역은 실수 전체의 집합이고, 치역은 $\{y|y>n\}$이다.
 (2) 일대일함수이다.
 (3) $a>1$일 때 x의 값이 증가하면 y의 값도 증가하고, $0<a<1$일 때 x의 값이 증가하면 y의 값은 감소한다.
 (4) 그래프는 점 $(m,\ n+1)$을 지나고, 그래프의 점근선은 직선 $y=n$이다.

2 지수함수의 최대, 최소

$m \leq x \leq n$에서 지수함수 $f(x) = a^x \, (a > 0, \, a \neq 1)$은

(1) $a > 1$이면 $x = m$에서 최솟값 $f(m)$, $x = n$에서 최댓값 $f(n)$을 갖는다.

(2) $0 < a < 1$이면 $x = m$에서 최댓값 $f(m)$, $x = n$에서 최솟값 $f(n)$을 갖는다.

예 $-1 \leq x \leq 3$일 때

(1) 함수 $y = 2^x$은 $x = -1$에서 최솟값 $2^{-1} = \dfrac{1}{2}$, $x = 3$에서 최댓값 $2^3 = 8$을 갖는다.

(2) 함수 $y = \left(\dfrac{1}{3}\right)^x$은 $x = -1$에서 최댓값 $\left(\dfrac{1}{3}\right)^{-1} = 3$, $x = 3$에서 최솟값 $\left(\dfrac{1}{3}\right)^3 = \dfrac{1}{27}$을 갖는다.

> **고1 다시보기**
>
> 지수가 이차식인 경우 이차함수의 최대, 최소를 이용하여 지수함수의 최대, 최소를 구하는 문제가 출제되므로 다음을 기억하자.
>
> • 실수 전체의 범위에서의 이차함수의 최대, 최소
>
> 이차함수 $y = ax^2 + bx + c$의 최대, 최소는 $y = a(x-p)^2 + q$ 꼴로 변형하여 구한다.
>
> (1) $a > 0$일 때 ⇨ $x = p$에서 최솟값 q를 갖고, 최댓값은 없다.
>
> (2) $a < 0$일 때 ⇨ $x = p$에서 최댓값 q를 갖고, 최솟값은 없다.
>
> • 제한된 범위에서의 이차함수의 최대, 최소
>
> $\alpha \leq x \leq \beta$에서 이차함수 $f(x) = a(x-p)^2 + q$의 최대, 최소는 다음과 같다.
>
> (1) 꼭짓점의 x좌표가 $\alpha \leq x \leq \beta$에 포함될 때
>
> ⇨ $f(\alpha)$, $f(p)$, $f(\beta)$ 중 가장 큰 값이 최댓값, 가장 작은 값이 최솟값이다.
>
> (2) 꼭짓점의 x좌표가 $\alpha \leq x \leq \beta$에 포함되지 않을 때
>
> ⇨ $f(\alpha)$, $f(\beta)$ 중 큰 값이 최댓값, 작은 값이 최솟값이다.

3 지수함수의 그래프의 활용

(1) 지수함수 $y = f(x)$의 그래프가 직선 $y = k$와 만나는 점의 좌표

⇨ 교점의 y좌표가 k이므로 $f(x) = k$를 만족시키는 x의 값을 구하여 교점의 x좌표를 구한다.

(2) 두 지수함수의 그래프가 직선 $y = k$와 만나는 두 점을 이은 선분의 길이

⇨ 두 점의 y좌표가 모두 k로 같으므로 두 점을 A, B라 하면

$\overline{\mathrm{AB}}$ = (두 점 A, B의 x좌표의 차)

> **중2 고1 다시보기**
>
> 지수함수의 그래프의 활용 문제에 이용되는 다음 개념을 기억하자.
>
> • 삼각형에서 평행선과 선분의 길이의 비
>
> 삼각형 ABC에서 $\overline{\mathrm{AB}}$, $\overline{\mathrm{AC}}$ 위에 각각 점 D, E가 있을 때, $\overline{\mathrm{BC}} \, /\!/ \, \overline{\mathrm{DE}}$ 이면
>
> ⇨ $\overline{\mathrm{AB}} : \overline{\mathrm{BD}} = \overline{\mathrm{AC}} : \overline{\mathrm{CE}}$
>
>
>
> • 두 점 사이의 거리
>
> 좌표평면 위의 두 점 $\mathrm{A}(x_1, y_1)$, $\mathrm{B}(x_2, y_2)$ 사이의 거리 $\overline{\mathrm{AB}}$는
>
> $\overline{\mathrm{AB}} = \sqrt{(x_2 - x_1)^2 + (y_2 - y_1)^2}$
>
> • 좌표축에 평행 또는 수직인 직선의 방정식
>
> (1) x절편이 a이고 y축에 평행한(x축에 수직인) 직선의 방정식 ⇨ $x = a$
>
> (2) y절편이 b이고 x축에 평행한(y축에 수직인) 직선의 방정식 ⇨ $y = b$
>
> • 원의 방정식
>
> 중심이 점 (a, b)이고 반지름의 길이가 r인 원의 방정식은
>
> $(x-a)^2 + (y-b)^2 = r^2$

• 지수함수 $y = a^{f(x)}$에서

(1) $a > 1$이면 $f(x)$가 최대일 때 $a^{f(x)}$도 최대, $f(x)$가 최소일 때 $a^{f(x)}$도 최소이다.

(2) $0 < a < 1$이면 $f(x)$가 최소일 때 $a^{f(x)}$은 최대, $f(x)$가 최대일 때 $a^{f(x)}$은 최소이다.

• 지수함수의 밑에 미지수가 포함된 경우의 최댓값과 최솟값은

(밑) > 1, $0 <$ (밑) < 1

인 경우로 나누어 생각한다.

• 지수함수 $y = f(x)$의 그래프가 직선 $x = k$와 만나는 점의 좌표를 구할 때는 교점의 x좌표가 k이므로 $y = f(x)$에 $x = k$를 대입하여 y좌표를 구한다.

• 원 $(x-a)^2 + (y-b)^2 = r^2$ 위의 두 점 A, B를 이은 선분이 원의 지름일 때, 선분 AB의 중점은 원의 중심 (a, b)와 같다.

01 대표 문제

2020학년도 4월 학평–가형 24번

함수 $f(x)=2^{x+p}+q$의 그래프의 점근선이 직선 $y=-4$이고 $f(0)=0$일 때, $f(4)$의 값을 구하시오. (단, p와 q는 상수이다.)

[3점]

02

2015학년도 4월 학평–A형 6번

실수 a, b에 대하여 좌표평면에서 함수 $y=a\times 2^x$의 그래프가 두 점 $(0, 4)$, $(b, 16)$을 지날 때, $a+b$의 값은? [3점]

① 6   ② 7   ③ 8
④ 9   ⑤ 10

03

2014학년도 10월 학평–A형 8번

지수함수 $f(x)=a^x$의 그래프가 그림과 같다.

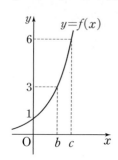

$f(b)=3$, $f(c)=6$일 때, $f\left(\dfrac{b+c}{2}\right)$의 값은? [3점]

① 4   ② $\sqrt{17}$ ③ $3\sqrt{2}$
④ $\sqrt{19}$ ⑤ $2\sqrt{5}$

04

2020학년도 3월 학평–나형 8번

$a>1$인 실수 a에 대하여 직선 $y=-x$가 곡선 $y=a^x$과 만나는 점의 좌표를 $(p, -p)$, 곡선 $y=a^{2x}$과 만나는 점의 좌표를 $(q, -q)$라 할 때, $\log_a pq=-8$이다. $p+2q$의 값은? [3점]

① 0   ② -2 ③ -4
④ -6 ⑤ -8

05

함수 $y=4^x$의 그래프를 x축의 방향으로 1만큼, y축의 방향으로 a만큼 평행이동한 그래프가 점 $\left(\dfrac{3}{2},\ 5\right)$를 지날 때, 상수 a의 값을 구하시오. [3점]

07

함수 $y=2^{x-a}+b$의 그래프가 그림과 같을 때, 두 상수 a, b에 대하여 $a+b$의 값은? (단, 직선 $y=3$은 그래프의 점근선이다.)

[3점]

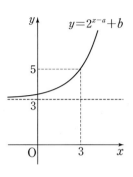

① 3   ② 5   ③ 7
④ 9   ⑤ 11

06

지수함수 $y=5^x$의 그래프를 x축의 방향으로 a만큼, y축의 방향으로 b만큼 평행이동하면 함수 $y=\dfrac{1}{9}\times5^{x-1}+2$의 그래프와 일치한다. 5^a+b의 값을 구하시오. (단, a, b는 상수이다.) [4점]

08

함수 $f(x)=-2^{4-3x}+k$의 그래프가 제2사분면을 지나지 않도록 하는 자연수 k의 최댓값은? [3점]

① 10   ② 12   ③ 14
④ 16   ⑤ 18

함수 $f(x)=\left(\dfrac{1}{2}\right)^{x-5}-64$에 대하여 함수 $y=|f(x)|$의 그래프와 직선 $y=k$가 제1사분면에서 만나도록 하는 자연수 k의 개수를 구하시오. (단, 좌표축은 어느 사분면에도 속하지 않는다.)

[4점]

지수함수 $y=3^x$의 그래프 위의 한 점 A의 y좌표가 $\dfrac{1}{3}$이다. 이 그래프 위의 한 점 B에 대하여 선분 AB를 $1:2$로 내분하는 점 C가 y축 위에 있을 때, 점 B의 y좌표는? [3점]

① 3   ② $3\sqrt[3]{3}$ ③ $3\sqrt{3}$

④ $3\sqrt[3]{9}$ ⑤ 9

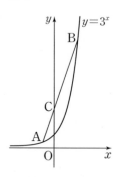

곡선 $y=\left(\dfrac{1}{5}\right)^{x-3}$과 직선 $y=x$가 만나는 점의 x좌표를 k라 하자. 실수 전체의 집합에서 정의된 함수 $f(x)$가 다음 조건을 만족시킨다.

> $x>k$인 모든 실수 x에 대하여 $f(x)=\left(\dfrac{1}{5}\right)^{x-3}$이고 $f(f(x))=3x$이다.

$f\left(\dfrac{1}{k^3 \times 5^{3k}}\right)$의 값을 구하시오. [4점]

유형 02 지수함수의 최대, 최소

12 대표 문제
2018학년도 9월 모평 가형 7번

$0<a<1$인 실수 a에 대하여 함수 $f(x)=a^x$은 $-2\leq x\leq 1$에서 최솟값 $\dfrac{5}{6}$, 최댓값 M을 갖는다. $a\times M$의 값은? [3점]

① $\dfrac{2}{5}$ ② $\dfrac{3}{5}$ ③ $\dfrac{4}{5}$

④ 1 ⑤ $\dfrac{6}{5}$

13
2019학년도 9월 학평(고2)-나형 8번

정의역이 $\{x\,|\,1\leq x\leq 3\}$인 함수 $f(x)=5^{x-2}+3$의 최댓값은? [3점]

① 4 ② 5 ③ 6

④ 7 ⑤ 8

14
2018학년도 4월 학평-가형 4번

$2\leq x\leq 4$에서 함수 $f(x)=\left(\dfrac{1}{2}\right)^{x-2}$의 최솟값은? [3점]

① $\dfrac{1}{32}$ ② $\dfrac{1}{16}$ ③ $\dfrac{1}{8}$

④ $\dfrac{1}{4}$ ⑤ $\dfrac{1}{2}$

15
2018학년도 수능 가형(홀) 5번

$1\leq x\leq 3$에서 함수 $f(x)=1+\left(\dfrac{1}{3}\right)^{x-1}$의 최댓값은? [3점]

① $\dfrac{5}{3}$ ② 2 ③ $\dfrac{7}{3}$

④ $\dfrac{8}{3}$ ⑤ 3

16

$-1 \le x \le 3$에서 두 함수

$$f(x) = 2^x, \ g(x) = \left(\frac{1}{2}\right)^{2x}$$

의 최댓값을 각각 a, b라 하자. ab의 값을 구하시오. [3점]

17

$-1 \le x \le 3$에서 함수 $f(x) = 2^{|x|}$의 최댓값과 최솟값의 합은?

[3점]

① 5   ② 7   ③ 9
④ 11   ⑤ 13

18

$2 \le x \le 3$에서 함수 $f(x) = \left(\frac{1}{3}\right)^{2x-a}$의 최댓값은 27, 최솟값은 m이다. $a \times m$의 값을 구하시오. (단, a는 상수이다.) [3점]

19

$-1 \le x \le 2$에서 함수 $f(x) = \left(\frac{3}{a}\right)^x$의 최댓값이 4가 되도록 하는 모든 양수 a의 값의 곱은? [3점]

① 16   ② 18   ③ 20
④ 22   ⑤ 24

20

두 함수 $f(x)=3^x$, $g(x)=3^{2-x}+a$의 그래프가 만나는 점의 x좌표가 2일 때, $1\le x\le 3$에서 함수 $f(x)g(x)$의 최솟값은? (단, a는 상수이다.) [3점]

① 31   ② 32   ③ 33

④ 34   ⑤ 35

21

함수 $f(x)=\left(\dfrac{1}{5}\right)^{x^2-4x+1}$ 은 $x=a$에서 최댓값 M을 갖는다.

$a+M$의 값은? [3점]

① 127   ② 129   ③ 131

④ 133   ⑤ 135

22

두 함수 $f(x)$, $g(x)$를

$$f(x)=x^2-6x+3,\ g(x)=a^x\,(a>0,\ a\ne 1)$$

이라 하자. $1\le x\le 4$에서 함수 $(g\circ f)(x)$의 최댓값은 27, 최솟값은 m이다. m의 값은? [4점]

① $\dfrac{1}{27}$ ② $\dfrac{1}{3}$ ③ $\dfrac{\sqrt{3}}{3}$

④ 3   ⑤ $3\sqrt{3}$

23 대표 문제

2014학년도 3월 학평−A형 10번

세 지수함수

$$f(x)=a^{-x},\ g(x)=b^x,\ h(x)=a^x\ (1<a<b)$$

에 대하여 직선 $y=2$가 세 곡선 $y=f(x)$, $y=g(x)$, $y=h(x)$ 와 만나는 점을 각각 P, Q, R라 하자. $\overline{PQ}:\overline{QR}=2:1$이고 $h(2)=2$일 때, $g(4)$의 값은? [3점]

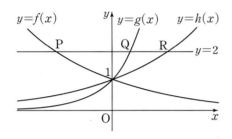

① 16
② $16\sqrt{2}$
③ 32

④ $32\sqrt{2}$
⑤ 64

24

2021학년도 10월 학평 6번

곡선 $y=6^{-x}$ 위의 두 점 $A(a, 6^{-a})$, $B(a+1, 6^{-a-1})$에 대하여 선분 $\overline{AB}$는 한 변의 길이가 1인 정사각형의 대각선이다. 6^{-a}의 값은? [3점]

① $\dfrac{6}{5}$
② $\dfrac{7}{5}$
③ $\dfrac{8}{5}$

④ $\dfrac{9}{5}$
⑤ 2

25

2021학년도 10월 학평 18번

그림과 같이 3 이상의 자연수 n에 대하여 두 곡선 $y=n^x$, $y=2^x$ 이 직선 $x=1$과 만나는 점을 각각 A, B라 하고, 두 곡선 $y=n^x$, $y=2^x$이 직선 $x=2$와 만나는 점을 각각 C, D라 하자. 사다리꼴 ABDC의 넓이가 18 이하가 되도록 하는 모든 자연수 n의 값의 합을 구하시오. [3점]

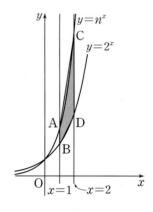

26

2013학년도 3월 학평−A형 10번

자연수 n에 대하여 직선 $y=n$이 두 곡선 $y=2^x$, $y=2^{x-1}$과 만나는 점을 각각 A_n, B_n이라 하자. 또, 점 B_n을 지나고 y축과 평행한 직선이 곡선 $y=2^x$과 만나는 점을 C_n이라 하자. $n=3$일 때, 직선 A_nC_n의 기울기는? [3점]

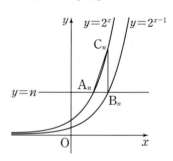

① 2
② $\dfrac{5}{2}$
③ 3

④ $\dfrac{7}{2}$
⑤ 4

27

그림과 같이 함수 $y=3^{x+1}$의 그래프 위의 한 점 A와 함수 $y=3^{x-2}$의 그래프 위의 두 점 B, C에 대하여 선분 AB는 x축에 평행하고 선분 AC는 y축에 평행하다. $\overline{AB}=\overline{AC}$가 될 때, 점 A의 y좌표는? (단, 점 A는 제1사분면 위에 있다.) [3점]

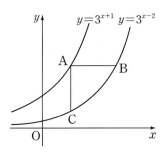

① $\dfrac{81}{26}$　　② $\dfrac{44}{13}$　　③ $\dfrac{95}{26}$

④ $\dfrac{101}{26}$　　⑤ $\dfrac{54}{13}$

28

그림과 같이 두 곡선 $y=2^{-x+a}$, $y=2^x-1$이 만나는 점을 A, 곡선 $y=2^{-x+a}$이 y축과 만나는 점을 B라 하자. 점 A에서 y축에 내린 수선의 발을 H라 할 때, $\overline{OB}=3\times\overline{OH}$이다. 상수 a의 값은? (단, O는 원점이다.) [4점]

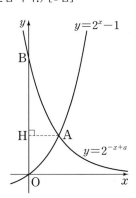

① 2　　② $\log_2 5$　　③ $\log_2 6$

④ $\log_2 7$　　⑤ 3

29

상수 $a\,(a>1)$에 대하여 함수 $y=|a^x-a|$의 그래프가 x축, y축과 만나는 점을 각각 A, B, 직선 $y=a$와 만나는 점을 C라 하고, 점 C에서 x축에 내린 수선의 발을 H라 하자. $\overline{AH}=1$일 때, 선분 BC의 길이는? [3점]

① 2　　② $\sqrt{5}$　　③ $\sqrt{6}$

④ $\sqrt{7}$　　⑤ $2\sqrt{2}$

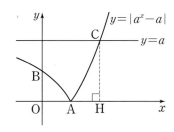

30

곡선 $y=2^{ax+b}$과 직선 $y=x$가 서로 다른 두 점 A, B에서 만날 때, 두 점 A, B에서 x축에 내린 수선의 발을 각각 C, D라 하자. $\overline{AB}=6\sqrt{2}$이고 사각형 ACDB의 넓이가 30일 때, $a+b$의 값은? (단, a, b는 상수이다.) [3점]

① $\dfrac{1}{6}$　　② $\dfrac{1}{3}$　　③ $\dfrac{1}{2}$

④ $\dfrac{2}{3}$　　⑤ $\dfrac{5}{6}$

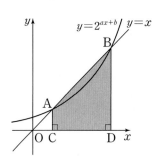

31

직선 $y=2x+k$가 두 함수

$$y=\left(\frac{2}{3}\right)^{x+3}+1,\ y=\left(\frac{2}{3}\right)^{x+1}+\frac{8}{3}$$

의 그래프와 만나는 점을 각각 P, Q라 하자. $\overline{PQ}=\sqrt{5}$일 때, 상수 k의 값은? [4점]

① $\dfrac{31}{6}$ ② $\dfrac{16}{3}$ ③ $\dfrac{11}{2}$

④ $\dfrac{17}{3}$ ⑤ $\dfrac{35}{6}$

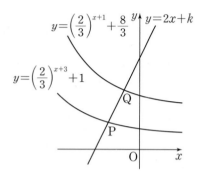

32

그림과 같이 함수 $y=2^x$의 그래프 위의 한 점 A를 지나고 x축에 평행한 직선이 함수 $y=15 \cdot 2^{-x}$의 그래프와 만나는 점을 B라 하자. 점 A의 x좌표를 a라 할 때, $1<\overline{AB}<100$을 만족시키는 2 이상의 자연수 a의 개수는? [4점]

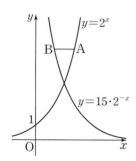

① 40   ② 43   ③ 46

④ 49   ⑤ 52

33

2017학년도 3월 학평–가형 27번

그림과 같이 곡선 $y=2^x$을 y축에 대하여 대칭이동한 후, x축의 방향으로 $\frac{1}{4}$만큼, y축의 방향으로 $\frac{1}{4}$만큼 평행이동한 곡선을 $y=f(x)$라 하자. 곡선 $y=f(x)$와 직선 $y=x+1$이 만나는 점 A와 점 B$(0,\,1)$ 사이의 거리를 k라 할 때, $\frac{1}{k^2}$의 값을 구하시오. [4점]

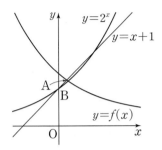

34

2020학년도 9월 학평(고2) 19번

그림과 같이 실수 $t\,(1<t<100)$에 대하여 점 P$(0,\,t)$를 지나고 x축에 평행한 직선이 곡선 $y=2^x$과 만나는 점을 A, 점 A에서 x축에 내린 수선의 발을 Q라 하자. 점 R$(0,\,2t)$를 지나고 x축에 평행한 직선이 곡선 $y=2^x$과 만나는 점을 B, 점 B에서 x축에 내린 수선의 발을 S라 하자. 사각형 ABRP의 넓이를 $f(t)$, 사각형 AQSB의 넓이를 $g(t)$라 할 때, $\frac{f(t)}{g(t)}$의 값이 자연수가 되도록 하는 모든 t의 값의 곱은? [4점]

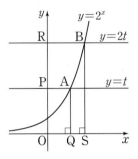

① 2^{11} ② 2^{12} ③ 2^{13}

④ 2^{14} ⑤ 2^{15}

그림과 같이 곡선 $y=1-2^{-x}$ 위의 제1사분면에 있는 점 A를 지나고 y축에 평행한 직선이 곡선 $y=2^x$과 만나는 점을 B라 하자. 점 A를 지나고 x축에 평행한 직선이 곡선 $y=2^x$과 만나는 점을 C, 점 C를 지나고 y축에 평행한 직선이 곡선 $y=1-2^{-x}$과 만나는 점을 D라 하자. $\overline{AB}=2\overline{CD}$일 때, 사각형 ABCD의 넓이는? [4점]

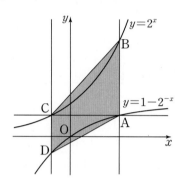

① $\dfrac{5}{2}\log_2 3-\dfrac{5}{4}$ ② $3\log_2 3-\dfrac{3}{2}$ ③ $\dfrac{7}{2}\log_2 3-\dfrac{7}{4}$

④ $4\log_2 3-2$ ⑤ $\dfrac{9}{2}\log_2 3-\dfrac{9}{4}$

그림과 같이 두 상수 $a\,(a>1)$, k에 대하여 두 함수

$$y=a^{x+1}+1,\quad y=a^{x-3}-\dfrac{7}{4}$$

의 그래프와 직선 $y=-2x+k$가 만나는 점을 각각 P, Q라 하자. 점 Q를 지나고 x축에 평행한 직선이 함수 $y=-a^{x+4}+\dfrac{3}{2}$의 그래프와 점 R에서 만나고 $\overline{PR}=\overline{QR}=5$일 때, $a+k$의 값은? [4점]

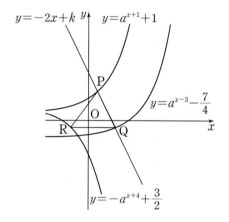

① $\dfrac{13}{2}$ ② $\dfrac{27}{4}$ ③ 7

④ $\dfrac{29}{4}$ ⑤ $\dfrac{15}{2}$

1등급을 향한 고난도 문제

37

그림과 같이 곡선 $y=2^{x-m}+n\,(m>0,\ n>0)$과 직선 $y=3x$가 서로 다른 두 점 A, B에서 만날 때, 점 B를 지나며 직선 $y=3x$에 수직인 직선이 y축과 만나는 점을 C라 하자. 직선 CA가 x축과 만나는 점을 D라 하면 점 D는 선분 CA를 5 : 3으로 외분하는 점이다. 삼각형 ABC의 넓이가 20일 때, $m+n$의 값을 구하시오.

(단, 점 A의 x좌표는 점 B의 x좌표보다 작다.) [4점]

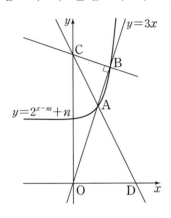

38

그림과 같이 $a>1$인 실수 a에 대하여 두 곡선
$$y=a^{-2x}-1,\ y=a^x-1$$
이 있다. 곡선 $y=a^{-2x}-1$과 직선 $y=-\sqrt{3}x$가 서로 다른 두 점 O, A에서 만난다. 점 A를 지나고 직선 OA에 수직인 직선이 곡선 $y=a^x-1$과 제1사분면에서 만나는 점을 B라 하자.
$\overline{\text{OA}}:\overline{\text{OB}}=\sqrt{3}:\sqrt{19}$일 때, 선분 AB의 길이를 구하시오.

(단, O는 원점이다.) [4점]

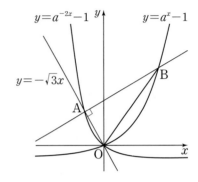

두 곡선 $y=2^x$과 $y=-2x^2+2$가 만나는 두 점을 (x_1, y_1), (x_2, y_2)라 하자. $x_1<x_2$일 때, 〈보기〉에서 옳은 것만을 있는 대로 고른 것은? [4점]

〈 보기 〉

ㄱ. $x_2>\dfrac{1}{2}$

ㄴ. $y_2-y_1<x_2-x_1$

ㄷ. $\dfrac{\sqrt{2}}{2}<y_1y_2<1$

① ㄱ   ② ㄱ, ㄴ   ③ ㄱ, ㄷ

④ ㄴ, ㄷ   ⑤ ㄱ, ㄴ, ㄷ

$0\leq x\leq 8$에서 정의된 함수 $f(x)$가 다음 조건을 만족시킨다.

(가) $f(x)=\begin{cases} 2^x-1 & (0\leq x\leq 1) \\ 2-2^{x-1} & (1<x\leq 2) \end{cases}$

(나) $n=1, 2, 3$일 때,

     $2^n f(x)=f(x-2n)\ (2n<x\leq 2n+2)$

함수 $y=f(x)$의 그래프와 x축으로 둘러싸인 부분의 넓이를 S라 할 때, $32S$의 값을 구하시오. [4점]

41

그림과 같이 곡선 $y=2^x$ 위에 두 점 $P(a, 2^a)$, $Q(b, 2^b)$이 있다. 직선 PQ의 기울기를 m이라 할 때, 점 P를 지나며 기울기가 $-m$인 직선이 x축, y축과 만나는 점을 각각 A, B라 하고, 점 Q를 지나며 기울기가 $-m$인 직선이 x축과 만나는 점을 C라 하자.

$$\overline{AB}=4\overline{PB}, \quad \overline{CQ}=3\overline{AB}$$

일 때, $90 \times (a+b)$의 값을 구하시오. (단, $0<a<b$) [4점]

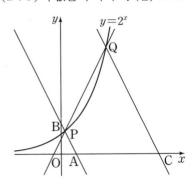

42

다음 조건을 만족시키는 두 자연수 a, b의 모든 순서쌍 (a, b)의 개수를 구하시오. [4점]

㈎ $1 \leq a \leq 10$, $1 \leq b \leq 100$

㈏ 곡선 $y=2^x$이 원 $(x-a)^2+(y-b)^2=1$과 만나지 않는다.

㈐ 곡선 $y=2^x$이 원 $(x-a)^2+(y-b)^2=4$와 적어도 한 점에서 만난다.

한눈에 정리하는
평가원 기출 경향

주제 \ 학년도	**2025**	**2024**	**2023**
로그함수의 그래프와 성질			
로그함수의 최대, 최소		**36** 2024학년도 수능 (홀) 21번	
로그함수의 그래프의 활용			
지수함수와 로그함수의 그래프	**23** 2025학년도 9월 모평 14번	**28** 2024학년도 6월 모평 21번	**30** 2023학년도 수능 (홀) 21번

36   2024학년도 수능 (홀) 21번

양수 a에 대하여 $x \ge -1$에서 정의된 함수 $f(x)$는

$$f(x)=\begin{cases} -x^2+6x & (-1 \le x < 6) \\ a\log_4(x-5) & (x \ge 6) \end{cases}$$

이다. $t \ge 0$인 실수 t에 대하여 $t-1 \le x \le t+1$에서의 $f(x)$의 최댓값을 $g(t)$라 하자. $t \ge 0$에서 함수 $g(t)$의 최솟값이 5가 되도록 하는 양수 a의 최솟값을 구하시오. [4점]

23   2025학년도 9월 모평 14번

자연수 n에 대하여 곡선 $y=2^x$ 위의 두 점 A_n, B_n이 다음 조건을 만족시킨다.

(가) 직선 A_nB_n의 기울기는 3이다.
(나) $\overline{A_nB_n}=n \times \sqrt{10}$

중심이 직선 $y=x$ 위에 있고 두 점 A_n, B_n을 지나는 원이 곡선 $y=\log_2 x$와 만나는 두 점의 x좌표 중 큰 값을 x_n이라 하자. $x_1+x_2+x_3$의 값은? [4점]

① $\dfrac{150}{7}$ ② $\dfrac{155}{7}$ ③ $\dfrac{160}{7}$
④ $\dfrac{165}{7}$ ⑤ $\dfrac{170}{7}$

28   2024학년도 6월 모평 21번

실수 t에 대하여 두 곡선 $y=t-\log_2 x$와 $y=2^{x-t}$이 만나는 점의 x좌표를 $f(t)$라 하자.
〈보기〉의 각 명제에 대하여 다음 규칙에 따라 A, B, C의 값을 정할 때, $A+B+C$의 값을 구하시오. (단, $A+B+C \ne 0$)
[4점]

- 명제 ㄱ이 참이면 $A=100$, 거짓이면 $A=0$이다.
- 명제 ㄴ이 참이면 $B=10$, 거짓이면 $B=0$이다.
- 명제 ㄷ이 참이면 $C=1$, 거짓이면 $C=0$이다.

───〈 보기 〉───
ㄱ. $f(1)=1$이고 $f(2)=2$이다.
ㄴ. 실수 t의 값이 증가하면 $f(t)$의 값도 증가한다.
ㄷ. 모든 양의 실수 t에 대하여 $f(t) \ge t$이다.

30   2023학년도 수능 (홀) 21번

자연수 n에 대하여 함수 $f(x)$를

$$f(x)=\begin{cases} |3^{x+2}-n| & (x<0) \\ |\log_2(x+4)-n| & (x \ge 0) \end{cases}$$

이라 하자. 실수 t에 대하여 x에 대한 방정식 $f(x)=t$의 서로 다른 실근의 개수를 $g(t)$라 할 때, 함수 $g(t)$의 최댓값이 4가 되도록 하는 모든 자연수 n의 값의 합을 구하시오. [4점]

빈출

2022 ~ 2014

07
2018학년도 9월 모평 가형 5번

곡선 $y=2^x+5$의 점근선과 곡선 $y=\log_3 x+3$의 교점의 x좌표는? [3점]

① 3   ② 6   ③ 9
④ 12   ⑤ 15

05
2017학년도 9월 모평 가형 23번

곡선 $y=\log_2(x+5)$의 점근선이 직선 $x=k$이다. k^2의 값을 구하시오. (단, k는 상수이다.) [3점]

10
2015학년도 6월 모평 A형 20번 / B형 19번

$0<a<1<b$인 두 실수 a, b에 대하여 두 함수
$$f(x)=\log_a(bx-1),\ g(x)=\log_b(ax-1)$$
이 있다. 곡선 $y=f(x)$와 x축의 교점이 곡선 $y=g(x)$의 점근선 위에 있도록 하는 a와 b 사이의 관계식과 a의 범위를 옳게 나타낸 것은? [4점]

① $b=-2a+2\ \left(0<a<\dfrac{1}{2}\right)$

② $b=2a\ \left(0<a<\dfrac{1}{2}\right)$

③ $b=2a\ \left(\dfrac{1}{2}<a<1\right)$

④ $b=2a+1\ \left(0<a<\dfrac{1}{2}\right)$

⑤ $b=2a+1\ \left(\dfrac{1}{2}<a<1\right)$

18
2021학년도 9월 모평 나형 17번

$\angle A=90°$이고 $\overline{AB}=2\log_2 x$, $\overline{AC}=\log_4\dfrac{16}{x}$인 삼각형 ABC의 넓이를 $S(x)$라 하자. $S(x)$가 $x=a$에서 최댓값 M을 가질 때, $a+M$의 값은? (단, $1<x<16$) [4점]

① 6   ② 7   ③ 8
④ 9   ⑤ 10

14
2021학년도 6월 모평 가형 9번

함수
$$f(x)=2\log_{\frac{1}{2}}(x+k)$$
가 $0\le x\le 12$에서 최댓값 -4, 최솟값 m을 갖는다. $k+m$의 값은? (단, k는 상수이다.) [3점]

① -1 ② -2 ③ -3
④ -4 ⑤ -5

33
2021학년도 수능 가형(홀) 13번 / 나형(홀) 18번

$\dfrac{1}{4}<a<1$인 실수 a에 대하여 직선 $y=1$이 두 곡선 $y=\log_a x$, $y=\log_{4a}x$와 만나는 점을 각각 A, B라 하고, 직선 $y=-1$이 두 곡선 $y=\log_a x$, $y=\log_{4a}x$와 만나는 점을 각각 C, D라 하자. 〈보기〉에서 옳은 것만을 있는 대로 고른 것은? [3점]

〈 보기 〉
ㄱ. 선분 AB를 1 : 4로 외분하는 점의 좌표는 $(0, 1)$이다.
ㄴ. 사각형 ABCD가 직사각형이면 $a=\dfrac{1}{2}$이다.
ㄷ. $\overline{AB}<\overline{CD}$이면 $\dfrac{1}{2}<a<1$이다.

① ㄱ   ② ㄷ   ③ ㄱ, ㄴ
④ ㄴ, ㄷ   ⑤ ㄱ, ㄴ, ㄷ

31
2018학년도 9월 모평 가형 16번

$a>1$인 실수 a에 대하여 곡선 $y=\log_a x$와 원 $C:\left(x-\dfrac{5}{4}\right)^2+y^2=\dfrac{13}{16}$의 두 교점을 P, Q라 하자. 선분 PQ가 원 C의 지름일 때, a의 값은? [4점]

① 3   ② $\dfrac{7}{2}$ ③ 4
④ $\dfrac{9}{2}$ ⑤ 5

25
2022학년도 9월 모평 21번

$a>1$인 실수 a에 대하여 직선 $y=-x+4$가 두 곡선 $y=a^{x-1}$, $y=\log_a(x-1)$과 만나는 점을 각각 A, B라 하고, 곡선 $y=a^{x-1}$이 y축과 만나는 점을 C라 하자. $\overline{AB}=2\sqrt{2}$일 때, 삼각형 ABC의 넓이는 S이다. $50\times S$의 값을 구하시오. [4점]

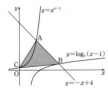

01
2015학년도 9월 모평 A형 11번

그림과 같이 두 곡선 $y=3^{x+1}-2$, $y=\log_2(x+1)-1$이 y축과 만나는 점을 각각 A, B라 하자. 점 A를 지나고 x축에 평행한 직선이 곡선 $y=\log_2(x+1)-1$과 만나는 점을 C, 점 B를 지나고 x축에 평행한 직선이 곡선 $y=3^{x+1}-2$와 만나는 점을 D라 할 때, 사각형 ADBC의 넓이는? [3점]

① 3   ② $\dfrac{13}{4}$ ③ $\dfrac{7}{2}$
④ $\dfrac{15}{4}$ ⑤ 4

04
2014학년도 9월 모평 B형 13번

좌표평면에서 꼭짓점의 좌표가 $O(0, 0)$, $A(2^n, 0)$, $B(2^n, 2^n)$, $C(0, 2^n)$인 정사각형 OABC와 두 곡선 $y=2^x$, $y=\log_2 x$에 대하여 다음 물음에 답하시오. (단, n은 자연수이다.)

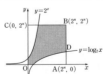

선분 AB가 곡선 $y=\log_2 x$와 만나는 점을 D라 하자. 선분 AD를 2 : 3으로 내분하는 점을 지나고 y축에 수직인 직선이 곡선 $y=\log_2 x$와 만나는 점을 E, 점 E를 지나고 x축에 수직인 직선이 곡선 $y=2^x$과 만나는 점을 F라 하자. 점 F의 y좌표가 16일 때, 직선 DF의 기울기는? [3점]

① $-\dfrac{13}{28}$ ② $-\dfrac{25}{56}$ ③ $-\dfrac{3}{7}$
④ $-\dfrac{23}{56}$ ⑤ $-\dfrac{11}{28}$

10
2019학년도 수능 가형(홀) 5번

함수 $y=2^x+2$의 그래프를 x축의 방향으로 m만큼 평행이동한 그래프가 함수 $y=\log_2 8x$의 그래프를 x축의 방향으로 2만큼 평행이동한 그래프와 직선 $y=x$에 대하여 대칭일 때, 상수 m의 값은? [3점]

① 1   ② 2   ③ 3
④ 4   ⑤ 5

13
2016학년도 6월 모평 A형 15번

함수 $y=\log_3 x$의 그래프를 x축의 방향으로 a만큼, y축의 방향으로 2만큼 평행이동한 그래프를 나타내는 함수를 $y=f(x)$라 하자. 함수 $f(x)$의 역함수가 $f^{-1}(x)=3^{x-2}+4$일 때, 상수 a의 값은? [4점]

① 1   ② 2   ③ 3
④ 4   ⑤ 5

로그함수

1 로그함수의 그래프

(1) 로그함수의 그래프와 성질

로그함수 $y=\log_a x\,(a>0,\ a\neq1)$의 그래프는 a의 값의 범위에 따라 다음과 같다.

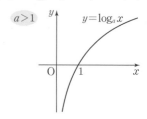 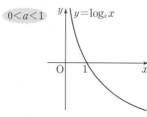

이때 로그함수 $y=\log_a x\,(a>0,\ a\neq1)$의 성질은 다음과 같다.

① 정의역은 양의 실수 전체의 집합이고, 치역은 실수 전체의 집합이다.

② 일대일함수이다.

③ $a>1$일 때, x의 값이 증가하면 y의 값도 증가한다.

　$0<a<1$일 때, x의 값이 증가하면 y의 값은 감소한다.

④ 그래프는 점 $(1,\ 0)$을 지나고, 그래프의 점근선은 y축(직선 $x=0$)이다.

(2) 로그함수의 그래프의 평행이동과 대칭이동

로그함수 $y=\log_a x\,(a>0,\ a\neq1)$의 그래프를

① x축의 방향으로 m만큼, y축의 방향으로 n만큼 평행이동한 그래프의 식
　$\Rightarrow y=\log_a(x-m)+n$

② x축에 대하여 대칭이동한 그래프의 식 $\Rightarrow y=-\log_a x=\log_a\dfrac{1}{x}$

③ y축에 대하여 대칭이동한 그래프의 식 $\Rightarrow y=\log_a(-x)$

④ 원점에 대하여 대칭이동한 그래프의 식 $\Rightarrow y=-\log_a(-x)=\log_a\left(-\dfrac{1}{x}\right)$

예 함수 $y=\log_3 x$의 그래프를

(1) x축의 방향으로 -1만큼, y축의 방향으로 2만큼 평행이동한 그래프의 식
　$\Rightarrow y=\log_3(x+1)+2$

(2) x축에 대하여 대칭이동한 그래프의 식 $\Rightarrow y=-\log_3 x=\log_3\dfrac{1}{x}$

(3) y축에 대하여 대칭이동한 그래프의 식 $\Rightarrow y=\log_3(-x)$

(4) 원점에 대하여 대칭이동한 그래프의 식 $\Rightarrow y=-\log_3(-x)=\log_3\left(-\dfrac{1}{x}\right)$

고1 다시보기

로그함수의 그래프 위의 두 점을 이은 선분의 중점 또는 외분점의 좌표를 구한 후 이를 이용하여 로그함수의 그래프 위의 점의 좌표를 구하는 문제가 출제되므로 다음을 기억하자.

• 좌표평면 위의 선분의 중점

좌표평면 위의 두 점 $A(x_1,\ y_1)$, $B(x_2,\ y_2)$를 이은 선분 AB의 중점의 좌표는

$$\left(\dfrac{x_1+x_2}{2},\ \dfrac{y_1+y_2}{2}\right)$$

• 좌표평면 위의 선분의 외분점

좌표평면 위의 두 점 $A(x_1,\ y_1)$, $B(x_2,\ y_2)$를 이은 선분 AB를 $m:n\,(m>0,\ n>0,\ m\neq n)$으로 외분하는 점의 좌표는

$$\left(\dfrac{mx_2-nx_1}{m-n},\ \dfrac{my_2-ny_1}{m-n}\right)$$

예 좌표평면 위의 두 점 $A(6,\ 2)$, $B(-2,\ -4)$를 이은 선분 AB를 $2:1$로 외분하는 점의 좌표는

$$\left(\dfrac{2\times(-2)-1\times6}{2-1},\ \dfrac{2\times(-4)-1\times2}{2-1}\right)\quad \therefore\ (-10,\ -10)$$

• 로그함수 $y=\log_a x$의 그래프가 점 $(p,\ q)$를 지나면 $\Rightarrow q=\log_a p$

• 로그함수 $y=\log_a x$에서
  (1) $a>1$일 때, $x_1<x_2$이면 $\log_a x_1<\log_a x_2$
  (2) $0<a<1$일 때, $x_1<x_2$이면 $\log_a x_1>\log_a x_2$

• 로그함수 $y=\log_a(x-m)+n$의 성질
  (1) 정의역은 $\{x\,|\,x>m\}$이고, 치역은 실수 전체의 집합이다.
  (2) 일대일함수이다.
  (3) $a>1$일 때 x의 값이 증가하면 y의 값도 증가하고, $0<a<1$일 때 x의 값이 증가하면 y의 값은 감소한다.
  (4) 그래프는 점 $(m+1,\ n)$을 지나고, 그래프의 점근선은 직선 $x=m$이다.

2 로그함수의 최대, 최소

$m \leq x \leq n$에서 로그함수 $f(x) = \log_a x \, (a > 0, \, a \neq 1)$는

(1) $a > 1$이면 $x = m$에서 최솟값 $f(m)$, $x = n$에서 최댓값 $f(n)$을 갖는다.

(2) $0 < a < 1$이면 $x = m$에서 최댓값 $f(m)$, $x = n$에서 최솟값 $f(n)$을 갖는다.

예 $2 \leq x \leq 8$일 때

(1) 함수 $y = \log_2 x$는 $x = 2$에서 최솟값 $\log_2 2 = 1$, $x = 8$에서 최댓값 $\log_2 8 = 3$을 갖는다.

(2) 함수 $y = \log_{\frac{1}{2}} x$는 $x = 2$에서 최댓값 $\log_{\frac{1}{2}} 2 = -1$, $x = 8$에서 최솟값 $\log_{\frac{1}{2}} 8 = -3$을 갖는다.

- 로그함수 $y = \log_a f(x)$에서
  (1) $a > 1$이면 $f(x)$가 최대일 때 $\log_a f(x)$도 최대, $f(x)$가 최소일 때 $\log_a f(x)$도 최소이다.
  (2) $0 < a < 1$이면 $f(x)$가 최소일 때 $\log_a f(x)$는 최대, $f(x)$가 최대일 때 $\log_a f(x)$는 최소이다.

- $\log_a x$ 꼴이 반복되는 함수의 최대, 최소
  $\log_a x = t$로 놓고 t의 값의 범위에서 t에 대한 함수의 최댓값과 최솟값을 구한다.

6-7 일차

3 로그함수의 그래프의 활용

(1) 로그함수 $y = f(x)$의 그래프가 직선 $y = k$와 만나는 점의 좌표

   ⇨ 교점의 y좌표가 k이므로 $f(x) = k$를 만족시키는 x의 값을 구하여 교점의 x좌표를 구한다.

(2) 두 로그함수의 그래프가 직선 $y = k$와 만나는 두 점을 이은 선분의 길이

   ⇨ 두 점의 y좌표가 모두 k로 같으므로 두 점을 A, B라 하면
   $\overline{AB} = $ (두 점 A, B의 x좌표의 차)

- 로그함수 $y = f(x)$의 그래프가 직선 $x = k$와 만나는 점의 좌표를 구할 때는 교점의 x좌표가 k이므로 $y = f(x)$에 $x = k$를 대입하여 y좌표를 구한다.

> **고1 다시보기**
>
> 로그함수의 그래프가 좌표축에 평행한 직선과 만나는 점의 좌표를 구할 때, 삼각형의 무게중심 조건이 주어지기도 하므로 다음을 기억하자.
>
> - 삼각형의 무게중심의 좌표
>
>   좌표평면 위의 세 점 $A(x_1, y_1)$, $B(x_2, y_2)$, $C(x_3, y_3)$을 꼭짓점으로 하는 삼각형 ABC의 무게중심의 좌표는
>
> $$\left(\frac{x_1 + x_2 + x_3}{3}, \, \frac{y_1 + y_2 + y_3}{3} \right)$$

4 지수함수와 로그함수의 관계

지수함수 $y = a^x \, (a > 0, \, a \neq 1)$과 로그함수 $y = \log_a x \, (a > 0, \, a \neq 1)$는 서로 역함수 관계에 있다.

⇨ 지수함수 $y = a^x$의 그래프와 로그함수 $y = \log_a x$의 그래프는 직선 $y = x$에 대하여 대칭이다.

- 함수 $f(x)$와 그 역함수 $f^{-1}(x)$에 대하여
  $$f(a) = b \iff f^{-1}(b) = a$$

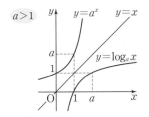
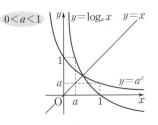

> **고1 다시보기**
>
> 지수함수와 로그함수의 그래프 위의 세 점을 꼭짓점으로 하는 삼각형의 넓이를 구할 때, 점과 직선 사이의 거리를 이용하여 삼각형의 높이를 구하는 문제가 출제되므로 다음을 기억하자.
>
> - 점과 직선 사이의 거리
>
>   점 $P(x_1, y_1)$과 직선 $ax + by + c = 0$ 사이의 거리 d는
>
> $$d = \frac{|ax_1 + by_1 + c|}{\sqrt{a^2 + b^2}}$$

유형 01 로그함수의 그래프와 성질

01 대표 문제

2017학년도 7월 학평-가형 24번

함수 $f(x)=\log_6(x-a)+b$의 그래프의 점근선이 직선 $x=5$이고, $f(11)=9$이다. 상수 a, b에 대하여 $a+b$의 값을 구하시오. [3점]

02

2020학년도 4월 학평-나형 6번

함수 $y=a+\log_2 x$의 그래프가 점 $(4, 7)$을 지날 때, 상수 a의 값은? [3점]

① 1   ② 2   ③ 3

④ 4   ⑤ 5

03

2019학년도 4월 학평-가형 4번

함수 $y=\log_2 x+2$의 그래프가 점 $(a, 1)$을 지날 때, a의 값은? [3점]

① $\dfrac{1}{16}$ ② $\dfrac{1}{8}$ ③ $\dfrac{1}{4}$

④ $\dfrac{1}{2}$ ⑤ 1

04

2023학년도 3월 학평 8번

두 점 $A(m, m+3)$, $B(m+3, m-3)$에 대하여 선분 AB를 $2:1$로 내분하는 점이 곡선 $y=\log_4(x+8)+m-3$ 위에 있을 때, 상수 m의 값은? [3점]

① 4   ② $\dfrac{9}{2}$ ③ 5

④ $\dfrac{11}{2}$ ⑤ 6

05

곡선 $y=\log_2(x+5)$의 점근선이 직선 $x=k$이다. k^2의 값을 구하시오. (단, k는 상수이다.) [3점]

07

곡선 $y=2^x+5$의 점근선과 곡선 $y=\log_3 x+3$의 교점의 x좌표는? [3점]

① 3   ② 6   ③ 9
④ 12   ⑤ 15

06

좌표평면에서 함수 $y=3^x+2$의 그래프의 점근선과 함수 $y=\log_3(x-4)$의 그래프의 점근선이 만나는 점의 좌표를 (a, b)라 할 때, $a+b$의 값을 구하시오. [3점]

08

함수 $y=2^x-1$의 그래프의 점근선과 함수 $y=\log_2(x+k)$의 그래프가 만나는 점이 y축 위에 있을 때, 상수 k의 값은? [3점]

① $\dfrac{1}{4}$ ② $\dfrac{1}{2}$ ③ $\dfrac{3}{4}$
④ 1   ⑤ $\dfrac{5}{4}$

09

함수 $y=\log_2 x$의 그래프 위에 서로 다른 두 점 A, B가 있다. 선분 AB의 중점이 x축 위에 있고, 선분 AB를 1 : 2로 외분하는 점이 y축 위에 있을 때, 선분 AB의 길이는? [4점]

① 1   ② $\dfrac{\sqrt{6}}{2}$ ③ $\sqrt{2}$

④ $\dfrac{\sqrt{10}}{2}$ ⑤ $\sqrt{3}$

10

$0<a<1<b$인 두 실수 a, b에 대하여 두 함수
$$f(x)=\log_a(bx-1),\ g(x)=\log_b(ax-1)$$
이 있다. 곡선 $y=f(x)$와 x축의 교점이 곡선 $y=g(x)$의 점근선 위에 있도록 하는 a와 b 사이의 관계식과 a의 범위를 옳게 나타낸 것은? [4점]

① $b=-2a+2\ \left(0<a<\dfrac{1}{2}\right)$

② $b=2a\ \left(0<a<\dfrac{1}{2}\right)$

③ $b=2a\ \left(\dfrac{1}{2}<a<1\right)$

④ $b=2a+1\ \left(0<a<\dfrac{1}{2}\right)$

⑤ $b=2a+1\ \left(\dfrac{1}{2}<a<1\right)$

유형 02   로그함수의 그래프의 평행이동과 대칭이동

11 대표 문제

함수 $y=\log x$의 그래프를 x축의 방향으로 a만큼, y축의 방향으로 b만큼 평행이동시킨 그래프가 두 점 $(4,\ b)$, $(13,\ 11)$을 지날 때, 상수 a, b의 곱 ab의 값을 구하시오. [3점]

12

함수 $y=\log_2 x$의 그래프를 x축의 방향으로 a만큼, y축의 방향으로 1만큼 평행이동한 그래프가 점 $(9,\ 3)$을 지날 때, 상수 a의 값은? [3점]

① 5   ② 6   ③ 7

④ 8   ⑤ 9

13

함수 $y=2+\log_2 x$의 그래프를 x축의 방향으로 -8만큼, y축의 방향으로 k만큼 평행이동한 그래프가 제4사분면을 지나지 않도록 하는 실수 k의 최솟값은? [3점]

① -1 ② -2 ③ -3

④ -4 ⑤ -5

유형 03 로그함수의 최대, 최소

14 대표 문제

함수

$$f(x)=2\log_{\frac{1}{2}}(x+k)$$

가 $0\le x\le 12$에서 최댓값 -4, 최솟값 m을 갖는다. $k+m$의 값은? (단, k는 상수이다.) [3점]

① -1 ② -2 ③ -3

④ -4 ⑤ -5

15

정의역이 $\{x\,|\,4\le x\le 9\}$인 함수 $y=\log_{\frac{1}{3}}(x+a)$의 최댓값이 -3일 때, 상수 a의 값을 구하시오. [3점]

16

함수 $y=\log_{\frac{1}{2}}(x-a)+b$가 $2\le x\le 5$에서 최댓값 3, 최솟값 1을 갖는다. $a+b$의 값은? (단, a, b는 상수이다.) [3점]

① 1　　　　② 2　　　　③ 3

④ 4　　　　⑤ 5

17

$-3\le x\le 3$에서 함수 $f(x)=\log_2(x^2-4x+20)$의 최솟값은?

[3점]

① 3　　　　② 4　　　　③ 5

④ 6　　　　⑤ 7

18

$\angle A=90°$이고 $\overline{AB}=2\log_2 x$, $\overline{AC}=\log_4\dfrac{16}{x}$인 삼각형 ABC의 넓이를 $S(x)$라 하자. $S(x)$가 $x=a$에서 최댓값 M을 가질 때, $a+M$의 값은? (단, $1<x<16$) [4점]

① 6　　　　② 7　　　　③ 8

④ 9　　　　⑤ 10

유형 04 로그함수의 그래프의 활용

19 대표 문제
2020학년도 7월 학평-나형 10번

두 곡선 $y=\log_2 x$, $y=\log_a x\,(0<a<1)$이 x축 위의 점 A에서 만난다. 직선 $x=4$가 곡선 $y=\log_2 x$와 만나는 점을 B, 곡선 $y=\log_a x$와 만나는 점을 C라 하자. 삼각형 ABC의 넓이가 $\dfrac{9}{2}$일 때, 상수 a의 값은? [3점]

① $\dfrac{1}{16}$ ② $\dfrac{1}{8}$ ③ $\dfrac{3}{16}$

④ $\dfrac{1}{4}$ ⑤ $\dfrac{5}{16}$

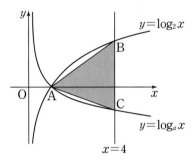

20
2016학년도 4월 학평-가형 4번

좌표평면에서 두 곡선 $y=\log_2 x$, $y=\log_4 x$가 직선 $x=16$과 만나는 점을 각각 P, Q라 하자. 두 점 P, Q 사이의 거리는?
[3점]

① 1 ② 2 ③ 3

④ 4 ⑤ 5

21
2019학년도 9월 학평(고2)-나형 16번

그림과 같이 두 함수 $f(x)=\log_2 x$, $g(x)=\log_2 3x$의 그래프 위에 네 점

$$A(1, f(1)), B(3, f(3)), C(3, g(3)), D(1, g(1))$$

이 있다. 두 함수 $y=f(x)$, $y=g(x)$의 그래프와 선분 AD, 선분 BC로 둘러싸인 부분의 넓이는? [4점]

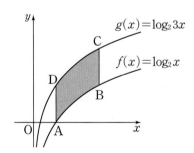

① 3 ② $2\log_2 3$ ③ 4

④ $3\log_2 3$ ⑤ 5

22

그림과 같이 함수 $y=\log_2 x$의 그래프 위의 두 점 A, B에서 x축에 내린 수선의 발을 각각 C$(p, 0)$, D$(2p, 0)$이라 하자. 삼각형 BCD와 삼각형 ACB의 넓이의 차가 8일 때, 실수 p의 값은? (단, $p>1$) [3점]

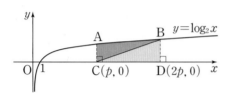

① 4   ② 8   ③ 12

④ 16   ⑤ 20

23

그림과 같이 두 곡선 $y=\log_2 x$, $y=\log_{\frac{1}{2}} x$가 만나는 점을 A라 하고, 직선 $x=k\,(k>1)$이 두 곡선과 만나는 점을 각각 B, C라 하자. 삼각형 ACB의 무게중심의 좌표가 $(3, 0)$일 때, 삼각형 ACB의 넓이를 구하시오. [3점]

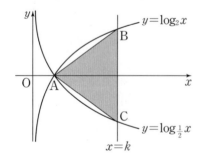

24

좌표평면에서 직선 $x=a\,(0<a<1)$가 두 곡선 $y=\log_{\frac{1}{9}} x$, $y=\log_3 x$와 만나는 점을 각각 P, Q라 하고, 직선 $x=b\,(b>1)$가 두 곡선 $y=\log_{\frac{1}{9}} x$, $y=\log_3 x$와 만나는 점을 각각 R, S라 하자. 네 점 P, Q, R, S는 다음 조건을 만족시킨다.

㈎ $\overline{PQ} : \overline{SR} = 2 : 1$

㈏ 선분 PR의 중점의 x좌표는 $\dfrac{9}{8}$이다.

두 상수 a, b에 대하여 $40(b-a)$의 값을 구하시오. [4점]

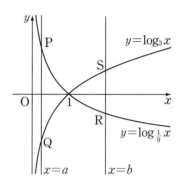

25

2017학년도 3월 학평-가형 11번

그림과 같이 두 곡선 $y=\log_a x$, $y=\log_b x\,(1<a<b)$와 직선 $y=1$이 만나는 점을 A_1, B_1이라 하고, 직선 $y=2$가 만나는 점을 A_2, B_2라 하자. 선분 A_1B_1의 중점의 좌표는 $(2, 1)$이고 $\overline{A_1B_1}=1$일 때, $\overline{A_2B_2}$의 값은? [3점]

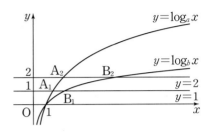

① 4   ② $3\sqrt{2}$ ③ 5

④ $4\sqrt{2}$ ⑤ 6

26

2015학년도 4월 학평-A형 27번

자연수 n에 대하여 그림과 같이 세 곡선 $y=\log_2 x+1$, $y=\log_2 x$, $y=\log_2(x-4^n)$이 직선 $y=n$과 만나는 세 점을 각각 A_n, B_n, C_n이라 하자. 두 삼각형 A_nOB_n, B_nOC_n의 넓이를 각각 S_n, T_n이라 할 때, $\dfrac{T_n}{S_n}=64$를 만족시키는 n의 값을 구하시오. (단, O는 원점이다.) [4점]

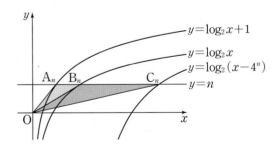

27

2019학년도 3월 학평-가형 27번

그림과 같이 직선 $y=2$가 두 곡선 $y=\log_2 4x$, $y=\log_2 x$와 만나는 점을 각각 A, B라 하고, 직선 $y=k\,(k>2)$가 두 곡선 $y=\log_2 4x$, $y=\log_2 x$와 만나는 점을 각각 C, D라 하자. 점 B를 지나고 y축과 평행한 직선이 직선 CD와 만나는 점을 E라 하면 점 E는 선분 CD를 $1:2$로 내분한다. 사각형 ABDC의 넓이를 S라 할 때, $12S$의 값을 구하시오. [4점]

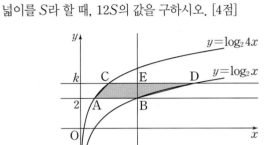

28

2013학년도 3월 학평-A형 14번

그림과 같이 기울기가 1인 직선 l이 곡선 $y=\log_2 x$와 서로 다른 두 점 $A(a, \log_2 a)$, $B(b, \log_2 b)$에서 만난다. 직선 l과 두 직선 $x=b$, $y=\log_2 a$로 둘러싸인 부분의 넓이가 2일 때, $a+b$의 값은? (단, $0<a<b$이다.) [4점]

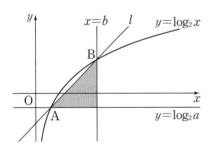

① 2   ② $\dfrac{7}{3}$ ③ $\dfrac{8}{3}$

④ 3   ⑤ $\dfrac{10}{3}$

기울기가 $\frac{1}{2}$인 직선 l이 곡선 $y=\log_2 2x$와 서로 다른 두 점에서 만날 때, 만나는 두 점 중 x좌표가 큰 점을 A라 하고, 직선 l이 곡선 $y=\log_2 4x$와 만나는 두 점 중 x좌표가 큰 점을 B라 하자. $\overline{AB}=2\sqrt{5}$일 때, 점 A에서 x축에 내린 수선의 발 C에 대하여 삼각형 ACB의 넓이는? [4점]

① 5 ② $\frac{21}{4}$ ③ $\frac{11}{2}$

④ $\frac{23}{4}$ ⑤ 6

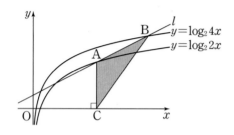

그림과 같이 세 로그함수 $f(x)=k\log x$, $g(x)=k^2\log x$, $h(x)=4k^2\log x$의 그래프가 있다. 점 P(2, 0)을 지나고 y축에 평행한 직선이 두 곡선 $y=g(x)$, $y=h(x)$와 만나는 점의 y좌표를 각각 p, q라 하자. 직선 $y=p$와 곡선 $y=f(x)$가 만나는 점을 Q(a, p), 직선 $y=q$와 곡선 $y=g(x)$가 만나는 점을 R(b, q)라 하자. 세 점 P, Q, R가 한 직선 위에 있을 때, 두 실수 a, b의 곱 ab의 값을 구하시오. (단, $k>1$) [4점]

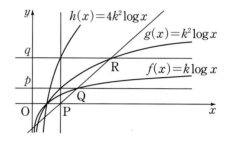

31

$a>1$인 실수 a에 대하여 곡선 $y=\log_a x$와 원

$C : \left(x-\dfrac{5}{4}\right)^2+y^2=\dfrac{13}{16}$ 의 두 교점을 P, Q라 하자. 선분 PQ

가 원 C의 지름일 때, a의 값은? [4점]

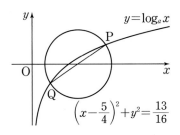

① 3　　　　　② $\dfrac{7}{2}$　　　　　③ 4

④ $\dfrac{9}{2}$　　　　　⑤ 5

32

그림과 같이 1보다 큰 실수 a에 대하여 곡선 $y=|\log_a x|$가 직선 $y=k\,(k>0)$과 만나는 두 점을 각각 A, B라 하고, 직선 $y=k$가 y축과 만나는 점을 C라 하자. $\overline{OC}=\overline{CA}=\overline{AB}$일 때, 곡선 $y=|\log_a x|$와 직선 $y=2\sqrt{2}$가 만나는 두 점 사이의 거리는 d이다. $20d$의 값을 구하시오. (단, O는 원점이고, 점 A의 x좌표는 점 B의 x좌표보다 작다.) [4점]

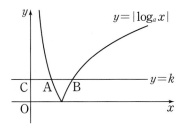

33

$\dfrac{1}{4}<a<1$인 실수 a에 대하여 직선 $y=1$이 두 곡선 $y=\log_a x$, $y=\log_{4a} x$와 만나는 점을 각각 A, B라 하고, 직선 $y=-1$이 두 곡선 $y=\log_a x$, $y=\log_{4a} x$와 만나는 점을 각각 C, D라 하자. 〈보기〉에서 옳은 것만을 있는 대로 고른 것은? [3점]

> ── 〈 보기 〉 ──
> ㄱ. 선분 AB를 1 : 4로 외분하는 점의 좌표는 (0, 1)이다.
> ㄴ. 사각형 ABCD가 직사각형이면 $a=\dfrac{1}{2}$이다.
> ㄷ. $\overline{AB}<\overline{CD}$이면 $\dfrac{1}{2}<a<1$이다.

① ㄱ　　　　　② ㄷ　　　　　③ ㄱ, ㄴ

④ ㄴ, ㄷ　　　　　⑤ ㄱ, ㄴ, ㄷ

34

1보다 큰 실수 a에 대하여 두 곡선 $y=\log_a x$, $y=\log_{a+2} x$가 직선 $y=2$와 만나는 점을 각각 A, B라 하자. 점 A를 지나고 y축에 평행한 직선이 곡선 $y=\log_{a+2} x$와 만나는 점을 C, 점 B를 지나고 y축에 평행한 직선이 곡선 $y=\log_a x$와 만나는 점을 D라 할 때, 〈보기〉에서 옳은 것만을 있는 대로 고른 것은? [4점]

─────〈 보기 〉─────

ㄱ. 점 A의 x좌표는 a^2이다.

ㄴ. $\overline{AC}=1$이면 $a=2$이다.

ㄷ. 삼각형 ACB와 삼각형 ABD의 넓이를 각각 S_1, S_2라 할 때, $\dfrac{S_2}{S_1}=\log_a(a+2)$이다.

① ㄱ   ② ㄷ   ③ ㄱ, ㄴ

④ ㄴ, ㄷ   ⑤ ㄱ, ㄴ, ㄷ

35

그림과 같이 자연수 n에 대하여 곡선 $y=|\log_2 x-n|$이 직선 $y=1$과 만나는 두 점을 각각 A_n, B_n이라 하고 곡선 $y=|\log_2 x-n|$이 직선 $y=2$와 만나는 두 점을 각각 C_n, D_n이라 하자. 〈보기〉에서 옳은 것만을 있는 대로 고른 것은? [4점]

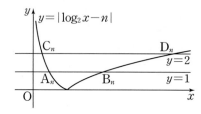

─────〈 보기 〉─────

ㄱ. $\overline{A_1 B_1}=3$

ㄴ. $\overline{A_n B_n} : \overline{C_n D_n}=2 : 5$

ㄷ. 사각형 $A_n B_n D_n C_n$의 넓이를 S_n이라 할 때, $21 \le S_k \le 210$을 만족시키는 모든 자연수 k의 합은 25이다.

① ㄱ   ② ㄱ, ㄴ   ③ ㄱ, ㄷ

④ ㄴ, ㄷ   ⑤ ㄱ, ㄴ, ㄷ

36

2024학년도 수능 **(홀) 21번**

양수 a에 대하여 $x \geq -1$에서 정의된 함수 $f(x)$는

$$f(x) = \begin{cases} -x^2 + 6x & (-1 \leq x < 6) \\ a\log_4(x-5) & (x \geq 6) \end{cases}$$

이다. $t \geq 0$인 실수 t에 대하여 $t-1 \leq x \leq t+1$에서의 $f(x)$의 최댓값을 $g(t)$라 하자. $t \geq 0$에서 함수 $g(t)$의 최솟값이 5가 되도록 하는 양수 a의 최솟값을 구하시오. [4점]

37

2024학년도 10월 학평 21번

두 자연수 a, b에 대하여 함수 $f(x)$는

$$f(x) = \begin{cases} \dfrac{4}{x-3} + a & (x < 2) \\ |5\log_2 x - b| & (x \geq 2) \end{cases}$$

이다. 실수 t에 대하여 x에 대한 방정식 $f(x) = t$의 서로 다른 실근의 개수를 $g(t)$라 하자. 함수 $g(t)$가 다음 조건을 만족시킬 때, $a+b$의 최솟값을 구하시오. [4점]

㈎ 함수 $g(t)$의 치역은 $\{0, 1, 2\}$이다.
㈏ $g(t) = 2$인 자연수 t의 개수는 6이다.

6
일차

유형 01 지수함수와 로그함수의 그래프의 활용

01 대표 문제

그림과 같이 두 곡선 $y=3^{x+1}-2$, $y=\log_2(x+1)-1$이 y축과 만나는 점을 각각 A, B라 하자. 점 A를 지나고 x축에 평행한 직선이 곡선 $y=\log_2(x+1)-1$과 만나는 점을 C, 점 B를 지나고 x축에 평행한 직선이 곡선 $y=3^{x+1}-2$와 만나는 점을 D라 할 때, 사각형 ADBC의 넓이는? [3점]

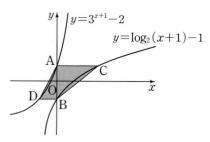

① 3
② $\dfrac{13}{4}$
③ $\dfrac{7}{2}$
④ $\dfrac{15}{4}$
⑤ 4

02

그림과 같이 함수 $f(x)=\log_2\left(x+\dfrac{1}{2}\right)$의 그래프와 함수 $g(x)=a^x$ $(a>1)$의 그래프가 있다. 곡선 $y=g(x)$가 y축과 만나는 점을 A, 점 A를 지나고 x축에 평행한 직선이 곡선 $y=f(x)$와 만나는 점 중 점 A가 아닌 점을 B, 점 B를 지나고 y축에 평행한 직선이 곡선 $y=g(x)$와 만나는 점을 C라 하자. 삼각형 ABC의 넓이가 $\dfrac{21}{4}$일 때, a의 값은? [3점]

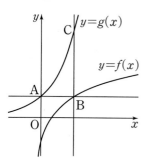

① 4
② $\dfrac{9}{2}$
③ 5
④ $\dfrac{11}{2}$
⑤ 6

03

그림과 같이 곡선 $y=2^x$이 y축과 만나는 점을 A, 곡선 $y=\log_2 x$가 x축과 만나는 점을 B라 하자. 또, 직선 $y=-x+k$가 두 곡선 $y=2^x$, $y=\log_2 x$와 만나는 점을 각각 C, D라 하자. 사각형 ABDC가 정사각형일 때, 상수 k의 값은? [3점]

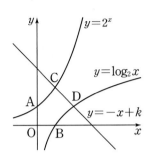

① 2   ② $1+\sqrt{2}$ ③ $2\sqrt{2}$

④ 3   ⑤ $2+\sqrt{2}$

04

좌표평면에서 꼭짓점의 좌표가 O$(0, 0)$, A$(2^n, 0)$, B$(2^n, 2^n)$, C$(0, 2^n)$인 정사각형 OABC와 두 곡선 $y=2^x$, $y=\log_2 x$에 대하여 다음 물음에 답하시오. (단, n은 자연수이다.)

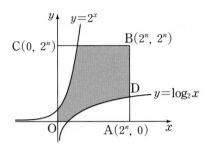

선분 AB가 곡선 $y=\log_2 x$와 만나는 점을 D라 하자. 선분 AD를 2 : 3으로 내분하는 점을 지나고 y축에 수직인 직선이 곡선 $y=\log_2 x$와 만나는 점을 E, 점 E를 지나고 x축에 수직인 직선이 곡선 $y=2^x$과 만나는 점을 F라 하자. 점 F의 y좌표가 16일 때, 직선 DF의 기울기는? [3점]

① $-\dfrac{13}{28}$ ② $-\dfrac{25}{56}$ ③ $-\dfrac{3}{7}$

④ $-\dfrac{23}{56}$ ⑤ $-\dfrac{11}{28}$

그림과 같이 자연수 m에 대하여 두 함수 $y=3^x$, $y=\log_2 x$의 그래프와 직선 $y=m$이 만나는 점을 각각 A_m, B_m이라 하자. 선분 $\mathrm{A}_m\mathrm{B}_m$의 길이 중 자연수인 것을 작은 수부터 크기순으로 나열하여 a_1, a_2, a_3, $\cdots$이라 할 때, a_3의 값은? [4점]

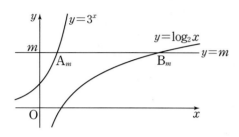

① 502 ② 504 ③ 506
④ 508 ⑤ 510

그림과 같이 $a>1$인 실수 a에 대하여 두 곡선 $y=a\log_2(x-a+1)$과 $y=2^{x-a}-1$이 서로 다른 두 점 A, B 에서 만난다. 점 A가 x축 위에 있고 삼각형 OAB의 넓이가 $\dfrac{7}{2}a$일 때, 선분 AB의 중점은 $\mathrm{M}(p,\ q)$이다. $p+q$의 값은?

(단, O는 원점이다.) [4점]

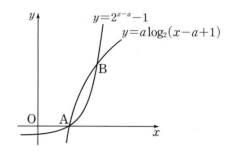

① $\dfrac{13}{2}$ ② 7 ③ $\dfrac{15}{2}$
④ 8 ⑤ $\dfrac{17}{2}$

07

그림과 같이 좌표평면에서 곡선 $y=a^x$ $(0<a<1)$ 위의 점 P가 제2사분면에 있다. 점 P를 직선 $y=x$에 대하여 대칭이동시킨 점 Q와 곡선 $y=-\log_a x$ 위의 점 R에 대하여 $\angle PQR=45°$이다. $\overline{PR}=\dfrac{5\sqrt{2}}{2}$이고 직선 PR의 기울기가 $\dfrac{1}{7}$일 때, 상수 a의 값은? [4점]

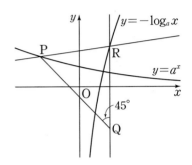

① $\dfrac{\sqrt{2}}{3}$ ② $\dfrac{\sqrt{3}}{3}$ ③ $\dfrac{2}{3}$

④ $\dfrac{\sqrt{5}}{3}$ ⑤ $\dfrac{\sqrt{6}}{3}$

08

그림과 같이 두 상수 a, k에 대하여 직선 $x=k$가 두 곡선 $y=2^{x-1}+1$, $y=\log_2(x-a)$와 만나는 점을 각각 A, B라 하고, 점 B를 지나고 기울기가 -1인 직선이 곡선 $y=2^{x-1}+1$과 만나는 점을 C라 하자. $\overline{AB}=8$, $\overline{BC}=2\sqrt{2}$일 때, 곡선 $y=\log_2(x-a)$가 x축과 만나는 점 D에 대하여 사각형 ACDB의 넓이는? (단, $0<a<k$) [4점]

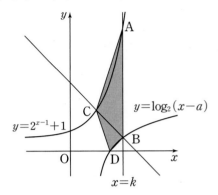

① 14 ② 13 ③ 12

④ 11 ⑤ 10

그림과 같이 함수 $f(x)=2^{1-x}+a-1$의 그래프가 두 함수 $g(x)=\log_2 x$, $h(x)=a+\log_2 x$의 그래프와 만나는 점을 각각 A, B라 하자. 점 A를 지나고 x축에 수직인 직선이 함수 $h(x)$의 그래프와 만나는 점을 C, x축과 만나는 점을 H라 하고, 함수 $g(x)$의 그래프가 x축과 만나는 점을 D라 하자. 〈보기〉에서 옳은 것만을 있는 대로 고른 것은? (단, $a>0$) [4점]

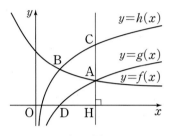

─〈 보기 〉─

ㄱ. 점 B의 좌표는 $(1, a)$이다.

ㄴ. 점 A의 x좌표가 4일 때, 사각형 ACBD의 넓이는 $\dfrac{69}{8}$이다.

ㄷ. $\overline{CA}:\overline{AH}=3:2$이면 $0<a<3$이다.

① ㄱ ② ㄷ ③ ㄱ, ㄴ
④ ㄴ, ㄷ ⑤ ㄱ, ㄴ, ㄷ

유형02 지수함수와 로그함수의 역함수

10 대표 문제

2019학년도 수능 가형(홀) 5번

함수 $y=2^x+2$의 그래프를 x축의 방향으로 m만큼 평행이동한 그래프가 함수 $y=\log_2 8x$의 그래프를 x축의 방향으로 2만큼 평행이동한 그래프와 직선 $y=x$에 대하여 대칭일 때, 상수 m의 값은? [3점]

① 1 ② 2 ③ 3
④ 4 ⑤ 5

11

2017학년도 3월 학평-가형 5번

좌표평면에서 곡선 $y=a^x$을 직선 $y=x$에 대하여 대칭이동한 곡선이 점 $(2, 3)$을 지날 때, 양수 a의 값은? [3점]

① $\sqrt{3}$ ② $\log_2 3$ ③ $\sqrt[4]{3}$
④ $\sqrt[3]{2}$ ⑤ $\log_3 2$

12

2020학년도 6월 학평(고2) 14번

함수 $y=3^x-a$의 역함수의 그래프가 두 점 $(3, \log_3 b)$, $(2b, \log_3 12)$를 지나도록 하는 두 상수 a, b에 대하여 $a+b$의 값은? [4점]

① 7   ② 8   ③ 9
④ 10   ⑤ 11

14

2019학년도 7월 학평-가형 11번

양수 k에 대하여 함수 $f(x)=3^{x-1}+k$의 역함수의 그래프를 x축의 방향으로 k^2만큼 평행이동시킨 곡선을 $y=g(x)$라 하자. 두 곡선 $y=f(x)$, $y=g(x)$의 점근선의 교점이 직선 $y=\frac{1}{3}x$ 위에 있을 때, k의 값은? [3점]

① 1   ② $\frac{3}{2}$ ③ 2
④ $\frac{5}{2}$ ⑤ 3

13

2016학년도 6월 A형 15번

함수 $y=\log_3 x$의 그래프를 x축의 방향으로 a만큼, y축의 방향으로 2만큼 평행이동한 그래프를 나타내는 함수를 $y=f(x)$라 하자. 함수 $f(x)$의 역함수가 $f^{-1}(x)=3^{x-2}+4$일 때, 상수 a의 값은? [4점]

① 1   ② 2   ③ 3
④ 4   ⑤ 5

15

2013학년도 4월 학평-A형 19번 / B형 9번

함수 $f(x)=2^{x-2}$의 역함수의 그래프를 x축의 방향으로 -2만큼, y축의 방향으로 a만큼 평행이동시키면 함수 $y=g(x)$의 그래프가 된다. 두 함수 $y=f(x)$, $y=g(x)$의 그래프가 직선 $y=1$과 만나는 점을 각각 A, B라 할 때, 선분 AB의 중점의 좌표가 $(8, 1)$이다. 이때, 실수 a의 값은? [4점]

① -8 ② -7 ③ -6
④ -5 ⑤ -4

실수 k에 대하여 지수함수 $y=a^x\,(a>0,\ a\neq1)$의 그래프를 x축의 방향으로 k만큼 평행이동한 그래프가 나타내는 함수를 $y=f(x)$라 하자. 함수 $f(x)$가 다음 조건을 만족시킨다.

> 모든 실수 x에 대하여 $f(2+x)f(2-x)=1$이다.

〈보기〉에서 옳은 것만을 있는 대로 고른 것은? [4점]

〈 보기 〉

ㄱ. $f(2)=1$
ㄴ. 함수 $y=f(x)$의 그래프와 역함수 $y=f^{-1}(x)$의 그래프의 교점의 개수는 2이다.
ㄷ. 모든 실수 t에 대하여
  $f(t+1)-f(t)<f(t+2)-f(t+1)$이다.

① ㄱ ② ㄴ ③ ㄱ, ㄷ
④ ㄴ, ㄷ ⑤ ㄱ, ㄴ, ㄷ

두 함수

$$f(x)=2^x,\ g(x)=2^{x-2}$$

에 대하여 두 양수 $a,\ b\,(a<b)$가 다음 조건을 만족시킬 때, $a+b$의 값은? [4점]

> ㈎ 두 곡선 $y=f(x)$, $y=g(x)$와 두 직선 $y=a$, $y=b$로 둘러싸인 부분의 넓이가 6이다.
> ㈏ $g^{-1}(b)-f^{-1}(a)=\log_2 6$

① 15 ② 16 ③ 17
④ 18 ⑤ 19

18

2020학년도 10월 학평-나형 21번

두 곡선 $y=2^{-x}$과 $y=|\log_2 x|$ 가 만나는 두 점을 (x_1, y_1), (x_2, y_2)라 하자. $x_1 < x_2$일 때, 〈보기〉에서 옳은 것만을 있는 대로 고른 것은? [4점]

〈 보기 〉
ㄱ. $\dfrac{1}{2} < x_1 < \dfrac{\sqrt{2}}{2}$
ㄴ. $\sqrt[3]{2} < x_2 < \sqrt{2}$
ㄷ. $y_1 - y_2 < \dfrac{3\sqrt{2}-2}{6}$

① ㄱ   ② ㄱ, ㄴ   ③ ㄱ, ㄷ

④ ㄴ, ㄷ   ⑤ ㄱ, ㄴ, ㄷ

유형 03 지수함수와 로그함수의 역함수 관계의 활용

19 대표 문제

2015학년도 10월 학평-A형 17번

그림과 같이 기울기가 -1인 직선이 두 곡선 $y=2^x$, $y=\log_2 x$ 와 만나는 두 점을 각각 A, B라 하고, 점 B를 지나고 x축과 평행한 직선이 곡선 $y=2^x$과 만나는 점을 C라 하자. 선분 AB의 길이가 $12\sqrt{2}$, 삼각형 ABC의 넓이가 84이다. 점 A의 x좌표를 a라 할 때, $a-\log_2 a$의 값은? [4점]

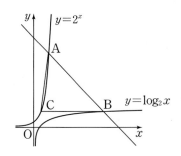

① 1   ② 2   ③ 3

④ 4   ⑤ 5

상수 $a\,(a>1)$에 대하여 곡선 $y=a^x-1$과 곡선 $y=\log_a(x+1)$이 원점 O를 포함한 서로 다른 두 점에서 만난다. 이 두 점 중 O가 아닌 점을 P라 하고, 점 P에서 x축에 내린 수선의 발을 H라 하자. 삼각형 OHP의 넓이가 2일 때, a의 값은? [4점]

① $\sqrt{2}$ ② $\sqrt{3}$ ③ 2

④ $\sqrt{5}$ ⑤ $\sqrt{6}$

점 $A(4,0)$을 지나고 y축에 평행한 직선이 곡선 $y=\log_2 x$와 만나는 점을 B라 하고, 점 B를 지나고 기울기가 -1인 직선이 곡선 $y=2^{x+1}+1$과 만나는 점을 C라 할 때, 삼각형 ABC의 넓이는? [4점]

① 3   ② $\dfrac{7}{2}$ ③ 4

④ $\dfrac{9}{2}$ ⑤ 5

22

곡선 $y=\log_{\sqrt{2}}(x-a)$와 직선 $y=\dfrac{1}{2}x$가 만나는 점 중 한 점을 A라 하고, 점 A를 지나고 기울기가 -1인 직선이 곡선 $y=(\sqrt{2})^x+a$와 만나는 점을 B라 하자. 삼각형 OAB의 넓이가 6일 때, 상수 a의 값은? (단, $0<a<4$이고, O는 원점이다.)

[4점]

① $\dfrac{1}{2}$ ② 1 ③ $\dfrac{3}{2}$

④ 2 ⑤ $\dfrac{5}{2}$

23

자연수 n에 대하여 곡선 $y=2^x$ 위의 두 점 A_n, B_n이 다음 조건을 만족시킨다.

(가) 직선 A_nB_n의 기울기는 3이다.
(나) $\overline{A_nB_n}=n\times\sqrt{10}$

중심이 직선 $y=x$ 위에 있고 두 점 A_n, B_n을 지나는 원이 곡선 $y=\log_2 x$와 만나는 두 점의 x좌표 중 큰 값을 x_n이라 하자. $x_1+x_2+x_3$의 값은? [4점]

① $\dfrac{150}{7}$ ② $\dfrac{155}{7}$ ③ $\dfrac{160}{7}$

④ $\dfrac{165}{7}$ ⑤ $\dfrac{170}{7}$

$a>2$인 실수 a에 대하여 기울기가 -1인 직선이 두 곡선
$$y=a^x+2,\ y=\log_a x+2$$
와 만나는 점을 각각 A, B라 하자. 선분 AB를 지름으로 하는 원의 중심의 y좌표가 $\dfrac{19}{2}$이고 넓이가 $\dfrac{121}{2}\pi$일 때, a^2의 값을 구하시오. [4점]

$a>1$인 실수 a에 대하여 직선 $y=-x+4$가 두 곡선
$$y=a^{x-1},\ y=\log_a(x-1)$$
과 만나는 점을 각각 A, B라 하고, 곡선 $y=a^{x-1}$이 y축과 만나는 점을 C라 하자. $\overline{AB}=2\sqrt{2}$일 때, 삼각형 ABC의 넓이는 S이다. $50\times S$의 값을 구하시오. [4점]

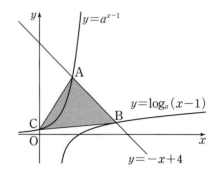

26

2015학년도 3월 학평-A형 18번

그림과 같이 직선 $y=-x+a$가 두 곡선 $y=2^x$, $y=\log_2 x$와 만나는 점을 각각 A, B라 하고, x축과 만나는 점을 C라 할 때, 점 A, B, C가 다음 조건을 만족시킨다.

> (가) $\overline{AB} : \overline{BC} = 3 : 1$
> (나) 삼각형 OBC의 넓이는 40이다.

점 A의 좌표를 $A(p, q)$라 할 때, $p+q$의 값은?

(단, O는 원점이고, a는 상수이다.) [4점]

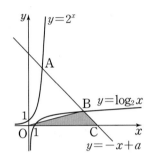

① 10   ② 15   ③ 20

④ 25   ⑤ 30

27

2019학년도 9월 학평(고2)-가형 29번

직선 $y=x+n-2^n$이 두 함수 $y=\log_2 x$, $y=\left(\dfrac{1}{2}\right)^x$의 그래프와 제1사분면에서 만나는 점을 각각 A, B라 하면, 점 A의 좌표는 $(2^n, n)$이다. $1 < \dfrac{\overline{AB}}{\sqrt{2}} < 10$을 만족시키는 모든 자연수 n의 값의 합을 구하시오. [4점]

28

실수 t에 대하여 두 곡선 $y=t-\log_2 x$와 $y=2^{x-t}$이 만나는 점의 x좌표를 $f(t)$라 하자.

〈보기〉의 각 명제에 대하여 다음 규칙에 따라 A, B, C의 값을 정할 때, $A+B+C$의 값을 구하시오. (단, $A+B+C\neq 0$)

[4점]

- 명제 ㄱ이 참이면 $A=100$, 거짓이면 $A=0$이다.
- 명제 ㄴ이 참이면 $B=10$, 거짓이면 $B=0$이다.
- 명제 ㄷ이 참이면 $C=1$, 거짓이면 $C=0$이다.

〈 보기 〉

ㄱ. $f(1)=1$이고 $f(2)=2$이다.

ㄴ. 실수 t의 값이 증가하면 $f(t)$의 값도 증가한다.

ㄷ. 모든 양의 실수 t에 대하여 $f(t)\geq t$이다.

좌표평면에서 2 이상의 자연수 n에 대하여 두 곡선 $y=3^x-n$, $y=\log_3(x+n)$으로 둘러싸인 영역의 내부 또는 그 경계에 포함되고 x좌표와 y좌표가 모두 자연수인 점의 개수가 4가 되도록 하는 자연수 n의 개수를 구하시오. [4점]

30

자연수 n에 대하여 함수 $f(x)$를

$$f(x)=\begin{cases} |3^{x+2}-n| & (x<0) \\ |\log_2(x+4)-n| & (x\geq 0) \end{cases}$$

이라 하자. 실수 t에 대하여 x에 대한 방정식 $f(x)=t$의 서로 다른 실근의 개수를 $g(t)$라 할 때, 함수 $g(t)$의 최댓값이 4가 되도록 하는 모든 자연수 n의 값의 합을 구하시오. [4점]

31

그림과 같이 1보다 큰 두 실수 a, k에 대하여 직선 $y=k$가 두 곡선 $y=2\log_a x+k$, $y=a^{x-k}$과 만나는 점을 각각 A, B라 하고, 직선 $x=k$가 두 곡선 $y=2\log_a x+k$, $y=a^{x-k}$과 만나는 점을 각각 C, D라 하자. $\overline{AB}\times\overline{CD}=85$이고 삼각형 CAD의 넓이가 35일 때, $a+k$의 값을 구하시오. [4점]

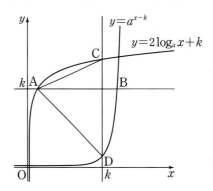

주제 \ 학년도	2025	2024	2023
지수방정식		**08** 2024학년도 수능 (홀) 16번 방정식 $3^{x-8}=\left(\dfrac{1}{27}\right)^x$을 만족시키는 실수 x의 값을 구하시오. [3점]	
지수부등식		**21** 2024학년도 6월 모평 16번 부등식 $2^{x-6}\le\left(\dfrac{1}{4}\right)^x$을 만족시키는 모든 자연수 x의 값의 합을 구하시오. [3점]	
지수방정식과 지수부등식의 활용		**41** 2024학년도 9월 모평 14번 두 자연수 a, b에 대하여 함수 $f(x)=\begin{cases} 2^{x+a}+b & (x\le -8) \\ -3^{x-3}+8 & (x>-8) \end{cases}$ 이 다음 조건을 만족시킬 때, $a+b$의 값은? [4점] 집합 $\{f(x)\,\|\,x\le k\}$의 원소 중 정수인 것의 개수가 2가 되도록 하는 모든 실수 k의 값의 범위는 $3\le k<4$이다. ① 11 ② 13 ③ 15 ④ 17 ⑤ 19	

2022 ~ 2014

---

02 2017학년도 9월 모평 가형 2번

방정식 $3^{x+1}=27$을 만족시키는 실수 x의 값은? [2점]

① 1   ② 2   ③ 3
④ 4   ⑤ 5

01 2017학년도 6월 모평 가형 25번

방정식 $3^{-x+2}=\dfrac{1}{9}$을 만족시키는 실수 x의 값을 구하시오. [3점]

---

18 2021학년도 수능 가형(홀) 5번 / 나형(홀) 7번

부등식 $\left(\dfrac{1}{9}\right)^{x}<3^{21-4x}$을 만족시키는 자연수 x의 개수는? [3점]

① 6   ② 7   ③ 8
④ 9   ⑤ 10

27 2019학년도 수능 가형(홀) 14번

이차함수 $y=f(x)$의 그래프와 일차함수 $y=g(x)$의 그래프가
그림과 같을 때, 부등식
$$\left(\dfrac{1}{2}\right)^{f(x)g(x)}\ge\left(\dfrac{1}{8}\right)^{g(x)}$$
을 만족시키는 모든 자연수 x의 값의 합은? [4점]

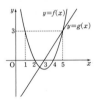

① 7   ② 9   ③ 11
④ 13   ⑤ 15

24 2019학년도 6월 모평 가형 7번

부등식 $\dfrac{27}{9^{x}}\ge3^{x-9}$을 만족시키는 모든 자연수 x의 개수는?
[3점]

① 1   ② 2   ③ 3
④ 4   ⑤ 5

---

19 2017학년도 수능 가형(홀) 23번

부등식 $\left(\dfrac{1}{2}\right)^{x-5}\ge4$를 만족시키는 모든 자연수 x의 값의 합을
구하시오. [3점]

28 2016학년도 6월 모평 A형 28번

일차함수 $y=f(x)$의 그래프가 그림과 같고 $f(-5)=0$이다.
부등식 $2^{f(x)}\le8$의 해가 $x\le-4$일 때, $f(0)$의 값을 구하시오.
[4점]

23 2015학년도 수능 A형(홀) 15번

지수부등식 $\left(\dfrac{1}{5}\right)^{1-2x}\le5^{x+4}$을 만족시키는 모든 자연수 x의 값
의 합은? [4점]

① 11   ② 12   ③ 13
④ 14   ⑤ 15

---

47 2016학년도 수능 A형(홀) 16번 / B형(홀) 10번

어느 금융상품에 초기자산 W_0을 투자하고 t년이 지난 시점에서
의 기대자산 W가 다음과 같이 주어진다고 한다.

$$W=\dfrac{W_0}{2}10^{at}(1+10^{at})$$

(단, $W_0>0$, $t\ge0$이고, a는 상수이다.)

이 금융상품에 초기자산 w_0을 투자하고 15년이 지난 시점에서
의 기대자산은 초기자산의 3배이다. 이 금융상품에 초기자산
w_0을 투자하고 30년이 지난 시점에서의 기대자산이 초기자산
의 k배일 때, 실수 k의 값은? (단, $w_0>0$) [4점]

① 9   ② 10   ③ 11
④ 12   ⑤ 13

43 2016학년도 6월 모평 B형 18번

좌표평면 위의 두 곡선 $y=|9^{x}-3|$과 $y=2^{x+k}$이 만나는 서로
다른 두 점의 x좌표를 x_1, x_2 $(x_1<x_2)$라 할 때, $x_1<0$,
$0<x_2<2$를 만족시키는 모든 자연수 k의 값의 합은? [4점]

① 8   ② 9   ③ 10
④ 11   ⑤ 12

지수방정식과 지수부등식

1 지수방정식의 풀이

(1) 밑을 같게 할 수 있는 경우

주어진 방정식을 $a^{f(x)}=a^{g(x)}$ $(a>0,\ a\neq 1)$ 꼴로 변형한 후 $f(x)=g(x)$임을 이용한다.

> **예** 방정식 $2^x=\dfrac{1}{16}$에서 $2^x=2^{-4}$이므로 $x=-4$

(2) $a^x\ (a>0,\ a\neq 1)$ 꼴이 반복되는 경우

$a^x=t$로 놓고 t에 대한 방정식을 푼다. 이때 $a^x>0$이므로 $t>0$임에 주의한다.

> **예** 방정식 $4^x-3\times 2^{x+1}-16=0$에서
> $(2^x)^2-6\times 2^x-16=0$
> $2^x=t\ (t>0)$로 놓으면 $t^2-6t-16=0$
> $(t+2)(t-8)=0$ ∴ $t=8\ (\because t>0)$
> 즉, $2^x=8$이므로 $x=3$

> ### 고1 다시보기
> a^x 꼴이 반복되는 지수방정식에서 $a^x=t$로 치환하면 t에 대한 이차방정식이 되는 문제가 자주 출제된다. 이때 이차방정식의 근과 계수의 관계를 이용하거나 근의 판별을 이용하여 문제를 해결하므로 다음을 기억하자.
>
> - **이차방정식의 근과 계수의 관계**
>
>   이차방정식 $ax^2+bx+c=0$의 두 근을 α, β라 하면
> $$\alpha+\beta=-\frac{b}{a},\ \alpha\beta=\frac{c}{a}$$
> - **이차방정식의 근의 판별**
>
>   계수가 실수인 이차방정식 $ax^2+bx+c=0$의 판별식을 $D=b^2-4ac$라 할 때
>   (1) $D>0$이면 서로 다른 두 실근을 갖는다.
>   (2) $D=0$이면 중근을 갖는다.
>   (3) $D<0$이면 서로 다른 두 허근을 갖는다.

2 지수부등식의 풀이

(1) 밑을 같게 할 수 있는 경우

주어진 부등식을 $a^{f(x)}<a^{g(x)}$ 꼴로 변형한 후 다음을 이용한다.

① $a>1$일 때, $a^{f(x)}<a^{g(x)} \Longleftrightarrow f(x)<g(x)$

② $0<a<1$일 때, $a^{f(x)}<a^{g(x)} \Longleftrightarrow f(x)>g(x)$

> **예** (1) 부등식 $3^{2x+1}<3^x$에서 밑이 1보다 크므로
> $2x+1<x$ ∴ $x<-1$
> (2) 부등식 $\left(\dfrac{1}{5}\right)^{2x+1}\leq\left(\dfrac{1}{5}\right)^{4x}$에서 밑이 1보다 작으므로
> $2x+1\geq 4x$ ∴ $x\leq\dfrac{1}{2}$

(2) $a^x\ (a>0,\ a\neq 1)$ 꼴이 반복되는 경우

$a^x=t$로 놓고 t에 대한 부등식을 푼다. 이때 $a^x>0$이므로 $t>0$임에 주의한다.

> **예** 부등식 $4^x-3\times 2^x+2<0$에서
> $(2^x)^2-3\times 2^x+2<0$
> $2^x=t\ (t>0)$로 놓으면 $t^2-3t+2<0$
> $(t-1)(t-2)<0$ ∴ $1<t<2$
> 즉, $1<2^x<2$이므로 $0<x<1$

- 지수함수 $y=a^x\ (a>0,\ a\neq 1)$은 실수 전체의 집합에서 양의 실수 전체의 집합으로의 일대일대응이므로 임의의 양수 p에 대하여 지수방정식 $a^x=p$는 단 하나의 해를 갖는다.

- 지수방정식을 포함한 연립방정식이 주어지면 두 방정식 중 정리하기 쉬운 것을 먼저 정리하여 해를 구한다.

- 밑의 크기에 따라 부등호의 방향이 달라짐에 주의한다.

- 함수 $y=f(x)$의 그래프가 주어질 때, $f(x)$를 지수로 갖는 지수부등식은 다음과 같은 순서로 해결한다.
  (1) 주어진 지수부등식을 만족시키는 $f(x)$의 값의 범위를 구한다.
  (2) 함수 $y=f(x)$의 그래프에서 (1)을 만족시키는 x의 값의 범위를 구한다.

고1 다시보기

함수 $y=f(x)$의 그래프가 주어지고 $f(x)$의 식을 구하여 지수가 $f(x)$인 지수부등식의 해를 구하는 문제가 출제되므로 다음을 기억하자.

- 한 점과 기울기가 주어진 직선의 방정식
  점 (x_1, y_1)을 지나고 기울기가 m인 직선의 방정식은
  $$y-y_1=m(x-x_1)$$

- 부등식 $f(x)>g(x)$의 해
  ⇨ 함수 $y=f(x)$의 그래프가 함수 $y=g(x)$의 그래프보다 위쪽에 있는 부분의 x의 값의 범위
  부등식 $f(x)<g(x)$의 해
  ⇨ 함수 $y=f(x)$의 그래프가 함수 $y=g(x)$의 그래프보다 아래쪽에 있는 부분의 x의 값의 범위

3 지수방정식과 지수부등식의 활용

(1) 지수방정식과 함수의 그래프

두 지수함수 $y=f(x)$, $y=g(x)$의 그래프가 만나는 점의 x좌표는 지수방정식 $f(x)=g(x)$의 해이다.

(2) 지수방정식과 지수부등식의 실생활에의 활용

① 식이 주어진 경우

주어진 식에서 각 문자가 나타내는 것이 무엇인지 파악하여 적절한 수를 대입한 후 지수방정식 또는 지수부등식을 푼다.

② 식이 주어지지 않은 경우

주어진 조건에 맞게 식을 세운 후 지수방정식 또는 지수부등식을 푼다.

예 어느 펀드 상품에 A원을 투자할 때, t년 후의 이익금을 $f(t)$원이라 하면 $f(t)=A\left(\dfrac{4}{3}\right)^{\frac{t}{3}}$이 성립한다고 한다. 투자 금액이 90만 원일 때, 이익금이 160만 원이 되는 것은 투자를 시작하고 몇 년 후인지 구해 보자.

x년 후에 160만 원이 된다고 하면

$$90\times\left(\dfrac{4}{3}\right)^{\frac{x}{3}}=160,\ \left(\dfrac{4}{3}\right)^{\frac{x}{3}}=\dfrac{16}{9}=\left(\dfrac{4}{3}\right)^{2}$$

$$\dfrac{x}{3}=2 \quad \therefore\ x=6$$

따라서 이익금이 160만 원이 되는 것은 투자를 시작하고 6년 후이다.

중2 다시보기

두 지수함수의 그래프의 교점을 연결한 도형이 평행사변형일 때, 그 성질을 이용하는 문제가 출제되므로 다음을 기억하자.

- 평행사변형의 성질
  (1) 두 쌍의 대변이 각각 평행하다.
     ⇨ $\overline{AB}/\!\!/\overline{DC}$, $\overline{AD}/\!\!/\overline{BC}$
  (2) 두 대각선은 서로 다른 것을 이등분한다.
     ⇨ $\overline{OA}=\overline{OC}$, $\overline{OB}=\overline{OD}$

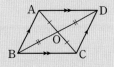

유형 01 지수방정식 – 밑을 같게 만드는 경우

01 대표 문제
2017학년도 6월 모평 가형 25번

방정식 $3^{-x+2}=\dfrac{1}{9}$을 만족시키는 실수 x의 값을 구하시오. [3점]

02
2017학년도 9월 모평 가형 2번

방정식 $3^{x+1}=27$을 만족시키는 실수 x의 값은? [2점]

① 1   ② 2   ③ 3

④ 4   ⑤ 5

03
2016학년도 3월 학평–가형 22번

방정식 $2^{\frac{1}{8}x-1}=16$의 해를 구하시오. [3점]

04
2020학년도 3월 학평–나형 2번

방정식 $\left(\dfrac{1}{4}\right)^{-x}=64$를 만족시키는 실수 x의 값은? [2점]

① -3 ② $-\dfrac{1}{3}$ ③ $\dfrac{1}{3}$

④ 3   ⑤ 9

● 해설편 110쪽

05

2017학년도 7월 학평–가형 22번

방정식 $\left(\dfrac{1}{5}\right)^{5-x}=25$ 를 만족시키는 실수 x의 값을 구하시오.

[3점]

07

2014학년도 3월 학평–A형 5번

방정식 $9^x=27^{2x-4}$을 만족시키는 실수 x의 값은? [3점]

① 3   ② 4   ③ 5

④ 6   ⑤ 7

06

2013학년도 3월 학평–A형 5번

지수방정식 $\left(\dfrac{1}{2}\right)^{x-1}=\sqrt[3]{4}$ 의 해는? [3점]

① $-\dfrac{2}{3}$ ② $-\dfrac{1}{3}$ ③ $\dfrac{1}{3}$

④ $\dfrac{2}{3}$ ⑤ $\dfrac{4}{3}$

08

2024학년도 (홀) 16번

방정식 $3^{x-8}=\left(\dfrac{1}{27}\right)^x$ 을 만족시키는 실수 x의 값을 구하시오.

[3점]

09

방정식 $\left(\dfrac{1}{3}\right)^x = 27^{x-8}$ 을 만족시키는 실수 x의 값을 구하시오.

[3점]

11

방정식 $\left(\dfrac{1}{8}\right)^{2-x} = 2^{x+4}$ 을 만족시키는 실수 x의 값은? [3점]

① 1   ② 2   ③ 3

④ 4   ⑤ 5

10

방정식 $4^x = \left(\dfrac{1}{2}\right)^{x-9}$ 을 만족시키는 실수 x의 값을 구하시오.

[3점]

12

4의 세제곱근 중 실수인 것을 a라 할 때, 지수방정식 $\left(\dfrac{1}{2}\right)^{x+1} = a$의 해는? [3점]

① $-\dfrac{5}{3}$ ② $-\dfrac{4}{3}$ ③ -1

④ $-\dfrac{2}{3}$ ⑤ $-\dfrac{1}{3}$

유형 02 지수방정식 - a^x 꼴이 반복되는 경우

13 대표 문제
2015학년도 4월 학평-A형 24번

지수방정식 $4^x + 2^{x+3} - 128 = 0$을 만족시키는 실수 x의 값을 구하시오. [3점]

14
2019학년도 9월 학평(고2)-가형 24번

방정식 $3^x - 3^{4-x} = 24$를 만족시키는 실수 x의 값을 구하시오.
[3점]

15
2014학년도 4월 학평-A형 8번

지수방정식 $9^x - 11 \times 3^x + 28 = 0$의 두 실근을 α, β라 할 때, $9^\alpha + 9^\beta$의 값은? [3점]

① 59   ② 61   ③ 63

④ 65   ⑤ 67

16
2019학년도 10월 학평-가형 6번

x에 대한 방정식

$$4^x - k \times 2^{x+1} + 16 = 0$$

이 오직 하나의 실근 α를 가질 때, $k + \alpha$의 값은?

(단, k는 상수이다.) [3점]

① 3   ② 4   ③ 5

④ 6   ⑤ 7

17

2016학년도 10월 학평-가형 16번

함수 $f(x)=\dfrac{3^x}{3^x+3}$에 대하여 점 $(p,\ q)$가 곡선 $y=f(x)$ 위의 점이면 실수 p의 값에 관계없이 점 $(2a-p,\ a-q)$도 항상 곡선 $y=f(x)$ 위의 점이다. 다음은 상수 a의 값을 구하는 과정이다.

점 $(2a-p,\ a-q)$가 곡선 $y=f(x)$ 위의 점이므로

$$\dfrac{3^{2a-p}}{3^{2a-p}+3}=a-\boxed{(7\!\!\!/)} \qquad \cdots\cdots \ \bigcirc$$

이다. $\bigcirc$은 실수 p의 값에 관계없이 항상 성립하므로

$$p=0일 \ 때, \ \dfrac{3^{2a}}{3^{2a}+3}=a-\dfrac{1}{4} \qquad \cdots\cdots \ \bigcirc$$

이고,

$$p=1일 \ 때, \ \dfrac{3^{2a}}{3^{2a}+\boxed{(\!\downarrow\!)}}=a-\dfrac{1}{2} \qquad \cdots\cdots \ \bigcirc$$

이다. $\bigcirc$, $\bigcirc$에서

$$(3^{2a}+3)(3^{2a}+\boxed{(\!\downarrow\!)})=24\times 3^{2a}$$

이므로

$$a=\dfrac{1}{2} \ 또는 \ a=\boxed{(\!\uparrow\!)}$$

이다. 이때, $\bigcirc$에서 좌변이 양수이므로 $a>\dfrac{1}{2}$이다.

따라서 $a=\boxed{(\!\uparrow\!)}$이다.

위의 (가)에 알맞은 식을 $g(p)$라 하고 (나)와 (다)에 알맞은 수를 각각 m, n이라 할 때, $(m-n)\times g(2)$의 값은? [4점]

① 4   ② $\dfrac{9}{2}$ ③ 5

④ $\dfrac{11}{2}$ ⑤ 6

유형03 **지수부등식 – 밑을 같게 만드는 경우**

18 대표 문제

2021학년도 수능 가형(홀) 5번 / 나형(홀) 7번

부등식 $\left(\dfrac{1}{9}\right)^x < 3^{21-4x}$을 만족시키는 자연수 x의 개수는? [3점]

① 6   ② 7   ③ 8

④ 9   ⑤ 10

19

2017학년도 수능 가형(홀) 23번

부등식 $\left(\dfrac{1}{2}\right)^{x-5} \geq 4$를 만족시키는 모든 자연수 x의 값의 합을 구하시오. [3점]

20

2017학년도 3월 학평–가형 22번

부등식 $3^{x-4} \le \dfrac{1}{9}$ 을 만족시키는 모든 자연수 x의 값의 합을 구하시오. [3점]

22

2020학년도 4월 학평–가형 4번

부등식

$$2^{x-4} \le \left(\dfrac{1}{2}\right)^{x-2}$$

을 만족시키는 모든 자연수 x의 값의 합은? [3점]

① 6   ② 7   ③ 8

④ 9   ⑤ 10

21

2024학년도 6월 16번

부등식 $2^{x-6} \le \left(\dfrac{1}{4}\right)^{x}$ 을 만족시키는 모든 자연수 x의 값의 합을 구하시오. [3점]

23

2015학년도 A형(홀) 15번

지수부등식 $\left(\dfrac{1}{5}\right)^{1-2x} \le 5^{x+4}$ 을 만족시키는 모든 자연수 x의 값의 합은? [4점]

① 11   ② 12   ③ 13

④ 14   ⑤ 15

24

부등식 $\dfrac{27}{9^x} \ge 3^{x-9}$을 만족시키는 모든 자연수 x의 개수는?

[3점]

① 1   ② 2   ③ 3

④ 4   ⑤ 5

25

지수부등식 $\left(\dfrac{1}{3}\right)^{x^2+1} > \left(\dfrac{1}{9}\right)^{x+2}$의 해가 $\alpha < x < \beta$일 때, $\beta - \alpha$의 값은? [3점]

① 4   ② 5   ③ 6

④ 7   ⑤ 8

26

지수부등식 $(2^x - 32)\left(\dfrac{1}{3^x} - 27\right) > 0$을 만족시키는 모든 정수 x의 개수는? [4점]

① 7   ② 8   ③ 9

④ 10   ⑤ 11

유형 04 **지수부등식 – 함수의 그래프가 주어진 경우**

27 대표 문제   2019학년도 수능 가형(홀) 14번

이차함수 $y=f(x)$의 그래프와 일차함수 $y=g(x)$의 그래프가
그림과 같을 때, 부등식

$$\left(\frac{1}{2}\right)^{f(x)g(x)} \geq \left(\frac{1}{8}\right)^{g(x)}$$

을 만족시키는 모든 자연수 x의 값의 합은? [4점]

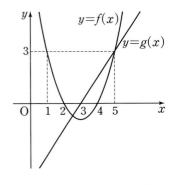

① 7   ② 9   ③ 11

④ 13   ⑤ 15

28   2016학년도 6월 모평 A형 28번

일차함수 $y=f(x)$의 그래프가 그림과 같고 $f(-5)=0$이다.
부등식 $2^{f(x)} \leq 8$의 해가 $x \leq -4$일 때, $f(0)$의 값을 구하시오.

[4점]

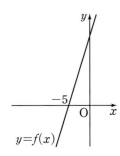

115

29 대표 문제

부등식 $4^x - 10 \times 2^x + 16 \leq 0$을 만족시키는 모든 자연수 x의 값의 합을 구하시오. [3점]

30

부등식 $\left(2^x - \dfrac{1}{4}\right)(2^x - 1) < 0$을 만족시키는 정수 x의 개수는?

[3점]

① 1   ② 2   ③ 3

④ 4   ⑤ 5

31

함수 $f(x) = x^2 - x - 4$에 대하여 부등식

$$4^{f(x)} - 2^{1+f(x)} < 8$$

을 만족시키는 정수 x의 개수는? [3점]

① 1   ② 2   ③ 3

④ 4   ⑤ 5

32

x에 대한 부등식

$$(3^{x+2} - 1)(3^{x-p} - 1) \leq 0$$

을 만족시키는 정수 x의 개수가 20일 때, 자연수 p의 값을 구하시오. [4점]

33

2020학년도 9월 학평(고2) 28번

x에 대한 부등식

$$\left(\frac{1}{4}\right)^x-(3n+16)\times\left(\frac{1}{2}\right)^x+48n\leq0$$

을 만족시키는 정수 x의 개수가 2가 되도록 하는 모든 자연수 n의 개수를 구하시오. [4점]

유형 06 지수방정식과 지수부등식의 활용 – 함수의 그래프

34 대표 문제

2018학년도 3월 학평-가형 9번

그림과 같이 두 함수 $f(x)=2^x+1$, $g(x)=-2^{x-1}+7$의 그래프가 y축과 만나는 점을 각각 A, B라 하고, 곡선 $y=f(x)$와 곡선 $y=g(x)$가 만나는 점을 C라 할 때, 삼각형 ACB의 넓이는?

[3점]

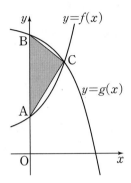

① $\dfrac{5}{2}$ ② 3   ③ $\dfrac{7}{2}$

④ 4   ⑤ $\dfrac{9}{2}$

그림과 같이 두 함수 $f(x)=\dfrac{2^x}{3}$, $g(x)=2^x-2$의 그래프가 y축과 만나는 점을 각각 A, B라 하고, 두 곡선 $y=f(x)$, $y=g(x)$가 만나는 점을 C라 할 때, 삼각형 ABC의 넓이는? [3점]

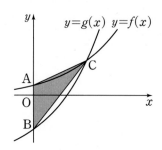

① $\dfrac{1}{3}\log_2 3$ ② $\dfrac{2}{3}\log_2 3$ ③ $\log_2 3$

④ $\dfrac{4}{3}\log_2 3$ ⑤ $\dfrac{5}{3}\log_2 3$

2보다 큰 실수 a에 대하여 두 곡선 $y=2^x$, $y=-2^x+a$가 y축과 만나는 점을 각각 A, B라 하고, 두 곡선의 교점을 C라 하자. $a=6$일 때, 삼각형 ACB의 넓이는? [3점]

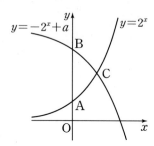

① $2\log_2 3$ ② $\dfrac{5}{2}\log_2 3$ ③ $3\log_2 3$

④ $\dfrac{7}{2}\log_2 3$ ⑤ $4\log_2 3$

37

실수 t에 대하여 직선 $x=t$가 곡선 $y=3^{2-x}+8$과 만나는 점을 A, x축과 만나는 점을 B라 하자. 직선 $x=t+1$이 x축과 만나는 점을 C, 곡선 $y=3^{x-1}$과 만나는 점을 D라 하자. 사각형 ABCD가 직사각형일 때, 이 사각형의 넓이는? [3점]

① 9 　　　　② 10 　　　　③ 11

④ 12 　　　　⑤ 13

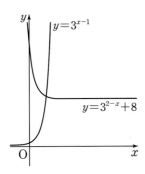

38

두 함수 $f(x)=2^x+1$, $g(x)=2^{x+1}$의 그래프가 점 P에서 만난다. 서로 다른 두 실수 a, b에 대하여 두 점 A$(a, f(a))$, B$(b, g(b))$의 중점이 P일 때, 선분 AB의 길이는? [3점]

① $2\sqrt{2}$ 　　　　② $2\sqrt{3}$ 　　　　③ 4

④ $2\sqrt{5}$ 　　　　⑤ $2\sqrt{6}$

39

두 곡선 $y=2^x$, $y=-4^{x-2}$이 y축과 평행한 한 직선과 만나는 서로 다른 두 점을 각각 A, B라 하자. $\overline{OA}=\overline{OB}$일 때, 삼각형 AOB의 넓이는? (단, O는 원점이다.) [4점]

① 64 　　　　② 68 　　　　③ 72

④ 76 　　　　⑤ 80

40

함수

$$f(x)=\begin{cases} 2^x & (x<3) \\ \left(\dfrac{1}{4}\right)^{x+a}-\left(\dfrac{1}{4}\right)^{3+a}+8 & (x\geq3) \end{cases}$$

에 대하여 곡선 $y=f(x)$ 위의 점 중에서 y좌표가 정수인 점의 개수가 23일 때, 정수 a의 값은? [4점]

① -7 　　　　② -6 　　　　③ -5

④ -4 　　　　⑤ -3

41

두 자연수 a, b에 대하여 함수

$$f(x)=\begin{cases} 2^{x+a}+b & (x\le -8) \\ -3^{x-3}+8 & (x>-8) \end{cases}$$

이 다음 조건을 만족시킬 때, $a+b$의 값은? [4점]

> 집합 $\{f(x)\,|\,x\le k\}$의 원소 중 정수인 것의 개수가 2가 되도록 하는 모든 실수 k의 값의 범위는 $3\le k<4$이다.

① 11
② 13
③ 15
④ 17
⑤ 19

42

두 상수 a, $b\,(b>0)$에 대하여 함수 $f(x)$를

$$f(x)=\begin{cases} 2^{x+3}+b & (x\le a) \\ 2^{-x+5}+3b & (x>a) \end{cases}$$

라 하자. 다음 조건을 만족시키는 실수 k의 최댓값이 $4b+8$일 때, $a+b$의 값은? (단, $k>b$) [4점]

> $b<t<k$인 모든 실수 t에 대하여 함수 $y=f(x)$의 그래프와 직선 $y=t$의 교점의 개수는 1이다.

① 9
② 10
③ 11
④ 12
⑤ 13

43

좌표평면 위의 두 곡선 $y=|9^x-3|$과 $y=2^{x+k}$이 만나는 서로 다른 두 점의 x좌표를 x_1, x_2 $(x_1<x_2)$라 할 때, $x_1<0$, $0<x_2<2$를 만족시키는 모든 자연수 k의 값의 합은? [4점]

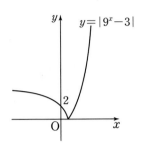

① 8   ② 9   ③ 10
④ 11   ⑤ 12

44

함수 $f(x)$가 다음 조건을 만족시킨다.

(가) $0 \le x < 4$일 때, $f(x)=\begin{cases} 3^x & (0 \le x < 2) \\ 3^{-(x-4)} & (2 \le x < 4) \end{cases}$ 이다.

(나) 모든 실수 x에 대하여 $f(x+4)=f(x)$이다.

$0 \le x \le 40$에서 방정식 $f(x)-5=0$의 모든 실근의 합을 구하시오. [4점]

45 대표문제

최대 충전 용량이 $Q_0(Q_0>0)$인 어떤 배터리를 완전히 방전시킨 후 t시간 동안 충전한 배터리의 충전 용량을 $Q(t)$라 할 때, 다음 식이 성립한다고 한다.

$$Q(t)=Q_0\left(1-2^{-\frac{t}{a}}\right) \text{ (단, } a\text{는 양의 상수이다.)}$$

$\dfrac{Q(4)}{Q(2)}=\dfrac{3}{2}$일 때, a의 값은?

(단, 배터리의 충전 용량의 단위는 mAh이다.) [3점]

① $\dfrac{3}{2}$ ② 2   ③ $\dfrac{5}{2}$

④ 3   ⑤ $\dfrac{7}{2}$

46

물체 주변의 온도가 $T_s(\text{℃})$로 일정하고 물체의 초기 온도가 $T_0(\text{℃})$일 때 초기 온도를 측정한 지 t분 후 물체의 온도를 $T(\text{℃})$라고 하면 다음 식이 성립한다고 한다.

$$T=T_s+(T_0-T_s)K^{-t} \text{ (단, } K\text{는 열전달계수이다.)}$$

어떤 물체 주변의 온도가 20℃로 일정하고 물체의 초기 온도가 60℃일 때 초기 온도를 측정한 지 a분 후 물체의 온도는 40℃가 되었고, 초기 온도를 측정한 지 $(a+20)$분 후 물체의 온도는 25℃가 되었다. a의 값은? [3점]

① 9   ② 10   ③ 11

④ 12   ⑤ 13

47

어느 금융상품에 초기자산 W_0을 투자하고 t년이 지난 시점에서의 기대자산 W가 다음과 같이 주어진다고 한다.

$$W=\frac{W_0}{2}10^{at}(1+10^{at})$$

(단, $W_0>0$, $t\geq0$이고, a는 상수이다.)

이 금융상품에 초기자산 w_0을 투자하고 15년이 지난 시점에서의 기대자산은 초기자산의 3배이다. 이 금융상품에 초기자산 w_0을 투자하고 30년이 지난 시점에서의 기대자산이 초기자산의 k배일 때, 실수 k의 값은? (단, $w_0>0$) [4점]

① 9   ② 10   ③ 11

④ 12   ⑤ 13

● 해설편 130쪽

48

2019학년도 11월 학평(고2)-나형 18번

그림과 같이 가로줄 l_1, l_2, l_3과 세로줄 l_4, l_5, l_6이 만나는 곳에 있는 9개의 메모판에 모두 x에 대한 식이 하나씩 적혀 있고, 그 중 4개의 메모판은 접착 메모지로 가려져 있다. $x=a$일 때, 각 줄 l_k $(k=1, 2, 3, 4, 5, 6)$에 있는 3개의 메모판에 적혀 있는 모든 식의 값의 합을 S_k라 하자. S_k $(k=1, 2, 3, 4, 5, 6)$의 값이 모두 같게 되는 모든 실수 a의 값의 합은? [4점]

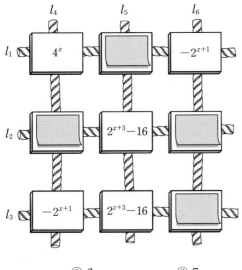

① 5　　　　② 6　　　　③ 7
④ 8　　　　⑤ 9

49

2022학년도 3월 학평 21번

상수 k에 대하여 다음 조건을 만족시키는 좌표평면의 점 A(a, b)가 오직 하나 존재한다.

㈎ 점 A는 곡선 $y=\log_2(x+2)+k$ 위의 점이다.
㈏ 점 A를 직선 $y=x$에 대하여 대칭이동한 점은 곡선
　　$y=4^{x+k}+2$ 위에 있다.

$a \times b$의 값을 구하시오. (단, $a \neq b$) [4점]

8
일차

한눈에 정리하는
평가원 기출 경향

주제 \ 학년도	2025	2024	2023

로그방정식 (빈출)

2025

13 · 2025학년도 수능 (홀) 16번

방정식
$$\log_2(x-3)=\log_4(3x-5)$$
를 만족시키는 실수 x의 값을 구하시오. [3점]

11 · 2025학년도 9월 모평 16번

방정식
$$\log_3(x+2)-\log_{\frac{1}{3}}(x-4)=3$$
을 만족시키는 실수 x의 값을 구하시오. [3점]

22 · 2025학년도 9월 모평 8번

$a>2$인 상수 a에 대하여 두 수 $\log_2 a$, $\log_a 8$의 합과 곱이 각각 4, k일 때, $a+k$의 값은? [3점]
① 11 ② 12 ③ 13 ④ 14 ⑤ 15

12 · 2025학년도 6월 모평 16번

방정식 $\log_2(x+1)-5=\log_{\frac{1}{2}}(x-3)$을 만족시키는 실수 x의 값을 구하시오. [3점]

2024

14 · 2024학년도 9월 모평 16번

방정식 $\log_2(x-1)=\log_4(13+2x)$를 만족시키는 실수 x의 값을 구하시오. [3점]

2023

01 · 2023학년도 수능 (홀) 16번

방정식
$$\log_2(3x+2)=2+\log_2(x-2)$$
를 만족시키는 실수 x의 값을 구하시오. [3점]

15 · 2023학년도 9월 모평 16번

방정식 $\log_3(x-4)=\log_9(x+2)$를 만족시키는 실수 x의 값을 구하시오. [3점]

08 · 2023학년도 6월 모평 16번

방정식 $\log_2(x+2)+\log_2(x-2)=5$를 만족시키는 실수 x의 값을 구하시오. [3점]

로그부등식

46 · 2025학년도 6월 모평 14번

다음 조건을 만족시키는 모든 자연수 k의 값의 합은? [4점]

> $\log_2\sqrt{-n^2+10n+75}-\log_4(75-kn)$의 값이 양수가 되도록 하는 자연수 n의 개수가 12이다.

① 6 ② 7 ③ 8 ④ 9 ⑤ 10

로그방정식과 로그부등식의 활용

02 · 2024학년도 6월 모평 7번

상수 $a(a>2)$에 대하여 함수 $y=\log_2(x-a)$의 그래프의 점근선이 두 곡선 $y=\log_2\frac{x}{4}$, $y=\log_{\frac{1}{2}}x$와 만나는 점을 각각 A, B라 하자. $\overline{AB}=4$일 때, a의 값은? [3점]
① 4 ② 6 ③ 8 ④ 10 ⑤ 12

2022 ~ 2014

16
2021학년도 9월 모평 가형 24번

방정식
$$\log_3 x = 1 + \log_9(2x - 3)$$
을 만족시키는 모든 실수 x의 값의 곱을 구하시오. [3점]

03
2019학년도 9월 모평 가형 23번

방정식
$$2\log_4(5x + 1) = 1$$
의 실근을 α라 할 때, $\log_5 \dfrac{1}{\alpha}$의 값을 구하시오. [3점]

09
2016학년도 9월 모평 B형 8번

로그방정식 $\log_2(4 + x) + \log_2(4 - x) = 3$을 만족시키는 모든 실수 x의 값의 곱은? [3점]

① -10 ② -8 ③ -6
④ -4 ⑤ -2

02
2015학년도 수능 B형(홀) 22번

로그방정식 $\log_3(x + 6) = 5$의 해를 구하시오. [3점]

07
2015학년도 9월 모평 B형 23번

로그방정식 $\log_8 x - \log_8(x - 7) = \dfrac{1}{3}$의 해를 구하시오. [3점]

18
2014학년도 9월 모평 A형 25번

방정식 $(\log_3 x)^2 - 6\log_3 \sqrt{x} + 2 = 0$의 서로 다른 두 실근을 α, β라 할 때, $\alpha\beta$의 값을 구하시오. [3점]

21
2014학년도 6월 모평 A형 27번

방정식 $x^{\log_3 x} = 8x^2$의 두 실근을 α, β라 할 때, $\alpha\beta$의 값을 구하시오. [4점]

42
2020학년도 6월 모평 가형 24번

이차함수 $y = f(x)$의 그래프와 직선 $y = x - 1$이 그림과 같을 때, 부등식
$$\log_3 f(x) + \log_{\frac{1}{3}}(x - 1) \leq 0$$
을 만족시키는 모든 자연수 x의 값의 합을 구하시오.
(단, $f(0) = f(7) = 0$, $f(4) = 3$) [3점]

36
2018학년도 6월 모평 가형 8번

부등식
$$2\log_2 |x - 1| \leq 1 - \log_2 \dfrac{1}{2}$$
을 만족시키는 모든 정수 x의 개수는? [3점]

① 2 ② 4 ③ 6
④ 8 ⑤ 10

25
2017학년도 6월 모평 가형 10번

부등식 $\log_3(x - 1) + \log_3(4x - 7) \leq 3$을 만족시키는 정수 x의 개수는? [3점]

① 1 ② 2 ③ 3
④ 4 ⑤ 5

38
2016학년도 수능 A형(홀) 11번

x에 대한 로그부등식
$$\log_5(x - 1) \leq \log_5\left(\dfrac{1}{2}x + k\right)$$
를 만족시키는 모든 정수 x의 개수가 3일 때, 자연수 k의 값은? [3점]

① 1 ② 2 ③ 3
④ 4 ⑤ 5

49
2015학년도 수능 A형(홀) 30번

좌표평면에서 자연수 n에 대하여 다음 조건을 만족시키는 삼각형 OAB의 개수를 $f(n)$이라 할 때, $f(1) + f(2) + f(3)$의 값을 구하시오. (단, O는 원점이다.) [4점]

> (가) 점 A의 좌표는 $(-2, 3^n)$이다.
> (나) 점 B의 좌표를 (a, b)라 할 때, a와 b는 자연수이고 $b \leq \log_2 a$를 만족시킨다.
> (다) 삼각형 OAB의 넓이는 50 이하이다.

06
2022학년도 6월 모평(홀) 10번

$n \geq 2$인 자연수 n에 대하여 두 곡선
$$y = \log_n x, \quad y = -\log_n(x + 3) + 1$$
이 만나는 점의 x좌표가 1보다 크고 2보다 작도록 하는 모든 n의 값의 합은? [4점]

① 30 ② 35 ③ 40
④ 45 ⑤ 50

09
2020학년도 수능 가형(홀) 15번

지수함수 $y = a^x$ $(a > 1)$의 그래프와 직선 $y = \sqrt{3}$이 만나는 점을 A라 하자. 점 B$(4, 0)$에 대하여 직선 OA와 직선 AB가 서로 수직이 되도록 하는 모든 a의 값의 곱은? (단, O는 원점이다.) [4점]

① $3^{\frac{1}{3}}$ ② $3^{\frac{2}{3}}$ ③ 3
④ $3^{\frac{4}{3}}$ ⑤ $3^{\frac{5}{3}}$

01
2019학년도 6월 모평 가형 14번

직선 $x = k$가 두 곡선 $y = \log_2 x$, $y = -\log_2(8 - x)$와 만나는 점을 각각 A, B라 하자. $\overline{AB} = 2$가 되도록 하는 모든 실수 k의 값의 곱은? (단, $0 < k < 8$) [4점]

① $\dfrac{1}{2}$ ③ $\dfrac{3}{2}$
④ 2 ⑤ $\dfrac{5}{2}$

05
2016학년도 9월 모평 A형 12번

그림과 같이 두 함수 $y = \log_2 x$, $y = \log_2(x - 2)$의 그래프가 x축과 만나는 점을 각각 A, B라 하자. 직선 $x = k(k > 3)$이 두 함수 $y = \log_2 x$, $y = \log_2(x - 2)$의 그래프와 만나는 점을 각각 P, Q라 하고 x축과 만나는 점을 R라 하자. 점 Q가 선분 PR의 중점일 때, 사각형 ABQP의 넓이는? [3점]

① $\dfrac{3}{2}$ ② 2 ③ $\dfrac{5}{2}$
④ 3 ⑤ $\dfrac{7}{2}$

18
2015학년도 6월 모평 B형 10번

세대당 종자의 평균 분산거리가 D이고 세대당 종자의 증식률이 R인 나무의 10세대 동안 확산에 의한 이동거리를 L이라 하면 다음과 같은 관계식이 성립한다고 한다.
$$L^2 = 100D^2 \times \log_3 R$$
세대당 종자의 평균 분산거리가 각각 20, 30인 A나무와 B나무의 세대당 종자의 증식률을 각각 R_A, R_B라 하고 10세대 동안 확산에 의한 이동거리를 각각 L_A, L_B라 하자. $\dfrac{R_A}{R_B} = 27$이고 $L_A = 400$일 때, L_B의 값은? (단, 거리의 단위는 m이다.) [3점]

① 200 ② 300 ③ 400
④ 500 ⑤ 600

15
2014학년도 9월 모평 A형 17번 / B형 10번

질량 a(g)의 활성탄 A를 염료 B의 농도가 c(%)인 용액에 충분히 오래 담가 놓을 때 활성탄 A에 흡착되는 염료 B의 질량 b(g)는 다음 식을 만족시킨다고 한다.
$$\log \dfrac{b}{a} = -1 + k \log c \text{ (단, } k \text{는 상수이다.)}$$
10 g의 활성탄 A를 염료 B의 농도가 8 %인 용액에 충분히 오래 담가 놓을 때 활성탄 A에 흡착되는 염료 B의 질량은 4 g이다. 20 g의 활성탄 A를 염료 B의 농도가 27 %인 용액에 충분히 오래 담가 놓을 때 활성탄 A에 흡착되는 염료 B의 질량(g)은? (단, 각 용액의 양은 충분하다.) [4점]

① 10 ② 12 ③ 14
④ 16 ⑤ 18

로그방정식과 로그부등식

1 로그방정식의 풀이

(1) $\log_a f(x)=b\,(a>0,\ a\neq1)$ 꼴인 경우

$\log_a f(x)=b \iff f(x)=a^b$임을 이용한다. 이때 진수의 조건에 의하여 $f(x)>0$이어야 한다.

예 방정식 $\log_2(x-1)=2$에서

진수의 조건에 의하여 $x>1$

로그의 정의에 의하여 $x-1=2^2$ ∴ $x=5$

이는 진수의 조건을 만족시키므로 방정식의 해는 $x=5$

(2) 밑을 같게 할 수 있는 경우

주어진 방정식을 $\log_a f(x)=\log_a g(x)\,(a>0,\ a\neq1)$ 꼴로 변형한 후 $f(x)=g(x)$임을 이용한다. 이때 진수의 조건에 의하여 $f(x)>0,\ g(x)>0$이어야 한다.

예 (1) 방정식 $\log_4(x-1)=\log_2 3$에서

진수의 조건에 의하여 $x>1$

양변의 로그의 밑을 같게 하면 $\log_4(x-1)=\log_4 9$이므로

$x-1=9$ ∴ $x=10$

이는 진수의 조건을 만족시키므로 방정식의 해는 $x=10$

　　(2) 방정식 $\log_4(4x+5)=\log_2 x$에서

진수의 조건에 의하여 $x>0$

양변의 로그의 밑을 같게 하면 $\log_4(4x+5)=\log_4 x^2$이므로

$4x+5=x^2,\ x^2-4x-5=0$

$(x+1)(x-5)=0$ ∴ $x=-1$ 또는 $x=5$

이때 $x=-1$은 진수의 조건을 만족시키지 않으므로 방정식의 해는 $x=5$

(3) $\log_a x\,(a>0,\ a\neq1)$ 꼴이 반복되는 경우

$\log_a x=t$로 놓고 t에 대한 방정식을 푼다.

예 방정식 $(\log_2 x)^2-3\log_2 x+2=0$에서

$\log_2 x=t$로 놓으면 $t^2-3t+2=0$

$(t-1)(t-2)=0$ ∴ $t=1$ 또는 $t=2$

즉, $\log_2 x=1$ 또는 $\log_2 x=2$이므로 방정식의 해는

$x=2$ 또는 $x=4$

(4) 지수에 로그가 있는 경우

지수에 $\log_a x\,(a>0,\ a\neq1)$가 있는 경우 양변에 밑이 a인 로그를 취하여 푼다.

예 방정식 $x^{\log_2 x}=4x$에서

양변에 밑이 2인 로그를 취하면 $\log_2 x^{\log_2 x}=\log_2 4x$

$(\log_2 x)^2=\log_2 4+\log_2 x$ ∴ $(\log_2 x)^2-\log_2 x-2=0$

$\log_2 x=t$로 놓으면 $t^2-t-2=0$

$(t+1)(t-2)=0$ ∴ $t=-1$ 또는 $t=2$

즉, $\log_2 x=-1$ 또는 $\log_2 x=2$이므로 방정식의 해는

$x=\dfrac{1}{2}$ 또는 $x=4$

고1 다시보기

$\log_a x$ 꼴이 반복되는 로그방정식에서 $\log_a x=t$로 치환하면 이차방정식이 되는 유형이 자주 출제된다. 이때 이차방정식의 근과 계수의 관계를 이용하여 문제를 해결하기도 하므로 다음을 기억하자.

• 이차방정식의 근과 계수의 관계

이차방정식 $ax^2+bx+c=0$의 두 근을 α, β라 하면

$$\alpha+\beta=-\frac{b}{a},\ \alpha\beta=\frac{c}{a}$$

• 로그함수 $y=\log_a x\,(a>0,\ a\neq1)$는 양의 실수 전체의 집합에서 실수 전체의 집합으로의 일대일대응이므로 로그방정식 $\log_a x=k$는 단 하나의 해를 갖는다.

• 로그의 밑을 같게 할 때는 다음 로그의 성질을 이용한다.

(1) $\log_a b=\dfrac{\log_c b}{\log_c a}$

(2) $\log_a b=\dfrac{1}{\log_b a}$

(3) $\log_{a^m} b^n=\dfrac{n}{m}\log_a b$

• $\log_a x=t$로 놓으면 $a^t=x$이다. 이때 $a^t=x>0$이므로 항상 진수의 조건을 만족시킨다.
따라서 $\log_a x$ 꼴이 반복되는 로그방정식은 진수의 조건을 신경 쓰지 않아도 된다.

2 로그부등식의 풀이

(1) 밑을 같게 할 수 있는 경우

주어진 부등식을 $\log_a f(x) < \log_a g(x)$ 꼴로 변형한 후 다음을 이용한다.

① $a > 1$일 때, $\log_a f(x) < \log_a g(x) \iff f(x) < g(x)$

② $0 < a < 1$일 때, $\log_a f(x) < \log_a g(x) \iff f(x) > g(x)$

> 예 (1) 부등식 $\log_5(x+8) < \log_5(-x-4)$에서
>
> 진수의 조건에 의하여 $-8 < x < -4$ ...... ㉠
>
> 로그의 밑 5가 1보다 크므로 $x+8 < -x-4$, $2x < -12$ $\therefore x < -6$ ...... ㉡
>
> ㉠, ㉡을 동시에 만족시키는 x의 값의 범위는 $-8 < x < -6$
>
> (2) 부등식 $\log_{\frac{1}{2}}(-x+3) \leq \log_{\frac{1}{2}}(x+9)$에서
>
> 진수의 조건에 의하여 $-9 < x < 3$ ...... ㉠
>
> 로그의 밑 $\frac{1}{2}$이 1보다 작으므로 $-x+3 \geq x+9$, $-2x \geq 6$ $\therefore x \leq -3$ ...... ㉡
>
> ㉠, ㉡을 동시에 만족시키는 x의 값의 범위는 $-9 < x \leq -3$

(2) $\log_a x\,(a > 0,\ a \neq 1)$ 꼴이 반복되는 경우

$\log_a x = t$로 놓고 t에 대한 부등식을 푼다.

> 예 부등식 $(\log_3 x)^2 - 4\log_3 x + 3 \leq 0$에서
>
> 진수의 조건에 의하여 $x > 0$ ...... ㉠
>
> $\log_3 x = t$로 놓으면 $t^2 - 4t + 3 \leq 0$, $(t-1)(t-3) \leq 0$ $\therefore 1 \leq t \leq 3$
>
> 즉, $1 \leq \log_3 x \leq 3$이므로 $3 \leq x \leq 27$ ...... ㉡
>
> ㉠, ㉡을 동시에 만족시키는 x의 값의 범위는 $3 \leq x \leq 27$

> **고1 다시보기**
>
> 이차부등식이 항상 성립할 조건을 이용하여 로그부등식을 세우는 문제가 출제되므로 다음을 기억하자.
>
> • 이차부등식이 항상 성립할 조건
>
> 이차방정식 $ax^2 + bx + c = 0$의 판별식을 D라 할 때, 모든 실수 x에 대하여 주어진 이차부등식이 항상 성립할 조건은 다음과 같다.
>
> (1) $ax^2 + bx + c > 0 \Rightarrow a > 0$, $D < 0$ (2) $ax^2 + bx + c < 0 \Rightarrow a < 0$, $D < 0$

3 로그방정식과 로그부등식의 활용

(1) 로그방정식과 함수의 그래프

두 로그함수 $y = f(x)$, $y = g(x)$의 그래프가 만나는 점의 x좌표는 로그방정식 $f(x) = g(x)$의 해이다.

(2) 로그방정식과 로그부등식의 실생활에의 활용

주어진 식에서 각 문자가 나타내는 것이 무엇인지 파악하여 적절한 수를 대입한 후 로그방정식 또는 로그부등식을 푼다.

> **중2 고1 다시보기**
>
> 로그방정식과 로그부등식의 활용 문제에 이용되는 다음 개념을 기억하자.
>
> • 삼각형에서 평행선과 선분의 길이의 비
>
> 삼각형 ABC에서 $\overline{AB}$, $\overline{AC}$ 위에 각각 점 D, E가 있을 때, $\overline{BC} /\!/ \overline{DE}$ 이면
>
> $\Rightarrow \overline{AD} : \overline{DB} = \overline{AE} : \overline{EC}$
>
> $\overline{AB} : \overline{AD} = \overline{AC} : \overline{AE} = \overline{BC} : \overline{DE}$
>
>
>
> • 원의 방정식
>
> 중심이 원점이고 반지름의 길이가 r인 원의 방정식은
>
> $x^2 + y^2 = r^2$

• 밑의 크기에 따라 부등호의 방향이 달라짐에 주의한다.

• 로그함수 $y = \log_a x\,(a > 0,\ a \neq 1)$의 정의역은 $\{x | x > 0\}$, 치역은 실수 전체의 집합이므로 $\log_a x = t$로 놓을 때, t의 값의 범위에 신경 쓰지 않아도 된다.

유형 01 로그방정식 – 밑을 같게 만드는 경우

01 대표 문제
2023학년도 수능 (홀) 16번

방정식
$$\log_2(3x+2)=2+\log_2(x-2)$$
를 만족시키는 실수 x의 값을 구하시오. [3점]

02
2015학년도 수능 B형(홀) 22번

로그방정식 $\log_2(x+6)=5$의 해를 구하시오. [3점]

03
2019학년도 9월 모평 가형 23번

방정식
$$2\log_4(5x+1)=1$$
의 실근을 α라 할 때, $\log_5\dfrac{1}{\alpha}$의 값을 구하시오. [3점]

04
2013학년도 3월 학평–A형 22번

방정식 $\log_2(2x-5)=2\log_2 3$의 해를 구하시오. [3점]

05

방정식 $\log_5(x+9)=\log_5 4+\log_5(x-6)$을 만족시키는 실수 x의 값을 구하시오. [3점]

06

방정식 $\log_2 x=1+\log_2(x-6)$을 만족시키는 실수 x의 값을 구하시오. [3점]

07

로그방정식 $\log_8 x-\log_8(x-7)=\dfrac{1}{3}$의 해를 구하시오. [3점]

08

방정식 $\log_2(x+2)+\log_2(x-2)=5$를 만족시키는 실수 x의 값을 구하시오. [3점]

09

로그방정식 $\log_2(4+x)+\log_2(4-x)=3$을 만족시키는 모든 실수 x의 값의 곱은? [3점]

① -10 ② -8 ③ -6

④ -4 ⑤ -2

11

방정식

$$\log_3(x+2)-\log_{\frac{1}{3}}(x-4)=3$$

을 만족시키는 실수 x의 값을 구하시오. [3점]

10

방정식

$$\log_2(x-3)=1-\log_2(x-4)$$

를 만족시키는 실수 x의 값을 구하시오. [3점]

12

방정식 $\log_2(x+1)-5=\log_{\frac{1}{2}}(x-3)$을 만족시키는 실수 x의 값을 구하시오. [3점]

13

2025학년도 (홀) 16번

방정식

$$\log_2(x-3)=\log_4(3x-5)$$

를 만족시키는 실수 x의 값을 구하시오. [3점]

15

2023학년도 9월 모평 16번

방정식 $\log_3(x-4)=\log_9(x+2)$를 만족시키는 실수 x의 값을 구하시오. [3점]

14

2024학년도 9월 모평 16번

방정식 $\log_2(x-1)=\log_4(13+2x)$를 만족시키는 실수 x의 값을 구하시오. [3점]

16

2021학년도 9월 모평 가형 24번

방정식

$$\log_2 x=1+\log_4(2x-3)$$

을 만족시키는 모든 실수 x의 값의 곱을 구하시오. [3점]

17

방정식

$$\log_2(x-2)=1+\log_4(x+6)$$

을 만족시키는 실수 x의 값을 구하시오. [3점]

로그방정식 $-\log_a x$ 꼴이 반복되는 경우

18 대표 문제

방정식 $(\log_3 x)^2 - 6\log_3 \sqrt{x} + 2 = 0$의 서로 다른 두 실근을 α, β라 할 때, $\alpha\beta$의 값을 구하시오. [3점]

19

방정식 $(\log_3 x)^2 + 4\log_9 x - 3 = 0$의 모든 실근의 곱은? [3점]

① $\dfrac{1}{9}$ ② $\dfrac{1}{3}$ ③ $\dfrac{5}{9}$

④ $\dfrac{7}{9}$ ⑤ 1

20

2019학년도 6월 학평(고2)−나형 26번

방정식

$$\left(\log_2 \frac{x}{2}\right)(\log_2 4x) = 4$$

의 서로 다른 두 실근 α, β에 대하여 $64\alpha\beta$의 값을 구하시오. [4점]

21 대표 문제

2014학년도 6월 모평 A형 27번

방정식 $x^{\log_2 x} = 8x^2$의 두 실근을 α, β라 할 때, $\alpha\beta$의 값을 구하시오. [4점]

22

2025학년도 9월 모평 8번

$a > 2$인 상수 a에 대하여 두 수 $\log_2 a$, $\log_a 8$의 합과 곱이 각각 4, k일 때, $a + k$의 값은? [3점]

① 11 ② 12 ③ 13

④ 14 ⑤ 15

23

두 양수 a, $b(a<b)$가 다음 조건을 만족시킬 때, $\log \dfrac{b}{a}$의 값은? [3점]

> (가) $ab=10^2$
> (나) $\log a \times \log b = -3$

① 4   ② 5   ③ 6
④ 7   ⑤ 8

24

두 실수 x, y에 대한 연립방정식

$$\begin{cases} 2^x - 2 \cdot 4^{-y} = 7 \\ \log_2(x-2) - \log_2 y = 1 \end{cases}$$

의 해를 $x=\alpha$, $y=\beta$라 할 때, $10\alpha\beta$의 값을 구하시오. [4점]

유형 04   로그부등식 - 밑을 같게 만드는 경우

25 대표 문제

부등식 $\log_3(x-1) + \log_3(4x-7) \le 3$을 만족시키는 정수 x의 개수는? [3점]

① 1   ② 2   ③ 3
④ 4   ⑤ 5

26

부등식 $\log_2 x \le 2$를 만족시키는 정수 x의 개수는? [2점]

① 1   ② 2   ③ 3
④ 4   ⑤ 5

27

2018학년도 3월 학평-가형 22번

부등식 $\log_2(x-2)<2$를 만족시키는 모든 자연수 x의 값의 합을 구하시오. [3점]

28

2020학년도 3월 학평-가형 6번

부등식 $\log_{18}(n^2-9n+18)<1$을 만족시키는 모든 자연수 n의 값의 합은? [3점]

① 14   ② 15   ③ 16

④ 17   ⑤ 18

29

2019학년도 7월 학평-가형 5번

부등식 $\log_3(x-3)+\log_3(x+3)\le 3$을 만족시키는 모든 정수 x의 값의 합은? [3점]

① 15   ② 17   ③ 19

④ 21   ⑤ 23

30

2014학년도 4월 학평-A형 6번

로그부등식

$$\log_3(x+1)+\log_3(x-5)<3$$

을 만족시키는 정수 x의 개수는? [3점]

① 2   ② 4   ③ 6

④ 8   ⑤ 10

31

부등식

$$\log_2(x^2-1)+\log_2 3 \leq 5$$

를 만족시키는 정수 x의 개수는? [3점]

① 1   ② 2   ③ 3

④ 4   ⑤ 5

33

부등식 $\log_2(x^2-7x)-\log_2(x+5) \leq 1$을 만족시키는 모든 정수 x의 값의 합은? [3점]

① 22   ② 24   ③ 26

④ 28   ⑤ 30

32

부등식 $\log_2 x \leq 4-\log_2(x-6)$을 만족시키는 모든 정수 x의 값의 합은? [3점]

① 15   ② 19   ③ 23

④ 27   ⑤ 31

34

로그부등식 $2\log_2(x-4) \leq \log_2(x-1)+2$를 만족시키는 모든 자연수 x의 개수는? [3점]

① 4   ② 5   ③ 6

④ 7   ⑤ 8

35

로그부등식

$$\log_2(x-1) < 2\log_4(7-x)$$

의 해가 $\alpha < x < \beta$일 때, $\alpha^2 + \beta^2$의 값을 구하시오. [3점]

37

부등식

$$1 < \log_4 \frac{x^2-1}{2} < 3$$

을 만족시키는 정수 x의 개수는? [3점]

① 10   ② 12   ③ 14

④ 16   ⑤ 18

36

부등식

$$2\log_2|x-1| \le 1 - \log_2 \frac{1}{2}$$

을 만족시키는 모든 정수 x의 개수는? [3점]

① 2   ② 4   ③ 6

④ 8   ⑤ 10

38

x에 대한 로그부등식

$$\log_5(x-1) \le \log_5\left(\frac{1}{2}x+k\right)$$

를 만족시키는 모든 정수 x의 개수가 3일 때, 자연수 k의 값은? [3점]

① 1   ② 2   ③ 3

④ 4   ⑤ 5

39 대표 문제

정수 전체의 집합의 두 부분집합

$$A=\{x\,|\,\log_2(x+1)\leq k\}$$
$$B=\left\{x\,\middle|\,\log_2(x-2)-\log_{\frac{1}{2}}(x+1)\geq 2\right\}$$

에 대하여 $n(A\cap B)=5$를 만족시키는 자연수 k의 값은?

[3점]

① 3   ② 4   ③ 5

④ 6   ⑤ 7

40

두 집합

$$A=\{x\,|\,x^2-5x+4\leq 0\}$$
$$B=\{x\,|\,(\log_2 x)^2-2k\log_2 x+k^2-1\leq 0\}$$

에 대하여 $A\cap B\neq\varnothing$을 만족시키는 정수 k의 개수는? [4점]

① 5   ② 6   ③ 7

④ 8   ⑤ 9

41

$-1\leq x\leq 1$에서 정의된 함수 $f(x)=-\log_3(mx+5)$에 대하여 $f(-1)<f(1)$이 되도록 하는 모든 정수 m의 개수는? [4점]

① 1   ② 2   ③ 3

④ 4   ⑤ 5

42

이차함수 $y=f(x)$의 그래프와 직선 $y=x-1$이 그림과 같을 때, 부등식

$$\log_3 f(x)+\log_{\frac{1}{3}}(x-1)\leq 0$$

을 만족시키는 모든 자연수 x의 값의 합을 구하시오.

(단, $f(0)=f(7)=0$, $f(4)=3$) [3점]

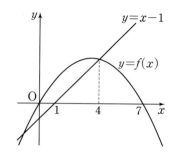

43

두 함수 $f(x)=x^2-6x+11$, $g(x)=\log_3 x$가 있다. 정수 k에 대하여

$$k<(g\circ f)(n)<k+2$$

를 만족시키는 자연수 n의 개수를 $h(k)$라 할 때, $h(0)+h(3)$의 값은? [4점]

① 11   ② 13   ③ 15

④ 17   ⑤ 19

44

모든 실수 x에 대하여 이차부등식

$$3x^2-2(\log_2 n)x+\log_2 n>0$$

이 성립하도록 하는 자연수 n의 개수를 구하시오. [3점]

45

x에 대한 부등식

$$2^{2x+1}-(2n+1)2^x+n\le 0$$

을 만족시키는 모든 정수 x의 개수가 7일 때, 자연수 n의 최댓값을 구하시오. [3점]

46

다음 조건을 만족시키는 모든 자연수 k의 값의 합은? [4점]

> $\log_2\sqrt{-n^2+10n+75}-\log_4(75-kn)$의 값이 양수가 되도록 하는 자연수 n의 개수가 12이다.

① 6   ② 7   ③ 8

④ 9   ⑤ 10

47

함수 $f(x)=\log_3 x$에 대하여 두 양수 a, b가 다음 조건을 만족시킨다.

> (가) $|f(a)-f(b)|\leq 1$
> (나) $f(a+b)=1$

ab의 최솟값을 m이라 할 때, $f(m)=3-\log_3 k$이다. 자연수 k의 값은? [4점]

① 16   ② 19   ③ 22

④ 25   ⑤ 28

48

2019학년도 6월 학평(고2)-가형 28번

100 이하의 자연수 k에 대하여 $2 \leq \log_n k < 3$을 만족시키는 자연수 n의 개수를 $f(k)$라 하자. 예를 들어 $f(30)=2$이다. $f(k)=4$가 되도록 하는 k의 최댓값을 구하시오. [4점]

49

 2015학년도 수능 A형(홀) 30번

좌표평면에서 자연수 n에 대하여 다음 조건을 만족시키는 삼각형 OAB의 개수를 $f(n)$이라 할 때, $f(1)+f(2)+f(3)$의 값을 구하시오. (단, O는 원점이다.) [4점]

㉮ 점 A의 좌표는 $(-2, 3^n)$이다.
㉯ 점 B의 좌표를 (a, b)라 할 때, a와 b는 자연수이고
   $b \leq \log_2 a$를 만족시킨다.
㉰ 삼각형 OAB의 넓이는 50 이하이다.

유형 01 **로그방정식과 로그부등식의 활용**
– 함수의 그래프

01 [대표] 문제

직선 $x=k$가 두 곡선 $y=\log_2 x$, $y=-\log_2(8-x)$와 만나는 점을 각각 A, B라 하자. $\overline{AB}=2$가 되도록 하는 모든 실수 k의 값의 곱은? (단, $0<k<8$) [4점]

① $\dfrac{1}{2}$ ② 1 ③ $\dfrac{3}{2}$

④ 2 ⑤ $\dfrac{5}{2}$

02

상수 $a(a>2)$에 대하여 함수 $y=\log_2(x-a)$의 그래프의 점근선이 두 곡선 $y=\log_2 \dfrac{x}{4}$, $y=\log_{\frac{1}{2}} x$와 만나는 점을 각각 A, B라 하자. $\overline{AB}=4$일 때, a의 값은? [3점]

① 4 ② 6 ③ 8

④ 10 ⑤ 12

03

$a>1$인 실수 a에 대하여 두 함수

$$f(x)=\frac{1}{2}\log_a(x-1)-2, \quad g(x)=\log_{\frac{1}{a}}(x-2)+1$$

이 있다. 직선 $y=-2$와 함수 $y=f(x)$의 그래프가 만나는 점을 A라 하고, 직선 $x=10$과 두 함수 $y=f(x)$, $y=g(x)$의 그래프가 만나는 점을 각각 B, C라 하자. 삼각형 ACB의 넓이가 28일 때, a^{10}의 값은? [4점]

① 15 ② 18 ③ 21

④ 24 ⑤ 27

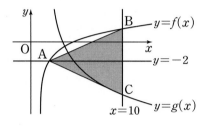

04

함수 $y=\log_3|2x|$의 그래프와 함수 $y=\log_3(x+3)$의 그래프가 만나는 서로 다른 두 점을 각각 A, B라 하자. 점 A를 지나고 직선 AB와 수직인 직선이 y축과 만나는 점을 C라 할 때, 삼각형 ABC의 넓이는?

(단, 점 A의 x좌표는 점 B의 x좌표보다 작다.) [4점]

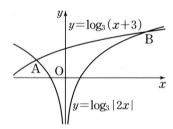

① $\dfrac{13}{2}$ ② 7 ③ $\dfrac{15}{2}$

④ 8 ⑤ $\dfrac{17}{2}$

05

2016학년도 9월 모평 A형 12번

그림과 같이 두 함수 $y=\log_2 x$, $y=\log_2(x-2)$의 그래프가 x축과 만나는 점을 각각 A, B라 하자. 직선 $x=k\,(k>3)$이 두 함수 $y=\log_2 x$, $y=\log_2(x-2)$의 그래프와 만나는 점을 각각 P, Q라 하고 x축과 만나는 점을 R라 하자. 점 Q가 선분 PR의 중점일 때, 사각형 ABQP의 넓이는? [3점]

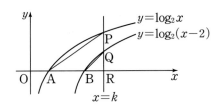

① $\dfrac{3}{2}$ ② 2   ③ $\dfrac{5}{2}$

④ 3   ⑤ $\dfrac{7}{2}$

06

2022학년도 6월 모평 10번

$n\geq 2$인 자연수 n에 대하여 두 곡선

$$y=\log_n x, \quad y=-\log_n(x+3)+1$$

이 만나는 점의 x좌표가 1보다 크고 2보다 작도록 하는 모든 n의 값의 합은? [4점]

① 30   ② 35   ③ 40

④ 45   ⑤ 50

07

2022학년도 10월 학평 10번

$a>1$인 실수 a에 대하여 두 곡선

$$y=-\log_2(-x), \quad y=\log_2(x+2a)$$

가 만나는 두 점을 A, B라 하자. 선분 AB의 중점이 직선 $4x+3y+5=0$ 위에 있을 때, 선분 AB의 길이는? [4점]

① $\dfrac{3}{2}$ ② $\dfrac{7}{4}$ ③ 2

④ $\dfrac{9}{4}$ ⑤ $\dfrac{5}{2}$

08

2014학년도 10월 학평-A형 26번

두 함수 $f(x)=\log_2(x+10)$, $g(x)=\log_{\frac{1}{2}}(x-10)$의 그래프가 그림과 같다.

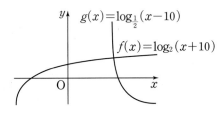

$x>10$에서 정의된 함수 $y=|f(x)-g(x)|$는 $x=p$일 때 최솟값을 갖는다. p^2의 값을 구하시오. [4점]

지수함수 $y=a^x$ $(a>1)$의 그래프와 직선 $y=\sqrt{3}$이 만나는 점을 A라 하자. 점 B$(4, 0)$에 대하여 직선 OA와 직선 AB가 서로 수직이 되도록 하는 모든 a의 값의 곱은? (단, O는 원점이다.)

[4점]

① $3^{\frac{1}{3}}$ ② $3^{\frac{2}{3}}$ ③ 3

④ $3^{\frac{4}{3}}$ ⑤ $3^{\frac{5}{3}}$

2보다 큰 상수 k에 대하여 두 곡선 $y=|\log_2(-x+k)|$, $y=|\log_2 x|$가 만나는 세 점 P, Q, R의 x좌표를 각각 x_1, x_2, x_3이라 하자. $x_3-x_1=2\sqrt{3}$일 때, x_1+x_3의 값은?

(단, $x_1<x_2<x_3$) [3점]

① $\dfrac{7}{2}$ ② $\dfrac{15}{4}$ ③ 4

④ $\dfrac{17}{4}$ ⑤ $\dfrac{9}{2}$

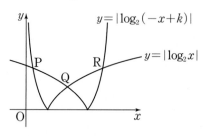

자연수 n에 대하여 좌표평면에서 직선 $\dfrac{x}{3}+\dfrac{y}{4}=\left(\dfrac{3}{4}\right)^n$을 l_n이라 하자.

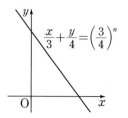

직선 l_n과 x축, y축으로 둘러싸인 부분의 넓이가 $\dfrac{1}{10}$ 이하가 되도록 하는 자연수 n의 최솟값은?

(단, $\log 2=0.30$, $\log 3=0.48$로 계산한다.) [4점]

① 6 ② 7 ③ 8

④ 9 ⑤ 10

12

그림과 같이 1보다 큰 실수 k에 대하여 두 곡선 $y=\log_2|kx|$ 와 $y=\log_2(x+4)$가 만나는 서로 다른 두 점을 A, B라 하고, 점 B를 지나는 곡선 $y=\log_2(-x+m)$이 곡선 $y=\log_2|kx|$ 와 만나는 점 중 B가 아닌 점을 C라 하자. 세 점 A, B, C의 x 좌표를 각각 x_1, x_2, x_3이라 할 때, 〈보기〉에서 옳은 것만을 있는 대로 고른 것은? (단, $x_1<x_2$이고, m은 실수이다.) [4점]

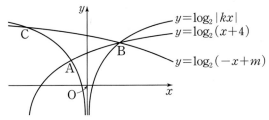

〈 보기 〉

ㄱ. $x_2=-2x_1$이면 $k=3$이다.

ㄴ. $x_2{}^2=x_1x_3$

ㄷ. 직선 AB의 기울기와 직선 AC의 기울기의 합이 0일 때,
   $m+k^2=19$이다.

① ㄱ   ② ㄷ   ③ ㄱ, ㄴ

④ ㄴ, ㄷ   ⑤ ㄱ, ㄴ, ㄷ

13

$k>1$인 실수 k에 대하여 두 곡선 $y=\log_{3k}x$, $y=\log_k x$가 만나는 점을 A라 하자. 양수 m에 대하여 직선 $y=m(x-1)$이 두 곡선 $y=\log_{3k}x$, $y=\log_k x$와 제1사분면에서 만나는 점을 각각 B, C라 하자. 점 C를 지나고 y축에 평행한 직선이 곡선 $y=\log_{3k}x$, x축과 만나는 점을 각각 D, E라 할 때, 세 삼각형 ADB, AED, BDC가 다음 조건을 만족시킨다.

⑦ 삼각형 BDC의 넓이는 삼각형 ADB의 넓이의 3배이다.

④ 삼각형 BDC의 넓이는 삼각형 AED의 넓이의 $\dfrac{3}{4}$배이다.

$\dfrac{k}{m}$의 값을 구하시오. [4점]

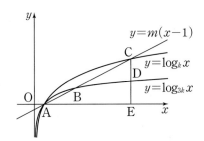

14

자연수 $k\,(k\le39)$에 대하여 함수

$$f(x)=2\log_{\frac{1}{2}}(x-7+k)+2$$

의 그래프와 원 $x^2+y^2=64$가 만나는 서로 다른 두 점의 x좌표를 a, b라 하자. 다음 조건을 만족시키는 k의 최댓값과 최솟값을 각각 M, m이라 할 때, $M+m$의 값을 구하시오. [4점]

(개) $ab<0$
(내) $f(a)f(b)<0$

---

15 대표 문제

질량 $a\,(\mathrm{g})$의 활성탄 A를 염료 B의 농도가 $c\,(\%)$인 용액에 충분히 오래 담가 놓을 때 활성탄 A에 흡착되는 염료 B의 질량 $b\,(\mathrm{g})$는 다음 식을 만족시킨다고 한다.

$$\log\frac{b}{a}=-1+k\log c \text{ (단, } k\text{는 상수이다.)}$$

10 g의 활성탄 A를 염료 B의 농도가 8 %인 용액에 충분히 오래 담가 놓을 때 활성탄 A에 흡착되는 염료 B의 질량은 4 g이다.

20 g의 활성탄 A를 염료 B의 농도가 27 %인 용액에 충분히 오래 담가 놓을 때 활성탄 A에 흡착되는 염료 B의 질량(g)은?

(단, 각 용액의 양은 충분하다.) [4점]

① 10　　　　② 12　　　　③ 14
④ 16　　　　⑤ 18

16

별의 밝기를 나타내는 방법으로 절대 등급과 광도가 있다. 임의의 두 별 A, B에 대하여 별 A의 절대 등급과 광도를 각각 M_A, L_A라 하고, 별 B의 절대 등급과 광도를 각각 M_B, L_B라 하면 다음과 같은 관계식이 성립한다고 한다.

$$M_A-M_B=-2.5\log\left(\frac{L_A}{L_B}\right) \text{ (단, 광도의 단위는 W이다.)}$$

절대 등급이 4.8인 별의 광도가 L일 때, 절대 등급이 1.3인 별의 광도는 kL이다. 상수 k의 값은? [3점]

① $10^{\frac{11}{10}}$　　　　② $10^{\frac{6}{5}}$　　　　③ $10^{\frac{13}{10}}$
④ $10^{\frac{7}{5}}$　　　　⑤ $10^{\frac{3}{2}}$

17

맥동변광성은 팽창과 수축을 반복하여 광도가 바뀌는 별이다. 맥동변광성의 반지름의 길이가 R_1(km), 표면온도가 T_1(K)일 때의 절대등급이 M_1이고, 이 맥동변광성이 팽창하거나 수축하여 반지름의 길이가 R_2(km), 표면온도가 T_2(K)일 때의 절대등급을 M_2라고 하면 이들 사이에는 다음 관계식이 성립한다고 한다.

$$M_2 - M_1 = 5 \log \frac{R_1}{R_2} + 10 \log \frac{T_1}{T_2}$$

어느 맥동변광성의 반지름의 길이가 5.88×10^6(km), 표면온도가 5000(K)일 때의 절대등급이 0.7이었고, 이 맥동변광성이 수축하여 반지름의 길이가 R(km), 표면온도가 7000(K)일 때의 절대등급이 -0.3이었다. 이때, R의 값은? [4점]

① $3 \times 10^{6.2}$ ② $2.5 \times 10^{6.2}$ ③ $3 \times 10^{6.1}$

④ $2 \times 10^{6.2}$ ⑤ $2.5 \times 10^{6.1}$

18

세대당 종자의 평균 분산거리가 D이고 세대당 종자의 증식률이 R인 나무의 10세대 동안 확산에 의한 이동거리를 L이라 하면 다음과 같은 관계식이 성립한다고 한다.

$$L^2 = 100D^2 \times \log_3 R$$

세대당 종자의 평균 분산거리가 각각 20, 30인 A나무와 B나무의 세대당 종자의 증식률을 각각 R_A, R_B라 하고 10세대 동안 확산에 의한 이동거리를 각각 L_A, L_B라 하자. $\dfrac{R_A}{R_B} = 27$이고 $L_A = 400$일 때, L_B의 값은? (단, 거리의 단위는 m이다.) [3점]

① 200   ② 300   ③ 400
④ 500   ⑤ 600

19

어떤 약물을 사람의 정맥에 일정한 속도로 주입하기 시작한 지 t분 후 정맥에서의 약물 농도가 C (ng/mL)일 때, 다음 식이 성립한다고 한다.

$$\log(10 - C) = 1 - kt$$

(단, $C < 10$이고, k는 양의 상수이다.)

이 약물을 사람의 정맥에 일정한 속도로 주입하기 시작한 지 30분 후 정맥에서의 약물 농도는 2 ng/mL이고, 주입하기 시작한 지 60분 후 정맥에서의 약물 농도가 a (ng/mL)일 때, a의 값은? [4점]

① 3   ② 3.2   ③ 3.4
④ 3.6   ⑤ 3.8

20

Wi-Fi 네트워크의 신호 전송 범위 d와 수신 신호 강도 R 사이에는 다음과 같은 관계식이 성립한다고 한다.

$$R = k - 10 \log d^n$$

(단, 두 상수 k, n은 환경에 따라 결정된다.)

어떤 환경에서 신호 전송 범위 d와 수신 신호 강도 R 사이의 관계를 나타낸 그래프가 다음과 같다. 이 환경에서 수신 신호 강도가 -65일 때, 신호 전송 범위는? [3점]

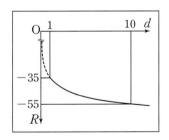

① $10^{\frac{6}{5}}$ ② $10^{\frac{13}{10}}$ ③ $10^{\frac{7}{5}}$

④ $10^{\frac{3}{2}}$ ⑤ $10^{\frac{8}{5}}$

21

화학 퍼텐셜 이론에 의하면 절대온도 $T(K)$에서 이상 기체의 압력을 P_1(기압)에서 P_2(기압)으로 변화시켰을 때의 이상 기체의 화학 퍼텐셜 변화량을 E(kJ/mol)이라 하면 다음 관계식이 성립한다고 한다.

$$E = RT \log_a \frac{P_2}{P_1} \quad (단, a, R는 1이 아닌 양의 상수이다.)$$

절대온도 $300\,K$에서 이상 기체의 압력을 1기압에서 16기압으로 변화시켰을 때의 이상 기체의 화학 퍼텐셜 변화량을 E_1, 절대온도 $240\,K$에서 이상 기체의 압력을 1기압에서 x기압으로 변화시켰을 때의 이상 기체의 화학 퍼텐셜 변화량을 E_2라 하자. $E_1 = E_2$를 만족시키는 x의 값을 구하시오. [4점]

22

어떤 무선 수신기에서 수신 가능한 신호의 최소 크기 P와 수신기의 잡음 지수 F(dB) 그리고 수신기의 주파수 대역 B(Hz) 사이에는 다음과 같은 관계가 있다고 한다.

$$P = a + F + 10 \log B \quad (단, a는 상수이다.)$$

잡음 지수가 5이고 주파수 대역이 B_1일 때의 수신 가능한 신호의 최소 크기와 잡음 지수가 15이고 주파수 대역이 B_2일 때의 수신 가능한 신호의 최소 크기가 같을 때, $\dfrac{B_2}{B_1}$의 값은? [3점]

① $\dfrac{1}{20}$　　② $\dfrac{1}{10}$　　③ $\dfrac{1}{5}$

④ 10　　⑤ 20

23

어떤 앰프에 스피커를 접속 케이블로 연결하여 작동시키면 접속 케이블의 저항과 스피커의 임피던스(스피커에 교류전류가 흐를 때 생기는 저항)에 따라 전송 손실이 생긴다. 접속 케이블의 저항을 R, 스피커의 임피던스를 r, 전송 손실을 L이라 하면 다음과 같은 관계식이 성립한다고 한다.

$$L = 10 \log \left(1 + \frac{2R}{r} \right)$$

(단, 전송 손실의 단위는 dB, 접속 케이블의 저항과 스피커의 임피던스의 단위는 Ω이다.)

이 앰프에 임피던스가 8인 스피커를 저항이 5인 접속 케이블로 연결하여 작동시켰을 때의 전송 손실은 저항이 a인 접속 케이블로 교체하여 작동시켰을 때의 전송 손실의 2배이다. 양수 a의 값은? [4점]

① $\dfrac{1}{2}$　　② 1　　③ $\dfrac{3}{2}$

④ 2　　⑤ $\dfrac{5}{2}$

접속 케이블

앰프　　스피커

24

컴퓨터 화면에서 마우스 커서(☝)가 아이콘까지 이동하는 시간을 T(초), 현재 마우스 커서의 위치로부터 아이콘의 중심까지의 거리를 D(cm), 마우스 커서가 움직이는 방향으로 측정한 아이콘의 폭을 W(cm)라 하면 다음과 같은 관계식이 성립한다고 한다. (단, $D>0$)

$$T = a + \frac{1}{10} \log_2 \left(\frac{D}{W} + 1 \right) \text{ (단, } a \text{는 상수)}$$

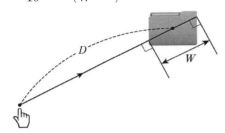

그림과 같이 컴퓨터 화면에 두 개의 아이콘 A, B가 있다.

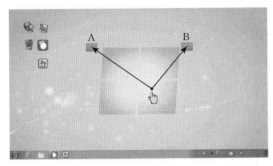

현재 마우스 커서의 위치에서 아이콘 A의 방향으로 측정한 아이콘 A의 폭 W_A와 아이콘 B의 방향으로 측정한 아이콘 B의 폭 W_B는 모두 1cm로 같다. 현재 마우스 커서의 위치로부터 아이콘 A의 중심까지의 거리와 아이콘 B의 중심까지의 거리를 각각 D_A(cm), D_B(cm)라 할 때, 마우스 커서가 아이콘 A까지 이동하는 시간 T_A, 아이콘 B까지 이동하는 시간 T_B는 각각 0.71초, 0.66초이다. $\dfrac{D_A+1}{D_B+1}$의 값은? [4점]

① 1   ② $\sqrt{2}$ ③ 2

④ $2\sqrt{2}$ ⑤ 4

25

총 공기흡인량이 V (m³)이고 공기 포집 전후 여과지의 질량 차가 W (mg)일 때의 공기 중 먼지 농도 C (μg/m³)는 다음 식을 만족시킨다고 한다.

$$\log C = 3 - \log V + \log W \ (W > 0)$$

A 지역에서 총 공기흡인량이 V_0이고 공기 포집 전후 여과지의 질량 차가 W_0일 때의 공기 중 먼지 농도를 C_A, B 지역에서 총 공기흡인량이 $\dfrac{1}{9}V_0$이고 공기 포집 전후 여과지의 질량 차가 $\dfrac{1}{27}W_0$일 때의 공기 중 먼지 농도를 C_B라 하자. $C_A = kC_B$를 만족시키는 상수 k의 값은? (단, $W_0 > 0$) [4점]

① $\sqrt{3}$ ② 3   ③ $3\sqrt{3}$

④ 9   ⑤ $9\sqrt{3}$

26

진동가속도레벨 V (dB)는 공해진동에 사용되는 단위로 진동가속도 크기를 의미하며 편진폭 A (m), 진동수 w (Hz)에 대하여 다음과 같은 관계식이 성립한다고 한다.

$$V = 20 \log \frac{Aw^2}{k} \text{ (단, } k \text{는 양의 상수이다.)}$$

편진폭이 A_1, 진동수가 10π일 때 진동가속도레벨이 83이고, 편진폭이 A_2, 진동수가 80π일 때 진동가속도레벨이 91이다. $\dfrac{A_2}{A_1}$의 값은? [3점]

① $\dfrac{1}{32} \times 10^{\frac{1}{5}}$ ② $\dfrac{1}{32} \times 10^{\frac{2}{5}}$ ③ $\dfrac{1}{64} \times 10^{\frac{1}{5}}$

④ $\dfrac{1}{64} \times 10^{\frac{2}{5}}$ ⑤ $\dfrac{1}{64} \times 10^{\frac{3}{5}}$

27

어떤 지역의 먼지농도에 따른 대기오염 정도는 여과지에 공기를 여과시켜 헤이즈계수를 계산하여 판별한다. 광화학적 밀도가 일정하도록 여과지 상의 빛을 분산시키는 고형물의 양을 헤이즈계수 H, 여과지 이동거리를 $L(\mathrm{m})\,(L>0)$, 여과지를 통과하는 빛전달률을 $S\,(0<S<1)$라 할 때, 다음과 같은 관계식이 성립한다고 한다.

$$H=\frac{k}{L}\log\frac{1}{S}\ (\text{단, }k\text{는 양의 상수이다.})$$

두 지역 A, B의 대기오염 정도를 판별할 때, 각각의 헤이즈계수를 H_A, H_B, 여과지 이동거리를 L_A, L_B, 빛전달률을 S_A, S_B라 하자. $\sqrt{3}H_A=2H_B$, $L_A=2L_B$일 때, $S_A=(S_B)^p$을 만족시키는 실수 p의 값은? [4점]

① $\sqrt{3}$ ② $\dfrac{4\sqrt{3}}{3}$ ③ $\dfrac{5\sqrt{3}}{3}$

④ $2\sqrt{3}$ ⑤ $\dfrac{7\sqrt{3}}{3}$

28

충전된 전하량이 Q_0인 축전기에 전구를 연결한 지 t초 후에 남아 있는 전하량을 Q_t라 하면

$$\log Q_t-\log Q_0=kt\ (\text{단, }k\text{는 상수})$$

가 성립한다. 충전된 전하량이 Q_0인 축전기에 전구를 연결한 지 a초 후에 남아 있는 전하량은 $\dfrac{1}{4}Q_0$이고, 충전된 전하량이 Q_0인 축전기에 전구를 연결한 지 b초 후에 남아 있는 전하량은 $\dfrac{1}{10}Q_0$이다. 충전된 전하량이 Q_0인 축전기에 전구를 연결한 지 $2a+b$초 후에 남아 있는 전하량은 $\dfrac{Q_0}{p}$이다. 상수 p의 값을 구하시오. (단, 전하량의 단위는 쿨롱(C)이다.) [4점]

29

공기 중의 암모니아 농도가 C일 때 냄새의 세기 I는 다음 식을 만족시킨다고 한다.

$$I=k\log C+a\ (\text{단, }k\text{와 }a\text{는 상수이다.})$$

공기 중의 암모니아 농도가 40일 때 냄새의 세기는 5이고, 공기 중의 암모니아 농도가 10일 때 냄새의 세기는 4이다. 공기 중의 암모니아 농도가 p일 때 냄새의 세기는 2.5이다. $100p$의 값을 구하시오. (단, 암모니아 농도의 단위는 ppm이다.) [4점]

30

$m \le -10$인 상수 m에 대하여 함수 $f(x)$는

$$f(x) = \begin{cases} |5\log_2(4-x) + m| & (x \le 0) \\ 5\log_2 x + m & (x > 0) \end{cases}$$

이다. 실수 $t\,(t>0)$에 대하여 x에 대한 방정식 $f(x)=t$의 모든 실근의 합을 $g(t)$라 하자. 함수 $g(t)$가 다음 조건을 만족시킬 때, $f(m)$의 값을 구하시오. [4점]

> $t \ge a$인 모든 실수 t에 대하여 $g(t)=g(a)$가 되도록 하는 양수 a의 최솟값은 2이다.

31

두 양수 a, $k\,(k \ne 1)$에 대하여 함수

$$f(x) = \begin{cases} 2\log_k(x-k+1) + 2^{-a} & (x \ge k) \\ 2\log_{\frac{1}{k}}(-x+k+1) + 2^{-a} & (x < k) \end{cases}$$

가 있다. $f(x)$의 역함수를 $g(x)$라 할 때, 방정식 $f(x)=g(x)$의 해는 $-\dfrac{3}{4}$, t, $\dfrac{5}{4}$이다. $30(a+k+t)$의 값을 구하시오. (단, $0<t<1$) [4점]

한눈에 정리하는
평가원 기출 경향

주제 \ 학년도	2025	2024	2023
일반각에 대한 삼각함수의 성질			

삼각함수 사이의 관계

20   2025학년도 수능 (홀) 6번

$\cos\left(\dfrac{\pi}{2}+\theta\right)=-\dfrac{1}{5}$일 때, $\dfrac{\sin\theta}{1-\cos^2\theta}$의 값은? [3점]

① -5 ② $-\sqrt{5}$ ③ 0
④ $\sqrt{5}$ ⑤ 5

31   2024학년도 수능 (홀) 3번

$\dfrac{3}{2}\pi<\theta<2\pi$인 θ에 대하여 $\sin(-\theta)=\dfrac{1}{3}$일 때, $\tan\theta$의 값은? [3점]

① $-\dfrac{\sqrt{2}}{2}$ ② $-\dfrac{\sqrt{2}}{4}$ ③ $-\dfrac{1}{4}$
④ $\dfrac{1}{4}$ ⑤ $\dfrac{\sqrt{2}}{4}$

18   2023학년도 수능 (홀) 5번

$\tan\theta<0$이고 $\cos\left(\dfrac{\pi}{2}+\theta\right)=\dfrac{\sqrt{5}}{5}$일 때, $\cos\theta$의 값은? [3점]

① $-\dfrac{2\sqrt{5}}{5}$ ② $-\dfrac{\sqrt{5}}{5}$ ③ 0
④ $\dfrac{\sqrt{5}}{5}$ ⑤ $\dfrac{2\sqrt{5}}{5}$

빈출

22   2025학년도 9월 모평 6번

$\dfrac{\pi}{2}<\theta<\pi$인 θ에 대하여 $\cos(\pi+\theta)=\dfrac{2\sqrt{5}}{5}$일 때, $\sin\theta+\cos\theta$의 값은? [3점]

① $-\dfrac{2\sqrt{5}}{5}$ ② $-\dfrac{\sqrt{5}}{5}$ ③ 0
④ $\dfrac{\sqrt{5}}{5}$ ⑤ $\dfrac{2\sqrt{5}}{5}$

29   2024학년도 9월 모평 3번

$\dfrac{3}{2}\pi<\theta<2\pi$인 θ에 대하여 $\cos\theta=\dfrac{\sqrt{6}}{3}$일 때, $\tan\theta$의 값은? [3점]

① $-\sqrt{2}$ ② $-\dfrac{\sqrt{2}}{2}$ ③ 0
④ $\dfrac{\sqrt{2}}{2}$ ⑤ $\sqrt{2}$

26   2023학년도 9월 모평 3번

$\sin(\pi-\theta)=\dfrac{5}{13}$이고 $\cos\theta<0$일 때, $\tan\theta$의 값은? [3점]

① $-\dfrac{12}{13}$ ② $-\dfrac{5}{12}$ ③ 0
④ $\dfrac{5}{12}$ ⑤ $\dfrac{12}{13}$

---

23   2025학년도 6월 모평 6번

$\pi<\theta<\dfrac{3}{2}\pi$인 θ에 대하여 $\sin\left(\theta-\dfrac{\pi}{2}\right)=\dfrac{3}{5}$일 때, $\sin\theta$의 값은? [3점]

① $-\dfrac{4}{5}$ ② $-\dfrac{3}{5}$ ③ $\dfrac{3}{5}$
④ $\dfrac{3}{4}$ ⑤ $\dfrac{4}{5}$

36   2024학년도 6월 모평 6번

$\cos\theta<0$이고 $\sin(-\theta)=\dfrac{1}{7}\cos\theta$일 때, $\sin\theta$의 값은? [3점]

① $-\dfrac{3\sqrt{2}}{10}$ ② $-\dfrac{\sqrt{2}}{10}$ ③ 0
④ $\dfrac{\sqrt{2}}{10}$ ⑤ $\dfrac{3\sqrt{2}}{10}$

21   2023학년도 6월 모평 3번

$\dfrac{\pi}{2}<\theta<\pi$인 θ에 대하여 $\cos^2\theta=\dfrac{4}{9}$일 때, $\sin^2\theta+\cos\theta$의 값은? [3점]

① $-\dfrac{4}{9}$ ② $-\dfrac{1}{3}$ ③ $-\dfrac{2}{9}$
④ $-\dfrac{1}{9}$ ⑤ 0

삼각함수의 최대, 최소

삼각함수의 그래프

14   2025학년도 수능 (홀) 10번

$0\le x\le 2\pi$에서 정의된 함수 $f(x)=a\cos bx+3$이 $x=\dfrac{\pi}{3}$에서 최댓값 13을 갖도록 하는 두 자연수 a, b의 순서쌍 (a, b)에 대하여 $a+b$의 최솟값은? [4점]

① 12 ② 14 ③ 16
④ 18 ⑤ 20

17   2023학년도 6월 모평 7번

$0\le x\le \pi$에서 정의된 함수 $f(x)=-\sin 2x$가 $x=a$에서 최댓값을 갖고 $x=b$에서 최솟값을 갖는다. 곡선 $y=f(x)$ 위의 두 점 $(a, f(a))$, $(b, f(b))$를 지나는 직선의 기울기는? [3점]

① $\dfrac{1}{\pi}$ ② $\dfrac{2}{\pi}$ ③ $\dfrac{3}{\pi}$
④ $\dfrac{4}{\pi}$ ⑤ $\dfrac{5}{\pi}$

29   2025학년도 6월 모평 20번

5 이하의 두 자연수 a, b에 대하여 $0<x<2\pi$에서 정의된 함수 $y=a\sin x+b$의 그래프가 직선 $x=\pi$와 만나는 점의 집합을 A라 하고, 두 직선 $y=1$, $y=3$과 만나는 점의 집합을 각각 B, C라 하자. $n(A\cup B\cup C)=3$이 되도록 하는 a, b의 순서쌍 (a, b)에 대하여 $a+b$의 최댓값을 M, 최솟값을 m이라 할 때, $M\times m$의 값을 구하시오. [4점]

2022 ~ 2014

---

16   2022학년도 수능 (홀) 7번

$\pi<\theta<\dfrac{3}{2}\pi$인 θ에 대하여 $\tan\theta-\dfrac{6}{\tan\theta}=1$일 때,
$\sin\theta+\cos\theta$의 값은? [3점]

① $-\dfrac{2\sqrt{10}}{5}$ ② $-\dfrac{\sqrt{10}}{5}$ ③ 0

④ $\dfrac{\sqrt{10}}{5}$ ⑤ $\dfrac{2\sqrt{10}}{5}$

14   2022학년도 6월 모평 3번

$\pi<\theta<\dfrac{3}{2}\pi$인 θ에 대하여 $\tan\theta=\dfrac{12}{5}$일 때, $\sin\theta+\cos\theta$의
값은? [3점]

① $-\dfrac{17}{13}$ ② $-\dfrac{7}{13}$ ③ 0

④ $\dfrac{7}{13}$ ⑤ $\dfrac{17}{13}$

08   2021학년도 9월 모평 나형 3번

$\cos^2\left(\dfrac{\pi}{6}\right)+\tan^2\left(\dfrac{2\pi}{3}\right)$의 값은? [2점]

① $\dfrac{3}{2}$ ② $\dfrac{9}{4}$ ③ 3

④ $\dfrac{15}{4}$ ⑤ $\dfrac{9}{2}$

09   2018학년도 6월 모평 가형 2번

$\sin\dfrac{7\pi}{3}$의 값은? [2점]

① $-\dfrac{\sqrt{2}}{2}$ ② $-\dfrac{1}{2}$ ③ $\dfrac{1}{2}$

④ $\dfrac{\sqrt{2}}{2}$ ⑤ $\dfrac{\sqrt{3}}{2}$

---

44   2022학년도 9월 모평 6번

$\dfrac{\pi}{2}<\theta<\pi$인 θ에 대하여 $\dfrac{\sin\theta}{1-\sin\theta}-\dfrac{\sin\theta}{1+\sin\theta}=4$일 때,
$\cos\theta$의 값은? [3점]

① $-\dfrac{\sqrt{3}}{3}$ ② $-\dfrac{1}{3}$ ③ 0

④ $\dfrac{1}{3}$ ⑤ $\dfrac{\sqrt{3}}{3}$

30   2021학년도 수능 가형 3번

$\dfrac{\pi}{2}<\theta<\pi$인 θ에 대하여 $\sin\theta=\dfrac{\sqrt{21}}{7}$일 때, $\tan\theta$의 값은?
[2점]

① $-\dfrac{\sqrt{3}}{2}$ ② $-\dfrac{\sqrt{3}}{4}$ ③ 0

④ $\dfrac{\sqrt{3}}{4}$ ⑤ $\dfrac{\sqrt{3}}{2}$

---

03   2021학년도 수능 나형(홀) 4번

함수 $f(x)=4\cos x+3$의 최댓값은? [3점]

① 6   ② 7   ③ 8

④ 9   ⑤ 10

01   2021학년도 6월 모평 나형 22번

함수 $f(x)=5\sin x+1$의 최댓값을 구하시오. [3점]

31   2019학년도 9월 모평 가형 14번

실수 k에 대하여 함수

$$f(x)=\cos^2\left(x-\dfrac{3}{4}\pi\right)-\cos\left(x-\dfrac{\pi}{4}\right)+k$$

의 최댓값은 3, 최솟값은 m이다. $k+m$의 값은? [4점]

① 2   ② $\dfrac{9}{4}$ ③ $\dfrac{5}{2}$

④ $\dfrac{11}{4}$ ⑤ 3

---

16   2022학년도 수능 (홀) 11번

양수 a에 대하여 집합 $\left\{x\left|-\dfrac{a}{2}<x\le a,\ x\ne\dfrac{a}{2}\right.\right\}$에서 정의된
함수

$$f(x)=\tan\dfrac{\pi x}{a}$$

가 있다. 그림과 같이 함수 $y=f(x)$의 그래프 위의 세 점 O,
A, B를 지나는 직선이 있다. 점 A를 지나고 x축에 평행한 직
선이 함수 $y=f(x)$의 그래프와 만나는 점 중 A가 아닌 점을 C
라 하자. 삼각형 ABC가 정삼각형일 때, 삼각형 ABC의 넓이
는? (단, O는 원점이다.) [4점]

① $\dfrac{3\sqrt{3}}{2}$ ② $\dfrac{17\sqrt{3}}{12}$ ③ $\dfrac{4\sqrt{3}}{3}$

④ $\dfrac{5\sqrt{3}}{4}$ ⑤ $\dfrac{7\sqrt{3}}{6}$

35   2021학년도 9월 모평 가형 21번

$-2\pi\le x\le2\pi$에서 정의된 두 함수
$$f(x)=\sin kx+2,\ g(x)=3\cos12x$$
에 대하여 다음 조건을 만족시키는 자연수 k의 개수는? [4점]

> 실수 a가 두 곡선 $y=f(x),\ y=g(x)$의 교점의 y좌표이면
> $\{x|f(x)=a\}\subset\{x|g(x)=a\}$
> 이다.

① 3   ② 4   ③ 5

④ 6   ⑤ 7

삼각함수와 그 그래프

1 부채꼴의 호의 길이와 넓이

반지름의 길이가 r, 중심각의 크기가 θ(라디안)인 부채꼴의 호의 길이를 l, 넓이를 S라 하면

$$l=r\theta,\ S=\frac{1}{2}r^2\theta=\frac{1}{2}rl$$

예 반지름의 길이가 4이고 중심각의 크기가 $\frac{\pi}{4}$인 부채꼴의 호의 길이를 l, 넓이를 S라 하면

$$l=4\times\frac{\pi}{4}=\pi,\ S=\frac{1}{2}\times 4^2\times\frac{\pi}{4}=2\pi$$

2 삼각함수

(1) 삼각함수

동경 OP가 x축의 양의 방향과 이루는 각의 크기 θ에 대하여

$$\sin\theta=\frac{y}{r},\ \cos\theta=\frac{x}{r},\ \tan\theta=\frac{y}{x}\ (x\neq 0)$$

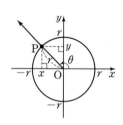

(2) 삼각함수의 값의 부호

삼각함수의 값의 부호는 각 θ를 나타내는 동경이 존재하는 사분면에 따라 다음과 같이 정해진다.

① $\sin\theta$의 값의 부호　② $\cos\theta$의 값의 부호　③ $\tan\theta$의 값의 부호

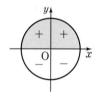 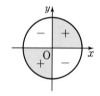

(3) 삼각함수 사이의 관계

① $\tan\theta=\dfrac{\sin\theta}{\cos\theta}$　　　② $\sin^2\theta+\cos^2\theta=1$

중2 **중3** **다시보기**

삼각함수는 중학교 과정에서 배운 삼각비를 기본으로 확장된 개념이다. 다음과 같이 삼각비의 뜻, 특수한 각의 삼각비의 값 등 삼각비에 대한 기본 내용을 필요로 하는 문제가 출제되므로 다음을 기억하자. 또 도형에서 삼각함수를 이용하여 점의 좌표, 선분의 길이 등을 구하는 활용 문제가 출제되므로 이때 이용되는 개념도 알아 두자.

· 삼각비

　$\angle B=90^\circ$인 직각삼각형 ABC에서

　$\sin A=\dfrac{(높이)}{(빗변의\ 길이)}=\dfrac{a}{b},\ \cos A=\dfrac{(밑변의\ 길이)}{(빗변의\ 길이)}=\dfrac{c}{b}$

　$\tan A=\dfrac{(높이)}{(밑변의\ 길이)}=\dfrac{a}{c}$

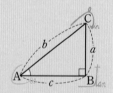

· 특수한 각의 삼각비의 값

삼각비＼A	0°	30°	45°	60°	90°
$\sin A$	0	$\dfrac{1}{2}$	$\dfrac{\sqrt{2}}{2}$	$\dfrac{\sqrt{3}}{2}$	1
$\cos A$	1	$\dfrac{\sqrt{3}}{2}$	$\dfrac{\sqrt{2}}{2}$	$\dfrac{1}{2}$	0
$\tan A$	0	$\dfrac{\sqrt{3}}{3}$	1	$\sqrt{3}$	없다.

· 호도법과 육십분법의 관계

$$1^\circ=\frac{\pi}{180}\text{라디안},\ 1\text{라디안}=\frac{180^\circ}{\pi}$$

육십분법	30°	45°	60°	90°	180°
호도법	$\dfrac{\pi}{6}$	$\dfrac{\pi}{4}$	$\dfrac{\pi}{3}$	$\dfrac{\pi}{2}$	π

· 부채꼴의 중심각의 크기 θ는 호도법으로 나타내어야 한다.

· 삼각함수의 값의 부호

각 사분면에서 삼각함수의 값이 양수인 것만을 좌표평면 위에 나타내면 다음 그림과 같으므로 '얼(all) − 싸(sin) − 안(tan) − 코(cos)'로 기억한다.

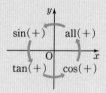

· $\sin A$, $\cos A$, $\tan A$를 통틀어 $\angle A$의 삼각비라 한다.

· 피타고라스 정리

직각삼각형 ABC에서 직각을 낀 두 변의 길이를 각각 a, b라 하고, 빗변의 길이를 c라 하면

$$a^2+b^2=c^2$$

- 현의 수직이등분선
  원의 중심에서 현에 내린 수선은 그 현을 수직이등분한다.
  ⇨ $\overline{AB}\perp\overline{OM}$이면 $\overline{AM}=\overline{BM}$

- 원주각과 중심각의 크기
  (1) 원에서 한 호에 대한 원주각의 크기는 그 호에 대한 중심각의
  크기의 $\frac{1}{2}$이다.

  ⇨ $\angle APB=\frac{1}{2}\angle AOB$

  (2) 반원에 대한 원주각의 크기는 90°이다.

11-12
일차

- 이등변삼각형의 성질
  이등변삼각형의 꼭지각의 이등분선은 밑변을 수직이등분한다.

- 점의 대칭이동
  (1) 점 (x, y)를 원점에 대하여 대칭이동한 점의 좌표는 $(-x, -y)$
  (2) 점 (x, y)를 직선 $y=x$에 대하여 대칭이동한 점의 좌표는 (y, x)

3 삼각함수의 그래프

(1) 함수 $y=\sin x$, 함수 $y=\cos x$의 그래프와 성질
  ① 정의역은 실수 전체의 집합이고, 치역은 $\{y|-1\le y\le 1\}$이다.
  ② 함수 $y=\sin x$의 그래프는 원점에 대하여 대칭이고, 함수 $y=\cos x$의 그래프는 y축에 대하여 대칭이다.
  ③ 주기가 2π인 주기함수이다.
  ④ 함수 $y=\cos x$의 그래프는 함수 $y=\sin x$의 그래프를 x축의 방향으로 $-\frac{\pi}{2}$만큼 평행이동한 것과 같다.
  ⑤ 함수 $y=a\sin(bx+c)+d$, $y=a\cos(bx+c)+d$의 최댓값은 $|a|+d$, 최솟값은 $-|a|+d$, 주기는 $\frac{2\pi}{|b|}$이다.

(2) 함수 $y=\tan x$의 그래프와 성질
  ① 정의역은 $x=n\pi+\frac{\pi}{2}$ (n은 정수)를 제외한 실수 전체의 집합이고, 치역은 실수 전체의 집합이다.
  ② 그래프의 점근선은 직선 $x=n\pi+\frac{\pi}{2}$ (n은 정수)이다.
  ③ 그래프는 원점에 대하여 대칭이다.
  ④ 주기가 π인 주기함수이다.
  ⑤ 함수 $y=a\tan(bx+c)+d$의 최댓값과 최솟값은 없고, 주기는 $\frac{\pi}{|b|}$이다.

- 주기함수
  함수 f의 정의역에 속하는 모든 실수 x에 대하여 $f(x+p)=f(x)$를 만족시키는 0이 아닌 상수 p가 존재할 때, 함수 f를 주기함수라 하고, p의 값 중 최소인 양수를 그 함수의 주기라 한다.

- 삼각함수의 평행이동
  $y=a\sin(bx+c)+d=a\sin b\left(x+\frac{c}{b}\right)+d$이므로 함수 $y=a\sin(bx+c)+d$의 그래프는 함수 $y=a\sin bx$의 그래프를 x축의 방향으로 $-\frac{c}{b}$만큼, y축의 방향으로 d만큼 평행이동한 것이다.

- 절댓값 기호를 포함한 삼각함수의 그래프
  $y=|\sin x|$, $y=|\cos x|$, $y=|\tan x|$의 그래프
  ⇨ $y=\sin x$, $y=\cos x$, $y=\tan x$의 그래프를 그린 후 $y\ge 0$인 부분은 그대로 두고 $y<0$인 부분은 x축에 대하여 대칭이동한다.

4 일반각에 대한 삼각함수의 성질

(1) $2n\pi+\theta$ (n은 정수)의 삼각함수
  $\sin(2n\pi+\theta)=\sin\theta$, $\cos(2n\pi+\theta)=\cos\theta$, $\tan(2n\pi+\theta)=\tan\theta$

(2) $-\theta$의 삼각함수
  $\sin(-\theta)=-\sin\theta$, $\cos(-\theta)=\cos\theta$, $\tan(-\theta)=-\tan\theta$

(3) $\pi\pm\theta$의 삼각함수
  $\sin(\pi\pm\theta)=\mp\sin\theta$, $\cos(\pi\pm\theta)=-\cos\theta$, $\tan(\pi\pm\theta)=\pm\tan\theta$ (복부호 동순)

(4) $\frac{\pi}{2}\pm\theta$의 삼각함수
  $\sin\left(\frac{\pi}{2}\pm\theta\right)=\cos\theta$, $\cos\left(\frac{\pi}{2}\pm\theta\right)=\mp\sin\theta$, $\tan\left(\frac{\pi}{2}\pm\theta\right)=\mp\frac{1}{\tan\theta}$ (복부호 동순)

유형 01 부채꼴의 호의 길이와 넓이

01 대표문제

2020학년도 3월 학평-가형 23번

중심각의 크기가 1라디안이고 둘레의 길이가 24인 부채꼴의 넓이를 구하시오. [3점]

02

2018학년도 4월 학평-가형 2번

반지름의 길이가 4, 중심각의 크기가 $\frac{\pi}{4}$인 부채꼴의 호의 길이는? [2점]

① $\frac{\pi}{4}$ ② $\frac{\pi}{2}$ ③ $\frac{3}{4}\pi$

④ π ⑤ $\frac{5}{4}\pi$

03

2017학년도 3월 학평-가형 25번

그림과 같이 길이가 12인 선분 AB를 지름으로 하는 반원이 있다. 반원 위에서 호 BC의 길이가 4π인 점 C를 잡고 점 C에서 선분 AB에 내린 수선의 발을 H라 하자. $\overline{CH}^2$의 값을 구하시오. [3점]

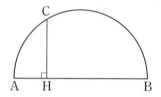

04

2020학년도 4월 학평-나형 17번

그림과 같이 길이가 12인 선분 AB를 지름으로 하는 반원의 호 AB 위에 점 C가 있다. 호 CB의 길이가 2π일 때, 두 선분 AB, AC와 호 CB로 둘러싸인 부분의 넓이는? [4점]

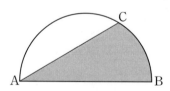

① $5\pi+9\sqrt{3}$ ② $5\pi+10\sqrt{3}$ ③ $6\pi+9\sqrt{3}$

④ $6\pi+10\sqrt{3}$ ⑤ $7\pi+9\sqrt{3}$

05

2019학년도 6월 학평(고2)-가형 17번

그림과 같이 반지름의 길이가 4이고 중심각의 크기가 $\frac{\pi}{6}$인 부채꼴 OAB가 있다. 선분 OA 위의 점 P에 대하여 선분 PA를 지름으로 하고 선분 OB에 접하는 반원을 C라 할 때, 부채꼴 OAB의 넓이를 S_1, 반원 C의 넓이를 S_2라 하자. S_1-S_2의 값은? [4점]

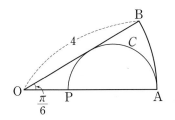

① $\frac{\pi}{9}$ ② $\frac{2}{9}\pi$ ③ $\frac{\pi}{3}$

④ $\frac{4}{9}\pi$ ⑤ $\frac{5}{9}\pi$

06

2021학년도 3월 학평 11번

그림과 같이 두 점 O, O′을 각각 중심으로 하고 반지름의 길이가 3인 두 원 O, O′이 한 평면 위에 있다. 두 원 O, O′이 만나는 점을 각각 A, B라 할 때, $\angle AOB=\frac{5}{6}\pi$이다.

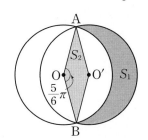

원 O의 외부와 원 O′의 내부의 공통부분의 넓이를 S_1, 마름모 AOBO′의 넓이를 S_2라 할 때, S_1-S_2의 값은? [4점]

① $\frac{5}{4}\pi$ ② $\frac{4}{3}\pi$ ③ $\frac{17}{12}\pi$

④ $\frac{3}{2}\pi$ ⑤ $\frac{19}{12}\pi$

07

2020학년도 6월 학평(고2) 18번

그림과 같이 $\overline{OA}=\overline{OB}=1$, $\angle AOB=\theta$인 이등변삼각형 OAB가 있다. 선분 AB를 지름으로 하는 반원이 선분 OA와 만나는 점 중 A가 아닌 점을 P, 선분 OB와 만나는 점 중 B가 아닌 점을 Q라 하자. 선분 AB의 중점을 M이라 할 때, 다음은 부채꼴 MPQ의 넓이 $S(\theta)$를 구하는 과정이다. $\left(단, 0<\theta<\frac{\pi}{2}\right)$

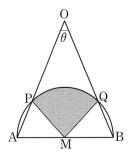

삼각형 OAM에서 $\angle OMA=\frac{\pi}{2}$, $\angle AOM=\frac{\theta}{2}$이므로
$$\overline{MA}=\boxed{(가)}$$
이다. 한편, $\angle OAM=\frac{\pi}{2}-\frac{\theta}{2}$이고 $\overline{MA}=\overline{MP}$이므로
$$\angle AMP=\boxed{(나)}$$
이다. 같은 방법으로
$\angle OBM=\frac{\pi}{2}-\frac{\theta}{2}$이고 $\overline{MB}=\overline{MQ}$이므로
$$\angle BMQ=\boxed{(나)}$$
이다. 따라서 부채꼴 MPQ의 넓이 $S(\theta)$는
$$S(\theta)=\frac{1}{2}\times(\boxed{(가)})^2\times\boxed{(다)}$$
이다.

위의 (가), (나), (다)에 알맞은 식을 각각 $f(\theta)$, $g(\theta)$, $h(\theta)$라 할 때, $\dfrac{f\left(\frac{\pi}{3}\right)\times g\left(\frac{\pi}{6}\right)}{h\left(\frac{\pi}{4}\right)}$의 값은? [4점]

① $\frac{5}{12}$ ② $\frac{1}{3}$ ③ $\frac{1}{4}$

④ $\frac{1}{6}$ ⑤ $\frac{1}{12}$

157

08 대표 문제

2021학년도 9월 모평 나형 3번

$\cos^2\left(\dfrac{\pi}{6}\right)+\tan^2\left(\dfrac{2\pi}{3}\right)$의 값은? [2점]

① $\dfrac{3}{2}$ ② $\dfrac{9}{4}$ ③ 3

④ $\dfrac{15}{4}$ ⑤ $\dfrac{9}{2}$

09

2018학년도 6월 모평 가형 2번

$\sin\dfrac{7\pi}{3}$의 값은? [2점]

① $-\dfrac{\sqrt{2}}{2}$ ② $-\dfrac{1}{2}$ ③ $\dfrac{1}{2}$

④ $\dfrac{\sqrt{2}}{2}$ ⑤ $\dfrac{\sqrt{3}}{2}$

10

2019학년도 4월 학평-가형 2번

$\cos\dfrac{13}{6}\pi$의 값은? [2점]

① $-\dfrac{\sqrt{2}}{2}$ ② $-\dfrac{1}{2}$ ③ $\dfrac{1}{2}$

④ $\dfrac{\sqrt{2}}{2}$ ⑤ $\dfrac{\sqrt{3}}{2}$

11

2020학년도 7월 학평-가형 2번

$\tan\dfrac{4}{3}\pi$의 값은? [2점]

① $-\sqrt{3}$ ② -1 ③ $\dfrac{\sqrt{3}}{3}$

④ 1 ⑤ $\sqrt{3}$

12

$\sin\dfrac{\pi}{4}+\cos\dfrac{3}{4}\pi$의 값은? [3점]

① -1 ② $-\dfrac{\sqrt{2}}{2}$ ③ 0

④ $\dfrac{\sqrt{2}}{2}$ ⑤ 1

14

$\pi<\theta<\dfrac{3}{2}\pi$인 θ에 대하여 $\tan\theta=\dfrac{12}{5}$일 때, $\sin\theta+\cos\theta$의 값은? [3점]

① $-\dfrac{17}{13}$ ② $-\dfrac{7}{13}$ ③ 0

④ $\dfrac{7}{13}$ ⑤ $\dfrac{17}{13}$

13

$\sin\theta=\dfrac{1}{3}$일 때, $\cos\left(\theta+\dfrac{\pi}{2}\right)$의 값은? [2점]

① $-\dfrac{7}{9}$ ② $-\dfrac{2}{3}$ ③ $-\dfrac{5}{9}$

④ $-\dfrac{4}{9}$ ⑤ $-\dfrac{1}{3}$

15

$\dfrac{\pi}{2}<\theta<\pi$인 θ에 대하여 $\tan\theta=-\dfrac{4}{3}$일 때,

$5\sin(\pi+\theta)+10\cos\left(\dfrac{\pi}{2}-\theta\right)$의 값을 구하시오. [3점]

16

$\pi<\theta<\dfrac{3}{2}\pi$인 θ에 대하여 $\tan\theta-\dfrac{6}{\tan\theta}=1$일 때, $\sin\theta+\cos\theta$의 값은? [3점]

① $-\dfrac{2\sqrt{10}}{5}$ ② $-\dfrac{\sqrt{10}}{5}$ ③ 0

④ $\dfrac{\sqrt{10}}{5}$ ⑤ $\dfrac{2\sqrt{10}}{5}$

17

좌표평면 위의 원점 O에서 x축의 양의 방향으로 시초선을 잡을 때, 원점 O와 점 P$(5,\ 12)$를 지나는 동경 OP가 나타내는 각의 크기를 θ라 하자. $\sin\left(\dfrac{3}{2}\pi+\theta\right)$의 값은? [3점]

① $-\dfrac{12}{13}$ ② $-\dfrac{7}{13}$ ③ $-\dfrac{5}{13}$

④ $\dfrac{5}{13}$ ⑤ $\dfrac{7}{13}$

유형 03 삼각함수 사이의 관계

18 대표 문제

$\tan\theta<0$이고 $\cos\left(\dfrac{\pi}{2}+\theta\right)=\dfrac{\sqrt{5}}{5}$일 때, $\cos\theta$의 값은? [3점]

① $-\dfrac{2\sqrt{5}}{5}$ ② $-\dfrac{\sqrt{5}}{5}$ ③ 0

④ $\dfrac{\sqrt{5}}{5}$ ⑤ $\dfrac{2\sqrt{5}}{5}$

19

$\sin\left(\dfrac{\pi}{2}+\theta\right)\tan(\pi-\theta)=\dfrac{3}{5}$일 때, $30(1-\sin\theta)$의 값을 구하시오. [3점]

• 해설편 179쪽

20

2025학년도 수능 (홀) 6번

$\cos\left(\dfrac{\pi}{2}+\theta\right)=-\dfrac{1}{5}$일 때, $\dfrac{\sin\theta}{1-\cos^2\theta}$의 값은? [3점]

① -5 ② $-\sqrt{5}$ ③ 0

④ $\sqrt{5}$ ⑤ 5

22

2025학년도 9월 모평 6번

$\dfrac{\pi}{2}<\theta<\pi$인 θ에 대하여 $\cos(\pi+\theta)=\dfrac{2\sqrt{5}}{5}$일 때, $\sin\theta+\cos\theta$의 값은? [3점]

① $-\dfrac{2\sqrt{5}}{5}$ ② $-\dfrac{\sqrt{5}}{5}$ ③ 0

④ $\dfrac{\sqrt{5}}{5}$ ⑤ $\dfrac{2\sqrt{5}}{5}$

21

2023학년도 6월 모평 3번

$\dfrac{\pi}{2}<\theta<\pi$인 θ에 대하여 $\cos^2\theta=\dfrac{4}{9}$일 때, $\sin^2\theta+\cos\theta$의 값은? [3점]

① $-\dfrac{4}{9}$ ② $-\dfrac{1}{3}$ ③ $-\dfrac{2}{9}$

④ $-\dfrac{1}{9}$ ⑤ 0

23

2025학년도 6월 모평 6번

$\pi<\theta<\dfrac{3}{2}\pi$인 θ에 대하여 $\sin\left(\theta-\dfrac{\pi}{2}\right)=\dfrac{3}{5}$일 때, $\sin\theta$의 값은? [3점]

① $-\dfrac{4}{5}$ ② $-\dfrac{3}{5}$ ③ $\dfrac{3}{5}$

④ $\dfrac{3}{4}$ ⑤ $\dfrac{4}{5}$

24

$0<\theta<\dfrac{\pi}{2}$인 θ에 대하여 $\sin\theta=\dfrac{4}{5}$일 때,

$\sin\left(\dfrac{\pi}{2}-\theta\right)-\cos(\pi+\theta)$의 값은? [3점]

① $\dfrac{9}{10}$ ② 1 ③ $\dfrac{11}{10}$

④ $\dfrac{6}{5}$ ⑤ $\dfrac{13}{10}$

25

$\sin\left(\dfrac{\pi}{2}+\theta\right)=\dfrac{3}{5}$이고 $\sin\theta\cos\theta<0$일 때, $\sin\theta+2\cos\theta$의 값은? [3점]

① $-\dfrac{2}{5}$ ② $-\dfrac{1}{5}$ ③ 0

④ $\dfrac{1}{5}$ ⑤ $\dfrac{2}{5}$

26

$\sin(\pi-\theta)=\dfrac{5}{13}$이고 $\cos\theta<0$일 때, $\tan\theta$의 값은? [3점]

① $-\dfrac{12}{13}$ ② $-\dfrac{5}{12}$ ③ 0

④ $\dfrac{5}{12}$ ⑤ $\dfrac{12}{13}$

27

$\cos(\pi+\theta)=\dfrac{1}{3}$이고 $\sin(\pi+\theta)>0$일 때, $\tan\theta$의 값은? [3점]

① $-2\sqrt{2}$ ② $-\dfrac{\sqrt{2}}{4}$ ③ 1

④ $\dfrac{\sqrt{2}}{4}$ ⑤ $2\sqrt{2}$

28

θ가 제3사분면의 각이고 $\cos\theta = -\dfrac{4}{5}$일 때, $\tan\theta$의 값은?

[2점]

① $-\dfrac{4}{3}$ ② $-\dfrac{3}{4}$ ③ 0

④ $\dfrac{3}{4}$ ⑤ $\dfrac{4}{3}$

29

$\dfrac{3}{2}\pi < \theta < 2\pi$인 θ에 대하여 $\cos\theta = \dfrac{\sqrt{6}}{3}$일 때, $\tan\theta$의 값은?

[3점]

① $-\sqrt{2}$ ② $-\dfrac{\sqrt{2}}{2}$ ③ 0

④ $\dfrac{\sqrt{2}}{2}$ ⑤ $\sqrt{2}$

30

$\dfrac{\pi}{2} < \theta < \pi$인 θ에 대하여 $\sin\theta = \dfrac{\sqrt{21}}{7}$일 때, $\tan\theta$의 값은?

[2점]

① $-\dfrac{\sqrt{3}}{2}$ ② $-\dfrac{\sqrt{3}}{4}$ ③ 0

④ $\dfrac{\sqrt{3}}{4}$ ⑤ $\dfrac{\sqrt{3}}{2}$

31

$\dfrac{3}{2}\pi < \theta < 2\pi$인 θ에 대하여 $\sin(-\theta) = \dfrac{1}{3}$일 때, $\tan\theta$의 값은? [3점]

① $-\dfrac{\sqrt{2}}{2}$ ② $-\dfrac{\sqrt{2}}{4}$ ③ $-\dfrac{1}{4}$

④ $\dfrac{1}{4}$ ⑤ $\dfrac{\sqrt{2}}{4}$

32

$\sin(-\theta)+\cos\left(\dfrac{\pi}{2}+\theta\right)=\dfrac{8}{5}$ 이고 $\cos\theta<0$일 때, $\tan\theta$의 값은? [3점]

① $-\dfrac{5}{3}$ ② $-\dfrac{4}{3}$ ③ 0

④ $\dfrac{4}{3}$ ⑤ $\dfrac{5}{3}$

34

$\dfrac{3}{2}\pi<\theta<2\pi$인 θ에 대하여 $\sin^2\theta=\dfrac{4}{5}$일 때, $\dfrac{\tan\theta}{\cos\theta}$의 값은? [3점]

① $-3\sqrt{5}$ ② $-2\sqrt{5}$ ③ $-\sqrt{5}$

④ $\sqrt{5}$ ⑤ $2\sqrt{5}$

33

$\cos\theta>0$이고 $\sin\theta+\cos\theta\tan\theta=-1$일 때, $\tan\theta$의 값은? [3점]

① $-\sqrt{3}$ ② $-\dfrac{\sqrt{3}}{3}$ ③ $\dfrac{\sqrt{3}}{3}$

④ 1 ⑤ $\sqrt{3}$

35

$\dfrac{\pi}{2}<\theta<\pi$인 θ에 대하여 $\cos\theta\tan\theta=\dfrac{1}{2}$일 때, $\cos\theta+\tan\theta$의 값은? [3점]

① $-\dfrac{5\sqrt{3}}{6}$ ② $-\dfrac{2\sqrt{3}}{3}$ ③ $-\dfrac{\sqrt{3}}{2}$

④ $-\dfrac{\sqrt{3}}{3}$ ⑤ $-\dfrac{\sqrt{3}}{6}$

36

$\cos\theta<0$이고 $\sin(-\theta)=\dfrac{1}{7}\cos\theta$일 때, $\sin\theta$의 값은? [3점]

① $-\dfrac{3\sqrt{2}}{10}$　　② $-\dfrac{\sqrt{2}}{10}$　　③ 0

④ $\dfrac{\sqrt{2}}{10}$　　⑤ $\dfrac{3\sqrt{2}}{10}$

37

$\dfrac{\pi}{2}<\theta<\pi$인 θ에 대하여 $\tan\theta=-2$일 때, $\sin(\pi+\theta)$의 값은? [3점]

① $-\dfrac{2\sqrt{5}}{5}$　　② $-\dfrac{\sqrt{10}}{5}$　　③ $-\dfrac{\sqrt{5}}{5}$

④ $\dfrac{\sqrt{5}}{5}$　　⑤ $\dfrac{2\sqrt{5}}{5}$

38

$\dfrac{\pi}{2}<\theta<\pi$인 θ에 대하여 $\sin\theta=2\cos(\pi-\theta)$일 때, $\cos\theta\tan\theta$의 값은? [3점]

① $-\dfrac{2\sqrt{5}}{5}$　　② $-\dfrac{\sqrt{5}}{5}$　　③ $\dfrac{1}{5}$

④ $\dfrac{\sqrt{5}}{5}$　　⑤ $\dfrac{2\sqrt{5}}{5}$

39

$0<\theta<\dfrac{\pi}{2}$인 θ에 대하여 $\sin\theta\cos\theta=\dfrac{7}{18}$일 때, $30(\sin\theta+\cos\theta)$의 값을 구하시오. [3점]

40

$\cos(-\theta)+\sin(\pi+\theta)=\dfrac{3}{5}$일 때, $\sin\theta\cos\theta$의 값은? [3점]

① $\dfrac{1}{5}$　　　　② $\dfrac{6}{25}$　　　　③ $\dfrac{7}{25}$

④ $\dfrac{8}{25}$　　　　⑤ $\dfrac{9}{25}$

41

$\sin\theta+\cos\theta=\dfrac{1}{2}$일 때, $(2\sin\theta+\cos\theta)(\sin\theta+2\cos\theta)$의 값은? [3점]

① $\dfrac{1}{8}$　　　　② $\dfrac{1}{4}$　　　　③ $\dfrac{3}{8}$

④ $\dfrac{1}{2}$　　　　⑤ $\dfrac{5}{8}$

42

$\sin\theta+\cos\theta=\dfrac{1}{2}$일 때, $\dfrac{1+\tan\theta}{\sin\theta}$의 값은? [3점]

① $-\dfrac{7}{3}$　　　　② $-\dfrac{4}{3}$　　　　③ $-\dfrac{1}{3}$

④ $\dfrac{2}{3}$　　　　⑤ $\dfrac{5}{3}$

43

$\pi<\theta<\dfrac{3}{2}\pi$인 θ에 대하여

$$\dfrac{1}{1-\cos\theta}+\dfrac{1}{1+\cos\theta}=18$$

일 때, $\sin\theta$의 값은? [3점]

① $-\dfrac{2}{3}$　　　　② $-\dfrac{1}{3}$　　　　③ 0

④ $\dfrac{1}{3}$　　　　⑤ $\dfrac{2}{3}$

44

$\dfrac{\pi}{2}<\theta<\pi$인 θ에 대하여 $\dfrac{\sin\theta}{1-\sin\theta}-\dfrac{\sin\theta}{1+\sin\theta}=4$일 때, $\cos\theta$의 값은? [3점]

① $-\dfrac{\sqrt{3}}{3}$ ② $-\dfrac{1}{3}$ ③ 0

④ $\dfrac{1}{3}$ ⑤ $\dfrac{\sqrt{3}}{3}$

45

$\pi<\theta<2\pi$인 θ에 대하여 $\dfrac{\sin\theta\cos\theta}{1-\cos\theta}+\dfrac{1-\cos\theta}{\tan\theta}=1$일 때, $\cos\theta$의 값은? [3점]

① $-\dfrac{2\sqrt{5}}{5}$ ② $-\dfrac{\sqrt{5}}{5}$ ③ $\dfrac{1}{5}$

④ $\dfrac{\sqrt{5}}{5}$ ⑤ $\dfrac{2\sqrt{5}}{5}$

유형 04   삼각함수의 활용

46 대표 문제

좌표평면에서 제1사분면에 점 P가 있다. 점 P를 직선 $y=x$에 대하여 대칭이동한 점을 Q라 하고, 점 Q를 원점에 대하여 대칭이동한 점을 R라 할 때, 세 동경 OP, OQ, OR가 나타내는 각을 각각 α, β, γ라 하자. $\sin\alpha=\dfrac{1}{3}$일 때, $9(\sin^2\beta+\tan^2\gamma)$의 값을 구하시오.

(단, O는 원점이고, 시초선은 x축의 양의 방향이다.) [4점]

47

2020학년도 6월 학평(고2) 19번

그림과 같이 두 점 A$(-1, 0)$, B$(1, 0)$과 원 $x^2+y^2=1$이 있다. 원 위의 점 P에 대하여 $\angle \text{PAB}=\theta\left(0<\theta<\dfrac{\pi}{2}\right)$라 할 때, 반직선 PB 위에 $\overline{\text{PQ}}=3$인 점 Q를 정한다. 점 Q의 x좌표가 최대가 될 때, $\sin^2\theta$의 값은? [4점]

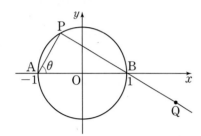

① $\dfrac{7}{16}$ ② $\dfrac{1}{2}$ ③ $\dfrac{9}{16}$

④ $\dfrac{5}{8}$ ⑤ $\dfrac{11}{16}$

48

2019학년도 9월 학평(고2)-나형 29번

그림과 같이 반지름의 길이가 6인 원 O_1이 있다. 원 O_1 위에 서로 다른 두 점 A, B를 $\overline{\text{AB}}=6\sqrt{2}$가 되도록 잡고, 원 O_1의 내부에 점 C를 삼각형 ACB가 정삼각형이 되도록 잡는다. 정삼각형 ACB의 외접원을 O_2라 할 때, 원 O_1과 원 O_2의 공통부분의 넓이는 $p+q\sqrt{3}+r\pi$이다. $p+q+r$의 값을 구하시오.

(단, p, q, r는 유리수이다.) [4점]

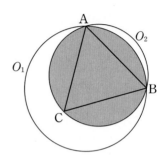

● 해설편 191쪽

유형 01 삼각함수의 최대, 최소와 주기

01 대표 문제

2021학년도 6월 모평 나형 22번

함수 $f(x)=5\sin x+1$의 최댓값을 구하시오. [3점]

02

2021학년도 10월 학평 3번

함수 $y=\tan\left(\pi x+\dfrac{\pi}{2}\right)$의 주기는? [3점]

① $\dfrac{1}{2}$ ② $\dfrac{\pi}{4}$ ③ 1

④ $\dfrac{3}{2}$ ⑤ $\dfrac{\pi}{2}$

03

2021학년도 수능 나형(홀) 4번

함수 $f(x)=4\cos x+3$의 최댓값은? [3점]

① 6   ② 7   ③ 8

④ 9   ⑤ 10

04

2019학년도 9월 학평(고2)-나형 6번

함수 $f(x)=2\cos\left(x+\dfrac{\pi}{2}\right)+3$의 최솟값은? [3점]

① 1   ② 2   ③ 3

④ 4   ⑤ 5

05

2019학년도 6월 학평(고2)–나형 27번

두 함수 $f(x)=\log_3 x+2$, $g(x)=3\tan\left(x+\dfrac{\pi}{6}\right)$가 있다.

$0\le x\le\dfrac{\pi}{6}$에서 정의된 합성함수 $(f\circ g)(x)$의 최댓값과 최솟값을 각각 M, m이라 할 때, $M+m$의 값을 구하시오. [4점]

유형 02 삼각함수의 미정계수 구하기

06 대표 문제

2020학년도 7월 학평–가형 5번

두 양수 a, b에 대하여 함수 $f(x)=a\cos bx+3$이 있다. 함수 $f(x)$는 주기가 4π이고 최솟값이 -1일 때, $a+b$의 값은? [3점]

① $\dfrac{9}{2}$ ② $\dfrac{11}{2}$ ③ $\dfrac{13}{2}$

④ $\dfrac{15}{2}$ ⑤ $\dfrac{17}{2}$

07

2021학년도 4월 학평 6번

양수 a에 대하여 함수 $f(x)=\sin\left(ax+\dfrac{\pi}{6}\right)$의 주기가 4π일 때, $f(\pi)$의 값은? [3점]

① 0 ② $\dfrac{1}{2}$ ③ $\dfrac{\sqrt{2}}{2}$

④ $\dfrac{\sqrt{3}}{2}$ ⑤ 1

해설편 192쪽

08

2017학년도 3월 학평-가형 6번

함수 $y = a\sin\dfrac{\pi}{2b}x$의 최댓값은 2이고 주기는 2이다. 두 양수 a, b의 합 $a+b$의 값은? [3점]

① 2　　　　② $\dfrac{17}{8}$　　　　③ $\dfrac{9}{4}$

④ $\dfrac{19}{8}$　　　　⑤ $\dfrac{5}{2}$

10

2023학년도 4월 학평 8번

그림과 같이 함수 $y = a\tan b\pi x$의 그래프가 두 점 $(2, 3)$, $(8, 3)$을 지날 때, $a^2 \times b$의 값은? (단, a, b는 양수이다.) [3점]

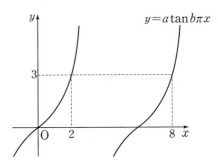

① $\dfrac{1}{6}$　　　　② $\dfrac{1}{3}$　　　　③ $\dfrac{1}{2}$

④ $\dfrac{2}{3}$　　　　⑤ $\dfrac{5}{6}$

09

2016학년도 3월 학평-가형 5번

함수 $f(x) = a\sin x + 1$의 최댓값을 M, 최솟값을 m이라 하자. $M - m = 6$일 때, 양수 a의 값은? [3점]

① 2　　　　② $\dfrac{5}{2}$　　　　③ 3

④ $\dfrac{7}{2}$　　　　⑤ 4

11

2020학년도 6월 학평(고2) 10번

세 상수 a, b, c에 대하여 함수 $y = a\sin bx + c$의 그래프가 그림과 같을 때, $a+b+c$의 값은? (단, $a>0$, $b>0$) [3점]

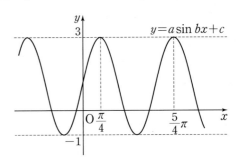

① 4　　　　② 5　　　　③ 6

④ 7　　　　⑤ 8

12 일차

12

두 상수 a, b에 대하여 함수 $f(x)=a\cos bx$의 그래프가 그림과 같다. 함수 $g(x)=b\sin x+a$의 최댓값은? (단, $b>0$) [3점]

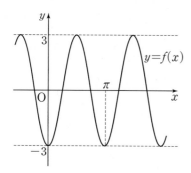

① -2 ② -1 ③ 0

④ 1 ⑤ 2

13

두 양수 a, b에 대하여 함수 $f(x)=a\cos bx$의 주기가 6π이고 $\pi\le x\le 4\pi$에서 함수 $f(x)$의 최댓값이 1일 때, $a+b$의 값은? [3점]

① $\dfrac{5}{3}$ ② $\dfrac{11}{6}$ ③ 2

④ $\dfrac{13}{6}$ ⑤ $\dfrac{7}{3}$

14

$0\le x\le 2\pi$에서 정의된 함수 $f(x)=a\cos bx+3$이 $x=\dfrac{\pi}{3}$에서 최댓값 13을 갖도록 하는 두 자연수 a, b의 순서쌍 (a, b)에 대하여 $a+b$의 최솟값은? [4점]

① 12   ② 14   ③ 16

④ 18   ⑤ 20

15

두 함수

$$f(x)=\cos(ax)+1, \; g(x)=|\sin 3x|$$

의 주기가 서로 같을 때, 양수 a의 값은? [4점]

① 5   ② 6   ③ 7

④ 8   ⑤ 9

유형 03　삼각함수의 그래프의 활용

16 대표문제

양수 a에 대하여 집합 $\left\{x \mid -\dfrac{a}{2} < x \leq a,\ x \neq \dfrac{a}{2}\right\}$에서 정의된 함수

$$f(x) = \tan\dfrac{\pi x}{a}$$

가 있다. 그림과 같이 함수 $y = f(x)$의 그래프 위의 세 점 O, A, B를 지나는 직선이 있다. 점 A를 지나고 x축에 평행한 직선이 함수 $y = f(x)$의 그래프와 만나는 점 중 A가 아닌 점을 C라 하자. 삼각형 ABC가 정삼각형일 때, 삼각형 ABC의 넓이는? (단, O는 원점이다.) [4점]

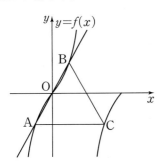

① $\dfrac{3\sqrt{3}}{2}$　　② $\dfrac{17\sqrt{3}}{12}$　　③ $\dfrac{4\sqrt{3}}{3}$

④ $\dfrac{5\sqrt{3}}{4}$　　⑤ $\dfrac{7\sqrt{3}}{6}$

17

$0 \leq x \leq \pi$에서 정의된 함수 $f(x) = -\sin 2x$가 $x = a$에서 최댓값을 갖고 $x = b$에서 최솟값을 갖는다. 곡선 $y = f(x)$ 위의 두 점 $(a, f(a))$, $(b, f(b))$를 지나는 직선의 기울기는? [3점]

① $\dfrac{1}{\pi}$　　② $\dfrac{2}{\pi}$　　③ $\dfrac{3}{\pi}$

④ $\dfrac{4}{\pi}$　　⑤ $\dfrac{5}{\pi}$

18

곡선 $y=\sin\dfrac{\pi}{2}x\,(0\le x\le 5)$가 직선 $y=k\,(0<k<1)$과 만나는 서로 다른 세 점을 y축에서 가까운 순서대로 A, B, C라 하자. 세 점 A, B, C의 x좌표의 합이 $\dfrac{25}{4}$일 때, 선분 AB의 길이는? [4점]

① $\dfrac{5}{4}$ ② $\dfrac{11}{8}$ ③ $\dfrac{3}{2}$

④ $\dfrac{13}{8}$ ⑤ $\dfrac{7}{4}$

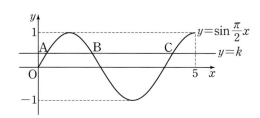

19

그림과 같이 두 양수 a, b에 대하여 함수

$$f(x)=a\sin bx\left(0\le x\le\frac{\pi}{b}\right)$$

의 그래프가 직선 $y=a$와 만나는 점을 A, x축과 만나는 점 중에서 원점이 아닌 점을 B라 하자. $\angle\mathrm{OAB}=\dfrac{\pi}{2}$인 삼각형 OAB의 넓이가 4일 때, $a+b$의 값은? (단, O는 원점이다.) [4점]

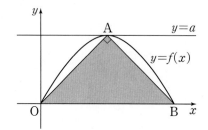

① $1+\dfrac{\pi}{6}$ ② $2+\dfrac{\pi}{6}$ ③ $2+\dfrac{\pi}{4}$

④ $3+\dfrac{\pi}{4}$ ⑤ $3+\dfrac{\pi}{3}$

20

그림과 같이 두 상수 a, b에 대하여 함수

$$f(x)=a\sin\frac{\pi x}{b}+1 \left(0\leq x\leq\frac{5}{2}b\right)$$

의 그래프와 직선 $y=5$가 만나는 점을 x좌표가 작은 것부터 차례로 A, B, C라 하자.

$\overline{BC}=\overline{AB}+6$이고 삼각형 AOB의 넓이가 $\frac{15}{2}$일 때, a^2+b^2의 값은? (단, $a>4$, $b>0$이고, O는 원점이다.) [4점]

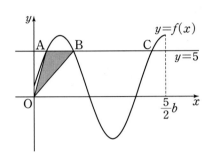

① 68 　　② 70 　　③ 72

④ 74 　　⑤ 76

21

그림과 같이 $0\leq x\leq 2\pi$에서 정의된 두 함수 $f(x)=k\sin x$, $g(x)=\cos x$에 대하여 곡선 $y=f(x)$와 곡선 $y=g(x)$가 만나는 서로 다른 두 점을 A, B라 하자. 선분 AB를 3 : 1로 외분하는 점을 C라 할 때, 점 C는 곡선 $y=f(x)$ 위에 있다. 점 C를 지나고 y축에 평행한 직선이 곡선 $y=g(x)$와 만나는 점을 D라 할 때, 삼각형 BCD의 넓이는? (단, k는 양수이고, 점 B의 x좌표는 점 A의 x좌표보다 크다.) [4점]

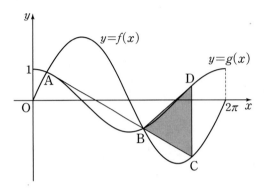

① $\frac{\sqrt{15}}{8}\pi$ 　　② $\frac{9\sqrt{5}}{40}\pi$ 　　③ $\frac{\sqrt{5}}{4}\pi$

④ $\frac{3\sqrt{10}}{16}\pi$ 　　⑤ $\frac{3\sqrt{5}}{10}\pi$

22 대표문제

2020학년도 3월 학평-나형 7번

$0 \leq x < 2\pi$일 때, 두 곡선 $y = \cos\left(x - \dfrac{\pi}{2}\right)$와 $y = \sin 4x$가 만나는 점의 개수는? [3점]

① 2　　　　② 4　　　　③ 6

④ 8　　　　⑤ 10

23

2018학년도 4월 학평-가형 24번

좌표평면에서 곡선 $y = 4\sin\left(\dfrac{\pi}{2}x\right)$ $(0 \leq x \leq 2)$ 위의 점 중 y좌표가 정수인 점의 개수를 구하시오. [3점]

24

2019학년도 6월 학평(고2)-나형 18번

직선 $y = -\dfrac{1}{5\pi}x + 1$과 함수 $y = \sin x$의 그래프의 교점의 개수는? [4점]

① 7　　　　② 8　　　　③ 9

④ 10　　　　⑤ 11

25

2023학년도 7월 학평 10번

$0 \leq x < 2\pi$일 때, 곡선 $y = |4\sin 3x + 2|$와 직선 $y = 2$가 만나는 서로 다른 점의 개수는? [4점]

① 3　　　　② 6　　　　③ 9

④ 12　　　　⑤ 15

26

$0 \leq x \leq \pi$일 때, 2 이상의 자연수 n에 대하여 두 곡선 $y=\sin x$와 $y=\sin(nx)$의 교점의 개수를 a_n이라 하자. a_3+a_5의 값을 구하시오. [4점]

27

함수 $y=\tan\left(nx-\dfrac{\pi}{2}\right)$의 그래프가 직선 $y=-x$와 만나는 점의 x좌표가 $-\pi<x<\pi$에 속하는 점의 개수를 a_n이라 할 때, a_2+a_3의 값을 구하시오. [4점]

28

$0 \leq x \leq 2\pi$에서 정의된 함수 $y=a\sin 3x+b$의 그래프가 두 직선 $y=9$, $y=2$와 만나는 점의 개수가 각각 3, 7이 되도록 하는 두 양수 a, b에 대하여 $a \times b$의 값을 구하시오. [4점]

29

5 이하의 두 자연수 a, b에 대하여 $0<x<2\pi$에서 정의된 함수 $y=a\sin x+b$의 그래프가 직선 $x=\pi$와 만나는 점의 집합을 A라 하고, 두 직선 $y=1$, $y=3$과 만나는 점의 집합을 각각 B, C라 하자. $n(A\cup B\cup C)=3$이 되도록 하는 a, b의 순서쌍 (a,b)에 대하여 $a+b$의 최댓값을 M, 최솟값을 m이라 할 때, $M\times m$의 값을 구하시오. [4점]

30

$0\le x\le 2\pi$에서 정의된 함수 $f(x)$는

$$f(x)=\begin{cases} \sin x & \left(0\le x\le \dfrac{k}{6}\pi\right) \\ 2\sin\left(\dfrac{k}{6}\pi\right)-\sin x & \left(\dfrac{k}{6}\pi<x\le 2\pi\right) \end{cases}$$

이다. 곡선 $y=f(x)$와 직선 $y=\sin\left(\dfrac{k}{6}\pi\right)$의 교점의 개수를 a_k라 할 때, $a_1+a_2+a_3+a_4+a_5$의 값은? [4점]

① 6   ② 7   ③ 8
④ 9   ⑤ 10

유형 05 여러 가지 삼각함수의 최대, 최소

31 [대표] 문제

실수 k에 대하여 함수

$$f(x)=\cos^2\left(x-\frac{3}{4}\pi\right)-\cos\left(x-\frac{\pi}{4}\right)+k$$

의 최댓값은 3, 최솟값은 m이다. $k+m$의 값은? [4점]

① 2　　　　② $\frac{9}{4}$　　　　③ $\frac{5}{2}$

④ $\frac{11}{4}$　　　　⑤ 3

32

함수 $f(x)=\sin^2 x+\sin\left(x+\frac{\pi}{2}\right)+1$의 최댓값을 M이라 할 때, $4M$의 값을 구하시오. [3점]

33

다음은 $0<\theta<2\pi$에서 $3+2\sin^2\theta+\dfrac{1}{3-2\cos^2\theta}$의 최솟값을 구하는 과정이다.

$3+2\sin^2\theta=t$로 놓으면

$$3+2\sin^2\theta+\frac{1}{3-2\cos^2\theta}=t+\frac{1}{\boxed{(가)}}$$

이다. $0<\theta<2\pi$에서 $t\geq 3$이므로 $\boxed{(가)}>0$이다.

$$t+\frac{1}{\boxed{(가)}}=t-2+\frac{1}{\boxed{(가)}}+2\geq 4$$

이다. (단, 등호는 $t=\boxed{(나)}$일 때 성립한다.)

따라서 $3+2\sin^2\theta+\dfrac{1}{3-2\cos^2\theta}$은 $\theta=\boxed{(다)}$에서 최솟값 4를 갖는다.

위의 (가)에 알맞은 식을 $f(t)$, (나)와 (다)에 알맞은 수를 각각 p, q라 할 때, $f(p)+\tan^2\left(q+\dfrac{\pi}{3}\right)$의 값은? [4점]

① 4　　　　② 5　　　　③ 6

④ 7　　　　⑤ 8

34

$0<\theta<\dfrac{\pi}{4}$인 θ에 대하여 〈보기〉에서 옳은 것만을 있는 대로 고른 것은? [4점]

---〈 보기 〉---

ㄱ. $0<\sin\theta<\cos\theta<1$

ㄴ. $0<\log_{\sin\theta}\cos\theta<1$

ㄷ. $(\sin\theta)^{\cos\theta}<(\cos\theta)^{\cos\theta}<(\cos\theta)^{\sin\theta}$

① ㄱ   ② ㄱ, ㄴ   ③ ㄱ, ㄷ

④ ㄴ, ㄷ   ⑤ ㄱ, ㄴ, ㄷ

35

$-2\pi\le x\le 2\pi$에서 정의된 두 함수

$$f(x)=\sin kx+2,\ g(x)=3\cos 12x$$

에 대하여 다음 조건을 만족시키는 자연수 k의 개수는? [4점]

실수 a가 두 곡선 $y=f(x)$, $y=g(x)$의 교점의 y좌표이면
$$\{x\,|\,f(x)=a\}\subset\{x\,|\,g(x)=a\}$$
이다.

① 3   ② 4   ③ 5

④ 6   ⑤ 7

36

자연수 k에 대하여 집합 A_k를

$$A_k = \left\{ \sin\frac{2(m-1)}{k}\pi \,\middle|\, m \text{은 자연수} \right\}$$

라 할 때, 〈보기〉에서 옳은 것만을 있는 대로 고른 것은? [4점]

〈 보기 〉

ㄱ. $A_3 = \left\{ -\dfrac{\sqrt{3}}{2},\ 0,\ \dfrac{\sqrt{3}}{2} \right\}$

ㄴ. 1이 집합 A_k의 원소가 되도록 하는 두 자리 자연수 k의 개수는 22이다.

ㄷ. $n(A_k)=11$을 만족시키는 모든 k의 값의 합은 33이다.

① ㄱ   ② ㄱ, ㄴ   ③ ㄱ, ㄷ

④ ㄴ, ㄷ   ⑤ ㄱ, ㄴ, ㄷ

한눈에 정리하는
평가원 기출 경향

주제 \ 학년도	2025	2024	2023

삼각방정식

2023

11   2023학년도 수능 (홀) 9번

함수

$$f(x)=a-\sqrt{3}\tan 2x$$

가 $-\dfrac{\pi}{6}\le x\le b$에서 최댓값 7, 최솟값 3을 가질 때, $a\times b$의 값은? (단, a, b는 상수이다.) [4점]

① $\dfrac{\pi}{2}$ ② $\dfrac{5\pi}{12}$ ③ $\dfrac{\pi}{3}$

④ $\dfrac{\pi}{4}$ ⑤ $\dfrac{\pi}{6}$

16   2023학년도 9월 모평 9번

$0\le x\le 12$에서 정의된 두 함수

$$f(x)=\cos\frac{\pi x}{6},\ g(x)=-3\cos\frac{\pi x}{6}-1$$

이 있다. 곡선 $y=f(x)$와 직선 $y=k$가 만나는 두 점의 x좌표를 a_1, a_2라 할 때, $|a_1-a_2|=8$이다. 곡선 $y=g(x)$와 직선 $y=k$가 만나는 두 점의 x좌표를 β_1, β_2라 할 때, $|\beta_1-\beta_2|$의 값은? (단, k는 $-1<k<1$인 상수이다.) [4점]

① 3   ② $\dfrac{7}{2}$ ③ 4

④ $\dfrac{9}{2}$ ⑤ 5

삼각방정식의 실근의 개수

2025

29   2025학년도 9월 모평 20번

$0\le x\le 2\pi$에서 정의된 함수

$$f(x)=\begin{cases}\sin x-1 & (0\le x<\pi)\\ -\sqrt{2}\sin x-1 & (\pi\le x\le 2\pi)\end{cases}$$

가 있다. $0\le t\le 2\pi$인 실수 t에 대하여 x에 대한 방정식 $f(x)=f(t)$의 서로 다른 실근의 개수가 3이 되도록 하는 모든 t의 값의 합은 $\dfrac{q}{p}\pi$이다. $p+q$의 값을 구하시오.

(단, p와 q는 서로소인 자연수이다.) [4점]

2024

30   2024학년도 6월 모평 19번

두 자연수 a, b에 대하여 함수

$$f(x)=a\sin bx+8-a$$

가 다음 조건을 만족시킬 때, $a+b$의 값을 구하시오. [3점]

(가) 모든 실수 x에 대하여 $f(x)\ge 0$이다.
(나) $0\le x<2\pi$일 때, x에 대한 방정식 $f(x)=0$의 서로 다른 실근의 개수는 4이다.

삼각부등식

2024

36   2024학년도 수능 (홀) 19번

함수 $f(x)=\sin\dfrac{\pi}{4}x$라 할 때, $0<x<16$에서 부등식

$$f(2+x)f(2-x)<\frac{1}{4}$$

을 만족시키는 모든 자연수 x의 값의 합을 구하시오. [3점]

35   2024학년도 9월 모평 9번

$0\le x\le 2\pi$일 때, 부등식

$$\cos x\le\sin\frac{\pi}{7}$$

를 만족시키는 모든 x의 값의 범위는 $\alpha\le x\le\beta$이다. $\beta-\alpha$의 값은? [4점]

① $\dfrac{8}{7}\pi$ ② $\dfrac{17}{14}\pi$ ③ $\dfrac{9}{7}\pi$

④ $\dfrac{19}{14}\pi$ ⑤ $\dfrac{10}{7}\pi$

2022 ~ 2014

13
2022학년도 9월 모평 10번

두 양수 a, b에 대하여 곡선 $y=a\sin b\pi x\left(0\le x\le \dfrac{3}{b}\right)$이 직선 $y=a$와 만나는 서로 다른 두 점을 A, B라 하자. 삼각형 OAB의 넓이가 5이고 직선 OA의 기울기와 직선 OB의 기울기의 곱이 $\dfrac{5}{4}$일 때, $a+b$의 값은? (단, O는 원점이다.) [4점]

① 1   ② 2   ③ 3
④ 4   ⑤ 5

39
2022학년도 6월 모평 15번

$-1\le t\le 1$인 실수 t에 대하여 x에 대한 방정식
$$\left(\sin\frac{\pi x}{2}-t\right)\left(\cos\frac{\pi x}{2}-t\right)=0$$
의 실근 중에서 집합 $\{x\,|\,0\le x<4\}$에 속하는 가장 작은 값을 $\alpha(t)$, 가장 큰 값을 $\beta(t)$라 하자. 〈보기〉에서 옳은 것만을 있는 대로 고른 것은? [4점]

―〈 보기 〉―
ㄱ. $-1\le t<0$인 모든 실수 t에 대하여 $\alpha(t)+\beta(t)=5$이다.
ㄴ. $\{t\,|\,\beta(t)-\alpha(t)=\beta(0)-\alpha(0)\}=\left\{t\,\middle|\,0\le t\le\frac{\sqrt{2}}{2}\right\}$
ㄷ. $\alpha(t_1)=\alpha(t_2)$인 두 실수 t_1, t_2에 대하여 $t_2-t_1=\frac{1}{2}$이면 $t_1\times t_2=\frac{1}{3}$이다.

① ㄱ   ② ㄱ, ㄴ   ③ ㄱ, ㄷ
④ ㄴ, ㄷ   ⑤ ㄱ, ㄴ, ㄷ

05
2021학년도 수능 나형(홀) 16번

$0\le x<4\pi$일 때, 방정식
$$4\sin^2 x-4\cos\left(\frac{\pi}{2}+x\right)-3=0$$
의 모든 해의 합은? [4점]

① 5π ② 6π ③ 7π
④ 8π ⑤ 9π

08
2020학년도 수능 가형(홀) 7번

$0<x<2\pi$일 때, 방정식 $4\cos^2 x-1=0$과 부등식 $\sin x\cos x<0$을 동시에 만족시키는 모든 x의 값의 합은?
[3점]

① 2π ② $\dfrac{7}{3}\pi$ ③ $\dfrac{8}{3}\pi$
④ 3π ⑤ $\dfrac{10}{3}\pi$

01
2018학년도 수능 가형(홀) 7번

$0\le x<2\pi$일 때, 방정식
$$\cos^2 x=\sin^2 x-\sin x$$
의 모든 해의 합은? [3점]

① 2π ② $\dfrac{5}{2}\pi$ ③ 3π
④ $\dfrac{7}{2}\pi$ ⑤ 4π

02
2018학년도 9월 모평 가형 6번

$0\le x\le\pi$일 때, 방정식
$$1+\sqrt{2}\sin 2x=0$$
의 모든 해의 합은? [3점]

① π ② $\dfrac{5\pi}{4}$ ③ $\dfrac{3\pi}{2}$
④ $\dfrac{7\pi}{4}$ ⑤ 2π

04
2017학년도 수능 가형(홀) 25번

$0<x<2\pi$일 때, 방정식 $\cos^2 x-\sin x=1$의 모든 실근의 합은 $\dfrac{q}{p}\pi$이다. $p+q$의 값을 구하시오.
(단, p, q는 서로소인 자연수이다.) [3점]

03
2017학년도 9월 모평 가형 7번

$0\le x<2\pi$일 때, 방정식
$$2\sin^2 x+3\cos x=3$$
의 모든 해의 합은? [3점]

① $\dfrac{\pi}{2}$ ② π ③ $\dfrac{3\pi}{2}$
④ 2π ⑤ $\dfrac{5\pi}{2}$

38
2021학년도 6월 모평 가형 14번

$0\le\theta<2\pi$일 때, x에 대한 이차방정식
$$x^2-(2\sin\theta)x-3\cos^2\theta-5\sin\theta+5=0$$
이 실근을 갖도록 하는 θ의 최솟값과 최댓값을 각각 α, β라 하자. $4\beta-2\alpha$의 값은? [4점]

① 3π ② 4π ③ 5π
④ 6π ⑤ 7π

37
2019학년도 수능 가형(홀) 11번

$0\le\theta<2\pi$일 때, x에 대한 이차방정식
$$6x^2+(4\cos\theta)x+\sin\theta=0$$
이 실근을 갖지 않도록 하는 모든 θ의 값의 범위는 $\alpha<\theta<\beta$이다. $3\alpha+\beta$의 값은? [3점]

① $\dfrac{5}{6}\pi$ ② π ③ $\dfrac{7}{6}\pi$
④ $\dfrac{4}{3}\pi$ ⑤ $\dfrac{3}{2}\pi$

삼각방정식과 삼각부등식

1 삼각방정식

삼각방정식은 삼각함수의 그래프를 이용하여 다음과 같은 순서로 푼다.

(1) 주어진 방정식을 $\sin x = k$(또는 $\cos x = k$ 또는 $\tan x = k$) 꼴로 고친다.

(2) 함수 $y = \sin x$(또는 $y = \cos x$ 또는 $y = \tan x$)의 그래프와 직선 $y = k$를 그린다.

(3) 주어진 범위에서 삼각함수의 그래프와 직선의 교점의 x좌표를 찾아 방정식의 해를 구한다.

예 $0 \le x < 2\pi$일 때, 방정식 $\sin x = \dfrac{1}{2}$의 해를 구해 보자.

오른쪽 그림과 같이 $0 \le x < 2\pi$에서 함수 $y = \sin x$의 그래프와 직선 $y = \dfrac{1}{2}$의 교점의 x좌표는 $\dfrac{\pi}{6}$, $\dfrac{5}{6}\pi$이므로 주어진 방정식의 해는

$$x = \frac{\pi}{6} \ \text{또는} \ x = \frac{5}{6}\pi$$

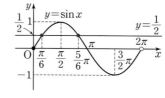

> • 방정식 $f(x) = g(x)$의 실근은 두 함수 $y = f(x)$와 $y = g(x)$의 그래프의 교점의 x좌표와 같다.

2 삼각함수의 대칭성을 이용한 삼각방정식

삼각방정식 $\sin x = k$(또는 $\cos x = k$ 또는 $\tan x = k$)에서 근을 직접 구하지 못하는 경우에는 삼각함수의 그래프의 대칭성을 이용하여 문제를 해결한다.

> • 삼각함수의 그래프의 대칭성
> (1) 함수 $f(x) = \sin x \, (0 \le x \le \pi)$에서
> $f(a) = f(b) \, (a \ne b)$이면
> $\Rightarrow \dfrac{a+b}{2} = \dfrac{\pi}{2}$ $\therefore a+b = \pi$
> (2) 함수 $f(x) = \cos x \, (0 \le x \le 2\pi)$에서
> $f(a) = f(b) \, (a \ne b)$이면
> $\Rightarrow \dfrac{a+b}{2} = \pi$ $\therefore a+b = 2\pi$
> (3) 함수 $f(x) = \tan x$에서 $f(a) = f(b)$이면
> $\Rightarrow a-b = n\pi$ (단, n은 정수)

3 삼각부등식

삼각부등식은 삼각함수의 그래프를 이용하여 다음과 같이 푼다.

(1) $\sin x > k$(또는 $\cos x > k$ 또는 $\tan x > k$) 꼴

    $\Rightarrow$ 함수 $y = \sin x$(또는 $y = \cos x$ 또는 $y = \tan x$)의 그래프가 직선 $y = k$보다 위쪽에 있는 x의 값의 범위를 구한다.

(2) $\sin x < k$(또는 $\cos x < k$ 또는 $\tan x < k$) 꼴

    $\Rightarrow$ 함수 $y = \sin x$(또는 $y = \cos x$ 또는 $y = \tan x$)의 그래프가 직선 $y = k$보다 아래쪽에 있는 x의 값의 범위를 구한다.

예 $0 \le x < 2\pi$일 때, 부등식 $\sin x \ge \dfrac{1}{2}$의 해를 구해 보자.

주어진 부등식의 해는 오른쪽 그림과 같이 함수 $y = \sin x$의 그래프가 직선 $y = \dfrac{1}{2}$과 만나거나 위쪽에 있는 x의 값의 범위이므로

$$\frac{\pi}{6} \le x \le \frac{5}{6}\pi$$

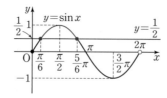

> • 두 종류 이상의 삼각함수를 포함한 삼각방정식 또는 삼각부등식은 삼각함수의 성질을 이용하여 한 종류의 삼각함수에 대한 삼각방정식, 삼각부등식으로 변형하여 해결한다.

고1 다시보기

이차방정식에서 계수가 삼각함수이고 근에 대한 조건이 주어지는 문제가 출제된다. 이때 이차방정식의 판별식을 이용하여 삼각부등식을 세워야 하므로 다음을 기억하자.

• 이차방정식의 근의 판별

계수가 실수인 이차방정식 $ax^2 + bx + c = 0$에서 $D = b^2 - 4ac$라 할 때

(1) $D > 0$이면 서로 다른 두 실근을 갖는다.

(2) $D = 0$이면 중근을 갖는다.

(3) $D < 0$이면 서로 다른 두 허근을 갖는다.

● 해설편 209쪽

유형 01 삼각방정식

01 [대표] 문제

2018학년도 수능 가형(홀) 7번

$0 \le x < 2\pi$일 때, 방정식
$$\cos^2 x = \sin^2 x - \sin x$$
의 모든 해의 합은? [3점]

① 2π　　　　② $\dfrac{5}{2}\pi$　　　　③ 3π

④ $\dfrac{7}{2}\pi$　　　　⑤ 4π

03

2017학년도 9월 모평 가형 7번

$0 \le x < 2\pi$일 때, 방정식
$$2\sin^2 x + 3\cos x = 3$$
의 모든 해의 합은? [3점]

① $\dfrac{\pi}{2}$　　　　② π　　　　③ $\dfrac{3\pi}{2}$

④ 2π　　　　⑤ $\dfrac{5\pi}{2}$

02

2018학년도 9월 모평 가형 6번

$0 \le x \le \pi$일 때, 방정식
$$1 + \sqrt{2}\sin 2x = 0$$
의 모든 해의 합은? [3점]

① π　　　　② $\dfrac{5\pi}{4}$　　　　③ $\dfrac{3\pi}{2}$

④ $\dfrac{7\pi}{4}$　　　　⑤ 2π

04

2017학년도 수능 가형(홀) 25번

$0 < x < 2\pi$일 때, 방정식 $\cos^2 x - \sin x = 1$의 모든 실근의 합은 $\dfrac{q}{p}\pi$이다. $p+q$의 값을 구하시오.

(단, p, q는 서로소인 자연수이다.) [3점]

$0 \le x < 4\pi$일 때, 방정식

$$4\sin^2 x - 4\cos\left(\frac{\pi}{2} + x\right) - 3 = 0$$

의 모든 해의 합은? [4점]

① 5π ② 6π ③ 7π

④ 8π ⑤ 9π

06

$0 \le x \le \pi$일 때, 방정식 $(\sin x + \cos x)^2 = \sqrt{3}\sin x + 1$의 모든
실근의 합은? [3점]

① $\frac{7}{6}\pi$ ② $\frac{4}{3}\pi$ ③ $\frac{3}{2}\pi$

④ $\frac{5}{3}\pi$ ⑤ $\frac{11}{6}\pi$

$0 \le x < 2\pi$일 때, 방정식

$$\sin x = \sqrt{3}(1 + \cos x)$$

의 모든 해의 합은? [3점]

① $\frac{\pi}{3}$ ② $\frac{2}{3}\pi$ ③ π

④ $\frac{4}{3}\pi$ ⑤ $\frac{5}{3}\pi$

$0 < x < 2\pi$일 때, 방정식 $4\cos^2 x - 1 = 0$과 부등식
$\sin x \cos x < 0$을 동시에 만족시키는 모든 x의 값의 합은?

[3점]

① 2π ② $\frac{7}{3}\pi$ ③ $\frac{8}{3}\pi$

④ 3π ⑤ $\frac{10}{3}\pi$

09

두 함수 $f(x)=2x^2+2x-1$, $g(x)=\cos\dfrac{\pi}{3}x$에 대하여

$0\leq x<12$에서 방정식

$$f(g(x))=g(x)$$

를 만족시키는 모든 실수 x의 값의 합을 구하시오. [4점]

11

함수

$$f(x)=a-\sqrt{3}\tan 2x$$

가 $-\dfrac{\pi}{6}\leq x\leq b$에서 최댓값 7, 최솟값 3을 가질 때, $a\times b$의 값은? (단, a, b는 상수이다.) [4점]

① $\dfrac{\pi}{2}$ ② $\dfrac{5\pi}{12}$ ③ $\dfrac{\pi}{3}$

④ $\dfrac{\pi}{4}$ ⑤ $\dfrac{\pi}{6}$

10

$0\leq x<2\pi$일 때, 두 함수 $y=\sin x$와 $y=\cos\left(x+\dfrac{\pi}{2}\right)+1$의 그래프가 만나는 모든 점의 x좌표의 합은? [3점]

① $\dfrac{\pi}{2}$ ② π ③ $\dfrac{3}{2}\pi$

④ 2π ⑤ $\dfrac{5}{2}\pi$

12

그림과 같이 양의 상수 a에 대하여 곡선

$y=2\cos ax\left(0\leq x\leq\dfrac{2\pi}{a}\right)$와 직선 $y=1$이 만나는 두 점을 각각 A, B라 하자. $\overline{AB}=\dfrac{8}{3}$일 때, a의 값은? [3점]

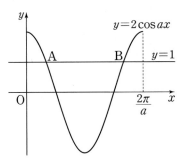

① $\dfrac{\pi}{3}$ ② $\dfrac{5\pi}{12}$ ③ $\dfrac{\pi}{2}$

④ $\dfrac{7\pi}{12}$ ⑤ $\dfrac{2\pi}{3}$

13

두 양수 a, b에 대하여 곡선 $y=a\sin b\pi x\left(0\le x\le\dfrac{3}{b}\right)$이 직선 $y=a$와 만나는 서로 다른 두 점을 A, B라 하자. 삼각형 OAB의 넓이가 5이고 직선 OA의 기울기와 직선 OB의 기울기의 곱이 $\dfrac{5}{4}$일 때, $a+b$의 값은? (단, O는 원점이다.) [4점]

① 1   ② 2   ③ 3

④ 4   ⑤ 5

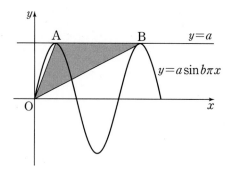

14

양수 a에 대하여 $0\le x\le 3$에서 정의된 두 함수
$$f(x)=a\sin\pi x,\ g(x)=a\cos\pi x$$
가 있다. 두 곡선 $y=f(x)$와 $y=g(x)$가 만나는 서로 다른 세 점을 꼭짓점으로 하는 삼각형의 넓이가 2일 때, a^2의 값을 구하시오. [3점]

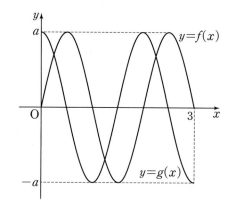

15

양수 a에 대하여 함수

$$f(x) = \left| 4\sin\left(ax - \frac{\pi}{3}\right) + 2 \right| \left(0 \le x < \frac{4\pi}{a}\right)$$

의 그래프가 직선 $y = 2$와 만나는 서로 다른 점의 개수는 n이다. 이 n개의 점의 x좌표의 합이 39일 때, $n \times a$의 값은? [4점]

① $\dfrac{\pi}{2}$ ② π ③ $\dfrac{3\pi}{2}$

④ 2π ⑤ $\dfrac{5\pi}{2}$

16

$0 \le x \le 12$에서 정의된 두 함수

$$f(x) = \cos\frac{\pi x}{6}, \ g(x) = -3\cos\frac{\pi x}{6} - 1$$

이 있다. 곡선 $y = f(x)$와 직선 $y = k$가 만나는 두 점의 x좌표를 α_1, α_2라 할 때, $|\alpha_1 - \alpha_2| = 8$이다. 곡선 $y = g(x)$와 직선 $y = k$가 만나는 두 점의 x좌표를 β_1, β_2라 할 때, $|\beta_1 - \beta_2|$의 값은? (단, k는 $-1 < k < 1$인 상수이다.) [4점]

① 3 ② $\dfrac{7}{2}$ ③ 4

④ $\dfrac{9}{2}$ ⑤ 5

17 대표 문제

2018학년도 7월 학평-가형 8번

$0 \le x \le 2\pi$일 때, 방정식 $\sin 2x = \dfrac{1}{3}$의 모든 해의 합은? [3점]

① $\dfrac{3}{2}\pi$　　② 2π　　③ $\dfrac{5}{2}\pi$

④ 3π　　⑤ $\dfrac{7}{2}\pi$

18

2021학년도 7월 학평 10번

$0 \le x < 2\pi$일 때, 방정식
$$3\cos^2 x + 5\sin x - 1 = 0$$
의 모든 해의 합은? [4점]

① π　　② $\dfrac{3}{2}\pi$　　③ 2π

④ $\dfrac{5}{2}\pi$　　⑤ 3π

19

2020학년도 6월 학평(고2) 17번

상수 $k\,(0 < k < 1)$에 대하여 $0 \le x < 2\pi$일 때, 방정식 $\sin x = k$의 두 근을 α, $\beta\,(\alpha < \beta)$라 하자. $\sin \dfrac{\beta - \alpha}{2} = \dfrac{5}{7}$일 때, k의 값은? [4점]

① $\dfrac{2\sqrt{6}}{7}$　　② $\dfrac{\sqrt{26}}{7}$　　③ $\dfrac{2\sqrt{7}}{7}$

④ $\dfrac{\sqrt{30}}{7}$　　⑤ $\dfrac{4\sqrt{2}}{7}$

20

2020학년도 9월 학평(고2) 14번

$0 \le x < \pi$일 때, x에 대한 방정식
$$\sin nx = \dfrac{1}{5} \ (n\text{은 자연수})$$
의 모든 해의 합을 $f(n)$이라 하자. $f(2) + f(5)$의 값은? [4점]

① $\dfrac{3}{2}\pi$　　② 2π　　③ $\dfrac{5}{2}\pi$

④ 3π　　⑤ $\dfrac{7}{2}\pi$

21

2022학년도 4월 학평 11번

자연수 k에 대하여 $0 \le x < 2\pi$일 때, x에 대한 방정식 $\sin kx = \dfrac{1}{3}$의 서로 다른 실근의 개수가 8이다. $0 \le x < 2\pi$일 때, x에 대한 방정식 $\sin kx = \dfrac{1}{3}$의 모든 해의 합은? [4점]

① 5π ② 6π ③ 7π
④ 8π ⑤ 9π

22

2020학년도 3월 학평-가형 28번

$0 < a < \dfrac{4}{7}$인 실수 a와 유리수 b에 대하여 $-\dfrac{\pi}{a} \le x \le \dfrac{2\pi}{a}$에서 정의된 함수 $f(x) = 2\sin(ax) + b$가 있다. 함수 $y = f(x)$의 그래프가 두 점 $\mathrm{A}\left(-\dfrac{\pi}{2}, 0\right)$, $\mathrm{B}\left(\dfrac{7}{2}\pi, 0\right)$을 지날 때, $30(a+b)$의 값을 구하시오. [4점]

23

2024학년도 10월 학평 19번

두 상수 a, $b\,(a>0)$에 대하여 함수 $f(x) = |\sin a\pi x + b|$가 다음 조건을 만족시킬 때, $60(a+b)$의 값을 구하시오. [3점]

> ㈎ $f(x) = 0$이고 $|x| \le \dfrac{1}{a}$인 모든 실수 x의 값의 합은 $\dfrac{1}{2}$이다.
>
> ㈏ $f(x) = \dfrac{2}{5}$이고 $|x| \le \dfrac{1}{a}$인 모든 실수 x의 값의 합은 $\dfrac{3}{4}$이다.

24

두 함수

$$f(x)=x^2+ax+b,\ g(x)=\sin x$$

가 다음 조건을 만족시킬 때, $f(2)$의 값은?

(단, a, b는 상수이고, $0 \le a \le 2$이다.) [4점]

> (가) $\{g(a\pi)\}^2=1$
> (나) $0 \le x \le 2\pi$일 때, 방정식 $f(g(x))=0$의 모든 해의 합은 $\dfrac{5}{2}\pi$이다.

① 3   ② $\dfrac{7}{2}$ ③ 4

④ $\dfrac{9}{2}$ ⑤ 5

유형03 삼각방정식의 실근의 개수

25 대표 문제

x에 대한 방정식 $\left|\cos x + \dfrac{1}{4}\right| = k$가 서로 다른 3개의 실근을 갖도록 하는 실수 k의 값을 α라 할 때, 40α의 값을 구하시오.

(단, $0 \le x < 2\pi$) [4점]

26

$0 \le x < 2\pi$일 때, 방정식 $\sin 4x = \dfrac{1}{2}$의 서로 다른 실근의 개수는? [3점]

① 2   ② 4   ③ 6

④ 8   ⑤ 10

27

$0 \le x < 2\pi$일 때, 방정식

$$|\sin 2x| = \frac{1}{2}$$

의 모든 실근의 개수는? [3점]

① 2   ② 4   ③ 6

④ 8   ⑤ 10

28

$0 \le x \le 2\pi$일 때, 방정식 $2\sin^2 x - 3\cos x = k$의 서로 다른 실근의 개수가 3이다. 이 세 실근 중 가장 큰 실근을 α라 할 때, $k \times \alpha$의 값은? (단, k는 상수이다.) [4점]

① $\dfrac{7}{2}\pi$ ② 4π ③ $\dfrac{9}{2}\pi$

④ 5π ⑤ $\dfrac{11}{2}\pi$

29

$0 \le x \le 2\pi$에서 정의된 함수

$$f(x) = \begin{cases} \sin x - 1 & (0 \le x < \pi) \\ -\sqrt{2}\sin x - 1 & (\pi \le x \le 2\pi) \end{cases}$$

가 있다. $0 \le t \le 2\pi$인 실수 t에 대하여 x에 대한 방정식 $f(x) = f(t)$의 서로 다른 실근의 개수가 3이 되도록 하는 모든 t의 값의 합은 $\dfrac{q}{p}\pi$이다. $p+q$의 값을 구하시오.

(단, p와 q는 서로소인 자연수이다.) [4점]

30

두 자연수 a, b에 대하여 함수

$$f(x) = a\sin bx + 8 - a$$

가 다음 조건을 만족시킬 때, $a+b$의 값을 구하시오. [3점]

㈎ 모든 실수 x에 대하여 $f(x) \geq 0$이다.

㈏ $0 \leq x < 2\pi$일 때, x에 대한 방정식 $f(x) = 0$의 서로 다른 실근의 개수는 4이다.

31

자연수 n에 대하여 $0 < x < \dfrac{n}{12}\pi$일 때, 방정식

$$\sin^2(4x) - 1 = 0$$

의 실근의 개수를 $f(n)$이라 하자. $f(n) = 33$이 되도록 하는 모든 n의 값의 합은? [4점]

① 295 　　② 297 　　③ 299

④ 301 　　⑤ 303

유형 04 삼각부등식

32 대표 문제
2018학년도 4월 학평-가형 9번

$0 \leq x < 2\pi$에서 부등식 $2\sin x + 1 < 0$의 해가 $\alpha < x < \beta$일 때, $\cos(\beta - \alpha)$의 값은? [3점]

① $-\dfrac{\sqrt{3}}{2}$
② $-\dfrac{1}{2}$
③ 0

④ $\dfrac{1}{2}$
⑤ $\dfrac{\sqrt{3}}{2}$

33
2018학년도 10월 학평-가형 12번

$0 < x < \pi$에서 부등식

$$(2^x - 8)\left(\cos x - \dfrac{1}{2}\right) < 0$$

의 해가 $a < x < b$ 또는 $c < x < d$일 때, $(b-a) + (d-c)$의 값은? (단, $b < c$) [3점]

① $\pi - 3$
② $\dfrac{7\pi}{6} - 3$
③ $\dfrac{4\pi}{3} - 3$

④ $3 - \dfrac{\pi}{3}$
⑤ $3 - \dfrac{\pi}{6}$

34
2020학년도 4월 학평-가형 9번

$0 < x \leq 2\pi$일 때, 방정식 $\sin^2 x = \cos^2 x + \cos x$와 부등식 $\sin x > \cos x$를 동시에 만족시키는 모든 x의 값의 합은? [3점]

① $\dfrac{4}{3}\pi$
② $\dfrac{5}{3}\pi$
③ 2π

④ $\dfrac{7}{3}\pi$
⑤ $\dfrac{8}{3}\pi$

35
2024학년도 9월 모평 9번

$0 \leq x \leq 2\pi$일 때, 부등식

$$\cos x \leq \sin\dfrac{\pi}{7}$$

를 만족시키는 모든 x의 값의 범위는 $\alpha \leq x \leq \beta$이다. $\beta - \alpha$의 값은? [4점]

① $\dfrac{8}{7}\pi$
② $\dfrac{17}{14}\pi$
③ $\dfrac{9}{7}\pi$

④ $\dfrac{19}{14}\pi$
⑤ $\dfrac{10}{7}\pi$

36

함수 $f(x)=\sin\dfrac{\pi}{4}x$라 할 때, $0<x<16$에서 부등식

$$f(2+x)f(2-x)<\dfrac{1}{4}$$

을 만족시키는 모든 자연수 x의 값의 합을 구하시오. [3점]

---

37 대표 문제

$0\le\theta<2\pi$일 때, x에 대한 이차방정식

$$6x^2+(4\cos\theta)x+\sin\theta=0$$

이 실근을 갖지 않도록 하는 모든 θ의 값의 범위는 $\alpha<\theta<\beta$이다. $3\alpha+\beta$의 값은? [3점]

① $\dfrac{5}{6}\pi$ ② π ③ $\dfrac{7}{6}\pi$

④ $\dfrac{4}{3}\pi$ ⑤ $\dfrac{3}{2}\pi$

38

$0\le\theta<2\pi$일 때, x에 대한 이차방정식

$$x^2-(2\sin\theta)x-3\cos^2\theta-5\sin\theta+5=0$$

이 실근을 갖도록 하는 θ의 최솟값과 최댓값을 각각 α, β라 하자. $4\beta-2\alpha$의 값은? [4점]

① 3π ② 4π ③ 5π

④ 6π ⑤ 7π

39

$-1 \leq t \leq 1$인 실수 t에 대하여 x에 대한 방정식

$$\left(\sin \frac{\pi x}{2} - t\right)\left(\cos \frac{\pi x}{2} - t\right) = 0$$

의 실근 중에서 집합 $\{x \mid 0 \leq x < 4\}$에 속하는 가장 작은 값을 $\alpha(t)$, 가장 큰 값을 $\beta(t)$라 하자. 〈보기〉에서 옳은 것만을 있는 대로 고른 것은? [4점]

〈 보기 〉

ㄱ. $-1 \leq t < 0$인 모든 실수 t에 대하여 $\alpha(t) + \beta(t) = 5$이다.

ㄴ. $\{t \mid \beta(t) - \alpha(t) = \beta(0) - \alpha(0)\} = \left\{t \mid 0 \leq t \leq \frac{\sqrt{2}}{2}\right\}$

ㄷ. $\alpha(t_1) = \alpha(t_2)$인 두 실수 t_1, t_2에 대하여 $t_2 - t_1 = \frac{1}{2}$이면 $t_1 \times t_2 = \frac{1}{3}$이다.

① ㄱ   ② ㄱ, ㄴ   ③ ㄱ, ㄷ

④ ㄴ, ㄷ   ⑤ ㄱ, ㄴ, ㄷ

40

두 실수 $a \, (0 < a < 2\pi)$와 k에 대하여 $0 \leq x \leq 2\pi$에서 정의된 함수 $f(x)$는

$$f(x) = \begin{cases} \sin x - \dfrac{1}{2} & (0 \leq x < a) \\[2mm] k\sin x - \dfrac{1}{2} & (a \leq x \leq 2\pi) \end{cases}$$

이고, 다음 조건을 만족시킨다.

㈎ 함수 $|f(x)|$의 최댓값은 $\dfrac{1}{2}$이다.

㈏ 방정식 $f(x) = 0$의 실근의 개수는 3이다.

방정식 $|f(x)| = \dfrac{1}{4}$의 모든 실근의 합을 S라 할 때, $20\left(\dfrac{a+S}{\pi} + k\right)$의 값을 구하시오. [4점]

주제	학년도	2025	2024	2023

사인법칙

04 2025학년도 9월 23번 10번

$\angle A > \frac{\pi}{2}$인 삼각형 ABC의 꼭짓점 A에서 선분 BC에 내린 수선의 발을 H라 하자.

$\overline{AB} : \overline{AC} = \sqrt{2} : 1$, $\overline{AH} = 2$

이고, 삼각형 ABC의 외접원의 넓이가 50π일 때, 선분 BH의 길이는? [4점]

① 6   ② $\frac{25}{4}$ ③ $\frac{13}{2}$

④ $\frac{27}{4}$ ⑤ 7

빈출
코사인법칙

27 2024학년도 9월 공통 20번

그림과 같이

$\overline{AB} = 2$, $\overline{AD} = 1$, $\angle DAB = \frac{2}{3}\pi$, $\angle BCD = \frac{3}{4}\pi$

인 사각형 ABCD가 있다. 삼각형 BCD의 외접원의 반지름의 길이를 R_1, 삼각형 ABD의 외접원의 반지름의 길이를 R_2라 하자.

다음은 $R_1 \times R_2$의 값을 구하는 과정이다.

삼각형 BCD에서 사인법칙에 의하여
$$R_1 = \frac{\sqrt{2}}{2} \times \overline{BD}$$
이고, 삼각형 ABD에서 사인법칙에 의하여
$$R_2 = \boxed{(가)} \times \overline{BD}$$
이다. 삼각형 ABD에서 코사인법칙에 의하여
$$\overline{BD}^2 = 2^2 + 1^2 - \left(\boxed{(나)} \right)$$
이므로
$$R_1 \times R_2 = \boxed{(다)}$$
이다.

위의 (가), (나), (다)에 알맞은 수를 각각 p, q, r이라 할 때, $9 \times (p \times q \times r)^2$의 값을 구하시오. [4점]

15 2023학년도 공통 11번

그림과 같이 사각형 ABCD가 한 원에 내접하고

$\overline{AB} = 5$, $\overline{AC} = 3\sqrt{5}$, $\overline{AD} = 7$, $\angle BAC = \angle CAD$

일 때, 이 원의 반지름의 길이는? [4점]

① $\frac{5\sqrt{2}}{3}$ ② $\frac{8\sqrt{5}}{5}$ ③ $\frac{5\sqrt{5}}{3}$

④ $\frac{8\sqrt{2}}{3}$ ⑤ $\frac{9\sqrt{3}}{4}$

17 2023학년도 6월 공통 10번

그림과 같이 $\overline{AB} = 3$, $\overline{BC} = 2$, $\overline{AC} > 3$이고 $\cos(\angle BAC) = \frac{7}{8}$인 삼각형 ABC가 있다. 선분 AC의 중점을 M, 삼각형 ABC의 외접원이 직선 BM과 만나는 점 중 B가 아닌 점을 D라 할 때, 선분 MD의 길이는? [4점]

① $\frac{3\sqrt{10}}{5}$ ② $\frac{7\sqrt{10}}{10}$ ③ $\frac{4\sqrt{10}}{5}$

④ $\frac{9\sqrt{10}}{10}$ ⑤ $\sqrt{10}$

23 2023학년도 9월 공통 13번

그림과 같이 선분 AB를 지름으로 하는 반원의 호 AB 위에 두 점 C, D가 있다. 선분 AB의 중점 O에 대하여 두 선분 AD, CO가 점 E에서 만나고,

$\overline{CE} = 4$, $\overline{ED} = 3\sqrt{2}$, $\angle CEA = \frac{3}{4}\pi$

이다. $\overline{AC} \times \overline{CD}$의 값은? [4점]

① $6\sqrt{10}$ ② $10\sqrt{5}$ ③ $16\sqrt{2}$

④ $12\sqrt{5}$ ⑤ $20\sqrt{2}$

다각형의 넓이

38 2025학년도 공통 14번

그림과 같이 삼각형 ABC에서 선분 AB 위에 $\overline{AD} : \overline{DB} = 3 : 2$인 점 D를 잡고, 점 A를 중심으로 하고 점 D를 지나는 원을 O, 원 O와 선분 AC가 만나는 점을 E라 하자.

$\sin A : \sin C = 8 : 5$이고, 삼각형 ADE와 삼각형 ABC의 넓이의 비가 9 : 35이다. 삼각형 ABC의 외접원의 반지름의 길이가 7일 때, 원 O 위의 점 P에 대하여 삼각형 PBC의 넓이의 최댓값은? (단, $\overline{AB} < \overline{AC}$) [4점]

① $18 + 15\sqrt{3}$ ② $24 + 20\sqrt{3}$ ③ $30 + 25\sqrt{3}$

④ $36 + 30\sqrt{3}$ ⑤ $42 + 35\sqrt{3}$

37 2024학년도 공통 13번

그림과 같이

$\overline{AB} = 3$, $\overline{BC} = \sqrt{13}$, $\overline{AD} \times \overline{CD} = 9$, $\angle BAC = \frac{\pi}{3}$

인 사각형 ABCD가 있다. 삼각형 ABC의 넓이를 S_1, 삼각형 ACD의 넓이를 S_2라 하고, 삼각형 ACD의 외접원의 반지름의 길이를 R이라 하자.

$S_2 = \frac{5}{6} S_1$일 때, $\frac{R}{\sin(\angle ADC)}$의 값은? [4점]

① $\frac{54}{25}$ ② $\frac{117}{50}$ ③ $\frac{63}{25}$

④ $\frac{27}{10}$ ⑤ $\frac{72}{25}$

36 2025학년도 6월 공통 10번

다음 조건을 만족시키는 삼각형 ABC의 외접원의 넓이가 9π일 때, 삼각형 ABC의 넓이는? [4점]

(가) $3\sin A = 2\sin B$
(나) $\cos B = \cos C$

① $\frac{32}{9}\sqrt{2}$ ② $\frac{40}{9}\sqrt{2}$ ③ $\frac{16}{3}\sqrt{2}$

④ $\frac{56}{9}\sqrt{2}$ ⑤ $\frac{64}{9}\sqrt{2}$

41 2024학년도 6월 공통 13번

그림과 같이

$\overline{BC} = 3$, $\overline{CD} = 2$, $\cos(\angle BCD) = -\frac{1}{3}$, $\angle DAB > \frac{\pi}{2}$

인 사각형 ABCD에서 두 삼각형 ABC와 ACD는 모두 예각삼각형이다. 선분 AC를 1 : 2로 내분하는 점 E에 대하여 선분 AE를 지름으로 하는 원이 두 선분 AB, AD와 만나는 점 중 A가 아닌 점을 각각 P_1, P_2라 하고, 선분 CE를 지름으로 하는 원이 두 선분 BC, CD와 만나는 점 중 C가 아닌 점을 각각 Q_1, Q_2라 하자. $\overline{P_1 P_2} : \overline{Q_1 Q_2} = 3 : 5\sqrt{2}$이고 삼각형 ABD의 넓이가 2일 때, $\overline{AB} + \overline{AD}$의 값은? (단, $\overline{AB} > \overline{AD}$) [4점]

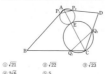

① $\sqrt{21}$ ② $\sqrt{22}$ ③ $\sqrt{23}$

④ $2\sqrt{6}$ ⑤ 5

2022 ~ 2014

01

$\overline{AB}=8$이고 $\angle A=45°$, $\angle B=15°$인 삼각형 ABC에서 선분 BC의 길이는? [3점]

① $2\sqrt{6}$ ② $\dfrac{7\sqrt{6}}{3}$ ③ $\dfrac{8\sqrt{6}}{3}$

④ $3\sqrt{6}$ ⑤ $\dfrac{10\sqrt{6}}{3}$

03

반지름의 길이가 15인 원에 내접하는 삼각형 ABC에서 $\sin B=\dfrac{7}{10}$일 때, 선분 AC의 길이는? [3점]

① 15   ② 18   ③ 21

④ 24   ⑤ 27

28

두 점 O_1, O_2를 각각 중심으로 하고 반지름의 길이가 $\overline{O_1O_2}$인 두 원 C_1, C_2가 있다. 그림과 같이 원 C_1 위의 서로 다른 세 점 A, B, C와 원 C_2 위의 점 D가 주어져 있고, 세 점 A, O_1, O_2와 세 점 C, O_2, D가 각각 한 직선 위에 있다.
이때 $\angle BO_1A=\theta_1$, $\angle O_2O_1C=\theta_2$, $\angle O_1O_2D=\theta_3$이라 하자.

다음은 $\overline{AB}:\overline{O_1D}=1:2\sqrt{2}$이고 $\theta_3=\theta_1+\theta_2$일 때, 선분 AB 와 선분 CD의 길이의 비를 구하는 과정이다.

$\angle CO_2O_1+\angle O_1O_2D=\pi$이므로 $\theta_3=\dfrac{\pi}{2}+\dfrac{\theta_2}{2}$이고,
$\theta_3=\theta_1+\theta_2$에서 $2\theta_1+\theta_2=\pi$이므로 $\angle CO_1B=\theta_1$이다.
이때 $\angle O_2O_1B=\theta_1+\theta_2=\theta_3$이므로 삼각형 O_1O_2B와 삼각형 O_2O_1D는 합동이다.
$\overline{AB}=k$라 할 때
$\overline{BO_2}=\overline{O_1D}=2\sqrt{2}k$이므로 $\overline{AO_2}=$ (가) 이고,
$\angle BO_2A=\dfrac{\theta_1}{2}$이므로 $\cos\dfrac{\theta_1}{2}=$ (나) 이다.
삼각형 O_2BC에서
$\overline{BC}=k$, $\overline{BO_2}=2\sqrt{2}k$, $\angle CO_2B=\dfrac{\theta_1}{2}$이므로
코사인법칙에 의하여 $\overline{O_2C}=$ (다) 이다.
$\overline{CD}=\overline{O_2D}+\overline{O_2C}=\overline{O_1O_2}+\overline{O_2C}$이므로
$\overline{AB}:\overline{CD}=k:\left(\dfrac{(가)}{2}+(다)\right)$이다.

위의 (가), (다)에 알맞은 식을 각각 $f(k)$, $g(k)$라 하고, (나)에 알맞 은 수를 p라 할 때, $f(p)\times g(p)$의 값은? [4점]

① $\dfrac{169}{27}$ ② $\dfrac{56}{9}$ ③ $\dfrac{167}{27}$

④ $\dfrac{166}{27}$ ⑤ $\dfrac{55}{9}$

13

반지름의 길이가 $2\sqrt{7}$인 원에 내접하고 $\angle A=\dfrac{\pi}{3}$인 삼각형 ABC가 있다. 점 A를 포함하지 않는 호 BC 위의 점 D에 대하 여 $\sin(\angle BCD)=\dfrac{2\sqrt{7}}{7}$일 때, $\overline{BD}+\overline{CD}$의 값은? [4점]

① $\dfrac{19}{2}$ ② 10   ③ $\dfrac{21}{2}$

④ 11   ⑤ $\dfrac{23}{2}$

30

그림과 같이 $\overline{AB}=4$, $\overline{AC}=5$이고 $\cos(\angle BAC)=\dfrac{1}{8}$인 삼각 형 ABC가 있다. 선분 AC 위의 점 D와 선분 BC 위의 점 E에 대하여
$\angle BAC=\angle BDA=\angle BED$
일 때, 선분 DE의 길이는? [4점]

① $\dfrac{7}{3}$ ② $\dfrac{5}{2}$ ③ $\dfrac{8}{3}$

④ $\dfrac{17}{6}$ ⑤ 3

10

$\angle A=\dfrac{\pi}{3}$이고 $\overline{AB}:\overline{AC}=3:1$인 삼각형 ABC가 있다. 삼 각형 ABC의 외접원의 반지름의 길이가 7일 때, 선분 AC의 길 이는? [3점]

① $2\sqrt{5}$ ② $\sqrt{21}$ ③ $\sqrt{22}$

④ $\sqrt{23}$ ⑤ $2\sqrt{6}$

07

$\overline{AB}=6$, $\overline{AC}=10$인 삼각형 ABC가 있다. 선분 AC 위에 점 D를 $\overline{AB}=\overline{AD}$가 되도록 잡는다. $\overline{BD}=\sqrt{15}$일 때, 선분 BC의 길이를 k라 하자. k^2의 값을 구하시오. [3점]

사인법칙과 코사인법칙

1 사인법칙

(1) 사인법칙

삼각형 ABC의 외접원의 반지름의 길이를 R라 하면

$$\frac{a}{\sin A}=\frac{b}{\sin B}=\frac{c}{\sin C}=2R$$

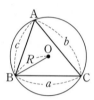

• 삼각형에서 한 변의 길이와 두 각의 크기가 주어지거나 삼각형의 외접원의 반지름의 길이와 한 변의 길이 또는 한 각의 크기가 주어질 때 사인법칙을 이용한다.

예 삼각형 ABC에서 $a=3$, $B=45°$, $C=75°$일 때, 외접원의 반지름의 길이 R의 값을 구해 보자.

$A+B+C=180°$이므로 $A=180°-(45°+75°)=60°$

사인법칙에 의하여 $\frac{a}{\sin A}=2R$이므로

$$\frac{3}{\sin 60°}=2R \qquad \therefore R=\frac{3}{2\sin 60°}=\frac{3}{\sqrt{3}}=\sqrt{3}$$

(2) 사인법칙의 변형

삼각형 ABC의 외접원의 반지름의 길이를 R라 하면

① $\sin A=\dfrac{a}{2R}$, $\sin B=\dfrac{b}{2R}$, $\sin C=\dfrac{c}{2R}$

② $a=2R\sin A$, $b=2R\sin B$, $c=2R\sin C$

③ $a:b:c=\sin A:\sin B:\sin C$

2 코사인법칙

(1) 코사인법칙

삼각형 ABC에서

$$a^2=b^2+c^2-2bc\cos A$$
$$b^2=c^2+a^2-2ca\cos B$$
$$c^2=a^2+b^2-2ab\cos C$$

• 삼각형에서 두 변의 길이와 그 끼인각의 크기가 주어지거나 세 변의 길이가 주어질 때 코사인법칙을 이용한다.

예 삼각형 ABC에서 $a=5$, $b=7$, $C=60°$일 때, c의 값을 구해 보자.

코사인법칙에 의하여 $c^2=a^2+b^2-2ab\cos C$이므로

$$c^2=5^2+7^2-2\times5\times7\times\cos60°$$
$$=25+49-35=39$$
$$\therefore c=\sqrt{39}\ (\because c>0)$$

(2) 코사인법칙의 변형

삼각형 ABC에서

$$\cos A=\frac{b^2+c^2-a^2}{2bc},\ \cos B=\frac{c^2+a^2-b^2}{2ca},\ \cos C=\frac{a^2+b^2-c^2}{2ab}$$

3 삼각형의 넓이

삼각형 ABC의 넓이를 S라 하면

$$S=\frac{1}{2}bc\sin A=\frac{1}{2}ca\sin B=\frac{1}{2}ab\sin C$$

• 이웃하는 두 변의 길이가 a, b이고 그 끼인각의 크기가 θ인 평행사변형의 넓이 S는
$$S=ab\sin\theta$$

예 삼각형 ABC에서 $a=4$, $b=6$, $C=60°$일 때, 삼각형 ABC의 넓이는

$$\frac{1}{2}\times4\times6\times\sin60°=6\sqrt{3}$$

사인법칙과 코사인법칙을 이용하여 삼각형의 변의 길이, 각의 크기 등을 구하는 문제에서 원에 내접한 삼각형이 주어지는 경우가 많다. 이때 다음이 이용되므로 기억하자.

- **평행선의 성질**

  서로 다른 두 직선이 한 직선과 만날 때 엇각의 크기가 같으면 두 직선은 평행하다.

  ⇨ $\angle a = \angle b$이면 $l \,/\!/\, m$

- **삼각형의 닮음**

  두 쌍의 대응각의 크기가 각각 같은 두 삼각형은 서로 닮음이다.

  ⇨ $\triangle ABC \backsim \triangle A'B'C'$ (AA 닮음)

  이때 닮은 두 삼각형에서 대응변의 길이의 비는 일정하다.

  ⇨ $\overline{AB} : \overline{A'B'} = \overline{BC} : \overline{B'C'} = \overline{CA} : \overline{C'A'}$

- **등변사다리꼴의 성질**

  $\overline{AD} \,/\!/\, \overline{BC}$, $\angle B = \angle C$인 등변사다리꼴 ABCD에서 평행하지 않은 한 쌍의 대변의 길이가 같다.

  ⇨ $\overline{AB} = \overline{DC}$

- **삼각형의 내심**

  (1) 삼각형의 세 내각의 이등분선은 한 점(I, 내심)에서 만난다.

  (2) $\overline{AD} = \overline{AF}$, $\overline{BD} = \overline{BE}$, $\overline{CE} = \overline{CF}$

- **삼각비**

  $\angle B = 90°$인 직각삼각형 ABC에서

  $\sin A = \dfrac{a}{b}$, $\cos A = \dfrac{c}{b}$, $\tan A = \dfrac{a}{c}$

  ⇨ $a = b \sin A$, $c = b \cos A$, $a = c \tan A$

- **원주각의 성질**

  (1) 원에서 한 호에 대한 원주각의 크기는 모두 같다.

  ⇨ $\angle APB = \angle AQB = \angle ARB$

  (2) 반원에 대한 원주각의 크기는 90°이다.

  ⇨ $\overline{AB}$가 원 O의 지름이면 $\angle APB = 90°$이다.

- **원주각과 호**

  한 원 또는 합동인 두 원에서 길이가 같은 호에 대한 원주각의 크기는 같다.

  ⇨ $\overset{\frown}{AB} = \overset{\frown}{CD}$이면 $\angle APB = \angle CQD$

- **원에 내접하는 사각형의 성질**

  원에 내접하는 사각형에서 한 쌍의 마주 보는 두 각의 크기의 합은 π이다.

  ⇨ $\angle A + \angle C = \angle B + \angle D = \pi$

- **삼각형의 닮음 조건**

  (1) 세 쌍의 대응변의 길이의 비가 각각 같다. (SSS 닮음)

  (2) 두 쌍의 대응변의 길이의 비가 같고, 그 끼인각의 크기가 같다. (SAS 닮음)

- 밑변의 양 끝 각의 크기가 같은 사다리꼴을 등변사다리꼴이라 한다.

14
일차

유형 01 사인법칙

01 대표 문제
2021학년도 9월 모평 나형 9번

$\overline{AB}=8$이고 $\angle A=45°$, $\angle B=15°$인 삼각형 ABC에서 선분 BC의 길이는? [3점]

① $2\sqrt{6}$
② $\dfrac{7\sqrt{6}}{3}$
③ $\dfrac{8\sqrt{6}}{3}$

④ $3\sqrt{6}$
⑤ $\dfrac{10\sqrt{6}}{3}$

02
2020학년도 4월 학평-나형 13번

그림과 같이 반지름의 길이가 4인 원에 내접하고 변 AC의 길이가 5인 삼각형 ABC가 있다. $\angle ABC=\theta$라 할 때, $\sin\theta$의 값은? (단, $0<\theta<\pi$) [3점]

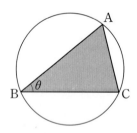

① $\dfrac{1}{4}$
② $\dfrac{3}{8}$
③ $\dfrac{1}{2}$

④ $\dfrac{5}{8}$
⑤ $\dfrac{3}{4}$

03
2021학년도 6월 모평 가형 23번 / 나형 5번

반지름의 길이가 15인 원에 내접하는 삼각형 ABC에서 $\sin B=\dfrac{7}{10}$일 때, 선분 AC의 길이는? [3점]

① 15
② 18
③ 21
④ 24
⑤ 27

04
2025학년도 9월 모평 10번

$\angle A>\dfrac{\pi}{2}$인 삼각형 ABC의 꼭짓점 A에서 선분 BC에 내린 수선의 발을 H라 하자.

$$\overline{AB}:\overline{AC}=\sqrt{2}:1,\ \overline{AH}=2$$

이고, 삼각형 ABC의 외접원의 넓이가 50π일 때, 선분 BH의 길이는? [4점]

① 6
② $\dfrac{25}{4}$
③ $\dfrac{13}{2}$

④ $\dfrac{27}{4}$
⑤ 7

05

그림과 같이 $\angle ABC = \dfrac{\pi}{2}$인 삼각형 ABC에 내접하고 반지름의 길이가 3인 원의 중심을 O라 하자. 직선 AO가 선분 BC와 만나는 점을 D라 할 때, $\overline{DB}=4$이다. 삼각형 ADC의 외접원의 넓이는? [4점]

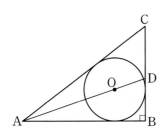

① $\dfrac{125}{2}\pi$　　② 63π　　③ $\dfrac{127}{2}\pi$

④ 64π　　⑤ $\dfrac{129}{2}\pi$

06

그림과 같이 반지름의 길이가 6인 원에 내접하는 사각형 ABCD에 대하여 $\overline{AB}=\overline{CD}=3\sqrt{3}$, $\overline{BD}=8\sqrt{2}$일 때, 사각형 ABCD의 넓이를 S라 하자. $\dfrac{S^2}{13}$의 값을 구하시오. [4점]

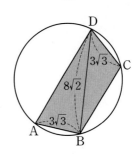

07 대표 문제

$\overline{AB}=6$, $\overline{AC}=10$인 삼각형 ABC가 있다. 선분 AC 위에 점 D를 $\overline{AB}=\overline{AD}$가 되도록 잡는다. $\overline{BD}=\sqrt{15}$일 때, 선분 BC의 길이를 k라 하자. k^2의 값을 구하시오. [3점]

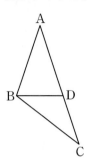

08

그림과 같이 $\overline{AB}=3$, $\overline{BC}=6$인 직사각형 ABCD에서 선분 BC를 1 : 5로 내분하는 점을 E라 하자. $\angle EAC=\theta$라 할 때, $50\sin\theta\cos\theta$의 값을 구하시오. [4점]

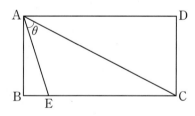

09

그림과 같이 평면 위에 한 변의 길이가 3인 정사각형 ABCD와 한 변의 길이가 4인 정사각형 CEFG가 있다.

$\angle DCG=\theta\,(0<\theta<\pi)$라 할 때, $\sin\theta=\dfrac{\sqrt{11}}{6}$이다.

$\overline{DG}\times\overline{BE}$의 값은? [4점]

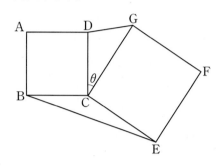

① 15   ② 17   ③ 19
④ 21   ⑤ 23

10

$\angle A=\dfrac{\pi}{3}$이고 $\overline{AB} : \overline{AC}=3 : 1$인 삼각형 ABC가 있다. 삼각형 ABC의 외접원의 반지름의 길이가 7일 때, 선분 AC의 길이는? [3점]

① $2\sqrt{5}$ ② $\sqrt{21}$ ③ $\sqrt{22}$
④ $\sqrt{23}$ ⑤ $2\sqrt{6}$

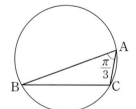

11

$\overline{AB}:\overline{BC}:\overline{CA}=1:2:\sqrt{2}$인 삼각형 ABC가 있다. 삼각형 ABC의 외접원의 넓이가 28π일 때, 선분 CA의 길이를 구하시오. [4점]

13

반지름의 길이가 $2\sqrt{7}$인 원에 내접하고 $\angle A = \dfrac{\pi}{3}$인 삼각형 ABC가 있다. 점 A를 포함하지 않는 호 BC 위의 점 D에 대하여 $\sin(\angle BCD)=\dfrac{2\sqrt{7}}{7}$일 때, $\overline{BD}+\overline{CD}$의 값은? [4점]

① $\dfrac{19}{2}$ ② 10   ③ $\dfrac{21}{2}$

④ 11   ⑤ $\dfrac{23}{2}$

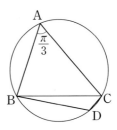

12

길이가 각각 10, a, b인 세 선분 AB, BC, CA를 각 변으로 하는 예각삼각형 ABC가 있다. 삼각형 ABC의 세 꼭짓점을 지나는 원의 반지름의 길이가 $3\sqrt{5}$이고 $\dfrac{a^2+b^2-ab\cos C}{ab}=\dfrac{4}{3}$일 때, ab의 값은? [4점]

① 140   ② 150   ③ 160
④ 170   ⑤ 180

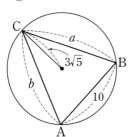

14

정삼각형 ABC가 반지름의 길이가 r인 원에 내접하고 있다. 선분 AC와 선분 BD가 만나고 $\overline{BD}=\sqrt{2}$가 되도록 원 위에서 점 D를 잡는다. $\angle DBC=\theta$라 할 때, $\sin\theta=\dfrac{\sqrt{3}}{3}$이다. 반지름의 길이 r의 값은? [4점]

① $\dfrac{6-\sqrt{6}}{5}$ ② $\dfrac{6-\sqrt{5}}{5}$ ③ $\dfrac{4}{5}$

④ $\dfrac{6-\sqrt{3}}{5}$ ⑤ $\dfrac{6-\sqrt{2}}{5}$

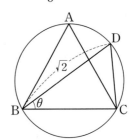

14
일차

15

그림과 같이 사각형 ABCD가 한 원에 내접하고
$$\overline{AB}=5, \ \overline{AC}=3\sqrt{5}, \ \overline{AD}=7, \ \angle BAC=\angle CAD$$
일 때, 이 원의 반지름의 길이는? [4점]

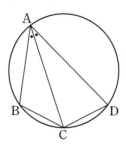

① $\dfrac{5\sqrt{2}}{2}$ ② $\dfrac{8\sqrt{5}}{5}$ ③ $\dfrac{5\sqrt{5}}{3}$

④ $\dfrac{8\sqrt{2}}{3}$ ⑤ $\dfrac{9\sqrt{3}}{4}$

16

그림과 같이 선분 AB를 지름으로 하는 원 위의 점 C에 대하여
$$\overline{BC}=12\sqrt{2}, \ \cos(\angle CAB)=\frac{1}{3}$$
이다. 선분 AB를 $5:4$로 내분하는 점을 D라 할 때, 삼각형 CAD의 외접원의 넓이는 S이다. $\dfrac{S}{\pi}$의 값을 구하시오. [4점]

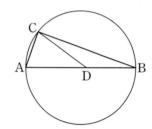

17

그림과 같이 $\overline{AB}=3$, $\overline{BC}=2$, $\overline{AC}>3$이고
$\cos(\angle BAC)=\dfrac{7}{8}$인 삼각형 ABC가 있다. 선분 AC의 중점을 M, 삼각형 ABC의 외접원이 직선 BM과 만나는 점 중 B가 아닌 점을 D라 할 때, 선분 MD의 길이는? [4점]

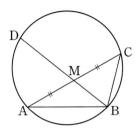

① $\dfrac{3\sqrt{10}}{5}$ ② $\dfrac{7\sqrt{10}}{10}$ ③ $\dfrac{4\sqrt{10}}{5}$

④ $\dfrac{9\sqrt{10}}{10}$ ⑤ $\sqrt{10}$

18

그림과 같이 원 C에 내접하고 $\overline{AB}=3$, $\angle BAC=\dfrac{\pi}{3}$인 삼각형 ABC가 있다. 원 C의 넓이가 $\dfrac{49}{3}\pi$일 때, 원 C 위의 점 P에 대하여 삼각형 PAC의 넓이의 최댓값은?
(단, 점 P는 점 A도 아니고 점 C도 아니다.) [4점]

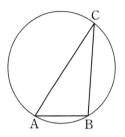

① $\dfrac{32}{3}\sqrt{3}$ ② $\dfrac{34}{3}\sqrt{3}$ ③ $12\sqrt{3}$

④ $\dfrac{38}{3}\sqrt{3}$ ⑤ $\dfrac{40}{3}\sqrt{3}$

19

그림과 같이

$$2\overline{AB}=\overline{BC}, \cos(\angle ABC)=-\frac{5}{8}$$

인 삼각형 ABC의 외접원을 O라 하자. 원 O 위의 점 P에 대하여 삼각형 PAC의 넓이가 최대가 되도록 하는 점 P를 Q라 할 때, $\overline{QA}=6\sqrt{10}$이다. 선분 AC 위의 점 D에 대하여 $\angle CDB=\frac{2}{3}\pi$일 때, 삼각형 CDB의 외접원의 반지름의 길이는? [4점]

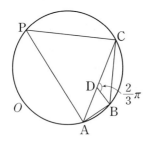

① $3\sqrt{3}$ ② $4\sqrt{3}$ ③ $3\sqrt{6}$

④ $5\sqrt{3}$ ⑤ $4\sqrt{6}$

20

그림과 같이

$$\overline{BC}=\frac{36\sqrt{7}}{7}, \sin(\angle BAC)=\frac{2\sqrt{7}}{7}, \angle ACB=\frac{\pi}{3}$$

인 삼각형 ABC가 있다. 삼각형 ABC의 외접원의 중심을 O, 직선 AO가 변 BC와 만나는 점을 D라 하자. 삼각형 ADC의 외접원의 중심을 O'이라 할 때, $\overline{AO'}=5\sqrt{3}$이다. $\overline{OO'}^2$의 값은?

$$\left(\text{단, } 0<\angle BAC<\frac{\pi}{2}\right) \text{ [4점]}$$

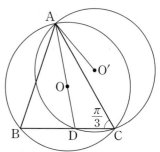

① 21 ② $\frac{91}{4}$ ③ $\frac{49}{2}$

④ $\frac{105}{4}$ ⑤ 28

21

2024학년도 10월 학평 13번

그림과 같이 한 원에 내접하는 사각형 ABCD에 대하여

$$\overline{AB}=4, \ \overline{BC}=2\sqrt{30}, \ \overline{CD}=8$$

이다. $\angle BAC=\alpha$, $\angle ACD=\beta$라 할 때, $\cos(\alpha+\beta)=-\dfrac{5}{12}$

이다. 두 선분 AC와 BD의 교점을 E라 할 때, 선분 AE의 길

이는? $\left(\text{단, } 0<\alpha<\dfrac{\pi}{2}, \ 0<\beta<\dfrac{\pi}{2}\right)$ [4점]

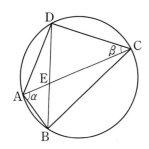

① $\sqrt{6}$

② $\dfrac{\sqrt{26}}{2}$

③ $\sqrt{7}$

④ $\dfrac{\sqrt{30}}{2}$

⑤ $2\sqrt{2}$

22

2023학년도 10월 학평 21번

그림과 같이 선분 BC를 지름으로 하는 원에 두 삼각형 ABC와
ADE가 모두 내접한다. 두 선분 AD와 BC가 점 F에서 만나고

$$\overline{BC}=\overline{DE}=4, \ \overline{BF}=\overline{CE}, \ \sin(\angle CAE)=\dfrac{1}{4}$$

이다. $\overline{AF}=k$일 때, k^2의 값을 구하시오. [4점]

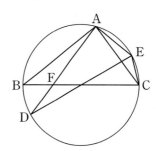

그림과 같이 선분 AB를 지름으로 하는 반원의 호 AB 위에 두 점 C, D가 있다. 선분 AB의 중점 O에 대하여 두 선분 AD, CO가 점 E에서 만나고,

$$\overline{CE}=4, \ \overline{ED}=3\sqrt{2}, \ \angle CEA = \frac{3}{4}\pi$$

이다. $\overline{AC} \times \overline{CD}$의 값은? [4점]

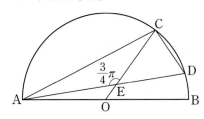

① $6\sqrt{10}$　　② $10\sqrt{5}$　　③ $16\sqrt{2}$

④ $12\sqrt{5}$　　⑤ $20\sqrt{2}$

좌표평면 위의 두 점 $O(0, 0)$, $A(2, 0)$과 y좌표가 양수인 서로 다른 두 점 P, Q가 다음 조건을 만족시킨다.

> (가) $\overline{AP} = \overline{AQ} = 2\sqrt{15}$이고 $\overline{OP} > \overline{OQ}$이다.
>
> (나) $\cos(\angle OPA) = \cos(\angle OQA) = \frac{\sqrt{15}}{4}$

사각형 OAPQ의 넓이가 $\frac{q}{p}\sqrt{15}$일 때, $p \times q$의 값을 구하시오.
(단, p와 q는 서로소인 자연수이다.) [4점]

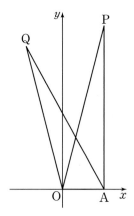

25

그림과 같이 $\overline{AB}=2$, $\overline{BC}=3\sqrt{3}$, $\overline{CA}=\sqrt{13}$인 삼각형 ABC가 있다. 선분 BC 위에 점 B가 아닌 점 D를 $\overline{AD}=2$가 되도록 잡고, 선분 AC 위에 양 끝점 A, C가 아닌 점 E를 사각형 ABDE가 원에 내접하도록 잡는다.

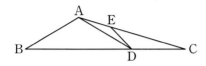

다음은 선분 DE의 길이를 구하는 과정이다.

삼각형 ABC에서 코사인법칙에 의하여
$$\cos(\angle ABC) = \boxed{(가)}$$
이다. 삼각형 ABD에서 $\sin(\angle ABD) = \sqrt{1-(\boxed{(가)})^2}$
이므로 사인법칙에 의하여 삼각형 ABD의 외접원의 반지름의 길이는 $\boxed{(나)}$ 이다.
삼각형 ADC에서 사인법칙에 의하여
$$\frac{\overline{CD}}{\sin(\angle CAD)} = \frac{\overline{AD}}{\sin(\angle ACD)}$$
이므로 $\sin(\angle CAD) = \dfrac{\overline{CD}}{\overline{AD}} \times \sin(\angle ACD)$이다.
삼각형 ADE에서 사인법칙에 의하여
$$\overline{DE} = \boxed{(다)}$$
이다.

위의 (가), (나), (다)에 알맞은 수를 각각 p, q, r라 할 때, $p \times q \times r$의 값은? [4점]

① $\dfrac{6\sqrt{13}}{13}$　　② $\dfrac{7\sqrt{13}}{13}$　　③ $\dfrac{8\sqrt{13}}{13}$

④ $\dfrac{9\sqrt{13}}{13}$　　⑤ $\dfrac{10\sqrt{13}}{13}$

26

그림과 같이 원에 내접하는 사각형 ABCD에 대하여
$$\overline{AB}=\overline{BC}=2,\ \overline{AD}=3,\ \angle BAD=\frac{\pi}{3}$$
이다. 두 직선 AD, BC의 교점을 E라 하자.

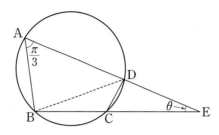

다음은 $\angle AEB = \theta$일 때, $\sin\theta$의 값을 구하는 과정이다.

삼각형 ABD와 삼각형 BCD에서 코사인법칙을 이용하면
$$\overline{CD} = \boxed{(가)}$$
이다. 삼각형 EAB와 삼각형 ECD에서
$$\angle AEB는 공통, \angle EAB = \angle ECD$$
이므로 삼각형 EAB와 삼각형 ECD는 닮음이다.
이를 이용하면
$$\overline{ED} = \boxed{(나)}$$
이다. 삼각형 ECD에서 사인법칙을 이용하면
$$\sin\theta = \boxed{(다)}$$
이다.

위의 (가), (나), (다)에 알맞은 수를 각각 p, q, r라 할 때, $(p+q) \times r$의 값은? [4점]

① $\dfrac{\sqrt{3}}{2}$　　② $\dfrac{4\sqrt{3}}{7}$　　③ $\dfrac{9\sqrt{3}}{14}$

④ $\dfrac{5\sqrt{3}}{7}$　　⑤ $\dfrac{11\sqrt{3}}{14}$

27

그림과 같이

$$\overline{AB}=2, \quad \overline{AD}=1, \quad \angle DAB=\frac{2}{3}\pi, \quad \angle BCD=\frac{3}{4}\pi$$

인 사각형 ABCD가 있다. 삼각형 BCD의 외접원의 반지름의 길이를 R_1, 삼각형 ABD의 외접원의 반지름의 길이를 R_2라 하자.

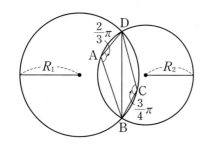

다음은 $R_1 \times R_2$의 값을 구하는 과정이다.

삼각형 BCD에서 사인법칙에 의하여

$$R_1 = \frac{\sqrt{2}}{2} \times \overline{BD}$$

이고, 삼각형 ABD에서 사인법칙에 의하여

$$R_2 = \boxed{(가)} \times \overline{BD}$$

이다. 삼각형 ABD에서 코사인법칙에 의하여

$$\overline{BD}^2 = 2^2 + 1^2 - (\boxed{(나)})$$

이므로

$$R_1 \times R_2 = \boxed{(다)}$$

이다.

위의 (가), (나), (다)에 알맞은 수를 각각 p, q, r이라 할 때, $9 \times (p \times q \times r)^2$의 값을 구하시오. [4점]

28

두 점 O_1, O_2를 각각 중심으로 하고 반지름의 길이가 $\overline{O_1O_2}$인 두 원 C_1, C_2가 있다. 그림과 같이 원 C_1 위의 서로 다른 세 점 A, B, C와 원 C_2 위의 점 D가 주어져 있고, 세 점 A, O_1, O_2와 세 점 C, O_2, D가 각각 한 직선 위에 있다.

이때 $\angle BO_1A = \theta_1$, $\angle O_2O_1C = \theta_2$, $\angle O_1O_2D = \theta_3$이라 하자.

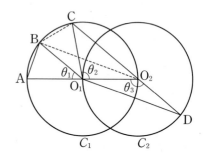

다음은 $\overline{AB} : \overline{O_1D} = 1 : 2\sqrt{2}$이고 $\theta_3 = \theta_1 + \theta_2$일 때, 선분 AB와 선분 CD의 길이의 비를 구하는 과정이다.

$\angle CO_2O_1 + \angle O_1O_2D = \pi$이므로 $\theta_3 = \frac{\pi}{2} + \frac{\theta_2}{2}$이고

$\theta_3 = \theta_1 + \theta_2$에서 $2\theta_1 + \theta_2 = \pi$이므로 $\angle CO_1B = \theta_1$이다.

이때 $\angle O_2O_1B = \theta_1 + \theta_2 = \theta_3$이므로 삼각형 O_1O_2B와 삼각형 O_2O_1D는 합동이다.

$\overline{AB} = k$라 할 때

$\overline{BO_2} = \overline{O_1D} = 2\sqrt{2}k$이므로 $\overline{AO_2} = \boxed{(가)}$이고,

$\angle BO_2A = \frac{\theta_1}{2}$이므로 $\cos\frac{\theta_1}{2} = \boxed{(나)}$이다.

삼각형 O_2BC에서

$\overline{BC} = k$, $\overline{BO_2} = 2\sqrt{2}k$, $\angle CO_2B = \frac{\theta_1}{2}$이므로

코사인법칙에 의하여 $\overline{O_2C} = \boxed{(다)}$이다.

$\overline{CD} = \overline{O_2D} + \overline{O_2C} = \overline{O_1O_2} + \overline{O_2C}$이므로

$\overline{AB} : \overline{CD} = k : \left(\frac{\boxed{(가)}}{2} + \boxed{(다)}\right)$이다.

위의 (가), (다)에 알맞은 식을 각각 $f(k)$, $g(k)$라 하고, (나)에 알맞은 수를 p라 할 때, $f(p) \times g(p)$의 값은? [4점]

① $\frac{169}{27}$ ② $\frac{56}{9}$ ③ $\frac{167}{27}$

④ $\frac{166}{27}$ ⑤ $\frac{55}{9}$

29

그림과 같이 $\overline{AB}=5$, $\overline{BC}=4$, $\cos(\angle ABC)=\dfrac{1}{8}$인 삼각형 ABC가 있다. $\angle$ABC의 이등분선과 $\angle$CAB의 이등분선이 만나는 점을 D, 선분 BD의 연장선과 삼각형 ABC의 외접원이 만나는 점을 E라 할 때, 〈보기〉에서 옳은 것만을 있는 대로 고른 것은? [4점]

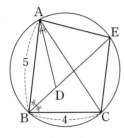

〈 보기 〉

ㄱ. $\overline{AC}=6$
ㄴ. $\overline{EA}=\overline{EC}$
ㄷ. $\overline{ED}=\dfrac{31}{8}$

① ㄱ ② ㄱ, ㄴ ③ ㄱ, ㄷ
④ ㄴ, ㄷ ⑤ ㄱ, ㄴ, ㄷ

30

그림과 같이 $\overline{AB}=4$, $\overline{AC}=5$이고 $\cos(\angle BAC)=\dfrac{1}{8}$인 삼각형 ABC가 있다. 선분 AC 위의 점 D와 선분 BC 위의 점 E에 대하여

$$\angle BAC=\angle BDA=\angle BED$$

일 때, 선분 DE의 길이는? [4점]

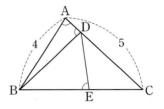

① $\dfrac{7}{3}$ ② $\dfrac{5}{2}$ ③ $\dfrac{8}{3}$

④ $\dfrac{17}{6}$ ⑤ 3

31

$\overline{AB}=6$, $\overline{AC}=8$인 예각삼각형 ABC에서 ∠A의 이등분선과 삼각형 ABC의 외접원이 만나는 점을 D, 점 D에서 선분 AC 에 내린 수선의 발을 E라 하자. 선분 AE의 길이를 k라 할 때, $12k$의 값을 구하시오. [4점]

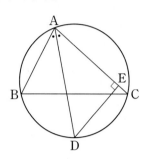

---

32 대표 문제

$\overline{AB}=2$, $\overline{AC}=\sqrt{7}$인 예각삼각형 ABC의 넓이가 $\sqrt{6}$이다. ∠A$=\theta$일 때, $\sin\left(\dfrac{\pi}{2}+\theta\right)$의 값은? [3점]

① $\dfrac{\sqrt{3}}{7}$ ② $\dfrac{2}{7}$ ③ $\dfrac{\sqrt{5}}{7}$

④ $\dfrac{\sqrt{6}}{7}$ ⑤ $\dfrac{\sqrt{7}}{7}$

33

그림과 같이 중심각의 크기가 $\dfrac{\pi}{3}$인 부채꼴 OAB에서 선분 OA 를 3 : 1로 내분하는 점을 P, 선분 OB를 1 : 2로 내분하는 점을 Q라 하자. 삼각형 OPQ의 넓이가 $4\sqrt{3}$일 때, 호 AB의 길이는? [3점]

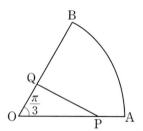

① $\dfrac{5}{3}\pi$ ② 2π ③ $\dfrac{7}{3}\pi$

④ $\dfrac{8}{3}\pi$ ⑤ 3π

34

2023학년도 3월 학평 11번

그림과 같이 $\angle BAC = 60°$, $\overline{AB} = 2\sqrt{2}$, $\overline{BC} = 2\sqrt{3}$인 삼각형 ABC가 있다. 삼각형 ABC의 내부의 점 P에 대하여 $\angle PBC = 30°$, $\angle PCB = 15°$일 때, 삼각형 APC의 넓이는?

[4점]

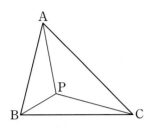

① $\dfrac{3+\sqrt{3}}{4}$ ② $\dfrac{3+2\sqrt{3}}{4}$ ③ $\dfrac{3+\sqrt{3}}{2}$

④ $\dfrac{3+2\sqrt{3}}{2}$ ⑤ $2+\sqrt{3}$

36

2025학년도 6월 모평 10번

다음 조건을 만족시키는 삼각형 ABC의 외접원의 넓이가 9π일 때, 삼각형 ABC의 넓이는? [4점]

(가) $3\sin A = 2\sin B$
(나) $\cos B = \cos C$

① $\dfrac{32}{9}\sqrt{2}$ ② $\dfrac{40}{9}\sqrt{2}$ ③ $\dfrac{16}{3}\sqrt{2}$

④ $\dfrac{56}{9}\sqrt{2}$ ⑤ $\dfrac{64}{9}\sqrt{2}$

35

2020학년도 3월 학평-가형 19번

그림과 같이 중심이 O이고 반지름의 길이가 $\sqrt{10}$인 원에 내접하는 예각삼각형 ABC에 대하여 두 삼각형 OAB, OCA의 넓이를 각각 S_1, S_2라 하자. $3S_1 = 4S_2$이고 $\overline{BC} = 2\sqrt{5}$일 때, 선분 AB의 길이는? [4점]

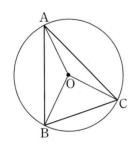

① $2\sqrt{7}$ ② $\sqrt{30}$ ③ $4\sqrt{2}$

④ $\sqrt{34}$ ⑤ 6

37

2024학년도 수능 (홀) 13번

그림과 같이

$$\overline{AB} = 3, \overline{BC} = \sqrt{13}, \overline{AD} \times \overline{CD} = 9, \angle BAC = \dfrac{\pi}{3}$$

인 사각형 ABCD가 있다. 삼각형 ABC의 넓이를 S_1, 삼각형 ACD의 넓이를 S_2라 하고, 삼각형 ACD의 외접원의 반지름의 길이를 R이라 하자.

$S_2 = \dfrac{5}{6}S_1$일 때, $\dfrac{R}{\sin(\angle ADC)}$의 값은? [4점]

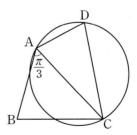

① $\dfrac{54}{25}$ ② $\dfrac{117}{50}$ ③ $\dfrac{63}{25}$

④ $\dfrac{27}{10}$ ⑤ $\dfrac{72}{25}$

38

그림과 같이 삼각형 ABC에서 선분 AB 위에 $\overline{AD}:\overline{DB}=3:2$ 인 점 D를 잡고, 점 A를 중심으로 하고 점 D를 지나는 원을 O, 원 O와 선분 AC가 만나는 점을 E라 하자.

$\sin A:\sin C=8:5$이고, 삼각형 ADE와 삼각형 ABC의 넓이의 비가 $9:35$이다. 삼각형 ABC의 외접원의 반지름의 길이가 7일 때, 원 O 위의 점 P에 대하여 삼각형 PBC의 넓이의 최댓값은? (단, $\overline{AB}<\overline{AC}$) [4점]

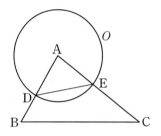

① $18+15\sqrt{3}$ ② $24+20\sqrt{3}$ ③ $30+25\sqrt{3}$
④ $36+30\sqrt{3}$ ⑤ $42+35\sqrt{3}$

39

그림과 같이 평행사변형 ABCD가 있다. 점 A에서 선분 BD 에 내린 수선의 발을 E라 하고, 직선 CE가 선분 AB와 만나는 점을 F라 하자. $\cos(\angle AFC)=\dfrac{\sqrt{10}}{10}$, $\overline{EC}=10$이고 삼각형 CDE의 외접원의 반지름의 길이가 $5\sqrt{2}$일 때, 삼각형 AFE의 넓이는? [4점]

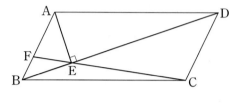

① $\dfrac{20}{3}$ ② 7   ③ $\dfrac{22}{3}$

④ $\dfrac{23}{3}$ ⑤ 8

40

그림과 같이 예각삼각형 ABC가 한 원에 내접하고 있다. $\overline{AB}=6$이고, $\angle ABC=\alpha$라 할 때 $\cos\alpha=\dfrac{3}{4}$이다. 점 A를 지나지 않는 호 BC 위의 점 D에 대하여 $\overline{CD}=4$이다. 두 삼각형 ABD, CBD의 넓이를 각각 S_1, S_2라 할 때, $S_1 : S_2 = 9 : 5$이다. 삼각형 ADC의 넓이를 S라 할 때, S^2의 값을 구하시오. [4점]

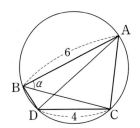

41

그림과 같이
$$\overline{BC}=3, \overline{CD}=2, \cos(\angle BCD)=-\frac{1}{3}, \angle DAB>\frac{\pi}{2}$$
인 사각형 ABCD에서 두 삼각형 ABC와 ACD는 모두 예각삼각형이다. 선분 AC를 $1:2$로 내분하는 점 E에 대하여 선분 AE를 지름으로 하는 원이 두 선분 AB, AD와 만나는 점 중 A가 아닌 점을 각각 P_1, P_2라 하고, 선분 CE를 지름으로 하는 원이 두 선분 BC, CD와 만나는 점 중 C가 아닌 점을 각각 Q_1, Q_2라 하자. $\overline{P_1P_2} : \overline{Q_1Q_2}=3 : 5\sqrt{2}$이고 삼각형 ABD의 넓이가 2일 때, $\overline{AB}+\overline{AD}$의 값은? (단, $\overline{AB}>\overline{AD}$) [4점]

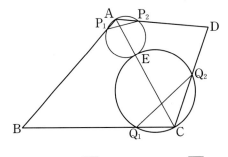

① $\sqrt{21}$　　　② $\sqrt{22}$　　　③ $\sqrt{23}$
④ $2\sqrt{6}$　　　⑤ 5

42

길이가 14인 선분 AB를 지름으로 하는 반원의 호 AB 위에 점 C를 $\overline{BC}=6$이 되도록 잡는다. 점 D가 호 AC 위의 점일 때, 〈보기〉에서 옳은 것만을 있는 대로 고른 것은?

(단, 점 D는 점 A와 점 C가 아닌 점이다.) [4점]

〈 보기 〉

ㄱ. $\sin(\angle CBA) = \dfrac{2\sqrt{10}}{7}$

ㄴ. $\overline{CD}=7$일 때, $\overline{AD}=-3+2\sqrt{30}$

ㄷ. 사각형 ABCD의 넓이의 최댓값은 $20\sqrt{10}$이다.

① ㄱ   ② ㄱ, ㄴ   ③ ㄱ, ㄷ

④ ㄴ, ㄷ   ⑤ ㄱ, ㄴ, ㄷ

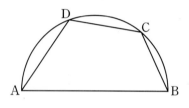

43

그림과 같이 반지름의 길이가 $R(5<R<5\sqrt{5})$인 원에 내접하는 사각형 ABCD가 다음 조건을 만족시킨다.

- $\overline{AB}=\overline{AD}$이고 $\overline{AC}=10$이다.
- 사각형 ABCD의 넓이는 40이다.

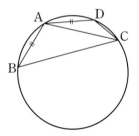

다음은 선분 BD의 길이와 R의 비를 구하는 과정이다.

$\overline{AB}=\overline{AD}=k$라 할 때

두 삼각형 ABC, ACD에서 각각 코사인법칙에 의하여

$$\cos(\angle ACB) = \frac{1}{20}\left(\overline{BC}+\frac{\boxed{(가)}}{\overline{BC}}\right),$$

$$\cos(\angle DCA) = \frac{1}{20}\left(\overline{CD}+\frac{\boxed{(가)}}{\overline{CD}}\right)$$

이다.

이때 두 호 AB, AD에 대한 원주각의 크기가 같으므로
$\cos(\angle ACB)=\cos(\angle DCA)$이다.

사각형 ABCD의 넓이는
두 삼각형 ABD, BCD의 넓이의 합과 같으므로

$$\frac{1}{2}k^2\sin(\angle BAD)+\frac{1}{2}\times\overline{BC}\times\overline{CD}\times\sin(\pi-\angle BAD)$$
$$=40$$

에서 $\sin(\angle BAD)=\boxed{(나)}$이다.

따라서 삼각형 ABD에서 사인법칙에 의하여
$\overline{BD}:R=\boxed{(다)}:1$이다.

위의 (가)에 알맞은 식을 $f(k)$라 하고, (나), (다)에 알맞은 수를 각각 p, q라 할 때, $\dfrac{f(10p)}{q}$의 값은? [4점]

① $\dfrac{25}{2}$ ② 15   ③ $\dfrac{35}{2}$

④ 20   ⑤ $\dfrac{45}{2}$

44

2021학년도 3월 학평 21번

그림과 같이 $\overline{AB}=2$, $\overline{AC}\parallel\overline{BD}$, $\overline{AC}:\overline{BD}=1:2$인 두 삼각형 ABC, ABD가 있다. 점 C에서 선분 AB에 내린 수선의 발 H는 선분 AB를 1:3으로 내분한다.

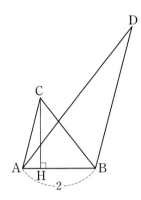

두 삼각형 ABC, ABD의 외접원의 반지름의 길이를 각각 r, R라 할 때, $4(R^2-r^2)\times\sin^2(\angle CAB)=51$이다. $\overline{AC}^2$의 값을 구하시오. $\left(\text{단, }\angle CAB<\dfrac{\pi}{2}\right)$ [4점]

45

2024학년도 5월 학평 21번

그림과 같이 중심이 O, 반지름의 길이가 6이고 중심각의 크기가 $\dfrac{\pi}{2}$인 부채꼴 OAB가 있다. 호 AB 위에 점 C를 $\overline{AC}=4\sqrt{2}$가 되도록 잡는다. 호 AC 위의 한 점 D에 대하여 점 D를 지나고 선분 OA에 평행한 직선과 점 C를 지나고 선분 AC에 수직인 직선이 만나는 점을 E라 하자. 삼각형 CED의 외접원의 반지름의 길이가 $3\sqrt{2}$일 때, $\overline{AD}=p+q\sqrt{7}$을 만족시키는 두 유리수 p, q에 대하여 $9\times|p\times q|$의 값을 구하시오.

(단, 점 D는 점 A도 아니고 점 C도 아니다.) [4점]

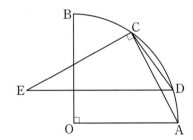

한눈에 정리하는
평가원 기출 경향

주제 \ 학년도	2025	2024	2023
등차수열의 항 구하기			**35** 2023학년도 9월 모평 5번 등차수열 $\{a_n\}$에 대하여 $a_1 = 2a_5,\ a_8 + a_{12} = -6$ 일 때, a_2의 값은? [3점] ① 17 ② 19 ③ 21 ④ 23 ⑤ 25
등차중항			
등차수열의 합			

2022 ~ 2014

---

32   2022학년도 수능(홀) 3번

등차수열 $\{a_n\}$에 대하여
$$a_2=6,\ a_4+a_6=36$$
일 때, a_{10}의 값은? [3점]

① 30   ② 32   ③ 34
④ 36   ⑤ 38

---

14   2021학년도 9월 모평 나형 7번

공차가 -3인 등차수열 $\{a_n\}$에 대하여
$$a_3a_7=64,\ a_8>0$$
일 때, a_2의 값은? [3점]

① 17   ② 18   ③ 19
④ 20   ⑤ 21

---

25   2021학년도 6월 모평 나형 3번

등차수열 $\{a_n\}$에 대하여 $a_1+a_3=20$일 때, a_2의 값은? [2점]

① 6   ② 7   ③ 8
④ 9   ⑤ 10

---

39   2020학년도 9월 모평 나형 7번

등차수열 $\{a_n\}$에 대하여
$$a_1=a_3+8,\ 2a_4-3a_6=3$$
일 때, $a_k<0$을 만족시키는 자연수 k의 최솟값은? [3점]

① 8   ② 10   ③ 12
④ 14   ⑤ 16

---

07   2019학년도 수능 나형(홀) 5번

첫째항이 4인 등차수열 $\{a_n\}$에 대하여
$$a_{10}-a_7=6$$
일 때, a_4의 값은? [3점]

① 10   ② 11   ③ 12
④ 13   ⑤ 14

---

12   2019학년도 9월 모평 나형 13번

등차수열 $\{a_n\}$에 대하여
$$a_1=-15,\ |a_3|-a_4=0$$
일 때, a_7의 값은? [3점]

① 21   ② 23   ③ 25
④ 27   ⑤ 29

---

20   2019학년도 6월 모평 나형 24번

등차수열 $\{a_n\}$에 대하여
$$a_5=5,\ a_4=25$$
일 때, a_{20}의 값을 구하시오. [3점]

---

38   2018학년도 9월 모평 나형 25번

첫째항과 공차가 같은 등차수열 $\{a_n\}$이
$$a_2+a_4=24$$
를 만족시킬 때, a_5의 값을 구하시오. [3점]

---

41   2017학년도 수능 나형(홀) 15번

공차가 양수인 등차수열 $\{a_n\}$이 다음 조건을 만족시킬 때, a_2의 값은? [4점]

(가) $a_6+a_8=0$
(나) $\|a_6\|=\|a_7\|+3$

① -15 ② -13 ③ -11
④ -9 ⑤ -7

---

34   2017학년도 6월 모평 나형 12번

등차수열 $\{a_n\}$에 대하여
$$a_5=a_2+12,\ a_1+a_2+a_3=15$$
일 때, a_{10}의 값은? [3점]

① 17   ② 19   ③ 21
④ 23   ⑤ 25

---

22   2016학년도 A형(홀) 22번

등차수열 $\{a_n\}$에 대하여 $a_8-a_4=28$일 때, 수열 $\{a_n\}$의 공차를 구하시오. [3점]

---

10   2016학년도 B형(홀) 22번

첫째항이 2인 등차수열 $\{a_n\}$에 대하여
$$2(a_2+a_3)=a_9$$
일 때, 수열 $\{a_n\}$의 공차를 구하시오. [3점]

---

16   2016학년도 6월 모평 A형 4번

공차가 7인 등차수열 $\{a_n\}$에 대하여 $a_{13}-a_{11}$의 값은? [3점]

① 10   ② 12   ③ 14
④ 16   ⑤ 18

---

01   2016학년도 6월 모평 B형 23번

첫째항이 2인 등차수열 $\{a_n\}$이
$$a_2+a_{11}=20$$
을 만족시킬 때, a_{10}의 값을 구하시오. [3점]

---

03   2015학년도 6월 모평 A형 6번

등차수열 $\{a_n\}$에 대하여 $a_1=2,\ a_3=10$일 때, a_5의 값은? [3점]

① 14   ② 15   ③ 16
④ 17   ⑤ 18

---

05   2014학년도 수능 B형(홀) 4번

첫째항이 2인 등차수열 $\{a_n\}$에 대하여 $a_9=3a_3$일 때, a_5의 값은? [3점]

① 10   ② 11   ③ 12
④ 13   ⑤ 14

---

27   2014학년도 6월 모평 A형 22번

등차수열 $\{a_n\}$에 대하여 $a_3=8$, $a_6-a_4=12$일 때, a_5의 값을 구하시오. [3점]

---

33   2014학년도 6월 모평 B형 22번

등차수열 $\{a_n\}$에 대하여 $a_3=10$, $a_2+a_5=24$일 때, a_6의 값을 구하시오. [3점]

---

05   2020학년도 6월 모평 나형 13번

자연수 n에 대하여 x에 대한 이차방정식
$$x^2-nx+4(n-4)=0$$
이 서로 다른 두 실근 $\alpha,\ \beta\ (\alpha<\beta)$를 갖고, 세 수 $1,\ \alpha,\ \beta$가 이 순서대로 등차수열을 이룰 때, n의 값은? [3점]

① 5   ② 8   ③ 11
④ 14   ⑤ 17

---

13   2022학년도 6월 모평 7번

첫째항이 2인 등차수열 $\{a_n\}$의 첫째항부터 제n항까지의 합을 S_n이라 하자.
$$a_6=2(S_3-S_2)$$
일 때, S_{10}의 값은? [3점]

① 100   ② 110   ③ 120
④ 130   ⑤ 140

---

11   2021학년도 6월 모평 가형 26번 / 나형 18번

공차가 2인 등차수열 $\{a_n\}$의 첫째항부터 제n항까지의 합을 S_n이라 하자. $S_k=-16$, $S_{k+2}=-12$를 만족시키는 자연수 k에 대하여 a_{2k}의 값은? [4점]

① 6   ② 7   ③ 8
④ 9   ⑤ 10

---

14   2014학년도 A형(홀) 6번

첫째항이 6이고 공차가 d인 등차수열 $\{a_n\}$의 첫째항부터 제n항까지의 합을 S_n이라 할 때,
$$\frac{a_8-a_6}{S_8-S_6}=2$$
가 성립한다. d의 값은? [3점]

① -1 ② -2 ③ -3
④ -4 ⑤ -5

등차수열

1 등차수열

(1) 등차수열과 공차

첫째항부터 차례대로 일정한 수를 더하여 만든 수열을 등차수열이라 하고, 그 일정한 수를 공차라 한다.

(2) 등차수열에서 이웃하는 두 항 사이의 관계

공차가 d인 등차수열 $\{a_n\}$의 이웃하는 두 항 a_n, a_{n+1}에 대하여

$$a_{n+1}=a_n+d \iff a_{n+1}-a_n=d \ (n=1, 2, 3, \cdots)$$

(3) 등차수열의 일반항

첫째항이 a, 공차가 d인 등차수열의 일반항 a_n은

$$a_n=a+(n-1)d \ (n=1, 2, 3, \cdots)$$

예 첫째항이 2, 공차가 -3인 등차수열의 일반항 a_n은

$$a_n=2+(n-1)\times(-3)=-3n+5$$

(4) 등차중항

세 수 a, b, c가 이 순서대로 등차수열을 이룰 때, b를 a와 c의 등차중항이라 한다.

$$\Rightarrow b=\frac{a+c}{2} \quad \rightarrow b-a=c-b$$

예 세 수 2, x, 10이 이 순서대로 등차수열을 이루면 x는 2와 10의 등차중항이므로

$$x=\frac{2+10}{2}=6$$

- 등차수열 $\{a_n\}$의 일반항을 구할 때는 첫째항을 a, 공차를 d로 놓고 주어진 조건을 이용하여 a, d에 대한 방정식을 세운다.

- 두 수 a와 b 사이에 k개의 수를 넣어 등차수열을 만들면 첫째항이 a, 제$(k+2)$항이 b이다.
  $\Rightarrow b=a+(k+1)d$ (단, d는 공차)

- 첫째항이 a, 공차가 d인 등차수열 $\{a_n\}$에 대하여 $a_n>k$를 만족시키는 자연수 n의 최솟값은 $a_n=a+(n-1)d$를 대입하여 구한다.

2 등차수열의 활용

함수의 그래프가 주어지고 점의 좌표, 도형의 넓이가 등차수열을 이루는 문제는 점의 좌표, 도형의 넓이를 같은 문자에 대한 식으로 나타낸 후 등차중항의 성질을 이용한다.

- 네 수가 등차수열을 이룰 때, 네 수를 $a-3d$, $a-d$, $a+d$, $a+3d$로 놓고 주어진 조건을 이용하여 식을 세운다.

> **고1 다시보기**
>
> 이차함수의 그래프가 주어지고 꼭짓점 또는 직선과 만나는 점의 x좌표가 등차수열을 이루는 문제가 출제되므로 다음을 기억하자.
>
> • 이차함수
>
> (1) 이차함수 $y=a(x-p)^2+q$의 그래프의 꼭짓점의 좌표 $\Rightarrow (p, q)$
>
> (2) 이차함수 $y=f(x)$의 그래프와 직선 $y=k$의 교점의 x좌표는 이차방정식 $f(x)=k$의 실근과 같다.

3 등차수열의 합

등차수열의 첫째항부터 제n항까지의 합을 S_n이라 하면

(1) 첫째항이 a, 제n항이 l일 때, $S_n=\dfrac{n(a+l)}{2}$

(2) 첫째항이 a, 공차가 d일 때, $S_n=\dfrac{n\{2a+(n-1)d\}}{2}$

예 (1) 첫째항이 3, 제10항이 39인 등차수열의 첫째항부터 제10항까지의 합 S_{10}은

$$S_{10}=\frac{10(3+39)}{2}=210$$

(2) 첫째항이 2, 공차가 3인 등차수열의 첫째항부터 제10항까지의 합 S_{10}은

$$S_{10}=\frac{10\{2\times2+(10-1)\times3\}}{2}=155$$

- 부분의 합이 주어진 등차수열의 합은 첫째항을 a, 공차를 d로 놓고 주어진 조건을 이용하여 a, d에 대한 방정식을 세운 후 a와 d의 값을 구하여 등차수열의 합을 구한다.

유형 01 등차수열의 항 구하기-첫째항이 주어진 경우

01 대표 문제

2016학년도 6월 모평 B형 23번

첫째항이 2인 등차수열 $\{a_n\}$이

$$a_7 + a_{11} = 20$$

을 만족시킬 때, a_{10}의 값을 구하시오. [3점]

02

2019학년도 3월 학평-나형 2번

첫째항이 7, 공차가 3인 등차수열의 제7항은? [2점]

① 24 ② 25 ③ 26
④ 27 ⑤ 28

03

2015학년도 6월 모평 A형 6번

등차수열 $\{a_n\}$에 대하여 $a_1 = 2$, $a_3 = 10$일 때, a_5의 값은? [3점]

① 14 ② 15 ③ 16
④ 17 ⑤ 18

04

2020학년도 4월 학평-나형 24번

첫째항이 6인 등차수열 $\{a_n\}$에 대하여 $2a_4 = a_{10}$일 때, a_9의 값을 구하시오. [3점]

05

첫째항이 2인 등차수열 $\{a_n\}$에 대하여 $a_9 = 3a_3$일 때, a_5의 값은? [3점]

① 10   ② 11   ③ 12
④ 13   ⑤ 14

06

첫째항이 1인 등차수열 $\{a_n\}$에 대하여 $a_5 - a_3 = 8$일 때, a_2의 값은? [3점]

① 3   ② 4   ③ 5
④ 6   ⑤ 7

07

첫째항이 4인 등차수열 $\{a_n\}$에 대하여

$$a_{10} - a_7 = 6$$

일 때, a_4의 값은? [3점]

① 10   ② 11   ③ 12
④ 13   ⑤ 14

08

등차수열 $\{a_n\}$에 대하여 $a_1 = 6$, $a_3 + a_6 = a_{11}$일 때, a_4의 값을 구하시오. [3점]

09

2013학년도 10월 학평-A형 22번

등차수열 $\{a_n\}$에 대하여 $a_1=2$, $a_4+a_{10}=28$일 때, a_{13}의 값을 구하시오. [3점]

11

2015학년도 4월 학평-B형 6번

등차수열 $\{a_n\}$에 대하여

$$a_1=1,\ a_4+a_5+a_6+a_7+a_8=55$$

일 때, a_{11}의 값은? [3점]

① 21　　　　　② 24　　　　　③ 27

④ 30　　　　　⑤ 33

10

2016학년도 수능 B형(홀) 22번

첫째항이 2인 등차수열 $\{a_n\}$에 대하여

$$2(a_2+a_3)=a_9$$

일 때, 수열 $\{a_n\}$의 공차를 구하시오. [3점]

12

2019학년도 9월 모평 나형 13번

등차수열 $\{a_n\}$에 대하여

$$a_1=-15,\ |a_3|-a_4=0$$

일 때, a_7의 값은? [3점]

① 21　　　　　② 23　　　　　③ 25

④ 27　　　　　⑤ 29

13

2013학년도 4월 학평–A형 5번

등차수열 $\{a_n\}$에 대하여 $a_1=3$, $a_5=a_3+4$일 때, $a_n>100$을 만족시키는 자연수 n의 최솟값은? [3점]

① 46   ② 47   ③ 48

④ 49   ⑤ 50

유형 02   등차수열의 항 구하기–공차가 주어진 경우

14   대표 문제

2021학년도 9월 모평 나형 7번

공차가 -3인 등차수열 $\{a_n\}$에 대하여
$$a_3 a_7=64,\ a_8>0$$
일 때, a_2의 값은? [3점]

① 17   ② 18   ③ 19

④ 20   ⑤ 21

15

2021학년도 4월 학평 2번

공차가 2인 등차수열 $\{a_n\}$에 대하여 a_5-a_2의 값은? [2점]

① 6   ② 7   ③ 8

④ 9   ⑤ 10

16

2016학년도 6월 모평 A형 4번

공차가 7인 등차수열 $\{a_n\}$에 대하여 $a_{13} - a_{11}$의 값은? [3점]

① 10   ② 12   ③ 14

④ 16   ⑤ 18

18

2014학년도 7월 학평-A형 25번

수열 $\{a_n\}$과 공차가 3인 등차수열 $\{b_n\}$에 대하여

$$b_n - a_n = 2n$$

이 성립한다. $a_{10} = 11$일 때, b_5의 값을 구하시오. [3점]

17

2021학년도 3월 학평 2번

공차가 3인 등차수열 $\{a_n\}$에 대하여 $a_4 = 100$일 때, a_1의 값은? [2점]

① 91   ② 93   ③ 95

④ 97   ⑤ 99

19

2013학년도 4월 학평-B형 23번

공차가 2인 등차수열 $\{a_n\}$이

$$|a_3 - 1| = |a_6 - 3|$$

을 만족시킨다. 이때, $a_n > 92$를 만족시키는 자연수 n의 최솟값을 구하시오. [3점]

**등차수열의 항 구하기
－첫째항, 공차가 주어지지 않은 경우**

20 대표 문제
2019학년도 6월 모평 나형 24번

등차수열 $\{a_n\}$에 대하여

$$a_5=5, \ a_{15}=25$$

일 때, a_{20}의 값을 구하시오. [3점]

22
2016학년도 수능 A형(홀) 22번

등차수열 $\{a_n\}$에 대하여 $a_8-a_4=28$일 때, 수열 $\{a_n\}$의 공차를 구하시오. [3점]

21
2019학년도 4월 학평-나형 3번

등차수열 $\{a_n\}$에 대하여 $a_2=3$, $a_4=9$일 때, 수열 $\{a_n\}$의 공차는? [2점]

① 1   ② 2   ③ 3

④ 4   ⑤ 5

23
2020학년도 3월 학평-나형 4번

등차수열 $\{a_n\}$에 대하여

$$a_2+a_3=2(a_1+12)$$

일 때, 수열 $\{a_n\}$의 공차는? [3점]

① 2   ② 4   ③ 6

④ 8   ⑤ 10

24

등차수열 $\{a_n\}$에 대하여

$$a_1+a_2+a_3=15, \quad a_3+a_4+a_5=39$$

일 때, 수열 $\{a_n\}$의 공차는? [3점]

① 1　　　　　② 2　　　　　③ 3

④ 4　　　　　⑤ 5

26

등차수열 $\{a_n\}$에 대하여 $a_2=2$, $a_5-a_3=6$일 때, a_6의 값을 구하시오. [3점]

25

등차수열 $\{a_n\}$에 대하여 $a_1+a_3=20$일 때, a_2의 값은? [2점]

① 6　　　　　② 7　　　　　③ 8

④ 9　　　　　⑤ 10

27

등차수열 $\{a_n\}$에 대하여 $a_3=8$, $a_6-a_4=12$일 때, a_6의 값을 구하시오. [3점]

28

등차수열 $\{a_n\}$에 대하여 $a_3=2$, $a_7=62$일 때, a_5의 값은? [2점]

① 30   ② 32   ③ 34

④ 36   ⑤ 38

30

등차수열 $\{a_n\}$에 대하여 $a_4=9$, $a_7=21$일 때, a_3+a_8의 값은? [3점]

① 28   ② 29   ③ 30

④ 31   ⑤ 32

29

등차수열 $\{a_n\}$에 대하여 $a_2=5$, $a_5=11$일 때, a_8의 값은? [2점]

① 17   ② 18   ③ 19

④ 20   ⑤ 21

31

등차수열 $\{a_n\}$에 대하여

$$a_4=6,\ 2a_7=a_{19}$$

일 때, a_1의 값은? [3점]

① 1   ② 2   ③ 3

④ 4   ⑤ 5

32

등차수열 $\{a_n\}$에 대하여

$$a_2=6, \ a_4+a_6=36$$

일 때, a_{10}의 값은? [3점]

① 30   ② 32   ③ 34

④ 36   ⑤ 38

34

등차수열 $\{a_n\}$에 대하여

$$a_8=a_2+12, \ a_1+a_2+a_3=15$$

일 때, a_{10}의 값은? [3점]

① 17   ② 19   ③ 21

④ 23   ⑤ 25

33

등차수열 $\{a_n\}$에 대하여 $a_3=10$, $a_2+a_5=24$일 때, a_6의 값을 구하시오. [3점]

35

등차수열 $\{a_n\}$에 대하여

$$a_1=2a_5, \ a_8+a_{12}=-6$$

일 때, a_2의 값은? [3점]

① 17   ② 19   ③ 21

④ 23   ⑤ 25

36

등차수열 $\{a_n\}$에 대하여 $a_2+a_4=54$, $a_{12}+a_{14}=254$일 때, a_{14}의 값을 구하시오. [3점]

38

첫째항과 공차가 같은 등차수열 $\{a_n\}$이

$$a_2+a_4=24$$

를 만족시킬 때, a_5의 값을 구하시오. [3점]

37

등차수열 $\{a_n\}$이

$$a_1+a_2+a_3=21, \ a_7+a_8+a_9=75$$

를 만족시킬 때, $a_{10}+a_{11}+a_{12}$의 값을 구하시오. [3점]

39

등차수열 $\{a_n\}$에 대하여

$$a_1=a_3+8, \ 2a_4-3a_6=3$$

일 때, $a_k<0$을 만족시키는 자연수 k의 최솟값은? [3점]

① 8   ② 10   ③ 12

④ 14   ⑤ 16

40

등차수열 $\{a_n\}$에 대하여

$$a_3=26,\ a_9=8$$

일 때, 첫째항부터 제n항까지의 합이 최대가 되도록 하는 자연수 n의 값은? [3점]

① 11   ② 12   ③ 13

④ 14   ⑤ 15

41

공차가 양수인 등차수열 $\{a_n\}$이 다음 조건을 만족시킬 때, a_2의 값은? [4점]

> (가) $a_6+a_8=0$
> (나) $|a_6|=|a_7|+3$

① -15 ② -13 ③ -11

④ -9 ⑤ -7

42

모든 항이 자연수인 두 등차수열 $\{a_n\}$, $\{b_n\}$에 대하여

$$a_5-b_5=a_6-b_7=0$$

이다. $a_7=27$이고 $b_7\le24$일 때, b_1-a_1의 값은? [4점]

① 4   ② 6   ③ 8

④ 10   ⑤ 12

유형 01 등차중항

01 대표문제

2020학년도 9월 학평(고2) 23번

네 수 x, 7, y, 13이 이 순서대로 등차수열을 이룰 때, $x+2y$의 값을 구하시오. [3점]

02

2019학년도 9월 학평(고2)−나형 24번

이차방정식 $x^2-24x+10=0$의 두 근 α, β에 대하여 세 수 α, k, β가 이 순서대로 등차수열을 이룬다. 상수 k의 값을 구하시오. [3점]

03

2015학년도 3월 학평−A형 13번

양의 실수 x에 대하여
$$f(x)=\log x$$
이다. 세 실수 $f(3)$, $f(3^t+3)$, $f(12)$가 이 순서대로 등차수열을 이룰 때, 실수 t의 값은? [3점]

① $\dfrac{1}{4}$ ② $\dfrac{1}{2}$ ③ $\dfrac{3}{4}$

④ 1 ⑤ $\dfrac{5}{4}$

04

2017학년도 10월 학평−나형 6번

등차수열 $\{a_n\}$에 대하여 세 수 a_1, a_1+a_2, a_2+a_3이 이 순서대로 등차수열을 이룰 때, $\dfrac{a_3}{a_2}$의 값은? (단, $a_1 \neq 0$) [3점]

① $\dfrac{1}{2}$ ② 1 ③ $\dfrac{3}{2}$

④ 2 ⑤ $\dfrac{5}{2}$

05

자연수 n에 대하여 x에 대한 이차방정식

$$x^2 - nx + 4(n-4) = 0$$

이 서로 다른 두 실근 α, $\beta\,(\alpha < \beta)$를 갖고, 세 수 1, α, β가 이 순서대로 등차수열을 이룰 때, n의 값은? [3점]

① 5　　　　　② 8　　　　　③ 11
④ 14　　　　　⑤ 17

06

세 실수 a, b, c가 이 순서대로 등차수열을 이루고 다음 조건을 만족시킬 때, abc의 값을 구하시오. [4점]

> (가) $\dfrac{2^a \times 2^c}{2^b} = 32$
>
> (나) $a + c + ca = 26$

07

0이 아닌 세 실수 α, β, γ가 이 순서대로 등차수열을 이룬다. $x^{\frac{1}{\alpha}} = y^{-\frac{1}{\beta}} = z^{\frac{2}{\gamma}}$일 때, $16xz^2 + 9y^2$의 최솟값을 구하시오.

(단, x, y, z는 1이 아닌 양수이다.) [4점]

08 대표 문제

두 함수 $f(x)=x^2$과 $g(x)=-(x-3)^2+k\,(k>0)$에 대하여 직선 $y=k$와 함수 $y=f(x)$의 그래프가 만나는 두 점을 A, B 라 하고, 함수 $y=g(x)$의 꼭짓점을 C라 하자. 세 점 A, B, C 의 x좌표가 이 순서대로 등차수열을 이룰 때, 상수 k의 값은?

(단, A는 제2사분면 위의 점이다.) [3점]

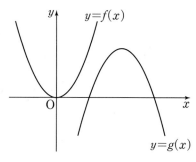

① 1
② $\dfrac{5}{4}$
③ $\dfrac{3}{2}$

④ $\dfrac{7}{4}$
⑤ 2

09

함수 $f(x)=\log_2 x$에 대하여 좌표평면에서 네 점
$(t, f(t))$, $(t, 0)$, $(t+2, 0)$, $(t+2, f(t+2))$ (단, $t>1$) 을 꼭짓점으로 하는 사각형의 넓이를 $S(t)$라 하자. $S(2)$, $S(4)$, $S(a)$가 이 순서대로 등차수열을 이룰 때, $a=\sqrt{n}-1$이다. 자연수 n의 값을 구하시오. [4점]

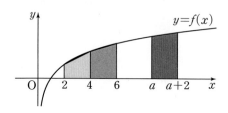

10

그림과 같이 함수 $y=|x^2-9|$의 그래프가 직선 $y=k$와 서로 다른 네 점에서 만날 때, 네 점의 x좌표를 각각 a_1, a_2, a_3, a_4라 하자. 네 수 a_1, a_2, a_3, a_4가 이 순서대로 등차수열을 이룰 때, 상수 k의 값은? (단, $a_1 < a_2 < a_3 < a_4$) [4점]

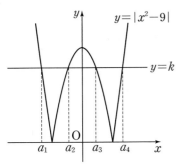

① $\dfrac{34}{5}$ ② 7 ③ $\dfrac{36}{5}$

④ $\dfrac{37}{5}$ ⑤ $\dfrac{38}{5}$

---

11 대표 문제

공차가 2인 등차수열 $\{a_n\}$의 첫째항부터 제n항까지의 합을 S_n이라 하자. $S_k = -16$, $S_{k+2} = -12$를 만족시키는 자연수 k에 대하여 a_{2k}의 값은? [4점]

① 6 ② 7 ③ 8

④ 9 ⑤ 10

12

첫째항이 3이고 공차가 2인 등차수열 $\{a_n\}$의 첫째항부터 제10항까지의 합은? [3점]

① 80 ② 90 ③ 100

④ 110 ⑤ 120

13

첫째항이 2인 등차수열 $\{a_n\}$의 첫째항부터 제n항까지의 합을 S_n이라 하자.

$$a_6 = 2(S_3 - S_2)$$

일 때, S_{10}의 값은? [3점]

① 100　　　　② 110　　　　③ 120

④ 130　　　　⑤ 140

14

첫째항이 6이고 공차가 d인 등차수열 $\{a_n\}$의 첫째항부터 제n항까지의 합을 S_n이라 할 때,

$$\frac{a_8 - a_6}{S_8 - S_6} = 2$$

가 성립한다. d의 값은? [3점]

① -1　　　　② -2　　　　③ -3

④ -4　　　　⑤ -5

15

등차수열 $\{a_n\}$의 첫째항부터 제n항까지의 합을 S_n이라 하자.

$$a_2 = 7,\ S_7 - S_5 = 50$$

일 때, a_{11}의 값을 구하시오. [3점]

16

등차수열 $\{a_n\}$의 첫째항부터 제n항까지의 합을 S_n이라 할 때,

$$S_7 - S_4 = 0,\ S_6 = 30$$

이다. a_2의 값은? [3점]

① 6　　　　② 8　　　　③ 10

④ 12　　　　⑤ 14

17

공차가 양수인 등차수열 $\{a_n\}$의 첫째항부터 제n항까지의 합을 S_n이라 하자. $S_9=|S_3|=27$일 때, a_{10}의 값은? [4점]

① 23　　　　② 24　　　　③ 25

④ 26　　　　⑤ 27

18

공차가 $d\,(0<d<1)$인 등차수열 $\{a_n\}$이 다음 조건을 만족시킨다.

(가) a_5는 자연수이다.

(나) 수열 $\{a_n\}$의 첫째항부터 제n항까지의 합을 S_n이라 할 때, $S_8=\dfrac{68}{3}$이다.

---

a_{16}의 값은? [4점]

① $\dfrac{19}{3}$　　　② $\dfrac{77}{12}$　　　③ $\dfrac{13}{2}$

④ $\dfrac{79}{12}$　　　⑤ $\dfrac{20}{3}$

19

첫째항이 양수인 등차수열 $\{a_n\}$의 첫째항부터 제n항까지의 합을 S_n이라 하자.

$$|S_3| = |S_6| = |S_{11}| - 3$$

을 만족시키는 모든 수열 $\{a_n\}$의 첫째항의 합은? [4점]

① $\dfrac{31}{5}$ ② $\dfrac{33}{5}$ ③ 7

④ $\dfrac{37}{5}$ ⑤ $\dfrac{39}{5}$

20

등차수열 $\{a_n\}$의 첫째항부터 제n항까지의 합을 S_n이라 하자. S_n이 다음 조건을 만족시킬 때, a_{13}의 값을 구하시오. [4점]

(가) S_n은 $n=7$, $n=8$에서 최솟값을 갖는다.

(나) $|S_m| = |S_{2m}| = 162$인 자연수 $m\,(m>8)$이 존재한다.

21

등차수열 $\{a_n\}$의 첫째항부터 제n항까지의 합을 S_n이라 하자.
$a_3=42$일 때, 다음 조건을 만족시키는 4 이상의 자연수 k의 값은? [4점]

> (가) $a_{k-3}+a_{k-1}=-24$
> (나) $S_k=k^2$

① 13   ② 14   ③ 15

④ 16   ⑤ 17

22

두 수 2와 4 사이에 n개의 수 $a_1,\ a_2,\ a_3,\ \cdots,\ a_n$을 넣어 만든 $(n+2)$개의 수 2, $a_1,\ a_2,\ a_3,\ \cdots,\ a_n$, 4가 이 순서대로 등차수열을 이룬다. 집합 $A_n=\{2,\ a_1,\ a_2,\ a_3,\ \cdots,\ a_n,\ 4\}$에 대하여
〈보기〉에서 옳은 것만을 있는 대로 고른 것은?

(단, n은 자연수이다.) [4점]

> ───〈 보기 〉───
> ㄱ. n이 홀수이면 $3\in A_n$
> ㄴ. 모든 자연수 n에 대하여 $A_n\subset A_{2n+1}$
> ㄷ. 집합 $A_{2n+1}-A_n$의 모든 원소의 합을 S_n이라 할 때,
> $S_6+S_{13}=63$이다.

① ㄱ   ② ㄷ   ③ ㄱ, ㄴ

④ ㄴ, ㄷ   ⑤ ㄱ, ㄴ, ㄷ

23

첫째항이 30이고 공차가 $-d$인 등차수열 $\{a_n\}$에 대하여 등식

$$a_m + a_{m+1} + a_{m+2} + \cdots + a_{m+k} = 0$$

을 만족시키는 두 자연수 m, k가 존재하도록 하는 자연수 d의 개수는? [4점]

① 11   ② 12   ③ 13

④ 14   ⑤ 15

24

첫째항이 a이고 공차가 -4인 등차수열 $\{a_n\}$의 첫째항부터 제n항까지의 합을 S_n이라 하자. 모든 자연수 n에 대하여 $S_n < 200$일 때, 자연수 a의 최댓값을 구하시오. [4점]

25

자연수 n에 대하여 다음과 같은 규칙으로 제n행에 n개의 정수를 적는다.

> ㈎ 제1행에는 100을 적는다.
> ㈏ 제$(n+1)$행의 왼쪽 끝에 적힌 수는 제n행의 오른쪽 끝에 적힌 수보다 1이 작다.
> ㈐ 제n행의 수들은 왼쪽부터 순서대로 공차가 -1인 등차수열을 이룬다. $(n \geq 2)$

제n행에 적힌 모든 수의 합을 a_n이라 할 때, $a_{13} - a_{12}$의 값은? [4점]

① -136 ② -134 ③ -132

④ -130 ⑤ -128

제1행	100				
제2행	99	98			
제3행	97	96	95		
제4행	94	93	92	91	
제5행	90	89	88	87	86

26
2013학년도 3월 학평−A형 30번

첫째항이 60인 등차수열 $\{a_n\}$에 대하여 수열 $\{T_n\}$을

$$T_n = |a_1 + a_2 + a_3 + \cdots + a_n|$$

이라 하자. 수열 $\{T_n\}$이 다음 조건을 만족시킨다.

(가) $T_{19} < T_{20}$　　　　　　(나) $T_{20} = T_{21}$

$T_n > T_{n+1}$을 만족시키는 n의 최솟값과 최댓값의 합을 구하시오.

[4점]

27
2019학년도 7월 학평−나형 29번

첫째항이 0이 아닌 등차수열 $\{a_n\}$의 첫째항부터 제n항까지의 합 S_n에 대하여 $S_9 = S_{18}$이다. 집합 T_n을

$$T_n = \{S_k \,|\, k = 1, 2, 3, \cdots, n\}$$

이라 하자. 집합 T_n의 원소의 개수가 13이 되도록 하는 모든 자연수 n의 값의 합을 구하시오. [4점]

16
일차

한눈에 정리하는
평가원 기출 경향

주제 \ 학년도	**2025**	**2024**	**2023**

빈출

등비수열의 항 구하기

2025

18   2025학년도 수능 (홀) 3번

첫째항과 공비가 모두 양수 k인 등비수열 $\{a_n\}$이
$$\frac{a_4}{a_2}+\frac{a_2}{a_1}=30$$
을 만족시킬 때, k의 값은? [3점]

① 1   ② 2   ③ 3
④ 4   ⑤ 5

31   2025학년도 9월 모평 3번

모든 항이 실수인 등비수열 $\{a_n\}$에 대하여
$$a_2 a_3 = 2,\ a_4 = 4$$
일 때, a_6의 값은? [3점]

① 10   ② 12   ③ 14
④ 16   ⑤ 18

30   2025학년도 6월 모평 8번

$a_1 a_2 < 0$인 등비수열 $\{a_n\}$에 대하여
$$a_6 = 16,\ 2a_8 - 3a_7 = 32$$
일 때, $a_9 + a_{11}$의 값은? [3점]

① $-\frac{5}{2}$ ② $-\frac{3}{2}$ ③ $-\frac{1}{2}$
④ $\frac{1}{2}$ ⑤ $\frac{3}{2}$

2024

32   2024학년도 9월 모평 5번

모든 항이 양수인 등비수열 $\{a_n\}$에 대하여
$$\frac{a_3 a_8}{a_6} = 12,\ a_5 + a_7 = 36$$
일 때, a_{11}의 값은? [3점]

① 72   ② 78   ③ 84
④ 90   ⑤ 96

2023

39   2023학년도 수능 (홀) 3번

공비가 양수인 등비수열 $\{a_n\}$이
$$a_2 + a_4 = 30,\ a_4 + a_6 = \frac{15}{2}$$
를 만족시킬 때, a_1의 값은? [3점]

① 48   ② 56   ③ 64
④ 72   ⑤ 80

10   2023학년도 6월 모평 5번

모든 항이 양수인 등비수열 $\{a_n\}$에 대하여
$$a_1 = \frac{1}{4},\ a_2 + a_3 = \frac{3}{2}$$
일 때, $a_6 + a_7$의 값은? [3점]

① 16   ② 20   ③ 24
④ 28   ⑤ 32

등비중항

등비수열의 합

15   2024학년도 수능 (홀) 6번

등비수열 $\{a_n\}$의 첫째항부터 제n항까지의 합을 S_n이라 하자.
$$S_4 - S_2 = 3a_4,\ a_5 = \frac{3}{4}$$
일 때, $a_1 + a_2$의 값은? [3점]

① 27   ② 24   ③ 21
④ 18   ⑤ 15

수열의 합과 일반항 사이의 관계

2022 ~ 2014

08
2022학년도 9월 모평 3번

등비수열 $\{a_n\}$에 대하여
$$a_1 = 2, \ a_2 a_4 = 36$$
일 때, $\dfrac{a_7}{a_3}$의 값은? [3점]

① 1 　　② $\sqrt{3}$ 　　③ 3
④ $3\sqrt{3}$ 　　⑤ 9

27
2022학년도 6월 모평 18번

모든 항이 양수인 등비수열 $\{a_n\}$에 대하여
$$a_2 = 36, \ a_7 = \frac{1}{3} a_5$$
일 때, a_6의 값을 구하시오. [3점]

04
2021학년도 수능 나형(홀) 2번

첫째항이 $\dfrac{1}{8}$인 등비수열 $\{a_n\}$에 대하여 $\dfrac{a_3}{a_2} = 2$일 때, a_5의 값은?
[2점]

① $\dfrac{1}{4}$ 　　② $\dfrac{1}{2}$ 　　③ 1
④ 2 　　⑤ 4

01
2021학년도 6월 모평 가형 3번

첫째항이 1이고 공비가 양수인 등비수열 $\{a_n\}$에 대하여
$$a_3 = a_2 + 6$$
일 때, a_4의 값은? [2점]

① 18 　　② 21 　　③ 24
④ 27 　　⑤ 30

17
2020학년도 수능 나형(홀) 23번

모든 항이 양수인 등비수열 $\{a_n\}$에 대하여
$$\frac{a_{16}}{a_{14}} + \frac{a_8}{a_7} = 12$$
일 때, $\dfrac{a_3}{a_1} + \dfrac{a_6}{a_3}$의 값을 구하시오. [3점]

11
2018학년도 6월 모평 나형 26번

첫째항이 3인 등비수열 $\{a_n\}$에 대하여
$$\frac{a_3}{a_2} - \frac{a_6}{a_4} = \frac{1}{4}$$
일 때, $a_5 = \dfrac{q}{p}$이다. $p+q$의 값을 구하시오. [4점]
(단, p와 q는 서로소인 자연수이다.)

06
2017학년도 9월 모평 나형 6번

첫째항이 1이고 공비가 양수인 등비수열 $\{a_n\}$에 대하여
$$\frac{a_1}{a_5} = 4$$
일 때, a_4의 값은? [3점]

① 6 　　② 8 　　③ 10
④ 12 　　⑤ 14

09
2017학년도 6월 모평 나형 25번

모든 항이 양수인 등비수열 $\{a_n\}$에 대하여 $a_1 = 3$, $\dfrac{a_4 a_5}{a_2 a_3} = 16$일 때, a_6의 값을 구하시오. [3점]

36
2016학년도 수능 A형(홀) 7번

첫째항이 0이 아닌 등비수열 $\{a_n\}$에 대하여
$$a_3 = 4a_1, \ a_7 = (a_6)^2$$
일 때, 첫째항 a_1의 값은? [3점]

① $\dfrac{1}{16}$ 　　② $\dfrac{1}{8}$ 　　③ $\dfrac{3}{16}$
④ $\dfrac{1}{4}$ 　　⑤ $\dfrac{5}{16}$

07
2016학년도 9월 모평 A형 22번 / B형 3번

공비가 0이 아닌 등비수열 $\{a_n\}$에 대하여 $a_1 = 4$, $3a_5 = a_2$일 때, a_3의 값을 구하시오. [3점]

03
2015학년도 수능 A형(홀) 5번

공비가 양수인 등비수열 $\{a_n\}$에 대하여 $a_1 = 3$, $a_5 = 48$일 때, a_3의 값은? [3점]

① 18 　　② 16 　　③ 14
④ 12 　　⑤ 10

15
2015학년도 9월 모평 A형 5번

공비가 2인 등비수열 $\{a_n\}$에 대하여 $a_3 = 12$일 때, a_5의 값은?
[3점]

① 24 　　② 36 　　③ 48
④ 60 　　⑤ 72

13
2015학년도 9월 모평 B형 22번

공비가 2인 등비수열 $\{a_n\}$에 대하여 $a_1 + a_2 + a_4 = 55$일 때, a_3의 값을 구하시오. [3점]

26
2014학년도 6월 모평 A형 7번

등비수열 $\{a_n\}$에 대하여 $a_1 a_9 = 4$일 때, $a_2 a_8 + a_4 a_6$의 값은?
[3점]

① 8 　　② 9 　　③ 10
④ 11 　　⑤ 12

34
2014학년도 6월 모평 B형 4번

공비가 양수인 등비수열 $\{a_n\}$이
$$a_1 + a_2 = 12, \ \frac{a_3 + a_2}{a_1 + a_5} = 4$$
를 만족시킬 때, a_4의 값은? [3점]

① 24 　　② 28 　　③ 32
④ 36 　　⑤ 40

01
2017학년도 수능 나형(홀) 5번

세 수 $\dfrac{9}{4}$, a, 4가 이 순서대로 등비수열을 이룰 때, 양수 a의 값은? [3점]

① $\dfrac{8}{3}$ 　　② 3 　　③ $\dfrac{10}{3}$
④ $\dfrac{11}{3}$ 　　⑤ 4

09
2016학년도 6월 모평 A형 16번

공차가 6인 등차수열 $\{a_n\}$에 대하여 세 항 a_2, a_k, a_6은 이 순서대로 등차수열을 이루고, 세 항 a_1, a_2, a_4는 이 순서대로 등비수열을 이룬다. $k + a_1$의 값은? [4점]

① 7 　　② 8 　　③ 9
④ 10 　　⑤ 11

18
2021학년도 9월 모평 가형 27번

등비수열 $\{a_n\}$의 첫째항부터 제n항까지의 합을 S_n이라 하자. 모든 자연수 n에 대하여
$$S_{n+3} - S_n = 13 \times 3^{n-1}$$
일 때, a_4의 값을 구하시오. [4점]

19
2021학년도 6월 모평 나형 25번

등비수열 $\{a_n\}$의 첫째항부터 제n항까지의 합을 S_n이라 하자.
$$a_1 = 1, \ \frac{S_6}{S_3} = 2a_4 - 7$$
일 때, a_7의 값을 구하시오. [3점]

14
2019학년도 수능 나형(홀) 24번

첫째항이 7인 등비수열 $\{a_n\}$의 첫째항부터 제n항까지의 합을 S_n이라 하자.
$$\frac{S_9 - S_5}{S_6 - S_2} = 3$$
일 때, a_7의 값을 구하시오. [3점]

16
2019학년도 9월 모평 나형 26번

모든 항이 양수인 등비수열 $\{a_n\}$의 첫째항부터 제n항까지의 합을 S_n이라 하자.
$$S_4 - S_3 = 2, \ S_6 - S_5 = 50$$
일 때, a_5의 값을 구하시오. [4점]

25
2015학년도 수능 A형(홀) 9번

수열 $\{a_n\}$의 첫째항부터 제n항까지의 합 S_n이 $S_n = \dfrac{n}{n+1}$일 때, a_4의 값은? [3점]

① $\dfrac{1}{22}$ 　　② $\dfrac{1}{20}$ 　　③ $\dfrac{1}{18}$
④ $\dfrac{1}{16}$ 　　⑤ $\dfrac{1}{14}$

34
2014학년도 6월 모평 A형 12번

수열 $\{a_n\}$의 첫째항부터 제n항까지의 합 S_n이 $S_n = n^2 - 10n$일 때, $a_n < 0$을 만족시키는 자연수 n의 개수는? [3점]

① 5 　　② 6 　　③ 7
④ 8 　　⑤ 9

등비수열

1 등비수열

(1) 등비수열과 공비

첫째항부터 차례대로 일정한 수를 곱하여 만든 수열을 등비수열이라 하고, 그 일정한 수를 공비라 한다.

(2) 등비수열에서 이웃하는 두 항 사이의 관계

공비가 r인 등비수열 $\{a_n\}$의 이웃하는 두 항 a_n, a_{n+1}에 대하여

$$a_{n+1}=ra_n \Longleftrightarrow \frac{a_{n+1}}{a_n}=r \ (n=1, 2, 3, \cdots)$$

(3) 등비수열의 일반항

첫째항이 a, 공비가 r인 등비수열의 일반항 a_n은

$$a_n=ar^{n-1} \ (n=1, 2, 3, \cdots)$$

예 첫째항이 2, 공비가 -3인 등비수열의 일반항 a_n은

$$a_n=2\times(-3)^{n-1}$$

(4) 등비중항

0이 아닌 세 수 a, b, c가 이 순서대로 등비수열을 이룰 때, b를 a와 c의 등비중항이라 한다.

$$\Rightarrow b^2=ac \ \longrightarrow \frac{b}{a}=\frac{c}{b}$$

예 세 수 3, x, 75가 이 순서대로 등비수열을 이루면 x는 3과 75의 등비중항이므로

$$x^2=3\times75=225 \qquad \therefore x=15 \ \text{또는} \ x=-15$$

2 등비수열의 활용

함수의 그래프나 도형의 방정식이 주어지고 점의 좌표, 선분의 길이가 등비수열을 이루는 문제는 점의 좌표, 선분의 길이를 같은 문자에 대한 식으로 나타낸 후 등비중항의 성질을 이용한다.

3 등비수열의 합

첫째항이 a, 공비가 r인 등비수열의 첫째항부터 제n항까지의 합을 S_n이라 하면

(1) $r\neq1$일 때, $S_n=\dfrac{a(1-r^n)}{1-r}=\dfrac{a(r^n-1)}{r-1}$

(2) $r=1$일 때, $S_n=na$

예 (1) 첫째항이 3, 공비가 2인 등비수열의 첫째항부터 제20항까지의 합 S_{20}은

$$S_{20}=\frac{3(2^{20}-1)}{2-1}=3\times2^{20}-3$$

(2) 첫째항이 5, 공비가 1인 등비수열의 첫째항부터 제20항까지의 합 S_{20}은

$$S_{20}=20\times5=100$$

4 수열의 합과 일반항 사이의 관계

수열 $\{a_n\}$의 첫째항부터 제n항까지의 합을 S_n이라 하면

$$a_1=S_1, \ a_n=S_n-S_{n-1} \ (n\geq2)$$

예 수열 $\{a_n\}$의 첫째항부터 제n항까지의 합 S_n이 $S_n=n^2-2n$이면

(i) $n=1$일 때, $a_1=S_1=1^2-2\times1=-1$ ⋯⋯ ㉠

(ii) $n\geq2$일 때,

$$a_n=S_n-S_{n-1}=(n^2-2n)-\{(n-1)^2-2(n-1)\}=2n-3 \quad \cdots\cdots \ ㉡$$

이때 ㉠은 ㉡에 $n=1$을 대입한 값과 같으므로

$$a_n=2n-3$$

• 등비수열 $\{a_n\}$의 일반항을 구할 때는 첫째항을 a, 공비를 r로 놓고 주어진 조건을 이용하여 a, r에 대한 방정식을 세운다.

• 두 수 a와 b 사이에 k개의 수를 넣어 등비수열을 만들면 첫째항이 a, 제$(k+2)$항이 b이다.
$\Rightarrow b=ar^{k+1}$ (단, r는 공비)

• 등차수열의 항들이 등비수열을 이룰 때, 첫째항을 a, 공차를 d로 놓고 항을 a, d에 대한 식으로 나타낸 후 등비중항을 이용하여 해결한다.

• 부분의 합이 주어진 등비수열의 합은 첫째항을 a, 공비를 r로 놓고 주어진 조건을 이용하여 a, r에 대한 방정식을 세운 후 a와 r의 값을 구하여 등비수열의 합을 구한다.

유형 01   등비수열의 항 구하기 - 첫째항이 주어진 경우

01 대표 문제

첫째항이 1이고 공비가 양수인 등비수열 $\{a_n\}$에 대하여

$$a_3 = a_2 + 6$$

일 때, a_4의 값은? [2점]

① 18   ② 21   ③ 24

④ 27   ⑤ 30

03

공비가 양수인 등비수열 $\{a_n\}$에 대하여 $a_1 = 3$, $a_5 = 48$일 때, a_3의 값은? [3점]

① 18   ② 16   ③ 14

④ 12   ⑤ 10

02

첫째항이 2이고 공비가 5인 등비수열 $\{a_n\}$에 대하여 a_2의 값은? [2점]

① 5   ② 10   ③ 15

④ 20   ⑤ 25

04

첫째항이 $\frac{1}{8}$인 등비수열 $\{a_n\}$에 대하여 $\frac{a_3}{a_2} = 2$일 때, a_5의 값은? [2점]

① $\frac{1}{4}$ ② $\frac{1}{2}$ ③ 1

④ 2   ⑤ 4

05

모든 항이 양수인 등비수열 $\{a_n\}$에 대하여 $a_1=3$, $\dfrac{a_5}{a_3}=4$일 때, a_4의 값은? [2점]

① 15   ② 18   ③ 21

④ 24   ⑤ 27

06

첫째항이 1이고 공비가 양수인 등비수열 $\{a_n\}$에 대하여

$$\frac{a_7}{a_5}=4$$

일 때, a_4의 값은? [3점]

① 6   ② 8   ③ 10

④ 12   ⑤ 14

07

공비가 0이 아닌 등비수열 $\{a_n\}$에 대하여 $a_1=4$, $3a_5=a_7$일 때, a_3의 값을 구하시오. [3점]

08

등비수열 $\{a_n\}$에 대하여

$$a_1=2,\ a_2a_4=36$$

일 때, $\dfrac{a_7}{a_3}$의 값은? [3점]

① 1   ② $\sqrt{3}$ ③ 3

④ $3\sqrt{3}$ ⑤ 9

09

2017학년도 6월 모평 나형 25번

모든 항이 양수인 등비수열 $\{a_n\}$에 대하여 $a_1=3$, $\dfrac{a_4 a_5}{a_2 a_3}=16$일 때, a_6의 값을 구하시오. [3점]

10

2023학년도 6월 모평 5번

모든 항이 양수인 등비수열 $\{a_n\}$에 대하여

$$a_1=\frac{1}{4},\ a_2+a_3=\frac{3}{2}$$

일 때, a_6+a_7의 값은? [3점]

① 16 ② 20 ③ 24

④ 28 ⑤ 32

11

2018학년도 6월 모평 나형 26번

첫째항이 3인 등비수열 $\{a_n\}$에 대하여

$$\frac{a_3}{a_2}-\frac{a_6}{a_4}=\frac{1}{4}$$

일 때, $a_5=\dfrac{q}{p}$이다. $p+q$의 값을 구하시오.

(단, p와 q는 서로소인 자연수이다.) [4점]

12

2021학년도 4월 학평 19번

첫째항이 $\dfrac{1}{4}$이고 공비가 양수인 등비수열 $\{a_n\}$에 대하여

$$a_3+a_5=\frac{1}{a_3}+\frac{1}{a_5}$$

일 때, a_{10}의 값을 구하시오. [3점]

13 대표 문제
2015학년도 9월 모평 B형 22번

공비가 2인 등비수열 $\{a_n\}$에 대하여 $a_1+a_2+a_4=55$일 때, a_3의 값을 구하시오. [3점]

14
2019학년도 4월 학평-나형 22번

공비가 5인 등비수열 $\{a_n\}$에 대하여 $\dfrac{a_5}{a_3}$의 값을 구하시오.

(단, $a_3 \neq 0$) [3점]

15
2015학년도 9월 모평 A형 5번

공비가 2인 등비수열 $\{a_n\}$에 대하여 $a_3=12$일 때, a_5의 값은? [3점]

① 24 ② 36 ③ 48

④ 60 ⑤ 72

16
2013학년도 3월 학평-A형 4번

공비가 2인 등비수열 $\{a_n\}$에 대하여 $a_3+a_4=36$일 때, a_6의 값은? [3점]

① 48 ② 64 ③ 96

④ 108 ⑤ 128

유형 03 등비수열의 항 구하기
－첫째항, 공비가 주어지지 않은 경우

17

2020학년도 수능 나형(홀) 23번

모든 항이 양수인 등비수열 $\{a_n\}$에 대하여

$$\frac{a_{16}}{a_{14}}+\frac{a_8}{a_7}=12$$

일 때, $\dfrac{a_3}{a_1}+\dfrac{a_6}{a_3}$의 값을 구하시오. [3점]

18

2025학년도 수능 (홀) 3번

첫째항과 공비가 모두 양수 k인 등비수열 $\{a_n\}$이

$$\frac{a_4}{a_2}+\frac{a_2}{a_1}=30$$

을 만족시킬 때, k의 값은? [3점]

① 1　　　　② 2　　　　③ 3

④ 4　　　　⑤ 5

19

2020학년도 7월 학평－나형 2번

등비수열 $\{a_n\}$에 대하여 $a_2=3$, $a_3=6$일 때, $\dfrac{a_2}{a_1}$의 값은? [2점]

① 1　　　　② 2　　　　③ 3

④ 4　　　　⑤ 5

20

2016학년도 4월 학평－나형 5번

모든 항이 양수인 등비수열 $\{a_n\}$에 대하여 $a_2=5$, $a_{10}=80$일 때, $\dfrac{a_5}{a_1}$의 값은? [3점]

① $\sqrt{2}$　　　　② 2　　　　③ $2\sqrt{2}$

④ 4　　　　⑤ $4\sqrt{2}$

21

등비수열 $\{a_n\}$에 대하여 $a_2 = \dfrac{1}{2}$, $a_3 = 1$일 때, a_5의 값은? [2점]

① 2　　　　② 4　　　　③ 6

④ 8　　　　⑤ 10

22

등비수열 $\{a_n\}$에서 $a_2 = 6$, $a_5 = 48$이다. a_6의 값을 구하시오.

[3점]

23

등비수열 $\{a_n\}$에 대하여 $a_2 = 4$, $a_4 = 8$일 때, a_6의 값은? [2점]

① 10　　　　② 12　　　　③ 14

④ 16　　　　⑤ 18

24

모든 항이 실수인 등비수열 $\{a_n\}$에 대하여 $a_2{}^3 = 8$, $a_3 = 4$일 때, a_5의 값은? [3점]

① 4　　　　② $4\sqrt{2}$　　　　③ 8

④ $8\sqrt{2}$　　　　⑤ 16

● 해설편 291쪽

25

등비수열 $\{a_n\}$에 대하여 $a_5=2$일 때, $a_4 \times a_6$의 값은? [2점]

① 4　　　　　② 8　　　　　③ 12

④ 16　　　　　⑤ 20

26

등비수열 $\{a_n\}$에 대하여 $a_1 a_9=4$일 때, $a_2 a_8 + a_4 a_6$의 값은?

[3점]

① 8　　　　　② 9　　　　　③ 10

④ 11　　　　　⑤ 12

27

모든 항이 양수인 등비수열 $\{a_n\}$에 대하여

$$a_2=36,\ a_7=\frac{1}{3}a_5$$

일 때, a_6의 값을 구하시오. [3점]

28

등비수열 $\{a_n\}$에 대하여 $a_2=1$, $a_5=2(a_3)^2$일 때, a_6의 값은?

[3점]

① 8　　　　　② 10　　　　　③ 12

④ 14　　　　　⑤ 16

등비수열 $\{a_n\}$이

$$a_5 = 4, \quad a_7 = 4a_6 - 16$$

을 만족시킬 때, a_8의 값은? [3점]

① 32   ② 34   ③ 36
④ 38   ⑤ 40

모든 항이 실수인 등비수열 $\{a_n\}$에 대하여

$$a_2 a_3 = 2, \quad a_4 = 4$$

일 때, a_6의 값은? [3점]

① 10   ② 12   ③ 14
④ 16   ⑤ 18

$a_1 a_2 < 0$인 등비수열 $\{a_n\}$에 대하여

$$a_6 = 16, \quad 2a_8 - 3a_7 = 32$$

일 때, $a_9 + a_{11}$의 값은? [3점]

① $-\dfrac{5}{2}$ ② $-\dfrac{3}{2}$ ③ $-\dfrac{1}{2}$
④ $\dfrac{1}{2}$ ⑤ $\dfrac{3}{2}$

모든 항이 양수인 등비수열 $\{a_n\}$에 대하여

$$\frac{a_3 a_8}{a_6} = 12, \quad a_5 + a_7 = 36$$

일 때, a_{11}의 값은? [3점]

① 72   ② 78   ③ 84
④ 90   ⑤ 96

33

2023학년도 7월 학평 6번

모든 항이 양수인 등비수열 $\{a_n\}$에 대하여

$$a_3{}^2 = a_6, \ a_2 - a_1 = 2$$

일 때, a_5의 값은? [3점]

① 20   ② 24   ③ 28
④ 32   ⑤ 36

35

2024학년도 7월 학평 6번

모든 항이 양수인 등비수열 $\{a_n\}$에 대하여

$$\frac{a_3 + a_4}{a_1 + a_2} = 4, \ a_2 a_4 = 1$$

일 때, $a_6 + a_7$의 값은? [3점]

① 16   ② 18   ③ 20
④ 22   ⑤ 24

34

2014학년도 6월 모평 B형 4번

공비가 양수인 등비수열 $\{a_n\}$이

$$a_1 + a_2 = 12, \ \frac{a_3 + a_7}{a_1 + a_5} = 4$$

를 만족시킬 때, a_4의 값은? [3점]

① 24   ② 28   ③ 32
④ 36   ⑤ 40

36

2016학년도 수능 A형(홀) 7번

첫째항이 0이 아닌 등비수열 $\{a_n\}$에 대하여

$$a_3 = 4a_1, \ a_7 = (a_6)^2$$

일 때, 첫째항 a_1의 값은? [3점]

① $\dfrac{1}{16}$ ② $\dfrac{1}{8}$ ③ $\dfrac{3}{16}$
④ $\dfrac{1}{4}$ ⑤ $\dfrac{5}{16}$

37

모든 항이 양수인 등비수열 $\{a_n\}$에 대하여

$$a_1 a_3 = 4, \; a_3 a_5 = 64$$

일 때, a_6의 값은? [3점]

① 16   ② $16\sqrt{2}$ ③ 32

④ $32\sqrt{2}$ ⑤ 64

39

공비가 양수인 등비수열 $\{a_n\}$이

$$a_2 + a_4 = 30, \; a_4 + a_6 = \frac{15}{2}$$

를 만족시킬 때, a_1의 값은? [3점]

① 48   ② 56   ③ 64

④ 72   ⑤ 80

38

모든 항이 양수인 등비수열 $\{a_n\}$에 대하여

$$a_1 a_3 = \frac{1}{36}, \; a_5 = \frac{4}{81}$$

일 때, a_4의 값은? [3점]

① $\dfrac{1}{27}$ ② $\dfrac{2}{27}$ ③ $\dfrac{1}{9}$

④ $\dfrac{4}{27}$ ⑤ $\dfrac{5}{27}$

40

모든 항이 실수인 등비수열 $\{a_n\}$에 대하여

$$a_3 + a_2 = 1, \; a_6 - a_4 = 18$$

일 때, $\dfrac{1}{a_1}$의 값을 구하시오. [4점]

41

2017학년도 3월 학평-나형 11번

첫째항이 양수인 등비수열 $\{a_n\}$이

$$a_1 = 4a_3, \quad a_2 + a_3 = -12$$

를 만족시킬 때, a_5의 값은? [3점]

① 3   ② 4   ③ 5

④ 6   ⑤ 7

42

2020학년도 3월 학평-가형 13번

공비가 1보다 큰 등비수열 $\{a_n\}$이 다음 조건을 만족시킨다.

(가) $a_3 \times a_5 \times a_7 = 125$

(나) $\dfrac{a_4 + a_8}{a_6} = \dfrac{13}{6}$

a_9의 값은? [3점]

① 10   ② $\dfrac{45}{4}$ ③ $\dfrac{25}{2}$

④ $\dfrac{55}{4}$ ⑤ 15

유형 04   등차수열과 등비수열

43 대표 문제

2019학년도 7월 학평-나형 17번

공차가 자연수인 등차수열 $\{a_n\}$과 공비가 자연수인 등비수열 $\{b_n\}$이 $a_6 = b_6 = 9$이고, 다음 조건을 만족시킨다.

(가) $a_7 = b_7$

(나) $94 < a_{11} < 109$

$a_7 + b_8$의 값은? [4점]

① 96   ② 99   ③ 102

④ 105   ⑤ 108

44

2014학년도 10월 학평-A형 23번 / B형 23번

a, 10, 17, b는 이 순서대로 등차수열을 이루고 a, x, y, b는 이 순서대로 등비수열을 이루고 있다. xy의 값을 구하시오. [3점]

45

등차수열 $\{a_n\}$, 등비수열 $\{b_n\}$에 대하여 $a_1=b_1=3$이고
$$b_3=-a_2, \quad a_2+b_2=a_3+b_3$$
일 때, a_3의 값은? [3점]

① -9 ② -3 ③ 0

④ 3 ⑤ 9

46

공차가 3인 등차수열 $\{a_n\}$과 공비가 2인 등비수열 $\{b_n\}$이
$$a_2=b_2, \quad a_4=b_4$$
를 만족시킬 때, a_1+b_1의 값은? [3점]

① -2 ② -1 ③ 0

④ 1 ⑤ 2

47

등차수열 $\{a_n\}$과 공비가 1보다 작은 등비수열 $\{b_n\}$이
$$a_1+a_8=8, \quad b_2b_7=12, \quad a_4=b_4, \quad a_5=b_5$$
를 모두 만족시킬 때, a_1의 값을 구하시오. [4점]

48

2019학년도 3월 학평-나형 29번

자연수 m에 대하여 다음 조건을 만족시키는 모든 자연수 k의 값의 합을 $A(m)$이라 하자.

> 3×2^m은 첫째항이 3이고 공비가 2 이상의 자연수인 등비수열의 제k항이다.

예를 들어, 3×2^2은 첫째항이 3이고 공비가 2인 등비수열의 제3항, 첫째항이 3이고 공비가 4인 등비수열의 제2항이 되므로 $A(2) = 3 + 2 = 5$이다. $A(200)$의 값을 구하시오. [4점]

49

2013학년도 10월 학평-A형 30번

두 수열 $\{a_n\}$, $\{b_n\}$이 다음 조건을 만족시킨다.

> (가) $a_1 = b_1 = 6$
> (나) 수열 $\{a_n\}$은 공차가 p인 등차수열이고, 수열 $\{b_n\}$은 공비가 p인 등비수열이다.

수열 $\{b_n\}$의 모든 항이 수열 $\{a_n\}$의 항이 되도록 하는 1보다 큰 모든 자연수 p의 합을 구하시오. [4점]

유형 01 등비중항

01 대표 문제

2017학년도 수능 나형(홀) 5번

세 수 $\dfrac{9}{4}$, a, 4가 이 순서대로 등비수열을 이룰 때, 양수 a의 값은? [3점]

① $\dfrac{8}{3}$
② 3
③ $\dfrac{10}{3}$

④ $\dfrac{11}{3}$
⑤ 4

02

2018학년도 3월 학평–나형 4번

세 수 3, -6, a가 이 순서대로 등비수열을 이룰 때, a의 값은? [3점]

① 8
② 10
③ 12

④ 14
⑤ 16

03

2018학년도 4월 학평–나형 24번

두 양수 a, b에 대하여 세 수 a^2, 12, b^2이 이 순서대로 등비수열을 이룰 때, $a \times b$의 값을 구하시오. [3점]

04

2018학년도 10월 학평–나형 23번

세 수 $a+3$, a, 4가 이 순서대로 등비수열을 이룰 때, 양수 a의 값을 구하시오. [3점]

05

2019학년도 4월 학평-나형 27번

세 실수 3, a, b가 이 순서대로 등비수열을 이루고
$\log_a 3b + \log_3 b = 5$를 만족시킨다. $a+b$의 값을 구하시오.

[4점]

06

2014학년도 3월 학평-A형 6번

첫째항이 a이고 공비가 $\dfrac{1}{2}$인 등비수열 $\{a_n\}$에 대하여 세 수 a_3, 2, a_7이 이 순서대로 등비수열을 이룰 때, 양수 a의 값은? [3점]

① 16   ② 20   ③ 24
④ 28   ⑤ 32

07

2019학년도 9월 학평(고2)-가형 14번

첫째항과 공차가 모두 0이 아닌 등차수열 $\{a_n\}$에 대하여 세 항 a_2, a_5, a_{14}가 이 순서대로 등비수열을 이룰 때, $\dfrac{a_{23}}{a_3}$의 값은?

[4점]

① 6   ② 7   ③ 8
④ 9   ⑤ 10

08

2019학년도 11월 학평(고2)-나형 14번

서로 다른 두 실수 a, b에 대하여 세 수 a, b, 6이 이 순서대로 등차수열을 이루고, 세 수 a, 6, b가 이 순서대로 등비수열을 이룬다. $a+b$의 값은? [4점]

① -15 ② -8 ③ -1
④ 6   ⑤ 13

09

공차가 6인 등차수열 $\{a_n\}$에 대하여 세 항 a_2, a_k, a_8은 이 순서대로 등차수열을 이루고, 세 항 a_1, a_2, a_k는 이 순서대로 등비수열을 이룬다. $k+a_1$의 값은? [4점]

① 7   ② 8   ③ 9

④ 10   ⑤ 11

10

공차가 d이고 모든 항이 자연수인 등차수열 $\{a_n\}$이 다음 조건을 만족시킨다.

(가) $a_1 \leq d$

(나) 어떤 자연수 $k\,(k \geq 3)$에 대하여
세 항 a_2, a_k, a_{3k-1}이 이 순서대로 등비수열을 이룬다.

$90 \leq a_{16} \leq 100$일 때, a_{20}의 값을 구하시오. [4점]

유형 02   등비수열의 활용

11 대표 문제

$x > 0$에서 정의된 함수 $f(x) = \dfrac{p}{x}\,(p > 1)$의 그래프는 그림과 같다.

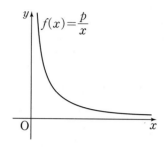

세 수 $f(a)$, $f(\sqrt{3})$, $f(a+2)$가 이 순서대로 등비수열을 이룰 때, 양수 a의 값은? [3점]

① 1   ② $\dfrac{9}{8}$ ③ $\dfrac{5}{4}$

④ $\dfrac{11}{8}$ ⑤ $\dfrac{3}{2}$

12

그림과 같이 두 함수 $y = 3\sqrt{x}$, $y = \sqrt{x}$의 그래프와 직선 $x = k$가 만나는 점을 각각 A, B라 하고, 직선 $x = k$가 x축과 만나는 점을 C라 하자.

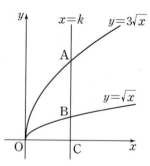

$\overline{BC}$, $\overline{OC}$, $\overline{AC}$가 이 순서대로 등비수열을 이룰 때, 상수 k의 값은? (단, $k > 0$이고, O는 원점이다.) [3점]

① 1   ② $\sqrt{3}$ ③ 3

④ $3\sqrt{3}$ ⑤ 9

13

그림과 같이 좌표평면 위의 두 원

$$C_1: x^2+y^2=1$$
$$C_2: (x-1)^2+y^2=r^2 \ (0<r<\sqrt{2})$$

이 제1사분면에서 만나는 점을 P라 하자.

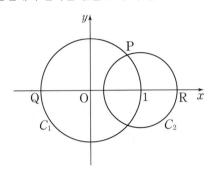

원 C_1이 x축과 만나는 점 중에서 x좌표가 0보다 작은 점을 Q,
원 C_2가 x축과 만나는 점 중에서 x좌표가 1보다 큰 점을 R라
하자. $\overline{OP}, \overline{OR}, \overline{QR}$가 이 순서대로 등비수열을 이룰 때, 원 C_2
의 반지름의 길이는? (단, O는 원점이다.) [3점]

① $\dfrac{-2+\sqrt{5}}{2}$ ② $\dfrac{2-\sqrt{3}}{2}$ ③ $\dfrac{-1+\sqrt{3}}{2}$

④ $\dfrac{-1+\sqrt{5}}{2}$ ⑤ $\dfrac{3-\sqrt{3}}{2}$

유형 03   **등비수열의 합(1)**

14 대표 문제

첫째항이 7인 등비수열 $\{a_n\}$의 첫째항부터 제n항까지의 합을
S_n이라 하자.

$$\frac{S_9-S_5}{S_6-S_2}=3$$

일 때, a_7의 값을 구하시오. [3점]

15

등비수열 $\{a_n\}$의 첫째항부터 제n항까지의 합을 S_n이라 하자.

$$S_4-S_2=3a_4, \ a_5=\frac{3}{4}$$

일 때, a_1+a_2의 값은? [3점]

① 27   ② 24   ③ 21

④ 18   ⑤ 15

16

모든 항이 양수인 등비수열 $\{a_n\}$의 첫째항부터 제n항까지의 합을 S_n이라 하자.

$$S_4 - S_3 = 2, \quad S_6 - S_5 = 50$$

일 때, a_5의 값을 구하시오. [4점]

17

공비가 양수인 등비수열 $\{a_n\}$의 첫째항부터 제n항까지의 합을 S_n이라 하자.

$$4(S_4 - S_2) = S_6 - S_4, \quad a_3 = 12$$

일 때, S_3의 값은? [3점]

① 18
② 21
③ 24
④ 27
⑤ 30

18

등비수열 $\{a_n\}$의 첫째항부터 제n항까지의 합을 S_n이라 하자. 모든 자연수 n에 대하여

$$S_{n+3} - S_n = 13 \times 3^{n-1}$$

일 때, a_4의 값을 구하시오. [4점]

유형 04 등비수열의 합(2)

19 대표 문제
2021학년도 6월 모평 나형 25번

등비수열 $\{a_n\}$의 첫째항부터 제n항까지의 합을 S_n이라 하자.

$$a_1=1, \quad \frac{S_6}{S_3}=2a_4-7$$

일 때, a_7의 값을 구하시오. [3점]

20
2024학년도 3월 학평 6번

공비가 1보다 큰 등비수열 $\{a_n\}$의 첫째항부터 제n항까지의 합을 S_n이라 하자.

$$\frac{S_4}{S_2}=5, \quad a_5=48$$

일 때, a_1+a_4의 값은? [3점]

① 39   ② 36   ③ 33

④ 30   ⑤ 27

21
2021학년도 7월 학평 8번

첫째항이 $a\,(a>0)$이고, 공비가 r인 등비수열 $\{a_n\}$의 첫째항부터 제n항까지의 합을 S_n이라 하자.

$2a=S_2+S_3$, $r^2=64a^2$일 때, a_5의 값은? [3점]

① 2   ② 4   ③ 6

④ 8   ⑤ 10

22
2013학년도 4월 학평-A형 14번

모든 항이 양수인 등비수열 $\{a_n\}$에 대하여

$a_1a_2=a_{10}$, $a_1+a_9=20$일 때,

$(a_1+a_3+a_5+a_7+a_9)(a_1-a_3+a_5-a_7+a_9)$의 값은? [4점]

① 494   ② 496   ③ 498

④ 500   ⑤ 502

18
일차

23 대표문제

그림은 16개의 칸 중 3개의 칸에 다음 규칙을 만족시키도록 수를 써 넣은 것이다.

> (가) 가로로 인접한 두 칸에서 오른쪽 칸의 수는 왼쪽 칸의 수의 2배이다.
> (나) 세로로 인접한 두 칸에서 아래쪽 칸의 수는 위쪽 칸의 수의 2배이다.

첫 번째 줄 →
두 번째 줄 →
세 번째 줄 →
네 번째 줄 →

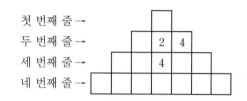

이 규칙을 만족시키도록 나머지 칸에 수를 써 넣을 때, 네 번째 줄에 있는 모든 수의 합은? [3점]

① 119　　　　② 127　　　　③ 135
④ 143　　　　⑤ 151

24

그림과 같이 한 변의 길이가 2인 정사각형 모양의 종이 ABCD에서 각 변의 중점을 각각 A_1, B_1, C_1, D_1이라 하고 $\overline{A_1B_1}$, $\overline{B_1C_1}$, $\overline{C_1D_1}$, $\overline{D_1A_1}$을 접는 선으로 하여 네 점 A, B, C, D가 한 점에서 만나도록 접은 모양을 S_1이라 하자. S_1에서 정사각형 $A_1B_1C_1D_1$의 각 변의 중점을 각각 A_2, B_2, C_2, D_2라 하고 $\overline{A_2B_2}$, $\overline{B_2C_2}$, $\overline{C_2D_2}$, $\overline{D_2A_2}$를 접는 선으로 하여 네 점 A_1, B_1, C_1, D_1이 한 점에서 만나도록 접은 모양을 S_2라 하자. 이와 같은 과정을 계속하여 n번째 얻은 모양을 S_n이라 하고, S_n을 정사각형 모양의 종이 ABCD와 같도록 펼쳤을 때 접힌 모든 선들의 길이의 합을 l_n이라 하자. 예를 들어, $l_1=4\sqrt{2}$이다. l_5의 값은?
(단, 종이의 두께는 고려하지 않는다.) [4점]

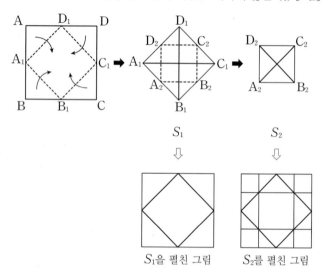

S_1을 펼친 그림　　　S_2를 펼친 그림

① $24+28\sqrt{2}$　　　② $28+28\sqrt{2}$　　　③ $28+32\sqrt{2}$
④ $32+32\sqrt{2}$　　　⑤ $36+32\sqrt{2}$

유형 06 수열의 합과 일반항 사이의 관계

25 대표 문제
2015학년도 수능 A형(홀) 9번

수열 $\{a_n\}$의 첫째항부터 제n항까지의 합 S_n이 $S_n = \dfrac{n}{n+1}$일 때, a_4의 값은? [3점]

① $\dfrac{1}{22}$ ② $\dfrac{1}{20}$ ③ $\dfrac{1}{18}$

④ $\dfrac{1}{16}$ ⑤ $\dfrac{1}{14}$

26
2015학년도 3월 학평-A형 23번

수열 $\{a_n\}$의 첫째항부터 제n항까지의 합 S_n이 $S_n = n^2$일 때, a_{50}의 값을 구하시오. [3점]

27
2014학년도 4월 학평-A형 22번

수열 $\{a_n\}$의 첫째항부터 제n항까지의 합 S_n이 $S_n = 3^n - 1$일 때, a_3의 값을 구하시오. [3점]

28
2015학년도 7월 학평-A형 6번

수열 $\{a_n\}$의 첫째항부터 제n항까지의 합 S_n이 $S_n = n + 2^n$일 때, a_6의 값은? [3점]

① 31   ② 33   ③ 35

④ 37   ⑤ 39

29

수열 $\{a_n\}$의 첫째항부터 제n항까지의 합 S_n이 $S_n = 2n^2 + n$일 때, $a_3 + a_4 + a_5$의 값은? [3점]

① 30   ② 35   ③ 40

④ 45   ⑤ 50

30

공차가 d인 등차수열 $\{a_n\}$의 첫째항부터 제n항까지의 합이 $n^2 - 5n$일 때, $a_1 + d$의 값은? [3점]

① -4 ② -2 ③ 0

④ 2 ⑤ 4

31

수열 $\{a_n\}$의 첫째항부터 제n항까지의 합을 S_n이라 하자.

$$S_n = n^2 + n + 1$$

일 때, $a_1 + a_4$의 값을 구하시오. [3점]

32

이차함수 $f(x) = -\dfrac{1}{2}x^2 + 3x$의 그래프는 그림과 같다.

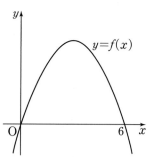

수열 $\{a_n\}$의 첫째항부터 제n항까지의 합을 S_n이라 할 때, $S_n = 2f(n)$이다. a_6의 값은? [3점]

① -9 ② -7 ③ -5

④ -3 ⑤ -1

33

수열 $\{a_n\}$의 첫째항부터 제n항까지의 합을 S_n이라 할 때, $S_n = 2n^2 - 3n$이다. $a_n > 100$을 만족시키는 자연수 n의 최솟값은? [3점]

① 25   ② 27   ③ 29

④ 31   ⑤ 33

34

수열 $\{a_n\}$의 첫째항부터 제n항까지의 합 S_n이 $S_n = n^2 - 10n$일 때, $a_n < 0$을 만족시키는 자연수 n의 개수는? [3점]

① 5   ② 6   ③ 7

④ 8   ⑤ 9

1등급을 향한 **고난도 문제**

35

수열 $\{a_n\}$의 첫째항부터 제n항까지의 합을 S_n이라 하자. 두 자연수 p, q에 대하여 $S_n = pn^2 - 36n + q$일 때, S_n이 다음 조건을 만족시키도록 하는 p의 최솟값을 p_1이라 하자.

> 임의의 두 자연수 i, j에 대하여 $i \neq j$이면 $S_i \neq S_j$이다.

$p = p_1$일 때, $|a_k| < a_1$을 만족시키는 자연수 k의 개수가 3이 되도록 하는 모든 q의 값의 합은? [4점]

① 372   ② 377   ③ 382

④ 387   ⑤ 392

18
일차

한눈에 정리하는
평가원 기출 경향

주제 \ 학년도	**2025**	**2024**	**2023**
∑의 뜻	**08** 2025학년도 수능 (홀) 18번 수열 $\{a_n\}$이 모든 자연수 n에 대하여 $a_n + a_{n+4} = 12$ 를 만족시킬 때, $\sum_{n=1}^{16} a_n$의 값을 구하시오. [3점] **03** 2025학년도 9월 모평 18번 수열 $\{a_n\}$에 대하여 $\sum_{k=1}^{10} ka_k = 36$, $\sum_{k=1}^{9} ka_{k+1} = 7$ 일 때, $\sum_{k=1}^{10} a_k$의 값을 구하시오. [3점]		
빈출 **∑의 성질**	**15** 2025학년도 6월 모평 3번 수열 $\{a_n\}$에 대하여 $\sum_{k=1}^{5}(a_k+1)=9$이고 $a_6=4$일 때, $\sum_{k=1}^{6}a_k$의 값은? [3점] ① 6 ② 7 ③ 8 ④ 9 ⑤ 10	**20** 2024학년도 수능 (홀) 18번 두 수열 $\{a_n\}$, $\{b_n\}$에 대하여 $\sum_{k=1}^{10} a_k = \sum_{k=1}^{10}(2b_k-1)$, $\sum_{k=1}^{10}(3a_k+b_k)=33$ 일 때, $\sum_{k=1}^{10} b_k$의 값을 구하시오. [3점] **13** 2024학년도 9월 모평 17번 두 수열 $\{a_n\}$, $\{b_n\}$에 대하여 $\sum_{k=1}^{10}(2a_k-b_k)=34$, $\sum_{k=1}^{10} a_k=10$ 일 때, $\sum_{k=1}^{10}(a_k-b_k)$의 값을 구하시오. [3점] **14** 2024학년도 6월 모평 3번 수열 $\{a_n\}$에 대하여 $\sum_{k=1}^{10}(2a_k+3)=60$일 때, $\sum_{k=1}^{10} a_k$의 값은? [3점] ① 10 ② 15 ③ 20 ④ 25 ⑤ 30	**17** 2023학년도 수능 (홀) 18번 두 수열 $\{a_n\}$, $\{b_n\}$에 대하여 $\sum_{k=1}^{5}(3a_k+5)=55$, $\sum_{k=1}^{5}(a_k+b_k)=32$ 일 때, $\sum_{k=1}^{5} b_k$의 값을 구하시오. [3점] **16** 2023학년도 9월 모평 18번 수열 $\{a_n\}$에 대하여 $\sum_{k=1}^{5} a_k=10$일 때, $\sum_{k=1}^{5} ca_k = 65 + \sum_{k=1}^{5} c$ 를 만족시키는 상수 c의 값을 구하시오. [3점]
자연수의 거듭제곱의 합	**30** 2025학년도 6월 모평 18번 $\sum_{k=1}^{9}(ak^2-10k)=120$일 때, 상수 a의 값을 구하시오. [3점]		**27** 2023학년도 6월 모평 18번 $\sum_{k=1}^{10}(4k+a)=250$일 때, 상수 a의 값을 구하시오. [3점]
자연수의 거듭제곱의 합의 활용	**43** 2025학년도 9월 모평 12번 수열 $\{a_n\}$은 등차수열이고, 수열 $\{b_n\}$은 모든 자연수 n에 대하여 $b_n = \sum_{k=1}^{n}(-1)^{k+1}a_k$ 를 만족시킨다. $b_2=-2$, $b_3+b_7=0$일 때, 수열 $\{b_n\}$의 첫째항부터 제9항까지의 합은? [4점] ① −22 ② −20 ③ −18 ④ −16 ⑤ −14		

2022 ~ 2014

06 2022학년도 수능 (홀) 18번

수열 $\{a_n\}$에 대하여

$$\sum_{k=1}^{10} a_k - \sum_{k=1}^{7} \frac{a_k}{2} = 56, \quad \sum_{k=1}^{10} 2a_k - \sum_{k=1}^{8} a_k = 100$$

일 때, a_8의 값을 구하시오. [3점]

01 2017학년도 9월 모평 나형 9번

수열 $\{a_n\}$이

$$\sum_{k=1}^{7} a_k = \sum_{k=1}^{6} (a_k + 1)$$

을 만족시킬 때, a_7의 값은? [3점]

① 6 ② 7 ③ 8
④ 9 ⑤ 10

04 2021학년도 수능 나형(홀) 12번

수열 $\{a_n\}$은 $a_1 = 1$이고, 모든 자연수 n에 대하여

$$\sum_{k=1}^{n} (a_k - a_{k+1}) = -n^2 + n$$

을 만족시킨다. a_{11}의 값은? [3점]

① 88 ② 91 ③ 94
④ 97 ⑤ 100

05 2015학년도 6월 모평 A형 26번 / B형 8번

수열 $\{a_n\}$은 $a_1 = 15$이고,

$$\sum_{k=1}^{n} (a_{k+1} - a_k) = 2n + 1 \ (n \geq 1)$$

을 만족시킨다. a_{10}의 값을 구하시오. [4점]

46 2021학년도 6월 모평 가형 21번

수열 $\{a_n\}$의 일반항은

$$a_n = \log_2 \sqrt{\frac{2(n+1)}{n+2}}$$

이다. $\sum_{k=1}^{m} a_k$의 값이 100 이하의 자연수가 되도록 하는 모든 자연수 m의 값의 합은? [4점]

① 150 ② 154 ③ 158
④ 162 ⑤ 166

19 2022학년도 9월 모평 18번

두 수열 $\{a_n\}$, $\{b_n\}$에 대하여

$$\sum_{k=1}^{10} (a_k + 2b_k) = 45, \quad \sum_{k=1}^{10} (a_k - b_k) = 3$$

일 때, $\sum_{k=1}^{10} \left(b_k - \frac{1}{2} \right)$의 값을 구하시오. [3점]

11 2021학년도 수능 나형(홀) 10번

두 수열 $\{a_n\}$, $\{b_n\}$에 대하여

$$\sum_{k=1}^{5} a_k = 8, \quad \sum_{k=1}^{5} b_k = 9$$

일 때, $\sum_{k=1}^{5} (2a_k - b_k + 4)$의 값은? [3점]

① 19 ② 21 ③ 23
④ 25 ⑤ 27

12 2019학년도 6월 모평 나형 7번

수열 $\{a_n\}$에 대하여

$$\sum_{k=1}^{10} a_k = 3, \quad \sum_{k=1}^{10} a_k^2 = 7$$

일 때, $\sum_{k=1}^{10} (2a_k^2 - a_k)$의 값은? [3점]

① 8 ② 9 ③ 10
④ 11 ⑤ 12

23 2018학년도 수능 나형(홀) 27번

수열 $\{a_n\}$에 대하여

$$\sum_{k=1}^{10} (a_k + 1)^2 = 28, \quad \sum_{k=1}^{10} a_k(a_k + 1) = 16$$

일 때, $\sum_{k=1}^{10} (a_k)^2$의 값을 구하시오. [4점]

26 2018학년도 9월 모평 나형 11번

두 수열 $\{a_n\}$, $\{b_n\}$이 모든 자연수 n에 대하여 $a_n + b_n = 10$을 만족시킨다. $\sum_{k=1}^{10} (a_k + 2b_k) = 160$일 때, $\sum_{k=1}^{10} b_k$의 값은? [3점]

① 60 ② 70 ③ 80
④ 90 ⑤ 100

32 2020학년도 9월 모평 나형 12번

$\sum_{k=1}^{9} (k+1)^2 - \sum_{k=1}^{10} (k-1)^2$의 값은? [3점]

① 91 ② 93 ③ 95
④ 97 ⑤ 99

34 2017학년도 수능 나형(홀) 25번

함수 $f(x) = \frac{1}{2}x + 2$에 대하여 $\sum_{k=1}^{15} f(2k)$의 값을 구하시오.

[3점]

49 2016학년도 6월 모평 A형 30번

2 이상의 자연수 n에 대하여 다음 조건을 만족시키는 자연수 a, b의 모든 순서쌍 (a, b)의 개수가 300 이상이 되도록 하는 가장 작은 자연수 k의 값을 $f(n)$이라 할 때, $f(2) \times f(3) \times f(4)$의 값을 구하시오. [4점]

(가) $a < n^k$이면 $b \leq \log_n a$이다.
(나) $a \geq n^k$이면 $b \leq -(a - n^k)^2 + k^2$이다.

36 2020학년도 수능 나형(홀) 25번

자연수 n에 대하여 다항식 $2x^2 - 3x + 1$을 $x - n$으로 나누었을 때의 나머지를 a_n이라 할 때, $\sum_{n=1}^{7} (a_n - n^2 + n)$의 값을 구하시오.
[3점]

39 2014학년도 수능 A형(홀) 13번

자연수 n에 대하여 $f(n)$이 다음과 같다.

$$f(n) = \begin{cases} \log_3 n \ (n \text{이 홀수}) \\ \log_2 n \ (n \text{이 짝수}) \end{cases}$$

수열 $\{a_n\}$이 $a_n = f(6^n) - f(3^n)$일 때, $\sum_{n=1}^{15} a_n$의 값은? [3점]

① $120(\log_2 3 - 1)$ ② $105 \log_3 2$
③ $105 \log_2 3$ ④ $120 \log_2 3$
⑤ $120(\log_3 2 + 1)$

합의 기호 $\sum$

1 합의 기호 $\sum$

수열 $\{a_n\}$의 첫째항부터 제n항까지의 합 $a_1+a_2+a_3+\cdots+a_n$을 합의 기호 $\sum$를 사용하여 다음과 같이 나타낸다.

$$a_1+a_2+a_3+\cdots+a_n=\overset{\text{제}n\text{항까지}}{\underset{k=1}{\overset{n}{\sum}}}\,a_k \leftarrow \text{일반항}$$
$$\underset{\text{첫째항부터}}{}$$

예 (1) $2+4+6+\cdots+20=\displaystyle\sum_{k=1}^{10}2k$ (2) $\displaystyle\sum_{k=1}^{9}5^k=5+5^2+5^3+\cdots+5^9$

참고 (1) $\displaystyle\sum_{k=m}^{n}a_k=\sum_{k=1}^{n}a_k-\sum_{k=1}^{m-1}a_k$ (단, $2\le m\le n$)

(2) $\displaystyle\sum_{k=1}^{n}a_k=\sum_{k=1}^{m}a_k+\sum_{k=m+1}^{n}a_k$ (단, $m<n$)

(3) $\displaystyle\sum_{k=1}^{n-1}a_{k+1}=a_2+a_3+a_4+\cdots+a_n=\sum_{k=2}^{n}a_k$ (단, $n\ge2$)

(4) $\displaystyle\sum_{k=1}^{n}(a_{2k-1}+a_{2k})=a_1+a_2+a_3+\cdots+a_{2n-1}+a_{2n}=\sum_{k=1}^{2n}a_k$

2 합의 기호 $\sum$의 성질

두 수열 $\{a_n\}$, $\{b_n\}$과 상수 c에 대하여

(1) $\displaystyle\sum_{k=1}^{n}(a_k+b_k)=\sum_{k=1}^{n}a_k+\sum_{k=1}^{n}b_k$ (2) $\displaystyle\sum_{k=1}^{n}(a_k-b_k)=\sum_{k=1}^{n}a_k-\sum_{k=1}^{n}b_k$

(3) $\displaystyle\sum_{k=1}^{n}ca_k=c\sum_{k=1}^{n}a_k$ (4) $\displaystyle\sum_{k=1}^{n}c=cn$

예 $\displaystyle\sum_{k=1}^{10}a_k=4$, $\displaystyle\sum_{k=1}^{10}b_k=-3$일 때,

$$\sum_{k=1}^{10}(2a_k+b_k-1)=2\sum_{k=1}^{10}a_k+\sum_{k=1}^{10}b_k-\sum_{k=1}^{10}1=2\times4+(-3)-1\times10=-5$$

3 자연수의 거듭제곱의 합

(1) $1+2+3+\cdots+n=\displaystyle\sum_{k=1}^{n}k=\dfrac{n(n+1)}{2}$

(2) $1^2+2^2+3^2+\cdots+n^2=\displaystyle\sum_{k=1}^{n}k^2=\dfrac{n(n+1)(2n+1)}{6}$

(3) $1^3+2^3+3^3+\cdots+n^3=\displaystyle\sum_{k=1}^{n}k^3=\left\{\dfrac{n(n+1)}{2}\right\}^2$

예 (1) $\displaystyle\sum_{k=1}^{5}k=\dfrac{5\times6}{2}=15$ (2) $\displaystyle\sum_{k=1}^{5}k^2=\dfrac{5\times6\times11}{6}=55$ (3) $\displaystyle\sum_{k=1}^{5}k^3=\left(\dfrac{5\times6}{2}\right)^2=225$

4 자연수의 거듭제곱의 합의 활용

주어진 조건을 이용하여 a_n을 구한 후 자연수의 거듭제곱의 합을 이용하여 $\displaystyle\sum_{k=1}^{n}a_k$의 값을 구한다.

중2 고1 다시보기

자연수의 거듭제곱의 합의 활용 문제에서 a_n을 구하기 위해 이용되는 다음 개념을 기억하자.

• 일차함수의 그래프의 x절편, y절편
  (1) x절편: 일차함수의 그래프가 x축과 만나는 점의 x좌표 $\Rightarrow$ $y=0$일 때, x의 값
  (2) y절편: 일차함수의 그래프가 y축과 만나는 점의 y좌표 $\Rightarrow$ $x=0$일 때, y의 값
• 나머지정리
  다항식 $f(x)$를 일차식 $x-\alpha$로 나누었을 때의 나머지는 $f(\alpha)$이다.

• $\displaystyle\sum_{k=1}^{n}a_k$에서 k 대신 다른 문자를 사용하여 $\displaystyle\sum_{i=1}^{n}a_i$, $\displaystyle\sum_{j=1}^{n}a_j$ 등과 같이 나타낼 수도 있다.

• 다음에 유의한다.
$$\sum_{k=1}^{n}a_kb_k\ne\sum_{k=1}^{n}a_k\sum_{k=1}^{n}b_k$$
$$\sum_{k=1}^{n}\dfrac{a_k}{b_k}\ne\dfrac{\displaystyle\sum_{k=1}^{n}a_k}{\displaystyle\sum_{k=1}^{n}b_k}$$
$$\sum_{k=1}^{n}a_k^2\ne\left(\sum_{k=1}^{n}a_k\right)^2$$

• $\displaystyle\sum_{k=1}^{n}k^3=\left(\sum_{k=1}^{n}k\right)^2$

유형 01   ∑의 뜻

01 대표 문제

2017학년도 9월 모평 나형 9번

수열 $\{a_n\}$이

$$\sum_{k=1}^{7} a_k = \sum_{k=1}^{6} (a_k + 1)$$

을 만족시킬 때, a_7의 값은? [3점]

① 6   ② 7   ③ 8

④ 9   ⑤ 10

02

2018학년도 3월 학평-나형 9번

등식 $\sum_{k=1}^{5} \dfrac{1}{k} = a + \sum_{k=1}^{5} \dfrac{1}{k+1}$ 을 만족시키는 a의 값은? [3점]

① $\dfrac{1}{6}$ ② $\dfrac{1}{3}$ ③ $\dfrac{1}{2}$

④ $\dfrac{2}{3}$ ⑤ $\dfrac{5}{6}$

03

2025학년도 9월 모평 18번

수열 $\{a_n\}$에 대하여

$$\sum_{k=1}^{10} ka_k = 36, \quad \sum_{k=1}^{9} ka_{k+1} = 7$$

일 때, $\sum_{k=1}^{10} a_k$의 값을 구하시오. [3점]

04

2021학년도 수능 나형(홀) 12번

수열 $\{a_n\}$은 $a_1 = 1$이고, 모든 자연수 n에 대하여

$$\sum_{k=1}^{n} (a_k - a_{k+1}) = -n^2 + n$$

을 만족시킨다. a_{11}의 값은? [3점]

① 88   ② 91   ③ 94

④ 97   ⑤ 100

05

수열 $\{a_n\}$은 $a_1=15$이고,

$$\sum_{k=1}^{n}(a_{k+1}-a_k)=2n+1 \ (n\geq 1)$$

을 만족시킨다. a_{10}의 값을 구하시오. [4점]

06

수열 $\{a_n\}$에 대하여

$$\sum_{k=1}^{10}a_k-\sum_{k=1}^{7}\frac{a_k}{2}=56, \quad \sum_{k=1}^{10}2a_k-\sum_{k=1}^{8}a_k=100$$

일 때, a_8의 값을 구하시오. [3점]

07

수열 $\{a_n\}$에 대하여

$$\sum_{k=1}^{10}a_k+\sum_{k=1}^{9}a_k=137, \quad \sum_{k=1}^{10}a_k-\sum_{k=1}^{9}2a_k=101$$

일 때, a_{10}의 값을 구하시오. [3점]

08

수열 $\{a_n\}$이 모든 자연수 n에 대하여

$$a_n+a_{n+4}=12$$

를 만족시킬 때, $\sum_{n=1}^{16}a_n$의 값을 구하시오. [3점]

09

2022학년도 4월 학평 12번

수열 $\{a_n\}$이 다음 조건을 만족시킨다.

> (가) $1 \le n \le 4$인 모든 자연수 n에 대하여 $a_n + a_{n+4} = 15$이다.
> (나) $n \ge 5$인 모든 자연수 n에 대하여 $a_{n+1} - a_n = n$이다.

$\sum\limits_{n=1}^{4} a_n = 6$일 때, a_5의 값은? [4점]

① 1   ② 3   ③ 5
④ 7   ⑤ 9

10

2019학년도 10월 학평-나형 17번

수열 $\{a_n\}$의 첫째항부터 제n항까지의 합 S_n이 다음 조건을 만족시킨다.

> (가) S_n은 n에 대한 이차식이다.
> (나) $S_{10} = S_{50} = 10$
> (다) S_n은 $n = 30$에서 최댓값 410을 갖는다.

50보다 작은 자연수 m에 대하여 $S_m > S_{50}$을 만족시키는 m의 최솟값을 p, 최댓값을 q라 할 때, $\sum\limits_{k=p}^{q} a_k$의 값은? [4점]

① 39   ② 40   ③ 41
④ 42   ⑤ 43

11 대표 문제

2021학년도 수능 나형(홀) 10번

두 수열 $\{a_n\}$, $\{b_n\}$에 대하여

$$\sum_{k=1}^{5} a_k = 8, \quad \sum_{k=1}^{5} b_k = 9$$

일 때, $\sum\limits_{k=1}^{5} (2a_k - b_k + 4)$의 값은? [3점]

① 19   ② 21   ③ 23
④ 25   ⑤ 27

12

2019학년도 6월 모평 나형 7번

수열 $\{a_n\}$에 대하여

$$\sum_{k=1}^{10} a_k = 3, \quad \sum_{k=1}^{10} a_k^2 = 7$$

일 때, $\sum\limits_{k=1}^{10} (2a_k^2 - a_k)$의 값은? [3점]

① 8   ② 9   ③ 10
④ 11   ⑤ 12

13

두 수열 $\{a_n\}$, $\{b_n\}$에 대하여

$$\sum_{k=1}^{10} (2a_k - b_k) = 34, \quad \sum_{k=1}^{10} a_k = 10$$

일 때, $\sum_{k=1}^{10} (a_k - b_k)$의 값을 구하시오. [3점]

14

수열 $\{a_n\}$에 대하여 $\sum_{k=1}^{10} (2a_k + 3) = 60$일 때, $\sum_{k=1}^{10} a_k$의 값은?

[3점]

① 10   ② 15   ③ 20

④ 25   ⑤ 30

15

수열 $\{a_n\}$에 대하여 $\sum_{k=1}^{5} (a_k + 1) = 9$이고 $a_6 = 4$일 때, $\sum_{k=1}^{6} a_k$의 값은? [3점]

① 6   ② 7   ③ 8

④ 9   ⑤ 10

16

수열 $\{a_n\}$에 대하여 $\sum_{k=1}^{5} a_k = 10$일 때,

$$\sum_{k=1}^{5} ca_k = 65 + \sum_{k=1}^{5} c$$

를 만족시키는 상수 c의 값을 구하시오. [3점]

● 해설편 320쪽

17

두 수열 $\{a_n\}$, $\{b_n\}$에 대하여

$$\sum_{k=1}^{5}(3a_k+5)=55, \quad \sum_{k=1}^{5}(a_k+b_k)=32$$

일 때, $\sum_{k=1}^{5}b_k$의 값을 구하시오. [3점]

18

두 수열 $\{a_n\}$, $\{b_n\}$에 대하여

$$\sum_{k=1}^{10}(2a_k+3)=40, \quad \sum_{k=1}^{10}(a_k-b_k)=-10$$

일 때, $\sum_{k=1}^{10}(b_k+5)$의 값을 구하시오. [3점]

19

두 수열 $\{a_n\}$, $\{b_n\}$에 대하여

$$\sum_{k=1}^{10}(a_k+2b_k)=45, \quad \sum_{k=1}^{10}(a_k-b_k)=3$$

일 때, $\sum_{k=1}^{10}\left(b_k-\dfrac{1}{2}\right)$의 값을 구하시오. [3점]

20

두 수열 $\{a_n\}$, $\{b_n\}$에 대하여

$$\sum_{k=1}^{10}a_k=\sum_{k=1}^{10}(2b_k-1), \quad \sum_{k=1}^{10}(3a_k+b_k)=33$$

일 때, $\sum_{k=1}^{10}b_k$의 값을 구하시오. [3점]

21

두 수열 $\{a_n\}$, $\{b_n\}$에 대하여

$$\sum_{k=1}^{10}(a_k-b_k+2)=50, \ \sum_{k=1}^{10}(a_k-2b_k)=-10$$

일 때, $\sum_{k=1}^{10}(a_k+b_k)$의 값을 구하시오. [3점]

22

수열 $\{a_n\}$에 대하여 $\sum_{k=1}^{10}a_k=4$, $\sum_{k=1}^{10}(a_k+2)^2=67$일 때,

$\sum_{k=1}^{10}(a_k)^2$의 값은? [3점]

① 7   ② 8   ③ 9

④ 10   ⑤ 11

23

수열 $\{a_n\}$에 대하여

$$\sum_{k=1}^{10}(a_k+1)^2=28, \ \sum_{k=1}^{10}a_k(a_k+1)=16$$

일 때, $\sum_{k=1}^{10}(a_k)^2$의 값을 구하시오. [4점]

24

수열 $\{a_n\}$에 대하여

$$\sum_{k=1}^{15}(3a_k+2)=45, \ 2\sum_{k=1}^{15}a_k=42+\sum_{k=1}^{14}a_k$$

일 때, a_{15}의 값을 구하시오. [3점]

• 해설편 322쪽

25

2024학년도 10월 학평 18번

수열 $\{a_n\}$과 상수 c에 대하여

$$\sum_{n=1}^{9} ca_n = 16, \quad \sum_{n=1}^{9}(a_n+c) = 24$$

일 때, $\sum_{n=1}^{9} a_n$의 값을 구하시오. [3점]

26

2018학년도 9월 모평 나형 11번

두 수열 $\{a_n\}$, $\{b_n\}$이 모든 자연수 n에 대하여 $a_n + b_n = 10$을 만족시킨다. $\sum_{k=1}^{10}(a_k + 2b_k) = 160$일 때, $\sum_{k=1}^{10} b_k$의 값은? [3점]

① 60 ② 70 ③ 80

④ 90 ⑤ 100

27 대표 문제

2023학년도 6월 모평 18번

$\sum\limits_{k=1}^{10}(4k+a)=250$일 때, 상수 a의 값을 구하시오. [3점]

28

2020학년도 3월 학평-나형 22번

$\sum\limits_{k=1}^{5}k^2$의 값을 구하시오. [3점]

29

2019학년도 4월 학평-나형 25번

수열 $\{a_n\}$에 대하여 $\sum\limits_{k=1}^{10}a_k=30$일 때, $\sum\limits_{k=1}^{10}(k+a_k)$의 값을 구하시오. [3점]

30

2025학년도 6월 모평 18번

$\sum\limits_{k=1}^{9}(ak^2-10k)=120$일 때, 상수 a의 값을 구하시오. [3점]

31

2020학년도 4월 학평-가형 13번

$\displaystyle\sum_{n=1}^{20}(-1)^n n^2$의 값은? [3점]

① 195
② 200
③ 205
④ 210
⑤ 215

33

2022학년도 10월 학평 18번

$\displaystyle\sum_{k=1}^{6}(k+1)^2-\sum_{k=1}^{5}(k-1)^2$의 값을 구하시오. [3점]

32

2020학년도 9월 모평 나형 12번

$\displaystyle\sum_{k=1}^{9}(k+1)^2-\sum_{k=1}^{10}(k-1)^2$의 값은? [3점]

① 91
② 93
③ 95
④ 97
⑤ 99

34

2017학년도 수능 나형(홀) 25번

함수 $f(x)=\dfrac{1}{2}x+2$에 대하여 $\displaystyle\sum_{k=1}^{15}f(2k)$의 값을 구하시오.

[3점]

35

수열 $\{a_n\}$의 일반항이

$$a_n = \begin{cases} \dfrac{(n+1)^2}{2} & (n\text{이 홀수인 경우}) \\ \dfrac{n^2}{2}+n+1 & (n\text{이 짝수인 경우}) \end{cases}$$

일 때, $\displaystyle\sum_{n=1}^{10} a_n$의 값은? [3점]

① 235   ② 240   ③ 245

④ 250   ⑤ 255

유형 04   자연수의 거듭제곱의 합의 활용

36 대표 문제

자연수 n에 대하여 다항식 $2x^2-3x+1$을 $x-n$으로 나누었을 때의 나머지를 a_n이라 할 때, $\displaystyle\sum_{n=1}^{7}(a_n-n^2+n)$의 값을 구하시오.

[3점]

37

x에 대한 이차방정식 $nx^2-(2n^2-n)x-5=0$의 두 근의 합을 a_n (n은 자연수)라 하자. $\displaystyle\sum_{k=1}^{10} a_k$의 값은? [3점]

① 88   ② 91   ③ 94

④ 97   ⑤ 100

38

n이 자연수일 때, x에 대한 이차방정식

$$x^2-5nx+4n^2=0$$

의 두 근을 α_n, β_n이라 하자.

$\sum\limits_{n=1}^{7}(1-\alpha_n)(1-\beta_n)$의 값을 구하시오. [3점]

40

수열 $\{a_n\}$의 각 항이

$$a_1=1$$
$$a_2=1+3$$
$$a_3=1+3+5$$
$$\vdots$$
$$a_n=1+3+5+\cdots+(2n-1)$$
$$\vdots$$

일 때, $\log_4(2^{a_1}\times 2^{a_2}\times 2^{a_3}\times\cdots\times 2^{a_{12}})$의 값은? [4점]

① 315   ② 320   ③ 325
④ 330   ⑤ 335

39

자연수 n에 대하여 $f(n)$이 다음과 같다.

$$f(n)=\begin{cases} \log_3 n & (n\text{이 홀수}) \\ \log_2 n & (n\text{이 짝수}) \end{cases}$$

수열 $\{a_n\}$이 $a_n=f(6^n)-f(3^n)$일 때, $\sum\limits_{n=1}^{15}a_n$의 값은? [3점]

① $120(\log_2 3-1)$ ② $105\log_3 2$
③ $105\log_2 3$ ④ $120\log_2 3$
⑤ $120(\log_3 2+1)$

41

자연수 n에 대하여

$$\left|\left(n+\frac{1}{2}\right)^2-m\right|<\frac{1}{2}$$

을 만족시키는 자연수 m을 a_n이라 하자. $\sum\limits_{k=1}^{5}a_k$의 값은? [4점]

① 65   ② 70   ③ 75
④ 80   ⑤ 85

수열 $\{a_n\}$에 대하여 $\sum\limits_{n=1}^{20} a_n = p$라 할 때, 등식

$$2a_n + n = p \ (n \geq 1)$$

가 성립한다. a_{10}의 값은? (단, p는 상수이다.) [4점]

① $\dfrac{2}{3}$ ② $\dfrac{3}{4}$ ③ $\dfrac{5}{6}$

④ $\dfrac{11}{12}$ ⑤ 1

수열 $\{a_n\}$은 등차수열이고, 수열 $\{b_n\}$은 모든 자연수 n에 대하여

$$b_n = \sum_{k=1}^{n} (-1)^{k+1} a_k$$

를 만족시킨다. $b_2 = -2$, $b_3 + b_7 = 0$일 때, 수열 $\{b_n\}$의 첫째항부터 제9항까지의 합은? [4점]

① -22 ② -20 ③ -18

④ -16 ⑤ -14

44

수열 $\{a_n\}$이 모든 자연수 n에 대하여

$$a_n + a_{n+1} = 2n$$

을 만족시킬 때, $a_1 + a_{22}$의 값은? [4점]

① 18   ② 19   ③ 20

④ 21   ⑤ 22

45

4 이상의 자연수 n에 대하여 다음 조건을 만족시키는 n 이하의 네 자연수 a, b, c, d가 있다.

• $a > b$
• 좌표평면 위의 두 점 $\mathrm{A}(a, b)$, $\mathrm{B}(c, d)$와 원점 O에 대하여 삼각형 OAB는 $\angle \mathrm{A} = \dfrac{\pi}{2}$인 직각이등변삼각형이다.

다음은 a, b, c, d의 모든 순서쌍 (a, b, c, d)의 개수를 T_n이라 할 때, $\displaystyle\sum_{n=4}^{20} T_n$의 값을 구하는 과정이다.

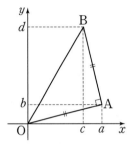

점 $\mathrm{A}(a, b)$에 대하여 점 $\mathrm{B}(c, d)$가 $\overline{\mathrm{OA}} \perp \overline{\mathrm{AB}}$, $\overline{\mathrm{OA}} = \overline{\mathrm{AB}}$를 만족시키려면 $c = a - b$, $d = a + b$이어야 한다.

이때, $a > b$이고 d가 n 이하의 자연수이므로 $b < \dfrac{n}{2}$이다.

$\dfrac{n}{2}$ 미만의 자연수 k에 대하여 $b = k$일 때, $a + b \leq n$을 만족시키는 자연수 a의 개수는 $n - 2k$이다.

2 이상의 자연수 m에 대하여

(i) $n = 2m$인 경우

   b가 될 수 있는 자연수는 1부터 $\boxed{(가)}$ 까지이므로

$$T_{2m} = \sum_{k=1}^{\boxed{(가)}} (2m - 2k) = \boxed{(나)}$$

(ii) $n = 2m + 1$인 경우

   $T_{2m+1} = \boxed{(다)}$

(i), (ii)에 의해 $\displaystyle\sum_{n=4}^{20} T_n = 614$

위의 (가), (나), (다)에 알맞은 식을 각각 $f(m)$, $g(m)$, $h(m)$이라 할 때, $f(5) + g(6) + h(7)$의 값은? [4점]

① 71   ② 74   ③ 77

④ 80   ⑤ 83

46

수열 $\{a_n\}$의 일반항은

$$a_n = \log_2 \sqrt{\frac{2(n+1)}{n+2}}$$

이다. $\sum\limits_{k=1}^{m} a_k$의 값이 100 이하의 자연수가 되도록 하는 모든 자연수 m의 값의 합은? [4점]

① 150   ② 154   ③ 158

④ 162   ⑤ 166

47

수열 $\{a_n\}$이 다음 조건을 만족시킨다.

(가) $|a_n| + a_{n+1} = n + 6 \ (n \geq 1)$

(나) $\sum\limits_{n=1}^{40} a_n = 520$

$\sum\limits_{n=1}^{30} a_n$의 값을 구하시오. [4점]

48

집합 $U=\{x \mid x$는 30 이하의 자연수$\}$의 부분집합
$A=\{a_1,\ a_2,\ a_3,\ \cdots,\ a_{15}\}$가 다음 조건을 만족시킨다.

> ㈎ 집합 A의 임의의 두 원소 $a_i,\ a_j\ (i \neq j)$에 대하여
> $$a_i+a_j \neq 31$$
> ㈏ $\displaystyle\sum_{i=1}^{15} a_i = 264$

$\dfrac{1}{31}\displaystyle\sum_{i=1}^{15} a_i^2$의 값을 구하시오. [4점]

49

2 이상의 자연수 n에 대하여 다음 조건을 만족시키는 자연수 a, b의 모든 순서쌍 $(a,\ b)$의 개수가 300 이상이 되도록 하는 가장 작은 자연수 k의 값을 $f(n)$이라 할 때, $f(2) \times f(3) \times f(4)$의 값을 구하시오. [4점]

> ㈎ $a < n^k$이면 $b \leq \log_n a$이다.
> ㈏ $a \geq n^k$이면 $b \leq -(a-n^k)^2+k^2$이다.

한눈에 정리하는
평가원 기출 경향

주제 \ 학년도	2025	2024	2023

빈출

∑와 등차수열, 등비수열

2024

13 2024학년도 9월 모평 21번

모든 항이 자연수인 등차수열 $\{a_n\}$의 첫째항부터 제n항까지의 합을 S_n이라 하자. a_7이 13의 배수이고 $\sum_{k=1}^{7} S_k = 644$일 때, a_2의 값을 구하시오. [4점]

2023

07 2023학년도 6월 모평 12번

공차가 3인 등차수열 $\{a_n\}$이 다음 조건을 만족시킬 때, a_{10}의 값은? [4점]

> (가) $a_5 \times a_7 < 0$
> (나) $\sum_{k=1}^{6}|a_{k+6}| = 6 + \sum_{k=1}^{6}|a_{2k}|$

① $\frac{21}{2}$ ② 11 ③ $\frac{23}{2}$
④ 12 ⑤ $\frac{25}{2}$

∑로 표현된 수열의 합과 일반항 사이의 관계

2025

31 2025학년도 수능 홀 12번

$a_1 = 2$인 수열 $\{a_n\}$과 $b_1 = 2$인 등차수열 $\{b_n\}$이 모든 자연수 n에 대하여

$$\sum_{k=1}^{n} \frac{a_k}{b_{k+1}} = \frac{1}{2}n^2$$

을 만족시킬 때, $\sum_{k=1}^{5} a_k$의 값은? [4점]

① 120 ② 125 ③ 130
④ 135 ⑤ 140

빈출

분수 꼴 또는 분모에 근호가 포함된 수열의 합

2024

42 2024학년도 수능 홀 11번

공차가 0이 아닌 등차수열 $\{a_n\}$에 대하여

$$|a_6| = a_8, \quad \sum_{k=1}^{5}\frac{1}{a_k a_{k+1}} = \frac{5}{96}$$

일 때, $\sum_{k=1}^{15} a_k$의 값은? [4점]

① 60 ② 65 ③ 70
④ 75 ⑤ 80

38 2024학년도 6월 모평 9번

수열 $\{a_n\}$이 모든 자연수 n에 대하여

$$\sum_{k=1}^{n} \frac{1}{(2k-1)a_k} = n^2 + 2n$$

을 만족시킬 때, $\sum_{n=1}^{10} a_n$의 값은? [4점]

① $\frac{10}{21}$ ② $\frac{4}{7}$ ③ $\frac{2}{3}$
④ $\frac{16}{21}$ ⑤ $\frac{6}{7}$

2023

45 2023학년도 수능 홀 7번

모든 항이 양수이고 첫째항과 공차가 같은 등차수열 $\{a_n\}$이

$$\sum_{k=1}^{15} \frac{1}{\sqrt{a_k} + \sqrt{a_{k+1}}} = 2$$

를 만족시킬 때, a_4의 값은? [3점]

① 6 ② 7 ③ 8
④ 9 ⑤ 10

37 2023학년도 9월 모평 7번

수열 $\{a_n\}$의 첫째항부터 제n항까지의 합을 S_n이라 하자. $S_n = \frac{1}{n(n+1)}$일 때, $\sum_{k=1}^{10}(S_k - a_k)$의 값은? [3점]

① $\frac{1}{2}$ ② $\frac{3}{5}$ ③ $\frac{7}{10}$
④ $\frac{4}{5}$ ⑤ $\frac{9}{10}$

수열의 합의 활용

2023

06 2023학년도 수능 홀 13번

자연수 $m(m \geq 2)$에 대하여 m^{12}의 n제곱근 중에서 정수가 존재하도록 하는 2 이상의 자연수 n의 개수를 $f(m)$이라 할 때, $\sum_{m=2}^{9} f(m)$의 값은? [4점]

① 37 ② 42 ③ 47
④ 52 ⑤ 57

2022 ~ 2014

15 2022학년도 9월 (고3) 13번

첫째항이 -45이고 공차가 d인 등차수열 $\{a_n\}$이 다음 조건을 만족시키도록 하는 모든 자연수 d의 값의 합은? [4점]

> (가) $|a_m| = |a_{m+1}|$인 자연수 m이 존재한다.
> (나) 모든 자연수 n에 대하여 $\sum\limits_{k=1}^{n} a_k > -100$이다.

① 44 ② 48 ③ 52
④ 56 ⑤ 60

05 2021학년도 (고3) 가형(홀) 25번

첫째항이 3인 등차수열 $\{a_n\}$에 대하여 $\sum\limits_{k=1}^{10} a_k = 55$일 때,
$\sum\limits_{k=1}^{5} k(a_k - 3)$의 값을 구하시오. [3점]

12 2020학년도 (고3) 나형 15번

첫째항이 50이고 공차가 -4인 등차수열의 첫째항부터 제n항까지의 합을 S_n이라 할 때, S_m의 값이 최대가 되도록 하는 자연수 m의 값은? [4점]

① 8 ② 9 ③ 10
④ 11 ⑤ 12

18 2020학년도 6월 (고3) 나형 24번

공비가 양수인 등비수열 $\{a_n\}$에 대하여
$$a_1 = 2, \quad \frac{a_3}{a_2} = 9$$
일 때, $\sum\limits_{k=1}^{5} a_k$의 값을 구하시오. [3점]

25 2020학년도 6월 (고3) 나형 28번

첫째항이 2이고 공비가 정수인 등비수열 $\{a_n\}$과 자연수 m이 다음 조건을 만족시킬 때, a_m의 값을 구하시오. [4점]

> (가) $4 < a_2 + a_3 \le 12$
> (나) $\sum\limits_{k=1}^{m} a_k = 122$

48 2019학년도 (고3) 나형(홀) 29번

첫째항이 자연수이고 공차가 음의 정수인 등차수열 $\{a_n\}$과 첫째항이 자연수이고 공비가 음의 정수인 등비수열 $\{b_n\}$이 다음 조건을 만족시킬 때, $a_7 + b_7$의 값을 구하시오. [4점]

> (가) $\sum\limits_{k=1}^{5}(a_k + b_k) = 27$
> (나) $\sum\limits_{k=1}^{5}(a_k + |b_k|) = 67$
> (다) $\sum\limits_{k=1}^{5}(|a_k| + |b_k|) = 81$

17 2019학년도 6월 (고3) 나형 15번

등차수열 $\{a_n\}$에 대하여
$$a_3 = 4(a_5 - a_3), \quad \sum_{k=1}^{5} a_k = 15$$
일 때, $a_1 + a_3 + a_5$의 값은? [4점]

① 3 ② 4 ③ 5
④ 6 ⑤ 7

01 2018학년도 (고3) 나형 14번

등차수열 $\{a_n\}$이
$$a_1 + a_3 = 3a_6, \quad a_4 = \frac{9}{2}$$
를 만족시킬 때, a_{10}의 값은? [4점]

① 2 ② 1 ③ 0
④ -1 ⑤ -2

03 2018학년도 6월 (고3) 나형 15번

공차가 양수인 등차수열 $\{a_n\}$에 대하여 이차방정식 $x^2 - 14x + 24 = 0$의 두 근이 a_3, a_5이다. $\sum\limits_{k=1}^{8} a_k$의 값은? [4점]

① 40 ② 42 ③ 44
④ 46 ⑤ 48

02 2015학년도 9월 (고3) A형 24번

등차수열 $\{a_n\}$에 대하여 $a_1 + a_5 = 22$일 때, $\sum\limits_{k=1}^{5} a_k$의 값을 구하시오. [3점]

30 2021학년도 6월 (고2) 나형 28번

수열 $\{a_n\}$이 모든 자연수 n에 대하여
$$\sum_{k=1}^{n} \frac{4k-3}{a_k} = 2n^2 + 7n$$
을 만족시킨다. $a_1 \times a_2 \times a_3 = \dfrac{q}{p}$일 때, $p+q$의 값을 구하시오. (단, p와 q는 서로소인 자연수이다.) [4점]

28 2015학년도 (고2) A형 17번

등차수열 $\{a_n\}$이 $\sum\limits_{k=1}^{n} a_{k-1} = 3n^2 + n$을 만족시킬 때, a_4의 값은? [4점]

① 16 ② 19 ③ 22
④ 25 ⑤ 28

26 2015학년도 6월 (고2) B형 13번

수열 $\{a_n\}$에 대하여
$$\sum_{k=1}^{n} a_k = n^3 - n \quad (n \ge 1)$$
일 때, $\sum\limits_{k=1}^{n} k a_{k+1}$의 값은? [3점]

① 2960 ② 3000 ③ 3040
④ 3080 ⑤ 3120

36 2022학년도 9월 (고2) 7번

수열 $\{a_n\}$은 $a_1 = -4$이고, 모든 자연수 n에 대하여
$$\sum_{k=1}^{n} \frac{a_{k+1} - a_k}{a_k a_{k+1}} = \frac{1}{4}$$
을 만족시킨다. a_{10}의 값은? [3점]

① -9 ② -7 ③ -5
④ -3 ⑤ -1

44 2020학년도 9월 (고3) 나형 26번

n이 자연수일 때, x에 대한 이차방정식
$$x^2 - (2n-1)x + n(n-1) = 0$$
의 두 근을 α_n, β_n이라 하자. $\sum\limits_{n=1}^{81} \dfrac{1}{\sqrt{\alpha_n} + \sqrt{\beta_n}}$의 값을 구하시오. [4점]

43 2017학년도 9월 (고3) 나형 14번

첫째항이 4이고 공차가 1인 등차수열 $\{a_n\}$에 대하여
$$\sum_{k=1}^{21} \frac{1}{\sqrt{a_k} + \sqrt{a_{k+1}}}$$
의 값은? [4점]

① 1 ② 2 ③ 3
④ 4 ⑤ 5

34 2015학년도 6월 (고3) A형 10번

$\sum\limits_{k=1}^{n} \dfrac{4}{k(k+1)} = \dfrac{15}{4}$일 때, n의 값은? [3점]

① 11 ② 12 ③ 13
④ 14 ⑤ 15

46 2014학년도 9월 (고3) A형 30번

자연수 n에 대하여 부등식 $4^n - (2^n + 4)2^n + 8^n \le 1$을 만족시키는 모든 자연수 k의 합을 a_n이라 하자. $\sum\limits_{n=1}^{m} \dfrac{1}{a_n} = \dfrac{q}{p}$일 때, $p+q$의 값을 구하시오. (단, p와 q는 서로소인 자연수이다.) [4점]

05 2022학년도 6월 (고2) 13번

실수 전체의 집합에서 정의된 함수 $f(x)$가 $0 < x \le 1$에서
$$f(x) = \begin{cases} 3 & (0 < x < 1) \\ 1 & (x = 1) \end{cases}$$
이고, 모든 실수 x에 대하여 $f(x+1) = f(x)$를 만족시킨다.
$\sum\limits_{k=1}^{9} \dfrac{k \times f(\sqrt{k})}{3}$의 값은? [4점]

① 150 ② 160 ③ 170
④ 180 ⑤ 190

01 2020학년도 (고3) 나형(홀) 17번

자연수 n의 양의 약수의 개수를 $f(n)$이라 하고, 36의 모든 양의 약수를 a_1, a_2, $\cdots$, a_9라 하자. $\sum\limits_{k=1}^{9}\left((-1)^{f(a_k)} \times \log a_k\right)$의 값은? [4점]

① $\log 2 + \log 3$ ② $2\log 2 + \log 3$
③ $\log 2 + 2\log 3$ ④ $2\log 2 + 2\log 3$
⑤ $3\log 2 + 2\log 3$

29 2019학년도 9월 (고3) 나형 29번

좌표평면에 그림과 같이 길이가 1인 선분이 수직으로 만나도록 연결된 경로가 있다. 이 경로를 따라 원점에서 멀어지도록 움직이는 점 P의 위치를 나타내는 점 A_n을 다음과 같은 규칙으로 정한다.

> (i) A_0은 원점이다.
> (ii) n이 자연수일 때, A_n은 점 A_{n-1}에서 점 P가 경로를 따라 $\dfrac{2n-1}{25}$만큼 이동한 위치에 있는 점이다.

예를 들어, 점 A_3와 A_4의 좌표는 각각 $\left(\dfrac{4}{25}, 0\right)$, $\left(1, \dfrac{11}{25}\right)$이다. 자연수 n에 대하여 점 A_n 중 직선 $y = x$ 위에 있는 점을 원점에서 가까운 순서대로 나열할 때, 두 번째 점의 x좌표를 a라 하자. a의 값을 구하시오. [4점]

13 2017학년도 9월 (고3) 나형 17번

자연수 n에 대하여 곡선 $y = \dfrac{3}{x}$ $(x > 0)$ 위의 점 $\left(n, \dfrac{3}{n}\right)$과 두 점 $(n-1, 0)$, $(n+1, 0)$을 세 꼭짓점으로 하는 삼각형의 넓이를 a_n이라 할 때, $\sum\limits_{n=1}^{9} \dfrac{9}{a_n}$의 값은? [4점]

① 410 ② 420 ③ 430
④ 440 ⑤ 450

26 2015학년도 (고3) B형 21번

자연수 n에 대하여 다음 조건을 만족시키는 가장 작은 자연수 m을 a_n이라 할 때, $\sum\limits_{n=1}^{5} a_n$의 값은? [4점]

> (가) 점 A의 좌표는 $(2^n, 0)$이다.
> (나) 두 점 $B(1, 0)$과 $C(2^n, m)$을 지나는 직선 위의 점 중 x좌표가 2^n인 점을 D라 할 때, 삼각형 ABD의 넓이는 $\dfrac{m}{2}$보다 작거나 같다.

① 109 ② 111 ③ 113
④ 115 ⑤ 117

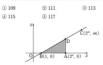

35 2017학년도 (고3) 나형(홀) 21번

좌표평면에서 함수
$$f(x) = \begin{cases} -x + 10 & (x < 10) \\ (x - 10)^2 & (x \ge 10) \end{cases}$$
과 자연수 n에 대하여 점 $(n, f(n))$을 중심으로 하고 반지름의 길이가 3인 원 O_n이 있다. x좌표와 y좌표가 모두 정수인 점 중에서 원 O_n의 내부에 있고 함수 $y = f(x)$의 그래프의 아랫부분에 있는 모든 점의 개수를 A_n, 원 O_n의 내부에 있고 함수 $y = f(x)$의 그래프의 윗부분에 있는 모든 점의 개수를 B_n이라 하자. $\sum\limits_{n=1}^{18}(A_n - B_n)$의 값은? [4점]

① 19 ② 21 ③ 23
④ 25 ⑤ 27

여러 가지 수열의 합

1 ∑와 등차수열, 등비수열

$\sum\limits_{k=1}^{n}a_k=a_1+a_2+\cdots+a_n$이므로 등차수열 또는 등비수열 $\{a_n\}$에 대하여 $\sum\limits_{k=1}^{n}a_k$의 값은 다음과 같다.

(1) 등차수열 $\{a_n\}$에서

    ① 첫째항이 a, 공차가 d일 때, $\sum\limits_{k=1}^{n}a_k=\dfrac{n\{2a+(n-1)d\}}{2}$

    ② 첫째항이 a, 제n항이 l일 때, $\sum\limits_{k=1}^{n}a_k=\dfrac{n(a+l)}{2}$

(2) 등비수열 $\{a_n\}$에서 첫째항이 a, 공비가 r일 때,

$$\sum_{k=1}^{n}a_k=\frac{a(1-r^n)}{1-r}=\frac{a(r^n-1)}{r-1}\ (\text{단},\ r\neq1)$$

2 ∑로 표현된 수열의 합과 일반항 사이의 관계

수열 $\{a_n\}$의 첫째항부터 제n항까지의 합을 S_n이라 하면 $S_n=\sum\limits_{k=1}^{n}a_k$이므로 수열의 합과 일반항 사이의 관계를 이용하여 일반항 a_n을 구한다.

⇨ $a_1=S_1$, $a_n=S_n-S_{n-1}=\sum\limits_{k=1}^{n}a_k-\sum\limits_{k=1}^{n-1}a_k\ (n\geq2)$

3 여러 가지 수열의 합

(1) 분수 꼴인 수열의 합

    분모가 곱으로 표현된 수열의 합은 $\dfrac{1}{AB}=\dfrac{1}{B-A}\left(\dfrac{1}{A}-\dfrac{1}{B}\right)(A\neq B)$임을 이용하여 다음과 같이 변형한 후 구한다.

    ① $\sum\limits_{k=1}^{n}\dfrac{1}{k(k+a)}=\dfrac{1}{a}\sum\limits_{k=1}^{n}\left(\dfrac{1}{k}-\dfrac{1}{k+a}\right)$

    ② $\sum\limits_{k=1}^{n}\dfrac{1}{(k+a)(k+b)}=\dfrac{1}{b-a}\sum\limits_{k=1}^{n}\left(\dfrac{1}{k+a}-\dfrac{1}{k+b}\right)$

    예 (1) $\sum\limits_{k=1}^{6}\dfrac{1}{k(k+1)}=\sum\limits_{k=1}^{6}\left(\dfrac{1}{k}-\dfrac{1}{k+1}\right)$

             $=\left(1-\dfrac{1}{2}\right)+\left(\dfrac{1}{2}-\dfrac{1}{3}\right)+\left(\dfrac{1}{3}-\dfrac{1}{4}\right)+\left(\dfrac{1}{4}-\dfrac{1}{5}\right)+\left(\dfrac{1}{5}-\dfrac{1}{6}\right)+\left(\dfrac{1}{6}-\dfrac{1}{7}\right)$

             └─ 앞에서 남는 항과 뒤에서 남는 항은 서로 대칭이 되는 위치에 있어.

             $=1-\dfrac{1}{7}=\dfrac{6}{7}$

     (2) $\sum\limits_{k=1}^{4}\dfrac{1}{(k+1)(k+3)}=\dfrac{1}{3-1}\sum\limits_{k=1}^{4}\left(\dfrac{1}{k+1}-\dfrac{1}{k+3}\right)$

             $=\dfrac{1}{2}\left\{\left(\dfrac{1}{2}-\dfrac{1}{4}\right)+\left(\dfrac{1}{3}-\dfrac{1}{5}\right)+\left(\dfrac{1}{4}-\dfrac{1}{6}\right)+\left(\dfrac{1}{5}-\dfrac{1}{7}\right)\right\}$

             $=\dfrac{1}{2}\left(\dfrac{1}{2}+\dfrac{1}{3}-\dfrac{1}{6}-\dfrac{1}{7}\right)=\dfrac{11}{42}$

(2) 분모에 근호가 포함된 수열의 합

    분모에 근호가 포함된 수열의 합은 다음과 같이 분모를 유리화한 후 구한다.

    ⇨ $\sum\limits_{k=1}^{n}\dfrac{1}{\sqrt{k}+\sqrt{k+1}}=\sum\limits_{k=1}^{n}\dfrac{\sqrt{k}-\sqrt{k+1}}{(\sqrt{k}+\sqrt{k+1})(\sqrt{k}-\sqrt{k+1})}=\sum\limits_{k=1}^{n}(\sqrt{k+1}-\sqrt{k})$

    예 $\sum\limits_{k=1}^{8}\dfrac{1}{\sqrt{k}+\sqrt{k+1}}=\sum\limits_{k=1}^{8}\dfrac{\sqrt{k}-\sqrt{k+1}}{(\sqrt{k}+\sqrt{k+1})(\sqrt{k}-\sqrt{k+1})}$

             $=\sum\limits_{k=1}^{8}(\sqrt{k+1}-\sqrt{k})$

             $=(\sqrt{2}-1)+(\sqrt{3}-\sqrt{2})+(\sqrt{4}-\sqrt{3})+\cdots+(\sqrt{9}-\sqrt{8})$

             $=\sqrt{9}-1=3-1=2$

• 등차수열의 일반항

첫째항이 a, 공차가 d인 등차수열의 일반항 a_n은

$a_n=a+(n-1)d\ (n=1,\ 2,\ 3,\ \cdots)$

• 등비수열의 일반항

첫째항이 a, 공비가 r인 등비수열의 일반항 a_n은

$a_n=ar^{n-1}\ (n=1,\ 2,\ 3,\ \cdots)$

• 분모의 유리화

$a>0$, $b>0$일 때,

$\dfrac{1}{\sqrt{a}+\sqrt{b}}=\dfrac{\sqrt{a}-\sqrt{b}}{(\sqrt{a}+\sqrt{b})(\sqrt{a}-\sqrt{b})}$

$=\dfrac{\sqrt{a}-\sqrt{b}}{a-b}$

4 수열의 합의 활용

(1) 로그를 포함한 수열의 합

로그를 포함한 수열의 합 $\sum\limits_{k=1}^{n} \log a_k$는 a_k의 k에 1, 2, 3, $\cdots$, n을 차례대로 대입하여 합의 꼴로 나타낸 후 로그의 성질을 이용한다.

$\Rightarrow \sum\limits_{k=1}^{n} \log a_k = \log a_1 + \log a_2 + \log a_3 + \cdots + \log a_n = \log(a_1 \times a_2 \times a_3 \times \cdots \times a_n)$

(2) 삼각함수를 포함한 수열의 합

삼각함수를 포함한 수열은 주기에 따라 일정하게 반복되는 규칙을 가지므로 $\sum\limits_{k=1}^{n} a_k$에서 a_k의 k에 1, 2, 3, $\cdots$, n을 차례대로 대입하여 규칙을 찾은 후 합을 구한다.

(3) 도형 또는 함수의 그래프에서의 수열의 합

도형 또는 함수의 그래프에서 선분의 길이 또는 도형의 넓이를 n에 대한 식으로 나타낸 후 수열의 합을 이용하여 그 합을 구한다.

> **중1~3 고1 다시보기**
>
> 수열의 합의 활용 문제에 이용되는 다음 개념을 기억하자.
>
> **• 삼각형의 세 변의 길이 사이의 관계**
> 삼각형에서 한 변의 길이는 나머지 두 변의 길이의 합보다 작다.
> $\Rightarrow$ (가장 긴 변의 길이) < (나머지 두 변의 길이의 합)
>
> **• 삼각형의 합동**
> 한 쌍의 대응변의 길이가 같고, 그 양 끝 각의 크기가 각각 같은 두 삼각형은 합동이다.
> $\Rightarrow \triangle ABC \equiv \triangle A'B'C'$ (ASA 합동)
>
>
> **• 직각삼각형의 외심**
> 직각삼각형의 외심은 빗변의 중점이다.
>
>
> **• 점과 직선 사이의 거리**
> 점 (x_1, y_1)에서 직선 $ax+by+c=0$까지의 거리 d는
> $$d = \frac{|ax_1+by_1+c|}{\sqrt{a^2+b^2}}$$
>
> **• 좌표평면 위의 선분의 내분점**
> 좌표평면 위의 두 점 $A(x_1, y_1)$, $B(x_2, y_2)$를 이은 선분 AB를 $m:n(m>0, n>0)$으로 내분하는 점의 좌표는
> $$\left(\frac{mx_2+nx_1}{m+n}, \frac{my_2+ny_1}{m+n} \right)$$
>
> **• 직선의 방정식**
> (1) 기울기가 m이고 y절편이 n인 직선의 방정식
> $\Rightarrow y=mx+n$
> (2) 점 (x_1, y_1)을 지나고 기울기가 m인 직선의 방정식
> $\Rightarrow y-y_1=m(x-x_1)$
> (3) 두 점 (x_1, y_1), (x_2, y_2)를 지나는 직선의 방정식
> $\Rightarrow y-y_1=\frac{y_2-y_1}{x_2-x_1}(x-x_1)$ (단, $x_1 \neq x_2$)
>
> **• 기울기가 주어진 원의 접선의 방정식**
> 원 $x^2+y^2=r^2$에 접하고 기울기가 m인 직선의 방정식은
> $$y=mx \pm r\sqrt{m^2+1}$$

• 두 로그함수 $y=f(x)$, $y=g(x)$가 주어질 때, 두 함수 $y=f(x)$, $y=g(x)$의 그래프의 교점의 x좌표는 로그방정식 $f(x)=g(x)$의 해와 같다.

• 방정식 $\sin x=k$의 실근은 함수 $y=\sin x$의 그래프와 직선 $y=k$의 교점의 x좌표와 같다.

• 삼각형의 합동 조건
(1) 세 쌍의 대응변의 길이가 각각 같다.
(SSS 합동)
(2) 두 쌍의 대응변의 길이가 각각 같고, 그 끼인 각의 크기가 같다. (SAS 합동)

• 두 직선 $y=mx+n$, $y=m'x+n'$이 서로 수직이면
$\Rightarrow mm'=-1$

• 중심이 원점이고 반지름의 길이가 r인 원의 방정식은
$$x^2+y^2=r^2$$

유형 01 ∑와 등차수열

01 대표문제
2018학년도 수능 나형(홀) 14번

등차수열 $\{a_n\}$이

$$a_5+a_{13}=3a_9,\ \sum_{k=1}^{18}a_k=\frac{9}{2}$$

를 만족시킬 때, a_{13}의 값은? [4점]

① 2   ② 1   ③ 0

④ −1   ⑤ −2

02
2015학년도 9월 모평 A형 24번

등차수열 $\{a_n\}$에 대하여 $a_1+a_{10}=22$일 때, $\sum_{k=2}^{9}a_k$의 값을 구하시오. [3점]

03

2018학년도 6월 모평 나형 15번

공차가 양수인 등차수열 $\{a_n\}$에 대하여 이차방정식

$x^2-14x+24=0$의 두 근이 a_3, a_8이다. $\sum_{n=3}^{8}a_n$의 값은? [4점]

① 40   ② 42   ③ 44

④ 46   ⑤ 48

04
2016학년도 7월 학평-나형 26번

첫째항이 3인 등차수열 $\{a_n\}$에 대하여 $\sum_{n=1}^{10}(a_{5n}-a_n)=440$일 때,

$\sum_{n=1}^{10}a_n$의 값을 구하시오. [4점]

05

첫째항이 3인 등차수열 $\{a_n\}$에 대하여 $\sum\limits_{k=1}^{5} a_k = 55$일 때,

$\sum\limits_{k=1}^{5} k(a_k - 3)$의 값을 구하시오. [3점]

06

공차가 양수인 등차수열 $\{a_n\}$에 대하여 $a_5 = 5$이고

$\sum\limits_{k=3}^{7} |2a_k - 10| = 20$이다. a_6의 값은? [4점]

① 6   ② $\dfrac{20}{3}$ ③ $\dfrac{22}{3}$

④ 8   ⑤ $\dfrac{26}{3}$

07

공차가 3인 등차수열 $\{a_n\}$이 다음 조건을 만족시킬 때, a_{10}의 값은? [4점]

(가) $a_5 \times a_7 < 0$

(나) $\sum\limits_{k=1}^{6} |a_{k+6}| = 6 + \sum\limits_{k=1}^{6} |a_{2k}|$

① $\dfrac{21}{2}$ ② 11   ③ $\dfrac{23}{2}$

④ 12   ⑤ $\dfrac{25}{2}$

08

공차가 양수인 등차수열 $\{a_n\}$이 다음 조건을 만족시킬 때, a_{10}의 값은? [4점]

(가) $|a_4| + |a_6| = 8$

(나) $\sum\limits_{k=1}^{9} a_k = 27$

① 21   ② 23   ③ 25

④ 27   ⑤ 29

09

공차가 정수인 두 등차수열 $\{a_n\}$, $\{b_n\}$과 자연수 m ($m \geq 3$)이 다음 조건을 만족시킨다.

> (가) $|a_1 - b_1| = 5$
> (나) $a_m = b_m$, $a_{m+1} < b_{m+1}$

$\sum_{k=1}^{m} a_k = 9$일 때, $\sum_{k=1}^{m} b_k$의 값은? [4점]

① -6 　　　② -5 　　　③ -4

④ -3 　　　⑤ -2

11

모든 항이 정수이고 공차가 5인 등차수열 $\{a_n\}$과 자연수 m이 다음 조건을 만족시킨다.

> (가) $\sum_{k=1}^{2m+1} a_k < 0$
> (나) $|a_m| + |a_{m+1}| + |a_{m+2}| < 13$

$24 < a_{21} < 29$일 때, m의 값은? [4점]

① 10 　　　② 12 　　　③ 14

④ 16 　　　⑤ 18

10

공차가 음의 정수인 등차수열 $\{a_n\}$에 대하여

$$a_6 = -2, \quad \sum_{k=1}^{8} |a_k| = \sum_{k=1}^{8} a_k + 42$$

일 때, $\sum_{k=1}^{8} a_k$의 값은? [4점]

① 40 　　　② 44 　　　③ 48

④ 52 　　　⑤ 56

12

첫째항이 50이고 공차가 -4인 등차수열의 첫째항부터 제n항까지의 합을 S_n이라 할 때, $\sum_{k=m}^{m+4} S_k$의 값이 최대가 되도록 하는 자연수 m의 값은? [4점]

① 8 　　　② 9 　　　③ 10

④ 11 　　　⑤ 12

13

모든 항이 자연수인 등차수열 $\{a_n\}$의 첫째항부터 제n항까지의 합을 S_n이라 하자. a_7이 13의 배수이고 $\sum_{k=1}^{7} S_k = 644$일 때, a_2의 값을 구하시오. [4점]

15

첫째항이 -45이고 공차가 d인 등차수열 $\{a_n\}$이 다음 조건을 만족시키도록 하는 모든 자연수 d의 값의 합은? [4점]

> (가) $|a_m| = |a_{m+3}|$인 자연수 m이 존재한다.
> (나) 모든 자연수 n에 대하여 $\sum_{k=1}^{n} a_k > -100$이다.

① 44   ② 48   ③ 52

④ 56   ⑤ 60

14

등차수열 $\{a_n\}$이 다음 조건을 만족시킨다.

> (가) $a_1 + a_2 + a_3 = 159$
> (나) $a_{m-2} + a_{m-1} + a_m = 96$인 자연수 m에 대하여
> $$\sum_{k=1}^{m} a_k = 425 \text{ (단, } m > 3)$$

a_{11}의 값을 구하시오. [4점]

16

등차수열 $\{a_n\}$에 대하여

$$S_n = \sum_{k=1}^{n} a_k, \quad T_n = \sum_{k=1}^{n} |a_k|$$

라 할 때, 수열 $\{a_n\}$이 다음 조건을 만족시킨다.

> (가) $a_7 = a_6 + a_8$
> (나) 6 이상의 모든 자연수 n에 대하여 $S_n + T_n = 84$이다.

T_{15}의 값은? [4점]

① 96   ② 102   ③ 108

④ 114   ⑤ 120

17 대표 문제

2019학년도 6월 모평 나형 15번

등비수열 $\{a_n\}$에 대하여

$$a_3 = 4(a_2 - a_1),\ \sum_{k=1}^{6} a_k = 15$$

일 때, $a_1 + a_3 + a_5$의 값은? [4점]

① 3   ② 4   ③ 5

④ 6   ⑤ 7

18

2020학년도 6월 모평 나형 24번

공비가 양수인 등비수열 $\{a_n\}$에 대하여

$$a_1 = 2,\ \frac{a_5}{a_3} = 9$$

일 때, $\sum_{k=1}^{4} a_k$의 값을 구하시오. [3점]

19

2022학년도 3월 학평 18번

부등식 $\displaystyle\sum_{k=1}^{5} 2^{k-1} < \sum_{k=1}^{n} (2k-1) < \sum_{k=1}^{5} (2 \times 3^{k-1})$을 만족시키는

모든 자연수 n의 값의 합을 구하시오. [3점]

20

2014학년도 10월 학평-B형 26번

수열 $\{a_n\}$은 첫째항이 양수이고 공비가 1보다 큰 등비수열이다.

$a_3 a_5 = a_1$일 때, $\displaystyle\sum_{k=1}^{n} \frac{1}{a_k} = \sum_{k=1}^{n} a_k$를 만족시키는 자연수 n의 값을 구

하시오. [4점]

21

공비가 $\sqrt{3}$인 등비수열 $\{a_n\}$과 공비가 $-\sqrt{3}$인 등비수열 $\{b_n\}$에 대하여

$$a_1=b_1, \quad \sum_{n=1}^{8}a_n+\sum_{n=1}^{8}b_n=160$$

일 때, a_3+b_3의 값은? [3점]

① 9   ② 12   ③ 15

④ 18   ⑤ 21

22

모든 항이 양수인 등비수열 $\{a_n\}$이 다음 조건을 만족시킬 때, a_3의 값은? [4점]

(가) $\displaystyle\sum_{k=1}^{4}a_k=45$

(나) $\displaystyle\sum_{k=1}^{6}\dfrac{a_2\times a_5}{a_k}=189$

① 12   ② 15   ③ 18

④ 21   ⑤ 24

23

첫째항이 양수이고 공비가 -2인 등비수열 $\{a_n\}$에 대하여

$$\sum_{k=1}^{9}(|a_k|+a_k)=66$$

일 때, a_1의 값은? [4점]

① $\dfrac{3}{31}$ ② $\dfrac{5}{31}$ ③ $\dfrac{7}{31}$

④ $\dfrac{9}{31}$ ⑤ $\dfrac{11}{31}$

24

모든 항이 양의 실수인 등비수열 $\{a_n\}$의 첫째항부터 제n항까지의 합을 S_n이라 하자. $S_3=7a_3$일 때, $\displaystyle\sum_{n=1}^{8}\dfrac{S_n}{a_n}$의 값을 구하시오.

[4점]

25

첫째항이 2이고 공비가 정수인 등비수열 $\{a_n\}$과 자연수 m이 다음 조건을 만족시킬 때, a_m의 값을 구하시오. [4점]

> (가) $4 < a_2 + a_3 \le 12$
> (나) $\displaystyle\sum_{k=1}^{m} a_k = 122$

26 대표 문제

수열 $\{a_n\}$에 대하여

$$\sum_{k=1}^{n} a_k = n^2 - n \ (n \ge 1)$$

일 때, $\displaystyle\sum_{k=1}^{10} k a_{4k+1}$의 값은? [3점]

① 2960 ② 3000 ③ 3040

④ 3080 ⑤ 3120

27

수열 $\{a_n\}$에 대하여

$$\sum_{k=1}^{n} a_k = \log_2 (n^2 + n)$$

일 때, $\displaystyle\sum_{n=1}^{15} a_{2n+1}$의 값을 구하시오. [3점]

28

2015학년도 수능 A형(홀) 17번

등차수열 $\{a_n\}$이 $\sum\limits_{k=1}^{n} a_{2k-1} = 3n^2 + n$을 만족시킬 때, a_8의 값은? [4점]

① 16   ② 19   ③ 22
④ 25   ⑤ 28

30

2021학년도 6월 모평 나형 28번

수열 $\{a_n\}$이 모든 자연수 n에 대하여

$$\sum_{k=1}^{n} \frac{4k-3}{a_k} = 2n^2 + 7n$$

을 만족시킨다. $a_5 \times a_7 \times a_9 = \dfrac{q}{p}$일 때, $p+q$의 값을 구하시오. (단, p와 q는 서로소인 자연수이다.) [4점]

29

2017학년도 4월 학평-나형 27번

수열 $\{a_n\}$에 대하여

$$\sum_{k=1}^{n} (2k-1)a_k = n(n+1)(4n-1)$$

일 때, a_{20}의 값을 구하시오. [4점]

31

2025학년도 수능 (홀) 12번

$a_1 = 2$인 수열 $\{a_n\}$과 $b_1 = 2$인 등차수열 $\{b_n\}$이 모든 자연수 n에 대하여

$$\sum_{k=1}^{n} \frac{a_k}{b_{k+1}} = \frac{1}{2}n^2$$

을 만족시킬 때, $\sum\limits_{k=1}^{5} a_k$의 값은? [4점]

① 120   ② 125   ③ 130
④ 135   ⑤ 140

32

첫째항이 2, 공차가 4인 등차수열 $\{a_n\}$에 대하여

$\sum_{k=1}^{n} a_k b_k = 4n^3 + 3n^2 - n$일 때, b_5의 값을 구하시오. [4점]

33

첫째항이 2인 수열 $\{a_n\}$의 첫째항부터 제n항까지의 합을 S_n이라 하자. 다음은 모든 자연수 n에 대하여

$$\sum_{k=1}^{n} \frac{3S_k}{k+2} = S_n$$

이 성립할 때, a_{10}의 값을 구하는 과정이다.

$n \geq 2$인 모든 자연수 n에 대하여

$$a_n = S_n - S_{n-1}$$
$$= \sum_{k=1}^{n} \frac{3S_k}{k+2} - \sum_{k=1}^{n-1} \frac{3S_k}{k+2} = \frac{3S_n}{n+2}$$

이므로 $3S_n = (n+2) \times a_n \ (n \geq 2)$
이다.

$S_1 = a_1$에서 $3S_1 = 3a_1$이므로

$3S_n = (n+2) \times a_n \ (n \geq 1)$
이다.

$$3a_n = 3(S_n - S_{n-1})$$
$$= (n+2) \times a_n - (\boxed{\ \text{(가)}\ }) \times a_{n-1} \ (n \geq 2)$$

$$\frac{a_n}{a_{n-1}} = \boxed{\ \text{(나)}\ } \ (n \geq 2)$$

따라서

$$a_{10} = a_1 \times \frac{a_2}{a_1} \times \frac{a_3}{a_2} \times \frac{a_4}{a_3} \times \cdots \times \frac{a_9}{a_8} \times \frac{a_{10}}{a_9}$$

$$= \boxed{\ \text{(다)}\ }$$

위의 (가), (나)에 알맞은 식을 각각 $f(n)$, $g(n)$이라 하고, (다)에 알맞은 수를 p라 할 때, $\dfrac{f(p)}{g(p)}$의 값은? [4점]

① 109   ② 112   ③ 115

④ 118   ⑤ 121

유형 04 분수 꼴인 수열의 합

34 대표 문제
2015학년도 6월 모평 A형 10번

$\sum_{k=1}^{n} \dfrac{4}{k(k+1)} = \dfrac{15}{4}$일 때, n의 값은? [3점]

① 11   ② 12   ③ 13

④ 14   ⑤ 15

36
2022학년도 9월 모평 7번

수열 $\{a_n\}$은 $a_1 = -4$이고, 모든 자연수 n에 대하여

$$\sum_{k=1}^{n} \dfrac{a_{k+1} - a_k}{a_k a_{k+1}} = \dfrac{1}{n}$$

을 만족시킨다. a_{13}의 값은? [3점]

① -9 ② -7 ③ -5

④ -3 ⑤ -1

35
2020학년도 7월 학평-가형 8번

수열 $\{a_n\}$의 일반항이 $a_n = 2n+1$일 때, $\sum_{n=1}^{12} \dfrac{1}{a_n a_{n+1}}$의 값은? [3점]

① $\dfrac{1}{9}$ ② $\dfrac{4}{27}$ ③ $\dfrac{5}{27}$

④ $\dfrac{2}{9}$ ⑤ $\dfrac{7}{27}$

37
2023학년도 9월 모평 7번

수열 $\{a_n\}$의 첫째항부터 제n항까지의 합을 S_n이라 하자.
$S_n = \dfrac{1}{n(n+1)}$일 때, $\sum_{k=1}^{10} (S_k - a_k)$의 값은? [3점]

① $\dfrac{1}{2}$ ② $\dfrac{3}{5}$ ③ $\dfrac{7}{10}$

④ $\dfrac{4}{5}$ ⑤ $\dfrac{9}{10}$

수열 $\{a_n\}$이 모든 자연수 n에 대하여

$$\sum_{k=1}^{n} \frac{1}{(2k-1)a_k} = n^2 + 2n$$

을 만족시킬 때, $\sum_{n=1}^{10} a_n$의 값은? [4점]

① $\dfrac{10}{21}$ ② $\dfrac{4}{7}$ ③ $\dfrac{2}{3}$

④ $\dfrac{16}{21}$ ⑤ $\dfrac{6}{7}$

함수 $f(x) = x^2 + x - \dfrac{1}{3}$에 대하여 부등식

$$f(n) < k < f(n) + 1 \ (n = 1, 2, 3, \cdots)$$

을 만족시키는 정수 k의 값을 a_n이라 하자. $\sum_{n=1}^{100} \dfrac{1}{a_n} = \dfrac{q}{p}$일 때, $p+q$의 값을 구하시오. (단, p와 q는 서로소인 자연수이다.)

[4점]

n이 자연수일 때, x에 대한 다항식 $x^3 + (1-n)x^2 + n$을 $x-n$으로 나눈 나머지를 a_n이라 하자. $\sum_{n=1}^{10} \dfrac{1}{a_n}$의 값은? [3점]

① $\dfrac{7}{8}$ ② $\dfrac{8}{9}$ ③ $\dfrac{9}{10}$

④ $\dfrac{10}{11}$ ⑤ $\dfrac{11}{12}$

공차가 0이 아닌 등차수열 $\{a_n\}$에 대하여 $a_9 = 2a_3$일 때, $\sum_{n=1}^{24} \dfrac{(a_{n+1} - a_n)^2}{a_n a_{n+1}}$의 값은? [4점]

① $\dfrac{3}{14}$ ② $\dfrac{2}{7}$ ③ $\dfrac{5}{14}$

④ $\dfrac{3}{7}$ ⑤ $\dfrac{1}{2}$

42

공차가 0이 아닌 등차수열 $\{a_n\}$에 대하여

$$|a_6| = a_8, \quad \sum_{k=1}^{5} \frac{1}{a_k a_{k+1}} = \frac{5}{96}$$

일 때, $\sum_{k=1}^{15} a_k$의 값은? [4점]

① 60   ② 65   ③ 70

④ 75   ⑤ 80

---

43 대표 문제

첫째항이 4이고 공차가 1인 등차수열 $\{a_n\}$에 대하여

$$\sum_{k=1}^{12} \frac{1}{\sqrt{a_{k+1}} + \sqrt{a_k}}$$

의 값은? [4점]

① 1   ② 2   ③ 3

④ 4   ⑤ 5

44

n이 자연수일 때, x에 대한 이차방정식

$$x^2 - (2n-1)x + n(n-1) = 0$$

의 두 근을 α_n, β_n이라 하자. $\sum_{n=1}^{81} \frac{1}{\sqrt{\alpha_n} + \sqrt{\beta_n}}$의 값을 구하시오.

[4점]

45

2023학년도 수능 (홀) 7번

모든 항이 양수이고 첫째항과 공차가 같은 등차수열 $\{a_n\}$이

$$\sum_{k=1}^{15} \frac{1}{\sqrt{a_k}+\sqrt{a_{k+1}}}=2$$

를 만족시킬 때, a_4의 값은? [3점]

① 6   ② 7   ③ 8

④ 9   ⑤ 10

1등급을 향한 고난도 문제

46

2014학년도 9월 모평 A형 30번

자연수 n에 대하여 부등식 $4^k-(2^n+4^n)2^k+8^n \leq 1$을 만족시키는 모든 자연수 k의 합을 a_n이라 하자. $\sum_{n=1}^{20}\dfrac{1}{a_n}=\dfrac{q}{p}$일 때, $p+q$의 값을 구하시오. (단, p와 q는 서로소인 자연수이다.)

[4점]

• 해설편 354쪽

47

공차가 자연수 d이고 모든 항이 정수인 등차수열 $\{a_n\}$이 다음 조건을 만족시키도록 하는 모든 d의 값의 합을 구하시오. [4점]

㈎ 모든 자연수 n에 대하여 $a_n \neq 0$이다.

㈏ $a_{2m} = -a_m$이고 $\sum_{k=m}^{2m} |a_k| = 128$인 자연수 m이 존재한다.

48

첫째항이 자연수이고 공차가 음의 정수인 등차수열 $\{a_n\}$과 첫째항이 자연수이고 공비가 음의 정수인 등비수열 $\{b_n\}$이 다음 조건을 만족시킬 때, $a_7 + b_7$의 값을 구하시오. [4점]

㈎ $\sum_{n=1}^{5} (a_n + b_n) = 27$

㈏ $\sum_{n=1}^{5} (a_n + |b_n|) = 67$

㈐ $\sum_{n=1}^{5} (|a_n| + |b_n|) = 81$

20
일차

01 대표 문제

2020학년도 수능 나형(홀) 17번

자연수 n의 양의 약수의 개수를 $f(n)$이라 하고, 36의 모든 양의 약수를 $a_1,\ a_2,\ a_3,\ \cdots,\ a_9$라 하자. $\sum_{k=1}^{9}\{(-1)^{f(a_k)}\times\log a_k\}$의 값은? [4점]

① $\log 2+\log 3$ ② $2\log 2+\log 3$

③ $\log 2+2\log 3$ ④ $2\log 2+2\log 3$

⑤ $3\log 2+2\log 3$

02

2015학년도 3월 학평-A형 25번

자연수 n에 대하여 2^{n-1}의 모든 양의 약수의 합을 a_n이라 할 때, $\sum_{n=1}^{8}a_n$의 값을 구하시오. [3점]

03

2020학년도 4월 학평-가형 14번

2 이상의 자연수 n에 대하여 $(n-5)$의 n제곱근 중 실수인 것의 개수를 $f(n)$이라 할 때, $\sum_{n=2}^{10}f(n)$의 값은? [4점]

① 8   ② 9   ③ 10

④ 11   ⑤ 12

04

2023학년도 10월 학평 9번

자연수 $n\,(n\geq 2)$에 대하여 $n^2-16n+48$의 n제곱근 중 실수인 것의 개수를 $f(n)$이라 할 때, $\sum_{n=2}^{10}f(n)$의 값은? [4점]

① 7   ② 9   ③ 11

④ 13   ⑤ 15

05

2022학년도 6월 모평 13번

실수 전체의 집합에서 정의된 함수 $f(x)$가 $0<x\leq1$에서

$$f(x)=\begin{cases}3\ (0<x<1)\\1\ (x=1)\end{cases}$$

이고, 모든 실수 x에 대하여 $f(x+1)=f(x)$를 만족시킨다.

$\displaystyle\sum_{k=1}^{20}\frac{k\times f(\sqrt{k})}{3}$의 값은? [4점]

① 150   ② 160   ③ 170

④ 180   ⑤ 190

06

2023학년도 수능 (홀) 13번

자연수 $m\,(m\geq2)$에 대하여 m^{12}의 n제곱근 중에서 정수가 존재하도록 하는 2 이상의 자연수 n의 개수를 $f(m)$이라 할 때,

$\displaystyle\sum_{m=2}^{9}f(m)$의 값은? [4점]

① 37   ② 42   ③ 47

④ 52   ⑤ 57

07

2015학년도 3월 학평-A형 21번

수열 $\{a_n\}$은 15와 서로소인 자연수를 작은 수부터 차례대로 모두 나열하여 만든 것이다. 예를 들면 $a_2=2$, $a_4=7$이다. $\displaystyle\sum_{n=1}^{16}a_n$의 값은? [4점]

① 240   ② 280   ③ 320

④ 360   ⑤ 400

08

2014학년도 7월 학평-A형 17번

$a>1$인 실수 a에 대하여 $a^{\log_5 16}$이 $2^n\ (n=1,\ 2,\ 3,\ \cdots)$이 되도록 하는 a를 작은 수부터 크기순으로 나열할 때, k번째 수를 a_k라 하자. $\displaystyle\sum_{k=1}^{40}\log_5 a_k$의 값은? [4점]

① 185   ② 190   ③ 195

④ 200   ⑤ 205

자연수 n에 대하여 $0 < x < n\pi$일 때, 방정식 $\sin x = \dfrac{3}{n}$의 모든 실근의 개수를 a_n이라 하자. $\sum_{n=1}^{7} a_n$의 값은? [4점]

① 26   ② 27   ③ 28
④ 29   ⑤ 30

10

자연수 n에 대하여 $0 \leq x < 2^{n+1}$일 때, 부등식

$$\cos\left(\frac{\pi}{2^n}x\right) \leq -\frac{1}{2}$$

을 만족시키는 서로 다른 모든 자연수 x의 개수를 a_n이라 하자. $\sum_{n=1}^{7} a_n$의 값을 구하시오. [4점]

자연수 n에 대하여 다음과 같이 모든 자연수를 작은 것부터 n행에 n개씩 차례로 나열하였다. 이때 n행에 있는 n의 배수를 a_n이라 하자. 예를 들어 $a_2 = 2$, $a_5 = 15$이다.

1행	1				
2행	2	3			
3행	4	5	6		
4행	7	8	9	10	
5행	11	12	13	14	15
6행	16	17	18	19	20	21

$\vdots$

수열 $\{a_n\}$에 대하여 $\sum_{n=1}^{30} a_n$의 값은? [4점]

① 4800   ② 4820   ③ 4840
④ 4860   ⑤ 4880

12

첫째항이 1인 수열 $\{a_n\}$의 첫째항부터 제n항까지의 합을 S_n이라 하자. 다음은 모든 자연수 n에 대하여

$$(n+1)S_{n+1}=\log_2(n+2)+\sum_{k=1}^{n}S_k \quad \cdots (*)$$

가 성립할 때, $\sum_{k=1}^{n}ka_k$를 구하는 과정이다.

주어진 식 $(*)$에 의하여
$$nS_n=\log_2(n+1)+\sum_{k=1}^{n-1}S_k \ (n\geq 2) \quad \cdots \ \text{㉠}$$
이다. $(*)$에서 ㉠을 빼서 정리하면
$$(n+1)S_{n+1}-nS_n$$
$$=\log_2(n+2)-\log_2(n+1)+\sum_{k=1}^{n}S_k-\sum_{k=1}^{n-1}S_k \ (n\geq 2)$$
이므로
$$\left(\boxed{\text{㉮}}\right) \times a_{n+1}=\log_2\frac{n+2}{n+1} \ (n\geq 2)$$
이다.
$a_1=1=\log_2 2$이고,
$2S_2=\log_2 3+S_1=\log_2 3+a_1$이므로
모든 자연수 n에 대하여
$$na_n=\boxed{\text{㉯}}$$
이다. 따라서
$$\sum_{k=1}^{n}ka_k=\boxed{\text{㉰}}$$
이다.

위의 ㉮, ㉯, ㉰에 알맞은 식을 각각 $f(n)$, $g(n)$, $h(n)$이라 할 때, $f(8)-g(8)+h(8)$의 값은? [4점]

① 12   ② 13   ③ 14
④ 15   ⑤ 16

---

13 대표문제

자연수 n에 대하여 곡선 $y=\dfrac{3}{x} \ (x>0)$ 위의 점 $\left(n, \dfrac{3}{n}\right)$과 두 점 $(n-1, 0)$, $(n+1, 0)$을 세 꼭짓점으로 하는 삼각형의 넓이를 a_n이라 할 때, $\sum_{n=1}^{10}\dfrac{9}{a_n a_{n+1}}$의 값은? [4점]

① 410   ② 420   ③ 430
④ 440   ⑤ 450

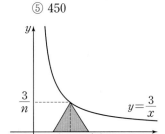

14

그림과 같이 한 변의 길이가 1인 정사각형 3개로 이루어진 도형 R가 있다.

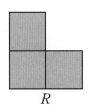

R

자연수 n에 대하여 $2n$개의 도형 R를 겹치지 않게 빈틈없이 붙여서 만든 직사각형의 넓이를 a_n이라 할 때, $\sum_{n=10}^{15}a_n$의 값은?

[3점]

① 378   ② 396   ③ 414
④ 432   ⑤ 450

15

자연수 n에 대하여 좌표평면 위의 점 P_n을 다음 규칙에 따라 정한다.

> (가) 점 A의 좌표는 $(1, 0)$이다.
> (나) 점 P_n은 선분 OA를 $2^n : 1$로 내분하는 점이다.

$l_n = \overline{\mathrm{OP}_n}$이라 할 때, $\sum\limits_{n=1}^{10} \dfrac{1}{l_n}$의 값은? (단, O는 원점이다.) [4점]

① $10 - \left(\dfrac{1}{2}\right)^{10}$ ② $10 + \left(\dfrac{1}{2}\right)^{10}$ ③ $11 - \left(\dfrac{1}{2}\right)^{10}$

④ $11 + \left(\dfrac{1}{2}\right)^{10}$ ⑤ $12 - \left(\dfrac{1}{2}\right)^{10}$

16

좌표평면에서 자연수 n에 대하여 그림과 같이 곡선 $y = x^2$과 직선 $y = \sqrt{n}x$가 제1사분면에서 만나는 점을 P_n이라 하자.

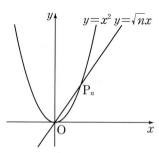

점 P_n을 지나고 직선 $y = \sqrt{n}x$와 수직인 직선이 x축, y축과 만나는 점을 각각 Q_n, R_n이라 하자. 삼각형 $\mathrm{OQ}_n\mathrm{R}_n$의 넓이를 S_n이라 할 때, $\sum\limits_{n=1}^{5} \dfrac{2S_n}{\sqrt{n}}$의 값은? (단, O는 원점이다.) [4점]

① 80 ② 85 ③ 90

④ 95 ⑤ 100

17

그림과 같이 자연수 n에 대하여 함수 $y = a^x - 1 \ (a > 1)$의 그래프가 두 직선 $y = n$, $y = n+1$과 만나는 점을 각각 A_n, A_{n+1}이라 하자. 선분 $\mathrm{A}_n\mathrm{A}_{n+1}$을 대각선으로 하고, 각 변이 x축 또는 y축과 평행한 직사각형의 넓이를 S_n이라 하자. $\sum\limits_{n=1}^{14} S_n = 6$일 때, 상수 a의 값은? [4점]

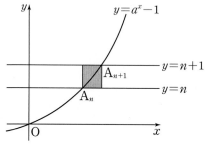

① $\sqrt{2}$ ② $\sqrt{3}$ ③ 2

④ $\sqrt{5}$ ⑤ $\sqrt{6}$

18

그림과 같이 자연수 n에 대하여 중심이 직선 $y = \dfrac{n}{n+1}x$ 위에 있는 원이 원점을 지난다. 이 원이 x축과 만나는 점 중에서 x좌표가 양수인 점을 A, y축과 만나는 점 중에서 y좌표가 양수인 점을 B라 하자. $\overline{\mathrm{OB}} = 2n$이고 삼각형 OAB의 넓이를 S_n이라 할 때, $\sum\limits_{n=1}^{10} \dfrac{1}{S_n}$의 값은? (단, O는 원점이다.) [4점]

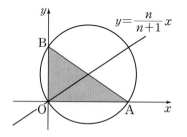

① $\dfrac{5}{11}$ ② $\dfrac{6}{11}$ ③ $\dfrac{7}{11}$

④ $\dfrac{8}{11}$ ⑤ $\dfrac{9}{11}$

19

그림과 같이 자연수 n에 대하여 좌표평면 위의 곡선 $y=2^x$ 위를 움직이는 점 $\text{P}_n(n,\ 2^n)$이 있다. 점 P_n을 지나고 기울기가 -1인 직선이 곡선 $y=\log_2 x$와 만나는 점을 Q_n이라 하자. 삼각형 $\text{P}_n \text{OQ}_n$의 넓이를 S_n이라 할 때, $2\sum\limits_{n=1}^{5} S_n$의 값은?

(단, O는 원점이다.) [4점]

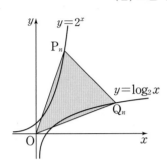

① 1309   ② 1311   ③ 1313
④ 1315   ⑤ 1317

20

그림과 같이 자연수 n에 대하여 한 변의 길이가 $2n$인 정사각형 ABCD가 있고, 네 점 E, F, G, H가 각각 네 변 AB, BC, CD, DA 위에 있다. 선분 HF의 길이는 $\sqrt{4n^2+1}$이고 선분 HF와 선분 EG가 서로 수직일 때, 사각형 EFGH의 넓이를 S_n이라 하자. $\sum\limits_{n=1}^{10} S_n$의 값은? [4점]

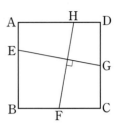

① 765   ② 770   ③ 775
④ 780   ⑤ 785

21

자연수 n에 대하여 점 $A_n(n, n^2)$을 지나고 직선 $y=nx$에 수직인 직선이 x축과 만나는 점을 B_n이라 하자.

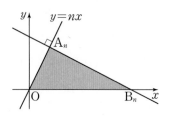

다음은 삼각형 A_nOB_n의 넓이를 S_n이라 할 때, $\sum_{n=1}^{8}\dfrac{S_n}{n^3}$의 값을 구하는 과정이다. (단, O는 원점이다.)

점 $A_n(n, n^2)$을 지나고 직선 $y=nx$에 수직인 직선의 방정식은

$$y=\boxed{\text{(가)}}\times x+n^2+1$$

이므로 두 점 A_n, B_n의 좌표를 이용하여 S_n을 구하면

$$S_n=\boxed{\text{(나)}}$$

따라서

$$\sum_{n=1}^{8}\dfrac{S_n}{n^3}=\boxed{\text{(다)}}$$

이다.

위의 (가), (나)에 알맞은 식을 각각 $f(n)$, $g(n)$이라 하고, (다)에 알맞은 수를 r라 할 때, $f(1)+g(2)+r$의 값은? [4점]

① 105   ② 110   ③ 115

④ 120   ⑤ 125

---

22 대표 문제

그림과 같이 제1사분면에 있는 곡선 $y=\log_2(x+1)$ 위의 점 P를 지나고 기울기가 -1인 직선이 x축과 만나는 점을 Q라 하자. 자연수 n에 대하여 $\overline{PQ}=\sqrt{2}n$이 되도록 하는 점 Q의 x좌표를 x_n이라 할 때, $\sum_{k=1}^{5}x_k$의 값은? [4점]

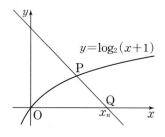

① 72   ② 84   ③ 96

④ 108   ⑤ 120

23

좌표평면에서 자연수 n에 대하여 두 곡선 $y=\log_2 x$, $y=\log_2(2^n-x)$가 만나는 점의 x좌표를 a_n이라 할 때, $\sum_{n=1}^{5}a_n$의 값은? [3점]

① 31   ② 32   ③ 33

④ 34   ⑤ 35

24

2018학년도 3월 학평-나형 28번

좌표평면에 그림과 같이 직선 l이 있다. 자연수 n에 대하여 점 $(n, 0)$을 지나고 x축에 수직인 직선이 직선 l과 만나는 점의 y 좌표를 a_n이라 하자. $a_4=\dfrac{7}{2}$, $a_7=5$일 때, $\displaystyle\sum_{k=1}^{25} a_k$의 값을 구하시오. [4점]

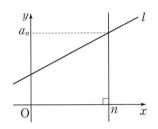

25

2020학년도 9월 학평(고2) 13번

자연수 n에 대하여 좌표평면 위의 점 $(n, 0)$을 중심으로 하고 반지름의 길이가 1인 원을 O_n이라 하자. 점 $(-1, 0)$을 지나고 원 O_n과 제1사분면에서 접하는 직선의 기울기를 a_n이라 할 때, $\displaystyle\sum_{n=1}^{5} a_n^2$의 값은? [3점]

① $\dfrac{1}{2}$ ② $\dfrac{23}{42}$ ③ $\dfrac{25}{42}$

④ $\dfrac{9}{14}$ ⑤ $\dfrac{29}{42}$

26

2015학년도 수능 B형(홀) 21번

자연수 n에 대하여 다음 조건을 만족시키는 가장 작은 자연수 m을 a_n이라 할 때, $\displaystyle\sum_{n=1}^{10} a_n$의 값은? [4점]

(가) 점 A의 좌표는 $(2^n, 0)$이다.
(나) 두 점 B$(1, 0)$과 C$(2^m, m)$을 지나는 직선 위의 점 중 x좌표가 2^n인 점을 D라 할 때, 삼각형 ABD의 넓이는 $\dfrac{m}{2}$보다 작거나 같다.

① 109   ② 111   ③ 113
④ 115   ⑤ 117

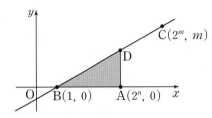

27

2016학년도 3월 학평–나형 30번

유리함수 $f(x)=\dfrac{8x}{2x-15}$와 수열 $\{a_n\}$에 대하여 $a_n=f(n)$이다. $\displaystyle\sum_{n=1}^{m} a_n \leq 73$을 만족시키는 자연수 m의 최댓값을 구하시오.

[4점]

유형 04 수열의 합의 활용 – 점의 이동

28 대표 문제

2014학년도 7월 학평–A형 14번

좌표평면의 원점에 점 P가 있다. 한 개의 동전을 1번 던질 때마다 다음 규칙에 따라 점 P를 이동시키는 시행을 한다.

> ㈎ 앞면이 나오면 x축의 방향으로 1만큼 평행이동시킨다.
> ㈏ 뒷면이 나오면 y축의 방향으로 1만큼 평행이동시킨다.

시행을 1번 한 후 점 P가 위치할 수 있는 점들을 x좌표가 작은 것부터 차례로 P_1, P_2라 하고, 시행을 2번 한 후 점 P가 위치할 수 있는 점들을 x좌표가 작은 것부터 차례로 P_3, P_4, P_5라 하자. 예를 들어, 점 P_5의 좌표는 $(2, 0)$이고 점 P_6의 좌표는 $(0, 3)$이다. 이와 같은 방법으로 정해진 점 P_{100}의 좌표를 (a, b)라 할 때, $a-b$의 값은? [4점]

① 1   ② 3   ③ 5

④ 7   ⑤ 9

29

좌표평면에서 그림과 같이 길이가 1인 선분이 수직으로 만나도
록 연결된 경로가 있다. 이 경로를 따라 원점에서 멀어지도록
움직이는 점 P의 위치를 나타내는 점 A_n을 다음과 같은 규칙으
로 정한다.

(ⅰ) A_0은 원점이다.
(ⅱ) n이 자연수일 때, A_n은 점 A_{n-1}에서 점 P가 경로를 따라
$\dfrac{2n-1}{25}$만큼 이동한 위치에 있는 점이다.

예를 들어, 점 A_2와 A_6의 좌표는 각각 $\left(\dfrac{4}{25}, 0\right)$, $\left(1, \dfrac{11}{25}\right)$이다.
자연수 n에 대하여 점 A_n 중 직선 $y=x$ 위에 있는 점을 원점
에서 가까운 순서대로 나열할 때, 두 번째 점의 x좌표를 a라 하
자. a의 값을 구하시오. [4점]

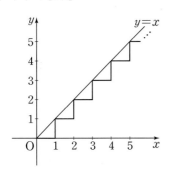

유형 05 수열의 합의 활용 – 점의 개수

30 대표 문제

그림과 같이 좌표평면에 x축 위의 두 점 F, F′과 점
P$(0, n)$ $(n>0)$이 있다. 삼각형 PF′F가 $\angle FPF' = \dfrac{\pi}{2}$인 직각
이등변삼각형이다.

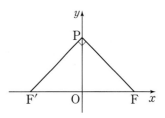

n이 자연수일 때 삼각형 PF′F의 세 변 위에 있는 점 중에서 x
좌표와 y좌표가 모두 정수인 점의 개수를 a_n이라 하자. $\displaystyle\sum_{n=1}^{5} a_n$의
값은? [3점]

① 40　　　　② 45　　　　③ 50

④ 55　　　　⑤ 60

다음은 2 이상의 자연수 n에 대하여 함수 $y=\sqrt{x}$의 그래프와 x축 및 직선 $x=n^2$으로 둘러싸인 도형의 내부에 있는 점 중에서 x좌표와 y좌표가 모두 정수인 점의 개수 a_n을 구하는 과정이다.

$n=2$일 때, 곡선 $y=\sqrt{x}$, x축 및 직선 $x=4$로 둘러싸인 도형의 내부에 있는 점 중에서 x좌표와 y좌표가 모두 정수인 점은 $(2,\ 1),\ (3,\ 1)$이므로

$$a_2=\boxed{\ (가)\ }$$

이다.

3 이상의 자연수 n에 대하여 a_n을 구하여 보자.

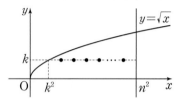

위의 그림과 같이 $1\leq k\leq n-1$인 정수 k에 대하여 주어진 도형의 내부에 있는 점 중에서 x좌표가 정수이고, y좌표가 k인 점은

$$(k^2+1,\ k),\ (k^2+2,\ k),\ \cdots,\ (\boxed{\ (나)\ },\ k)$$

이므로 이 점의 개수를 b_k라 하면

$$b_k=\boxed{\ (나)\ }-k^2$$

이다. 따라서

$$a_n=\sum_{k=1}^{n-1}b_k=\boxed{\ (다)\ }$$

이다.

위의 (가)에 알맞은 수를 p라 하고, (나), (다)에 알맞은 식을 각각 $f(n)$, $g(n)$이라 할 때, $p+f(4)+g(6)$의 값은? [4점]

① 131   ② 133   ③ 135

④ 137   ⑤ 139

함수 $f(x)$가 다음 조건을 만족시킨다.

(가) $-1\leq x<1$에서 $f(x)=|2x|$이다.
(나) 모든 실수 x에 대하여 $f(x+2)=f(x)$이다.

자연수 n에 대하여 함수 $y=f(x)$의 그래프와 함수 $y=\log_{2n}x$의 그래프가 만나는 점의 개수를 a_n이라 하자. $\sum\limits_{n=1}^{7}a_n$의 값을 구하시오. [4점]

33

그림과 같이 자연수 n에 대하여 기울기가 1이고 y절편이 양수인 직선이 원 $x^2+y^2=\dfrac{n^2}{2}$에 접할 때, 이 직선이 x축, y축과 만나는 점을 각각 A_n, B_n이라 하자. 점 A_n을 지나고 기울기가 -2인 직선이 y축과 만나는 점을 C_n이라 할 때, 삼각형 $A_nC_nB_n$과 그 내부의 점들 중 x좌표와 y좌표가 모두 정수인 점의 개수를 a_n이라 하자. $\displaystyle\sum_{n=1}^{10} a_n$의 값을 구하시오. [4점]

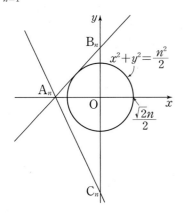

34

다음 조건을 만족시키는 자연수 a, b, c의 모든 순서쌍 $(a,\,b,\,c)$의 개수를 구하시오. [4점]

⑺ $a<b<c\leq 20$
⑻ 세 변의 길이가 a, b, c인 삼각형이 존재한다.

좌표평면에서 함수

$$f(x) = \begin{cases} -x+10 & (x<10) \\ (x-10)^2 & (x \geq 10) \end{cases}$$

과 자연수 n에 대하여 점 $(n, f(n))$을 중심으로 하고 반지름의 길이가 3인 원 O_n이 있다. x좌표와 y좌표가 모두 정수인 점 중에서 원 O_n의 내부에 있고 함수 $y=f(x)$의 그래프의 아랫부분에 있는 모든 점의 개수를 A_n, 원 O_n의 내부에 있고 함수 $y=f(x)$의 그래프의 윗부분에 있는 모든 점의 개수를 B_n이라 하자. $\sum_{n=1}^{20}(A_n-B_n)$의 값은? [4점]

① 19   ② 21   ③ 23

④ 25   ⑤ 27

n이 자연수일 때, 함수 $f(x)=\dfrac{x+2n}{2x-p}$이

$$f(1)<f(5)<f(3)$$

을 만족시키도록 하는 자연수 p의 최솟값을 m이라 하자. 자연수 n에 대하여 $p=m$일 때의 함수 $f(x)$와 함수 $g(x)=\dfrac{2x+n}{x+q}$이

$$g(f(5))<g(f(3))<g(f(1))$$

을 만족시키도록 하는 자연수 q의 개수를 a_n이라 하자. $\sum_{k=1}^{20}a_k$의 값을 구하시오. [4점]

37

2015학년도 3월 학평-B형 30번

함수 $f(x)$가 $0 \le x \le 2$에서 $f(x) = |x-1|$이고, 모든 실수 x에 대하여 $f(x) = f(x+2)$를 만족시킬 때, 함수 $g(x)$를

$$g(x) = x + f(x)$$

라 하자. 자연수 n에 대하여 다음 조건을 만족시키는 두 자연수 a, b의 순서쌍 (a, b)의 개수를 a_n이라 할 때, $\sum_{n=1}^{15} a_n$의 값을 구하시오. [4점]

(가) $n \le a \le n+2$
(나) $0 < b \le g(a)$

38

2020학년도 3월 학평-가형 29번

자연수 n에 대하여 두 점 $A(0, n+5)$, $B(n+4, 0)$과 원점 O를 꼭짓점으로 하는 삼각형 AOB가 있다. 삼각형 AOB의 내부에 포함된 정사각형 중 한 변의 길이가 1이고 꼭짓점의 x좌표와 y좌표가 모두 자연수인 정사각형의 개수를 a_n이라 하자. $\sum_{n=1}^{8} a_n$의 값을 구하시오. [4점]

한눈에 정리하는
평가원 기출 경향

주제 \ 학년도	**2025**	**2024**	**2023**

등차수열과 등비수열의 귀납적 정의

06   2024학년도 6월 모평 12번

$a_2=-4$이고 공차가 0이 아닌 등차수열 $\{a_n\}$에 대하여 수열 $\{b_n\}$을 $b_n=a_n+a_{n+1}$ $(n\geq1)$이라 하고, 두 집합 A, B를
$$A=\{a_1,\ a_2,\ a_3,\ a_4,\ a_5\},\ B=\{b_1,\ b_2,\ b_3,\ b_4,\ b_5\}$$
라 하자. $n(A\cap B)=3$이 되도록 하는 모든 수열 $\{a_n\}$에 대하여 a_{20}의 값의 합은? [4점]

① 30   ② 34   ③ 38
④ 42   ⑤ 46

여러 가지 수열의 귀납적 정의

44   2025학년도 수능 (홀) 22번

모든 항이 정수이고 다음 조건을 만족시키는 모든 수열 $\{a_n\}$에 대하여 $|a_1|$의 값의 합을 구하시오. [4점]

(가) 모든 자연수 n에 대하여
$$a_{n+1}=\begin{cases} a_n-3 & (|a_n|\text{이 홀수인 경우}) \\ \dfrac{1}{2}a_n & (a_n=0 \text{ 또는 } |a_n|\text{이 짝수인 경우}) \end{cases}$$
이다.
(나) $|a_m|=|a_{m+2}|$인 자연수 m의 최솟값은 3이다.

14   2024학년도 수능 (홀) 15번

첫째항이 자연수인 수열 $\{a_n\}$이 모든 자연수 n에 대하여
$$a_{n+1}=\begin{cases} 2^{a_n} & (a_n\text{이 홀수인 경우}) \\ \dfrac{1}{2}a_n & (a_n\text{이 짝수인 경우}) \end{cases}$$
를 만족시킬 때, $a_6+a_7=3$이 되도록 하는 모든 a_1의 값의 합은? [4점]

① 139   ② 146   ③ 153
④ 160   ⑤ 167

37   2023학년도 수능 (홀) 15번

모든 항이 자연수이고 다음 조건을 만족시키는 모든 수열 $\{a_n\}$에 대하여 a_9의 최댓값과 최솟값을 각각 M, m이라 할 때, $M+m$의 값은? [4점]

(가) $a_7=40$
(나) 모든 자연수 n에 대하여
$$a_{n+2}=\begin{cases} a_{n+1}+a_n & (a_{n+1}\text{이 3의 배수가 아닌 경우}) \\ \dfrac{1}{3}a_{n+1} & (a_{n+1}\text{이 3의 배수인 경우}) \end{cases}$$
이다.

① 216   ② 218   ③ 220
④ 222   ⑤ 224

---

22   2025학년도 9월 모평 22번

양수 k에 대하여 $a_1=k$인 수열 $\{a_n\}$이 다음 조건을 만족시킨다.

(가) $a_2\times a_3<0$
(나) 모든 자연수 n에 대하여
$$\left(a_{n+1}-a_n+\dfrac{2}{3}k\right)(a_{n+1}+ka_n)=0$$이다.

$a_5=0$이 되도록 하는 서로 다른 모든 양수 k에 대하여 k^2의 값의 합을 구하시오. [4점]

09   2024학년도 9월 모평 12번

첫째항이 자연수인 수열 $\{a_n\}$이 모든 자연수 n에 대하여
$$a_{n+1}=\begin{cases} a_n+1 & (a_n\text{이 홀수인 경우}) \\ \dfrac{1}{2}a_n & (a_n\text{이 짝수인 경우}) \end{cases}$$
를 만족시킬 때, $a_2+a_4=40$이 되도록 하는 모든 a_1의 값의 합은? [4점]

① 172   ② 175   ③ 178
④ 181   ⑤ 184

40   2023학년도 9월 모평 15번

수열 $\{a_n\}$이 다음 조건을 만족시킨다.

(가) 모든 자연수 k에 대하여 $a_{4k}=r^k$이다.
     (단, r는 $0<|r|<1$인 상수이다.)
(나) $a_1<0$이고, 모든 자연수 n에 대하여
$$a_{n+1}=\begin{cases} a_n+3 & (|a_n|<5) \\ -\dfrac{1}{2}a_n & (|a_n|\geq5) \end{cases}$$
이다.

$|a_m|\geq5$를 만족시키는 100 이하의 자연수 m의 개수를 p라 할 때, $p+a_1$의 값은? [4점]

① 8   ② 10   ③ 12
④ 14   ⑤ 16

---

15   2025학년도 6월 모평 22번

수열 $\{a_n\}$은
$$a_2=-a_1$$
이고, $n\geq2$인 모든 자연수 n에 대하여
$$a_{n+1}=\begin{cases} a_n-\sqrt{n}\times a_{\sqrt{n}} & (\sqrt{n}\text{이 자연수이고 } a_n>0\text{인 경우}) \\ a_n+1 & (\text{그 외의 경우}) \end{cases}$$
를 만족시킨다. $a_{15}=1$이 되도록 하는 모든 a_1의 값의 곱을 구하시오. [4점]

39   2024학년도 6월 모평 15번

자연수 k에 대하여 다음 조건을 만족시키는 수열 $\{a_n\}$이 있다.

$a_1=k$이고, 모든 자연수 n에 대하여
$$a_{n+1}=\begin{cases} a_n+2n-k & (a_n\leq0) \\ a_n-2n-k & (a_n>0) \end{cases}$$
이다.

$a_3\times a_4\times a_5\times a_6<0$이 되도록 하는 모든 k의 값의 합은? [4점]

① 10   ② 14   ③ 18
④ 22   ⑤ 26

35   2023학년도 6월 모평 15번

자연수 k에 대하여 다음 조건을 만족시키는 수열 $\{a_n\}$이 있다.

$a_1=0$이고, 모든 자연수 n에 대하여
$$a_{n+1}=\begin{cases} a_n+\dfrac{1}{k+1} & (a_n\leq0) \\ a_n-\dfrac{1}{k} & (a_n>0) \end{cases}$$
이다.

$a_{22}=0$이 되도록 하는 모든 k의 값의 합은? [4점]

① 12   ② 14   ③ 16
④ 18   ⑤ 20

2022 ~ 2014

01 2014학년도 수능 A형(홀) 24번

수열 $\{a_n\}$이 다음 조건을 만족시킨다.

> (가) $a_1 = a_2 + 3$
> (나) $a_{n+1} = -2a_n$ $(n \geq 1)$

a_9의 값을 구하시오. [3점]

03 2014학년도 9월 모평 A형 8번

모든 항이 양수인 수열 $\{a_n\}$이 $a_1 = 2$이고,
$$\log_2 a_{n+1} = 1 + \log_2 a_n \ (n \geq 1)$$
을 만족시킨다. $a_1 \times a_2 \times a_3 \times \cdots \times a_n = 2^k$일 때 상수 k의 값은? [3점]

① 36 ② 40 ③ 44
④ 48 ⑤ 52

25 2022학년도 수능 (홀) 5번

첫째항이 1인 수열 $\{a_n\}$이 모든 자연수 n에 대하여
$$a_{n+1} = \begin{cases} 2a_n & (a_n < 7) \\ a_n - 7 & (a_n \geq 7) \end{cases}$$
일 때, $\sum_{k=1}^{8} a_k$의 값은? [3점]

① 30 ② 32 ③ 34
④ 36 ⑤ 38

23 2022학년도 수능 (홀) 21번

수열 $\{a_n\}$이 다음 조건을 만족시킨다.

> (가) $|a_1| = 2$
> (나) 모든 자연수 n에 대하여 $|a_{n+1}| = 2|a_n|$이다.
> (다) $\sum_{n=1}^{10} a_n = -14$

$a_1 + a_3 + a_5 + a_7 + a_9$의 값을 구하시오. [4점]

42 2022학년도 9월 모평 15번

수열 $\{a_n\}$은 $|a_1| \leq 1$이고, 모든 자연수 n에 대하여
$$a_{n+1} = \begin{cases} -2a_n - 2 & \left(-1 \leq a_n < -\dfrac{1}{2}\right) \\ 2a_n & \left(-\dfrac{1}{2} \leq a_n \leq \dfrac{1}{2}\right) \\ -2a_n + 2 & \left(\dfrac{1}{2} < a_n \leq 1\right) \end{cases}$$
을 만족시킨다. $a_5 + a_6 = 0$이고 $\sum_{k=1}^{5} a_k > 0$이 되도록 하는 모든 a_1의 값의 합은? [4점]

① $\dfrac{9}{2}$ ② 5 ③ $\dfrac{11}{2}$
④ 6 ⑤ $\dfrac{13}{2}$

06 2022학년도 6월 모평 9번

수열 $\{a_n\}$이 모든 자연수 n에 대하여
$$a_{n+1} = \begin{cases} \dfrac{1}{a_n} & (n\text{이 홀수인 경우}) \\ 8a_n & (n\text{이 짝수인 경우}) \end{cases}$$
이고 $a_{12} = \dfrac{1}{2}$일 때, $a_1 + a_4$의 값은? [4점]

① $\dfrac{3}{4}$ ② $\dfrac{9}{4}$ ③ $\dfrac{5}{2}$
④ $\dfrac{17}{4}$ ⑤ $\dfrac{9}{2}$

36 2021학년도 수능 가형(홀) 21번

수열 $\{a_n\}$은 $0 < a_1 < 1$이고, 모든 자연수 n에 대하여 다음 조건을 만족시킨다.

> (가) $a_{2n} = a_2 \times a_n + 1$
> (나) $a_{2n+1} = a_2 \times a_n - 2$

$a_8 - a_{15} = 63$일 때, $\dfrac{a_8}{a_1}$의 값은? [4점]

① 91 ② 92 ③ 93
④ 94 ⑤ 95

19 2021학년도 수능 나형(홀) 21번

수열 $\{a_n\}$은 $0 < a_1 < 1$이고, 모든 자연수 n에 대하여 다음 조건을 만족시킨다.

> (가) $a_{2n} = a_2 \times a_n + 1$
> (나) $a_{2n+1} = a_2 \times a_n - 2$

$a_7 = 2$일 때, a_{25}의 값은? [4점]

① 78 ② 80 ③ 82
④ 84 ⑤ 86

17 2021학년도 9월 모평 가형 10번

수열 $\{a_n\}$은 $a_1 = 12$이고, 모든 자연수 n에 대하여
$$a_{n+1} + a_n = (-1)^{n+1} \times n$$
을 만족시킨다. $a_k > a_1$인 자연수 k의 최솟값은? [3점]

① 2 ② 4 ③ 6
④ 8 ⑤ 10

46 2021학년도 9월 모평 나형 21번

수열 $\{a_n\}$은 모든 자연수 n에 대하여
$$a_{n+2} = \begin{cases} 2a_n + a_{n+1} & (a_n \leq a_{n+1}) \\ a_n + a_{n+1} & (a_n > a_{n+1}) \end{cases}$$
을 만족시킨다. $a_3 = 2$, $a_6 = 19$가 되도록 하는 모든 a_1의 값의 합은? [4점]

① $-\dfrac{1}{2}$ ② $-\dfrac{1}{4}$ ③ 0
④ $\dfrac{1}{4}$ ⑤ $\dfrac{1}{2}$

28 2021학년도 6월 모평 가형 24번

수열 $\{a_n\}$은 $a_1 = 9$, $a_2 = 3$이고, 모든 자연수 n에 대하여
$$a_{n+2} = a_{n+1} - a_n$$
을 만족시킨다. $|a_k| = 3$을 만족시키는 100 이하의 자연수 k의 개수를 구하시오. [3점]

04 2021학년도 6월 모평 나형 14번

수열 $\{a_n\}$은 $a_1 = 1$이고, 모든 자연수 n에 대하여
$$\begin{cases} a_{3n-1} = 2a_n + 1 \\ a_{3n} = -a_n + 2 \\ a_{3n+1} = a_n + 1 \end{cases}$$
을 만족시킨다. $a_{11} + a_{12} + a_{13}$의 값은? [4점]

① 6 ② 7 ③ 8
④ 9 ⑤ 10

41 2020학년도 수능 나형(홀) 21번

수열 $\{a_n\}$이 모든 자연수 n에 대하여 다음 조건을 만족시킨다.

> (가) $a_{2n} = a_n - 1$
> (나) $a_{2n+1} = 2a_n + 1$

$a_{20} = 1$일 때, $\sum_{n=1}^{63} a_n$의 값은? [4점]

① 704 ② 712 ③ 720
④ 728 ⑤ 736

09 2020학년도 9월 모평 나형 24번

수열 $\{a_n\}$이 모든 자연수 n에 대하여
$$a_{n+1} + a_n = 3n - 1$$
을 만족시킨다. $a_3 = 4$일 때, $a_1 + a_5$의 값을 구하시오. [3점]

12 2020학년도 6월 모평 나형 9번

수열 $\{a_n\}$은 $a_1 = 1$이고, 모든 자연수 n에 대하여
$$a_{n+1} + (-1)^n \times a_n = 2^n$$
을 만족시킨다. a_5의 값은? [3점]

① 1 ② 3 ③ 5
④ 7 ⑤ 9

21 2019학년도 수능 나형(홀) 13번

수열 $\{a_n\}$은 $a_1 = 2$이고, 모든 자연수 n에 대하여
$$a_{n+1} = \begin{cases} \dfrac{a_n}{2 - 3a_n} & (n\text{이 홀수인 경우}) \\ 1 + a_n & (n\text{이 짝수인 경우}) \end{cases}$$
를 만족시킨다. $\sum_{n=1}^{40} a_n$의 값은? [3점]

① 30 ② 35 ③ 40
④ 45 ⑤ 50

16 2019학년도 9월 모평 나형 11번

수열 $\{a_n\}$이 모든 자연수 n에 대하여
$$a_n a_{n+1} = 2n$$
이고 $a_3 = 1$일 때, $a_2 + a_5$의 값은? [3점]

① $\dfrac{13}{3}$ ② $\dfrac{16}{3}$ ③ $\dfrac{19}{3}$
④ $\dfrac{22}{3}$ ⑤ $\dfrac{25}{3}$

01 2018학년도 수능 나형(홀) 13번

수열 $\{a_n\}$은 $a_1 = 2$이고, 모든 자연수 n에 대하여
$$a_{n+1} = \begin{cases} a_n - 1 & (a_n\text{이 짝수인 경우}) \\ a_n + n & (a_n\text{이 홀수인 경우}) \end{cases}$$
를 만족시킨다. a_7의 값은? [3점]

① 7 ② 9 ③ 11
④ 13 ⑤ 15

33 2018학년도 9월 모평 나형 19번

두 수열 $\{a_n\}$, $\{b_n\}$은 $a_1 = a_2 = 1$, $b_1 = k$이고, 모든 자연수 n에 대하여
$$a_{n+2} = (a_{n+1})^2 - (a_n)^2, \ b_{n+1} = a_n - b_n + n$$
을 만족시킨다. $b_{20} = 14$일 때, k의 값은? [4점]

① -3 ② -1 ③ 1
④ 3 ⑤ 5

18 2018학년도 6월 모평 나형 29번

공차가 0이 아닌 등차수열 $\{a_n\}$이 있다. 수열 $\{b_n\}$은
$$b_1 = a_1$$
이고, 2 이상의 자연수 n에 대하여
$$b_n = \begin{cases} b_{n-1} + a_n & (n\text{이 3의 배수가 아닌 경우}) \\ b_{n-1} - a_n & (n\text{이 3의 배수인 경우}) \end{cases}$$
이다. $b_{10} = a_{10}$일 때, $\dfrac{b_8}{b_{10}} = \dfrac{q}{p}$이다. $p + q$의 값을 구하시오.
(단, p와 q는 서로소인 자연수이다.) [4점]

07 2017학년도 6월 모평 나형 20번

첫째항이 a인 수열 $\{a_n\}$은 모든 자연수 n에 대하여
$$a_{n+1} = \begin{cases} a_n + (-1)^n \times 2 & (n\text{이 3의 배수가 아닌 경우}) \\ a_n + 1 & (n\text{이 3의 배수인 경우}) \end{cases}$$
를 만족시킨다. $a_{15} = 43$일 때, a의 값은? [4점]

① 35 ② 36 ③ 37
④ 38 ⑤ 39

30 2014학년도 6월 모평 A형 28번

수열 $\{a_n\}$은 $a_1 = 7$이고, 다음 조건을 만족시킨다.

> (가) $a_{n+2} = a_n - 4$ $(n = 1, 2, 3, 4)$
> (나) 모든 자연수 n에 대하여 $a_{n+6} = a_n$이다.

$\sum_{k=1}^{50} a_k = 258$일 때, a_2의 값을 구하시오. [4점]

수열의 귀납적 정의

1 수열의 귀납적 정의

수열 $\{a_n\}$에 대하여

(i) 첫째항 a_1의 값

(ii) 이웃하는 두 항 a_n, a_{n+1} $(n=1, 2, 3, \cdots)$ 사이의 관계식

이 주어질 때, $n=1, 2, 3, \cdots$을 차례대로 대입하면 수열 $\{a_n\}$의 모든 항을 구할 수 있다. 일반적으로 처음 몇 개의 항과 이웃하는 여러 항 사이의 관계식으로 수열을 정의하는 것을 수열의 귀납적 정의라 한다.

예 수열 $\{a_n\}$이 $a_1=3$, $a_{n+1}=a_n+3$ $(n=1, 2, 3, \cdots)$으로 정의되면 이 수열의 모든 항은 다음과 같이 구할 수 있다.

$a_2=a_1+3=3+3=6$, $a_3=a_2+3=6+3=9$, $a_4=a_3+3=9+3=12$, $\cdots$

2 등차수열과 등비수열을 나타내는 관계식

(1) 등차수열을 나타내는 관계식

① $a_{n+1}=a_n+d \Longleftrightarrow a_{n+1}-a_n=d$

  ⇨ 공차가 d인 등차수열

② $2a_{n+1}=a_n+a_{n+2} \Longleftrightarrow a_{n+2}-a_{n+1}=a_{n+1}-a_n$

  ⇨ 등차수열

(2) 등비수열을 나타내는 관계식

① $a_{n+1}=ra_n \Longleftrightarrow \dfrac{a_{n+1}}{a_n}=r$

  ⇨ 공비가 r인 등비수열

② $a_{n+1}^2=a_n a_{n+2} \Longleftrightarrow \dfrac{a_{n+2}}{a_{n+1}}=\dfrac{a_{n+1}}{a_n}$

  ⇨ 등비수열

예 (1) $a_1=3$, $a_{n+1}=a_n+5$ $(n=1, 2, 3, \cdots)$

  ⇨ 수열 $\{a_n\}$은 첫째항이 3, 공차가 5인 등차수열이다.

  (2) $a_1=3$, $a_{n+1}=2a_n$ $(n=1, 2, 3, \cdots)$

  ⇨ 수열 $\{a_n\}$은 첫째항이 3, 공비가 2인 등비수열이다.

• $2a_{n+1}=a_n+a_{n+2}$
 ⇨ a_{n+1}은 a_n과 a_{n+2}의 등차중항

• $a_{n+1}^2=a_n a_{n+2}$
 ⇨ a_{n+1}은 a_n과 a_{n+2}의 등비중항

3 여러 가지 수열의 귀납적 정의

(1) $a_{n+1}=a_n+f(n)$ 꼴

특정한 항 a_m의 값은 주어진 식의 n에 1, 2, 3, $\cdots$, $m-1$을 차례대로 대입한 후 변끼리 더하여 구한다.

⇨ $a_m=a_1+f(1)+f(2)+\cdots+f(m-1)$

  $=a_1+\sum\limits_{k=1}^{m-1} f(k)$

$$\begin{array}{l} a_2=a_1+f(1) \\ a_3=a_2+f(2) \\ a_4=a_3+f(3) \\ \quad\vdots \\ +)\,a_m=a_{m-1}+f(m-1) \\ \hline a_m=a_1+f(1)+f(2)+\cdots+f(m-1) \end{array}$$

(2) $a_{n+1}=a_n f(n)$ 꼴

특정한 항 a_m의 값은 주어진 식의 n에 1, 2, 3, $\cdots$, $m-1$을 차례대로 대입한 후 변끼리 곱하여 구한다.

⇨ $a_m=a_1 f(1)f(2)f(3)\cdots f(m-1)$

$$\begin{array}{l} a_2=a_1 f(1) \\ a_3=a_2 f(2) \\ a_4=a_3 f(3) \\ \quad\vdots \\ \times)\,a_m=a_{m-1} f(m-1) \\ \hline a_m=a_1 f(1)f(2)f(3)\cdots f(m-1) \end{array}$$

• 주어진 식의 n에 1, 2, 3, $\cdots$을 차례대로 대입하였을 때, 같은 수가 반복되는 경우에는 a_n의 값의 규칙을 찾아 해결한다.

유형 01 등차수열과 등비수열의 귀납적 정의

01 대표 문제

2014학년도 수능 A형(홀) 24번

수열 $\{a_n\}$이 다음 조건을 만족시킨다.

> (가) $a_1 = a_2 + 3$
> (나) $a_{n+1} = -2a_n \ (n \geq 1)$

a_9의 값을 구하시오. [3점]

02

2017학년도 3월 학평-나형 4번

수열 $\{a_n\}$이 모든 자연수 n에 대하여
$$a_{n+1} = 3a_n$$
을 만족시킨다. $a_2 = 2$일 때, a_4의 값은? [3점]

① 6   ② 9   ③ 12

④ 15   ⑤ 18

03

2014학년도 9월 모평 A형 8번

모든 항이 양수인 수열 $\{a_n\}$이 $a_1 = 2$이고,
$$\log_2 a_{n+1} = 1 + \log_2 a_n \ (n \geq 1)$$
을 만족시킨다. $a_1 \times a_2 \times a_3 \times \cdots \times a_8 = 2^k$일 때 상수 k의 값은? [3점]

① 36   ② 40   ③ 44

④ 48   ⑤ 52

04

2019학년도 7월 학평-나형 26번

첫째항이 2이고 모든 항이 양수인 수열 $\{a_n\}$이 있다. x에 대한 이차방정식
$$a_n x^2 - a_{n+1} x + a_n = 0$$
이 모든 자연수 n에 대하여 중근을 가질 때, $\sum_{k=1}^{8} a_k$의 값을 구하시오. [4점]

05

수열 $\{a_n\}$의 첫째항부터 제n항까지의 합을 S_n이라 하자. 모든 자연수 n에 대하여

$$a_{n+1}=1-4\times S_n$$

이고 $a_4=4$일 때, $a_1\times a_6$의 값은? [4점]

① 5   ② 10   ③ 15

④ 20   ⑤ 25

06

$a_2=-4$이고 공차가 0이 아닌 등차수열 $\{a_n\}$에 대하여 수열 $\{b_n\}$을 $b_n=a_n+a_{n+1}\,(n\geq1)$이라 하고, 두 집합 A, B를

$$A=\{a_1,\,a_2,\,a_3,\,a_4,\,a_5\},\ B=\{b_1,\,b_2,\,b_3,\,b_4,\,b_5\}$$

라 하자. $n(A\cap B)=3$이 되도록 하는 모든 수열 $\{a_n\}$에 대하여 a_{20}의 값의 합은? [4점]

① 30   ② 34   ③ 38

④ 42   ⑤ 46

유형 02 | 수열의 귀납적 정의
$-a_{n+1}=a_n+f(n)$ 또는 $a_{n+1}=a_nf(n)$ 꼴

유형 03 | 여러 가지 수열의 귀납적 정의

07 대표 문제
2014학년도 4월 학평-A형 9번

수열 $\{a_n\}$이 모든 자연수 n에 대하여

$$a_{n+1}=a_n+3n$$

을 만족시킨다. $2a_1=a_2+3$일 때, a_{10}의 값은? [3점]

① 135   ② 138   ③ 141

④ 144   ⑤ 147

09 대표 문제
2020학년도 9월 모평 나형 24번

수열 $\{a_n\}$이 모든 자연수 n에 대하여

$$a_{n+1}+a_n=3n-1$$

을 만족시킨다. $a_3=4$일 때, a_1+a_5의 값을 구하시오. [3점]

08
2017학년도 11월 학평(고2)-나형 12번

수열 $\{a_n\}$이 모든 자연수 n에 대하여

$$a_{n+1}=\frac{n+4}{2n-1}a_n$$

을 만족시킨다. $a_1=1$일 때, a_5의 값은? [3점]

① 16   ② 18   ③ 20

④ 22   ⑤ 24

10
2017학년도 4월 학평-나형 25번

수열 $\{a_n\}$이 $a_1=2$이고, 모든 자연수 n에 대하여

$$a_{n+1}=2(a_n+2)$$

를 만족시킨다. a_5의 값을 구하시오. [3점]

11

수열 $\{a_n\}$이 $a_1=1$이고 모든 자연수 n에 대하여

$$a_{n+1}=\frac{a_n+1}{3a_n-2}$$

을 만족시킬 때, a_4의 값은? [3점]

① 1   ② 3   ③ 5
④ 7   ⑤ 9

12

수열 $\{a_n\}$은 $a_1=1$이고, 모든 자연수 n에 대하여

$$a_{n+1}+(-1)^n\times a_n=2^n$$

을 만족시킨다. a_5의 값은? [3점]

① 1   ② 3   ③ 5
④ 7   ⑤ 9

13

수열 $\{a_n\}$은 $a_1=1$이고 모든 자연수 n에 대하여

$$a_{n+1}+3a_n=(-1)^n\times n$$

을 만족시킨다. a_5의 값을 구하시오. [4점]

14

수열 $\{a_n\}$은 $a_1=2$, $a_2=3$이고, 모든 자연수 n에 대하여

$$a_{n+2}-a_{n+1}+2a_n=5$$

를 만족시킨다. a_6의 값은? [3점]

① -1 ② 0   ③ 1
④ 2   ⑤ 3

15

수열 $\{a_n\}$이 모든 자연수 n에 대하여

$$a_1 = 1, \quad a_{n+1} = \frac{k}{a_n + 2}$$

를 만족시킬 때, $a_3 = \frac{3}{2}$이 되도록 하는 상수 k의 값은? [3점]

① 4   ② 5   ③ 6

④ 7   ⑤ 8

17

수열 $\{a_n\}$은 $a_1 = 12$이고, 모든 자연수 n에 대하여

$$a_{n+1} + a_n = (-1)^{n+1} \times n$$

을 만족시킨다. $a_k > a_1$인 자연수 k의 최솟값은? [3점]

① 2   ② 4   ③ 6

④ 8   ⑤ 10

16

수열 $\{a_n\}$이 모든 자연수 n에 대하여

$$a_n a_{n+1} = 2n$$

이고 $a_3 = 1$일 때, $a_2 + a_5$의 값은? [3점]

① $\frac{13}{3}$ ② $\frac{16}{3}$ ③ $\frac{19}{3}$

④ $\frac{22}{3}$ ⑤ $\frac{25}{3}$

18

첫째항이 4인 수열 $\{a_n\}$이 모든 자연수 n에 대하여

$$a_{n+2} = a_{n+1} + a_n$$

을 만족시킨다. $a_4 = 34$일 때, a_2의 값을 구하시오. [3점]

19

수열 $\{a_n\}$이 모든 자연수 n에 대하여

$$a_{n+1} = \sum_{k=1}^{n} k a_k$$

를 만족시킨다. $a_1 = 2$일 때, $a_2 + \dfrac{a_{51}}{a_{50}}$의 값은? [4점]

① 47   ② 49   ③ 51

④ 53   ⑤ 55

20

수열 $\{a_n\}$이 모든 자연수 n에 대하여 다음 조건을 만족시킨다.

(가) $\displaystyle\sum_{k=1}^{2n} a_k = 17n$

(나) $|a_{n+1} - a_n| = 2n - 1$

$a_2 = 9$일 때, $\displaystyle\sum_{n=1}^{10} a_{2n}$의 값을 구하시오. [4점]

● 해설편 385쪽

21

수열 $\{a_n\}$의 첫째항부터 제n항까지의 합을 S_n이라 하자.
$a_1=2$, $a_2=4$이고 2 이상의 모든 자연수 n에 대하여

$$a_{n+1}S_n=a_nS_{n+1}$$

이 성립할 때, S_5의 값을 구하시오. [3점]

22

양수 k에 대하여 $a_1=k$인 수열 $\{a_n\}$이 다음 조건을 만족시킨다.

(가) $a_2 \times a_3 < 0$

(나) 모든 자연수 n에 대하여
$$\left(a_{n+1}-a_n+\frac{2}{3}k\right)(a_{n+1}+ka_n)=0$$이다.

$a_5=0$이 되도록 하는 서로 다른 모든 양수 k에 대하여 k^2의 값의 합을 구하시오. [4점]

23

2022학년도 (홀) 21번

수열 $\{a_n\}$이 다음 조건을 만족시킨다.

(가) $|a_1|=2$

(나) 모든 자연수 n에 대하여 $|a_{n+1}|=2|a_n|$이다.

(다) $\displaystyle\sum_{n=1}^{10} a_n=-14$

$a_1+a_3+a_5+a_7+a_9$의 값을 구하시오. [4점]

24

2020학년도 4월 학평-가형 30번

두 수열 $\{a_n\}$, $\{b_n\}$이 모든 자연수 n에 대하여 다음 조건을 만족시킨다.

(가) $a_{2n}=b_n+2$

(나) $a_{2n+1}=b_n-1$

(다) $b_{2n}=3a_n-2$

(라) $b_{2n+1}=-a_n+3$

$a_{48}=9$이고 $\displaystyle\sum_{n=1}^{63} a_n - \sum_{n=1}^{31} b_n=155$일 때, b_{32}의 값을 구하시오.

[4점]

유형 01 | 여러 가지 수열의 귀납적 정의 – 경우에 따라 다르게 정의된 수열

01 대표 문제

2018학년도 수능 나형(홀) 13번

수열 $\{a_n\}$은 $a_1=2$이고, 모든 자연수 n에 대하여

$$a_{n+1}=\begin{cases} a_n-1 & (a_n \text{이 짝수인 경우}) \\ a_n+n & (a_n \text{이 홀수인 경우}) \end{cases}$$

를 만족시킨다. a_7의 값은? [3점]

① 7   ② 9   ③ 11
④ 13   ⑤ 15

02

2019학년도 4월 학평–나형 10번

수열 $\{a_n\}$은 $a_1=1$이고, 모든 자연수 n에 대하여

$$a_{n+1}=\begin{cases} (a_n)^2+1 & (a_n \text{이 짝수인 경우}) \\ 3a_n-1 & (a_n \text{이 홀수인 경우}) \end{cases}$$

를 만족시킨다. a_4의 값은? [3점]

① 10   ② 11   ③ 12
④ 13   ⑤ 14

03

2020학년도 3월 학평–가형 9번

수열 $\{a_n\}$은 $a_1=7$이고, 모든 자연수 n에 대하여

$$a_{n+1}=\begin{cases} \dfrac{a_n+3}{2} & (a_n \text{이 소수인 경우}) \\ a_n+n & (a_n \text{이 소수가 아닌 경우}) \end{cases}$$

를 만족시킨다. a_8의 값은? [3점]

① 11   ② 13   ③ 15
④ 17   ⑤ 19

04

2021학년도 6월 모평 나형 14번

수열 $\{a_n\}$은 $a_1=1$이고, 모든 자연수 n에 대하여

$$\begin{cases} a_{3n-1}=2a_n+1 \\ a_{3n}=-a_n+2 \\ a_{3n+1}=a_n+1 \end{cases}$$

을 만족시킨다. $a_{11}+a_{12}+a_{13}$의 값은? [4점]

① 6   ② 7   ③ 8
④ 9   ⑤ 10

첫째항이 6인 수열 $\{a_n\}$이 모든 자연수 n에 대하여

$$a_{n+1}=\begin{cases} 2-a_n & (a_n\geq 0) \\ a_n+p & (a_n<0) \end{cases}$$

을 만족시킨다. $a_4=0$이 되도록 하는 모든 실수 p의 값의 합을 구하시오. [4점]

수열 $\{a_n\}$이 모든 자연수 n에 대하여

$$a_{n+1}=\begin{cases} \dfrac{1}{a_n} & (n\text{이 홀수인 경우}) \\ 8a_n & (n\text{이 짝수인 경우}) \end{cases}$$

이고 $a_{12}=\dfrac{1}{2}$일 때, a_1+a_4의 값은? [4점]

① $\dfrac{3}{4}$　　　② $\dfrac{9}{4}$　　　③ $\dfrac{5}{2}$

④ $\dfrac{17}{4}$　　　⑤ $\dfrac{9}{2}$

첫째항이 a인 수열 $\{a_n\}$은 모든 자연수 n에 대하여

$$a_{n+1}=\begin{cases} a_n+(-1)^n\times 2 & (n\text{이 3의 배수가 아닌 경우}) \\ a_n+1 & (n\text{이 3의 배수인 경우}) \end{cases}$$

를 만족시킨다. $a_{15}=43$일 때, a의 값은? [4점]

① 35　　　② 36　　　③ 37

④ 38　　　⑤ 39

수열 $\{a_n\}$이 모든 자연수 n에 대하여

$$a_{n+1}=\begin{cases} a_n & (a_n>n) \\ 3n-2-a_n & (a_n\leq n) \end{cases}$$

을 만족시킬 때, $a_5=5$가 되도록 하는 모든 a_1의 값의 곱은? [4점]

① 20　　　② 30　　　③ 40

④ 50　　　⑤ 60

09

첫째항이 자연수인 수열 $\{a_n\}$이 모든 자연수 n에 대하여

$$a_{n+1}=\begin{cases} a_n+1 & (a_n\text{이 홀수인 경우}) \\ \dfrac{1}{2}a_n & (a_n\text{이 짝수인 경우}) \end{cases}$$

를 만족시킬 때, $a_2+a_4=40$이 되도록 하는 모든 a_1의 값의 합은? [4점]

① 172   ② 175   ③ 178

④ 181   ⑤ 184

11

첫째항이 자연수인 수열 $\{a_n\}$이 모든 자연수 n에 대하여

$$a_{n+1}=\begin{cases} \dfrac{1}{2}a_n & \left(\dfrac{1}{2}a_n\text{이 자연수인 경우}\right) \\ (a_n-1)^2 & \left(\dfrac{1}{2}a_n\text{이 자연수가 아닌 경우}\right) \end{cases}$$

를 만족시킬 때, $a_7=1$이 되도록 하는 모든 a_1의 값의 합은?

[4점]

① 120   ② 125   ③ 130

④ 135   ⑤ 140

10

수열 $\{a_n\}$은 $1<a_1<2$이고, 모든 자연수 n에 대하여

$$a_{n+1}=\begin{cases} -2a_n & (a_n<0) \\ a_n-2 & (a_n\geq 0) \end{cases}$$

을 만족시킨다. $a_7=-1$일 때, $40\times a_1$의 값을 구하시오. [4점]

12

모든 항이 자연수인 수열 $\{a_n\}$이 모든 자연수 n에 대하여

$$a_{n+1}=\begin{cases} \dfrac{a_n}{n} & (n\text{이 } a_n\text{의 약수인 경우}) \\[2mm] 3a_n+1 & (n\text{이 } a_n\text{의 약수가 아닌 경우}) \end{cases}$$

를 만족시킬 때, $a_6=2$가 되도록 하는 모든 a_1의 값의 합은?

[4점]

① 254   ② 264   ③ 274

④ 284   ⑤ 294

13

첫째항이 자연수인 수열 $\{a_n\}$이 모든 자연수 n에 대하여

$$a_{n+1}=\begin{cases} \dfrac{a_n}{3} & (a_n\text{이 } 3\text{의 배수인 경우}) \\[2mm] \dfrac{a_n{}^2+5}{3} & (a_n\text{이 } 3\text{의 배수가 아닌 경우}) \end{cases}$$

를 만족시킬 때, $a_4+a_5=5$가 되도록 하는 모든 a_1의 값의 합은? [4점]

① 63   ② 66   ③ 69

④ 72   ⑤ 75

14

첫째항이 자연수인 수열 $\{a_n\}$이 모든 자연수 n에 대하여

$$a_{n+1} = \begin{cases} 2^{a_n} & (a_n\text{이 홀수인 경우}) \\ \dfrac{1}{2}a_n & (a_n\text{이 짝수인 경우}) \end{cases}$$

를 만족시킬 때, $a_6 + a_7 = 3$이 되도록 하는 모든 a_1의 값의 합은? [4점]

① 139 ② 146 ③ 153
④ 160 ⑤ 167

15

수열 $\{a_n\}$은

$$a_2 = -a_1$$

이고, $n \geq 2$인 모든 자연수 n에 대하여

$$a_{n+1} = \begin{cases} a_n - \sqrt{n} \times a_{\sqrt{n}} & (\sqrt{n}\text{이 자연수이고 } a_n > 0\text{인 경우}) \\ a_n + 1 & (\text{그 외의 경우}) \end{cases}$$

를 만족시킨다. $a_{15} = 1$이 되도록 하는 모든 a_1의 값의 곱을 구하시오. [4점]

16

다음 조건을 만족시키는 모든 수열 $\{a_n\}$에 대하여 a_1의 최댓값을 M, 최솟값을 m이라 할 때, $\log_2 \dfrac{M}{m}$의 값은? [4점]

(가) 모든 자연수 n에 대하여
$$a_{n+1}=\begin{cases} 2^{n-2} & (a_n<1) \\ \log_2 a_n & (a_n\geq1) \end{cases}$$
이다.
(나) $a_5+a_6=1$

① 12　　　　② 13　　　　③ 14
④ 15　　　　⑤ 16

17

모든 항이 자연수인 수열 $\{a_n\}$이 다음 조건을 만족시킨다.

(가) $a_1<300$
(나) 모든 자연수 n에 대하여
$$a_{n+1}=\begin{cases} \dfrac{1}{3}a_n & (\log_3 a_n \text{이 자연수인 경우}) \\ a_n+6 & (\log_3 a_n \text{이 자연수가 아닌 경우}) \end{cases}$$
이다.

$\sum\limits_{k=4}^{7} a_k=40$이 되도록 하는 모든 a_1의 값의 합은? [4점]

① 315　　　　② 321　　　　③ 327
④ 333　　　　⑤ 339

18

공차가 0이 아닌 등차수열 $\{a_n\}$이 있다. 수열 $\{b_n\}$은

$$b_1 = a_1$$

이고, 2 이상의 자연수 n에 대하여

$$b_n = \begin{cases} b_{n-1} + a_n & (n\text{이 3의 배수가 아닌 경우}) \\ b_{n-1} - a_n & (n\text{이 3의 배수인 경우}) \end{cases}$$

이다. $b_{10} = a_{10}$일 때, $\dfrac{b_8}{b_{10}} = \dfrac{q}{p}$이다. $p+q$의 값을 구하시오.

(단, p와 q는 서로소인 자연수이다.) [4점]

19

수열 $\{a_n\}$은 $0 < a_1 < 1$이고, 모든 자연수 n에 대하여 다음 조건을 만족시킨다.

(가) $a_{2n} = a_2 \times a_n + 1$

(나) $a_{2n+1} = a_2 \times a_n - 2$

$a_7 = 2$일 때, a_{25}의 값은? [4점]

① 78
② 80
③ 82
④ 84
⑤ 86

20

모든 항이 자연수인 수열 $\{a_n\}$이 모든 자연수 n에 대하여

$$a_{n+2} = \begin{cases} a_{n+1}+a_n & (a_{n+1}+a_n \text{이 홀수인 경우}) \\ \dfrac{1}{2}(a_{n+1}+a_n) & (a_{n+1}+a_n \text{이 짝수인 경우}) \end{cases}$$

를 만족시킨다. $a_1=1$일 때, $a_6=34$가 되도록 하는 모든 a_2의 값의 합은? [4점]

① 60　　　　② 64　　　　③ 68

④ 72　　　　⑤ 76

---

21 대표 문제

수열 $\{a_n\}$은 $a_1=2$이고, 모든 자연수 n에 대하여

$$a_{n+1} = \begin{cases} \dfrac{a_n}{2-3a_n} & (n \text{이 홀수인 경우}) \\ 1+a_n & (n \text{이 짝수인 경우}) \end{cases}$$

를 만족시킨다. $\displaystyle\sum_{n=1}^{40} a_n$의 값은? [3점]

① 30　　　　② 35　　　　③ 40

④ 45　　　　⑤ 50

22

수열 $\{a_n\}$은 $a_1=10$이고, 모든 자연수 n에 대하여

$$a_{n+1} = \begin{cases} 5-\dfrac{10}{a_n} & (a_n \text{이 정수인 경우}) \\ -2a_n+3 & (a_n \text{이 정수가 아닌 경우}) \end{cases}$$

를 만족시킨다. a_9+a_{12}의 값은? [3점]

① 5　　　　② 6　　　　③ 7

④ 8　　　　⑤ 9

23

수열 $\{a_n\}$이 $a_1=1$이고 모든 자연수 n에 대하여

$$a_{n+1}=\begin{cases} 2^{a_n} & (a_n\leq 1) \\ \log_{a_n}\sqrt{2} & (a_n>1) \end{cases}$$

을 만족시킬 때, $a_{12}\times a_{13}$의 값은? [3점]

① $\dfrac{1}{2}$ ② 1 ③ $\sqrt{2}$

④ 2 ⑤ $2\sqrt{2}$

24

첫째항이 $\dfrac{1}{2}$인 수열 $\{a_n\}$이 모든 자연수 n에 대하여

$$a_{n+1}=\begin{cases} a_n+1 & (a_n<0) \\ -2a_n+1 & (a_n\geq 0) \end{cases}$$

일 때, $a_{10}+a_{20}$의 값은? [3점]

① -2 ② -1 ③ 0

④ 1 ⑤ 2

25

첫째항이 1인 수열 $\{a_n\}$이 모든 자연수 n에 대하여

$$a_{n+1}=\begin{cases} 2a_n & (a_n<7) \\ a_n-7 & (a_n\geq 7) \end{cases}$$

일 때, $\displaystyle\sum_{k=1}^{8} a_k$의 값은? [3점]

① 30 ② 32 ③ 34

④ 36 ⑤ 38

26

첫째항이 $\dfrac{1}{5}$인 수열 $\{a_n\}$이 모든 자연수 n에 대하여

$$a_{n+1}=\begin{cases} 2a_n & (a_n\leq 1) \\ a_n-1 & (a_n>1) \end{cases}$$

을 만족시킬 때, $\displaystyle\sum_{n=1}^{20} a_n$의 값은? [3점]

① 13 ② 14 ③ 15

④ 16 ⑤ 17

27

수열 $\{a_n\}$이 $a_1 = 3$이고,

$$a_{n+1} = \begin{cases} \dfrac{a_n}{2} & (a_n\text{은 짝수}) \\[2mm] \dfrac{a_n + 93}{2} & (a_n\text{은 홀수}) \end{cases}$$

가 성립한다. $a_k = 3$을 만족시키는 50 이하의 모든 자연수 k의 값의 합을 구하시오. [4점]

28

수열 $\{a_n\}$은 $a_1 = 9$, $a_2 = 3$이고, 모든 자연수 n에 대하여

$$a_{n+2} = a_{n+1} - a_n$$

을 만족시킨다. $|a_k| = 3$을 만족시키는 100 이하의 자연수 k의 개수를 구하시오. [3점]

29

첫째항이 20인 수열 $\{a_n\}$이 모든 자연수 n에 대하여

$$a_{n+1} = |a_n| - 2$$

를 만족시킬 때, $\displaystyle\sum_{n=1}^{30} a_n$의 값은? [3점]

① 88   ② 90   ③ 92

④ 94   ⑤ 96

30

수열 $\{a_n\}$은 $a_1 = 7$이고, 다음 조건을 만족시킨다.

> (가) $a_{n+2} = a_n - 4$ ($n = 1, 2, 3, 4$)
> (나) 모든 자연수 n에 대하여 $a_{n+6} = a_n$이다.

$\displaystyle\sum_{k=1}^{50} a_k = 258$일 때, a_2의 값을 구하시오. [4점]

31

2021학년도 10월 학평 19번

수열 $\{a_n\}$이 다음 조건을 만족시킨다.

(가) $a_{n+2} = \begin{cases} a_n - 3 \ (n = 1, 3) \\ a_n + 3 \ (n = 2, 4) \end{cases}$

(나) 모든 자연수 n에 대하여 $a_n = a_{n+6}$이 성립한다.

$\displaystyle\sum_{k=1}^{32} a_k = 112$일 때, $a_1 + a_2$의 값을 구하시오. [3점]

32

2015학년도 4월 학평-A형 28번

수열 $\{a_n\}$은 다음 조건을 만족시킨다.

(가) $a_1 = 1$, $a_2 = 2$

(나) a_n은 a_{n-2}와 a_{n-1}의 합을 4로 나눈 나머지 $(n \geq 3)$

$\displaystyle\sum_{k=1}^{m} a_k = 166$일 때, m의 값을 구하시오. [4점]

33

2018학년도 9월 모평 나형 19번

두 수열 $\{a_n\}$, $\{b_n\}$은 $a_1 = a_2 = 1$, $b_1 = k$이고, 모든 자연수 n에 대하여

$$a_{n+2} = (a_{n+1})^2 - (a_n)^2, \ b_{n+1} = a_n - b_n + n$$

을 만족시킨다. $b_{20} = 14$일 때, k의 값은? [4점]

① -3 ② -1 ③ 1

④ 3 ⑤ 5

34

2021학년도 4월 학평 21번

첫째항이 자연수인 수열 $\{a_n\}$이 모든 자연수 n에 대하여

$$a_{n+1} = \begin{cases} a_n - 2 \ (a_n \geq 0) \\ a_n + 5 \ (a_n < 0) \end{cases}$$

을 만족시킨다. $a_{15} < 0$이 되도록 하는 a_1의 최솟값을 구하시오. [4점]

35

자연수 k에 대하여 다음 조건을 만족시키는 수열 $\{a_n\}$이 있다.

$a_1=0$이고, 모든 자연수 n에 대하여

$$a_{n+1}=\begin{cases} a_n+\dfrac{1}{k+1} & (a_n \leq 0) \\ a_n-\dfrac{1}{k} & (a_n>0) \end{cases}$$

이다.

$a_{22}=0$이 되도록 하는 모든 k의 값의 합은? [4점]

① 12　　　　② 14　　　　③ 16
④ 18　　　　⑤ 20

36

수열 $\{a_n\}$은 $0<a_1<1$이고, 모든 자연수 n에 대하여 다음 조건을 만족시킨다.

(가) $a_{2n}=a_2 \times a_n+1$
(나) $a_{2n+1}=a_2 \times a_n-2$

$a_8-a_{15}=63$일 때, $\dfrac{a_8}{a_1}$의 값은? [4점]

① 91　　　　② 92　　　　③ 93
④ 94　　　　⑤ 95

37

모든 항이 자연수이고 다음 조건을 만족시키는 모든 수열 $\{a_n\}$ 에 대하여 a_9의 최댓값과 최솟값을 각각 M, m이라 할 때, $M+m$의 값은? [4점]

(가) $a_7 = 40$

(나) 모든 자연수 n에 대하여

$$a_{n+2} = \begin{cases} a_{n+1} + a_n & (a_{n+1}\text{이 3의 배수가 아닌 경우}) \\ \dfrac{1}{3}a_{n+1} & (a_{n+1}\text{이 3의 배수인 경우}) \end{cases}$$

이다.

---

① 216   ② 218   ③ 220

④ 222   ⑤ 224

38

모든 항이 자연수인 수열 $\{a_n\}$이 다음 조건을 만족시킨다.

(가) 모든 자연수 n에 대하여

$$a_{n+1} = \begin{cases} \dfrac{1}{2}a_n + 2n & (a_n\text{이 4의 배수인 경우}) \\ a_n + 2n & (a_n\text{이 4의 배수가 아닌 경우}) \end{cases}$$

이다.

(나) $a_3 > a_5$

$50 < a_4 + a_5 < 60$이 되도록 하는 a_1의 최댓값과 최솟값을 각각 M, m이라 할 때, $M+m$의 값은? [4점]

① 224   ② 228   ③ 232

④ 236   ⑤ 240

39

자연수 k에 대하여 다음 조건을 만족시키는 수열 $\{a_n\}$이 있다.

$a_1=k$이고, 모든 자연수 n에 대하여
$$a_{n+1}=\begin{cases} a_n+2n-k & (a_n\leq 0) \\ a_n-2n-k & (a_n>0) \end{cases}$$
이다.

$a_3\times a_4\times a_5\times a_6<0$이 되도록 하는 모든 k의 값의 합은? [4점]

① 10　　　　② 14　　　　③ 18

④ 22　　　　⑤ 26

40

수열 $\{a_n\}$이 다음 조건을 만족시킨다.

(가) 모든 자연수 k에 대하여 $a_{4k}=r^k$이다.
　　　　　　　　　　(단, r는 $0<|r|<1$인 상수이다.)

(나) $a_1<0$이고, 모든 자연수 n에 대하여
$$a_{n+1}=\begin{cases} a_n+3 & (|a_n|<5) \\ -\dfrac{1}{2}a_n & (|a_n|\geq 5) \end{cases}$$
이다.

$|a_m|\geq 5$를 만족시키는 100 이하의 자연수 m의 개수를 p라 할 때, $p+a_1$의 값은? [4점]

① 8　　　　② 10　　　　③ 12

④ 14　　　　⑤ 16

45

첫째항이 짝수인 수열 $\{a_n\}$은 모든 자연수 n에 대하여

$$a_{n+1} = \begin{cases} a_n + 3 & (a_n \text{이 홀수인 경우}) \\ \dfrac{a_n}{2} & (a_n \text{이 짝수인 경우}) \end{cases}$$

를 만족시킨다. $a_5 = 5$일 때, 수열 $\{a_n\}$의 첫째항이 될 수 있는 모든 수의 합을 구하시오. [4점]

46

수열 $\{a_n\}$은 모든 자연수 n에 대하여

$$a_{n+2} = \begin{cases} 2a_n + a_{n+1} & (a_n \leq a_{n+1}) \\ a_n + a_{n+1} & (a_n > a_{n+1}) \end{cases}$$

을 만족시킨다. $a_3 = 2$, $a_6 = 19$가 되도록 하는 모든 a_1의 값의 합은? [4점]

① $-\dfrac{1}{2}$ ② $-\dfrac{1}{4}$ ③ 0

④ $\dfrac{1}{4}$ ⑤ $\dfrac{1}{2}$

한눈에 정리하는
평가원 기출 경향

학년도 주제	2025	2024	2023
수열의 귀납적 정의의 활용			**02**
수학적 귀납법 – 등식, 부등식 의 증명			

두 곡선 $y=16^x$, $y=2^x$과 한 점 $A(64, 2^{64})$이 있다. 점 A를 지나며 x축과 평행한 직선이 곡선 $y=16^x$과 만나는 점을 P_1이라 하고, 점 P_1을 지나며 y축과 평행한 직선이 곡선 $y=2^x$과 만나는 점을 Q_1이라 하자.

점 Q_1을 지나며 x축과 평행한 직선이 곡선 $y=16^x$과 만나는 점을 P_2라 하고, 점 P_2를 지나며 y축과 평행한 직선이 곡선 $y=2^x$과 만나는 점을 Q_2라 하자.

이와 같은 과정을 계속하여 n번째 얻은 두 점을 각각 P_n, Q_n이라 하고 점 Q_n의 x좌표를 x_n이라 할 때, $x_n < \frac{1}{k}$을 만족시키는 n의 최솟값이 6이 되도록 하는 자연수 k의 개수는? [4점]

① 48   ② 51   ③ 54
④ 57   ⑤ 60

2022 ~ 2014

04
2021학년도 수능(홀) 16번

상수 $k(k>1)$에 대하여 다음 조건을 만족시키는 수열 $\{a_n\}$이 있다.

> 모든 자연수 n에 대하여 $a_n<a_{n+1}$이고 곡선 $y=2^x$ 위의 두 점 $P_n(a_n,\ 2^{a_n})$, $P_{n+1}(a_{n+1},\ 2^{a_{n+1}})$을 지나는 직선의 기울기는 $k\times 2^{a_n}$이다.

점 P_n을 지나고 x축에 평행한 직선과 점 P_{n+1}을 지나고 y축에 평행한 직선이 만나는 점을 Q_n이라 하고 삼각형 $P_nQ_nP_{n+1}$의 넓이를 A_n이라 하자. 다음은 $a_1=1$, $\dfrac{A_3}{A_1}=16$일 때, A_n을 구하는 과정이다.

두 점 P_n, P_{n+1}을 지나는 직선의 기울기가 $k\times 2^{a_n}$이므로
$$2^{a_{n+1}-a_n}=k(a_{n+1}-a_n)+1$$
이다. 즉, 모든 자연수 n에 대하여 $a_{n+1}-a_n$은 방정식
$$2^x=kx+1$$
의 해이다.
$k>1$이므로 방정식 $2^x=kx+1$은 오직 하나의 양의 실근 d를 갖는다. 따라서 모든 자연수 n에 대하여 $a_{n+1}-a_n=d$이고, 수열 $\{a_n\}$은 공차가 d인 등차수열이다.
점 Q_n의 좌표가 $(a_{n+1},\ 2^{a_n})$이므로
$$A_n=\frac{1}{2}(a_{n+1}-a_n)(2^{a_{n+1}}-2^{a_n})$$
이다. $\dfrac{A_3}{A_1}=16$이므로 d의 값은 (가) 이고,
수열 $\{a_n\}$의 일반항은
$$a_n=\boxed{\text{(나)}}$$
이다. 따라서 모든 자연수 n에 대하여 $A_n=\boxed{\text{(다)}}$이다.

위의 (가)에 알맞은 수를 p, (나)와 (다)에 알맞은 식을 각각 $f(n)$, $g(n)$이라 할 때, $p+\dfrac{g(4)}{f(2)}$의 값은? [4점]

① 118   ② 121   ③ 124
④ 127   ⑤ 130

03
2021학년도 9월 모평 가형 16번 / 나형 16번

모든 자연수 n에 대하여 다음 조건을 만족시키는 x축 위의 점 P_n과 곡선 $y=\sqrt{3x}$ 위의 점 Q_n이 있다.

> · 선분 OP_n과 선분 P_nQ_n이 서로 수직이다.
> · 선분 OQ_n과 선분 Q_nP_{n+1}이 서로 수직이다.

다음은 점 P_1의 좌표가 $(1,\ 0)$일 때, 삼각형 OP_nQ_n의 넓이가 A_n을 구하는 과정이다. (단, O는 원점이다.)

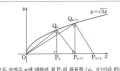

모든 자연수 n에 대하여 점 P_n의 좌표를 $(a_n,\ 0)$이라 하자.
$$\overline{OP_{n+1}}=\overline{OP_n}+\overline{P_nP_{n+1}}$$
이다. 삼각형 OP_nQ_n과 삼각형 $Q_nP_nP_{n+1}$이 닮음이므로
$$\overline{OP_n}:\overline{P_nQ_n}=\overline{P_nQ_n}:\overline{P_nP_{n+1}}$$
이고, 점 Q_n의 좌표는 $(a_n,\ \sqrt{3a_n})$이므로
$$\overline{P_nP_{n+1}}=\boxed{\text{(가)}}$$
이다. 따라서 삼각형 OP_nQ_n의 넓이 A_n은
$$A_n=\frac{1}{2}\times\boxed{\text{(나)}}\times\sqrt{9n-6}$$
이다.

위의 (가)에 알맞은 수를 p, (나)에 알맞은 식을 $f(n)$이라 할 때, $p+f(8)$의 값은? [4점]

① 20   ② 22   ③ 24
④ 26   ⑤ 28

07
2015학년도 6월 모평 A형 28번

자연수 n에 대하여 순서쌍 $(x_n,\ y_n)$을 다음 규칙에 따라 정한다.

> (가) $(x_1,\ y_1)=(1,\ 1)$
> (나) n이 홀수이면 $(x_{n+1},\ y_{n+1})=(x_n,\ (y_n-3)^2)$이고,
> n이 짝수이면 $(x_{n+1},\ y_{n+1})=((x_n-3)^2,\ y_n)$이다.

순서쌍 $(x_{2015},\ y_{2015})$에서 $x_{2015}+y_{2015}$의 값을 구하시오. [4점]

06
2014학년도 6월 모평 A형 16번

자연수 n에 대하여 좌표평면 위의 점 $P_n(x_n,\ y_n)$을 다음 규칙에 따라 정한다.

> (가) $x_1=y_1=1$
> (나) $\begin{cases} x_{n+1}=x_n+(n+1) \\ y_{n+1}=y_n+(-1)^n\times(n+1) \end{cases}$ $(n\geq1)$

점 Q는 원점 O를 출발하여 $\overline{OP_1}$을 따라 점 P_1에 도착한다. 자연수 n에 대하여 점 P_n에 도착한 점 Q는 점 P_{n+1}을 향하여 $\overline{P_nP_{n+1}}$을 따라 이동한다. 점 Q는 한 번에 $\sqrt{2}$만큼 이동한다. 예를 들어, 원점에서 출발하여 7번 이동한 점 Q의 좌표는 $(7,\ 1)$이다. 원점에서 출발하여 55번 이동한 점 Q의 y좌표는? [4점]

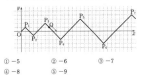

① -5 ② -6 ③ -7
④ -8 ⑤ -9

10
2014학년도 9월 모평 A형 29번

그림과 같이 직사각형에서 세로를 각각 이등분하는 점 2개를 연결하는 선분을 그린 그림을 [그림 1]이라 하자. [그림 1]을 $\dfrac{1}{2}$만큼 축소시킨 도형을 [그림 1]의 오른쪽 맨 아래 꼭짓점을 하나의 꼭짓점으로 하여 오른쪽에 이어 붙인 그림을 [그림 2]라 하자.
이와 같이 3 이상의 자연수 k에 대하여 [그림 1]을 $\dfrac{1}{2^{k-1}}$만큼 축소시킨 도형을 [그림 $k-1$]의 오른쪽 맨 아래 꼭짓점을 하나의 꼭짓점으로 하여 오른쪽에 이어 붙인 그림을 [그림 k]라 하자.
자연수 n에 대하여 [그림 n]에서 왼쪽 맨 위 꼭짓점을 A_n, 오른쪽 맨 아래 꼭짓점을 B_n이라 할 때, 점 A_n에서 점 B_n까지 선을 따라 최단거리로 가는 경로의 수를 a_n이라 하자. a_2의 값을 구하시오. [4점]

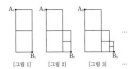

[그림 1]   [그림 2]   [그림 3]

11
2021학년도 6월 모평 가형 15번

수열 $\{a_n\}$의 일반항은
$$a_n=(2^{2n}-1)\times2^{n(n-1)}+(n-1)\times2^{-n}$$
이다. 다음은 모든 자연수 n에 대하여
$$\sum_{k=1}^{n}a_k=2^{n(n+1)}-(n+1)\times2^{-n} \quad\cdots\cdots(*)$$
임을 수학적 귀납법을 이용하여 증명한 것이다.

> (i) $n=1$일 때, (좌변)$=3$, (우변)$=3$이므로
> $(*)$이 성립한다.
> (ii) $n=m$일 때, $(*)$이 성립한다고 가정하면
> $$\sum_{k=1}^{m}a_k=2^{m(m+1)}-(m+1)\times2^{-m}$$
> 이다. $n=m+1$일 때,
> $$\sum_{k=1}^{m+1}a_k=2^{m(m+1)}-(m+1)\times2^{-m}$$
> $$+(2^{2m+2}-1)\times\boxed{\text{(가)}}+m\times2^{-m-1}$$
> $$=\boxed{\text{(가)}}\times\boxed{\text{(나)}}-\frac{m+2}{2}\times2^{-m}$$
> $$=2^{(m+1)(m+2)}-(m+2)\times2^{-(m+1)}$$
> 이다. 따라서 $n=m+1$일 때도 $(*)$이 성립한다.
> (i), (ii)에 의하여 모든 자연수 n에 대하여
> $$\sum_{k=1}^{n}a_k=2^{n(n+1)}-(n+1)\times2^{-n}$$
> 이다.

위의 (가), (나)에 알맞은 식을 각각 $f(m)$, $g(m)$이라 할 때, $\dfrac{g(7)}{f(3)}$의 값은? [4점]

① 2   ② 4   ③ 8
④ 16   ⑤ 32

13
2014학년도 9월 모평 A형 12번

수열 $\{a_n\}$은 $a_1=3$이고
$$na_{n+1}-2na_n+\frac{n+2}{n+1}=0 \quad(n\geq1)$$
을 만족시킨다. 다음은 일반항 a_n이
$$a_n=2^n+\frac{1}{n} \quad\cdots\cdots(*)$$
임을 수학적 귀납법을 이용하여 증명한 것이다.

> (i) $n=1$일 때, (좌변)$=a_1=3$, (우변)$=2^1+\dfrac{1}{1}=3$이므로
> $(*)$이 성립한다.
> (ii) $n=k$일 때 $(*)$이 성립한다고 가정하면
> $$a_k=2^k+\frac{1}{k}$$이므로
> $$ka_{k+1}=2ka_k-\frac{k+2}{k+1}$$
> $$=\boxed{\text{(가)}}-\frac{k+2}{k+1}$$
> $$=k2^{k+1}+\boxed{\text{(나)}}$$
> 이다. 따라서 $a_{k+1}=2^{k+1}+\dfrac{1}{k+1}$이므로
> $n=k+1$일 때도 $(*)$이 성립한다.
> (i), (ii)에 의하여 모든 자연수 n에 대하여
> $$a_n=2^n+\frac{1}{n}$$이다.

위의 (가), (나)에 알맞은 식을 각각 $f(k)$, $g(k)$라 할 때, $f(3)\times g(4)$의 값은? [3점]

① 32   ② 34   ③ 36
④ 38   ⑤ 40

수학적 귀납법

1 수열의 귀납적 정의의 활용

수열의 귀납적 정의의 활용 문제는 처음 몇 개의 항을 나열하여 수열의 규칙을 추론하거나 제n항을 a_n으로 놓고 a_n과 a_{n+1} 사이의 관계식을 구하여 해결한다.

예 어떤 그릇에 물 10L가 들어 있다. 한 번의 시행에서 그릇에 있는 물의 절반을 버리고 2L를 다시 넣는다고 할 때, n번째 시행 후 그릇에 남은 물의 양을 a_nL라 하면 $(n+1)$번째 시행 후 그릇에 남은 물의 양 a_{n+1}L는 n번째 시행 후 남은 양 a_nL의 절반을 버리고 2L를 다시 넣은 양이므로

$$a_{n+1} = \frac{1}{2}a_n + 2 \ (n=1, 2, 3, \cdots)$$

중2 고1 **다시보기**

수열의 귀납적 정의에서는 좌표평면 위에서 움직이는 점의 좌표를 a_n으로 놓고 항의 규칙을 찾아 a_n과 a_{n+1} 사이의 관계식을 구하는 문제가 자주 출제된다. 이때 이용되는 다음 개념을 기억하자.

- **직각삼각형의 닮음**

  $\angle A = 90°$인 직각삼각형 ABC의 꼭짓점 A에서 빗변 BC에 내린 수선의 발을 H라 할 때

  $\Rightarrow \triangle ABC \backsim \triangle HBA \backsim \triangle HAC$ (AA 닮음)

- **삼각형의 무게중심의 좌표**

  좌표평면 위의 세 점 $A(x_1, y_1)$, $B(x_2, y_2)$, $C(x_3, y_3)$을 꼭짓점으로 하는 삼각형 ABC의 무게중심의 좌표는

  $$\left(\frac{x_1+x_2+x_3}{3}, \ \frac{y_1+y_2+y_3}{3} \right)$$

- **두 직선의 평행**

  두 직선 $y=mx+n$, $y=m'x+n'$이 서로 평행하면

  $\Rightarrow m=m', \ n \neq n'$

- **점의 평행이동**

  점 (x, y)를 x축의 방향으로 a만큼, y축의 방향으로 b만큼 평행이동한 점의 좌표는

  $(x+a, y+b)$

---

2 수학적 귀납법

자연수 n에 대한 명제 $p(n)$이 모든 자연수 n에 대하여 성립함을 증명하려면 다음 두 가지를 보이면 된다.

(i) $n=1$일 때, 명제 $p(n)$이 성립한다.

(ii) $n=k$일 때, 명제 $p(n)$이 성립한다고 가정하면 $n=k+1$일 때도 명제 $p(n)$이 성립한다.

이와 같은 방법으로 명제 $p(n)$이 성립함을 증명하는 것을 수학적 귀납법이라 한다.

예 모든 자연수 n에 대하여 등식

$$1+3+5+7+\cdots+(2n-1)=n^2 \quad \cdots\cdots \ \text{㉠}$$

이 성립함을 증명해 보자.

(i) $n=1$일 때, (좌변)$=1$, (우변)$=1^2=1$이므로 등식 ㉠이 성립한다.

(ii) $n=k$일 때, 등식 ㉠이 성립한다고 가정하면

$$1+3+5+7+\cdots+(2k-1)=k^2$$

이 등식의 양변에 $2k+1$을 더하면

$$1+3+5+7+\cdots+(2k-1)+(2k+1)=k^2+(2k+1)=(k+1)^2$$

이므로 $n=k+1$일 때도 등식 ㉠이 성립한다.

따라서 (i), (ii)에서 모든 자연수 n에 대하여 주어진 등식이 성립한다.

- 명제 $p(k)$가 성립한다고 가정하고 명제 $p(k+1)$이 성립함을 보일 때, $p(k)$의 양변에 어떤 값을 더하거나 곱한다.

- **수학적 귀납법을 이용한 부등식의 증명**

  자연수 n에 대한 명제 $p(n)$이 $n \geq m$(m은 자연수)인 모든 자연수 n에 대하여 성립함을 증명하려면 다음 두 가지를 보이면 된다.

  (i) $n=m$일 때, 명제 $p(n)$이 성립한다.

  (ii) $n=k \ (k \geq m)$일 때, 명제 $p(n)$이 성립한다고 가정하면 $n=k+1$일 때도 명제 $p(n)$이 성립한다.

유형 01 수열의 귀납적 정의의 활용

01 대표 문제

2015학년도 7월 학평-A형 27번

다음 [단계]에 따라 반지름의 길이가 같은 원들을 외접하도록 그린다.

[단계 1] 3개의 원을 외접하게 그려서 〈그림 1〉을 얻는다.
[단계 2] 〈그림 1〉의 아래에 3개의 원을 외접하게 그려서 〈그림 2〉를 얻는다.
[단계 3] 〈그림 2〉의 아래에 4개의 원을 외접하게 그려서 〈그림 3〉을 얻는다.
    ⋮
[단계 m] 〈그림 $m-1$〉의 아래에 $(m+1)$개의 원을 외접하게 그려서 〈그림 m〉을 얻는다. ($m \geq 2$)

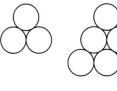 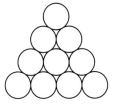

〈그림 1〉　〈그림 2〉　　〈그림 3〉　…

〈그림 n〉에 그려진 원의 모든 접점의 개수를 a_n ($n = 1, 2, 3, \cdots$)이라 하자. 예를 들어, $a_1 = 3$, $a_2 = 9$이다. a_{10}의 값을 구하시오. [4점]

02

2023학년도 6월 모평 13번

두 곡선 $y = 16^x$, $y = 2^x$과 한 점 $A(64, 2^{64})$이 있다. 점 A를 지나며 x축과 평행한 직선이 곡선 $y = 16^x$과 만나는 점을 P_1이라 하고, 점 P_1을 지나며 y축과 평행한 직선이 곡선 $y = 2^x$과 만나는 점을 Q_1이라 하자.

점 Q_1을 지나며 x축과 평행한 직선이 곡선 $y = 16^x$과 만나는 점을 P_2라 하고, 점 P_2를 지나며 y축과 평행한 직선이 곡선 $y = 2^x$과 만나는 점을 Q_2라 하자.

이와 같은 과정을 계속하여 n번째 얻은 두 점을 각각 P_n, Q_n이라 하고 점 Q_n의 x좌표를 x_n이라 할 때, $x_n < \dfrac{1}{k}$을 만족시키는 n의 최솟값이 6이 되도록 하는 자연수 k의 개수는? [4점]

① 48　　② 51　　③ 54
④ 57　　⑤ 60

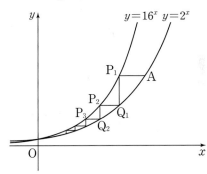

모든 자연수 n에 대하여 다음 조건을 만족시키는 x축 위의 점 P_n과 곡선 $y=\sqrt{3x}$ 위의 점 Q_n이 있다.

- 선분 OP_n과 선분 P_nQ_n이 서로 수직이다.
- 선분 OQ_n과 선분 Q_nP_{n+1}이 서로 수직이다.

다음은 점 P_1의 좌표가 $(1,\ 0)$일 때, 삼각형 $\text{OP}_{n+1}\text{Q}_n$의 넓이 A_n을 구하는 과정이다. (단, O는 원점이다.)

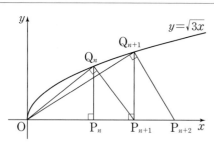

모든 자연수 n에 대하여 점 P_n의 좌표를 $(a_n,\ 0)$이라 하자.
$\overline{\text{OP}_{n+1}}=\overline{\text{OP}_n}+\overline{\text{P}_n\text{P}_{n+1}}$이므로
$$a_{n+1}=a_n+\overline{\text{P}_n\text{P}_{n+1}}$$
이다. 삼각형 OP_nQ_n과 삼각형 $\text{Q}_n\text{P}_n\text{P}_{n+1}$이 닮음이므로
$$\overline{\text{OP}_n}:\overline{\text{P}_n\text{Q}_n}=\overline{\text{Q}_n\text{P}_n}:\overline{\text{P}_n\text{P}_{n+1}}$$
이고, 점 Q_n의 좌표는 $(a_n,\ \sqrt{3a_n})$이므로
$$\overline{\text{P}_n\text{P}_{n+1}}=\boxed{(가)}$$
이다. 따라서 삼각형 $\text{OP}_{n+1}\text{Q}_n$의 넓이 A_n은
$$A_n=\frac{1}{2}\times(\boxed{(나)})\times\sqrt{9n-6}$$
이다.

위의 (가)에 알맞은 수를 p, (나)에 알맞은 식을 $f(n)$이라 할 때, $p+f(8)$의 값은? [4점]

① 20   ② 22   ③ 24
④ 26   ⑤ 28

상수 $k\,(k>1)$에 대하여 다음 조건을 만족시키는 수열 $\{a_n\}$이 있다.

모든 자연수 n에 대하여 $a_n<a_{n+1}$이고 곡선 $y=2^x$ 위의 두 점 $\text{P}_n(a_n,\ 2^{a_n})$, $\text{P}_{n+1}(a_{n+1},\ 2^{a_{n+1}})$을 지나는 직선의 기울기는 $k\times 2^{a_n}$이다.

점 P_n을 지나고 x축에 평행한 직선과 점 P_{n+1}을 지나고 y축에 평행한 직선이 만나는 점을 Q_n이라 하고 삼각형 $\text{P}_n\text{Q}_n\text{P}_{n+1}$의 넓이를 A_n이라 하자. 다음은 $a_1=1$, $\dfrac{A_3}{A_1}=16$일 때, A_n을 구하는 과정이다.

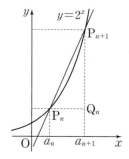

두 점 P_n, P_{n+1}을 지나는 직선의 기울기가 $k\times 2^{a_n}$이므로
$$2^{a_{n+1}-a_n}=k(a_{n+1}-a_n)+1$$
이다. 즉, 모든 자연수 n에 대하여 $a_{n+1}-a_n$은 방정식 $2^x=kx+1$의 해이다.
$k>1$이므로 방정식 $2^x=kx+1$은 오직 하나의 양의 실근 d를 갖는다. 따라서 모든 자연수 n에 대하여 $a_{n+1}-a_n=d$이고, 수열 $\{a_n\}$은 공차가 d인 등차수열이다.
점 Q_n의 좌표가 $(a_{n+1},\ 2^{a_n})$이므로
$$A_n=\frac{1}{2}(a_{n+1}-a_n)(2^{a_{n+1}}-2^{a_n})$$
이다. $\dfrac{A_3}{A_1}=16$이므로 d의 값은 $\boxed{(가)}$이고,
수열 $\{a_n\}$의 일반항은
$$a_n=\boxed{(나)}$$
이다. 따라서 모든 자연수 n에 대하여 $A_n=\boxed{(다)}$이다.

위의 (가)에 알맞은 수를 p, (나)와 (다)에 알맞은 식을 각각 $f(n)$, $g(n)$이라 할 때, $p+\dfrac{g(4)}{f(2)}$의 값은? [4점]

① 118   ② 121   ③ 124
④ 127   ⑤ 130

05

모든 자연수 n에 대하여 직선 $l: x-2y+\sqrt{5}=0$ 위의 점 P_n과 x축 위의 점 Q_n이 다음 조건을 만족시킨다.

- 직선 P_nQ_n과 직선 l이 서로 수직이다.
- $\overline{P_nQ_n}=\overline{P_nP_{n+1}}$이고 점 P_{n+1}의 x좌표는 점 P_n의 x좌표보다 크다.

다음은 점 P_1이 원 $x^2+y^2=1$과 직선 l의 접점일 때, 2 이상의 모든 자연수 n에 대하여 삼각형 OQ_nP_n의 넓이를 구하는 과정이다. (단, O는 원점이다.)

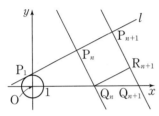

자연수 n에 대하여 점 Q_n을 지나고 직선 l과 평행한 직선이 선분 $P_{n+1}Q_{n+1}$과 만나는 점을 R_{n+1}이라 하면 사각형 $P_nQ_nR_{n+1}P_{n+1}$은 정사각형이다.
직선 l의 기울기가 $\frac{1}{2}$이므로

$$\overline{R_{n+1}Q_{n+1}}=\boxed{\text{(가)}}\times\overline{P_nP_{n+1}}$$

이고

$$\overline{P_{n+1}Q_{n+1}}=(1+\boxed{\text{(가)}})\times\overline{P_nQ_n}$$

이다. 이때, $\overline{P_1Q_1}=1$이므로 $\overline{P_nQ_n}=\boxed{\text{(나)}}$이다.
그러므로 2 이상의 자연수 n에 대하여

$$\overline{P_1P_n}=\sum_{k=1}^{n-1}\overline{P_kP_{k+1}}=\boxed{\text{(다)}}$$

이다. 따라서 2 이상의 자연수 n에 대하여 삼각형 OQ_nP_n의 넓이는

$$\frac{1}{2}\times\overline{P_nQ_n}\times\overline{P_1P_n}=\frac{1}{2}\times\boxed{\text{(나)}}\times(\boxed{\text{(다)}})$$

이다.

위의 (가)에 알맞은 수를 p, (나)와 (다)에 알맞은 식을 각각 $f(n)$, $g(n)$이라 할 때, $f(6p)+g(8p)$의 값은? [4점]

① 3   ② 4   ③ 5
④ 6   ⑤ 7

06

자연수 n에 대하여 좌표평면 위의 점 $P_n(x_n, y_n)$을 다음 규칙에 따라 정한다.

(가) $x_1=y_1=1$
(나) $\begin{cases} x_{n+1}=x_n+(n+1) \\ y_{n+1}=y_n+(-1)^n\times(n+1) \end{cases}$ $(n\geq1)$

점 Q는 원점 O를 출발하여 $\overline{OP_1}$을 따라 점 P_1에 도착한다. 자연수 n에 대하여 점 P_n에 도착한 점 Q는 점 P_{n+1}을 향하여 $\overline{P_nP_{n+1}}$을 따라 이동한다. 점 Q는 한 번에 $\sqrt{2}$만큼 이동한다. 예를 들어, 원점에서 출발하여 7번 이동한 점 Q의 좌표는 $(7, 1)$이다. 원점에서 출발하여 55번 이동한 점 Q의 y좌표는? [4점]

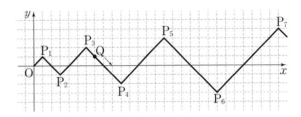

① -5 ② -6 ③ -7
④ -8 ⑤ -9

자연수 n에 대하여 순서쌍 (x_n, y_n)을 다음 규칙에 따라 정한다.

> (가) $(x_1, y_1) = (1, 1)$
> (나) n이 홀수이면 $(x_{n+1}, y_{n+1}) = (x_n, (y_n - 3)^2)$이고,
> n이 짝수이면 $(x_{n+1}, y_{n+1}) = ((x_n - 3)^2, y_n)$이다.

순서쌍 (x_{2015}, y_{2015})에서 $x_{2015} + y_{2015}$의 값을 구하시오. [4점]

자연수 n에 대하여 좌표평면 위의 점 A_n을 다음 규칙에 따라 정한다.

> (가) 점 A_1의 좌표는 $(0, 0)$이다.
> (나) n이 짝수이면 점 A_n은 점 A_{n-1}을 y축의 방향으로 $(-1)^{\frac{n}{2}} \times (n+1)$만큼 평행이동한 점이다.
> (다) n이 3 이상의 홀수이면 점 A_n은 점 A_{n-1}을 x축의 방향으로 $(-1)^{\frac{n-1}{2}} \times n$만큼 평행이동한 점이다.

위의 규칙에 따라 정해진 점 A_{30}의 좌표를 (p, q)라 할 때, $p+q$의 값은? [4점]

① -6 ② -3 ③ 0

④ 3 ⑤ 6

09

자연수 n에 대하여 좌표평면 위의 점 P_n의 좌표를 $(n, an-a)$ 라 하자. 두 점 Q_n, Q_{n+1}에 대하여 점 P_n이 삼각형 $Q_nQ_{n+1}Q_{n+2}$ 의 무게중심이 되도록 점 Q_{n+2}를 정한다. 두 점 Q_1, Q_2의 좌표 가 각각 $(0, 0)$, $(1, -1)$이고 점 Q_{10}의 좌표가 $(9, 90)$이다. 점 Q_{13}의 좌표를 (p, q)라 할 때, $p+q$의 값을 구하시오.

(단, $a>1$) [4점]

10

그림과 같이 직사각형에서 세로를 각각 이등분하는 점 2개를 연 결하는 선분을 그린 그림을 [그림 1]이라 하자. [그림 1]을 $\frac{1}{2}$만 큼 축소시킨 도형을 [그림 1]의 오른쪽 맨 아래 꼭짓점을 하나의 꼭짓점으로 하여 오른쪽에 이어 붙인 그림을 [그림 2]라 하자. 이와 같이 3 이상의 자연수 k에 대하여 [그림 1]을 $\frac{1}{2^{k-1}}$만큼 축 소시킨 도형을 [그림 $k-1$]의 오른쪽 맨 아래 꼭짓점을 하나의 꼭짓점으로 하여 오른쪽에 이어 붙인 그림을 [그림 k]라 하자. 자연수 n에 대하여 [그림 n]에서 왼쪽 맨 위 꼭짓점을 A_n, 오른 쪽 맨 아래 꼭짓점을 B_n이라 할 때, 점 A_n에서 점 B_n까지 선을 따라 최단거리로 가는 경로의 수를 a_n이라 하자. a_7의 값을 구하 시오. [4점]

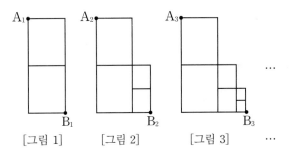

[그림 1]   [그림 2]   [그림 3]   …

11 대표 문제

수열 $\{a_n\}$의 일반항은

$$a_n = (2^{2n}-1) \times 2^{n(n-1)} + (n-1) \times 2^{-n}$$

이다. 다음은 모든 자연수 n에 대하여

$$\sum_{k=1}^{n} a_k = 2^{n(n+1)} - (n+1) \times 2^{-n} \quad \cdots\cdots (*)$$

임을 수학적 귀납법을 이용하여 증명한 것이다.

(i) $n=1$일 때, (좌변)$=3$, (우변)$=3$이므로 $(*)$이 성립한다.

(ii) $n=m$일 때, $(*)$이 성립한다고 가정하면

$$\sum_{k=1}^{m} a_k = 2^{m(m+1)} - (m+1) \times 2^{-m}$$

이다. $n=m+1$일 때,

$$\sum_{k=1}^{m+1} a_k = 2^{m(m+1)} - (m+1) \times 2^{-m}$$
$$+ (2^{2m+2}-1) \times \boxed{(가)} + m \times 2^{-m-1}$$
$$= \boxed{(가)} \times \boxed{(나)} - \frac{m+2}{2} \times 2^{-m}$$
$$= 2^{(m+1)(m+2)} - (m+2) \times 2^{-(m+1)}$$

이다. 따라서 $n=m+1$일 때도 $(*)$이 성립한다.

(i), (ii)에 의하여 모든 자연수 n에 대하여

$$\sum_{k=1}^{n} a_k = 2^{n(n+1)} - (n+1) \times 2^{-n}$$

이다.

위의 (가), (나)에 알맞은 식을 각각 $f(m)$, $g(m)$이라 할 때, $\dfrac{g(7)}{f(3)}$의 값은? [4점]

① 2 ② 4 ③ 8
④ 16 ⑤ 32

12

다음은 모든 자연수 n에 대하여

$$\frac{4}{3} + \frac{8}{3^2} + \frac{12}{3^3} + \cdots + \frac{4n}{3^n} = 3 - \frac{2n+3}{3^n} \quad \cdots\cdots (*)$$

이 성립함을 수학적 귀납법으로 증명한 것이다.

〈증명〉

(1) $n=1$일 때, (좌변)$=\dfrac{4}{3}$, (우변)$=3-\dfrac{5}{3}=\dfrac{4}{3}$이므로 $(*)$이 성립한다.

(2) $n=k$일 때, $(*)$이 성립한다고 가정하면

$$\frac{4}{3} + \frac{8}{3^2} + \frac{12}{3^3} + \cdots + \frac{4k}{3^k} = 3 - \frac{2k+3}{3^k}$$

이다.

위 등식의 양변에 $\dfrac{4(k+1)}{3^{k+1}}$을 더하여 정리하면

$$\frac{4}{3} + \frac{8}{3^2} + \frac{12}{3^3} + \cdots + \frac{4k}{3^k} + \frac{4(k+1)}{3^{k+1}}$$
$$= 3 - \frac{1}{3^k}\left\{ (2k+3) - \left(\boxed{(가)} \right) \right\}$$
$$= 3 - \frac{\boxed{(나)}}{3^{k+1}}$$

따라서 $n=k+1$일 때도 $(*)$이 성립한다.

(1), (2)에 의하여 모든 자연수 n에 대하여 $(*)$이 성립한다.

위의 (가), (나)에 알맞은 식을 각각 $f(k)$, $g(k)$라 할 때, $f(3) \times g(2)$의 값은? [4점]

① 36 ② 39 ③ 42
④ 45 ⑤ 48

13

수열 $\{a_n\}$은 $a_1=3$이고

$$na_{n+1}-2na_n+\frac{n+2}{n+1}=0 \ (n\geq 1)$$

을 만족시킨다. 다음은 일반항 a_n이

$$a_n=2^n+\frac{1}{n} \qquad \cdots\cdots (*)$$

임을 수학적 귀납법을 이용하여 증명한 것이다.

(i) $n=1$일 때, (좌변)$=a_1=3$, (우변)$=2^1+\dfrac{1}{1}=3$이므로

　$(*)$이 성립한다.

(ii) $n=k$일 때 $(*)$이 성립한다고 가정하면

　$a_k=2^k+\dfrac{1}{k}$이므로

$$ka_{k+1}=2ka_k-\frac{k+2}{k+1}$$
$$=\boxed{(가)}-\frac{k+2}{k+1}$$
$$=k2^{k+1}+\boxed{(나)}$$

이다. 따라서 $a_{k+1}=2^{k+1}+\dfrac{1}{k+1}$이므로

$n=k+1$일 때도 $(*)$이 성립한다.

(i), (ii)에 의하여 모든 자연수 n에 대하여

$a_n=2^n+\dfrac{1}{n}$이다.

위의 (가), (나)에 알맞은 식을 각각 $f(k)$, $g(k)$라 할 때,
$f(3)\times g(4)$의 값은? [3점]

① 32 　　　　② 34 　　　　③ 36

④ 38 　　　　⑤ 40

14

다음은 모든 자연수 n에 대하여

$$\sum_{k=1}^{n}(-1)^{k+1}k^2=(-1)^{n+1}\cdot\frac{n(n+1)}{2} \qquad \cdots\cdots (*)$$

이 성립함을 수학적 귀납법으로 증명한 것이다.

(i) $n=1$일 때,

　(좌변)$=(-1)^2\times 1^2=1$

　(우변)$=(-1)^2\times\dfrac{1\times 2}{2}=1$

　따라서 $(*)$이 성립한다.

(ii) $n=m$일 때, $(*)$이 성립한다고 가정하면

$$\sum_{k=1}^{m+1}(-1)^{k+1}k^2=\sum_{k=1}^{m}(-1)^{k+1}k^2+\boxed{(가)}$$
$$=\boxed{(나)}+\boxed{(가)}$$
$$=(-1)^{m+2}\cdot\frac{(m+1)(m+2)}{2}$$

이다.

　따라서 $n=m+1$일 때도 $(*)$이 성립한다.

(i), (ii)에 의하여 모든 자연수 n에 대하여 $(*)$이 성립한다.

위의 (가), (나)에 알맞은 식을 각각 $f(m)$, $g(m)$이라 할 때,
$\dfrac{f(5)}{g(2)}$의 값은? [4점]

① 8 　　　　② 10 　　　　③ 12

④ 14 　　　　⑤ 16

15

다음은 모든 자연수 n에 대하여

$$\sum_{k=1}^{n}(2k-1)(2n+1-2k)^2=\frac{n^2(2n^2+1)}{3}$$

이 성립함을 수학적 귀납법으로 증명한 것이다.

(i) $n=1$일 때, (좌변)$=1$, (우변)$=1$이므로 주어진 등식은 성립한다.

(ii) $n=m$일 때, 등식

$$\sum_{k=1}^{m}(2k-1)(2m+1-2k)^2=\frac{m^2(2m^2+1)}{3}$$

이 성립한다고 가정하자. $n=m+1$일 때,

$$\sum_{k=1}^{m+1}(2k-1)(2m+3-2k)^2$$

$$=\sum_{k=1}^{m}(2k-1)(2m+3-2k)^2+\boxed{(가)}$$

$$=\sum_{k=1}^{m}(2k-1)(2m+1-2k)^2$$

$$\quad+\boxed{(나)}\times\sum_{k=1}^{m}(2k-1)(m+1-k)+\boxed{(가)}$$

$$=\frac{(m+1)^2\{2(m+1)^2+1\}}{3}$$

이다. 따라서 $n=m+1$일 때도 주어진 등식이 성립한다.

(i), (ii)에 의하여 모든 자연수 n에 대하여 주어진 등식이 성립한다.

위의 (가)에 알맞은 식을 $f(m)$, (나)에 알맞은 수를 p라 할 때, $f(3)+p$의 값은? [4점]

① 11　　　　② 13　　　　③ 15

④ 17　　　　⑤ 19

16

일반항이 $a_n=n^2$인 수열 $\{a_n\}$의 첫째항부터 제n항까지의 합을 S_n이라 하자. 다음은 모든 자연수 n에 대하여

$$(n+1)S_n-\sum_{k=1}^{n}S_k=\sum_{k=1}^{n}k^3 \quad\cdots\cdots(*)$$

이 성립함을 수학적 귀납법으로 증명한 것이다.

(i) $n=1$일 때,
(좌변)$=2S_1-S_1=1$, (우변)$=1$이므로 $(*)$이 성립한다.

(ii) $n=m$일 때 $(*)$이 성립한다고 가정하면

$$(m+1)S_m-\sum_{k=1}^{m}S_k=\sum_{k=1}^{m}k^3\text{이다.}$$

$n=m+1$일 때 $(*)$이 성립함을 보이자.

$$(m+2)S_{m+1}-\sum_{k=1}^{m+1}S_k$$

$$=\boxed{(가)}S_{m+1}-\sum_{k=1}^{m}S_k$$

$$=\boxed{(가)}S_m+\boxed{(나)}-\sum_{k=1}^{m}S_k$$

$$=\sum_{k=1}^{m+1}k^3\text{이다.}$$

따라서 $n=m+1$일 때도 $(*)$이 성립한다.

(i), (ii)에 의하여 주어진 식은 모든 자연수 n에 대하여 성립한다.

위의 (가), (나)에 알맞은 식을 각각 $f(m)$, $g(m)$이라 할 때, $f(2)+g(1)$의 값은? [4점]

① 7　　　　② 8　　　　③ 9

④ 10　　　　⑤ 11

17

3 이상의 자연수 n에 대하여 집합

$$A_n = \{(p, q) \mid p < q \text{이고 } p, q \text{는 } n \text{ 이하의 자연수}\}$$

이다. 집합 A_n의 모든 원소 (p, q)에 대하여 q의 값의 평균을 a_n이라 하자. 다음은 3 이상의 자연수 n에 대하여 $a_n = \dfrac{2n+2}{3}$ 임을 수학적 귀납법을 이용하여 증명한 것이다.

(i) $n = 3$일 때, $A_3 = \{(1, 2), (1, 3), (2, 3)\}$이므로
$a_3 = \dfrac{2+3+3}{3} = \dfrac{8}{3}$이고 $\dfrac{2 \times 3 + 2}{3} = \dfrac{8}{3}$이다.

그러므로 $a_n = \dfrac{2n+2}{3}$가 성립한다.

(ii) $n = k \, (k \geq 3)$일 때, $a_k = \dfrac{2k+2}{3}$가 성립한다고 가정하자.

$n = k+1$일 때,

$A_{k+1} = A_k \cup \{(1, k+1), (2, k+1), \cdots, (k, k+1)\}$

이고 집합 A_k의 원소의 개수는 $\boxed{(가)}$ 이므로

$a_{k+1} = \dfrac{\boxed{(가)} \times \dfrac{2k+2}{3} + \boxed{(나)}}{{}_{k+1}\mathrm{C}_2}$

$= \dfrac{2k+4}{3} = \dfrac{2(k+1)+2}{3}$

이다. 따라서 $n = k+1$일 때도 $a_n = \dfrac{2n+2}{3}$가 성립한다.

(i), (ii)에 의하여 3 이상의 자연수 n에 대하여

$a_n = \dfrac{2n+2}{3}$이다.

위의 (가), (나)에 알맞은 식을 각각 $f(k)$, $g(k)$라 할 때, $f(10) + g(9)$의 값은? [4점]

① 131   ② 133   ③ 135

④ 137   ⑤ 139

18

다음은 모든 자연수 n에 대하여

$$\frac{1}{2} \times \frac{3}{4} \times \frac{5}{6} \times \cdots \times \frac{2n-1}{2n} \leq \frac{1}{\sqrt{3n+1}} \quad \cdots\cdots (\bigstar)$$

이 성립함을 증명하는 과정이다.

〈증명〉

(i) $n = 1$일 때

$\dfrac{1}{2} \leq \dfrac{1}{\sqrt{4}}$이므로 $(\bigstar)$이 성립한다.

(ii) $n = k$일 때 $(\bigstar)$이 성립한다고 가정하면

$\dfrac{1}{2} \times \dfrac{3}{4} \times \dfrac{5}{6} \times \cdots \times \dfrac{2k-1}{2k} \times \dfrac{2k+1}{2k+2}$

$\leq \dfrac{1}{\sqrt{3k+1}} \cdot \dfrac{2k+1}{2k+2} = \dfrac{1}{\sqrt{3k+1}} \cdot \dfrac{1}{1 + \boxed{(가)}}$

$= \dfrac{1}{\sqrt{3k+1}} \cdot \dfrac{1}{\sqrt{\left(1 + \boxed{(가)}\right)^2}}$

$= \dfrac{1}{\sqrt{3k+1+2(3k+1)\cdot\left(\boxed{(가)}\right) + (3k+1)\cdot\left(\boxed{(가)}\right)^2}}$

$< \dfrac{1}{\sqrt{3k+1+2(3k+1)\cdot\left(\boxed{(가)}\right) + \left(\boxed{(나)}\right)\cdot\left(\boxed{(가)}\right)^2}}$

$= \dfrac{1}{\sqrt{3(k+1)+1}}$

따라서 $n = k+1$일 때도 $(\bigstar)$이 성립한다.

그러므로 (i), (ii)에 의하여 모든 자연수 n에 대하여 $(\bigstar)$이 성립한다.

위의 증명에서 (가), (나)에 알맞은 식을 각각 $f(k)$, $g(k)$라 할 때, $f(4) \times g(13)$의 값은? [4점]

① 1   ② 2   ③ 3

④ 4   ⑤ 5

19

2013학년도 7월 학평–A형 27번

그림과 같이 한 변의 길이가 1인 정육면체 모양의 블록 5개를 사용하여 T_1을 만들고 T_1의 겉넓이를 a_1이라 하자. 입체도형 T_1에 9개의 블록을 더 쌓아서 입체도형 T_2를 만들고, T_2의 겉넓이를 a_2라 하자. 입체도형 T_2에 16개의 블록을 더 쌓아서 입체도형 T_3을 만들고 T_3의 겉넓이를 a_3이라 하자. 이와 같은 방법으로 n번째 얻은 입체도형 T_n에 $(n+2)^2$개의 블록을 더 쌓아서 도형 T_{n+1}을 만들고 T_{n+1}의 겉넓이를 a_{n+1}이라 하자. 예를 들어 $a_1=22$, $a_2=48$이다. 이때 a_{10}의 값을 구하시오. [4점]

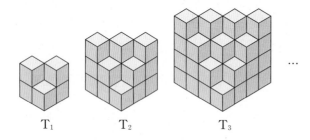

T_1 T_2 T_3 ...

Full수록

수능기출문제집

빠른
정답
확인

수학 I

visang

수능 준비 마무리 전략

☑ 새로운 것을 준비하기보다는 그동안 공부했던 내용들을 정리한다.

☑ 수능 시험일 기상 시간에 맞춰 일어나는 습관을 기른다.

☑ 수능 시간표에 생활 패턴을 맞춰 보면서 시험 당일 최적의 상태가 될 수 있도록 한다.

☑ 무엇보다 중요한 것은 체력 관리이다. 늦게까지 공부한다거나 과도한 스트레스를 받으면 집중력이 저하되어 몸에 무리가 올 수 있으므로 평소 수면 상태를 유지한다.

1 일차

| 01 ⑤ | 03 ① | 05 11 | 06 ② | 07 ① | 09 ④ | 11 ① | 13 ② | 14 ④ | 16 ⑤ | 18 ⑤ | 20 ④ | 22 ④ | 24 ② | 26 ③ | 28 ④ |
| 02 4 | 04 ③ | | | 08 5 | 10 ① | 12 ② | | 15 ⑤ | 17 ④ | 19 ④ | 21 ⑤ | 23 ③ | 25 ② | 27 ② | 29 ② |

| 30 ① | 32 ③ | 34 ③ | 36 ⑤ | 38 ④ | 40 ⑤ | 42 ④ | 44 ⑤ |
| 31 ⑤ | 33 ④ | 35 ⑤ | 37 ④ | 39 ① | 41 ① | 43 ① | |

2 일차

| 01 ① | 03 ② | 05 9 | 07 17 | 09 ④ | 10 124 | 12 33 | 14 252 | 16 ① | 18 ② | 20 ② | 21 ⑤ | 22 ④ | 24 ① | 25 ⑤ | 26 ④ |
| 02 ③ | 04 ④ | 06 ③ | 08 ① | | 11 ② | 13 ② | 15 ⑤ | 17 24 | 19 ① | | | 23 100 | | | |

3 일차

| 01 128 | 03 9 | 05 8 | 07 2 | 09 ② | 11 6 | 13 2 | 15 ① | 17 2 | 19 ① | 21 3 | 23 ② | 25 8 | 27 5 | 29 5 | 31 ① |
| 02 ③ | 04 ⑤ | 06 ① | 08 5 | 10 ⑤ | 12 ① | 14 ② | 16 2 | 18 ③ | 20 ⑤ | 22 4 | 24 ② | 26 22 | 28 ② | 30 ③ | |

| 32 ② | 34 ⑤ |
| 33 ① | 35 ② |

4 일차

| | | 01 ③ | 03 ④ | 05 ⑤ | 07 ④ | 09 15 | 11 16 | 13 ① | 15 ① | 17 ② | 19 ② | 21 ③ | 23 ③ | 25 ① | 27 ① |
| | | 02 ② | 04 ④ | 06 ④ | 08 21 | 10 4 | 12 ④ | 14 ④ | 16 80 | 18 75 | 20 ① | 22 ② | 24 ④ | 26 ② | |

| 28 ① | 30 ① | 32 10 | 34 30 | 36 ④ | 38 ② | 40 ④ | 42 ③ | 43 ⑤ | 44 ① | 45 7 | 46 78 |
| 29 ① | 31 426 | 33 13 | 35 45 | 37 ② | 39 ① | 41 ④ | | | | | |

5 일차

| 01 60 | 03 ③ | 05 3 | 07 ② | 09 31 | 11 36 | 12 ⑤ | 14 ④ | 16 32 | 18 21 | 20 ③ | 22 ④ | 23 ⑤ | 25 18 | 27 ① | 29 ② |
| 02 ① | 04 ⑤ | 06 47 | 08 ④ | 10 ⑤ | | 13 ④ | 15 ② | 17 ⑤ | 19 ② | 21 ① | | 24 ① | 26 ③ | 28 ③ | 30 ④ |

| 31 ④ | 32 ④ | 33 8 | 34 ③ | 35 ③ | 36 ② | 37 13 | 38 8 | 39 ⑤ | 40 60 | 41 220 | 42 196 |

6 일차

| 01 13 | 03 ④ | 05 25 | 07 ③ | 09 ② | 11 30 | 13 ⑤ | 14 ④ | 16 ④ | 18 ① | 19 ④ | 20 ② | 22 ④ | 24 70 | 25 ① | 27 54 |
| 02 ⑤ | 04 ⑤ | 06 6 | 08 ② | 10 ③ | 12 ① | | 15 23 | 17 ② | | | 21 ② | 23 6 | | 26 5 | 28 ⑤ |

| 29 ⑤ | 30 88 | 31 ③ | 32 75 | 34 ⑤ | 35 ② | 36 10 | 37 15 |
| | | | 33 ③ | | | | |

7 일차

| 01 ⑤ | 02 ① | 03 ④ | 04 ⑤ | 05 ⑤ | 06 ⑤ | 07 ⑤ | 08 ⑤ | 09 ⑤ | 10 ③ | 12 ① | 14 ③ | 16 ③ | 17 ① | 18 ⑤ | 19 ② |
| | | | | | | | | | 11 ④ | 13 ④ | 15 ④ | | | | |

| 20 ② | 21 ① | 22 ④ | 23 ⑤ | 24 13 | 25 192 | 26 ③ | 27 54 | 28 110 | 29 16 | 30 33 | 31 12 |

8 일차

| 01 4 | 03 40 | 05 7 | 07 ① | 09 6 | 11 ⑤ | 13 3 | 15 ④ | 17 ⑤ | 18 ⑤ | 20 3 | 22 ① | 24 ④ | 26 ① | 27 ④ | 28 15 |
| 02 ② | 04 ④ | 06 ③ | 08 2 | 10 3 | 12 ① | 14 3 | 16 ④ | | 19 6 | 21 3 | 23 ⑤ | 25 ① | | | |

| 29 6 | 31 ④ | 33 12 | 34 ⑤ | 35 ② | 36 ① | 37 ① | 39 ① | 41 ② | 42 ① | 43 ② | 44 400 | 45 ② | 47 ② | 48 ① | 49 12 |
| 30 ① | 32 17 | | | | | 38 ① | 40 ③ | | | | | 46 ② | | | |

128쪽~141쪽

9 일차

| 01 10 | 03 1 | 05 11 | 07 14 | 09 ② | 11 7 | 13 7 | 15 7 | 17 10 | 18 27 | 20 32 | 21 4 | 23 ① | 25 ③ | 27 12 | 29 ① |
| 02 26 | 04 7 | 06 12 | 08 6 | 10 5 | 12 7 | 14 6 | 16 12 | | 19 ① | | 22 ① | 24 15 | 26 ④ | 28 ⑤ | 30 ① |

| 31 ④ | 33 ③ | 35 17 | 37 ④ | 39 ① | 41 ④ | 43 ③ | 45 63 | 46 ④ | 47 ① | 48 80 | 49 120 |
| 32 ① | 34 ③ | 36 ② | 38 ① | 40 ① | 42 15 | 44 6 | | | | | |

142쪽~151쪽

10 일차

| 01 ② | 03 ④ | 05 ③ | 07 ⑤ | 09 ② | 11 ③ | 12 ③ | 13 12 | 14 24 | 15 ⑤ | 17 ① | 19 ④ | 21 32 | 23 ④ | 24 ② | 25 ② |
| 02 ③ | 04 ⑤ | 06 ② | 08 101 | 10 ③ | | | | | 16 ④ | 18 ② | 20 ⑤ | 22 ② | | | 26 ④ |

| 27 ② | 29 125 | 30 8 | 31 75 |
| 28 160 | | | |

156쪽~168쪽

11 일차

| 01 32 | 03 27 | 05 ④ | 07 ④ | 08 ④ | 10 ⑤ | 12 ⑤ | 14 ① | 16 ① | 18 ⑤ | 20 ⑤ | 22 ② | 24 ④ | 26 ④ | 28 ④ | 30 ① |
| 02 ④ | 04 ③ | 06 ④ | | 09 ⑤ | 11 ⑤ | 13 ⑤ | 15 4 | 17 ③ | 19 48 | 21 ④ | 23 ① | 25 ⑤ | 27 ⑤ | 29 ② | 31 ② |

| 32 ④ | 34 ② | 36 ④ | 38 ⑤ | 40 ④ | 42 ② | 44 ① | 46 80 | 47 ③ | 48 13 |
| 33 ② | 35 ① | 37 ① | 39 40 | 41 ① | 43 ② | 45 ② | | | |

169쪽~181쪽

12 일차

| | | 01 6 | 03 ② | 05 6 | 06 ① | 08 ⑤ | 10 ③ | 12 ② | 14 ① | 16 ③ | 17 ④ | 18 ③ | 19 ③ | 20 ① | 21 ③ |
| | | 02 ③ | 04 ① | | 07 ④ | 09 ① | 11 ② | 13 ⑤ | 15 ② | | | | | | |

| 22 ④ | 24 ⑤ | 26 9 | 28 14 | 29 24 | 30 ④ | 31 ③ | 33 ① | 34 ⑤ | 35 ② | 36 ② |
| 23 9 | 25 ③ | 27 10 | | | | 32 9 | | | | |

185쪽~197쪽

13 일차

| | | 01 ④ | 03 ④ | 05 ② | 07 ⑤ | 09 36 | 11 ③ | 13 ③ | 14 2 | 15 ④ | 16 ③ | 17 ④ | 19 ① | 21 ③ | 23 84 |
| | | 02 ③ | 04 7 | 06 ① | 08 ② | 10 ② | 12 ③ | | | | | 18 ⑤ | 20 ⑤ | 22 40 | |

| 24 ④ | 25 30 | 27 ④ | 29 15 | 30 8 | 31 ② | 32 ② | 34 ① | 36 32 | 37 ④ | 39 ② | 40 110 |
| | 26 ④ | 28 ② | | | | 33 ③ | 35 ③ | | 38 ① | | |

202쪽~219쪽

14 일차

| 01 ③ | 03 ③ | 05 ① | 06 192 | 07 41 | 09 ① | 11 7 | 13 ② | 15 ① | 16 27 | 17 ③ | 18 ① | 19 ② | 20 ① | 21 ⑤ | 22 6 |
| 02 ④ | 04 ① | | | 08 25 | 10 ② | 12 ② | 14 ① | | | | | | | | |

| 23 ⑤ | 24 22 | 25 ① | 26 ④ | 27 98 | 28 ② | 29 ② | 30 ③ | 31 84 | 32 ⑤ | 34 ① | 36 ⑤ | 38 ④ | 39 ① | 40 63 | 41 ① |
| | | | | | | | | | 33 ④ | 35 ③ | 37 ① | | | | |

| 42 ⑤ | 43 ⑤ | 44 15 | 45 64 |

223쪽~233쪽

15 일차

| | | 01 11 | 03 ⑤ | 05 ① | 07 ① | 09 26 | 11 ① | 13 ⑤ | 14 ③ | 16 ③ | 18 16 | 20 35 | 22 7 | 24 ④ | 26 14 |
| | | 02 ② | 04 22 | 06 ③ | 08 12 | 10 3 | 12 ① | | 15 ③ | 17 ① | 19 50 | 21 ③ | 23 ④ | 25 ⑤ | 27 26 |

| 28 ② | 30 ③ | 32 ⑤ | 34 ③ | 36 137 | 38 20 | 40 ① | 42 ③ |
| 29 ① | 31 ④ | 33 22 | 35 ③ | 37 102 | 39 ② | 41 ① | |

234쪽~243쪽

16 일차

| 01 24 | 03 ④ | 05 ③ | 07 24 | 08 ① | 09 73 | 10 ③ | 11 ② | 13 ② | 15 43 | 17 ① | 18 ⑤ | 19 ① | 20 30 | 21 ③ | 22 ⑤ |
| 02 12 | 04 ③ | 06 80 | | | | | 12 ⑤ | 14 ① | 16 ② | | | | | | |

| 23 ② | 25 ② | 26 61 | 27 273 |
| 24 37 | | | |

➡ 빠른 정답 확인 뒷면에 이어집니다.

17 일차

01 ④	03 ④		
02 ②	04 ④		

05 ④	07 12	09 96	11 19
06 ②	08 ⑤	10 ③	12 16

13 20	15 ③	17 36	19 ②	
14 25	16 ③	18 ⑤	20 ④	

21 ②	23 ④	25 ①	27 4
22 96	24 ⑤	26 ①	28 ⑤

29 ①	31 ④	33 ④	35 ⑤
30 ①	32 ⑤	34 ③	36 ①

37 ③	39 ①	41 ①	43 ⑤
38 ②	40 12	42 ②	44 72

45 ①	47 18	48 477	49 11
46 ③			

18 일차

01 ②	03 12	05 36	07 ④
02 ③	04 6	06 ⑤	08 ①

09 ②	11 ①	13 ④	14 63
10 117	12 ③		15 ④

16 10	18 9	19 64	21 ②
17 ②		20 ⑤	22 ②

23 ②	24 ①	25 ②	27 18
		26 99	28 ②

29 ④	31 11	33 ②	35 ①
30 ②	32 ③	34 ①	

19 일차

01 ①	03 29		
02 ⑤	04 ②		

05 34	07 113	09 ③	11 ⑤
06 12	08 96	10 ①	12 ④

13 24	15 ③	17 22	19 9
14 ②	16 13	18 65	20 9

21 110	23 14	25 12	26 ①
22 ⑤	24 37		

27 3	29 85	31 ④	33 109
28 55	30 2	32 ⑤	34 150

35 ⑤	36 91	38 427	40 ③
	37 ⑤	39 ④	41 ②

42 ③	43 ②	44 ⑤	45 ②

46 ④	47 315	48 184	49 120

20 일차

01 ①	03 ②	05 160	07 ③
02 88	04 120	06 ②	08 ②

09 ①	11 ③	13 19	15 ②
10 ②	12 ④	14 26	16 ④

17 ③	19 105	21 ②	23 ①
18 80	20 13	22 ①	24 502

25 162	26 ④	28 ④	30 58
	27 4	29 120	31 ①

32 15	33 ①	34 ⑤	36 ④
		35 ②	37 ⑤

38 ①	40 201	42 ①	43 ②
39 ④	41 ①		44 9

45 ④	46 103	47 170	48 117

21 일차

01 ①	03 ③	05 ⑤	07 ①
02 502	04 ①	06 ⑤	08 ⑤

09 ①	11 ③	12 ①	13 ④
10 169			14 ⑤

15 ④	17 ①	19 ①	20 ③
16 ③	18 ①		

21 ⑤	22 ①	24 200	26 ①
	23 ①	25 ③	

27 16	28 ③	29 8	30 ⑤		
31 ④	32 553	33 725	34 525		
35 ④	36 320	37 427	38 164		

22 일차

01 256	03 ①		
02 ⑤	04 510		

05 ①	06 ⑤	07 ③	09 8
		08 ①	10 92

11 ④	13 139	15 ③	17 ④
12 ④	14 ①	16 ②	18 15

19 ④	20 180	21 162	22 8

23 678	24 79

23 일차

01 ②	03 ④		
02 ⑤	04 ④		

05 8	07 ⑤	09 ①	11 ②
06 ⑤	08 ③	10 70	

12 ④	13 ④	14 ③	15 231

16 ④	17 ④	18 13	19 ③

20 ③	21 ①	23 ③	25 ①
	22 ④	24 ②	26 ③

27 235	29 ②	31 7	33 ①
28 33	30 11	32 123	34 5

35 ②	36 ②	37 ⑤	38 ②

39 ②	40 ③	41 ④	42 ①

43 ④	44 64	45 142	46 ②

24 일차

01 165	02 ①		

03 ⑤	04 ⑤	05 ⑤	06 ①

07 8	08 ②	09 132	10 255

11 ④	12 ⑤	13 ⑤	14 ③

15 ③	16 ⑤	17 ①	18 ③

19 616

고등 전 과목 1등급 필수 앱! " 기출탭탭 "

내신, 수능 TAP으로
TOP을 찍다!

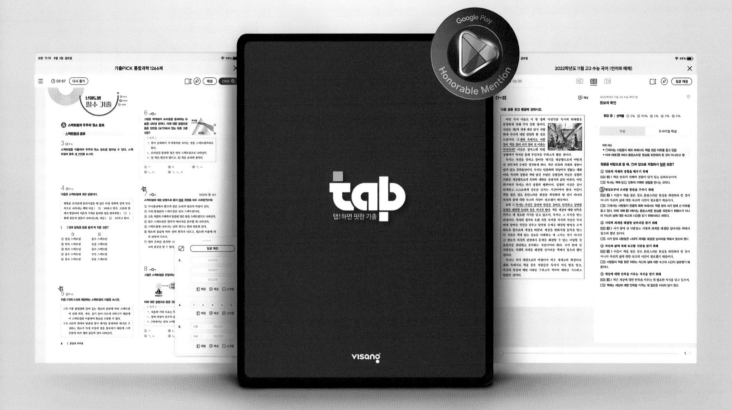

기출탭탭을 꼭 **다운로드**해야 하는 **이유!**

❶ 나의 학습 수준과 상황에 딱
맞게 '개념', '내신', '수능'
올인원 학습

❷ **비상교재 eBook 탑재!**
탭으로 가볍게,
교재 무제한 학습

❸ 내신, 수능 대비
1등급 고퀄리티 해설
탭에 쏙!

❹ 문제 풀고
나의 취약 유형
파악 후, 취약점 극복

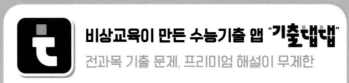

비상교육이 만든 수능기출 앱 "기출댑댑"
전과목 기출 문제, 프리미엄 해설이 무제한

▼ 태블릿PC로 지금, 다운로드하세요! ▼

품질혁신코드 VS01QI25

Full수록 수·능·기·출·문·제·집 30일 내 완성, 평가원 기출 완전 정복 Full수록! 수능기출 완벽 마스터

비상교재
누리집에
방문해보세요

https://book.visang.com/

발간 이후에 발견되는 오류 고등교재 〉 학습자료실 〉 정오표
본 교재의 정답 고등교재 〉 학습자료실 〉 정답과해설

품질혁신코드 VS01QI25

2026

수능대비
936제 24일 완성!

정답 확인
해설 이해
문제 분석

수학 I

visang

ABOVE IMAGINATION

우리는 남다른 상상과 혁신으로
교육 문화의 새로운 전형을 만들어
모든 이의 행복한 경험과 성장에 기여한다

1일차　문제편 010쪽~021쪽

01 ⑤	02 4	03 ①	04 ③	05 11	06 ②
07 ①	08 5	09 ④	10 ①	11 ①	12 ②
13 ②	14 ④	15 ⑤	16 ⑤	17 ④	18 ⑤
19 ④	20 ④	21 ⑤	22 ④	23 ③	24 ②
25 ②	26 ③	27 ②	28 ④	29 ②	30 ①
31 ②	32 ③	33 ④	34 ③	35 ⑤	36 ⑤
37 ④	38 ④	39 ①	40 ⑤	41 ①	42 ④
43 ①	44 ⑤				

2일차　문제편 022쪽~029쪽

01 ①	02 ③	03 ②	04 ④	05 9	06 ③
07 17	08 ①	09 ④	10 124	11 ③	12 33
13 ③	14 252	15 ⑤	16 ①	17 24	18 ②
19 ①	20 ②	21 ⑤	22 ③	23 100	24 ③
25 ⑤	26 ⑤				

3일차　문제편 034쪽~042쪽

01 128	02 ③	03 9	04 ⑤	05 8	06 ①
07 2	08 5	09 ①	10 ⑤	11 6	12 ①
13 ②	14 ②	15 ①	16 2	17 2	18 ③
19 ①	20 ⑤	21 3	22 4	23 ②	24 ②
25 8	26 22	27 5	28 ②	29 5	30 ③
31 ①	32 ②	33 ①	34 ⑤	35 ⑤	

4일차　문제편 043쪽~055쪽

01 ③	02 ②	03 ④	04 ④	05 ⑤	06 ④
07 ④	08 21	09 15	10 4	11 16	12 ④
13 ①	14 ④	15 ①	16 80	17 ②	18 75
19 ②	20 ④	21 ③	22 ③	23 ③	24 ④
25 ①	26 ②	27 ①	28 ①	29 ①	30 ①
31 426	32 10	33 13	34 30	35 45	36 ④
37 ②	38 ②	39 ①	40 ④	41 ④	42 ③
43 ⑤	44 ①	45 7	46 78		

5일차　문제편 060쪽~073쪽

01 60	02 ①	03 ③	04 ⑤	05 3	06 47
07 ②	08 ④	09 31	10 ⑤	11 36	12 ⑤
13 ⑤	14 ④	15 ⑤	16 32	17 ③	18 21
19 ②	20 ③	21 ④	22 ④	23 ⑤	24 ①
25 18	26 ③	27 ①	28 ③	29 ②	30 ④
31 ④	32 ④	33 8	34 ③	35 ③	36 ②
37 13	38 8	39 ⑤	40 60	41 220	42 196

6일차　문제편 078쪽~089쪽

01 13	02 ⑤	03 ④	04 ⑤	05 25	06 6
07 ③	08 ②	09 ②	10 ③	11 30	12 ①
13 ⑤	14 ④	15 23	16 ④	17 ②	18 ①
19 ④	20 ②	21 ②	22 ④	23 6	24 70
25 ①	26 5	27 54	28 ⑤	29 ⑤	30 88
31 ②	32 75	33 ③	34 ⑤	35 ②	36 10
37 15					

7일차　문제편 090쪽~103쪽

01 ⑤	02 ①	03 ④	04 ⑤	05 ⑤	06 ②
07 ⑤	08 ⑤	09 ⑤	10 ③	11 ④	12 ①
13 ④	14 ③	15 ④	16 ③	17 ①	18 ⑤
19 ②	20 ②	21 ①	22 ④	23 ⑤	24 13
25 192	26 ③	27 54	28 110	29 16	30 33
31 12					

8일차　문제편 108쪽~123쪽

01 4	02 ②	03 40	04 ④	05 7	06 ③
07 ①	08 2	09 6	10 3	11 ④	12 ⑤
13 3	14 3	15 ④	16 ④	17 ⑤	18 ⑤
19 6	20 3	21 3	22 ①	23 ⑤	24 ④
25 ①	26 ①	27 ②	28 15	29 6	30 ①
31 ④	32 17	33 12	34 ⑤	35 ②	36 ①
37 ①	38 ①	39 ①	40 ③	41 ②	42 ①
43 ②	44 400	45 ②	46 ②	47 ②	48 ①
49 12					

9일차　문제편 128쪽~141쪽

01 10	02 26	03 1	04 7	05 11	06 12
07 14	08 6	09 ②	10 5	11 7	12 7
13 7	14 6	15 7	16 12	17 10	18 27
19 ①	20 32	21 4	22 ①	23 ①	24 15
25 ③	26 ④	27 12	28 ⑤	29 ①	30 ①
31 ④	32 ①	33 ③	34 ④	35 17	36 ②
37 ④	38 ①	39 ①	40 ①	41 ④	42 15
43 ③	44 6	45 63	46 ④	47 ①	48 80
49 120					

10일차　문제편 142쪽~151쪽

01 ②	02 ③	03 ④	04 ⑤	05 ③	06 ②
07 ⑤	08 101	09 ②	10 ③	11 ③	12 ③
13 12	14 24	15 ⑤	16 ④	17 ⑤	18 ②
19 ④	20 ④	21 32	22 ②	23 ④	24 ②
25 ②	26 ②	27 ②	28 160	29 125	30 8
31 75					

11일차　문제편 156쪽~168쪽

01 32	02 ④	03 27	04 ③	05 ④	06 ④
07 ④	08 ④	09 ⑤	10 ⑤	11 ⑤	12 ③
13 ⑤	14 ①	15 4	16 ①	17 ③	18 ⑤
19 48	20 ⑤	21 ④	22 ②	23 ①	24 ④
25 ⑤	26 ②	27 ⑤	28 ④	29 ②	30 ①
31 ②	32 ③	33 ②	34 ②	35 ①	36 ④
37 ①	38 ⑤	39 40	40 ④	41 ①	42 ②
43 ②	44 ①	45 ②	46 80	47 ③	48 13

12일차　문제편 169쪽~181쪽

01 6	02 ③	03 ②	04 ①	05 6	06 ①
07 ④	08 ⑤	09 ③	10 ③	11 ②	12 ②
13 ⑤	14 ③	15 ②	16 ③	17 ④	18 ③
19 ②	20 ①	21 ③	22 ②	23 9	24 ①
25 ④	26 9	27 ①	28 14	29 24	30 ④
31 ③	32 9	33 ①	34 ⑤	35 ②	36 ②

13일차　문제편 185쪽~197쪽

01 ④	02 ③	03 ④	04 7	05 ②	06 ①
07 ⑤	08 ②	09 36	10 ②	11 ③	12 ③
13 ③	14 2	15 ④	16 ③	17 ④	18 ⑤
19 ①	20 ⑤	21 ③	22 40	23 84	24 ④
25 30	26 ④	27 ④	28 ②	29 15	30 8
31 ②	32 ②	33 ③	34 ①	35 ③	36 32
37 ④	38 ①	39 ②	40 110		

14일차　문제편 202쪽~219쪽

01 ③	02 ④	03 ③	04 ①	05 ①	06 192
07 41	08 25	09 ①	10 ②	11 7	12 ②
13 ②	14 ①	15 ①	16 27	17 ③	18 ①
19 ②	20 ①	21 ⑤	22 6	23 ⑤	24 22
25 ①	26 ④	27 98	28 ②	29 ②	30 ③
31 84	32 ⑤	33 ④	34 ③	35 ③	36 ⑤
37 ①	38 ④	39 ①	40 63	41 ①	42 ⑤
43 ⑤	44 15	45 64			

15일차　문제편 223쪽~233쪽

01 11	02 ②	03 ⑤	04 22	05 ①	06 ③
07 ①	08 12	09 26	10 3	11 ①	12 ①
13 ⑤	14 ③	15 ①	16 ③	17 ①	18 16
19 50	20 35	21 ③	22 7	23 ④	24 ④
25 ⑤	26 14	27 26	28 ②	29 ①	30 ③
31 ④	32 ⑤	33 22	34 ③	35 ⑤	36 137
37 102	38 20	39 ②	40 ①	41 ①	42 ③

16일차　문제편 234쪽~243쪽

01 24	02 12	03 ④	04 ③	05 ③	06 80
07 24	08 ①	09 73	10 ③	11 ②	12 ⑤
13 ②	14 ①	15 43	16 ②	17 ①	18 ⑤
19 ①	20 30	21 ③	22 ⑤	23 ②	24 37
25 ②	26 61	27 273			

17일차　문제편 247쪽~259쪽

01 ④	02 ②	03 ④	04 ④	05 ②	06 ②
07 12	08 ⑤	09 96	10 ③	11 19	12 16
13 20	14 25	15 ③	16 ③	17 36	18 ⑤
19 ②	20 ④	21 ②	22 96	23 ④	24 ⑤
25 ①	26 ①	27 4	28 ⑤	29 ①	30 ②
31 ④	32 ⑤	33 ④	34 ⑤	35 ②	36 ①
37 ③	38 ②	39 ①	40 12	41 ①	42 ②
43 ⑤	44 72	45 ①	46 ③	47 18	48 477
49 11					

18일차　문제편 260쪽~269쪽

01 ②	02 ③	03 12	04 6	05 36	06 ⑤
07 ④	08 ①	09 ②	10 117	11 ①	12 ③
13 ④	14 63	15 ④	16 10	17 ②	18 9
19 64	20 ⑤	21 ②	22 ②	23 ②	24 ①
25 ②	26 99	27 18	28 ②	29 ④	30 ②
31 11	32 ③	33 ②	34 ①	35 ①	

19일차　문제편 273쪽~287쪽

01 ①	02 ⑤	03 29	04 ②	05 34	06 12
07 113	08 96	09 ③	10 ①	11 ⑤	12 ④
13 24	14 ②	15 ③	16 13	17 22	18 65
19 9	20 9	21 110	22 ⑤	23 14	24 37
25 12	26 ①	27 3	28 55	29 85	30 2
31 ④	32 ⑤	33 109	34 150	35 ⑤	36 91
37 ⑤	38 427	39 ④	40 ③	41 ②	42 ③
43 ②	44 ⑤	45 ⑤	46 ④	47 315	48 184
49 120					

20일차　문제편 292쪽~305쪽

01 ①	02 88	03 ②	04 120	05 160	06 ②
07 ③	08 ②	09 ①	10 ②	11 ③	12 ④
13 19	14 26	15 ②	16 ④	17 ②	18 80
19 105	20 13	21 ②	22 ①	23 ①	24 502
25 162	26 ④	27 4	28 ④	29 120	30 58
31 ①	32 15	33 ①	34 ⑤	35 ④	36 ④
37 ⑤	38 ①	39 ④	40 201	41 ①	42 ②
43 ②	44 9	45 ④	46 103	47 170	48 117

21일차　문제편 306쪽~319쪽

01 ①	02 502	03 ②	04 ①	05 ⑤	06 ③
07 ①	08 ⑤	09 ①	10 169	11 ③	12 ①
13 ④	14 ⑤	15 ③	16 ③	17 ①	18 ①
19 ④	20 ③	21 ⑤	22 ①	23 ①	24 200
25 ③	26 ①	27 16	28 ③	29 8	30 ⑤
31 ④	32 553	33 725	34 525	35 ④	36 320
37 427	38 164				

22일차　문제편 323쪽~330쪽

01 256	02 ⑤	03 ①	04 510	05 ①	06 ⑤
07 ③	08 ①	09 8	10 92	11 ④	12 ④
13 139	14 ①	15 ③	16 ②	17 ④	18 15
19 ④	20 180	21 162	22 8	23 678	24 79

23일차　문제편 331쪽~347쪽

01 ②	02 ⑤	03 ④	04 ③	05 8	06 ⑤
07 ⑤	08 ③	09 ①	10 70	11 ②	12 ④
13 ④	14 ③	15 231	16 ④	17 ④	18 13
19 ③	20 ③	21 ①	22 ④	23 ②	24 ②
25 ①	26 ③	27 235	28 33	29 ②	30 11
31 7	32 123	33 ①	34 5	35 ②	36 ②
37 ⑤	38 ②	39 ④	40 ③	41 ④	42 ②
43 ④	44 64	45 142	46 ②		

24일차　문제편 351쪽~360쪽

01 165	02 ①	03 ⑤	04 ⑤	05 ⑤	06 ①
07 8	08 ②	09 132	10 255	11 ④	12 ⑤
13 ⑤	14 ③	15 ⑤	16 ⑤	17 ⑤	18 ③
19 616					

1 일차

01 ⑤	02 4	03 ①	04 ③	05 11	06 ②	07 ①	08 5	09 ④	10 ①	11 ①	12 ②
13 ②	14 ④	15 ⑤	16 ⑤	17 ④	18 ⑤	19 ④	20 ④	21 ⑤	22 ④	23 ③	24 ②
25 ②	26 ③	27 ②	28 ④	29 ②	30 ①	31 ⑤	32 ②	33 ④	34 ③	35 ⑤	36 ⑤
37 ④	38 ④	39 ①	40 ⑤	41 ①	42 ④	43 ①	44 ⑤				

문제편 010쪽~021쪽

01 거듭제곱근의 정의 – a의 n제곱근 중 실수인 것

정답 ⑤ | 정답률 89%

문제 보기

16의 네제곱근 중 실수인 것을 a, -27의 세제곱근 중 실수인 것을 b라
└ 방정식 $x^4=16$의 실수인 근을 구한다. └ 방정식 $y^3=-27$의 실수인 근을 구한다.
할 때, $a-b$의 최댓값은? [3점]

① 1 ② 2 ③ 3 ④ 4 ⑤ 5

Step 1 실수 a의 값 구하기

16의 네제곱근을 x라 하면 $x^4=16$에서
$x^4-16=0$, $(x^2-4)(x^2+4)=0$
∴ $x=\pm2$ 또는 $x=\pm2i$
이때 실수인 것은 ±2이므로 → $\pm2i$는 실수가 아닌 허수야.
$a=2$ 또는 $a=-2$

Step 2 실수 b의 값 구하기

-27의 세제곱근을 y라 하면 $y^3=-27$에서
$y^3+27=0$, $(y+3)(y^2-3y+9)=0$
∴ $y=-3$ 또는 $y=\dfrac{3\pm3\sqrt{3}i}{2}$
이때 실수인 것은 -3이므로 → $\dfrac{3\pm3\sqrt{3}i}{2}$는 실수가 아닌 허수야.
$b=-3$

Step 3 $a-b$의 최댓값 구하기

따라서 $a-b=2-(-3)=5$ 또는 $a-b=-2-(-3)=1$이므로 $a-b$의
최댓값은 5이다.

다른 풀이 거듭제곱근의 성질 이용하기

16의 네제곱근 중 실수인 것은 $\sqrt[4]{16}=\sqrt[4]{2^4}=2$, $-\sqrt[4]{16}=-\sqrt[4]{2^4}=-2$이므로
$a=2$ 또는 $a=-2$
-27의 세제곱근 중 실수인 것은 $\sqrt[3]{-27}=\sqrt[3]{(-3)^3}=-3$이므로
$b=-3$
따라서 $a-b=2-(-3)=5$ 또는 $a-b=-2-(-3)=1$이므로 $a-b$의
최댓값은 5이다.

02 거듭제곱근의 정의 – a의 n제곱근 중 실수인 것

정답 4 | 정답률 58%

문제 보기

$n\geq2$인 자연수 n에 대하여 $2n^2-9n$의 n제곱근 중에서 실수인 것의
개수를 $f(n)$이라 할 때, $f(3)+f(4)+f(5)+f(6)$의 값을 구하시오.
└ $2n^2-9n$의 n에 3, 4, 5, 6을 대입하여 구한다.
[3점]

Step 1 $f(3)$, $f(4)$, $f(5)$, $f(6)$의 값 구하기

$n=3$일 때, $2n^2-9n=-9<0$이고 n은 홀수이므로 $f(3)=1$
$n=4$일 때, $2n^2-9n=-4<0$이고 n은 짝수이므로 $f(4)=0$
$n=5$일 때, $2n^2-9n=5>0$이고 n은 홀수이므로 $f(5)=1$
$n=6$일 때, $2n^2-9n=18>0$이고 n은 짝수이므로 $f(6)=2$

Step 2 $f(3)+f(4)+f(5)+f(6)$의 값 구하기

∴ $f(3)+f(4)+f(5)+f(6)=1+0+1+2=4$

03   거듭제곱근의 정의－a의 n제곱근 중 음수가 존재할 조건
정답 ① | 정답률 67%

문제 보기

자연수 n이 $2 \le n \le 11$일 때, $-n^2+9n-18$의 n제곱근 중에서 음의 실수가 존재하도록 하는 모든 n의 값의 합은? [3점]
└▸ $-n^2+9n-18$이 양수인 경우와 음수인 경우로 나누어 생각한다.

① 31   ② 33   ③ 35   ④ 37   ⑤ 39

Step 1 $-n^2+9n-18<0$일 때, n의 값 구하기

(i) $-n^2+9n-18<0$일 때,

$n^2-9n+18>0$, $(n-3)(n-6)>0$

∴ $n<3$ 또는 $n>6$

$2 \le n \le 11$이므로

$2 \le n<3$ 또는 $6<n \le 11$

n은 홀수이어야 하므로 n의 값은 7, 9, 11
└▸ n이 홀수이어야 음의 실수 $\sqrt[n]{-n^2+9n-18}$이 존재해.

Step 2 $-n^2+9n-18>0$일 때, n의 값 구하기

(ii) $-n^2+9n-18>0$일 때,

$n^2-9n+18<0$, $(n-3)(n-6)<0$

∴ $3<n<6$

$2 \le n \le 11$이므로 $3<n<6$

n은 짝수이어야 하므로 $n=4$
└▸ n이 짝수이어야 음의 실수 $-\sqrt[n]{-n^2+9n-18}$이 존재해.

Step 3 자연수 n의 값의 합 구하기

(i), (ii)에서 모든 자연수 n의 값의 합은

$4+7+9+11=31$

---

04   거듭제곱근의 정의－a의 n제곱근 중 실수인 것
정답 ③ | 정답률 57%

문제 보기

자연수 n에 대하여 $n(n-4)$의 세제곱근 중 실수인 것의 개수를 $f(n)$이라 하고, $n(n-4)$의 네제곱근 중 실수인 것의 개수를 $g(n)$이라 하자. $f(n)>g(n)$을 만족시키는 모든 n의 값의 합은? [4점]
└▸ $n(n-4)$가 양수, 0, 음수인 경우로 나누어 생각한다.

① 4   ② 5   ③ 6   ④ 7   ⑤ 8

Step 1 $f(n)$ 구하기

$n(n-4)$의 세제곱근 중 실수인 것은 $n(n-4)$의 값에 관계없이 1개이므로

$f(n)=1$ ─▸ $\begin{cases} n(n-4)>0일 때, \sqrt[3]{n(n-4)}의 1개 \\ n(n-4)=0일 때, 0의 1개 \\ n(n-4)<0일 때, \sqrt[3]{n(n-4)}의 1개 \end{cases}$

Step 2 $g(n)$ 구하기

$n(n-4)$의 네제곱근 중 실수인 것은

(i) $n(n-4)>0$일 때, $\sqrt[4]{n(n-4)}$, $-\sqrt[4]{n(n-4)}$의 2개

(ii) $n(n-4)=0$일 때, 0의 1개

(iii) $n(n-4)<0$일 때, 없다.

(i), (ii), (iii)에서

$g(n)=\begin{cases} 0 \ (n(n-4)<0) \\ 1 \ (n(n-4)=0) \\ 2 \ (n(n-4)>0) \end{cases}$

Step 3 자연수 n의 값의 합 구하기

$f(n)>g(n)$을 만족시키려면 $g(n)=0$이어야 하므로

$n(n-4)<0$ ∴ $0<n<4$

따라서 모든 자연수 n의 값의 합은

$1+2+3=6$

문제 보기

집합 $U=\{x \mid -5 \leq x \leq 5,\ x$는 정수$\}$의 공집합이 아닌 부분집합 X에 대하여 두 집합 A, B를

　　$A=\{a \mid a$는 x의 실수인 네제곱근, $x \in X\}$,
　　└─ 양수의 네제곱근은 2개, 0의 네제곱근은 1개, 음수의 네제곱근은 0개임을
　　　　이용하여 집합 X의 원소가 되는 조건을 파악한다.
　　$B=\{b \mid b$는 x의 실수인 세제곱근, $x \in X\}$
　　└─ 세제곱근은 x의 값에 관계없이 1개임을 이용하여 집합 X의 원소가 되는
　　　　조건을 파악한다.

라 하자. $n(A)=9$, $n(B)=7$이 되도록 하는 집합 X의 모든 원소의 합
　　└─ 집합 A의 원소의 개수가 홀수이므로 집합 A는 0을 원소로 갖는다.
의 최댓값을 구하시오. [3점]

Step 1 집합 X의 원소의 조건 파악하기

집합 A에서 $a^4=x$를 만족시키는 a의 값은
x가 양수일 때 2개, x가 0일 때 1개, x가 음수일 때 0개
이때 $n(A)=9$이므로 집합 X는 0을 원소로 갖고 양수는 4개만 원소로 가져야 한다. 　　　　　　　　　　　　　…… ㉠
집합 B에서 $b^3=x$를 만족시키는 b의 값은 x의 값에 관계없이 1개이고, $n(B)=7$이므로 집합 X는 7개의 원소를 가져야 한다. …… ㉡
따라서 ㉠, ㉡을 모두 만족시키려면 집합 X는 0, 양수 4개, 음수 2개를 원소로 가져야 한다.

Step 2 집합 X의 모든 원소의 합의 최댓값 구하기

이때 모든 원소의 합이 최대가 되도록 하는 집합 X는
$\{-2, -1, 0, 2, 3, 4, 5\}$이므로 구하는 최댓값은
$-2+(-1)+0+2+3+4+5=11$

문제 보기

다음은 $1 \leq |m| < n \leq 10$을 만족시키는 두 정수 m, n에 대하여 m의 n제곱근 중에서 실수인 것이 존재하도록 하는 순서쌍 (m, n)의 개수를 구하는 과정이다.

(i) $m>0$인 경우
　n의 값에 관계없이 m의 n제곱근 중에서 실수인 것이 존재한다.
　그러므로 $m>0$인 순서쌍 (m, n)의 개수는　(가)　이다.
　　　　　　　└─ 조합의 수를 이용하여 구한다.
(ii) $m<0$인 경우
　n이 홀수이면 m의 n제곱근 중에서 실수인 것이 항상 존재한다.
　한편, n이 짝수이면 m의 n제곱근 중에서 실수인 것은 존재하지
　않는다. 그러므로 $m<0$인 순서쌍 (m, n)의 개수는　(나)　이다.
　　　　　└─ n이 홀수인 경우 순서쌍 (m, n)을 직접 구한다.
(i), (ii)에 의하여 m의 n제곱근 중에서 실수인 것이 존재하도록 하는
순서쌍 (m, n)의 개수는　(가)　+　(나)　이다.

위의 (가), (나)에 알맞은 수를 각각 p, q라 할 때, $p+q$의 값은? [4점]

① 70　　② 65　　③ 60　　④ 55　　⑤ 50

Step 1 $m>0$인 경우 순서쌍 (m, n)의 개수 구하기

(i) $m>0$인 경우
　n의 값에 관계없이 m의 n제곱근 중에서 실수인 것이 존재한다. 그러
　└─ n이 홀수이면 $\sqrt[n]{m}$, n이 짝수이면 $\sqrt[n]{m}$, $-\sqrt[n]{m}$이야.
므로 $m>0$인 순서쌍 (m, n)의 개수는 1부터 10까지 10개의 숫자 중 2개를 택하는 조합의 수와 같으므로
$_{10}C_2 = \dfrac{10 \times 9}{2 \times 1} = \boxed{^{(가)} 45}$　└─ $_nC_r = \dfrac{_nP_r}{r!} = \dfrac{n!}{r!(n-r)!}$ (단, $0 \leq r \leq n$)

Step 2 $m<0$인 경우 순서쌍 (m, n)의 개수 구하기

(ii) $m<0$인 경우
　n이 홀수이면 m의 n제곱근 중에서 실수인 것이 항상 존재한다.
　즉, 홀수 n에 대하여 m의 값을 구하면
　ⓘ $n=3$일 때, $m=-2, -1$
　ⓘⓘ $n=5$일 때, $m=-4, -3, -2, -1$
　ⓘⓘⓘ $n=7$일 때, $m=-6, -5, -4, -3, -2, -1$
　ⓘⓥ $n=9$일 때, $m=-8, -7, -6, \cdots, -2, -1$
　ⓘ~ⓘⓥ에서 순서쌍 (m, n)의 개수는 $2+4+6+8=20$
　한편 n이 짝수이면 m의 n제곱근 중에서 실수인 것은 존재하지 않는다. 그러므로 $m<0$인 순서쌍 (m, n)의 개수는 $\boxed{^{(나)} 20}$이다.

Step 3 $p+q$의 값 구하기

따라서 $p=45$, $q=20$이므로
$p+q=65$

07 거듭제곱근의 성질

정답 ① | 정답률 87%

문제 보기

$\sqrt{4} \times \sqrt[3]{8}$의 값은? [2점]
$\llcorner\!\!\rightarrow \sqrt[n]{a^n}=a$를 이용한다.

① 4　　　② 6　　　③ 8　　　④ 10　　　⑤ 12

Step 1 거듭제곱근의 성질을 이용하여 계산하기

$\sqrt{4} \times \sqrt[3]{8} = \sqrt{2^2} \times \sqrt[3]{2^3} = 2 \times 2 = 4$

다른 풀이 지수법칙 이용하기

$\sqrt{4} \times \sqrt[3]{8} = (2^2)^{\frac{1}{2}} \times (2^3)^{\frac{1}{3}} = 2 \times 2 = 4$

09 거듭제곱근의 성질

정답 ④ | 정답률 90%

문제 보기

$\sqrt{8} \times \sqrt[4]{4}$의 값은? [2점]
$\llcorner\!\!\rightarrow \sqrt[np]{a^{mp}}=\sqrt[n]{a^m}$을 이용한다.

① $\sqrt{2}$　　　② 2　　　③ $2\sqrt{2}$　　　④ 4　　　⑤ $4\sqrt{2}$

Step 1 거듭제곱근의 성질을 이용하여 계산하기

$\sqrt{8} \times \sqrt[4]{4} = \sqrt{8} \times \sqrt[4]{2^2} = \sqrt{8} \times \sqrt{2} = \sqrt{8 \times 2} = \sqrt{4^2} = 4$

다른 풀이 지수법칙 이용하기

$\sqrt{8} \times \sqrt[4]{4} = (2^3)^{\frac{1}{2}} \times (2^2)^{\frac{1}{4}} = 2^{\frac{3}{2}} \times 2^{\frac{1}{2}} = 2^{\frac{3}{2}+\frac{1}{2}} = 2^2 = 4$

08 거듭제곱근의 성질

정답 5 | 정답률 84%

문제 보기

$\sqrt[3]{5} \times \sqrt[3]{25}$의 값을 구하시오. [3점]
$\llcorner\!\!\rightarrow \sqrt[n]{a}\sqrt[n]{b}=\sqrt[n]{ab}$를 이용한다.

Step 1 거듭제곱근의 성질을 이용하여 계산하기

$\sqrt[3]{5} \times \sqrt[3]{25} = \sqrt[3]{5 \times 25} = \sqrt[3]{5^3} = 5$

다른 풀이 지수법칙 이용하기

$\sqrt[3]{5} \times \sqrt[3]{25} = 5^{\frac{1}{3}} \times (5^2)^{\frac{1}{3}} = 5^{\frac{1}{3}} \times 5^{\frac{2}{3}} = 5^{\frac{1}{3}+\frac{2}{3}} = 5$

10 거듭제곱근의 성질

정답 ① | 정답률 91%

문제 보기

$\sqrt[3]{-8} + \sqrt[4]{81}$의 값은? [2점]
$\llcorner\!\!\rightarrow \sqrt[n]{a^n}=a$를 이용한다.

① 1　　　② 2　　　③ 3　　　④ 4　　　⑤ 5

Step 1 거듭제곱근의 성질을 이용하여 계산하기

$\sqrt[3]{-8} + \sqrt[4]{81} = \sqrt[3]{(-2)^3} + \sqrt[4]{3^4} = -2 + 3 = 1$

일차

11 거듭제곱근의 성질　　　　정답 ① | 정답률 97%

문제 보기

$\sqrt[4]{81} \times \sqrt{\sqrt{16}}$의 값은? [2점]
　└─ $\sqrt[m]{\sqrt[n]{a}} = \sqrt[mn]{a}$를 이용한다.

① 6　　　② 12　　　③ 18　　　④ 24　　　⑤ 30

Step 1 거듭제곱근의 성질을 이용하여 계산하기

$\sqrt[4]{81} \times \sqrt{\sqrt{16}} = \sqrt[4]{81} \times \sqrt[4]{16} = \sqrt[4]{3^4} \times \sqrt[4]{2^4} = 3 \times 2 = 6$

다른 풀이 지수법칙 이용하기

$\sqrt[4]{81} \times \sqrt{\sqrt{16}} = \sqrt[4]{81} \times \sqrt[4]{16} = (3^4)^{\frac{1}{4}} \times (2^4)^{\frac{1}{4}}$
$\qquad\qquad\qquad\qquad = 3 \times 2 = 6$

---

12 거듭제곱근의 성질　　　　정답 ② | 정답률 93%

문제 보기

$\dfrac{\sqrt[4]{32}}{\sqrt[8]{4}}$의 값은? [2점]
　└─ $\sqrt[mp]{a^{mp}} = \sqrt[n]{a^m}$, $\dfrac{\sqrt[n]{b}}{\sqrt[n]{a}} = \sqrt[n]{\dfrac{b}{a}}$를 이용한다.

① $\sqrt{2}$　　② 2　　③ $2\sqrt{2}$　　④ 4　　⑤ $4\sqrt{2}$

Step 1 거듭제곱근의 성질을 이용하여 계산하기

$\dfrac{\sqrt[4]{32}}{\sqrt[8]{4}} = \dfrac{\sqrt[4]{32}}{\sqrt[8]{2^2}} = \dfrac{\sqrt[4]{32}}{\sqrt[4]{2}} = \sqrt[4]{\dfrac{32}{2}}$
$\qquad = \sqrt[4]{16} = \sqrt[4]{2^4} = 2$

다른 풀이 지수법칙 이용하기

$\dfrac{\sqrt[4]{32}}{\sqrt[8]{4}} = \dfrac{(2^5)^{\frac{1}{4}}}{(2^2)^{\frac{1}{8}}} = \dfrac{2^{\frac{5}{4}}}{2^{\frac{1}{4}}} = 2^{\frac{5}{4} - \frac{1}{4}} = 2$

---

13 거듭제곱근의 성질　　　　정답 ② | 정답률 65%

문제 보기

$\sqrt{(-2)^6} + (\sqrt[3]{3} - \sqrt[3]{2})(\sqrt[3]{9} + \sqrt[3]{6} + \sqrt[3]{4})$의 값은? [3점]
　└─ $\sqrt[n]{a}\,\sqrt[n]{b} = \sqrt[n]{ab}$를 이용하여 전개한다.

① 7　　　② 9　　　③ 11　　　④ 13　　　⑤ 15

Step 1 거듭제곱근의 성질을 이용하여 계산하기

$\sqrt{(-2)^6} + (\sqrt[3]{3} - \sqrt[3]{2})(\sqrt[3]{9} + \sqrt[3]{6} + \sqrt[3]{4})$
$= \sqrt{2^6} + (\sqrt[3]{3^3} + \sqrt[3]{18} + \sqrt[3]{12} - \sqrt[3]{18} - \sqrt[3]{12} - \sqrt[3]{2^3})$
$= 2^3 + (3 - 2)$
$= 9$

다른 풀이 지수법칙 이용하기

$\sqrt{(-2)^6} + (\sqrt[3]{3} - \sqrt[3]{2})(\sqrt[3]{9} + \sqrt[3]{6} + \sqrt[3]{4})$
$= \sqrt{2^6} + (3^{\frac{1}{3}} - 2^{\frac{1}{3}})\{(3^2)^{\frac{1}{3}} + (3 \times 2)^{\frac{1}{3}} + (2^2)^{\frac{1}{3}}\}$
$= (2^6)^{\frac{1}{2}} + (3^{\frac{1}{3}} - 2^{\frac{1}{3}})\{(3^{\frac{1}{3}})^2 + 3^{\frac{1}{3}} \times 2^{\frac{1}{3}} + (2^{\frac{1}{3}})^2\}$
$= 2^3 + \{(3^{\frac{1}{3}})^3 - (2^{\frac{1}{3}})^3\}$　└─ $(a-b)(a^2 + ab + b^2) = a^3 - b^3$
$= 2^3 + (3 - 2)$
$= 9$

14	거듭제곱근의 활용 – 이차방정식의 근
	정답 ④ | 정답률 65%

문제 보기

x에 대한 이차방정식 $x^2-\sqrt[3]{81}x+a=0$의 두 근이 $\sqrt[3]{3}$과 b일 때, ab의 값은? (단, a, b는 상수이다.) [4점]
└ 이차방정식의 근과 계수의 관계를 이용한다.

① 6 　　② $3\sqrt[3]{9}$ 　　③ $6\sqrt[3]{3}$ 　　④ 12 　　⑤ $6\sqrt[3]{9}$

Step 1 a, b에 대한 식 구하기

x에 대한 이차방정식 $x^2-\sqrt[3]{81}x+a=0$의 두 근이 $\sqrt[3]{3}$과 b이므로 이차방정식의 근과 계수의 관계에 의하여
$\sqrt[3]{3}+b=\sqrt[3]{81}$, $\sqrt[3]{3}b=a$

Step 2 a, b의 값 구하기

$b=\sqrt[3]{81}-\sqrt[3]{3}=\sqrt[3]{3^4}-\sqrt[3]{3}=\sqrt[3]{3^3\times3}-\sqrt[3]{3}=3\sqrt[3]{3}-\sqrt[3]{3}=2\sqrt[3]{3}$
$a=\sqrt[3]{3}b=\sqrt[3]{3}\times2\sqrt[3]{3}=2\sqrt[3]{3^2}$

Step 3 ab의 값 구하기

$\therefore ab=2\sqrt[3]{3^2}\times2\sqrt[3]{3}=4\sqrt[3]{3^3}=4\times3=12$

15	거듭제곱근의 활용 – 함수의 그래프
	정답 ⑤ | 정답률 74%

문제 보기

자연수 n에 대하여 좌표가 $(0, 3n+1)$인 점을 P_n, 함수 $f(x)=x^2$ $(x\geq0)$이라 하자. 점 P_n을 지나고 x축과 평행한 직선이 곡선 $y=f(x)$와 만나는 점 Q_n에 대하여 점 Q_n의 y좌표를 a_n이라 할 때,
└ 점 Q_n의 y좌표는 점 P_n의 y좌표와 같다.
$f^{-1}(a_2)\cdot f^{-1}(a_9)$의 값은? [3점]
└ $y=f(x)$의 역함수를 구하여 대입한다.

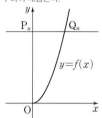

① $\dfrac{7\sqrt{2}}{2}$ 　　② 7 　　③ $7\sqrt{2}$ 　　④ $7\sqrt{3}$ 　　⑤ 14

Step 1 a_2, a_9의 값 구하기

점 Q_n은 점 P_n을 지나고 x축과 평행한 직선이 곡선 $y=f(x)$와 만나는 점이므로 점 Q_n의 y좌표는 점 P_n의 y좌표와 같다.
따라서 $a_n=3n+1$이므로
$a_2=7$, $a_9=28$

Step 2 $f(x)$의 역함수 구하기

함수 $f(x)$의 역함수를 구하면
$y=x^2$ $(x\geq0)$에서 $x=\sqrt{y}$
x와 y를 서로 바꾸면
$y=\sqrt{x}$ $(x\geq0)$ ── 함수 $y=x^2$의 치역이 $\{y|y\geq0\}$이므로 역함수의 정의역은 $\{x|x\geq0\}$이야.

Step 3 $f^{-1}(a_2)\cdot f^{-1}(a_9)$의 값 구하기

$\therefore f^{-1}(a_2)\cdot f^{-1}(a_9)=f^{-1}(7)\cdot f^{-1}(28)$
$=\sqrt{7}\times\sqrt{28}=\sqrt{7\times28}$
$=\sqrt{196}=\sqrt{14^2}=14$

다른 풀이 역함수 사이의 관계 이용하기

점 Q_n은 점 P_n을 지나고 x축과 평행한 직선이 곡선 $y=f(x)$와 만나는 점이므로 점 Q_n의 y좌표는 점 P_n의 y좌표와 같다.
따라서 $a_n=3n+1$이므로
$a_2=7$, $a_9=28$
$f^{-1}(a_2)=m$ (m은 상수)이라 하면 $f(m)=a_2$이므로
$m^2=7$ 　$\therefore m=\sqrt{7}$ $(\because m\geq0)$
또 $f^{-1}(a_9)=n$ (n은 상수)이라 하면 $f(n)=a_9$이므로
$n^2=28$ 　$\therefore n=\sqrt{28}$ $(\because n\geq0)$
$\therefore f^{-1}(a_2)\cdot f^{-1}(a_9)=\sqrt{7}\times\sqrt{28}=\sqrt{7\times28}$
$=\sqrt{196}=\sqrt{14^2}=14$

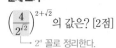

16 지수법칙 　　　　　정답 ⑤ | 정답률 82%

문제 보기

$\left(\dfrac{4}{2^{\sqrt{2}}}\right)^{2+\sqrt{2}}$ 의 값은? [2점]
└→ 2^n 꼴로 정리한다.

① $\dfrac{1}{4}$ 　　② $\dfrac{1}{2}$ 　　③ 1 　　④ 2 　　⑤ 4

Step 1 지수법칙을 이용하여 계산하기

$\left(\dfrac{4}{2^{\sqrt{2}}}\right)^{2+\sqrt{2}}=\left(\dfrac{2^2}{2^{\sqrt{2}}}\right)^{2+\sqrt{2}}=\left(2^{2-\sqrt{2}}\right)^{2+\sqrt{2}}$
$\phantom{\left(\dfrac{4}{2^{\sqrt{2}}}\right)^{2+\sqrt{2}}}=2^{(2-\sqrt{2})(2+\sqrt{2})}=2^{4-2}$
$\phantom{\left(\dfrac{4}{2^{\sqrt{2}}}\right)^{2+\sqrt{2}}}=2^2=4$

17 지수법칙 　　　　　정답 ④ | 정답률 93%

문제 보기

$2^{\sqrt{3}}\times 2^{2-\sqrt{3}}$ 의 값은? [2점]
└→ $a^x a^y=a^{x+y}$ 을 이용한다.

① $\sqrt{2}$ 　　② 2 　　③ $2\sqrt{2}$ 　　④ 4 　　⑤ $4\sqrt{2}$

Step 1 지수법칙을 이용하여 계산하기

$2^{\sqrt{3}}\times 2^{2-\sqrt{3}}=2^{\sqrt{3}+(2-\sqrt{3})}=2^2=4$

18 지수법칙 　　　　　정답 ⑤ | 정답률 91%

문제 보기

$3^{1-\sqrt{5}}\times 3^{1+\sqrt{5}}$ 의 값은? [2점]
└→ $a^x a^y=a^{x+y}$ 을 이용한다.

① $\dfrac{1}{9}$ 　　② $\dfrac{1}{3}$ 　　③ 1 　　④ 3 　　⑤ 9

Step 1 지수법칙을 이용하여 계산하기

$3^{1-\sqrt{5}}\times 3^{1+\sqrt{5}}=3^{(1-\sqrt{5})+(1+\sqrt{5})}=3^2=9$

19 지수법칙 　　　　　정답 ④ | 정답률 94%

문제 보기

$3^0\times 8^{\frac{2}{3}}$ 의 값은? [2점]
└→ $a^0=1$ 을 이용한다.

① 1 　　② 2 　　③ 3 　　④ 4 　　⑤ 5

Step 1 지수법칙을 이용하여 계산하기

$3^0\times 8^{\frac{2}{3}}=1\times (2^3)^{\frac{2}{3}}=2^2=4$

20 지수법칙 　　　　　정답 ④ | 정답률 89%

문제 보기

$2^2\times 8^{\frac{1}{3}}$ 의 값은? [2점]
└→ 8을 2의 거듭제곱으로 나타내어 계산한다.

① 2 　　② 4 　　③ 6 　　④ 8 　　⑤ 10

Step 1 지수법칙을 이용하여 계산하기

$2^2\times 8^{\frac{1}{3}}=2^2\times (2^3)^{\frac{1}{3}}=2^2\times 2=2^{2+1}=2^3=8$

21 지수법칙 　　　　　정답 ⑤ | 정답률 91%

문제 보기

$3^{2\sqrt{2}}\times 9^{1-\sqrt{2}}$ 의 값은? [2점]
└→ 9를 3의 거듭제곱으로 나타내어 계산한다.

① $\dfrac{1}{9}$ 　　② $\dfrac{1}{3}$ 　　③ 1 　　④ 3 　　⑤ 9

Step 1 지수법칙을 이용하여 계산하기

$3^{2\sqrt{2}}\times 9^{1-\sqrt{2}}=3^{2\sqrt{2}}\times (3^2)^{1-\sqrt{2}}=3^{2\sqrt{2}}\times 3^{2-2\sqrt{2}}$
$\phantom{3^{2\sqrt{2}}\times 9^{1-\sqrt{2}}}=3^{2\sqrt{2}+(2-2\sqrt{2})}=3^2=9$

22 지수법칙 정답 ④ | 정답률 91%

문제 보기

$4^{1-\sqrt{3}} \times 2^{1+2\sqrt{3}}$의 값은? [2점]

└→ 4를 2의 거듭제곱으로 나타내어 계산한다.

① 1　　② 2　　③ 4　　④ 8　　⑤ 16

Step 1 지수법칙을 이용하여 계산하기

$4^{1-\sqrt{3}} \times 2^{1+2\sqrt{3}} = (2^2)^{1-\sqrt{3}} \times 2^{1+2\sqrt{3}} = 2^{2-2\sqrt{3}} \times 2^{1+2\sqrt{3}}$

$= 2^{(2-2\sqrt{3})+(1+2\sqrt{3})} = 2^3 = 8$

---

23 지수법칙 정답 ③ | 정답률 93%

문제 보기

$3^3 \div 81^{\frac{1}{2}}$의 값은? [2점]

└→ 81을 3의 거듭제곱으로 나타내어 계산한다.

① 1　　② 2　　③ 3　　④ 4　　⑤ 5

Step 1 지수법칙을 이용하여 계산하기

$3^3 \div 81^{\frac{1}{2}} = 3^3 \div (3^4)^{\frac{1}{2}} = 3^3 \div 3^2 = 3^{3-2} = 3$

---

24 지수법칙 정답 ② | 정답률 93%

문제 보기

16×2^{-3}의 값은? [2점]

└→ 16을 2의 거듭제곱으로 나타내어 계산한다.

① 1　　② 2　　③ 4　　④ 8　　⑤ 16

Step 1 지수법칙을 이용하여 계산하기

$16 \times 2^{-3} = 2^4 \times 2^{-3} = 2^{4+(-3)} = 2$

다른 풀이 $a^{-n} = \dfrac{1}{a^n}$ 이용하기

$16 \times 2^{-3} = 16 \times \dfrac{1}{2^3} = 16 \times \dfrac{1}{8} = 2$

---

25 지수법칙 정답 ② | 정답률 90%

문제 보기

$2^{-1} \times 16^{\frac{1}{2}}$의 값은? [2점]

└→ 16을 2의 거듭제곱으로 나타내어 계산한다.

① 1　　② 2　　③ 3　　④ 4　　⑤ 5

Step 1 지수법칙을 이용하여 계산하기

$2^{-1} \times 16^{\frac{1}{2}} = 2^{-1} \times (2^4)^{\frac{1}{2}} = 2^{-1} \times 2^2 = 2^{-1+2} = 2$

다른 풀이 $a^{-n} = \dfrac{1}{a^n}$ 이용하기

$2^{-1} \times 16^{\frac{1}{2}} = \dfrac{1}{2} \times (4^2)^{\frac{1}{2}} = \dfrac{1}{2} \times 4 = 2$

---

26 지수법칙 정답 ③ | 정답률 92%

문제 보기

$2^{\sqrt{2}} \times \left(\dfrac{1}{2}\right)^{\sqrt{2}-1}$의 값은? [2점]

└→ $\dfrac{1}{2}$을 2의 거듭제곱으로 나타내어 계산한다.

① 1　　② $\sqrt{2}$　　③ 2　　④ $2\sqrt{2}$　　⑤ 4

Step 1 지수법칙을 이용하여 계산하기

$2^{\sqrt{2}} \times \left(\dfrac{1}{2}\right)^{\sqrt{2}-1} = 2^{\sqrt{2}} \times (2^{-1})^{\sqrt{2}-1} = 2^{\sqrt{2}} \times 2^{-\sqrt{2}+1}$

$= 2^{\sqrt{2}+(-\sqrt{2}+1)} = 2$

---

27 지수법칙 정답 ② | 정답률 85%

문제 보기

$\left(2^{\sqrt{3}} \times 4\right)^{\sqrt{3}-2}$의 값은? [2점]

└→ 2^n 꼴로 정리한다.

① $\dfrac{1}{4}$　　② $\dfrac{1}{2}$　　③ 1　　④ 2　　⑤ 4

Step 1 지수법칙을 이용하여 계산하기

$\left(2^{\sqrt{3}} \times 4\right)^{\sqrt{3}-2} = \left(2^{\sqrt{3}} \times 2^2\right)^{\sqrt{3}-2} = \left(2^{\sqrt{3}+2}\right)^{\sqrt{3}-2}$

$= 2^{(\sqrt{3}+2)(\sqrt{3}-2)} = 2^{3-4}$

$= 2^{-1} = \dfrac{1}{2}$

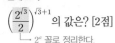

지수법칙 　　　정답 ④ | 정답률 90%

문제 보기

$\left(\dfrac{2^{\sqrt{3}}}{2}\right)^{\sqrt{3}+1}$의 값은? [2점]

└─ 2^a 꼴로 정리한다.

① $\dfrac{1}{16}$　　② $\dfrac{1}{4}$　　③ 1　　④ 4　　⑤ 16

Step 1 지수법칙을 이용하여 계산하기

$\left(\dfrac{2^{\sqrt{3}}}{2}\right)^{\sqrt{3}+1}=(2^{\sqrt{3}-1})^{\sqrt{3}+1}=2^{(\sqrt{3}-1)(\sqrt{3}+1)}$

$\quad\quad\quad\quad =2^{3-1}=2^2=4$

---

31 **지수법칙** 　　　정답 ⑤ | 정답률 93%

문제 보기

$\sqrt[3]{5}\times 25^{\frac{1}{3}}$의 값은? [2점]

└─ $\sqrt[n]{a}=a^{\frac{1}{n}}$을 이용한다.

① 1　　② 2　　③ 3　　④ 4　　⑤ 5

Step 1 지수법칙을 이용하여 계산하기

$\sqrt[3]{5}\times 25^{\frac{1}{3}}=5^{\frac{1}{3}}\times(5^2)^{\frac{1}{3}}=5^{\frac{1}{3}}\times 5^{\frac{2}{3}}$

$\quad\quad\quad\quad\quad =5^{\frac{1}{3}+\frac{2}{3}}=5$

---

29 **지수법칙** 　　　정답 ② | 정답률 87%

문제 보기

$(\sqrt{3^{\sqrt{2}}})^{\sqrt{2}}$의 값은? [2점]

└─ $\sqrt[n]{a}=a^{\frac{1}{n}}$을 이용한다.

① 1　　② 3　　③ 5　　④ 7　　⑤ 9

Step 1 지수법칙을 이용하여 계산하기

$(\sqrt{3^{\sqrt{2}}})^{\sqrt{2}}=\{(3^{\sqrt{2}})^{\frac{1}{2}}\}^{\sqrt{2}}=3^{\sqrt{2}\times\frac{1}{2}\times\sqrt{2}}=3$

---

32 **지수법칙** 　　　정답 ③ | 정답률 97%

문제 보기

$\sqrt[3]{9}\times 3^{\frac{1}{3}}$의 값은? [2점]

└─ $\sqrt[n]{a}=a^{\frac{1}{n}}$을 이용한다.

① 1　　② $3^{\frac{1}{2}}$　　③ 3　　④ $3^{\frac{3}{2}}$　　⑤ 9

Step 1 지수법칙을 이용하여 계산하기

$\sqrt[3]{9}\times 3^{\frac{1}{3}}=(3^2)^{\frac{1}{3}}\times 3^{\frac{1}{3}}=3^{\frac{2}{3}}\times 3^{\frac{1}{3}}$

$\quad\quad\quad\quad =3^{\frac{2}{3}+\frac{1}{3}}=3$

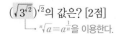

지수법칙 　　　정답 ① | 정답률 91%

문제 보기

$\dfrac{1}{\sqrt[4]{3}}\times 3^{-\frac{7}{4}}$의 값은? [2점]

└─ $\sqrt[n]{a}=a^{\frac{1}{n}}$을 이용한다.

① $\dfrac{1}{9}$　　② $\dfrac{1}{3}$　　③ 1　　④ 3　　⑤ 9

Step 1 지수법칙을 이용하여 계산하기

$\dfrac{1}{\sqrt[4]{3}}\times 3^{-\frac{7}{4}}=3^{-\frac{1}{4}}\times 3^{-\frac{7}{4}}=3^{-\frac{1}{4}+\left(-\frac{7}{4}\right)}$

$\quad\quad\quad\quad\quad =3^{-2}=\dfrac{1}{9}$

---

33 **지수법칙** 　　　정답 ④ | 정답률 91%

문제 보기

$\sqrt[3]{16}\times 2^{-\frac{1}{3}}$의 값은? [2점]

└─ $\sqrt[n]{a}=a^{\frac{1}{n}}$을 이용한다.

① $\dfrac{1}{4}$　　② $\dfrac{1}{2}$　　③ 1　　④ 2　　⑤ 4

Step 1 지수법칙을 이용하여 계산하기

$\sqrt[3]{16}\times 2^{-\frac{1}{3}}=(2^4)^{\frac{1}{3}}\times 2^{-\frac{1}{3}}=2^{\frac{4}{3}}\times 2^{-\frac{1}{3}}$

$\quad\quad\quad\quad\quad =2^{\frac{4}{3}+\left(-\frac{1}{3}\right)}=2$

34 지수법칙   정답 ③ | 정답률 91%

문제 보기

$\sqrt{8} \times 4^{\frac{1}{4}}$의 값은? [2점]

└→ $\sqrt[n]{a} = a^{\frac{1}{n}}$을 이용한다.

① 2   ② $2\sqrt{2}$ ③ 4   ④ $4\sqrt{2}$ ⑤ 8

Step 1 지수법칙을 이용하여 계산하기

$\sqrt{8} \times 4^{\frac{1}{4}} = (2^3)^{\frac{1}{2}} \times (2^2)^{\frac{1}{4}} = 2^{\frac{3}{2}} \times 2^{\frac{1}{2}}$

$\qquad = 2^{\frac{3}{2} + \frac{1}{2}} = 2^2 = 4$

35 지수법칙   정답 ⑤ | 정답률 96% / 93%

문제 보기

$\sqrt[3]{8} \times 4^{\frac{3}{2}}$의 값은? [2점]

└→ $\sqrt[n]{a} = a^{\frac{1}{n}}$을 이용한다.

① 1   ② 2   ③ 4   ④ 8   ⑤ 16

Step 1 지수법칙을 이용하여 계산하기

$\sqrt[3]{8} \times 4^{\frac{3}{2}} = (2^3)^{\frac{1}{3}} \times (2^2)^{\frac{3}{2}} = 2 \times 2^3$

$\qquad = 2^{1+3} = 2^4 = 16$

36 지수법칙   정답 ⑤ | 정답률 91%

문제 보기

$\sqrt[3]{27} \times 4^{-\frac{1}{2}}$의 값은? [2점]

└→ $\sqrt[n]{a} = a^{\frac{1}{n}}$을 이용한다.

① $\frac{1}{2}$ ② $\frac{3}{4}$ ③ 1   ④ $\frac{5}{4}$ ⑤ $\frac{3}{2}$

Step 1 지수법칙을 이용하여 계산하기

$\sqrt[3]{27} \times 4^{-\frac{1}{2}} = (3^3)^{\frac{1}{3}} \times (2^2)^{-\frac{1}{2}} = 3 \times 2^{-1}$

$\qquad = 3 \times \frac{1}{2} = \frac{3}{2}$

37 지수법칙   정답 ④ | 정답률 92%

문제 보기

$\left(\dfrac{4}{\sqrt[3]{2}} \right)^{\frac{6}{5}}$의 값은? [2점]

└→ $\sqrt[n]{a} = a^{\frac{1}{n}}$을 이용한다.

① 1   ② 2   ③ 3   ④ 4   ⑤ 5

Step 1 지수법칙을 이용하여 계산하기

$\left(\dfrac{4}{\sqrt[3]{2}} \right)^{\frac{6}{5}} = \left(\dfrac{2^2}{2^{\frac{1}{3}}} \right)^{\frac{6}{5}} = (2^{2-\frac{1}{3}})^{\frac{6}{5}} = (2^{\frac{5}{3}})^{\frac{6}{5}}$

$\qquad = 2^{\frac{5}{3} \times \frac{6}{5}} = 2^2 = 4$

38 지수법칙   정답 ④ | 정답률 89%

문제 보기

$\left(\dfrac{5}{\sqrt[3]{25}} \right)^{\frac{3}{2}}$의 값은? [2점]

└→ $\sqrt[n]{a} = a^{\frac{1}{n}}$을 이용한다.

① $\frac{1}{5}$ ② $\frac{\sqrt{5}}{5}$ ③ 1   ④ $\sqrt{5}$ ⑤ 5

Step 1 지수법칙을 이용하여 계산하기

$\left(\dfrac{5}{\sqrt[3]{25}} \right)^{\frac{3}{2}} = \left(\dfrac{5}{(5^2)^{\frac{1}{3}}} \right)^{\frac{3}{2}} = \left(\dfrac{5}{5^{\frac{2}{3}}} \right)^{\frac{3}{2}} = (5^{1-\frac{2}{3}})^{\frac{3}{2}}$

$\qquad = (5^{\frac{1}{3}})^{\frac{3}{2}} = 5^{\frac{1}{3} \times \frac{3}{2}} = 5^{\frac{1}{2}} = \sqrt{5}$

39 지수법칙   정답 ① | 정답률 84%

문제 보기

$\sqrt[3]{8} \times \dfrac{2^{\sqrt{2}}}{2^{1+\sqrt{2}}}$의 값은? [2점]

└→ $a^x \div a^y = a^{x-y}$을 이용한다.

└→ $\sqrt[n]{a} = a^{\frac{1}{n}}$을 이용한다.

① 1   ② 2   ③ 4   ④ 8   ⑤ 16

Step 1 지수법칙을 이용하여 계산하기

$\sqrt[3]{8} \times \dfrac{2^{\sqrt{2}}}{2^{1+\sqrt{2}}} = (2^3)^{\frac{1}{3}} \times 2^{\sqrt{2}-(1+\sqrt{2})} = 2 \times 2^{-1}$

$\qquad = 2^{1-1} = 2^0 = 1$

문제 보기

$(3\sqrt{3})^{\frac{1}{3}} \times 3^{\frac{3}{2}}$의 값은? [2점]

└ $\sqrt[n]{a} = a^{\frac{1}{n}}$을 이용하여 3의 거듭제곱으로 나타낸다.

① 1   ② $\sqrt{3}$ ③ 3   ④ $3\sqrt{3}$ ⑤ 9

Step 1   지수법칙을 이용하여 계산하기

$$(3\sqrt{3})^{\frac{1}{3}} \times 3^{\frac{3}{2}} = (3 \times 3^{\frac{1}{2}})^{\frac{1}{3}} \times 3^{\frac{3}{2}} = (3^{1+\frac{1}{2}})^{\frac{1}{3}} \times 3^{\frac{3}{2}}$$
$$= (3^{\frac{3}{2}})^{\frac{1}{3}} \times 3^{\frac{3}{2}} = 3^{\frac{1}{2}} \times 3^{\frac{3}{2}}$$
$$= 3^{\frac{1}{2}+\frac{3}{2}} = 3^2 = 9$$

---

41 지수법칙   정답 ① | 정답률 90%

문제 보기

$(-\sqrt{2})^4 \times 8^{-\frac{2}{3}}$의 값은? [2점]

└ $\sqrt[n]{a} = a^{\frac{1}{n}}$을 이용한다.

① 1   ② 2   ③ 3   ④ 4   ⑤ 5

Step 1   지수법칙을 이용하여 계산하기

$$(-\sqrt{2})^4 \times 8^{-\frac{2}{3}} = (-2^{\frac{1}{2}})^4 \times (2^3)^{-\frac{2}{3}} = 2^2 \times 2^{-2}$$
$$= 2^{2-2} = 2^0 = 1$$

---

42 지수법칙   정답 ④ | 정답률 91%

문제 보기

$(27 \times \sqrt{8})^{\frac{2}{3}}$의 값은? [2점]

└ $\sqrt[n]{a} = a^{\frac{1}{n}}$을 이용한다.

① 9   ② 12   ③ 15   ④ 18   ⑤ 21

Step 1   지수법칙을 이용하여 계산하기

$$(27 \times \sqrt{8})^{\frac{2}{3}} = \{3^3 \times (2^3)^{\frac{1}{2}}\}^{\frac{2}{3}} = (3^3 \times 2^{\frac{3}{2}})^{\frac{2}{3}}$$
$$= 3^2 \times 2 = 9 \times 2 = 18$$

---

43 지수법칙   정답 ① | 정답률 88%

문제 보기

$\sqrt[3]{24} \times 3^{\frac{2}{3}}$의 값은? [2점]

└ $\sqrt[n]{a} = a^{\frac{1}{n}}$을 이용한다.

① 6   ② 7   ③ 8   ④ 9   ⑤ 10

Step 1   지수법칙을 이용하여 계산하기

$$\sqrt[3]{24} \times 3^{\frac{2}{3}} = (2^3 \times 3)^{\frac{1}{3}} \times 3^{\frac{2}{3}} = 2 \times 3^{\frac{1}{3}} \times 3^{\frac{2}{3}}$$
$$= 2 \times 3^{\frac{1}{3}+\frac{2}{3}} = 2 \times 3 = 6$$

---

44 지수법칙   정답 ⑤ | 정답률 86%

문제 보기

$\sqrt[3]{54} \times 2^{\frac{5}{3}}$의 값은? [2점]

└ $\sqrt[n]{a} = a^{\frac{1}{n}}$을 이용한다.

① 4   ② 6   ③ 8   ④ 10   ⑤ 12

Step 1   지수법칙을 이용하여 계산하기

$$\sqrt[3]{54} \times 2^{\frac{5}{3}} = (3^3 \times 2)^{\frac{1}{3}} \times 2^{\frac{5}{3}} = (3^3)^{\frac{1}{3}} \times 2^{\frac{1}{3}} \times 2^{\frac{5}{3}}$$
$$= 3^{3 \times \frac{1}{3}} \times 2^{\frac{1}{3}+\frac{5}{3}} = 3 \times 2^2 = 12$$

2
일차

01 ①	**02** ③	**03** ②	**04** ④	**05** 9	**06** ③	**07** 17	**08** ①	**09** ④	**10** 124	**11** ③	**12** 33
13 ③	**14** 252	**15** ⑤	**16** ①	**17** 24	**18** ②	**19** ①	**20** ②	**21** ⑤	**22** ③	**23** 100	**24** ③
25 ⑤	**26** ⑤										

문제편 022쪽~029쪽

2
일차

01 지수법칙을 이용하여 식의 값 구하기 – 대입

정답 ① | 정답률 63%

문제 보기

두 실수 a, b에 대하여 $2^a=3$, $6^b=5$일 때, 2^{ab+a+b}의 값은? [4점]

$6^b=(2 \times 3)^b$을 이용한다. ⎿

⎾ 2^a, 6^b을 이용하여 나타낸다.

① 15   ② 18   ③ 21   ④ 24   ⑤ 27

Step 1 2^{ab+a+b}의 값 구하기

$$2^{ab+a+b}=(2^a)^b \times 2^a \times 2^b$$
$$=3^b \times 2^a \times 2^b \ (\because 2^a=3)$$
$$=2^a \times (2 \times 3)^b$$
$$=2^a \times 6^b$$
$$=3 \times 5$$
$$=15$$

다른 풀이 $6^b=5$를 변형하여 대입하기

$6^b=(2 \times 3)^b=(2 \times 2^a)^b=2^{ab+b}=5$이므로

$2^{ab+a+b}=2^{ab+b} \times 2^a=5 \times 3=15$

02 지수법칙을 이용하여 식의 값 구하기 – 대입

정답 ③ | 정답률 92%

문제 보기

$a=\sqrt{2}$, $b=\sqrt[3]{3}$일 때, $(ab)^6$의 값은? [2점]

⎿ 거듭제곱근을 유리수인 지수로 변형하여 지수법칙을 이용한다.

① 60   ② 66   ③ 72   ④ 78   ⑤ 84

Step 1 $(ab)^6$의 값 구하기

$a=\sqrt{2}=2^{\frac{1}{2}}$, $b=\sqrt[3]{3}=3^{\frac{1}{3}}$이므로

$$(ab)^6=a^6 b^6=(2^{\frac{1}{2}})^6 \times (3^{\frac{1}{3}})^6$$
$$=2^3 \times 3^2=8 \times 9$$
$$=72$$

03 지수법칙을 이용하여 식의 값 구하기 – 대입

정답 ② | 정답률 85%

문제 보기

실수 x가 $5^x=\sqrt{3}$을 만족시킬 때, $5^{2x}+5^{-2x}$의 값은? [3점]

⎿ 지수법칙을 이용하여 5^x 꼴로 나타낸다.

① $\dfrac{19}{6}$ ② $\dfrac{10}{3}$ ③ $\dfrac{7}{2}$ ④ $\dfrac{11}{3}$ ⑤ $\dfrac{23}{6}$

Step 1 $5^{2x}+5^{-2x}$의 값 구하기

$5^x=\sqrt{3}=3^{\frac{1}{2}}$이므로

$$5^{2x}+5^{-2x}=(5^x)^2+(5^x)^{-2}$$
$$=(3^{\frac{1}{2}})^2+(3^{\frac{1}{2}})^{-2}$$
$$=3+3^{-1}$$
$$=3+\frac{1}{3}$$
$$=\frac{10}{3}$$

04 지수법칙을 이용하여 식의 값 구하기 – 조건식 변형
정답 ④ | 정답률 88%

문제 보기

두 실수 a, b에 대하여 $2^a=3$, $3^b=\sqrt{2}$가 성립할 때, ab의 값은? [3점]
└→ $2^a=3$을 $3^b=\sqrt{2}$에 대입한다.

① $\dfrac{1}{6}$　　② $\dfrac{1}{4}$　　③ $\dfrac{1}{3}$　　④ $\dfrac{1}{2}$　　⑤ 1

Step 1 ab의 값 구하기

$2^a=3$을 $3^b=\sqrt{2}$에 대입하면

$(2^a)^b=\sqrt{2}$

$2^{ab}=2^{\frac{1}{2}}$　　$\therefore ab=\dfrac{1}{2}$

다른 풀이 로그의 성질 이용하기

적용해야 할 개념
① $a^x=N \iff x=\log_a N$
② $\log_a M^k=k\log_a M$
③ $\log_a b=\dfrac{1}{\log_b a}$

$2^a=3$에서 $a=\log_2 3$
$3^b=\sqrt{2}$에서 $b=\log_3 \sqrt{2}$

$\therefore ab=\log_2 3 \times \log_3 \sqrt{2}$

$\quad =\log_2 3 \times \dfrac{1}{2}\log_3 2$

$\quad =\dfrac{1}{2}\times \log_2 3 \times \dfrac{1}{\log_2 3}$

$\quad =\dfrac{1}{2}$

---

05 지수법칙을 이용하여 식의 값 구하기 – 조건식 변형
정답 9 | 정답률 69%

문제 보기

두 실수 a, b가 $3^{a-1}=2$, $6^{2b}=5$를 만족시킬 때, $5^{\frac{1}{ab}}$의 값을 구하시오.
└→ $3^{a-1}=2$를 변형하여 $6^{2b}=5$에 대입한다.
[3점]

Step 1 $3^{a-1}=2$ 변형하기

$3^{a-1}=2$에서 $\dfrac{1}{3}\times 3^a=2$이므로
└→ $3^{a-1}=3^a\times 3^{-1}$
$3^a=6$

Step 2 $5^{\frac{1}{ab}}$의 값 구하기

$3^a=6$을 $6^{2b}=5$에 대입하면

$(3^a)^{2b}=5$, $3^{2ab}=5$

$\therefore 5^{\frac{1}{ab}}=3^2=9$

다른 풀이 $5^{\frac{1}{ab}}$을 변형하여 대입하기

$3^{a-1}=2$에서 $3^a=6$이므로 $3=6^{\frac{1}{a}}$

$6^{2b}=5$에서 $6^2=5^{\frac{1}{b}}$

$\therefore 5^{\frac{1}{ab}}=(5^{\frac{1}{b}})^{\frac{1}{a}}=(6^2)^{\frac{1}{a}}$

$\quad =(6^{\frac{1}{a}})^2=3^2=9$

다른 풀이 로그의 성질 이용하기

적용해야 할 개념
① $a^x=N \iff x=\log_a N$
② $\log_a a=1$
③ $\log_a b=\dfrac{1}{\log_b a}$, $\log_a b=\dfrac{\log_c b}{\log_c a}$
④ $a^{\log b}=b^{\log a}$

$3^{a-1}=2$에서 $3^a=6$이므로 $a=\log_3 6$

$6^{2b}=5$에서 $2b=\log_6 5$이므로 $b=\dfrac{1}{2}\log_6 5$

$\therefore ab=\log_3 6 \times \dfrac{1}{2}\log_6 5=\dfrac{1}{2}\times \dfrac{\log 6}{\log 3}\times \dfrac{\log 5}{\log 6}=\dfrac{1}{2}\log_3 5$

$\therefore 5^{\frac{1}{ab}}=5^{\frac{2}{\log_3 5}}=5^{2\log_5 3}=3^{2\log_5 5}=9$

06 지수법칙을 이용하여 식의 값 구하기 – 조건식 변형
정답 ③ | 정답률 88%

문제 보기

두 실수 x, y가 $2^x = 3^y = 24$를 만족시킬 때, $(x-3)(y-1)$의 값은?
└ $24 = 2^3 \times 3$을 이용하여 식을 변형한다.
[3점]

① 1   ② 2   ③ 3   ④ 4   ⑤ 5

Step 1 $2^x = 24$, $3^y = 24$ **변형하기**

$2^x = 24$에서 $2^x = 2^3 \times 3$이므로 양변을 2^3으로 나누면

$2^{x-3} = 3$ ⋯⋯ ㉠

$3^y = 24$에서 $3^y = 2^3 \times 3$이므로 양변을 3으로 나누면

$3^{y-1} = 2^3$ ⋯⋯ ㉡

Step 2 $(x-3)(y-1)$**의 값 구하기**

㉠을 ㉡에 대입하면

$(2^{x-3})^{y-1} = 2^3$, $2^{(x-3)(y-1)} = 2^3$

$\therefore (x-3)(y-1) = 3$

다른 풀이   로그의 성질 이용하기

적용해야 할 개념

① $a^x = N \iff x = \log_a N$

② $\log_a a = 1$, $\log_a MN = \log_a M + \log_a N$, $\log_a M^k = k \log_a M$

③ $\log_a b = \dfrac{1}{\log_b a}$

$2^x = 24$에서 $x = \log_2 24 = \log_2 (2^3 \times 3) = 3 + \log_2 3$이므로

$x - 3 = \log_2 3$

$3^y = 24$에서 $y = \log_3 24 = \log_3 (2^3 \times 3) = 1 + 3\log_3 2$이므로

$y - 1 = 3\log_3 2$

$\begin{aligned} \therefore (x-3)(y-1) &= \log_2 3 \times 3\log_3 2 \\ &= \log_2 3 \times \dfrac{3}{\log_2 3} \\ &= 3 \end{aligned}$

07 지수법칙을 이용하여 식의 값 구하기 – 조건식 변형
정답 17 | 정답률 54%

문제 보기

두 실수 a, b에 대하여

$2^a + 2^b = 2$, $2^{-a} + 2^{-b} = \dfrac{9}{4}$ → *을 이용할 수 있도록 변형한다.
└ *

일 때, 2^{a+b}의 값은 $\dfrac{q}{p}$이다. $p+q$의 값을 구하시오.

(단, p와 q는 서로소인 자연수이다.) [3점]

Step 1 $2^{-a} + 2^{-b} = \dfrac{9}{4}$ **변형하기**

$\begin{aligned} 2^{-a} + 2^{-b} &= \dfrac{1}{2^a} + \dfrac{1}{2^b} = \dfrac{2^a + 2^b}{2^a \times 2^b} \\ &= \dfrac{2^a + 2^b}{2^{a+b}} = \dfrac{9}{4} \end{aligned}$

Step 2 2^{a+b}**의 값 구하기**

이때 $2^a + 2^b = 2$이므로 $\dfrac{2^a + 2^b}{2^{a+b}} = \dfrac{9}{4}$에서

$\dfrac{2}{2^{a+b}} = \dfrac{9}{4}$

$\therefore 2^{a+b} = 2 \times \dfrac{4}{9} = \dfrac{8}{9}$

Step 3 $p+q$**의 값 구하기**

따라서 $p = 9$, $q = 8$이므로

$p + q = 17$

다른 풀이

$2^{-a} + 2^{-b} = \dfrac{9}{4}$의 양변에 2^{a+b}을 곱하면

$(2^{-a} + 2^{-b}) \times 2^{a+b} = \dfrac{9}{4} \times 2^{a+b}$

$2^b + 2^a = \dfrac{9}{4} \times 2^{a+b}$

$\therefore 2^{a+b} = \dfrac{4}{9}(2^a + 2^b)$

이때 $2^a + 2^b = 2$이므로

$2^{a+b} = \dfrac{4}{9} \times 2 = \dfrac{8}{9}$

따라서 $p = 9$, $q = 8$이므로

$p + q = 17$

문제 보기

두 실수 x, y에 대하여

$75^x = \dfrac{1}{5}$, $3^y = 25$ ← $\dfrac{1}{5}$과 25를 5의 거듭제곱으로 나타낸다.

일 때, $\dfrac{1}{x} + \dfrac{2}{y}$의 값은? [3점]

① -2 ② -1 ③ 0 ④ 1 ⑤ 2

Step 1 $75^x = \dfrac{1}{5}$, $3^y = 25$ 변형하기

$75^x = \dfrac{1}{5}$에서 $75^x = 5^{-1}$, $75^{-1} = 5^{\frac{1}{x}}$ ∴ $5^{\frac{1}{x}} = \dfrac{1}{75}$ ······ ㉠

$3^y = 25$에서 $3^y = 5^2$ ∴ $5^{\frac{2}{y}} = 3$ ······ ㉡

Step 2 $\dfrac{1}{x} + \dfrac{2}{y}$의 값 구하기

㉠ × ㉡을 하면

$5^{\frac{1}{x}} \times 5^{\frac{2}{y}} = \dfrac{1}{25}$, $5^{\frac{1}{x} + \frac{2}{y}} = 5^{-2}$

∴ $\dfrac{1}{x} + \dfrac{2}{y} = -2$

다른 풀이 로그의 성질 이용하기

적용해야 할 개념

① $a^x = N \iff x = \log_a N$

② $\log_a a = 1$, $\log_a M + \log_a N = \log_a MN$, $\log_a M^k = k \log_a M$

③ $\log_a b = \dfrac{1}{\log_b a}$

$75^x = \dfrac{1}{5}$에서 $x = \log_{75} \dfrac{1}{5} = -\log_{75} 5$이므로

$\dfrac{1}{x} = -\dfrac{1}{\log_{75} 5} = -\log_5 75 = \log_5 \dfrac{1}{75}$

$3^y = 25$에서 $y = \log_3 25 = 2\log_3 5$이므로

$\dfrac{2}{y} = \dfrac{1}{\log_3 5} = \log_5 3$

∴ $\dfrac{1}{x} + \dfrac{2}{y} = \log_5 \dfrac{1}{75} + \log_5 3$

$= \log_5 \left(\dfrac{1}{75} \times 3 \right)$

$= \log_5 \dfrac{1}{25}$

$= -2$

문제 보기

양수 a와 두 실수 x, y가

$15^x = 8$, $a^y = 2$, $\dfrac{3}{x} + \dfrac{1}{y} = 2$
↳ 15와 a를 2의 거듭제곱으로 나타낸다.

를 만족시킬 때, a의 값은? [4점]

① $\dfrac{1}{15}$ ② $\dfrac{2}{15}$ ③ $\dfrac{1}{5}$ ④ $\dfrac{4}{15}$ ⑤ $\dfrac{1}{3}$

Step 1 $15^x = 8$, $a^y = 2$ 변형하기

$15^x = 8$에서 $15^x = 2^3$ ∴ $15 = 2^{\frac{3}{x}}$ ······ ㉠

$a^y = 2$에서 $a = 2^{\frac{1}{y}}$ ······ ㉡

Step 2 양수 a의 값 구하기

㉠ × ㉡을 하면

$15a = 2^{\frac{3}{x}} \times 2^{\frac{1}{y}} = 2^{\frac{3}{x} + \frac{1}{y}}$

이때 $\dfrac{3}{x} + \dfrac{1}{y} = 2$이므로

$15a = 2^2 = 4$

∴ $a = \dfrac{4}{15}$

다른 풀이 로그의 성질 이용하기

적용해야 할 개념

① $a^x = N \iff x = \log_a N$

② $\log_a M + \log_a N = \log_a MN$, $\log_a M^k = k \log_a M$

③ $\log_a b = \dfrac{1}{\log_b a}$

$15^x = 8$에서 $x = \log_{15} 8 = 3\log_{15} 2$이므로

$\dfrac{3}{x} = \dfrac{1}{\log_{15} 2} = \log_2 15$

$a^y = 2$에서 $y = \log_a 2$이므로

$\dfrac{1}{y} = \dfrac{1}{\log_a 2} = \log_2 a$

∴ $\dfrac{3}{x} + \dfrac{1}{y} = \log_2 15 + \log_2 a = \log_2 15a$

즉, $\log_2 15a = 2$이므로 $15a = 2^2$

∴ $a = \dfrac{4}{15}$

10 거듭제곱이 자연수가 되는 조건   정답 124 | 정답률 61%

문제 보기

2 이상의 자연수 n에 대하여 $(\sqrt{3^n})^{\frac{1}{2}}$과 $\sqrt[n]{3^{100}}$이 모두 자연수가 되도록 하는 모든 n의 값의 합을 구하시오. [4점]　└→ 3^a 꼴로 나타낸 후 a가 자연수가 되도록 한다.

Step 1 $(\sqrt{3^n})^{\frac{1}{2}}$이 자연수가 되는 n의 값 구하기

$(\sqrt{3^n})^{\frac{1}{2}}=(3^{\frac{n}{2}})^{\frac{1}{2}}=3^{\frac{n}{4}}$이 자연수가 되려면 $\dfrac{n}{4}$이 자연수이어야 한다.

즉, n은 4의 배수이어야 하므로 n의 값은

4, 8, 12, 16, 20, ⋯

Step 2 $\sqrt[n]{3^{100}}$이 자연수가 되는 n의 값 구하기

$\sqrt[n]{3^{100}}=3^{\frac{100}{n}}$이 자연수가 되려면 $\dfrac{100}{n}$이 자연수이어야 한다.

즉, n은 100의 약수이어야 하므로 n의 값은

2, 4, 5, 10, 20, 25, 50, 100 ── n은 2 이상의 자연수이므로 1은 포함되지 않아.

Step 3 자연수 n의 값의 합 구하기

따라서 조건을 만족시키는 2 이상의 자연수 n은 4의 배수이면서 100의 약수이므로 모든 자연수 n의 값의 합은

$4+20+100=124$

11 거듭제곱이 자연수가 되는 조건   정답 ③ | 정답률 85%

문제 보기

10 이하의 자연수 a에 대하여 $(a^{\frac{2}{3}})^{\frac{1}{2}}$의 값이 자연수가 되도록 하는 모든 a의 값의 합은? [3점]　└→ $(a^{\frac{2}{3}})^{\frac{1}{2}}=k$ (k는 자연수)로 놓고 a의 값을 구한다.

① 5　　② 7　　③ 9　　④ 11　　⑤ 13

Step 1 $(a^{\frac{2}{3}})^{\frac{1}{2}}$의 값이 자연수가 되는 조건 구하기

$(a^{\frac{2}{3}})^{\frac{1}{2}}=a^{\frac{1}{3}}$이 자연수가 되려면 $a^{\frac{1}{3}}=k$ (k는 자연수)라 할 때, $a=k^3$ 꼴이어야 한다.　　$a=(a^{\frac{1}{3}})^3=k^3$ ┘

Step 2 자연수 a의 값의 합 구하기

$1\leq a\leq10$이므로 a의 값은 1^3, 2^3, 즉 1, 8이다.
따라서 모든 자연수 a의 값의 합은

$1+8=9$

12 거듭제곱이 정수가 되는 조건   정답 33 | 정답률 73%

문제 보기

100 이하의 자연수 n에 대하여 $\sqrt[3]{4^n}$이 정수가 되도록 하는 n의 개수를 구하시오. [3점]　└→ 2^a 꼴로 나타낸 후 a가 자연수가 되도록 한다.

Step 1 $\sqrt[3]{4^n}$이 정수가 되는 조건 구하기

$\sqrt[3]{4^n}=4^{\frac{n}{3}}=2^{\frac{2n}{3}}$이 정수가 되려면 $\dfrac{2n}{3}$이 자연수이어야 하므로 n은 3의 배수이다.

Step 2 자연수 n의 개수 구하기

따라서 n은 100 이하의 자연수 중 3의 배수이므로 3, 6, 9, ⋯, 99의 33개이다.

13 거듭제곱이 자연수가 되는 조건   정답 ③ | 정답률 82%

문제 보기

2 이상의 두 자연수 a, n에 대하여 $(\sqrt[n]{a})^3$의 값이 자연수가 되도록 하　└→ a^k 꼴로 나타낸 후 k가 자연수가 되도록 한다.
는 n의 최댓값을 $f(a)$라 하자. $f(4)+f(27)$의 값은? [4점]

① 13　　② 14　　③ 15　　④ 16　　⑤ 17

Step 1 $f(4)$의 값 구하기

(ⅰ) $a=4$일 때,

$(\sqrt[n]{4})^3=4^{\frac{3}{n}}=2^{\frac{6}{n}}$이 자연수가 되려면 $\dfrac{6}{n}$이 자연수이어야 한다.

즉, n은 6의 약수이어야 하므로 n의 값은

2, 3, 6 ── n은 2 이상의 자연수이므로 1은 포함되지 않아.

∴ $f(4)=6$

Step 2 $f(27)$의 값 구하기

(ⅱ) $a=27$일 때,

$(\sqrt[n]{27})^3=27^{\frac{3}{n}}=3^{\frac{9}{n}}$이 자연수가 되려면 $\dfrac{9}{n}$가 자연수이어야 한다.

즉, n은 9의 약수이어야 하므로 n의 값은

3, 9 ── n은 2 이상의 자연수이므로 1은 포함되지 않아.

∴ $f(27)=9$

Step 3 $f(4)+f(27)$의 값 구하기

(ⅰ), (ⅱ)에서

$f(4)+f(27)=6+9=15$

14 거듭제곱이 자연수가 되는 조건　정답 252 | 정답률 60%

문제 보기

$30 \leq a \leq 40$, $150 \leq b \leq 294$일 때, $\sqrt{a} + \sqrt[3]{b}$의 값이 자연수가 되도록 하
는 두 자연수 a, b에 대하여 $a+b$의 값을 구하시오. [3점]

└→ $\sqrt{a}$, $\sqrt[3]{b}$가 각각 자연수이어야 한다.

Step 1 $\sqrt{a} + \sqrt[3]{b}$의 값이 자연수가 되는 조건 구하기

$\sqrt{a} + \sqrt[3]{b}$의 값이 자연수가 되려면 $\sqrt{a}$, $\sqrt[3]{b}$가 각각 자연수이어야 한다.

Step 2 $\sqrt{a}$가 자연수가 되는 a의 값 구하기

$\sqrt{a} = a^{\frac{1}{2}}$이 자연수가 되려면 $a^{\frac{1}{2}} = k$(k는 자연수)라 할 때, $a = k^2$ 꼴이어야
한다.　└→ $a = (a^{\frac{1}{2}})^2 = k^2$

$30 \leq a \leq 40$이므로 $a = 6^2 = 36$

Step 3 $\sqrt[3]{b}$가 자연수가 되는 b의 값 구하기

$\sqrt[3]{b} = b^{\frac{1}{3}}$이 자연수가 되려면 $b^{\frac{1}{3}} = l$(l은 자연수)이라 할 때, $b = l^3$ 꼴이어야
한다.　└→ $b = (b^{\frac{1}{3}})^3 = l^3$

$150 \leq b \leq 294$이므로 $b = 6^3 = 216$

Step 4 $a+b$의 값 구하기

$\therefore a+b = 36+216 = 252$

---

15 거듭제곱이 자연수가 되는 조건　정답 ⑤ | 정답률 66%

문제 보기

$m \leq 135$, $n \leq 9$인 두 자연수 m, n에 대하여 $\sqrt[3]{2m} \times \sqrt{n^3}$의 값이 자연
수일 때, $m+n$의 최댓값은? [3점]
└→ $\sqrt[3]{2m}$, $\sqrt{n^3}$이 각각 자연수
이어야 한다.

① 97　　② 102　　③ 107　　④ 112　　⑤ 117

Step 1 $\sqrt[3]{2m} \times \sqrt{n^3}$의 값이 자연수가 되는 조건 구하기

$\sqrt[3]{2m} \times \sqrt{n^3}$의 값이 자연수이므로 $\sqrt[3]{2m}$, $\sqrt{n^3}$이 각각 자연수이어야 한다.

Step 2 $\sqrt[3]{2m}$이 자연수가 되는 m의 값 구하기

$\sqrt[3]{2m} = (2m)^{\frac{1}{3}}$이 자연수가 되려면 $m = 2^2 \times k^3$(k는 자연수) 꼴이어야 한다.
$m \leq 135$이므로 m의 값은　└→ 이때 $(2m)^{\frac{1}{3}} = (2^3 \times k^3)^{\frac{1}{3}} = 2k$이므로
자연수가 돼.

$k=1$일 때, $m = 2^2 \times 1^3 = 4$

$k=2$일 때, $m = 2^2 \times 2^3 = 32$

$k=3$일 때, $m = 2^2 \times 3^3 = 108$

Step 3 $\sqrt{n^3}$이 자연수가 되는 n의 값 구하기

$\sqrt{n^3} = n^{\frac{3}{2}}$이 자연수가 되려면 $n = l^2$(l은 자연수) 꼴이어야 한다.
$n \leq 9$이므로 n의 값은 1^2, 2^2, 3^2, 즉 1, 4, 9이다.　└→ 이때 $n^{\frac{3}{2}} = (l^2)^{\frac{3}{2}} = l^3$이므로
자연수가 돼.

Step 4 $m+n$의 최댓값 구하기

따라서 m의 최댓값은 108, n의 최댓값은 9이므로 $m+n$의 최댓값은
$108+9 = 117$

---

16 거듭제곱이 자연수, 유리수가 되는 조건

정답 ① | 정답률 71%

문제 보기

두 자연수 a, b에 대하여

$\sqrt{\dfrac{2^a \times 5^b}{2}}$이 자연수, $\sqrt[3]{\dfrac{3^b}{2^{a+1}}}$이 유리수　└→ $\dfrac{3^r}{2^s}$ 꼴로 나타낸 후 유리수가
되는 조건을 구한다.

└→ $2^p \times 5^q$ 꼴로 나타낸 후 자연수가
되는 조건을 구한다.

일 때, $a+b$의 최솟값은? [4점]

① 11　　② 13　　③ 15　　④ 17　　⑤ 19

Step 1 $\sqrt{\dfrac{2^a \times 5^b}{2}}$이 자연수가 되는 a, b의 값 구하기

(i) $\sqrt{\dfrac{2^a \times 5^b}{2}} = (2^{a-1} \times 5^b)^{\frac{1}{2}} = 2^{\frac{a-1}{2}} \times 5^{\frac{b}{2}}$이 자연수이므로 $2^{\frac{a-1}{2}}$, $5^{\frac{b}{2}}$이 각
각 자연수이어야 한다.

$2^{\frac{a-1}{2}}$이 자연수가 되려면 $\dfrac{a-1}{2}$이 음이 아닌 정수이어야 하므로

$a-1 = 2k$(k는 음이 아닌 정수) 꼴이어야 한다.

즉, $a = 2k+1$이므로 a의 값은　└→ a는 자연수이므로 $k=0$이어도 성립해.

1, 3, 5, 7, $\cdots$

$5^{\frac{b}{2}}$이 자연수가 되려면 $\dfrac{b}{2}$가 자연수이어야 한다.

즉, b는 2의 배수이어야 하므로 b의 값은

2, 4, 6, 8, $\cdots$

Step 2 $\sqrt[3]{\dfrac{3^b}{2^{a+1}}}$이 유리수가 되는 a, b의 값 구하기

(ii) $\sqrt[3]{\dfrac{3^b}{2^{a+1}}} = \dfrac{3^{\frac{b}{3}}}{2^{\frac{a+1}{3}}}$이 유리수이므로 $2^{\frac{a+1}{3}}$, $3^{\frac{b}{3}}$이 각각 자연수이어야 한다.

$2^{\frac{a+1}{3}}$이 자연수가 되려면 $\dfrac{a+1}{3}$이 자연수이어야 하므로

$a+1 = 3l$(l은 자연수) 꼴이어야 한다.

즉, $a = 3l-1$이므로 a의 값은

2, 5, 8, 11, $\cdots$

$3^{\frac{b}{3}}$이 자연수가 되려면 $\dfrac{b}{3}$가 자연수이어야 한다.

즉, b는 3의 배수이어야 하므로 b의 값은

3, 6, 9, 12, $\cdots$

Step 3 a, b의 값 구하기

(i), (ii)에서

a의 값은 5, 11, 17, $\cdots$

b의 값은 6, 12, 18, $\cdots$

Step 4 $a+b$의 최솟값 구하기

따라서 a의 최솟값은 5, b의 최솟값은 6이므로 $a+b$의 최솟값은
$5+6 = 11$

17 거듭제곱이 정수가 되는 조건 　정답 24 | 정답률 8%

문제 보기

다음 조건을 만족시키는 최고차항의 계수가 1인 이차함수 $f(x)$가 존재하도록 하는 모든 자연수 n의 값의 합을 구하시오. [4점]

> (가) x에 대한 방정식 $(x^n-64)f(x)=0$은 서로 다른 두 실근을 갖고, 각각의 실근은 중근이다.
> └─ n이 홀수인 경우와 짝수인 경우로 나누어 방정식 $x^n-64=0$의 실수인 근을 먼저 구한다.
> (나) 함수 $f(x)$의 최솟값은 음의 정수이다.
> └─ 방정식 $f(x)=0$은 중근을 가질 수 없다.

Step 1 두 방정식 $x^n-64=0$, $f(x)=0$의 실근의 관계 알기

이차함수 $f(x)$의 최고차항의 계수가 1이고, 조건 (나)에서 $f(x)$의 최솟값은 음의 정수이므로 방정식 $f(x)=0$은 중근을 가질 수 없다.
따라서 조건 (가)에 의하여 두 방정식 $x^n-64=0$, $f(x)=0$은 각각 서로 다른 두 실근을 가져야 하고, 두 방정식의 실근이 서로 같아야 한다.

Step 2 n의 값 구하기

(i) n이 홀수일 때,
방정식 $x^n-64=0$, 즉 $x^n=64$의 실근은 64의 n제곱근 중 실수인 것이므로 1개이다.
이때 방정식 $x^n-64=0$이 서로 다른 두 실근을 가져야 하므로 조건을 만족시키는 n의 값은 존재하지 않는다.

(ii) n이 짝수일 때,
방정식 $x^n-64=0$, 즉 $x^n=64$의 실근은 64의 n제곱근 중 실수인 것이므로 2개이다.
즉, $x=\sqrt[n]{64}$ 또는 $x=-\sqrt[n]{64}$이므로
$x=2^{\frac{6}{n}}$ 또는 $x=-2^{\frac{6}{n}}$
이때 방정식 $x^n-64=0$의 실근과 방정식 $f(x)=0$의 실근이 서로 같아야 하므로
$f(x)=(x-2^{\frac{6}{n}})(x+2^{\frac{6}{n}})=x^2-2^{\frac{12}{n}}$
함수 $f(x)$의 최솟값은 $x=0$일 때 $-2^{\frac{12}{n}}$이고, 조건 (나)에서 $-2^{\frac{12}{n}}$이 음의 정수가 되려면 $\frac{12}{n}$가 자연수이어야 한다.
즉, n은 12의 약수이어야 하므로 n의 값은
2, 4, 6, 12 ──→ n은 짝수이므로 1, 3은 포함되지 않아.

Step 3 자연수 n의 값의 합 구하기

(i), (ii)에서 모든 자연수 n의 값의 합은
$2+4+6+12=24$

18 지수법칙의 응용 - 거듭제곱근의 정의 　정답 ② | 정답률 60%

문제 보기

2 이상의 자연수 n에 대하여 x에 대한 방정식
$$(x^n-8)(x^{2n}-8)=0$$ ──→ n이 짝수인 경우와 홀수인 경우로 나누어 생각한다.
의 모든 실근의 곱이 -4일 때, n의 값은? [4점]

① 2　　② 3　　③ 4　　④ 5　　⑤ 6

Step 1 n의 값 구하기

(i) n이 짝수일 때,
$(x^n-8)(x^{2n}-8)=0$의 실근은
$x=\pm\sqrt[n]{8}$ 또는 $x=\pm\sqrt[2n]{8}$
그런데 모든 실근의 곱이 양수이므로 조건을 만족시키는 n의 값은 존재하지 않는다.

(ii) n이 홀수일 때,
$(x^n-8)(x^{2n}-8)=0$의 실근은
$x=\sqrt[n]{8}$ 또는 $x=\pm\sqrt[2n]{8}$
모든 실근의 곱은
$\sqrt[n]{8}\times\sqrt[2n]{8}\times(-\sqrt[2n]{8})=2^{\frac{3}{n}}\times2^{\frac{3}{2n}}\times(-2^{\frac{3}{2n}})=-2^{\frac{6}{n}}$
즉, $-2^{\frac{6}{n}}=-4$이므로 $2^{\frac{6}{n}}=2^2$
$\frac{6}{n}=2$　　∴ $n=3$

(i), (ii)에서 $n=3$

19 지수법칙의 응용 - 거듭제곱근의 정의 　정답 ① | 정답률 64%

문제 보기

1이 아닌 세 양수 a, b, c와 1이 아닌 두 자연수 m, n이 다음 조건을 만족시킨다. 모든 순서쌍 (m, n)의 개수는? [4점]

> (가) $\sqrt[3]{a}$는 b의 m제곱근이다.
> (나) $\sqrt{b}$는 c의 n제곱근이다.　──→ 거듭제곱근의 정의를 이용하여
> (다) c는 a^{12}의 네제곱근이다.　　　　식으로 나타낸다.

① 4　　② 7　　③ 10　　④ 13　　⑤ 16

Step 1 조건 (가), (나), (다)를 식으로 나타내기

조건 (가)에서 $(\sqrt[3]{a})^m=b$ 　∴ $b=a^{\frac{m}{3}}$ 　…… ㉠
조건 (나)에서 $(\sqrt{b})^n=c$ 　∴ $c=b^{\frac{n}{2}}$ 　…… ㉡
조건 (다)에서 $c^4=a^{12}$ 　…… ㉢

Step 2 mn의 값 구하기

㉡을 ㉢에 대입하면 $(b^{\frac{n}{2}})^4=a^{12}$, $b^{2n}=a^{12}$ 　…… ㉣
㉠을 ㉣에 대입하면 $(a^{\frac{m}{3}})^{2n}=a^{12}$, $a^{\frac{2mn}{3}}=a^{12}$
즉, $\frac{2mn}{3}=12$이므로 $mn=18$

Step 3 순서쌍 (m, n)의 개수 구하기

따라서 조건을 만족시키는 순서쌍 (m, n)은 $(2, 9)$, $(3, 6)$, $(6, 3)$, $(9, 2)$의 4개이다.
└─ m, n이 1이 아닌 자연수이므로 $(1, 18)$, $(18, 1)$은 될 수 없어.

정답 ② | 정답률 44%

문제 보기

함수 $f(x)=-(x-2)^2+k$에 대하여 다음 조건을 만족시키는 자연수 n의 개수가 2일 때, 상수 k의 값은? [4점]

$\sqrt{3^{f(n)}}$의 네제곱근 중 실수인 것을 모두 곱한 값이 -9이다.
└ $\sqrt{3^{f(n)}}$의 네제곱근 중 실수인 것을 구한다.

① 8　　② 9　　③ 10　　④ 11　　⑤ 12

Step 1 $\sqrt{3^{f(n)}}$의 네제곱근 중 실수인 것 구하기

$\sqrt{3^{f(n)}}$의 네제곱근 중 실수인 것은

$\sqrt[4]{\sqrt{3^{f(n)}}},\ -\sqrt[4]{\sqrt{3^{f(n)}}}$

Step 2 k의 값 구하기

$$\sqrt[4]{\sqrt{3^{f(n)}}}\times\{-\sqrt[4]{\sqrt{3^{f(n)}}}\}=-\{\sqrt[4]{\sqrt{3^{f(n)}}}\}^2=-\{\sqrt[4]{\sqrt{3^{f(n)}}}\}^2$$
$$=-\{\sqrt[8]{3^{f(n)}}\}^2=-\sqrt[4]{3^{f(n)}}$$
$$=-3^{\frac{f(n)}{4}}$$

즉, $-3^{\frac{f(n)}{4}}=-9$이므로 $3^{\frac{f(n)}{4}}=3^2$

$\dfrac{f(n)}{4}=2$　　$\therefore f(n)=8$

이때 이차함수 $f(x)=-(x-2)^2+k$의 그래프 의 대칭축은 직선 $x=2$이므로 $f(n)=8$을 만족 시키는 자연수 n의 개수가 2이려면 이차함수 $y=f(x)$의 그래프는 점 $(1, 8)$을 지나야 한다. 따라서 $f(1)=8$에서 $-1+k=8$　　$\therefore k=9$

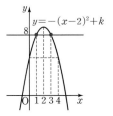

정답 ⑤ | 정답률 73%

문제 보기

그림과 같이 좌표평면에 두 함수 $f(x)=x^2$, $g(x)=x^3$의 그래프가 있 다. 곡선 $y=f(x)$ 위의 한 점 $P_1(a, f(a))$ $(a>1)$에서 x축에 내린 수 선의 발을 Q_1이라 하자. 선분 $\overline{OQ_1}$을 한 변으로 하는 정사각형 OQ_1AB
└ $\overline{OQ_1}=\overline{OB}$임을 이용한다.

의 한 변 AB가 곡선 $y=g(x)$와 만나는 점을 P_2, 점 P_2에서 x축에 내린 수선의 발을 Q_2라 하자. 선분 $\overline{OQ_2}$를 한 변으로 하는 정사각형 OQ_2CD
└ $\overline{OQ_2}=\overline{OD}$임을 이용한다.

의 한 변 CD가 곡선 $y=f(x)$와 만나는 점을 P_3, 점 P_3에서 x축에 내 린 수선의 발을 Q_3이라 하자. 두 점 Q_2, Q_3의 x좌표를 각각 b, c라 할 때, $bc=2$가 되도록 하는 점 P_1의 y좌표의 값은?
(단, O는 원점이고, 두 점 A, C는 제1사분면에 있다.) [4점]

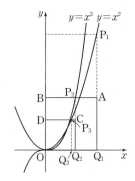

① 8　　② 10　　③ 12　　④ 14　　⑤ 16

Step 1 점 P_2의 좌표를 이용하여 a, b 사이의 관계식 구하기

점 $P_1(a, f(a))$에서 x축에 내린 수선의 발이 Q_1이므로 $Q_1(a, 0)$ 정사각형 OQ_1AB에서 $\overline{OB}=\overline{OQ_1}=a$이므로 $B(0, a)$ 점 Q_2의 x좌표가 b이므로 $Q_2(b, 0)$ 따라서 $P_2(b, a)$이고, 점 P_2가 곡선 $y=x^3$ 위에 있으므로

$a=b^3$　　$\therefore b=a^{\frac{1}{3}}$　　…… ㉠

Step 2 점 P_3의 좌표를 이용하여 a, c 사이의 관계식 구하기

정사각형 OQ_2CD에서 $\overline{OD}=\overline{OQ_2}=b$이므로 $D(0, b)$ 점 Q_3의 x좌표가 c이므로 $Q_3(c, 0)$ 따라서 $P_3(c, b)$이고, 점 P_3이 곡 선 $y=x^2$ 위에 있으므로

$b=c^2$　　$\therefore c=b^{\frac{1}{2}}$　　…… ㉡

㉠을 ㉡에 대입하면

$c=(a^{\frac{1}{3}})^{\frac{1}{2}}=a^{\frac{1}{6}}$　　…… ㉢

Step 3 점 P_1의 y좌표의 값 구하기

㉠$\times$㉢을 하면

$bc=a^{\frac{1}{3}}\times a^{\frac{1}{6}}=a^{\frac{1}{3}+\frac{1}{6}}=a^{\frac{1}{2}}$

이때 $bc=2$이므로

$a^{\frac{1}{2}}=2$　　$\therefore a=2^2=4$

따라서 점 P_1의 x좌표가 4이므로 y좌표는 $f(4)=4^2=16$

문제 보기

지면으로부터 H_1인 높이에서 풍속이 V_1이고 지면으로부터 H_2인 높이에서 풍속이 V_2일 때, 대기 안정도 계수 k는 다음 식을 만족시킨다.

$$V_2 = V_1 \times \left(\frac{H_2}{H_1}\right)^{\frac{2}{2-k}} \rightarrow *$$

（단, $H_1 < H_2$이고, 높이의 단위는 m, 풍속의 단위는 m/초이다.）

A지역에서 지면으로부터 $12\,\mathrm{m}$와 $36\,\mathrm{m}$인 높이에서 풍속이 각각
└→ $H_1=12$, $V_1=2$, $H_2=36$, $V_2=8$을 *에 대입한다.

$2\,(\mathrm{m/초})$와 $8\,(\mathrm{m/초})$이고, B지역에서 지면으로부터 $10\,\mathrm{m}$와 $90\,\mathrm{m}$인 높이에서 풍속이 각각 $a\,(\mathrm{m/초})$와 $b\,(\mathrm{m/초})$일 때, 두 지역의 대기 안정도
└→ $H_1=10$, $V_1=a$, $H_2=90$, $V_2=b$를 *에 대입한다.

계수 k가 서로 같았다. $\dfrac{b}{a}$의 값은? (단, a, b는 양수이다.) [4점]

① 10　　② 13　　③ 16　　④ 19　　⑤ 22

Step 1 주어진 조건을 관계식에 대입하기

A지역에서 $H_1=12$, $V_1=2$, $H_2=36$, $V_2=8$이므로

$$8 = 2 \times \left(\frac{36}{12}\right)^{\frac{2}{2-k}} \qquad \therefore\ 4 = 3^{\frac{2}{2-k}} \qquad\qquad \cdots\cdots\ \text{㉠}$$

B지역에서 $H_1=10$, $V_1=a$, $H_2=90$, $V_2=b$이므로

$$b = a \times \left(\frac{90}{10}\right)^{\frac{2}{2-k}} = a \times 9^{\frac{2}{2-k}} = a \times (3^2)^{\frac{2}{2-k}} = a \times (3^{\frac{2}{2-k}})^2 \qquad \cdots\cdots\ \text{㉡}$$

Step 2 $\dfrac{b}{a}$의 값 구하기

따라서 ㉠, ㉡에서

$$\frac{b}{a} = (3^{\frac{2}{2-k}})^2 = 4^2 = 16$$

문제 보기

어느 필름의 사진농도를 P, 입사하는 빛의 세기를 Q, 투과하는 빛의 세기를 R라 하면 다음과 같은 관계식이 성립한다고 한다.

$$R = Q \times 10^{-P}$$

두 필름 A, B에 입사하는 빛의 세기가 서로 같고, 두 필름 A, B의 사
└→ Q의 값이 같다.

진농도가 각각 p, $p+2$일 때, 투과하는 빛의 세기를 각각 R_A, R_B라 하
└→ $R_A = Q \times 10^{-p}$, $R_B = Q \times 10^{-(p+2)}$

자. $\dfrac{R_A}{R_B}$의 값을 구하시오. (단, $p > 0$) [3점]

Step 1 주어진 조건을 관계식에 대입하기

두 필름 A, B에 입사하는 빛의 세기가 서로 같으므로 $Q=q$라 하자.

필름 A에서 $P=p$, $Q=q$, $R=R_A$이므로

$$R_A = q \times 10^{-p}$$

필름 B에서 $P=p+2$, $Q=q$, $R=R_B$이므로

$$R_B = q \times 10^{-(p+2)}$$

Step 2 $\dfrac{R_A}{R_B}$의 값 구하기

$$\therefore\ \frac{R_A}{R_B} = \frac{q \times 10^{-p}}{q \times 10^{-(p+2)}} = 10^{-p} \times 10^{p+2}$$
$$= 10^{-p+(p+2)} = 10^2 = 100$$

문제 보기

반지름의 길이가 r인 원형 도선에 세기가 I인 전류가 흐를 때, 원형 도선의 중심에서 수직 거리 x만큼 떨어진 지점에서의 자기장의 세기를 B라 하면 다음과 같은 관계식이 성립한다고 한다.

$$B = \frac{kIr^2}{2(x^2+r^2)^{\frac{3}{2}}} \text{ (단, } k \text{는 상수이다.)}$$

전류의 세기가 $I_0 \, (I_0 > 0)$으로 일정할 때, 반지름의 길이가 r_1인 원형 도선의 중심에서 수직 거리 x_1만큼 떨어진 지점에서의 자기장의 세기를 B_1, 반지름의 길이가 $3r_1$인 원형 도선의 중심에서 수직 거리 $3x_1$만 ┗ $B_1 = \frac{kI_0 r_1^2}{2(x_1^2+r_1^2)^{\frac{3}{2}}}$

큼 떨어진 지점에서의 자기장의 세기를 B_2라 하자. $\frac{B_2}{B_1}$의 값은? (단,
┗ $B_2 = \frac{kI_0(3r_1)^2}{2\{(3x_1)^2+(3r_1)^2\}^{\frac{3}{2}}}$

전류의 세기의 단위는 A, 자기장의 세기의 단위는 T, 길이와 거리의 단위는 m이다.) [4점]

① $\frac{1}{6}$　　② $\frac{1}{4}$　　③ $\frac{1}{3}$　　④ $\frac{5}{12}$　　⑤ $\frac{1}{2}$

Step 1 주어진 조건을 관계식에 대입하기

$I = I_0$, $r = r_1$, $x = x_1$, $B = B_1$이므로

$$B_1 = \frac{kI_0 r_1^2}{2(x_1^2+r_1^2)^{\frac{3}{2}}}$$

$I = I_0$, $r = 3r_1$, $x = 3x_1$, $B = B_2$이므로

$$B_2 = \frac{kI_0(3r_1)^2}{2\{(3x_1)^2+(3r_1)^2\}^{\frac{3}{2}}} = \frac{kI_0 \times 9r_1^2}{2(9x_1^2+9r_1^2)^{\frac{3}{2}}}$$

$$= \frac{9kI_0 r_1^2}{2 \times 9^{\frac{3}{2}}(x_1^2+r_1^2)^{\frac{3}{2}}} = \frac{kI_0 r_1^2}{2 \times 9^{\frac{1}{2}}(x_1^2+r_1^2)^{\frac{3}{2}}}$$

$$= \frac{kI_0 r_1^2}{2 \times (3^2)^{\frac{1}{2}} \times (x_1^2+r_1^2)^{\frac{3}{2}}} = \frac{kI_0 r_1^2}{6(x_1^2+r_1^2)^{\frac{3}{2}}}$$

Step 2 $\frac{B_2}{B_1}$의 값 구하기

$$\therefore \frac{B_2}{B_1} = \frac{\dfrac{kI_0 r_1^2}{6(x_1^2+r_1^2)^{\frac{3}{2}}}}{\dfrac{kI_0 r_1^2}{2(x_1^2+r_1^2)^{\frac{3}{2}}}} = \frac{2}{6} = \frac{1}{3}$$

문제 보기

자연수 n에 대하여 $f(n)$이 다음과 같다.

$$f(n) = \begin{cases} \sqrt[4]{9 \times 2^{n+1}} & (n \text{이 홀수}) \\ \sqrt[4]{4 \times 3^n} & (n \text{이 짝수}) \end{cases}$$

10 이하의 두 자연수 p, q에 대하여 $f(p) \times f(q)$가 자연수가 되도록 하 ┗ p, q가 홀수, 짝수가 되는 경우로 나누어 생각한다.
는 모든 순서쌍 (p, q)의 개수는? [4점]

① 36　　② 38　　③ 40　　④ 42　　⑤ 44

Step 1 p, q가 홀수, 짝수인 경우에 따라 순서쌍 (p, q)의 개수 구하기

(i) p, q가 모두 홀수일 때,

$$f(p) \times f(q) = \sqrt[4]{9 \times 2^{p+1}} \times \sqrt[4]{9 \times 2^{q+1}}$$

$$= \sqrt[4]{3^4 \times 2^{p+1} \times 2^{q+1}}$$

$$= 3 \times \sqrt[4]{2^{p+q+2}}$$

$$= 3 \times 2^{\frac{p+q+2}{4}}$$

$f(p) \times f(q)$가 자연수가 되려면 $\frac{p+q+2}{4}$가 자연수이어야 하므로 ┗ p, q가 10 이하의 자연수이므로 음의 정수나 0이 될 수 없어.
$p+q+2$는 4의 배수이다.

따라서 순서쌍 (p, q)는

① $p+q+2=4$, 즉 $p+q=2$일 때,
　　$(1, 1)$의 1개

② $p+q+2=8$, 즉 $p+q=6$일 때,
　　$(1, 5)$, $(3, 3)$, $(5, 1)$의 3개

③ $p+q+2=12$, 즉 $p+q=10$일 때,
　　$(1, 9)$, $(3, 7)$, $(5, 5)$, $(7, 3)$, $(9, 1)$의 5개

④ $p+q+2=16$, 즉 $p+q=14$일 때,
　　$(5, 9)$, $(7, 7)$, $(9, 5)$의 3개

⑤ $p+q+2=20$, 즉 $p+q=18$일 때,
　　$(9, 9)$의 1개

①~⑤에서 순서쌍 (p, q)의 개수는 $1+3+5+3+1=13$

(ii) p는 홀수, q는 짝수일 때,

$$f(p) \times f(q) = \sqrt[4]{9 \times 2^{p+1}} \times \sqrt[4]{4 \times 3^q}$$

$$= \sqrt[4]{3^2 \times 2^{p+1} \times 2^2 \times 3^q}$$

$$= \sqrt[4]{2^{p+3} \times 3^{q+2}}$$

$$= (2^{p+3} \times 3^{q+2})^{\frac{1}{4}}$$

$$= 2^{\frac{p+3}{4}} \times 3^{\frac{q+2}{4}}$$

$f(p) \times f(q)$가 자연수가 되려면 $\frac{p+3}{4}$과 $\frac{q+2}{4}$가 각각 자연수이어야 하므로 $p+3$, $q+2$는 모두 4의 배수이다.

$p+3$의 값이 4, 8, 12일 때, p의 값은 1, 5, 9

$q+2$의 값이 4, 8, 12일 때, q의 값은 2, 6, 10

따라서 순서쌍 (p, q)는 $(1, 2)$, $(1, 6)$, $(1, 10)$, $(5, 2)$, $(5, 6)$, $(5, 10)$, $(9, 2)$, $(9, 6)$, $(9, 10)$의 9개이다.

(iii) p는 짝수, q는 홀수일 때, ── (ii)에서 p, q를 반대로 생각하면 순서쌍은 9개로 같아.

$$f(p) \times f(q) = \sqrt[4]{4 \times 3^p} \times \sqrt[4]{9 \times 2^{q+1}}$$

$$= \sqrt[4]{2^2 \times 3^p \times 3^2 \times 2^{q+1}}$$

$$= \sqrt[4]{3^{p+2} \times 2^{q+3}}$$

$$= (3^{p+2} \times 2^{q+3})^{\frac{1}{4}}$$

$$= 3^{\frac{p+2}{4}} \times 2^{\frac{q+3}{4}}$$

$f(p) \times f(q)$가 자연수가 되려면 $\frac{p+2}{4}$와 $\frac{q+3}{4}$이 각각 자연수이어야 하므로 $p+2$, $q+3$은 모두 4의 배수이다.

$p+2$의 값이 4, 8, 12일 때, p의 값은 2, 6, 10

$q+3$의 값이 4, 8, 12일 때, q의 값은 1, 5, 9

따라서 순서쌍 (p, q)는 $(2, 1)$, $(2, 5)$, $(2, 9)$, $(6, 1)$, $(6, 5)$, $(6, 9)$, $(10, 1)$, $(10, 5)$, $(10, 9)$의 9개이다.

(iv) p, q가 모두 짝수일 때,

$$f(p) \times f(q) = \sqrt[4]{4 \times 3^p} \times \sqrt[4]{4 \times 3^q}$$
$$= \sqrt[4]{2^4 \times 3^p \times 3^q}$$
$$= 2 \times \sqrt[4]{3^{p+q}}$$
$$= 2 \times 3^{\frac{p+q}{4}}$$

$f(p) \times f(q)$가 자연수가 되려면 $\dfrac{p+q}{4}$가 자연수이어야 하므로 $p+q$ 는 4의 배수이다.

따라서 순서쌍 (p, q)는

① $p+q=4$일 때,
  $(2, 2)$의 1개

② $p+q=8$일 때,
  $(2, 6)$, $(4, 4)$, $(6, 2)$의 3개

③ $p+q=12$일 때,
  $(2, 10)$, $(4, 8)$, $(6, 6)$, $(8, 4)$, $(10, 2)$의 5개

④ $p+q=16$일 때,
  $(6, 10)$, $(8, 8)$, $(10, 6)$의 3개

⑤ $p+q=20$일 때,
  $(10, 10)$의 1개

①~⑤에서 순서쌍 (p, q)의 개수는 $1+3+5+3+1=13$

Step 2 순서쌍 (p, q)의 개수 구하기

(i)~(iv)에서 모든 순서쌍 (p, q)의 개수는
$13+9+9+13=44$

---

26 지수법칙의 응용 – 집합의 개수 정답 ⑤ | 정답률 47%

문제 보기

자연수 m에 대하여 집합 A_m을

$$A_m = \left\{ (a, b) \,\middle|\, 2^a = \frac{m}{b}, \ a, b\text{는 자연수} \right\}$$

라 할 때, 〈보기〉에서 옳은 것만을 있는 대로 고른 것은? [4점]

〈 보기 〉

ㄱ. $A_4 = \{(1, 2), (2, 1)\}$ → $m=4$를 직접 대입하여 구한다.

ㄴ. 자연수 k에 대하여 $m=2^k$이면 $n(A_m)=k$이다.
   → $2^a = \dfrac{2^k}{b}$을 만족시키는 자연수 a, b의 순서쌍 (a, b)의 개수를 구한다.

ㄷ. $n(A_m)=1$이 되도록 하는 두 자리 자연수 m의 개수는 23이다.
   → 이를 만족시키는 a의 값은 오직 1개임을 이용한다.

① ㄱ 　② ㄱ, ㄴ 　③ ㄱ, ㄷ 　④ ㄴ, ㄷ 　⑤ ㄱ, ㄴ, ㄷ

Step 1 ㄱ이 옳은지 확인하기

ㄱ. 집합 A_4는 $2^a = \dfrac{4}{b}$, 즉 $4 = 2^a \times b$를 만족시키는 자연수 a, b의 순서쌍 (a, b)를 원소로 갖는 집합이다.

이때 $4 = 2^1 \times 2 = 2^2 \times 1$이므로
$A_4 = \{(1, 2), (2, 1)\}$

Step 2 ㄴ이 옳은지 확인하기

ㄴ. $m=2^k$이면 $A_m = A_{2^k}$

집합 A_m은 $2^a = \dfrac{2^k}{b}$, 즉 $2^k = 2^a \times b$를 만족시키는 자연수 a, b의 순서쌍 (a, b)를 원소로 갖는 집합이다.

이때 $\underline{2^k = 2^1 \times 2^{k-1} = 2^2 \times 2^{k-2} = 2^3 \times 2^{k-3} = \cdots = 2^k \times 1}$이므로
  └→ $2^k = 2^a \times b$에서 $b = 2^{k-a}$

$A_m = \{(1, 2^{k-1}), (2, 2^{k-2}), (3, 2^{k-3}), \cdots, (k, 1)\}$
∴ $n(A_m) = k$

Step 3 ㄷ이 옳은지 확인하기

ㄷ. 집합 A_m은 $2^a = \dfrac{m}{b}$, 즉 $m = 2^a \times b$를 만족시키는 자연수 a, b의 순서쌍 (a, b)를 원소로 갖는 집합이다.

이때 $n(A_m)=1$이 되려면 $m = 2^a \times b$를 만족시키는 자연수 a, b의 순서쌍 (a, b)가 오직 하나만 존재해야 하므로 $\underline{a=1}$이어야 한다.
  └→ $a=2$일 때, $m = 2^2 \times b = 2^1 \times 2b$이므로
     $A_m = \{(1, 2b), (2, b)\}$

또 b가 짝수이면 $n(A_m) \geq 2$가 되므로 b는 홀수이어야 한다.
  └→ $b = 2b'$(b'은 자연수)일 때, $m = 2^a \times 2b' = 2^{a+1} \times b'$이므로
     $A_m = \{(a, 2b'), (a+1, b')\}$

즉, $m = 2^1 \times (\text{홀수})$ 꼴이므로 두 자리 자연수 m은 2×5, 2×7, 2×9, $\cdots$, 2×49이다.

따라서 $n(A_m)=1$이 되도록 하는 두 자리 자연수 m은 23개이다.

Step 4 옳은 것 구하기

따라서 보기 중 옳은 것은 ㄱ, ㄴ, ㄷ이다.

3
일차

01 128	02 ③	03 9	04 ⑤	05 8	06 ①	07 2	08 5	09 ②	10 ⑤	11 6	12 ①
13 2	14 ②	15 ①	16 2	17 2	18 ③	19 ①	20 ⑤	21 3	22 4	23 ②	24 ②
25 8	26 22	27 5	28 ②	29 5	30 ③	31 ①	32 ②	33 ①	34 ⑤	35 ②	

문제편 034쪽~042쪽

01 로그의 정의를 이용하여 미지수 구하기
정답 128 | 정답률 76%

문제 보기

$\log_4 a = \dfrac{7}{2}$일 때, a의 값을 구하시오. [3점]
└ $a^x = N \Longleftrightarrow x = \log_a N$을 이용한다.

Step 1 로그의 정의를 이용하여 a의 값 구하기

$\log_4 a = \dfrac{7}{2}$에서 $a = 4^{\frac{7}{2}} = (2^2)^{\frac{7}{2}} = 2^7 = 128$

02 로그의 정의를 이용하여 식의 값 구하기
정답 ③ | 정답률 81%

문제 보기

양수 a에 대하여 $\log_2 \dfrac{a}{4} = b$일 때, $\dfrac{2^b}{a}$의 값은? [3점]
└ $a^x = N \Longleftrightarrow x = \log_a N$을 이용한다.

① $\dfrac{1}{16}$ ② $\dfrac{1}{8}$ ③ $\dfrac{1}{4}$ ④ $\dfrac{1}{2}$ ⑤ 1

Step 1 로그의 정의를 이용하여 $\dfrac{2^b}{a}$의 값 구하기

$\log_2 \dfrac{a}{4} = b$에서 $\dfrac{a}{4} = 2^b$ ∴ $\dfrac{2^b}{a} = \dfrac{1}{4}$

03 로그가 정의되는 조건
정답 9 | 정답률 49%

문제 보기

$\log_x (-x^2 + 4x + 5)$가 정의되기 위한 모든 정수 x의 값의 합을 구하시오. [4점]
└ (밑)>0, (밑)≠1, (진수)>0인 x의 값의 범위를 구한다.

Step 1 로그의 밑의 조건 구하기

밑의 조건에서 $x > 0$, $x \neq 1$
∴ $0 < x < 1$ 또는 $x > 1$ ······ ㉠

Step 2 로그의 진수의 조건 구하기

진수의 조건에서 $-x^2 + 4x + 5 > 0$이므로
$x^2 - 4x - 5 < 0$, $(x+1)(x-5) < 0$
∴ $-1 < x < 5$ ······ ㉡

Step 3 정수 x의 값의 합 구하기

㉠, ㉡을 동시에 만족시키는 x의 값의 범위는
$0 < x < 1$ 또는 $1 < x < 5$
따라서 모든 정수 x의 값의 합은
$2 + 3 + 4 = 9$

04 로그가 정의되는 조건
정답 ⑤ | 정답률 72%

문제 보기

$\log_a (-2a + 14)$가 정의되도록 하는 정수 a의 개수는? [3점]
└ (밑)>0, (밑)≠1, (진수)>0인 a의 값의 범위를 구한다.

① 1 ② 2 ③ 3 ④ 4 ⑤ 5

Step 1 로그의 밑의 조건 구하기

밑의 조건에서 $a > 0$, $a \neq 1$
∴ $0 < a < 1$ 또는 $a > 1$ ······ ㉠

Step 2 로그의 진수의 조건 구하기

진수의 조건에서 $-2a + 14 > 0$이므로
$-2a > -14$ ∴ $a < 7$ ······ ㉡

Step 3 정수 a의 개수 구하기

㉠, ㉡을 동시에 만족시키는 a의 값의 범위는
$0 < a < 1$ 또는 $1 < a < 7$
따라서 정수 a는 2, 3, 4, 5, 6의 5개이다.

05 로그가 정의되는 조건   정답 8 | 정답률 59%

문제 보기

$\log_{(a+3)}(-a^2+3a+28)$이 정의되도록 하는 모든 정수 a의 개수를 구하시오. [3점]
↳ (밑)>0, (밑)≠1, (진수)>0인 a의 값의 범위를 구한다.

Step 1 로그의 밑의 조건 구하기

밑의 조건에서 $a+3>0$, $a+3 \neq 1$이므로

$a>-3$, $a \neq -2$

$\therefore -3<a<-2$ 또는 $a>-2$ …… ㉠

Step 2 로그의 진수의 조건 구하기

진수의 조건에서 $-a^2+3a+28>0$이므로

$a^2-3a-28<0$, $(a+4)(a-7)<0$

$\therefore -4<a<7$ …… ㉡

Step 3 정수 a의 개수 구하기

㉠, ㉡을 동시에 만족시키는 a의 값의 범위는

$-3<a<-2$ 또는 $-2<a<7$

따라서 정수 a는 -1, 0, 1, 2, 3, 4, 5, 6의 8개이다.

06 로그가 정의되는 조건   정답 ① | 정답률 68%

문제 보기

모든 실수 x에 대하여 $\log_a(x^2+2ax+5a)$가 정의되기 위한 모든 정수 a의 값의 합은? [3점]
↳ (밑)>0, (밑)≠1, (진수)>0인 a의 값의 범위를 구한다.

① 9   ② 11   ③ 13   ④ 15   ⑤ 17

Step 1 로그의 밑의 조건 구하기

밑의 조건에서 $a>0$, $a \neq 1$

$\therefore 0<a<1$ 또는 $a>1$ …… ㉠

Step 2 로그의 진수의 조건 구하기

진수의 조건에서 모든 실수 x에 대하여 $x^2+2ax+5a>0$이어야 하므로

이차방정식 $x^2+2ax+5a=0$의 판별식을 D라 하면

$\dfrac{D}{4}=a^2-5a<0$, $a(a-5)<0$

$\therefore 0<a<5$ …… ㉡

Step 3 정수 a의 값의 합 구하기

㉠, ㉡을 동시에 만족시키는 a의 값의 범위는

$0<a<1$ 또는 $1<a<5$

따라서 모든 정수 a의 값의 합은

$2+3+4=9$

07 로그의 성질을 이용한 계산   정답 2 | 정답률 87%

문제 보기

$\log_5 40 + \log_5 \dfrac{5}{8}$의 값을 구하시오. [3점]
↳ $\log_a M + \log_a N = \log_a MN$을 이용한다.

Step 1 로그의 성질을 이용하여 계산하기

$$\begin{aligned} \log_5 40 + \log_5 \frac{5}{8} &= \log_5 \left(40 \times \frac{5}{8}\right) = \log_5 25 \\ &= \log_5 5^2 = 2\log_5 5 \\ &= 2 \end{aligned}$$

08 로그의 성질을 이용한 계산   정답 5 | 정답률 80%

문제 보기

$\log_2(2^2 \times 2^3)$의 값을 구하시오. [3점]
↳ 진수를 2의 거듭제곱으로 나타낸 후 $\log_a a^k = k$임을 이용한다.

Step 1 지수법칙과 로그의 성질을 이용하여 계산하기

$$\begin{aligned} \log_2(2^2 \times 2^3) &= \log_2 2^{2+3} = \log_2 2^5 \\ &= 5\log_2 2 = 5 \end{aligned}$$

다른 풀이 로그의 성질 이용하기

$$\begin{aligned} \log_2(2^2 \times 2^3) &= \log_2 2^2 + \log_2 2^3 \\ &= 2\log_2 2 + 3\log_2 2 \\ &= 2+3 = 5 \end{aligned}$$

09 로그의 성질을 이용한 계산   정답 ② | 정답률 91%

문제 보기

$\log_2 \sqrt{8}$의 값은? [2점]
└ 진수를 2의 거듭제곱으로 나타낸 후 $\log_a a^k = k$임을 이용한다.

① 1   ② $\frac{3}{2}$ ③ 2   ④ $\frac{5}{2}$ ⑤ 3

Step 1 지수법칙과 로그의 성질을 이용하여 계산하기

$\log_2 \sqrt{8} = \log_2 (2^3)^{\frac{1}{2}} = \log_2 2^{\frac{3}{2}}$
$\qquad = \frac{3}{2} \log_2 2 = \frac{3}{2}$

---

11 로그의 성질을 이용한 계산   정답 6 | 정답률 84%

문제 보기

양수 a에 대하여 $a^{\frac{1}{2}} = 8$일 때, $\log_2 a$의 값을 구하시오. [3점]
└ 양변을 제곱하여 a의 값을 구한다.

Step 1 a의 값 구하기

$a^{\frac{1}{2}} = 8$이므로 양변을 제곱하면
$a = 8^2 = (2^3)^2 = 2^6$
└ $(a^{\frac{1}{2}})^2 = a$

Step 2 $\log_2 a$의 값 구하기

$\therefore \log_2 a = \log_2 2^6 = 6 \log_2 2 = 6$

다른 풀이 주어진 식의 양변에 로그를 취하기

$a^{\frac{1}{2}} = 8$의 양변에 밑이 2인 로그를 취하면
$\log_2 a^{\frac{1}{2}} = \log_2 8, \ \frac{1}{2} \log_2 a = \log_2 2^3$
$\therefore \log_2 a = 2 \times 3 \log_2 2 = 2 \times 3 = 6$

---

10 로그의 성질을 이용한 계산   정답 ⑤ | 정답률 92%

문제 보기

$4^{\frac{1}{2}} + \log_2 8$의 값은? [2점]
└ 8을 2의 거듭제곱으로 나타내어 계산한다.

① 1   ② 2   ③ 3   ④ 4   ⑤ 5

Step 1 지수법칙과 로그의 성질을 이용하여 계산하기

$4^{\frac{1}{2}} + \log_2 8 = (2^2)^{\frac{1}{2}} + \log_2 2^3$
$\qquad = 2 + 3 \log_2 2$
$\qquad = 2 + 3 = 5$

---

12 로그의 성질을 이용한 계산   정답 ① | 정답률 92%

문제 보기

$\log_{15} 3 + \log_{15} 5$의 값은? [2점]
└ $\log_a M + \log_a N = \log_a MN$을 이용한다.

① 1   ② 2   ③ 3   ④ 4   ⑤ 5

Step 1 로그의 성질을 이용하여 계산하기

$\log_{15} 3 + \log_{15} 5 = \log_{15} (3 \times 5) = \log_{15} 15 = 1$

13 로그의 성질을 이용한 계산   정답 2 | 정답률 87%

문제 보기

$\log_4 \dfrac{2}{3} + \log_4 24$의 값을 구하시오. [3점]

└─ $\log_a M + \log_a N = \log_a MN$을 이용한다.

Step 1   로그의 성질을 이용하여 계산하기

$$\log_4 \dfrac{2}{3} + \log_4 24 = \log_4 \left(\dfrac{2}{3} \times 24\right) = \log_4 16$$
$$= \log_4 4^2 = 2\log_4 4$$
$$= 2$$

---

14 로그의 성질을 이용한 계산   정답 ② | 정답률 92%

문제 보기

$\log_5 (6 - \sqrt{11}) + \log_5 (6 + \sqrt{11})$의 값은? [3점]

└─ $\log_a M + \log_a N = \log_a MN$을 이용한다.

① 1   ② 2   ③ 3   ④ 4   ⑤ 5

Step 1   로그의 성질을 이용하여 계산하기

$$\log_5 (6 - \sqrt{11}) + \log_5 (6 + \sqrt{11}) = \log_5 (6 - \sqrt{11})(6 + \sqrt{11})$$
$$= \log_5 \{6^2 - (\sqrt{11})^2\}$$
$$= \log_5 (36 - 11) = \log_5 25$$
$$= \log_5 5^2 = 2\log_5 5$$
$$= 2$$

---

15 로그의 성질을 이용한 계산   정답 ① | 정답률 86%

문제 보기

$\log_3 6 - \log_3 2$의 값은? [3점]

└─ $\log_a M - \log_a N = \log_a \dfrac{M}{N}$을 이용한다.

① 1   ② 2   ③ 3   ④ 4   ⑤ 5

Step 1   로그의 성질을 이용하여 계산하기

$$\log_3 6 - \log_3 2 = \log_3 \dfrac{6}{2} = \log_3 3 = 1$$

---

16 로그의 성질을 이용한 계산   정답 2 | 정답률 87%

문제 보기

$\log_3 72 - \log_3 8$의 값을 구하시오. [3점]

└─ $\log_a M - \log_a N = \log_a \dfrac{M}{N}$을 이용한다.

Step 1   로그의 성질을 이용하여 계산하기

$$\log_3 72 - \log_3 8 = \log_3 \dfrac{72}{8} = \log_3 9$$
$$= \log_3 3^2 = 2\log_3 3$$
$$= 2$$

---

17 로그의 성질을 이용한 계산   정답 2 | 정답률 87%

문제 보기

$\log_2 100 - 2\log_2 5$의 값을 구하시오. [3점]

└─ $\log_a M - \log_a N = \log_a \dfrac{M}{N}$을 이용한다.

Step 1   로그의 성질을 이용하여 계산하기

$$\log_2 100 - 2\log_2 5 = \log_2 100 - \log_2 5^2$$
$$= \log_2 100 - \log_2 25$$
$$= \log_2 \dfrac{100}{25} = \log_2 4$$
$$= \log_2 2^2 = 2\log_2 2$$
$$= 2$$

---

18 로그의 성질을 이용한 계산   정답 ③ | 정답률 90%

문제 보기

$\log_3 10 + \log_3 \dfrac{9}{5} - \log_3 \dfrac{2}{3}$의 값은? [3점]

└─ $\log_a M + \log_a N = \log_a MN$, $\log_a M - \log_a N = \log_a \dfrac{M}{N}$을 이용한다.

① 1   ② 2   ③ 3   ④ 4   ⑤ 5

Step 1   로그의 성질을 이용하여 계산하기

$$\log_3 10 + \log_3 \dfrac{9}{5} - \log_3 \dfrac{2}{3} = \log_3 \left(10 \times \dfrac{9}{5} \times \dfrac{3}{2}\right)$$
$$= \log_3 27 = \log_3 3^3$$
$$= 3\log_3 3 = 3$$

19 로그의 성질을 이용한 계산 정답 ① | 정답률 72%

문제 보기

$10^{0.94}=k$라 할 때, $\log k^2 + \log \dfrac{k}{10}$의 값은? [3점]
└ 식을 정리한 후 k의 값을 대입한다.

① 1.82　② 1.85　③ 1.88　④ 1.91　⑤ 1.94

Step 1 로그의 성질을 이용하여 계산하기

$$\log k^2 + \log \frac{k}{10} = 2\log k + \log k - \log 10$$
$$= 3\log k - 1 = 3\log 10^{0.94} - 1$$
$$= 3 \times 0.94 - 1 = 2.82 - 1$$
$$= 1.82$$

---

20 로그의 성질을 이용한 계산 정답 ⑤ | 정답률 80%

문제 보기

이차방정식 $x^2 - 18x + 6 = 0$의 두 근을 $\alpha,\ \beta$라 할 때,
└ 이차방정식의 근과 계수의 관계를 이용하여 $\alpha+\beta$, $\alpha\beta$의 값을 구한다.
$\log_2(\alpha+\beta) - 2\log_2 \alpha\beta$의 값은? [3점]

① -5　② -4　③ -3　④ -2　⑤ -1

Step 1 $\alpha+\beta$, $\alpha\beta$의 값 구하기

이차방정식의 근과 계수의 관계에 의하여
$\alpha+\beta=18$, $\alpha\beta=6$

Step 2 $\log_2(\alpha+\beta) - 2\log_2 \alpha\beta$의 값 구하기

$\therefore \log_2(\alpha+\beta) - 2\log_2 \alpha\beta = \log_2 18 - 2\log_2 6 = \log_2 18 - \log_2 6^2$
$$= \log_2 \frac{18}{36} = \log_2 \frac{1}{2} = \log_2 2^{-1} = -1$$

---

21 로그의 밑의 변환을 이용한 계산 정답 3 | 정답률 82%

문제 보기

$\log_2 120 - \dfrac{1}{\log_{15} 2}$의 값을 구하시오. [3점]
└ $\log_a b = \dfrac{1}{\log_b a}$을 이용하여 로그의 밑을 2로 만든다.

Step 1 로그의 밑의 변환을 이용하여 계산하기

$$\log_2 120 - \frac{1}{\log_{15} 2} = \log_2 120 - \log_2 15$$
$$= \log_2 \frac{120}{15} = \log_2 8$$
$$= \log_2 2^3 = 3\log_2 2$$
$$= 3$$

---

22 로그의 밑의 변환을 이용한 계산 정답 4 | 정답률 79%

문제 보기

$\log_2 96 - \dfrac{1}{\log_6 2}$의 값을 구하시오. [3점]
└ $\log_a b = \dfrac{1}{\log_b a}$을 이용하여 로그의 밑을 2로 만든다.

Step 1 로그의 밑의 변환을 이용하여 계산하기

$$\log_2 96 - \frac{1}{\log_6 2} = \log_2 96 - \log_2 6$$
$$= \log_2 \frac{96}{6} = \log_2 16$$
$$= \log_2 2^4 = 4\log_2 2$$
$$= 4$$

---

23 로그의 밑의 변환을 이용한 계산 정답 ② | 정답률 80%

문제 보기

$\log_6 4 + \dfrac{2}{\log_3 6}$의 값은? [2점]
└ $\log_a b = \dfrac{1}{\log_b a}$을 이용하여 로그의 밑을 6으로 만든다.

① 1　② 2　③ 3　④ 4　⑤ 5

Step 1 로그의 밑의 변환을 이용하여 계산하기

$$\log_6 4 + \frac{2}{\log_3 6} = \log_6 4 + 2\log_6 3$$
$$= \log_6 2^2 + \log_6 3^2$$
$$= \log_6 (2^2 \times 3^2)$$
$$= \log_6 6^2 = 2\log_6 6$$
$$= 2$$

---

24 로그의 밑의 변환을 이용한 계산 정답 ② | 정답률 70%

문제 보기

$\dfrac{1}{\log_4 18} + \dfrac{2}{\log_9 18}$의 값은? [3점]
└ $\log_a b = \dfrac{1}{\log_b a}$을 이용하여 로그의 밑을 18로 만든다.

① 1　② 2　③ 3　④ 4　⑤ 5

Step 1 로그의 밑의 변환을 이용하여 계산하기

$$\frac{1}{\log_4 18} + \frac{2}{\log_9 18} = \log_{18} 4 + 2\log_{18} 9$$
$$= \log_{18} 2^2 + \log_{18} 9^2$$
$$= \log_{18} (2^2 \times 9^2)$$
$$= \log_{18} 18^2 = 2\log_{18} 18$$
$$= 2$$

25 로그의 밑의 변환을 이용한 계산   정답 8 | 정답률 80%

문제 보기

$\log_2 9 \times \log_3 16$의 값을 구하시오. [3점]

└─ $\log_a b = \dfrac{1}{\log_b a}$ 을 이용하여 로그의 밑을 2로 만든다.

Step 1   로그의 밑의 변환을 이용하여 계산하기

$\log_2 9 \times \log_3 16 = \log_2 3^2 \times \log_3 2^4$

$\qquad\qquad\qquad\qquad = 2\log_2 3 \times 4\log_3 2$

$\qquad\qquad\qquad\qquad = 2\log_2 3 \times \dfrac{4}{\log_2 3}$

$\qquad\qquad\qquad\qquad = 8$

---

26 로그의 밑의 변환을 이용한 계산   정답 22 | 정답률 79%

문제 보기

$a = 9^{11}$일 때, $\dfrac{1}{\log_a 3}$의 값을 구하시오. [3점]

└─ $\log_a b = \dfrac{1}{\log_b a}$을 이용하여 변형한 후 a의 값을 대입한다.

Step 1   로그의 밑의 변환을 이용하여 계산하기

$\dfrac{1}{\log_a 3} = \log_3 a = \log_3 9^{11}$

$\qquad\quad = \log_3 (3^2)^{11} = \log_3 3^{22}$

$\qquad\quad = 22\log_3 3 = 22$

다른 풀이   로그의 여러 가지 성질 이용하기

$\dfrac{1}{\log_a 3} = \dfrac{1}{\log_{9^{11}} 3} = \dfrac{1}{\log_{3^{22}} 3} = 22$

---

27 로그의 밑의 변환을 이용한 계산   정답 5 | 정답률 61%

문제 보기

$\dfrac{\log_5 72}{\log_5 2} - 4\log_2 \dfrac{\sqrt{6}}{2}$의 값을 구하시오. [3점]

└─ $\dfrac{\log_c b}{\log_c a} = \log_a b$를 이용하여 로그의 밑을 2로 만든다.

Step 1   로그의 밑의 변환을 이용하여 계산하기

$\dfrac{\log_5 72}{\log_5 2} - 4\log_2 \dfrac{\sqrt{6}}{2} = \log_2 72 - \log_2 \left(\dfrac{\sqrt{6}}{2}\right)^4$

$\qquad\qquad\qquad\qquad\quad = \log_2 72 - \log_2 \dfrac{36}{16}$

$\qquad\qquad\qquad\qquad\quad = \log_2 \left(72 \times \dfrac{16}{36}\right)$

$\qquad\qquad\qquad\qquad\quad = \log_2 32 = \log_2 2^5$

$\qquad\qquad\qquad\qquad\quad = 5\log_2 2 = 5$

---

28 로그의 여러 가지 성질을 이용한 계산   정답 ② | 정답률 95%

문제 보기

$\log_3 54 + \log_9 \dfrac{1}{36}$의 값은? [2점]

└─ $\log_{a^m} b^n = \dfrac{n}{m}\log_a b$를 이용한다.

① 1   ② 2   ③ 3   ④ 4   ⑤ 5

Step 1   로그의 여러 가지 성질을 이용하여 계산하기

$\log_3 54 + \log_9 \dfrac{1}{36} = \log_3 54 + \log_{3^2} \left(\dfrac{1}{6}\right)^2 = \log_3 54 + \log_3 \dfrac{1}{6}$

$\qquad\qquad\qquad\quad = \log_3 \left(54 \times \dfrac{1}{6}\right) = \log_3 9 = \log_3 3^2$

$\qquad\qquad\qquad\quad = 2\log_3 3 = 2$

---

29 로그의 여러 가지 성질을 이용한 계산   정답 5 | 정답률 82%

문제 보기

$\log_2 96 + \log_{\frac{1}{4}} 9$의 값을 구하시오. [3점]

└─ $\log_{a^m} b^n = \dfrac{n}{m}\log_a b$를 이용한다.

Step 1   로그의 여러 가지 성질을 이용하여 계산하기

$\log_2 96 + \log_{\frac{1}{4}} 9 = \log_2 96 + \log_{2^{-2}} 3^2$

$\qquad\qquad\qquad\quad = \log_2 96 - \log_2 3$

$\qquad\qquad\qquad\quad = \log_2 \dfrac{96}{3}$

$\qquad\qquad\qquad\quad = \log_2 32 = \log_2 2^5$

$\qquad\qquad\qquad\quad = 5\log_2 2 = 5$

---

30 로그의 여러 가지 성질을 이용한 계산   정답 ③ | 정답률 94%

문제 보기

$4^{\log_2 3}$의 값은? [2점]

└─ $a^{\log_c b} = b^{\log_c a}$을 이용한다.

① 3   ② 6   ③ 9   ④ 12   ⑤ 15

Step 1   로그의 여러 가지 성질을 이용하여 계산하기

$4^{\log_2 3} = 3^{\log_2 4} = 3^{\log_2 2^2} = 3^{2\log_2 2} = 3^2 = 9$

31 로그의 여러 가지 성질을 이용한 계산
정답 ① | 정답률 74%

문제 보기

두 실수 $a=2\log\dfrac{1}{\sqrt{10}}+\log_2 20$, $b=\log 2$에 대하여 $a\times b$의 값은?

$\quad\longmapsto \log_a a^k=k$, $\log_a MN=\log_a M+\log_a N$임을 이용한다. [3점]

① 1　　　② 2　　　③ 3　　　④ 4　　　⑤ 5

Step 1 a의 값 구하기

$a=2\log\dfrac{1}{\sqrt{10}}+\log_2 20$

$\quad=2\log 10^{-\frac{1}{2}}+\log_2(2\times 10)$

$\quad=2\times\left(-\dfrac{1}{2}\log 10\right)+\log_2 2+\log_2 10$

$\quad=-1+1+\log_2 10$

$\quad=\log_2 10$

Step 2 $a\times b$의 값 구하기

$\therefore\ a\times b=\log_2 10\times\log 2$

$\qquad\qquad=\dfrac{\log 10}{\log 2}\times\log 2=1$

---

32 로그를 주어진 문자로 나타내기
정답 ② | 정답률 82%

문제 보기

$\log_2 5=a$, $\log_5 3=b$일 때, $\log_5 12$를 a, b로 옳게 나타낸 것은? [3점]

$\quad\longmapsto \log_2 5,\ \log_5 3$을 이용한 식으로 변형한다.

① $\dfrac{1}{a}+b$　② $\dfrac{2}{a}+b$　③ $\dfrac{1}{a}+2b$　④ $a+\dfrac{1}{b}$　⑤ $2a+\dfrac{1}{b}$

Step 1 $\log_5 12$를 a, b로 나타내기

$\log_5 12=\log_5(2^2\times 3)$

$\qquad\quad=\log_5 2^2+\log_5 3$

$\qquad\quad=2\log_5 2+\log_5 3$

$\qquad\quad=\dfrac{2}{\log_2 5}+\log_5 3$

$\qquad\quad=\dfrac{2}{a}+b$

---

33 로그를 주어진 문자로 나타내기
정답 ① | 정답률 76%

문제 보기

$\log 2=a$, $\log 3=b$라 할 때, $\log\dfrac{4}{15}$를 a, b로 나타낸 것은? [3점]

$\quad\longmapsto \log 2,\ \log 3$을 이용한 식으로 변형한다.

① $3a-b-1$　　② $3a+b-1$　　③ $2a-b+1$

④ $2a+b-1$　　⑤ $a-3b+1$

Step 1 $\log\dfrac{4}{15}$를 a, b로 나타내기

$\log\dfrac{4}{15}=\log 4-\log 15=\log 2^2-\log\dfrac{3\times 10}{2}$

$\qquad\quad=2\log 2-(\log 3+\log 10-\log 2)$

$\qquad\quad=3\log 2-\log 3-1$

$\qquad\quad=3a-b-1$

---

34 로그를 주어진 문자로 나타내기
정답 ⑤ | 정답률 81%

문제 보기

$\log 2=a$, $\log 3=b$라 할 때, $\log_5 18$을 a, b로 나타낸 것은? [3점]

$\quad\longmapsto \log 2,\ \log 3$을 이용한 식으로 변형한다.

① $\dfrac{2a+b}{1+a}$　② $\dfrac{a+2b}{1+a}$　③ $\dfrac{a+b}{1-a}$　④ $\dfrac{2a+b}{1-a}$　⑤ $\dfrac{a+2b}{1-a}$

Step 1 $\log_5 18$을 a, b로 나타내기

$\log_5 18=\dfrac{\log 18}{\log 5}=\dfrac{\log(2\times 3^2)}{\log\dfrac{10}{2}}$

$\qquad\quad=\dfrac{\log 2+\log 3^2}{\log 10-\log 2}=\dfrac{\log 2+2\log 3}{1-\log 2}$

$\qquad\quad=\dfrac{a+2b}{1-a}$

---

35 로그를 주어진 문자로 나타내기
정답 ② | 정답률 79%

문제 보기

$\log 1.44=a$일 때, $2\log 12$를 a로 나타낸 것은? [3점]

$\quad\longmapsto$ 진수를 1.44×10^n 꼴로 변형한다.

① $a+1$　② $a+2$　③ $a+3$　④ $a+4$　⑤ $a+5$

Step 1 $2\log 12$를 a로 나타내기

$2\log 12=\log 12^2=\log 144$

$\qquad\quad=\log(1.44\times 10^2)$

$\qquad\quad=\log 1.44+\log 10^2$

$\qquad\quad=\log 1.44+2\log 10$

$\qquad\quad=a+2$

4 일차

01 ③	02 ②	03 ④	04 ④	05 ⑤	06 ④	07 ④	08 21	09 15	10 4	11 16	12 ④
13 ①	14 ④	15 ①	16 80	17 ②	18 75	19 ②	20 ①	21 ③	22 ③	23 ③	24 ④
25 ①	26 ②	27 ①	28 ①	29 ①	30 ①	31 426	32 10	33 13	34 30	35 45	36 ④
37 ②	38 ②	39 ①	40 ③	41 ④	42 ③	43 ⑤	44 ①	45 7	46 78		

문제편 043쪽~055쪽

4
일차

01 로그의 여러 가지 성질을 이용하여 식의 값 구하기
정답 ③ | 정답률 82%

문제 보기

1보다 큰 두 실수 a, b에 대하여

$\log_{\sqrt{3}} a = \log_9 ab$

└→ 로그의 밑을 통일한 후 $\log_a MN = \log_a M + \log_a N$을 이용한다.

가 성립할 때, $\log_a b$의 값은? [4점]

① 1   ② 2   ③ 3   ④ 4   ⑤ 5

Step 1 $\log_a b$의 값 구하기

$\log_{\sqrt{3}} a = \log_9 ab$에서 $\log_{3^{\frac{1}{2}}} a = \log_{3^2} ab$

$2\log_3 a = \frac{1}{2}\log_3 ab$, $4\log_3 a = \log_3 a + \log_3 b$

$3\log_3 a = \log_3 b$, $\dfrac{\log_3 b}{\log_3 a} = 3$

$\therefore \log_a b = 3$

다른 풀이 a, b 사이의 관계식 이용하기

$\log_{\sqrt{3}} a = \log_9 ab$에서 $2\log_3 a = \frac{1}{2}\log_3 ab$

$4\log_3 a = \log_3 ab$, $\log_3 a^4 = \log_3 ab$

즉, $a^4 = ab$이므로 $a^3 = b$

$\therefore \log_a b = \log_a a^3 = 3$

02 로그의 밑의 변환을 이용하여 식의 값 구하기
정답 ② | 정답률 90%

문제 보기

두 양수 a, b에 대하여 $\log_2 a = 54$, $\log_2 b = 9$일 때, $\log_b a$의 값은?

└→ *을 이용할 수 있도록 식을 변형한다. ─┘   [3점]

① 3   ② 6   ③ 9   ④ 12   ⑤ 15

Step 1 $\log_b a$의 값 구하기

$\log_b a = \dfrac{\log_2 a}{\log_2 b} = \dfrac{54}{9} = 6$

03 로그의 여러 가지 성질을 이용하여 식의 값 구하기
정답 ④ | 정답률 84%

문제 보기

두 실수 a, b가

$3a + 2b = \log_3 32$, $ab = \log_9 2$ ─→ *

를 만족시킬 때, $\dfrac{1}{3a} + \dfrac{1}{2b}$의 값은? [3점]

└→ *을 이용할 수 있도록 식을 변형한다.

① $\dfrac{5}{12}$ ② $\dfrac{5}{6}$ ③ $\dfrac{5}{4}$ ④ $\dfrac{5}{3}$ ⑤ $\dfrac{25}{12}$

Step 1 $\dfrac{1}{3a} + \dfrac{1}{2b}$의 값 구하기

$\dfrac{1}{3a} + \dfrac{1}{2b} = \dfrac{3a + 2b}{6ab} = \dfrac{\log_3 32}{6\log_9 2}$

$= \dfrac{\log_3 2^5}{6\log_{3^2} 2} = \dfrac{5\log_3 2}{3\log_3 2}$

$= \dfrac{5}{3}$

문제 보기

두 실수 a, b가

$$ab=\log_3 5,\ b-a=\log_2 5 \longrightarrow *$$

를 만족시킬 때, $\dfrac{1}{a}-\dfrac{1}{b}$의 값은? [3점]

└→ *을 이용할 수 있도록 식을 변형한다.

① $\log_5 2$　② $\log_3 2$　③ $\log_3 5$　④ $\log_2 3$　⑤ $\log_2 5$

Step 1　$\dfrac{1}{a}-\dfrac{1}{b}$의 값 구하기

$$\dfrac{1}{a}-\dfrac{1}{b}=\dfrac{b-a}{ab}=\dfrac{\log_2 5}{\log_3 5}$$

$$=\dfrac{\dfrac{1}{\log_5 2}}{\dfrac{1}{\log_5 3}}=\dfrac{\log_5 3}{\log_5 2}$$

$$=\log_2 3$$

문제 보기

1보다 큰 두 실수 a, b에 대하여

$$\log_a \dfrac{a^3}{b^2}=2 \longrightarrow \log_a \dfrac{M}{N}=\log_a M-\log_a N$$을 이용하여 $\log_a b$의 값을 구한다.

가 성립할 때, $\log_a b+3\log_b a$의 값은? [3점]

└→ $\log_a b$를 이용한 식으로 변형한다.

① $\dfrac{9}{2}$　② 5　③ $\dfrac{11}{2}$　④ 6　⑤ $\dfrac{13}{2}$

Step 1　$\log_a b$의 값 구하기

$\log_a \dfrac{a^3}{b^2}=2$에서 $\log_a a^3-\log_a b^2=2$

$3-2\log_a b=2$, $2\log_a b=1$

$\therefore \log_a b=\dfrac{1}{2}$

Step 2　$\log_a b+3\log_b a$의 값 구하기

$$\therefore \log_a b+3\log_b a=\log_a b+\dfrac{3}{\log_a b}$$

$$=\dfrac{1}{2}+6=\dfrac{13}{2}$$

문제 보기

1이 아닌 두 양수 a, b에 대하여 $7\log a=2\log b$일 때, $\dfrac{8}{21}\log_a b$의 값은? [3점]

└→ 밑의 변환을 이용하여 $\log_a b$의 값을 구한다.

① $\dfrac{1}{3}$　② $\dfrac{2}{3}$　③ 1　④ $\dfrac{4}{3}$　⑤ $\dfrac{5}{3}$

Step 1　$\log_a b$의 값 구하기

$7\log a=2\log b$에서 $\dfrac{\log b}{\log a}=\dfrac{7}{2}$

$\therefore \log_a b=\dfrac{7}{2}$

Step 2　$\dfrac{8}{21}\log_a b$의 값 구하기

$$\therefore \dfrac{8}{21}\log_a b=\dfrac{8}{21}\times\dfrac{7}{2}=\dfrac{4}{3}$$

문제 보기

1이 아닌 두 양수 a, b에 대하여

$$\log_2 a=\log_8 b \longrightarrow$$ 밑이 2인 로그로 변형한다.

가 성립할 때, $\log_a b$의 값은? [3점]

① $\dfrac{1}{3}$　② $\dfrac{1}{2}$　③ 2　④ 3　⑤ 4

Step 1　$\log_a b$의 값 구하기

$\log_2 a=\log_8 b$에서 $\log_2 a=\log_{2^3} b$

$\log_2 a=\dfrac{1}{3}\log_2 b$, $\dfrac{\log_2 b}{\log_2 a}=3$

$\therefore \log_a b=3$

다른 풀이　a, b 사이의 관계식 이용하기

$\log_2 a=\log_8 b$에서 $\log_2 a=\log_{2^3} b$

$\log_2 a=\log_2 b^{\frac{1}{3}}$　$\therefore a=b^{\frac{1}{3}}$

$\therefore \log_a b=\log_{b^{\frac{1}{3}}} b=3$

08 로그의 밑의 변환을 이용하여 식의 값 구하기
정답 21 | 정답률 70%

문제 보기

1보다 큰 세 실수 a, b, c에 대하여 $\log_c a : \log_c b = 2 : 3$일 때,
$10\log_a b + 9\log_b a$의 값을 구하시오. [3점]
↳ $\log_a b$를 이용한 식으로 변환한다.
└→ 비례식을 정리하여 $\log_a b$의 값을 구한다.

Step 1 $\log_a b$의 값 구하기

$\log_c a : \log_c b = 2 : 3$에서 $3\log_c a = 2\log_c b$

$\dfrac{\log_c b}{\log_c a} = \dfrac{3}{2}$ $\therefore \log_a b = \dfrac{3}{2}$

Step 2 $10\log_a b + 9\log_b a$의 값 구하기

$\therefore 10\log_a b + 9\log_b a = 10\log_a b + \dfrac{9}{\log_a b}$

$= 10 \times \dfrac{3}{2} + 9 \times \dfrac{2}{3}$

$= 15 + 6 = 21$

09 로그의 여러 가지 성질을 이용하여 식의 값 구하기
정답 15 | 정답률 73%

문제 보기

1보다 큰 두 실수 a, b에 대하여
$\log_{27} a = \log_3 \sqrt{b}$ ↳ 로그의 밑을 통일한 후 $\log_b a$의 값을 구한다.
일 때, $20\log_b \sqrt{a}$의 값을 구하시오. [3점]

Step 1 $\log_b a$의 값 구하기

$\log_{27} a = \log_3 \sqrt{b}$에서 $\log_{3^3} a = \log_3 b^{\frac{1}{2}}$

$\dfrac{1}{3}\log_3 a = \dfrac{1}{2}\log_3 b$, $\dfrac{\log_3 a}{\log_3 b} = \dfrac{3}{2}$

$\therefore \log_b a = \dfrac{3}{2}$

Step 2 $20\log_b \sqrt{a}$의 값 구하기

$\therefore 20\log_b \sqrt{a} = 20\log_b a^{\frac{1}{2}} = 10\log_b a$

$= 10 \times \dfrac{3}{2} = 15$

10 로그의 밑의 변환을 이용하여 식의 값 구하기
정답 4 | 정답률 59%

문제 보기

1이 아닌 두 양수 a, b가 $\log_a b = 3$을 만족시킬 때, $\log\dfrac{b}{a} \times \log_a 100$의
값을 구하시오. [3점]   밑의 변환과 $\log_a \dfrac{M}{N} = \log_a M - \log_a N$을 ↳
이용하여 $\log_a b$를 이용한 식으로 변형한다.

Step 1 $\log\dfrac{b}{a} \times \log_a 100$의 값 구하기

$\log\dfrac{b}{a} \times \log_a 100 = (\log b - \log a) \times \dfrac{\log 100}{\log a}$

$= (\log b - \log a) \times \dfrac{\log 10^2}{\log a}$

$= (\log b - \log a) \times \dfrac{2}{\log a}$

$= \dfrac{2\log b}{\log a} - 2 = 2\log_a b - 2$

$= 2 \times 3 - 2 = 4$

다른 풀이 a, b 사이의 관계식 이용하기

$\log_a b = 3$에서 $b = a^3$

$\therefore \log\dfrac{b}{a} \times \log_a 100 = \log\dfrac{a^3}{a} \times \dfrac{\log 100}{\log a} = \log a^2 \times \dfrac{\log 10^2}{\log a}$

$= 2\log a \times \dfrac{2}{\log a} = 4$

11 로그의 밑의 변환을 이용하여 식의 값 구하기
정답 16 | 정답률 71%

문제 보기

1이 아닌 두 양수 a, b에 대하여 $\dfrac{\log_a b}{2a} = \dfrac{18\log_b a}{b} = \dfrac{3}{4}$이 성립할
때, ab의 값을 구하시오. [3점]   ↳ $\log_a b$, $\log_b a$의 값을 a, b에 대한 식으로
나타낸 후 $\log_a b = \dfrac{1}{\log_b a}$을 이용한다.

Step 1 $\log_a b$, $\log_b a$를 a, b로 나타내기

$\dfrac{\log_a b}{2a} = \dfrac{3}{4}$에서 $\log_a b = \dfrac{3}{2}a$

$\dfrac{18\log_b a}{b} = \dfrac{3}{4}$에서 $\log_b a = \dfrac{b}{24}$

Step 2 ab의 값 구하기

$\log_a b = \dfrac{1}{\log_b a}$이므로 $\dfrac{3}{2}a = \dfrac{24}{b}$

$\therefore ab = 16$

문제 보기

두 양수 a, b에 대하여

$\log_9 a^3 b = 1 + \log_3 ab$ → 로그의 밑을 통일한 후 $\log_9 \dfrac{a}{b}$의 값을 구한다.

가 성립할 때, $\dfrac{a}{b}$의 값은? [3점]

① 6　　② 7　　③ 8　　④ 9　　⑤ 10

Step 1 $\dfrac{a}{b}$의 값 구하기

$\log_9 a^3 b = 1 + \log_3 ab$에서

$\log_9 a^3 + \log_9 b = 1 + 2\log_9 ab$

$3\log_9 a + \log_9 b = 1 + 2\log_9 a + 2\log_9 b$

$\log_9 a - \log_9 b = 1$

$\log_9 \dfrac{a}{b} = 1$　　∴ $\dfrac{a}{b} = 9$

다른 풀이 a, b 사이의 관계식 이용하기

$\log_9 a^3 b = 1 + \log_3 ab$에서

$\log_9 a^3 b = \log_9 9 + \log_9 (ab)^2$

$\log_9 a^3 b = \log_9 9a^2 b^2$　　∴ $a^3 b = 9a^2 b^2$

∴ $\dfrac{a}{b} = 9$ $(∵ a > 0, b > 0)$

문제 보기

1보다 큰 세 실수 a, b, c가

$\log_a b = \dfrac{\log_b c}{2} = \dfrac{\log_c a}{4}$

→ $\log_b c$, $\log_c a$를 $\log_a b$로 나타낸 후 $\log_a b \times \log_b c \times \log_c a = 1$을 이용하여 $\log_a b$의 값을 구한다.

를 만족시킬 때, $\log_a b + \log_b c + \log_c a$의 값은? [3점]

① $\dfrac{7}{2}$　　② 4　　③ $\dfrac{9}{2}$　　④ 5　　⑤ $\dfrac{11}{2}$

Step 1 $\log_a b$의 값 구하기

$\log_a b = \dfrac{\log_b c}{2}$에서 $\log_b c = 2\log_a b$

$\log_a b = \dfrac{\log_c a}{4}$에서 $\log_c a = 4\log_a b$

이때 $\log_a b \times \log_b c \times \log_c a = 1$이므로

$\log_a b \times 2\log_a b \times 4\log_a b = 1$ └→ $\log_a b \times \dfrac{\log_a c}{\log_a b} \times \dfrac{\log_a a}{\log_a c} = 1$

$(\log_a b)^3 = \dfrac{1}{8} = \left(\dfrac{1}{2}\right)^3$

∴ $\log_a b = \dfrac{1}{2}$

Step 2 $\log_a b + \log_b c + \log_c a$의 값 구하기

∴ $\log_a b + \log_b c + \log_c a = \log_a b + 2\log_a b + 4\log_a b$

$= 7\log_a b$

$= 7 \times \dfrac{1}{2} = \dfrac{7}{2}$

14 로그의 밑의 변환을 이용하여 식의 값 구하기

정답 ④ | 정답률 70%

문제 보기

1보다 크고 10보다 작은 세 자연수 a, b, c에 대하여

$$\frac{\log_c b}{\log_a b} = \frac{1}{2}, \quad \frac{\log_b c}{\log_a c} = \frac{1}{3}$$

→ a, b 사이의 관계식을 구한다.

└→ a, c 사이의 관계식을 구한다.

일 때, $a+2b+3c$의 값은? [4점]

① 21   ② 24   ③ 27   ④ 30   ⑤ 33

Step 1 a, c 사이의 관계식 구하기

$$\frac{\log_c b}{\log_a b} = \frac{\dfrac{1}{\log_b c}}{\dfrac{1}{\log_b a}} = \frac{1}{2} \text{에서 } \frac{\log_b a}{\log_b c} = \frac{1}{2}$$

$\log_b c = 2\log_b a$, $\log_b c = \log_b a^2$

$\therefore c = a^2$

Step 2 a, b 사이의 관계식 구하기

$$\frac{\log_b c}{\log_a c} = \frac{\dfrac{1}{\log_c b}}{\dfrac{1}{\log_c a}} = \frac{1}{3} \text{에서 } \frac{\log_c a}{\log_c b} = \frac{1}{3}$$

$\log_c b = 3\log_c a$, $\log_c b = \log_c a^3$

$\therefore b = a^3$

Step 3 a, b, c의 값 구하기

a, b, c는 1보다 크고 10보다 작은 자연수이므로

$1 < a < a^2 < a^3 < 10$에서 $1 < a < c < b < 10$

$\therefore a=2$, $b=8$, $c=4$ → $a=3$인 경우 $b=a^3=27$이므로 조건을 만족시키지 않아.

Step 4 $a+2b+3c$의 값 구하기

$$\therefore a+2b+3c = 2+2\times 8+3\times 4$$
$$= 2+16+12 = 30$$

15 로그의 성질의 응용

정답 ① | 정답률 55%

문제 보기

2 이상의 세 실수 a, b, c가 다음 조건을 만족시킨다.

> (가) $\sqrt[3]{a}$는 ab의 네제곱근이다. → b를 a에 대한 식으로 나타낸다.
>
> (나) $\log_a bc + \log_b ac = 4$ → c를 a에 대한 식으로 나타낸다.

$a = \left(\dfrac{b}{c}\right)^k$ 이 되도록 하는 실수 k의 값은? [4점]

① 6   ② $\dfrac{13}{2}$ ③ 7   ④ $\dfrac{15}{2}$ ⑤ 8

Step 1 a, b 사이의 관계식 구하기

조건 (가)에서 $\sqrt[3]{a}$는 ab의 네제곱근이므로

$(\sqrt[3]{a})^4 = ab$, $a^{\frac{4}{3}} = ab$

$\therefore b = a^{\frac{4}{3}} \div a = a^{\frac{4}{3}-1} = a^{\frac{1}{3}}$ ...... ㉠

Step 2 a, c 사이의 관계식 구하기

조건 (나)에서

$\log_a bc + \log_b ac = \log_a a^{\frac{1}{3}}c + \log_{a^{\frac{1}{3}}} ac$ (∵ ㉠)

$= \log_a a^{\frac{1}{3}} + \log_a c + 3(\log_a a + \log_a c)$

$= \dfrac{1}{3} + \log_a c + 3 + 3\log_a c$

$= \dfrac{10}{3} + 4\log_a c$

즉, $\dfrac{10}{3} + 4\log_a c = 4$이므로

$4\log_a c = \dfrac{2}{3}$, $\log_a c = \dfrac{1}{6}$

$\therefore c = a^{\frac{1}{6}}$ ...... ㉡

Step 3 실수 k의 값 구하기

㉠, ㉡에서 $\dfrac{b}{c} = \dfrac{a^{\frac{1}{3}}}{a^{\frac{1}{6}}} = a^{\frac{1}{3}-\frac{1}{6}} = a^{\frac{1}{6}}$

따라서 $a = \left(\dfrac{b}{c}\right)^k = a^{\frac{k}{6}}$이므로

$k = 6$

문제 보기

다음 조건을 만족시키는 두 실수 a, b에 대하여 $a+b$의 값을 구하시오.
[4점]

(가) $\log_2(\log_4 a)=1$ → 로그의 정의를 이용하여 a의 값을 구한다.

(나) $\log_a 5 \times \log_5 b = \dfrac{3}{2}$ → 로그의 밑의 변환을 이용하여 b의 값을 구한다.

Step 1 a의 값 구하기

조건 (가)에서 $\log_2(\log_4 a)=1$이므로

$\log_4 a=2$ $\therefore a=4^2=16$

Step 2 b의 값 구하기

조건 (나)에서

$\log_a 5 \times \log_5 b = \log_a 5 \times \dfrac{\log_a b}{\log_a 5} = \log_a b$

즉, $\log_a b = \dfrac{3}{2}$이므로

$b = a^{\frac{3}{2}} = (4^2)^{\frac{3}{2}} = 4^3 = 64$

Step 3 $a+b$의 값 구하기

$\therefore a+b=16+64=80$

문제 보기

두 양수 a, $b\,(b \neq 1)$가 다음 조건을 만족시킬 때, a^2+b^2의 값은? [4점]

(가) $(\log_2 a)(\log_b 3)=0$ → $\log_2 a=0$ 또는 $\log_b 3=0$임을 이용한다.

(나) $\log_2 a + \log_b 3 = 2$

---

① 3   ② 4   ③ 5   ④ 6   ⑤ 7

Step 1 a의 값 구하기

조건 (가)에서 $(\log_2 a)(\log_b 3)=0$이므로

$\log_2 a=0$ 또는 $\log_b 3=0$

이때 $\log_b 3=0$을 만족시키는 b의 값은 존재하지 않으므로

$\log_2 a=0$ $\therefore a=1$ → 로그의 정의에 의하여 $b^0=3$이고, $b^0=1$이므로 b의 값은 존재하지 않아.

Step 2 b^2의 값 구하기

$\log_2 a=0$이므로 조건 (나)에서

$\log_b 3=2$ $\therefore b^2=3$

Step 3 a^2+b^2의 값 구하기

$\therefore a^2+b^2=1+3=4$

다른 풀이   이차방정식의 해 이용하기

$\log_2 a$와 $\log_b 3$을 두 근으로 하고 x^2의 계수가 1인 이차방정식은

$x^2 - (\log_2 a + \log_b 3)x + (\log_2 a)(\log_b 3)=0$

조건 (가), (나)에서 $\log_2 a + \log_b 3=2$, $(\log_2 a)(\log_b 3)=0$이므로

$x^2-2x=0$, $x(x-2)=0$

$\therefore x=0$ 또는 $x=2$

$\therefore \log_2 a=0$, $\log_b 3=2$ 또는 $\log_2 a=2$, $\log_b 3=0$

이때 $\log_b 3=0$을 만족시키는 b의 값은 존재하지 않으므로

$\log_2 a=0$, $\log_b 3=2$

따라서 $a=1$, $b^2=3$이므로

$a^2+b^2=4$

18 로그의 성질의 응용 　　정답 75 | 정답률 22%

문제 보기

네 양수 a, b, c, k가 다음 조건을 만족시킬 때, k^2의 값을 구하시오.
[4점]

(가) $3^a = 5^b = k^c$ → a, b, c를 로그를 이용하여 나타낸다.

(나) $\log c = \log(2ab) - \log(2a+b)$
　　→ 로그의 성질을 이용하여 a, b, c 사이의 관계식을 구한다.

Step 1 a, b, c를 로그를 이용하여 나타내기

조건 (가)에서 $3^a = 5^b = k^c = t\,(t>1)$로 놓으면

$3^a = t$에서 $a = \log_3 t$　　…… ㉠

$5^b = t$에서 $b = \log_5 t$　　…… ㉡

$k^c = t$에서 $c = \log_k t$　　…… ㉢

Step 2 a, b, c 사이의 관계식 구하기

조건 (나)에서 $\log c = \log(2ab) - \log(2a+b)$이므로

$\log c = \log \dfrac{2ab}{2a+b}$　　$\therefore c = \dfrac{2ab}{2a+b}$

$\therefore \dfrac{1}{c} = \dfrac{2a+b}{2ab} = \dfrac{1}{b} + \dfrac{1}{2a}$　　…… ㉣

Step 3 k^2의 값 구하기

㉠, ㉡, ㉢을 ㉣에 대입하면

$\dfrac{1}{\log_k t} = \dfrac{1}{\log_5 t} + \dfrac{1}{2\log_3 t}$

$\log_t k = \log_t 5 + \dfrac{1}{2}\log_t 3$,　$\log_t k = \log_t 5 + \log_t 3^{\frac{1}{2}}$

$\log_t k = \log_t 5\sqrt{3}$　　$\therefore k = 5\sqrt{3}$

$\therefore k^2 = (5\sqrt{3})^2 = 75$

다른 풀이 지수법칙 이용하기

조건 (가)에서 $3^a = 5^b = k^c = t\,(t>1)$로 놓으면

$3^a = t$에서 $3 = t^{\frac{1}{a}}$　　…… ㉠

$5^b = t$에서 $5 = t^{\frac{1}{b}}$　　…… ㉡

$k^c = t$에서 $k = t^{\frac{1}{c}}$　　…… ㉢

조건 (나)에서 $\dfrac{1}{c} = \dfrac{1}{b} + \dfrac{1}{2a}$이므로

$t^{\frac{1}{c}} = t^{\frac{1}{b}+\frac{1}{2a}} = t^{\frac{1}{b}} \times (t^{\frac{1}{a}})^{\frac{1}{2}}$　　…… ㉣

㉠, ㉡, ㉢을 ㉣에 대입하면

$k = 5 \times 3^{\frac{1}{2}} = 5\sqrt{3}$

$\therefore k^2 = (5\sqrt{3})^2 = 75$

---

19 로그의 활용 – 두 점을 지나는 직선 　정답 ② | 정답률 82%

문제 보기

좌표평면 위의 두 점 $(2, \log_4 2)$, $(4, \log_2 a)$를 지나는 직선이 원점을 지날 때, 양수 a의 값은? [3점]
　→ 원점과 각각의 점을 지나는 두 직선의 기울기가 서로 같음을 이용한다.

① 1　　② 2　　③ 3　　④ 4　　⑤ 5

Step 1 세 점이 한 직선 위에 있을 조건 파악하기

두 점 $(2, \log_4 2)$, $(4, \log_2 a)$를 각각 A, B라 하고 원점을 O라 하면 세 점 O, A, B가 한 직선 위에 있으므로

(직선 OA의 기울기) = (직선 OB의 기울기)

Step 2 양수 a의 값 구하기

$\log_4 2 = \log_{2^2} 2 = \dfrac{1}{2}\log_2 2 = \dfrac{1}{2}$이므로 $A\left(2, \dfrac{1}{2}\right)$

직선 OA의 기울기는 $\dfrac{\frac{1}{2}}{2} = \dfrac{1}{4}$, 직선 OB의 기울기는 $\dfrac{\log_2 a}{4}$이므로

$\dfrac{1}{4} = \dfrac{\log_2 a}{4}$

$\log_2 a = 1$　　$\therefore a = 2$

다른 풀이 직선의 방정식 이용하기

$\log_4 2 = \log_{2^2} 2 = \dfrac{1}{2}\log_2 2 = \dfrac{1}{2}$이므로 두 점 $\left(2, \dfrac{1}{2}\right)$, $(4, \log_2 a)$를 지나는 직선의 방정식은
　→ 두 점 (x_1, y_1), (x_2, y_2)를 지나는 직선의 방정식
　⇒ $y - y_1 = \dfrac{y_2 - y_1}{x_2 - x_1}(x - x_1)$ (단, $x_1 \neq x_2$)

$y - \dfrac{1}{2} = \dfrac{\log_2 a - \frac{1}{2}}{4-2}(x-2)$

이 직선이 원점을 지나므로

$0 - \dfrac{1}{2} = \dfrac{\log_2 a - \frac{1}{2}}{2}(0-2)$

$-\dfrac{1}{2} = -\log_2 a + \dfrac{1}{2}$

$\log_2 a = 1$　　$\therefore a = 2$

문제 보기

좌표평면 위의 두 점 $(1, \log_2 5)$, $(2, \log_2 10)$을 지나는 직선의 기울기는? [3점]
　⌐→ 두 점 (x_1, y_1), (x_2, y_2)를 지나는 직선의 기울기는 $\dfrac{y_2 - y_1}{x_2 - x_1}$ 임을 이용한다.

① 1　　② 2　　③ 3　　④ 4　　⑤ 5

Step 1 두 점을 지나는 직선의 기울기 구하기

두 점 $(1, \log_2 5)$, $(2, \log_2 10)$을 지나는 직선의 기울기는

$$\frac{\log_2 10 - \log_2 5}{2 - 1} = \log_2 \frac{10}{5} = \log_2 2 = 1$$

문제 보기

두 양수 a, b에 대하여 좌표평면 위의 두 점 $(2, \log_4 a)$, $(3, \log_2 b)$를 지나는 직선이 원점을 지날 때, $\log_a b$의 값은? (단, $a \neq 1$) [3점]
　⌐→ 원점과 각각의 점을 지나는 두 직선의 기울기가 서로 같음을 이용한다.

① $\dfrac{1}{4}$　　② $\dfrac{1}{2}$　　③ $\dfrac{3}{4}$　　④ 1　　⑤ $\dfrac{5}{4}$

Step 1 세 점이 한 직선 위에 있을 조건 파악하기

두 점 $(2, \log_4 a)$, $(3, \log_2 b)$를 각각 A, B라 하고 원점을 O라 하면 세 점 O, A, B가 한 직선 위에 있으므로
(직선 OA의 기울기) = (직선 OB의 기울기)

Step 2 $\log_a b$의 값 구하기

직선 OA의 기울기는 $\dfrac{\log_4 a}{2}$, 직선 OB의 기울기는 $\dfrac{\log_2 b}{3}$이므로

$$\frac{\log_4 a}{2} = \frac{\log_2 b}{3}$$

$$\frac{\frac{1}{2}\log_2 a}{2} = \frac{\log_2 b}{3}$$

$$\frac{\log_2 a}{4} = \frac{\log_2 b}{3}, \ \frac{\log_2 b}{\log_2 a} = \frac{3}{4}$$

$$\therefore \log_a b = \frac{3}{4}$$

다른 풀이 직선의 방정식 이용하기

두 점 $(2, \log_4 a)$, $(3, \log_2 b)$를 지나는 직선의 방정식은

$$y - \log_4 a = \frac{\log_2 b - \log_4 a}{3 - 2}(x - 2)$$

이 직선이 원점을 지나므로

$$0 - \log_4 a = (\log_2 b - \log_4 a)(0 - 2)$$

$$\log_4 a = 2(\log_2 b - \log_4 a)$$

$$2\log_2 b = 3\log_4 a$$

$$2\log_2 b = \frac{3}{2}\log_2 a, \ \frac{\log_2 b}{\log_2 a} = \frac{3}{4}$$

$$\therefore \log_a b = \frac{3}{4}$$

문제 보기

좌표평면 위의 두 점 $(0, 0)$, $(\log_2 9, k)$를 지나는 직선이 직선 $(\log_4 3)x + (\log_9 8)y - 2 = 0$에 수직일 때, 3^k의 값은?

└→ 두 직선의 기울기를 구한 후 두 직선이 수직임을 이용하여 k의 값을 구한다.

(단, k는 상수이다.) [4점]

① 16　　② 32　　③ 64　　④ 128　　⑤ 256

Step 1 두 직선의 기울기 구하기

두 점 $(0, 0)$, $(\log_2 9, k)$를 지나는 직선의 기울기는

$$\frac{k}{\log_2 9} = \frac{k}{2\log_2 3}$$

직선 $(\log_4 3)x + (\log_9 8)y - 2 = 0$의 기울기는

$$-\frac{\log_4 3}{\log_9 8} = -\frac{\frac{1}{2}\log_2 3}{\frac{3}{2}\log_3 2} = -\frac{\log_2 3}{3\log_3 2}$$

Step 2 k의 값 구하기

두 직선이 서로 수직이므로

$$\frac{k}{2\log_2 3} \times \left(-\frac{\log_2 3}{3\log_3 2}\right) = -1, \quad -\frac{k}{6\log_3 2} = -1$$

$$\therefore k = 6\log_3 2$$

Step 3 3^k의 값 구하기

$$\therefore 3^k = 3^{6\log_3 2} = 3^{\log_3 64} = 64^{\log_3 3} = 64$$

문제 보기

좌표평면 위에 서로 다른 세 점 $A(0, -\log_2 9)$, $B(2a, \log_2 7)$, $C(-\log_2 9, a)$를 꼭짓점으로 하는 삼각형 ABC가 있다. 삼각형 ABC의 무게중심의 좌표가 $(b, \log_8 7)$일 때, 2^{a+3b}의 값은? [4점]

└→ 세 점 $A(x_1, y_1)$, $B(x_2, y_2)$, $C(x_3, y_3)$을 꼭짓점으로 하는 삼각형 ABC의 무게중심의 좌표는 $\left(\dfrac{x_1+x_2+x_3}{3}, \dfrac{y_1+y_2+y_3}{3}\right)$임을 이용한다.

① 63　　② 72　　③ 81　　④ 90　　⑤ 99

Step 1 a, b의 값 구하기

삼각형 ABC의 무게중심의 좌표는

$$\left(\frac{2a+(-\log_2 9)}{3}, \frac{-\log_2 9 + \log_2 7 + a}{3}\right)$$

$$\frac{2a+(-\log_2 9)}{3} = b$$이므로

$$b = \frac{2}{3}a - \frac{1}{3}\log_2 9 \quad \cdots\cdots \ \bigcirc$$

$$\frac{-\log_2 9 + \log_2 7 + a}{3} = \log_8 7$$이므로

$$-\log_2 9 + \log_2 7 + a = \log_2 7$$

$$\therefore a = \log_2 9 \quad \cdots\cdots \ \bigcirc$$

ⓛ을 ㉠에 대입하면

$$b = \frac{2}{3}\log_2 9 - \frac{1}{3}\log_2 9 = \frac{1}{3}\log_2 9$$

Step 2 2^{a+3b}의 값 구하기

따라서 $a + 3b = \log_2 9 + \log_2 9 = 2\log_2 9 = \log_2 81$이므로

$$2^{a+3b} = 2^{\log_2 81} = 81^{\log_2 2} = 81$$

문제 보기

수직선 위의 두 점 $P(\log_5 3)$, $Q(\log_5 12)$에 대하여 선분 PQ를 $m : (1-m)$으로 내분하는 점의 좌표가 1일 때, 4^m의 값은?

└→ m에 대한 등식을 세운다.   (단, m은 $0<m<1$인 상수이다.) [4점]

① $\dfrac{7}{6}$ ② $\dfrac{4}{3}$ ③ $\dfrac{3}{2}$ ④ $\dfrac{5}{3}$ ⑤ $\dfrac{11}{6}$

Step 1   선분 PQ를 $(1-m)$으로 내분하는 점의 좌표 구하기

선분 PQ를 $m : (1-m)$으로 내분하는 점의 좌표는

$$
\begin{aligned}
\frac{m\log_5 12+(1-m)\log_5 3}{m+(1-m)} &= m\log_5 12+(1-m)\log_5 3\\
&= m\log_5 12+\log_5 3-m\log_5 3\\
&= m(\log_5 12-\log_5 3)+\log_5 3\\
&= m\log_5 4+\log_5 3\\
&= \log_5 4^m+\log_5 3\\
&= \log_5 (4^m\times 3)
\end{aligned}
$$

Step 2 4^m의 값 구하기

즉, $\log_5 (4^m\times 3)=1$이므로

$4^m\times 3=5$

$\therefore 4^m=\dfrac{5}{3}$

문제 보기

좌표평면 위에 두 점 $A(4,\ \log_3 a)$, $B\left(\log_2 2\sqrt{2},\ \log_3 \dfrac{3}{2}\right)$이 있다. 선분 AB를 $3 : 1$로 외분하는 점이 직선 $y=4x$ 위에 있을 때, 양수 a의

└→ 선분 AB를 $3:1$로 외분하는 점의 x좌표를 $y=4x$에 대입하여 외분하는 점의 y좌표를 구한다.

값은? [4점]

① $\dfrac{3}{8}$ ② $\dfrac{7}{16}$ ③ $\dfrac{1}{2}$ ④ $\dfrac{9}{16}$ ⑤ $\dfrac{5}{8}$

Step 1   선분 AB를 $3 : 1$로 외분하는 점의 좌표 구하기

선분 AB를 $3 : 1$로 외분하는 점의 x좌표는

$$
\frac{3\times\log_2 2\sqrt{2}-1\times 4}{3-1}=\frac{3\log_2 2^{\frac{3}{2}}-4}{2}=\frac{3\times\frac{3}{2}-4}{2}=\frac{1}{4}
$$

또 외분하는 점의 y좌표는

$$
\frac{3\times\log_3 \frac{3}{2}-1\times\log_3 a}{3-1}=\frac{\log_3\left(\frac{3}{2}\right)^3-\log_3 a}{2}=\frac{1}{2}\log_3\frac{27}{8a}
$$

Step 2   양수 a의 값 구하기

한편 x좌표가 $\dfrac{1}{4}$인 점이 직선 $y=4x$ 위에 있으므로 y좌표는

$4\times\dfrac{1}{4}=1$

즉, $\dfrac{1}{2}\log_3\dfrac{27}{8a}=1$이므로 $\log_3\dfrac{27}{8a}=2$

$\dfrac{27}{8a}=3^2$ $\therefore a=\dfrac{3}{8}$

26 로그의 활용-두 점을 지나는 직선 정답 ② | 정답률 42%

문제 보기

두 상수 a, b $(1<a<b)$에 대하여 좌표평면 위의 두 점 $(a, \log_2 a)$, $(b, \log_2 b)$를 지나는 직선의 y절편과 두 점 $(a, \log_4 a)$, $(b, \log_4 b)$를
└─ a, b 사이의 관계식을 구한다.
지나는 직선의 y절편이 같다. 함수 $f(x)=a^{bx}+b^{ax}$에 대하여 $f(1)=40$일 때, $f(2)$의 값은? [4점]

① 760   ② 800   ③ 840   ④ 880   ⑤ 920

Step 1 두 점을 지나는 직선의 y절편 구하기

두 점 $(a, \log_2 a)$, $(b, \log_2 b)$를 지나는 직선의 방정식은

$$y=\frac{\log_2 b-\log_2 a}{b-a}(x-a)+\log_2 a$$

이 직선의 y절편은

$$-\frac{a(\log_2 b-\log_2 a)}{b-a}+\log_2 a$$

$$=\frac{-a(\log_2 b-\log_2 a)+(b-a)\log_2 a}{b-a}$$

$$=\frac{b\log_2 a-a\log_2 b}{b-a}$$

또 두 점 $(a, \log_4 a)$, $(b, \log_4 b)$를 지나는 직선의 방정식은

$$y=\frac{\log_4 b-\log_4 a}{b-a}(x-a)+\log_4 a$$

이 직선의 y절편은

$$-\frac{a(\log_4 b-\log_4 a)}{b-a}+\log_4 a$$

$$=\frac{-a(\log_4 b-\log_4 a)+(b-a)\log_4 a}{b-a}$$

$$=\frac{b\log_4 a-a\log_4 b}{b-a}$$

Step 2 a, b 사이의 관계식 구하기

이때 두 직선의 y절편이 같으므로

$$\frac{b\log_2 a-a\log_2 b}{b-a}=\frac{b\log_4 a-a\log_4 b}{b-a}$$

$$b\log_2 a-a\log_2 b=b\log_{2^2} a-a\log_{2^2} b \ (\because a<b)$$

$$b\log_2 a-a\log_2 b=\frac{1}{2}b\log_2 a-\frac{1}{2}a\log_2 b$$

$$\frac{1}{2}b\log_2 a=\frac{1}{2}a\log_2 b, \ b\log_2 a=a\log_2 b$$

$$\log_2 a^b=\log_2 b^a \quad \therefore \ a^b=b^a \ \cdots\cdots \ \bigcirc$$

Step 3 $f(2)$의 값 구하기

$f(1)=40$에서

$a^b+b^a=40$, $2a^b=40 \ (\because \bigcirc)$

$\therefore a^b=20$

$\therefore f(2)=a^{2b}+b^{2a}=2a^{2b} \ (\because \bigcirc)$

$\qquad =2(a^b)^2=2\times 20^2$

$\qquad =800$

27 로그의 활용-개수 세기 정답 ① | 정답률 53%

문제 보기

자연수 n에 대하여 $f(n)$이 다음과 같다.

$$f(n)=\begin{cases}\log_3 n & (n\text{이 홀수}) \\ \log_2 n & (n\text{이 짝수})\end{cases}$$

20 이하의 두 자연수 m, n에 대하여 $f(mn)=f(m)+f(n)$을 만족시키는 순서쌍 (m, n)의 개수는? [4점]
└─ m, n이 홀수, 짝수인 경우로 나누어 생각한다.

① 220   ② 230   ③ 240   ④ 250   ⑤ 260

Step 1 m, n이 홀수, 짝수인 경우에 따라 순서쌍 (m, n)의 개수 구하기

(i) m, n이 모두 홀수일 때,

  mn도 홀수이므로

  $f(mn)=\log_3 mn=\log_3 m+\log_3 n=f(m)+f(n)$

  이때 20 이하의 자연수 중 홀수는 10개이므로 순서쌍 (m, n)의 개수는

  $10\times 10=100$

(ii) m이 홀수, n이 짝수일 때,

  mn은 짝수이므로

  $f(mn)=\log_2 mn=\log_2 m+\log_2 n$

  $f(m)+f(n)=\log_3 m+\log_2 n$

  이때 $f(mn)=f(m)+f(n)$에서

  $\log_2 m=\log_3 m$

  20 이하의 자연수 중 위의 식을 만족시키는 m의 값은 1뿐이므로 순서쌍 (m, n)의 개수는

  $1\times 10=10$

(iii) m이 짝수, n이 홀수일 때,   → (ii)에서 m, n을 반대로 생각하면 순서쌍의 개수는 10이야.

  mn은 짝수이므로

  $f(mn)=\log_2 mn=\log_2 m+\log_2 n$

  $f(m)+f(n)=\log_2 m+\log_3 n$

  이때 $f(mn)=f(m)+f(n)$에서

  $\log_2 n=\log_3 n$

  20 이하의 자연수 중 위의 식을 만족시키는 n의 값은 1뿐이므로 순서쌍 (m, n)의 개수는

  $10\times 1=10$

(iv) m, n이 모두 짝수일 때,

  mn도 짝수이므로

  $f(mn)=\log_2 mn=\log_2 m+\log_2 n=f(m)+f(n)$

  이때 20 이하의 자연수 중 짝수는 10개이므로 순서쌍 (m, n)의 개수는

  $10\times 10=100$

Step 2 순서쌍 (m, n)의 개수 구하기

(i)~(iv)에서 순서쌍 (m, n)의 개수는

$100+10+10+100=220$

문제 보기

2 이상의 자연수 n에 대하여 $5\log_n 2$의 값이 자연수가 되도록 하는 모든 n의 값의 합은? [4점]

└─ $n=2^{\frac{5}{m}}$으로 나타낸 후 $\frac{5}{m}$가 자연수가 되도록 한다.

① 34　　② 38　　③ 42　　④ 46　　⑤ 50

Step 1 $5\log_n 2 = m$으로 놓고 식 변형하기

$5\log_n 2 = m$ (m은 자연수)이라 하면

$\log_n 2 = \dfrac{m}{5}$이므로 $n^{\frac{m}{5}} = 2$　　∴ $n = 2^{\frac{5}{m}}$

Step 2 n의 값 구하기

이때 n이 2 이상의 자연수이므로 $\dfrac{5}{m}$가 자연수이어야 한다.

∴ $m=1$ 또는 $m=5$

$m=1$일 때, $n=2^5=32$

$m=5$일 때, $n=2$

Step 3 자연수 n의 값의 합 구하기

따라서 모든 자연수 n의 값의 합은

$32+2=34$

문제 보기

2 이상의 자연수 n에 대하여

$\log_n 4 \times \log_2 9$ → 밑의 변환을 이용하여 밑이 n인 로그로 나타낸다.

의 값이 자연수가 되도록 하는 모든 n의 값의 합은? [4점]

① 93　　② 94　　③ 95　　④ 96　　⑤ 97

Step 1 $\log_n 4 \times \log_2 9$ 정리하기

$\log_n 4 \times \log_2 9 = \dfrac{\log 4}{\log n} \times \dfrac{\log 9}{\log 2}$

$= \dfrac{\log 2^2}{\log n} \times \dfrac{\log 3^2}{\log 2}$

$= \dfrac{2\log 2}{\log n} \times \dfrac{2\log 3}{\log 2}$

$= \dfrac{4\log 3}{\log n}$

$= 4\log_n 3$

Step 2 정리한 식을 m으로 놓고 식 변형하기

$4\log_n 3 = m$ (m은 자연수)이라 하면

$\log_n 3 = \dfrac{m}{4}$이므로 $n^{\frac{m}{4}} = 3$　　∴ $n = 3^{\frac{4}{m}}$

Step 3 n의 값 구하기

이때 n이 2 이상의 자연수이므로 $\dfrac{4}{m}$가 자연수이어야 한다.

∴ $m=1$ 또는 $m=2$ 또는 $m=4$

$m=1$일 때, $n=3^4=81$

$m=2$일 때, $n=3^2=9$

$m=4$일 때, $n=3$

Step 4 자연수 n의 값의 합 구하기

따라서 모든 자연수 n의 값의 합은

$81+9+3=93$

30	로그를 포함한 식이 자연수가 되는 조건

정답 ① | 정답률 43%

문제 보기

자연수 n에 대하여 $2^{\frac{1}{n}}=a$, $2^{\frac{1}{n+1}}=b$라 하자. $\left\{\dfrac{3^{\log_2 ab}}{3^{(\log_2 a)(\log_2 b)}}\right\}^5$이 자연

수가 되도록 하는 모든 n의 값의 합은? [4점]
  └─ $a=2^{\frac{1}{n}}$, $b=2^{\frac{1}{n+1}}$을
     대입하여 정리한다.

① 14 ② 15 ③ 16 ④ 17 ⑤ 18

Step 1 $\log_2 ab$ 정리하기

$$\log_2 ab = \log_2(2^{\frac{1}{n}} \times 2^{\frac{1}{n+1}}) = \log_2 2^{\frac{1}{n}+\frac{1}{n+1}}$$

$$= \log_2 2^{\frac{2n+1}{n(n+1)}} = \frac{2n+1}{n(n+1)}\log_2 2$$

$$= \frac{2n+1}{n(n+1)}$$

Step 2 $(\log_2 a)(\log_2 b)$ 정리하기

$$(\log_2 a)(\log_2 b) = (\log_2 2^{\frac{1}{n}})(\log_2 2^{\frac{1}{n+1}})$$

$$= \left(\frac{1}{n}\log_2 2\right)\left(\frac{1}{n+1}\log_2 2\right)$$

$$= \frac{1}{n(n+1)}$$

Step 3 $\left\{\dfrac{3^{\log_2 ab}}{3^{(\log_2 a)(\log_2 b)}}\right\}^5$ 정리하기

$$\left\{\frac{3^{\log_2 ab}}{3^{(\log_2 a)(\log_2 b)}}\right\}^5 = \left\{\frac{3^{\frac{2n+1}{n(n+1)}}}{3^{\frac{1}{n(n+1)}}}\right\}^5 = \left\{3^{\frac{2n+1}{n(n+1)}-\frac{1}{n(n+1)}}\right\}^5$$

$$= (3^{\frac{2}{n+1}})^5 = 3^{\frac{10}{n+1}}$$

Step 4 n의 값 구하기

$3^{\frac{10}{n+1}}$이 자연수가 되려면 $\dfrac{10}{n+1}$이 자연수이어야 한다.

즉, $n+1$은 10의 약수이어야 하므로 $n+1$의 값은

2, 5, 10 → n은 자연수이므로 $n+1 \geq 2$야.

따라서 n의 값은

1, 4, 9

Step 5 자연수 n의 값의 합 구하기

따라서 모든 자연수 n의 값의 합은

$1+4+9=14$

31	로그를 포함한 식이 정수가 되는 조건

정답 426 | 정답률 17%

문제 보기

자연수 n에 대하여 $4\log_{64}\left(\dfrac{3}{4n+16}\right)$의 값이 정수가 되도록 하는
  └─ $4\log_{64}\dfrac{3}{4n+16}=m$($m$은 정수)으로 놓고
     n을 m에 대한 식으로 정리한다.

1000 이하의 모든 n의 값의 합을 구하시오. [4점]

Step 1 $4\log_{64}\dfrac{3}{4n+16}=m$으로 놓고 식 변형하기

$4\log_{64}\dfrac{3}{4n+16}=m$($m$은 정수)이라 하면

$$4\log_{2^6}\frac{3}{4n+16}=m, \quad \frac{2}{3}\log_2\frac{3}{4n+16}=m$$

$$\log_2\frac{3}{4n+16}=\frac{3}{2}m$$

따라서 $\dfrac{3}{4n+16}=2^{\frac{3}{2}m}$이므로 $4n+16=3\times 2^{-\frac{3}{2}m}$

$\therefore n = 3 \times 2^{-\frac{3}{2}m-2}-4$

Step 2 자연수 n의 값의 합 구하기

이때 n이 자연수이려면 $-\dfrac{3}{2}m-2$가 자연수이어야 하므로

$m=2l$(l은 음의 정수) 꼴이어야 한다.

$m=-2$일 때, $n=3\times 2^{3-2}-4=2$

$m=-4$일 때, $n=3\times 2^{6-2}-4=44$

$m=-6$일 때, $n=3\times 2^{9-2}-4=380$

$m=-8$일 때, $n=3\times 2^{12-2}-4=3068$
　　⋮

따라서 1000 이하의 자연수 n의 값은 2, 44, 380이므로 그 합은

$2+44+380=426$

32 로그를 포함한 식이 자연수가 되는 조건

정답 10 | 정답률 45%

문제 보기

$10 \le x < 1000$인 실수 x에 대하여 $\log x^3 - \log \dfrac{1}{x^2}$의 값이 자연수가 되
└→ $\log x$의 값의 범위를 구한다.   └→ 로그의 성질을 이용하여 식을 정리한다.

도록 하는 모든 x의 개수를 구하시오. [3점]

Step 1 $\log x^3 - \log \dfrac{1}{x^2}$ 정리하기

$$\log x^3 - \log \dfrac{1}{x^2} = \log x^3 - \log x^{-2}$$
$$= 3\log x - (-2\log x)$$
$$= 5\log x$$

Step 2 $\log x$의 값 구하기

$\log x^3 - \log \dfrac{1}{x^2}$의 값이 자연수가 되려면 $5\log x$의 값이 자연수이어야 한다.

이때 $10 \le x < 1000$에서 $\log 10 \le \log x < \log 10^3$

$1 \le \log x < 3$ $\therefore 5 \le 5\log x < 15$

따라서 $5\log x$의 값은 $5,\ 6,\ 7,\ \cdots,\ 14$이므로 $\log x$의 값은

$1,\ \dfrac{6}{5},\ \dfrac{7}{5},\ \cdots,\ \dfrac{14}{5}$

Step 3 실수 x의 개수 구하기

따라서 구하는 x는 $10,\ 10^{\frac{6}{5}},\ 10^{\frac{7}{5}},\ \cdots,\ 10^{\frac{14}{5}}$의 10개이다.

다른 풀이 지수부등식 이용하기

적용해야 할 개념

$a > 1$일 때, $a^{f(x)} < a^{g(x)} \iff f(x) < g(x)$

$\log x^3 - \log \dfrac{1}{x^2} = 3\log x - (-2\log x) = 5\log x$이므로

$5\log x = m$ (m은 자연수)이라 하면

$\log x = \dfrac{m}{5}$ $\therefore x = 10^{\frac{m}{5}}$

$10 \le x < 1000$에서 $10 \le 10^{\frac{m}{5}} < 10^3$

$1 \le \dfrac{m}{5} < 3$ $\therefore 5 \le m < 15$

따라서 자연수 m의 값은 $5,\ 6,\ 7,\ \cdots,\ 14$이므로 구하는 x는 $10,\ 10^{\frac{6}{5}}$,
$10^{\frac{7}{5}},\ \cdots,\ 10^{\frac{14}{5}}$의 10개이다.

---

33 로그를 포함한 식이 자연수가 되는 조건

정답 13 | 정답률 44%

문제 보기

$\log_4 2n^2 - \dfrac{1}{2}\log_2 \sqrt{n}$의 값이 40 이하의 자연수가 되도록 하는 자연수
└→ 로그의 성질을 이용하여 식을 정리한다.

n의 개수를 구하시오. [4점]

Step 1 $\log_4 2n^2 - \dfrac{1}{2}\log_2 \sqrt{n}$ 정리하기

$$\log_4 2n^2 - \dfrac{1}{2}\log_2 \sqrt{n} = \log_4 2n^2 - \log_4 \sqrt{n}$$
$$= \log_4 \dfrac{2n^2}{\sqrt{n}} = \log_4 \dfrac{2n^2}{n^{\frac{1}{2}}}$$
$$= \log_4 2n^{\frac{3}{2}}$$

Step 2 정리한 식을 m으로 놓고 식 변형하기

$\log_4 2n^{\frac{3}{2}} = m$ (m은 40 이하의 자연수)이라 하면

$2n^{\frac{3}{2}} = 4^m,\ n^{\frac{3}{2}} = 2^{2m-1}$ $\therefore n = 2^{\frac{4m-2}{3}}$

Step 3 자연수 n의 개수 구하기

이때 n이 자연수이므로 $\dfrac{4m-2}{3}$가 자연수이어야 한다.

m은 40 이하의 자연수이므로 $\dfrac{4m-2}{3}$의 값은

$2,\ 6,\ 10,\ \cdots,\ 50$

따라서 자연수 n은 $2^2,\ 2^6,\ 2^{10},\ \cdots,\ 2^{50}$의 13개이다.

34 로그를 포함한 식이 자연수가 되는 조건
정답 30 | 정답률 12%

문제 보기

$\log_2(-x^2+ax+4)$의 값이 자연수가 되도록 하는 실수 x의 개수가 6
└→ 진수는 2^n(n은 자연수) 꼴이어야 한다.
일 때, 모든 자연수 a의 값의 곱을 구하시오. [4점]
└→ 함수의 그래프의 교점의 개수를 이용한다.

Step 1 로그의 진수의 조건 구하기

$f(x)=-x^2+ax+4$라 하면 진수의 조건에서
$f(x)>0$

Step 2 자연수가 되는 조건 구하기

$\log_2 f(x)=n$ (n은 자연수)이라 하면 $f(x)=2^n$
즉, $\log_2 f(x)$의 값이 자연수가 되도록 하는 실수 x의 개수는 함수
$y=f(x)$의 그래프와 직선 $y=2^n$의 교점의 개수와 같다.

Step 3 a의 값 구하기

$f(x)=-x^2+ax+4$
$=-\left(x^2-ax+\dfrac{a^2}{4}-\dfrac{a^2}{4}\right)+4$
$=-\left(x-\dfrac{a}{2}\right)^2+\dfrac{a^2}{4}+4$

즉, 함수 $y=f(x)$의 그래프는 $f(x)>0$
이고 꼭짓점의 좌표가 $\left(\dfrac{a}{2},\ \dfrac{a^2}{4}+4\right)$인
위로 볼록한 모양이다. └→a가 자연수이므로
꼭짓점이 제1사분
면에 존재해.

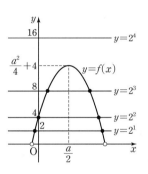

이때 $\log_2 f(x)$의 값이 자연수가 되도록
하는 실수 x의 개수가 6이므로 함수
$y=f(x)$의 그래프는 오른쪽 그림과 같
이 세 직선 $y=2^1$, $y=2^2$, $y=2^3$과 각각
두 점에서 만나고 직선 $y=2^4$과는 만나
지 않아야 한다.
따라서 $2^3<\dfrac{a^2}{4}+4<2^4$이므로
$4<\dfrac{a^2}{4}<12$, $16<a^2<48$
$\therefore a=5$ 또는 $a=6$ ($\because a$는 자연수)

Step 4 자연수 a의 값의 곱 구하기

따라서 모든 자연수 a의 값의 곱은
$5\times6=30$

---

35 로그를 포함한 식이 자연수가 되는 조건
정답 45 | 정답률 19%

문제 보기

자연수 k에 대하여 두 집합
$A=\{\sqrt{a}\,|\,a$는 자연수, $1\le a\le k\}$,
$B=\{\log_{\sqrt3} b\,|\,b$는 자연수, $1\le b\le k\}$
가 있다. 집합 C를
$C=\{x\,|\,x\in A\cap B,\ x$는 자연수$\}$ →자연수인 원소로만 이루어진 두 집합
A, B의 부분집합을 각각 구하고 그
교집합을 구한다.
라 할 때, $n(C)=3$이 되도록 하는 모든 자연수 k의 개수를 구하시오.
└→ 집합 C의 원소가 3개가 되는 k의 값의 범위를 구한다.
[4점]

Step 1 집합 C의 의미 파악하기

집합 C의 원소 x는 자연수이므로 집합 C는 자연수인 원소로만 이루어진
두 집합 A, B의 부분집합의 교집합이다.

Step 2 자연수인 원소로만 이루어진 집합 A의 부분집합 구하기

$\sqrt{a}=a^{\frac{1}{2}}$이 자연수가 되려면 $a^{\frac{1}{2}}=m$ (m은 자연수)이라 할 때, $a=m^2$ 꼴
이어야 한다.
즉, 자연수인 원소로만 이루어진 집합 A의 부분집합을 A_1이라 하면
$A_1=\{1,\ 2,\ 3,\ 4,\ 5,\ 6,\ 7,\ 8,\ \cdots\}$ → a의 값이 각각 1^2, 2^2, 3^2, 4^2, 5^2, 6^2, 7^2,
8^2, $\cdots$일 때야.

Step 3 자연수인 원소로만 이루어진 집합 B의 부분집합 구하기

$\log_{\sqrt3} b=\log_{3^{\frac{1}{2}}} b=2\log_3 b$가 자연수가 되려면 $b=3^n$ (n은 자연수) 꼴이어
야 한다.
즉, 자연수인 원소로만 이루어진 집합 B의 부분집합을 B_1이라 하면
$B_1=\{2,\ 4,\ 6,\ 8,\ 10,\ \cdots\}$ → b의 값이 각각 3^1, 3^2, 3^3, 3^4, 3^5, $\cdots$일 때야.

Step 4 자연수 k의 개수 구하기

$\therefore C=A_1\cap B_1=\{2,\ 4,\ 6,\ 8,\ \cdots\}$
$n(C)=3$이 되려면 $C=\{2,\ 4,\ 6\}$이어야 하므로 k의 값의 범위는
$36\le k<81$ → $k=81$일 때 $C=\{2,\ 4,\ 6,\ 8\}$, 즉 $n(C)=4$이므로 k는 81보다 작아야 해.
└→$k=36$일 때 $C=\{2,\ 4,\ 6\}$이므로 k는 36 이상이어야 해.
따라서 모든 자연수 k의 개수는
$81-36=45$

문제 보기

다음은 상용로그표의 일부이다.

수	$\cdots$	2	3	4	$\cdots$
$\vdots$		$\vdots$	$\vdots$	$\vdots$	
3.0	$\cdots$	.4800	.4814	.4829	$\cdots$
3.1	$\cdots$	.4942	.4955	.4969	$\cdots$
3.2	$\cdots$	.5079	.5092	.5105	$\cdots$
3.3		.5211	.5224	.5237	

$\log 32.4$의 값을 위의 표를 이용하여 구한 것은? [3점]

$\llcorner$ $32.4 = 3.24 \times 10$임을 이용한다.

① 0.4800　② 0.4955　③ 1.4955　④ 1.5105　⑤ 2.5105

Step 1 상용로그표를 이용하여 $\log 32.4$의 값 구하기

상용로그표에서 $\log 3.24 = 0.5105$이므로

$$\begin{aligned}
\log 32.4 &= \log(3.24 \times 10) \\
&= \log 3.24 + \log 10 \\
&= \log 3.24 + 1 \\
&= 1.5105
\end{aligned}$$

문제 보기

다음은 상용로그표의 일부이다.

수	$\cdots$	7	8	9
$\cdots$	$\cdots$	$\cdots$	$\cdots$	$\cdots$
4.0	$\cdots$	0.6096	0.6107	0.6117
4.1	$\cdots$	0.6201	0.6212	0.6222
4.2	$\cdots$	0.6304	0.6314	0.6325
$\cdots$	$\cdots$	$\cdots$	$\cdots$	$\cdots$

위의 표를 이용하여 구한 $\log\sqrt{419}$의 값은? [3점]

$\llcorner$ $419 = 4.19 \times 100$임을 이용한다.

① 1.3106　② 1.3111　③ 2.3106　④ 2.3111　⑤ 3.3111

Step 1 상용로그표를 이용하여 $\log\sqrt{419}$의 값 구하기

상용로그표에서 $\log 4.19 = 0.6222$이므로

$$\begin{aligned}
\log\sqrt{419} &= \log 419^{\frac{1}{2}} = \frac{1}{2}\log 419 \\
&= \frac{1}{2}\log(4.19 \times 100) = \frac{1}{2}(\log 4.19 + \log 10^2) \\
&= \frac{1}{2}(\log 4.19 + 2) = \frac{1}{2} \times 2.6222 \\
&= 1.3111
\end{aligned}$$

문제 보기

고속철도의 최고소음도 L (dB)을 예측하는 모형에 따르면 한 지점에서 가까운 선로 중앙 지점까지의 거리를 d (m), 열차가 가까운 선로 중앙 지점을 통과할 때의 속력을 v (km/h)라 할 때, 다음과 같은 관계식이 성립한다고 한다.

$$L = 80 + 28\log\frac{v}{100} - 14\log\frac{d}{25}$$

가까운 선로 중앙 지점 P까지의 거리가 75 m인 한 지점에서 속력이 서로 다른 두 열차 A, B의 최고소음도를 예측하고자 한다. 열차 A가 지점 P를 통과할 때의 속력이 열차 B가 지점 P를 통과할 때의 속력의 0.9배

$\llcorner$ $v_A = 0.9 v_B$임을 이용한다.

일 때, 두 열차 A, B의 예측 최고소음도를 각각 L_A, L_B라 하자. $L_B - L_A$의 값은? [4점]

① $14 - 28\log 3$　② $28 - 56\log 3$　③ $28 - 28\log 3$

④ $56 - 84\log 3$　⑤ $56 - 56\log 3$

Step 1 주어진 조건을 관계식에 대입하기

두 열차 A, B가 지점 P를 통과할 때의 속력을 각각 v_A, v_B라 하면 $v_A = 0.9 v_B$, $d = 75$이므로

$$\begin{aligned}
L_A &= 80 + 28\log\frac{v_A}{100} - 14\log\frac{75}{25} \\
&= 80 + 28\log\frac{0.9 v_B}{100} - 14\log\frac{75}{25} \\
L_B &= 80 + 28\log\frac{v_B}{100} - 14\log\frac{75}{25}
\end{aligned}$$

Step 2 $L_B - L_A$의 값 구하기

$$\begin{aligned}
\therefore L_B - L_A &= 28\left(\log\frac{v_B}{100} - \log\frac{0.9 v_B}{100}\right) \\
&= 28\log\frac{\frac{v_B}{100}}{\frac{0.9 v_B}{100}} = 28\log\frac{10}{9} \\
&= 28(\log 10 - \log 9) = 28(1 - \log 3^2) \\
&= 28(1 - 2\log 3) = 28 - 56\log 3
\end{aligned}$$

문제 보기

세대당 종자의 평균 분산거리가 D이고 세대당 종자의 증식률이 R인 나무의 10세대 동안 확산에 의한 이동거리를 L이라 하면 다음과 같은 관계식이 성립한다고 한다.

$$L^2 = 100D^2 \times \log_3 R \longrightarrow *$$

세대당 종자의 평균 분산거리가 20이고 세대당 종자의 증식률이 81인 나
    ┗→ $D=20$, $R=81$을 *에 대입한다.
무의 10세대 동안 확산에 의한 이동거리 L의 값은?

(단, 거리의 단위는 m이다.) [4점]

① 400   ② 500   ③ 600   ④ 700   ⑤ 800

Step 1 L^2의 값 구하기

$D=20$, $R=81$이므로

$$L^2 = 100 \times 20^2 \times \log_3 81$$
$$= 100 \times 20^2 \times \log_3 3^4$$
$$= 10^2 \times 20^2 \times 2^2$$

Step 2 L의 값 구하기

$L > 0$이므로

$$L = \sqrt{10^2 \times 20^2 \times 2^2} = \sqrt{(10 \times 20 \times 2)^2}$$
$$= 10 \times 20 \times 2 = 400$$

문제 보기

디지털 사진을 압축할 때 원본 사진과 압축한 사진의 다른 정도를 나타내는 지표인 최대 신호 대 잡음비를 P, 원본 사진과 압축한 사진의 평균제곱오차를 E라 하면 다음과 같은 관계식이 성립한다고 한다.

$$P = 20 \log 255 - 10 \log E \ (E > 0)$$

두 원본 사진 A, B를 압축했을 때 최대 신호 대 잡음비를 각각 P_A, P_B라 하고, 평균제곱오차를 각각 $E_A(E_A > 0)$, $E_B(E_B > 0)$이라 하
    ┗→ $P_A = 20 \log 255 - 10 \log E_A$, $P_B = 20 \log 255 - 10 \log E_B$임을 이용한다.
자. $E_B = 100 E_A$일 때, $P_A - P_B$의 값은? [3점]

① 30   ② 25   ③ 20   ④ 15   ⑤ 10

Step 1   주어진 조건을 관계식에 대입하기

원본 사진 A에서 $P = P_A$, $E = E_A$이므로
$$P_A = 20 \log 255 - 10 \log E_A$$
원본 사진 B에서 $P = P_B$, $E = E_B = 100 E_A$이므로
$$P_B = 20 \log 255 - 10 \log E_B$$
$$= 20 \log 255 - 10 \log 100 E_A$$

Step 2 $P_A - P_B$의 값 구하기

$$\therefore P_A - P_B = -10 \log E_A + 10 \log 100 E_A$$
$$= 10 \log \frac{100 E_A}{E_A}$$
$$= 10 \log 100$$
$$= 10 \log 10^2$$
$$= 20$$

문제 보기

도로용량이 C인 어느 도로구간의 교통량을 V, 통행시간을 t라 할 때, 다음과 같은 관계식이 성립한다고 한다.

$$\log\left(\frac{t}{t_0}-1\right)=k+4\log\frac{V}{C} \ (t>t_0)$$

(단, t_0은 도로 특성 등에 따른 기준통행시간이고, k는 상수이다.)

이 도로구간의 교통량이 도로용량의 2배일 때 통행시간은 기준통행시간 t_0의 $\frac{7}{2}$배이다. k의 값은? [3점]   └─ $V=2C$, $t=\frac{7}{2}t_0$임을 이용한다.

① $-4\log 2$ ② $1-7\log 2$ ③ $-3\log 2$

④ $1-6\log 2$ ⑤ $1-5\log 2$

Step 1   주어진 조건을 관계식에 대입하여 k의 값 구하기

$V=2C$, $t=\frac{7}{2}t_0$이므로

$$\log\left(\frac{\frac{7}{2}t_0}{t_0}-1\right)=k+4\log\frac{2C}{C}$$

$\log\frac{5}{2}=k+4\log 2$, $\log\frac{10}{4}=k+4\log 2$

$\log 10-\log 4=k+4\log 2$

$1-2\log 2=k+4\log 2$

$\therefore k=1-6\log 2$

문제 보기

컴퓨터 통신이론에서 디지털 신호를 아날로그 신호로 바꾸는 통신장치의 성능을 평가할 때, 전송대역폭은 중요한 역할을 한다. 서로 다른 신호요소의 개수를 L, 필터링과 관련된 변수를 r, 데이터 전송률을 $R\,(\mathrm{bps})$, 신호의 전송대역폭을 $B\,(\mathrm{Hz})$라고 할 때, 다음의 식이 성립한다고 한다.

$$B=\left(\frac{1+r}{\log_2 L}\right)\times R$$

데이터 전송률이 같은 두 통신장치 P, Q의 서로 다른 신호요소의 개수,   └─ R의 값이 같다.

필터링과 관련된 변수, 신호의 전송대역폭이 다음과 같을 때, k의 값은? [4점]

	서로 다른 신호요소의 개수	필터링과 관련된 변수	신호의 전송대역폭
P	l^3	0.32	b
Q	l	k	$4b$

└─ $b=\left(\frac{1+0.32}{\log_2 l^3}\right)\times R$, $4b=\left(\frac{1+k}{\log_2 l}\right)\times R$임을 이용한다.

① 0.74   ② 0.75   ③ 0.76   ④ 0.77   ⑤ 0.78

Step 1   주어진 조건을 관계식에 대입하기

두 통신장치 P, Q의 데이터 전송률이 같으므로 $R=R_0$이라 하자.

통신장치 P에서 $L=l^3$, $r=0.32$, $B=b$, $R=R_0$이므로

$$b=\left(\frac{1+0.32}{\log_2 l^3}\right)\times R_0$$

$$=\left(\frac{1.32}{3\log_2 l}\right)\times R_0 \quad\cdots\cdots\ \ominus$$

통신장치 Q에서 $L=l$, $r=k$, $B=4b$, $R=R_0$이므로

$$4b=\left(\frac{1+k}{\log_2 l}\right)\times R_0 \quad\cdots\cdots\ \ominus$$

Step 2 k의 값 구하기

$\ominus÷\ominus$을 하면

$$4=\frac{\dfrac{1+k}{\log_2 l}}{\dfrac{1.32}{3\log_2 l}}, \ 4=\frac{3(1+k)}{1.32}$$

$5.28=3+3k$, $2.28=3k$

$\therefore k=0.76$

43 로그의 실생활에의 활용 정답 ⑤ | 정답률 64% / 60%

문제 보기

단면의 반지름의 길이가 $R\,(R<1)$인 원기둥 모양의 어느 급수관에 물이 가득 차 흐르고 있다. 이 급수관의 단면의 중심에서의 물의 속력을 v_c, 급수관의 벽면으로부터 중심 방향으로 $x\,(0<x\leq R)$만큼 떨어진 지점에서의 물의 속력을 v라 하면 다음과 같은 관계식이 성립한다고 한다.

$$\frac{v_c}{v}=1-k\log\frac{x}{R}\text{ ——— *}$$

(단, k는 양의 상수이고, 길이의 단위는 m, 속력의 단위는 m/초이다.)
$R<1$인 이 급수관의 벽면으로부터 중심 방향으로 $R^{\frac{27}{23}}$만큼 떨어진 지점에서의 물의 속력이 중심에서의 물의 속력의 $\frac{1}{2}$일 때, 급수관의 벽면
┗ $x=R^{\frac{27}{23}}$, $v=\frac{1}{2}v_c$를 *에 대입한다.
으로부터 중심 방향으로 R^a만큼 떨어진 지점에서의 물의 속력이 중심에서의 물의 속력의 $\frac{1}{3}$이다. a의 값은? [3점]
┗ $x=R^a$, $v=\frac{1}{3}v_c$를 *에 대입한다.

① $\frac{39}{23}$ ② $\frac{37}{23}$ ③ $\frac{35}{23}$ ④ $\frac{33}{23}$ ⑤ $\frac{31}{23}$

Step 1 주어진 조건을 관계식에 대입하기

$x=R^{\frac{27}{23}}$, $v=\frac{1}{2}v_c$를 주어진 식에 대입하면

$\dfrac{v_c}{\frac{1}{2}v_c}=1-k\log\dfrac{R^{\frac{27}{23}}}{R}$이므로

$2=1-k\log R^{\frac{4}{23}}$, $2=1-\dfrac{4}{23}k\log R$

$\therefore k\log R=-\dfrac{23}{4}$ ······ ㉠

$x=R^a$, $v=\frac{1}{3}v_c$를 주어진 식에 대입하면

$\dfrac{v_c}{\frac{1}{3}v_c}=1-k\log\dfrac{R^a}{R}$이므로

$3=1-k\log R^{a-1}$, $2=-(a-1)k\log R$

$a-1=-\dfrac{2}{k\log R}$

$\therefore a=1-\dfrac{2}{k\log R}$ ······ ㉡

Step 2 a의 값 구하기

㉠을 ㉡에 대입하면

$a=1-2\times\left(-\dfrac{4}{23}\right)=1+\dfrac{8}{23}=\dfrac{31}{23}$

---

44 로그를 포함한 식이 유리수가 되는 조건

정답 ① | 정답률 39%

문제 보기

$4<a<b<200$인 두 자연수 a, b에 대하여 집합
$A=\{k\,|\,k=\log_a b,\ k\text{는 유리수}\}$라 하자. $n(A)$의 값은? [4점]
┗ k가 유리수이므로 $\log_a b=\dfrac{q}{p}$ (p, q는 서로소인 자연수)로 놓는다.

① 11 ② 13 ③ 15 ④ 17 ⑤ 19

Step 1 $n(A)$의 값의 의미 파악하기

$\log_a b=\dfrac{q}{p}$ (p, q는 서로소인 자연수)라 하면 서로 다른 유리수 $\dfrac{q}{p}$의 개수는 서로 다른 순서쌍 (p,q)의 개수와 같으므로 $n(A)$의 값은 서로 다른 순서쌍 (p,q)의 개수이다.

Step 2 a, b를 밑이 같은 지수로 나타내기

$\log_a b=\dfrac{q}{p}$에서 $b=a^{\frac{q}{p}}$, $a=b^{\frac{p}{q}}$

a, b, p, q가 모두 자연수이므로 1보다 큰 자연수 c에 대하여 $a=c^p$, $b=c^q$으로 나타낼 수 있다.
이때 $4<a<b<200$이므로 $4<c^p<c^q<200$

Step 3 $\log_a b=\dfrac{q}{p}$를 만족시키는 순서쌍 (p,q)의 개수 구하기

(i) $c=2$일 때,
  $4<2^p<2^q<200$이고 이를 만족시키는 p, q의 순서쌍 (p,q)는 $(3,4)$, $(3,5)$, $(3,7)$, $(4,5)$, $(4,7)$, $(5,6)$, $(5,7)$, $(6,7)$의 8개이다.
  ┗ $(3,6)$, $(4,6)$은 서로소 조건을 만족시키지 않아.

(ii) $c=3$일 때,
  $4<3^p<3^q<200$이고 이를 만족시키는 p, q의 순서쌍 (p,q)는 $(2,3)$, $(3,4)$의 2개이다.
  ┗ $(2,4)$는 서로소 조건을 만족시키지 않아.

(iii) $c=4$일 때,
  $4<4^p<4^q<200$이고 이를 만족시키는 p, q의 순서쌍 (p,q)는 $(2,3)$의 1개이다.

(iv) $c=5$일 때,
  $4<5^p<5^q<200$이고 이를 만족시키는 p, q의 순서쌍 (p,q)는 $(1,2)$, $(1,3)$, $(2,3)$의 3개이다.

(v) $6\leq c\leq 14$일 때,
  $4<c^p<c^q<200$을 만족시키는 p, q의 순서쌍 (p,q)는 $(1,2)$의 1개이다.

Step 4 $n(A)$의 값 구하기

(i)~(v)에서 서로 다른 순서쌍 (p,q)는 11개이므로
$n(A)=11$ ┗ $(1,2)$, $(1,3)$, $(2,3)$, $(3,4)$, $(3,5)$, $(3,7)$, $(4,5)$, $(4,7)$, $(5,6)$, $(5,7)$, $(6,7)$

다른 풀이 유리수 $\dfrac{q}{p}$의 개수 구하기

$\log_a b=\dfrac{q}{p}$ (p, q는 서로소인 자연수)라 하면 $b=a^{\frac{q}{p}}$이고 $n(A)$의 값은 서로 다른 유리수 $\dfrac{q}{p}$의 개수와 같다.

(i) $p=1$일 때,
  a는 $4<a<200$을 만족시키는 자연수이고, 4보다 큰 자연수 중 가장 작은 수는 5이다.
  즉, $4<a<a^q<200$을 만족시키는 모든 자연수 q는 $4<5<5^q<200$을 만족시킨다.
  따라서 $\dfrac{q}{p}$는 2, 3의 2개이다.

(ii) $p=2$일 때,

$a^{\frac{q}{2}}$이 자연수이므로 $a^{\frac{1}{2}}$은 자연수이고, a는 $4<a<200$을 만족시키는

자연수이므로 a가 될 수 있는 가장 작은 자연수는 3^2이다.

즉, $4<a<a^{\frac{q}{2}}<200$을 만족시키는 모든 자연수 q는 $4<3^2<3^q<200$

을 만족시킨다.

따라서 $\dfrac{q}{p}$는 $\dfrac{3}{2}$의 1개이다.

(iii) $p \ge 3$일 때,

p, q는 서로소인 자연수이고 $a^{\frac{q}{p}}$이 자연수이므로 $a^{\frac{1}{p}}$은 자연수이다.

a는 $4<a<200$을 만족시키는 자연수이므로 a가 될 수 있는 가장 작은

자연수는 2^p이다.

즉, $4<a<a^{\frac{q}{p}}<200$을 만족시키는 모든 자연수 q는

$4<2^p<(2^p)^{\frac{q}{p}}<200$을 만족시킨다.

① $p=3$일 때,

$4<2^3<2^q<200$을 만족시키는 p와 서로소인 자연수 q는 4, 5, 7이

므로 $\dfrac{q}{p}$는 $\dfrac{4}{3}$, $\dfrac{5}{3}$, $\dfrac{7}{3}$의 3개이다.

② $p=4$일 때,

$4<2^4<2^q<200$을 만족시키는 p와 서로소인 자연수 q는 5, 7이므

로 $\dfrac{q}{p}$는 $\dfrac{5}{4}$, $\dfrac{7}{4}$의 2개이다.

③ $p=5$일 때,

$4<2^5<2^q<200$을 만족시키는 p와 서로소인 자연수 q는 6, 7이므

로 $\dfrac{q}{p}$는 $\dfrac{6}{5}$, $\dfrac{7}{5}$의 2개이다.

④ $p=6$일 때,

$4<2^6<2^q<200$을 만족시키는 p와 서로소인 자연수 q는 7이므로

$\dfrac{q}{p}$는 $\dfrac{7}{6}$의 1개이다.

⑤ $p \ge 7$일 때,

$4<2^p<(2^p)^{\frac{q}{p}}<200$을 만족시키지 않는다.

(i), (ii), (iii)에서 서로 다른 유리수 $\dfrac{q}{p}$는 11개이므로

$n(A)=11$

---

45 로그의 활용 – 개수 세기 정답 7 | 정답률 29%

문제 보기

2 이상의 자연수 x에 대하여

$\log_x n$ (n은 $1 \le n \le 300$인 자연수)

가 자연수인 n의 개수를 $A(x)$라 하자. 예를 들어, $A(2)=8$,

└ n은 x의 거듭제곱 꼴임을 이용한다.

$A(3)=5$이다. 집합 $P=\{2, 3, 4, 5, 6, 7, 8\}$의 공집합이 아닌 부분

집합 X에 대하여 집합 X에서 집합 X로의 대응 f를

$f(x)=A(x)$ $(x \in X)$

로 정의하면 어떤 대응 f는 함수가 된다. 함수 f가 일대일대응이 되도

록 하는 집합 X의 개수를 구하시오. [4점] └ 집합 X는 $A(x)$의 값을
원소로 갖는다.

Step 1 집합 P의 각 원소에 대하여 $A(x)$의 값 구하기

$\log_x n = k$ (k는 자연수)라 하면 $n=x^k$

즉, $\log_x n$이 자연수가 되려면 n은 x의 거듭제곱이어야 한다.

따라서 $A(x)$의 값은 1부터 300까지의 자연수 중에서 x의 거듭제곱으로

나타낼 수 있는 수의 개수이다.

집합 P의 각 원소에 대하여 $A(x)$의 값을 구하면

$x=2$일 때, $2^8=256<300<512=2^9$이므로 $A(2)=8$

$x=3$일 때, $3^5=243<300<729=3^6$이므로 $A(3)=5$

$x=4$일 때, $4^4=256<300<1024=4^5$이므로 $A(4)=4$

$x=5$일 때, $5^3=125<300<625=5^4$이므로 $A(5)=3$

$x=6$일 때, $6^3=216<300<1296=6^4$이므로 $A(6)=3$

$x=7$일 때, $7^2=49<300<343=7^3$이므로 $A(7)=2$

$x=8$일 때, $8^2=64<300<512=8^3$이므로 $A(8)=2$

Step 2 집합 X의 개수 구하기

즉, x의 값이 2, 3, 4, 5, 6, 7, 8일 때 $A(x)$의 값은 2, 3, 4, 5, 8만을 가

지므로 집합 P의 공집합이 아닌 부분집합 X에 대하여 집합 X에서 집합

X로의 대응 f가 일대일대응이 되려면 집합 X는 집합 $\{2, 3, 4, 5, 8\}$의

공집합이 아닌 부분집합이어야 한다.

이때 집합 X가 갖는 원소에 따라 다음과 같은 경우로 나눌 수 있다.

(i) 집합 X가 2를 원소로 갖는 경우

$f(2)=A(2)=8$이므로 집합 X는 8을 원소로 가져야 한다.

이때 $f(8)=A(8)=2$이므로 집합 X는 2와 8을 동시에 원소로 가져야

한다.

(ii) 집합 X가 3을 원소로 갖는 경우

$f(3)=A(3)=5$이므로 집합 X는 5를 원소로 가져야 한다.

이때 $f(5)=A(5)=3$이므로 집합 X는 3과 5를 동시에 원소로 가져야

한다.

(iii) 집합 X가 4를 원소로 갖는 경우

$f(4)=A(4)=4$이므로 집합 X는 4만을 원소로 가져도 된다.

(i), (ii), (iii)에서 함수 f가 일대일대응이 되도록 하는 집합 X는 $\{4\}$, $\{2, 8\}$,

$\{3, 5\}$, $\{2, 4, 8\}$, $\{3, 4, 5\}$, $\{2, 3, 5, 8\}$, $\{2, 3, 4, 5, 8\}$의 7개이다.

문제 보기

다음 조건을 만족시키는 20 이하의 모든 자연수 n의 값의 합을 구하시오. [4점]

> $\log_2(na-a^2)$과 $\log_2(nb-b^2)$은 같은 자연수이고 $0<b-a\le\dfrac{n}{2}$인
> └ $\log_2(na-a^2)=\log_2(nb-b^2)$임을 이용한다.   └ n에 대한 부등식
> 으로 나타낸다.
> 두 실수 a, b가 존재한다.

Step 1 a, b, n 사이의 관계식 구하기

$\log_2(na-a^2)$과 $\log_2(nb-b^2)$은 같은 자연수이므로

$\log_2(na-a^2)=\log_2(nb-b^2)$에서

$na-a^2=nb-b^2$

$b^2-a^2+na-nb=0$

$(b-a)(b+a)-n(b-a)=0$

$(b-a)(b+a-n)=0$

$b-a>0$이므로 $b+a-n=0$

$\therefore b=n-a$

Step 2 a의 값의 범위 구하기

이때 $0<b-a\le\dfrac{n}{2}$이므로

$0<(n-a)-a\le\dfrac{n}{2}$, $0<n-2a\le\dfrac{n}{2}$

$-n<-2a\le-\dfrac{n}{2}$

$\therefore \dfrac{n}{4}\le a<\dfrac{n}{2}$ …… ㉠

Step 3 n^2의 값의 범위 구하기

한편 $\log_2(na-a^2)=k$ (k는 자연수)라 하면

$na-a^2=2^k$, $a^2-na+2^k=0$ → a에 대한 이차방정식으로 생각하고 근의 공식을 이용하여 a의 값을 구해.

$\therefore a=\dfrac{n\pm\sqrt{n^2-4\times2^k}}{2}$ …… ㉡

㉠, ㉡에서 $\dfrac{n}{4}\le\dfrac{n-\sqrt{n^2-4\times2^k}}{2}<\dfrac{n}{2}$

$\dfrac{n}{2}\le n-\sqrt{n^2-4\times2^k}<n$ └ $a=\dfrac{n+\sqrt{n^2-4\times2^k}}{2}$일 때는 부등식이 성립하지 않아.

$-\dfrac{n}{2}\le-\sqrt{n^2-4\times2^k}<0$

$0<\sqrt{n^2-4\times2^k}\le\dfrac{n}{2}$

각 변을 제곱하면 $0<n^2-4\times2^k\le\dfrac{n^2}{4}$

$0<n^2-4\times2^k$에서 $n^2>4\times2^k$

$n^2-4\times2^k\le\dfrac{n^2}{4}$에서 $\dfrac{3}{4}n^2\le4\times2^k$ $\therefore n^2\le\dfrac{16}{3}\times2^k$

$\therefore 4\times2^k<n^2\le\dfrac{16}{3}\times2^k$ …… ㉢

Step 4   자연수 n의 값의 합 구하기

$k=1$, 2, 3, …을 각각 대입하여 ㉢을 만족시키는 20 이하의 자연수 n의 값을 구하면

(i) $k=1$일 때, $8<n^2\le\dfrac{32}{3}=10.\cdots$이므로 $n=3$

(ii) $k=2$일 때, $16<n^2\le\dfrac{64}{3}=21.\cdots$이므로 이를 만족시키는 n의 값은 존재하지 않는다.

(iii) $k=3$일 때, $32<n^2\le\dfrac{128}{3}=42.\cdots$이므로 $n=6$

(iv) $k=4$일 때, $64<n^2\le\dfrac{256}{3}=85.\cdots$이므로 $n=9$

(v) $k=5$일 때, $128<n^2\le\dfrac{512}{3}=170.\cdots$이므로 $n=12$, 13

(vi) $k=6$일 때, $256<n^2\le\dfrac{1024}{3}=341.\cdots$이므로 $n=17$, 18

(vii) $k\ge7$일 때, $n>20$이므로 조건을 만족시키지 않는다.
   └ $k=7$일 때, $512<n^2\le\dfrac{2048}{3}=682.\cdots$이므로 $n=23$, 24, 25, 26

(i)~(vii)에서 모든 자연수 n의 값의 합은

$3+6+9+12+13+17+18=78$

다른 풀이   이차방정식의 근과 계수의 관계 이용하기

$\log_2(na-a^2)$과 $\log_2(nb-b^2)$은 같은 자연수이므로

$\log_2(na-a^2)=\log_2(nb-b^2)=k$ (k는 자연수)라 하면

$na-a^2=nb-b^2=2^k$

이때 a, b는 이차방정식 $nx-x^2=2^k$, 즉 $x^2-nx+2^k=0$의 서로 다른 두 실근이므로 이차방정식의 근과 계수의 관계에 의하여

$a+b=n$, $ab=2^k$

$(b-a)^2=(a+b)^2-4ab=n^2-4\times2^k$이고,

$0<b-a\le\dfrac{n}{2}$에서 $0<(b-a)^2\le\dfrac{n^2}{4}$

$\therefore 0<n^2-4\times2^k\le\dfrac{n^2}{4}$

$0<n^2-4\times2^k$에서 $n^2>4\times2^k$

$n^2-4\times2^k\le\dfrac{n^2}{4}$에서 $n^2\le\dfrac{16}{3}\times2^k$

$\therefore 4\times2^k<n^2\le\dfrac{16}{3}\times2^k$

$k=1$, 2, 3, …을 각각 대입하여 위의 부등식을 만족시키는 20 이하의 자연수 n의 값을 구하면

(i) $k=1$일 때, $8<n^2\le\dfrac{32}{3}=10.\cdots$이므로 $n=3$

(ii) $k=2$일 때, $16<n^2\le\dfrac{64}{3}=21.\cdots$이므로 이를 만족시키는 n의 값은 존재하지 않는다.

(iii) $k=3$일 때, $32<n^2\le\dfrac{128}{3}=42.\cdots$이므로 $n=6$

(iv) $k=4$일 때, $64<n^2\le\dfrac{256}{3}=85.\cdots$이므로 $n=9$

(v) $k=5$일 때, $128<n^2\le\dfrac{512}{3}=170.\cdots$이므로 $n=12$, 13

(vi) $k=6$일 때, $256<n^2\le\dfrac{1024}{3}=341.\cdots$이므로 $n=17$, 18

(vii) $k\ge7$일 때, $n>20$이므로 조건을 만족시키지 않는다.

(i)~(vii)에서 모든 자연수 n의 값의 합은

$3+6+9+12+13+17+18=78$

4
일차

5
일차

01 60	**02** ①	**03** ③	**04** ⑤	**05** 3	**06** 47	**07** ②	**08** ④	**09** 31	**10** ⑤	**11** 36	**12** ⑤
13 ⑤	**14** ④	**15** ②	**16** 32	**17** ③	**18** 21	**19** ②	**20** ③	**21** ①	**22** ④	**23** ⑤	**24** ①
25 18	**26** ③	**27** ①	**28** ③	**29** ②	**30** ④	**31** ④	**32** ④	**33** 8	**34** ③	**35** ③	**36** ②
37 13	**38** 8	**39** ⑤	**40** 60	**41** 220	**42** 196						

문제편 060쪽~073쪽

01 지수함수의 그래프의 점근선 정답 60 | 정답률 86%

문제 보기

함수 $f(x)=2^{x+p}+q$의 그래프의 점근선이 직선 $y=-4$이고 $f(0)=0$
└→ q의 값을 구한다.   └→ p의 값을 구한다.
일 때, $f(4)$의 값을 구하시오. (단, p와 q는 상수이다.) [3점]

Step 1 q의 값 구하기

함수 $f(x)=2^{x+p}+q$의 그래프의 점근선이 직선 $y=q$이므로
$q=-4$ └→ 함수 $y=2^x$의 그래프의 점근선인 직선 $y=0$을 y축의 방향으로 q만큼
             평행이동한 거야.

Step 2 p의 값 구하기

$f(x)=2^{x+p}-4$이므로 $f(0)=0$에서
$2^p-4=0$, $2^p=2^2$
∴ $p=2$

Step 3 $f(4)$의 값 구하기

따라서 $f(x)=2^{x+2}-4$이므로
$f(4)=2^6-4=64-4=60$

02 지수함수의 그래프 위의 점 정답 ① | 정답률 93%

문제 보기

실수 a, b에 대하여 좌표평면에서 함수 $y=a\times 2^x$의 그래프가 두 점
                                                              *
$(0, 4)$, $(b, 16)$을 지날 때, $a+b$의 값은? [3점]
       └→ 두 점의 좌표를 *에 각각 대입한다.

① 6   ② 7   ③ 8   ④ 9   ⑤ 10

Step 1 a의 값 구하기

함수 $y=a\times 2^x$의 그래프가 점 $(0, 4)$를 지나므로
$4=a\times 2^0$ ∴ $a=4$

Step 2 b의 값 구하기

함수 $y=4\times 2^x$의 그래프가 점 $(b, 16)$을 지나므로
$16=4\times 2^b$, $2^b=2^2$
∴ $b=2$

Step 3 $a+b$의 값 구하기

∴ $a+b=4+2=6$

03 　지수함수의 그래프 위의 점　　정답 ③ | 정답률 92%

문제 보기

지수함수 $f(x)=a^x$의 그래프가 그림과 같다.

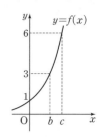

$f(b)=3$, $f(c)=6$일 때, $f\left(\dfrac{b+c}{2}\right)$의 값은? [3점]
$\quad\longrightarrow a^b=3,\ a^c=6 \qquad\qquad \longrightarrow a^b,\ a^c$을 이용할 수 있도록 변형한다.

① 4 　　② $\sqrt{17}$ 　　③ $3\sqrt{2}$ 　　④ $\sqrt{19}$ 　　⑤ $2\sqrt{5}$

Step 1 　a^b, a^c의 값 구하기

$f(b)=3$에서 $a^b=3$

$f(c)=6$에서 $a^c=6$

Step 2 　$f\left(\dfrac{b+c}{2}\right)$의 값 구하기

$$\therefore f\left(\frac{b+c}{2}\right)=a^{\frac{b+c}{2}}=(a^{b+c})^{\frac{1}{2}}$$
$$=(a^b\times a^c)^{\frac{1}{2}}=(3\times 6)^{\frac{1}{2}}$$
$$=18^{\frac{1}{2}}=\sqrt{18}$$
$$=3\sqrt{2}$$

다른 풀이 　로그의 성질 이용하기

$f(b)=3$에서 $a^b=3$이므로 $b=\log_a 3$

$f(c)=6$에서 $a^c=6$이므로 $c=\log_a 6$

$$\therefore \frac{b+c}{2}=\frac{\log_a 3+\log_a 6}{2}$$
$$=\frac{1}{2}\log_a 18=\log_a 18^{\frac{1}{2}}$$
$$=\log_a \sqrt{18}$$

$\therefore f\left(\dfrac{b+c}{2}\right)=a^{\log_a \sqrt{18}}=(\sqrt{18})^{\log_a a}=\sqrt{18}=3\sqrt{2}$

04 　지수함수의 그래프 위의 점　　정답 ⑤ | 정답률 76%

문제 보기

$a>1$인 실수 a에 대하여 직선 $y=-x$가 곡선 $y=a^x$과 만나는 점의 좌표를 $(p, -p)$, 곡선 $y=a^{2x}$과 만나는 점의 좌표를 $(q, -q)$라 할 때, $\log_a pq=-8$이다. $p+2q$의 값은? [3점] $\longrightarrow a^p=-p,\ a^{2q}=-q$임을 이용한다.

① 0 　　② -2 　　③ -4 　　④ -6 　　⑤ -8

Step 1 　a^p, a^{2q}의 값을 p, q로 나타내기

직선 $y=-x$가 곡선 $y=a^x$과 만나는 점의 좌표가 $(p, -p)$이므로

$a^p=-p$ 　　…… ㉠

또 직선 $y=-x$가 곡선 $y=a^{2x}$과 만나는 점의 좌표가 $(q, -q)$이므로

$a^{2q}=-q$ 　　…… ㉡

Step 2 　$p+2q$의 값 구하기

㉠×㉡을 하면

$a^p\times a^{2q}=(-p)\times(-q)$ 　　$\therefore a^{p+2q}=pq$

로그의 정의에 의하여

$p+2q=\log_a pq$

$\therefore p+2q=-8$

05 　지수함수의 그래프의 평행이동　　정답 3 | 정답률 96%

문제 보기

함수 $y=4^x$의 그래프를 x축의 방향으로 1만큼, y축의 방향으로 a만큼 평행이동한 그래프가 점 $\left(\dfrac{3}{2}, 5\right)$를 지날 때, 상수 a의 값을 구하시오.
$\quad\longrightarrow y=4^{x-1}+a$

[3점]

Step 1 　평행이동한 그래프의 식 구하기

함수 $y=4^x$의 그래프를 x축의 방향으로 1만큼, y축의 방향으로 a만큼 평행이동하면

$y=4^{x-1}+a$

Step 2 　a의 값 구하기

이 함수의 그래프가 점 $\left(\dfrac{3}{2}, 5\right)$를 지나므로

$5=4^{\frac{3}{2}-1}+a$, $5=4^{\frac{1}{2}}+a$

$5=2+a$ 　　$\therefore a=3$

06 지수함수의 그래프의 평행이동   정답 47 | 정답률 55%

문제 보기

지수함수 $y=5^x$의 그래프를 x축의 방향으로 a만큼, y축의 방향으로 b

만큼 평행이동하면 함수 $y=\dfrac{1}{9}\times 5^{x-1}+2$의 그래프와 일치한다. 5^a+b

$\llcorner\ y=5^{x-a}+b$

의 값을 구하시오. (단, a, b는 상수이다.) [4점]

Step 1   평행이동한 그래프의 식 구하기

지수함수 $y=5^x$의 그래프를 x축의 방향으로 a만큼, y축의 방향으로 b만큼 평행이동하면

$y=5^{x-a}+b$

Step 2 5^a+b의 값 구하기

$y=5^{x-a}+b=\dfrac{1}{5^a}\times 5^x+b$이고 이 함수의 그래프가 $y=\dfrac{1}{9}\times 5^{x-1}+2$, 즉

$y=\dfrac{1}{9}\times\dfrac{1}{5}\times 5^x+2$의 그래프와 일치하므로

$\dfrac{1}{5^a}=\dfrac{1}{45}$, $b=2$

따라서 $5^a=45$, $b=2$이므로

$5^a+b=47$

---

07 지수함수의 그래프의 점근선   정답 ② | 정답률 68%

문제 보기

함수 $y=2^{x-a}+b$의 그래프가 그림과 같을 때, 두 상수 a, b에 대하여

$\llcorner$ 점근선은 직선 $y=b$이다.

$a+b$의 값은? (단, 직선 $y=3$은 그래프의 점근선이다.) [3점]

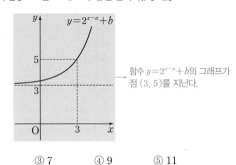

① 3   ② 5   ③ 7   ④ 9   ⑤ 11

Step 1 b의 값 구하기

함수 $y=2^{x-a}+b$의 그래프의 점근선이 직선 $y=b$이므로

$b=3$ $\llcorner$ 함수 $y=2^x$의 그래프의 점근선인 직선 $y=0$을 y축의 방향으로 b만큼 평행이동한 거야.

Step 2 a의 값 구하기

함수 $y=2^{x-a}+3$의 그래프가 점 $(3, 5)$를 지나므로

$5=2^{3-a}+3$, $2^{3-a}=2$

즉, $3-a=1$이므로 $a=2$

Step 3 $a+b$의 값 구하기

$\therefore a+b=2+3=5$

---

08 지수함수의 그래프가 지나지 않는 사분면

정답 ④ | 정답률 92%

문제 보기

함수 $f(x)=-2^{4-3x}+k$의 그래프가 제2사분면을 지나지 않도록 하는

$\llcorner$ 함수 $y=f(x)$의 그래프를 그려서 k의 값의 범위를 구한다.

자연수 k의 최댓값은? [3점]

① 10   ② 12   ③ 14   ④ 16   ⑤ 18

Step 1   함수 $y=f(x)$의 그래프 파악하기

함수 $f(x)=-2^{4-3x}+k=-2^{-3\left(x-\frac{4}{3}\right)}+k=-\left(\dfrac{1}{8}\right)^{x-\frac{4}{3}}+k$의 그래프는

함수 $y=\left(\dfrac{1}{8}\right)^x$의 그래프를 x축에 대하여 대칭이동한 후 x축의 방향으로

$\dfrac{4}{3}$만큼, y축의 방향으로 k만큼 평행이동한 것이다.

Step 2   자연수 k의 최댓값 구하기

이때 이 함수의 그래프가 제2사분면을 지나지 않으려면 오른쪽 그림에서 $f(0)\le 0$이어야 하므로

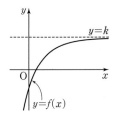

$-2^4+k\le 0$ $\therefore k\le 16$

따라서 자연수 k의 최댓값은 16이다.

09 지수함수의 그래프가 지나는 사분면

정답 31 | 정답률 33%

문제 보기

함수 $f(x)=\left(\dfrac{1}{2}\right)^{x-5}-64$에 대하여 함수 $y=|f(x)|$의 그래프와 직선

$y=k$가 제1사분면에서 만나도록 하는 자연수 k의 개수를 구하시오.
┗ 함수 $y=|f(x)|$의 그래프를 그려서 k의 값의 범위를 구한다.
(단, 좌표축은 어느 사분면에도 속하지 않는다.) [4점]

───

Step 1 함수 $y=f(x)$의 그래프 그리기

함수 $f(x)=\left(\dfrac{1}{2}\right)^{x-5}-64$의 그래프는 함수

$y=\left(\dfrac{1}{2}\right)^x$의 그래프를 x축의 방향으로 5만큼,

y축의 방향으로 -64만큼 평행이동한 것이
고, 점근선이 직선 $y=-64$이므로 함수
$y=f(x)$의 그래프는 오른쪽 그림과 같다.

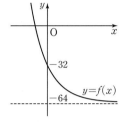

Step 2 자연수 k의 개수 구하기

함수 $y=|f(x)|$의 그래프는 오른쪽 그림과
같으므로 직선 $y=k$와 제1사분면에서 만나려
면 $32<k<64$이어야 한다.
따라서 구하는 자연수 k의 개수는 31이다.
$64-32-1=31$ ┘

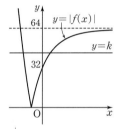

┗ 함수 $y=|f(x)|$의 그
래프는 함수 $y=f(x)$의
그래프에서 $f(x)<0$인
부분을 x축에 대하여 대
칭이동한 거야.

10 지수함수의 그래프 위의 점

정답 ⑤ | 정답률 73%

문제 보기

지수함수 $y=3^x$의 그래프 위의 한 점 A의 y좌표가 $\dfrac{1}{3}$이다. 이 그래프
┗ 점 A의 x좌표를 구한다.
위의 한 점 B에 대하여 선분 AB를 $1:2$로 내분하는 점 C가 y축 위에
있을 때, 점 B의 y좌표는? [3점] ┗ 점 C의 x좌표가
0임을 이용한다.

① 3   ② $3\sqrt[3]{3}$ ③ $3\sqrt{3}$ ④ $3\sqrt[3]{9}$ ⑤ 9

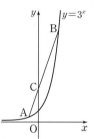

───

Step 1 점 A의 x좌표 구하기

$A\left(a, \dfrac{1}{3}\right)$이라 하면 점 A가 함수 $y=3^x$의 그래프 위에 있으므로

$3^a=\dfrac{1}{3}$, $3^a=3^{-1}$ $\therefore a=-1$

Step 2 점 B의 x좌표 구하기

점 B가 함수 $y=3^x$의 그래프 위에 있으므로 $B(b, 3^b)$이라 하면 선분 AB
를 $1:2$로 내분하는 점 C의 x좌표는
$$\dfrac{1\times b+2\times(-1)}{1+2}=\dfrac{b-2}{3}$$
점 C가 y축 위에 있으므로
$$\dfrac{b-2}{3}=0 \quad \therefore b=2$$

Step 3 점 B의 y좌표 구하기

따라서 점 B의 y좌표는
$3^2=9$

다른 풀이 평행선 사이의 선분의 길이의 비 이용하기

$A\left(a, \dfrac{1}{3}\right)$이라 하면 점 A가 함수 $y=3^x$의 그래프 위에 있으므로

$3^a=\dfrac{1}{3}$, $3^a=3^{-1}$ $\therefore a=-1$

점 A에서 x축에 내린 수선의 발을 A′이라 하면
$A'(-1, 0)$
점 B에서 x축에 내린 수선의 발을 B′이라 하
면 점 C가 선분 AB를 $1:2$로 내분하므로
$\overline{AC}:\overline{BC}=1:2$
$\therefore \overline{A'O}:\overline{B'O}=1:2$ → $\overline{AA'}//\overline{CO}//\overline{BB'}$이므로
$\overline{AC}:\overline{BC}=\overline{A'O}:\overline{B'O}$
이때 $\overline{A'O}=1$이므로 $\overline{B'O}=2$
따라서 점 B의 x좌표는 2이므로 점 B의 y좌
표는
$3^2=9$

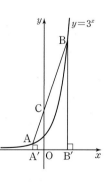

문제 보기

곡선 $y=\left(\dfrac{1}{5}\right)^{x-3}$ 과 직선 $y=x$가 만나는 점의 x좌표를 k라 하자. 실수
　　└ *의 값을 구한다.
전체의 집합에서 정의된 함수 $f(x)$가 다음 조건을 만족시킨다.

> $x>k$인 모든 실수 x에 대하여 $f(x)=\left(\dfrac{1}{5}\right)^{x-3}$ 이고 $f(f(x))=3x$이
> 다.　└ $f(x)$의 함숫값이 *인 경우를 찾는다.

$f\left(\dfrac{1}{k^3\times 5^{3k}}\right)$의 값을 구하시오. [4점]
　　└ *

Step 1　$\dfrac{1}{k^3\times 5^{3k}}$의 값 구하기

곡선 $y=\left(\dfrac{1}{5}\right)^{x-3}$과 직선 $y=x$가 만나는 점의 x좌표가 k이므로

$k=\left(\dfrac{1}{5}\right)^{k-3}$, $k=\dfrac{1}{5^k}\times 5^3$, $k\times 5^k=5^3$

$\left(\dfrac{1}{k\times 5^k}\right)^3=\left(\dfrac{1}{5^3}\right)^3$　　$\therefore \dfrac{1}{k^3\times 5^{3k}}=\dfrac{1}{5^9}$

Step 2　$f\left(\dfrac{1}{k^3\times 5^{3k}}\right)$의 값 구하기

$x=1$일 때, 곡선 $y=\left(\dfrac{1}{5}\right)^{x-3}$은 점 $(1, 25)$를 지나고 직선 $y=x$는

점 $(1, 1)$을 지나므로 $x>k$일 때 $\left(\dfrac{1}{5}\right)^{x-3}<x$이려면

$k>1$

이때 $\dfrac{1}{5^9}<1<k$이고 함수 $y=\left(\dfrac{1}{5}\right)^{x-3}$은 모든

실수 x에 대하여 감소하므로 오른쪽 그림과 같
이 $f(\alpha)=\dfrac{1}{5^9}$인 실수 $\alpha\,(\alpha>k)$가 존재한다.

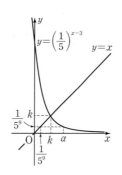

$f(\alpha)=\dfrac{1}{5^9}$에서 $\left(\dfrac{1}{5}\right)^{\alpha-3}=\dfrac{1}{5^9}$

$\alpha-3=9$　　$\therefore \alpha=12$

$\therefore f(12)=\dfrac{1}{5^9}$

따라서 $f(f(x))=3x$에서

$f\left(\dfrac{1}{k^3\times 5^{3k}}\right)=f\left(\dfrac{1}{5^9}\right)=f(f(12))=3\times 12=36$

다른 풀이　로그함수 이용하기

$x>k$인 모든 실수 x에 대하여 $f(f(x))=3x$이므로

$f\left(\left(\dfrac{1}{5}\right)^{x-3}\right)=3x$

$x>k$일 때 $0<\left(\dfrac{1}{5}\right)^{x-3}<k$이므로 $\left(\dfrac{1}{5}\right)^{x-3}=t\,(0<t<k)$로 놓으면

$x-3=\log_{\frac{1}{5}}t$, $x=-\log_5 t+3$

$\therefore f(t)=3(-\log_5 t+3)=-3\log_5 t+9$

즉, $0<x<k$인 모든 실수 x에 대하여

$f(x)=-3\log_5 x+9$

따라서 $0<\dfrac{1}{5^9}<k$이므로

$f\left(\dfrac{1}{k^3\times 5^{3k}}\right)=f\left(\dfrac{1}{5^9}\right)=-3\log_5 5^{-9}+9=27+9=36$

문제 보기

$0<a<1$인 실수 a에 대하여 함수 $f(x)=a^x$은 $-2\le x\le 1$에서 최솟
　　　　　　　　　　　　　　　　　　　　└ $0<a<1$
값 $\dfrac{5}{6}$, 최댓값 M을 갖는다. $a\times M$의 값은? [3점]
　└ a의 값을 구한다.

① $\dfrac{2}{5}$　　② $\dfrac{3}{5}$　　③ $\dfrac{4}{5}$　　④ 1　　⑤ $\dfrac{6}{5}$

Step 1　a의 값 구하기

$f(x)=a^x$에서 $0<a<1$이므로 $x=1$일 때 최소이고 최솟값 $f(1)=a$를
갖는다.

$\therefore a=\dfrac{5}{6}$

Step 2　M의 값 구하기

따라서 함수 $f(x)=\left(\dfrac{5}{6}\right)^x$은 $x=-2$일 때 최대이고 최댓값은

$M=f(-2)=\left(\dfrac{5}{6}\right)^{-2}=\left(\dfrac{6}{5}\right)^2$

Step 3　$a\times M$의 값 구하기

$\therefore a\times M=\dfrac{5}{6}\times\left(\dfrac{6}{5}\right)^2=\dfrac{6}{5}$

13 지수함수의 최대, 최소 – 지수가 일차식

정답 ⑤ | 정답률 85%

문제 보기

정의역이 $\{x \mid 1 \le x \le 3\}$인 함수 $f(x) = 5^{x-2} + 3$의 최댓값은? [3점]
└→ (밑)>1

① 4   ② 5   ③ 6   ④ 7   ⑤ 8

Step 1 최댓값 구하기

$f(x) = 5^{x-2} + 3$에서 밑이 1보다 크므로 $x = 3$일 때 최대이고 최댓값은
$f(3) = 5 + 3 = 8$

14 지수함수의 최대, 최소 – 지수가 일차식

정답 ④ | 정답률 94%

문제 보기

$2 \le x \le 4$에서 함수 $f(x) = \left(\dfrac{1}{2}\right)^{x-2}$의 최솟값은? [3점]
└→ 0<(밑)<1

① $\dfrac{1}{32}$ ② $\dfrac{1}{16}$ ③ $\dfrac{1}{8}$ ④ $\dfrac{1}{4}$ ⑤ $\dfrac{1}{2}$

Step 1 최솟값 구하기

$f(x) = \left(\dfrac{1}{2}\right)^{x-2}$에서 밑이 1보다 작으므로 $x = 4$일 때 최소이고 최솟값은
$f(4) = \left(\dfrac{1}{2}\right)^2 = \dfrac{1}{4}$

15 지수함수의 최대, 최소 – 지수가 일차식

정답 ② | 정답률 95%

문제 보기

$1 \le x \le 3$에서 함수 $f(x) = 1 + \left(\dfrac{1}{3}\right)^{x-1}$의 최댓값은? [3점]
└→ 0<(밑)<1

① $\dfrac{5}{3}$ ② 2   ③ $\dfrac{7}{3}$ ④ $\dfrac{8}{3}$ ⑤ 3

Step 1 최댓값 구하기

$f(x) = 1 + \left(\dfrac{1}{3}\right)^{x-1}$에서 밑이 1보다 작으므로 $x = 1$일 때 최대이고 최댓값은
$f(1) = 1 + \left(\dfrac{1}{3}\right)^0 = 1 + 1 = 2$

16 지수함수의 최대, 최소 – 지수가 일차식

정답 32 | 정답률 90%

문제 보기

$-1 \le x \le 3$에서 두 함수
$f(x) = 2^x$, $g(x) = \left(\dfrac{1}{2}\right)^{2x}$ → $f(x)$는 (밑)>1, $g(x)$는 0<(밑)<1이다.
의 최댓값을 각각 a, b라 하자. ab의 값을 구하시오. [3점]

Step 1 a의 값 구하기

$f(x) = 2^x$에서 밑이 1보다 크므로 $x = 3$일 때 최대이고 최댓값은
$f(3) = 2^3 = 8$ $\therefore a = 8$

Step 2 b의 값 구하기

$g(x) = \left(\dfrac{1}{2}\right)^{2x} = \left(\dfrac{1}{4}\right)^x$에서 밑이 1보다 작으므로 $x = -1$일 때 최대이고 최댓값은
$g(-1) = \left(\dfrac{1}{4}\right)^{-1} = 4$ $\therefore b = 4$

Step 3 ab의 값 구하기

$\therefore ab = 8 \times 4 = 32$

문제 보기

$-1 \leq x \leq 3$에서 함수 $f(x)=2^{|x|}$의 최댓값과 최솟값의 합은? [3점]
$\quad \rightarrow x \geq 0$과 $x < 0$인 경우로 나누어 함수 $y=f(x)$의 그래프를 그린다.

① 5   ② 7   ③ 9   ④ 11   ⑤ 13

Step 1 함수 $y=f(x)$의 그래프 그리기

$f(x)=2^{|x|}=\begin{cases} 2^x & (x \geq 0) \\ 2^{-x} & (x < 0) \end{cases}$ 이므로 함수

$y=f(x)$의 그래프는 오른쪽 그림과 같다.

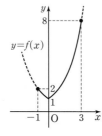

Step 2 최댓값과 최솟값의 합 구하기

함수 $f(x)=2^{|x|}$의 그래프에서

$x=3$일 때 최대이고 최댓값은 $f(3)=2^3=8$

$x=0$일 때 최소이고 최솟값은 $f(0)=2^0=1$

따라서 함수 $f(x)=2^{|x|}$의 최댓값과 최솟값의 합은

$8+1=9$

---

18 지수함수의 최대, 최소 – 지수가 일차식

정답 21 | 정답률 83%

문제 보기

$2 \leq x \leq 3$에서 함수 $f(x)=\left(\dfrac{1}{3}\right)^{2x-a}$의 최댓값은 27, 최솟값은 m이다.
$\qquad\qquad\qquad \rightarrow 0 < (밑) < 1 \qquad\qquad \rightarrow a$의 값을 구한다.

$a \times m$의 값을 구하시오. (단, a는 상수이다.) [3점]

Step 1 a의 값 구하기

$f(x)=\left(\dfrac{1}{3}\right)^{2x-a}$에서 밑이 1보다 작으므로 $x=2$일 때 최대이고 최댓값

$f(2)=\left(\dfrac{1}{3}\right)^{4-a}$을 갖는다.

즉, $\left(\dfrac{1}{3}\right)^{4-a}=27$이므로 $3^{a-4}=3^3$

$a-4=3 \qquad \therefore a=7$

Step 2 m의 값 구하기

따라서 함수 $f(x)=\left(\dfrac{1}{3}\right)^{2x-7}$은 $x=3$일 때 최소이고 최솟값은

$m=f(3)=\left(\dfrac{1}{3}\right)^{-1}=3$

Step 3 $a \times m$의 값 구하기

$\therefore a \times m=7 \times 3=21$

---

19 지수함수의 최대, 최소 – 지수가 일차식

정답 ② | 정답률 88%

문제 보기

$-1 \leq x \leq 2$에서 함수 $f(x)=\left(\dfrac{3}{a}\right)^x$의 최댓값이 4가 되도록 하는 모든

양수 a의 값의 곱은? [3점]
$\qquad\qquad \rightarrow (밑) > 1, (밑)=1, 0 < (밑) < 1$인 경우로 나누어
$\qquad\qquad\qquad a$의 값을 구한다.

① 16   ② 18   ③ 20   ④ 22   ⑤ 24

Step 1 밑의 범위에 따라 양수 a의 값 구하기

(i) $\dfrac{3}{a} > 1$, 즉 $0 < a < 3$일 때,

$\quad f(x)=\left(\dfrac{3}{a}\right)^x$에서 밑이 1보다 크므로 $x=2$일 때 최대이고 최댓값

$\quad f(2)=\left(\dfrac{3}{a}\right)^2$을 갖는다.

$\quad$ 즉, $\left(\dfrac{3}{a}\right)^2=4$이므로 $\dfrac{9}{a^2}=4$

$\quad a^2=\dfrac{9}{4} \qquad \therefore a=\dfrac{3}{2} \ (\because 0 < a < 3)$

(ii) $\dfrac{3}{a}=1$, 즉 $a=3$일 때,

$\quad f(x)=1$이므로 함수 $f(x)$의 최댓값은 4가 될 수 없다.

(iii) $0 < \dfrac{3}{a} < 1$, 즉 $a > 3$일 때,

$\quad f(x)=\left(\dfrac{3}{a}\right)^x$에서 밑이 1보다 작으므로 $x=-1$일 때 최대이고 최댓값

$\quad f(-1)=\left(\dfrac{3}{a}\right)^{-1}$을 갖는다.

$\quad$ 즉, $\left(\dfrac{3}{a}\right)^{-1}=4$이므로 $\dfrac{a}{3}=4$

$\quad \therefore a=12$

Step 2 양수 a의 값의 곱 구하기

(i), (ii), (iii)에서 모든 양수 a의 값의 곱은

$\dfrac{3}{2} \times 12=18$

20 지수함수의 최대, 최소 – 지수가 일차식
정답 ③ | 정답률 84%

문제 보기

두 함수 $f(x)=3^x$, $g(x)=3^{2-x}+a$의 그래프가 만나는 점의 x좌표가 2일 때, $1 \le x \le 3$에서 함수 $f(x)g(x)$의 최솟값은?
└ $f(2)=g(2)$임을 이용하여 a의 값을 구한다.
(단, a는 상수이다.) [3점]

① 31　② 32　③ 33　④ 34　⑤ 35

Step 1 a의 값 구하기

두 함수 $f(x)=3^x$, $g(x)=3^{2-x}+a$의 그래프가 만나는 점의 x좌표가 2이 므로 $f(2)=g(2)$에서
$3^2=3^0+a$, $9=1+a$
$\therefore a=8$

Step 2 함수 $f(x)g(x)$의 최솟값 구하기

$\therefore f(x)g(x)=3^x \times (3^{2-x}+8)=8 \times 3^x+9$
따라서 함수 $f(x)g(x)=8 \times 3^x+9$의 밑이 1보다 크므로 $x=1$일 때 최소이고 최솟값은
$f(1)g(1)=8 \times 3+9=33$

---

21 지수함수의 최대, 최소 – 지수가 이차식
정답 ① | 정답률 69%

문제 보기

함수 $f(x)=\left(\dfrac{1}{5}\right)^{x^2-4x+1}$은 $x=a$에서 최댓값 M을 갖는다. $a+M$의 값은? [3점]
└ $0<$(밑)<1이므로 지수가 최소일 때 $f(x)$는 최댓값을 갖는다.

① 127　② 129　③ 131　④ 133　⑤ 135

Step 1 a, M의 값 구하기

$g(x)=x^2-4x+1$이라 하면 $g(x)=(x-2)^2-3$이므로 함수 $g(x)$는
$x=2$일 때 최솟값 -3을 갖는다.
$\therefore g(x) \ge -3$
따라서 함수 $f(x)=\left(\dfrac{1}{5}\right)^{g(x)}$의 밑이 1보다 작으므로 $g(x)=-3$, 즉
$x=2$일 때 최대이고 최댓값은
$\left(\dfrac{1}{5}\right)^{-3}=5^3=125$
$\therefore a=2$, $M=125$

Step 2 $a+M$의 값 구하기

$\therefore a+M=127$

---

22 지수함수의 최대, 최소 – 지수가 이차식
정답 ④ | 정답률 66%

문제 보기

두 함수 $f(x)$, $g(x)$를
$f(x)=x^2-6x+3$, $g(x)=a^x \, (a>0, \ a \ne 1)$
└ $f(x)$의 값의 범위를 구한다.　└ $0<$(밑)<1, (밑)>1인 경우로 나누어 생각한다.
이라 하자. $1 \le x \le 4$에서 함수 $(g \circ f)(x)$의 최댓값은 27, 최솟값은
m이다. m의 값은? [4점]
└ $g(f(x))=a^{f(x)}$

① $\dfrac{1}{27}$　② $\dfrac{1}{3}$　③ $\dfrac{\sqrt{3}}{3}$　④ 3　⑤ $3\sqrt{3}$

Step 1 함수 $f(x)$의 값의 범위 구하기

$f(x)=x^2-6x+3=(x-3)^2-6$이므로 $1 \le x \le 4$에서 함수 $f(x)$는
$x=3$일 때 최솟값 -6, $x=1$일 때 최댓값 -2를 갖는다.
$\therefore -6 \le f(x) \le -2$

Step 2 m의 값 구하기

$(g \circ f)(x)=g(f(x))=a^{f(x)}$에서

(i) $0<a<1$일 때,
$y=a^{f(x)}$은 밑이 1보다 작으므로 $f(x)=-6$일 때 최대이고 최댓값 a^{-6}을 갖는다.
즉, $a^{-6}=27$이므로 $a^6=\dfrac{1}{27}$
$\therefore a=\left(\dfrac{1}{27}\right)^{\frac{1}{6}}=\left\{\left(\dfrac{1}{3}\right)^3\right\}^{\frac{1}{6}}=\left(\dfrac{1}{3}\right)^{\frac{1}{2}}=\dfrac{\sqrt{3}}{3} \ (\because a>0)$
따라서 함수 $y=\left(\dfrac{\sqrt{3}}{3}\right)^{f(x)}$은 $f(x)=-2$일 때 최소이고 최솟값은
$m=\left(\dfrac{\sqrt{3}}{3}\right)^{-2}=\left(\dfrac{3}{\sqrt{3}}\right)^2=3$

(ii) $a>1$일 때,
$y=a^{f(x)}$은 밑이 1보다 크므로 $f(x)=-2$일 때 최대이고 최댓값 a^{-2}을 갖는다.
즉, $a^{-2}=27$이므로 $a^2=\dfrac{1}{27}$
$\therefore a=\dfrac{\sqrt{3}}{9}$ 또는 $a=-\dfrac{\sqrt{3}}{9}$
그런데 $a>1$이므로 조건을 만족시키는 a의 값은 없다.

(i), (ii)에서 $m=3$

---

23 지수함수의 그래프의 활용 - 길이   정답 ⑤ | 정답률 71%

문제 보기

세 지수함수

$$f(x)=a^{-x},\ g(x)=b^x,\ h(x)=a^x\ (1<a<b)$$

에 대하여 직선 $y=2$가 세 곡선 $y=f(x),\ y=g(x),\ y=h(x)$와 만나
└ 세 점 P, Q, R의 y좌표가 모두 2이다.
는 점을 각각 P, Q, R라 하자. $\overline{PQ}:\overline{QR}=2:1$이고 $h(2)=2$일 때,
└ 두 점 P, R의 x좌표를 이용   └ a의 값을
하여 점 Q의 x좌표를 구한다.   구한다.
$g(4)$의 값은? [3점]

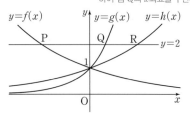

① 16   ② $16\sqrt{2}$ ③ 32   ④ $32\sqrt{2}$ ⑤ 64

Step 1 a의 값 구하기

$h(2)=2$에서 $a^2=2$ $\therefore a=\sqrt{2}\ (\because a>1)$

Step 2 점 P의 좌표 구하기

따라서 $f(x)=(\sqrt{2})^{-x}=2^{-\frac{1}{2}x}$이고, P($p$, 2)라 하면 점 P가 곡선
$f(x)=2^{-\frac{1}{2}x}$ 위에 있으므로
$2^{-\frac{1}{2}p}=2$, $-\frac{1}{2}p=1$ $\therefore p=-2$
$\therefore$ P(-2, 2)

Step 3 점 Q의 좌표 구하기

점 Q의 x좌표를 q라 하면
$\overline{PQ}=q-(-2)=q+2$, $\overline{QR}=2-q$
$\overline{PQ}:\overline{QR}=2:1$에서 $\overline{PQ}=2\overline{QR}$이므로
$q+2=2(2-q)$, $q+2=4-2q$
$3q=2$ $\therefore q=\frac{2}{3}$ $\therefore$ Q$\left(\frac{2}{3},\ 2\right)$

Step 4 $g(4)$의 값 구하기

점 Q$\left(\frac{2}{3},\ 2\right)$가 곡선 $g(x)=b^x$ 위에 있으므로
$b^{\frac{2}{3}}=2$ $\therefore b=2^{\frac{3}{2}}$
따라서 $g(x)=(2^{\frac{3}{2}})^x$이므로
$g(4)=(2^{\frac{3}{2}})^4=2^6=64$

다른 풀이   그래프의 대칭 이용하기

두 곡선 $f(x)=a^{-x}$과 $h(x)=a^x$은 y축에 대하여 대칭이고, $h(2)=2$이므로
$h(2)=f(-2)=2$ $\therefore$ P(-2, 2)
점 Q의 x좌표를 q라 하면 $\overline{PQ}:\overline{QR}=2:1$에서 $\overline{PQ}=2\overline{QR}$이므로
$q+2=2(2-q)$, $q+2=4-2q$
$3q=2$ $\therefore q=\frac{2}{3}$ $\therefore$ Q$\left(\frac{2}{3},\ 2\right)$
점 Q$\left(\frac{2}{3},\ 2\right)$가 곡선 $g(x)=b^x$ 위에 있으므로
$b^{\frac{2}{3}}=2$ $\therefore b=2^{\frac{3}{2}}$
따라서 $g(x)=(2^{\frac{3}{2}})^x$이므로
$g(4)=(2^{\frac{3}{2}})^4=2^6=64$

---

24 지수함수의 그래프의 활용 - 길이   정답 ① | 정답률 78%

문제 보기

곡선 $y=6^{-x}$ 위의 두 점 A(a, 6^{-a}), B($a+1$, 6^{-a-1})에 대하여 선분 AB
는 한 변의 길이가 1인 정사각형의 대각선이다. 6^{-a}의 값은? [3점]
└ $6^{-a}-6^{-a-1}=1$임을 이용한다.

① $\dfrac{6}{5}$ ② $\dfrac{7}{5}$ ③ $\dfrac{8}{5}$ ④ $\dfrac{9}{5}$ ⑤ 2

Step 1 6^{-a}의 값 구하기

선분 AB는 한 변의 길이가 1인 정사각형의 대각선이므로
$6^{-a}-6^{-a-1}=1$
$6^{-a}-\dfrac{1}{6}\times6^{-a}=1$, $\dfrac{5}{6}\times6^{-a}=1$
$\therefore 6^{-a}=\dfrac{6}{5}$

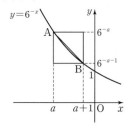

문제 보기

그림과 같이 3 이상의 자연수 n에 대하여 두 곡선 $y=n^x$, $y=2^x$이 직선 $x=1$과 만나는 점을 각각 A, B라 하고, 두 곡선 $y=n^x$, $y=2^x$이 직선 $x=2$와 만나는 점을 각각 C, D라 하자. 사다리꼴 ABDC의 넓
　└▸ 두 점 A, B의 x좌표가 1, 두 점 C, D의 x좌표가 2임을 이용하여
　　네 점 A, B, C, D의 좌표를 구한다.
이가 18 이하가 되도록 하는 모든 자연수 n의 값의 합을 구하시오.
[3점]

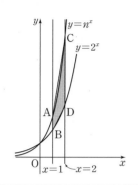

Step 1 네 점 A, B, C, D의 좌표 구하기

두 곡선 $y=n^x$, $y=2^x$이 직선 $x=1$과 만나는 점 A, B의 y좌표는 각각 n, 2이므로
A$(1, n)$, B$(1, 2)$
또 두 곡선 $y=n^x$, $y=2^x$이 직선 $x=2$와 만나는 점 C, D의 y좌표는 각각 n^2, 4이므로
C$(2, n^2)$, D$(2, 4)$

Step 2 자연수 n의 값의 합 구하기

사다리꼴 ABDC의 넓이가 18 이하이려면
$\dfrac{1}{2} \times \{(n-2)+(n^2-4)\} \times 1 \leq 18$
$\dfrac{1}{2}(n^2+n-6) \leq 18$
$n^2+n-42 \leq 0$, $(n+7)(n-6) \leq 0$
$\therefore -7 \leq n \leq 6$
따라서 3 이상의 모든 자연수 n의 값의 합은
$3+4+5+6=18$

문제 보기

자연수 n에 대하여 직선 $y=n$이 두 곡선 $y=2^x$, $y=2^{x-1}$과 만나는 점을 각각 A$_n$, B$_n$이라 하자. 또, 점 B$_n$을 지나고 y축과 평행한 직선이 곡
　　　　　　　└▸ 점 C$_n$의 x좌표는 점 B$_n$의 x좌표와 같다.
선 $y=2^x$과 만나는 점을 C$_n$이라 하자. $n=3$일 때, 직선 A$_n$C$_n$의 기울기는? [3점]
　　　　　　　　　　　└▸ 세 점 A$_3$, B$_3$, C$_3$의 좌표를 구한다.

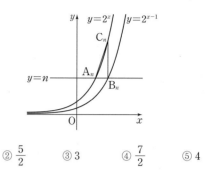

① 2　　② $\dfrac{5}{2}$　　③ 3　　④ $\dfrac{7}{2}$　　⑤ 4

Step 1 두 점 A$_3$, B$_3$의 좌표 구하기

A$_3(a, 3)$이라 하면 점 A$_3$이 곡선 $y=2^x$ 위에 있으므로
$2^a=3$　　$\therefore a=\log_2 3$
$\therefore$ A$_3(\log_2 3, 3)$
B$_3(b, 3)$이라 하면 점 B$_3$이 곡선 $y=2^{x-1}$ 위에 있으므로
$2^{b-1}=3$, $b-1=\log_2 3$
$\therefore b=\log_2 3+1=\log_2 3+\log_2 2=\log_2 6$
$\therefore$ B$_3(\log_2 6, 3)$

Step 2 점 C$_3$의 좌표 구하기

점 C$_3$의 x좌표는 점 B$_3$의 x좌표와 같으므로 C$_3(\log_2 6, c)$라 하자.
이때 점 C$_3$이 곡선 $y=2^x$ 위에 있으므로
$c=2^{\log_2 6}=6^{\log_2 2}=6$
$\therefore$ C$_3(\log_2 6, 6)$

Step 3 직선 A$_3$C$_3$의 기울기 구하기

따라서 직선 A$_3$C$_3$의 기울기는
$\dfrac{6-3}{\log_2 6-\log_2 3}=\dfrac{3}{\log_2 2}=3$

다른 풀이 지수함수의 그래프의 평행이동 이용하기

곡선 $y=2^{x-1}$은 곡선 $y=2^x$을 x축의 방향으로 1만큼 평행이동한 것이므로
$\overline{\text{A}_3\text{B}_3}=1$
B$_3(a, 3)$이라 하면 점 B$_3$이 곡선 $y=2^{x-1}$ 위에 있으므로
$2^{a-1}=3$
점 C$_3$의 x좌표는 점 B$_3$의 x좌표와 같으므로 점 C$_3$의 y좌표를 b라 하면
$b=2^a=2 \times 2^{a-1}=2 \times 3=6$
$\therefore \overline{\text{B}_3\text{C}_3}=b-3=6-3=3$
따라서 직선 A$_3$C$_3$의 기울기는
$\dfrac{\overline{\text{B}_3\text{C}_3}}{\overline{\text{A}_3\text{B}_3}}=\dfrac{3}{1}=3$

5
일차

27 지수함수의 그래프의 활용 – 길이   정답 ① | 정답률 78%

문제 보기

그림과 같이 함수 $y=3^{x+1}$의 그래프 위의 한 점 A와 함수 $y=3^{x-2}$의
그래프 위의 두 점 B, C에 대하여 ~~선분 AB는 x축에 평행하고 선분~~
└ 평행이동을 이용하여 $\overline{AB}$의 길이를 구한다.
~~AC는 y축에 평행하다.~~ $\overline{AB}=\overline{AC}$가 될 때, 점 A의 y좌표는?
└ 점 C의 x좌표는 점 A의   (단, 점 A는 제1사분면 위에 있다.) [3점]
　　x좌표와 같다.

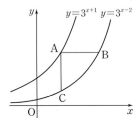

① $\dfrac{81}{26}$　　② $\dfrac{44}{13}$　　③ $\dfrac{95}{26}$　　④ $\dfrac{101}{26}$　　⑤ $\dfrac{54}{13}$

Step 1 선분 AB의 길이 구하기

함수 $y=3^{x-2}$의 그래프는 함수 $y=3^{x+1}$의 그래프를 x축의 방향으로 3만큼
평행이동한 것이므로
$\overline{AB}=3$

Step 2 점 A의 y좌표 구하기

선분 AC는 y축에 평행하므로 두 점 A, C의 x좌표를 a라 하면
A$(a,\ 3^{a+1})$, C$(a,\ 3^{a-2})$
$\overline{AC}=\overline{AB}=3$이므로 $3^{a+1}-3^{a-2}=3$
$3^{a+1}(1-3^{-3})=3$, $3^{a+1}\times\dfrac{26}{27}=3$
$\therefore\ 3^{a+1}=3\times\dfrac{27}{26}=\dfrac{81}{26}$

따라서 점 A의 y좌표는 $\dfrac{81}{26}$이다.

---

28 지수함수의 그래프의 활용 – 길이   정답 ③ | 정답률 69%

문제 보기

그림과 같이 두 곡선 $y=2^{-x+a}$, $y=2^x-1$이 만나는 점을 A, ~~곡선~~
~~$y=2^{-x+a}$이 y축과 만나는 점을 B라 하자.~~ 점 A에서 y축에 내린 수선
└ 점 B의 x좌표가 0임을 이용한다.
~~의 발을 H라 할 때,~~ $\overline{OB}=3\times\overline{OH}$이다. 상수 a의 값은?
└ 점 A의 y좌표는 점 H의 y좌표와 같다.
　　　　　　　　　　　　　　　　　(단, O는 원점이다.) [4점]

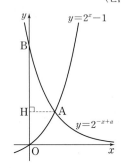

① 2　　② $\log_2 5$　　③ $\log_2 6$　　④ $\log_2 7$　　⑤ 3

Step 1 점 B의 좌표 구하기

점 B의 x좌표가 0이므로 y좌표는
$y=2^{0+a}=2^a$　　$\therefore$ B$(0,\ 2^a)$

Step 2 a의 값 구하기

$\overline{OB}=3\times\overline{OH}$에서
$2^a=3\times\overline{OH}$　　$\therefore\ \overline{OH}=\dfrac{2^a}{3}$

점 A의 x좌표를 k라 하면 A$\left(k,\ \dfrac{2^a}{3}\right)$
점 A가 곡선 $y=2^{-x+a}$ 위에 있으므로
$\dfrac{2^a}{3}=2^{-k+a}$, $\dfrac{2^a}{3}=\dfrac{2^a}{2^k}$
$\therefore\ 2^k=3$　　…… ㉠
또 점 A가 곡선 $y=2^x-1$ 위에 있으므로
$\dfrac{2^a}{3}=2^k-1$, $\dfrac{2^a}{3}=2$ $(\because$ ㉠$)$
$2^a=6$　　$\therefore\ a=\log_2 6$

29 지수함수의 그래프의 활용 – 길이　정답 ② | 정답률 76%

문제 보기

상수 $a\,(a>1)$에 대하여 함수 $y=|a^x-a|$의 그래프가 x축, y축과 만

　　└→ 점 A의 y좌표가 0, 점 B의 x좌표가 0임을 이용한다.

나는 점을 각각 A, B, 직선 $y=a$와 만나는 점을 C라 하고, 점 C에서

x축에 내린 수선의 발을 H라 하자. $\overline{AH}=1$일 때, 선분 BC의 길이는?

└→ 점 C의 x좌표는 점 H의 x좌표와　└→ (점 H의 x좌표)

　　같고, y좌표는 a이다.　　　　　　　＝(점 A의 x좌표)+1

[3점]

① 2　　② $\sqrt{5}$　　③ $\sqrt{6}$　　④ $\sqrt{7}$　　⑤ $2\sqrt{2}$

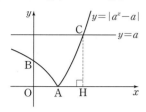

Step 1　두 점 A, H의 좌표 구하기

$A(b,\,0)$이라 하면 점 A가 함수 $y=|a^x-a|$의 그래프 위에 있으므로

$a^b-a=0$, $a^b=a$　　∴ $b=1$

∴ $A(1,\,0)$

$\overline{AH}=1$이므로 $H(2,\,0)$

Step 2　점 C의 좌표 구하기

점 C의 x좌표는 점 H의 x좌표와 같으므로 $C(2,\,a)$이고 점 C가 함수

$y=|a^x-a|$의 그래프 위에 있으므로

$a^2-a=a$, $a^2-2a=0$

$a(a-2)=0$　　∴ $a=2\ (\because a>1)$

∴ $C(2,\,2)$

Step 3　점 B의 좌표 구하기

점 B의 x좌표가 0이므로 y좌표는

$y=|2^0-2|=|-1|=1$

∴ $B(0,\,1)$

Step 4　선분 BC의 길이 구하기

따라서 선분 BC의 길이는

$\sqrt{(2-0)^2+(2-1)^2}=\sqrt{5}$

---

30 지수함수의 그래프의 활용 – 길이

정답 ④ | 정답률 93% / 76%

문제 보기

곡선 $y=2^{ax+b}$과 직선 $y=x$가 서로 다른 두 점 A, B에서 만날 때, 두

└→ $A(p,\,p)$, $B(q,\,q)$로 놓고 두 점의 좌표를 구한다.

점 A, B에서 x축에 내린 수선의 발을 각각 C, D라 하자. $\overline{AB}=6\sqrt{2}$

　　　　　　　　　　　　　　　　　　　　　└→ p, q 사이의 관계식을 구한다. └→

이고 사각형 ACDB의 넓이가 30일 때, $a+b$의 값은?

　　└→ p, q 사이의 관계식을 구한다.　　(단, a, b는 상수이다.) [3점]

① $\dfrac{1}{6}$　　② $\dfrac{1}{3}$　　③ $\dfrac{1}{2}$　　④ $\dfrac{2}{3}$　　⑤ $\dfrac{5}{6}$

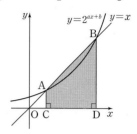

Step 1　두 점 A, B의 좌표 구하기

두 점 A, B가 직선 $y=x$ 위에 있으므로 $A(p,\,p)$, $B(q,\,q)\,(p<q)$라 하자.

이때 $\overline{AB}=6\sqrt{2}$이므로

$\sqrt{(q-p)^2+(q-p)^2}=6\sqrt{2}$, $(q-p)^2=36$

∴ $q-p=6\ (\because p<q)$　　　　　……㉠

또 사각형 ACDB의 넓이가 30이므로

$\dfrac{1}{2}\times(\overline{AC}+\overline{BD})\times\overline{CD}=30$, $\dfrac{1}{2}\times(p+q)\times(q-p)=30$

$\dfrac{1}{2}\times(p+q)\times6=30\ (\because ㉠)$

∴ $p+q=10$　　　　　　　　　　……㉡

㉠, ㉡을 연립하여 풀면 $p=2$, $q=8$

∴ $A(2,\,2)$, $B(8,\,8)$

Step 2　a, b의 값 구하기

점 $A(2,\,2)$가 곡선 $y=2^{ax+b}$ 위에 있으므로

$2^{2a+b}=2$　　∴ $2a+b=1$　　　　　……㉢

점 $B(8,\,8)$이 곡선 $y=2^{ax+b}$ 위에 있으므로

$2^{8a+b}=8$, $2^{8a+b}=2^3$　　∴ $8a+b=3$　　　　　……㉣

㉢, ㉣을 연립하여 풀면 $a=\dfrac{1}{3}$, $b=\dfrac{1}{3}$

Step 3　$a+b$의 값 구하기

∴ $a+b=\dfrac{2}{3}$

다른 풀이　**Step 1** 에서 직각이등변삼각형의 성질 이용하기

오른쪽 그림과 같이 점 A에서 선분 BD

에 내린 수선의 발을 H라 하면

$\angle BAH=45°$이므로 삼각형 AHB는 직

각이등변삼각형이다.

이때 $\overline{AB}=6\sqrt{2}$이므로 $\overline{AH}=\overline{BH}=6$

점 A의 x좌표를 p라 하면 사각형 ACDB

의 넓이가 30이므로

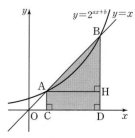

$\dfrac{1}{2}\times\{p+(p+6)\}\times6=30$

$2p=4$　　∴ $p=2$

∴ $A(2,\,2)$, $B(8,\,8)$

문제 보기

직선 $y=2x+k$가 두 함수

$$y=\left(\frac{2}{3}\right)^{x+3}+1,\ y=\left(\frac{2}{3}\right)^{x+1}+\frac{8}{3}$$

의 그래프와 만나는 점을 각각 P, Q라 하자. $\overline{\mathrm{PQ}}=\sqrt{5}$일 때, 상수 k의 값은? [4점]
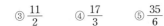
└ P$(p,\ 2p+k)$, Q$(q,\ 2q+k)$로 놓는다.　└ $p,\ q$ 사이의 관계식을 구한다.

① $\frac{31}{6}$　② $\frac{16}{3}$　③ $\frac{11}{2}$　④ $\frac{17}{3}$　⑤ $\frac{35}{6}$

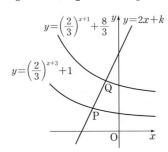

Step 1 두 점 P, Q의 x좌표 사이의 관계식 구하기

두 점 P, Q가 직선 $y=2x+k$ 위에 있으므로 P$(p,\ 2p+k)$, Q$(q,\ 2q+k)$ $(p<q)$라 하자.

이때 $\overline{\mathrm{PQ}}=\sqrt{5}$이므로

$$\sqrt{(q-p)^2+\{(2q+k)-(2p+k)\}^2}=\sqrt{5}$$
$$(q-p)^2+4(q-p)^2=5$$
$$(q-p)^2=1$$
$$\therefore q-p=1\ (\because p<q)\ \quad \cdots\cdots\ \ominus$$

Step 2 k의 값 구하기

점 P$(p,\ 2p+k)$가 곡선 $y=\left(\frac{2}{3}\right)^{x+3}+1$ 위에 있으므로

$$2p+k=\left(\frac{2}{3}\right)^{p+3}+1\ \quad \cdots\cdots\ \ominus\!\ominus$$

점 Q$(q,\ 2q+k)$가 곡선 $y=\left(\frac{2}{3}\right)^{x+1}+\frac{8}{3}$ 위에 있으므로

$$2q+k=\left(\frac{2}{3}\right)^{q+1}+\frac{8}{3}\ \quad \cdots\cdots\ \textcircled{c}$$

$\textcircled{c}-\ominus\!\ominus$을 하면

$$2q-2p=\left(\frac{2}{3}\right)^{q+1}-\left(\frac{2}{3}\right)^{p+3}+\frac{5}{3}$$
$$2=\left(\frac{2}{3}\right)^{p+2}-\left(\frac{2}{3}\right)^{p+3}+\frac{5}{3}\ (\because \ominus)$$
$$\left(\frac{2}{3}\right)^{p+2}\left(1-\frac{2}{3}\right)=\frac{1}{3}$$
$$\left(\frac{2}{3}\right)^{p+2}=1$$
$$p+2=0\quad \therefore p=-2$$

이를 $\ominus\!\ominus$에 대입하면

$$-4+k=\frac{2}{3}+1\quad \therefore k=\frac{17}{3}$$

문제 보기

그림과 같이 함수 $y=2^x$의 그래프 위의 한 점 A를 지나고 x축에 평행한 직선이 함수 $y=15\cdot2^{-x}$의 그래프와 만나는 점을 B라 하자. 점 A
└ 점 B의 y좌표는 점 A의 y좌표와 같다.

의 x좌표를 a라 할 때, $1<\overline{\mathrm{AB}}<100$을 만족시키는 2 이상의 자연수 a
└ $\overline{\mathrm{AB}}$의 길이를 a에 대한 식으로 나타낸 후 a의 값의 범위를 구한다.

의 개수는? [4점]

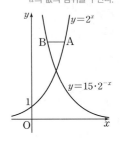

① 40　② 43　③ 46　④ 49　⑤ 52

Step 1 두 점 A, B의 좌표 구하기

점 A의 x좌표가 a이므로 A$(a,\ 2^a)$

$\overline{\mathrm{AB}}$는 x축과 평행하므로 점 B의 y좌표는 점 A의 y좌표와 같다.

즉, 점 B의 y좌표는 2^a이므로 점 B의 x좌표를 b라 하면

$15\times2^{-b}=2^a$에서 $2^b=15\times2^{-a}$

$$\therefore b=\log_2(15\times2^{-a})$$
$$=\log_2 15+\log_2 2^{-a}$$
$$=\log_2 15-a$$
$$\therefore \mathrm{B}(\log_2 15-a,\ 2^a)$$

Step 2 a의 값의 범위 구하기

$\overline{\mathrm{AB}}=a-(\log_2 15-a)=2a-\log_2 15$이므로 $1<\overline{\mathrm{AB}}<100$에서

$$1<2a-\log_2 15<100$$
$$1+\log_2 15<2a<100+\log_2 15$$
$$\therefore \frac{1+\log_2 15}{2}<a<\frac{100+\log_2 15}{2}$$

Step 3 자연수 a의 개수 구하기

한편 $3=\log_2 8<\log_2 15<\log_2 16=4$이므로

$$\log_2 15=3.\cdots$$
$$\therefore 2.\cdots<a<51.\cdots$$

따라서 자연수 a는 3, 4, 5, $\cdots$, 51의 49개이다.
└ $51-3+1=49$

33 지수함수의 그래프의 활용 – 길이   정답 8 | 정답률 63%

문제 보기

그림과 같이 곡선 $y=2^x$을 y축에 대하여 대칭이동한 후, x축의 방향으
└→ $y=a^x$을 y축에 대하여 대칭이동하면 $y=a^{-x}$

로 $\dfrac{1}{4}$만큼, y축의 방향으로 $\dfrac{1}{4}$만큼 평행이동한 곡선을 $y=f(x)$라 하

자. 곡선 $y=f(x)$와 직선 $y=x+1$이 만나는 점 A와 점 B$(0, 1)$ 사
└→ 그래프를 이용하여 점 A의 좌표를 구한다.

이의 거리를 k라 할 때, $\dfrac{1}{k^2}$의 값을 구하시오. [4점]

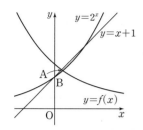

Step 1 곡선 $y=2^{-x}$과 직선 $y=x+1$의 교점 구하기

곡선 $y=2^x$을 y축에 대하여 대칭이동하면
$y=2^{-x}$
이때 오른쪽 그림과 같이 곡선 $y=2^{-x}$은 직선
$y=x+1$과 점 $(0, 1)$에서 만난다.

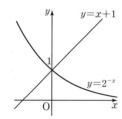

Step 2 점 A의 좌표 구하기

한편 직선 $y=x+1$을 x축의 방향으로 $\dfrac{1}{4}$만큼, y축의 방향으로 $\dfrac{1}{4}$만큼 평

행이동하여도 직선 $y=x+1$이 되므로 곡선 $y=2^{-x}$을 x축의 방향으로 $\dfrac{1}{4}$

만큼, y축의 방향으로 $\dfrac{1}{4}$만큼 평행이동한 곡선 $y=f(x)$와 직선 $y=x+1$

이 만나는 점 A는 곡선 $y=2^{-x}$과 직선 $y=x+1$이 만나는 점 $(0, 1)$을 x

축의 방향으로 $\dfrac{1}{4}$만큼, y축의 방향으로 $\dfrac{1}{4}$만큼 평행이동한 것과 같다.

$\therefore \text{A}\left(\dfrac{1}{4}, \dfrac{5}{4}\right)$

Step 3 $\dfrac{1}{k^2}$의 값 구하기

따라서 점 $\text{A}\left(\dfrac{1}{4}, \dfrac{5}{4}\right)$와 점 B$(0, 1)$ 사이의 거리 k는

$k=\sqrt{\left(\dfrac{1}{4}\right)^2+\left(\dfrac{5}{4}-1\right)^2}=\sqrt{\dfrac{1}{16}+\dfrac{1}{16}}=\sqrt{\dfrac{1}{8}}$

$\therefore \dfrac{1}{k^2}=8$

34 지수함수의 그래프의 활용   정답 ③ | 정답률 47%

문제 보기

그림과 같이 실수 $t\,(1<t<100)$에 대하여 점 P$(0, t)$를 지나고 x축
에 평행한 직선이 곡선 $y=2^x$과 만나는 점을 A, 점 A에서 x축에 내린
└→ 점 A의 y좌표가 t임을 이용하여 x좌표를 구한다.

수선의 발을 Q라 하자. 점 R$(0, 2t)$를 지나고 x축에 평행한 직선이 곡
선 $y=2^x$과 만나는 점을 B, 점 B에서 x축에 내린 수선의 발을 S라 하
└→ 점 B의 y좌표가 $2t$임을 이용하여 x좌표를 구한다.

자. 사각형 ABRP의 넓이를 $f(t)$, 사각형 AQSB의 넓이를 $g(t)$라

할 때, $\dfrac{f(t)}{g(t)}$의 값이 자연수가 되도록 하는 모든 t의 값의 곱은? [4점]

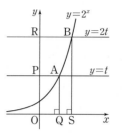

① 2^{11}　　② 2^{12}　　③ 2^{13}　　④ 2^{14}　　⑤ 2^{15}

Step 1 네 점 A, B, Q, S의 좌표 구하기

A(a, t)라 하면 점 A가 곡선 $y=2^x$ 위에 있으므로
$2^a=t$　　$\therefore a=\log_2 t$
$\therefore$ A$(\log_2 t, t)$　　$\therefore$ Q$(\log_2 t, 0)$
B$(b, 2t)$라 하면 점 B가 곡선 $y=2^x$ 위에 있으므로
$2^b=2t$　　$\therefore b=\log_2 2t$
$\therefore$ B$(\log_2 2t, 2t)$　　$\therefore$ S$(\log_2 2t, 0)$

Step 2 $\dfrac{f(t)}{g(t)}$ 구하기

$f(t)=\dfrac{1}{2}\times(\overline{\text{AP}}+\overline{\text{BR}})\times\overline{\text{PR}}$

$\quad=\dfrac{1}{2}\times(\log_2 t+\log_2 2t)\times t$

$\quad=\dfrac{t}{2}\log_2 2t^2$

$g(t)=\dfrac{1}{2}\times(\overline{\text{AQ}}+\overline{\text{BS}})\times\overline{\text{QS}}$

$\quad=\dfrac{1}{2}\times(t+2t)\times(\log_2 2t-\log_2 t)$

$\quad=\dfrac{3}{2}t\times\log_2 2=\dfrac{3}{2}t$

$\therefore \dfrac{f(t)}{g(t)}=\dfrac{\dfrac{t}{2}\log_2 2t^2}{\dfrac{3}{2}t}=\dfrac{1}{3}\log_2 2t^2$

Step 3 t의 값 구하기

$\dfrac{1}{3}\log_2 2t^2=n\,(n$은 자연수$)$이라 하면

$\log_2 2t^2=3n$, $2t^2=2^{3n}$　　$\therefore t=2^{\frac{3n-1}{2}}$

$1<t<100$이므로 $1<2^{\frac{3n-1}{2}}<100$

이때 이 부등식을 만족시키는 자연수 n의 값은 1, 2, 3, 4이므로 t의 값은

$2, 2^{\frac{5}{2}}, 2^4, 2^{\frac{11}{2}}$이다.

Step 4 실수 t의 값의 곱 구하기

따라서 모든 실수 t의 값의 곱은

$2\times 2^{\frac{5}{2}}\times 2^4\times 2^{\frac{11}{2}}=2^{1+\frac{5}{2}+4+\frac{11}{2}}=2^{13}$

문제 보기

그림과 같이 곡선 $y=1-2^{-x}$ 위의 제1사분면에 있는 점 A를 지나고 y축에 평행한 직선이 곡선 $y=2^x$과 만나는 점을 B라 하자. 점 A를 지나고 x축에 평행한 직선이 곡선 $y=2^x$과 만나는 점을 C, 점 C를 지나고 y축에 평행한 직선이 곡선 $y=1-2^{-x}$과 만나는 점을 D라 하자.

└→ 점 A의 x좌표를 a로 놓고 네 점 A, B, C, D의 좌표를 a로 나타낸다.

$\overline{AB}=2\overline{CD}$일 때, 사각형 ABCD의 넓이는? [4점]

└→ $\overline{AB}/\!/\overline{CD}$이므로 사각형 ABCD는 사다리꼴이다.

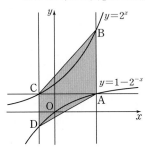

① $\dfrac{5}{2}\log_2 3-\dfrac{5}{4}$ ② $3\log_2 3-\dfrac{3}{2}$ ③ $\dfrac{7}{2}\log_2 3-\dfrac{7}{4}$

④ $4\log_2 3-2$ ⑤ $\dfrac{9}{2}\log_2 3-\dfrac{9}{4}$

Step 1 $\overline{AB}$, $\overline{CD}$의 길이 구하기

점 A의 x좌표를 a라 하면
A$(a, 1-2^{-a})$, B$(a, 2^a)$
점 C의 x좌표를 c라 하면 점 C의 y좌표는 점 A의 y좌표와 같으므로
$2^c=1-2^{-a}$
이때 점 D의 x좌표도 c이므로 점 D의 y좌표는

$$1-2^{-c}=1-\frac{1}{2^c}=1-\frac{1}{1-2^{-a}}$$
$$=-\frac{2^{-a}}{1-2^{-a}}=-\frac{1}{2^a-1}$$

따라서

$$\overline{AB}=2^a-(1-2^{-a})=2^a-1+2^{-a}=\frac{2^{2a}-2^a+1}{2^a},$$

$$\overline{CD}=1-2^{-a}-\left(-\frac{1}{2^a-1}\right)=1-\frac{1}{2^a}+\frac{1}{2^a-1}$$
$$=\frac{2^a(2^a-1)-(2^a-1)+2^a}{2^a(2^a-1)}=\frac{2^{2a}-2^a+1}{2^a(2^a-1)}$$

이고 $\overline{AB}=2\overline{CD}$이므로

$$\frac{2^{2a}-2^a+1}{2^a}=2\times\frac{2^{2a}-2^a+1}{2^a(2^a-1)}$$

$$1=\frac{2}{2^a-1} \longrightarrow \frac{2^{2a}-2^a+1}{2^a}=2^a+\frac{1}{2^a}-1\geq 2\sqrt{2^a\times\frac{1}{2^a}}-1=2-1=1\neq 0$$이므로

$\therefore\ 2^a=3$ 양변을 $\dfrac{2^{2a}-2^a+1}{2^a}$로 나눈다. $\left(\text{단, 등호는 } 2^a=\dfrac{1}{2^a}\text{일 때 성립}\right)$

$\therefore\ \overline{AB}=\dfrac{9-3+1}{3}=\dfrac{7}{3}$, $\overline{CD}=\dfrac{1}{2}\overline{AB}=\dfrac{1}{2}\times\dfrac{7}{3}=\dfrac{7}{6}$

Step 2 $\overline{AC}$의 길이 구하기

이때 $a=\log_2 3$, $1-2^{-a}=1-\dfrac{1}{3}=\dfrac{2}{3}$이므로

A$\left(\log_2 3, \dfrac{2}{3}\right)$

또 점 C의 x좌표는 $2^x=\dfrac{2}{3}$에서 $x=\log_2\dfrac{2}{3}$

$\therefore\ \overline{AC}=\log_2 3-\log_2\dfrac{2}{3}=\log_2\left(3\times\dfrac{3}{2}\right)=\log_2\dfrac{9}{2}$

Step 3 사다리꼴 ABCD의 넓이 구하기

따라서 사다리꼴 ABCD의 넓이는

$$\frac{1}{2}\times(\overline{AB}+\overline{CD})\times\overline{AC}=\frac{1}{2}\times\left(\frac{7}{3}+\frac{7}{6}\right)\times\log_2\frac{9}{2}$$
$$=\frac{7}{4}\times(2\log_2 3-1)$$
$$=\frac{7}{2}\log_2 3-\frac{7}{4}$$

36 지수함수의 그래프의 활용 – 길이 정답 ② | 정답률 34%

문제 보기

그림과 같이 두 상수 $a\,(a>1)$, k에 대하여 **두 함수**

$$y=a^{x+1}+1,\; y=a^{x-3}-\frac{7}{4}$$

의 그래프와 직선 $y=-2x+k$가 만나는 점을 각각 P, Q라 하자. 점 Q
└→ 점 R의 x좌표를 m으로 놓고 ＊을 이용하여 점 P, Q의 좌표를
m에 대하여 나타낸다.

를 지나고 x축에 평행한 직선이 함수 $y=-a^{x+4}+\dfrac{3}{2}$의 그래프와 점

R에서 만나고 $\overline{PR}=\overline{QR}=5$일 때, $a+k$의 값은? [4점]
└→ ＊

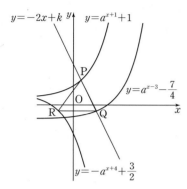

① $\dfrac{13}{2}$ ② $\dfrac{27}{4}$ ③ 7 ④ $\dfrac{29}{4}$ ⑤ $\dfrac{15}{2}$

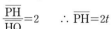 **점 R, Q의 좌표 구하기**

점 R의 x좌표를 m이라 하면

$$R\left(m,\; -a^{m+4}+\frac{3}{2}\right)$$

이때 $\overline{QR}=5$이므로

$$Q\left(m+5,\; a^{m+2}-\frac{7}{4}\right)$$

Step 2 **점 P의 좌표 구하기**

점 P에서 직선 RQ에 내린 수선의 발을 H
라 하자.
$\overline{HQ}=t\,(t>0)$라 하면 직선 PQ의 기울기
가 -2이므로

$$\frac{\overline{PH}}{\overline{HQ}}=2 \quad \therefore \overline{PH}=2t$$

또 $\overline{QR}=5$이므로 $\overline{RH}=5-t$
삼각형 PRH에서 피타고라스 정리에 의하여

$$5^2=(5-t)^2+(2t)^2,\; t^2-2t=0$$

$$t(t-2)=0 \quad \therefore t=2\;(\because t>0)$$

따라서 점 P의 x좌표는 점 Q의 x좌표보다 2만큼 작으므로

$$m+5-2=m+3$$

$$\therefore \mathrm{P}(m+3,\; a^{m+4}+1)$$

Step 3 **a의 값 구하기**

한편 점 R의 y좌표와 점 Q의 y좌표는 같으므로

$$-a^{m+4}+\frac{3}{2}=a^{m+2}-\frac{7}{4} \qquad\qquad \cdots\cdots ㉠$$

또 점 P의 y좌표는 점 R의 y좌표보다 $2t$, 즉 4만큼 크므로

$$a^{m+4}+1=-a^{m+4}+\frac{3}{2}+4 \quad \therefore a^{m+4}=\frac{9}{4} \qquad \cdots\cdots ㉡$$

㉡을 ㉠에 대입하면

$$-\frac{9}{4}+\frac{3}{2}=a^{m+2}-\frac{7}{4} \quad \therefore a^{m+2}=1$$

즉, $m+2=0$이므로 $m=-2$

이를 ㉡에 대입하면

$$a^2=\frac{9}{4} \quad \therefore a=\frac{3}{2}\;(\because a>1)$$

Step 4 **k의 값 구하기**

따라서 $\mathrm{P}\left(1,\; \dfrac{13}{4}\right)$이고, 점 P는 직선 $y=-2x+k$ 위의 점이므로

$$\frac{13}{4}=-2\times1+k \quad \therefore k=\frac{21}{4}$$

Step 5 **$a+k$의 값 구하기**

$$\therefore a+k=\frac{3}{2}+\frac{21}{4}=\frac{27}{4}$$

067

37 지수함수의 그래프의 활용 – 길이 정답 13 | 정답률 12%

문제 보기

그림과 같이 곡선 $y=2^{x-m}+n\,(m>0,\ n>0)$과 직선 $y=3x$가 서로
다른 두 점 A, B에서 만날 때, 점 B를 지나며 직선 $y=3x$에 수직인
└─→ A$(t,\ 3t)$로 놓고 조건을 이용하여 두 점 A, B의 좌표를 구한다.
직선이 y축과 만나는 점을 C라 하자. 직선 CA가 x축과 만나는 점을
└─→ *을 이용하여 점 C의 좌표를 구한다.
D라 하면 점 D는 선분 CA를 5 : 3으로 외분하는 점이다. 삼각형 ABC
의 넓이가 20일 때, $m+n$의 값을 구하시오. └─→ *

(단, 점 A의 x좌표는 점 B의 x좌표보다 작다.) [4점]

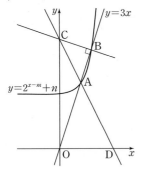

Step 1 두 점 A, B의 좌표 구하기

A$(t,\ 3t)\,(t>0)$라 하자.

점 D는 선분 CA를 5 : 3으로 외분하는 점이고 점 D의 y좌표는 0이므로
점 C의 y좌표를 a라 하면

$\dfrac{5\times 3t-3\times a}{5-3}=0\qquad \therefore a=5t$

$\therefore$ C$(0,\ 5t)$

이때 두 직선 AB와 BC는 서로 수직이므로 직선 BC의 기울기는 $-\dfrac{1}{3}$이다.

따라서 직선 BC의 방정식은

$y=-\dfrac{1}{3}x+5t$

점 B는 두 직선 $y=3x$, $y=-\dfrac{1}{3}x+5t$의 교점이므로 점 B의 x좌표는

$3x=-\dfrac{1}{3}x+5t$에서 $x=\dfrac{3}{2}t$

$\therefore$ B$\left(\dfrac{3}{2}t,\ \dfrac{9}{2}t\right)$

$\therefore \overline{AB}=\sqrt{\left(t-\dfrac{3}{2}t\right)^2+\left(3t-\dfrac{9}{2}t\right)^2}=\sqrt{\dfrac{1}{4}t^2+\dfrac{9}{4}t^2}=\dfrac{\sqrt{10}}{2}t,$

$\overline{BC}=\sqrt{\left(\dfrac{3}{2}t\right)^2+\left(\dfrac{9}{2}t-5t\right)^2}=\sqrt{\dfrac{9}{4}t^2+\dfrac{1}{4}t^2}=\dfrac{\sqrt{10}}{2}t$

따라서 삼각형 ABC의 넓이는

$\dfrac{1}{2}\times\overline{AB}\times\overline{BC}=\dfrac{1}{2}\times\dfrac{\sqrt{10}}{2}t\times\dfrac{\sqrt{10}}{2}t=\dfrac{5}{4}t^2$

즉, $\dfrac{5}{4}t^2=20$이므로

$t^2=16\qquad \therefore t=4\,(\because t>0)$

$\therefore$ A$(4,\ 12)$, B$(6,\ 18)$

Step 2 $m,\ n$의 값 구하기

두 점 A, B는 곡선 $y=2^{x-m}+n$ 위의 점이므로

$12=2^{4-m}+n$ ······ ㉠

$18=2^{6-m}+n$ ······ ㉡

㉡－㉠을 하면

$2^{6-m}-2^{4-m}=6,\ 2^{4-m}(2^2-1)=6$

$3\times 2^{4-m}=6,\ 2^{4-m}=2$

즉, $4-m=1$이므로

$m=3$

이를 ㉠에 대입하면

$12=2+n\qquad \therefore n=10$

Step 3 $m+n$의 값 구하기

$\therefore m+n=3+10=13$

38 지수함수의 그래프의 활용 – 길이   정답 8 | 정답률 11%

문제 보기

그림과 같이 $a>1$인 실수 a에 대하여 두 곡선

$$y=a^{-2x}-1, \quad y=a^x-1$$

이 있다. 곡선 $y=a^{-2x}-1$과 직선 $y=-\sqrt{3}x$가 서로 다른 두 점 O, A 에서 만난다. 점 A를 지나고 직선 OA에 수직인 직선이 곡선 $y=a^x-1$

  → x축과 이루는 예각의 크기가 60°임을 이용한다.

과 제1사분면에서 만나는 점을 B라 하자. OA : OB = $\sqrt{3}$: $\sqrt{19}$일 때,

  $\overline{\mathrm{OA}}=\sqrt{3}k, \overline{\mathrm{OB}}=\sqrt{19}k (k>0)$로 놓고 두 점 A, B의 좌표를 구한다.

선분 AB의 길이를 구하시오. (단, O는 원점이다.) [4점]

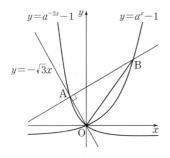

$y=a^{-2x}-1$ $y=a^x-1$
$y=-\sqrt{3}x$
B
A
O
x

Step 1 점 A의 좌표 구하기

$\overline{\mathrm{OA}} : \overline{\mathrm{OB}} = \sqrt{3} : \sqrt{19}$에서 $\overline{\mathrm{OA}}=\sqrt{3}k, \overline{\mathrm{OB}}=\sqrt{19}k (k>0)$라 하자.

직각삼각형 OAB에서

$\overline{\mathrm{AB}}=\sqrt{(\sqrt{19}k)^2-(\sqrt{3}k)^2}=4k$

오른쪽 그림과 같이 점 A에서 x축에 내린 수선의 발을 A′이라 하면

$\angle \mathrm{AOA'}=60°$이므로

$\overline{\mathrm{OA'}}=\overline{\mathrm{OA}}\cos 60°=\dfrac{\sqrt{3}}{2}k$

$\overline{\mathrm{AA'}}=\overline{\mathrm{OA}}\sin 60°=\dfrac{3}{2}k$

$\therefore \mathrm{A}\left(-\dfrac{\sqrt{3}}{2}k, \dfrac{3}{2}k\right)$

Step 2 점 B의 좌표 구하기

또 점 B에서 x축에 내린 수선의 발을 B′이라 하자.

점 A를 지나고 x축에 평행한 직선이 직선 BB′과 만나는 점을 C라 하면

$\angle \mathrm{BAC}=30°$이므로

$\overline{\mathrm{AC}}=\overline{\mathrm{AB}}\cos 30°=2\sqrt{3}k, \quad \overline{\mathrm{BC}}=\overline{\mathrm{AB}}\sin 30°=2k$

$\overline{\mathrm{OB'}}=\overline{\mathrm{A'B'}}-\overline{\mathrm{OA'}}=\overline{\mathrm{AC}}-\overline{\mathrm{OA'}}$

$\quad =2\sqrt{3}k-\dfrac{\sqrt{3}}{2}k=\dfrac{3\sqrt{3}}{2}k$

$\overline{\mathrm{BB'}}=\overline{\mathrm{BC}}+\overline{\mathrm{B'C}}=\overline{\mathrm{BC}}+\overline{\mathrm{AA'}}$

$\quad =2k+\dfrac{3}{2}k=\dfrac{7}{2}k$

$\therefore \mathrm{B}\left(\dfrac{3\sqrt{3}}{2}k, \dfrac{7}{2}k\right)$

Step 3 선분 AB의 길이 구하기

점 A가 곡선 $y=a^{-2x}-1$ 위에 있으므로

$\dfrac{3}{2}k=a^{\sqrt{3}k}-1$

$\therefore a^{\sqrt{3}k}=\dfrac{3}{2}k+1 \quad \cdots\cdots \text{㉠}$

점 B가 곡선 $y=a^x-1$ 위에 있으므로

$\dfrac{7}{2}k=a^{\frac{3\sqrt{3}}{2}k}-1$

$\therefore a^{\frac{3\sqrt{3}}{2}k}=\dfrac{7}{2}k+1 \quad \cdots\cdots \text{㉡}$

㉠을 ㉡에 대입하면

$\left(\dfrac{3}{2}k+1\right)^{\frac{3}{2}}=\dfrac{7}{2}k+1$

$\dfrac{1}{8}(3k+2)^3=\dfrac{1}{4}(7k+2)^2$

$27k^3-44k^2-20k=0$

$k(27k+10)(k-2)=0$

$\therefore k=-\dfrac{10}{27}$ 또는 $k=0$ 또는 $k=2$

그런데 $k>0$이므로 $k=2$

$\therefore \overline{\mathrm{AB}}=4k=8$

39 지수함수의 그래프의 활용 - 교점

정답 ⑤ | 정답률 63% / 62%

문제 보기

두 곡선 $y=2^x$과 $y=-2x^2+2$가 만나는 두 점을 (x_1, y_1), (x_2, y_2)라
└→ 두 곡선과 두 교점을 좌표평면에 나타낸다.
하자. $x_1<x_2$일 때, 〈보기〉에서 옳은 것만을 있는 대로 고른 것은?

[4점]

〈 보기 〉

ㄱ. $x_2>\dfrac{1}{2}$ →$x=\dfrac{1}{2}$에서의 함숫값의 대소와 두 곡선의 위치 관계를 비교한다.

ㄴ. $y_2-y_1<x_2-x_1$ →두 점 (x_1, y_1), (x_2, y_2)를 이은 직선의 기울기를 구한다.

ㄷ. $\dfrac{\sqrt{2}}{2}<y_1y_2<1$

① ㄱ   ② ㄱ, ㄴ   ③ ㄱ, ㄷ   ④ ㄴ, ㄷ   ⑤ ㄱ, ㄴ, ㄷ

Step 1 두 곡선 $y=2^x$, $y=-2x^2+2$ 그리기

$f(x)=2^x$, $g(x)=-2x^2+2$라 하면 두
곡선 $y=f(x)$, $y=g(x)$는 오른쪽 그
림과 같다.

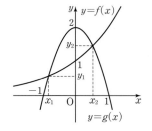

Step 2 ㄱ이 옳은지 확인하기

ㄱ. 위의 그림에서 $0<x<x_2$일 때 $f(x)<g(x)$, $x_2<x<1$일 때
$f(x)>g(x)$이다.

$f(x)=2^x$에서 $x=\dfrac{1}{2}$일 때,

$$f\left(\dfrac{1}{2}\right)=2^{\frac{1}{2}}=\sqrt{2}$$

$g(x)=-2x^2+2$에서 $x=\dfrac{1}{2}$일 때,

$$g\left(\dfrac{1}{2}\right)=-2\times\left(\dfrac{1}{2}\right)^2+2=\dfrac{3}{2}$$

따라서 $f\left(\dfrac{1}{2}\right)=\sqrt{2}<\dfrac{3}{2}=g\left(\dfrac{1}{2}\right)$이므로 $x_2>\dfrac{1}{2}$

Step 3 ㄴ이 옳은지 확인하기

ㄴ. 오른쪽 그림에서 두 점 (x_1, y_1),
(x_2, y_2)를 이은 직선의 기울기는 1
보다 작으므로

$$\dfrac{y_2-y_1}{x_2-x_1}<1$$

∴ $y_2-y_1<x_2-x_1$
└→ $x_1<x_2$, 즉 $x_2-x_1>0$이므로
부등호의 방향이 바뀌지 않아.

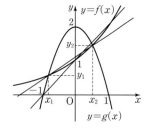

Step 4 ㄷ이 옳은지 확인하기

ㄷ. ㄱ과 같은 방법으로 생각하면 $-1<x<x_1$일 때 $f(x)>g(x)$이고,
$x_1<x<0$일 때 $f(x)<g(x)$이다.

$f(x)=2^x$에서 $x=-\dfrac{1}{2}$일 때,

$$f\left(-\dfrac{1}{2}\right)=2^{-\frac{1}{2}}=\dfrac{1}{\sqrt{2}}=\dfrac{\sqrt{2}}{2}$$

$g(x)=-2x^2+2$에서 $x=-\dfrac{1}{2}$일 때,

$$g\left(-\dfrac{1}{2}\right)=-2\times\left(-\dfrac{1}{2}\right)^2+2=\dfrac{3}{2}$$

이때 $f\left(-\dfrac{1}{2}\right)=\dfrac{\sqrt{2}}{2}<\dfrac{3}{2}=g\left(-\dfrac{1}{2}\right)$이므로 $x_1<-\dfrac{1}{2}$

따라서 $-1<x_1<-\dfrac{1}{2}$, $\dfrac{1}{2}<x_2<1$이므로

$$-\dfrac{1}{2}<x_1+x_2<\dfrac{1}{2} \qquad \cdots\cdots\ \text{㉠}$$

한편 두 점 (x_1, y_1), (x_2, y_2)가 곡선 $y=g(x)$ 위에 있으므로

$$\begin{aligned}y_2-y_1&=(-2x_2^2+2)-(-2x_1^2+2)\\&=2x_1^2-2x_2^2\\&=2(x_1-x_2)(x_1+x_2)\end{aligned}$$

이때 $y_2-y_1>0$에서 $2(x_1-x_2)(x_1+x_2)>0$이고 $x_1-x_2<0$이므로

$$x_1+x_2<0 \qquad \cdots\cdots\ \text{㉡}$$

㉠, ㉡에서 $-\dfrac{1}{2}<x_1+x_2<0 \qquad \cdots\cdots\ \text{㉢}$

두 점 (x_1, y_1), (x_2, y_2)가 곡선 $y=f(x)$ 위에 있으므로

$$y_1y_2=2^{x_1}\times2^{x_2}=2^{x_1+x_2}$$

㉢에서 $2^{-\frac{1}{2}}<2^{x_1+x_2}<2^0$이므로

$$\dfrac{\sqrt{2}}{2}<y_1y_2<1$$

Step 5 옳은 것 구하기

따라서 보기 중 옳은 것은 ㄱ, ㄴ, ㄷ이다.

40 지수함수의 그래프의 활용 - 넓이   정답 60 | 정답률 23%

문제 보기

$0 \leq x \leq 8$에서 정의된 함수 $f(x)$가 다음 조건을 만족시킨다.

(가) $f(x) = \begin{cases} 2^x - 1 & (0 \leq x \leq 1) \\ 2 - 2^{x-1} & (1 < x \leq 2) \end{cases}$ → $0 \leq x \leq 2$에서 함수 $y=f(x)$의 그래프를 그린다.

(나) $n=1, 2, 3$일 때,
$2^n f(x) = f(x-2n)\ (2n < x \leq 2n+2)$ → n의 값을 직접 대입하여 $f(x)$를 구한다.

함수 $y=f(x)$의 그래프와 x축으로 둘러싸인 부분의 넓이를 S라 할 때, $32S$의 값을 구하시오. [4점]

Step 1 $0 \leq x \leq 2$에서 함수 $y=f(x)$의 그래프 그리기

조건 (가)에서 함수 $y=2^x-1$의 그래프는 함수 $y=2^x$의 그래프를 y축의 방향으로 -1만큼 평행이동한 것이고, 함수 $y=2-2^{x-1}$의 그래프는 함수 $y=2^x$의 그래프를 x축에 대하여 대칭이동한 후 x축의 방향으로 1만큼, y축의 방향으로 2만큼 평행이동한 것이므로 $0 \leq x \leq 2$에서 함수 $y=f(x)$의 그래프는 오른쪽 그림과 같다.

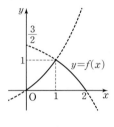

Step 2 $0 \leq x \leq 8$에서 함수 $y=f(x)$의 그래프 그리기

조건 (나)에서
(i) $n=1$일 때, $2f(x) = f(x-2)\ (2 < x \leq 4)$

즉, $f(x) = \dfrac{1}{2}f(x-2)$이므로 $2 < x \leq 4$에서 함수 $y=f(x)$의 그래프는

$0 < x \leq 2$에서의 함수 $y=f(x)$의 그래프를 y축의 방향으로 $\dfrac{1}{2}$배 한 것과 같다. → $f(3) = \dfrac{1}{2}f(1) = \dfrac{1}{2}$, $f(4) = \dfrac{1}{2}f(2) = 0$

(ii) $n=2$일 때, $2^2 f(x) = f(x-4)\ (4 < x \leq 6)$

즉, $f(x) = \dfrac{1}{4}f(x-4)$이므로 $4 < x \leq 6$에서 함수 $y=f(x)$의 그래프는

$0 < x \leq 2$에서의 함수 $y=f(x)$의 그래프를 y축의 방향으로 $\dfrac{1}{4}$배 한 것과 같다. → $f(5) = \dfrac{1}{4}f(1) = \dfrac{1}{4}$, $f(6) = \dfrac{1}{4}f(2) = 0$

(iii) $n=3$일 때, $2^3 f(x) = f(x-6)\ (6 < x \leq 8)$

즉, $f(x) = \dfrac{1}{8}f(x-6)$이므로 $6 < x \leq 8$에서 함수 $y=f(x)$의 그래프는

$0 < x \leq 2$에서의 함수 $y=f(x)$의 그래프를 y축의 방향으로 $\dfrac{1}{8}$배 한 것과 같다. → $f(7) = \dfrac{1}{8}f(1) = \dfrac{1}{8}$, $f(8) = \dfrac{1}{8}f(2) = 0$

(i), (ii), (iii)에서 $0 \leq x \leq 8$일 때 함수 $y=f(x)$의 그래프는 다음 그림과 같다.

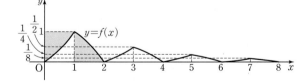

Step 3 $32S$의 값 구하기

함수 $y=2^x-1\ (0 \leq x \leq 1)$의 그래프를 x축에 대하여 대칭이동하면
$y = -(2^x-1) = -2^x+1$
이 그래프를 x축의 방향으로 1만큼, y축의 방향으로 1만큼 평행이동하면
$y = 2-2^{x-1}\ (1 \leq x \leq 2)$
따라서 위의 그림에서 색칠한 두 부분의 넓이가 서로 같으므로 $0 \leq x \leq 2$에서 함수 $y=f(x)$의 그래프와 x축으로 둘러싸인 부분의 넓이는
$1 \times 1 = 1$

같은 방법으로 $2 \leq x \leq 4$에서 함수 $y=f(x)$의 그래프와 x축으로 둘러싸인 부분의 넓이는

$1 \times \dfrac{1}{2} = \dfrac{1}{2}$

$4 \leq x \leq 6$에서 함수 $y=f(x)$의 그래프와 x축으로 둘러싸인 부분의 넓이는

$1 \times \dfrac{1}{4} = \dfrac{1}{4}$

$6 \leq x \leq 8$에서 함수 $y=f(x)$의 그래프와 x축으로 둘러싸인 부분의 넓이는

$1 \times \dfrac{1}{8} = \dfrac{1}{8}$

$\therefore S = 1 + \dfrac{1}{2} + \dfrac{1}{4} + \dfrac{1}{8} = \dfrac{15}{8}$

$\therefore 32S = 60$

41 지수함수의 그래프의 활용 – 길이 정답 220 | 정답률 7%

문제 보기

그림과 같이 곡선 $y=2^x$ 위에 두 점 $P(a, 2^a)$, $Q(b, 2^b)$이 있다. 직선 PQ의 기울기를 m이라 할 때, 점 P를 지나며 기울기가 $-m$인 직선이 x축, y축과 만나는 점을 각각 A, B라 하고, 점 Q를 지나며 기울기가

└→ 직선 AB의 방정식을 구한다.

$-m$인 직선이 x축과 만나는 점을 C라 하자.

$$\overline{AB}=4\overline{PB},\ \overline{CQ}=3\overline{AB} \longrightarrow \overline{AP}:\overline{CQ}를\ 구한다.$$

일 때, $90\times(a+b)$의 값을 구하시오. (단, $0<a<b$) [4점]

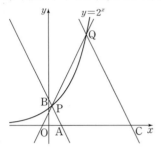

Step 1 a, b 사이의 관계식 구하기

$\overline{AB}=4\overline{PB}$에서

$\overline{PB}=\dfrac{1}{4}\overline{AB}$ $\therefore \overline{AP}=\dfrac{3}{4}\overline{AB}$

이때 $\overline{CQ}=3\overline{AB}$이므로

$\overline{AP}:\overline{CQ}=\dfrac{3}{4}:3=1:4$

오른쪽 그림과 같이 두 점 P, Q에서 x축에 내린 수선의 발을 각각 P′, Q′이라 하자. 두 삼각형 PAP′, QCQ′에서
$\angle PP'A=\angle QQ'C=90°$,
$\angle PAP'=\angle QCQ'$이므로
$\triangle PAP'\backsim\triangle QCQ'$ (AA 닮음)

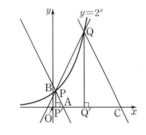

$\therefore \overline{PP'}:\overline{QQ'}=\overline{AP}:\overline{CQ}$

즉, $\overline{PP'}:\overline{QQ'}=1:4$이므로

$2^a:2^b=1:4$

$2^b=4\times2^a,\ 2^b=2^{a+2}$

$\therefore b=a+2$ ······ ㉠

Step 2 a, b의 값 구하기

직선 PQ의 기울기는

$m=\dfrac{2^b-2^a}{b-a}=\dfrac{2^{a+2}-2^a}{(a+2)-a}=\dfrac{3\times2^a}{2}$

점 P를 지나며 기울기가 $-m$인 직선 AB의 방정식은

$y-2^a=-\dfrac{3\times2^a}{2}(x-a)$

$y=0$을 대입하면

$-2^a=-\dfrac{3\times2^a}{2}(x-a)$

$x-a=\dfrac{2}{3}\ (\because 2^a>0)$

$\therefore x=a+\dfrac{2}{3}$

$\therefore A\left(a+\dfrac{2}{3},\ 0\right)$

삼각형 OAB에서 $\overline{OA}:\overline{OP'}=\overline{AB}:\overline{PB}=4:1$이므로

$\left(a+\dfrac{2}{3}\right):a=4:1$

$4a=a+\dfrac{2}{3}$ $\therefore a=\dfrac{2}{9}$

이를 ㉠에 대입하면

$b=\dfrac{2}{9}+2=\dfrac{20}{9}$

Step 3 $90\times(a+b)$의 값 구하기

$\therefore 90\times(a+b)=90\times\left(\dfrac{2}{9}+\dfrac{20}{9}\right)=220$

42 지수함수의 그래프의 활용-교점   정답 196 | 정답률 9%

문제 보기

다음 조건을 만족시키는 두 자연수 a, b의 모든 순서쌍 (a, b)의 개수를 구하시오. [4점]

> (가) $1 \le a \le 10$, $1 \le b \le 100$
> (나) 곡선 $y = 2^x$이 원 $(x-a)^2 + (y-b)^2 = 1$과 만나지 않는다.
>   └→ 곡선 $y = 2^x$과 원을 그려 b의 값의 범위를 구한다.
> (다) 곡선 $y = 2^x$이 원 $(x-a)^2 + (y-b)^2 = 4$와 적어도 한 점에서 만난다.
>   └→ 곡선 $y = 2^x$과 원을 그려 b의 값의 범위를 구한다.

Step 1 조건 (나)를 만족시키는 b의 값의 범위 구하기

조건 (나)에서
$(x-a)^2 + (y-b)^2 = 1$ ……… ㉠
원 ㉠이 곡선 $y = 2^x$과 만나는 경우는 오른쪽 그림과 같다.
곡선 $y = 2^x$과 원 ㉠이 $b = 2^{a-1}$일 때 처음으로 만나고, $b = 2^{a+1}$일 때 마지막으로 만나므로 곡선 $y = 2^x$과 원 ㉠이 만나지 않는 b의 값의 범위는
$b < 2^{a-1}$ 또는 $b > 2^{a+1}$

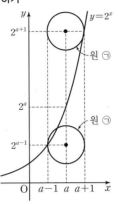

Step 2 조건 (다)를 만족시키는 b의 값의 범위 구하기

조건 (다)에서
$(x-a)^2 + (y-b)^2 = 4$ ……… ㉡
원 ㉡이 곡선 $y = 2^x$과 만나는 경우는 오른쪽 그림과 같다.
곡선 $y = 2^x$과 원 ㉡이 $b = 2^{a-2}$일 때 처음으로 만나고, $b = 2^{a+2}$일 때 마지막으로 만나므로 곡선 $y = 2^x$과 원 ㉡이 만나는 b의 값의 범위는
$2^{a-2} \le b \le 2^{a+2}$

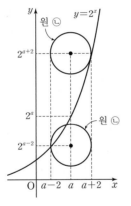

Step 3 b의 값의 범위 구하기

따라서 조건 (나), (다)를 만족시키는 b의 값의 범위는 오른쪽 그림에서
$2^{a-2} \le b < 2^{a-1}$ 또는 $2^{a+1} < b \le 2^{a+2}$

Step 4 a의 값에 따른 b의 개수 구하기

조건 (가)에서 $1 \le a \le 10$, $1 \le b \le 100$이므로

$a = 1$일 때, $2^{-1} \le b < 2^0$ 또는 $2^2 < b \le 2^3$, 즉 $\frac{1}{2} \le b < 1$ 또는 $4 < b \le 8$이므로
$b = 5$, 6, 7, 8의 4개
$a = 2$일 때, $2^0 \le b < 2^1$ 또는 $2^3 < b \le 2^4$, 즉 $1 \le b < 2$ 또는 $8 < b \le 16$이므로
$b = 1$, 9, 10, 11, …, 16의 9개
$a = 3$일 때, $2^1 \le b < 2^2$ 또는 $2^4 < b \le 2^5$, 즉 $2 \le b < 4$ 또는 $16 < b \le 32$이므로
$b = 2$, 3, 17, 18, 19, …, 32의 18개
$a = 4$일 때, $2^2 \le b < 2^3$ 또는 $2^5 < b \le 2^6$, 즉 $4 \le b < 8$ 또는 $32 < b \le 64$이므로
$b = 4$, 5, 6, 7, 33, 34, 35, …, 64의 36개
$a = 5$일 때, $2^3 \le b < 2^4$ 또는 $2^6 < b \le 100$, 즉 $8 \le b < 16$ 또는 $64 < b \le 100$이므로 $b = 8$, 9, …, 15, 65, 66, …, 100의 44개

$a = 6$일 때, $2^4 \le b < 2^5$, 즉 $16 \le b < 32$이므로
$b = 16$, 17, 18, …, 31의 16개
$a = 7$일 때, $2^5 \le b < 2^6$, 즉 $32 \le b < 64$이므로
$b = 32$, 33, 34, …, 63의 32개
$a = 8$일 때, $2^6 \le b \le 100$, 즉 $64 \le b \le 100$이므로
$b = 64$, 65, 66, …, 100의 37개

Step 5 순서쌍 (a, b)의 개수 구하기

따라서 구하는 순서쌍 (a, b)의 개수는 a의 값에 따른 b의 개수와 같으므로
$4 + 9 + 18 + 36 + 44 + 16 + 32 + 37 = 196$

6
일차

01 13	**02** ⑤	**03** ④	**04** ⑤	**05** 25	**06** 6	**07** ③
08 ②	**09** ②	**10** ③	**11** 30	**12** ①		
13 ⑤	**14** ④	**15** 23	**16** ④	**17** ②	**18** ①	**19** ④
20 ②	**21** ②	**22** ④	**23** 6	**24** 70		
25 ①	**26** 5	**27** 54	**28** ⑤	**29** ⑤	**30** 88	**31** ③
32 75	**33** ③	**34** ⑤	**35** ②	**36** 10		
37 15						

문제편 078쪽~089쪽

01 로그함수의 그래프의 점근선　정답 13 | 정답률 87%

문제 보기

함수 $f(x)=\log_6(x-a)+b$의 그래프의 점근선이 직선 $x=5$이고,
└→ a의 값을 구한다.
$f(11)=9$이다. 상수 a, b에 대하여 $a+b$의 값을 구하시오. [3점]
└→ b의 값을 구한다.

Step 1 a의 값 구하기

함수 $f(x)=\log_6(x-a)+b$의 그래프의 점근선이 직선 $x=a$이므로
$a=5$ └→ 함수 $y=\log_6 x$의 그래프의 점근선인 직선 $x=0$을 x축의 방향으로 a만큼 평행이동한 거야.

Step 2 b의 값 구하기

$f(x)=\log_6(x-5)+b$이므로 $f(11)=9$에서
$\log_6 6+b=9$
$\therefore b=8$

Step 3 $a+b$의 값 구하기

$\therefore a+b=5+8=13$

02 로그함수의 그래프 위의 점　정답 ⑤ | 정답률 92%

문제 보기

함수 $y=a+\log_2 x$의 그래프가 점 $(4, 7)$을 지날 때, 상수 a의 값은?
└→ * └→ *에 $x=4$, $y=7$을 대입한다. [3점]

① 1　② 2　③ 3　④ 4　⑤ 5

Step 1 a의 값 구하기

함수 $y=a+\log_2 x$의 그래프가 점 $(4, 7)$을 지나므로
$7=a+\log_2 4$
$7=a+2\log_2 2$
$\therefore a=5$

03 로그함수의 그래프 위의 점　정답 ④ | 정답률 94%

문제 보기

함수 $y=\log_2 x+2$의 그래프가 점 $(a, 1)$을 지날 때, a의 값은? [3점]
└→ *　└→ *에 $x=a$, $y=1$을 대입한다.

① $\dfrac{1}{16}$　② $\dfrac{1}{8}$　③ $\dfrac{1}{4}$　④ $\dfrac{1}{2}$　⑤ 1

Step 1 a의 값 구하기

함수 $y=\log_2 x+2$의 그래프가 점 $(a, 1)$을 지나므로
$1=\log_2 a+2$
$\log_2 a=-1$
$\therefore a=2^{-1}=\dfrac{1}{2}$

04 로그함수의 그래프 위의 점　정답 ⑤ | 정답률 62%

문제 보기

두 점 A$(m, m+3)$, B$(m+3, m-3)$에 대하여 선분 AB를 2 : 1로
내분하는 점이 곡선 $y=\log_4(x+8)+m-3$ 위에 있을 때, 상수 m의
값은? [3점]　└→ 내분점의 좌표를 구한 후 $y=\log_4(x+8)+m-3$에 대입한다.

① 4　② $\dfrac{9}{2}$　③ 5　④ $\dfrac{11}{2}$　⑤ 6

Step 1 선분 AB의 내분점의 좌표 구하기

선분 AB를 2 : 1로 내분하는 점의 좌표는
$\left(\dfrac{2\times(m+3)+1\times m}{2+1}, \dfrac{2\times(m-3)+1\times(m+3)}{2+1}\right)$
$\therefore (m+2, m-1)$

Step 2 m의 값 구하기

점 $(m+2, m-1)$이 곡선 $y=\log_4(x+8)+m-3$ 위에 있으므로
$m-1=\log_4(m+10)+m-3$
$\log_4(m+10)=2$, $m+10=4^2$
$\therefore m=6$

05 로그함수의 그래프의 점근선 정답 25 | 정답률 88%

문제 보기

곡선 $y=\log_2(x+5)$의 점근선이 직선 $x=k$이다. k^2의 값을 구하시오.
└─ 점근선의 방정식을 구한다.
(단, k는 상수이다.) [3점]

Step 1 k^2의 값 구하기

곡선 $y=\log_2(x+5)$의 점근선이 직선 $x=-5$이므로
$k=-5$ └─ 곡선 $y=\log_2 x$의 점근선인 직선 $x=0$을 x축의 방향으로 -5만큼 평행이동한 거야.
$\therefore k^2=(-5)^2=25$

06 지수함수와 로그함수의 그래프의 점근선 정답 6 | 정답률 49%

문제 보기

좌표평면에서 함수 $y=3^x+2$의 그래프의 점근선과 함수
$y=\log_3(x-4)$의 그래프의 점근선이 만나는 점의 좌표를 (a, b)라 할
└─ 두 함수의 그래프의 점근선의 방정식을 구한다.
때, $a+b$의 값을 구하시오. [3점]

Step 1 함수 $y=3^x+2$의 그래프의 점근선 구하기

함수 $y=3^x+2$의 그래프의 점근선은 직선 $y=2$

Step 2 함수 $y=\log_3(x-4)$의 그래프의 점근선 구하기

함수 $y=\log_3(x-4)$의 그래프의 점근선은 직선 $x=4$

Step 3 $a+b$의 값 구하기

따라서 두 직선 $y=2$와 $x=4$가 만나는 점의 좌표는 $(4, 2)$이므로
$a=4$, $b=2$
$\therefore a+b=6$

07 로그함수의 그래프 위의 점 정답 ③ | 정답률 93%

문제 보기

곡선 $y=2^x+5$의 점근선과 곡선 $y=\log_3 x+3$의 교점의 x좌표는?
└─ 점근선의 방정식을 구한다.
[3점]

① 3 ② 6 ③ 9 ④ 12 ⑤ 15

Step 1 곡선 $y=2^x+5$의 점근선 구하기

곡선 $y=2^x+5$의 점근선은 직선 $y=5$

Step 2 점근선과 곡선의 교점의 x좌표 구하기

직선 $y=5$와 곡선 $y=\log_3 x+3$의 교점의 x좌표는
$5=\log_3 x+3$, $\log_3 x=2$
$\therefore x=3^2=9$

08 로그함수의 그래프 위의 점 정답 ② | 정답률 68%

문제 보기

함수 $y=2^x-1$의 그래프의 점근선과 함수 $y=\log_2(x+k)$의 그래프
└─ 점근선의 방정식을 구한다.
가 만나는 점이 y축 위에 있을 때, 상수 k의 값은? [3점]
└─ x좌표는 0이다.

① $\frac{1}{4}$ ② $\frac{1}{2}$ ③ $\frac{3}{4}$ ④ 1 ⑤ $\frac{5}{4}$

Step 1 함수 $y=2^x-1$의 그래프의 점근선 구하기

함수 $y=2^x-1$의 그래프의 점근선은 직선 $y=-1$

Step 2 k의 값 구하기

직선 $y=-1$과 함수 $y=\log_2(x+k)$의 그래프가 만나는 점이 y축 위에
있으므로 교점의 좌표는 $(0, -1)$이다.
점 $(0, -1)$이 함수 $y=\log_2(x+k)$의 그래프 위에 있으므로
$-1=\log_2 k$
$\therefore k=2^{-1}=\frac{1}{2}$

문제 보기

함수 $y=\log_2 x$의 그래프 위에 서로 다른 두 점 A, B가 있다. 선분 AB의 중점이 x축 위에 있고, 선분 AB를 1 : 2로 외분하는 점이 y축 위에

└─ 선분 AB의 중점의 y좌표가 0이고, 외분점의 x좌표가 0임을 이용한다.

있을 때, 선분 AB의 길이는? [4점]

① 1   ② $\dfrac{\sqrt{6}}{2}$ ③ $\sqrt{2}$ ④ $\dfrac{\sqrt{10}}{2}$ ⑤ $\sqrt{3}$

Step 1   두 점 A, B의 x좌표 사이의 관계식 구하기

두 양수 a, b에 대하여 $A(a, \log_2 a)$, $B(b, \log_2 b)$라 하자.

선분 AB의 중점의 y좌표는 $\dfrac{\log_2 a + \log_2 b}{2}$이고, 중점이 x축 위에 있으므로

$\dfrac{\log_2 a + \log_2 b}{2}=0$, $\log_2 ab=0$ $\therefore ab=1$ …… ㉠

또 선분 AB를 1 : 2로 외분하는 점의 x좌표는 $\dfrac{1\times b-2\times a}{1-2}=2a-b$이고, 외분점이 y축 위에 있으므로

$2a-b=0$ $\therefore b=2a$ …… ㉡

Step 2   두 점 A, B의 좌표 구하기

㉡을 ㉠에 대입하면

$2a^2=1$, $a^2=\dfrac{1}{2}$ $\therefore a=\dfrac{\sqrt{2}}{2}$ $(\because a>0)$

이를 ㉡에 대입하면 $b=\sqrt{2}$

$\therefore A\left(\dfrac{\sqrt{2}}{2}, -\dfrac{1}{2}\right)$, $B\left(\sqrt{2}, \dfrac{1}{2}\right)$ → $\log_2 \dfrac{\sqrt{2}}{2}=\log_2\dfrac{1}{\sqrt{2}}=\log_2 2^{-\frac{1}{2}}=-\dfrac{1}{2}$,

$\log_2\sqrt{2}=\log_2 2^{\frac{1}{2}}=\dfrac{1}{2}$

Step 3   선분 AB의 길이 구하기

따라서 선분 AB의 길이는

$\sqrt{\left(\sqrt{2}-\dfrac{\sqrt{2}}{2}\right)^2+\left\{\dfrac{1}{2}-\left(-\dfrac{1}{2}\right)\right\}^2}=\sqrt{\dfrac{1}{2}+1}=\sqrt{\dfrac{3}{2}}=\dfrac{\sqrt{6}}{2}$

문제 보기

$0<a<1<b$인 두 실수 a, b에 대하여 두 함수

$$f(x)=\log_a(bx-1), \quad g(x)=\log_b(ax-1)$$

이 있다. 곡선 $y=f(x)$와 x축의 교점이 곡선 $y=g(x)$의 점근선 위에

└─ *

있도록 하는 a와 b 사이의 관계식과 a의 범위를 옳게 나타낸 것은?

└─ 곡선 $y=g(x)$의 점근선의 방정식을 구하여 *의 좌표를 대입한다.   [4점]

① $b=-2a+2 \left(0<a<\dfrac{1}{2}\right)$ ② $b=2a \left(0<a<\dfrac{1}{2}\right)$

③ $b=2a \left(\dfrac{1}{2}<a<1\right)$ ④ $b=2a+1 \left(0<a<\dfrac{1}{2}\right)$

⑤ $b=2a+1 \left(\dfrac{1}{2}<a<1\right)$

Step 1   곡선 $y=f(x)$와 x축의 교점의 좌표 구하기

곡선 $y=f(x)$와 x축의 교점의 x좌표는

$\log_a(bx-1)=0$, $bx-1=1$

$\therefore x=\dfrac{2}{b}$

따라서 곡선 $y=f(x)$와 x축의 교점의 좌표는 $\left(\dfrac{2}{b}, 0\right)$

Step 2   곡선 $y=g(x)$의 점근선 구하기

곡선 $g(x)=\log_b(ax-1)$의 점근선은 직선 $x=\dfrac{1}{a}$

└─ $ax-1=0$

Step 3 a, b 사이의 관계식과 a의 범위 구하기

점 $\left(\dfrac{2}{b}, 0\right)$이 직선 $x=\dfrac{1}{a}$ 위에 있어야 하므로

$\dfrac{2}{b}=\dfrac{1}{a}$ $\therefore b=2a$

한편 $b>1$, 즉 $2a>1$에서 $a>\dfrac{1}{2}$이고 조건에서 $a<1$이므로

$\dfrac{1}{2}<a<1$

11 로그함수의 그래프의 평행이동　　정답 30 │ 정답률 76%

문제 보기

함수 $y=\log x$의 그래프를 x축의 방향으로 a만큼, y축의 방향으로 b만큼 평행이동시킨 그래프가 두 점 $(4,\ b)$, $(13,\ 11)$을 지날 때, 상수 a, b의 곱 ab의 값을 구하시오. [3점]

└→ $y=\log(x-a)+b$　└→ a의 값을 구한다.　└→ b의 값을 구한다.

Step 1 평행이동한 그래프의 식 구하기

$y=\log x$의 그래프를 x축의 방향으로 a만큼, y축의 방향으로 b만큼 평행이동하면

$y=\log(x-a)+b$

Step 2 a의 값 구하기

함수 $y=\log(x-a)+b$의 그래프가 점 $(4,\ b)$를 지나므로

$b=\log(4-a)+b$, $\log(4-a)=0$

$4-a=1$　∴ $a=3$

Step 3 b의 값 구하기

함수 $y=\log(x-3)+b$의 그래프가 점 $(13,\ 11)$을 지나므로

$11=\log 10+b$　∴ $b=10$

Step 4 ab의 값 구하기

∴ $ab=3\times 10=30$

12 로그함수의 그래프의 평행이동　　정답 ① │ 정답률 86%

문제 보기

함수 $y=\log_2 x$의 그래프를 x축의 방향으로 a만큼, y축의 방향으로 1만큼 평행이동한 그래프가 점 $(9,\ 3)$을 지날 때, 상수 a의 값은? [3점]

└→ $y=\log_2(x-a)+1$

① 5　　② 6　　③ 7　　④ 8　　⑤ 9

Step 1 평행이동한 그래프의 식 구하기

$y=\log_2 x$의 그래프를 x축의 방향으로 a만큼, y축의 방향으로 1만큼 평행이동하면

$y=\log_2(x-a)+1$

Step 2 a의 값 구하기

함수 $y=\log_2(x-a)+1$의 그래프가 점 $(9,\ 3)$을 지나므로

$3=\log_2(9-a)+1$, $\log_2(9-a)=2$

$9-a=2^2$　∴ $a=5$

13 로그함수의 그래프가 지나지 않는 사분면

정답 ⑤ │ 정답률 65%

문제 보기

함수 $y=2+\log_2 x$의 그래프를 x축의 방향으로 -8만큼, y축의 방향으로 k만큼 평행이동한 그래프가 제4사분면을 지나지 않도록 하는 실수 k의 최솟값은? [3점]

└→ $y=\log_2(x+8)+k+2$　└→ 그래프를 그려 본다.

① -1　　② -2　　③ -3　　④ -4　　⑤ -5

Step 1 평행이동한 그래프의 식 구하기

$y=2+\log_2 x$의 그래프를 x축의 방향으로 -8만큼, y축의 방향으로 k만큼 평행이동하면

$y=\log_2(x+8)+k+2$

Step 2 실수 k의 최솟값 구하기

$f(x)=\log_2(x+8)+k+2$라 할 때, 함수 $y=f(x)$의 그래프가 제4사분면을 지나지 않으려면 오른쪽 그림에서 $f(0)\geq 0$이어야 하므로

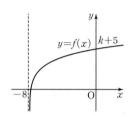

$\log_2 8+k+2\geq 0$

$k+5\geq 0$　∴ $k\geq -5$

따라서 실수 k의 최솟값은 -5이다.

14 로그함수의 최대, 최소 - 진수가 일차식

정답 ④ │ 정답률 94%

문제 보기

함수

$f(x)=2\log_{\frac{1}{2}}(x+k)$　└→ $0<$(밑)<1

가 $0\leq x\leq 12$에서 최댓값 -4, 최솟값 m을 갖는다. $k+m$의 값은?

└→ k의 값을 구한다.　　（단, k는 상수이다.) [3점]

① -1　　② -2　　③ -3　　④ -4　　⑤ -5

Step 1 k의 값 구하기

$f(x)=2\log_{\frac{1}{2}}(x+k)$에서 밑이 1보다 작으므로 $x=0$일 때 최대이고 최댓값 $f(0)=2\log_{\frac{1}{2}}k$를 갖는다.

즉, $2\log_{\frac{1}{2}}k=-4$이므로

$\log_{\frac{1}{2}}k=-2$　∴ $k=\left(\dfrac{1}{2}\right)^{-2}=4$

Step 2 m의 값 구하기

함수 $f(x)=2\log_{\frac{1}{2}}(x+4)$는 $x=12$일 때 최소이고 최솟값은

$m=f(12)=2\log_{\frac{1}{2}}16$

$\quad=2\log_{2^{-1}}2^4=-8\log_2 2=-8$

Step 3 $k+m$의 값 구하기

∴ $k+m=4+(-8)=-4$

15 로그함수의 최대, 최소 − 진수가 일차식

정답 23 | 정답률 73%

문제 보기

정의역이 $\{x\,|\,4\leq x\leq 9\}$인 함수 $y=\log_{\frac{1}{3}}(x+a)$의 최댓값이 -3일
때, 상수 a의 값을 구하시오. [3점]
$\quad\quad\quad\quad\quad\quad\quad\quad\quad$└→ $0<$(밑)<1 $\quad$└→ a에 대한 식을
$\quad\quad\quad\quad\quad\quad\quad\quad\quad\quad\quad\quad\quad\quad\quad\quad\quad\quad\quad$세운다.

Step 1 a의 값 구하기

$y=\log_{\frac{1}{3}}(x+a)$에서 밑이 1보다 작으므로 $x=4$일 때 최대이고 최댓값

$\log_{\frac{1}{3}}(4+a)$를 갖는다.

즉, $\log_{\frac{1}{3}}(4+a)=-3$이므로

$4+a=\left(\dfrac{1}{3}\right)^{-3}$

$\therefore a=\left(\dfrac{1}{3}\right)^{-3}-4=3^3-4=23$

---

16 로그함수의 최대, 최소 − 진수가 일차식

정답 ④ | 정답률 90%

문제 보기

함수 $y=\log_{\frac{1}{2}}(x-a)+b$가 $2\leq x\leq 5$에서 최댓값 3, 최솟값 1을 갖는
$\quad\quad\quad\quad\quad\quad$└→ $0<$(밑)<1 $\quad\quad\quad\quad$└→ $a,\,b$에 대한 식을 세운다.

다. $a+b$의 값은? (단, $a,\,b$는 상수이다.) [3점]

① 1 $\quad\quad$ ② 2 $\quad\quad$ ③ 3 $\quad\quad$ ④ 4 $\quad\quad$ ⑤ 5

Step 1 $a,\,b$의 값 구하기

$y=\log_{\frac{1}{2}}(x-a)+b$에서 밑이 1보다 작으므로 $x=2$일 때 최댓값 3,

$x=5$일 때 최솟값 1을 갖는다.

즉, $\log_{\frac{1}{2}}(2-a)+b=3$이므로

$b=3-\log_{\frac{1}{2}}(2-a)$ $\quad\cdots\cdots$ ㉠

또 $\log_{\frac{1}{2}}(5-a)+b=1$이므로

$b=1-\log_{\frac{1}{2}}(5-a)$ $\quad\cdots\cdots$ ㉡

㉡$-$㉠을 하면

$-\log_{\frac{1}{2}}(5-a)+\log_{\frac{1}{2}}(2-a)-2=0$

$\log_{\frac{1}{2}}\dfrac{2-a}{5-a}=2,\ \dfrac{2-a}{5-a}=\left(\dfrac{1}{2}\right)^2$

$4\times(2-a)=5-a,\ -3a=-3$

$\therefore a=1$

이를 ㉠에 대입하면 $b=3$

Step 2 $a+b$의 값 구하기

$\therefore a+b=1+3=4$

---

17 로그함수의 최대, 최소 − 진수가 이차식

정답 ② | 정답률 83%

문제 보기

$-3\leq x\leq 3$에서 함수 $f(x)=\log_2(x^2-4x+20)$의 최솟값은? [3점]
$\quad\quad\quad\quad\quad\quad\quad\quad$└→ (밑)$>1$이므로 진수가 최소일 때 $f(x)$는 최솟값을 갖는다.

① 3 $\quad\quad$ ② 4 $\quad\quad$ ③ 5 $\quad\quad$ ④ 6 $\quad\quad$ ⑤ 7

Step 1 최솟값 구하기

$g(x)=x^2-4x+20$이라 하면 $g(x)=(x-2)^2+16$이므로 $-3\leq x\leq 3$에
서 함수 $g(x)$는 $x=2$일 때 최솟값 16, $x=-3$일 때 최댓값 41을 갖는다.

$\therefore 16\leq g(x)\leq 41$

따라서 함수 $f(x)=\log_2 g(x)$의 밑이 1보다 크므로 $g(x)=16$일 때 최소
이고 최솟값은

$\log_2 16=\log_2 2^4=4$

18 로그함수의 최대, 최소의 활용　　정답 ① | 정답률 65%

문제 보기

$\angle A = 90°$이고 $\overline{AB} = 2\log_2 x$, $\overline{AC} = \log_4 \dfrac{16}{x}$인 삼각형 ABC의 넓이

를 $S(x)$라 하자. $S(x)$가 $x = a$에서 최댓값 M을 가질 때, $a + M$의
　　　　└→ $S(x) = \dfrac{1}{2} \times \overline{AB} \times \overline{AC}$임을 이용한다.

값은? (단, $1 < x < 16$) [4점]

① 6　　　　② 7　　　　③ 8　　　　④ 9　　　　⑤ 10

Step 1 $S(x)$ 구하기

삼각형 ABC에서 $\angle A = 90°$이므로

$$S(x) = \frac{1}{2} \times \overline{AB} \times \overline{AC}$$

$$= \frac{1}{2} \times 2\log_2 x \times \log_4 \frac{16}{x}$$

$$= \log_2 x \times (\log_4 16 - \log_4 x)$$

$$= \log_2 x \times \left(2 - \frac{1}{2}\log_2 x\right)$$

$$= -\frac{1}{2}(\log_2 x)^2 + 2\log_2 x$$

Step 2 a, M의 값 구하기

$\log_2 x = t$로 놓으면 $1 < x < 16$에서

$\log_2 1 < \log_2 x < \log_2 16$

$\therefore 0 < t < 4$

이때 주어진 함수는

$-\dfrac{1}{2}t^2 + 2t = -\dfrac{1}{2}(t-2)^2 + 2$

따라서 $t = 2$일 때 최대이고 최댓값 2를 가지므로 $M = 2$

$t = 2$에서 $\log_2 x = 2$

$\therefore x = 2^2 = 4$

$\therefore a = 4$

Step 3 $a + M$의 값 구하기

$\therefore a + M = 4 + 2 = 6$

---

19 로그함수의 그래프의 활용 – 넓이　　정답 ④ | 정답률 86%

문제 보기

두 곡선 $y = \log_2 x$, $y = \log_a x \,(0 < a < 1)$이 x축 위의 점 A에서 만난
　　　　　　　　　　　　　　　　└→ A(1, 0)

다. 직선 $x = 4$가 곡선 $y = \log_2 x$와 만나는 점을 B, 곡선 $y = \log_a x$와
　　　　　　　　　　└→ 두 점 B, C의 x좌표가 4임을 이용하여 y좌표를 구한다.

만나는 점을 C라 하자. 삼각형 ABC의 넓이가 $\dfrac{9}{2}$일 때, 상수 a의 값

은? [3점]　　　└→ $\dfrac{1}{2} \times$ (두 점 A, B의 x좌표의 차) $\times \overline{BC} = \dfrac{9}{2}$

① $\dfrac{1}{16}$　　② $\dfrac{1}{8}$　　③ $\dfrac{3}{16}$　　④ $\dfrac{1}{4}$　　⑤ $\dfrac{5}{16}$

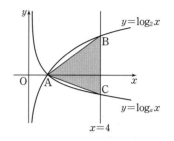

Step 1 세 점 A, B, C의 좌표 구하기

두 곡선 $y = \log_2 x$, $y = \log_a x$가 x축 위의 점 A에서 만나므로

A(1, 0)

곡선 $y = \log_2 x$가 직선 $x = 4$와 만나는 점 B의 y좌표는

$\log_2 4 = \log_2 2^2 = 2$이므로 B(4, 2)

또 곡선 $y = \log_a x$가 직선 $x = 4$와 만나는 점 C의 y좌표는 $\log_a 4$이므로

C(4, $\log_a 4$)

Step 2 a의 값 구하기

삼각형 ABC의 넓이가 $\dfrac{9}{2}$이므로

$$\frac{1}{2} \times (4-1) \times (2 - \log_a 4) = \frac{9}{2}$$

$$\frac{3}{2}(2 - \log_a 4) = \frac{9}{2}, \ 2 - \log_a 4 = 3$$

$$\log_a 4 = -1, \ a^{-1} = 4$$

$$\therefore a = 4^{-1} = \frac{1}{4}$$

6
일차

20 로그함수의 그래프의 활용 – 교점   정답 ② | 정답률 89%

문제 보기

좌표평면에서 두 곡선 $y=\log_2 x$, $y=\log_4 x$가 직선 $x=16$과 만나는
　└ 두 점 P, Q의 x좌표가 16임을 이용하여 y좌표를 구한다.

점을 각각 P, Q라 하자. 두 점 P, Q 사이의 거리는? [3점]
　　└ 두 점의 y좌표의 차를 구한다.

① 1   ② 2   ③ 3   ④ 4   ⑤ 5

Step 1 두 점 P, Q의 좌표 구하기

곡선 $y=\log_2 x$가 직선 $x=16$과 만나는 점 P의 y좌표는

$\log_2 16=\log_2 2^4=4$이므로 P(16, 4)

또 곡선 $y=\log_4 x$가 직선 $x=16$과 만나는 점 Q의 y좌표는

$\log_4 16=\log_4 4^2=2$이므로 Q(16, 2)

Step 2 두 점 P, Q 사이의 거리 구하기

따라서 두 점 P, Q 사이의 거리는

$4-2=2$

---

21 로그함수의 그래프의 활용 – 넓이   정답 ② | 정답률 70%

문제 보기

그림과 같이 두 함수 $f(x)=\log_2 x$, $g(x)=\log_2 3x$의 그래프 위에 네 점
　　　　　　　　　　　　　　　　└ $g(x)=\log_2 3+\log_2 x$임을 이용한다.

$$A(1, f(1)), B(3, f(3)), C(3, g(3)), D(1, g(1))$$

이 있다. 두 함수 $y=f(x)$, $y=g(x)$의 그래프와 선분 AD, 선분 BC
로 둘러싸인 부분의 넓이는? [4점]

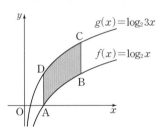

① 3   ② $2\log_2 3$ ③ 4   ④ $3\log_2 3$ ⑤ 5

Step 1 두 함수 $y=f(x)$, $y=g(x)$의 그래프 사이의 관계 파악하기

$g(x)=\log_2 3x=\log_2 3+\log_2 x=\log_2 3+f(x)$이므로 함수
$g(x)=\log_2 3x$의 그래프는 함수 $f(x)=\log_2 x$의 그래프를 y축의 방향으
로 $\log_2 3$만큼 평행이동한 것이다.

Step 2 두 함수의 그래프와 두 선분으로 둘러싸인 부분의 넓이 구하기

A(1, 0), B(3, $\log_2 3$),
C(3, $\log_2 9$), D(1, $\log_2 3$)이므로
점 (3, 0)을 E라 하면
$\overline{AE}=\overline{DB}$, $\overline{BE}=\overline{BC}$
이때 함수 $y=g(x)$의 그래프는 함
수 $y=f(x)$의 그래프를 평행이동
한 것이므로 함수 $y=g(x)$의 그래
프와 선분 DB, 선분 BC로 둘러싸인 부분의 넓이는 함수 $y=f(x)$의 그
래프와 선분 AE, 선분 BE로 둘러싸인 부분의 넓이와 같다.

즉, 두 함수 $y=f(x)$, $y=g(x)$의 그래프와 선분 AD, 선분 BC로 둘러싸
인 부분의 넓이는 사각형 AEBD의 넓이와 같다.

따라서 구하는 넓이는

$\overline{AE}\times\overline{AD}=2\times\log_2 3=2\log_2 3$

문제 보기

그림과 같이 함수 $y=\log_2 x$의 그래프 위의 두 점 A, B에서 x축에 내린 수선의 발을 각각 C$(p, 0)$, D$(2p, 0)$이라 하자. 삼각형 BCD와
└→ A$(p, \log_2 p)$, B$(2p, \log_2 2p)$임을 이용한다.
삼각형 ACB의 넓이의 차가 8일 때, 실수 p의 값은? (단, $p>1$) [3점]

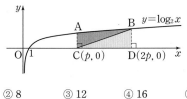

① 4 ② 8 ③ 12 ④ 16 ⑤ 20

Step 1 두 삼각형 BCD, ACB의 넓이 구하기

A$(p, \log_2 p)$, B$(2p, \log_2 2p)$이므로

$$\triangle BCD = \frac{1}{2} \times \overline{BD} \times \overline{CD}$$
$$= \frac{1}{2} \times \log_2 2p \times (2p-p)$$
$$= \frac{p}{2} \log_2 2p$$

$$\triangle ACB = \frac{1}{2} \times \overline{AC} \times \overline{CD}$$
$$= \frac{1}{2} \times \log_2 p \times (2p-p)$$
$$= \frac{p}{2} \log_2 p$$

Step 2 실수 p의 값 구하기

삼각형 BCD와 삼각형 ACB의 넓이의 차가 8이므로

$$\frac{p}{2} \log_2 2p - \frac{p}{2} \log_2 p = 8$$

$$\frac{p}{2} (\log_2 2p - \log_2 p) = 8$$

$$\frac{p}{2} \log_2 2 = 8$$

$$\therefore p = 16$$

문제 보기

그림과 같이 두 곡선 $y=\log_2 x$, $y=\log_{\frac{1}{2}} x$가 만나는 점을 A라 하고,
└→ A$(1, 0)$
직선 $x=k \,(k>1)$이 두 곡선과 만나는 점을 각각 B, C라 하자. 삼각형
└→ B$(k, \log_2 k)$, C$(k, \log_{\frac{1}{2}} k)$
ACB의 무게중심의 좌표가 $(3, 0)$일 때, 삼각형 ACB의 넓이를 구하시오. [3점]
└→ 세 점 A, B, C의 좌표를 이용하여 삼각형의 무게중심의 좌표를 구한다.

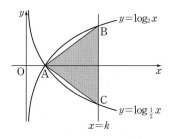

Step 1 두 점 B, C의 좌표 구하기

A$(1, 0)$, B$(k, \log_2 k)$, C$(k, \log_{\frac{1}{2}} k)$이므로 삼각형 ACB의 무게중심의 좌표는

$$\left(\frac{1+k+k}{3}, \frac{\log_2 k + \log_{\frac{1}{2}} k}{3} \right) \quad \therefore \left(\frac{2k+1}{3}, 0 \right)$$
$$\qquad\qquad\qquad\qquad\qquad\qquad\qquad {}^{\llcorner\!\rightarrow \log_2 k + \log_{\frac{1}{2}} k}_{\qquad = \log_2 k - \log_2 k = 0}$$

즉, $\frac{2k+1}{3}=3$이므로

$2k=8 \quad \therefore k=4$

$\therefore$ B$(4, 2)$, C$(4, -2)$
$\qquad \quad {}^{\llcorner\!\rightarrow \log_{\frac{1}{2}} 4 = \log_{2^{-1}} 2^2 = -2}$

Step 2 삼각형 ACB의 넓이 구하기

따라서 삼각형 ACB의 넓이는

$$\frac{1}{2} \times (\text{두 점 A, B의 } x\text{좌표의 차}) \times \overline{BC} = \frac{1}{2} \times (4-1) \times \{2-(-2)\}$$
$$= \frac{1}{2} \times 3 \times 4 = 6$$

6
일차

24 로그함수의 그래프의 활용 – 길이   정답 70 | 정답률 26%

문제 보기

좌표평면에서 직선 $x=a\,(0<a<1)$가 두 곡선 $y=\log_{\frac{1}{9}}x$, $y=\log_3 x$와
만나는 점을 각각 P, Q라 하고, 직선 $x=b\,(b>1)$가 두 곡선 $y=\log_{\frac{1}{9}}x$,
    ↳ $P(a, \log_{\frac{1}{9}}a)$, $Q(a, \log_3 a)$

$y=\log_3 x$와 만나는 점을 각각 R, S라 하자. 네 점 P, Q, R, S는 다음
조건을 만족시킨다.   ↳ $R(b, \log_{\frac{1}{9}}b)$, $S(b, \log_3 b)$

> ㈎ $\overline{PQ}:\overline{SR}=2:1$ → a, b 사이의 관계식을 세운다.
>
> ㈏ 선분 PR의 중점의 x좌표는 $\dfrac{9}{8}$이다. → a, b 사이의 관계식을 세운다.

두 상수 a, b에 대하여 $40(b-a)$의 값을 구하시오. [4점]

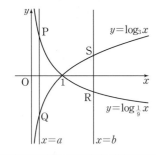

Step 1 $\overline{PQ}$, $\overline{SR}$의 길이 구하기

$P(a, \log_{\frac{1}{9}}a)$, $Q(a, \log_3 a)$이므로

$\overline{PQ}=\log_{\frac{1}{9}}a-\log_3 a=\log_{3^{-2}}a-\log_3 a$

$\qquad=-\dfrac{1}{2}\log_3 a-\log_3 a=-\dfrac{3}{2}\log_3 a$

$R(b, \log_{\frac{1}{9}}b)$, $S(b, \log_3 b)$이므로

$\overline{SR}=\log_3 b-\log_{\frac{1}{9}}b=\log_3 b-\log_{3^{-2}}b$

$\qquad=\log_3 b+\dfrac{1}{2}\log_3 b=\dfrac{3}{2}\log_3 b$

Step 2 a, b 사이의 관계식 세우기

조건 ㈎에서 $\overline{PQ}=2\overline{SR}$이므로

$-\dfrac{3}{2}\log_3 a=3\log_3 b$, $-\dfrac{1}{2}\log_3 a=\log_3 b$

$\log_3 a=-2\log_3 b$, $\log_3 a=\log_3 \dfrac{1}{b^2}$

$\therefore a=\dfrac{1}{b^2}$ …… ㉠

선분 PR의 중점의 x좌표는 $\dfrac{a+b}{2}$이므로 조건 ㈏에서

$\dfrac{a+b}{2}=\dfrac{9}{8}$ $\therefore a+b=\dfrac{9}{4}$ …… ㉡

Step 3 a, b의 값 구하기

㉠을 ㉡에 대입하면 $\dfrac{1}{b^2}+b=\dfrac{9}{4}$

$4b^3-9b^2+4=0$, $(b-2)(4b^2-b-2)=0$

$\therefore b=2$ 또는 $b=\dfrac{1\pm\sqrt{33}}{8}$

이때 $b>1$이므로 $b=2$ ↳ $\dfrac{1-\sqrt{33}}{8}<\dfrac{1+\sqrt{33}}{8}<\dfrac{1+\sqrt{36}}{8}=\dfrac{7}{8}<1$

이를 ㉠에 대입하면 $a=\dfrac{1}{4}$

Step 4 $40(b-a)$의 값 구하기

$\therefore 40(b-a)=40\left(2-\dfrac{1}{4}\right)=40\times\dfrac{7}{4}=70$

---

25 로그함수의 그래프의 활용 – 길이   정답 ① | 정답률 88%

문제 보기

그림과 같이 두 곡선 $y=\log_a x$, $y=\log_b x\,(1<a<b)$와 직선 $y=1$이
     ↳ 두 점 A_1, B_1의 y좌표가 1임을 이용하여 x좌표를 구한다.

만나는 점을 A_1, B_1이라 하고, 직선 $y=2$가 만나는 점을 A_2, B_2라 하자.
    두 점 A_2, B_2의 y좌표가 2임을 이용하여 x좌표를 구한다.

선분 A_1B_1의 중점의 좌표는 $(2, 1)$이고 $\overline{A_1B_1}=1$일 때, $\overline{A_2B_2}$의 값은?
   ↳ a, b 사이의 관계식을 세운다.   ↳ a, b 사이의 관계식을
                                                 세운다.   [3점]

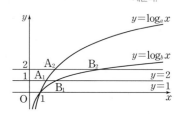

① 4   ② $3\sqrt{2}$ ③ 5   ④ $4\sqrt{2}$ ⑤ 6

Step 1 a, b의 값 구하기

$A_1(p, 1)$이라 하면 점 A_1이 곡선 $y=\log_a x$ 위에 있으므로

$\log_a p=1$ $\therefore p=a$ $\therefore A_1(a, 1)$

$B_1(q, 1)$이라 하면 점 B_1이 곡선 $y=\log_b x$ 위에 있으므로

$\log_b q=1$ $\therefore q=b$ $\therefore B_1(b, 1)$

이때 선분 A_1B_1의 중점의 좌표가 $\left(\dfrac{a+b}{2}, 1\right)$이므로

$\dfrac{a+b}{2}=2$ $\therefore a+b=4$ …… ㉠

또 $\overline{A_1B_1}=1$이므로 $b-a=1$ …… ㉡

㉠, ㉡을 연립하여 풀면 $a=\dfrac{3}{2}$, $b=\dfrac{5}{2}$

Step 2   두 점 A_2, B_2의 좌표 구하기

$A_2(r, 2)$라 하면 점 A_2가 곡선 $y=\log_{\frac{3}{2}}x$ 위에 있으므로

$\log_{\frac{3}{2}}r=2$, $r=\left(\dfrac{3}{2}\right)^2$ $\therefore A_2\left(\dfrac{9}{4}, 2\right)$

$B_2(s, 2)$라 하면 점 B_2가 곡선 $y=\log_{\frac{5}{2}}x$ 위에 있으므로

$\log_{\frac{5}{2}}s=2$, $s=\left(\dfrac{5}{2}\right)^2$ $\therefore B_2\left(\dfrac{25}{4}, 2\right)$

Step 3 $\overline{A_2B_2}$의 값 구하기

$\therefore \overline{A_2B_2}=\dfrac{25}{4}-\dfrac{9}{4}=\dfrac{16}{4}=4$

다른 풀이   인수분해 이용하기

$A_1(a, 1)$, $B_1(b, 1)$이므로 선분 A_1B_1의 중점의 좌표는 $\left(\dfrac{a+b}{2}, 1\right)$

즉, $\dfrac{a+b}{2}=2$이므로 $a+b=4$

또 $\overline{A_1B_1}=1$이므로 $b-a=1$

따라서 $A_2(a^2, 2)$, $B_2(b^2, 2)$이므로

$\overline{A_2B_2}=b^2-a^2=(b+a)(b-a)=4\times 1=4$

문제 보기

자연수 n에 대하여 그림과 같이 세 곡선 $y=\log_2 x+1$, $y=\log_2 x$,
$y=\log_2 (x-4^n)$이 직선 $y=n$과 만나는 세 점을 각각 A_n, B_n, C_n이
　└ 세 점 A_n, B_n, C_n의 y좌표가 n임을 이용하여 x좌표를 구한다.
라 하자. 두 삼각형 A_nOB_n, B_nOC_n의 넓이를 각각 S_n, T_n이라 할 때,
　　　　　　　　　　　　　　　　　└ S_n, T_n을 구한다.
$\dfrac{T_n}{S_n}=64$를 만족시키는 n의 값을 구하시오. (단, O는 원점이다.) [4점]

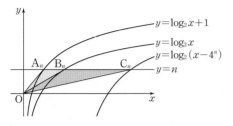

Step 1 세 점 A_n, B_n, C_n의 좌표 구하기

$A_n(a, n)$이라 하면 점 A_n이 곡선 $y=\log_2 x+1$ 위에 있으므로
$\log_2 a+1=n$, $\log_2 a=n-1$
$a=2^{n-1}$　　∴ $A_n(2^{n-1}, n)$
$B_n(b, n)$이라 하면 점 B_n이 곡선 $y=\log_2 x$ 위에 있으므로
$\log_2 b=n$에서 $b=2^n$　　∴ $B_n(2^n, n)$
$C_n(c, n)$이라 하면 점 C_n이 곡선 $y=\log_2 (x-4^n)$ 위에 있으므로
$\log_2 (c-4^n)=n$, $c-4^n=2^n$
$c=2^n+4^n$　　∴ $C_n(2^n+4^n, n)$

Step 2 $\dfrac{T_n}{S_n}$ 구하기

$\overline{A_nB_n}=2^n-2^{n-1}=2^n-\dfrac{1}{2}\times 2^n=\dfrac{1}{2}\times 2^n$, $\overline{B_nC_n}=(2^n+4^n)-2^n=4^n$이므
로
$S_n=\dfrac{1}{2}\times \overline{A_nB_n}\times n=\dfrac{1}{4}n\times 2^n$
$T_n=\dfrac{1}{2}\times \overline{B_nC_n}\times n=\dfrac{1}{2}n\times 4^n$
$\therefore \dfrac{T_n}{S_n}=\dfrac{\dfrac{1}{2}n\times 4^n}{\dfrac{1}{4}n\times 2^n}=2\times \dfrac{2^{2n}}{2^n}=2^{1+2n-n}=2^{n+1}$

Step 3 자연수 n의 값 구하기

따라서 $2^{n+1}=64=2^6$이므로
$n+1=6$　　∴ $n=5$

문제 보기

그림과 같이 직선 $y=2$가 두 곡선 $y=\log_2 4x$, $y=\log_2 x$와 만나는 점
을 각각 A, B라 하고, 직선 $y=k$ $(k>2)$가 두 곡선 $y=\log_2 4x$,
　└ 두 점 A, B의 y좌표가 2임을 이용하여 x좌표를 구한다.
$y=\log_2 x$와 만나는 점을 각각 C, D라 하자. 점 B를 지나고 y축과 평
　└ 두 점 C, D의 y좌표가 k임을 이용하여 x좌표를 구한다.
행한 직선이 직선 CD와 만나는 점을 E라 하면 점 E는 선분 CD를
　　　　　　　　　　　└ 점 E의 x좌표는 점 B의 x좌표와 같다.
$1:2$로 내분한다. 사각형 ABDC의 넓이를 S라 할 때, $12S$의 값을 구
하시오. [4점]

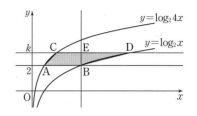

Step 1 두 점 A, B의 좌표 구하기

$A(a, 2)$라 하면 점 A가 곡선 $y=\log_2 4x$ 위에 있으므로
$\log_2 4a=2$, $4a=2^2=4$　　∴ $a=1$
∴ $A(1, 2)$
$B(b, 2)$라 하면 점 B가 곡선 $y=\log_2 x$ 위에 있으므로
$\log_2 b=2$, $b=2^2=4$
∴ $B(4, 2)$

Step 2 두 점 C, D의 좌표 구하기

$C(c, k)$라 하면 점 C가 곡선 $y=\log_2 4x$ 위에 있으므로
$\log_2 4c=k$, $4c=2^k$　　∴ $c=\dfrac{2^k}{4}=2^{k-2}$
∴ $C(2^{k-2}, k)$
$D(d, k)$라 하면 점 D가 곡선 $y=\log_2 x$ 위에 있으므로
$\log_2 d=k$, $d=2^k$
∴ $D(2^k, k)$

Step 3 k의 값 구하기

점 E는 점 B$(4, 2)$를 지나고 y축과 평행한 직선이 직선 CD와 만나는 점
이므로 E$(4, k)$
이때 점 E가 선분 CD를 $1:2$로 내분하므로 내분점의 x좌표는
$\dfrac{1\times 2^k+2\times 2^{k-2}}{1+2}=\dfrac{2^k+2^{k-1}}{3}$
즉, $\dfrac{2^k+2^{k-1}}{3}=4$이므로
$2^k+\dfrac{1}{2}\times 2^k=12$, $\dfrac{3}{2}\times 2^k=12$
$2^k=8=2^3$　　∴ $k=3$

Step 4 $12S$의 값 구하기

따라서 C$(2, 3)$, D$(8, 3)$, E$(4, 3)$이므로
$\overline{AB}=4-1=3$, $\overline{CD}=8-2=6$, $\overline{BE}=3-2=1$
따라서 사각형 ABDC의 넓이 S는
$S=\dfrac{1}{2}\times (\overline{AB}+\overline{CD})\times \overline{BE}$
$=\dfrac{1}{2}\times (3+6)\times 1=\dfrac{9}{2}$
$\therefore 12S=12\times \dfrac{9}{2}=54$

문제 보기

그림과 같이 기울기가 1인 직선 l이 곡선 $y=\log_2 x$와 서로 다른 두 점 A$(a,\ \log_2 a)$, B$(b,\ \log_2 b)$에서 만난다. 직선 l과 두 직선 $x=b$,
└→ 두 점 A, B를 이은 직선의 기울기가 1임을 이용하여 관계식을 세운다.
$y=\log_2 a$로 둘러싸인 부분의 넓이가 2일 때, $a+b$의 값은?
    └→ a, b 사이의 관계식을 세운다.
(단, $0<a<b$이다.) [4점]

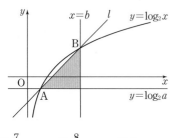

① 2   ② $\dfrac{7}{3}$ ③ $\dfrac{8}{3}$ ④ 3   ⑤ $\dfrac{10}{3}$

Step 1   주어진 조건을 이용하여 관계식 세우기

두 점 A$(a,\ \log_2 a)$, B$(b,\ \log_2 b)$가 기울기가 1인 직선 l 위에 있으므로

$$\frac{\log_2 b-\log_2 a}{b-a}=1$$

$\therefore\ \log_2 b-\log_2 a=b-a$ ……㉠

직선 $x=b$와 직선 $y=\log_2 a$가 만나는 점을 C라 하면 C$(b,\ \log_2 a)$

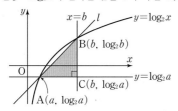

직선 l과 두 직선 $x=b$, $y=\log_2 a$로 둘러싸인 부분은 밑변의 길이가 $b-a$, 높이가 $\log_2 b-\log_2 a$인 직각삼각형이고, 그 넓이가 2이므로

$$\frac{1}{2}(b-a)(\log_2 b-\log_2 a)=2 \quad\text{……㉡}$$

Step 2 $a+b$의 값 구하기

㉠을 ㉡에 대입하면

$\dfrac{1}{2}(b-a)(b-a)=2$, $(b-a)^2=4$

$\therefore\ b-a=2\ (\because\ a<b)$ ……㉢

㉠에서 $\log_2 b-\log_2 a=2$

$\log_2\dfrac{b}{a}=2$, $\dfrac{b}{a}=2^2$ $\therefore\ b=4a$ ……㉣

㉣을 ㉢에 대입하면 $3a=2$ $\therefore\ a=\dfrac{2}{3}$

이를 ㉣에 대입하면 $b=\dfrac{8}{3}$

$\therefore\ a+b=\dfrac{10}{3}$

문제 보기

기울기가 $\dfrac{1}{2}$인 직선 l이 곡선 $y=\log_2 2x$와 서로 다른 두 점에서 만날 때, 만나는 두 점 중 x좌표가 큰 점을 A라 하고, 직선 l이 곡선 $y=\log_2 4x$와 만나는 두 점 중 x좌표가 큰 점을 B라 하자. $\overline{AB}=2\sqrt{5}$일
    └→ 두 점 A, B를 이은 직선의 기울기가 $\dfrac{1}{2}$임을 이용하여 관계식을 세운다.
때, 점 A에서 x축에 내린 수선의 발 C에 대하여 삼각형 ACB의 넓이는? [4점]

① 5   ② $\dfrac{21}{4}$ ③ $\dfrac{11}{2}$ ④ $\dfrac{23}{4}$ ⑤ 6

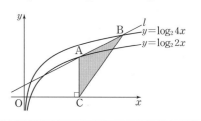

Step 1   세 점 A, B, C의 좌표 구하기

A$(a,\ \log_2 2a)$, B$(b,\ \log_2 4b)\ (a<b)$라 하면 직선 AB의 기울기가 $\dfrac{1}{2}$이므로

$$\frac{\log_2 4b-\log_2 2a}{b-a}=\frac{1}{2}$$

$\therefore\ \log_2 4b-\log_2 2a=\dfrac{1}{2}(b-a)$ ……㉠

이때 $\overline{AB}=2\sqrt{5}$이므로

$$\begin{aligned}\overline{AB}&=\sqrt{(b-a)^2+(\log_2 4b-\log_2 2a)^2}\\&=\sqrt{(b-a)^2+\frac{1}{4}(b-a)^2}\ (\because\ ㉠)\\&=\frac{\sqrt{5}}{2}(b-a)\ (\because\ a<b)\end{aligned}$$

즉, $\dfrac{\sqrt{5}}{2}(b-a)=2\sqrt{5}$이므로

$b-a=4$ ……㉡

㉡을 ㉠에 대입하면

$\log_2 4b-\log_2 2a=2$, $\log_2\dfrac{2b}{a}=2$

$\dfrac{2b}{a}=2^2$, $2b=4a$ $\therefore\ b=2a$ ……㉢

㉢을 ㉡에 대입하면 $a=4$

이를 ㉢에 대입하면 $b=8$

$\therefore\ $ A$(4,\ 3)$, B$(8,\ 5)$, C$(4,\ 0)$

Step 2   삼각형 ACB의 넓이 구하기

따라서 삼각형 ACB의 넓이는

$$\begin{aligned}\frac{1}{2}\times(\text{두 점 A, B의 }x\text{좌표의 차})\times\overline{AC}&=\frac{1}{2}\times(8-4)\times(3-0)\\&=\frac{1}{2}\times4\times3=6\end{aligned}$$

문제 보기

그림과 같이 세 로그함수 $f(x)=k\log x$, $g(x)=k^2\log x$, $h(x)=4k^2\log x$의 그래프가 있다. 점 P(2, 0)을 지나고 y축에 평행한 직선이 두 곡선 $y=g(x)$, $y=h(x)$와 만나는 점의 y좌표를 각각 p,
└▶ 두 점의 x좌표가 2임을 이용하여 y좌표를 구한다.
q라 하자. 직선 $y=p$와 곡선 $y=f(x)$가 만나는 점을 Q(a, p), 직선 $y=q$와 곡선 $y=g(x)$가 만나는 점을 R(b, q)라 하자. 세 점 P, Q, R 가 한 직선 위에 있을 때, 두 실수 a, b의 곱 ab의 값을 구하시오.
└▶ 직선 PQ와 직선 PR의 기울기가 서로 같음을 이용한다. (단, $k>1$) [4점]

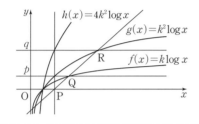

Step 1 p, q를 k를 이용하여 나타내기

점 P(2, 0)을 지나고 y축에 평행한 직선이 곡선 $g(x)=k^2\log x$와 만나는 점의 y좌표 p는
$p=k^2\log 2$　……㉠
점 P(2, 0)을 지나고 y축에 평행한 직선이 곡선 $h(x)=4k^2\log x$와 만나는 점의 y좌표 q는
$q=4k^2\log 2$　……㉡

Step 2 a, b의 값 구하기

점 Q(a, p)가 곡선 $f(x)=k\log x$ 위에 있으므로
$k\log a=p$, $k\log a=k^2\log 2$ (∵ ㉠)
$\log a=\log 2^k$　∴ $a=2^k$
점 R(b, q)가 곡선 $g(x)=k^2\log x$ 위에 있으므로
$k^2\log b=q$, $k^2\log b=4k^2\log 2$ (∵ ㉡)
$\log b=\log 2^4$　∴ $b=16$
세 점 P(2, 0), Q(2^k, $k^2\log 2$), R(16, $4k^2\log 2$)가 한 직선 위에 있으므로 직선 PQ의 기울기와 직선 PR의 기울기는 서로 같다.
즉, $\dfrac{k^2\log 2}{2^k-2}=\dfrac{4k^2\log 2}{14}$이므로 $2^k-2=\dfrac{7}{2}$
∴ $2^k=\dfrac{11}{2}$　∴ $a=\dfrac{11}{2}$

Step 3 ab의 값 구하기

∴ $ab=\dfrac{11}{2}\times 16=88$

문제 보기

$a>1$인 실수 a에 대하여 곡선 $y=\log_a x$와 원 $C:\left(x-\dfrac{5}{4}\right)^2+y^2=\dfrac{13}{16}$
의 두 교점을 P, Q라 하자. 선분 PQ가 원 C의 지름일 때, a의 값은?
└▶ 선분 PQ의 중점은 원의 중심과 같음을 이용한다. [4점]

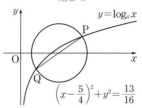

① 3　　② $\dfrac{7}{2}$　　③ 4　　④ $\dfrac{9}{2}$　　⑤ 5

Step 1 두 점 P, Q의 x좌표 사이의 관계식 구하기

두 점 P, Q의 x좌표를 각각 p, q ($p>q$)라 하면
P(p, $\log_a p$), Q(q, $\log_a q$)
선분 PQ가 원 C의 지름이므로 선분 PQ의 중점은 원의 중심 $\left(\dfrac{5}{4},\ 0\right)$과 같다.
선분 PQ의 중점의 좌표는 $\left(\dfrac{p+q}{2},\ \dfrac{\log_a p+\log_a q}{2}\right)$이므로
$\dfrac{p+q}{2}=\dfrac{5}{4}$　∴ $p+q=\dfrac{5}{2}$　……㉠
$\dfrac{\log_a p+\log_a q}{2}=0$, $\log_a pq=0$
∴ $pq=1$　　……㉡

Step 2 p, q의 값 구하기

㉠에서 $q=\dfrac{5}{2}-p$를 ㉡에 대입하면
$p\left(\dfrac{5}{2}-p\right)=1$, $\dfrac{5}{2}p-p^2=1$
$2p^2-5p+2=0$, $(2p-1)(p-2)=0$
∴ $p=\dfrac{1}{2}$ 또는 $p=2$
$p=\dfrac{1}{2}$일 때 $q=2$, $p=2$일 때 $q=\dfrac{1}{2}$
그런데 $p>q$이므로 $p=2$, $q=\dfrac{1}{2}$

Step 3 실수 a의 값 구하기

점 P(2, $\log_a 2$)가 원 C 위에 있으므로　→점 Q$\left(\dfrac{1}{2},\ \log_a\dfrac{1}{2}\right)$을 이용해도 돼.
$\left(2-\dfrac{5}{4}\right)^2+(\log_a 2)^2=\dfrac{13}{16}$
$\dfrac{9}{16}+(\log_a 2)^2=\dfrac{13}{16}$
$(\log_a 2)^2=\dfrac{1}{4}$, $\log_a 2=\dfrac{1}{2}$ (∵ $a>1$)
$2=a^{\frac{1}{2}}$　∴ $a=2^2=4$

문제 보기

그림과 같이 1보다 큰 실수 a에 대하여 곡선 $y=|\log_a x|$가 직선 $y=k\,(k>0)$과 만나는 두 점을 각각 A, B라 하고, 직선 $y=k$가 y축과 만나는 점을 C라 하자. $\overline{OC}=\overline{CA}=\overline{AB}$일 때, 곡선 $y=|\log_a x|$와 직

└▶ $\overline{OC}=k$임을 이용하여 두 점 A, B의 좌표를 구한다.

선 $y=2\sqrt{2}$가 만나는 두 점 사이의 거리는 d이다. $20d$의 값을 구하시오.

└▶ d는 두 점의 x좌표의 차와 같다.

(단, O는 원점이고, 점 A의 x좌표는 점 B의 x좌표보다 작다.) [4점]

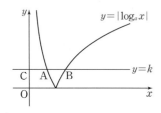

Step 1 두 점 A, B의 좌표 구하기

$\overline{OC}=\overline{CA}=\overline{AB}=k$이므로
$A(k,\ k),\ B(2k,\ k)$

Step 2 k의 값 구하기

$a>1$이므로
$$y=|\log_a x|=\begin{cases}-\log_a x & (0<x<1)\\ \log_a x & (x\geq 1)\end{cases}$$
점 $A(k,\ k)$가 곡선 $y=-\log_a x$ 위에 있으므로
$k=-\log_a k$ ……… ㉠
점 $B(2k,\ k)$가 곡선 $y=\log_a x$ 위에 있으므로
$k=\log_a 2k$ ……… ㉡
㉡−㉠을 하면
$\log_a 2k+\log_a k=0,\ \log_a 2k^2=0$
$2k^2=1,\ k^2=\dfrac{1}{2}$ $\therefore k=\dfrac{\sqrt{2}}{2}\ (\because k>0)$

Step 3 d의 값 구하기

㉡에서 $a^k=2k$이므로
$$a=(2k)^{\frac{1}{k}}=\left(2\times\frac{\sqrt{2}}{2}\right)^{\sqrt{2}}=(2^{\frac{1}{2}})^{\sqrt{2}}=2^{\frac{\sqrt{2}}{2}}$$
곡선 $y=|\log_a x|$와 직선 $y=2\sqrt{2}$가 만나는 두 점의 x좌표를 각각 $\alpha,\ \beta\ (\alpha<\beta)$라 하면
$-\log_a \alpha=2\sqrt{2}$에서 $\alpha=a^{-2\sqrt{2}}=(2^{\frac{\sqrt{2}}{2}})^{-2\sqrt{2}}=2^{-2}=\dfrac{1}{4}$
$\log_a \beta=2\sqrt{2}$에서 $\beta=a^{2\sqrt{2}}=(2^{\frac{\sqrt{2}}{2}})^{2\sqrt{2}}=2^2=4$
$\therefore d=\beta-\alpha=4-\dfrac{1}{4}=\dfrac{15}{4}$

Step 4 $20d$의 값 구하기

$\therefore 20d=20\times\dfrac{15}{4}=75$

문제 보기

$\dfrac{1}{4}<a<1$인 실수 a에 대하여 직선 $y=1$이 두 곡선 $y=\log_a x$,

$y=\log_{4a} x$와 만나는 점을 각각 A, B라 하고, 직선 $y=-1$이 두 곡선

└▶ 두 점 A, B의 y좌표가 1임을 이용하여 x좌표를 구한다.

$y=\log_a x,\ y=\log_{4a} x$와 만나는 점을 각각 C, D라 하자. 〈보기〉에서

└▶ 두 점 C, D의 y좌표가 −1임을 이용하여 x좌표를 구한다.

옳은 것만을 있는 대로 고른 것은? [3점]

〈 보기 〉
ㄱ. 선분 AB를 1 : 4로 외분하는 점의 좌표는 $(0,\ 1)$이다.
ㄴ. 사각형 ABCD가 직사각형이면 $a=\dfrac{1}{2}$이다.

└▶ 두 점 A, D의 x좌표가 같음을 이용한다.

ㄷ. $\overline{AB}<\overline{CD}$이면 $\dfrac{1}{2}<a<1$이다.

① ㄱ   ② ㄷ   ③ ㄱ, ㄴ   ④ ㄴ, ㄷ   ⑤ ㄱ, ㄴ, ㄷ

Step 1 네 점 A, B, C, D의 좌표 구하기

$\dfrac{1}{4}<a<1$이므로 두 곡선 $y=\log_a x,\ y=\log_{4a} x$와 두 직선 $y=-1,\ y=1$, 네 점 A, B, C, D를 좌표평면에 나타내면 오른쪽 그림과 같다.
$A(p,\ 1)$이라 하면 점 A가 곡선 $y=\log_a x$ 위에 있으므로
$\log_a p=1$ $\therefore p=a$
$\therefore A(a,\ 1)$
$B(q,\ 1)$이라 하면 점 B가 곡선 $y=\log_{4a} x$ 위에 있으므로
$\log_{4a} q=1$ $\therefore q=4a$
$\therefore B(4a,\ 1)$
$C(r,\ -1)$이라 하면 점 C가 곡선 $y=\log_a x$ 위에 있으므로
$\log_a r=-1$ $\therefore r=a^{-1}=\dfrac{1}{a}$
$\therefore C\left(\dfrac{1}{a},\ -1\right)$
$D(s,\ -1)$이라 하면 점 D가 곡선 $y=\log_{4a} x$ 위에 있으므로
$\log_{4a} s=-1$ $\therefore s=(4a)^{-1}=\dfrac{1}{4a}$
$\therefore D\left(\dfrac{1}{4a},\ -1\right)$

Step 2 ㄱ이 옳은지 확인하기

ㄱ. 선분 AB를 1 : 4로 외분하는 점의 좌표는
$\left(\dfrac{1\times 4a-4\times a}{1-4},\ \dfrac{1\times 1-4\times 1}{1-4}\right)$ $\therefore (0,\ 1)$

Step 3 ㄴ이 옳은지 확인하기

ㄴ. 사각형 ABCD가 직사각형이면 두 점 A, D의 x좌표가 같으므로
$a=\dfrac{1}{4a},\ a^2=\dfrac{1}{4}$
$\therefore a=\dfrac{1}{2}\left(\because \dfrac{1}{4}<a<1\right)$

Step 4 ㄷ이 옳은지 확인하기

ㄷ. $\overline{AB}=4a-a=3a$, $\overline{CD}=\dfrac{1}{a}-\dfrac{1}{4a}=\dfrac{3}{4a}$ 이고, $\overline{AB}<\overline{CD}$이면

$$3a<\frac{3}{4a},\ a^2<\frac{1}{4}\qquad \therefore\ -\frac{1}{2}<a<\frac{1}{2}$$

$$\therefore\ \frac{1}{4}<a<\frac{1}{2}\ \left(\because\ \frac{1}{4}<a<1\right)$$

Step 5 옳은 것 구하기

따라서 보기 중 옳은 것은 ㄱ, ㄴ이다.

---

34 로그함수의 그래프의 활용 - 넓이   정답 ⑤ | 정답률 59%

문제 보기

1보다 큰 실수 a에 대하여 두 곡선 $y=\log_a x$, $y=\log_{a+2} x$가 직선
$y=2$와 만나는 점을 각각 A, B라 하자. 점 A를 지나고 y축에 평행한
└ 두 점 A, B의 y좌표가 2임을 이용하여 x좌표를 구한다.
직선이 곡선 $y=\log_{a+2} x$와 만나는 점을 C, 점 B를 지나고 y축에 평행
└ 점 C의 x좌표는 점 A의 x좌표와 같다.
한 직선이 곡선 $y=\log_a x$와 만나는 점을 D라 할 때, 〈보기〉에서 옳은
└ 점 D의 x좌표는 점 B의 x좌표와 같다.
것만을 있는 대로 고른 것은? [4점]

〈 보기 〉
ㄱ. 점 A의 x좌표는 a^2이다.
ㄴ. $\overline{AC}=1$이면 $a=2$이다.
ㄷ. 삼각형 ACB와 삼각형 ABD의 넓이를 각각 S_1, S_2라 할 때,
$\dfrac{S_2}{S_1}=\log_a(a+2)$이다.

① ㄱ   ② ㄷ   ③ ㄱ, ㄴ   ④ ㄴ, ㄷ   ⑤ ㄱ, ㄴ, ㄷ

Step 1 주어진 조건을 그래프로 나타내기

두 곡선 $y=\log_a x$, $y=\log_{a+2} x$와 직선 $y=2$, 네 점 A, B, C, D를 좌표평면에 나타내면 다음 그림과 같다.

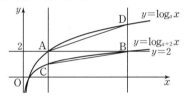

Step 2 ㄱ이 옳은지 확인하기

ㄱ. A(p, 2)라 하면 점 A가 곡선 $y=\log_a x$ 위에 있으므로
$\log_a p=2\qquad \therefore\ p=a^2$

Step 3 ㄴ이 옳은지 확인하기

ㄴ. ㄱ에서 A(a^2, 2)이고, 점 C는 점 A를 지나고 y축에 평행한 직선이
곡선 $y=\log_{a+2} x$와 만나는 점이므로
C(a^2, $\log_{a+2} a^2$)
이때 $\overline{AC}=1$이면 $2-\log_{a+2} a^2=1$, $\log_{a+2} a^2=1$
$a^2=a+2$, $a^2-a-2=0$
$(a+1)(a-2)=0$
$\therefore\ a=2\ (\because\ a>1)$

Step 4 ㄷ이 옳은지 확인하기

ㄷ. B(q, 2)라 하면 점 B가 곡선 $y=\log_{a+2} x$ 위에 있으므로
$\log_{a+2} q=2\qquad \therefore\ q=(a+2)^2\qquad \therefore\ $B($(a+2)^2$, 2)
점 D는 점 B를 지나고 y축에 평행한 직선이 곡선 $y=\log_a x$와 만나는
점이므로
D($(a+2)^2$, $\log_a(a+2)^2$)
ㄱ, ㄴ에서 A(a^2, 2), C(a^2, $\log_{a+2} a^2$)
$S_1=\triangle ACB=\dfrac{1}{2}\times\overline{AB}\times\overline{AC}$
$=\dfrac{1}{2}\times\{(a+2)^2-a^2\}\times(2-\log_{a+2} a^2)$
$=(2a+2)\times(2-2\log_{a+2} a)$
$S_2=\triangle ABD=\dfrac{1}{2}\times\overline{AB}\times\overline{BD}$
$=\dfrac{1}{2}\times\{(a+2)^2-a^2\}\times\{\log_a(a+2)^2-2\}$
$=(2a+2)\times\{2\log_a(a+2)-2\}$

087

$$\therefore \frac{S_2}{S_1}=\frac{2\log_a(a+2)-2}{2-2\log_{a+2}a}=\frac{\log_a(a+2)-1}{1-\log_{a+2}a}$$

$$=\frac{\log_a(a+2)-1}{1-\dfrac{1}{\log_a(a+2)}}=\frac{\log_a(a+2)\times\{\log_a(a+2)-1\}}{\log_a(a+2)-1}$$

$$=\log_a(a+2)$$

Step 5 옳은 것 구하기

따라서 보기 중 옳은 것은 ㄱ, ㄴ, ㄷ이다.

---

35 로그함수의 그래프의 활용 - 넓이 정답 ② | 정답률 33%

문제 보기

그림과 같이 자연수 n에 대하여 곡선 $y=|\log_2 x-n|$이 직선 $y=1$과
만나는 두 점을 각각 A_n, B_n이라 하고 곡선 $y=|\log_2 x-n|$이 직선
└→ 두 점 A_n, B_n의 y좌표가 1임을 이용하여 x좌표를 구한다.
$y=2$와 만나는 두 점을 각각 C_n, D_n이라 하자. 〈보기〉에서 옳은 것만
을 있는 대로 고른 것은? [4점] └→ 두 점 C_n, D_n의 y좌표가 2임을 이용하여
x좌표를 구한다.

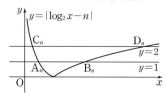

─────〈 보기 〉─────
ㄱ. $\overline{A_1B_1}=3$
ㄴ. $\overline{A_nB_n}:\overline{C_nD_n}=2:5$
ㄷ. 사각형 $A_nB_nD_nC_n$의 넓이를 S_n이라 할 때, $21\le S_k\le210$을 만족
시키는 모든 자연수 k의 합은 25이다.

① ㄱ   ② ㄱ, ㄴ   ③ ㄱ, ㄷ   ④ ㄴ, ㄷ   ⑤ ㄱ, ㄴ, ㄷ

Step 1 네 점 A_n, B_n, C_n, D_n의 좌표 구하기

$y=|\log_2 x-n|$
$$=\begin{cases} -\log_2 x+n & (0<x<2^n) \\ \log_2 x-n & (x\ge 2^n) \end{cases}$$
→ 곡선 $y=|\log_2 x-n|$의 x절편이 2^n이므로 2^n을 기준으로 구간을 나누면 돼.

$A_n(a,1)$이라 하면 점 A_n이 곡선 $y=-\log_2 x+n$ 위에 있으므로
$-\log_2 a+n=1$, $\log_2 a=n-1$ $\therefore a=2^{n-1}$
$\therefore A_n(2^{n-1},1)$

$B_n(b,1)$이라 하면 점 B_n이 곡선 $y=\log_2 x-n$ 위에 있으므로
$\log_2 b-n=1$, $\log_2 b=n+1$ $\therefore b=2^{n+1}$
$\therefore B_n(2^{n+1},1)$

$C_n(c,2)$라 하면 점 C_n이 곡선 $y=-\log_2 x+n$ 위에 있으므로
$-\log_2 c+n=2$, $\log_2 c=n-2$ $\therefore c=2^{n-2}$
$\therefore C_n(2^{n-2},2)$

$D_n(d,2)$라 하면 점 D_n이 곡선 $y=\log_2 x-n$ 위에 있으므로
$\log_2 d-n=2$, $\log_2 d=n+2$ $\therefore d=2^{n+2}$
$\therefore D_n(2^{n+2},2)$

Step 2 ㄱ이 옳은지 확인하기

ㄱ. $\overline{A_1B_1}=2^2-2^0=3$

Step 3 ㄴ이 옳은지 확인하기

ㄴ. $\overline{A_nB_n}=2^{n+1}-2^{n-1}=2^n(2-2^{-1})=\dfrac{3}{2}\times2^n$

$\overline{C_nD_n}=2^{n+2}-2^{n-2}=2^n(2^2-2^{-2})=\dfrac{15}{4}\times2^n$

$\therefore \overline{A_nB_n}:\overline{C_nD_n}=\left(\dfrac{3}{2}\times2^n\right):\left(\dfrac{15}{4}\times2^n\right)=2:5$

Step 4 ㄷ이 옳은지 확인하기

ㄷ. $S_n=\dfrac{1}{2}\times(\overline{A_nB_n}+\overline{C_nD_n})\times1$

$=\dfrac{1}{2}\left(\overline{A_nB_n}+\dfrac{5}{2}\overline{A_nB_n}\right)$
└→ ㄴ에서 $\overline{C_nD_n}=\dfrac{5}{2}\overline{A_nB_n}$이야.

$=\dfrac{7}{4}\overline{A_nB_n}=\dfrac{7}{4}\times\dfrac{3}{2}\times2^n$

$=\dfrac{21}{8}\times2^n=21\times2^{n-3}$

즉, $21 \leq S_k \leq 210$을 만족시키려면 $21 \leq 21 \times 2^{k-3} \leq 210$, 즉
$1 \leq 2^{k-3} \leq 10$이어야 한다.
따라서 조건을 만족시키는 모든 자연수 k의 값의 합은
$3+4+5+6=18$

Step 5 옳은 것 구하기

따라서 보기 중 옳은 것은 ㄱ, ㄴ이다.

---

36 로그함수의 최대, 최소의 응용   정답 10 | 정답률 23%

문제 보기

양수 a에 대하여 $x \geq -1$에서 정의된 함수 $f(x)$는
$$f(x)=\begin{cases} -x^2+6x & (-1 \leq x < 6) \\ a\log_4(x-5) & (x \geq 6) \end{cases}$$
이다. $t \geq 0$인 실수 t에 대하여 <u>$t-1 \leq x \leq t+1$에서의 $f(x)$의 최댓값</u>
└→ t의 값의 범위에 따라 함수 $f(x)$의 그래프를
이용하여 $f(x)$의 최댓값을 구한다.
을 $g(t)$라 하자. $t \geq 0$에서 함수 $g(t)$의 최솟값이 5가 되도록 하는 양
수 a의 최솟값을 구하시오. [4점]

Step 1 $0 \leq t < 6$일 때, 함수 $g(t)$의 값 또는 범위 구하기

$-1 \leq x < 6$에서
$f(x)=-x^2+6x=-(x-3)^2+9$
이므로 양수 a에 대하여 함수 $y=f(x)$의
그래프는 오른쪽 그림과 같다.
(ⅰ) $t=0$일 때,
$-1 \leq x \leq 1$에서 함수 $f(x)$는 $x=1$일
때 최댓값을 가지므로
$g(0)=f(1)=5$
(ⅱ) $0 < t < 6$일 때,
$f(1)=f(5)=5$이므로 $t-1 \leq x \leq t+1$
에서 함수 $f(x)$의 최댓값은 5보다 크다.
∴ $g(t) > 5$

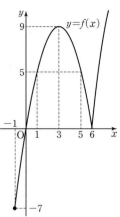

Step 2 조건을 만족시키는 a의 값의 범위 구하기

이때 $f(6)=0$이고 $x \geq 6$에서 함수 $f(x)=a\log_4(x-5)$는 x의 값이 증가
하면 $f(x)$의 값도 증가하므로 $t \geq 0$에서 함수 $g(t)$의 최솟값이 5가 되려
면 $t=6$일 때, $5 \leq x \leq 7$에서 함수 $f(x)$의 최댓값이 5 이상이어야 한다.
따라서 $f(7) \geq 5$이어야 하므로 $a\log_4 2 \geq 5$
$a\log_{2^2} 2 \geq 5$, $\dfrac{1}{2}a\log_2 2 \geq 5$, $\dfrac{1}{2}a \geq 5$
∴ $a \geq 10$

Step 3 a의 최솟값 구하기

따라서 구하는 a의 최솟값은 10이다.

문제 보기

두 자연수 a, b에 대하여 함수 $f(x)$는

$$f(x) = \begin{cases} \dfrac{4}{x-3}+a & (x<2) \\ |5\log_2 x - b| & (x \geq 2) \end{cases}$$

→ 함수의 그래프의 개형을 파악한다.

이다. 실수 t에 대하여 x에 대한 방정식 $f(x)=t$의 서로 다른 실근의 개수를 $g(t)$라 하자. 함수 $g(t)$가 다음 조건을 만족시킬 때, $a+b$의 최솟값을 구하시오. [4점]

┌─────────────────────────────────────┐
│ (개) 함수 $g(t)$의 치역은 $\{0, 1, 2\}$이다.   │
│   └─ 함수 $y=f(x)$의 그래프와 직선 $y=t$의 교점의 개수가 │
│   0, 1, 2뿐이다.   │
│ (내) $g(t)=2$인 자연수 t의 개수는 6이다.   │
│   └─ 함수 $y=f(x)$의 그래프와 직선 $y=t$의 교점의 개수가 2이다. │
└─────────────────────────────────────┘

Step 1 $x<2$에서 함수 $y=\dfrac{4}{x-3}+a$의 그래프의 개형 파악하기

함수 $y=\dfrac{4}{x-3}+a$의 그래프는 함수 $y=\dfrac{4}{x}$의 그래프를 x축의 방향으로 3만큼, y축의 방향으로 a만큼 평행이동한 것이므로 $x<2$에서 함수 $y=\dfrac{4}{x-3}+a$의 그래프는 오른쪽 그림과 같다.

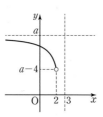

Step 2 a, b의 값 또는 값의 범위 구하기

한편 함수 $y=5\log_2 x - b$의 그래프는 x의 값이 증가하면 y의 값도 증가하고 $f(2)=|5-b|$이므로 $5-b$의 값에 따라 함수 $y=f(x)$의 그래프는 다음과 같은 경우가 있다.

(ⅰ) $5-b \geq 0$, 즉 $b \leq 5$일 때,

함수 $y=f(x)$의 그래프는 다음과 같은 경우가 있다.

ⓘ $5-b \geq a-4$일 때,   ⓙ $5-b < a-4$일 때,

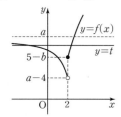   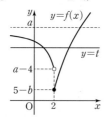

ⓘ, ⓙ 모두 함수 $y=f(x)$의 그래프와 직선 $y=t$의 교점의 개수가 2가 되는 자연수 t의 개수가 6이 될 수 없으므로 조건 (내)를 만족시키지 않는다.

(ⅱ) $5-b<0$, 즉 $b>5$일 때

ⓘ $a-4<b-5$일 때,

함수 $y=f(x)$의 그래프는 오른쪽 그림과 같다.

이때 함수 $y=f(x)$의 그래프와 직선 $y=t$의 교점의 개수가 3인 경우가 있으므로 조건 (개)를 만족시키지 않는다.

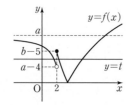

ⓙ $a-4 \geq b-5$일 때,

함수 $y=f(x)$의 그래프는 오른쪽 그림과 같다.

조건 (내)에서 함수 $y=f(x)$의 그래프와 직선 $y=t$의 교점의 개수가 2인 자연수 t의 개수가 6이어야 하고 자연수 t는 $a-1$, $a-2$, $a-3$과 $b-5$ 이하의 자연수이므로 $b-5$ 이하의 자연수의 개수가 3이 되려면

$b-5=3$ ∴ $b=8$

한편 $a-4 \geq b-5$에서 $b-a \leq 1$이므로

$8-a \leq 1$ ∴ $a \geq 7$

Step 3 $a+b$의 최솟값 구하기

(ⅰ), (ⅱ)에서 $a \geq 7$, $b=8$이므로 $a+b$의 최솟값은

$7+8=15$

7
일차

01 ⑤	02 ①	03 ④	04 ⑤	05 ⑤	06 ⑤	07 ⑤	08 ⑤	09 ⑤	10 ③	11 ④	12 ①
13 ④	14 ③	15 ④	16 ③	17 ①	18 ⑤	19 ②	20 ②	21 ①	22 ④	23 ⑤	24 13
25 192	26 ③	27 54	28 110	29 16	30 33	31 12				

7
일차

문제편 090쪽~103쪽

---

01 지수함수와 로그함수의 그래프의 활용
정답 ⑤ | 정답률 88%

문제 보기

그림과 같이 두 곡선 $y=3^{x+1}-2$, $y=\log_2(x+1)-1$이 y축과 만나는 점을 각각 A, B라 하자. 점 A를 지나고 x축에 평행한 직선이 곡선
└ 두 점 A, B의 x좌표가 0임을 이용하여 y좌표를 구한다.
$y=\log_2(x+1)-1$과 만나는 점을 C, 점 B를 지나고 x축에 평행한
└ 점 C의 y좌표는 점 A의 y좌표와 같다.
직선이 곡선 $y=3^{x+1}-2$와 만나는 점을 D라 할 때, 사각형 ADBC의
넓이는? [3점]
└ 점 D의 y좌표는 점 B의 y좌표와 같다.

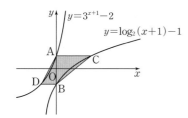

① 3   ② $\dfrac{13}{4}$ ③ $\dfrac{7}{2}$ ④ $\dfrac{15}{4}$ ⑤ 4

Step 1 두 점 A, B의 좌표 구하기

A$(0, a)$라 하면 점 A가 곡선 $y=3^{x+1}-2$ 위에 있으므로
$a=3-2=1$ ∴ A$(0, 1)$
B$(0, b)$라 하면 점 B가 곡선 $y=\log_2(x+1)-1$ 위에 있으므로
$b=\log_2 1-1=-1$ ∴ B$(0, -1)$

Step 2 두 점 C, D의 좌표 구하기

C$(c, 1)$이라 하면 점 C가 곡선 $y=\log_2(x+1)-1$ 위에 있으므로
$\log_2(c+1)-1=1$, $\log_2(c+1)=2$
$c+1=2^2$ ∴ $c=3$ ∴ C$(3, 1)$
D$(d, -1)$이라 하면 점 D가 곡선 $y=3^{x+1}-2$ 위에 있으므로
$3^{d+1}-2=-1$, $3^{d+1}=1$
$d+1=0$ ∴ $d=-1$ ∴ D$(-1, -1)$

Step 3 사각형 ADBC의 넓이 구하기

따라서 사각형 ADBC의 넓이는
$\dfrac{1}{2}\times(\overline{AC}+\overline{BD})\times\overline{AB}=\dfrac{1}{2}\times(3+1)\times 2=4$

---

02 지수함수와 로그함수의 그래프의 활용
정답 ① | 정답률 89%

문제 보기

그림과 같이 함수 $f(x)=\log_2\left(x+\dfrac{1}{2}\right)$의 그래프와 함수
$g(x)=a^x\,(a>1)$의 그래프가 있다. 곡선 $y=g(x)$가 y축과 만나는 점을 A. 점 A를 지나고 x축에 평행한 직선이 곡선 $y=f(x)$와 만나는 점
└ 점 A의 x좌표가 0임을 이용하여 y좌표를 구한다.
중 점 A가 아닌 점을 B, 점 B를 지나고 y축에 평행한 직선이 곡선
└ 점 B의 y좌표는 점 A의 y좌표와 같다.
$y=g(x)$와 만나는 점을 C라 하자. 삼각형 ABC의 넓이가 $\dfrac{21}{4}$일 때, a
└ 점 C의 x좌표는 점 B의 x좌표와 같다.
의 값은? [3점]

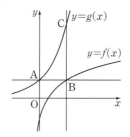

① 4   ② $\dfrac{9}{2}$ ③ 5   ④ $\dfrac{11}{2}$ ⑤ 6

Step 1 세 점 A, B, C의 좌표 구하기

A$(0, p)$라 하면 점 A가 곡선 $y=a^x$ 위에 있으므로
$p=a^0=1$ ∴ A$(0, 1)$
B$(q, 1)$이라 하면 점 B가 곡선 $y=\log_2\left(x+\dfrac{1}{2}\right)$ 위에 있으므로
$\log_2\left(q+\dfrac{1}{2}\right)=1$
$q+\dfrac{1}{2}=2$ ∴ $q=\dfrac{3}{2}$ ∴ B$\left(\dfrac{3}{2}, 1\right)$
C$\left(\dfrac{3}{2}, r\right)$라 하면 점 C가 곡선 $y=a^x$ 위에 있으므로
$r=a^{\frac{3}{2}}$ ∴ C$\left(\dfrac{3}{2}, a^{\frac{3}{2}}\right)$

Step 2 a의 값 구하기

따라서 삼각형 ABC의 넓이는
$\dfrac{1}{2}\times\overline{AB}\times\overline{BC}=\dfrac{1}{2}\times\dfrac{3}{2}\times(a^{\frac{3}{2}}-1)=\dfrac{3}{4}(a^{\frac{3}{2}}-1)$
즉, $\dfrac{3}{4}(a^{\frac{3}{2}}-1)=\dfrac{21}{4}$이므로
$a^{\frac{3}{2}}-1=7$, $a^{\frac{3}{2}}=8$
∴ $a=8^{\frac{2}{3}}=(2^3)^{\frac{2}{3}}=2^2=4$

문제 보기

그림과 같이 곡선 $y=2^x$이 y축과 만나는 점을 A, 곡선 $y=\log_2 x$가 x
└→ 점 A의 x좌표가 0임을 이용하여 y좌표를 구한다.

축과 만나는 점을 B라 하자. 또, 직선 $y=-x+k$가 두 곡선 $y=2^x$,
└→ 점 B의 y좌표가 0임을 이용하여 x좌표를 구한다.

$y=\log_2 x$와 만나는 점을 각각 C, D라 하자. 사각형 ABDC가 정사각
형일 때, 상수 k의 값은? [3점]
└→ $\overline{AB}\perp\overline{AC}$, $\overline{AB}=\overline{AC}$임을
이용한다.

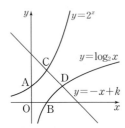

① 2 ② $1+\sqrt{2}$ ③ $2\sqrt{2}$ ④ 3 ⑤ $2+\sqrt{2}$

Step 1 선분 AB의 길이 구하기

$A(0, 1)$, $B(1, 0)$이므로
$$\overline{AB}=\sqrt{(1-0)^2+(0-1)^2}=\sqrt{2}$$

Step 2 점 C의 좌표 구하기

사각형 ABDC가 정사각형이므로
$\overline{AB}\perp\overline{AC}$, $\overline{AB}=\overline{AC}$

점 C의 좌표를 $(t, 2^t)$ $(t>0)$이라 하면 직선

AB의 기울기는 $\dfrac{0-1}{1-0}=-1$이고, 직선 AC

의 기울기는 $\dfrac{2^t-1}{t}$이므로

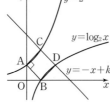

$(-1)\times\dfrac{2^t-1}{t}=-1$ →수직인 두 직선의 기울기의 곱은 -1이야.

$\dfrac{2^t-1}{t}=1$ $\therefore 2^t-1=t$ …… ㉠

또 $\overline{AC}=\overline{AB}=\sqrt{2}$이므로

$\sqrt{(t-0)^2+(2^t-1)^2}=\sqrt{2}$, $t^2+(2^t-1)^2=2$

$2t^2=2$ ($\because$ ㉠), $t^2=1$ $\therefore t=1$ ($\because t>0$)

$\therefore C(1, 2)$

Step 3 k의 값 구하기

점 $C(1, 2)$가 직선 $y=-x+k$ 위에 있으므로
$2=-1+k$ $\therefore k=3$

문제 보기

좌표평면에서 꼭짓점의 좌표가 $O(0, 0)$, $A(2^n, 0)$, $B(2^n, 2^n)$,
$C(0, 2^n)$인 정사각형 OABC와 두 곡선 $y=2^x$, $y=\log_2 x$에 대하여
다음 물음에 답하시오. (단, n은 자연수이다.)

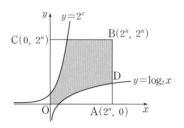

선분 AB가 곡선 $y=\log_2 x$와 만나는 점을 D라 하자. 선분 AD를 2 : 3
└→ 점 D의 x좌표가 2^n임을 이용하여 y좌표를 구한다.

으로 내분하는 점을 지나고 y축에 수직인 직선이 곡선 $y=\log_2 x$와 만
나는 점을 E, 점 E를 지나고 x축에 수직인 직선이 곡선 $y=2^x$과 만나
└→ 점 F의 x좌표는 점 E의 x좌표와 같다.

는 점을 F라 하자. 점 F의 y좌표가 16일 때, 직선 DF의 기울기는?
└→ 점 F의 x좌표를 구한다.   [3점]

① $-\dfrac{13}{28}$ ② $-\dfrac{25}{56}$ ③ $-\dfrac{3}{7}$ ④ $-\dfrac{23}{56}$ ⑤ $-\dfrac{11}{28}$

Step 1 두 점 E, F의 좌표 구하기

$F(a, 16)$이라 하면 점 F가 곡선 $y=2^x$ 위에 있으므로
$2^a=16=2^4$ $\therefore a=4$ $\therefore F(4, 16)$

$E(4, b)$라 하면 점 E가 곡선 $y=\log_2 x$ 위에 있으므로
$b=\log_2 4=2\log_2 2=2$ $\therefore E(4, 2)$

Step 2 점 D의 좌표 구하기

$D(2^n, c)$라 하면 점 D가 곡선 $y=\log_2 x$ 위에 있으므로
$c=\log_2 2^n=n$ $\therefore D(2^n, n)$

선분 AD를 2 : 3으로 내분하는 점의 y좌표가 점 E의 y좌표와 같으므로
$$\dfrac{2\times n+3\times 0}{2+3}=2$$

$\dfrac{2}{5}n=2$ $\therefore n=5$ $\therefore D(32, 5)$

Step 3 직선 DF의 기울기 구하기

따라서 직선 DF의 기울기는
$$\dfrac{5-16}{32-4}=-\dfrac{11}{28}$$

05 지수함수와 로그함수의 그래프의 활용

정답 ⑤ | 정답률 69%

문제 보기

그림과 같이 자연수 m에 대하여 두 함수 $y=3^x$, $y=\log_2 x$의 그래프와
직선 $y=m$이 만나는 점을 각각 A_m, B_m이라 하자. 선분 $A_m B_m$의 길이
└→ 두 점 A_m, B_m의 y좌표가 m임을 이용하여 x좌표를 구한다.
중 자연수인 것을 작은 수부터 크기순으로 나열하여 a_1, a_2, a_3, $\cdots$이라
할 때, a_3의 값은? [4점]

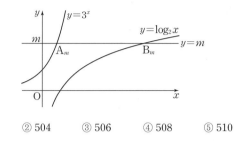

① 502　　② 504　　③ 506　　④ 508　　⑤ 510

Step 1 선분 $A_m B_m$의 길이 구하기

$A_m(p, m)$이라 하면 점 A_m이 함수 $y=3^x$의 그래프 위에 있으므로
$3^p=m$　∴ $p=\log_3 m$　∴ $A_m(\log_3 m, m)$
$B_m(q, m)$이라 하면 점 B_m이 함수 $y=\log_2 x$의 그래프 위에 있으므로
$\log_2 q=m$　∴ $q=2^m$　∴ $B_m(2^m, m)$
∴ $\overline{A_m B_m}=2^m-\log_3 m$

Step 2 a_3의 값 구하기

┌ 자연수 m에 대하여 2^m은 자연수이고,
$2^m > \log_3 m$이므로 $\log_3 m$이 음이 아
닌 정수이기만 하면 돼.

선분 $A_m B_m$의 길이가 자연수이려면 $\log_3 m$이 음이 아닌 정수이어야 하므로
$\log_3 m=k$ (k는 음이 아닌 정수)라 할 때, $m=3^k$ 꼴이어야 한다.
$m=3^0=1$일 때, $\overline{A_1 B_1}=2^1-\log_3 1=2$
$m=3$일 때, $\overline{A_3 B_3}=2^3-\log_3 3=8-1=7$
$m=3^2=9$일 때, $\overline{A_9 B_9}=2^9-\log_3 3^2=512-2=510$
　⋮
이때 m의 값이 증가하면 $\overline{A_m B_m}$의 값도 증가하므로
$a_3=\overline{A_9 B_9}=510$

06 지수함수와 로그함수의 그래프의 활용

정답 ⑤ | 정답률 92%

문제 보기

그림과 같이 $a>1$인 실수 a에 대하여 두 곡선 $y=a\log_2(x-a+1)$과
$y=2^{x-a}-1$이 서로 다른 두 점 A, B에서 만난다. 점 A가 x축 위에 있
└→ 점 A의 y좌표가 0임을 이용한다.
고 삼각형 OAB의 넓이가 $\dfrac{7}{2}a$일 때, 선분 AB의 중점은 $M(p, q)$이
└→ $\dfrac{1}{2}\times\overline{OA}\times($점 B의 y좌표$)=\dfrac{7}{2}a$
다. $p+q$의 값은? (단, O는 원점이다.) [4점]

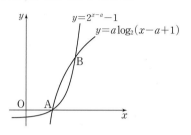

① $\dfrac{13}{2}$　　② 7　　③ $\dfrac{15}{2}$　　④ 8　　⑤ $\dfrac{17}{2}$

Step 1 점 B의 y좌표 구하기

$A(p, 0)$이라 하면 점 A가 곡선 $y=a\log_2(x-a+1)$ 위에 있으므로
$a\log_2(p-a+1)=0$, $\log_2(p-a+1)=0$
$p-a+1=1$　∴ $p=a$　∴ $A(a, 0)$
$B(q, r)$라 하면 삼각형 OAB의 넓이는
$\dfrac{1}{2}\times\overline{OA}\times r=\dfrac{r}{2}a$
즉, $\dfrac{r}{2}a=\dfrac{7}{2}a$이므로 $r=7$

Step 2 두 점 A, B의 좌표 구하기

점 $B(q, 7)$이 곡선 $y=2^{x-a}-1$ 위에 있으므로
$2^{q-a}-1=7$, $2^{q-a}=8=2^3$
$q-a=3$　∴ $q=a+3$
∴ $B(a+3, 7)$
또 점 B가 곡선 $y=a\log_2(x-a+1)$ 위에 있으므로
$a\log_2(a+3-a+1)=7$, $a\log_2 4=7$
$2a=7$　∴ $a=\dfrac{7}{2}$
∴ $A\left(\dfrac{7}{2}, 0\right)$, $B\left(\dfrac{13}{2}, 7\right)$

Step 3 $p+q$의 값 구하기

선분 AB의 중점 M의 좌표는
$\left(\dfrac{\dfrac{7}{2}+\dfrac{13}{2}}{2}, \dfrac{0+7}{2}\right)$　∴ $\left(5, \dfrac{7}{2}\right)$
따라서 $p=5$, $q=\dfrac{7}{2}$이므로
$p+q=\dfrac{17}{2}$

07 지수함수와 로그함수의 그래프의 활용

정답 ⑤ | 정답률 69%

문제 보기

그림과 같이 좌표평면에서 곡선 $y=a^x$ $(0<a<1)$ 위의 점 P가 제2사분면에 있다. 점 P를 직선 $y=x$에 대하여 대칭이동시킨 점 Q와 곡선
└→ P(p, a^p) $(p<0)$으로 놓고 두 점 Q, R의 좌표를 정한다.

$y=-\log_a x$ 위의 점 R에 대하여 $\angle PQR=45°$이다. $\overline{PR}=\dfrac{5\sqrt{2}}{2}$이고

직선 PR의 기울기가 $\dfrac{1}{7}$일 때, 상수 a의 값은? [4점]
└→ a, p 사이의 관계식을 구한다.

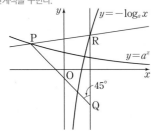

① $\dfrac{\sqrt{2}}{3}$ ② $\dfrac{\sqrt{3}}{3}$ ③ $\dfrac{2}{3}$ ④ $\dfrac{\sqrt{5}}{3}$ ⑤ $\dfrac{\sqrt{6}}{3}$

Step 1 세 점 P, Q, R의 좌표 정하기

P(p, a^p) $(p<0)$이라 하면 점 P를 직선 $y=x$에 대하여 대칭이동한 점 Q의 좌표는 (a^p, p)

$\angle PQR=45°$이고 직선 PQ의 기울기가 -1이므로 두 점 Q, R의 x좌표는 같다.
└→두 점 P, Q가 직선 $y=x$에 대하여 대칭이기 때문이야.

R(a^p, q)라 하면 점 R이 곡선 $y=-\log_a x$ 위에 있으므로

$q=-\log_a a^p=-p$ ∴ R$(a^p, -p)$

Step 2 점 P의 x좌표 구하기

직선 PR의 기울기가 $\dfrac{1}{7}$이므로 $\dfrac{-p-a^p}{a^p-p}=\dfrac{1}{7}$에서

$a^p-p=-7p-7a^p$, $8a^p=-6p$

∴ $a^p=-\dfrac{3}{4}p$ ······ ㉠

$\overline{PR}=\dfrac{5\sqrt{2}}{2}$이므로 $\sqrt{(a^p-p)^2+(-p-a^p)^2}=\dfrac{5\sqrt{2}}{2}$

양변을 제곱하면

$(a^p-p)^2+(a^p+p)^2=\dfrac{25}{2}$

㉠을 대입하면

$\left(-\dfrac{3}{4}p-p\right)^2+\left(-\dfrac{3}{4}p+p\right)^2=\dfrac{25}{2}$

$\left(-\dfrac{7}{4}p\right)^2+\left(\dfrac{p}{4}\right)^2=\dfrac{25}{2}$, $p^2=4$

이때 $p<0$이므로 $p=-2$

Step 3 a의 값 구하기

$p=-2$를 ㉠에 대입하면

$a^{-2}=\dfrac{3}{2}$, $a^2=\dfrac{2}{3}$

∴ $a=\dfrac{\sqrt{6}}{3}$ ($\because 0<a<1$)

---

08 지수함수와 로그함수의 그래프의 활용

정답 ⑤ | 정답률 39%

문제 보기

그림과 같이 두 상수 a, k에 대하여 직선 $x=k$가 두 곡선 $y=2^{x-1}+1$,
$y=\log_2(x-a)$와 만나는 점을 각각 A, B라 하고, 점 B를 지나고 기
└→ 두 점 A, B의 x좌표가 k임을 이용한다.

울기가 -1인 직선이 곡선 $y=2^{x-1}+1$과 만나는 점을 C라 하자.
└→ 직선 BC의 기울기는 -1임을 이용한다.

$\overline{AB}=8$, $\overline{BC}=2\sqrt{2}$일 때, 곡선 $y=\log_2(x-a)$가 x축과 만나는 점 D
└→ 두 점 A, B의 y좌표의 차는 8임을 이용한다.   └→ 점 D의 y좌표는 0임을 이용하여 x좌표를 구한다.

에 대하여 사각형 ACDB의 넓이는? (단, $0<a<k$) [4점]

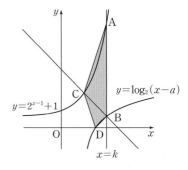

① 14   ② 13   ③ 12   ④ 11   ⑤ 10

Step 1 세 점 A, B, C의 좌표 구하기

A$(k, 2^{k-1}+1)$, $\overline{AB}=8$이므로 B$(k, 2^{k-1}-7)$

점 C에서 직선 AB에 내린 수선의 발을 H라 하면 직선 BC의 기울기는 -1이므로

$\angle BCH=45°$

즉, 삼각형 BCH는 직각이등변삼각형이고, $\overline{BC}=2\sqrt{2}$이므로

$\overline{BH}=\overline{CH}=2$

∴ C$(k-2, 2^{k-1}-5)$

점 C가 곡선 $y=2^{x-1}+1$ 위에 있으므로

$2^{k-1}-5=2^{k-3}+1$, $\dfrac{1}{2}\times 2^k-5=\dfrac{1}{8}\times 2^k+1$

$\dfrac{3}{8}\times 2^k=6$, $2^k=2^4$ ∴ $k=4$

∴ A$(4, 9)$, B$(4, 1)$, C$(2, 3)$

Step 2 점 D의 좌표 구하기

점 B$(4, 1)$이 곡선 $y=\log_2(x-a)$ 위에 있으므로

$1=\log_2(4-a)$, $4-a=2$ ∴ $a=2$

D$(b, 0)$이라 하면 점 D가 곡선 $y=\log_2(x-2)$ 위에 있으므로

$0=\log_2(b-2)$, $b-2=1$ ∴ $b=3$ ∴ D$(3, 0)$

Step 3 사각형 ACDB의 넓이 구하기

이때 직선 BD의 기울기는 $\dfrac{0-1}{3-4}=1$이므로 $\overline{BC}\perp\overline{BD}$

따라서 삼각형 CDB는 직각삼각형이고,
$\overline{BD}=\sqrt{(3-4)^2+(0-1)^2}=\sqrt{2}$

∴ □ACDB$=\triangle ACB+\triangle CDB$

$=\dfrac{1}{2}\times\overline{AB}\times\overline{CH}+\dfrac{1}{2}\times\overline{BC}\times\overline{BD}$

$=\dfrac{1}{2}\times 8\times 2+\dfrac{1}{2}\times 2\sqrt{2}\times\sqrt{2}$

$=8+2=10$

09 지수함수와 로그함수의 그래프의 활용

정답 ⑤ | 정답률 49%

문제 보기

그림과 같이 함수 $f(x)=2^{1-x}+a-1$의 그래프가 두 함수

$g(x)=\log_2 x$, $h(x)=a+\log_2 x$의 그래프와 만나는 점을 각각 A, B

$\quad\rightarrow$ 함수 $y=h(x)$의 그래프는 함수 $y=g(x)$의 그래프를 평행이동한 것이다.

라 하자. 점 A를 지나고 x축에 수직인 직선이 함수 $h(x)$의 그래프와

만나는 점을 C, x축과 만나는 점을 H라 하고, 함수 $g(x)$의 그래프가

x축과 만나는 점을 D라 하자. 〈보기〉에서 옳은 것만을 있는 대로 고른

것은? (단, $a>0$) [4점]

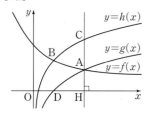

〈 보기 〉

ㄱ. 점 B의 좌표는 $(1, a)$이다.

$\quad\rightarrow$ $x=1$을 $f(x)$와 $h(x)$에 대입한다.

ㄴ. 점 A의 x좌표가 4일 때, 사각형 ACBD의 넓이는 $\dfrac{69}{8}$이다.

$\quad\rightarrow$ 점 A의 y좌표를 구한다.

ㄷ. $\overline{CA} : \overline{AH}=3 : 2$이면 $0<a<3$이다.

$\quad\rightarrow$ 비례식을 이용하여 관계식을 구한다.

① ㄱ   ② ㄷ   ③ ㄱ, ㄴ   ④ ㄴ, ㄷ   ⑤ ㄱ, ㄴ, ㄷ

Step 1 ㄱ이 옳은지 확인하기

ㄱ. 점 B는 두 함수 $y=f(x)$, $y=h(x)$의 그래프가 만나는 점이므로 두

함수 $f(x)$, $h(x)$에 $x=1$을 대입하면

$f(1)=2^0+a-1=a$, $h(1)=a+\log_2 1=a$

따라서 $f(1)=h(1)=a$이므로 점 B의 좌표는 $(1, a)$이다.

Step 2 ㄴ이 옳은지 확인하기

ㄴ. 점 A는 두 함수 $y=f(x)$, $y=g(x)$의 그래프가 만나는 점이므로 점

A의 x좌표가 4일 때,

$g(4)=\log_2 4=\log_2 2^2=2$ ∴ A$(4, 2)$

즉, $f(4)=2$이므로

$2^{-3}+a-1=2$ ∴ $a=\dfrac{23}{8}$

즉, 함수 $h(x)=\dfrac{23}{8}+\log_2 x$의 그래프는 함수 $g(x)=\log_2 x$의 그래프

를 y축의 방향으로 $\dfrac{23}{8}$만큼 평행이동한 것이다.

따라서 $\overline{BD}$와 $\overline{CA}$가 평행하고, $\overline{BD}=\overline{CA}=\dfrac{23}{8}$이므로 사각형 ACBD

는 평행사변형이다.

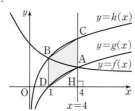

함수 $g(x)=\log_2 x$의 그래프가 x축과 만나는 점 D의 좌표는 $(1, 0)$

이고, 점 A를 지나고 x축에 수직인 직선 $x=4$가 x축과 만나는 점 H

의 좌표는 $(4, 0)$이므로 사각형 ACBD의 넓이는

$\overline{CA}\times\overline{DH}=\dfrac{23}{8}\times(4-1)=\dfrac{69}{8}$

Step 3 ㄷ이 옳은지 확인하기

ㄷ. $\overline{CA} : \overline{AH}=3 : 2$에서 $2\overline{CA}=3\overline{AH}$이고, 점 A의 x좌표를 k라 하면

$\overline{CA}=a$, $\overline{AH}=\log_2 k$이므로

$2a=3\log_2 k$ …… ㉠

또 점 A는 두 함수 $y=f(x)$, $y=g(x)$의 그래프가 만나는 점이므로

$2^{1-k}+a-1=\log_2 k$ …… ㉡

㉡을 ㉠에 대입하면

$2a=3(2^{1-k}+a-1)$, $3\times 2^{1-k}=3-a$

∴ $2^{1-k}=1-\dfrac{a}{3}$ …… ㉢

$a>0$일 때, 점 A의 x좌표 k는 1보다 크다.

따라서 $0<2^{1-k}<1$이므로

$0<1-\dfrac{a}{3}<1$ (∵ ㉢)

$-1<-\dfrac{a}{3}<0$ ∴ $0<a<3$

Step 4 옳은 것 구하기

따라서 보기 중 옳은 것은 ㄱ, ㄴ, ㄷ이다.

문제 보기

함수 $y=2^x+2$의 그래프를 x축의 방향으로 m만큼 평행이동한 그래프
└→ $y=2^{x-m}+2$

가 함수 $y=\log_2 8x$의 그래프를 x축의 방향으로 2만큼 평행이동한 그래
└→ $y=\log_2 8(x-2)$

프와 직선 $y=x$에 대하여 대칭일 때, 상수 m의 값은? [3점]
└→ 두 함수가 서로 역함수 관계임을 이용한다.

① 1   ② 2   ③ 3   ④ 4   ⑤ 5

Step 1 $y=2^x+2$의 그래프를 평행이동한 그래프의 식 구하기

함수 $y=2^x+2$의 그래프를 x축의 방향으로 m만큼 평행이동하면

$y=2^{x-m}+2$ ······ ㉠

Step 2 $y=\log_2 8x$의 그래프를 평행이동한 그래프의 식 구하기

함수 $y=\log_2 8x$의 그래프를 x축의 방향으로 2만큼 평행이동하면

$y=\log_2 8(x-2)=\log_2 8+\log_2 (x-2)$

$\quad =3+\log_2 (x-2)$ ······ ㉡

Step 3 m의 값 구하기

두 함수 ㉠과 ㉡의 그래프가 직선 $y=x$에 대하여 대칭이므로 두 함수는
역함수 관계에 있다.

㉡의 역함수를 구하면

$y=3+\log_2 (x-2)$에서 $y-3=\log_2 (x-2)$

$2^{y-3}=x-2$ ∴ $x=2^{y-3}+2$

x와 y를 서로 바꾸면

$y=2^{x-3}+2$ ······ ㉢

㉠과 ㉢이 일치하므로 $m=3$

문제 보기

좌표평면에서 곡선 $y=a^x$을 직선 $y=x$에 대하여 대칭이동한 곡선이
점 (2, 3)을 지날 때, 양수 a의 값은? [3점]
└→ 곡선 $y=a^x$은 점 (3, 2)를 지난다.

① $\sqrt{3}$ ② $\log_2 3$ ③ $\sqrt[4]{3}$ ④ $\sqrt[3]{2}$ ⑤ $\log_3 2$

Step 1 양수 a의 값 구하기

곡선 $y=a^x$을 직선 $y=x$에 대하여 대칭이동한 곡선은 $y=a^x$의 역함수의
그래프이므로 곡선 $y=a^x$은 점 (3, 2)를 지난다.

따라서 $2=a^3$이므로

$a=2^{\frac{1}{3}}=\sqrt[3]{2}$

다른 풀이 곡선 $y=a^x$을 대칭이동한 식 구하기

곡선 $y=a^x$을 직선 $y=x$에 대하여 대칭이동하면

$y=\log_a x$

곡선 $y=\log_a x$가 점 (2, 3)을 지나므로

$3=\log_a 2$, $a^3=2$ ∴ $a=\sqrt[3]{2}$

12 지수함수와 로그함수의 역함수   정답 ① | 정답률 77%

문제 보기

함수 $y=3^x-a$의 역함수의 그래프가 두 점 $(3, \log_3 b)$, $(2b, \log_3 12)$
└→ 함수 $y=3^x-a$의 그래프는 두 점 $(\log_3 b, 3)$, $(\log_3 12, 2b)$를 지난다.
를 지나도록 하는 두 상수 a, b에 대하여 $a+b$의 값은? [4점]

① 7   ② 8   ③ 9   ④ 10   ⑤ 11

Step 1 $y=3^x-a$의 그래프가 지나는 두 점 구하기

함수 $y=3^x-a$의 역함수의 그래프가 두 점 $(3, \log_3 b)$, $(2b, \log_3 12)$를
지나므로 함수 $y=3^x-a$의 그래프는 두 점 $(\log_3 b, 3)$, $(\log_3 12, 2b)$를
지난다.

Step 2 $a+b$의 값 구하기

점 $(\log_3 b, 3)$이 함수 $y=3^x-a$의 그래프 위에 있으므로

$3=3^{\log_3 b}-a$ $\therefore b-a=3$ …… ㉠

또 점 $(\log_3 12, 2b)$가 함수 $y=3^x-a$의 그래프 위에 있으므로

$2b=3^{\log_3 12}-a$ $\therefore a+2b=12$ …… ㉡

㉠, ㉡을 연립하여 풀면 $a=2$, $b=5$

$\therefore a+b=7$

다른 풀이 $y=3^x-a$의 역함수 구하기

함수 $y=3^x-a$의 역함수를 구하면

$y=3^x-a$에서 $y+a=3^x$

$\therefore x=\log_3 (y+a)$

x와 y를 서로 바꾸면

$y=\log_3 (x+a)$

점 $(3, \log_3 b)$가 함수 $y=\log_3 (x+a)$의 그래프 위에 있으므로

$\log_3 b=\log_3 (3+a)$ $\therefore b=3+a$ …… ㉠

또 점 $(2b, \log_3 12)$가 함수 $y=\log_3 (x+a)$의 그래프 위에 있으므로

$\log_3 12=\log_3 (2b+a)$ $\therefore a+2b=12$ …… ㉡

㉠, ㉡을 연립하여 풀면 $a=2$, $b=5$

$\therefore a+b=7$

---

13 지수함수와 로그함수의 역함수   정답 ④ | 정답률 82%

문제 보기

함수 $y=\log_3 x$의 그래프를 x축의 방향으로 a만큼, y축의 방향으로 2
만큼 평행이동한 그래프를 나타내는 함수를 $y=f(x)$라 하자. 함수
└→ $f(x)$를 구한다.
$f(x)$의 역함수가 $f^{-1}(x)=3^{x-2}+4$일 때, 상수 a의 값은? [4점]
└→ $f(x)$의 역함수를 구하여 비교한다.

① 1   ② 2   ③ 3   ④ 4   ⑤ 5

Step 1 $f(x)$ 구하기

함수 $y=\log_3 x$의 그래프를 x축의 방향으로 a만큼, y축의 방향으로 2만큼
평행이동하면

$f(x)=\log_3 (x-a)+2$

Step 2 $f(x)$의 역함수 구하기

함수 $f(x)$의 역함수를 구하면

$y=\log_3 (x-a)+2$에서 $y-2=\log_3 (x-a)$

$3^{y-2}=x-a$ $\therefore x=3^{y-2}+a$

x와 y를 서로 바꾸면

$y=3^{x-2}+a$

$\therefore f^{-1}(x)=3^{x-2}+a$

Step 3 a의 값 구하기

따라서 $f^{-1}(x)=3^{x-2}+4$이므로 $a=4$

다른 풀이 $f^{-1}(x)=3^{x-2}+4$의 역함수 구하기

함수 $y=\log_3 x$의 그래프를 x축의 방향으로 a만큼, y축의 방향으로 2만큼
평행이동하면

$f(x)=\log_3 (x-a)+2$ …… ㉠

함수 $f^{-1}(x)$의 역함수를 구하면

$y=3^{x-2}+4$에서 $y-4=3^{x-2}$

$\log_3 (y-4)=x-2$ $\therefore x=\log_3 (y-4)+2$

x와 y를 서로 바꾸면

$y=\log_3 (x-4)+2$

$\therefore f(x)=\log_3 (x-4)+2$ …… ㉡

㉠과 ㉡이 일치하므로 $a=4$

문제 보기

양수 k에 대하여 함수 $f(x)=3^{x-1}+k$의 역함수의 그래프를 x축의 방향으로 k^2만큼 평행이동시킨 곡선을 $y=g(x)$라 하자. 두 곡선
└▸ $g(x)$를 구한다.

$y=f(x)$, $y=g(x)$의 점근선의 교점이 직선 $y=\dfrac{1}{3}x$ 위에 있을 때, k

의 값은? [3점] └▸ 두 곡선의 점근선의 교점의 좌표를 직선의 방정식에 대입한다.

① 1   ② $\dfrac{3}{2}$ ③ 2   ④ $\dfrac{5}{2}$ ⑤ 3

Step 1 $g(x)$ **구하기**

함수 $f(x)$의 역함수를 구하면

$y=3^{x-1}+k$에서 $y-k=3^{x-1}$

$\log_3(y-k)=x-1$ ∴ $x=\log_3(y-k)+1$

x와 y를 서로 바꾸면

$y=\log_3(x-k)+1$

이 함수의 그래프를 x축의 방향으로 k^2만큼 평행이동하면

$g(x)=\log_3(x-k^2-k)+1$

Step 2   **두 곡선의 점근선의 교점의 좌표 구하기**

곡선 $y=f(x)$의 점근선은 직선 $y=k$이고, 곡선 $y=g(x)$의 점근선은 직선 $x=k^2+k$이므로 두 점근선의 교점의 좌표는

$(k^2+k,\ k)$

Step 3 k**의 값 구하기**

점 $(k^2+k,\ k)$가 직선 $y=\dfrac{1}{3}x$ 위에 있으므로

$k=\dfrac{1}{3}(k^2+k),\ 3k=k^2+k$

$k^2-2k=0,\ k(k-2)=0$

∴ $k=2$ $(\because k>0)$

문제 보기

함수 $f(x)=2^{x-2}$의 역함수의 그래프를 x축의 방향으로 -2만큼, y축
의 방향으로 a만큼 평행이동시키면 함수 $y=g(x)$의 그래프가 된다. 두
└▸ $g(x)$를 구한다.

함수 $y=f(x)$, $y=g(x)$의 그래프가 직선 $y=1$과 만나는 점을 각각 A,
└▸ 두 점 A, B의 y좌표가 1임을 이용하여 x좌표를 구한다.

B라 할 때, 선분 AB의 중점의 좌표가 $(8,\ 1)$이다. 이때, 실수 a의 값
은? [4점]

① -8 ② -7 ③ -6 ④ -5 ⑤ -4

Step 1 $g(x)$ **구하기**

함수 $f(x)$의 역함수를 구하면

$y=2^{x-2}$에서 $\log_2 y=x-2$

∴ $x=\log_2 y+2$

x와 y를 서로 바꾸면

$y=\log_2 x+2$

함수 $y=\log_2 x+2$의 그래프를 x축의 방향으로 -2만큼, y축의 방향으로
a만큼 평행이동하면

$g(x)=\log_2(x+2)+a+2$

Step 2   **두 점 A, B의 좌표 구하기**

A$(p,\ 1)$이라 하면 점 A가 함수 $f(x)=2^{x-2}$의 그래프 위에 있으므로

$2^{p-2}=1,\ p-2=0$ ∴ $p=2$

∴ A$(2,\ 1)$

B$(q,\ 1)$이라 하면 점 B가 함수 $g(x)=\log_2(x+2)+a+2$의 그래프 위
에 있으므로

$\log_2(q+2)+a+2=1,\ \log_2(q+2)=-a-1$

$q+2=2^{-a-1}$ ∴ $q=2^{-a-1}-2$

∴ B$(2^{-a-1}-2,\ 1)$

Step 3   **실수** a**의 값 구하기**

선분 AB의 중점의 좌표는

$\left(\dfrac{2+2^{-a-1}-2}{2},\ \dfrac{1+1}{2}\right)$ ∴ $(2^{-a-2},\ 1)$

따라서 $2^{-a-2}=8=2^3$이므로

$-a-2=3$ ∴ $a=-5$

16 지수함수와 로그함수의 역함수 　정답 ③ | 정답률 30%

문제 보기

실수 k에 대하여 지수함수 $y=a^x\,(a>0,\ a\neq1)$의 그래프를 x축의 방향으로 k만큼 평행이동한 그래프가 나타내는 함수를 $y=f(x)$라 하자. 함수 $f(x)$가 다음 조건을 만족시킨다. ┗→ $f(x)=a^{x-k}$

> 모든 실수 x에 대하여 $f(2+x)f(2-x)=1$이다. → k의 값을 구한다.

〈보기〉에서 옳은 것만을 있는 대로 고른 것은? [4점]

─〈 보기 〉─
ㄱ. $f(2)=1$
ㄴ. 함수 $y=f(x)$의 그래프와 역함수 $y=f^{-1}(x)$의 그래프의 교점의 개수는 2이다. ┗→ 그래프를 그려서 확인한다.
ㄷ. 모든 실수 t에 대하여
　$f(t+1)-f(t)<f(t+2)-f(t+1)$이다.
　┗→ $f(t+2)-f(t+1)-\{f(t+1)-f(t)\}$의 부호를 파악한다.

① ㄱ　② ㄴ　③ ㄱ, ㄷ　④ ㄴ, ㄷ　⑤ ㄱ, ㄴ, ㄷ

─────

Step 1 $f(x)$ 구하기

$y=a^x$의 그래프를 x축의 방향으로 k만큼 평행이동하면
$f(x)=a^{x-k}$
모든 실수 x에 대하여 $f(2+x)f(2-x)=1$이므로
$a^{2+x-k}\times a^{2-x-k}=1,\ a^{4-2k}=1$
$4-2k=0$ 　∴ $k=2$
∴ $f(x)=a^{x-2}$

Step 2 ㄱ이 옳은지 확인하기

ㄱ. $f(2)=a^0=1$

Step 3 ㄴ이 옳은지 확인하기

ㄴ. [반례] $a=\dfrac{1}{2}$일 때, 함수 $f(x)$의 역함수를 구하면

$y=\left(\dfrac{1}{2}\right)^{x-2}$에서 $\log_{\frac{1}{2}}y=x-2$ 　∴ $x=\log_{\frac{1}{2}}y+2$

x와 y를 서로 바꾸면

$y=\log_{\frac{1}{2}}x+2$ 　∴ $f^{-1}(x)=\log_{\frac{1}{2}}x+2$

따라서 오른쪽 그림에서 두 함수 $y=f(x)$, $y=f^{-1}(x)$의 그래프의 교점은 2개가 아니다.

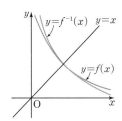

Step 4 ㄷ이 옳은지 확인하기

ㄷ. $f(t+2)-f(t+1)-\{f(t+1)-f(t)\}$
$=f(t+2)-2f(t+1)+f(t)$
$=a^t-2a^{t-1}+a^{t-2}$
$=a^{t-2}\times(a^2-2a+1)$
$=a^{t-2}\times(a-1)^2>0\ (\because a\neq1)$ → $a^{t-2}>0,\ (a-1)^2>0$이기 때문이야.
∴ $f(t+1)-f(t)<f(t+2)-f(t+1)$

Step 5 옳은 것 구하기

따라서 보기 중 옳은 것은 ㄱ, ㄷ이다.

─────────────────────

17 지수함수와 로그함수의 역함수 　정답 ① | 정답률 58%

문제 보기

두 함수

　$f(x)=2^x,\ g(x)=2^{x-2}$

에 대하여 두 양수 $a,\ b\,(a<b)$가 다음 조건을 만족시킬 때, $a+b$의 값은? [4점]

> ㈎ 두 곡선 $y=f(x),\ y=g(x)$와 두 직선 $y=a,\ y=b$로 둘러싸인 부분의 넓이가 6이다. → 그래프를 이용하여 넓이를 구한다.
> ㈏ $g^{-1}(b)-f^{-1}(a)=\log_2 6$ → $f^{-1}(a)=p \iff f(p)=a$임을 이용한다.

① 15　② 16　③ 17　④ 18　⑤ 19

─────

Step 1 조건 ㈎를 이용하여 $a,\ b$ 사이의 관계식 구하기

두 곡선 $f(x)=2^x$, $g(x)=2^{x-2}$과 두 직선 $y=a,\ y=b$는 오른쪽 그림과 같다.
세 영역의 넓이를 각각 $S_1,\ S_2,\ S_3$이라 하면 두 곡선 $y=f(x),\ y=g(x)$와 두 직선 $y=a,\ y=b$로 둘러싸인 부분의 넓이는 S_1+S_2이다.
이때 곡선 $g(x)=2^{x-2}$은 곡선 $f(x)=2^x$을 x축의 방향으로 2만큼 평행이동한 것이므로 $S_1=S_3$
조건 ㈎에서 $S_1+S_2=S_3+S_2=2\times(b-a)=6$
∴ $b-a=3$ 　　……㉠

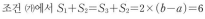

Step 2 조건 ㈏를 이용하여 $a,\ b$ 사이의 관계식 구하기

$f^{-1}(a)=p$, $g^{-1}(b)=q$라 하면 $f(p)=a$, $g(q)=b$이므로
$2^p=a$, $2^{q-2}=b$
$2^p=a$에서 $p=\log_2 a$
$2^{q-2}=b$에서 $q-2=\log_2 b$
∴ $q=2+\log_2 b=2\log_2 2+\log_2 b$
　$=\log_2 4+\log_2 b=\log_2 4b$
조건 ㈏에서 $g^{-1}(b)-f^{-1}(a)=\log_2 6$이므로
$q-p=\log_2 6$
$\log_2 4b-\log_2 a=\log_2 6,\ \log_2 \dfrac{4b}{a}=\log_2 6$

$\dfrac{4b}{a}=6,\ 6a=4b$ 　∴ $3a=2b$ 　……㉡

Step 3 $a+b$의 값 구하기

㉠, ㉡을 연립하여 풀면 $a=6,\ b=9$
∴ $a+b=15$

다른 풀이 **Step 2** 에서 $f(x),\ g(x)$의 역함수 구하기

함수 $f(x)$의 역함수를 구하면
$y=2^x$에서 $\log_2 y=x$
x와 y를 서로 바꾸면 $y=\log_2 x$ 　∴ $f^{-1}(x)=\log_2 x$
함수 $g(x)$의 역함수를 구하면
$y=2^{x-2}$에서 $\log_2 y=x-2$ 　∴ $x=\log_2 y+2$
x와 y를 서로 바꾸면 $y=\log_2 x+2$ 　∴ $g^{-1}(x)=\log_2 x+2$
조건 ㈏에서 $g^{-1}(b)-f^{-1}(a)=\log_2 6$이므로
$\log_2 b+2-\log_2 a=\log_2 \dfrac{4b}{a}=\log_2 6$

$\dfrac{4b}{a}=6,\ 6a=4b$ 　∴ $3a=2b$

문제 보기

두 곡선 $y=2^{-x}$과 $y=|\log_2 x|$가 만나는 두 점을 (x_1, y_1), (x_2, y_2)라 하자. $x_1<x_2$일 때, 〈보기〉에서 옳은 것만을 있는 대로 고른 것은?

[4점]

─〈 보기 〉─
ㄱ. $\dfrac{1}{2}<x_1<\dfrac{\sqrt{2}}{2}$ → $x=\dfrac{1}{2}$, $\dfrac{\sqrt{2}}{2}$에서의 함숫값의 대소와 두 곡선의 위치 관계를 비교한다.

ㄴ. $\sqrt[3]{2}<x_2<\sqrt{2}$ → $x=\sqrt[3]{2}$, $\sqrt{2}$에서의 함숫값의 대소와 두 곡선의 위치 관계를 비교한다.

ㄷ. $y_1-y_2<\dfrac{3\sqrt{2}-2}{6}$

① ㄱ   ② ㄱ, ㄴ   ③ ㄱ, ㄷ   ④ ㄴ, ㄷ   ⑤ ㄱ, ㄴ, ㄷ

Step 1 두 곡선 $y=2^{-x}$, $y=|\log_2 x|$ 그리기

$f(x)=2^{-x}$, $g(x)=|\log_2 x|=\begin{cases}-\log_2 x & (0<x<1) \\ \log_2 x & (x\ge 1)\end{cases}$ 라 하면 두 곡선 $y=f(x)$, $y=g(x)$는 다음 그림과 같다.

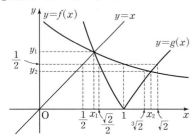

Step 2 ㄱ이 옳은지 확인하기

ㄱ. 위의 그림에서 $0<x<x_1$일 때 $f(x)<g(x)$, $x_1<x<x_2$일 때 $f(x)>g(x)$이다.

$f(x)=2^{-x}$에서 $x=\dfrac{1}{2}$일 때,

$f\left(\dfrac{1}{2}\right)=2^{-\frac{1}{2}}$

$g(x)=-\log_2 x\,(0<x<1)$에서 $x=\dfrac{1}{2}$일 때,

$g\left(\dfrac{1}{2}\right)=-\log_2 \dfrac{1}{2}=1$

따라서 $f\left(\dfrac{1}{2}\right)=2^{-\frac{1}{2}}<1=g\left(\dfrac{1}{2}\right)$이므로

$x_1>\dfrac{1}{2}$ ······ ㉠

$f(x)=2^{-x}$에서 $x=\dfrac{\sqrt{2}}{2}$일 때,

$f\left(\dfrac{\sqrt{2}}{2}\right)=2^{-\frac{\sqrt{2}}{2}}$

$g(x)=-\log_2 x\,(0<x<1)$에서 $x=\dfrac{\sqrt{2}}{2}$일 때,

$g\left(\dfrac{\sqrt{2}}{2}\right)=-\log_2 \dfrac{\sqrt{2}}{2}=\dfrac{1}{2}$

따라서 $f\left(\dfrac{\sqrt{2}}{2}\right)=2^{-\frac{\sqrt{2}}{2}}>\dfrac{1}{2}=g\left(\dfrac{\sqrt{2}}{2}\right)$이므로

$x_1<\dfrac{\sqrt{2}}{2}$ ······ ㉡

㉠, ㉡에서 $\dfrac{1}{2}<x_1<\dfrac{\sqrt{2}}{2}$

Step 3 ㄴ이 옳은지 확인하기

ㄴ. 위의 그림에서 $x_1<x<x_2$일 때 $f(x)>g(x)$, $x>x_2$일 때 $f(x)<g(x)$이다.

$f(x)=2^{-x}$에서 $x=\sqrt[3]{2}$일 때,

$f(\sqrt[3]{2})=2^{-\sqrt[3]{2}}=\dfrac{1}{2^{\sqrt[3]{2}}}$

$g(x)=\log_2 x\,(x\ge 1)$에서 $x=\sqrt[3]{2}$일 때,

$g(\sqrt[3]{2})=\log_2 \sqrt[3]{2}=\dfrac{1}{3}$

그런데 $\sqrt{8}<\sqrt{9}$에서 $2^{\frac{3}{2}}<3$이고, $\sqrt[3]{2}<\sqrt[3]{\dfrac{27}{8}}$에서 $2^{\sqrt[3]{2}}<2^{\frac{3}{2}}$이므로

$2^{\sqrt[3]{2}}<2^{\frac{3}{2}}<3$

따라서 $f(\sqrt[3]{2})=\dfrac{1}{2^{\sqrt[3]{2}}}>\dfrac{1}{3}=g(\sqrt[3]{2})$이므로

$x_2>\sqrt[3]{2}$ ······ ㉢

$f(x)=2^{-x}$에서 $x=\sqrt{2}$일 때,

$f(\sqrt{2})=2^{-\sqrt{2}}=\dfrac{1}{2^{\sqrt{2}}}$

$g(x)=\log_2 x\,(x\ge 1)$에서 $x=\sqrt{2}$일 때,

$g(\sqrt{2})=\log_2 \sqrt{2}=\dfrac{1}{2}$

따라서 $f(\sqrt{2})=\dfrac{1}{2^{\sqrt{2}}}<\dfrac{1}{2}=g(\sqrt{2})$이므로

$x_2<\sqrt{2}$ ······ ㉣

㉢, ㉣에서 $\sqrt[3]{2}<x_2<\sqrt{2}$

Step 4 ㄷ이 옳은지 확인하기

ㄷ. 두 함수 $y=2^{-x}$, $y=-\log_2 x$는 서로 역함수 관계이므로 두 함수의 그래프는 직선 $y=x$에 대하여 대칭이고, 두 함수의 그래프의 교점은 직선 $y=x$ 위에 있다.

$\therefore x_1=y_1$

$\therefore \dfrac{1}{2}<y_1<\dfrac{\sqrt{2}}{2}\ (\because$ ㄱ$)$ ······ ㉤

또 $y_2=\log_2 x_2$이고 ㄴ에서 $\sqrt[3]{2}<x_2<\sqrt{2}$이므로

$\dfrac{1}{3}<y_2<\dfrac{1}{2}$ ······ ㉥

㉤, ㉥에서 $y_1-y_2<\dfrac{\sqrt{2}}{2}-\dfrac{1}{3}=\dfrac{3\sqrt{2}-2}{6}$

Step 5 옳은 것 구하기

따라서 보기 중 옳은 것은 ㄱ, ㄴ, ㄷ이다.

19 지수함수와 로그함수의 역함수 관계의 활용
정답 ② | 정답률 74%

문제 보기

그림과 같이 기울기가 −1인 직선이 두 곡선 $y=2^x$, $y=\log_2 x$와 만나
└→ 두 점 A, B는 직선 $y=x$에 대하여 대칭임을 이용한다.
는 두 점을 각각 A, B라 하고, 점 B를 지나고 x축과 평행한 직선이 곡
└→ 점 B의 y좌표와 점 C의 y좌표는 같다.
선 $y=2^x$과 만나는 점을 C라 하자. 선분 AB의 길이가 $12\sqrt{2}$, 삼각형
ABC의 넓이가 84이다. 점 A의 x좌표를 a라 할 때, $a-\log_2 a$의 값
은? [4점]

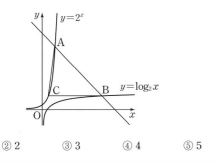

① 1   ② 2   ③ 3   ④ 4   ⑤ 5

Step 1 세 점 A, B, C의 좌표 구하기

두 함수 $y=2^x$, $y=\log_2 x$는 서로 역함수 관계이므로 두 함수의 그래프는
직선 $y=x$에 대하여 대칭이다.
이때 두 점 A, B는 기울기가 −1인 직선 위의 점이므로 직선 $y=x$에 대
하여 대칭이다.
따라서 A$(a, 2^a)$이므로 B$(2^a, a)$
C(b, a)라 하면 점 C가 곡선 $y=2^x$ 위에 있으므로
$2^b=a$ ∴ $b=\log_2 a$
∴ C$(\log_2 a, a)$

Step 2 $a-\log_2 a$의 값 구하기

$\overline{AB}=12\sqrt{2}$에서 $\overline{AB}^2=288$이므로
$(2^a-a)^2+(a-2^a)^2=288$
$2(2^a-a)^2=288$, $(2^a-a)^2=144$
∴ $2^a-a=12$ ($∵ 2^a-a>0$)   ······ ㉠
점 A에서 선분 BC에 내린 수선의 발을 H라 하면
$\overline{AH}=2^a-a=12$ →$\overline{AH}=$(점 A의 y좌표)−(점 H의 y좌표)
삼각형 ABC의 넓이가 84이므로
$\frac{1}{2}\times\overline{AH}\times\overline{BC}=84$
└→$\overline{BC}=$(점 B의 x좌표)−(점 C의 x좌표)
$\frac{1}{2}\times 12\times(2^a-\log_2 a)=84$
∴ $2^a-\log_2 a=14$ ······ ㉡
㉡−㉠을 하면
$a-\log_2 a=2$

20 지수함수와 로그함수의 역함수 관계의 활용
정답 ② | 정답률 83%

문제 보기

상수 $a\,(a>1)$에 대하여 곡선 $y=a^x-1$과 곡선 $y=\log_a(x+1)$이 원
└→ 두 곡선이 직선 $y=x$에 대하여 대칭임을 이용한다.
점 O를 포함한 서로 다른 두 점에서 만난다. 이 두 점 중 O가 아닌 점
을 P라 하고, 점 P에서 x축에 내린 수선의 발을 H라 하자. 삼각형
└→ 점 P는 직선 $y=x$ 위의 점이다.
OHP의 넓이가 2일 때, a의 값은? [4점]

① $\sqrt{2}$ ② $\sqrt{3}$ ③ 2   ④ $\sqrt{5}$ ⑤ $\sqrt{6}$

Step 1 점 P의 좌표 구하기

두 함수 $y=a^x-1$, $y=\log_a(x+1)$
은 서로 역함수 관계이므로 두 함수
의 그래프는 직선 $y=x$에 대하여 대
칭이다.
이때 점 P는 직선 $y=x$ 위의 점이
므로 점 P의 좌표를 $(k, k)(k>0)$
라 하자.

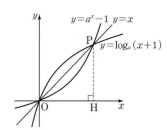

삼각형 OHP의 넓이가 2이므로
$\frac{1}{2}\times\overline{OH}\times\overline{PH}=2$
$\frac{1}{2}\times k\times k=2$, $k^2=4$
∴ $k=2$ ($∵ k>0$)
∴ P$(2, 2)$

Step 2 a의 값 구하기

따라서 점 P$(2, 2)$가 곡선 $y=a^x-1$ 위에 있으므로
$2=a^2-1$, $a^2=3$
∴ $a=\sqrt{3}$ ($∵ a>1$)

문제 보기

점 A(4, 0)을 지나고 y축에 평행한 직선이 곡선 $y=\log_2 x$와 만나는
└→ 점 B의 x좌표가 4임을 이용하여 y좌표를 구한다.
점을 B라 하고, 점 B를 지나고 기울기가 -1인 직선이 곡선
$y=2^{x+1}+1$과 만나는 점을 C라 할 때, 삼각형 ABC의 넓이는? [4점]
└→ 곡선 $y=2^{x+1}+1$과 직선 $y=x$에 대하여 대칭인 곡선을 이용하여
　　점 C의 좌표를 구한다.

① 3　　② $\dfrac{7}{2}$　　③ 4　　④ $\dfrac{9}{2}$　　⑤ 5

Step 1 점 B의 좌표 구하기

B(4, a)라 하면 점 B가 곡선 $y=\log_2 x$ 위에 있으므로
$a=\log_2 4=\log_2 2^2=2$　　∴ B(4, 2)

Step 2 점 C의 좌표 구하기

C(b, c)라 하면 점 C를 직선 $y=x$에 대하여 대칭이동한 점 C$'$(c, b)는
함수 $y=2^{x+1}+1$의 역함수의 그래프 위의 점이면서 점 B를 지나고 기울
기가 -1인 직선 위의 점이다. ──→ 기울기가 -1인 직선은 항상 직선 $y=x$에
　　　　　　　　　　　　　　　　　대하여 대칭이야.
함수 $y=2^{x+1}+1$의 역함수를 구하면
$y-1=2^{x+1}$에서 $\log_2(y-1)=x+1$
∴ $x=\log_2(y-1)-1$
x와 y를 서로 바꾸면
$y=\log_2(x-1)-1$
곡선 $y=\log_2 x$는 곡선 $y=\log_2(x-1)-1$을 x축의 방향으로 -1만큼, y
축의 방향으로 1만큼 평행이동한 것이므로 점 C$'$을 x축의 방향으로 -1만
큼, y축의 방향으로 1만큼 평행이동한 점 $(c-1, b+1)$은 곡선 $y=\log_2 x$
위의 점 B(4, 2)와 일치한다.
즉, $c-1=4$, $b+1=2$이므로
$b=1$, $c=5$
∴ C(1, 5)

Step 3 삼각형 ABC의 넓이 구하기

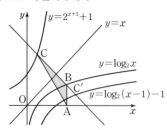

따라서 삼각형 ABC의 넓이는
$\dfrac{1}{2}\times\overline{AB}\times$(두 점 A, C의 x좌표의 차)$=\dfrac{1}{2}\times 2\times(4-1)=3$

문제 보기

곡선 $y=\log_{\sqrt{2}}(x-a)$와 직선 $y=\dfrac{1}{2}x$가 만나는 점 중 한 점을 A라 하
└→ A$\left(t, \dfrac{1}{2}t\right)$로 놓는다.
고, 점 A를 지나고 기울기가 -1인 직선이 곡선 $y=(\sqrt{2})^x+a$와 만나
　　　　　　　　　　　　　　└→ 곡선 $y=\log_{\sqrt{2}}(x-a)$와 곡선 $y=(\sqrt{2})^x+a$의 관계를 파악한다.
는 점을 B라 하자. 삼각형 OAB의 넓이가 6일 때, 상수 a의 값은?
（단, $0<a<4$이고, O는 원점이다.） [4점]

① $\dfrac{1}{2}$　　② 1　　③ $\dfrac{3}{2}$　　④ 2　　⑤ $\dfrac{5}{2}$

Step 1 선분 AB의 길이 구하기

함수 $y=\log_{\sqrt{2}}(x-a)$의 역함수를 구하면
$y=\log_{\sqrt{2}}(x-a)$에서 $(\sqrt{2})^y=x-a$
∴ $x=(\sqrt{2})^y+a$
x와 y를 서로 바꾸면
$y=(\sqrt{2})^x+a$
즉, 두 함수 $y=\log_{\sqrt{2}}(x-a)$, $y=(\sqrt{2})^x+a$는 서로 역함수 관계이므로 두
함수의 그래프는 직선 $y=x$에 대하여 대칭이고, 두 점 A, B도 직선 $y=x$
에 대하여 대칭이다.
점 A가 직선 $y=\dfrac{1}{2}x$ 위에 있으므로 A$\left(t, \dfrac{1}{2}t\right)$ $(t>0)$라 하면
B$\left(\dfrac{1}{2}t, t\right)$
∴ $\overline{AB}=\sqrt{\left(\dfrac{1}{2}t-t\right)^2+\left(t-\dfrac{1}{2}t\right)^2}=\dfrac{\sqrt{2}}{2}t$

Step 2 삼각형 OAB의 높이 구하기

선분 AB의 중점을 M이라 하면 점 M의 좌표는
$\left(\dfrac{t+\frac{1}{2}t}{2}, \dfrac{\frac{1}{2}t+t}{2}\right)$　　∴ $\left(\dfrac{3}{4}t, \dfrac{3}{4}t\right)$
∴ $\overline{OM}=\sqrt{\dfrac{9}{16}t^2+\dfrac{9}{16}t^2}=\dfrac{3\sqrt{2}}{4}t$

Step 3 점 A의 좌표 구하기

따라서 삼각형 OAB의 넓이는
$\dfrac{1}{2}\times\overline{AB}\times\overline{OM}=\dfrac{1}{2}\times\dfrac{\sqrt{2}}{2}t\times\dfrac{3\sqrt{2}}{4}t$
$=\dfrac{3}{8}t^2$

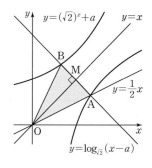

즉, $\dfrac{3}{8}t^2=6$이므로 $t^2=16$
∴ $t=4$ $(\because t>0)$
∴ A(4, 2)

Step 4 a의 값 구하기

점 A(4, 2)가 곡선 $y=\log_{\sqrt{2}}(x-a)$ 위에 있으므로
$\log_{\sqrt{2}}(4-a)=2$, $4-a=(\sqrt{2})^2$
∴ $a=2$

23 지수함수와 로그함수의 역함수 관계의 활용
정답 ⑤ | 정답률 48%

문제 보기

자연수 n에 대하여 곡선 $y=2^x$ 위의 두 점 A_n, B_n이 다음 조건을 만족시킨다.

(가) 직선 A_nB_n의 기울기는 3이다. → 두 조건을 이용하여 두 점 A_n, B_n
(나) $\overline{A_nB_n}=n\times\sqrt{10}$ 　　　　중 y좌표가 큰 점의 y좌표를 구한다.

중심이 직선 $y=x$ 위에 있고 두 점 A_n, B_n을 지나는 원이 곡선
$y=\log_2 x$와 만나는 두 점의 x좌표 중 큰 값을 x_n이라 하자.
$x_1+x_2+x_3$의 값은? [4점] 　→ 두 함수 $y=2^x$, $y=\log_2 x$는 서로 역함수 관계
　　　　　　　　　　　　　　　이므로 x_n은 원이 곡선 $y=2^x$과 만나는 두 점
　　　　　　　　　　　　　　　의 y좌표 중 큰 값이다.

① $\dfrac{150}{7}$ 　② $\dfrac{155}{7}$ 　③ $\dfrac{160}{7}$ 　④ $\dfrac{165}{7}$ 　⑤ $\dfrac{170}{7}$

Step 1 점 B_n의 y좌표 구하기

$A_n(a_n, 2^{a_n})$, $B_n(b_n, 2^{b_n})$ $(a_n<b_n)$이라 하면 조건 (가)에서

$\dfrac{2^{b_n}-2^{a_n}}{b_n-a_n}=3$　　$\therefore 2^{b_n}-2^{a_n}=3(b_n-a_n)$ 　　…… ㉠

또 조건 (나)에서

$\sqrt{(b_n-a_n)^2+(2^{b_n}-2^{a_n})^2}=n\times\sqrt{10}$

$\therefore (b_n-a_n)^2+(2^{b_n}-2^{a_n})^2=10n^2$ 　　…… ㉡

㉠을 ㉡에 대입하면

$(b_n-a_n)^2+9(b_n-a_n)^2=10n^2$, $(b_n-a_n)^2=n^2$

$a_n<b_n$이므로 $b_n-a_n=n$

$\therefore a_n=b_n-n$ 　　…… ㉢

㉢을 ㉠에 대입하면

$2^{b_n}-2^{b_n-n}=3n$, $2^{b_n}\left(1-\dfrac{1}{2^n}\right)=3n$

$\therefore 2^{b_n}=3n\times\dfrac{2^n}{2^n-1}$

Step 2 x_n 구하기

한편 두 함수 $y=2^x$, $y=\log_2 x$는 서로 역함수 관계이므로 두 함수의 그래프는 직선 $y=x$에 대하여 대칭이다.

따라서 x_n은 두 점 A_n, B_n의 y좌표 중 큰 값, 즉 점 B_n의 y좌표와 같으므로

$x_n=2^{b_n}=3n\times\dfrac{2^n}{2^n-1}$

Step 3 $x_1+x_2+x_3$의 값 구하기

$\therefore x_1+x_2+x_3=3\times 2+6\times\dfrac{4}{3}+9\times\dfrac{8}{7}$

$\qquad\qquad\quad =6+8+\dfrac{72}{7}=\dfrac{170}{7}$

---

24 지수함수와 로그함수의 역함수 관계의 활용
정답 13 | 정답률 28%

문제 보기

$a>2$인 실수 a에 대하여 기울기가 -1인 직선이 두 곡선
$\quad y=a^x+2$, $y=\log_a x+2$
와 만나는 점을 각각 A, B라 하자. 선분 AB를 지름으로 하는 원의 중
　└ 곡선, 곡선 위의 점, 원, 원의 중심을 각각 y축의 방향으로 -2만큼 평행이동하여
　　생각한다.
심의 y좌표가 $\dfrac{19}{2}$이고 넓이가 $\dfrac{121}{2}\pi$일 때, a^2의 값을 구하시오. [4점]

Step 1 선분 AB를 지름으로 하는 원을 y축의 방향으로 -2만큼 평행이동한 원의 중심의 x좌표 구하기

선분 AB를 지름으로 하는 원의 중심을 점 $C\left(k, \dfrac{19}{2}\right)$라 할 때, 점 C는 선분 AB의 중점이다.

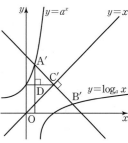

두 곡선 $y=a^x+2$, $y=\log_a x+2$를 y축의 방향으로 각각 -2만큼 평행이동한 두 곡선 $y=a^x$, $y=\log_a x$가 직선 $y=x$에 대하여 대칭이므로 두 점 A, B를 y축의 방향으로 각각 -2만큼 평행이동한 두 점 A$'$, B$'$도 직선 $y=x$에 대하여 대칭이다.

점 C를 y축의 방향으로 -2만큼 평행이동한 점 $C'\left(k, \dfrac{15}{2}\right)$가 선분 A$'B'$의 중점이므로 점 C$'$은 직선 $y=x$ 위에 있다.

$\therefore k=\dfrac{15}{2}$

Step 2 a^2의 값 구하기

선분 A$'$C$'$을 반지름으로 하는 원의 넓이는 선분 AC를 반지름으로 하는 원의 넓이와 같으므로 $\dfrac{121}{2}\pi$이다.

따라서 $\overline{A'C'}=r$라 하면

$\pi\times r^2=\dfrac{121}{2}\pi$, $r^2=\dfrac{121}{2}$ 　　$\therefore r=\dfrac{11\sqrt{2}}{2}$

직선 A$'$B$'$의 기울기가 -1이므로 점 A$'$에서 x축에 내린 수선과 점 C$'$에서 y축에 내린 수선이 만나는 점을 D라 하면 삼각형 A$'$DC$'$은 직각이등변삼각형이다.

$\therefore \overline{A'D}=\overline{C'D}=\dfrac{11\sqrt{2}}{2}\times\sin 45°=\dfrac{11}{2}$

따라서 점 A$'$의 좌표는 $\left(\dfrac{15}{2}-\dfrac{11}{2}, \dfrac{15}{2}+\dfrac{11}{2}\right)$, 즉 $(2, 13)$이고, 점 A$'$은 곡선 $y=a^x$ 위의 점이므로

$a^2=13$

25 지수함수와 로그함수의 역함수 관계의 활용

정답 192 | 정답률 10%

문제 보기

$a>1$인 실수 a에 대하여 직선 $y=-x+4$가 두 곡선

$$y=a^{x-1},\ y=\log_a(x-1)$$

└ 두 곡선 $y=a^x$, $y=\log_a x$를 각각 x축의 방향으로 1만큼 평행이동한 것이 므로 두 곡선은 직선 $y=x-1$에 대하여 대칭임을 이용한다.

과 만나는 점을 각각 A, B라 하고, 곡선 $y=a^{x-1}$이 y축과 만나는 점을 C라 하자. $\overline{AB}=2\sqrt{2}$일 때, 삼각형 ABC의 넓이는 S이다. $50\times S$의

└ C$(0,\ a^{-1})$

값을 구하시오. [4점]

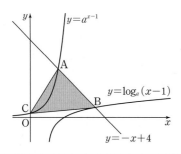

Step 1 두 곡선 $y=a^{x-1}$, $y=\log_a(x-1)$ 사이의 관계 알기

곡선 $y=a^{x-1}$은 곡선 $y=a^x$을 x축의 방향으로 1만큼 평행이동한 것이고, 곡선 $y=\log_a(x-1)$은 곡선 $y=\log_a x$를 x축의 방향으로 1만큼 평행이 동한 것이다.

이때 두 함수 $y=a^x$, $y=\log_a x$는 서로 역함수 관계이므로 두 함수의 그래 프는 직선 $y=x$에 대하여 대칭이다.

따라서 두 곡선 $y=a^{x-1}$, $y=\log_a(x-1)$은 직선 $y=x-1$에 대하여 대칭 이다.

Step 2 a의 값 구하기

두 직선 $y=x-1$, $y=-x+4$의 교점을 M이라 하고 점 M의 x좌 표를 구하면

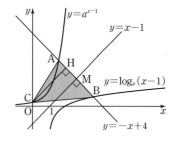

$x-1=-x+4$, $2x=5$

$\therefore x=\dfrac{5}{2}$

$\therefore$ M$\left(\dfrac{5}{2},\ \dfrac{3}{2}\right)$

이때 두 직선 $y=x-1$, $y=-x+4$는 서로 수직이므로 점 M은 선분 AB의 중점이다.

$\therefore \overline{AM}=\dfrac{1}{2}\overline{AB}=\dfrac{1}{2}\times 2\sqrt{2}=\sqrt{2}$

점 A는 직선 $y=-x+4$ 위의 점이므로 A$\left(k,\ -k+4\right)\left(0<k<\dfrac{5}{2}\right)$라 하자.

$\overline{AM}^2=2$이므로

$\left(k-\dfrac{5}{2}\right)^2+\left(-k+\dfrac{5}{2}\right)^2=2$

$2\left(k-\dfrac{5}{2}\right)^2=2$, $\left(k-\dfrac{5}{2}\right)^2=1$

$k-\dfrac{5}{2}=1$ 또는 $k-\dfrac{5}{2}=-1$

$\therefore k=\dfrac{3}{2}\left(\because 0<k<\dfrac{5}{2}\right)$

즉, 점 A$\left(\dfrac{3}{2},\ \dfrac{5}{2}\right)$가 곡선 $y=a^{x-1}$ 위에 있으므로

$\dfrac{5}{2}=a^{\frac{1}{2}}$ $\therefore a=\left(\dfrac{5}{2}\right)^2=\dfrac{25}{4}$

Step 3 $50\times S$의 값 구하기

점 C는 곡선 $y=\left(\dfrac{25}{4}\right)^{x-1}$이 y축과 만나는 점이므로

C$\left(0,\ \dfrac{4}{25}\right)$

이때 점 C에서 직선 $y=-x+4$에 내린 수선의 발을 H라 하면 선분 CH 의 길이는 점 C와 직선 $y=-x+4$, 즉 $x+y-4=0$ 사이의 거리와 같으 므로

$\overline{CH}=\dfrac{\left|\dfrac{4}{25}-4\right|}{\sqrt{1^2+1^2}}=\dfrac{96}{25\sqrt{2}}=\dfrac{48\sqrt{2}}{25}$

$\therefore S=\dfrac{1}{2}\times\overline{AB}\times\overline{CH}$

$=\dfrac{1}{2}\times 2\sqrt{2}\times\dfrac{48\sqrt{2}}{25}=\dfrac{96}{25}$

$\therefore 50\times S=50\times\dfrac{96}{25}=192$

26 지수함수와 로그함수의 역함수 관계의 활용

정답 ③ | 정답률 66%

문제 보기

그림과 같이 직선 $y=-x+a$가 두 곡선 $y=2^x$, $y=\log_2 x$와 만나는
└ 두 곡선이 직선 $y=x$에 대하여 대칭임을 이용한다.┘
점을 각각 A, B라 하고, x축과 만나는 점을 C라 할 때, 점 A, B, C가
└ C(a, 0)
다음 조건을 만족시킨다.

(가) $\overline{AB} : \overline{BC} = 3 : 1$ → 점 B는 선분 AC를 3 : 1로 내분하는 점이다.
(나) 삼각형 OBC의 넓이는 40이다.

점 A의 좌표를 A(p, q)라 할 때, p+q의 값은?

(단, O는 원점이고, a는 상수이다.) [4점]

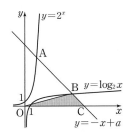

① 10   ② 15   ③ 20   ④ 25   ⑤ 30

Step 1 조건 (가)를 이용하여 a, p, q 사이의 관계식 구하기

두 함수 $y=2^x$, $y=\log_2 x$는 서로 역함수 관계이므로 두 함수의 그래프는
직선 $y=x$에 대하여 대칭이고, 직선 $y=-x+a$의 기울기가 -1이므로
두 점 A, B도 직선 $y=x$에 대하여 대칭이다.
A(p, q)이므로 B(q, p), C(a, 0)
조건 (가)에서 $\overline{AB} : \overline{BC} = 3 : 1$이므로 점 B는 선분 AC를 3 : 1로 내분하는
점이다.

이때 선분 AC를 3 : 1로 내분하는 점의 좌표는 $\left(\dfrac{3a+p}{4}, \dfrac{q}{4}\right)$이므로

$q=\dfrac{3a+p}{4}, \ p=\dfrac{q}{4}$

$q=\dfrac{3a+p}{4}$에서 $3a=4q-p$ ······ ㉠

$p=\dfrac{q}{4}$에서 $q=4p$ ······ ㉡

㉡을 ㉠에 대입하면 $a=5p$ ······ ㉢

Step 2 조건 (나)를 이용하여 p, q의 값 구하기

조건 (나)에서 삼각형 OBC의 넓이는 40이므로

$\triangle OBC = \dfrac{1}{2} \times \overline{OC} \times (점 B의 y좌표)$

$= \dfrac{1}{2} \times a \times p$

$= \dfrac{1}{2} \times 5p \times p \ (\because ㉢)$

$= \dfrac{5}{2}p^2$

따라서 $\dfrac{5}{2}p^2 = 40$이므로

$p^2 = 16$ ∴ $p=4 \ (\because p>0)$

㉡에서 $q=4p=16$

Step 3 p+q의 값 구하기

∴ $p+q=4+16=20$

다른 풀이 높이가 같은 두 삼각형의 넓이의 비 이용하기

직선 $y=-x+a$가 x축과 만나는 점 C의 좌표는 $(a, 0)$이고, 이 직선이
y축과 만나는 점을 D라 하면 D(0, a)이다.
두 곡선 $y=2^x$과 $y=\log_2 x$는 직선 $y=x$에 대하여 대칭이므로 두 점 A,
B도 직선 $y=x$에 대하여 대칭이다.
∴ $\overline{AD} = \overline{BC}$
조건 (가)에서 $\overline{AB} : \overline{BC} = 3 : 1$이므로
$\overline{AD} : \overline{AB} : \overline{BC} = 1 : 3 : 1$

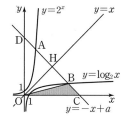

이때 직선 $y=x$와 직선 $y=-x+a$의 교점
을 H라 하면 $\overline{OH}$는 삼각형 OBC와 삼각형
OCD의 높이이고, 높이가 같은 두 삼각형의
넓이의 비는 밑변의 길이의 비와 같으므로
$\triangle OBC : \triangle OCD = \overline{BC} : \overline{CD} = 1 : 5$

$\triangle OCD = \dfrac{1}{2} \times \overline{OC} \times \overline{OD} = \dfrac{1}{2}a^2$이므로

$\triangle OBC = \dfrac{1}{5}\triangle OCD = \dfrac{1}{5} \times \dfrac{1}{2}a^2 = \dfrac{1}{10}a^2$

조건 (나)에서 $\dfrac{1}{10}a^2 = 40$이므로

$a^2 = 400$ ∴ $a=20 \ (\because a>0)$

따라서 점 A(p, q)가 직선 $y=-x+20$ 위에 있으므로

$q=-p+20$ ∴ $p+q=20$

문제 보기

직선 $y=x+n-2^n$이 두 함수 $y=\log_2 x$, $y=\left(\dfrac{1}{2}\right)^x$의 그래프와 제1사분면에서 만나는 점을 각각 A, B라 하면, 점 A의 좌표는 $(2^n, n)$이다.
└─ n의 값에 따라 경우를 나눈다.

$1<\dfrac{\overline{AB}}{\sqrt{2}}<10$을 만족시키는 모든 자연수 n의 값의 합을 구하시오.

[4점]

Step 1 n의 값 구하기

(i) $n=1$일 때,

A(2, 1)이고 직선 $y=x-1$이 x축과 만나는 점을 C라 하면

C(1, 0)

$\overline{AC}=\sqrt{(2-1)^2+(1-0)^2}=\sqrt{2}$이고, 오른쪽 그림에서 $\overline{AB}<\overline{AC}$이므로 $\overline{AB}<\sqrt{2}$

따라서 $\dfrac{\overline{AB}}{\sqrt{2}}<1$이므로

$1<\dfrac{\overline{AB}}{\sqrt{2}}<10$을 만족시키지 않는다.

(ii) $n\geq 2$일 때, ┌─ $n\geq2$일 때, $n<2^n$이므로 직선 $y=x+n-2^n$은 n이 커질수록 y축의 음의 방향으로 이동해.

직선 $y=x+n-2^n$이 x축과 만나는 점을 C라 하면

C(2^n-n, 0)

직선 $y=x+n-2^n$이 직선 $y=1$과 만나는 점을 D라 하면

D(2^n-n+1, 1)

이때 선분 AC와 선분 AD의 길이를 구하면

$\overline{AC}=\sqrt{\{2^n-(2^n-n)\}^2+(n-0)^2}=\sqrt{2n^2}=\sqrt{2}\,n$

$\overline{AD}=\sqrt{\{2^n-(2^n-n+1)\}^2+(n-1)^2}$
$=\sqrt{2(n-1)^2}=\sqrt{2}(n-1)$

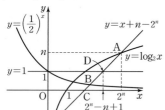

위의 그림에서 $\overline{AD}<\overline{AB}<\overline{AC}$이므로

$\sqrt{2}(n-1)<\overline{AB}<\sqrt{2}\,n$ $\quad\therefore n-1<\dfrac{\overline{AB}}{\sqrt{2}}<n$

따라서 $1<\dfrac{\overline{AB}}{\sqrt{2}}<10$을 만족시키는 자연수 n의 값은 2, 3, 4, 5, 6, 7, 8, 9, 10이다.

Step 2 자연수 n의 값의 합 구하기

(i), (ii)에서 모든 자연수 n의 값의 합은
$2+3+4+5+6+7+8+9+10=54$

문제 보기

실수 t에 대하여 두 곡선 $y=t-\log_2 x$와 $y=2^{x-t}$이 만나는 점의 x좌표를 $f(t)$라 하자.

〈보기〉의 각 명제에 대하여 다음 규칙에 따라 A, B, C의 값을 정할 때, $A+B+C$의 값을 구하시오. (단, $A+B+C\neq 0$) [4점]

- 명제 ㄱ이 참이면 $A=100$, 거짓이면 $A=0$이다.
- 명제 ㄴ이 참이면 $B=10$, 거짓이면 $B=0$이다.
- 명제 ㄷ이 참이면 $C=1$, 거짓이면 $C=0$이다.

〈 보기 〉
ㄱ. $f(1)=1$이고 $f(2)=2$이다. ─ $t=1$, 2일 때의 $f(t)$를 구한다.
ㄴ. 실수 t의 값이 증가하면 $f(t)$의 값도 증가한다.
 └─ 그래프의 특징을 파악하여 추측한다.
ㄷ. 모든 양의 실수 t에 대하여 $f(t)\geq t$이다.
 └─ $f(t)<t$인 경우가 존재하는지 확인해 본다.

Step 1 A의 값 구하기

ㄱ. 곡선 $y=t-\log_2 x$는 곡선 $y=\log_2 x$를 x축에 대하여 대칭이동한 후 y축의 방향으로 t만큼 평행이동한 것이므로 x의 값이 증가하면 y의 값은 감소한다.

또 곡선 $y=2^{x-t}$은 곡선 $y=2^x$을 x축의 방향으로 t만큼 평행이동한 것이므로 x의 값이 증가하면 y의 값도 증가한다.

따라서 두 곡선 $y=t-\log_2 x$, $y=2^{x-t}$은 한 점에서 만난다.

$t=1$일 때, 두 곡선 $y=1-\log_2 x$, $y=2^{x-1}$은 오른쪽 그림과 같이 점 (1, 1)에서 만나므로

$f(1)=1$

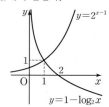

$t=2$일 때, 두 곡선 $y=2-\log_2 x$, $y=2^{x-2}$은 오른쪽 그림과 같이 점 (2, 1)에서 만나므로

$f(2)=2$

따라서 명제 ㄱ이 참이므로

$A=100$

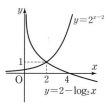

Step 2 B의 값 구하기

ㄴ. 두 곡선 $y=t-\log_2 x$, $y=2^{x-t}$은 t의 값이 커질수록 오른쪽으로 움직이므로 실수 t의 값이 증가하면 교점의 x좌표, 즉 $f(t)$의 값도 증가한다.

따라서 명제 ㄴ이 참이므로

$B=10$

Step 3 C의 값 구하기

ㄷ. $g(x)=t-\log_2 x$, $h(x)=2^{x-t}$이라 하자.

두 함수 $y=g(x)$, $y=h(x)$의 그래프의 개형은 오른쪽 그림과 같으므로 $f(t)\geq t$가 되려면 $g(t)\geq h(t)$이어야 한다.

즉, $t-\log_2 t\geq 2^{t-t}$에서

$t-1\geq \log_2 t$ ……㉠

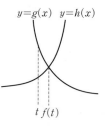

두 함수 $y=\log_2 t$, $y=t-1$의 그래프
는 오른쪽 그림과 같이 두 점 $(1, 0)$,
$(2, 1)$에서 만나고, $1<t<2$일 때 함
수 $y=\log_2 t$의 그래프가 직선
$y=t-1$보다 위쪽에 있으므로 ㉠을
만족시키지 않는다.

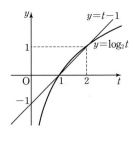

즉, $1<t<2$일 때, $f(t)<t$이므로 명제
ㄷ은 거짓이다.

$\therefore C=0$

Step 4 $A+B+C$의 값 구하기

$\therefore A+B+C=100+10+0=110$

---

29 지수함수와 로그함수의 역함수 관계의 활용

정답 16 | 정답률 34%

문제 보기

좌표평면에서 2 이상의 자연수 n에 대하여 두 곡선 $y=3^x-n$,
$y=\log_3(x+n)$으로 둘러싸인 영역의 내부 또는 그 경계에 포함되고
└─ 두 곡선이 직선 $y=x$에 대하여 대칭임을 이용한다.
x좌표와 y좌표가 모두 자연수인 점의 개수가 4가 되도록 하는 자연수
└─ 그래프를 그려서 네 점의 좌표를 구한다.
n의 개수를 구하시오. [4점]

Step 1 영역의 내부 또는 경계에 포함되는 네 점 구하기

함수 $y=3^x-n$의 역함수를 구하면

$y+n=3^x$에서 $\log_3(y+n)=x$

x와 y를 서로 바꾸면

$y=\log_3(x+n)$

따라서 두 함수 $y=3^x-n$, $y=\log_3(x+n)$은 서로 역함수 관계이므로 두
함수의 그래프는 직선 $y=x$에 대하여 대칭이고, 점 (a, b)가 두 곡선
$y=3^x-n$, $y=\log_3(x+n)$으로 둘러싸인 영역의 내부 또는 그 경계에 포
함되면 점 (b, a)도 포함된다.
└─ 점 (a, b)와 점 (b, a)는 직선 $y=x$에 대하여 대칭이기 때문이야.
두 곡선 $y=3^x-n$, $y=\log_3(x+n)$으로 둘러싸인 영역의 내부 또는 경계
에 포함되고, x좌표와 y좌표가 모두 자연수인 점의 개수가 4이므로 가능
한 점은 다음 그림과 같이 $(1, 1)$, $(1, 2)$, $(2, 1)$, $(2, 2)$이다.

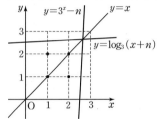

Step 2 자연수 n의 개수 구하기

$f(x)=3^x-n$이라 할 때, 두 곡선으로 둘러싸인 영역의 내부 또는 경계에
포함되고 x좌표와 y좌표가 모두 자연수인 점이 $(1, 1)$, $(1, 2)$, $(2, 1)$,
$(2, 2)$뿐이려면 $f(2)\le 1$, $f(3)>3$이어야 한다.

$f(2)\le 1$에서 $3^2-n\le 1$ $\therefore n\ge 8$

$f(3)>3$에서 $3^3-n>3$ $\therefore n<24$

따라서 $8\le n<24$이므로 자연수 n은 $8, 9, 10, \cdots, 23$의 16개이다.

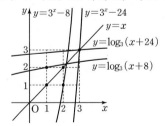

30 지수함수와 로그함수의 그래프의 활용

문제 보기

자연수 n에 대하여 함수 $f(x)$를

$$f(x)=\begin{cases} |3^{x+2}-n| & (x<0) \\ |\log_2(x+4)-n| & (x\geq0) \end{cases}$$

— 함수의 그래프의 개형을 파악한다.

이라 하자. 실수 t에 대하여 x에 대한 방정식 $f(x)=t$의 서로 다른 실근의 개수를 $g(t)$라 할 때, 함수 $g(t)$의 최댓값이 4가 되도록 하는 모든
└ 함수 $y=f(x)$의 그래프와 직선 $y=t$의 교점의 개수가 4가 되는 경우를 구한다.
자연수 n의 값의 합을 구하시오. [4점]

Step 1 $g(t)$의 최댓값이 4가 되는 경우 알기

함수 $y=3^{x+2}-n$의 그래프는 함수 $y=3^x$의 그래프를 x축의 방향으로 -2만큼, y축의 방향으로 $-n$만큼 평행이동한 것이므로 $x<0$에서 함수 $y=3^{x+2}-n$의 그래프는 오른쪽 그림과 같다.

이때 $9-n$의 값에 따라 $x<0$에서 함수 $y=|3^{x+2}-n|$의 그래프는 다음과 같이 세 가지 경우가 있다.

(i) $9-n>0$일 때,

(ii) $9-n=0$일 때,

(iii) $9-n<0$일 때,

또 함수 $y=\log_2(x+4)-n$의 그래프는 함수 $y=\log_2 x$의 그래프를 x축의 방향으로 -4만큼, y축의 방향으로 $-n$만큼 평행이동한 것이므로 $x\geq0$에서 함수 $y=\log_2(x+4)-n$의 그래프는 오른쪽 그림과 같다.
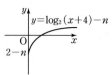
이때 $2-n$의 값에 따라 $x\geq0$에서 함수 $y=|\log_2(x+4)-n|$의 그래프는 다음과 같이 세 가지 경우가 있다.

(iv) $2-n>0$일 때,

(v) $2-n=0$일 때,

(vi) $2-n<0$일 때,

방정식 $f(x)=t$의 서로 다른 실근의 개수 $g(t)$는 함수 $y=f(x)$의 그래프와 직선 $y=t$의 교점의 개수와 같으므로 $g(t)$의 최댓값이 4가 되려면 함수 $y=f(x)$의 그래프는 $x<0$에서 (i)과 같아야 하고, $x\geq0$에서 (vi)과 같아야 한다.

Step 2 자연수 n의 값의 합 구하기

즉, $9-n>0$, $2-n<0$이어야 하므로
$2<n<9$
따라서 자연수 n의 값은 3, 4, 5, 6, 7, 8이므로 그 합은
$3+4+5+6+7+8=33$

31 지수함수와 로그함수의 그래프의 활용
정답 12 | 정답률 12%

문제 보기

그림과 같이 1보다 큰 두 실수 a, k에 대하여 <mark>직선 $y=k$가 두 곡선</mark>
<mark>$y=2\log_a x+k$, $y=a^{x-k}$과 만나는 점을 각각 A, B라 하고, 직선</mark>
└─ 두 점 A, B의 y좌표가 k임을 이용한다.
<mark>$x=k$가 두 곡선 $y=2\log_a x+k$, $y=a^{x-k}$과 만나는 점을 각각 C, D</mark>
└─ 두 점 C, D의 x좌표가 k임을 이용한다.
라 하자. $\overline{AB}\times\overline{CD}=85$이고 삼각형 CAD의 넓이가 35일 때, $a+k$의
값을 구하시오. [4점]   └─ 사각형 ADBC와 삼각형 CBD의 넓이를 구한다.

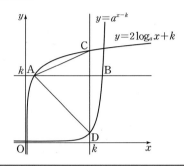

Step 1 네 점 A, B, C, D의 좌표 구하기

A(p, k)라 하면 점 A가 곡선 $y=2\log_a x+k$ 위에 있으므로
$2\log_a p+k=k$, $\log_a p=0$
$\therefore p=1$ $\therefore$ A(1, k)
B(q, k)라 하면 점 B가 곡선 $y=a^{x-k}$ 위에 있으므로
$a^{q-k}=k$ $\therefore q=\log_a k+k$
$\therefore$ B($\log_a k+k$, k)
또 두 점 C, D의 x좌표가 k이므로
C(k, $2\log_a k+k$), D(k, 1)

Step 2 a, k의 값 구하기

사각형 ADBC의 넓이는
$\dfrac{1}{2}\times\overline{AB}\times\overline{CD}=\dfrac{85}{2}$

이때 삼각형 CAD의 넓이가 35이
므로 삼각형 CBD의 넓이는

$\dfrac{85}{2}-35=\dfrac{15}{2}$

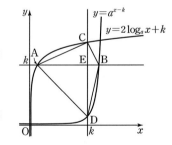

한편 두 선분 AB, CD가 만나는 점
을 E라 하면 E(k, k)이므로
$\overline{AE}=k-1$, $\overline{BE}=\log_a k$,
$\overline{CE}=2\log_a k$, $\overline{DE}=k-1$

두 삼각형 CAD, CBD의 넓이의 비는 $35:\dfrac{15}{2}=14:3$이고 두 삼각형
CAD, CBD의 밑변을 $\overline{CD}$라 하면 두 선분 AE, BE의 길이의 비와 두
삼각형 CAD, CBD의 넓이의 비는 같으므로
$(k-1):\log_a k=14:3$
$\therefore \log_a k=\dfrac{3}{14}(k-1)$ ······ ㉠

따라서 삼각형 CAD의 넓이는
$\dfrac{1}{2}\times\overline{AE}\times\overline{CD}=\dfrac{1}{2}\times\overline{AE}\times(\overline{CE}+\overline{DE})$
$\qquad =\dfrac{1}{2}\times(k-1)\times(2\log_a k+k-1)$
$\qquad =\dfrac{1}{2}(k-1)\left\{\dfrac{3}{7}(k-1)+k-1\right\}$ ($\because$ ㉠)
$\qquad =\dfrac{5}{7}(k-1)^2$

즉, $\dfrac{5}{7}(k-1)^2=35$이므로 $(k-1)^2=49$

$k-1=7$ ($\because k-1>0$) $\therefore k=8$

이를 ㉠에 대입하면

$\log_a 8=\dfrac{3}{2}$, $a^{\frac{3}{2}}=8$

$\therefore a=8^{\frac{2}{3}}=(2^3)^{\frac{2}{3}}=2^2=4$

Step 3 $a+k$의 값 구하기

$\therefore a+k=4+8=12$

01 4	**02** ②	**03** 40	**04** ④	**05** 7	**06** ③	**07** ①	**08** 2	**09** 6	**10** 3	**11** ⑤	**12** ①
13 3	**14** 3	**15** ④	**16** ④	**17** ⑤	**18** ⑤	**19** 6	**20** 3	**21** 3	**22** ①	**23** ⑤	**24** ④
25 ①	**26** ①	**27** ④	**28** 15	**29** 6	**30** ①	**31** ④	**32** 17	**33** 12	**34** ⑤	**35** ②	**36** ①
37 ①	**38** ①	**39** ①	**40** ③	**41** ②	**42** ①	**43** ②	**44** 400	**45** ②	**46** ②	**47** ②	**48** ①
49 12											

8 일차

문제편 108쪽~123쪽

---

01 지수방정식 – 밑을 같게 만드는 경우

정답 4 | 정답률 84%

문제 보기

방정식 $3^{-x+2}=\dfrac{1}{9}$ 을 만족시키는 실수 x의 값을 구하시오. [3점]

└→ $3^{f(x)}=3^{g(x)}$ 꼴로 변형하여 $f(x)=g(x)$임을 이용한다.

Step 1 양변의 밑을 같게 만들기

$3^{-x+2}=\dfrac{1}{9}$ 에서

$3^{-x+2}=3^{-2}$

Step 2 지수방정식의 해 구하기

양변의 밑이 같으므로

$-x+2=-2$ $\therefore x=4$

---

02 지수방정식 – 밑을 같게 만드는 경우

정답 ② | 정답률 94%

문제 보기

방정식 $3^{x+1}=27$을 만족시키는 실수 x의 값은? [2점]

└→ $3^{f(x)}=3^{g(x)}$ 꼴로 변형하여 $f(x)=g(x)$임을 이용한다.

① 1   ② 2   ③ 3   ④ 4   ⑤ 5

Step 1 양변의 밑을 같게 만들기

$3^{x+1}=27$에서

$3^{x+1}=3^3$

Step 2 지수방정식의 해 구하기

양변의 밑이 같으므로

$x+1=3$ $\therefore x=2$

---

03 지수방정식 – 밑을 같게 만드는 경우

정답 40 | 정답률 90%

문제 보기

방정식 $2^{\frac{1}{8}x-1}=16$의 해를 구하시오. [3점]

└→ $2^{f(x)}=2^{g(x)}$ 꼴로 변형하여 $f(x)=g(x)$임을 이용한다.

Step 1 양변의 밑을 같게 만들기

$2^{\frac{1}{8}x-1}=16$에서

$2^{\frac{1}{8}x-1}=2^4$

Step 2 지수방정식의 해 구하기

양변의 밑이 같으므로

$\dfrac{1}{8}x-1=4$

$\dfrac{1}{8}x=5$ $\therefore x=40$

---

04 지수방정식 – 밑을 같게 만드는 경우

정답 ④ | 정답률 90%

문제 보기

방정식 $\left(\dfrac{1}{4}\right)^{-x}=64$를 만족시키는 실수 x의 값은? [2점]

└→ $4^{f(x)}=4^{g(x)}$ 꼴로 변형하여 $f(x)=g(x)$임을 이용한다.

① -3 ② $-\dfrac{1}{3}$ ③ $\dfrac{1}{3}$ ④ 3   ⑤ 9

Step 1 양변의 밑을 같게 만들기

$\left(\dfrac{1}{4}\right)^{-x}=64$에서

$(4^{-1})^{-x}=4^3$

$\therefore 4^x=4^3$

Step 2 지수방정식의 해 구하기

양변의 밑이 같으므로

$x=3$

05 지수방정식 – 밑을 같게 만드는 경우

정답 7 | 정답률 88%

문제 보기

방정식 $\left(\dfrac{1}{5}\right)^{5-x}=25$를 만족시키는 실수 x의 값을 구하시오. [3점]

└→ $5^{f(x)}=5^{g(x)}$ 꼴로 변형하여 $f(x)=g(x)$임을 이용한다.

Step 1 양변의 밑을 같게 만들기

$\left(\dfrac{1}{5}\right)^{5-x}=25$에서

$(5^{-1})^{5-x}=5^2$

$\therefore 5^{-5+x}=5^2$

Step 2 지수방정식의 해 구하기

양변의 밑이 같으므로

$-5+x=2$ $\therefore x=7$

06 지수방정식 – 밑을 같게 만드는 경우

정답 ③ | 정답률 90%

문제 보기

지수방정식 $\left(\dfrac{1}{2}\right)^{x-1}=\sqrt[3]{4}$의 해는? [3점]

└→ $2^{f(x)}=2^{g(x)}$ 꼴로 변형하여 $f(x)=g(x)$임을 이용한다.

① $-\dfrac{2}{3}$ ② $-\dfrac{1}{3}$ ③ $\dfrac{1}{3}$ ④ $\dfrac{2}{3}$ ⑤ $\dfrac{4}{3}$

Step 1 양변의 밑을 같게 만들기

$\left(\dfrac{1}{2}\right)^{x-1}=\sqrt[3]{4}$에서

$(2^{-1})^{x-1}=(2^2)^{\frac{1}{3}}$

$\therefore 2^{-x+1}=2^{\frac{2}{3}}$

Step 2 지수방정식의 해 구하기

양변의 밑이 같으므로

$-x+1=\dfrac{2}{3}$ $\therefore x=\dfrac{1}{3}$

07 지수방정식 – 밑을 같게 만드는 경우

정답 ① | 정답률 93%

문제 보기

방정식 $9^x=27^{2x-4}$을 만족시키는 실수 x의 값은? [3점]

└→ $3^{f(x)}=3^{g(x)}$ 꼴로 변형하여 $f(x)=g(x)$임을 이용한다.

① 3   ② 4   ③ 5   ④ 6   ⑤ 7

Step 1 양변의 밑을 같게 만들기

$9^x=27^{2x-4}$에서

$(3^2)^x=(3^3)^{2x-4}$

$\therefore 3^{2x}=3^{6x-12}$

Step 2 지수방정식의 해 구하기

양변의 밑이 같으므로

$2x=6x-12,\ -4x=-12$

$\therefore x=3$

08 지수방정식 – 밑을 같게 만드는 경우

정답 2 | 정답률 78%

문제 보기

방정식 $3^{x-8}=\left(\dfrac{1}{27}\right)^x$을 만족시키는 실수 x의 값을 구하시오. [3점]

└→ $3^{f(x)}=3^{g(x)}$ 꼴로 변형하여 $f(x)=g(x)$임을 이용한다.

Step 1 양변의 밑을 같게 만들기

$3^{x-8}=\left(\dfrac{1}{27}\right)^x$에서

$3^{x-8}=(3^{-3})^x$

$\therefore 3^{x-8}=3^{-3x}$

Step 2 지수방정식의 해 구하기

양변의 밑이 같으므로

$x-8=-3x,\ 4x=8$

$\therefore x=2$

정답 **6** | 정답률 87%

문제 보기

방정식 $\left(\dfrac{1}{3}\right)^x = 27^{x-8}$을 만족시키는 실수 x의 값을 구하시오. [3점]

$\rightarrow 3^{f(x)} = 3^{g(x)}$ 꼴로 변형하여 $f(x) = g(x)$임을 이용한다.

Step 1 양변의 밑을 같게 만들기

$\left(\dfrac{1}{3}\right)^x = 27^{x-8}$에서

$3^{-x} = (3^3)^{x-8}$

$\therefore \; 3^{-x} = 3^{3x-24}$

Step 2 지수방정식의 해 구하기

양변의 밑이 같으므로

$-x = 3x - 24, \; 4x = 24$

$\therefore \; x = 6$

정답 **3** | 정답률 85%

문제 보기

방정식 $4^x = \left(\dfrac{1}{2}\right)^{x-9}$을 만족시키는 실수 x의 값을 구하시오. [3점]

$\rightarrow 2^{f(x)} = 2^{g(x)}$ 꼴로 변형하여 $f(x) = g(x)$임을 이용한다.

Step 1 양변의 밑을 같게 만들기

$4^x = \left(\dfrac{1}{2}\right)^{x-9}$에서

$(2^2)^x = (2^{-1})^{x-9}$

$\therefore \; 2^{2x} = 2^{-x+9}$

Step 2 지수방정식의 해 구하기

양변의 밑이 같으므로

$2x = -x + 9, \; 3x = 9$

$\therefore \; x = 3$

정답 ⑤ | 정답률 92%

문제 보기

방정식 $\left(\dfrac{1}{8}\right)^{2-x} = 2^{x+4}$을 만족시키는 실수 x의 값은? [3점]

$\rightarrow 2^{f(x)} = 2^{g(x)}$ 꼴로 변형하여 $f(x) = g(x)$임을 이용한다.

① 1　　　② 2　　　③ 3　　　④ 4　　　⑤ 5

Step 1 양변의 밑을 같게 만들기

$\left(\dfrac{1}{8}\right)^{2-x} = 2^{x+4}$에서

$(2^{-3})^{2-x} = 2^{x+4}$

$\therefore \; 2^{-6+3x} = 2^{x+4}$

Step 2 지수방정식의 해 구하기

양변의 밑이 같으므로

$-6 + 3x = x + 4, \; 2x = 10$

$\therefore \; x = 5$

정답 ① | 정답률 86%

문제 보기

4의 세제곱근 중 실수인 것을 a라 할 때, 지수방정식 $\left(\dfrac{1}{2}\right)^{x+1} = a$의 해는? [3점]

$\rightarrow a = \sqrt[3]{4}$임을 이용한다.

①　$-\dfrac{5}{3}$　　②　$-\dfrac{4}{3}$　　③　-1　　④　$-\dfrac{2}{3}$　　⑤　$-\dfrac{1}{3}$

Step 1 a의 값 구하기

4의 세제곱근 중 실수인 것은 $\sqrt[3]{4}$이므로

$a = \sqrt[3]{4} = (2^2)^{\frac{1}{3}} = 2^{\frac{2}{3}}$

Step 2 양변의 밑을 같게 만들기

$\left(\dfrac{1}{2}\right)^{x+1} = a$에서

$(2^{-1})^{x+1} = 2^{\frac{2}{3}}$

$\therefore \; 2^{-x-1} = 2^{\frac{2}{3}}$

Step 3 지수방정식의 해 구하기

양변의 밑이 같으므로

$-x - 1 = \dfrac{2}{3} \quad \therefore \; x = -\dfrac{5}{3}$

13 지수방정식 — a^x 꼴이 반복되는 경우
정답 3 | 정답률 84%

문제 보기

지수방정식 $4^x + 2^{x+3} - 128 = 0$을 만족시키는 실수 x의 값을 구하시오.
└─ 지수법칙을 이용하여 식을 변형한 후 $2^x = t$로 치환한다.　[3점]

Step 1 지수법칙을 이용하여 식 변형하기

$4^x + 2^{x+3} - 128 = 0$에서

$(2^2)^x + 2^3 \times 2^x - 128 = 0$

$\therefore (2^x)^2 + 8 \times 2^x - 128 = 0$

Step 2 $2^x = t$로 치환하여 t에 대한 방정식 풀기

$2^x = t \, (t > 0)$로 놓으면

$t^2 + 8t - 128 = 0$

$(t + 16)(t - 8) = 0$

$\therefore t = 8 \, (\because t > 0)$

Step 3 실수 x의 값 구하기

$t = 2^x$이므로

$2^x = 8, \ 2^x = 2^3$

양변의 밑이 같으므로

$x = 3$

14 지수방정식 — a^x 꼴이 반복되는 경우
정답 3 | 정답률 83%

문제 보기

방정식 $3^x - 3^{4-x} = 24$를 만족시키는 실수 x의 값을 구하시오. [3점]
└─ 양변에 3^x을 곱하여 식을 정리한 후 $3^x = t$로 치환한다.

Step 1 양변에 3^x을 곱하여 정리하기

$3^x - 3^{4-x} = 24$에서

$3^x - \dfrac{3^4}{3^x} = 24$

양변에 3^x을 곱하면

$(3^x)^2 - 3^4 = 24 \times 3^x$

$\therefore (3^x)^2 - 24 \times 3^x - 81 = 0$

Step 2 $3^x = t$로 치환하여 t에 대한 방정식 풀기

$3^x = t \, (t > 0)$로 놓으면

$t^2 - 24t - 81 = 0$

$(t + 3)(t - 27) = 0$

$\therefore t = 27 \, (\because t > 0)$

Step 3 실수 x의 값 구하기

$t = 3^x$이므로

$3^x = 27, \ 3^x = 3^3$

양변의 밑이 같으므로

$x = 3$

15 지수방정식 - a^x 꼴이 반복되는 경우

정답 ④ | 정답률 89%

문제 보기

지수방정식 $9^x - 11 \times 3^x + 28 = 0$의 두 실근을 α, β라 할 때, $9^\alpha + 9^\beta$의 값은? [3점]
└→ 지수법칙을 이용하여 식을 변형한 후 $3^x = t$로 치환한다.

① 59 　　② 61 　　③ 63 　　④ 65 　　⑤ 67

Step 1 지수법칙을 이용하여 식 변형하기

$9^x - 11 \times 3^x + 28 = 0$에서

$(3^2)^x - 11 \times 3^x + 28 = 0$

$\therefore (3^x)^2 - 11 \times 3^x + 28 = 0$

Step 2 $3^x = t$로 치환하여 t에 대한 방정식 풀기

$3^x = t \, (t > 0)$로 놓으면

$t^2 - 11t + 28 = 0$

$(t-4)(t-7) = 0$

$\therefore t = 4$ 또는 $t = 7$

Step 3 x의 값 구하기

$t = 3^x$이므로

$3^x = 4$ 또는 $3^x = 7$

로그의 정의에 의하여

$x = \log_3 4$ 또는 $x = \log_3 7$

Step 4 $9^\alpha + 9^\beta$의 값 구하기

따라서 $\alpha = \log_3 4$, $\beta = \log_3 7$ 또는 $\alpha = \log_3 7$, $\beta = \log_3 4$이므로

$9^\alpha + 9^\beta = 9^{\log_3 4} + 9^{\log_3 7} = 4^{\log_3 9} + 7^{\log_3 9}$

$\qquad = 4^2 + 7^2 = 16 + 49$

$\qquad = 65$

다른 풀이 $9^\alpha + 9^\beta = (3^\alpha)^2 + (3^\beta)^2$임을 이용하기

$9^x - 11 \times 3^x + 28 = 0$에서

$(3^x)^2 - 11 \times 3^x + 28 = 0$

$3^x = t \, (t > 0)$로 놓으면

$t^2 - 11t + 28 = 0, \ (t-4)(t-7) = 0$

$\therefore t = 4$ 또는 $t = 7$

주어진 방정식의 두 실근이 α, β이므로

$3^\alpha = 4, \ 3^\beta = 7$ 또는 $3^\alpha = 7, \ 3^\beta = 4$

$\therefore 9^\alpha + 9^\beta = (3^\alpha)^2 + (3^\beta)^2 = 4^2 + 7^2 = 65$

다른 풀이 이차방정식의 근과 계수의 관계 이용하기

$9^x - 11 \times 3^x + 28 = 0$에서

$(3^x)^2 - 11 \times 3^x + 28 = 0$

$3^x = t \, (t > 0)$로 놓으면

$t^2 - 11t + 28 = 0$ ······ ㉠

주어진 방정식의 두 실근이 α, β이므로 이차방정식 ㉠의 해는 3^α, 3^β

이차방정식의 근과 계수의 관계에 의하여

$3^\alpha + 3^\beta = 11, \ 3^\alpha \times 3^\beta = 28$

$\therefore 9^\alpha + 9^\beta = (3^\alpha)^2 + (3^\beta)^2 = (3^\alpha + 3^\beta)^2 - 2 \times 3^\alpha \times 3^\beta$

$\qquad = 11^2 - 2 \times 28 = 65$

---

16 지수방정식 - a^x 꼴이 반복되는 경우

정답 ④ | 정답률 90%

문제 보기

x에 대한 방정식

$4^x - k \times 2^{x+1} + 16 = 0$ ← 지수법칙을 이용하여 식을 변형한 후 $2^x = t$로 치환한다.

이 오직 하나의 실근 α를 가질 때, $k + \alpha$의 값은? (단, k는 상수이다.)
└→ t에 대한 이차방정식의 근의 조건을 구한다. [3점]

① 3 　　② 4 　　③ 5 　　④ 6 　　⑤ 7

Step 1 지수법칙을 이용하여 식 변형하기

$4^x - k \times 2^{x+1} + 16 = 0$에서

$(2^2)^x - 2k \times 2^x + 16 = 0$

$\therefore (2^x)^2 - 2k \times 2^x + 16 = 0$

Step 2 $2^x = t$로 치환한 방정식의 근의 조건 구하기

$2^x = t \, (t > 0)$로 놓으면

$t^2 - 2kt + 16 = 0$ ······ ㉠

주어진 x에 대한 방정식이 오직 하나의 실근 α를 가지므로 t에 대한 이차방정식 ㉠은 오직 하나의 양수인 실근을 갖는다.

즉, 이차방정식 ㉠은 양수인 중근을 갖거나 양수와 음수인 근을 각각 1개씩 갖는 경우가 있다. ── $2^x = t > 0$이므로 t에 대한 이차방정식이 음수인 근을 가져도 주어진 지수방정식은 근을 갖지 않음.

이때 이차방정식의 근과 계수의 관계에 의하여 ㉠의 두 근의 곱이 16이므로 양수인 중근을 갖는 경우이다.

Step 3 k의 값 구하기

이차방정식 ㉠의 판별식을 D라 하면

$\dfrac{D}{4} = (-k)^2 - 16 = 0, \ k^2 - 16 = 0$

$(k+4)(k-4) = 0$

$\therefore k = -4$ 또는 $k = 4$

이때 이차방정식의 근과 계수의 관계에 의하여 ㉠의 두 근의 합은 $2k$이고, 이 이차방정식이 양수인 중근을 가지므로

$2k > 0$

즉, $k > 0$이므로 $k = 4$

Step 4 α의 값 구하기

$k = 4$를 ㉠에 대입하면

$t^2 - 8t + 16 = 0$

$(t-4)^2 = 0 \quad \therefore t = 4$

$t = 2^x$이므로

$2^x = 4 = 2^2$

$\therefore x = 2 \quad \therefore \alpha = 2$

Step 5 $k + \alpha$의 값 구하기

$\therefore k + \alpha = 4 + 2 = 6$

17 지수방정식 – a^x 꼴이 반복되는 경우

문제 보기

함수 $f(x)=\dfrac{3^x}{3^x+3}$ 에 대하여 점 $(p,\,q)$가 곡선 $y=f(x)$ 위의 점이
$\quad\quad\quad\quad\quad\quad\quad\quad\quad\hookrightarrow f(p)=q$를 이용하여 관계식을 세운다.
면 실수 p의 값에 관계없이 점 $(2a-p,\,a-q)$도 항상 곡선 $y=f(x)$
위의 점이다. 다음은 상수 a의 값을 구하는 과정이다.

점 $(2a-p,\,a-q)$가 곡선 $y=f(x)$ 위의 점이므로

$\dfrac{3^{2a-p}}{3^{2a-p}+3}=a-\boxed{\text{(가)}}$ ...... ㉠

이다. ㉠은 실수 p의 값에 관계없이 항상 성립하므로

$p=0$일 때, $\dfrac{3^{2a}}{3^{2a}+3}=a-\dfrac{1}{4}$ ...... ㉡

이고,

$p=1$일 때, $\dfrac{3^{2a}}{3^{2a}+\boxed{\text{(나)}}}=a-\dfrac{1}{2}$ ...... ㉢

이다. ㉡, ㉢에서

$(3^{2a}+3)(3^{2a}+\boxed{\text{(나)}})=24\times3^{2a}$
$\quad\quad\hookrightarrow 3^{2a}=t$로 치환하여 방정식의 해를 구한다.

이므로

$a=\dfrac{1}{2}$ 또는 $a=\boxed{\text{(다)}}$

이다. 이때, ㉢에서 좌변이 양수이므로 $a>\dfrac{1}{2}$이다.

따라서 $a=\boxed{\text{(다)}}$ 이다.

위의 (가)에 알맞은 식을 $g(p)$라 하고 (나)와 (다)에 알맞은 수를 각각 $m,\,n$
이라 할 때, $(m-n)\times g(2)$의 값은? [4점]

① 4   ② $\dfrac{9}{2}$ ③ 5   ④ $\dfrac{11}{2}$ ⑤ 6

Step 1 (가)에 알맞은 식 구하기

점 $(p,\,q)$가 곡선 $y=f(x)$ 위의 점이므로 $f(p)=q$에서
$\dfrac{3^p}{3^p+3}=q$
점 $(2a-p,\,a-q)$가 곡선 $y=f(x)$ 위의 점이므로 $f(2a-p)=a-q$에서
$\dfrac{3^{2a-p}}{3^{2a-p}+3}=a-q=a-\boxed{\overset{\text{(가)}}{\dfrac{3^p}{3^p+3}}}$ ...... ㉠

Step 2 (나)에 알맞은 수 구하기

㉠은 실수 p의 값에 관계없이 항상 성립하므로

$p=0$일 때, $\dfrac{3^{2a}}{3^{2a}+3}=a-\dfrac{1}{4}$ ...... ㉡

$p=1$일 때, $\dfrac{3^{2a-1}}{3^{2a-1}+3}=a-\dfrac{1}{2}$에서 좌변의 분자, 분모에 각각 3을 곱하면

$\dfrac{3^{2a}}{3^{2a}+\boxed{\overset{\text{(나)}}{9}}}=a-\dfrac{1}{2}$ ...... ㉢

Step 3 (다)에 알맞은 수 구하기

㉡-㉢을 하면

$\dfrac{3^{2a}}{3^{2a}+3}-\dfrac{3^{2a}}{3^{2a}+9}=a-\dfrac{1}{4}-\left(a-\dfrac{1}{2}\right)$

$\dfrac{3^{2a}(3^{2a}+9)-3^{2a}(3^{2a}+3)}{(3^{2a}+3)(3^{2a}+9)}=\dfrac{1}{4}$

$\dfrac{6\times3^{2a}}{(3^{2a}+3)(3^{2a}+9)}=\dfrac{1}{4}$

$\therefore (3^{2a}+3)(3^{2a}+\boxed{\overset{\text{(나)}}{9}})=24\times3^{2a}$

$3^{2a}=t\,(t>0)$로 놓으면
$(t+3)(t+9)=24t$
$t^2-12t+27=0$
$(t-3)(t-9)=0$
$\therefore t=3$ 또는 $t=9$
$t=3^{2a}$이므로
$3^{2a}=3$ 또는 $3^{2a}=9=3^2$
양변의 밑이 같으므로
$2a=1$ 또는 $2a=2$
$\therefore a=\dfrac{1}{2}$ 또는 $a=\boxed{\overset{\text{(다)}}{1}}$

이때 ㉢에서 좌변이 양수이므로 $a>\dfrac{1}{2}$

$\therefore a=\boxed{\overset{\text{(다)}}{1}}$ $\hookrightarrow 3^{2a}>0$이므로 $\dfrac{3^{2a}}{3^{2a}+9}>0$이야.

Step 4 $(m-n)\times g(2)$의 값 구하기

따라서 $g(p)=\dfrac{3^p}{3^p+3}$, $m=9$, $n=1$이므로

$(m-n)\times g(2)=(9-1)\times\dfrac{3^2}{3^2+3}=6$

문제 보기

부등식 $\left(\dfrac{1}{9}\right)^x < 3^{21-4x}$을 만족시키는 자연수 x의 개수는? [3점]

┗→ $3^{f(x)} < 3^{g(x)}$ 꼴로 변형하여 $f(x) < g(x)$임을 이용한다.

① 6　　　② 7　　　③ 8　　　④ 9　　　⑤ 10

Step 1 양변의 밑을 같게 만들기

$\left(\dfrac{1}{9}\right)^x < 3^{21-4x}$에서

$(3^{-2})^x < 3^{21-4x}$

$\therefore 3^{-2x} < 3^{21-4x}$

Step 2 지수부등식의 해 구하기

밑이 1보다 크므로

$-2x < 21-4x,\ 2x < 21 \qquad \therefore x < \dfrac{21}{2}$

Step 3 자연수 x의 개수 구하기

따라서 자연수 x는 1, 2, 3, 4, 5, 6, 7, 8, 9, 10의 10개이다.

문제 보기

부등식 $\left(\dfrac{1}{2}\right)^{x-5} \ge 4$를 만족시키는 모든 자연수 x의 값의 합을 구하시오. [3점]

┗→ $2^{f(x)} \ge 2^{g(x)}$ 꼴로 변형하여 $f(x) \ge g(x)$임을 이용한다.

Step 1 양변의 밑을 같게 만들기

$\left(\dfrac{1}{2}\right)^{x-5} \ge 4$에서

$(2^{-1})^{x-5} \ge 2^2$

$\therefore 2^{-x+5} \ge 2^2$

Step 2 지수부등식의 해 구하기

밑이 1보다 크므로

$-x+5 \ge 2 \qquad \therefore x \le 3$

Step 3 자연수 x의 값의 합 구하기

따라서 모든 자연수 x의 값의 합은

$1+2+3=6$

다른 풀이 $\left(\dfrac{1}{2}\right)^{f(x)} \ge \left(\dfrac{1}{2}\right)^{g(x)}$ 꼴로 변형하기

$\left(\dfrac{1}{2}\right)^{x-5} \ge 4$에서

$\left(\dfrac{1}{2}\right)^{x-5} \ge \left(\dfrac{1}{2}\right)^{-2}$

밑이 1보다 작으므로

$x-5 \le -2 \qquad \therefore x \le 3$

따라서 모든 자연수 x의 값의 합은

$1+2+3=6$

20 지수부등식 – 밑을 같게 만드는 경우

정답 3 | 정답률 82%

문제 보기

부등식 $3^{x-4} \leq \dfrac{1}{9}$을 만족시키는 모든 자연수 x의 값의 합을 구하시오.

$\quad \hookrightarrow 3^{f(x)} \leq 3^{g(x)}$ 꼴로 변형하여 $f(x) \leq g(x)$임을 이용한다. [3점]

Step 1 양변의 밑을 같게 만들기

$3^{x-4} \leq \dfrac{1}{9}$에서

$3^{x-4} \leq 3^{-2}$

Step 2 지수부등식의 해 구하기

밑이 1보다 크므로

$x-4 \leq -2 \qquad \therefore x \leq 2$

Step 3 자연수 x의 값의 합 구하기

따라서 모든 자연수 x의 값의 합은

$1+2=3$

21 지수부등식 – 밑을 같게 만드는 경우

정답 3 | 정답률 84%

문제 보기

부등식 $2^{x-6} \leq \left(\dfrac{1}{4}\right)^x$을 만족시키는 모든 자연수 x의 값의 합을 구하시오. [3점]

$\quad \hookrightarrow 2^{f(x)} \leq 2^{g(x)}$ 꼴로 변형하여 $f(x) \leq g(x)$임을 이용한다.

Step 1 양변의 밑을 같게 만들기

$2^{x-6} \leq \left(\dfrac{1}{4}\right)^x$에서

$2^{x-6} \leq (2^{-2})^x$

$\therefore 2^{x-6} \leq 2^{-2x}$

Step 2 지수부등식의 해 구하기

밑이 1보다 크므로

$x-6 \leq -2x$

$3x \leq 6 \qquad \therefore x \leq 2$

Step 3 자연수 x의 값의 합 구하기

따라서 모든 자연수 x의 값의 합은

$1+2=3$

22

지수부등식 – 밑을 같게 만드는 경우

정답 ① | 정답률 94%

문제 보기

부등식

$2^{x-4} \le \left(\frac{1}{2}\right)^{x-2}$ → $2^{f(x)} \le 2^{g(x)}$ 꼴로 변형하여 $f(x) \le g(x)$임을 이용한다.

을 만족시키는 모든 자연수 x의 값의 합은? [3점]

① 6   ② 7   ③ 8   ④ 9   ⑤ 10

Step 1   양변의 밑을 같게 만들기

$2^{x-4} \le \left(\frac{1}{2}\right)^{x-2}$ 에서

$2^{x-4} \le (2^{-1})^{x-2}$

$\therefore 2^{x-4} \le 2^{-x+2}$

Step 2   지수부등식의 해 구하기

밑이 1보다 크므로

$x - 4 \le -x + 2$

$2x \le 6 \qquad \therefore x \le 3$

Step 3   자연수 x의 값의 합 구하기

따라서 모든 자연수 x의 값의 합은

$1 + 2 + 3 = 6$

23

지수부등식 – 밑을 같게 만드는 경우

정답 ⑤ | 정답률 92%

문제 보기

지수부등식 $\left(\frac{1}{5}\right)^{1-2x} \le 5^{x+4}$을 만족시키는 모든 자연수 x의 값의 합은?

→ $5^{f(x)} \le 5^{g(x)}$ 꼴로 변형하여 $f(x) \le g(x)$임을 이용한다.   [4점]

① 11   ② 12   ③ 13   ④ 14   ⑤ 15

Step 1   양변의 밑을 같게 만들기

$\left(\frac{1}{5}\right)^{1-2x} \le 5^{x+4}$에서

$(5^{-1})^{1-2x} \le 5^{x+4}$

$\therefore 5^{-1+2x} \le 5^{x+4}$

Step 2   지수부등식의 해 구하기

밑이 1보다 크므로

$-1 + 2x \le x + 4 \qquad \therefore x \le 5$

Step 3   자연수 x의 값의 합 구하기

따라서 모든 자연수 x의 값의 합은

$1 + 2 + 3 + 4 + 5 = 15$

24 지수부등식 – 밑을 같게 만드는 경우
정답 ④ | 정답률 89%

문제 보기

부등식 $\dfrac{27}{9^x} \geq 3^{x-9}$을 만족시키는 모든 자연수 x의 개수는? [3점]

└ $3^{f(x)} \geq 3^{g(x)}$ 꼴로 변형하여 $f(x) \geq g(x)$임을 이용한다.

① 1   ② 2   ③ 3   ④ 4   ⑤ 5

Step 1 양변의 밑을 같게 만들기

$\dfrac{27}{9^x} \geq 3^{x-9}$에서

$\dfrac{3^3}{3^{2x}} \geq 3^{x-9}$

$\therefore 3^{3-2x} \geq 3^{x-9}$

Step 2 지수부등식의 해 구하기

밑이 1보다 크므로

$3 - 2x \geq x - 9$

$-3x \geq -12$ $\therefore x \leq 4$

Step 3 자연수 x의 개수 구하기

따라서 자연수 x는 1, 2, 3, 4의 4개이다.

---

25 지수부등식 – 밑을 같게 만드는 경우
정답 ① | 정답률 92%

문제 보기

지수부등식 $\left(\dfrac{1}{3}\right)^{x^2+1} > \left(\dfrac{1}{9}\right)^{x+2}$의 해가 $\alpha < x < \beta$일 때, $\beta - \alpha$의 값은?

└ $\left(\dfrac{1}{3}\right)^{f(x)} > \left(\dfrac{1}{3}\right)^{g(x)}$ 꼴로 변형하여 $f(x) < g(x)$임을 [3점] 이용한다.

① 4   ② 5   ③ 6   ④ 7   ⑤ 8

Step 1 양변의 밑을 같게 만들기

$\left(\dfrac{1}{3}\right)^{x^2+1} > \left(\dfrac{1}{9}\right)^{x+2}$에서

$\left(\dfrac{1}{3}\right)^{x^2+1} > \left(\dfrac{1}{3^2}\right)^{x+2}$

$\therefore \left(\dfrac{1}{3}\right)^{x^2+1} > \left(\dfrac{1}{3}\right)^{2x+4}$

Step 2 지수부등식의 해 구하기

밑이 1보다 작으므로

$x^2 + 1 < 2x + 4$

$x^2 - 2x - 3 < 0, \ (x+1)(x-3) < 0$

$\therefore -1 < x < 3$

Step 3 $\beta - \alpha$의 값 구하기

따라서 $\alpha = -1$, $\beta = 3$이므로

$\beta - \alpha = 3 - (-1) = 4$

26 지수부등식 – 밑을 같게 만드는 경우

정답 ① | 정답률 80%

문제 보기

지수부등식 $(2^x-32)\left(\dfrac{1}{3^x}-27\right)>0$을 만족시키는 모든 정수 x의 개수는? [4점]

$\;\;\longmapsto$ $2^x-32>0$, $\dfrac{1}{3^x}-27>0$인 경우와 $2^x-32<0$, $\dfrac{1}{3^x}-27<0$인 경우로 나누어 생각한다.

① 7 ② 8 ③ 9 ④ 10 ⑤ 11

Step 1 $2^x-32>0$, $\dfrac{1}{3^x}-27>0$인 경우의 해 구하기

(i) $2^x-32>0$, $\dfrac{1}{3^x}-27>0$일 때,

$2^x-32>0$에서 $2^x>32$

$\therefore 2^x>2^5$

밑이 1보다 크므로

$x>5$ ······ ㉠

$\dfrac{1}{3^x}-27>0$에서 $\dfrac{1}{3^x}>27$

$\therefore \left(\dfrac{1}{3}\right)^x>\left(\dfrac{1}{3}\right)^{-3}$

밑이 1보다 작으므로

$x<-3$ ······ ㉡

㉠, ㉡을 수직선 위에 나타내면 오른쪽 그림과 같으므로 공통부분은 없다.

Step 2 $2^x-32<0$, $\dfrac{1}{3^x}-27<0$인 경우의 해 구하기

(ii) $2^x-32<0$, $\dfrac{1}{3^x}-27<0$일 때,

$2^x-32<0$에서 $2^x<32$

$\therefore 2^x<2^5$

밑이 1보다 크므로

$x<5$ ······ ㉢

$\dfrac{1}{3^x}-27<0$에서 $\dfrac{1}{3^x}<27$

$\therefore \left(\dfrac{1}{3}\right)^x<\left(\dfrac{1}{3}\right)^{-3}$

밑이 1보다 작으므로

$x>-3$ ······ ㉣

㉢, ㉣을 수직선 위에 나타내면 오른쪽 그림과 같으므로 공통부분은

$-3<x<5$

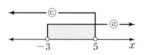

Step 3 정수 x의 개수 구하기

(i), (ii)에서 주어진 지수부등식을 만족시키는 해는

$-3<x<5$

따라서 정수 x는 -2, -1, 0, 1, 2, 3, 4의 7개이다.

---

27 지수부등식 – 함수의 그래프가 주어진 경우

정답 ④ | 정답률 62%

문제 보기

이차함수 $y=f(x)$의 그래프와 일차함수 $y=g(x)$의 그래프가 그림과 같을 때, 부등식

$\left(\dfrac{1}{2}\right)^{f(x)g(x)}\geq\left(\dfrac{1}{8}\right)^{g(x)}$ $\;\longrightarrow$ $f(x)$, $g(x)$에 대한 관계를 파악한다.

을 만족시키는 모든 자연수 x의 값의 합은? [4점]

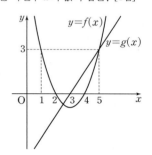

① 7 ② 9 ③ 11 ④ 13 ⑤ 15

Step 1 지수부등식 $\left(\dfrac{1}{2}\right)^{f(x)g(x)}\geq\left(\dfrac{1}{8}\right)^{g(x)}$ 풀기

$\left(\dfrac{1}{2}\right)^{f(x)g(x)}\geq\left(\dfrac{1}{8}\right)^{g(x)}$에서

$\left(\dfrac{1}{2}\right)^{f(x)g(x)}\geq\left(\dfrac{1}{2}\right)^{3g(x)}$

밑이 1보다 작으므로

$f(x)g(x)\leq 3g(x)$

$f(x)g(x)-3g(x)\leq 0$

$g(x)\{f(x)-3\}\leq 0$

$\therefore g(x)\geq 0$, $f(x)\leq 3$ 또는 $g(x)\leq 0$, $f(x)\geq 3$

$\;\;\;\;\;\longmapsto g(x)\geq 0$일 때, $f(x)-3\leq 0$이므로 $f(x)\leq 3$이야. $\;\;\longmapsto g(x)\leq 0$일 때, $f(x)-3\geq 0$이므로 $f(x)\geq 3$이야.

Step 2 부등식의 해 구하기

(i) $g(x)\geq 0$, $f(x)\leq 3$일 때,

부등식 $g(x)\geq 0$의 해는 함수 $y=g(x)$의 그래프가 x축과 만나거나 x축보다 위쪽에 있는 부분의 x의 값의 범위이므로

$x\geq 3$ ······ ㉠

또 부등식 $f(x)\leq 3$의 해는 함수 $y=f(x)$의 그래프가 직선 $y=3$과 만나거나 직선 $y=3$보다 아래쪽에 있는 부분의 x의 값의 범위이므로

$1\leq x\leq 5$ ······ ㉡

따라서 ㉠, ㉡의 공통 범위는 $3\leq x\leq 5$

(ii) $g(x)\leq 0$, $f(x)\geq 3$일 때,

부등식 $g(x)\leq 0$의 해는 함수 $y=g(x)$의 그래프가 x축과 만나거나 x축보다 아래쪽에 있는 부분의 x의 값의 범위이므로

$x\leq 3$ ······ ㉢

또 부등식 $f(x)\geq 3$의 해는 함수 $y=f(x)$의 그래프가 직선 $y=3$과 만나거나 직선 $y=3$보다 위쪽에 있는 부분의 x의 값의 범위이므로

$x\leq 1$ 또는 $x\geq 5$ ······ ㉣

따라서 ㉢, ㉣의 공통 범위는 $x\leq 1$

(i), (ii)에서 주어진 부등식의 해는

$x\leq 1$ 또는 $3\leq x\leq 5$

Step 3 자연수 x의 값의 합 구하기

따라서 모든 자연수 x의 값의 합은

$1+3+4+5=13$

28 지수부등식 – 함수의 그래프가 주어진 경우
정답 15 | 정답률 72%

일차함수 $y=f(x)$의 그래프가 그림과 같고 $f(-5)=0$이다. 부등식 $2^{f(x)} \leq 8$의 해가 $x \leq -4$일 때, $f(0)$의 값을 구하시오. [4점]

└─ $f(x)$의 조건을 파악한다.

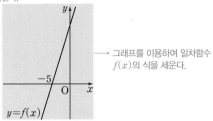

─→ 그래프를 이용하여 일차함수 $f(x)$의 식을 세운다.

Step 1 $f(x)$의 식 세우기

일차함수 $y=f(x)$의 그래프의 기울기를 $a\,(a>0)$라 하면 그래프는 점 $(-5,\,0)$을 지나므로

$f(x)=a(x+5)$

Step 2 지수부등식 $2^{f(x)} \leq 8$ 풀기

$2^{f(x)} \leq 8$에서 $2^{a(x+5)} \leq 2^3$

밑이 1보다 크므로

$a(x+5) \leq 3$

$a>0$이므로

$x+5 \leq \dfrac{3}{a}$ ∴ $x \leq \dfrac{3}{a}-5$

Step 3 $f(0)$의 값 구하기

이때 주어진 부등식의 해가 $x \leq -4$이므로

$\dfrac{3}{a}-5=-4$, $\dfrac{3}{a}=1$ ∴ $a=3$

따라서 $f(x)=3(x+5)$이므로

$f(0)=15$

29 지수부등식 – a^x 꼴이 반복되는 경우
정답 6 | 정답률 84%

부등식 $4^x-10 \times 2^x+16 \leq 0$을 만족시키는 모든 자연수 x의 값의 합을 구하시오. [3점]

└─ 지수법칙을 이용하여 식을 변형한 후 $2^x=t$로 치환한다.

Step 1 지수법칙을 이용하여 식 변형하기

$4^x-10 \times 2^x+16 \leq 0$에서

$(2^2)^x-10 \times 2^x+16 \leq 0$

∴ $(2^x)^2-10 \times 2^x+16 \leq 0$

Step 2 $2^x=t$로 치환하여 t에 대한 부등식 풀기

$2^x=t\,(t>0)$로 놓으면

$t^2-10t+16 \leq 0$

$(t-2)(t-8) \leq 0$

∴ $2 \leq t \leq 8$

Step 3 x의 값의 범위 구하기

$t=2^x$이므로

$2 \leq 2^x \leq 8$, $2 \leq 2^x \leq 2^3$

밑이 1보다 크므로

$1 \leq x \leq 3$

Step 4 자연수 x의 값의 합 구하기

따라서 모든 자연수 x의 값의 합은

$1+2+3=6$

30 지수부등식 – a^x 꼴이 반복되는 경우

정답 ① | 정답률 91%

문제 보기

부등식 $\left(2^x - \dfrac{1}{4}\right)(2^x - 1) < 0$을 만족시키는 정수 x의 개수는? [3점]

    └ $\dfrac{1}{4} < 2^x < 1$에서 각 변의 밑을 같게 만든다.

① 1   ② 2   ③ 3   ④ 4   ⑤ 5

Step 1 지수부등식의 해 구하기

$\left(2^x - \dfrac{1}{4}\right)(2^x - 1) < 0$에서

$\dfrac{1}{4} < 2^x < 1$

$\therefore 2^{-2} < 2^x < 2^0$

밑이 1보다 크므로

$-2 < x < 0$

Step 2 정수 x의 개수 구하기

따라서 정수 x는 -1의 1개이다.

---

31 지수부등식 – a^x 꼴이 반복되는 경우

정답 ④ | 정답률 58%

문제 보기

함수 $f(x) = x^2 - x - 4$에 대하여 부등식

    $4^{f(x)} - 2^{1+f(x)} < 8$ → 지수법칙을 이용하여 식을 변형한 후 $2^{f(x)} = t$로 치환한다.

을 만족시키는 정수 x의 개수는? [3점]

① 1   ② 2   ③ 3   ④ 4   ⑤ 5

Step 1 지수법칙을 이용하여 식 변형하기

$4^{f(x)} - 2^{1+f(x)} < 8$에서

$(2^2)^{f(x)} - 2 \times 2^{f(x)} - 8 < 0$

$\therefore \{2^{f(x)}\}^2 - 2 \times 2^{f(x)} - 8 < 0$

Step 2 $2^{f(x)} = t$로 치환하여 t에 대한 부등식 풀기

$2^{f(x)} = t \, (t > 0)$로 놓으면

$t^2 - 2t - 8 < 0$

$(t+2)(t-4) < 0$

$\therefore 0 < t < 4 \, (\because t > 0)$

Step 3 $f(x)$의 값의 범위 구하기

$t = 2^{f(x)}$이므로

$0 < 2^{f(x)} < 4$, $2^{f(x)} < 2^2$

밑이 1보다 크므로

$f(x) < 2$

Step 4 정수 x의 개수 구하기

함수 $f(x) = x^2 - x - 4$이므로

$x^2 - x - 4 < 2$

$x^2 - x - 6 < 0$, $(x+2)(x-3) < 0$

$\therefore -2 < x < 3$

따라서 정수 x는 -1, 0, 1, 2의 4개이다.

32 지수부등식 $-a^x$ 꼴이 반복되는 경우

정답 17 | 정답률 48%

문제 보기

x에 대한 부등식

$(3^{x+2}-1)(3^{x-p}-1)\leq0$ → 양변에 $3^{-2}\times3^p$을 곱하여 식을 변형한다.

을 만족시키는 정수 x의 개수가 20일 때, 자연수 p의 값을 구하시오.

[4점]

Step 1 양변에 $3^{-2}\times3^p$을 곱하여 식 변형하기

$(3^{x+2}-1)(3^{x-p}-1)\leq0$의 양변에 $3^{-2}\times3^p$을 곱하면

$3^{-2}\times3^p\times(3^{x+2}-1)(3^{x-p}-1)\leq0$ → $3^{-2}\times3^p>0$이므로 부등호의 방향이 바뀌지 않아.

$3^{-2}\times(3^{x+2}-1)\times3^p\times(3^{x-p}-1)\leq0$

$(3^x-3^{-2})(3^x-3^p)\leq0$

Step 2 지수부등식의 해 구하기

p는 자연수이므로

$3^{-2}\leq3^x\leq3^p$

밑이 1보다 크므로

$-2\leq x\leq p$

Step 3 자연수 p의 값 구하기

따라서 $-2\leq x\leq p$를 만족시키는 정수 x는 $-2, -1, 0, \cdots, p$의 $(p+3)$개이므로

$p+3=20$

$\therefore p=17$

---

33 지수부등식 $-a^x$ 꼴이 반복되는 경우

정답 12 | 정답률 21%

문제 보기

x에 대한 부등식

$\left(\dfrac{1}{4}\right)^x-(3n+16)\times\left(\dfrac{1}{2}\right)^x+48n\leq0$ → 지수법칙을 이용하여 식을 변형한 후 $\left(\dfrac{1}{2}\right)^x=t$로 치환한다.

을 만족시키는 정수 x의 개수가 2가 되도록 하는 모든 자연수 n의 개수를 구하시오. [4점]

Step 1 지수법칙을 이용하여 식 변형하기

$\left(\dfrac{1}{4}\right)^x-(3n+16)\times\left(\dfrac{1}{2}\right)^x+48n\leq0$에서

$\left\{\left(\dfrac{1}{2}\right)^2\right\}^x-(3n+16)\times\left(\dfrac{1}{2}\right)^x+48n\leq0$

$\therefore \left\{\left(\dfrac{1}{2}\right)^x\right\}^2-(3n+16)\times\left(\dfrac{1}{2}\right)^x+48n\leq0$

Step 2 $\left(\dfrac{1}{2}\right)^x=t$로 치환하여 t에 대한 부등식 풀기

$\left(\dfrac{1}{2}\right)^x=t\,(t>0)$로 놓으면

$t^2-(3n+16)t+48n\leq0$

$(t-3n)(t-16)\leq0$

$\therefore 3n\leq t\leq16$ 또는 $16\leq t\leq3n$

Step 3 자연수 n의 개수 구하기

(i) $3n\leq t\leq16$일 때,

$t=\left(\dfrac{1}{2}\right)^x$이므로

$3n\leq\left(\dfrac{1}{2}\right)^x\leq16,\ 3n\leq\left(\dfrac{1}{2}\right)^x\leq\left(\dfrac{1}{2}\right)^{-4}$

이를 만족시키는 정수 x가 2개이어야 하므로

$\left(\dfrac{1}{2}\right)^{-2}<3n\leq\left(\dfrac{1}{2}\right)^{-3}$ $\therefore 4<3n\leq8$

따라서 자연수 n은 2의 1개이다.

(ii) $16\leq t\leq3n$일 때,

$t=\left(\dfrac{1}{2}\right)^x$이므로

$16\leq\left(\dfrac{1}{2}\right)^x\leq3n,\ \left(\dfrac{1}{2}\right)^{-4}\leq\left(\dfrac{1}{2}\right)^x\leq3n$

이를 만족시키는 정수 x가 2개이어야 하므로

$\left(\dfrac{1}{2}\right)^{-5}\leq3n<\left(\dfrac{1}{2}\right)^{-6}$ $\therefore 32\leq3n<64$

따라서 자연수 n은 $11, 12, 13, \cdots, 21$의 11개이다.

(i), (ii)에서 조건을 만족시키는 모든 자연수 n은 12개이다.

문제 보기

그림과 같이 두 함수 $f(x)=2^x+1$, $g(x)=-2^{x-1}+7$의 그래프가
y축과 만나는 점을 각각 A, B라 하고, 곡선 $y=f(x)$와 곡선 $y=g(x)$
└→ 두 점 A, B의 x좌표가 0임을 이용하여 y좌표를 구한다.
가 만나는 점을 C라 할 때, 삼각형 ACB의 넓이는? [3점]
└→ $f(x)=g(x)$를 이용하여 점 C의 x좌표를 구한다.

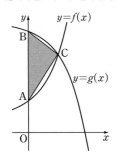

① $\dfrac{5}{2}$ ② 3 ③ $\dfrac{7}{2}$ ④ 4 ⑤ $\dfrac{9}{2}$

Step 1 두 점 A, B의 좌표 구하기

$A(0,\ a)$라 하면 점 A가 곡선 $y=2^x+1$ 위에 있으므로
$a=2^0+1=2$ ∴ $A(0,\ 2)$
$B(0,\ b)$라 하면 점 B가 곡선 $y=-2^{x-1}+7$ 위에 있으므로
$b=-2^{-1}+7=\dfrac{13}{2}$ ∴ $B\left(0,\ \dfrac{13}{2}\right)$

Step 2 점 C의 x좌표 구하기

두 곡선 $f(x)=2^x+1$, $g(x)=-2^{x-1}+7$이 만나는 점 C의 x좌표는
$2^x+1=-2^{x-1}+7$에서
$2^x+\dfrac{1}{2}\times2^x=6,\ \dfrac{3}{2}\times2^x=6$
$2^x=4,\ 2^x=2^2$
양변의 밑이 같으므로
$x=2$

Step 3 삼각형 ACB의 넓이 구하기

따라서 삼각형 ACB의 넓이는
$\dfrac{1}{2}\times\overline{AB}\times$(점 C의 x좌표)$=\dfrac{1}{2}\times\left(\dfrac{13}{2}-2\right)\times2=\dfrac{9}{2}$

문제 보기

그림과 같이 두 함수 $f(x)=\dfrac{2^x}{3}$, $g(x)=2^x-2$의 그래프가 y축과 만
나는 점을 각각 A, B라 하고, 두 곡선 $y=f(x)$, $y=g(x)$가 만나는
└→ 두 점 A, B의 x좌표가 0임을 이용하여 y좌표를 구한다.
점을 C라 할 때, 삼각형 ABC의 넓이는? [3점]
└→ $f(x)=g(x)$를 이용하여 점 C의 x좌표를 구한다.

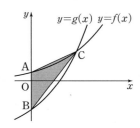

① $\dfrac{1}{3}\log_2 3$ ② $\dfrac{2}{3}\log_2 3$ ③ $\log_2 3$ ④ $\dfrac{4}{3}\log_2 3$ ⑤ $\dfrac{5}{3}\log_2 3$

Step 1 두 점 A, B의 좌표 구하기

$A(0,\ a)$라 하면 점 A가 곡선 $y=\dfrac{2^x}{3}$ 위에 있으므로
$a=\dfrac{2^0}{3}=\dfrac{1}{3}$ ∴ $A\left(0,\ \dfrac{1}{3}\right)$
$B(0,\ b)$라 하면 점 B가 곡선 $y=2^x-2$ 위에 있으므로
$b=2^0-2=-1$ ∴ $B(0,\ -1)$

Step 2 점 C의 x좌표 구하기

두 곡선 $f(x)=\dfrac{2^x}{3}$, $g(x)=2^x-2$가 만나는 점 C의 x좌표는
$\dfrac{2^x}{3}=2^x-2$에서
$\dfrac{2\times2^x}{3}=2,\ 2^x=3$
로그의 정의에 의하여
$x=\log_2 3$

Step 3 삼각형 ABC의 넓이 구하기

따라서 삼각형 ABC의 넓이는
$\dfrac{1}{2}\times\overline{AB}\times$(점 C의 x좌표)$=\dfrac{1}{2}\times\left\{\dfrac{1}{3}-(-1)\right\}\times\log_2 3=\dfrac{2}{3}\log_2 3$

<table>
<tr><td>**36**</td><td>지수방정식의 활용 – 함수의 그래프</td></tr>
</table>

정답 ① | 정답률 68%

문제 보기

2보다 큰 실수 a에 대하여 두 곡선 $y=2^x$, $y=-2^x+a$가 y축과 만나

└ 두 점 A, B의 x좌표가 0임을 이용하여 y좌표를 구한다.

는 점을 각각 A, B라 하고, 두 곡선의 교점을 C라 하자. $a=6$일 때,

삼각형 ACB의 넓이는? [3점]

└ $2^x=-2^x+6$을 이용하여 점 C의 x좌표를 구한다.

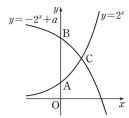

① $2\log_2 3$ ② $\dfrac{5}{2}\log_2 3$ ③ $3\log_2 3$ ④ $\dfrac{7}{2}\log_2 3$ ⑤ $4\log_2 3$

Step 1 두 점 A, B의 좌표 구하기

A$(0,\ p)$라 하면 점 A가 곡선 $y=2^x$ 위에 있으므로

$p=2^0=1$ ∴ A$(0,\ 1)$

B$(0,\ q)$라 하면 점 B가 곡선 $y=-2^x+6$ 위에 있으므로

$q=-2^0+6=5$ ∴ B$(0,\ 5)$

Step 2 점 C의 x좌표 구하기

두 곡선 $y=2^x$, $y=-2^x+6$이 만나는 점 C의 x좌표는

$2^x=-2^x+6$에서

$2\times 2^x=6,\ 2^x=3$

로그의 정의에 의하여

$x=\log_2 3$

Step 3 삼각형 ACB의 넓이 구하기

따라서 삼각형 ACB의 넓이는

$\dfrac{1}{2}\times\overline{\text{AB}}\times(\text{점 C의 }x\text{좌표})=\dfrac{1}{2}\times(5-1)\times\log_2 3=2\log_2 3$

<table>
<tr><td>**37**</td><td>지수방정식의 활용 – 함수의 그래프</td></tr>
</table>

정답 ① | 정답률 75%

문제 보기

실수 t에 대하여 직선 $x=t$가 곡선 $y=3^{2-x}+8$과 만나는 점을 A, x축

과 만나는 점을 B라 하자. 직선 $x=t+1$이 x축과 만나는 점을 C, 곡

선 $y=3^{x-1}$과 만나는 점을 D라 하자. 사각형 ABCD가 직사각형일 때,

이 사각형의 넓이는? [3점]

└ 두 점 A, D의 y좌표가 같음을 이용하여 x좌표를 구한다.

① 9   ② 10   ③ 11   ④ 12   ⑤ 13

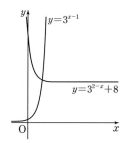

Step 1 두 점 A, D의 좌표 구하기

A$(t,\ 3^{2-t}+8)$, D$(t+1,\ 3^t)$이고 사각형

ABCD가 직사각형이므로 두 점 A, D의

y좌표가 같다.

$3^{2-t}+8=3^t$에서 $\dfrac{9}{3^t}+8=3^t$

양변에 3^t을 곱하면

$9+8\times 3^t=(3^t)^2$

∴ $(3^t)^2-8\times 3^t-9=0$

$3^t=k\,(k>0)$로 놓으면

$k^2-8k-9=0,\ (k+1)(k-9)=0$

∴ $k=9\ (∵\ k>0)$

$k=3^t$이므로

$3^t=9,\ 3^t=3^2$

양변의 밑이 같으므로

$t=2$

∴ A$(2,\ 9)$, D$(3,\ 9)$

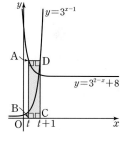

Step 2 사각형 ABCD의 넓이 구하기

따라서 사각형 ABCD의 넓이는

$\overline{\text{BC}}\times\overline{\text{AB}}=1\times 9=9$

문제 보기

두 함수 $f(x)=2^x+1$, $g(x)=2^{x+1}$의 그래프가 점 P에서 만난다. 서
┗ $f(x)=g(x)$를 이용하여 점 P의 좌표를 구한다.
로 다른 두 실수 a, b에 대하여 **두 점 A$(a, f(a))$, B$(b, g(b))$의 중**
점이 P일 때, 선분 AB의 길이는? [3점]
┗ 두 점 A, B의 중점의 좌표와 점 P의 좌표를 비교한다.

① $2\sqrt{2}$　　② $2\sqrt{3}$　　③ 4　　④ $2\sqrt{5}$　　⑤ $2\sqrt{6}$

Step 1 점 P의 좌표 구하기

두 곡선 $f(x)=2^x+1$, $g(x)=2^{x+1}$이 만나는 점 P의 x좌표는

$2^x+1=2^{x+1}$에서

$2^x+1=2\times2^x$

$2^x=1$　　∴ $x=0$

∴ P$(0, 2)$
　┗ $f(0)=g(0)=2$

Step 2 a, b의 값 구하기

두 점 A$(a, 2^a+1)$, B$(b, 2^{b+1})$의 중점의 좌표는

$\left(\dfrac{a+b}{2}, \dfrac{2^a+1+2^{b+1}}{2}\right)$

이때 두 점 A, B의 중점이 P이므로

$\dfrac{a+b}{2}=0$에서 $a+b=0$　　∴ $b=-a$　　……㉠

$\dfrac{2^a+1+2^{b+1}}{2}=2$에서 $2^a+2\times2^b-3=0$

∴ $2^a+2\times2^{-a}-3=0$ (∵ ㉠)

양변에 2^a을 곱하면

$(2^a)^2-3\times2^a+2=0$

$2^a=t$ $(t>0)$로 놓으면

$t^2-3t+2=0$

$(t-1)(t-2)=0$　　∴ $t=1$ 또는 $t=2$

$t=2^a$이므로

$2^a=1=2^0$ 또는 $2^a=2$

양변의 밑이 같으므로

$a=0$ 또는 $a=1$

그런데 $a=0$이면 ㉠에서 $b=0$이므로 조건을 만족시키지 않는다.

∴ $a=1$, $b=-1$
　┗ $a=b$가 되므로 a, b는 서로 다른 두
　　실수라는 조건을 만족시키지 않아.

Step 3 선분 AB의 길이 구하기

따라서 A$(1, 3)$, B$(-1, 1)$이므로

$\overline{AB}=\sqrt{(-1-1)^2+(1-3)^2}=2\sqrt{2}$

문제 보기

두 곡선 $y=2^x$, $y=-4^{x-2}$이 y축과 평행한 한 직선과 만나는 서로 다
른 두 점을 각각 A, B라 하자. $\overline{OA}=\overline{OB}$일 때, 삼각형 AOB의 넓이
┗ 두 점 A, B의 x좌표는 같다.　┗ 삼각형 AOB는 이등변삼각형임을 이용한다.
는? (단, O는 원점이다.) [4점]

① 64　　② 68　　③ 72　　④ 76　　⑤ 80

Step 1 두 점 A, B의 좌표 구하기

두 점 A, B를 지나고 y축과 평행한 직선을 $x=k$라 하면

A$(k, 2^k)$, B$(k, -4^{k-2})$

직선 $x=k$가 x축과 만나는 점을 C라 하면 삼각형 AOB는 $\overline{OA}=\overline{OB}$인
이등변삼각형이므로

$\overline{AC}=\overline{BC}$

즉, $2^k=4^{k-2}$이므로

$2^k=(2^2)^{k-2}$, $2^k=2^{2k-4}$

양변의 밑이 같으므로

$k=2k-4$　　∴ $k=4$

∴ A$(4, 16)$, B$(4, -16)$

Step 2 삼각형 AOB의 넓이 구하기

따라서 삼각형 AOB의 넓이는

$\dfrac{1}{2}\times\overline{AB}\times\overline{OC}=\dfrac{1}{2}\times\{16-(-16)\}\times4$

$\qquad=64$

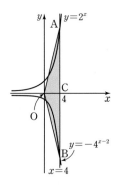

40 지수부등식의 활용 – 함수의 그래프

정답 ③ | 정답률 46%

문제 보기

함수

$$f(x)=\begin{cases} 2^x & (x<3) \\ \left(\dfrac{1}{4}\right)^{x+a}-\left(\dfrac{1}{4}\right)^{3+a}+8 & (x\geq 3) \end{cases}$$

에 대하여 곡선 $y=f(x)$ 위의 점 중에서 y좌표가 정수인 점의 개수가
└ 곡선 $y=f(x)$를 그린 후 $y\geq 0$인 점의 개수를 먼저 구한다.
23일 때, 정수 a의 값은? [4점]

① -7　　② -6　　③ -5　　④ -4　　⑤ -3

Step 1 곡선 $y=f(x)$ 그리기

$g(x)=2^x$, $h(x)=\left(\dfrac{1}{4}\right)^{x+a}-\left(\dfrac{1}{4}\right)^{3+a}+8$이라 하면 곡선 $y=g(x)$의 점

근선은 직선 $y=0$, 곡선 $y=h(x)$의 점근선은 직선 $y=-\left(\dfrac{1}{4}\right)^{3+a}+8$이

고, $f(3)=8$이므로 곡선 $y=f(x)$는 다음 그림과 같다.

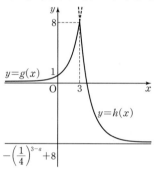

Step 2 정수 a의 값 구하기

곡선 $y=f(x)$ 위의 점 중에서 y좌표가 음이 아닌 정수인 점의 개수가 16
이므로 y좌표가 정수인 점의 개수가 23이려면 y좌표가 음의 정수인 점의
개수는 7이어야 한다.
따라서 곡선 $y=h(x)$의 점근선이
오른쪽 그림과 같이 직선 $y=-8$이
거나 직선 $y=-8$과 직선 $y=-7$
사이에 있어야 하므로

$-8\leq -\left(\dfrac{1}{4}\right)^{3+a}+8 < -7$

$15 < \left(\dfrac{1}{4}\right)^{3+a} \leq 16$

$15 < 4^{-3-a} \leq 16$

이때 $4<15$이므로

$4 < 4^{-3-a} \leq 4^2$

밑이 1보다 크므로

$1 < -3-a \leq 2$

∴ $-5 \leq a < -4$

따라서 정수 a의 값은 -5이다.

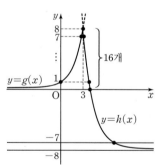

---

41 지수부등식의 활용 – 함수의 그래프

정답 ② | 정답률 38%

문제 보기

두 자연수 a, b에 대하여 함수

$$f(x)=\begin{cases} 2^{x+a}+b & (x\leq -8) \\ -3^{x-3}+8 & (x>-8) \end{cases}$$ → 함수 $y=f(x)$의 그래프를 그려 본다.

이 다음 조건을 만족시킬 때, $a+b$의 값은? [4점]

집합 $\{f(x)\,|\,x\leq k\}$의 원소 중 정수인 것의 개수가 2가 되도록 하는
모든 실수 k의 값의 범위는 $3\leq k<4$이다.
└ 함수 $y=f(x)$의 그래프의 점근선과 그래프가 지나는 점의 좌표를 이용한다.

① 11　　② 13　　③ 15　　④ 17　　⑤ 19

Step 1 함수 $y=f(x)$의 그래프 그리기

함수 $y=2^{x+a}+b$의 그래프의 점근선은 직선 $y=b$
함수 $y=-3^{x-3}+8$의 그래프의 점근선은 직선 $y=8$이고 그래프는 두 점
$(3,\,7)$, $(4,\,5)$를 지난다.
따라서 두 함수 $y=2^{x+a}+b\ (x\leq -8)$, $y=-3^{x-3}+8\ (x>-8)$의 그래프
는 다음 그림과 같다.

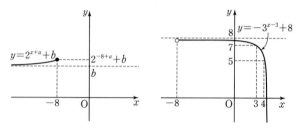

Step 2 a, b의 값 구하기

이때 $x>-8$에서 $3\leq k<4$인 실수 k에 대하여 집합 $\{f(x)\,|\,x\leq k\}$의 원소
중 7은 포함되지만 6은 포함될 수도 있고 포함되지 않을 수도 있다.
따라서 주어진 조건을 만족시키려면 $x\leq -8$에서 함수 $f(x)$의 값 중 정수
인 것은 6뿐이어야 하므로
$b=5$, $6\leq f(-8)<7$
$6\leq f(-8)<7$에서
$6\leq 2^{-8+a}+5<7$
$1\leq 2^{-8+a}<2$
밑이 1보다 크므로
$0\leq -8+a<1$
∴ $8\leq a<9$
따라서 자연수 a의 값은 $a=8$

Step 3 $a+b$의 값 구하기

∴ $a+b=8+5=13$

문제 보기

두 상수 a, $b(b>0)$에 대하여 함수 $f(x)$를

$$f(x)=\begin{cases} 2^{x+3}+b & (x\le a) \\ 2^{-x+5}+3b & (x>a) \end{cases}$$ → 치역을 a, b로 나타낸다.

라 하자. 다음 조건을 만족시키는 실수 k의 최댓값이 $4b+8$일 때, $a+b$의 값은? (단, $k>b$) [4점]

> $b<t<k$인 모든 실수 t에 대하여 함수 $y=f(x)$의 그래프와 직선 $y=t$ 의 교점의 개수는 1이다. → 경계에서의 y좌표, 점근선이 지나는 y좌표의 크기에 따라 경우를 나누어 생각한다.

① 9   ② 10   ③ 11   ④ 12   ⑤ 13

Step 1 함수 $y=2^{x+3}+b$, $y=2^{-x+5}+3b$의 **치역 구하기**

함수 $y=2^{x+3}+b$는 x의 값이 증가하면 y의 값도 증가하고, 함수 $y=2^{-x+5}+3b$는 x의 값이 증가하면 y의 값은 감소한다.
또 두 함수 $y=2^{x+3}+b$, $y=2^{-x+5}+3b$의 그래프의 점근선의 방정식이 각 각 $y=b$, $y=3b$이므로 치역은 각각
$\{y|b<y\le2^{a+3}+b\}$, $\{y|3b<y<2^{-a+5}+3b\}$

Step 2 a, b의 **값 구하기**

이때 $b<3b<2^{-a+5}+3b$이므로 $2^{a+3}+b$와 $3b$, $2^{-a+5}+3b$의 대소 관계에 따라 함수 $y=f(x)$의 그래프는 다음 그림과 같다.

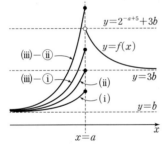

(i) $2^{a+3}+b<3b$일 때,
  $2^{a+3}+b<t\le3b$인 모든 실수 t에 대하여 함수 $y=f(x)$의 그래프와 직선 $y=t$는 만나지 않으므로 조건을 만족시키는 실수 k의 최댓값은 $4b+8$이 될 수 없다.

(ii) $2^{a+3}+b=3b$일 때,
  $b<t<2^{-a+5}+3b$인 모든 실수 t에 대하여 함수 $y=f(x)$의 그래프와 직선 $y=t$의 교점의 개수는 1이고, $t\ge2^{-a+5}+3b$인 모든 실수 t에 대하여 함수 $y=f(x)$의 그래프와 직선 $y=t$는 만나지 않으므로 실수 k의 최댓값은 $2^{-a+5}+3b$이다.

(iii) $2^{a+3}+b>3b$일 때
  ① $2^{a+3}+b\le2^{-a+5}+3b$일 때,
    $3b<t\le2^{a+3}+b$인 모든 실수 t에 대하여 함수 $y=f(x)$의 그래프와 직선 $y=t$의 교점의 개수는 2이므로 조건을 만족시키는 실수 k의 최댓값은 $4b+8$이 될 수 없다.
  ② $2^{a+3}+b>2^{-a+5}+3b$일 때,
    $3b<t<2^{-a+5}+3b$인 모든 실수 t에 대하여 함수 $y=f(x)$의 그래프와 직선 $y=t$의 교점의 개수는 2이므로 조건을 만족시키는 실수 k의 최댓값은 $4b+8$이 될 수 없다.

(i), (ii), (iii)에서 $2^{a+3}+b=3b$, $2^{-a+5}+3b=4b+8$이므로
$2^{a+3}-2b=0$ …… ㉠
$2^{-a+5}-b=8$ …… ㉡
㉠$-$㉡$\times2$를 하면
$2^{a+3}-2\times2^{-a+5}=-16$, $2^a-2^{-a+3}+2=0$

양변에 2^a을 곱하면
$(2^a)^2+2\times2^a-8=0$
$2^a=s\,(s>0)$로 놓으면
$s^2+2s-8=0$, $(s+4)(s-2)=0$
$\therefore s=2\,(\because s>0)$
$s=2^a$이므로
$2^a=2$ $\therefore a=1$
이를 ㉠에 대입하면
$2^4-2b=0$ $\therefore b=8$

Step 3 $a+b$의 **값 구하기**

$\therefore a+b=1+8=9$

43 지수부등식의 활용 - 함수의 그래프

정답 ② | 정답률 74%

문제 보기

좌표평면 위의 두 곡선 $y=|9^x-3|$과 $y=2^{x+k}$이 만나는 서로 다른 두 점의 x좌표를 x_1, $x_2(x_1<x_2)$라 할 때, $x_1<0$, $0<x_2<2$를 만족시키는 모든 자연수 k의 값의 합은? [4점]

└ 함수 $y=|9^x-3|$의 $x=0$, 2에서의 함숫값을 구하여 곡선 $y=2^{x+k}$의 위치를 파악한다.

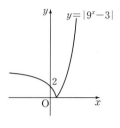

① 8   ② 9   ③ 10   ④ 11   ⑤ 12

Step 1 조건을 만족시키는 곡선 $y=2^{x+k}$의 위치 파악하기

$f(x)=|9^x-3|$, $g(x)=2^{x+k}$이라 하자.
$f(2)=|9^2-3|=78$이므로 두 곡선
$y=f(x)$, $y=g(x)$가 만나는 두 점의 x
좌표 x_1, x_2에 대하여 오른쪽 그림과 같이 곡선 $y=g(x)$가 ⊙보다 위쪽에 위치하면 $x_2>2$가 되고, ⓛ보다 아래쪽에 위치하면 $x_1>0$이 된다.
따라서 $x_1<0$, $0<x_2<2$를 만족시키려면 곡선 $y=g(x)$가 ⊙과 ⓛ 사이에 있어야 한다.
즉, $g(0)>f(0)$, $g(2)<f(2)$이어야 한다.

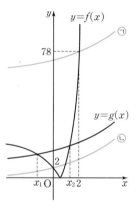

Step 2 k의 값의 범위 구하기

(i) $g(0)>f(0)$일 때,
$g(0)>2$에서 $2^k>2$
밑이 1보다 크므로
$k>1$
(ii) $g(2)<f(2)$일 때,
$g(2)<78$에서 $2^{2+k}<78$
$4\times2^k<78$, $2^k<19.5$
이때 $19.5<32=2^5$이므로
$2^k<2^5$
밑이 1보다 크므로
$k<5$
(i), (ii)에서 $1<k<5$

Step 3 자연수 k의 값의 합 구하기

따라서 모든 자연수 k의 값의 합은
$2+3+4=9$

---

44 지수방정식의 활용 - 함수의 그래프

정답 400 | 정답률 38%

문제 보기

함수 $f(x)$가 다음 조건을 만족시킨다.

(가) $0\le x<4$일 때, $f(x)=\begin{cases} 3^x & (0\le x<2) \\ 3^{-(x-4)} & (2\le x<4) \end{cases}$이다.

└ $y=f(x)$의 그래프를 그린다.

(나) 모든 실수 x에 대하여 $f(x+4)=f(x)$이다.

└ $0\le x\le40$에서 $y=f(x)$의 그래프를 그린다.

$0\le x\le40$에서 방정식 $f(x)-5=0$의 모든 실근의 합을 구하시오.

└ 함수 $y=f(x)$의 그래프와 직선 $y=5$의 교점의 x좌표임을 이용한다.   [4점]

Step 1 $0\le x<4$에서 방정식 $f(x)-5=0$의 실근 구하기

조건 (가)에서 $0\le x<4$일 때, 함수 $y=f(x)$의 그래프는 오른쪽 그림과 같다.
이때 방정식 $f(x)-5=0$, 즉 $f(x)=5$의 실근은 함수 $y=f(x)$의 그래프와 직선 $y=5$의 교점의 x좌표이므로

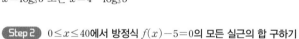

(i) $0\le x<2$일 때,
$3^x=5$ ∴ $x=\log_3 5$
(ii) $2\le x<4$일 때,
$3^{-x+4}=5$, $-x+4=\log_3 5$
∴ $x=4-\log_3 5$
(i), (ii)에서 $0\le x<4$일 때, 방정식 $f(x)-5=0$의 실근은
$x=\log_3 5$ 또는 $x=4-\log_3 5$

Step 2 $0\le x\le40$에서 방정식 $f(x)-5=0$의 모든 실근의 합 구하기

조건 (나)에서 모든 실수 x에 대하여 $f(x+4)=f(x)$이므로
$f(0)=f(4)=f(8)=\cdots=f(36)=f(40)=1$
$f(\log_3 5)=f(4+\log_3 5)=f(8+\log_3 5)$
$\qquad\qquad =\cdots=f(32+\log_3 5)=f(36+\log_3 5)=5$
$f(2)=f(6)=f(10)=\cdots=f(34)=f(38)=9$
$f(4-\log_3 5)=f(8-\log_3 5)=f(12-\log_3 5)$
$\qquad\qquad =\cdots=f(36-\log_3 5)=f(40-\log_3 5)=5$
따라서 $0\le x\le40$일 때, 함수 $y=f(x)$의 그래프와 직선 $y=5$는 다음 그림과 같다.

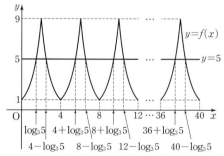

따라서 $0\le x\le40$에서 방정식 $f(x)-5=0$의 모든 실근의 합은
$\{\log_3 5+(4-\log_3 5)\}+\{(4+\log_3 5)+(8-\log_3 5)\}$
$\quad+\cdots+\{(32+\log_3 5)+(36-\log_3 5)\}+\{(36+\log_3 5)+(40-\log_3 5)\}$
$=4+12+20+\cdots+68+76$
$=(4+76)+(12+68)+(20+60)+(28+52)+(36+44)$
$=5\times80$
$=400$

문제 보기

최대 충전 용량이 Q_0 $(Q_0 > 0)$인 어떤 배터리를 완전히 방전시킨 후 t 시간 동안 충전한 배터리의 충전 용량을 $Q(t)$라 할 때, 다음 식이 성립한다고 한다.

$$Q(t) = Q_0 \left(1 - 2^{-\frac{t}{a}}\right) \text{(단, } a \text{는 양의 상수이다.)}$$

$\dfrac{Q(4)}{Q(2)} = \dfrac{3}{2}$일 때, a의 값은?

└→ $t=2$, $t=4$를 각각 *에 대입한다.

(단, 배터리의 충전 용량의 단위는 mAh이다.) [3점]

① $\dfrac{3}{2}$　② 2　③ $\dfrac{5}{2}$　④ 3　⑤ $\dfrac{7}{2}$

Step 1　주어진 조건을 이용하여 식 세우기

$Q(2) = Q_0\left(1 - 2^{-\frac{2}{a}}\right)$, $Q(4) = Q_0\left(1 - 2^{-\frac{4}{a}}\right)$이므로

$\dfrac{Q(4)}{Q(2)} = \dfrac{3}{2}$에서 $\dfrac{Q_0\left(1 - 2^{-\frac{4}{a}}\right)}{Q_0\left(1 - 2^{-\frac{2}{a}}\right)} = \dfrac{3}{2}$

Step 2　a의 값 구하기

$2\left(1 - 2^{-\frac{4}{a}}\right) = 3\left(1 - 2^{-\frac{2}{a}}\right)$

$2\left(1 - 2^{-\frac{2}{a}}\right)\left(1 + 2^{-\frac{2}{a}}\right) = 3\left(1 - 2^{-\frac{2}{a}}\right)$

이때 $a > 0$에서 $1 - 2^{-\frac{2}{a}} \neq 0$이므로

$2\left(1 + 2^{-\frac{2}{a}}\right) = 3$, $1 + 2^{-\frac{2}{a}} = \dfrac{3}{2}$

$2^{-\frac{2}{a}} = \dfrac{1}{2}$, $2^{-\frac{2}{a}} = 2^{-1}$

양변의 밑이 같으므로

$-\dfrac{2}{a} = -1$　∴ $a = 2$

문제 보기

물체 주변의 온도가 T_s (℃)로 일정하고 물체의 초기 온도가 T_0 (℃)일 때 초기 온도를 측정한 지 t분 후 물체의 온도를 T (℃)라고 하면 다음 식이 성립한다고 한다.

$$T = T_s + (T_0 - T_s)K^{-t} \text{ (단, } K \text{는 열전달계수이다.)}$$

어떤 물체 주변의 온도가 20℃로 일정하고 물체의 초기 온도가 60℃일 때 초기 온도를 측정한 지 a분 후 물체의 온도는 40℃가 되었고, 초기

└→ $T_s = 20$, $T_0 = 60$, $t = a$, $T = 40$을 *에 대입한다.

온도를 측정한 지 $(a+20)$분 후 물체의 온도는 25℃가 되었다. a의 값은? [3점]

└→ $T_s = 20$, $T_0 = 60$, $t = a+20$, $T = 25$를 *에 대입한다.

① 9　② 10　③ 11　④ 12　⑤ 13

Step 1　주어진 조건을 관계식에 대입하기

$T_s = 20$, $T_0 = 60$, $t = a$, $T = 40$이므로

$40 = 20 + (60 - 20)K^{-a}$

$40 = 20 + 40K^{-a}$, $20 = 40K^{-a}$

∴ $K^{-a} = \dfrac{1}{2}$　　……㉠

$T_s = 20$, $T_0 = 60$, $t = a+20$, $T = 25$이므로

$25 = 20 + (60 - 20)K^{-a-20}$

$25 = 20 + 40K^{-a-20}$, $5 = 40K^{-a-20}$

∴ $K^{-a-20} = \dfrac{1}{8}$　　……㉡

Step 2　K의 값 구하기

㉡에서 $K^{-a-20} = K^{-a} \times K^{-20}$이므로

$\dfrac{1}{2} \times K^{-20} = \dfrac{1}{8}$ ($\because$ ㉠), $K^{-20} = \dfrac{1}{4}$

∴ $K = \left(\dfrac{1}{4}\right)^{-\frac{1}{20}} = \left\{\left(\dfrac{1}{2}\right)^2\right\}^{-\frac{1}{20}} = 2^{\frac{1}{10}}$

Step 3　a의 값 구하기

$K = 2^{\frac{1}{10}}$을 ㉠에 대입하면

$\left(2^{\frac{1}{10}}\right)^{-a} = \dfrac{1}{2}$, $2^{-\frac{a}{10}} = 2^{-1}$

양변의 밑이 같으므로

$-\dfrac{a}{10} = -1$

∴ $a = 10$

다른 풀이　$K^{-a} = \dfrac{1}{2}$의 양변을 제곱하기

$T_s = 20$, $T_0 = 60$, $t = a$, $T = 40$이므로

$40 = 20 + (60 - 20)K^{-a}$　∴ $K^{-a} = \dfrac{1}{2}$　　……㉠

$T_s = 20$, $T_0 = 60$, $t = a+20$, $T = 25$이므로

$25 = 20 + (60 - 20)K^{-a-20}$　∴ $K^{-a-20} = \dfrac{1}{8}$　　……㉡

㉡에서 $K^{-a-20} = K^{-a} \times K^{-20}$이므로

$\dfrac{1}{2} \times K^{-20} = \dfrac{1}{8}$ ($\because$ ㉠)　∴ $K^{-20} = \dfrac{1}{4}$　　……㉢

㉠의 양변을 제곱하면

$K^{-2a} = \dfrac{1}{4}$

즉, $K^{-2a} = K^{-20}$ ($\because$ ㉢)이고 양변의 밑이 같으므로

$-2a = -20$　∴ $a = 10$

47 지수방정식의 활용 – 실생활   정답 ② | 정답률 60% / 84%

문제 보기

어느 금융상품에 초기자산 W_0을 투자하고 t년이 지난 시점에서의 기대자산 W가 다음과 같이 주어진다고 한다.

$$W=\frac{W_0}{2}10^{at}(1+10^{at}) \text{ (단, } W_0>0,\ t\ge0\text{이고, } a\text{는 상수이다.)}$$
　　　　　└→ *

이 금융상품에 초기자산 w_0을 투자하고 15년이 지난 시점에서의 기대자
　　　　└→ $W_0=w_0$, $t=15$, $W=3w_0$을 *에 대입한다.
산은 초기자산의 3배이다. 이 금융상품에 초기자산 w_0을 투자하고 30년
이 지난 시점에서의 기대자산이 초기자산의 k배일 때, 실수 k의 값은?
　└→ $W_0=w_0$, $t=30$, $W=kw_0$을 *에 대입한다.
　　　　　　　　　　　　　　　　　　　　(단, $w_0>0$) [4점]

① 9   ② 10   ③ 11   ④ 12   ⑤ 13

Step 1 주어진 조건을 관계식에 대입하여 10^{15a}의 값 구하기

$W_0=w_0$, $t=15$, $W=3w_0$이므로

$3w_0=\dfrac{w_0}{2}\times10^{15a}(1+10^{15a})$

$\therefore 6=10^{15a}(1+10^{15a})$

$10^{15a}=X\ (X>0)$로 놓으면

$6=X(1+X)$

$X^2+X-6=0$, $(X+3)(X-2)=0$

$\therefore X=2\ (\because X>0)$

$X=10^{15a}$이므로 $10^{15a}=2$

Step 2 실수 k의 값 구하기

$W_0=w_0$, $t=30$, $W=kw_0$이므로

$kw_0=\dfrac{w_0}{2}\times10^{30a}(1+10^{30a})$

$\therefore k=\dfrac{1}{2}\times10^{30a}(1+10^{30a})$

$\quad=\dfrac{1}{2}\times(10^{15a})^2\{1+(10^{15a})^2\}$

$\quad=\dfrac{1}{2}\times2^2\times(1+2^2)$

$\quad=\dfrac{1}{2}\times4\times5$

$\quad=10$

---

48 지수방정식 – a^x 꼴이 반복되는 경우

정답 ① | 정답률 35%

문제 보기

그림과 같이 가로줄 l_1, l_2, l_3과 세로줄 l_4, l_5, l_6이 만나는 곳에 있는 9개의 메모판에 모두 x에 대한 식이 하나씩 적혀 있고, 그중 4개의 메모판은 접착 메모지로 가려져 있다. $x=a$일 때, 각 줄 $l_k(k=1, 2, 3, 4, 5, 6)$
　　　　　　　　　　　　　　　└→ 각각 p, q, r, s로 나타낸다.
에 있는 3개의 메모판에 적혀 있는 모든 식의 값의 합을 S_k라 하자.

$S_k(k=1, 2, 3, 4, 5, 6)$의 값이 모두 같게 되는 모든 실수 a의 값의
합은? [4점]　└→ 조건을 이용하여 가려져 있는 메모판에 적힌 식을 p에 대한 식으로 나타낸다.

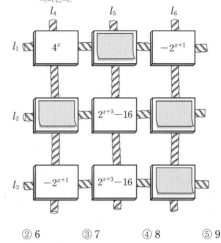

① 5   ② 6   ③ 7   ④ 8   ⑤ 9

Step 1 4개의 메모판에 적혀 있는 식을 문자로 나타내기

$x=a$일 때 접착 메모지로 가려져 있는 4개의 메모판에 적혀 있는 식을 각각 p, q, r, s라 하고, 메모판에 적혀 있는 식을 표로 나타내면 다음과 같다.

	l_4	l_5	l_6
l_1	4^a	p	-2^{a+1}
l_2	q	$2^{a+3}-16$	r
l_3	-2^{a+1}	$2^{a+3}-16$	s

$S_1=S_4$이므로 $4^a+p+(-2^{a+1})=4^a+q+(-2^{a+1})$

$\therefore q=p$ …… ㉠

$S_3=S_6$이므로 $-2^{a+1}+2^{a+3}-16+s=-2^{a+1}+r+s$

$\therefore r=2^{a+3}-16$

$S_3=S_4$이므로 $-2^{a+1}+2^{a+3}-16+s=4^a+q+(-2^{a+1})$

$\therefore s=4^a-2^{a+3}+16+q=4^a-2^{a+3}+16+p\ (\because ㉠)$

Step 2 실수 a의 값의 합 구하기

따라서 위의 식을 표로 나타내면 다음과 같다.

	l_4	l_5	l_6
l_1	4^a	p	-2^{a+1}
l_2	p	$2^{a+3}-16$	$2^{a+3}-16$
l_3	-2^{a+1}	$2^{a+3}-16$	$4^a-2^{a+3}+16+p$

$S_1=S_3=S_4=S_6=4^a-2^{a+1}+p$, $S_2=S_5=2\times2^{a+3}-32+p$이므로

$4^a-2^{a+1}+p=2\times2^{a+3}-32+p$, $(2^2)^a-2\times2^a=16\times2^a-32$

$\therefore (2^a)^2-18\times2^a+32=0$

$2^a=t\ (t>0)$로 놓으면 $t^2-18t+32=0$

$(t-2)(t-16)=0$ $\therefore t=2$ 또는 $t=16$

$t=2^a$이므로 $2^a=2$ 또는 $2^a=2^4$

$\therefore a=1$ 또는 $a=4$

따라서 모든 실수 a의 값의 합은 $1+4=5$

49 지수방정식의 활용 - 함수의 그래프

정답 12 | 정답률 12%

문제 보기

상수 k에 대하여 다음 조건을 만족시키는 좌표평면의 점 $A(a, b)$가 오직 하나 존재한다.

> (가) 점 A는 곡선 $y=\log_2(x+2)+k$ 위의 점이다.
> └→ a, b 사이의 관계식을 세운다.
>
> (나) 점 A를 직선 $y=x$에 대하여 대칭이동한 점은 곡선 $y=4^{x+k}+2$ 위에 있다.
> └→ a, b 사이의 관계식을 세운다.

$a \times b$의 값을 구하시오. (단, $a \neq b$) [4점]

Step 1 주어진 조건을 이용하여 지수방정식 세우기

조건 (가)에서 점 $A(a, b)$가 곡선 $y=\log_2(x+2)+k$ 위에 있으므로

$b=\log_2(a+2)+k$

$b-k=\log_2(a+2)$

$a+2=2^{b-k}$

$\therefore a=2^{b-k}-2 \qquad \cdots\cdots \text{㉠}$

점 $A(a, b)$를 직선 $y=x$에 대하여 대칭이동한 점을 B라 하면

$B(b, a)$

조건 (나)에서 점 $B(b, a)$가 곡선 $y=4^{x+k}+2$ 위에 있으므로

$a=4^{b+k}+2 \qquad \cdots\cdots \text{㉡}$

㉠, ㉡에서

$2^{b-k}-2=4^{b+k}+2$

$2^{-k} \times 2^b-2=4^k \times (2^b)^2+2$

$\therefore 4^k \times (2^b)^2-2^{-k} \times 2^b+4=0 \qquad \cdots\cdots \text{㉢}$

Step 2 점 A가 오직 하나 존재하기 위한 조건 구하기

$2^b=t\,(t>0)$로 놓으면

$4^k t^2-2^{-k}t+4=0 \qquad \cdots\cdots \text{㉣}$

이때 조건을 만족시키는 점 A가 오직 하나 존재하면 방정식 ㉢을 만족시키는 실수 b는 오직 하나 존재하므로 t에 대한 이차방정식 ㉣은 오직 하나의 양수인 실근을 갖는다.

즉, 이차방정식 ㉣은 양수인 중근을 갖거나 양수와 음수인 근을 각각 1개씩 갖는 경우가 있다.

이때 이차방정식의 근과 계수의 관계에 의하여 ㉣의 두 근의 곱이

$\dfrac{4}{4^k}=4^{1-k}>0$이므로 양수인 중근을 갖는 경우이다.

Step 3 k의 값 구하기

이차방정식 ㉣의 판별식을 D라 하면

$D=(-2^{-k})^2-4 \times 4^k \times 4=0$

$4^{-k}-16 \times 4^k=0,\ 4^{-k}=4^{k+2}$

$-k=k+2,\ -2k=2$

$\therefore k=-1$

Step 4 a, b의 값 구하기

$k=-1$을 ㉣에 대입하면

$\dfrac{1}{4}t^2-2t+4=0$

$\dfrac{1}{4}(t-4)^2=0 \qquad \therefore t=4$

$t=2^b$이므로 $2^b=4=2^2 \qquad \therefore b=2$

이를 ㉠에 대입하면

$a=2^{2-(-1)}-2=6$

Step 5 $a \times b$의 값 구하기

$\therefore a \times b=6 \times 2=12$

9
일차

01 10	**02** 26	**03** 1	**04** 7	**05** 11	**06** 12	**07** 14	**08** 6	**09** ②	**10** 5	**11** 7	**12** 7
13 7	**14** 6	**15** 7	**16** 12	**17** 10	**18** 27	**19** ①	**20** 32	**21** 4	**22** ①	**23** ①	**24** 15
25 ③	**26** ④	**27** 12	**28** ⑤	**29** ①	**30** ①	**31** ④	**32** ①	**33** ③	**34** ③	**35** 17	**36** ②
37 ④	**38** ①	**39** ①	**40** ①	**41** ④	**42** 15	**43** ③	**44** 6	**45** 63	**46** ④	**47** ①	**48** 80
49 120											

9
일차

문제편 128쪽~141쪽

01 로그방정식 – 밑을 같게 만드는 경우
정답 10 | 정답률 76%

문제 보기

방정식

$$\log_2(3x+2)=2+\log_2(x-2)$$ → $\log_2 f(x)=\log_2 g(x)$ 꼴로 변형하여 $f(x)=g(x)$임을 이용한다.

를 만족시키는 실수 x의 값을 구하시오. [3점]

Step 1 로그의 진수의 조건 구하기

진수의 조건에서
$3x+2>0,\ x-2>0$ ∴ $x>2$

Step 2 로그의 성질을 이용하여 식 변형하기

$\log_2(3x+2)=2+\log_2(x-2)$에서
$\log_2(3x+2)=\log_2 2^2+\log_2(x-2)$
∴ $\log_2(3x+2)=\log_2 4(x-2)$

Step 3 로그방정식의 해 구하기

양변의 로그의 밑이 같으므로
$3x+2=4(x-2),\ 3x+2=4x-8$ ∴ $x=10$
이는 진수의 조건을 만족시키므로 구하는 실수 x의 값은 10이다.

02 로그방정식 – 로그의 정의 이용
정답 26 | 정답률 91%

문제 보기

로그방정식 $\log_2(x+6)=5$의 해를 구하시오. [3점]
└→ $\log_a f(x)=b \Longleftrightarrow f(x)=a^b$임을 이용한다.

Step 1 로그의 진수의 조건 구하기

진수의 조건에서
$x+6>0$ ∴ $x>-6$

Step 2 로그방정식의 해 구하기

$\log_2(x+6)=5$에서
$x+6=2^5$ ∴ $x=26$
이는 진수의 조건을 만족시키므로 구하는 해는
$x=26$

03 로그방정식 – 로그의 정의 이용   정답 1 | 정답률 93%

문제 보기

방정식

$$2\log_4(5x+1)=1$$ ⟶ $\log_a f(x)=b \iff f(x)=a^b$임을 이용하여 x의 값을 구한다.

의 실근을 α라 할 때, $\log_5\dfrac{1}{\alpha}$의 값을 구하시오. [3점]

⟶ $x=\alpha$를 대입한다.

Step 1 로그의 진수의 조건 구하기

진수의 조건에서

$5x+1>0$ $\therefore x>-\dfrac{1}{5}$

Step 2 로그방정식의 해 구하기

$2\log_4(5x+1)=1$에서

$\log_4(5x+1)=\dfrac{1}{2}$

즉, $5x+1=4^{\frac{1}{2}}$이므로

$5x+1=(2^2)^{\frac{1}{2}}$

$5x=1$ $\therefore x=\dfrac{1}{5}$

이는 진수의 조건을 만족시키므로 방정식의 해는

$x=\dfrac{1}{5}$

Step 3 $\log_5\dfrac{1}{\alpha}$의 값 구하기

따라서 $\alpha=\dfrac{1}{5}$이므로

$\log_5\dfrac{1}{\alpha}=\log_5 5=1$

04 로그방정식 – 밑을 같게 만드는 경우   정답 7 | 정답률 88%

문제 보기

방정식 $\log_2(2x-5)=2\log_2 3$의 해를 구하시오. [3점]

⟶ $\log_2 f(x)=\log_2 g(x)$ 꼴로 변형하여 $f(x)=g(x)$임을 이용한다.

Step 1 로그의 진수의 조건 구하기

진수의 조건에서

$2x-5>0$ $\therefore x>\dfrac{5}{2}$

Step 2 로그의 성질을 이용하여 식 변형하기

$\log_2(2x-5)=2\log_2 3$에서

$\log_2(2x-5)=\log_2 3^2$

Step 3 로그방정식의 해 구하기

양변의 로그의 밑이 같으므로

$2x-5=3^2,\ 2x=14$ $\therefore x=7$

이는 진수의 조건을 만족시키므로 구하는 해는

$x=7$

05 로그방정식 – 밑을 같게 만드는 경우   정답 11 | 정답률 87%

문제 보기

방정식 $\log_5(x+9)=\log_5 4+\log_5(x-6)$을 만족시키는 실수 x의 값을 구하시오. [3점]

⟶ $\log_5 f(x)=\log_5 g(x)$ 꼴로 변형하여 $f(x)=g(x)$임을 이용한다.

Step 1 로그의 진수의 조건 구하기

진수의 조건에서

$x+9>0,\ x-6>0$ $\therefore x>6$

Step 2 로그의 성질을 이용하여 식 변형하기

$\log_5(x+9)=\log_5 4+\log_5(x-6)$에서

$\log_5(x+9)=\log_5 4(x-6)$

Step 3 로그방정식의 해 구하기

양변의 로그의 밑이 같으므로

$x+9=4(x-6),\ x+9=4x-24$

$3x=33$ $\therefore x=11$

이는 진수의 조건을 만족시키므로 구하는 실수 x의 값은 11이다.

06 로그방정식 – 밑을 같게 만드는 경우

정답 12 | 정답률 84%

문제 보기

방정식 $\log_2 x = 1 + \log_2(x-6)$을 만족시키는 실수 x의 값을 구하시오. [3점]
$\longrightarrow$ $\log_2 f(x) = \log_2 g(x)$ 꼴로 변형하여 $f(x) = g(x)$임을 이용한다.

Step 1 로그의 진수의 조건 구하기

진수의 조건에서
$x > 0$, $x - 6 > 0$ $\therefore x > 6$

Step 2 로그의 성질을 이용하여 식 변형하기

$\log_2 x = 1 + \log_2(x-6)$에서
$\log_2 x = \log_2 2 + \log_2(x-6)$
$\therefore \log_2 x = \log_2 2(x-6)$

Step 3 로그방정식의 해 구하기

양변의 로그의 밑이 같으므로
$x = 2(x-6)$, $x = 2x - 12$ $\therefore x = 12$
이는 진수의 조건을 만족시키므로 구하는 실수 x의 값은 12이다.

---

07 로그방정식 – 밑을 같게 만드는 경우

정답 14 | 정답률 93%

문제 보기

로그방정식 $\log_8 x - \log_8(x-7) = \dfrac{1}{3}$의 해를 구하시오. [3점]
$\longrightarrow$ $\log_8 f(x) = \log_8 g(x)$ 꼴로 변형하여 $f(x) = g(x)$임을 이용한다.

Step 1 로그의 진수의 조건 구하기

진수의 조건에서
$x > 0$, $x - 7 > 0$ $\therefore x > 7$

Step 2 로그의 성질을 이용하여 식 변형하기

$\log_8 x - \log_8(x-7) = \dfrac{1}{3}$에서
$\log_8 x = \log_8(x-7) + \log_8 8^{\frac{1}{3}}$
$\log_8 x = \log_8(x-7) + \log_8 2$
$\therefore \log_8 x = \log_8 2(x-7)$

Step 3 로그방정식의 해 구하기

양변의 로그의 밑이 같으므로
$x = 2(x-7)$, $x = 2x - 14$ $\therefore x = 14$
이는 진수의 조건을 만족시키므로 구하는 해는
$x = 14$

---

08 로그방정식 – 밑을 같게 만드는 경우

정답 6 | 정답률 84%

문제 보기

방정식 $\log_2(x+2) + \log_2(x-2) = 5$를 만족시키는 실수 x의 값을 구하시오. [3점]
$\longrightarrow$ $\log_2 f(x) = \log_2 g(x)$ 꼴로 변형하여 $f(x) = g(x)$임을 이용한다.

Step 1 로그의 진수의 조건 구하기

진수의 조건에서
$x + 2 > 0$, $x - 2 > 0$ $\therefore x > 2$

Step 2 로그의 성질을 이용하여 식 변형하기

$\log_2(x+2) + \log_2(x-2) = 5$에서
$\log_2(x+2)(x-2) = \log_2 2^5$

Step 3 로그방정식의 해 구하기

양변의 로그의 밑이 같으므로
$(x+2)(x-2) = 2^5$
$x^2 - 4 = 32$, $x^2 = 36$
$\therefore x = -6$ 또는 $x = 6$
그런데 진수의 조건에서 $x > 2$이므로
$x = 6$

---

09 로그방정식 – 밑을 같게 만드는 경우

정답 ② | 정답률 96%

문제 보기

로그방정식 $\log_2(4+x) + \log_2(4-x) = 3$을 만족시키는 모든 실수 x의 값의 곱은? [3점]
$\longrightarrow$ $\log_2 f(x) = \log_2 g(x)$ 꼴로 변형하여 $f(x) = g(x)$임을 이용한다.

① -10 ② -8 ③ -6 ④ -4 ⑤ -2

Step 1 로그의 진수의 조건 구하기

진수의 조건에서
$4 + x > 0$, $4 - x > 0$ $\therefore -4 < x < 4$

Step 2 로그의 성질을 이용하여 식 변형하기

$\log_2(4+x) + \log_2(4-x) = 3$에서
$\log_2(4+x)(4-x) = \log_2 2^3$

Step 3 로그방정식의 해 구하기

양변의 로그의 밑이 같으므로
$(4+x)(4-x) = 2^3$
$16 - x^2 = 8$, $x^2 = 8$ $\therefore x = 2\sqrt{2}$ 또는 $x = -2\sqrt{2}$
이는 모두 진수의 조건을 만족시키므로 방정식을 만족시키는 실수 x의 값은 $2\sqrt{2}$, $-2\sqrt{2}$이다.

Step 4 실수 x의 값의 곱 구하기

따라서 모든 실수 x의 값의 곱은
$2\sqrt{2} \times (-2\sqrt{2}) = -8$

문제 보기

방정식

$$\log_2(x-3)=1-\log_2(x-4)$$ → $\log_2 f(x)=\log_2 g(x)$ 꼴로 변형하여 $f(x)=g(x)$임을 이용한다.

를 만족시키는 실수 x의 값을 구하시오. [3점]

Step 1 로그의 진수의 조건 구하기

진수의 조건에서

$x-3>0$, $x-4>0$ ∴ $x>4$

Step 2 로그의 성질을 이용하여 식 변형하기

$\log_2(x-3)=1-\log_2(x-4)$에서

$\log_2(x-3)+\log_2(x-4)=1$

∴ $\log_2(x-3)(x-4)=\log_2 2$

Step 3 로그방정식의 해 구하기

양변의 로그의 밑이 같으므로

$(x-3)(x-4)=2$, $x^2-7x+10=0$

$(x-2)(x-5)=0$ ∴ $x=2$ 또는 $x=5$

그런데 진수의 조건에서 $x>4$이므로

$x=5$

문제 보기

방정식

$$\log_3(x+2)-\log_{\frac{1}{3}}(x-4)=3$$ → $\log_3 f(x)=\log_3 g(x)$ 꼴로 변형하여 $f(x)=g(x)$임을 이용한다.

을 만족시키는 실수 x의 값을 구하시오. [3점]

Step 1 로그의 진수의 조건 구하기

진수의 조건에서

$x+2>0$, $x-4>0$ ∴ $x>4$

Step 2 로그의 성질을 이용하여 식 변형하기

$\log_3(x+2)-\log_{\frac{1}{3}}(x-4)=3$에서

$\log_3(x+2)+\log_3(x-4)=3$

∴ $\log_3(x+2)(x-4)=\log_3 3^3$

Step 3 로그방정식의 해 구하기

양변의 로그의 밑이 같으므로

$(x+2)(x-4)=3^3$

$x^2-2x-35=0$, $(x+5)(x-7)=0$

∴ $x=-5$ 또는 $x=7$

그런데 진수의 조건에서 $x>4$이므로

$x=7$

문제 보기

방정식 $\log_2(x+1)-5=\log_{\frac{1}{2}}(x-3)$을 만족시키는 실수 x의 값을 구하시오. [3점] → $\log_2 f(x)=\log_2 g(x)$ 꼴로 변형하여 $f(x)=g(x)$임을 이용한다.

Step 1 로그의 진수의 조건 구하기

진수의 조건에서

$x+1>0$, $x-3>0$ ∴ $x>3$

Step 2 로그의 성질을 이용하여 식 변형하기

$\log_2(x+1)-5=\log_{\frac{1}{2}}(x-3)$에서

$\log_2(x+1)-\log_{\frac{1}{2}}(x-3)=5$

$\log_2(x+1)+\log_2(x-3)=5$

∴ $\log_2(x+1)(x-3)=\log_2 2^5$

Step 3 로그방정식의 해 구하기

양변의 로그의 밑이 같으므로

$(x+1)(x-3)=2^5$

$x^2-2x-35=0$, $(x+5)(x-7)=0$

∴ $x=-5$ 또는 $x=7$

그런데 진수의 조건에서 $x>3$이므로

$x=7$

13 로그방정식 - 밑을 같게 만드는 경우

정답 7 | 정답률 84%

문제 보기

방정식

$\log_2(x-3) = \log_4(3x-5)$ → $\log_2 f(x) = \log_2 g(x)$ 꼴로 변형하여 $f(x)=g(x)$임을 이용한다.

를 만족시키는 실수 x의 값을 구하시오. [3점]

Step 1 로그의 진수의 조건 구하기

진수의 조건에서

$x-3>0,\ 3x-5>0$ ∴ $x>3$

Step 2 로그의 성질을 이용하여 식 변형하기

$\log_2(x-3) = \log_4(3x-5)$에서

$\log_2(x-3) = \log_{2^2}(3x-5)$

$\log_2(x-3) = \dfrac{1}{2}\log_2(3x-5)$

$2\log_2(x-3) = \log_2(3x-5)$

∴ $\log_2(x-3)^2 = \log_2(3x-5)$

Step 3 로그방정식의 해 구하기

양변의 로그의 밑이 같으므로

$(x-3)^2 = 3x-5$

$x^2-9x+14=0,\ (x-2)(x-7)=0$

∴ $x=2$ 또는 $x=7$

그런데 진수의 조건에서 $x>3$이므로

$x=7$

14 로그방정식 - 밑을 같게 만드는 경우

정답 6 | 정답률 85%

문제 보기

방정식 $\log_2(x-1) = \log_4(13+2x)$를 만족시키는 실수 x의 값을 구하시오. [3점] → $\log_2 f(x) = \log_2 g(x)$ 꼴로 변형하여 $f(x)=g(x)$임을 이용한다.

Step 1 로그의 진수의 조건 구하기

진수의 조건에서

$x-1>0,\ 13+2x>0$ ∴ $x>1$

Step 2 로그의 성질을 이용하여 식 변형하기

$\log_2(x-1) = \log_4(13+2x)$에서

$\log_2(x-1) = \log_{2^2}(13+2x)$

$\log_2(x-1) = \dfrac{1}{2}\log_2(13+2x)$

$2\log_2(x-1) = \log_2(13+2x)$

∴ $\log_2(x-1)^2 = \log_2(13+2x)$

Step 3 로그방정식의 해 구하기

양변의 로그의 밑이 같으므로

$(x-1)^2 = 13+2x$

$x^2-4x-12=0,\ (x+2)(x-6)=0$

∴ $x=-2$ 또는 $x=6$

그런데 진수의 조건에서 $x>1$이므로

$x=6$

문제 보기

방정식 $\log_3(x-4)=\log_9(x+2)$를 만족시키는 실수 x의 값을 구하
시오. [3점]

└─ $\log_3 f(x)=\log_3 g(x)$ 꼴로 변형하여 $f(x)=g(x)$임을 이용한다.

Step 1 로그의 진수의 조건 구하기

진수의 조건에서
$x-4>0,\ x+2>0$ $\qquad \therefore\ x>4$

Step 2 로그의 성질을 이용하여 식 변형하기

$\log_3(x-4)=\log_9(x+2)$에서
$\log_3(x-4)=\log_{3^2}(x+2)$
$\log_3(x-4)=\dfrac{1}{2}\log_3(x+2)$
$2\log_3(x-4)=\log_3(x+2)$
$\therefore\ \log_3(x-4)^2=\log_3(x+2)$

Step 3 로그방정식의 해 구하기

양변의 로그의 밑이 같으므로
$(x-4)^2=x+2$
$x^2-9x+14=0,\ (x-2)(x-7)=0$
$\therefore\ x=2$ 또는 $x=7$
그런데 진수의 조건에서 $x>4$이므로
$x=7$

문제 보기

방정식

$\log_2 x=1+\log_4(2x-3)$ ── $\log_2 f(x)=\log_2 g(x)$ 꼴로 변형하여
$f(x)=g(x)$임을 이용한다.

을 만족시키는 모든 실수 x의 값의 곱을 구하시오. [3점]

Step 1 로그의 진수의 조건 구하기

진수의 조건에서
$x>0,\ 2x-3>0$ $\qquad \therefore\ x>\dfrac{3}{2}$

Step 2 로그의 성질을 이용하여 식 변형하기

$\log_2 x=1+\log_4(2x-3)$에서
$\log_2 x=1+\log_{2^2}(2x-3)$
$\log_2 x=1+\dfrac{1}{2}\log_2(2x-3)$
$2\log_2 x=2+\log_2(2x-3)$
$\log_2 x^2=\log_2 4+\log_2(2x-3)$
$\therefore\ \log_2 x^2=\log_2 4(2x-3)$

Step 3 로그방정식의 해 구하기

양변의 로그의 밑이 같으므로
$x^2=4(2x-3)$
$x^2-8x+12=0,\ (x-2)(x-6)=0$
$\therefore\ x=2$ 또는 $x=6$
이는 모두 진수의 조건을 만족시키므로 방정식을 만족시키는 실수 x의 값
은 2, 6이다.

Step 4 실수 x의 값의 곱 구하기

따라서 모든 실수 x의 값의 곱은
$2\times 6=12$

17 로그방정식 – 밑을 같게 만드는 경우

정답 10 ㅣ 정답률 82%

문제 보기

방정식

$$\log_2(x-2)=1+\log_4(x+6)$$ ← $\log_2 f(x)=\log_2 g(x)$ 꼴로 변형하여 $f(x)=g(x)$임을 이용한다.

을 만족시키는 실수 x의 값을 구하시오. [3점]

Step 1 로그의 진수의 조건 구하기

진수의 조건에서

$x-2>0,\ x+6>0$ $\therefore x>2$

Step 2 로그의 성질을 이용하여 식 변형하기

$\log_2(x-2)=1+\log_4(x+6)$에서

$\log_2(x-2)=1+\log_{2^2}(x+6)$

$\log_2(x-2)=1+\dfrac{1}{2}\log_2(x+6)$

$2\log_2(x-2)=2+\log_2(x+6)$

$\log_2(x-2)^2=\log_2 4+\log_2(x+6)$

$\therefore \log_2(x-2)^2=\log_2 4(x+6)$

Step 3 로그방정식의 해 구하기

양변의 로그의 밑이 같으므로

$(x-2)^2=4(x+6)$

$x^2-8x-20=0,\ (x+2)(x-10)=0$

$\therefore x=-2$ 또는 $x=10$

그런데 진수의 조건에서 $x>2$이므로

$x=10$

18 로그방정식 – $\log_a x$ 꼴이 반복되는 경우

정답 27 ㅣ 정답률 84%

문제 보기

방정식 $(\log_3 x)^2-6\log_3\sqrt{x}+2=0$의 서로 다른 두 실근을 $\alpha,\ \beta$라 할 ← 로그의 성질을 이용하여 식을 변형한 후 $\log_3 x=t$로 치환한다.

때, $\alpha\beta$의 값을 구하시오. [3점]

Step 1 로그의 성질을 이용하여 식 변형하기

$(\log_3 x)^2-6\log_3\sqrt{x}+2=0$에서

$(\log_3 x)^2-6\log_3 x^{\frac{1}{2}}+2=0$

$\therefore (\log_3 x)^2-3\log_3 x+2=0$

Step 2 $\log_3 x=t$로 치환하여 t에 대한 방정식 풀기

$\log_3 x=t$로 놓으면

$t^2-3t+2=0$

$(t-1)(t-2)=0$

$\therefore t=1$ 또는 $t=2$

Step 3 x의 값 구하기

$t=\log_3 x$이므로

$\log_3 x=1$ 또는 $\log_3 x=2$

$\therefore x=3$ 또는 $x=3^2=9$

Step 4 $\alpha\beta$의 값 구하기

따라서 $\alpha=3,\ \beta=9$ 또는 $\alpha=9,\ \beta=3$이므로

$\alpha\beta=27$

다른 풀이 이차방정식의 근과 계수의 관계 이용하기

$(\log_3 x)^2-6\log_3\sqrt{x}+2=0$에서

$(\log_3 x)^2-3\log_3 x+2=0$

$\log_3 x=t$로 놓으면

$t^2-3t+2=0$ ······ ㉠

주어진 방정식의 두 실근이 $\alpha,\ \beta$이므로 이차방정식 ㉠의 해는

$\log_3\alpha,\ \log_3\beta$

이차방정식의 근과 계수의 관계에 의하여

$\log_3\alpha+\log_3\beta=3$

$\log_3\alpha\beta=3$

$\therefore \alpha\beta=3^3=27$

19 로그방정식 − $\log_a x$ 꼴이 반복되는 경우

정답 ① | 정답률 94%

문제 보기

방정식 $(\log_3 x)^2 + 4\log_9 x - 3 = 0$의 모든 실근의 곱은? [3점]

└─ 로그의 밑을 3으로 같게 만든 후 $\log_3 x = t$로 치환한다.

① $\dfrac{1}{9}$　　② $\dfrac{1}{3}$　　③ $\dfrac{5}{9}$　　④ $\dfrac{7}{9}$　　⑤ 1

Step 1 로그의 밑 같게 만들기

$(\log_3 x)^2 + 4\log_9 x - 3 = 0$에서

$(\log_3 x)^2 + 4\log_{3^2} x - 3 = 0$

$\therefore (\log_3 x)^2 + 2\log_3 x - 3 = 0$

Step 2 $\log_3 x = t$로 치환하여 t에 대한 방정식 풀기

$\log_3 x = t$로 놓으면

$t^2 + 2t - 3 = 0$

$(t+3)(t-1) = 0$

$\therefore t = -3$ 또는 $t = 1$

Step 3 x의 값 구하기

$t = \log_3 x$이므로

$\log_3 x = -3$ 또는 $\log_3 x = 1$

$\therefore x = 3^{-3} = \dfrac{1}{27}$ 또는 $x = 3$

Step 4 모든 실근의 곱 구하기

따라서 모든 실근의 곱은

$\dfrac{1}{27} \times 3 = \dfrac{1}{9}$

다른 풀이 이차방정식의 근과 계수의 관계 이용하기

$(\log_3 x)^2 + 4\log_9 x - 3 = 0$에서

$(\log_3 x)^2 + 2\log_3 x - 3 = 0$

$\log_3 x = t$로 놓으면

$t^2 + 2t - 3 = 0$ …… ㉠

주어진 방정식의 두 실근을 α, β라 하면 이차방정식 ㉠의 해는

$\log_3 \alpha$, $\log_3 \beta$

이차방정식의 근과 계수의 관계에 의하여

$\log_3 \alpha + \log_3 \beta = -2$

$\log_3 \alpha\beta = -2$

$\therefore \alpha\beta = 3^{-2} = \dfrac{1}{9}$

20 로그방정식 − $\log_a x$ 꼴이 반복되는 경우

정답 32 | 정답률 45%

문제 보기

방정식

$$\left(\log_2 \frac{x}{2}\right)(\log_2 4x) = 4$$ ← 로그의 성질을 이용하여 식을 변형한 후 $\log_2 x = t$로 치환한다.

의 서로 다른 두 실근 α, β에 대하여 $64\alpha\beta$의 값을 구하시오. [4점]

Step 1 로그의 성질을 이용하여 식 변형하기

$\left(\log_2 \dfrac{x}{2}\right)(\log_2 4x) = 4$에서

$(\log_2 x - \log_2 2)(\log_2 4 + \log_2 x) = 4$

$(\log_2 x - 1)(2 + \log_2 x) = 4$

$\therefore (\log_2 x)^2 + \log_2 x - 6 = 0$

Step 2 $\log_2 x = t$로 치환하여 t에 대한 방정식 풀기

$\log_2 x = t$로 놓으면

$t^2 + t - 6 = 0$

$(t+3)(t-2) = 0$

$\therefore t = -3$ 또는 $t = 2$

Step 3 x의 값 구하기

$t = \log_2 x$이므로

$\log_2 x = -3$ 또는 $\log_2 x = 2$

$\therefore x = 2^{-3} = \dfrac{1}{8}$ 또는 $x = 2^2 = 4$

Step 4 $64\alpha\beta$의 값 구하기

따라서 $\alpha = \dfrac{1}{8}$, $\beta = 4$ 또는 $\alpha = 4$, $\beta = \dfrac{1}{8}$이므로

$64\alpha\beta = 32$

다른 풀이 이차방정식의 근과 계수의 관계 이용하기

$\left(\log_2 \dfrac{x}{2}\right)(\log_2 4x) = 4$에서

$(\log_2 x)^2 + \log_2 x - 6 = 0$

$\log_2 x = t$로 놓으면

$t^2 + t - 6 = 0$ …… ㉠

주어진 방정식의 두 실근이 α, β이므로 이차방정식 ㉠의 해는

$\log_2 \alpha$, $\log_2 \beta$

이차방정식의 근과 계수의 관계에 의하여

$\log_2 \alpha + \log_2 \beta = -1$

$\log_2 \alpha\beta = -1$

$\therefore \alpha\beta = 2^{-1} = \dfrac{1}{2}$

$\therefore 64\alpha\beta = 64 \times \dfrac{1}{2} = 32$

21 로그방정식 – 지수에 로그가 있는 경우

정답 ④ | 정답률 74%

9 일차

문제 보기

방정식 $x^{\log_2 x}=8x^2$의 두 실근을 α, β라 할 때, $\alpha\beta$의 값을 구하시오.
└▸ 양변에 밑이 2인 로그를 취하여 식을 정리한다.

[4점]

Step 1 양변에 밑이 2인 로그를 취하여 정리하기

$x^{\log_2 x}=8x^2$의 양변에 밑이 2인 로그를 취하면

$\log_2 x^{\log_2 x}=\log_2 8x^2$

$\log_2 x \times \log_2 x = \log_2 8 + \log_2 x^2$

$\therefore (\log_2 x)^2 - 2\log_2 x - 3 = 0$

Step 2 $\log_2 x = t$로 치환하여 t에 대한 방정식 풀기

$\log_2 x = t$로 놓으면

$t^2 - 2t - 3 = 0$

$(t+1)(t-3)=0$

$\therefore t=-1$ 또는 $t=3$

Step 3 x의 값 구하기

$t=\log_2 x$이므로

$\log_2 x = -1$ 또는 $\log_2 x = 3$

$\therefore x=2^{-1}=\dfrac{1}{2}$ 또는 $x=2^3=8$

Step 4 $\alpha\beta$의 값 구하기

따라서 $\alpha=\dfrac{1}{2}$, $\beta=8$ 또는 $\alpha=8$, $\beta=\dfrac{1}{2}$이므로

$\alpha\beta=4$

다른 풀이 이차방정식의 근과 계수의 관계 이용하기

$x^{\log_2 x}=8x^2$의 양변에 밑이 2인 로그를 취하여 정리하면

$(\log_2 x)^2 - 2\log_2 x - 3 = 0$

$\log_2 x = t$로 놓으면

$t^2 - 2t - 3 = 0$ ······ ㉠

주어진 방정식의 두 실근이 α, β이므로 이차방정식 ㉠의 해는

$\log_2 \alpha$, $\log_2 \beta$

이차방정식의 근과 계수의 관계에 의하여

$\log_2 \alpha + \log_2 \beta = 2$

$\log_2 \alpha\beta = 2$

$\therefore \alpha\beta = 2^2 = 4$

22 로그방정식 – $\log_a x$ 꼴이 반복되는 경우

정답 ① | 정답률 94%

문제 보기

$a>2$인 상수 a에 대하여 두 수 $\log_2 a$, $\log_a 8$의 합과 곱이 각각 4, k일 때, $a+k$의 값은? [3점]
└▸ 합이 4임을 이용하여 로그방정식을 세운다.

① 11   ② 12   ③ 13   ④ 14   ⑤ 15

Step 1 주어진 조건을 이용하여 로그방정식 세우기

$\log_a 8 = \dfrac{\log_2 8}{\log_2 a} = \dfrac{3}{\log_2 a}$이므로

$\log_2 a + \log_a 8 = 4$에서 $\log_2 a + \dfrac{3}{\log_2 a} = 4$

$\log_2 a + \dfrac{3}{\log_2 a} - 4 = 0$

$\therefore (\log_2 a)^2 - 4\log_2 a + 3 = 0$

Step 2 $\log_2 a = t$로 치환하여 t에 대한 방정식 풀기

$\log_2 a = t$로 놓으면 $a>2$에서 $t>1$이고

$t^2 - 4t + 3 = 0$, $(t-1)(t-3)=0$

$\therefore t=3 \ (\because t>1)$

Step 3 a의 값 구하기

$t=\log_2 a$이므로 $\log_2 a = 3$

$\therefore a=2^3=8$

Step 4 k의 값 구하기

한편 $\log_2 a \times \log_a 8 = k$이므로

$\log_2 a \times \dfrac{3}{\log_2 a} = k$ $\therefore k=3$

Step 5 $a+k$의 값 구하기

$\therefore a+k = 8+3 = 11$

문제 보기

두 양수 a, b $(a<b)$가 다음 조건을 만족시킬 때, $\log\dfrac{b}{a}$의 값은? [3점]

> (가) $ab=10^2$ → b를 a에 대한 식으로 나타낸다.(*)
> (나) $\log a \times \log b = -3$ → *을 대입하여 로그방정식을 세운다.

① 4　　　② 5　　　③ 6　　　④ 7　　　⑤ 8

Step 1 주어진 조건을 이용하여 로그방정식 세우기

조건 (가)에서 $b=\dfrac{10^2}{a}$

이를 조건 (나)의 식에 대입하면

$\log a \times \log \dfrac{10^2}{a} = -3$

$\log a \times (\log 10^2 - \log a) = -3$, $\log a \times (2 - \log a) = -3$

$\therefore (\log a)^2 - 2\log a - 3 = 0$

Step 2 $\log a = t$로 치환하여 t에 대한 방정식 풀기

$\log a = t$로 놓으면

$t^2 - 2t - 3 = 0$

$(t+1)(t-3) = 0$

$\therefore t = -1$ 또는 $t = 3$

Step 3 a의 값 구하기

$t = \log a$이므로

$\log a = -1$ 또는 $\log a = 3$

$\therefore a = 10^{-1}$ 또는 $a = 10^3$

Step 4 $\log\dfrac{b}{a}$의 값 구하기

$a = 10^{-1}$일 때 $b = 10^3$이고, $a = 10^3$일 때 $b = 10^{-1}$

이때 $a<b$이므로 $a = 10^{-1}$, $b = 10^3$

$\therefore \log \dfrac{b}{a} = \log 10^4 = 4$

다른 풀이 로그의 값을 근으로 갖는 이차방정식 이용하기

조건 (가)에서 양변에 상용로그를 취하면

$\log ab = \log 10^2$　$\therefore \log a + \log b = 2$

조건 (나)에서 $\log a \times \log b = -3$이므로 $\log a$, $\log b$를 두 근으로 하고 이차항의 계수가 1인 이차방정식은

$t^2 - 2t - 3 = 0$

$(t+1)(t-3) = 0$

$\therefore t = -1$ 또는 $t = 3$

이때 $a<b$이므로 $\log a = -1$, $\log b = 3$

$\therefore \log \dfrac{b}{a} = \log b - \log a = 3 - (-1) = 4$

문제 보기

두 실수 x, y에 대한 연립방정식

$$\begin{cases} 2^x - 2\cdot 4^{-y} = 7 \\ \log_2 (x-2) - \log_2 y = 1 \end{cases}$$

→ 로그방정식에서 x, y에 대한 관계식을 구하여 지수방정식에 대입한다.

의 해를 $x=\alpha$, $y=\beta$라 할 때, $10\alpha\beta$의 값을 구하시오. [4점]

Step 1 로그방정식에서 x, y에 대한 관계식 구하기

진수의 조건에서

$x-2>0$, $y>0$　$\therefore x>2$, $y>0$　……㉠

$\log_2 (x-2) - \log_2 y = 1$에서

$\log_2 \dfrac{x-2}{y} = 1$

즉, $\dfrac{x-2}{y} = 2$이므로

$2y = x - 2$　　　　……㉡

Step 2 x에 대한 지수방정식 세우기

$2^x - 2\cdot 4^{-y} = 7$에서

$2^x - 2\times 2^{-2y} = 7$

㉡을 대입하면

$2^x - 2\times 2^{-(x-2)} = 7$

$2^x - 2^{1-x+2} = 7$, $2^x - 2^{3-x} = 7$

양변에 2^x을 곱하면

$(2^x)^2 - 8 = 7\times 2^x$

$\therefore (2^x)^2 - 7\times 2^x - 8 = 0$　……㉢

Step 3 x의 값 구하기

$2^x = t$로 놓으면 ㉠에서 $x>2$이므로 $t>4$

㉢에서 $t^2 - 7t - 8 = 0$

$(t+1)(t-8) = 0$

$\therefore t = 8$ $(\because t>4)$

$t = 2^x$이므로

$2^x = 8$, $2^x = 2^3$

양변의 밑이 같으므로

$x = 3$

Step 4 y의 값 구하기

$x = 3$을 ㉡에 대입하면

$2y = 1$　$\therefore y = \dfrac{1}{2}$

Step 5 $10\alpha\beta$의 값 구하기

따라서 $\alpha = 3$, $\beta = \dfrac{1}{2}$이므로

$10\alpha\beta = 10 \times 3 \times \dfrac{1}{2} = 15$

25 로그부등식 – 밑을 같게 만드는 경우

정답 ③ | 정답률 77%

문제 보기

부등식 $\log_3(x-1)+\log_3(4x-7)\leq3$을 만족시키는 정수 x의 개수는? [3점]
└→ $\log_3 f(x)\leq\log_3 g(x)$ 꼴로 변형하여 $f(x)\leq g(x)$임을 이용한다.

① 1   ② 2   ③ 3   ④ 4   ⑤ 5

Step 1 로그의 진수의 조건 구하기

진수의 조건에서

$x-1>0,\ 4x-7>0$ ∴ $x>\dfrac{7}{4}$ ······ ㉠

Step 2 로그의 성질을 이용하여 식 변형하기

$\log_3(x-1)+\log_3(4x-7)\leq3$에서

$\log_3(x-1)(4x-7)\leq\log_3 3^3$

Step 3 로그부등식의 해 구하기

로그의 밑 3이 1보다 크므로

$(x-1)(4x-7)\leq27$

$4x^2-11x-20\leq0,\ (4x+5)(x-4)\leq0$

∴ $-\dfrac{5}{4}\leq x\leq4$ ······ ㉡

㉠, ㉡을 동시에 만족시키는 x의 값의 범위는

$\dfrac{7}{4}<x\leq4$

Step 4 정수 x의 개수 구하기

따라서 정수 x는 2, 3, 4의 3개이다.

26 로그부등식 – 밑을 같게 만드는 경우

정답 ④ | 정답률 88%

문제 보기

부등식 $\log_2 x\leq2$를 만족시키는 정수 x의 개수는? [2점]
└→ $\log_2 f(x)\leq\log_2 g(x)$ 꼴로 변형하여 $f(x)\leq g(x)$임을 이용한다.

① 1   ② 2   ③ 3   ④ 4   ⑤ 5

Step 1 로그의 진수의 조건 구하기

진수의 조건에서

$x>0$ ······ ㉠

Step 2 로그의 성질을 이용하여 식 변형하기

$\log_2 x\leq2$에서

$\log_2 x\leq\log_2 2^2$

Step 3 로그부등식의 해 구하기

로그의 밑 2가 1보다 크므로

$x\leq4$ ······ ㉡

㉠, ㉡을 동시에 만족시키는 x의 값의 범위는

$0<x\leq4$

Step 4 정수 x의 개수 구하기

따라서 정수 x는 1, 2, 3, 4의 4개이다.

27

로그부등식 - 밑을 같게 만드는 경우

정답 12 | 정답률 72%

문제 보기

부등식 $\log_2(x-2)<2$를 만족시키는 모든 자연수 x의 값의 합을 구하시오. [3점] $\longmapsto \log_2 f(x) < \log_2 g(x)$ 꼴로 변형하여 $f(x) < g(x)$임을 이용한다.

Step 1 로그의 진수의 조건 구하기

진수의 조건에서

$x-2>0$ ∴ $x>2$ ······ ㉠

Step 2 로그의 성질을 이용하여 식 변형하기

$\log_2(x-2)<2$에서

$\log_2(x-2)<\log_2 2^2$

Step 3 로그부등식의 해 구하기

로그의 밑 2가 1보다 크므로

$x-2<4$ ∴ $x<6$ ······ ㉡

㉠, ㉡을 동시에 만족시키는 x의 값의 범위는

$2<x<6$

Step 4 자연수 x의 값의 합 구하기

따라서 모든 자연수 x의 값의 합은

$3+4+5=12$

28

로그부등식 - 밑을 같게 만드는 경우

정답 ⑤ | 정답률 88%

문제 보기

부등식 $\log_{18}(n^2-9n+18)<1$을 만족시키는 모든 자연수 n의 값의 합은? [3점] $\longmapsto \log_{18} f(n) < \log_{18} g(n)$ 꼴로 변형하여 $f(n) < g(n)$임을 이용한다.

① 14 ② 15 ③ 16 ④ 17 ⑤ 18

Step 1 로그의 진수의 조건 구하기

진수의 조건에서

$n^2-9n+18>0$

$(n-3)(n-6)>0$

∴ $n<3$ 또는 $n>6$ ······ ㉠

Step 2 로그의 성질을 이용하여 식 변형하기

$\log_{18}(n^2-9n+18)<1$에서

$\log_{18}(n^2-9n+18)<\log_{18} 18$

Step 3 로그부등식의 해 구하기

로그의 밑 18이 1보다 크므로

$n^2-9n+18<18$

$n^2-9n<0$, $n(n-9)<0$

∴ $0<n<9$ ······ ㉡

㉠, ㉡을 동시에 만족시키는 n의 값의 범위는

$0<n<3$ 또는 $6<n<9$

Step 4 자연수 n의 값의 합 구하기

따라서 모든 자연수 n의 값의 합은

$1+2+7+8=18$

29 로그부등식 – 밑을 같게 만드는 경우
정답 ① | 정답률 88%

문제 보기

부등식 $\log_3(x-3)+\log_3(x+3)\leq 3$을 만족시키는 모든 정수 x의
값의 합은? [3점]
└─ $\log_3 f(x)\leq\log_3 g(x)$ 꼴로 변형하여 $f(x)\leq g(x)$임을 이용한다.

① 15 ② 17 ③ 19 ④ 21 ⑤ 23

Step 1 로그의 진수의 조건 구하기

진수의 조건에서
$x-3>0$, $x+3>0$ $\therefore x>3$ ······ ㉠

Step 2 로그의 성질을 이용하여 식 변형하기

$\log_3(x-3)+\log_3(x+3)\leq 3$에서
$\log_3(x-3)(x+3)\leq\log_3 3^3$

Step 3 로그부등식의 해 구하기

로그의 밑 3이 1보다 크므로
$(x-3)(x+3)\leq 27$
$x^2-36\leq 0$, $(x+6)(x-6)\leq 0$
$\therefore -6\leq x\leq 6$ ······ ㉡
㉠, ㉡을 동시에 만족시키는 x의 값의 범위는
$3<x\leq 6$

Step 4 정수 x의 값의 합 구하기

따라서 모든 정수 x의 값의 합은
$4+5+6=15$

30 로그부등식 – 밑을 같게 만드는 경우
정답 ① | 정답률 83%

문제 보기

로그부등식

$\log_3(x+1)+\log_3(x-5)<3$ ─ $\log_3 f(x)<\log_3 g(x)$ 꼴로 변형하여
$f(x)<g(x)$임을 이용한다.

을 만족시키는 정수 x의 개수는? [3점]

① 2 ② 4 ③ 6 ④ 8 ⑤ 10

Step 1 로그의 진수의 조건 구하기

진수의 조건에서
$x+1>0$, $x-5>0$ $\therefore x>5$ ······ ㉠

Step 2 로그의 성질을 이용하여 식 변형하기

$\log_3(x+1)+\log_3(x-5)<3$에서
$\log_3(x+1)(x-5)<\log_3 3^3$

Step 3 로그부등식의 해 구하기

로그의 밑 3이 1보다 크므로
$(x+1)(x-5)<27$
$x^2-4x-32<0$, $(x+4)(x-8)<0$
$\therefore -4<x<8$ ······ ㉡
㉠, ㉡을 동시에 만족시키는 x의 값의 범위는
$5<x<8$

Step 4 정수 x의 개수 구하기

따라서 정수 x는 6, 7의 2개이다.

문제 보기

부등식

$$\log_2(x^2-1)+\log_2 3 \leq 5 \quad \underset{\substack{\longrightarrow}}{} \begin{array}{l}\log_2 f(x) \leq \log_2 g(x) \text{ 꼴로 변형하여}\\ f(x) \leq g(x) \text{임을 이용한다.}\end{array}$$

를 만족시키는 정수 x의 개수는? [3점]

① 1　　　② 2　　　③ 3　　　④ 4　　　⑤ 5

Step 1 로그의 진수의 조건 구하기

진수의 조건에서

$x^2-1>0$　　∴ $x<-1$ 또는 $x>1$　　…… ㉠

Step 2 로그의 성질을 이용하여 식 변형하기

$\log_2(x^2-1)+\log_2 3 \leq 5$에서

$\log_2 3(x^2-1) \leq \log_2 2^5$

Step 3 x^2의 값의 범위 구하기

로그의 밑 2가 1보다 크므로

$3(x^2-1) \leq 32$

$3x^2 \leq 35$　　∴ $x^2 \leq \dfrac{35}{3}$　　…… ㉡

Step 4 정수 x의 개수 구하기

㉠, ㉡을 동시에 만족시키는 정수 x는 -3, -2, 2, 3의 4개이다.

문제 보기

부등식 $\log_2 x \leq 4 - \log_2(x-6)$을 만족시키는 모든 정수 x의 값의 합은? [3점]

$\underset{\substack{\longrightarrow}}{}$ $\log_2 f(x) \leq \log_2 g(x)$ 꼴로 변형하여 $f(x) \leq g(x)$임을 이용한다.

① 15　　　② 19　　　③ 23　　　④ 27　　　⑤ 31

Step 1 로그의 진수의 조건 구하기

진수의 조건에서

$x>0$, $x-6>0$　　∴ $x>6$　　…… ㉠

Step 2 로그의 성질을 이용하여 식 변형하기

$\log_2 x \leq 4 - \log_2(x-6)$에서

$\log_2 x + \log_2(x-6) \leq 4$

$\log_2 x(x-6) \leq \log_2 2^4$

Step 3 로그부등식의 해 구하기

로그의 밑 2가 1보다 크므로

$x(x-6) \leq 16$

$x^2-6x-16 \leq 0$, $(x+2)(x-8) \leq 0$

∴ $-2 \leq x \leq 8$　　…… ㉡

㉠, ㉡을 동시에 만족시키는 x의 값의 범위는

$6 < x \leq 8$

Step 4 정수 x의 값의 합 구하기

따라서 모든 정수 x의 값의 합은

$7+8=15$

33 로그부등식 – 밑을 같게 만드는 경우

정답 ③ | 정답률 92%

문제 보기

부등식 $\log_2(x^2-7x)-\log_2(x+5)\leq 1$을 만족시키는 모든 정수 x의
값의 합은? [3점] └→ $\log_2 f(x) \leq \log_2 g(x)$ 꼴로 변형하여 $f(x) \leq g(x)$임을 이용한다.

① 22   ② 24   ③ 26   ④ 28   ⑤ 30

Step 1 로그의 진수의 조건 구하기

진수의 조건에서
$x^2-7x>0,\ x+5>0$
$\therefore\ -5<x<0$ 또는 $x>7$ ······ ㉠

Step 2 로그의 성질을 이용하여 식 변형하기

$\log_2(x^2-7x)-\log_2(x+5)\leq 1$에서
$\log_2(x^2-7x)\leq 1+\log_2(x+5)$
$\log_2(x^2-7x)\leq\log_2 2+\log_2(x+5)$
$\therefore\ \log_2(x^2-7x)\leq\log_2 2(x+5)$

Step 3 로그부등식의 해 구하기

로그의 밑 2가 1보다 크므로
$x^2-7x\leq 2(x+5)$
$x^2-9x-10\leq 0,\ (x+1)(x-10)\leq 0$
$\therefore\ -1\leq x\leq 10$ ······ ㉡
㉠, ㉡을 동시에 만족시키는 x의 값의 범위는
$-1\leq x<0$ 또는 $7<x\leq 10$

Step 4 정수 x의 값의 합 구하기

따라서 모든 정수 x의 값의 합은
$-1+8+9+10=26$

34 로그부등식 – 밑을 같게 만드는 경우

정답 ③ | 정답률 71%

문제 보기

로그부등식 $2\log_2(x-4)\leq\log_2(x-1)+2$를 만족시키는 모든 자연
수 x의 개수는? [3점] └→ $\log_2 f(x) \leq \log_2 g(x)$ 꼴로 변형하여
$f(x) \leq g(x)$임을 이용한다.

① 4   ② 5   ③ 6   ④ 7   ⑤ 8

Step 1 로그의 진수의 조건 구하기

진수의 조건에서
$x-4>0,\ x-1>0$ $\therefore\ x>4$ ······ ㉠

Step 2 로그의 성질을 이용하여 식 변형하기

$2\log_2(x-4)\leq\log_2(x-1)+2$에서
$\log_2(x-4)^2\leq\log_2(x-1)+\log_2 2^2$
$\therefore\ \log_2(x-4)^2\leq\log_2 4(x-1)$

Step 3 로그부등식의 해 구하기

로그의 밑 2가 1보다 크므로
$(x-4)^2\leq 4(x-1)$
$x^2-12x+20\leq 0,\ (x-2)(x-10)\leq 0$
$\therefore\ 2\leq x\leq 10$ ······ ㉡
㉠, ㉡을 동시에 만족시키는 x의 값의 범위는
$4<x\leq 10$

Step 4 자연수 x의 개수 구하기

따라서 자연수 x는 5, 6, 7, 8, 9, 10의 6개이다.

35 로그부등식 – 밑을 같게 만드는 경우

정답 17 | 정답률 82%

문제 보기

로그부등식

$$\log_2(x-1)<2\log_4(7-x)$$ ⟶ $\log_2 f(x)<\log_2 g(x)$ 꼴로 변형하여 $f(x)<g(x)$임을 이용한다.

의 해가 $\alpha<x<\beta$일 때, $\alpha^2+\beta^2$의 값을 구하시오. [3점]

Step 1 로그의 진수의 조건 구하기

진수의 조건에서

$x-1>0,\ 7-x>0$ $\therefore\ 1<x<7$ …… ㉠

Step 2 로그의 성질을 이용하여 식 변형하기

$\log_2(x-1)<2\log_4(7-x)$에서

$\log_2(x-1)<2\log_{2^2}(7-x)$

$\therefore\ \log_2(x-1)<\log_2(7-x)$

Step 3 로그부등식의 해 구하기

로그의 밑 2가 1보다 크므로

$x-1<7-x,\ 2x<8$ $\therefore\ x<4$ …… ㉡

㉠, ㉡을 동시에 만족시키는 x의 값의 범위는

$1<x<4$

Step 4 $\alpha^2+\beta^2$의 값 구하기

따라서 $\alpha=1,\ \beta=4$이므로

$\alpha^2+\beta^2=1+16=17$

---

36 절댓값 기호가 포함된 로그부등식

정답 ② | 정답률 78%

문제 보기

부등식

$$2\log_2|x-1|\leq1-\log_2\frac{1}{2}$$ ⟶ $\log_2 f(x)\leq\log_2 g(x)$ 꼴로 변형하여 $f(x)\leq g(x)$임을 이용한다.

을 만족시키는 모든 정수 x의 개수는? [3점]

① 2   ② 4   ③ 6   ④ 8   ⑤ 10

Step 1 로그의 진수의 조건 구하기

진수의 조건에서

$|x-1|>0$ $\therefore\ x\neq1$ …… ㉠

Step 2 로그의 성질을 이용하여 식 변형하기

$2\log_2|x-1|\leq1-\log_2\dfrac{1}{2}$에서

$2\log_2|x-1|\leq1-(-1)$

$\log_2|x-1|\leq1$

$\therefore\ \log_2|x-1|\leq\log_2 2$

Step 3 로그부등식의 해 구하기

로그의 밑 2가 1보다 크므로

$|x-1|\leq2$

$-2\leq x-1\leq2$

$\therefore\ -1\leq x\leq3$ …… ㉡

㉠, ㉡을 동시에 만족시키는 x의 값의 범위는

$-1\leq x<1$ 또는 $1<x\leq3$

Step 4 정수 x의 개수 구하기

따라서 정수 x는 -1, 0, 2, 3의 4개이다.

37 | $p<\log_a f(x)<q$ 꼴의 로그부등식

정답 ④ | 정답률 81%

문제 보기

부등식

$$1<\log_4 \frac{x^2-1}{2}<3$$ → $\log_4 f(x)<\log_4 g(x)<\log_4 h(x)$ 꼴로 변형하여 $f(x)<g(x)<h(x)$임을 이용한다.

을 만족시키는 정수 x의 개수는? [3점]

① 10   ② 12   ③ 14   ④ 16   ⑤ 18

Step 1 로그의 진수의 조건 구하기

진수의 조건에서

$\dfrac{x^2-1}{2}>0$, $x^2>1$

$\therefore x<-1$ 또는 $x>1$ …… ㉠

Step 2 로그의 성질을 이용하여 식 변형하기

$1<\log_4 \dfrac{x^2-1}{2}<3$에서

$\log_4 4<\log_4 \dfrac{x^2-1}{2}<\log_4 4^3$

Step 3 x^2의 값의 범위 구하기

로그의 밑 4가 1보다 크므로

$4<\dfrac{x^2-1}{2}<64$

$\therefore 9<x^2<129$ …… ㉡

Step 4 정수 x의 개수 구하기

㉠, ㉡을 동시에 만족시키는 정수 x는 ±4, ±5, ±6, ±7, ±8, ±9, ±10, ±11의 16개이다.

---

38 | 로그부등식 – 밑을 같게 만드는 경우

정답 ① | 정답률 80%

문제 보기

x에 대한 로그부등식

$$\log_5(x-1)\leq\log_5\left(\frac{1}{2}x+k\right)$$ → x의 값의 범위를 k를 포함한 식으로 나타낸다.

를 만족시키는 모든 정수 x의 개수가 3일 때, 자연수 k의 값은? [3점]
└→ x의 값의 범위 안에 정수가 3개가 되도록 하는 k의 값의 범위를 구한다.

① 1   ② 2   ③ 3   ④ 4   ⑤ 5

Step 1 로그의 진수의 조건 구하기

진수의 조건에서

$x-1>0$, $\dfrac{1}{2}x+k>0$

$\therefore x>1$, $x>-2k$

이때 자연수 k에 대하여 $-2k<1$이므로

$x>1$ …… ㉠

Step 2 로그부등식 풀기

$\log_5(x-1)\leq\log_5\left(\dfrac{1}{2}x+k\right)$에서 로그의 밑 5가 1보다 크므로

$x-1\leq\dfrac{1}{2}x+k$

$\therefore x\leq2k+2$ …… ㉡

㉠, ㉡을 동시에 만족시키는 x의 값의 범위는

$1<x\leq2k+2$

Step 3 자연수 k의 값 구하기

이때 정수 x가 3개이려면 오른쪽 그림에서

$4\leq2k+2<5$

$\therefore 1\leq k<\dfrac{3}{2}$

따라서 자연수 k의 값은 1이다.

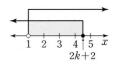

문제 보기

정수 전체의 집합의 두 부분집합

$A=\{x\,|\,\log_2(x+1)\leq k\}$ → x의 값의 범위를 k를 포함한 식으로 나타낸다.

$B=\{x\,|\,\log_2(x-2)-\log_{\frac{1}{2}}(x+1)\geq 2\}$ → x의 값의 범위를 구한다.

에 대하여 $n(A\cap B)=5$를 만족시키는 자연수 k의 값은? [3점]
└─ x의 값의 범위 안에 정수가 5개가 되도록 하는 k의 값의 범위를 구한다.

① 3   ② 4   ③ 5   ④ 6   ⑤ 7

Step 1 집합 A 구하기

진수의 조건에서

$x+1>0$ ∴ $x>-1$ …… ㉠

$\log_2(x+1)\leq k$에서

$\log_2(x+1)\leq\log_2 2^k$

로그의 밑 2가 1보다 크므로

$x+1\leq 2^k$ ∴ $x\leq 2^k-1$ …… ㉡

㉠, ㉡을 동시에 만족시키는 x의 값의 범위는

$-1<x\leq 2^k-1$

∴ $A=\{x\,|\,-1<x\leq 2^k-1\}$

Step 2 집합 B 구하기

진수의 조건에서

$x-2>0,\ x+1>0$ ∴ $x>2$ …… ㉢

$\log_2(x-2)-\log_{\frac{1}{2}}(x+1)\geq 2$에서

$\log_2(x-2)-\log_{2^{-1}}(x+1)\geq 2$

$\log_2(x-2)+\log_2(x+1)\geq\log_2 2^2$

∴ $\log_2(x-2)(x+1)\geq\log_2 4$

로그의 밑 2가 1보다 크므로

$(x-2)(x+1)\geq 4$

$x^2-x-6\geq 0,\ (x+2)(x-3)\geq 0$

∴ $x\leq -2$ 또는 $x\geq 3$ …… ㉣

㉢, ㉣을 동시에 만족시키는 x의 값의 범위는

$x\geq 3$

∴ $B=\{x\,|\,x\geq 3\}$

Step 3 자연수 k의 값 구하기

$A\cap B=\{x\,|\,3\leq x\leq 2^k-1\}$이므로

$n(A\cap B)=5$이려면 오른쪽 그림에서

$7\leq 2^k-1<8$ ∴ $8\leq 2^k<9$

따라서 자연수 k의 값은 3이다.

문제 보기

두 집합

$A=\{x\,|\,x^2-5x+4\leq 0\}$ → x의 값의 범위를 구한다.

$B=\{x\,|\,(\log_2 x)^2-2k\log_2 x+k^2-1\leq 0\}$ → $\log_2 x=t$로 치환하여 x의 값의 범위를 구한다.

에 대하여 $A\cap B\neq\varnothing$을 만족시키는 정수 k의 개수는? [4점]
└─ 두 집합 A와 B에 공통인 원소가 적어도 1개 존재하도록 하는 k의 값의 범위를 구한다.

① 5   ② 6   ③ 7   ④ 8   ⑤ 9

Step 1 집합 A 구하기

$x^2-5x+4\leq 0$에서

$(x-1)(x-4)\leq 0$ ∴ $1\leq x\leq 4$

∴ $A=\{x\,|\,1\leq x\leq 4\}$

Step 2 집합 B 구하기

$(\log_2 x)^2-2k\log_2 x+k^2-1\leq 0$에서 $\log_2 x=t$로 놓으면

$t^2-2kt+k^2-1\leq 0$

$\{t-(k+1)\}\{t-(k-1)\}\leq 0$

∴ $k-1\leq t\leq k+1$

$t=\log_2 x$이므로

$k-1\leq\log_2 x\leq k+1$

$\log_2 2^{k-1}\leq\log_2 x\leq\log_2 2^{k+1}$

로그의 밑 2가 1보다 크므로

$2^{k-1}\leq x\leq 2^{k+1}$

∴ $B=\{x\,|\,2^{k-1}\leq x\leq 2^{k+1}\}$

Step 3 정수 k의 개수 구하기

$A\cap B\neq\varnothing$이려면 다음 그림과 같아야 한다.

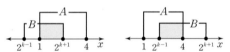

따라서 $1\leq 2^{k+1}\leq 4$ 또는 $1\leq 2^{k-1}\leq 4$이어야 한다.

$1\leq 2^{k+1}\leq 4$에서 $2^0\leq 2^{k+1}\leq 2^2$

밑이 1보다 크므로

$0\leq k+1\leq 2$ ∴ $-1\leq k\leq 1$ …… ㉠

$1\leq 2^{k-1}\leq 4$에서 $2^0\leq 2^{k-1}\leq 2^2$

밑이 1보다 크므로

$0\leq k-1\leq 2$ ∴ $1\leq k\leq 3$ …… ㉡

㉠, ㉡에서 $-1\leq k\leq 3$

따라서 정수 k는 -1, 0, 1, 2, 3의 5개이다.

41 미지수를 포함한 로그부등식   정답 ④ | 정답률 61%

문제 보기

$-1 \leq x \leq 1$에서 정의된 함수 $f(x) = -\log_3(mx+5)$에 대하여
└─ $-1 \leq x \leq 1$에서 함수 $f(x)$가 진수의 조건을 만족시켜야 한다.

$f(-1) < f(1)$이 되도록 하는 모든 정수 m의 개수는? [4점]

① 1   ② 2   ③ 3   ④ 4   ⑤ 5

Step 1   진수의 조건을 만족시키는 m의 값의 범위 구하기

함수 $f(x) = -\log_3(mx+5)$가 $-1 \leq x \leq 1$에서 정의되므로 $-1 \leq x \leq 1$에서 진수의 조건을 만족시켜야 한다.

$g(x) = mx+5$라 하면 $-1 \leq x \leq 1$에서 $g(x) > 0$이어야 하므로

$x = -1$일 때, $g(-1) = -m+5 > 0$ ∴ $m < 5$

$x = 1$일 때, $g(1) = m+5 > 0$ ∴ $m > -5$

∴ $-5 < m < 5$ …… ㉠

Step 2 $f(-1) < f(1)$을 만족시키는 m의 값의 범위 구하기

$f(-1) < f(1)$에서

$-\log_3(-m+5) < -\log_3(m+5)$

∴ $\log_3(-m+5) > \log_3(m+5)$

로그의 밑 3이 1보다 크므로

$-m+5 > m+5$, $-2m > 0$

∴ $m < 0$ …… ㉡

Step 3   정수 m의 개수 구하기

㉠, ㉡을 동시에 만족시키는 m의 값의 범위는

$-5 < m < 0$

따라서 정수 m은 -4, -3, -2, -1의 4개이다.

---

42 그래프를 이용한 로그부등식의 풀이   정답 15 | 정답률 60%

문제 보기

이차함수 $y = f(x)$의 그래프와 직선 $y = x-1$이 그림과 같을 때, 부등식

$\log_3 f(x) + \log_{\frac{1}{3}}(x-1) \leq 0$ └─ $f(x)$에 대한 조건을 구한다.

을 만족시키는 모든 자연수 x의 값의 합을 구하시오.

(단, $f(0) = f(7) = 0$, $f(4) = 3$) [3점]

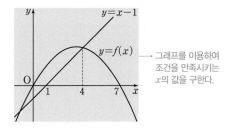

그래프를 이용하여 조건을 만족시키는 x의 값을 구한다.

Step 1   로그부등식 풀기

진수의 조건에서

$f(x) > 0$, $x-1 > 0$ …… ㉠

$\log_3 f(x) + \log_{\frac{1}{3}}(x-1) \leq 0$에서

$\log_3 f(x) + \log_{3^{-1}}(x-1) \leq 0$

$\log_3 f(x) - \log_3(x-1) \leq 0$

∴ $\log_3 f(x) \leq \log_3(x-1)$

로그의 밑 3이 1보다 크므로

$f(x) \leq x-1$ …… ㉡

㉠, ㉡에서

$x > 1$ …… ㉢

$0 < f(x) \leq x-1$ …… ㉣

Step 2   그래프를 이용하여 x의 값의 범위 구하기

㉣을 만족시키는 x의 값의 범위는 함수 $y = f(x)$의 그래프가 x축보다 위쪽에 있으면서 동시에 함수 $y = f(x)$의 그래프가 직선 $y = x-1$과 만나거나 아래쪽에 있는 부분이므로

$4 \leq x < 7$ …… ㉤
└─ x축과 만나는 부분은 포함하지 않음.

㉢, ㉤을 동시에 만족시키는 x의 값의 범위는

$4 \leq x < 7$

Step 3   자연수 x의 값의 합 구하기

따라서 모든 자연수 x의 값의 합은

$4+5+6 = 15$

문제 보기

두 함수 $f(x)=x^2-6x+11$, $g(x)=\log_3 x$가 있다. 정수 k에 대하여

$\underline{k<(g\circ f)(n)<k+2}$ → 함수 $g(f(n))$을 구하여 부등식을 푼다.

를 만족시키는 자연수 n의 개수를 $h(k)$라 할 때, $\underline{h(0)+h(3)}$의 값은? [4점]

$\underset{\text{자연수 } n\text{의 개수를 각각 구한다.}}{\underset{\uparrow}{k=0\text{일 때와 } k=3\text{일 때, 부등식을 만족시키는}}}$

① 11   ② 13   ③ 15   ④ 17   ⑤ 19

Step 1 $(g\circ f)(n)$의 진수의 조건 구하기

$(g\circ f)(n)=g(f(n))=g(n^2-6n+11)$
$\qquad\qquad =\log_3(n^2-6n+11)$

이때 $n^2-6n+11=(n-3)^2+2>0$이므로 진수의 조건을 항상 만족시킨다.

Step 2   로그부등식 풀기

$k<\log_3(n^2-6n+11)<k+2$에서
$\log_3 3^k<\log_3(n^2-6n+11)<\log_3 3^{k+2}$
로그의 밑 3이 1보다 크므로
$3^k<n^2-6n+11<3^{k+2}$
$\therefore 3^k<(n-3)^2+2<3^{k+2}$

Step 3 $h(0)$의 값 구하기

$k=0$일 때, $1<(n-3)^2+2<9$에서
$-1<(n-3)^2<7$ → $(n-3)^2$이 될 수 있는 값은 0, 1, 4야.
따라서 부등식을 만족시키는 자연수 n은 1, 2, 3, 4, 5의 5개이다.
$\therefore h(0)=5$

Step 4 $h(3)$의 값 구하기

$k=3$일 때, $27<(n-3)^2+2<243$에서
$25<(n-3)^2<241$ → $(n-3)^2$이 될 수 있는 값은 6^2, 7^2, 8^2, $\cdots$, 15^2이야.
따라서 부등식을 만족시키는 자연수 n은 9, 10, 11, $\cdots$, 18의 10개이다.
$\therefore h(3)=10$

Step 5 $h(0)+h(3)$의 값 구하기

$\therefore h(0)+h(3)=5+10=15$

문제 보기

모든 실수 x에 대하여 이차부등식

$\quad 3x^2-2(\log_2 n)x+\log_2 n>0$

이 성립하도록 하는 자연수 n의 개수를 구하시오. [3점]

$\underset{}{\underset{\uparrow}{}}$ → 이차부등식이 항상 성립하기 위한 조건을 이용하여 부등식을 세운다.

Step 1   조건을 만족시키는 로그부등식 세우기

모든 실수 x에 대하여 이차부등식 $3x^2-2(\log_2 n)x+\log_2 n>0$이 성립하려면 이차방정식 $3x^2-2(\log_2 n)x+\log_2 n=0$의 판별식을 D라 할 때,
$\dfrac{D}{4}=(\log_2 n)^2-3\log_2 n<0$

Step 2 $\log_2 n=t$로 치환하여 t에 대한 부등식 풀기

$\log_2 n=t$로 놓으면
$t^2-3t<0$
$t(t-3)<0$
$\therefore 0<t<3$

Step 3 n의 값의 범위 구하기

$t=\log_2 n$이므로
$0<\log_2 n<3$
$\log_2 2^0<\log_2 n<\log_2 2^3$
로그의 밑 2가 1보다 크므로
$1<n<8$

Step 4   자연수 n의 개수 구하기

따라서 자연수 n은 2, 3, 4, 5, 6, 7의 6개이다.

45 지수부등식과 로그부등식 정답 63 | 정답률 45%

문제 보기

x에 대한 부등식

$2^{2x+1}-(2n+1)2^x+n\leq 0$ ——지수법칙을 이용하여 식을 변형한 후 $2^x=t$로 치환한다.

을 만족시키는 모든 정수 x의 개수가 7일 때, 자연수 n의 최댓값을 구하시오. [3점]

Step 1 $2^x=t$로 치환하여 t에 대한 부등식 풀기

$2^{2x+1}-(2n+1)2^x+n\leq 0$에서

$2\times(2^x)^2-(2n+1)2^x+n\leq 0$

$2^x=t$ $(t>0)$로 놓으면

$2t^2-(2n+1)t+n\leq 0$

$(2t-1)(t-n)\leq 0$

$\therefore \dfrac{1}{2}\leq t\leq n$ ($\because$ n은 자연수)

Step 2 x의 값의 범위 구하기

$t=2^x$이므로 $\dfrac{1}{2}\leq 2^x\leq n$

각 변에 밑이 2인 로그를 취하면

$-1\leq x\leq \log_2 n$

Step 3 자연수 n의 최댓값 구하기

이때 정수 x가 7개이려면 오른쪽 그림에서

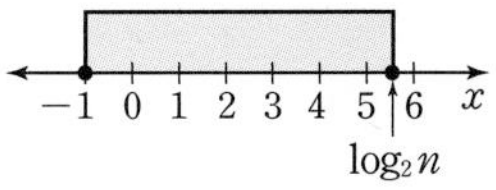

$5\leq \log_2 n<6$

$\log_2 2^5\leq \log_2 n<\log_2 2^6$

로그의 밑 2가 1보다 크므로

$32\leq n<64$

따라서 자연수 n의 최댓값은 63이다.

46 여러 가지 로그부등식 정답 ④ | 정답률 35%

문제 보기

다음 조건을 만족시키는 모든 자연수 k의 값의 합은? [4점]

$\log_2\sqrt{-n^2+10n+75}-\log_4(75-kn)$의 값이 양수가 되도록 하는 자연수 n의 개수가 12이다.

└─부등식 $\log_2\sqrt{-n^2+10n+75}-\log_4(75-kn)>0$을 만족시키는 자연수 n의 개수가 12이다.

① 6　② 7　③ 8　④ 9　⑤ 10

Step 1 n, k에 대한 부등식 세우기

진수의 조건에서

$\sqrt{-n^2+10n+75}>0$, $75-kn>0$

$\sqrt{-n^2+10n+75}>0$에서

$-n^2+10n+75>0$, $n^2-10n-75<0$

$(n+5)(n-15)<0$　$\therefore$ $-5<n<15$

이때 n이 자연수이므로

$1\leq n\leq 14$　……㉠

$75-kn>0$에서 $n<\dfrac{75}{k}$ ($\because$ $k>0$)

이때 n이 자연수이므로

$1\leq n<\dfrac{75}{k}$　……㉡

$\log_2\sqrt{-n^2+10n+75}-\log_4(75-kn)>0$에서

$\log_4(-n^2+10n+75)>\log_4(75-kn)$

로그의 밑 4가 1보다 크므로

$-n^2+10n+75>75-kn$

$n^2-(k+10)n<0$, $n(n-k-10)<0$

$\therefore$ $0<n<k+10$

이때 n, k는 자연수이므로

$1\leq n\leq k+9$　……㉢

Step 2 조건을 만족시키는 k의 값의 합 구하기

㉠, ㉡, ㉢을 모두 만족시키는 자연수 n의 개수는 12가 되어야 하므로

(ⅰ) $k=1$, 2일 때,

　㉢을 만족시키는 자연수 n의 개수는 11 이하이므로 주어진 조건을 만족시키지 않는다.

(ⅱ) $k=3$일 때,

　$1\leq n\leq 12$이므로 주어진 조건을 만족시킨다.

(ⅲ) $k=4$일 때,

　$1\leq n\leq 13$이므로 주어진 조건을 만족시키지 않는다.

(ⅳ) $k=5$일 때,

　$1\leq n\leq 14$이므로 주어진 조건을 만족시키지 않는다.

(ⅴ) $k=6$일 때,

　$1\leq n<\dfrac{25}{2}$이므로 주어진 조건을 만족시킨다.

(ⅵ) $k\geq 7$일 때,

　㉡에서 $n<\dfrac{75}{k}<11$이므로 ㉡을 만족시키는 자연수 n의 개수는 10 이하이다.

　따라서 주어진 조건을 만족시키지 않는다.

(ⅰ)~(ⅵ)에서 주어진 조건을 만족시키는 k의 값은 3, 6이므로 그 합은

$3+6=9$

9
일차

153

문제 보기

함수 $f(x)=\log_3 x$에 대하여 두 양수 a, b가 다음 조건을 만족시킨다.

> (가) $|f(a)-f(b)|\leq 1$ → a, b에 대한 부등식을 세운다.
> (나) $f(a+b)=1$ → a, b에 대한 관계식을 세운다.

ab의 최솟값을 m이라 할 때, $f(m)=3-\log_3 k$이다. 자연수 k의 값은? [4점] → a, b의 관계식을 이용하여 이차함수의 최솟값을 구한다.

① 16   ② 19   ③ 22   ④ 25   ⑤ 28

Step 1 조건 (가)를 이용하여 a, b에 대한 부등식 세우기

조건 (가)에서 $|\log_3 a - \log_3 b| \leq 1$

$-1 \leq \log_3 \dfrac{a}{b} \leq 1$, $\log_3 3^{-1} \leq \log_3 \dfrac{a}{b} \leq \log_3 3$

로그의 밑 3이 1보다 크므로

$\dfrac{1}{3} \leq \dfrac{a}{b} \leq 3$

이때 $b>0$이므로

$\dfrac{1}{3}b \leq a \leq 3b$ …… ㉠

Step 2 조건 (나)를 이용하여 a, b에 대한 관계식 세우기

조건 (나)에서 $\log_3(a+b)=1$

즉, $a+b=3$이므로

$a=3-b$ …… ㉡

Step 3 ab의 최솟값 구하기

㉡을 ㉠에 대입하면

$\dfrac{1}{3}b \leq 3-b \leq 3b$

$\dfrac{1}{3}b \leq 3-b$에서 $\dfrac{4}{3}b \leq 3$ $\therefore b \leq \dfrac{9}{4}$

$3-b \leq 3b$에서 $4b \geq 3$ $\therefore b \geq \dfrac{3}{4}$

$\therefore \dfrac{3}{4} \leq b \leq \dfrac{9}{4}$

한편 ab에 ㉡을 대입하면

$ab=(3-b)b=-\left(b-\dfrac{3}{2}\right)^2+\dfrac{9}{4}$

이때 $\dfrac{3}{4} \leq b \leq \dfrac{9}{4}$이므로 ab는 $b=\dfrac{3}{4}$ 또는 $b=\dfrac{9}{4}$에서 최솟값 $m=\dfrac{27}{16}$을 갖는다.

Step 4 자연수 k의 값 구하기

따라서 $f(m)=f\left(\dfrac{27}{16}\right)=\log_3 \dfrac{27}{16}=3-\log_3 16$이므로

$k=16$

문제 보기

100 이하의 자연수 k에 대하여 $2 \leq \log_n k < 3$을 만족시키는 자연수 n → $n^2 \leq k < n^3$임을 이용한다.

의 개수를 $f(k)$라 하자. 예를 들어 $f(30)=2$이다. $f(k)=4$가 되도록 하는 k의 최댓값을 구하시오. [4점] → $n^2 \leq 30 < n^3$을 만족시키는 n은 4, 5의 2개이다. → $n^2 \leq k < n^3$을 만족시키는 n이 4개이다.

Step 1 자연수 k의 값 구하기

n은 자연수이므로 로그의 밑의 조건에서 $n>1$

$2 \leq \log_n k < 3$에서

$\log_n n^2 \leq \log_n k < \log_n n^3$ $\therefore n^2 \leq k < n^3$ ($\because n>1$)

따라서 1보다 큰 자연수 n에 대하여 $n^2 \leq k < n^3$을 만족시키는 100 이하의 자연수 k를 구하면 다음과 같다.

$n=2$일 때, $4 \leq k < 8$에서 $k=4, 5, 6, 7$

$n=3$일 때, $9 \leq k < 27$에서 $k=9, 10, 11, \cdots, 26$

$n=4$일 때, $16 \leq k < 64$에서 $k=16, 17, 18, \cdots, 63$

$n=5$일 때, $25 \leq k < 125$에서 $k=25, 26, 27, \cdots, 100$

$n=6$일 때, $36 \leq k < 216$에서 $k=36, 37, 38, \cdots, 100$

$n=7$일 때, $49 \leq k < 343$에서 $k=49, 50, 51, \cdots, 100$

$n=8$일 때, $64 \leq k < 512$에서 $k=64, 65, 66, \cdots, 100$

$n=9$일 때, $81 \leq k < 729$에서 $k=81, 82, 83, \cdots, 100$

$n=10$일 때, $100 \leq k < 1000$에서 $k=100$

→ k가 100 이하의 자연수임을 기억해.

Step 2 $f(k)=4$가 되도록 하는 k의 최댓값 구하기

k의 값에 따라 $f(k)$의 값을 구하면 다음과 같다.

(ⅰ) $k=1, 2, 3$일 때, $f(k)=0$

(ⅱ) $k=4, 5, 6, 7$일 때, $f(k)=1$

(ⅲ) $k=8$일 때, $f(k)=0$

(ⅳ) $k=9, 10, 11, \cdots, 15$일 때, $f(k)=1$

(ⅴ) $k=16, 17, 18, \cdots, 24$일 때, $f(k)=2$

(ⅵ) $k=25, 26$일 때, $f(k)=3$

(ⅶ) $k=27, 28, 29, \cdots, 35$일 때, $f(k)=2$

(ⅷ) $k=36, 37, 38, \cdots, 48$일 때, $f(k)=3$

(ⅸ) $k=49, 50, 51, \cdots, 80$일 때, $f(k)=4$

(ⅹ) $k=81, 82, 83, \cdots, 99$일 때, $f(k)=5$

(ⅺ) $k=100$일 때, $f(k)=6$

(ⅰ)~(ⅺ)에서 $f(k)=4$가 되도록 하는 k의 최댓값은 80이다.

49 로그부등식 – 개수 세기   정답 120 | 정답률 14%

문제 보기

좌표평면에서 자연수 n에 대하여 다음 조건을 만족시키는 삼각형 OAB의 개수를 $f(n)$이라 할 때, $f(1)+f(2)+f(3)$의 값을 구하시오. (단, O는 원점이다.) [4점]

> (가) 점 A의 좌표는 $(-2, 3^n)$이다.
> (나) 점 B의 좌표를 (a, b)라 할 때, a와 b는 자연수이고 $b \le \log_2 a$를 만족시킨다.
>   └ 조건 (가), (나)를 만족시키는 삼각형 OAB를 그려 보고 삼각형 OAB의 넓이를 a, b, n을 이용한 식으로 나타낸다.
> (다) 삼각형 OAB의 넓이는 50 이하이다.
>   └ 삼각형 OAB의 넓이를 부등식으로 나타낸다.

Step 1   삼각형 OAB의 넓이를 a, b, n을 이용하여 나타내기

조건 (나)에서 a와 b는 자연수이고 $b \le \log_2 a$이므로 점 $B(a, b)$는 $x > 1$에서 함수 $y = \log_2 x$의 그래프 위에 있거나 함수 $y = \log_2 x$의 그래프와 x축 사이에 있어야 한다.

따라서 삼각형 OAB는 오른쪽 그림과 같다.
두 점 A, B에서 x축에 내린 수선의 발을 각각 A′, B′이라 하면 삼각형 OAB의 넓이는 사다리꼴 AA′B′B의 넓이에서 두 삼각형 AA′O, BB′O의 넓이를 뺀 것과 같으므로

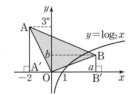

$$\frac{1}{2} \times (3^n + b) \times (a+2) - \frac{1}{2} \times 2 \times 3^n - \frac{1}{2}ab$$
$$= \frac{1}{2}(a \times 3^n + ab + 2 \times 3^n + 2b) - 3^n - \frac{1}{2}ab$$
$$= \frac{3^n}{2}a + b$$

Step 2 a의 값의 범위를 b, n을 이용하여 나타내기

조건 (다)에서 삼각형 OAB의 넓이가 50 이하이므로

$$\frac{3^n}{2}a + b \le 50$$

$$\therefore a \le \frac{100 - 2b}{3^n} \qquad \cdots\cdots \text{㉠}$$

한편 조건 (나)에서 $b \le \log_2 a$이므로

$$\log_2 2^b \le \log_2 a \qquad \therefore 2^b \le a \qquad \cdots\cdots \text{㉡}$$

㉠, ㉡에서 $2^b \le a \le \dfrac{100 - 2b}{3^n}$

    └ $f(n)$의 값은 자연수 n에 대하여 이 부등식을 만족시키는 자연수 a, b의 순서쌍 (a, b)의 개수와 같아.

Step 3 $f(1)$, $f(2)$, $f(3)$의 값 구하기

(i) $n = 1$일 때, $2^b \le a \le \dfrac{100 - 2b}{3}$

  $b = 1$이면 $2 \le a \le \dfrac{98}{3}$이므로 자연수 a는 2, 3, 4, ⋯, 32의 31개

  $b = 2$이면 $4 \le a \le 32$이므로 자연수 a는 4, 5, 6, ⋯, 32의 29개

  $b = 3$이면 $8 \le a \le \dfrac{94}{3}$이므로 자연수 a는 8, 9, 10, ⋯, 31의 24개

  $b = 4$이면 $16 \le a \le \dfrac{92}{3}$이므로 자연수 a는 16, 17, 18, ⋯, 30의 15개

  $\underline{b \ge 5이면 \text{ 부등식을 만족시키는 자연수 } a는 \text{ 없다.}}$

  $\therefore f(1) = 31 + 29 + 24 + 15 = 99$ └ $b = 5$일 때, $a \ge 32$, $a \le 30$을 동시에 만족시키는 자연수 a는 없어.

(ii) $n = 2$일 때, $2^b \le a \le \dfrac{100 - 2b}{9}$

  $b = 1$이면 $2 \le a \le \dfrac{98}{9}$이므로 자연수 a는 2, 3, 4, ⋯, 10의 9개

  $b = 2$이면 $4 \le a \le \dfrac{32}{3}$이므로 자연수 a는 4, 5, 6, ⋯, 10의 7개

  $b = 3$이면 $8 \le a \le \dfrac{94}{9}$이므로 자연수 a는 8, 9, 10의 3개

  $\underline{b \ge 4이면 \text{ 부등식을 만족시키는 자연수 } a는 \text{ 없다.}}$

  $\therefore f(2) = 9 + 7 + 3 = 19$ └ $b \ge 4$일 때, $a \ge 16$, $a \le \dfrac{92}{9} = 10.2\cdots$를 동시에 만족시키는 자연수 a는 없어.

(iii) $n = 3$일 때, $2^b \le a \le \dfrac{100 - 2b}{27}$

  $b = 1$이면 $2 \le a \le \dfrac{98}{27}$이므로 자연수 a는 2, 3의 2개

  $\underline{b \ge 2이면 \text{ 부등식을 만족시키는 자연수 } a는 \text{ 없다.}}$

  $\therefore f(3) = 2$ └ $b \ge 2$일 때, $a \ge 4$, $a \le \dfrac{32}{9} = 3.5\cdots$를 동시에 만족시키는 자연수 a는 없어.

Step 4 $f(1) + f(2) + f(3)$의 값 구하기

(i), (ii), (iii)에서

$$f(1) + f(2) + f(3) = 99 + 19 + 2 = 120$$

10
일차

01 ②	**02** ③	**03** ④	**04** ⑤	**05** ③	**06** ②	**07** ⑤	**08** 101	**09** ②	**10** ③	**11** ③	**12** ③
13 12	**14** 24	**15** ⑤	**16** ④	**17** ①	**18** ②	**19** ④	**20** ④	**21** 32	**22** ②	**23** ④	**24** ②
25 ②	**26** ④	**27** ②	**28** 160	**29** 125	**30** 8	**31** 75					

문제편 142쪽~151쪽

01 로그방정식의 활용 – 함수의 그래프
정답 ② | 정답률 65%

문제 보기

직선 $x=k$가 두 곡선 $y=\log_2 x$, $y=-\log_2(8-x)$와 만나는 점을 각
└→ 두 점 A, B의 x좌표는 같다.

각 A, B라 하자. $\overline{AB}=2$가 되도록 하는 모든 실수 k의 값의 곱은?
└→ 선분 AB의 길이를 구하여 (단, $0<k<8$) [4점]
로그방정식을 세운다.

① $\dfrac{1}{2}$ ② 1 ③ $\dfrac{3}{2}$ ④ 2 ⑤ $\dfrac{5}{2}$

Step 1 k에 대한 로그방정식 세우기

$A(k, \log_2 k)$, $B(k, -\log_2(8-k))$이므로 $\overline{AB}=2$에서

$|\log_2 k-\{-\log_2(8-k)\}|=2$ →두 점 A, B의 y좌표의 대소를 알 수 없으므로
절댓값을 씌워야 해.

$|\log_2 k+\log_2(8-k)|=2$

$|\log_2 k(8-k)|=2$

$\therefore \log_2 k(8-k)=2$ 또는 $\log_2 k(8-k)=-2$

Step 2 k의 값 구하기

(i) $\log_2 k(8-k)=2$일 때,

$k(8-k)=2^2$이므로

$k^2-8k+4=0$

$\therefore k=4\pm2\sqrt{3}$ →$3<2\sqrt{3}<4$이므로 $0<k<8$을 만족시켜.

(ii) $\log_2 k(8-k)=-2$일 때,

$k(8-k)=2^{-2}$이므로

$k^2-8k+\dfrac{1}{4}=0$, $4k^2-32k+1=0$

$\therefore k=\dfrac{8\pm3\sqrt{7}}{2}$ →$7<3\sqrt{7}<8$이므로 $0<k<8$을 만족시켜.

Step 3 실수 k의 값의 곱 구하기

(i), (ii)에서 모든 실수 k의 값의 곱은

$(4+2\sqrt{3})\times(4-2\sqrt{3})\times\dfrac{8+3\sqrt{7}}{2}\times\dfrac{8-3\sqrt{7}}{2}$

$=(16-12)\times\dfrac{64-63}{4}$

$=4\times\dfrac{1}{4}=1$

02 로그방정식의 활용 – 함수의 그래프
정답 ③ | 정답률 75%

문제 보기

상수 $a(a>2)$에 대하여 함수 $y=\log_2(x-a)$의 그래프의 점근선이 두
└→ 점근선의 방정식을 구한다.

곡선 $y=\log_2\dfrac{x}{4}$, $y=\log_{\frac{1}{2}}x$와 만나는 점을 각각 A, B라 하자.

$\overline{AB}=4$일 때, a의 값은? [3점] └→ 두 점 A, B의 좌표를 a를 사용하여 나타낸다.
└→ $\overline{AB}$의 길이를 구하여 로그방정식을 세운다.

① 4 ② 6 ③ 8 ④ 10 ⑤ 12

Step 1 a에 대한 로그방정식 세우기

함수 $y=\log_2(x-a)$의 그래프의 점근선의 방정식은 $x=a$이므로

$A\left(a, \log_2\dfrac{a}{4}\right)$, $B\left(a, \log_{\frac{1}{2}}a\right)$

$\therefore \overline{AB}=\left|\log_2\dfrac{a}{4}-\log_{\frac{1}{2}}a\right|$

$=|\log_2 a-2+\log_2 a|$

$=|2\log_2 a-2|$

$=2|\log_2 a-1|$

즉, $2|\log_2 a-1|=4$이므로

$\log_2 a-1=-2$ 또는 $\log_2 a-1=2$

Step 2 a의 값 구하기

(i) $\log_2 a-1=-2$일 때,

$\log_2 a=-1$ $\therefore a=2^{-1}=\dfrac{1}{2}$

그런데 $a>2$이므로 조건을 만족시키지 않는다.

(ii) $\log_2 a-1=2$일 때,

$\log_2 a=3$ $\therefore a=2^3=8$

(i), (ii)에서 $a=8$

03 로그방정식의 활용 – 함수의 그래프

정답 ④ | 정답률 75%

문제 보기

$a>1$인 실수 a에 대하여 두 함수

$$f(x)=\frac{1}{2}\log_a(x-1)-2,\quad g(x)=\log_{\frac{1}{a}}(x-2)+1$$

이 있다. 직선 $y=-2$와 함수 $y=f(x)$의 그래프가 만나는 점을 A라

└─ 점 A의 y좌표가 -2임을 이용하여 x좌표를 구한다.

하고, 직선 $x=10$과 두 함수 $y=f(x)$, $y=g(x)$의 그래프가 만나는

└─ 두 점 B, C의 x좌표가 10임을 이용한다.

점을 각각 B, C라 하자. 삼각형 ACB의 넓이가 28일 때, a^{10}의 값은?

└─ $\log_a x$에 대한 식을 세운다.

[4점]

① 15　　② 18　　③ 21　　④ 24　　⑤ 27

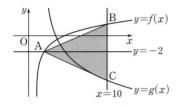

Step 1 점 A의 좌표 구하기

A$(p,\ -2)$라 하면 점 A가 함수 $y=\frac{1}{2}\log_a(x-1)-2$의 그래프 위에 있으므로

$$\frac{1}{2}\log_a(p-1)-2=-2$$

$$\log_a(p-1)=0 \qquad \therefore\ p=2$$

$$\therefore\ \text{A}(2,\ -2)$$

Step 2 a^{10}의 값 구하기

$\text{B}\left(10,\ \frac{1}{2}\log_a 9-2\right)$, $\text{C}(10,\ \log_{\frac{1}{a}}8+1)$, 즉 $\text{B}(10,\ \log_a 3-2)$,

$\text{C}(10,\ -\log_a 8+1)$이고 삼각형 ACB의 넓이가 28이므로

$$\frac{1}{2}\times(10-2)\times\{(\log_a 3-2)-(-\log_a 8+1)\}=28$$

$$4(\log_a 24-3)=28$$

$$\log_a 24=10$$

$$\therefore\ a^{10}=24$$

04 로그방정식의 활용 – 함수의 그래프

정답 ⑤ | 정답률 83%

문제 보기

함수 $y=\log_3|2x|$의 그래프와 함수 $y=\log_3(x+3)$의 그래프가 만나

는 서로 다른 두 점을 각각 A, B라 하자. 점 A를 지나고 직선 AB와

└─ $x<0$인 경우와 $x>0$인 경우로 나누어 두 점 A, B의 좌표를 구한다.

수직인 직선이 y축과 만나는 점을 C라 할 때, 삼각형 ABC의 넓이는?

└─ 직선 AC의 기울기와 직선 AB의 기울기의 곱은 -1임을 이용한다.

(단, 점 A의 x좌표는 점 B의 x좌표보다 작다.) [4점]

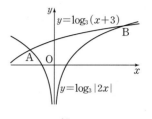

① $\dfrac{13}{2}$　　② 7　　③ $\dfrac{15}{2}$　　④ 8　　⑤ $\dfrac{17}{2}$

Step 1 두 점 A, B의 좌표 구하기

$$y=\log_3|2x|=\begin{cases}\log_3(-2x) & (x<0)\\ \log_3 2x & (x>0)\end{cases}$$

함수 $y=\log_3(-2x)$의 그래프와 함수 $y=\log_3(x+3)$의 그래프가 만나

는 점 A의 x좌표는 $\log_3(-2x)=\log_3(x+3)$에서 양변의 로그의 밑이

같으므로

$$-2x=x+3,\ 3x=-3 \qquad \therefore\ x=-1$$

$$\therefore\ \text{A}(-1,\ \log_3 2)$$

함수 $y=\log_3 2x$의 그래프와 함수 $y=\log_3(x+3)$의 그래프가 만나는 점

B의 x좌표는 $\log_3 2x=\log_3(x+3)$에서 양변의 로그의 밑이 같으므로

$$2x=x+3 \qquad \therefore\ x=3$$

$$\therefore\ \text{B}(3,\ \log_3 6)$$

Step 2 점 C의 좌표 구하기

두 점 $\text{A}(-1,\ \log_3 2)$, $\text{B}(3,\ \log_3 6)$에 대하여 직선 AB의 기울기는

$$\frac{\log_3 6-\log_3 2}{3-(-1)}=\frac{\log_3\frac{6}{2}}{4}=\frac{1}{4}$$

따라서 점 $\text{A}(-1,\ \log_3 2)$를 지나고 직선 AB와 수직인 직선의 방정식은

$$y-\log_3 2=-4(x+1) \quad \longrightarrow \text{직선 AB와 수직인 직선의 기울기는 } -4\text{야.}$$

$$\therefore\ y=-4x-4+\log_3 2$$

$$\therefore\ \text{C}(0,\ -4+\log_3 2)$$

Step 3 삼각형 ABC의 넓이 구하기

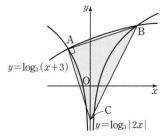

$$\overline{\text{AB}}=\sqrt{\{3-(-1)\}^2+(\log_3 6-\log_3 2)^2}$$

$$=\sqrt{4^2+(\log_3 3)^2}=\sqrt{17}$$

$$\overline{\text{AC}}=\sqrt{(-1)^2+\{\log_3 2-(-4+\log_3 2)\}^2}=\sqrt{17}$$

따라서 삼각형 ABC의 넓이는

$$\frac{1}{2}\times\overline{\text{AB}}\times\overline{\text{AC}}=\frac{1}{2}\times\sqrt{17}\times\sqrt{17}=\frac{17}{2}$$

문제 보기

그림과 같이 두 함수 $y=\log_2 x$, $y=\log_2(x-2)$의 그래프가 x축과 만나는 점을 각각 A, B라 하자. 직선 $x=k\,(k>3)$이 두 함수 $y=\log_2 x$,
└ 두 점 A, B의 y좌표가 0임을 이용하여 x좌표를 구한다.
$y=\log_2(x-2)$의 그래프와 만나는 점을 각각 P, Q라 하고 x축과 만나
└ 세 점 P, Q, R의 x좌표가 k임을 이용한다.
는 점을 R라 하자. 점 Q가 선분 PR의 중점일 때, 사각형 ABQP의 넓이는? [3점]
└ 점 Q와 선분 PR의 중점의 y좌표를 비교한다.

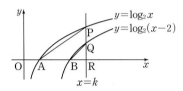

① $\dfrac{3}{2}$　　② 2　　③ $\dfrac{5}{2}$　　④ 3　　⑤ $\dfrac{7}{2}$

Step 1 두 점 A, B의 좌표 구하기

$A(a, 0)$이라 하면 점 A가 함수 $y=\log_2 x$의 그래프 위에 있으므로
$\log_2 a=0$에서 $a=1$
∴ $A(1, 0)$
$B(b, 0)$이라 하면 점 B가 함수 $y=\log_2(x-2)$의 그래프 위에 있으므로
$\log_2(b-2)=0$에서 $b-2=1$
∴ $b=3$　　∴ $B(3, 0)$

Step 2 세 점 P, Q, R의 좌표 구하기

$P(k, \log_2 k)$, $Q(k, \log_2(k-2))$, $R(k, 0)$이고 점 Q가 선분 PR의 중점
이므로
$$\frac{\log_2 k}{2}=\log_2(k-2)$$
$\log_2 k=2\log_2(k-2)$, $\log_2 k=\log_2(k-2)^2$
양변의 로그의 밑이 같으므로
$k=(k-2)^2$
$k^2-5k+4=0$, $(k-1)(k-4)=0$
∴ $k=4\ (\because k>3)$
∴ $P(4, 2)$, $Q(4, 1)$, $R(4, 0)$

Step 3 사각형 ABQP의 넓이 구하기

따라서 사각형 ABQP의 넓이는
$$\triangle ARP-\triangle BRQ=\frac{1}{2}\times\overline{AR}\times\overline{PR}-\frac{1}{2}\times\overline{BR}\times\overline{QR}$$
$$=\frac{1}{2}\times(4-1)\times 2-\frac{1}{2}\times(4-3)\times 1$$
$$=3-\frac{1}{2}=\frac{5}{2}$$

문제 보기

$n\geq 2$인 자연수 n에 대하여 **두 곡선**
$$y=\log_n x,\quad y=-\log_n(x+3)+1$$
이 만나는 점의 x좌표가 1보다 크고 2보다 작도록 하는 모든 n의 값의
합은? [4점]　└ $\log_n x=-\log_n(x+3)+1$을 이용하여 x에 대한 식을 세운다.

① 30　　② 35　　③ 40　　④ 45　　⑤ 50

Step 1 두 곡선이 만나는 점의 x좌표에 대한 식 세우기

$y=-\log_n(x+3)+1$에서
$$y=\log_n\frac{1}{x+3}+\log_n n=\log_n\frac{n}{x+3}$$
두 곡선 $y=\log_n x$, $y=-\log_n(x+3)+1$이 만나는 점의 x좌표는
$\log_n x=\log_n\dfrac{n}{x+3}$에서 양변의 로그의 밑이 같으므로
$$x=\frac{n}{x+3}$$
∴ $x^2+3x-n=0$

Step 2 n의 값의 합 구하기

$f(x)=x^2+3x-n$이라 하면 함수 $y=f(x)$의 그래프의 축이 직선
$x=-\dfrac{3}{2}$이므로 두 곡선 $y=\log_n x$, $y=-\log_n(x+3)+1$이 만나는 점의
x좌표가 1보다 크고 2보다 작으려면 $f(1)<0$, $f(2)>0$이어야 한다.
$f(1)=4-n<0$에서 $n>4$　　└ $x^2+3x-n=0$의 실근이 1과 2 사이에 존재해야 해.
$f(2)=10-n>0$에서 $n<10$
따라서 $4<n<10$이므로 모든 자연수 n의 값의 합은
$5+6+7+8+9=35$

07 로그방정식의 활용 – 함수의 그래프
정답 ⑤ | 정답률 48%

문제 보기

$a>1$인 실수 a에 대하여 두 곡선

$$y=-\log_2(-x),\ y=\log_2(x+2a)$$

가 만나는 두 점을 A, B라 하자. 선분 AB의 중점이 직선
└→ $-\log_2(-x)=\log_2(x+2a)$를 이용하여 x에 대한 식을 세운다.

$4x+3y+5=0$ 위에 있을 때, 선분 AB의 길이는? [4점]

① $\dfrac{3}{2}$ ② $\dfrac{7}{4}$ ③ 2 ④ $\dfrac{9}{4}$ ⑤ $\dfrac{5}{2}$

Step 1 두 점 A, B의 x좌표 사이의 관계식 구하기

두 곡선 $y=-\log_2(-x),\ y=\log_2(x+2a)$가 만나는 점의 x좌표는
$-\log_2(-x)=\log_2(x+2a)$에서

$$\log_2\left(-\dfrac{1}{x}\right)=\log_2(x+2a)$$

양변의 로그의 밑이 같으므로

$$-\dfrac{1}{x}=x+2a$$

$$\therefore\ x^2+2ax+1=0\quad\cdots\cdots\ \bigcirc$$

$A(x_1,\ y_1),\ B(x_2,\ y_2)$라 하면 두 점 A, B의 x좌표 $x_1,\ x_2$는 이차방정식 $\bigcirc$의 서로 다른 두 실근이므로 이차방정식의 근과 계수의 관계에 의하여

$$x_1+x_2=-2a,\ x_1x_2=1$$

Step 2 a의 값 구하기

두 점 A, B가 곡선 $y=-\log_2(-x)$ 위에 있으므로

$$y_1=-\log_2(-x_1),\ y_2=-\log_2(-x_2)$$

$$\therefore\ y_1+y_2=-\log_2(-x_1)-\log_2(-x_2)$$
$$=-\log_2 x_1x_2$$
$$=-\log_2 1=0$$

따라서 선분 AB의 중점의 좌표는 $\left(\dfrac{x_1+x_2}{2},\ \dfrac{y_1+y_2}{2}\right)$, 즉 $(-a,\ 0)$이다.

이 점이 직선 $4x+3y+5=0$ 위에 있으므로

$$-4a+5=0\qquad\therefore\ a=\dfrac{5}{4}$$

Step 3 선분 AB의 길이 구하기

$a=\dfrac{5}{4}$를 $\bigcirc$에 대입하면

$$x^2+\dfrac{5}{2}x+1=0,\ 2x^2+5x+2=0$$

$$(x+2)(2x+1)=0$$

$$\therefore\ x=-2\ \text{또는}\ x=-\dfrac{1}{2}$$

따라서 두 점 A, B의 좌표는 $(-2,\ -1),\ \left(-\dfrac{1}{2},\ 1\right)$이므로

$$\overline{\text{AB}}=\sqrt{\left\{-2-\left(-\dfrac{1}{2}\right)\right\}^2+(-1-1)^2}$$
$$=\sqrt{\dfrac{9}{4}+4}=\dfrac{5}{2}$$

---

08 로그방정식의 활용 – 함수의 그래프
정답 101 | 정답률 60%

문제 보기

두 함수 $f(x)=\log_2(x+10)$, $g(x)=\log_{\frac{1}{2}}(x-10)$의 그래프가 그림과 같다.

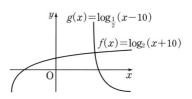

$x>10$에서 정의된 함수 $y=|f(x)-g(x)|$는 $x=p$일 때 최솟값을 갖는다. p^2의 값을 구하시오. [4점]
└→ 절댓값의 성질을 이용하여 함수 $y=|f(x)-g(x)|$의 최솟값을 구한다.

Step 1 최솟값을 갖는 경우 파악하기

함수 $y=|f(x)-g(x)|$에서 $|f(x)-g(x)|\geq0$이고 주어진 그래프에서
└→ 절댓값은 항상 0보다 크거나 같아.

$f(x)-g(x)=0$, 즉 $f(x)=g(x)$인 점이 존재하므로 함수 $y=|f(x)-g(x)|$는 $f(x)-g(x)=0$일 때 최솟값 0을 갖는다.

Step 2 p^2의 값 구하기

$f(p)-g(p)=0$에서

$$\log_2(p+10)-\log_{\frac{1}{2}}(p-10)=0$$
$$\log_2(p+10)-\log_{2^{-1}}(p-10)=0$$
$$\log_2(p+10)+\log_2(p-10)=0$$
$$\log_2(p+10)(p-10)=0$$
$$\log_2(p^2-100)=0$$

따라서 $p^2-100=1$이므로 $p^2=101$

문제 보기

지수함수 $y=a^x$ $(a>1)$의 그래프와 직선 $y=\sqrt{3}$이 만나는 점을 A라
└─ 점 A의 y좌표가 $\sqrt{3}$임을 이용하여 x좌표를 구한다.
하자. 점 B$(4, 0)$에 대하여 직선 OA와 직선 AB가 서로 수직이 되도
└─ 두 직선의 기울기의 곱은 -1임을 이용한다.
록 하는 모든 a의 값의 곱은? (단, O는 원점이다.) [4점]

① $3^{\frac{1}{3}}$ ② $3^{\frac{2}{3}}$ ③ 3 ④ $3^{\frac{4}{3}}$ ⑤ $3^{\frac{5}{3}}$

Step 1 점 A의 좌표 구하기

A$(p, \sqrt{3})$이라 하면 점 A가 함수 $y=a^x$의 그래프 위에 있으므로
$a^p=\sqrt{3}$ ∴ $p=\log_a\sqrt{3}$
∴ A$(\log_a\sqrt{3}, \sqrt{3})$

Step 2 두 직선 OA와 AB의 관계를 이용하여 로그방정식 세우기

직선 OA의 기울기는 $\dfrac{\sqrt{3}}{\log_a\sqrt{3}}$

직선 AB의 기울기는 $\dfrac{\sqrt{3}}{\log_a\sqrt{3}-4}$

직선 OA와 직선 AB가 서로 수직이므로

$\dfrac{\sqrt{3}}{\log_a\sqrt{3}} \times \dfrac{\sqrt{3}}{\log_a\sqrt{3}-4}=-1$ → 두 직선 $y=mx+n$, $y=m'x+n'$이
서로 수직이면 $mm'=-1$이야.
$(\log_a\sqrt{3})^2-4\log_a\sqrt{3}+3=0$

Step 3 a의 값 구하기

$\log_a\sqrt{3}=t$로 놓으면
$t^2-4t+3=0$, $(t-1)(t-3)=0$
∴ $t=1$ 또는 $t=3$
$t=\log_a\sqrt{3}$이므로
(i) $t=1$일 때,
   $\log_a\sqrt{3}=1$에서 $a=\sqrt{3}=3^{\frac{1}{2}}$
(ii) $t=3$일 때,
   $\log_a\sqrt{3}=3$에서 $a^3=\sqrt{3}$
     ∴ $a=(3^{\frac{1}{2}})^{\frac{1}{3}}=3^{\frac{1}{6}}$

Step 4 a의 값의 곱 구하기

(i), (ii)에서 모든 a의 값의 곱은
$3^{\frac{1}{2}} \times 3^{\frac{1}{6}}=3^{\frac{1}{2}+\frac{1}{6}}=3^{\frac{2}{3}}$

문제 보기

2보다 큰 상수 k에 대하여 두 곡선 $y=|\log_2(-x+k)|$, $y=|\log_2 x|$
가 만나는 세 점 P, Q, R의 x좌표를 각각 x_1, x_2, x_3이라 하자.
└─ x_1에 대한 방정식과 x_3에 대한 방정식을 세운다.
$x_3-x_1=2\sqrt{3}$일 때, x_1+x_3의 값은? (단, $x_1<x_2<x_3$) [3점]

① $\dfrac{7}{2}$ ② $\dfrac{15}{4}$ ③ 4 ④ $\dfrac{17}{4}$ ⑤ $\dfrac{9}{2}$

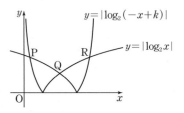

Step 1 x_1에 대한 방정식 세우기

$y=|\log_2(-x+k)|=\begin{cases} \log_2(-x+k) & (x<k-1) \\ -\log_2(-x+k) & (k-1\le x<k) \end{cases}$

$y=|\log_2 x|=\begin{cases} -\log_2 x & (0<x<1) \\ \log_2 x & (x\ge 1) \end{cases}$

점 P는 두 곡선 $y=\log_2(-x+k)$, $y=-\log_2 x$의 교점이고 x좌표가 x_1
이므로
$\log_2(-x_1+k)=-\log_2 x_1$
$\log_2(-x_1+k)=\log_2\dfrac{1}{x_1}$
양변의 로그의 밑이 같으므로
$-x_1+k=\dfrac{1}{x_1}$
∴ $x_1{}^2-kx_1+1=0$ …… ㉠

Step 2 x_3에 대한 방정식 세우기

점 R는 두 곡선 $y=-\log_2(-x+k)$, $y=\log_2 x$의 교점이고 x좌표가 x_3
이므로
$-\log_2(-x_3+k)=\log_2 x_3$
$\log_2\dfrac{1}{-x_3+k}=\log_2 x_3$
양변의 로그의 밑이 같으므로
$\dfrac{1}{-x_3+k}=x_3$
∴ $x_3{}^2-kx_3+1=0$ …… ㉡

Step 3 x_1+x_3의 값 구하기

㉠, ㉡에서 x_1, x_3은 이차방정식 $x^2-kx+1=0$의 서로 다른 두 실근이므
로 이차방정식의 근과 계수의 관계에 의하여
$x_1 x_3=1$
이때 $x_3-x_1=2\sqrt{3}$이므로
$(x_1+x_3)^2=(x_3-x_1)^2+4x_1 x_3$
            $=(2\sqrt{3})^2+4\times 1=16$
∴ $x_1+x_3=4$ ($\because$ $0<x_1<x_3$)

11 로그부등식의 활용 – 함수의 그래프

정답 ③ | 정답률 58%

문제 보기

자연수 n에 대하여 좌표평면에서 직선 $\dfrac{x}{3}+\dfrac{y}{4}=\left(\dfrac{3}{4}\right)^n$을 l_n이라 하자.

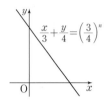

직선 l_n과 x축, y축으로 둘러싸인 부분의 넓이가 $\dfrac{1}{10}$ 이하가 되도록 하는 자연수 n의 최솟값은? └─ 직선 l_n이 x축, y축과 만나는 점의 좌표를 각각 구한다.

(단, $\log 2=0.30$, $\log 3=0.48$로 계산한다.) [4점]

① 6   ② 7   ③ 8   ④ 9   ⑤ 10

Step 1 직선 l_n이 x축, y축과 만나는 점의 좌표 구하기

직선 l_n이 x축, y축과 만나는 점을 각각 A, B라 하자.
$A(a, 0)$이라 하면 점 A가 직선 l_n 위에 있으므로
$$\frac{a}{3}=\left(\frac{3}{4}\right)^n \quad \therefore a=3\left(\frac{3}{4}\right)^n \quad \therefore A\left(3\left(\frac{3}{4}\right)^n, 0\right)$$
$B(0, b)$라 하면 점 B가 직선 l_n 위에 있으므로
$$\frac{b}{4}=\left(\frac{3}{4}\right)^n \quad \therefore b=4\left(\frac{3}{4}\right)^n \quad \therefore B\left(0, 4\left(\frac{3}{4}\right)^n\right)$$

Step 2 직선 l_n과 x축, y축으로 둘러싸인 부분의 넓이 구하기

직선 l_n과 x축, y축으로 둘러싸인 부분의 넓이는 삼각형 AOB의 넓이와 같으므로
$$\frac{1}{2}\times\overline{OA}\times\overline{OB}=\frac{1}{2}\times3\left(\frac{3}{4}\right)^n\times4\left(\frac{3}{4}\right)^n=6\left(\frac{3}{4}\right)^{2n}$$

Step 3 자연수 n의 최솟값 구하기

삼각형 AOB의 넓이가 $\dfrac{1}{10}$ 이하가 되어야 하므로
$$6\left(\frac{3}{4}\right)^{2n}\leq\frac{1}{10}$$
양변에 상용로그를 취하면
$$\log 6\left(\frac{3}{4}\right)^{2n}\leq\log\frac{1}{10}$$
$$\log 6+\log\left(\frac{3}{4}\right)^{2n}\leq\log 10^{-1}$$
$$\log 6+2n(\log 3-\log 2^2)\leq -1$$
$$2n(\log 3-2\log 2)\leq -1-\log 6$$
$$2n(\log 3-2\log 2)\leq -1-(\log 2+\log 3)$$
$$2n(0.48-2\times0.30)\leq -1-(0.30+0.48)$$
$$-0.24n\leq -1.78$$
$$\therefore n\geq\frac{1.78}{0.24}=7.4\cdots$$
따라서 자연수 n의 최솟값은 8이다.

---

12 로그방정식의 활용 – 함수의 그래프

정답 ③ | 정답률 32%

문제 보기

그림과 같이 1보다 큰 실수 k에 대하여 두 곡선 $y=\log_2|kx|$와 $y=\log_2(x+4)$가 만나는 서로 다른 두 점을 A, B라 하고, 점 B를 지 └─ 두 점 A, B의 x좌표를 k에 대한 식으로 각각 나타낸다.
나는 곡선 $y=\log_2(-x+m)$이 곡선 $y=\log_2|kx|$와 만나는 점 중 B가 아닌 점을 C라 하자. 세 점 A, B, C의 x좌표를 각각 x_1, x_2, x_3이 └─ 점 C의 x좌표를 k에 대한 식으로 나타낸다.
라 할 때, 〈보기〉에서 옳은 것만을 있는 대로 고른 것은?

(단, $x_1<x_2$이고, m은 실수이다.) [4점]

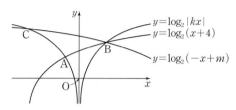

〈 보기 〉
ㄱ. $x_2=-2x_1$이면 $k=3$이다.
ㄴ. $x_2{}^2=x_1x_3$
ㄷ. 직선 AB의 기울기와 직선 AC의 기울기의 합이 0일 때, $m+k^2=19$이다. └─ 세 점 A, B, C의 y좌표를 각각 y_1, y_2, y_3으로 놓고 두 직선 AB, AC의 기울기를 각각 구한다.

① ㄱ   ② ㄷ   ③ ㄱ, ㄴ   ④ ㄴ, ㄷ   ⑤ ㄱ, ㄴ, ㄷ

Step 1 $y=\log_2|kx|$를 x의 값의 범위에 따라 나타내기

$k>1$이므로
$$y=\log_2|kx|=\begin{cases}\log_2(-kx) & (x<0) \\ \log_2 kx & (x>0)\end{cases}$$

Step 2 ㄱ이 옳은지 확인하기

ㄱ. 점 A는 두 곡선 $y=\log_2(-kx)$, $y=\log_2(x+4)$의 교점이고 x좌표가 x_1이므로
$$\log_2(-kx_1)=\log_2(x_1+4)$$
양변의 로그의 밑이 같으므로
$$-kx_1=x_1+4 \quad \therefore x_1=-\frac{4}{k+1} \quad \cdots\cdots \text{㉠}$$
점 B는 두 곡선 $y=\log_2 kx$, $y=\log_2(x+4)$의 교점이고 x좌표가 x_2이므로
$$\log_2 kx_2=\log_2(x_2+4)$$
양변의 로그의 밑이 같으므로
$$kx_2=x_2+4 \quad \therefore x_2=\frac{4}{k-1} \quad \cdots\cdots \text{㉡}$$
$x_2=-2x_1$에서
$$\frac{4}{k-1}=\frac{8}{k+1}, \ k+1=2k-2$$
$$\therefore k=3$$

Step 3 ㄴ이 옳은지 확인하기

ㄴ. 점 B는 두 곡선 $y=\log_2(-x+m)$, $y=\log_2 kx$의 교점이고 x좌표가 x_2이므로
$$\log_2(-x_2+m)=\log_2 kx_2$$
양변의 로그의 밑이 같으므로
$$-x_2+m=kx_2$$
$$\therefore m=(k+1)x_2=\frac{4(k+1)}{k-1} \ (\because \text{㉡}) \quad \cdots\cdots \text{㉢}$$

점 C는 두 곡선 $y=\log_2(-x+m)$, $y=\log_2(-kx)$의 교점이고 x좌표가 x_3이므로

$$\log_2(-x_3+m)=\log_2(-kx_3)$$

양변의 로그의 밑이 같으므로

$$-x_3+m=-kx_3$$

$$\therefore x_3=-\frac{m}{k-1}=-\frac{4(k+1)}{(k-1)^2}\ (\because \text{ⓒ})$$

$$\therefore x_1x_3=-\frac{4}{k+1}\times\left\{-\frac{4(k+1)}{(k-1)^2}\right\}\ (\because \text{㉠})$$

$$=\left(\frac{4}{k-1}\right)^2=x_2^{\,2}\ (\because \text{ⓛ}) \qquad \cdots\cdots \text{ⓔ}$$

Step 4 ㄷ이 옳은지 확인하기

ㄷ. ⓔ에서 $\dfrac{x_2}{x_1}=\dfrac{x_3}{x_2}$이고,

$$\frac{x_2}{x_1}=\frac{\dfrac{4}{k-1}}{-\dfrac{4}{k+1}}\ (\because \text{㉠, ⓛ})$$

$$=-\frac{k+1}{k-1}=-1-\frac{2}{k-1}<-1\ (\because k>1)$$

이때 $\dfrac{x_2}{x_1}=l\ (l<-1)$이라 하면 $x_2=lx_1$이므로 $x_2^{\,2}=x_1x_3$에 대입하면

$$l^2x_1^{\,2}=x_1x_3 \qquad \therefore x_3=l^2x_1$$

세 점 A, B, C의 y좌표를 각각 y_1, y_2, y_3이라 하면 두 직선 AB와 AC의 기울기의 합이 0이므로

$$\frac{y_2-y_1}{x_2-x_1}+\frac{y_3-y_1}{x_3-x_1}=0$$

$$\frac{\log_2 kx_2-\log_2(-kx_1)}{lx_1-x_1}+\frac{\log_2(-kx_3)-\log_2(-kx_1)}{l^2x_1-x_1}=0$$

$$\frac{\log_2\left(-\dfrac{x_2}{x_1}\right)}{(l-1)x_1}+\frac{\log_2\dfrac{x_3}{x_1}}{(l^2-1)x_1}=0$$

$$\frac{\log_2(-l)}{(l-1)x_1}+\frac{\log_2 l^2}{(l^2-1)x_1}=0$$

$$\frac{\log_2(-l)}{(l-1)x_1}+\frac{2\log_2(-l)}{(l^2-1)x_1}=0$$

$$\frac{(l+3)\log_2(-l)}{(l^2-1)x_1}=0$$

$(l+3)\log_2(-l)=0$에서

$$\underline{l+3=0} \qquad \therefore l=-3$$
$\llcorner$ $-l>1$이므로 $\log_2(-l)$의 값은 0이 될 수 없어.

$x_2=-3x_1$에서 $\dfrac{4}{k-1}=\dfrac{12}{k+1}\ (\because \text{㉠, ⓛ})$

$$k+1=3k-3 \qquad \therefore k=2$$

$$\therefore m=\frac{4(2+1)}{2-1}=12\ (\because \text{ⓒ})$$

$$\therefore m+k^2=12+4=16$$

Step 5 옳은 것 구하기

따라서 보기 중 옳은 것은 ㄱ, ㄴ이다.

---

13 로그방정식의 활용 – 함수의 그래프

정답 12 | 정답률 38%

문제 보기

$k>1$인 실수 k에 대하여 두 곡선 $y=\log_{3k}x$, $y=\log_k x$가 만나는 점을 A라 하자. 양수 m에 대하여 직선 $y=m(x-1)$이 두 곡선 $y=\log_{3k}x$, $y=\log_k x$와 제1사분면에서 만나는 점을 각각 B, C라 하자. 점 C를 지나고 y축에 평행한 직선이 곡선 $y=\log_{3k}x$, x축과 만나는 점을 각각 D, E라 할 때, 세 삼각형 ADB, AED, BDC가 다음 조건을 만족시킨다.

> ㈎ 삼각형 BDC의 넓이는 삼각형 ADB의 넓이의 3배이다.
> $\llcorner$ 두 삼각형의 넓이의 비를 이용하여 밑변의 길이의 비를 구한다.
> ㈏ 삼각형 BDC의 넓이는 삼각형 AED의 넓이의 $\dfrac{3}{4}$배이다.
> $\llcorner$ 삼각형 AED의 넓이와 삼각형 ACD의 넓이를 비교한다.

$\dfrac{k}{m}$의 값을 구하시오. [4점]

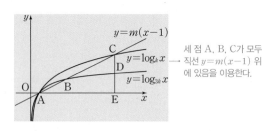

세 점 A, B, C가 모두 직선 $y=m(x-1)$ 위에 있음을 이용한다.

Step 1 네 점 A, B, C, D의 좌표 구하기

곡선 $y=\log_{3k}x$와 곡선 $y=\log_k x$는 x축 위에서 만나므로 점 A의 좌표는 $(1, 0)$이다.

조건 ㈎에서 삼각형 ADB의 넓이를 S라 하면 삼각형 BDC의 넓이는 $3S$이다.

이때 점 D에서 직선 $y=m(x-1)$에 내린 수선의 발을 H라 하면 두 삼각형 ADB, BDC의 높이는 $\overline{DH}$이므로 삼각형 ADB와 삼각형 BDC의 넓이의 비는 밑변의 길이의 비와 같다.

즉, $\triangle\text{ADB} : \triangle\text{BDC}=S : 3S=1 : 3$이므로

$$\overline{AB} : \overline{BC}=1 : 3$$

이때 점 B에서 x축에 내린 수선의 발을 B′이라 하면 $\overline{BB'}\,/\!/\,\overline{CE}$이므로

$$\overline{AB'} : \overline{B'E}=\overline{AB} : \overline{BC}=1 : 3$$

$\overline{AB'}=a\,(a>0)$라 하면 $\overline{B'E}=3a$이므로

$$B(a+1, \log_{3k}(a+1))$$
$$C(4a+1, \log_k(4a+1))$$
$$D(4a+1, \log_{3k}(4a+1))$$

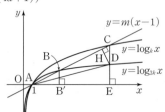

Step 2 k의 값 구하기

조건 ㈏에서 $\triangle\text{BDC}=\dfrac{3}{4}\triangle\text{AED}$이므로

$$\triangle\text{AED}=\frac{4}{3}\triangle\text{BDC}=\frac{4}{3}\times 3S=4S$$

이때 $\triangle ACD = \triangle ADB + \triangle BDC = 4S$이므로 두 삼각형 AED와 ACD의 넓이는 같다.

또 두 삼각형 AED와 ACD의 높이가 $\overline{AE}$이므로

$\overline{CD} = \overline{DE}$ ── 두 삼각형 AED, ACD의 넓이와 높이가 같으므로 밑변의 길이도 같아.

즉, $\overline{CE} = 2\overline{DE}$이므로

$\log_k (4a+1) = 2\log_{3k}(4a+1)$

$\log_k (4a+1) = \dfrac{2\log_k(4a+1)}{\log_k 3k}$

$\log_k 3k = 2$

즉, $k^2 = 3k$이므로 $k(k-3) = 0$

$\therefore k = 3 \ (\because k > 1)$

Step 3 a의 값 구하기

세 점 A, B, C가 모두 직선 $y = m(x-1)$ 위에 있으므로 직선 AB와 직선 AC의 기울기는 같다.

직선 AB의 기울기는 $\dfrac{\log_9(a+1) - 0}{(a+1) - 1}$, 직선 AC의 기울기는

$\dfrac{\log_3(4a+1) - 0}{(4a+1) - 1}$이므로

$\dfrac{\log_{3^2}(a+1)}{a} = \dfrac{\log_3(4a+1)}{4a}$

$2\log_3(a+1) = \log_3(4a+1)$

$\log_3(a+1)^2 = \log_3(4a+1)$

양변의 로그의 밑이 같으므로

$(a+1)^2 = 4a+1$

$a^2 - 2a = 0$, $a(a-2) = 0$

$\therefore a = 2 \ (\because a > 0)$

Step 4 $\dfrac{k}{m}$의 값 구하기

따라서 $C(9, \log_3 9)$이고 점 C가 직선 $y = m(x-1)$ 위에 있으므로

$\log_3 9 = 8m \quad \therefore m = \dfrac{2}{8} = \dfrac{1}{4}$

$\therefore \dfrac{k}{m} = \dfrac{3}{\frac{1}{4}} = 12$

---

14 로그부등식의 활용 – 함수의 그래프

정답 24 | 정답률 14%

문제 보기

자연수 $k \ (k \le 39)$에 대하여 함수 $f(x) = 2\log_{\frac{1}{2}}(x - 7 + k) + 2$의 그래프와 원 $x^2 + y^2 = 64$가 만나는 서로 다른 두 점의 x좌표를 a, b라 하자. 다음 조건을 만족시키는 k의 최댓값과 최솟값을 각각 M, m이라 할 때, $M + m$의 값을 구하시오. [4점]

(가) $ab < 0$ ── 두 교점의 x좌표의 부호가 서로 다름을 이용한다.
(나) $f(a)f(b) < 0$ ── 두 교점의 y좌표의 부호가 서로 다름을 이용한다.

Step 1 a, b의 조건 구하기

조건 (가)에서 $ab < 0$이므로 함수 $f(x) = 2\log_{\frac{1}{2}}(x - 7 + k) + 2$의 그래프와 원 $x^2 + y^2 = 64$가 만나는 서로 다른 두 점의 x좌표의 부호는 서로 달라야 한다.

또한 조건 (나)에서 $f(a)f(b) < 0$이므로 두 교점의 y좌표의 부호도 서로 달라야 한다.

함수 $f(x) = 2\log_{\frac{1}{2}}(x - 7 + k) + 2$에서 x의 값이 증가하면 y의 값은 감소하므로 함수 $y = f(x)$의 그래프와 원 $x^2 + y^2 = 64$가 만나는 두 점은 오른쪽 그림과 같이 제2사분면과 제4사분면에 각각 한 개씩 존재해야 한다.

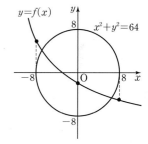

따라서 $f(-8) > 0$, $-8 < f(0) < 8$, $f(8) < 0$을 만족시켜야 한다.

Step 2 k의 값의 범위 구하기

(i) $f(-8) > 0$일 때,

$2\log_{\frac{1}{2}}(-15 + k) + 2 > 0$에서 $2\log_{\frac{1}{2}}(-15 + k) > -2$

$\log_{\frac{1}{2}}(-15 + k) > \log_{\frac{1}{2}}\left(\dfrac{1}{2}\right)^{-1}$

로그의 밑 $\dfrac{1}{2}$이 1보다 작으므로

$-15 + k < 2 \quad \therefore k < 17$

(ii) $-8 < f(0) < 8$일 때,

$-8 < 2\log_{\frac{1}{2}}(-7 + k) + 2 < 8$에서 $-10 < 2\log_{\frac{1}{2}}(-7 + k) < 6$

$\log_{\frac{1}{2}}\left(\dfrac{1}{2}\right)^{-5} < \log_{\frac{1}{2}}(-7 + k) < \log_{\frac{1}{2}}\left(\dfrac{1}{2}\right)^3$

로그의 밑 $\dfrac{1}{2}$이 1보다 작으므로

$\dfrac{1}{8} < -7 + k < 32 \quad \therefore \dfrac{57}{8} < k < 39$

(iii) $f(8) < 0$일 때,

$2\log_{\frac{1}{2}}(1 + k) + 2 < 0$에서 $2\log_{\frac{1}{2}}(1 + k) < -2$

$\log_{\frac{1}{2}}(1 + k) < \log_{\frac{1}{2}}\left(\dfrac{1}{2}\right)^{-1}$

로그의 밑 $\dfrac{1}{2}$이 1보다 작으므로

$1 + k > 2 \quad \therefore k > 1$

(i), (ii), (iii)에서 $\dfrac{57}{8} < k < 17$

Step 3 $M + m$의 값 구하기

따라서 $M = 16$, $m = 8$이므로

$M + m = 24$

163

문제 보기

질량 $a(\mathrm{g})$의 활성탄 A를 염료 B의 농도가 $c(\%)$인 용액에 충분히 오래 담가 놓을 때 활성탄 A에 흡착되는 염료 B의 질량 $b(\mathrm{g})$는 다음 식을 만족시킨다고 한다.

$$\log \frac{b}{a} = -1 + k\log c \quad \text{(단, } k \text{는 상수이다.)}$$
$\llcorner\!\!\rightarrow *$

10g의 활성탄 A를 염료 B의 농도가 8%인 용액에 충분히 오래 담가 놓을 때 활성탄 A에 흡착되는 염료 B의 질량은 4g이다. 20g의 활성탄 A
$\llcorner\!\!\rightarrow a=10,\ b=4,\ c=8$을 *에 대입하여 k의 값을 구한다.
를 염료 B의 농도가 27%인 용액에 충분히 오래 담가 놓을 때 활성탄 A에 흡착되는 염료 B의 질량(g)은? (단, 각 용액의 양은 충분하다.)
$\llcorner\!\!\rightarrow a=20,\ c=27$을 *에 대입한다.   [4점]

① 10　　② 12　　③ 14　　④ 16　　⑤ 18

Step 1 k의 값 구하기

$a=10$, $b=4$, $c=8$이므로

$\log \dfrac{4}{10} = -1 + k\log 8$

$\log 2^2 - \log 10 = -1 + k\log 2^3$

$2\log 2 - 1 = -1 + 3k\log 2$

$2\log 2 = 3k\log 2$

$\therefore k = \dfrac{2}{3}$

Step 2 염료 B의 질량 구하기

구하는 염료 B의 질량을 $x\mathrm{g}$이라 하면 $a=20$, $b=x$, $c=27$이므로

$\log \dfrac{x}{20} = -1 + \dfrac{2}{3}\log 27$

$\log \dfrac{x}{20} = \log \dfrac{1}{10} + \log 27^{\frac{2}{3}}$

$\log \dfrac{x}{20} = \log \dfrac{(3^3)^{\frac{2}{3}}}{10}$

$\log \dfrac{x}{20} = \log \dfrac{9}{10}$

양변의 로그의 밑이 같으므로

$\dfrac{x}{20} = \dfrac{9}{10} \quad \therefore x = 18$

문제 보기

별의 밝기를 나타내는 방법으로 절대 등급과 광도가 있다. 임의의 두 별 A, B에 대하여 별 A의 절대 등급과 광도를 각각 M_A, L_A라 하고, 별 B의 절대 등급과 광도를 각각 M_B, L_B라 하면 다음과 같은 관계식이 성립한다고 한다.

$$M_A - M_B = -2.5\log\left(\frac{L_A}{L_B}\right) \quad \text{(단, 광도의 단위는 W이다.)}$$
$\llcorner\!\!\rightarrow *$

절대 등급이 4.8인 별의 광도가 L일 때, 절대 등급이 1.3인 별의 광도
$\llcorner\!\!\rightarrow M_A=4.8,\ L_A=L,\ M_B=1.3,\ L_B=kL$을 *에 대입한다.
는 kL이다. 상수 k의 값은? [3점]

① $10^{\frac{11}{10}}$　　② $10^{\frac{6}{5}}$　　③ $10^{\frac{13}{10}}$　　④ $10^{\frac{7}{5}}$　　⑤ $10^{\frac{3}{2}}$

Step 1 주어진 조건을 관계식에 대입하기

절대 등급이 4.8인 별을 A라 하고 절대 등급이 1.3인 별을 B라 할 때,
$M_A=4.8$, $L_A=L$, $M_B=1.3$, $L_B=kL$이므로

$4.8 - 1.3 = -2.5\log \dfrac{L}{kL}$

Step 2 k의 값 구하기

$3.5 = -2.5\log \dfrac{1}{k}$,　$3.5 = 2.5\log\left(\dfrac{1}{k}\right)^{-1}$

$3.5 = 2.5\log k$,　$\log k = \dfrac{7}{5}$

$\therefore k = 10^{\frac{7}{5}}$

문제 보기

맥동변광성은 팽창과 수축을 반복하여 광도가 바뀌는 별이다. 맥동변광성의 반지름의 길이가 R_1(km), 표면온도가 T_1(K)일 때의 절대등급이 M_1이고, 이 맥동변광성이 팽창하거나 수축하여 반지름의 길이가 R_2(km), 표면온도가 T_2(K)일 때의 절대등급을 M_2라고 하면 이들 사이에는 다음 관계식이 성립한다고 한다.

$$M_2 - M_1 = 5\log\frac{R_1}{R_2} + 10\log\frac{T_1}{T_2} \longrightarrow *$$

어느 맥동변광성의 반지름의 길이가 5.88×10^6(km), 표면온도가 5000(K)일 때의 절대등급이 0.7이었고, 이 맥동변광성이 수축하여 반지름의 길이가 R(km), 표면온도가 7000(K)일 때의 절대등급이 -0.3
$\quad \longrightarrow R_1 = 5.88 \times 10^6,\ T_1 = 5000,\ M_1 = 0.7,\ R_2 = R,\ T_2 = 7000,\ M_2 = -0.3$을 *에 대입한다.
이었다. 이때, R의 값은? [4점]

① $3 \times 10^{6.2}$ ② $2.5 \times 10^{6.2}$ ③ $3 \times 10^{6.1}$ ④ $2 \times 10^{6.2}$ ⑤ $2.5 \times 10^{6.1}$

Step 1 주어진 조건을 관계식에 대입하기

$R_1 = 5.88 \times 10^6$, $T_1 = 5000$, $M_1 = 0.7$, $R_2 = R$, $T_2 = 7000$, $M_2 = -0.3$이므로

$$-0.3 - 0.7 = 5\log\frac{5.88 \times 10^6}{R} + 10\log\frac{5000}{7000}$$

Step 2 R의 값 구하기

$$-1 = 5\log\frac{5.88 \times 10^6}{R} + 10\log\frac{5}{7}$$

양변을 5로 나누면

$$-0.2 = \log\frac{5.88 \times 10^6}{R} + 2\log\frac{5}{7}$$
$\qquad\qquad\qquad\qquad \longrightarrow 2\log\frac{5}{7} = \log\left(\frac{5}{7}\right)^2 = \log\frac{25}{49}$

$$-0.2 = \log\frac{\frac{588}{100} \times 10^6 \times 25}{49R}$$

$$-0.2 = \log\frac{3 \times 10^6}{R}$$

즉, $10^{-0.2} = \dfrac{3 \times 10^6}{R}$이므로

$$R = \frac{3 \times 10^6}{10^{-0.2}} = 3 \times 10^{6.2}$$

문제 보기

세대당 종자의 평균 분산거리가 D이고 세대당 종자의 증식률이 R인 나무의 10세대 동안 확산에 의한 이동거리를 L이라 하면 다음과 같은 관계식이 성립한다고 한다.

$$L^2 = 100D^2 \times \log_3 R$$

세대당 종자의 평균 분산거리가 각각 20, 30인 A나무와 B나무의 세대당 종자의 증식률을 각각 R_A, R_B라 하고 10세대 동안 확산에 의한 이
$\quad \longrightarrow L_A^2 = 100 \times 20^2 \times \log_3 R_A,\ L_B^2 = 100 \times 30^2 \times \log_3 R_B$임을 이용한다.
동거리를 각각 L_A, L_B라 하자. $\dfrac{R_A}{R_B} = 27$이고 $L_A = 400$일 때, L_B의 값
$\qquad\qquad\qquad\qquad\qquad\qquad\qquad\qquad \longrightarrow R_A$의 값을 구한다.
은? (단, 거리의 단위는 m이다.) [3점]

① 200 ② 300 ③ 400 ④ 500 ⑤ 600

Step 1 주어진 조건을 관계식에 대입하기

$D = 20$, $R = R_A$, $L = L_A$이므로
$$L_A^2 = 100 \times 20^2 \times \log_3 R_A \quad \cdots\cdots \ \text{㉠}$$
또한 $D = 30$, $R = R_B$, $L = L_B$이므로
$$L_B^2 = 100 \times 30^2 \times \log_3 R_B \quad \cdots\cdots \ \text{㉡}$$

Step 2 R_A의 값 구하기

$L_A = 400$을 ㉠에 대입하면
$$400^2 = 100 \times 20^2 \times \log_3 R_A$$
$$\log_3 R_A = 4 \quad \therefore R_A = 3^4 = 81$$

Step 3 L_B의 값 구하기

$\dfrac{R_A}{R_B} = 27$에서 $R_B = \dfrac{81}{27} = 3$

이를 ㉡에 대입하면
$$L_B^2 = 100 \times 30^2 \times \log_3 3 = 300^2$$
$$\therefore L_B = 300$$

문제 보기

어떤 약물을 사람의 정맥에 일정한 속도로 주입하기 시작한 지 t분 후 정맥에서의 약물 농도가 C (ng/mL)일 때, 다음 식이 성립한다고 한다.

$$\log(10-C)=1-kt \quad \text{(단, } C<10\text{이고, } k\text{는 양의 상수이다.)}$$
    └→ *

이 약물을 사람의 정맥에 일정한 속도로 주입하기 시작한 지 30분 후 정맥에서의 약물 농도는 2 ng/mL이고, 주입하기 시작한 지 60분 후 정맥
   └→ $t=30$, $C=2$를 *에 대입하여 k의 값을 구한다.
에서의 약물 농도가 a (ng/mL)일 때, a의 값은? [4점]
   └→ $t=60$, $C=a$를 *에 대입한다.

① 3 ② 3.2 ③ 3.4 ④ 3.6 ⑤ 3.8

Step 1 k의 값 구하기

$t=30$, $C=2$이므로

$\log 8 = 1-30k$

$30k = 1-\log 8$, $30k = \log \dfrac{5}{4}$

$\therefore k = \dfrac{1}{30}\log \dfrac{5}{4}$

Step 2 a의 값 구하기

$t=60$, $C=a$이므로

$\log(10-a) = 1-2\log \dfrac{5}{4}$

$\log(10-a) = \log 10 - \log \dfrac{25}{16}$

$\log(10-a) = \log \dfrac{32}{5}$

양변의 로그의 밑이 같으므로

$10-a = \dfrac{32}{5}$

$\therefore a = \dfrac{18}{5} = 3.6$

문제 보기

Wi-Fi 네트워크의 신호 전송 범위 d와 수신 신호 강도 R 사이에는 다음과 같은 관계식이 성립한다고 한다.

$$R = k - 10\log d^n \quad \text{(단, 두 상수 } k, n\text{은 환경에 따라 결정된다.)}$$

어떤 환경에서 신호 전송 범위 d와 수신 신호 강도 R 사이의 관계를 나타낸 그래프가 다음과 같다. 이 환경에서 수신 신호 강도가 -65일 때, 신호 전송 범위는? [3점]
       └→ $R=-65$일 때, d의 값을 구한다.

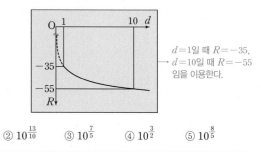

$d=1$일 때 $R=-35$,
→ $d=10$일 때 $R=-55$
임을 이용한다.

① $10^{\frac{6}{5}}$ ② $10^{\frac{13}{10}}$ ③ $10^{\frac{7}{5}}$ ④ $10^{\frac{3}{2}}$ ⑤ $10^{\frac{8}{5}}$

Step 1 k, n의 값 구하기

주어진 그래프에서 $d=1$일 때, $R=-35$이므로

$-35 = k - 10\log 1^n$

$\therefore k = -35$

또 $d=10$일 때, $R=-55$이므로

$-55 = -35 - 10\log 10^n$, $10\log 10^n = 20$

$\log 10^n = 2$ $\therefore n = 2$

Step 2 $R=-65$일 때, 신호 전송 범위 구하기

$R=-65$를 주어진 관계식에 대입하면

$-65 = -35 - 10\log d^2$, $20\log d = 30$

$\log d = \dfrac{3}{2}$ $\therefore d = 10^{\frac{3}{2}}$

따라서 수신 신호 강도가 -65일 때, 신호 전송 범위는 $10^{\frac{3}{2}}$이다.

21 로그방정식의 활용 – 실생활 정답 32 | 정답률 83% / 92%

문제 보기

화학 퍼텐셜 이론에 의하면 절대온도 $T\,(\mathrm{K})$에서 이상 기체의 압력을 P_1 (기압)에서 P_2 (기압)으로 변화시켰을 때의 이상 기체의 화학 퍼텐셜 변화량을 $E\,(\mathrm{kJ/mol})$이라 하면 다음 관계식이 성립한다고 한다.

$$E = RT \log_a \frac{P_2}{P_1}$$ (단, a, R는 1이 아닌 양의 상수이다.)

└─→ *

절대온도 $300\,\mathrm{K}$에서 이상 기체의 압력을 1기압에서 16기압으로 변화시
└─→ $T=300$, $P_1=1$, $P_2=16$, $E=E_1$을 *에 대입한다.
켰을 때의 이상 기체의 화학 퍼텐셜 변화량을 E_1, 절대온도 $240\,\mathrm{K}$에서
이상 기체의 압력을 1기압에서 x기압으로 변화시켰을 때의 이상 기체의
화학 퍼텐셜 변화량을 E_2라 하자. $E_1=E_2$를 만족시키는 x의 값을 구하
└─→ $T=240$, $P_1=1$, $P_2=x$, $E=E_2$를 *에 대입한다.
시오. [4점]

Step 1 주어진 조건을 관계식에 대입하기

$T=300$, $P_1=1$, $P_2=16$, $E=E_1$이므로
$E_1 = 300R \log_a 16$
$T=240$, $P_1=1$, $P_2=x$, $E=E_2$이므로
$E_2 = 240R \log_a x$

Step 2 x의 값 구하기

$E_1=E_2$이므로
$300R \log_a 16 = 240R \log_a x$
$\log_a x = \dfrac{300}{240} \log_a 16$, $\log_a x = \dfrac{5}{4} \log_a 2^4$
$\log_a x = \log_a (2^4)^{\frac{5}{4}}$
$\therefore \log_a x = \log_a 32$
양변의 로그의 밑이 같으므로
$x=32$

22 로그방정식의 활용 – 실생활 정답 ② | 정답률 86% / 92%

문제 보기

어떤 무선 수신기에서 수신 가능한 신호의 최소 크기 P와 수신기의 잡음 지수 $F\,(\mathrm{dB})$ 그리고 수신기의 주파수 대역 $B\,(\mathrm{Hz})$ 사이에는 다음과 같은 관계가 있다고 한다.

$$P = a + F + 10\log B$$ (단, a는 상수이다.)

잡음 지수가 5이고 주파수 대역이 B_1일 때의 수신 가능한 신호의 최소 크기와 잡음 지수가 15이고 주파수 대역이 B_2일 때의 수신 가능한 신호의 최소 크기가 같을 때, $\dfrac{B_2}{B_1}$의 값은? [3점]
└─→ $a+5+10\log B_1 = a+15+10\log B_2$임을 이용한다.

① $\dfrac{1}{20}$ ② $\dfrac{1}{10}$ ③ $\dfrac{1}{5}$ ④ 10 ⑤ 20

Step 1 주어진 조건을 관계식에 대입하기

$F=5$, $B=B_1$일 때의 수신 가능한 신호의 최소 크기를 P_1이라 하면
$P_1 = a + 5 + 10\log B_1$
$F=15$, $B=B_2$일 때의 수신 가능한 신호의 최소 크기를 P_2라 하면
$P_2 = a + 15 + 10\log B_2$

Step 2 $\dfrac{B_2}{B_1}$의 값 구하기

$P_1=P_2$이므로
$a + 5 + 10\log B_1 = a + 15 + 10\log B_2$
$10(\log B_2 - \log B_1) = -10$
$\log B_2 - \log B_1 = -1$
$\log \dfrac{B_2}{B_1} = -1$
$\therefore \dfrac{B_2}{B_1} = 10^{-1} = \dfrac{1}{10}$

문제 보기

어떤 앰프에 스피커를 접속 케이블로 연결하여 작동시키면 접속 케이블의 저항과 스피커의 임피던스(스피커에 교류전류가 흐를 때 생기는 저항)에 따라 전송 손실이 생긴다. 접속 케이블의 저항을 R, 스피커의 임피던스를 r, 전송 손실을 L이라 하면 다음과 같은 관계식이 성립한다고 한다.

$$L = 10\log\left(1 + \frac{2R}{r}\right)$$

(단, 전송 손실의 단위는 dB, 접속 케이블의 저항과 스피커의 임피던스의 단위는 Ω이다.)

이 앰프에 임피던스가 8인 스피커를 저항이 5인 접속 케이블로 연결하여 작동시켰을 때의 전송 손실은 저항이 a인 접속 케이블로 교체하여 작동시켰을 때의 전송 손실의 2배이다. 양수 a의 값은? [4점]

└▶ $10\log\frac{9}{4} = 2 \times 10\log\left(1 + \frac{a}{4}\right)$ 임을 이용한다.

① $\frac{1}{2}$ ② 1   ③ $\frac{3}{2}$ ④ 2   ⑤ $\frac{5}{2}$

Step 1 주어진 조건을 관계식에 대입하기

$R = 5$, $r = 8$일 때의 전송 손실을 L_1이라 하면

$$L_1 = 10\log\left(1 + \frac{2 \times 5}{8}\right) = 10\log\frac{9}{4}$$

$R = a$, $r = 8$일 때의 전송 손실을 L_2라 하면

$$L_2 = 10\log\left(1 + \frac{2a}{8}\right) = 10\log\left(1 + \frac{a}{4}\right)$$

Step 2 양수 a의 값 구하기

$L_1 = 2L_2$이므로

$$10\log\frac{9}{4} = 20\log\left(1 + \frac{a}{4}\right), \quad \log\frac{9}{4} = \log\left(1 + \frac{a}{4}\right)^2$$

양변의 로그의 밑이 같으므로

$$\frac{9}{4} = \left(1 + \frac{a}{4}\right)^2$$

$$1 + \frac{a}{2} + \frac{a^2}{16} = \frac{9}{4}, \quad a^2 + 8a - 20 = 0$$

$$(a + 10)(a - 2) = 0$$

$$\therefore a = 2 \ (\because a > 0)$$

문제 보기

컴퓨터 화면에서 마우스 커서(👆)가 아이콘까지 이동하는 시간을 T(초), 현재 마우스 커서의 위치로부터 아이콘의 중심까지의 거리를 D(cm), 마우스 커서가 움직이는 방향으로 측정한 아이콘의 폭을 W(cm)라 하면 다음과 같은 관계식이 성립한다고 한다. (단, $D > 0$)

$$T = a + \frac{1}{10}\log_2\left(\frac{D}{W} + 1\right) \quad \text{(단, } a \text{는 상수)}$$
└▶ *

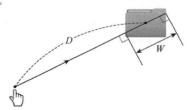

그림과 같이 컴퓨터 화면에 두 개의 아이콘 A, B가 있다.

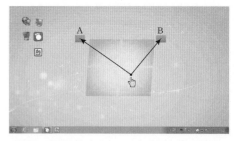

현재 마우스 커서의 위치에서 아이콘 A의 방향으로 측정한 아이콘 A의 폭 W_A와 아이콘 B의 방향으로 측정한 아이콘 B의 폭 W_B는 모두 1cm로 같다. 현재 마우스 커서의 위치로부터 아이콘 A의 중심까지의
└▶ $W_A = W_B = 1$
거리와 아이콘 B의 중심까지의 거리를 각각 D_A(cm), D_B(cm)라 할 때, 마우스 커서가 아이콘 A까지 이동하는 시간 T_A, 아이콘 B까지 이동하는 시간 T_B는 각각 0.71초, 0.66초이다. $\dfrac{D_A + 1}{D_B + 1}$의 값은? [4점]
└▶ $T_A = 0.71$, $D = D_A$, $W_A = 1$과 $T_B = 0.66$, $D = D_B$, $W_B = 1$을 각각 *에 대입한다.

① 1   ② $\sqrt{2}$ ③ 2   ④ $2\sqrt{2}$ ⑤ 4

Step 1 주어진 조건을 관계식에 대입하기

$T_A = 0.71$, $D = D_A$, $W_A = 1$이므로

$$0.71 = a + \frac{1}{10}\log_2(D_A + 1) \quad \cdots\cdots \ \bigcirc$$

$T_B = 0.66$, $D = D_B$, $W_B = 1$이므로

$$0.66 = a + \frac{1}{10}\log_2(D_B + 1) \quad \cdots\cdots \ \bigcirc\!\!\!\bigcirc$$

Step 2 $\dfrac{D_A + 1}{D_B + 1}$의 값 구하기

$\bigcirc - \bigcirc\!\!\!\bigcirc$을 하면

$$0.05 = \frac{1}{10}\{\log_2(D_A + 1) - \log_2(D_B + 1)\}$$

$$0.05 = \frac{1}{10}\log_2\frac{D_A + 1}{D_B + 1}$$

$$0.5 = \log_2\frac{D_A + 1}{D_B + 1}$$

$$\therefore \frac{D_A + 1}{D_B + 1} = 2^{0.5} = \sqrt{2}$$

25 로그방정식의 활용 – 실생활   정답 ② | 정답률 73% / 84%

문제 보기

총 공기흡인량이 V (m³)이고 공기 포집 전후 여과지의 질량 차가 W (mg)일 때의 공기 중 먼지 농도 C (μg/m³)는 다음 식을 만족시킨다고 한다.

$$\log C = 3 - \log V + \log W \ (W > 0) \longrightarrow *$$

A 지역에서 총 공기흡인량이 V_0이고 공기 포집 전후 여과지의 질량 차가 W_0일 때의 공기 중 먼지 농도를 C_A, B 지역에서 총 공기흡인량이
└ $V=V_0,\ W=W_0,\ C=C_A$를 *에 대입한다.

$\frac{1}{9}V_0$이고 공기 포집 전후 여과지의 질량 차가 $\frac{1}{27}W_0$일 때의 공기 중
└ $V=\frac{1}{9}V_0,\ W=\frac{1}{27}W_0,\ C=C_B$를 *에 대입한다.

먼지 농도를 C_B라 하자. $C_A = kC_B$를 만족시키는 상수 k의 값은?

(단, $W_0 > 0$) [4점]

① $\sqrt{3}$ ② 3   ③ $3\sqrt{3}$ ④ 9   ⑤ $9\sqrt{3}$

Step 1 주어진 조건을 관계식에 대입하기

A 지역에서 $V=V_0,\ W=W_0,\ C=C_A$이므로

$\log C_A = 3 - \log V_0 + \log W_0$ ⋯⋯ ㉠

B 지역에서 $V=\frac{1}{9}V_0,\ W=\frac{1}{27}W_0,\ C=C_B$이므로

$\log C_B = 3 - \log \frac{1}{9}V_0 + \log \frac{1}{27}W_0$ ⋯⋯ ㉡

Step 2 k의 값 구하기

㉠ – ㉡을 하면

$\log C_A - \log C_B = -\log V_0 + \log \frac{1}{9}V_0 + \log W_0 - \log \frac{1}{27}W_0$

$\log \frac{C_A}{C_B} = \log \left(\frac{1}{V_0} \times \frac{1}{9}V_0 \times W_0 \times \frac{27}{W_0} \right)$

$\therefore \ \log \frac{C_A}{C_B} = \log 3$

양변의 로그의 밑이 같으므로

$\frac{C_A}{C_B} = 3$ $\therefore \ C_A = 3C_B$

$\therefore \ k = 3$

---

26 로그방정식의 활용 – 실생활   정답 ④ | 정답률 82%

문제 보기

진동가속도레벨 V (dB)는 공해진동에 사용되는 단위로 진동가속도 크기를 의미하며 편진폭 A (m), 진동수 w (Hz)에 대하여 다음과 같은 관계식이 성립한다고 한다.

$$V = 20 \log \frac{Aw^2}{k} \ (단, k는 양의 상수이다.)$$
└ *

편진폭이 A_1, 진동수가 10π일 때 진동가속도레벨이 83이고, 편진폭이
└ $V=83,\ A=A_1,\ w=10\pi$를 *에 대입한다.

A_2, 진동수가 80π일 때 진동가속도레벨이 91이다. $\frac{A_2}{A_1}$의 값은? [3점]
└ $V=91,\ A=A_2,\ w=80\pi$를 *에 대입한다.

① $\frac{1}{32} \times 10^{\frac{1}{5}}$ ② $\frac{1}{32} \times 10^{\frac{2}{5}}$ ③ $\frac{1}{64} \times 10^{\frac{1}{5}}$

④ $\frac{1}{64} \times 10^{\frac{2}{5}}$ ⑤ $\frac{1}{64} \times 10^{\frac{3}{5}}$

Step 1 주어진 조건을 관계식에 대입하기

$V=83,\ A=A_1,\ w=10\pi$이므로

$83 = 20 \log \frac{A_1(10\pi)^2}{k}$ ⋯⋯ ㉠

$V=91,\ A=A_2,\ w=80\pi$이므로

$91 = 20 \log \frac{A_2(80\pi)^2}{k}$ ⋯⋯ ㉡

Step 2 $\frac{A_2}{A_1}$의 값 구하기

㉡ – ㉠을 하면

$8 = 20 \left\{ \log \frac{A_2(80\pi)^2}{k} - \log \frac{A_1(10\pi)^2}{k} \right\}$

$\frac{2}{5} = \log \frac{A_2(80\pi)^2}{A_1(10\pi)^2}$

$\frac{2}{5} = \log \frac{64A_2}{A_1}$ $\therefore \ 10^{\frac{2}{5}} = \frac{64A_2}{A_1}$

$\therefore \ \frac{A_2}{A_1} = \frac{1}{64} \times 10^{\frac{2}{5}}$

문제 보기

어떤 지역의 먼지농도에 따른 대기오염 정도는 여과지에 공기를 여과시켜 헤이즈계수를 계산하여 판별한다. 광화학적 밀도가 일정하도록 여과지 상의 빛을 분산시키는 고형물의 양을 헤이즈계수 H, 여과지 이동거리를 $L(\text{m})(L>0)$, 여과지를 통과하는 빛전달률을 $S(0<S<1)$라 할 때, 다음과 같은 관계식이 성립한다고 한다.

$$H=\frac{k}{L}\log\frac{1}{S} \text{ (단, } k\text{는 양의 상수이다.)}$$

두 지역 A, B의 대기오염 정도를 판별할 때, 각각의 헤이즈계수를 H_A, H_B, 여과지 이동거리를 L_A, L_B, 빛전달률을 S_A, S_B라 하자.

└→ $H_A=\frac{k}{L_A}\log\frac{1}{S_A}$, $H_B=\frac{k}{L_B}\log\frac{1}{S_B}$임을 이용한다.

$\sqrt{3}H_A=2H_B$, $L_A=2L_B$일 때, $S_A=(S_B)^p$을 만족시키는 실수 p의 값은? [4점] └ $\frac{H_A}{H_B}=\frac{2}{\sqrt{3}}$임을 이용한다.

① $\sqrt{3}$　　② $\frac{4\sqrt{3}}{3}$　　③ $\frac{5\sqrt{3}}{3}$　　④ $2\sqrt{3}$　　⑤ $\frac{7\sqrt{3}}{3}$

Step 1 　주어진 조건을 관계식에 대입하기

A 지역에서 $H=H_A$, $L=L_A$, $S=S_A$이므로

$$H_A=\frac{k}{L_A}\log\frac{1}{S_A}$$

B 지역에서 $H=H_B$, $L=L_B$, $S=S_B$이므로

$$H_B=\frac{k}{L_B}\log\frac{1}{S_B}$$

Step 2 　$\frac{H_A}{H_B}$를 S에 대한 식으로 나타내기

$L_A=2L_B$이므로 $H_A=\frac{k}{2L_B}\log\frac{1}{S_A}$

$$\therefore \frac{H_A}{H_B}=\frac{\frac{k}{2L_B}\log\frac{1}{S_A}}{\frac{k}{L_B}\log\frac{1}{S_B}}=\frac{1}{2}\times\frac{\log S_A}{\log S_B}$$

Step 3 　실수 p의 값 구하기

$\sqrt{3}H_A=2H_B$에서 $\frac{H_A}{H_B}=\frac{2}{\sqrt{3}}$이므로

$$\frac{1}{2}\times\frac{\log S_A}{\log S_B}=\frac{2}{\sqrt{3}}$$

$$\log S_A=\frac{4\sqrt{3}}{3}\log S_B$$

$$\log S_A=\log (S_B)^{\frac{4\sqrt{3}}{3}}$$

양변의 로그의 밑이 같으므로

$$S_A=(S_B)^{\frac{4\sqrt{3}}{3}}$$

$$\therefore p=\frac{4\sqrt{3}}{3}$$

문제 보기

충전된 전하량이 Q_0인 축전기에 전구를 연결한 지 t초 후에 남아 있는 전하량을 Q_t라 하면

$$\log Q_t-\log Q_0=kt \text{ (단, } k\text{는 상수)}$$
└→ *

가 성립한다. 충전된 전하량이 Q_0인 축전기에 전구를 연결한 지 a초 후에 남아 있는 전하량은 $\frac{1}{4}Q_0$이고, 충전된 전하량이 Q_0인 축전기에 전구
└→ $t=a$, $Q_a=\frac{1}{4}Q_0$을 *에 대입한다.

를 연결한 지 b초 후에 남아 있는 전하량은 $\frac{1}{10}Q_0$이다. 충전된 전하량
└→ $t=b$, $Q_b=\frac{1}{10}Q_0$을 *에 대입한다.

이 Q_0인 축전기에 전구를 연결한 지 $2a+b$초 후에 남아 있는 전하량은 $\frac{Q_0}{p}$이다. 상수 p의 값을 구하시오. └→ $t=2a+b$, $Q_{2a+b}=\frac{Q_0}{p}$을 *에 대입한다.

(단, 전하량의 단위는 쿨롱(C)이다.) [4점]

Step 1 　주어진 조건을 관계식에 대입하기

$t=a$, $Q_a=\frac{1}{4}Q_0$이므로

$\log Q_a-\log Q_0=ak$에서

$\log\frac{1}{4}Q_0-\log Q_0=ak$

$\therefore \log\frac{1}{4}=ak$ 　　…… ㉠

$t=b$, $Q_b=\frac{1}{10}Q_0$이므로

$\log Q_b-\log Q_0=bk$에서

$\log\frac{1}{10}Q_0-\log Q_0=bk$

$\therefore \log\frac{1}{10}=bk$ 　　…… ㉡

Step 2 　p의 값 구하기

$t=2a+b$, $Q_{2a+b}=\frac{Q_0}{p}$이므로

$\log Q_{2a+b}-\log Q_0=(2a+b)k$에서

$\log\frac{Q_0}{p}-\log Q_0=(2a+b)k$

$\log\frac{1}{p}=2ak+bk$

㉠, ㉡을 대입하면

$\log\frac{1}{p}=2\log\frac{1}{4}+\log\frac{1}{10}$

$\log\frac{1}{p}=\log\frac{1}{160}$

양변의 로그의 밑이 같으므로

$\frac{1}{p}=\frac{1}{160}$ 　　$\therefore p=160$

문제 보기

공기 중의 암모니아 농도가 C일 때 냄새의 세기 I는 다음 식을 만족시킨다고 한다.

$I=k\log C+a$ (단, k와 a는 상수이다.)
　　　└→ *

공기 중의 암모니아 농도가 40일 때 냄새의 세기는 5이고, 공기 중의 암모니아 농도가 10일 때 냄새의 세기는 4이다. 공기 중의 암모니아 농
└→ $C=40$, $I=5$와 $C=10$, $I=4$를 각각 *에 대입하여 k, a의 값을 구한다.
도가 p일 때 냄새의 세기는 2.5이다. $100p$의 값을 구하시오.
└→ $C=p$, $I=2.5$를 *에 대입한다.
　　　　　　　　　(단, 암모니아 농도의 단위는 ppm이다.) [4점]

Step 1 k, a의 값 구하기

$C=40$, $I=5$이므로

$5=k\log 40+a$　　　…… ㉠

$C=10$, $I=4$이므로

$4=k\log 10+a$　　　…… ㉡

㉠ㅡ㉡을 하면

$1=k(\log 40-\log 10)$, $1=k\log 4$

$\therefore k=\dfrac{1}{\log 4}=\log_4 10$　　　…… ㉢

㉢을 ㉡에 대입하면

$a=4-\log_4 10$

Step 2 $100p$의 값 구하기

$C=p$, $I=2.5$이므로

$2.5=\log_4 10\times\log p+4-\log_4 10$

$-1.5=(\log p-1)\log_4 10$

$\dfrac{-1.5}{\log_4 10}=\log p-\log 10$

$-1.5\log 4+\log 10=\log p$

$\log(4^{-1.5}\times 10)=\log p$

$\log\{(2^2)^{-\frac{3}{2}}\times 10\}=\log p$

$\log\left(\dfrac{1}{8}\times 10\right)=\log p$

$\therefore \log p=\log\dfrac{5}{4}$

양변의 로그의 밑이 같으므로

$p=\dfrac{5}{4}$　　　$\therefore 100p=125$

문제 보기

$m\le -10$인 상수 m에 대하여 함수 $f(x)$는

$$f(x)=\begin{cases} |5\log_2(4-x)+m| & (x\le 0) \\ 5\log_2 x+m & (x>0) \end{cases}$$
└→ 두 함수 $y=5\log_2 x+m$, $y=5\log_2(4-x)+m$의 그래프를 이용하여 함수 $y=f(x)$의 그래프의 개형을 파악한다.

이다. 실수 t $(t>0)$에 대하여 x에 대한 방정식 $f(x)=t$의 모든 실근의 합을 $g(t)$라 하자. 함수 $g(t)$가 다음 조건을 만족시킬 때, $f(m)$의
└→ t의 값의 범위에 따라 $g(t)$의 값을 구한 후 *을 만족시키는 m의 값을 구한다.
값을 구하시오. [4점]

> $t\ge a$인 모든 실수 t에 대하여 $g(t)=g(a)$가 되도록 하는 양수 a의 최
> 솟값은 2이다. ─→ *

Step 1 두 함수 $y=5\log_2 x+m$, $y=5\log_2(4-x)+m$의 그래프의 개형 파악하기

두 함수 $y=5\log_2 x+m$, $y=5\log_2(4-x)+m$의 그래프의 개형은 다음 그림과 같다.

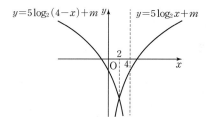

Step 2 m의 값 구하기

(i) $m=-10$일 때,

　$f(0)=|5\log_2 4-10|=|10-10|=0$

　$t>0$일 때, 방정식 $5\log_2(4-x)-10=t$의 실근을 x_1, 방정식 $5\log_2 x-10=t$의 실근을 x_2라 하자.

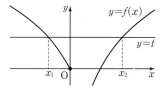

　$5\log_2(4-x_1)-10=5\log_2 x_2-10$이므로

　$\log_2(4-x_1)=\log_2 x_2$

　$4-x_1=x_2$　　$\therefore x_1+x_2=4$

　따라서 $t>0$인 모든 실수 t에 대하여 $g(t)=4$이므로 조건을 만족시키지 않는다.

(ii) $m<-10$일 때,

　$x<0$에서 곡선 $y=f(x)$가 x축과 만나는 점의 x좌표를 α라 하면

$$f(x)=\begin{cases} 5\log_2(4-x)+m & (x\le\alpha) \\ -5\log_2(4-x)-m & (\alpha<x\le 0) \\ 5\log_2 x+m & (x>0) \end{cases}$$

　$\therefore f(0)=-10-m$

　① $0<t<-10-m$일 때,

　　방정식 $5\log_2(4-x)+m=t$의 실근을 x_1, 방정식 $-5\log_2(4-x)-m=t$의 실근을 x_2, 방정식 $5\log_2 x+m=t$의 실근을 x_3이라 하자.

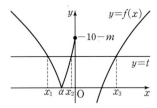

$5\log_2(4-x_1)+m=5\log_2 x_3+m$이므로

$\log_2(4-x_1)=\log_2 x_3$

$4-x_1=x_3$ $\therefore x_1+x_3=4$

따라서 $g(t)=x_1+x_2+x_3=x_2+4<4$이므로 $g(t)$의 값은 일정하지 않다.

ⓘ $t=-10-m$일 때,

방정식 $5\log_2(4-x)+m=t$의 실근을 x_1, 방정식 $-5\log_2(4-x)-m=t$의 실근을 x_2, 방정식 $5\log_2 x+m=t$의 실근을 x_3이라 하자.

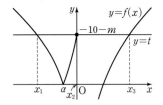

$5\log_2(4-x_1)+m=5\log_2 x_3+m$이므로

$\log_2(4-x_1)=\log_2 x_3$

$4-x_1=x_3$ $\therefore x_1+x_3=4$

이때 $x_2=0$이므로 $g(t)=x_1+x_2+x_3=4$

ⓘⓘ $t>-10-m$일 때,

방정식 $5\log_2(4-x)+m=t$의 실근을 x_1, 방정식 $5\log_2 x+m=t$의 실근을 x_2라 하자.

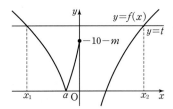

$5\log_2(4-x_1)+m=5\log_2 x_2+m$이므로

$\log_2(4-x_1)=\log_2 x_2$

$4-x_1=x_2$ $\therefore x_1+x_2=4$

$\therefore g(t)=x_1+x_2=4$

ⓘ, ⓘⓘ, ⓘⓘⓘ에서 $t\geq-10-m$인 모든 실수 t에 대하여 $g(t)=4$

(ⓘ), (ⓘⓘ)에서 $t\geq a$인 모든 실수 t에 대하여 $g(t)=g(a)$가 되도록 하는 a의 최솟값은 $-10-m$이므로

$-10-m=2$ $\therefore m=-12$

Step 3 $f(m)$의 값 구하기

$\therefore f(m)=f(-12)=|5\log_2(4+12)-12|=|20-12|=8$

문제 보기

두 양수 a, $k(k\neq1)$에 대하여 함수

$$f(x)=\begin{cases} 2\log_k(x-k+1)+2^{-a} & (x\geq k) \\ 2\log_{\frac{1}{k}}(-x+k+1)+2^{-a} & (x<k) \end{cases}$$

→ $k>1$인 경우와 $0<k<1$인 경우로 나누어 생각한다.

가 있다. $f(x)$의 역함수를 $g(x)$라 할 때, 방정식 $f(x)=g(x)$의 해

→ 두 함수의 그래프는 직선 $y=x$에 대하여 대칭임을 이용한다.

는 $-\dfrac{3}{4}$, t, $\dfrac{5}{4}$이다. $30(a+k+t)$의 값을 구하시오. (단, $0<t<1$)

→ 두 함수 $y=f(x)$, $y=g(x)$의 그래프의 교점의 x좌표임을 이용한다. [4점]

Step 1 $k>1$일 때, t의 값 구하기

(i) $k>1$일 때,

함수 $y=2\log_k(x-k+1)+2^{-a}$의 그래프는 함수 $y=2\log_k x$의 그래프를 x축의 방향으로 $k-1$만큼, y축의 방향으로 2^{-a}만큼 평행이동한 것과 같다.

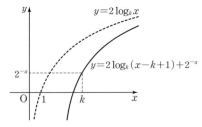

또 $0<\dfrac{1}{k}<1$이므로 함수 $y=2\log_{\frac{1}{k}}(-x+k+1)+2^{-a}$의 그래프는 함수 $y=2\log_{\frac{1}{k}}x$의 그래프를 y축에 대하여 대칭이동한 후 x축의 방향으로 $k+1$만큼, y축의 방향으로 2^{-a}만큼 평행이동한 것과 같다.

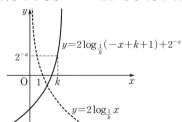

따라서 함수 $y=f(x)$의 그래프와 그 역함수 $y=g(x)$의 그래프는 다음 그림과 같다.

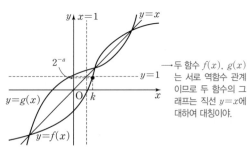

→ 두 함수 $f(x)$, $g(x)$는 서로 역함수 관계이므로 두 함수의 그래프는 직선 $y=x$에 대하여 대칭이야.

방정식 $f(x)=g(x)$의 해는 함수 $y=f(x)$의 그래프와 직선 $y=x$의 세 교점의 x좌표와 같다. 위의 그림에서 함수 $y=f(x)$의 그래프는 점 $(k,\ 2^{-a})$을 지나며 $1<k<t$이므로 $0<t<1$을 만족시키지 않는다.

따라서 $k>1$일 때, 조건을 만족시키는 t가 존재하지 않는다.

Step 2 $0<k<1$일 때, t의 값 구하기

(ii) $0<k<1$일 때, $\dfrac{1}{k}>1$이야.

방정식 $f(x)=g(x)$의 해는 함수 $y=f(x)$의 그래프와 함수 $y=g(x)$의 그래프의 교점의 x좌표와 같다.

또한 두 함수 $y=f(x)$, $y=g(x)$의 그래프는 직선 $y=x$에 대하여 대칭이므로 두 함수의 그래프의 교점도 직선 $y=x$에 대하여 대칭이다.

즉, 방정식 $f(x)=g(x)$의 해가 $-\frac{3}{4}$, t, $\frac{5}{4}$이므로

$f\left(-\frac{3}{4}\right)=\frac{5}{4}$, $f(t)=t$, $f\left(\frac{5}{4}\right)=-\frac{3}{4}$

따라서 함수 $y=f(x)$의 그래프와 그 역함수 $y=g(x)$의 그래프는 다음 그림과 같다.

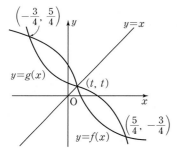

두 점 $\left(-\frac{3}{4}, \frac{5}{4}\right)$, $\left(\frac{5}{4}, -\frac{3}{4}\right)$이 함수 $y=f(x)$의 그래프 위에 있으므로

$2\log_{\frac{1}{k}}\left(\frac{7}{4}+k\right)+2^{-a}=\frac{5}{4}$ $\quad\cdots\cdots$ ㉠

$2\log_{k}\left(\frac{9}{4}-k\right)+2^{-a}=-\frac{3}{4}$ $\quad\cdots\cdots$ ㉡

㉡－㉠을 하면

$2\left\{\log_{k}\left(\frac{9}{4}-k\right)-\log_{\frac{1}{k}}\left(\frac{7}{4}+k\right)\right\}=-2$

$2\left\{\log_{k}\left(\frac{9}{4}-k\right)+\log_{k}\left(\frac{7}{4}+k\right)\right\}=-2$

$2\log_{k}\left(\frac{9}{4}-k\right)\left(\frac{7}{4}+k\right)=-2$

$\log_{k}\left(\frac{9}{4}-k\right)\left(\frac{7}{4}+k\right)=-1$

$\therefore \left(\frac{9}{4}-k\right)\left(\frac{7}{4}+k\right)=\frac{1}{k}$

양변에 $16k$를 곱하면

$k(9-4k)(7+4k)=16$, $16k^3-8k^2-63k+16=0$

$16k^3-8k^2+k-64k+16=0$, $(16k^3-8k^2+k)-(64k-16)=0$

$k(4k-1)^2-16(4k-1)=0$, $(4k-1)(4k^2-k-16)=0$

$\therefore k=\frac{1}{4}$ 또는 $k=\frac{1\pm\sqrt{257}}{8}$

$0<k<1$이므로 $k=\frac{1}{4}$ $\longrightarrow$ $16<\sqrt{257}<17$이므로 $\frac{1+\sqrt{257}}{8}>1$,

이를 ㉠에 대입하면 $\frac{1-\sqrt{257}}{8}<0$이야.

$2\log_{4}2+2^{-a}=\frac{5}{4}$, $2^{-a}=\frac{1}{4}$ $\quad\therefore a=2$

$\therefore f(x)=\begin{cases} 2\log_{\frac{1}{4}}\left(x+\frac{3}{4}\right)+\frac{1}{4} & \left(x\geq\frac{1}{4}\right) \\ 2\log_{4}\left(-x+\frac{5}{4}\right)+\frac{1}{4} & \left(x<\frac{1}{4}\right) \end{cases}$

따라서 함수 $y=f(x)$의 그래프는 점 $\left(\frac{1}{4}, \frac{1}{4}\right)$을 지나므로

$t=\frac{1}{4}$

Step 3 $30(a+k+t)$의 값 구하기

(i), (ii)에서 $a=2$, $k=\frac{1}{4}$, $t=\frac{1}{4}$이므로

$30(a+k+t)=30\times\left(2+\frac{1}{4}+\frac{1}{4}\right)=75$

11

일차

01 32	02 ④	03 27	04 ③	05 ④	06 ④	07 ④	08 ④	09 ⑤	10 ⑤	11 ⑤	12 ③
13 ⑤	14 ①	15 4	16 ①	17 ③	18 ⑤	19 48	20 ⑤	21 ④	22 ②	23 ①	24 ④
25 ⑤	26 ②	27 ⑤	28 ④	29 ②	30 ①	31 ②	32 ④	33 ②	34 ②	35 ①	36 ④
37 ①	38 ⑤	39 40	40 ④	41 ①	42 ②	43 ②	44 ①	45 ⑤	46 80	47 ③	48 13

문제편 156쪽~168쪽

01 부채꼴의 호의 길이와 넓이
정답 32 | 정답률 76%

문제 보기

중심각의 크기가 1라디안이고 둘레의 길이가 24인 부채꼴의 넓이를 구하시오. [3점]
└─ 부채꼴의 반지름의 길이 r와 호의 길이 l을 구한다.
└─ $S = \frac{1}{2} rl$임을 이용한다.

Step 1 부채꼴의 반지름의 길이와 호의 길이 사이의 관계식 구하기

부채꼴의 반지름의 길이를 r, 호의 길이를 l이라 하면 부채꼴의 중심각의 크기가 1라디안이므로

$l = r$ ······ ㉠

Step 2 부채꼴의 반지름의 길이와 호의 길이 구하기

부채꼴의 둘레의 길이가 24이므로 $2r + l = 24$
㉠을 대입하면 $2r + r = 24$, $3r = 24$ ∴ $r = 8$
이를 ㉠에 대입하면 $l = 8$

Step 3 부채꼴의 넓이 구하기

따라서 반지름의 길이가 8, 호의 길이가 8인 부채꼴의 넓이는

$\frac{1}{2} \times 8 \times 8 = 32$

02 부채꼴의 호의 길이
정답 ④ | 정답률 92%

문제 보기

반지름의 길이가 4, 중심각의 크기가 $\frac{\pi}{4}$인 부채꼴의 호의 길이는?
└─ $l = r\theta$임을 이용한다.
[2점]

① $\frac{\pi}{4}$ ② $\frac{\pi}{2}$ ③ $\frac{3}{4}\pi$ ④ π ⑤ $\frac{5}{4}\pi$

Step 1 부채꼴의 호의 길이 구하기

반지름의 길이가 4, 중심각의 크기가 $\frac{\pi}{4}$인 부채꼴의 호의 길이는

$4 \times \frac{\pi}{4} = \pi$

03 부채꼴의 호의 길이 – 도형에의 활용
정답 27 | 정답률 77%

문제 보기

그림과 같이 길이가 12인 선분 AB를 지름으로 하는 반원이 있다. 반원 위에서 호 BC의 길이가 4π인 점 C를 잡고 점 C에서 선분 AB에 내린
└─ 호 BC의 중심각의 크기를 구한다.
수선의 발을 H라 하자. $\overline{CH}^2$의 값을 구하시오. [3점]
└─ 삼각비를 이용하여 CH의 길이를 구한다.

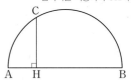

Step 1 호 BC의 중심각의 크기 구하기

오른쪽 그림과 같이 반원의 중심을 O라 하면 반원의 지름인 선분 AB의 길이가 12이므로

$\overline{OB} = \overline{OC} = 6$

이때 $\angle COB = \theta$라 하면 호 BC의 길이가 4π이므로

$6\theta = 4\pi$ ∴ $\theta = \frac{2}{3}\pi$

Step 2 $\overline{CH}^2$의 값 구하기

$\angle AOC = \pi - \theta = \pi - \frac{2}{3}\pi = \frac{\pi}{3}$이므로 직각삼각형 CHO에서

$\sin \frac{\pi}{3} = \dfrac{\overline{CH}}{\overline{OC}} = \dfrac{\overline{CH}}{6}$

∴ $\overline{CH} = 6 \times \sin \frac{\pi}{3} = 6 \times \frac{\sqrt{3}}{2} = 3\sqrt{3}$

∴ $\overline{CH}^2 = (3\sqrt{3})^2 = 27$

04 부채꼴의 호의 길이와 넓이 – 도형에의 활용

정답 ③ | 정답률 58%

문제 보기

그림과 같이 길이가 12인 선분 AB를 지름으로 하는 반원의 호 AB 위에 점 C가 있다. <u>호 CB의 길이가 2π일 때,</u> 두 선분 AB, AC와 호
└ 호 CB의 중심각의 크기를 구한다.
<u>CB로 둘러싸인 부분의 넓이는?</u> [4점]
└ 부채꼴과 삼각형의 넓이의 합으로 구한다.

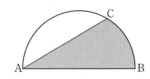

① $5\pi+9\sqrt{3}$ ② $5\pi+10\sqrt{3}$ ③ $6\pi+9\sqrt{3}$
④ $6\pi+10\sqrt{3}$ ⑤ $7\pi+9\sqrt{3}$

Step 1 호 CB의 중심각의 크기 구하기

오른쪽 그림과 같이 반원의 중심을 O
라 하면 반원의 지름인 선분 AB의 길
이가 12이므로
$\overline{OA}=\overline{OB}=\overline{OC}=6$
이때 $\angle COB=\theta$라 하면 호 CB의 길
이가 2π이므로

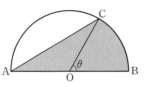

$6\theta=2\pi$ $\therefore \theta=\dfrac{\pi}{3}$

Step 2 두 선분 AB, AC와 호 CB로 둘러싸인 부분의 넓이 구하기

부채꼴 BOC의 넓이는
$\dfrac{1}{2}\times 6^2\times\dfrac{\pi}{3}=6\pi$
삼각형 AOC의 넓이는
$\dfrac{1}{2}\times 6\times 6\sin\dfrac{\pi}{3}=\dfrac{1}{2}\times 6\times 6\times\dfrac{\sqrt{3}}{2}=9\sqrt{3}$
따라서 구하는 넓이는
$6\pi+9\sqrt{3}$

---

05 부채꼴의 넓이 – 도형에의 활용

정답 ④ | 정답률 66%

문제 보기

그림과 같이 반지름의 길이가 4이고 중심각의 크기가 $\dfrac{\pi}{6}$인 부채꼴 OAB가 있다. 선분 OA 위의 점 P에 대하여 선분 PA를 지름으로 하고 선분 OB에 접하는 반원을 C라 할 때, <u>부채꼴 OAB의 넓이를 S_1,</u>
<u>반원 C의 넓이를 S_2라 하자. S_1-S_2의 값은?</u> [4점]   └ $S=\dfrac{1}{2}r^2\theta$임을
└ 반원 C의 반지름의 길이를 먼저 구한다.   이용한다.

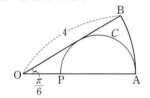

① $\dfrac{\pi}{9}$ ② $\dfrac{2}{9}\pi$ ③ $\dfrac{\pi}{3}$ ④ $\dfrac{4}{9}\pi$ ⑤ $\dfrac{5}{9}\pi$

Step 1 반원 C의 반지름의 길이 구하기

오른쪽 그림과 같이 반원 C의 중심을 Q,
선분 OB와 반원 C의 접점을 H라 하자.
반원 C의 반지름의 길이를 r라 하면
$\overline{OA}=4$, $\overline{QH}=\overline{QA}=r$이므로
$\overline{OQ}=4-r$
이때 $\angle OHQ=\dfrac{\pi}{2}$이므로 직각삼각형
QOH에서
$\sin\dfrac{\pi}{6}=\dfrac{\overline{QH}}{\overline{OQ}}=\dfrac{r}{4-r}$
$\dfrac{1}{2}=\dfrac{r}{4-r}$, $2r=4-r$
$3r=4$ $\therefore r=\dfrac{4}{3}$

Step 2 S_1-S_2의 값 구하기

부채꼴 OAB의 넓이 S_1은
$S_1=\dfrac{1}{2}\times 4^2\times\dfrac{\pi}{6}=\dfrac{4}{3}\pi$

반지름의 길이가 $\dfrac{4}{3}$인 반원 C의 넓이 S_2는
$S_2=\dfrac{1}{2}\times\pi\times\left(\dfrac{4}{3}\right)^2=\dfrac{8}{9}\pi$

$\therefore S_1-S_2=\dfrac{4}{3}\pi-\dfrac{8}{9}\pi=\dfrac{4}{9}\pi$

문제 보기

그림과 같이 두 점 O, O'을 각각 중심으로 하고 반지름의 길이가 3인 두 원 O, O'이 한 평면 위에 있다. 두 원 O, O'이 만나는 점을 각각 A, B라 할 때, $\angle AOB = \dfrac{5}{6}\pi$이다.

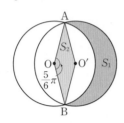

원 O의 외부와 원 O'의 내부의 공통부분의 넓이를 S_1, 마름모 AOBO'의 넓이를 S_2라 할 때, $S_1 - S_2$의 값은? [4점]
└→ S_1을 S_2와 부채꼴의 넓이의 합, 차를 이용하여 나타낸다.

① $\dfrac{5}{4}\pi$ ② $\dfrac{4}{3}\pi$ ③ $\dfrac{17}{12}\pi$ ④ $\dfrac{3}{2}\pi$ ⑤ $\dfrac{19}{12}\pi$

Step 1 $S_1 - S_2$의 값 구하기

$\angle AO'B = \angle AOB = \dfrac{5}{6}\pi$이므로 원 O'에서 중심각의 크기가 $\dfrac{7}{6}\pi$인 부채꼴 AO'B의 넓이를

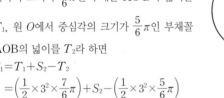

T_1, 원 O에서 중심각의 크기가 $\dfrac{5}{6}\pi$인 부채꼴 AOB의 넓이를 T_2라 하면

$S_1 = T_1 + S_2 - T_2$

$= \left(\dfrac{1}{2} \times 3^2 \times \dfrac{7}{6}\pi \right) + S_2 - \left(\dfrac{1}{2} \times 3^2 \times \dfrac{5}{6}\pi \right)$

$= \dfrac{3}{2}\pi + S_2$

$\therefore S_1 - S_2 = \dfrac{3}{2}\pi$

문제 보기

그림과 같이 $\overline{OA} = \overline{OB} = 1$, $\angle AOB = \theta$인 이등변삼각형 OAB가 있다. 선분 AB를 지름으로 하는 반원이 선분 OA와 만나는 점 중 A가 아닌 점을 P, 선분 OB와 만나는 점 중 B가 아닌 점을 Q라 하자. 선분 AB의 중점을 M이라 할 때, 다음은 부채꼴 MPQ의 넓이 $S(\theta)$를 구하는 과정이다. $\left(\text{단, } 0 < \theta < \dfrac{\pi}{2} \right)$

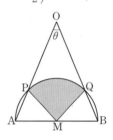

삼각형 OAM에서 $\angle OMA = \dfrac{\pi}{2}$, $\angle AOM = \dfrac{\theta}{2}$이므로

$\overline{MA} = \boxed{\text{(가)}}$ → 직각삼각형 OAM에서 삼각비를 이용한다.

이다. 한편, $\angle OAM = \dfrac{\pi}{2} - \dfrac{\theta}{2}$이고 $\overline{MA} = \overline{MP}$이므로

$\angle AMP = \boxed{\text{(나)}}$ → 이등변삼각형의 성질을 이용한다.

이다. 같은 방법으로

$\angle OBM = \dfrac{\pi}{2} - \dfrac{\theta}{2}$이고 $\overline{MB} = \overline{MQ}$이므로

$\angle BMQ = \boxed{\text{(나)}}$ → 이등변삼각형의 성질을 이용한다.

이다. 따라서 부채꼴 MPQ의 넓이 $S(\theta)$는

$S(\theta) = \dfrac{1}{2} \times \left(\boxed{\text{(가)}} \right)^2 \times \boxed{\text{(다)}}$ → $\angle PMQ$의 크기를 구한다.

이다.

위의 (가), (나), (다)에 알맞은 식을 각각 $f(\theta)$, $g(\theta)$, $h(\theta)$라 할 때,

$\dfrac{f\left(\dfrac{\pi}{3}\right) \times g\left(\dfrac{\pi}{6}\right)}{h\left(\dfrac{\pi}{4}\right)}$의 값은? [4점]

① $\dfrac{5}{12}$ ② $\dfrac{1}{3}$ ③ $\dfrac{1}{4}$ ④ $\dfrac{1}{6}$ ⑤ $\dfrac{1}{12}$

Step 1 (가)에 알맞은 식 구하기

이등변삼각형의 성질에 의하여 삼각형 OAM에서 $\angle OMA = \dfrac{\pi}{2}$, $\angle AOM = \dfrac{\theta}{2}$이므로

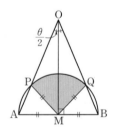

$\sin(\angle AOM) = \dfrac{\overline{MA}}{\overline{OA}} = \overline{MA}$

$\therefore \overline{MA} = \boxed{^{(가)} \sin\dfrac{\theta}{2}}$

Step 2 (나)에 알맞은 식 구하기

한편 $\angle OAM = \dfrac{\pi}{2} - \dfrac{\theta}{2}$이고 $\overline{MA} = \overline{MP}$이므로

$\angle AMP = \pi - 2\left(\dfrac{\pi}{2} - \dfrac{\theta}{2} \right) = \boxed{^{(나)}\,\theta}$

같은 방법으로

$\angle OBM = \dfrac{\pi}{2} - \dfrac{\theta}{2}$이고 $\overline{MB} = \overline{MQ}$이므로

$\angle BMQ = \boxed{^{(나)}\,\theta}$

Step 3 (다)에 알맞은 식 구하기

따라서 $\angle PMQ = \pi - 2\theta$이므로 부채꼴 MPQ의 넓이 $S(\theta)$는

$$S(\theta) = \frac{1}{2} \times \left(\boxed{^{(가)} \sin\frac{\theta}{2}} \right)^2 \times \left(\boxed{^{(다)} \pi - 2\theta} \right)$$

Step 4 $\dfrac{f\left(\dfrac{\pi}{3}\right) \times g\left(\dfrac{\pi}{6}\right)}{h\left(\dfrac{\pi}{4}\right)}$의 값 구하기

따라서 $f(\theta) = \sin\dfrac{\theta}{2}$, $g(\theta) = \theta$, $h(\theta) = \pi - 2\theta$이므로

$$\frac{f\left(\dfrac{\pi}{3}\right) \times g\left(\dfrac{\pi}{6}\right)}{h\left(\dfrac{\pi}{4}\right)} = \frac{\dfrac{1}{2} \times \dfrac{\pi}{6}}{\dfrac{\pi}{2}} = \frac{1}{6}$$

---

08 일반각에 대한 삼각함수의 성질   정답 ④ | 정답률 84%

문제 보기

$\cos^2\left(\dfrac{\pi}{6}\right) + \tan^2\left(\dfrac{2\pi}{3}\right)$의 값은? [2점]

       └─ $\tan(\pi - \theta)$ 꼴로 변형한다.

① $\dfrac{3}{2}$ ② $\dfrac{9}{4}$ ③ 3 ④ $\dfrac{15}{4}$ ⑤ $\dfrac{9}{2}$

Step 1 삼각함수의 성질을 이용하여 값 구하기

$$\cos^2\left(\frac{\pi}{6}\right) = \left(\frac{\sqrt{3}}{2}\right)^2 = \frac{3}{4}$$

$$\tan\frac{2}{3}\pi = \tan\left(\pi - \frac{\pi}{3}\right) = -\tan\frac{\pi}{3}$$이므로

$$\tan^2\left(\frac{2\pi}{3}\right) = \tan^2\left(\frac{\pi}{3}\right) = (\sqrt{3})^2 = 3$$

$$\therefore \cos^2\left(\frac{\pi}{6}\right) + \tan^2\left(\frac{2\pi}{3}\right) = \frac{3}{4} + 3 = \frac{15}{4}$$

---

09 일반각에 대한 삼각함수의 성질   정답 ⑤ | 정답률 88%

문제 보기

$\sin\dfrac{7\pi}{3}$의 값은? [2점]

       └─ $\sin(2\pi + \theta)$ 꼴로 변형한다.

① $-\dfrac{\sqrt{2}}{2}$ ② $-\dfrac{1}{2}$ ③ $\dfrac{1}{2}$ ④ $\dfrac{\sqrt{2}}{2}$ ⑤ $\dfrac{\sqrt{3}}{2}$

Step 1 삼각함수의 성질을 이용하여 값 구하기

$$\sin\frac{7\pi}{3} = \sin\left(2\pi + \frac{\pi}{3}\right) = \sin\frac{\pi}{3} = \frac{\sqrt{3}}{2}$$

10 일반각에 대한 삼각함수의 성질   정답 ⑤ ┃ 정답률 89%

문제 보기

$\cos\dfrac{13}{6}\pi$의 값은? [2점]

└→ $\cos(2\pi+\theta)$ 꼴로 변형한다.

① $-\dfrac{\sqrt{2}}{2}$ ② $-\dfrac{1}{2}$ ③ $\dfrac{1}{2}$ ④ $\dfrac{\sqrt{2}}{2}$ ⑤ $\dfrac{\sqrt{3}}{2}$

Step 1 삼각함수의 성질을 이용하여 값 구하기

$\cos\dfrac{13}{6}\pi=\cos\left(2\pi+\dfrac{\pi}{6}\right)=\cos\dfrac{\pi}{6}=\dfrac{\sqrt{3}}{2}$

12 일반각에 대한 삼각함수의 성질   정답 ③ ┃ 정답률 85%

문제 보기

$\sin\dfrac{\pi}{4}+\cos\dfrac{3}{4}\pi$의 값은? [3점]

└→ $\cos(\pi-\theta)$ 꼴로 변형한다.

① -1 ② $-\dfrac{\sqrt{2}}{2}$ ③ 0 ④ $\dfrac{\sqrt{2}}{2}$ ⑤ 1

Step 1 삼각함수의 성질을 이용하여 값 구하기

$\sin\dfrac{\pi}{4}=\dfrac{\sqrt{2}}{2}$

$\cos\dfrac{3}{4}\pi=\cos\left(\pi-\dfrac{\pi}{4}\right)=-\cos\dfrac{\pi}{4}=-\dfrac{\sqrt{2}}{2}$

$\therefore \sin\dfrac{\pi}{4}+\cos\dfrac{3}{4}\pi=\dfrac{\sqrt{2}}{2}+\left(-\dfrac{\sqrt{2}}{2}\right)=0$

11 일반각에 대한 삼각함수의 성질   정답 ⑤ ┃ 정답률 83%

문제 보기

$\tan\dfrac{4}{3}\pi$의 값은? [2점]

└→ $\tan(\pi+\theta)$ 꼴로 변형한다.

① $-\sqrt{3}$ ② -1 ③ $\dfrac{\sqrt{3}}{3}$ ④ 1 ⑤ $\sqrt{3}$

Step 1 삼각함수의 성질을 이용하여 값 구하기

$\tan\dfrac{4}{3}\pi=\tan\left(\pi+\dfrac{\pi}{3}\right)=\tan\dfrac{\pi}{3}=\sqrt{3}$

13 일반각에 대한 삼각함수의 성질   정답 ⑤ ┃ 정답률 92%

문제 보기

$\sin\theta=\dfrac{1}{3}$일 때, $\cos\left(\theta+\dfrac{\pi}{2}\right)$의 값은? [2점]

└→ $\cos\left(\dfrac{\pi}{2}+\theta\right)=-\sin\theta$임을 이용한다.

① $-\dfrac{7}{9}$ ② $-\dfrac{2}{3}$ ③ $-\dfrac{5}{9}$ ④ $-\dfrac{4}{9}$ ⑤ $-\dfrac{1}{3}$

Step 1 삼각함수의 성질을 이용하여 값 구하기

$\cos\left(\theta+\dfrac{\pi}{2}\right)=-\sin\theta=-\dfrac{1}{3}$

14 | 일반각에 대한 삼각함수의 성질 | 정답 ① | 정답률 77%

문제 보기

$\pi < \theta < \dfrac{3}{2}\pi$인 θ에 대하여 $\tan\theta = \dfrac{12}{5}$일 때, $\sin\theta + \cos\theta$의 값은?

└ 삼각비를 이용하여 $\sin\theta$, $\cos\theta$의 값을 구한다. [3점]

① $-\dfrac{17}{13}$ ② $-\dfrac{7}{13}$ ③ 0 ④ $\dfrac{7}{13}$ ⑤ $\dfrac{17}{13}$

Step 1 $\sin\theta$, $\cos\theta$의 값 구하기

$\pi < \theta < \dfrac{3}{2}\pi$에서 $\tan\theta = \dfrac{12}{5}$이므로 오른쪽 그림과 같은 직
각삼각형을 생각할 수 있다.
이 직각삼각형의 빗변의 길이는 $\sqrt{5^2 + 12^2} = 13$이므로
$\sin\theta = -\dfrac{12}{13}$, $\cos\theta = -\dfrac{5}{13}$

Step 2 $\sin\theta + \cos\theta$의 값 구하기

$\therefore \sin\theta + \cos\theta = -\dfrac{12}{13} + \left(-\dfrac{5}{13}\right) = -\dfrac{17}{13}$

---

15 | 일반각에 대한 삼각함수의 성질 | 정답 4 | 정답률 53%

문제 보기

$\dfrac{\pi}{2} < \theta < \pi$인 θ에 대하여 $\tan\theta = -\dfrac{4}{3}$일 때,

└ 삼각비를 이용하여 $\sin\theta$의 값을 구한다.

$5\sin(\pi+\theta) + 10\cos\left(\dfrac{\pi}{2} - \theta\right)$의 값을 구하시오. [3점]

└ $\sin(\pi+\theta) = -\sin\theta$, $\cos\left(\dfrac{\pi}{2} - \theta\right) = \sin\theta$임을 이용하여 간단히 한다.

Step 1   주어진 식을 간단히 하기

$5\sin(\pi+\theta) + 10\cos\left(\dfrac{\pi}{2} - \theta\right) = -5\sin\theta + 10\sin\theta$
$\qquad\qquad\qquad\qquad\qquad = 5\sin\theta$

Step 2 $\sin\theta$의 값 구하기

$\dfrac{\pi}{2} < \theta < \pi$에서 $\tan\theta = -\dfrac{4}{3}$이므로 오른쪽 그림과 같
은 직각삼각형을 생각할 수 있다.
이 직각삼각형의 빗변의 길이는 $\sqrt{3^2 + 4^2} = 5$이므로
$\sin\theta = \dfrac{4}{5}$

Step 3   식의 값 구하기

$\therefore 5\sin(\pi+\theta) + 10\cos\left(\dfrac{\pi}{2} - \theta\right) = 5\sin\theta = 5 \times \dfrac{4}{5} = 4$

---

16 | 일반각에 대한 삼각함수의 성질 | 정답 ① | 정답률 61%

문제 보기

$\pi < \theta < \dfrac{3}{2}\pi$인 θ에 대하여 $\tan\theta - \dfrac{6}{\tan\theta} = 1$일 때, $\sin\theta + \cos\theta$의

값은? [3점]   └ $\tan\theta$의 값을 구한 후 삼각비를 이용하여 $\sin\theta$, $\cos\theta$의 값을 구한다.

① $-\dfrac{2\sqrt{10}}{5}$ ② $-\dfrac{\sqrt{10}}{5}$ ③ 0 ④ $\dfrac{\sqrt{10}}{5}$ ⑤ $\dfrac{2\sqrt{10}}{5}$

Step 1 $\tan\theta$의 값 구하기

$\tan\theta - \dfrac{6}{\tan\theta} = 1$의 양변에 $\tan\theta$를 곱하여 정리하면
$\tan^2\theta - \tan\theta - 6 = 0$, $(\tan\theta+2)(\tan\theta-3) = 0$
$\therefore \tan\theta = 3 \left(\because \pi < \theta < \dfrac{3}{2}\pi\right)$

Step 2 $\sin\theta$, $\cos\theta$의 값 구하기

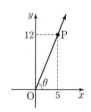

$\pi < \theta < \dfrac{3}{2}\pi$에서 $\tan\theta = 3$이므로 오른쪽 그림과 같은 직각
삼각형을 생각할 수 있다.
이 직각삼각형의 빗변의 길이는 $\sqrt{1^2 + 3^2} = \sqrt{10}$이므로
$\sin\theta = -\dfrac{3}{\sqrt{10}} = -\dfrac{3\sqrt{10}}{10}$, $\cos\theta = -\dfrac{1}{\sqrt{10}} = -\dfrac{\sqrt{10}}{10}$

Step 3 $\sin\theta + \cos\theta$의 값 구하기

$\therefore \sin\theta + \cos\theta = -\dfrac{3\sqrt{10}}{10} + \left(-\dfrac{\sqrt{10}}{10}\right) = -\dfrac{2\sqrt{10}}{5}$

---

17 | 일반각에 대한 삼각함수의 성질 | 정답 ③ | 정답률 62%

문제 보기

좌표평면 위의 원점 O에서 x축의 양의 방향으로 시초선을 잡을 때, 원
점 O와 점 P$(5, 12)$를 지나는 동경 OP가 나타내는 각의 크기를 θ라

하자. $\sin\left(\dfrac{3}{2}\pi + \theta\right)$의 값은? [3점]   └ 삼각함수의 정의를 이용하여 삼각함수의 값을 구한다.

└ $\sin\left(\dfrac{\pi}{2} + \theta_1\right)$ 꼴로 변형한다.

① $-\dfrac{12}{13}$ ② $-\dfrac{7}{13}$ ③ $-\dfrac{5}{13}$ ④ $\dfrac{5}{13}$ ⑤ $\dfrac{7}{13}$

Step 1   주어진 식을 간단히 하기

$\sin\left(\dfrac{3}{2}\pi + \theta\right) = \sin\left(\dfrac{\pi}{2} + \pi + \theta\right) = \cos(\pi+\theta) = -\cos\theta$

Step 2 $\sin\left(\dfrac{3}{2}\pi + \theta\right)$의 값 구하기

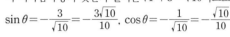

오른쪽 그림에서 $\overline{\mathrm{OP}} = \sqrt{5^2 + 12^2} = 13$이므로
$\cos\theta = \dfrac{5}{13}$
$\therefore \sin\left(\dfrac{3}{2}\pi + \theta\right) = -\cos\theta = -\dfrac{5}{13}$

18 삼각함수 사이의 관계
정답 ⑤ | 정답률 60%

문제 보기

$\tan\theta < 0$이고 $\cos\left(\dfrac{\pi}{2}+\theta\right)=\dfrac{\sqrt{5}}{5}$일 때, $\cos\theta$의 값은? [3점]

└ $\cos\theta$의 부호를 파악한다. └ $\cos\left(\dfrac{\pi}{2}+\theta\right)=-\sin\theta$, $\sin^2\theta+\cos^2\theta=1$임을 이용하여 $\cos\theta$의 값을 구한다.

① $-\dfrac{2\sqrt{5}}{5}$　② $-\dfrac{\sqrt{5}}{5}$　③ 0　④ $\dfrac{\sqrt{5}}{5}$　⑤ $\dfrac{2\sqrt{5}}{5}$

Step 1 $\cos\theta$의 값 구하기

$\cos\left(\dfrac{\pi}{2}+\theta\right)=\dfrac{\sqrt{5}}{5}$에서 $-\sin\theta=\dfrac{\sqrt{5}}{5}$

$\therefore \sin\theta=-\dfrac{\sqrt{5}}{5}$

$\sin^2\theta+\cos^2\theta=1$이므로

$\cos^2\theta=1-\sin^2\theta=1-\left(-\dfrac{\sqrt{5}}{5}\right)^2=\dfrac{4}{5}$

이때 $\sin\theta<0$, $\tan\theta<0$이므로 θ는 제4사분면의 각이다.

따라서 $\cos\theta>0$이므로

$\cos\theta=\sqrt{\dfrac{4}{5}}=\dfrac{2\sqrt{5}}{5}$

19 삼각함수 사이의 관계
정답 48 | 정답률 81%

문제 보기

$\sin\left(\dfrac{\pi}{2}+\theta\right)\tan(\pi-\theta)=\dfrac{3}{5}$일 때, $30(1-\sin\theta)$의 값을 구하시오.

└ $\sin\left(\dfrac{\pi}{2}+\theta\right)=\cos\theta$, $\tan(\pi-\theta)=-\tan\theta$임을 이용하여　[3점]
식을 간단히 한다.

Step 1 $\sin\theta$의 값 구하기

$\sin\left(\dfrac{\pi}{2}+\theta\right)\tan(\pi-\theta)=\dfrac{3}{5}$에서

$\cos\theta\times(-\tan\theta)=\dfrac{3}{5}$

$\cos\theta\times\left(-\dfrac{\sin\theta}{\cos\theta}\right)=\dfrac{3}{5}$

$\therefore \sin\theta=-\dfrac{3}{5}$

Step 2 $30(1-\sin\theta)$의 값 구하기

$\therefore 30(1-\sin\theta)=30\left\{1-\left(-\dfrac{3}{5}\right)\right\}=30\times\dfrac{8}{5}=48$

20 삼각함수 사이의 관계
정답 ⑤ | 정답률 72%

문제 보기

$\cos\left(\dfrac{\pi}{2}+\theta\right)=-\dfrac{1}{5}$일 때, $\dfrac{\sin\theta}{1-\cos^2\theta}$의 값은? [3점]

└ $\cos\left(\dfrac{\pi}{2}+\theta\right)=-\sin\theta$　└ $\sin^2\theta+\cos^2\theta=1$임을 이용한다.
임을 이용한다.

① -5　② $-\sqrt{5}$　③ 0　④ $\sqrt{5}$　⑤ 5

Step 1 $\sin\theta$의 값 구하기

$\cos\left(\dfrac{\pi}{2}+\theta\right)=-\dfrac{1}{5}$에서 $-\sin\theta=-\dfrac{1}{5}$

$\therefore \sin\theta=\dfrac{1}{5}$

Step 2 $\dfrac{\sin\theta}{1-\cos^2\theta}$의 값 구하기

$\sin^2\theta+\cos^2\theta=1$이므로

$1-\cos^2\theta=\sin^2\theta$

$\therefore \dfrac{\sin\theta}{1-\cos^2\theta}=\dfrac{\sin\theta}{\sin^2\theta}=\dfrac{1}{\sin\theta}=\dfrac{1}{\dfrac{1}{5}}=5$

21 삼각함수 사이의 관계
정답 ④ | 정답률 88%

문제 보기

$\dfrac{\pi}{2}<\theta<\pi$인 θ에 대하여 $\cos^2\theta=\dfrac{4}{9}$일 때, $\sin^2\theta+\cos\theta$의 값은?

└ $\cos\theta<0$　└ $\sin^2\theta+\cos^2\theta=1$임을 이용하여　[3점]
$\sin^2\theta$의 값을 구한다.

① $-\dfrac{4}{9}$　② $-\dfrac{1}{3}$　③ $-\dfrac{2}{9}$　④ $-\dfrac{1}{9}$　⑤ 0

Step 1 $\sin^2\theta$의 값 구하기

$\sin^2\theta+\cos^2\theta=1$이므로

$\sin^2\theta=1-\cos^2\theta=1-\dfrac{4}{9}=\dfrac{5}{9}$

Step 2 $\cos\theta$의 값 구하기

이때 $\dfrac{\pi}{2}<\theta<\pi$이므로 $\cos\theta<0$

$\therefore \cos\theta=-\sqrt{\dfrac{4}{9}}=-\dfrac{2}{3}$

Step 3 $\sin^2\theta+\cos\theta$의 값 구하기

$\therefore \sin^2\theta+\cos\theta=\dfrac{5}{9}+\left(-\dfrac{2}{3}\right)=-\dfrac{1}{9}$

22 삼각함수 사이의 관계   정답 ② | 정답률 88%

문제 보기

$\dfrac{\pi}{2}<\theta<\pi$인 θ에 대하여 $\cos(\pi+\theta)=\dfrac{2\sqrt{5}}{5}$일 때, $\sin\theta+\cos\theta$의

└→ $\sin\theta>0$ └→ $\cos(\pi+\theta)=-\cos\theta$, $\sin^2\theta+\cos^2\theta=1$임을

값은? [3점]   이용하여 $\sin\theta$의 값을 구한다.

① $-\dfrac{2\sqrt{5}}{5}$ ② $-\dfrac{\sqrt{5}}{5}$ ③ 0 ④ $\dfrac{\sqrt{5}}{5}$ ⑤ $\dfrac{2\sqrt{5}}{5}$

Step 1 $\cos\theta$, $\sin\theta$의 값 구하기

$\cos(\pi+\theta)=\dfrac{2\sqrt{5}}{5}$에서 $-\cos\theta=\dfrac{2\sqrt{5}}{5}$

$\therefore \cos\theta=-\dfrac{2\sqrt{5}}{5}$

$\sin^2\theta+\cos^2\theta=1$이므로

$\sin^2\theta=1-\cos^2\theta=1-\left(-\dfrac{2\sqrt{5}}{5}\right)^2=\dfrac{1}{5}$

이때 $\dfrac{\pi}{2}<\theta<\pi$이므로 $\sin\theta>0$

$\therefore \sin\theta=\dfrac{\sqrt{5}}{5}$

Step 2 $\sin\theta+\cos\theta$의 값 구하기

$\therefore \sin\theta+\cos\theta=\dfrac{\sqrt{5}}{5}+\left(-\dfrac{2\sqrt{5}}{5}\right)=-\dfrac{\sqrt{5}}{5}$

---

23 삼각함수 사이의 관계   정답 ① | 정답률 76%

문제 보기

$\pi<\theta<\dfrac{3}{2}\pi$인 θ에 대하여 $\sin\left(\theta-\dfrac{\pi}{2}\right)=\dfrac{3}{5}$일 때, $\sin\theta$의 값은?

└→ $\sin\theta<0$ [3점]

$\sin(-\theta)=-\sin\theta$, $\sin\left(\dfrac{\pi}{2}-\theta\right)=\cos\theta$,

$\sin^2\theta+\cos^2\theta=1$임을 이용하여 $\sin\theta$의 값을 구한다.

① $-\dfrac{4}{5}$ ② $-\dfrac{3}{5}$ ③ $\dfrac{3}{5}$ ④ $\dfrac{3}{4}$ ⑤ $\dfrac{4}{5}$

Step 1 $\cos\theta$의 값 구하기

$\sin\left(\theta-\dfrac{\pi}{2}\right)=\dfrac{3}{5}$에서 $-\sin\left(\dfrac{\pi}{2}-\theta\right)=\dfrac{3}{5}$

$\sin\left(\dfrac{\pi}{2}-\theta\right)=-\dfrac{3}{5}$ $\therefore \cos\theta=-\dfrac{3}{5}$

Step 2 $\sin\theta$의 값 구하기

$\sin^2\theta+\cos^2\theta=1$이므로

$\sin^2\theta=1-\cos^2\theta=1-\left(-\dfrac{3}{5}\right)^2=\dfrac{16}{25}$

이때 $\pi<\theta<\dfrac{3}{2}\pi$이므로 $\sin\theta<0$

$\therefore \sin\theta=-\sqrt{\dfrac{16}{25}}=-\dfrac{4}{5}$

---

24 삼각함수 사이의 관계   정답 ④ | 정답률 85%

문제 보기

$0<\theta<\dfrac{\pi}{2}$인 θ에 대하여 $\sin\theta=\dfrac{4}{5}$일 때, $\sin\left(\dfrac{\pi}{2}-\theta\right)-\cos(\pi+\theta)$

└→ $\cos\theta>0$ └→ $\sin^2\theta+\cos^2\theta=1$ └→ $\sin\left(\dfrac{\pi}{2}-\theta\right)=\cos\theta$,

의 값은? [3점]   임을 이용하여 $\cos(\pi+\theta)=-\cos\theta$

                  $\cos\theta$의 값을 구한다.   임을 이용한다.

① $\dfrac{9}{10}$ ② 1 ③ $\dfrac{11}{10}$ ④ $\dfrac{6}{5}$ ⑤ $\dfrac{13}{10}$

Step 1 $\cos\theta$의 값 구하기

$\sin^2\theta+\cos^2\theta=1$이므로

$\cos^2\theta=1-\sin^2\theta=1-\left(\dfrac{4}{5}\right)^2=\dfrac{9}{25}$

이때 $0<\theta<\dfrac{\pi}{2}$이므로 $\cos\theta>0$

$\therefore \cos\theta=\sqrt{\dfrac{9}{25}}=\dfrac{3}{5}$

Step 2 $\sin\left(\dfrac{\pi}{2}-\theta\right)-\cos(\pi+\theta)$의 값 구하기

$\therefore \sin\left(\dfrac{\pi}{2}-\theta\right)-\cos(\pi+\theta)=\cos\theta-(-\cos\theta)$

$=2\cos\theta$

$=2\times\dfrac{3}{5}=\dfrac{6}{5}$

---

25 삼각함수 사이의 관계   정답 ⑤ | 정답률 65%

문제 보기

$\sin\left(\dfrac{\pi}{2}+\theta\right)=\dfrac{3}{5}$이고 $\sin\theta\cos\theta<0$일 때, $\sin\theta+2\cos\theta$의 값은?

└→ $\sin\left(\dfrac{\pi}{2}+\theta\right)=\cos\theta$, $\sin^2\theta+\cos^2\theta=1$을 이용하여 $\sin\theta$의 값을 구한다. [3점]

                └→ $\sin\theta$의 부호를 파악한다.

① $-\dfrac{2}{5}$ ② $-\dfrac{1}{5}$ ③ 0 ④ $\dfrac{1}{5}$ ⑤ $\dfrac{2}{5}$

Step 1 $\cos\theta$, $\sin\theta$의 값 구하기

$\sin\left(\dfrac{\pi}{2}+\theta\right)=\dfrac{3}{5}$에서 $\cos\theta=\dfrac{3}{5}$

$\sin^2\theta+\cos^2\theta=1$이므로

$\sin^2\theta=1-\cos^2\theta=1-\left(\dfrac{3}{5}\right)^2=\dfrac{16}{25}$

이때 $\cos\theta>0$, $\sin\theta\cos\theta<0$이므로 $\sin\theta<0$

$\therefore \sin\theta=-\sqrt{\dfrac{16}{25}}=-\dfrac{4}{5}$

Step 2 $\sin\theta+2\cos\theta$의 값 구하기

$\therefore \sin\theta+2\cos\theta=-\dfrac{4}{5}+2\times\dfrac{3}{5}=\dfrac{2}{5}$

문제 보기

$\sin(\pi-\theta)=\dfrac{5}{13}$이고 $\cos\theta<0$일 때, $\tan\theta$의 값은? [3점]

└ $\sin(\pi-\theta)=\sin\theta$, $\sin^2\theta+\cos^2\theta=1$ └ $\tan\theta=\dfrac{\sin\theta}{\cos\theta}$임을 이용한다.
임을 이용하여 $\cos\theta$의 값을 구한다.

① $-\dfrac{12}{13}$ ② $-\dfrac{5}{12}$ ③ 0 ④ $\dfrac{5}{12}$ ⑤ $\dfrac{12}{13}$

Step 1 $\sin\theta$, $\cos\theta$의 값 구하기

$\sin(\pi-\theta)=\dfrac{5}{13}$에서 $\sin\theta=\dfrac{5}{13}$

$\sin^2\theta+\cos^2\theta=1$이므로

$\cos^2\theta=1-\sin^2\theta=1-\left(\dfrac{5}{13}\right)^2=\dfrac{144}{169}$

이때 $\cos\theta<0$이므로

$\cos\theta=-\sqrt{\dfrac{144}{169}}=-\dfrac{12}{13}$

Step 2 $\tan\theta$의 값 구하기

$\therefore \tan\theta=\dfrac{\sin\theta}{\cos\theta}=\dfrac{\dfrac{5}{13}}{-\dfrac{12}{13}}=-\dfrac{5}{12}$

문제 보기

$\cos(\pi+\theta)=\dfrac{1}{3}$이고 $\sin(\pi+\theta)>0$일 때, $\tan\theta$의 값은? [3점]

└ $\cos(\pi+\theta)=-\cos\theta$,   └ $\sin(\pi+\theta)=-\sin\theta$ └ $\tan\theta=\dfrac{\sin\theta}{\cos\theta}$임을
$\sin^2\theta+\cos^2\theta=1$임을   임을 이용한다.   이용한다.
이용하여 $\sin\theta$의 값을 구한다.

① $-2\sqrt{2}$ ② $-\dfrac{\sqrt{2}}{4}$ ③ 1 ④ $\dfrac{\sqrt{2}}{4}$ ⑤ $2\sqrt{2}$

Step 1 $\cos\theta$, $\sin\theta$의 값 구하기

$\cos(\pi+\theta)=\dfrac{1}{3}$에서 $-\cos\theta=\dfrac{1}{3}$

$\therefore \cos\theta=-\dfrac{1}{3}$

$\sin^2\theta+\cos^2\theta=1$이므로

$\sin^2\theta=1-\cos^2\theta=1-\left(-\dfrac{1}{3}\right)^2=\dfrac{8}{9}$

이때 $\sin(\pi+\theta)>0$이므로

$-\sin\theta>0$ $\therefore \sin\theta<0$

$\therefore \sin\theta=-\sqrt{\dfrac{8}{9}}=-\dfrac{2\sqrt{2}}{3}$

Step 2 $\tan\theta$의 값 구하기

$\therefore \tan\theta=\dfrac{\sin\theta}{\cos\theta}=\dfrac{-\dfrac{2\sqrt{2}}{3}}{-\dfrac{1}{3}}=2\sqrt{2}$

문제 보기

θ가 제3사분면의 각이고 $\cos\theta=-\dfrac{4}{5}$일 때, $\tan\theta$의 값은? [2점]

└ $\sin\theta<0$ └ $\sin^2\theta+\cos^2\theta=1$임을   └ $\tan\theta=\dfrac{\sin\theta}{\cos\theta}$임을
이용하여 $\sin\theta$의 값을   이용한다.
구한다.

① $-\dfrac{4}{3}$ ② $-\dfrac{3}{4}$ ③ 0 ④ $\dfrac{3}{4}$ ⑤ $\dfrac{4}{3}$

Step 1 $\sin\theta$의 값 구하기

$\sin^2\theta+\cos^2\theta=1$이므로

$\sin^2\theta=1-\cos^2\theta=1-\left(-\dfrac{4}{5}\right)^2=\dfrac{9}{25}$

이때 θ가 제3사분면의 각이므로 $\sin\theta<0$

$\therefore \sin\theta=-\sqrt{\dfrac{9}{25}}=-\dfrac{3}{5}$

Step 2 $\tan\theta$의 값 구하기

$\therefore \tan\theta=\dfrac{\sin\theta}{\cos\theta}=\dfrac{-\dfrac{3}{5}}{-\dfrac{4}{5}}=\dfrac{3}{4}$

문제 보기

$\dfrac{3}{2}\pi<\theta<2\pi$인 θ에 대하여 $\cos\theta=\dfrac{\sqrt{6}}{3}$일 때, $\tan\theta$의 값은? [3점]

└ $\sin\theta<0$ └ $\sin^2\theta+\cos^2\theta=1$을   └ $\tan\theta=\dfrac{\sin\theta}{\cos\theta}$임을
이용하여 $\sin\theta$의 값을   이용한다.
구한다.

① $-\sqrt{2}$ ② $-\dfrac{\sqrt{2}}{2}$ ③ 0 ④ $\dfrac{\sqrt{2}}{2}$ ⑤ $\sqrt{2}$

Step 1 $\sin\theta$의 값 구하기

$\sin^2\theta+\cos^2\theta=1$이므로

$\sin^2\theta=1-\cos^2\theta=1-\left(\dfrac{\sqrt{6}}{3}\right)^2=\dfrac{1}{3}$

이때 $\dfrac{3}{2}\pi<\theta<2\pi$이므로 $\sin\theta<0$

$\therefore \sin\theta=-\dfrac{\sqrt{3}}{3}$

Step 2 $\tan\theta$의 값 구하기

$\therefore \tan\theta=\dfrac{\sin\theta}{\cos\theta}=\dfrac{-\dfrac{\sqrt{3}}{3}}{\dfrac{\sqrt{6}}{3}}=-\dfrac{\sqrt{2}}{2}$

30 삼각함수 사이의 관계 정답 ① | 정답률 90%

문제 보기

$\dfrac{\pi}{2}<\theta<\pi$인 θ에 대하여 $\sin\theta=\dfrac{\sqrt{21}}{7}$일 때, $\tan\theta$의 값은? [2점]

└→ $\cos\theta<0$ └→ $\sin^2\theta+\cos^2\theta=1$임을 이용하여 $\cos\theta$의 값을 구한다.   └→ $\tan\theta=\dfrac{\sin\theta}{\cos\theta}$임을 이용한다.

① $-\dfrac{\sqrt{3}}{2}$ ② $-\dfrac{\sqrt{3}}{4}$ ③ 0 ④ $\dfrac{\sqrt{3}}{4}$ ⑤ $\dfrac{\sqrt{3}}{2}$

Step 1 $\cos\theta$의 값 구하기

$\sin^2\theta+\cos^2\theta=1$이므로

$\cos^2\theta=1-\sin^2\theta=1-\left(\dfrac{\sqrt{21}}{7}\right)^2=\dfrac{28}{49}$

이때 $\dfrac{\pi}{2}<\theta<\pi$이므로 $\cos\theta<0$

$\therefore \cos\theta=-\sqrt{\dfrac{28}{49}}=-\dfrac{2\sqrt{7}}{7}$

Step 2 $\tan\theta$의 값 구하기

$\therefore \tan\theta=\dfrac{\sin\theta}{\cos\theta}=\dfrac{\dfrac{\sqrt{21}}{7}}{-\dfrac{2\sqrt{7}}{7}}=-\dfrac{\sqrt{3}}{2}$

---

31 삼각함수 사이의 관계 정답 ② | 정답률 73%

문제 보기

$\dfrac{3}{2}\pi<\theta<2\pi$인 θ에 대하여 $\sin(-\theta)=\dfrac{1}{3}$일 때, $\tan\theta$의 값은? [3점]

└→ $\cos\theta>0$ $\sin(-\theta)=-\sin\theta$, $\sin^2\theta+\cos^2\theta=1$임을 이용하여 $\sin\theta$, $\cos\theta$의 값을 구한다.   └→ $\tan\theta=\dfrac{\sin\theta}{\cos\theta}$임을 이용한다.

① $-\dfrac{\sqrt{2}}{2}$ ② $-\dfrac{\sqrt{2}}{4}$ ③ $-\dfrac{1}{4}$ ④ $\dfrac{1}{4}$ ⑤ $\dfrac{\sqrt{2}}{4}$

Step 1 $\sin\theta$, $\cos\theta$의 값 구하기

$\sin(-\theta)=\dfrac{1}{3}$에서 $-\sin\theta=\dfrac{1}{3}$

$\therefore \sin\theta=-\dfrac{1}{3}$

$\sin^2\theta+\cos^2\theta=1$이므로

$\cos^2\theta=1-\sin^2\theta=1-\left(-\dfrac{1}{3}\right)^2=\dfrac{8}{9}$

이때 $\dfrac{3}{2}\pi<\theta<2\pi$이므로 $\cos\theta>0$

$\therefore \cos\theta=\sqrt{\dfrac{8}{9}}=\dfrac{2\sqrt{2}}{3}$

Step 2 $\tan\theta$의 값 구하기

$\therefore \tan\theta=\dfrac{\sin\theta}{\cos\theta}=\dfrac{-\dfrac{1}{3}}{\dfrac{2\sqrt{2}}{3}}=-\dfrac{\sqrt{2}}{4}$

---

32 삼각함수 사이의 관계 정답 ④ | 정답률 73%

문제 보기

$\sin(-\theta)+\cos\left(\dfrac{\pi}{2}+\theta\right)=\dfrac{8}{5}$이고 $\cos\theta<0$일 때, $\tan\theta$의 값은?

└→ $\sin(-\theta)=-\sin\theta$, $\cos\left(\dfrac{\pi}{2}+\theta\right)=-\sin\theta$, $\sin^2\theta+\cos^2\theta=1$임을 이용하여 $\sin\theta$, $\cos\theta$의 값을 구한다.   └→ $\tan\theta=\dfrac{\sin\theta}{\cos\theta}$임을 이용한다.   [3점]

① $-\dfrac{5}{3}$ ② $-\dfrac{4}{3}$ ③ 0 ④ $\dfrac{4}{3}$ ⑤ $\dfrac{5}{3}$

Step 1 $\sin\theta$, $\cos\theta$의 값 구하기

$\sin(-\theta)+\cos\left(\dfrac{\pi}{2}+\theta\right)=\dfrac{8}{5}$에서

$-\sin\theta+(-\sin\theta)=\dfrac{8}{5}$, $-2\sin\theta=\dfrac{8}{5}$

$\therefore \sin\theta=-\dfrac{4}{5}$

$\sin^2\theta+\cos^2\theta=1$이므로

$\cos^2\theta=1-\sin^2\theta=1-\left(-\dfrac{4}{5}\right)^2=\dfrac{9}{25}$

이때 $\cos\theta<0$이므로 $\cos\theta=-\sqrt{\dfrac{9}{25}}=-\dfrac{3}{5}$

Step 2 $\tan\theta$의 값 구하기

$\therefore \tan\theta=\dfrac{\sin\theta}{\cos\theta}=\dfrac{-\dfrac{4}{5}}{-\dfrac{3}{5}}=\dfrac{4}{3}$

---

33 삼각함수 사이의 관계 정답 ② | 정답률 78%

문제 보기

$\cos\theta>0$이고 $\sin\theta+\cos\theta\tan\theta=-1$일 때, $\tan\theta$의 값은? [3점]

└→ $\tan\theta=\dfrac{\sin\theta}{\cos\theta}$임을 이용하여 식을 변형한다.

① $-\sqrt{3}$ ② $-\dfrac{\sqrt{3}}{3}$ ③ $\dfrac{\sqrt{3}}{3}$ ④ 1 ⑤ $\sqrt{3}$

Step 1 $\sin\theta$, $\cos\theta$의 값 구하기

$\sin\theta+\cos\theta\tan\theta=-1$에서

$\sin\theta+\cos\theta\times\dfrac{\sin\theta}{\cos\theta}=-1$, $2\sin\theta=-1$

$\therefore \sin\theta=-\dfrac{1}{2}$

$\sin^2\theta+\cos^2\theta=1$이므로

$\cos^2\theta=1-\sin^2\theta=1-\left(-\dfrac{1}{2}\right)^2=\dfrac{3}{4}$

이때 $\cos\theta>0$이므로 $\cos\theta=\sqrt{\dfrac{3}{4}}=\dfrac{\sqrt{3}}{2}$

Step 2 $\tan\theta$의 값 구하기

$\therefore \tan\theta=\dfrac{\sin\theta}{\cos\theta}=\dfrac{-\dfrac{1}{2}}{\dfrac{\sqrt{3}}{2}}=-\dfrac{\sqrt{3}}{3}$

34 삼각함수 사이의 관계 정답 ② | 정답률 85%

문제 보기

$\dfrac{3}{2}\pi<\theta<2\pi$인 θ에 대하여 $\sin^2\theta=\dfrac{4}{5}$일 때, $\dfrac{\tan\theta}{\cos\theta}$의 값은? [3점]

└→ $\sin\theta<0$ $\sin^2\theta+\cos^2\theta=1$임을
이용하여 $\cos^2\theta$의 값을
구한다.

└→ $\tan\theta=\dfrac{\sin\theta}{\cos\theta}$임을 이용
하여 식을 변형한다.

① $-3\sqrt5$ ② $-2\sqrt5$ ③ $-\sqrt5$ ④ $\sqrt5$ ⑤ $2\sqrt5$

Step 1 $\dfrac{\tan\theta}{\cos\theta}$를 변형하기

$$\dfrac{\tan\theta}{\cos\theta}=\dfrac{\dfrac{\sin\theta}{\cos\theta}}{\cos\theta}=\dfrac{\sin\theta}{\cos^2\theta}$$

Step 2 $\sin\theta$, $\cos^2\theta$의 값 구하기

$\dfrac{3}{2}\pi<\theta<2\pi$에서 $\sin\theta<0$이므로

$\sin\theta=-\sqrt{\dfrac{4}{5}}=-\dfrac{2\sqrt5}{5}$

$\sin^2\theta+\cos^2\theta=1$이므로

$\cos^2\theta=1-\sin^2\theta=1-\dfrac{4}{5}=\dfrac{1}{5}$

Step 3 $\dfrac{\tan\theta}{\cos\theta}$의 값 구하기

$\therefore\ \dfrac{\tan\theta}{\cos\theta}=\dfrac{\sin\theta}{\cos^2\theta}=\dfrac{-\dfrac{2\sqrt5}{5}}{\dfrac{1}{5}}=-2\sqrt5$

---

35 삼각함수 사이의 관계 정답 ① | 정답률 72%

문제 보기

$\dfrac{\pi}{2}<\theta<\pi$인 θ에 대하여 $\cos\theta\tan\theta=\dfrac{1}{2}$일 때, $\cos\theta+\tan\theta$의 값

└→ $\cos\theta<0$

└→ $\tan\theta=\dfrac{\sin\theta}{\cos\theta}$임을 이용한다.

은? [3점]

① $-\dfrac{5\sqrt3}{6}$ ② $-\dfrac{2\sqrt3}{3}$ ③ $-\dfrac{\sqrt3}{2}$ ④ $-\dfrac{\sqrt3}{3}$ ⑤ $-\dfrac{\sqrt3}{6}$

Step 1 $\cos\theta$, $\tan\theta$의 값 구하기

$\cos\theta\tan\theta=\dfrac{1}{2}$에서

$\cos\theta\times\dfrac{\sin\theta}{\cos\theta}=\dfrac{1}{2}$ $\therefore\ \sin\theta=\dfrac{1}{2}$

$\sin^2\theta+\cos^2\theta=1$이므로

$\cos^2\theta=1-\sin^2\theta=1-\left(\dfrac{1}{2}\right)^2=\dfrac{3}{4}$

이때 $\dfrac{\pi}{2}<\theta<\pi$이므로 $\cos\theta<0$

$\therefore\ \cos\theta=-\sqrt{\dfrac{3}{4}}=-\dfrac{\sqrt3}{2}$

$\therefore\ \tan\theta=\dfrac{\sin\theta}{\cos\theta}=\dfrac{\dfrac{1}{2}}{-\dfrac{\sqrt3}{2}}=-\dfrac{\sqrt3}{3}$

Step 2 $\cos\theta+\tan\theta$의 값 구하기

$\therefore\ \cos\theta+\tan\theta=-\dfrac{\sqrt3}{2}+\left(-\dfrac{\sqrt3}{3}\right)=-\dfrac{5\sqrt3}{6}$

---

36 삼각함수 사이의 관계 정답 ④ | 정답률 68%

문제 보기

$\cos\theta<0$이고 $\sin(-\theta)=\dfrac{1}{7}\cos\theta$일 때, $\sin\theta$의 값은? [3점]

└→ $\sin(-\theta)=-\sin\theta$, $\sin^2\theta+\cos^2\theta=1$임을 이용한다.

① $-\dfrac{3\sqrt2}{10}$ ② $-\dfrac{\sqrt2}{10}$ ③ 0 ④ $\dfrac{\sqrt2}{10}$ ⑤ $\dfrac{3\sqrt2}{10}$

Step 1 $\sin^2\theta$의 값 구하기

$\sin(-\theta)=\dfrac{1}{7}\cos\theta$에서 $-\sin\theta=\dfrac{1}{7}\cos\theta$

$\therefore\ \cos\theta=-7\sin\theta$ ⋯⋯ ㉠

$\sin^2\theta+\cos^2\theta=1$이므로 ㉠을 대입하면

$\sin^2\theta+(-7\sin\theta)^2=1$

$50\sin^2\theta=1$ $\therefore\ \sin^2\theta=\dfrac{1}{50}$

Step 2 $\sin\theta$의 값 구하기

이때 $\cos\theta<0$이고 ㉠에서 $\sin\theta=-\dfrac{1}{7}\cos\theta$이므로

$\sin\theta=-\dfrac{1}{7}\cos\theta>0$

$\therefore\ \sin\theta=\sqrt{\dfrac{1}{50}}=\dfrac{\sqrt2}{10}$

문제 보기

$\dfrac{\pi}{2}<\theta<\pi$인 θ에 대하여 $\underline{\tan\theta=-2}$일 때, $\underline{\sin(\pi+\theta)}$의 값은?

└→ $\sin\theta>0$　　　　　　　　　　　└→ $\sin(\pi+\theta)=-\sin\theta$
$\tan\theta=\dfrac{\sin\theta}{\cos\theta}$, $\sin^2\theta+\cos^2\theta=1$임을　　임을 이용한다.　　[3점]
이용하여 $\sin\theta$의 값을 구한다.

① $-\dfrac{2\sqrt{5}}{5}$　② $-\dfrac{\sqrt{10}}{5}$　③ $-\dfrac{\sqrt{5}}{5}$　④ $\dfrac{\sqrt{5}}{5}$　⑤ $\dfrac{2\sqrt{5}}{5}$

Step 1 $\sin\theta$의 값 구하기

$\tan\theta=\dfrac{\sin\theta}{\cos\theta}=-2$이므로

$\cos\theta=-\dfrac{1}{2}\sin\theta$

$\sin^2\theta+\cos^2\theta=1$이므로

$\sin^2\theta+\left(-\dfrac{1}{2}\sin\theta\right)^2=1$

$\dfrac{5}{4}\sin^2\theta=1$　　∴ $\sin^2\theta=\dfrac{4}{5}$

이때 $\dfrac{\pi}{2}<\theta<\pi$이므로 $\sin\theta>0$

∴ $\sin\theta=\sqrt{\dfrac{4}{5}}=\dfrac{2\sqrt{5}}{5}$

Step 2 $\sin(\pi+\theta)$의 값 구하기

∴ $\sin(\pi+\theta)=-\sin\theta=-\dfrac{2\sqrt{5}}{5}$

문제 보기

$\dfrac{\pi}{2}<\theta<\pi$인 θ에 대하여 $\underline{\sin\theta=2\cos(\pi-\theta)}$일 때, $\cos\theta\tan\theta$의

└→ $\sin\theta>0$　　　$\cos(\pi-\theta)=-\cos\theta$,　└→ $\tan\theta=\dfrac{\sin\theta}{\cos\theta}$임을

값은? [3점]　　　　$\sin^2\theta+\cos^2\theta=1$임을 이용　　이용한다.
　　　　　　　　　하여 $\sin\theta$의 값을 구한다.

① $-\dfrac{2\sqrt{5}}{5}$　② $-\dfrac{\sqrt{5}}{5}$　③ $\dfrac{1}{5}$　④ $\dfrac{\sqrt{5}}{5}$　⑤ $\dfrac{2\sqrt{5}}{5}$

Step 1 $\sin\theta$의 값 구하기

$\sin\theta=2\cos(\pi-\theta)$에서 $\sin\theta=-2\cos\theta$

∴ $\cos\theta=-\dfrac{1}{2}\sin\theta$

$\sin^2\theta+\cos^2\theta=1$이므로 대입하면

$\sin^2\theta+\left(-\dfrac{1}{2}\sin\theta\right)^2=1$

$\dfrac{5}{4}\sin^2\theta=1$　　∴ $\sin^2\theta=\dfrac{4}{5}$

이때 $\dfrac{\pi}{2}<\theta<\pi$이므로 $\sin\theta>0$

∴ $\sin\theta=\sqrt{\dfrac{4}{5}}=\dfrac{2\sqrt{5}}{5}$

Step 2 $\cos\theta\tan\theta$의 값 구하기

∴ $\cos\theta\tan\theta=\cos\theta\times\dfrac{\sin\theta}{\cos\theta}=\sin\theta=\dfrac{2\sqrt{5}}{5}$

문제 보기

$0<\theta<\dfrac{\pi}{2}$인 θ에 대하여 $\sin\theta\cos\theta=\dfrac{7}{18}$일 때, $30(\sin\theta+\cos\theta)$의

└─ $\sin\theta>0$, $\cos\theta>0$ └─ $\sin^2\theta+\cos^2\theta=1$임을 이용하여 $\sin\theta+\cos\theta$의 값을 구한다.

값을 구하시오. [3점]

Step 1 $\sin\theta+\cos\theta$의 값 구하기

$\sin^2\theta+\cos^2\theta=1$이므로

$(\sin\theta+\cos\theta)^2=1+2\sin\theta\cos\theta$

$\qquad\qquad\qquad\quad =1+2\times\dfrac{7}{18}=\dfrac{16}{9}$

이때 $0<\theta<\dfrac{\pi}{2}$이므로 $\sin\theta>0$, $\cos\theta>0$

$\therefore \sin\theta+\cos\theta=\sqrt{\dfrac{16}{9}}=\dfrac{4}{3}$

Step 2 $30(\sin\theta+\cos\theta)$의 값 구하기

$\therefore 30(\sin\theta+\cos\theta)=30\times\dfrac{4}{3}=40$

문제 보기

$\cos(-\theta)+\sin(\pi+\theta)=\dfrac{3}{5}$일 때, $\sin\theta\cos\theta$의 값은? [3점]

└─ $\cos(-\theta)=\cos\theta$, $\sin(\pi+\theta)=-\sin\theta$임을 이용하여 식을 간단히 한다.

① $\dfrac{1}{5}$ ② $\dfrac{6}{25}$ ③ $\dfrac{7}{25}$ ④ $\dfrac{8}{25}$ ⑤ $\dfrac{9}{25}$

Step 1 $\cos\theta-\sin\theta$의 값 구하기

$\cos(-\theta)+\sin(\pi+\theta)=\dfrac{3}{5}$에서

$\cos\theta-\sin\theta=\dfrac{3}{5}$

Step 2 $\sin\theta\cos\theta$의 값 구하기

$\cos\theta-\sin\theta=\dfrac{3}{5}$의 양변을 제곱하면

$\cos^2\theta-2\sin\theta\cos\theta+\sin^2\theta=\dfrac{9}{25}$

이때 $\sin^2\theta+\cos^2\theta=1$이므로

$1-2\sin\theta\cos\theta=\dfrac{9}{25}$

$\therefore \sin\theta\cos\theta=\dfrac{8}{25}$

41 삼각함수 사이의 관계 $-\sin\theta\pm\cos\theta$, $\sin\theta\cos\theta$

정답 ① | 정답률 77%

문제 보기

$\sin\theta+\cos\theta=\dfrac{1}{2}$일 때, $(2\sin\theta+\cos\theta)(\sin\theta+2\cos\theta)$의 값은?

└─ 양변을 제곱하여 $\sin\theta\cos\theta$의 값을 구한다.

[3점]

① $\dfrac{1}{8}$ ② $\dfrac{1}{4}$ ③ $\dfrac{3}{8}$ ④ $\dfrac{1}{2}$ ⑤ $\dfrac{5}{8}$

Step 1 $\sin\theta\cos\theta$**의 값 구하기**

$\sin\theta+\cos\theta=\dfrac{1}{2}$의 양변을 제곱하면

$\sin^2\theta+2\sin\theta\cos\theta+\cos^2\theta=\dfrac{1}{4}$

이때 $\sin^2\theta+\cos^2\theta=1$이므로

$1+2\sin\theta\cos\theta=\dfrac{1}{4}$

$\therefore \sin\theta\cos\theta=-\dfrac{3}{8}$

Step 2 $(2\sin\theta+\cos\theta)(\sin\theta+2\cos\theta)$**의 값 구하기**

$\therefore (2\sin\theta+\cos\theta)(\sin\theta+2\cos\theta)$

$=2\sin^2\theta+5\sin\theta\cos\theta+2\cos^2\theta$

$=2(\sin^2\theta+\cos^2\theta)+5\sin\theta\cos\theta$

$=2\times1+5\times\left(-\dfrac{3}{8}\right)$

$=\dfrac{1}{8}$

---

42 삼각함수 사이의 관계 $-\sin\theta\pm\cos\theta$, $\sin\theta\cos\theta$

정답 ② | 정답률 79%

문제 보기

$\sin\theta+\cos\theta=\dfrac{1}{2}$일 때, $\dfrac{1+\tan\theta}{\sin\theta}$의 값은? [3점]

└─ 양변을 제곱하여 $\sin\theta\cos\theta$의 값을 구한다.   └─ $\tan\theta=\dfrac{\sin\theta}{\cos\theta}$임을 이용하여 식을 변형한다.

① $-\dfrac{7}{3}$ ② $-\dfrac{4}{3}$ ③ $-\dfrac{1}{3}$ ④ $\dfrac{2}{3}$ ⑤ $\dfrac{5}{3}$

Step 1 $\dfrac{1+\tan\theta}{\sin\theta}$**를 변형하기**

$\dfrac{1+\tan\theta}{\sin\theta}=\dfrac{1+\dfrac{\sin\theta}{\cos\theta}}{\sin\theta}=\dfrac{\cos\theta+\sin\theta}{\sin\theta\cos\theta}$

Step 2 $\sin\theta\cos\theta$**의 값 구하기**

$\sin\theta+\cos\theta=\dfrac{1}{2}$의 양변을 제곱하면

$\sin^2\theta+2\sin\theta\cos\theta+\cos^2\theta=\dfrac{1}{4}$

이때 $\sin^2\theta+\cos^2\theta=1$이므로

$1+2\sin\theta\cos\theta=\dfrac{1}{4}$

$\therefore \sin\theta\cos\theta=-\dfrac{3}{8}$

Step 3 $\dfrac{1+\tan\theta}{\sin\theta}$**의 값 구하기**

$\therefore \dfrac{1+\tan\theta}{\sin\theta}=\dfrac{\cos\theta+\sin\theta}{\sin\theta\cos\theta}=\dfrac{\dfrac{1}{2}}{-\dfrac{3}{8}}=-\dfrac{4}{3}$

문제 보기

$\pi<\theta<\dfrac{3}{2}\pi$인 θ에 대하여

   ⌞→ $\sin\theta<0$

$$\dfrac{1}{1-\cos\theta}+\dfrac{1}{1+\cos\theta}=18$$ →삼각함수 사이의 관계를 이용하여 식을 간단히 한다.

일 때, $\sin\theta$의 값은? [3점]

① $-\dfrac{2}{3}$ ② $-\dfrac{1}{3}$ ③ 0 ④ $\dfrac{1}{3}$ ⑤ $\dfrac{2}{3}$

Step 1 $\sin^2\theta$의 값 구하기

$\dfrac{1}{1-\cos\theta}+\dfrac{1}{1+\cos\theta}=18$에서

$\dfrac{(1+\cos\theta)+(1-\cos\theta)}{(1-\cos\theta)(1+\cos\theta)}=18$

$\dfrac{2}{1-\cos^2\theta}=18$

이때 $\sin^2\theta+\cos^2\theta=1$이므로

$\dfrac{2}{\sin^2\theta}=18$ $\therefore \sin^2\theta=\dfrac{1}{9}$

Step 2 $\sin\theta$의 값 구하기

이때 $\pi<\theta<\dfrac{3}{2}\pi$이므로 $\sin\theta<0$

$\therefore \sin\theta=-\sqrt{\dfrac{1}{9}}=-\dfrac{1}{3}$

문제 보기

$\dfrac{\pi}{2}<\theta<\pi$인 θ에 대하여 $\dfrac{\sin\theta}{1-\sin\theta}-\dfrac{\sin\theta}{1+\sin\theta}=4$일 때, $\cos\theta$의 값

   ⌞→ $\cos\theta<0$ → 삼각함수 사이의 관계를 이용하여 식을 간단히 한다.

은? [3점]

① $-\dfrac{\sqrt{3}}{3}$ ② $-\dfrac{1}{3}$ ③ 0 ④ $\dfrac{1}{3}$ ⑤ $\dfrac{\sqrt{3}}{3}$

Step 1 $\cos^2\theta$의 값 구하기

$\dfrac{\sin\theta}{1-\sin\theta}-\dfrac{\sin\theta}{1+\sin\theta}=4$에서

$\dfrac{\sin\theta(1+\sin\theta)-\sin\theta(1-\sin\theta)}{(1-\sin\theta)(1+\sin\theta)}=4$

$\dfrac{2\sin^2\theta}{1-\sin^2\theta}=4$

이때 $\sin^2\theta+\cos^2\theta=1$이므로

$\dfrac{2(1-\cos^2\theta)}{\cos^2\theta}=4$, $1-\cos^2\theta=2\cos^2\theta$

$\therefore \cos^2\theta=\dfrac{1}{3}$

Step 2 $\cos\theta$의 값 구하기

이때 $\dfrac{\pi}{2}<\theta<\pi$이므로 $\cos\theta<0$

$\therefore \cos\theta=-\sqrt{\dfrac{1}{3}}=-\dfrac{\sqrt{3}}{3}$

45 삼각함수 사이의 관계 정답 ② | 정답률 70%

문제 보기

$\pi<\theta<2\pi$인 θ에 대하여 $\dfrac{\sin\theta\cos\theta}{1-\cos\theta}+\dfrac{1-\cos\theta}{\tan\theta}=1$일 때, $\cos\theta$의 값은? [3점]
└─ 삼각함수 사이의 관계를 이용하여 식을 간단히 한다.

① $-\dfrac{2\sqrt{5}}{5}$ ② $-\dfrac{\sqrt{5}}{5}$ ③ $\dfrac{1}{5}$ ④ $\dfrac{\sqrt{5}}{5}$ ⑤ $\dfrac{2\sqrt{5}}{5}$

Step 1 주어진 식을 간단히 하기

$\dfrac{\sin\theta\cos\theta}{1-\cos\theta}+\dfrac{1-\cos\theta}{\tan\theta}=1$에서

$\dfrac{\sin\theta\cos\theta}{1-\cos\theta}+\dfrac{1-\cos\theta}{\dfrac{\sin\theta}{\cos\theta}}=1$

$\dfrac{\sin\theta\cos\theta}{1-\cos\theta}+\dfrac{\cos\theta(1-\cos\theta)}{\sin\theta}=1$

$\dfrac{\sin^2\theta\cos\theta+\cos\theta(1-\cos\theta)^2}{(1-\cos\theta)\sin\theta}=1$

$\dfrac{\cos\theta(\sin^2\theta+\cos^2\theta-2\cos\theta+1)}{(1-\cos\theta)\sin\theta}=1$

$\dfrac{\cos\theta(2-2\cos\theta)}{(1-\cos\theta)\sin\theta}=1$

$\dfrac{2\cos\theta(1-\cos\theta)}{(1-\cos\theta)\sin\theta}=1$

$\therefore 2\cos\theta=\sin\theta$

Step 2 $\cos^2\theta$의 값 구하기

$2\cos\theta=\sin\theta$의 양변을 제곱하면

$4\cos^2\theta=\sin^2\theta$

이때 $\sin^2\theta+\cos^2\theta=1$이므로

$4\cos^2\theta=1-\cos^2\theta$

$5\cos^2\theta=1$　$\therefore \cos^2\theta=\dfrac{1}{5}$

Step 3 $\cos\theta$의 값 구하기

$2\cos\theta=\sin\theta$에서 $\sin\theta$와 $\cos\theta$의 부호가 같으므로

$\pi<\theta<\dfrac{3}{2}\pi$

따라서 $\cos\theta<0$이므로

$\cos\theta=-\sqrt{\dfrac{1}{5}}=-\dfrac{\sqrt{5}}{5}$

---

46 삼각함수의 활용 – 삼각함수의 정의 이용

정답 80 | 정답률 70%

문제 보기

좌표평면에서 제1사분면에 점 P가 있다. 점 P를 직선 $y=x$에 대하여 대칭이동한 점을 Q라 하고, 점 Q를 원점에 대하여 대칭이동한 점을 R라 할 때, 세 동경 OP, OQ, OR가 나타내는 각을 각각 α, β, γ라 하자.

$\sin\alpha=\dfrac{1}{3}$일 때, $9(\sin^2\beta+\tan^2\gamma)$의 값을 구하시오.
└─ 점의 대칭이동과 삼각함수의 정의를 이용한다.

(단, O는 원점이고, 시초선은 x축의 양의 방향이다.) [4점]

Step 1 $\sin\beta$, $\tan\gamma$의 값 구하기

원점을 중심으로 하고 반지름의 길이가 3인 원이 세 동경 OP, OQ, OR와 만나는 점을 각각 A, B, C라 하자.

점 P가 제1사분면 위에 있고 $\sin\alpha=\dfrac{1}{3}$이므로 점 A의 좌표는 $(2\sqrt{2},\ 1)$

점 Q가 점 P와 직선 $y=x$에 대하여 대칭이므로 점 B의 좌표는 $(1,\ 2\sqrt{2})$

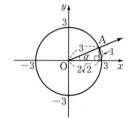

삼각함수의 정의에 의하여

$\sin\beta=\dfrac{2\sqrt{2}}{3}$

또 점 R는 점 Q를 원점에 대하여 대칭이동한 점이므로 점 C의 좌표는 $(-1,\ -2\sqrt{2})$

삼각함수의 정의에 의하여

$\tan\gamma=2\sqrt{2}$

Step 2 $9(\sin^2\beta+\tan^2\gamma)$의 값 구하기

$\therefore 9(\sin^2\beta+\tan^2\gamma)=9\left(\dfrac{8}{9}+8\right)=9\times\dfrac{80}{9}=80$

문제 보기

그림과 같이 두 점 A$(-1, 0)$, B$(1, 0)$과 원 $x^2+y^2=1$이 있다. 원 위의 점 P에 대하여 $\angle PAB=\theta\left(0<\theta<\dfrac{\pi}{2}\right)$라 할 때, 반직선 PB 위에 $\overline{PQ}=3$인 점 Q를 정한다. 점 Q의 x좌표가 최대가 될 때, $\sin^2\theta$의 값은? [4점]
└→ 점 Q의 x좌표를 $\sin\theta$에 대한 식으로 나타낸다.

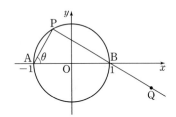

① $\dfrac{7}{16}$　② $\dfrac{1}{2}$　③ $\dfrac{9}{16}$　④ $\dfrac{5}{8}$　⑤ $\dfrac{11}{16}$

Step 1 $\overline{BQ}$를 $\sin\theta$에 대한 식으로 나타내기

삼각형 ABP에서 $\angle APB=\dfrac{\pi}{2}$이므로

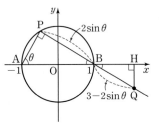

$\sin\theta=\dfrac{\overline{PB}}{\overline{AB}}$

$\therefore \overline{PB}=2\sin\theta$

$\therefore \overline{BQ}=\overline{PQ}-\overline{PB}=3-2\sin\theta$

Step 2 점 Q의 x좌표를 $\sin\theta$에 대한 식으로 나타내기

직각삼각형 ABP에서 $\angle PBA=\dfrac{\pi}{2}-\theta$

점 Q에서 x축에 내린 수선의 발을 H라 하면

$\angle HBQ=\angle PBA=\dfrac{\pi}{2}-\theta$ $(\because$ 맞꼭지각$)$

따라서 점 Q의 x좌표는

$\overline{OB}+\overline{BH}=1+\overline{BQ}\times\cos\left(\dfrac{\pi}{2}-\theta\right)$

$=1+(3-2\sin\theta)\sin\theta$

$=1+3\sin\theta-2\sin^2\theta$

$=-2\left(\sin\theta-\dfrac{3}{4}\right)^2+\dfrac{17}{8}$

Step 3 $\sin^2\theta$의 값 구하기

따라서 $\sin\theta=\dfrac{3}{4}$일 때 최대이므로

$\sin^2\theta=\dfrac{9}{16}$

문제 보기

그림과 같이 반지름의 길이가 6인 원 O_1이 있다. 원 O_1 위에 서로 다른 두 점 A, B를 $\overline{AB}=6\sqrt{2}$가 되도록 잡고, 원 O_1의 내부에 점 C를 삼각형 ACB가 정삼각형이 되도록 잡는다. 정삼각형 ACB의 외접원을 O_2라 할 때, 원 O_1과 원 O_2의 공통부분의 넓이는 $p+q\sqrt{3}+r\pi$이다.
└→ 두 원 O_1, O_2의 중심을 지나는 직선을 그린 후 넓이를 구할 수 있는 도형으로 나누어 생각한다.

$p+q+r$의 값을 구하시오. (단, p, q, r는 유리수이다.) [4점]

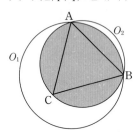

Step 1 원 O_1과 원 O_2의 공통부분의 넓이 구하기

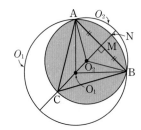

원 O_1의 중심을 O_1, 원 O_2의 중심을 O_2라 할 때, 직선 O_1O_2가 선분 AB와 만나는 점을 M, 직선 O_1O_2가 원 O_1과 만나는 두 점 중에서 점 M에 가까운 점을 N이라 하면

$\overline{O_1A}=6$, $\overline{AM}=\dfrac{1}{2}\overline{AB}=3\sqrt{2}$

직각삼각형 AO_1M에서

$\overline{O_1M}=\sqrt{6^2-(3\sqrt{2})^2}=3\sqrt{2}$

즉, $\overline{AM}=\overline{O_1M}$이므로 삼각형 AO_1M은 직각이등변삼각형이다.

$\therefore \angle AO_1M=\dfrac{\pi}{4}$

따라서 부채꼴 AO_1N의 넓이는

$\dfrac{1}{2}\times 6^2\times\dfrac{\pi}{4}=\dfrac{9}{2}\pi$ ⋯⋯ ㉠

원 O_2는 한 변의 길이가 $6\sqrt{2}$인 정삼각형 ACB의 외접원이므로

$\angle AO_2C=2\angle ABC=\dfrac{2}{3}\pi$

삼각형 AO_2M에서 $\angle AO_2M=\pi-\dfrac{2}{3}\pi=\dfrac{\pi}{3}$이므로

$\sin\dfrac{\pi}{3}=\dfrac{\overline{AM}}{\overline{AO_2}}$ $\therefore \overline{AO_2}=3\sqrt{2}\times\dfrac{2}{\sqrt{3}}=2\sqrt{6}$

따라서 원 O_2에서 점 B를 포함하지 않는 부채꼴 AO_2C의 넓이는

$\dfrac{1}{2}\times(2\sqrt{6})^2\times\dfrac{2}{3}\pi=8\pi$ ⋯⋯ ㉡

또 직각삼각형 AO_2M에서

$\overline{O_2M}=\sqrt{\overline{AO_2}^2-\overline{AM}^2}=\sqrt{(2\sqrt{6})^2-(3\sqrt{2})^2}=\sqrt{6}$

따라서 삼각형 AO_1O_2의 넓이는

$\dfrac{1}{2}\times\overline{O_1O_2}\times\overline{AM}=\dfrac{1}{2}\times(\overline{O_1M}-\overline{O_2M})\times\overline{AM}$

$=\dfrac{1}{2}\times(3\sqrt{2}-\sqrt{6})\times3\sqrt{2}$

$=9-3\sqrt{3}$ ⋯⋯ ㉢

㉠, ㉡, ㉢에서 원 O_1과 원 O_2의 공통부분의 넓이는

$2\times\left\{\dfrac{9}{2}\pi+8\pi-(9-3\sqrt{3})\right\}=-18+6\sqrt{3}+25\pi$

Step 2 $p+q+r$의 값 구하기

따라서 $p=-18$, $q=6$, $r=25$이므로

$p+q+r=13$

12
일차

01 6	**02** ③	**03** ②	**04** ①	**05** 6	**06** ①	**07** ④	**08** ⑤	**09** ③	**10** ③	**11** ②	**12** ②
13 ⑤	**14** ③	**15** ②	**16** ③	**17** ④	**18** ③	**19** ③	**20** ①	**21** ③	**22** ④	**23** 9	**24** ⑤
25 ③	**26** 9	**27** 10	**28** 14	**29** 24	**30** ④	**31** ③	**32** 9	**33** ①	**34** ⑤	**35** ②	**36** ②

문제편 169쪽~181쪽

12
일차

01   삼각함수의 최대, 최소   정답 6 | 정답률 83%

문제 보기

함수 $f(x)=5\sin x+1$의 최댓값을 구하시오. [3점]
└ 함수 $y=a\sin x+d$의 최댓값이 $|a|+d$임을 이용한다.

Step 1   주어진 함수의 최댓값 구하기

함수 $f(x)=5\sin x+1$의 최댓값은
$|5|+1=6$

다른 풀이   부등식의 성질 이용하기

모든 실수 x에 대하여 $-1\le\sin x\le 1$이므로
$-5\le 5\sin x\le 5$
$\therefore\ -4\le 5\sin x+1\le 6$
따라서 함수 $f(x)=5\sin x+1$의 최댓값은 6이다.

03   삼각함수의 최대, 최소   정답 ② | 정답률 90%

문제 보기

함수 $f(x)=4\cos x+3$의 최댓값은? [3점]
└ 함수 $y=a\cos x+d$의 최댓값이 $|a|+d$임을 이용한다.

① 6   ② 7   ③ 8   ④ 9   ⑤ 10

Step 1   주어진 함수의 최댓값 구하기

함수 $f(x)=4\cos x+3$의 최댓값은
$|4|+3=7$

다른 풀이   부등식의 성질 이용하기

모든 실수 x에 대하여 $-1\le\cos x\le 1$이므로
$-4\le 4\cos x\le 4$
$\therefore\ -1\le 4\cos x+3\le 7$
따라서 함수 $f(x)=4\cos x+3$의 최댓값은 7이다.

02   삼각함수의 주기   정답 ③ | 정답률 80%

문제 보기

함수 $y=\tan\left(\pi x+\dfrac{\pi}{2}\right)$의 주기는? [3점]
└ 함수 $y=\tan(bx+c)$의 주기가 $\dfrac{\pi}{|b|}$임을 이용한다.

① $\dfrac{1}{2}$ ② $\dfrac{\pi}{4}$ ③ 1   ④ $\dfrac{3}{2}$ ⑤ $\dfrac{\pi}{2}$

Step 1   주어진 함수의 주기 구하기

함수 $y=\tan\left(\pi x+\dfrac{\pi}{2}\right)$의 주기는
$\dfrac{\pi}{|\pi|}=1$

04   삼각함수의 최대, 최소   정답 ① | 정답률 59%

문제 보기

함수 $f(x)=2\cos\left(x+\dfrac{\pi}{2}\right)+3$의 최솟값은? [3점]
└ 함수 $y=a\cos(x+c)+d$의 최솟값이 $-|a|+d$임을 이용한다.

① 1   ② 2   ③ 3   ④ 4   ⑤ 5

Step 1   주어진 함수의 최솟값 구하기

함수 $f(x)=2\cos\left(x+\dfrac{\pi}{2}\right)+3$의 최솟값은
$-|2|+3=1$

다른 풀이   부등식의 성질 이용하기

모든 실수 x에 대하여 $-1\le\cos x\le 1$이므로
$-1\le\cos\left(x+\dfrac{\pi}{2}\right)\le 1,\ -2\le 2\cos\left(x+\dfrac{\pi}{2}\right)\le 2$
$\therefore\ 1\le 2\cos\left(x+\dfrac{\pi}{2}\right)+3\le 5$
따라서 함수 $f(x)=2\cos\left(x+\dfrac{\pi}{2}\right)+3$의 최솟값은 1이다.

문제 보기

두 함수 $f(x)=\log_3 x+2$, $g(x)=3\tan\left(x+\dfrac{\pi}{6}\right)$가 있다. $0\le x\le\dfrac{\pi}{6}$

└─ $0\le x\le\dfrac{\pi}{6}$에서 $g(x)$의 값의 범위를 구한다.

에서 정의된 합성함수 $(f\circ g)(x)$의 최댓값과 최솟값을 각각 M, m이

└─ $g(x)=t$로 놓고 함수 $(f\circ g)(x)$의 값의 범위를 구한다.

라 할 때, $M+m$의 값을 구하시오. [4점]

Step 1 주어진 범위에서 함수 $g(x)$의 값의 범위 구하기

오른쪽 그림과 같이 $0\le x\le\dfrac{\pi}{6}$에서 함수

$g(x)=3\tan\left(x+\dfrac{\pi}{6}\right)$는 증가하므로

$\tan\dfrac{\pi}{6}\le\tan\left(x+\dfrac{\pi}{6}\right)\le\tan\dfrac{\pi}{3}$

$3\tan\dfrac{\pi}{6}\le 3\tan\left(x+\dfrac{\pi}{6}\right)\le 3\tan\dfrac{\pi}{3}$

$\therefore \sqrt{3}\le g(x)\le 3\sqrt{3}$

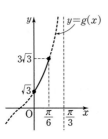

Step 2 합성함수 $(f\circ g)(x)$의 값의 범위 구하기

$g(x)=t$로 놓으면 $\sqrt{3}\le t\le 3\sqrt{3}$이고

$(f\circ g)(x)=f(g(x))=f(t)=\log_3 t+2$

$\sqrt{3}\le t\le 3\sqrt{3}$에서

$\log_3\sqrt{3}\le\log_3 t\le\log_3 3\sqrt{3}$

$\log_3\sqrt{3}+2\le\log_3 t+2\le\log_3 3\sqrt{3}+2$

$\dfrac{1}{2}+2\le f(t)\le\dfrac{3}{2}+2$

$\therefore \dfrac{5}{2}\le f(t)\le\dfrac{7}{2}$

Step 3 $M+m$의 값 구하기

따라서 함수 $(f\circ g)(x)$의 최댓값은 $\dfrac{7}{2}$, 최솟값은 $\dfrac{5}{2}$이므로

$M=\dfrac{7}{2}$, $m=\dfrac{5}{2}$

$\therefore M+m=\dfrac{7}{2}+\dfrac{5}{2}=6$

문제 보기

두 양수 a, b에 대하여 함수 $f(x)=a\cos bx+3$이 있다. 함수 $f(x)$는

주기가 4π이고 최솟값이 -1일 때, $a+b$의 값은? [3점]

└─ b의 값을 구한다. └─ a의 값을 구한다.

① $\dfrac{9}{2}$ ② $\dfrac{11}{2}$ ③ $\dfrac{13}{2}$ ④ $\dfrac{15}{2}$ ⑤ $\dfrac{17}{2}$

Step 1 a의 값 구하기

$a>0$이고 함수 $f(x)=a\cos bx+3$의 최솟값이 -1이므로

$-a+3=-1$ $\therefore a=4$

Step 2 b의 값 구하기

$b>0$이고 함수 $f(x)=a\cos bx+3$의 주기가 4π이므로

$\dfrac{2\pi}{b}=4\pi$ $\therefore b=\dfrac{1}{2}$

Step 3 $a+b$의 값 구하기

$\therefore a+b=4+\dfrac{1}{2}=\dfrac{9}{2}$

07 삼각함수의 미정계수 구하기 – 조건이 주어진 경우
정답 ④ | 정답률 74%

문제 보기

양수 a에 대하여 함수 $f(x) = \sin\left(ax + \dfrac{\pi}{6}\right)$의 주기가 4π일 때, $f(\pi)$ 의 값은? [3점]
↳ a의 값을 구한다.

① 0　　② $\dfrac{1}{2}$　　③ $\dfrac{\sqrt{2}}{2}$　　④ $\dfrac{\sqrt{3}}{2}$　　⑤ 1

Step 1 a의 값 구하기

$a > 0$이고 함수 $f(x) = \sin\left(ax + \dfrac{\pi}{6}\right)$의 주기가 4π이므로

$\dfrac{2\pi}{a} = 4\pi$　　∴ $a = \dfrac{1}{2}$

Step 2 $f(\pi)$의 값 구하기

따라서 $f(x) = \sin\left(\dfrac{x}{2} + \dfrac{\pi}{6}\right)$이므로

$f(\pi) = \sin\left(\dfrac{\pi}{2} + \dfrac{\pi}{6}\right) = \sin\dfrac{2}{3}\pi = \dfrac{\sqrt{3}}{2}$

08 삼각함수의 미정계수 구하기 – 조건이 주어진 경우
정답 ⑤ | 정답률 85%

문제 보기

함수 $y = a\sin\dfrac{\pi}{2b}x$의 최댓값은 2이고 주기는 2이다. 두 양수 a, b의 합
↳ a의 값을 구한다.　↳ b의 값을 구한다.
$a + b$의 값은? [3점]

① 2　　② $\dfrac{17}{8}$　　③ $\dfrac{9}{4}$　　④ $\dfrac{19}{8}$　　⑤ $\dfrac{5}{2}$

Step 1 a의 값 구하기

$a > 0$이고 함수 $y = a\sin\dfrac{\pi}{2b}x$의 최댓값이 2이므로

$a = 2$

Step 2 b의 값 구하기

$b > 0$이고 함수 $y = a\sin\dfrac{\pi}{2b}x$의 주기가 2이므로

$\dfrac{2\pi}{\dfrac{\pi}{2b}} = 2,\ 4b = 2$　　∴ $b = \dfrac{1}{2}$

Step 3 $a + b$의 값 구하기

∴ $a + b = 2 + \dfrac{1}{2} = \dfrac{5}{2}$

09 삼각함수의 미정계수 구하기 – 조건이 주어진 경우
정답 ③ | 정답률 89%

문제 보기

함수 $f(x) = a\sin x + 1$의 최댓값을 M, 최솟값을 m이라 하자.
$M - m = 6$일 때, 양수 a의 값은? [3점]
↳ a에 대한 식을 세운다.

① 2　　② $\dfrac{5}{2}$　　③ 3　　④ $\dfrac{7}{2}$　　⑤ 4

Step 1 양수 a의 값 구하기

$a > 0$이므로 함수 $f(x) = a\sin x + 1$의 최댓값은 $a + 1$, 최솟값은 $-a + 1$ 이다.
∴ $M = a + 1,\ m = -a + 1$
이때 $M - m = 6$이므로
$a + 1 - (-a + 1) = 6$
$2a = 6$　　∴ $a = 3$

문제 보기

그림과 같이 함수 $y=a\tan b\pi x$의 그래프가 두 점 $(2, 3)$, $(8, 3)$을 지
└─ 주어진 그래프에서 주기, 함숫값을 이용하여 a, b의 값을 구한다.
날 때, $a^2 \times b$의 값은? (단, a, b는 양수이다.) [3점]

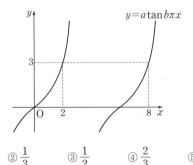

① $\dfrac{1}{6}$　　② $\dfrac{1}{3}$　　③ $\dfrac{1}{2}$　　④ $\dfrac{2}{3}$　　⑤ $\dfrac{5}{6}$

Step 1 b의 값 구하기

$b>0$이므로 함수 $y=a\tan b\pi x$의 주기는 $\dfrac{\pi}{b\pi}=\dfrac{1}{b}$이다.

이때 주어진 함수의 그래프에서 주기는 $8-2=6$이므로

$\dfrac{1}{b}=6$　　$\therefore b=\dfrac{1}{6}$

Step 2 a의 값 구하기

함수 $y=a\tan\dfrac{\pi}{6}x$의 그래프가 점 $(2, 3)$을 지나므로

$3=a\tan\left(\dfrac{\pi}{6}\times 2\right)$, $3=a\tan\dfrac{\pi}{3}$

$\sqrt{3}a=3$　　$\therefore a=\sqrt{3}$

Step 3 $a^2 \times b$의 값 구하기

$\therefore a^2 \times b=3\times\dfrac{1}{6}=\dfrac{1}{2}$

문제 보기

세 상수 a, b, c에 대하여 함수 $y=a\sin bx+c$의 그래프가 그림과 같
을 때, $a+b+c$의 값은? (단, $a>0$, $b>0$) [3점]
└─ 주어진 그래프에서 최댓값과 최솟값, 주기를 이용하여 a, b, c의 값을 구한다.

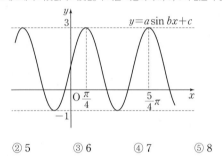

① 4　　② 5　　③ 6　　④ 7　　⑤ 8

Step 1 a, c의 값 구하기

$a>0$이므로 함수 $y=a\sin bx+c$의 최댓값은 $a+c$, 최솟값은 $-a+c$이
다.

이때 주어진 함수의 그래프에서 최댓값은 3, 최솟값은 -1이므로

$a+c=3$, $-a+c=-1$

두 식을 연립하여 풀면 $a=2$, $c=1$

Step 2 b의 값 구하기

$b>0$이므로 함수 $y=a\sin bx+c$의 주기는 $\dfrac{2\pi}{b}$이다.

이때 주어진 함수의 그래프에서 주기는 $\dfrac{5}{4}\pi-\dfrac{\pi}{4}=\pi$이므로

$\dfrac{2\pi}{b}=\pi$　　$\therefore b=2$

Step 3 $a+b+c$의 값 구하기

$\therefore a+b+c=2+2+1=5$

12 삼각함수의 미정계수 구하기 – 그래프가 주어진 경우

정답 ② | 정답률 83%

문제 보기

두 상수 a, b에 대하여 <mark>함수 $f(x)=a\cos bx$의 그래프가 그림과 같다.</mark>
└─ 주어진 그래프에서 함숫값, 주기를 이용하여
a, b의 값을 구한다.

함수 $g(x)=b\sin x+a$의 최댓값은? (단, $b>0$) [3점]

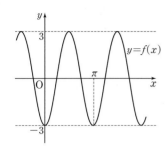

① -2 ② -1 ③ 0 ④ 1 ⑤ 2

Step 1 a의 값 구하기

함수 $f(x)=a\cos bx$의 그래프가 점 $(0,-3)$을 지나므로 $f(0)=-3$에서
$a=-3$

Step 2 b의 값 구하기

$b>0$이므로 함수 $f(x)=a\cos bx$의 주기는 $\dfrac{2\pi}{b}$이다.

이때 주어진 함수의 그래프에서 주기는 π이므로

$\dfrac{2\pi}{b}=\pi$ $\therefore b=2$

Step 3 함수 $g(x)$의 최댓값 구하기

따라서 함수 $g(x)=2\sin x-3$의 최댓값은
$2-3=-1$

---

13 삼각함수의 미정계수 구하기 – 조건이 주어진 경우

정답 ⑤ | 정답률 73%

문제 보기

두 양수 a, b에 대하여 함수 $f(x)=a\cos bx$의 <mark>주기가 6π이고</mark>
└─ b의 값을 구한다.

<mark>$\pi \le x \le 4\pi$에서 함수 $f(x)$의 최댓값이 1일 때,</mark> $a+b$의 값은? [3점]
└─ a의 값을 구한다.

① $\dfrac{5}{3}$ ② $\dfrac{11}{6}$ ③ 2 ④ $\dfrac{13}{6}$ ⑤ $\dfrac{7}{3}$

Step 1 b의 값 구하기

$b>0$이고 함수 $f(x)=a\cos bx$의 주기가 6π이므로

$\dfrac{2\pi}{b}=6\pi$ $\therefore b=\dfrac{1}{3}$

Step 2 a의 값 구하기

$\pi \le x \le 4\pi$에서 함수 $y=a\cos \dfrac{x}{3}$의 그래프는 다음 그림과 같다.

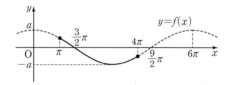

이때 함수 $f(x)$는 $x=\pi$에서 최댓값 1을 가지므로

$a\cos \dfrac{\pi}{3}=1$, $\dfrac{a}{2}=1$ $\therefore a=2$

Step 3 $a+b$의 값 구하기

$\therefore a+b=2+\dfrac{1}{3}=\dfrac{7}{3}$

14	삼각함수의 미정계수 구하기-조건이 주어진 경우
	정답 ③	정답률 71%

문제 보기

$0 \le x \le 2\pi$에서 정의된 함수 $f(x) = a\cos bx + 3$이 $x = \dfrac{\pi}{3}$에서 **최댓값**
└ b의 최솟값을 구한다.

13을 갖도록 하는 두 자연수 a, b의 순서쌍 (a, b)에 대하여 $a + b$의
└ a의 값을 구한다.

최솟값은? [4점]

① 12 ② 14 ③ 16 ④ 18 ⑤ 20

Step 1 a**의 값 구하기**

$a > 0$이고 함수 $f(x) = a\cos bx + 3$의 최댓값이 13이므로

$a + 3 = 13$ ∴ $a = 10$

Step 2 $a+b$**의 최솟값 구하기**

$b > 0$이므로 함수 $f(x) = a\cos bx + 3$의 주기는 $\dfrac{2\pi}{b}$이다.

따라서 $0 \le x \le 2\pi$에서 함수 $f(x)$는 $x = 0$, $x = \dfrac{2\pi}{b}$, $x = \dfrac{4\pi}{b}$, $x = \dfrac{8\pi}{b}$,

$\cdots$, $x = 2\pi$일 때 최댓값을 갖는다.

이때 $a + b$의 값이 최소일 때는 b의 값이 최소일 때이므로 b의 최솟값을 구하면

$\dfrac{2\pi}{b} = \dfrac{\pi}{3}$ ∴ $b = 6$

따라서 $a + b$의 최솟값은

$10 + 6 = 16$

15	삼각함수의 미정계수 구하기-조건이 주어진 경우
	정답 ②	정답률 83%

문제 보기

두 함수

$f(x) = \cos(ax) + 1$, $g(x) = |\sin 3x|$ → 함수 $y = g(x)$의 그래프를 그려 주기를 구한다.

의 주기가 서로 같을 때, 양수 a의 값은? [4점]

① 5 ② 6 ③ 7 ④ 8 ⑤ 9

Step 1 $f(x)$**의 주기 구하기**

$a > 0$이므로 함수 $f(x) = \cos(ax) + 1$의 주기는 $\dfrac{2\pi}{a}$이다.

Step 2 $g(x)$**의 주기 구하기**

함수 $y = \sin 3x$의 주기는 $\dfrac{2}{3}\pi$이고, $g(x) = |\sin 3x|$의 그래프는

$y = \sin 3x$의 그래프에서 $y < 0$인 부분을 x축에 대하여 대칭이동한 것이므로 다음 그림과 같다.

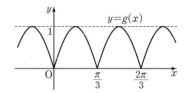

따라서 함수 $g(x)$의 주기는 $\dfrac{\pi}{3}$이다.

Step 3 **양수** a**의 값 구하기**

이때 두 함수 $f(x)$, $g(x)$의 주기가 서로 같으므로

$\dfrac{2\pi}{a} = \dfrac{\pi}{3}$ ∴ $a = 6$

16 삼각함수의 그래프의 활용   정답 ③ | 정답률 50%

문제 보기

양수 a에 대하여 집합 $\left\{x \mid -\dfrac{a}{2} < x \le a,\ x \ne \dfrac{a}{2}\right\}$에서 정의된 함수

$f(x) = \tan\dfrac{\pi x}{a}$ — 그래프가 원점에 대하여 대칭임을 이용한다.

가 있다. 그림과 같이 함수 $y=f(x)$의 그래프 위의 세 점 O, A, B를 지나는 직선이 있다. 점 A를 지나고 x축에 평행한 직선이 함수 $y=f(x)$
의 그래프와 만나는 점 중 A가 아닌 점을 C라 하자. 삼각형 ABC가
  └ 변 AC의 길이는 함수 $y=f(x)$의 주기와 같다.
정삼각형일 때, 삼각형 ABC의 넓이는? (단, O는 원점이다.) [4점]

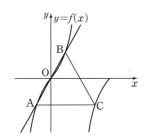

① $\dfrac{3\sqrt{3}}{2}$ ② $\dfrac{17\sqrt{3}}{12}$ ③ $\dfrac{4\sqrt{3}}{3}$ ④ $\dfrac{5\sqrt{3}}{4}$ ⑤ $\dfrac{7\sqrt{3}}{6}$

Step 1   세 점 A, B, C의 좌표를 k를 이용하여 나타내기

삼각형 ABC가 정삼각형이므로 직선 AB의 기울기는 $\tan 60° = \sqrt{3}$
즉, 원점을 지나고 기울기가 $\sqrt{3}$인 직선 AB의 방정식은 $y = \sqrt{3}x$
B$(k,\ \sqrt{3}k)\ (k>0)$라 하면 함수 $y = \tan\dfrac{\pi}{a}x$의 그래프는 원점에 대하여 대칭이므로 A$(-k,\ -\sqrt{3}k)$

함수 $y = \tan\dfrac{\pi}{a}x$의 주기는 $\dfrac{\pi}{\frac{\pi}{a}} = a\ (\because a>0)$

이때 변 AC의 길이는 함수 $y = \tan\dfrac{\pi}{a}x$의 주기와 같으므로 $\overline{AC} = a$
$\therefore$ C$(a-k,\ -\sqrt{3}k)$

Step 2 a의 값 구하기

점 B의 x좌표는 선분 AC의 중점의 x좌표와 같으므로

$\dfrac{-k + (a-k)}{2} = k$ $\therefore a = 4k$ …… ㉠

이때 점 B$(k,\ \sqrt{3}k)$는 함수 $y = \tan\dfrac{\pi}{a}x$의 그래프 위에 있으므로

$\sqrt{3}k = \tan\dfrac{\pi}{a}k$

$\sqrt{3}k = \tan\dfrac{\pi k}{4k}\ (\because ㉠)$

$\sqrt{3}k = 1$ $\therefore k = \dfrac{\sqrt{3}}{3}$

이를 ㉠에 대입하면 $a = \dfrac{4\sqrt{3}}{3}$

Step 3   삼각형 ABC의 넓이 구하기

따라서 삼각형 ABC의 넓이는

$\dfrac{\sqrt{3}}{4}\overline{AC}^2 = \dfrac{\sqrt{3}}{4}a^2 = \dfrac{\sqrt{3}}{4} \times \dfrac{16}{3} = \dfrac{4\sqrt{3}}{3}$

---

17 삼각함수의 그래프의 활용   정답 ④ | 정답률 73%

문제 보기

$0 \le x \le \pi$에서 정의된 함수 $f(x) = -\sin 2x$가 $x=a$에서 최댓값을 갖고 $x=b$에서 최솟값을 갖는다. 곡선 $y=f(x)$ 위의 두 점 $(a, f(a))$,
  └ 주어진 범위에서 함수의 그래프를 그려 최댓값과 최솟값을 확인한다.
$(b, f(b))$를 지나는 직선의 기울기는? [3점]

① $\dfrac{1}{\pi}$ ② $\dfrac{2}{\pi}$ ③ $\dfrac{3}{\pi}$ ④ $\dfrac{4}{\pi}$ ⑤ $\dfrac{5}{\pi}$

Step 1   함수 $f(x) = -\sin 2x$의 그래프 그리기

함수 $f(x) = -\sin 2x$의 주기는

$\dfrac{2\pi}{2} = \pi$이고, 함수 $f(x) = -\sin 2x$의
그래프는 $f(x) = \sin 2x$의 그래프를
x축에 대하여 대칭이동한 것이므로
$0 \le x \le \pi$에서 함수 $f(x) = -\sin 2x$
의 그래프는 오른쪽 그림과 같다.

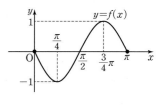

Step 2   두 점 $(a, f(a))$, $(b, f(b))$를 지나는 직선의 기울기 구하기

함수 $f(x) = -\sin 2x$는 $x = \dfrac{3}{4}\pi$에서 최댓값 1을 갖고, $x = \dfrac{\pi}{4}$에서 최솟값 -1을 가지므로

$a = \dfrac{3}{4}\pi,\ f(a) = 1,\ b = \dfrac{\pi}{4},\ f(b) = -1$

따라서 곡선 $y = f(x)$ 위의 두 점 $(a, f(a))$, $(b, f(b))$를 지나는 직선의 기울기는

$\dfrac{f(b) - f(a)}{b - a} = \dfrac{-1-1}{\frac{\pi}{4} - \frac{3}{4}\pi} = \dfrac{4}{\pi}$

문제 보기

곡선 $y=\sin\dfrac{\pi}{2}x\,(0\le x\le5)$가 직선 $y=k\,(0<k<1)$과 만나는 서로
다른 세 점을 y축에서 가까운 순서대로 A, B, C라 하자. 세 점 A, B,
 └─ 사인함수의 그래프의 대칭성을 이용한다.

C의 x좌표의 합이 $\dfrac{25}{4}$일 때, 선분 AB의 길이는? [4점]

① $\dfrac{5}{4}$ 　② $\dfrac{11}{8}$ 　③ $\dfrac{3}{2}$ 　④ $\dfrac{13}{8}$ 　⑤ $\dfrac{7}{4}$

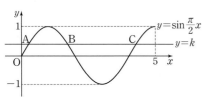

Step 1 두 점 A, B의 x좌표 구하기

함수 $y=\sin\dfrac{\pi}{2}x$의 주기는 $\dfrac{2\pi}{\frac{\pi}{2}}=4$이므로 세 점 A, B, C의 x좌표를 각

각 α, β, γ라 하면 α, β는 직선 $x=1$에 대하여 대칭이고, β, γ는 직선
$x=3$에 대하여 대칭이다.

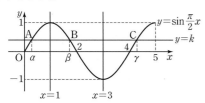

즉, $\dfrac{\alpha+\beta}{2}=1$, $\dfrac{\beta+\gamma}{2}=3$이므로

$\alpha+\beta=2$, $\beta+\gamma=6$

이때 세 점 A, B, C의 x좌표의 합이 $\dfrac{25}{4}$이므로

$\alpha+\beta+\gamma=\dfrac{25}{4}$

$\beta+\gamma=6$을 대입하면 $\alpha+6=\dfrac{25}{4}$ 　∴ $\alpha=\dfrac{1}{4}$

이를 $\alpha+\beta=2$에 대입하면 $\dfrac{1}{4}+\beta=2$ 　∴ $\beta=\dfrac{7}{4}$

Step 2 선분 AB의 길이 구하기

따라서 선분 AB의 길이는

$\beta-\alpha=\dfrac{7}{4}-\dfrac{1}{4}=\dfrac{3}{2}$

다른 풀이 세 점 A, B, C의 x좌표를 한 문자에 대하여 나타내기

세 점 A, B, C의 x좌표를 각각 α, β, γ라 하면

$\beta=2-\alpha$, $\gamma=4+\alpha$

이때 세 점 A, B, C의 x좌표의 합이 $\dfrac{25}{4}$이므로

$\alpha+\beta+\gamma=\dfrac{25}{4}$에서

$\alpha+(2-\alpha)+(4+\alpha)=\dfrac{25}{4}$ 　∴ $\alpha=\dfrac{1}{4}$

∴ $\beta=2-\alpha=2-\dfrac{1}{4}=\dfrac{7}{4}$

따라서 선분 AB의 길이는

$\beta-\alpha=\dfrac{7}{4}-\dfrac{1}{4}=\dfrac{3}{2}$

문제 보기

그림과 같이 두 양수 a, b에 대하여 함수

$f(x)=a\sin bx\,\left(0\le x\le\dfrac{\pi}{b}\right)$ ─ 주어진 그래프에서 주기를 이용하여 b의 값을 구한다.

의 그래프가 직선 $y=a$와 만나는 점을 A, x축과 만나는 점 중에서 원
점이 아닌 점을 B라 하자. $\angle OAB=\dfrac{\pi}{2}$인 삼각형 OAB의 넓이가 4일
　　　└─ $\overline{AO}$의 길이를 구한다.

때, $a+b$의 값은? (단, O는 원점이다.) [4점]

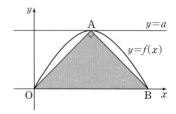

① $1+\dfrac{\pi}{6}$ 　② $2+\dfrac{\pi}{6}$ 　③ $2+\dfrac{\pi}{4}$ 　④ $3+\dfrac{\pi}{4}$ 　⑤ $3+\dfrac{\pi}{3}$

Step 1 a의 값 구하기

$\overline{AO}=\overline{AB}$이므로 삼각형 OAB는 직각
이등변삼각형이다.
$\overline{AO}=k$라 하면 삼각형 OAB의 넓이가
4이므로
$\dfrac{1}{2}k^2=4$, $k^2=8$
∴ $k=2\sqrt{2}\,(\because k>0)$
삼각형 OAB에서 $\overline{OB}=\sqrt{2}k=4$
점 A에서 $\overline{OB}$에 내린 수선의 발을 H라 하면
$\overline{AH}=\overline{OH}=\overline{BH}=\dfrac{1}{2}\overline{OB}=2$ 　∴ $a=2$

Step 2 b의 값 구하기

함수 $f(x)=2\sin bx$의 주기는 $\dfrac{2\pi}{b}$이므로

$\dfrac{2\pi}{b}\times\dfrac{1}{2}=4$ 　∴ $b=\dfrac{\pi}{4}$

Step 3 $a+b$의 값 구하기

∴ $a+b=2+\dfrac{\pi}{4}$

문제 보기

그림과 같이 두 상수 a, b에 대하여 함수

$$f(x)=a\sin\frac{\pi x}{b}+1\ \left(0\le x\le\frac{5}{2}b\right)$$

주어진 그래프에서 주기를 이용하여 b의 값을 구한다.

의 그래프와 직선 $y=5$가 만나는 점을 x좌표가 작은 것부터 차례로 A, B, C라 하자.

$\overline{BC}=\overline{AB}+6$이고 삼각형 AOB의 넓이가 $\frac{15}{2}$일 때, a^2+b^2의 값은?

└─ $\overline{AB}$의 길이를 구한다.

(단, $a>4$, $b>0$이고, O는 원점이다.) [4점]

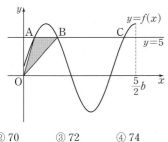

① 68　　② 70　　③ 72　　④ 74　　⑤ 76

Step 1 $\overline{AB}$, $\overline{BC}$의 길이 구하기

삼각형 AOB의 넓이가 $\frac{15}{2}$이므로

$$\frac{1}{2}\times\overline{AB}\times5=\frac{15}{2}\quad\therefore\overline{AB}=3$$

$$\therefore\overline{BC}=\overline{AB}+6=9$$

Step 2 b의 값 구하기

$b>0$이므로 함수 $f(x)=a\sin\frac{\pi x}{b}+1$의 주기는 $\dfrac{2\pi}{\frac{\pi}{b}}=2b$이다.

이때 주어진 함수의 그래프에서 주기는 $\overline{AC}=\overline{AB}+\overline{BC}=12$이므로

$2b=12\quad\therefore b=6$

Step 3 a의 값 구하기

함수 $y=f(x)$의 주기가 $2b$이므로 $\overline{AB}$
의 중점의 x좌표는

$$\frac{5}{2}b-2b=\frac{b}{2}=\frac{6}{2}=3$$

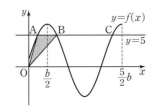

따라서 점 A의 x좌표는

$$3-\frac{3}{2}=\frac{3}{2}\quad\therefore A\left(\frac{3}{2},\,5\right)$$

이때 점 A는 함수 $y=f(x)$의 그래프 위의 점이므로 $f\left(\frac{3}{2}\right)=5$에서

$$a\sin\left(\frac{\pi}{b}\times\frac{3}{2}\right)+1=5,\ a\sin\frac{\pi}{4}+1=5$$

$$\frac{\sqrt{2}}{2}a=4\quad\therefore a=4\sqrt{2}$$

Step 4 a^2+b^2의 값 구하기

$$\therefore a^2+b^2=(4\sqrt{2})^2+6^2=68$$

문제 보기

그림과 같이 $0\le x\le2\pi$에서 정의된 두 함수 $f(x)=k\sin x$,

$g(x)=\cos x$에 대하여 곡선 $y=f(x)$와 곡선 $y=g(x)$가 만나는 서로 다른 두 점을 A, B라 하자. 선분 AB를 $3:1$로 외분하는 점을 C라 할

└─ 점 A의 x좌표를 a로 놓고, 방정식 $f(x)=g(x)$를 풀어 두 점 A, B의 좌표를 구한다. └─ 점 C의 좌표를 구한다.

때, 점 C는 곡선 $y=f(x)$ 위에 있다. 점 C를 지나고 y축에 평행한 직선이 곡선 $y=g(x)$와 만나는 점을 D라 할 때, 삼각형 BCD의 넓이는?

(단, k는 양수이고, 점 B의 x좌표는 점 A의 x좌표보다 크다.) [4점]

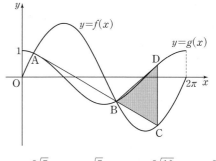

① $\dfrac{\sqrt{15}}{8}\pi$　② $\dfrac{9\sqrt{5}}{40}\pi$　③ $\dfrac{\sqrt{5}}{4}\pi$　④ $\dfrac{3\sqrt{10}}{16}\pi$　⑤ $\dfrac{3\sqrt{5}}{10}\pi$

Step 1 k의 값 구하기

$0\le x\le2\pi$일 때, 방정식 $f(x)=g(x)$에서

$$k\sin x=\cos x,\ \frac{\sin x}{\cos x}=\frac{1}{k}\ (\cos x\ne0)$$

$$\therefore\tan x=\frac{1}{k}$$

따라서 점 A의 x좌표를 $a\left(0<a<\frac{\pi}{2}\right)$라 하면 함수 $y=\tan x$의 주기는 π
이므로 점 B의 x좌표는 $\pi+a$이다.

$$\therefore A(a,\,\cos a),\ B(\pi+a,\,-\cos a)$$

선분 AB를 $3:1$로 외분하는 점 C의 좌표는

$$\left(\frac{3\times(\pi+a)-1\times a}{3-1},\,\frac{3\times(-\cos a)-1\times\cos a}{3-1}\right)$$

$$\therefore\left(\frac{3}{2}\pi+a,\,-2\cos a\right)$$

점 C는 곡선 $y=f(x)$ 위의 점이므로

$$-2\cos a=k\sin\left(\frac{3}{2}\pi+a\right)$$

$$-2\cos a=k\times(-\cos a)$$

$$\therefore k=2\ (\because\cos a\ne0)$$

Step 2 삼각형 BCD의 넓이 구하기

따라서 $\tan a=\frac{1}{2}$이므로

$$\cos a=\frac{2\sqrt{5}}{5},\ \sin a=\frac{\sqrt{5}}{5}$$

한편 $\cos\left(\frac{3}{2}\pi+a\right)=\sin a=\frac{\sqrt{5}}{5}$이므로

$$D\left(\frac{3}{2}\pi+a,\,\frac{\sqrt{5}}{5}\right)$$

$$\therefore\overline{CD}=\frac{\sqrt{5}}{5}-\left(-2\times\frac{2\sqrt{5}}{5}\right)=\sqrt{5}$$

점 B와 직선 CD 사이의 거리는

$$\left(\frac{3}{2}\pi+a\right)-(\pi+a)=\frac{\pi}{2}$$

따라서 삼각형 BCD의 넓이는

$$\frac{1}{2}\times\sqrt{5}\times\frac{\pi}{2}=\frac{\sqrt{5}}{4}\pi$$

문제 보기

$0 \leq x < 2\pi$일 때, 두 곡선 $y = \cos\left(x - \dfrac{\pi}{2}\right)$와 $y = \sin 4x$가 만나는 점의 개수는? [3점] └→ 주어진 범위에서 두 곡선을 그려 교점의 개수를 확인한다.

① 2   ② 4   ③ 6   ④ 8   ⑤ 10

Step 1 교점의 개수 구하기

$\cos\left(x - \dfrac{\pi}{2}\right) = \cos\left\{-\left(\dfrac{\pi}{2} - x\right)\right\} = \cos\left(\dfrac{\pi}{2} - x\right) = \sin x$

즉, 곡선 $y = \cos\left(x - \dfrac{\pi}{2}\right)$는 곡선 $y = \sin x$와 일치한다.

두 함수 $y = \sin x$, $y = \sin 4x$의 최댓값은 1, 최솟값은 -1이고, 주기는 각각 2π, $\dfrac{\pi}{2}$이므로 $0 \leq x < 2\pi$에서 두 곡선 $y = \sin x$, $y = \sin 4x$는 다음 그림과 같다.

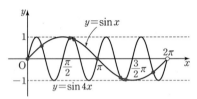

따라서 두 곡선이 만나는 점의 개수는 8이다.

문제 보기

좌표평면에서 곡선 $y = 4\sin\left(\dfrac{\pi}{2}x\right)$ $(0 \leq x \leq 2)$ 위의 점 중 y좌표가 정수인 점의 개수를 구하시오. [3점] └→ 주어진 범위에서 곡선을 그려 y좌표가 정수인 점의 개수를 확인한다.

Step 1 y좌표가 정수인 점의 개수 구하기

함수 $y = 4\sin\left(\dfrac{\pi}{2}x\right)$의 최댓값은 4, 최솟값은 -4이고, 주기는 $\dfrac{2\pi}{\dfrac{\pi}{2}} = 4$이

므로 $0 \leq x \leq 2$에서 곡선 $y = 4\sin\left(\dfrac{\pi}{2}x\right)$는 다음 그림과 같다.

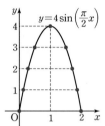

따라서 곡선 위의 점 중 y좌표가 정수인 점의 개수는 9이다.

24 삼각함수의 그래프와 교점의 개수   정답 ⑤ | 정답률 42%

문제 보기

직선 $y=-\dfrac{1}{5\pi}x+1$과 함수 $y=\sin x$의 그래프의 교점의 개수는?

└ 두 함수의 그래프를 그려 교점의 개수를 확인한다.

[4점]

① 7   ② 8   ③ 9   ④ 10   ⑤ 11

Step 1 교점의 개수 구하기

함수 $y=\sin x$의 최댓값은 1, 최솟값은 -1, 주기는 2π이고, 직선 $y=-\dfrac{1}{5\pi}x+1$은 두 점 $(0,\ 1)$, $(10\pi,\ -1)$을 지나므로 함수 $y=\sin x$의 그래프와 직선 $y=-\dfrac{1}{5\pi}x+1$은 다음 그림과 같다.

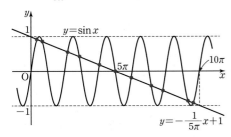

따라서 두 함수의 그래프의 교점의 개수는 11이다.

25 삼각함수의 그래프와 교점의 개수   정답 ③ | 정답률 58%

문제 보기

$0\le x<2\pi$일 때, 곡선 $y=|4\sin 3x+2|$와 직선 $y=2$가 만나는 서로 다른 점의 개수는? [4점]

└ 주어진 범위에서 곡선과 직선을 그려 교점의 개수를 확인한다.

① 3   ② 6   ③ 9   ④ 12   ⑤ 15

Step 1 교점의 개수 구하기

삼각함수 $y=4\sin 3x+2$의 최댓값은 6, 최솟값은 -2, 주기는 $\dfrac{2}{3}\pi$이고, 곡선 $y=|4\sin 3x+2|$는 곡선 $y=4\sin 3x+2$에서 $y<0$인 부분을 x축에 대하여 대칭이동한 것이므로 $0\le x<2\pi$에서 곡선 $y=|4\sin 3x+2|$와 직선 $y=2$는 다음 그림과 같다.

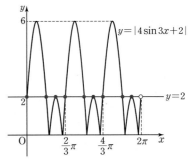

따라서 곡선 $y=|4\sin 3x+2|$와 직선 $y=2$가 만나는 서로 다른 점의 개수는 9이다.

문제 보기

$0 \le x \le \pi$일 때, 2 이상의 자연수 n에 대하여 두 곡선 $y = \sin x$와
$y = \sin(nx)$의 교점의 개수를 a_n이라 하자. $a_3 + a_5$의 값을 구하시오.
└─ 주어진 범위에서 두 곡선을 그려 교점의 개수를 확인한다.
[4점]

Step 1 a_3의 값 구하기

두 함수 $y = \sin x$, $y = \sin(3x)$의 최댓값은 1, 최솟값은 -1이고, 주기는
각각 2π, $\dfrac{2}{3}\pi$이므로 $0 \le x \le \pi$에서 두 곡선 $y = \sin x$, $y = \sin(3x)$는 다음 그림과 같다.

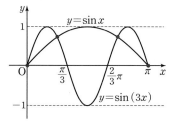

이때 두 곡선의 교점의 개수는 4이므로
$a_3 = 4$

Step 2 a_5의 값 구하기

두 함수 $y = \sin x$, $y = \sin(5x)$의 최댓값은 1, 최솟값은 -1이고, 주기는
각각 2π, $\dfrac{2}{5}\pi$이므로 $0 \le x \le \pi$에서 두 곡선 $y = \sin x$, $y = \sin(5x)$는 다음 그림과 같다.

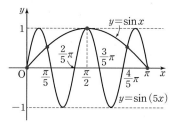

이때 두 곡선의 교점의 개수는 5이므로
$a_5 = 5$

Step 3 $a_3 + a_5$의 값 구하기

$\therefore a_3 + a_5 = 4 + 5 = 9$

문제 보기

함수 $y = \tan\left(nx - \dfrac{\pi}{2}\right)$의 그래프가 직선 $y = -x$와 만나는 점의 x좌표가 $-\pi < x < \pi$에 속하는 점의 개수를 a_n이라 할 때, $a_2 + a_3$의 값을
└─ 주어진 범위에서 두 함수의 그래프를 그려 교점의 개수를 확인한다.
구하시오. [4점]

Step 1 a_2의 값 구하기

함수 $y = \tan\left(2x - \dfrac{\pi}{2}\right) = \tan 2\left(x - \dfrac{\pi}{4}\right)$의 주기는 $\dfrac{\pi}{2}$이고, 함수
$y = \tan\left(2x - \dfrac{\pi}{2}\right)$의 그래프는 $y = \tan 2x$의 그래프를 x축의 방향으로 $\dfrac{\pi}{4}$
만큼 평행이동한 것이다.

$-\pi < x < \pi$에서 함수 $y = \tan\left(2x - \dfrac{\pi}{2}\right)$의 그래프와 직선 $y = -x$는 다음 그림과 같다.

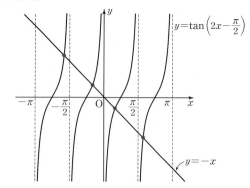

이때 두 함수의 그래프의 교점의 개수는 4이므로
$a_2 = 4$

Step 2 a_3의 값 구하기

함수 $y = \tan\left(3x - \dfrac{\pi}{2}\right) = \tan 3\left(x - \dfrac{\pi}{6}\right)$의 주기는 $\dfrac{\pi}{3}$이고, 함수
$y = \tan\left(3x - \dfrac{\pi}{2}\right)$의 그래프는 $y = \tan 3x$의 그래프를 x축의 방향으로 $\dfrac{\pi}{6}$
만큼 평행이동한 것이다.

$-\pi < x < \pi$에서 함수 $y = \tan\left(3x - \dfrac{\pi}{2}\right)$의 그래프와 직선 $y = -x$는 다음 그림과 같다.

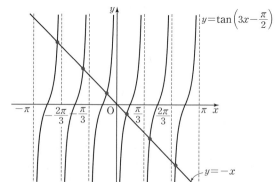

이때 두 함수의 그래프의 교점의 개수는 6이므로
$a_3 = 6$

Step 3 $a_2 + a_3$의 값 구하기

$\therefore a_2 + a_3 = 4 + 6 = 10$

문제 보기

$0 \leq x \leq 2\pi$에서 정의된 함수 $y = a\sin 3x + b$의 그래프가 두 직선 $y = 9$, $y = 2$와 만나는 점의 개수가 각각 3, 7이 되도록 하는 두 양수 a,

  └─ 주어진 범위에서 조건을 만족시키도록 함수의 그래프를 그린다.

b에 대하여 $a \times b$의 값을 구하시오. [4점]

Step 1 **함수 $y = a\sin 3x + b$의 그래프 그리기**

$a > 0$이므로 함수 $y = a\sin 3x + b$의 최댓값은 $a + b$, 최솟값은 $-a + b$이고, 주기는 $\frac{2}{3}\pi$이다.

따라서 $0 \leq x \leq 2\pi$에서 함수 $y = a\sin 3x + b$의 그래프는 다음 그림과 같다.

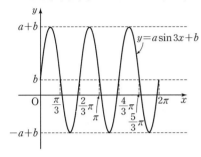

Step 2 **a, b의 값 구하기**

함수 $y = a\sin 3x + b$의 그래프가 직선 $y = 2$와 만나는 점의 개수가 7이 되려면

$b = 2$

또 함수 $y = a\sin 3x + b$의 그래프가 직선 $y = 9$와 만나는 점의 개수가 3이 되려면

$a + b = 9$ 또는 $-a + b = 9$

즉, $a + 2 = 9$ 또는 $-a + 2 = 9$이므로 $a = 7$ 또는 $a = -7$

그런데 $a > 0$이므로 $a = 7$

Step 3 **$a \times b$의 값 구하기**

∴ $a \times b = 7 \times 2 = 14$

문제 보기

5 이하의 두 자연수 a, b에 대하여 $0 < x < 2\pi$에서 정의된 함수 $y = a\sin x + b$의 그래프가 직선 $x = \pi$와 만나는 점의 집합을 A라 하고, 두 직선 $y = 1$, $y = 3$과 만나는 점의 집합을 각각 B, C라 하자.

$n(A \cup B \cup C) = 3$이 되도록 하는 a, b의 순서쌍 (a, b)에 대하여

  └─ 함수 $y = a\sin x + b$의 그래프가 세 직선 $x = \pi$, $y = 1$, $y = 3$과 만나는 점의 개수가 3이다.

$a + b$의 최댓값을 M, 최솟값을 m이라 할 때, $M \times m$의 값을 구하시오. [4점]

Step 1 **순서쌍 (a, b) 구하기**

$f(x) = a\sin x + b$라 하면 함수 $f(x)$의 주기는 2π이고 최댓값과 최솟값은 각각 $a + b$, $-a + b$이다.

이때 함수 $y = f(x)$의 그래프와 직선 $x = \pi$의 교점의 좌표는 (π, b)이고 b는 5 이하의 자연수이므로 b의 값에 따라 순서쌍 (a, b)는 다음과 같다.

(i) $b = 1$일 때,

오른쪽 그림과 같이 함수 $y = f(x)$의 그래프와 직선 $y = 3$의 교점의 개수가 2가 되어야 하므로

$a + 1 > 3$ ∴ $a > 2$

따라서 5 이하의 자연수 a, b의 순서쌍 (a, b)는

$(3, 1)$, $(4, 1)$, $(5, 1)$

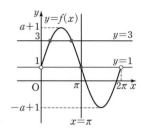

(ii) $b = 2$일 때,

오른쪽 그림과 같이 함수 $y = f(x)$의 그래프와 두 직선 $y = 1$, $y = 3$의 교점의 개수가 각각 1이 되어야 하므로 $a + 2 = 3$, $-a + 2 = 1$

∴ $a = 1$

따라서 5 이하의 자연수 a, b의 순서쌍 (a, b)는

$(1, 2)$

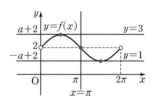

(iii) $b = 3$일 때,

오른쪽 그림과 같이 함수 $y = f(x)$의 그래프와 직선 $y = 1$의 교점의 개수가 2가 되어야 하므로

$-a + 3 < 1$ ∴ $a > 2$

따라서 5 이하의 자연수 a, b의 순서쌍 (a, b)는

$(3, 3)$, $(4, 3)$, $(5, 3)$

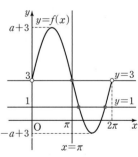

(iv) $b = 4$일 때,

오른쪽 그림과 같이 함수 $y = f(x)$의 그래프와 직선 $y = 3$의 교점의 개수가 2, 직선 $y = 1$의 교점의 개수가 0이 되어야 하므로

$1 < -a + 4 < 3$

∴ $1 < a < 3$

따라서 5 이하의 자연수 a, b의 순서쌍 (a, b)는

$(2, 4)$

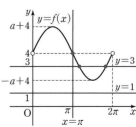

(v) $b=5$일 때,

오른쪽 그림과 같이 함수 $y=f(x)$
의 그래프와 직선 $y=3$의 교점의 개
수가 2, 직선 $y=1$의 교점의 개수
가 0이 되어야 하므로
$$1<-a+5<3$$
$$\therefore 2<a<4$$
따라서 5 이하의 자연수 a, b의 순
서쌍 (a, b)는
$(3, 5)$

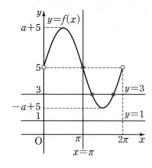

Step 2 $M\times m$의 값 구하기

(i)~(v)에서 $a+b$의 최댓값은 $a=5$, $b=3$ 또는 $a=3$, $b=5$일 때 8이고,
최솟값은 $a=1$, $b=2$일 때 3이므로
$$M=8, \ m=3$$
$$\therefore M\times m=8\times 3=24$$

문제 보기

$0\le x\le 2\pi$에서 정의된 함수 $f(x)$는
$$f(x)=\begin{cases} \sin x & \left(0\le x\le \dfrac{k}{6}\pi\right) \\ 2\sin\left(\dfrac{k}{6}\pi\right)-\sin x & \left(\dfrac{k}{6}\pi<x\le 2\pi\right) \end{cases}$$
이다. 곡선 $y=f(x)$와 직선 $y=\sin\left(\dfrac{k}{6}\pi\right)$의 교점의 개수를 a_k라 할

└→ 주어진 범위에서 곡선과 직선을 그려 교점의 개수를 확인한다.

때, $a_1+a_2+a_3+a_4+a_5$의 값은? [4점]

① 6 　　② 7 　　③ 8 　　④ 9 　　⑤ 10

Step 1 a_1, a_2, a_3, a_4, a_5의 값 구하기

(i) $k=1$일 때,

$\sin\dfrac{\pi}{6}=\dfrac{1}{2}$이므로 $f(x)=\begin{cases} \sin x & \left(0\le x\le \dfrac{\pi}{6}\right) \\ 1-\sin x & \left(\dfrac{\pi}{6}<x\le 2\pi\right) \end{cases}$

$0\le x\le 2\pi$에서 곡선 $y=f(x)$와 직선 $y=\dfrac{1}{2}$은 다음 그림과 같다.

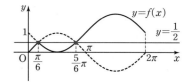

이때 곡선 $y=f(x)$와 직선 $y=\dfrac{1}{2}$의 교점의 개수는 2이므로

$a_1=2$

(ii) $k=2$일 때,

$\sin\dfrac{\pi}{3}=\dfrac{\sqrt{3}}{2}$이므로 $f(x)=\begin{cases} \sin x & \left(0\le x\le \dfrac{\pi}{3}\right) \\ \sqrt{3}-\sin x & \left(\dfrac{\pi}{3}<x\le 2\pi\right) \end{cases}$

$0\le x\le 2\pi$에서 곡선 $y=f(x)$와 직선 $y=\dfrac{\sqrt{3}}{2}$은 다음 그림과 같다.

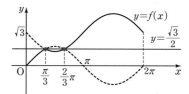

이때 곡선 $y=f(x)$와 직선 $y=\dfrac{\sqrt{3}}{2}$의 교점의 개수는 2이므로

$a_2=2$

(iii) $k=3$일 때,

$\sin\dfrac{\pi}{2}=1$이므로 $f(x)=\begin{cases} \sin x & \left(0\le x\le \dfrac{\pi}{2}\right) \\ 2-\sin x & \left(\dfrac{\pi}{2}<x\le 2\pi\right) \end{cases}$

$0\le x\le 2\pi$에서 곡선 $y=f(x)$와 직선 $y=1$은 다음 그림과 같다.

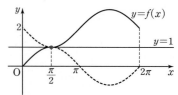

이때 곡선 $y=f(x)$와 직선 $y=1$의 교점의 개수는 1이므로
$a_3=1$

(iv) $k=4$일 때,

$\sin\dfrac{2}{3}\pi=\dfrac{\sqrt{3}}{2}$이므로 $f(x)=\begin{cases}\sin x & \left(0\le x\le\dfrac{2}{3}\pi\right)\\ \sqrt{3}-\sin x & \left(\dfrac{2}{3}\pi<x\le 2\pi\right)\end{cases}$

$0\le x\le 2\pi$에서 곡선 $y=f(x)$와 직선 $y=\dfrac{\sqrt{3}}{2}$은 다음 그림과 같다.

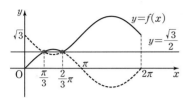

이때 곡선 $y=f(x)$와 직선 $y=\dfrac{\sqrt{3}}{2}$의 교점의 개수는 2이므로

$a_4=2$

(v) $k=5$일 때,

$\sin\dfrac{5}{6}\pi=\dfrac{1}{2}$이므로 $f(x)=\begin{cases}\sin x & \left(0\le x\le\dfrac{5}{6}\pi\right)\\ 1-\sin x & \left(\dfrac{5}{6}\pi<x\le 2\pi\right)\end{cases}$

$0\le x\le 2\pi$에서 곡선 $y=f(x)$와 직선 $y=\dfrac{1}{2}$은 다음 그림과 같다.

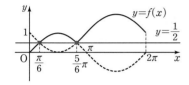

이때 곡선 $y=f(x)$와 직선 $y=\dfrac{1}{2}$의 교점의 개수는 2이므로

$a_5=2$

Step 2 $a_1+a_2+a_3+a_4+a_5$의 값 구하기

(i)~(v)에서

$a_1+a_2+a_3+a_4+a_5=2+2+1+2+2=9$

문제 보기

실수 k에 대하여 함수

$$f(x)=\cos^2\left(x-\dfrac{3}{4}\pi\right)-\cos\left(x-\dfrac{\pi}{4}\right)+k$$

└ $x-\dfrac{3}{4}\pi=\alpha$로 치환하여 $f(x)$를 $\sin\alpha$에 대한 함수로 변형한다.

의 **최댓값**은 3, 최솟값은 m이다. $k+m$의 값은? [4점]

└ k의 값을 구한다.

① 2　　② $\dfrac{9}{4}$　　③ $\dfrac{5}{2}$　　④ $\dfrac{11}{4}$　　⑤ 3

Step 1 $x-\dfrac{3}{4}\pi=\alpha$로 **치환하여** $f(x)$**를** $\sin\alpha$**에 대한 함수로 나타내기**

$f(x)=\cos^2\left(x-\dfrac{3}{4}\pi\right)-\cos\left(x-\dfrac{\pi}{4}\right)+k$

$\quad=\cos^2\left(x-\dfrac{3}{4}\pi\right)-\cos\left(x-\dfrac{3}{4}\pi+\dfrac{\pi}{2}\right)+k$

에서 $x-\dfrac{3}{4}\pi=\alpha$로 놓으면

$\cos^2\alpha-\cos\left(\alpha+\dfrac{\pi}{2}\right)+k=\cos^2\alpha+\sin\alpha+k$

$\qquad\qquad\qquad\qquad=(1-\sin^2\alpha)+\sin\alpha+k$

$\qquad\qquad\qquad\qquad=-\sin^2\alpha+\sin\alpha+k+1$

Step 2 k**의 값 구하기**

$\sin\alpha=t$로 놓으면 $-1\le t\le 1$이고

$y=-t^2+t+k+1=-\left(t-\dfrac{1}{2}\right)^2+k+\dfrac{5}{4}$

오른쪽 그림에서 $t=\dfrac{1}{2}$일 때 최댓값

$k+\dfrac{5}{4}$를 가지므로

$k+\dfrac{5}{4}=3$　　∴ $k=\dfrac{7}{4}$

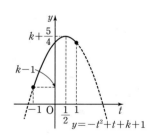

Step 3 m**의 값 구하기**

$t=-1$일 때 최솟값 $k-1$을 가지므로

$m=k-1=\dfrac{7}{4}-1=\dfrac{3}{4}$

Step 4 $k+m$**의 값 구하기**

∴ $k+m=\dfrac{7}{4}+\dfrac{3}{4}=\dfrac{5}{2}$

문제 보기

함수 $f(x)=\sin^2 x+\sin\left(x+\dfrac{\pi}{2}\right)+1$ 의 최댓값을 M이라 할 때, $4M$의 값을 구하시오. [3점]
$\rightarrow f(x)$를 $\cos x$에 대한 함수로 변형한다.

Step 1 $f(x)$를 $\cos x$에 대한 함수로 나타내기

$f(x)=\sin^2 x+\sin\left(x+\dfrac{\pi}{2}\right)+1$

$\quad\ =\sin^2 x+\cos x+1$

$\quad\ =(1-\cos^2 x)+\cos x+1$

$\quad\ =-\cos^2 x+\cos x+2$

Step 2 $4M$의 값 구하기

$\cos x=t$로 놓으면 $-1\le t\le 1$이고

$y=-t^2+t+2=-\left(t-\dfrac{1}{2}\right)^2+\dfrac{9}{4}$

오른쪽 그림에서 $t=\dfrac{1}{2}$일 때 최댓값은 $\dfrac{9}{4}$이므로

$M=\dfrac{9}{4}$

$\therefore\ 4M=9$

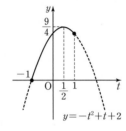

문제 보기

다음은 $0<\theta<2\pi$에서 $3+2\sin^2\theta+\dfrac{1}{3-2\cos^2\theta}$ 의 최솟값을 구하는 과정이다.

> $3+2\sin^2\theta=t$로 놓으면
>
> $3+2\sin^2\theta+\dfrac{1}{3-2\cos^2\theta}=t+\dfrac{1}{\boxed{(가)}}$ $\rightarrow 3-2\cos^2\theta$를 t에 대한 식으로 나타낸다.
>
> 이다. $0<\theta<2\pi$에서 $t\ge 3$이므로 $\boxed{(가)}>0$이다.
>
> $t+\dfrac{1}{\boxed{(가)}}=t-2+\dfrac{1}{\boxed{(가)}}+2\ge 4$
>
> 이다. (단, 등호는 $t=\boxed{(나)}$일 때 성립한다.)
> $\rightarrow t-2=\dfrac{1}{\boxed{(가)}}$인 t의 값을 구한다.
>
> 따라서 $3+2\sin^2\theta+\dfrac{1}{3-2\cos^2\theta}$은 $\theta=\boxed{(다)}$에서 최솟값 4를 갖는다.
> $\rightarrow 3+2\sin^2\theta=\boxed{(나)}$를 만족시키는 θ의 값을 구한다.

위의 (가)에 알맞은 식을 $f(t)$, (나)와 (다)에 알맞은 수를 각각 p, q라 할 때, $f(p)+\tan^2\left(q+\dfrac{\pi}{3}\right)$의 값은? [4점]

① 4   ② 5   ③ 6   ④ 7   ⑤ 8

Step 1 (가)에 알맞은 식 구하기

$3-2\cos^2\theta=3-2(1-\sin^2\theta)$

$\qquad\qquad\ =3+2\sin^2\theta-2$

$3+2\sin^2\theta=t$로 놓으면

$3+2\sin^2\theta+\dfrac{1}{3-2\cos^2\theta}=t+\dfrac{1}{\boxed{(가)\ t-2}}$

Step 2 (나)에 알맞은 수 구하기

$0<\theta<2\pi$에서 $t\ge 3$이므로 $\boxed{(가)\ t-2}>0$

산술평균과 기하평균의 관계에 의하여

$t+\dfrac{1}{\boxed{(가)\ t-2}}=t-2+\dfrac{1}{\boxed{(가)\ t-2}}+2$

$\qquad\qquad\qquad\ \ge 2\sqrt{(t-2)\times\dfrac{1}{t-2}}+2=4$

$\left(\text{단, 등호는 } t-2=\dfrac{1}{t-2},\ \text{즉 } t=\boxed{(나)\ 3}\text{일 때 성립한다.}\right)$
$\rightarrow (t-2)^2=1$에서 $t-2=1\ (\because\ t-2>0)$
$\qquad\qquad\ \therefore t=3$

Step 3 (다)에 알맞은 수 구하기

$t=3$에서 $3+2\sin^2\theta=3$

$2\sin^2\theta=0,\ \sin\theta=0$

$\therefore\ \theta=\pi\ (\because\ 0<\theta<2\pi)$

따라서 $3+2\sin^2\theta+\dfrac{1}{3-2\cos^2\theta}$ 은 $\theta=\boxed{(다)\ \pi}$에서 최솟값 4를 갖는다.

Step 4 $f(p)+\tan^2\left(q+\dfrac{\pi}{3}\right)$의 값 구하기

따라서 $f(t)=t-2$, $p=3$, $q=\pi$이므로

$f(p)+\tan^2\left(q+\dfrac{\pi}{3}\right)=f(3)+\tan^2\left(\pi+\dfrac{\pi}{3}\right)$

$\qquad\qquad\qquad\qquad =1+3=4$

34 삼각함수의 대소 관계 정답 ⑤ | 정답률 31%

문제 보기

$0<\theta<\dfrac{\pi}{4}$인 θ에 대하여 〈보기〉에서 옳은 것만을 있는 대로 고른 것은? [4점]

┌──────── 〈 보기 〉 ────────┐
ㄱ. $0<\sin\theta<\cos\theta<1$
　└→ $y=\sin\theta,\ y=\cos\theta$의 그래프를 그려 확인한다.
ㄴ. $0<\log_{\sin\theta}\cos\theta<1$
　└→ 밑의 크기를 확인한 후 로그함수의 대소 관계를 이용한다.
ㄷ. $(\sin\theta)^{\cos\theta}<(\cos\theta)^{\cos\theta}<(\cos\theta)^{\sin\theta}$
　└→ 밑의 크기를 확인한 후 지수함수의 대소 관계를 이용한다.
└────────────────────────┘

① ㄱ　　② ㄱ, ㄴ　　③ ㄱ, ㄷ　　④ ㄴ, ㄷ　　⑤ ㄱ, ㄴ, ㄷ

Step 1 ㄱ이 옳은지 확인하기

ㄱ. $0<\theta<\dfrac{\pi}{4}$에서 두 함수 $y=\sin\theta,\ y=\cos\theta$
의 그래프는 오른쪽 그림과 같다.
∴ $0<\sin\theta<\cos\theta<1$

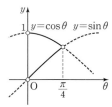

Step 2 ㄴ이 옳은지 확인하기

ㄴ. $0<\theta<\dfrac{\pi}{4}$에서 $0<\sin\theta<1$이므로 함수
$y=\log_{\sin\theta}x$는 x의 값이 증가할 때 y의 값은 감소한다.
이때 ㄱ에서 $\sin\theta<\cos\theta<1$이므로
$\log_{\sin\theta}1<\log_{\sin\theta}\cos\theta<\log_{\sin\theta}\sin\theta$
∴ $0<\log_{\sin\theta}\cos\theta<1$

Step 3 ㄷ이 옳은지 확인하기

ㄷ. ㄱ에서 $0<\sin\theta<\cos\theta$이므로
$(\sin\theta)^{\cos\theta}<(\cos\theta)^{\cos\theta}$ …… ㉠

$0<\theta<\dfrac{\pi}{4}$에서 $0<\cos\theta<1$이므로 함수 $y=(\cos\theta)^x$은 x의 값이 증
가할 때 y의 값은 감소한다.
이때 $0<\sin\theta<\cos\theta$이므로
$(\cos\theta)^{\cos\theta}<(\cos\theta)^{\sin\theta}$ …… ㉡
㉠, ㉡에서
$(\sin\theta)^{\cos\theta}<(\cos\theta)^{\cos\theta}<(\cos\theta)^{\sin\theta}$

Step 4 옳은 것 구하기

따라서 보기 중 옳은 것은 ㄱ, ㄴ, ㄷ이다.

다른 풀이 로그함수의 성질 이용하기

ㄷ. ㄱ에서 $0<\sin\theta<\cos\theta$이고, ㄴ에서 $\log_{\sin\theta}\cos\theta>0$이므로
$\sin\theta\times\log_{\sin\theta}\cos\theta<\cos\theta\times\log_{\sin\theta}\cos\theta$
$\log_{\sin\theta}(\cos\theta)^{\sin\theta}<\log_{\sin\theta}(\cos\theta)^{\cos\theta}$
이때 $0<\sin\theta<1$이므로
$(\cos\theta)^{\cos\theta}<(\cos\theta)^{\sin\theta}$ …… ㉠
또 ㄴ에서 $\log_{\sin\theta}\cos\theta<1$이므로 $\log_{\sin\theta}\cos\theta<\log_{\sin\theta}\sin\theta$
이때 $\cos\theta>0$이므로
$\cos\theta\times\log_{\sin\theta}\cos\theta<\cos\theta\times\log_{\sin\theta}\sin\theta$
$\log_{\sin\theta}(\cos\theta)^{\cos\theta}<\log_{\sin\theta}(\sin\theta)^{\cos\theta}$
이때 $0<\sin\theta<1$이므로
$(\sin\theta)^{\cos\theta}<(\cos\theta)^{\cos\theta}$ …… ㉡
㉠, ㉡에서
$(\sin\theta)^{\cos\theta}<(\cos\theta)^{\cos\theta}<(\cos\theta)^{\sin\theta}$

---

35 삼각함수의 그래프 정답 ② | 정답률 30%

문제 보기

$-2\pi\leq x\leq 2\pi$에서 정의된 두 함수
$f(x)=\sin kx+2,\ g(x)=3\cos 12x$ ── 사인함수와 코사인함수의 그래프의 대칭성을 이용한다.
에 대하여 다음 조건을 만족시키는 자연수 k의 개수는? [4점]

┌──────────────────────────┐
실수 a가 두 곡선 $y=f(x),\ y=g(x)$의 교점의 y좌표이면
$\{x\,|\,f(x)=a\}\subset\{x\,|\,g(x)=a\}$
이다. └→ 곡선 $y=f(x)$와 직선 $y=a$의 교점이 곡선 $y=g(x)$와 직선 $y=a$의
　　　 교점에 포함된다.
└──────────────────────────┘

① 3　　② 4　　③ 5　　④ 6　　⑤ 7

Step 1 $\{x\,|\,f(x)=a\}\subset\{x\,|\,g(x)=a\}$의 의미 파악하기

두 곡선 $y=f(x),\ y=g(x)$의 교점의 y좌표 a에 대하여
$\{x\,|\,f(x)=a\}\subset\{x\,|\,g(x)=a\}$이면 곡선 $y=f(x)$와 직선 $y=a$의 교점이
반드시 곡선 $y=g(x)$와 직선 $y=a$의 교점이어야 한다.
이때 함수 $f(x)=\sin kx+2$의 주기는 $\dfrac{2\pi}{k}$, 최댓값은 3, 최솟값은 1이고,
함수 $g(x)=3\cos 12x$의 주기는 $\dfrac{2\pi}{12}=\dfrac{\pi}{6}$, 최댓값은 3, 최솟값은 -3이다.
k의 값을 임의로 대입하여 조건을 만족시키는지 알아보자.
(i) $k=6$일 때, 두 곡선 $y=f(x),\ y=g(x)$는 다음 그림과 같다.

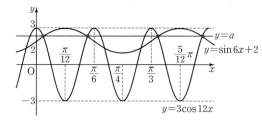

이때 두 곡선 $y=f(x),\ y=g(x)$의 교점의 y좌표 a에 대하여 곡선
$y=f(x)$와 직선 $y=a$의 교점이 곡선 $y=g(x)$와 직선 $y=a$의 교점에
포함되므로 조건을 만족시킨다.
(ii) $k=4$일 때, 두 곡선 $y=f(x),\ y=g(x)$는 다음 그림과 같다.

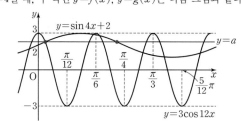

이때 두 곡선 $y=f(x),\ y=g(x)$의 교점의 y좌표 a에 대하여 곡선
$y=f(x)$와 직선 $y=a$의 교점이 곡선 $y=g(x)$와 직선 $y=a$의 교점에
포함되지 않는 경우가 있으므로 조건을 만족시키지 않는다.
(i), (ii)에서 두 곡선 $y=f(x),\ y=g(x)$의 대칭축이 같아야 조건이 성립
함을 알 수 있다.

Step 2 자연수 k의 개수 구하기

곡선 $f(x)=\sin kx+2$의 주기가 $\dfrac{2\pi}{k}$이므로 사인함수의 그래프의 대칭성
에 의하여 곡선 $y=f(x)$는 직선 $x=\dfrac{\pi}{2k}$에 대하여 대칭이다.
또 곡선 $g(x)=3\cos 12x$의 주기는 $\dfrac{\pi}{6}$이므로 코사인함수의 그래프의 대칭
성에 의하여 곡선 $y=g(x)$는 직선 $x=\dfrac{n}{12}\pi$(n은 정수)에 대하여 대칭이다.
이때 두 곡선 $y=f(x),\ y=g(x)$의 대칭축이 같아야 하므로
$\dfrac{\pi}{2k}=\dfrac{n}{12}\pi$ ∴ $k=\dfrac{6}{n}$
k는 자연수이므로 조건을 만족시키는 k의 값은 1, 2, 3, 6의 4개이다.

문제 보기

자연수 k에 대하여 집합 A_k를

$$A_k=\left\{\sin\frac{2(m-1)}{k}\pi\,\middle|\,m\text{은 자연수}\right\}$$

└─ $A_k=\left\{\sin 0,\ \sin\frac{2}{k}\pi,\ \sin\frac{4}{k}\pi,\ \cdots,\ \sin\frac{2(k-1)}{k}\pi\right\}$

라 할 때, 〈보기〉에서 옳은 것만을 있는 대로 고른 것은? [4점]

〈 보기 〉

ㄱ. $A_3=\left\{-\dfrac{\sqrt{3}}{2},\ 0,\ \dfrac{\sqrt{3}}{2}\right\}$

ㄴ. 1이 집합 A_k의 원소가 되도록 하는 두 자리 자연수 k의 개수는 22
이다. └─ $\sin\frac{2(m-1)}{k}\pi=1$을 만족시키는 자연수 m이 존재하여야 한다.

ㄷ. $n(A_k)=11$을 만족시키는 모든 k의 값의 합은 33이다.
└─ k가 홀수인 경우와 짝수인 경우로 나누어 생각한다.

① ㄱ　　② ㄱ, ㄴ　　③ ㄱ, ㄷ　　④ ㄴ, ㄷ　　⑤ ㄱ, ㄴ, ㄷ

Step 1 집합 A_k 파악하기

$\sin\dfrac{2(m-1)}{k}\pi$는 m이 1씩 커질 때마다 각의 크기는 $\dfrac{2}{k}\pi$씩 증가한다.

이때 $m=1$이면 $\dfrac{2(1-1)}{k}\pi=0$, $m=k+1$이면 $\dfrac{2\{(k+1)-1\}}{k}\pi=2\pi$이

고, 사인함수의 주기는 2π이므로 $0\leq\dfrac{2(m-1)}{k}\pi<2\pi$의 범위에서 생각

한다. ── $\sin 2\pi=\sin 0$, $\sin\left(2\pi+\dfrac{2}{k}\pi\right)=\sin\dfrac{2}{k}\pi$, $\sin\left(2\pi+\dfrac{4}{k}\pi\right)=\sin\dfrac{4}{k}\pi$, $\cdots$
　　　로 사인함수의 값이 같으므로 한 주기에서만 생각하면 돼.

$\therefore A_k=\left\{\sin 0,\ \sin\dfrac{2}{k}\pi,\ \sin\dfrac{4}{k}\pi,\ \cdots,\ \sin\dfrac{2(k-1)}{k}\pi\right\}$

Step 2 ㄱ이 옳은지 확인하기

ㄱ. $A_3=\left\{\sin 0,\ \sin\dfrac{2}{3}\pi,\ \sin\dfrac{4}{3}\pi\right\}$이므로

$A_3=\left\{-\dfrac{\sqrt{3}}{2},\ 0,\ \dfrac{\sqrt{3}}{2}\right\}$

이를 그래프로 나타내면 오른쪽 그림과
같이 $0\leq x<2\pi$에서 함수 $y=\sin x$의
그래프를 3등분한 것과 같다.

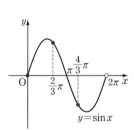

Step 3 ㄴ이 옳은지 확인하기

ㄴ. $\sin\dfrac{\pi}{2}=1$이 집합 A_k의 원소가 되려면 $\sin\dfrac{2(m-1)}{k}\pi=1$을 만족시

키는 자연수 m이 존재해야 한다.

$\dfrac{2(m-1)}{k}\pi=\dfrac{\pi}{2}$이므로 $\dfrac{2(m-1)}{k}=\dfrac{1}{2}$　　$\therefore k=4(m-1)$

이때 m이 자연수이므로 k는 4의 배수이어야 한다.

따라서 조건을 만족시키는 두 자리 자연수 k는 12, 16, 20, $\cdots$, 96의
22개이다.

Step 4 ㄷ이 옳은지 확인하기

ㄷ. k가 홀수일 때와 짝수일 때로 나누어 생각하자.

(i) k가 홀수일 때,

예를 들어 $k=5$이면

$A_5=\Big\{\sin 0,\ \sin\dfrac{2}{5}\pi,\ \sin\dfrac{4}{5}\pi,$

　　　　$\sin\dfrac{6}{5}\pi,\ \sin\dfrac{8}{5}\pi\Big\}$

이는 오른쪽 그림과 같이 $0\leq x<2\pi$
에서 함수 $y=\sin x$의 그래프를 5등
분한 것과 같다.

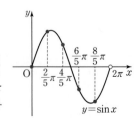

이때 $\sin\dfrac{2}{5}\pi$와 $\sin\dfrac{4}{5}\pi$의 값은 직선 $x=\dfrac{\pi}{2}$에 대하여 대칭이 아니

므로 $\sin\dfrac{2}{5}\pi\neq\sin\dfrac{4}{5}\pi$이고, $\sin\dfrac{6}{5}\pi=-\sin\dfrac{4}{5}\pi$,

$\sin\dfrac{8}{5}\pi=-\sin\dfrac{2}{5}\pi$이므로 $n(A_5)=5$

즉, $n(A_3)=3$ ($\because$ ㄱ), $n(A_5)=5$이므로 k가 홀수일 때,

$n(A_k)=k$

따라서 $n(A_k)=11$을 만족시키는 홀수인 k의 값은 $k=11$

(ii) k가 짝수일 때,

① 1이 집합 A_k의 원소일 때,

$\sin\dfrac{\pi}{2}=1$이 집합 A_k의 원소이고, 함수 $y=\sin x$의 그래프가 직

선 $x=\dfrac{\pi}{2}$에 대하여 대칭이므로 $n(A_k)=11$이려면 $0\leq x<2\pi$

에서 함수 $y=\sin x$의 그래프는 다음 그림과 같아야 한다.

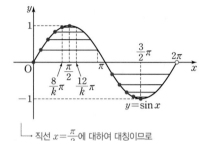

└─ 직선 $x=\dfrac{\pi}{2}$에 대하여 대칭이므로

$\sin\dfrac{8}{k}\pi=\sin\dfrac{12}{k}\pi$, $\sin\dfrac{6}{k}\pi=\sin\dfrac{14}{k}\pi$, $\cdots$

즉, $0\leq x\leq\dfrac{\pi}{2}$에서 $\sin\dfrac{\pi}{2}$를 포함하여 6개의 값을 갖고,

$\pi<x\leq\dfrac{3}{2}\pi$에서 5개의 값을 가져야 한다.

$m=6$일 때의 각 $\dfrac{10}{k}\pi$가 $\dfrac{\pi}{2}$와 일치하므로

$\dfrac{10}{k}\pi=\dfrac{\pi}{2}$　　$\therefore k=20$

② 1이 집합 A_k의 원소가 아닐 때,

$n(A_k)=11$이려면 $0\leq x<2\pi$에서 함수 $y=\sin x$의 그래프는
다음 그림과 같아야 한다.

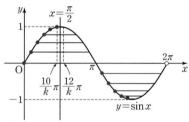

└─ 직선 $x=\dfrac{\pi}{2}$에 대하여 대칭이므로

$\sin\dfrac{10}{k}\pi=\sin\dfrac{12}{k}\pi$, $\sin\dfrac{8}{k}\pi=\sin\dfrac{14}{k}\pi$, $\cdots$

즉, $0\leq x\leq\dfrac{\pi}{2}$에서 $\sin\dfrac{\pi}{2}$를 포함하지 않고 6개의 값을 갖고,

$\pi<x\leq\dfrac{3}{2}\pi$에서 5개의 값을 가져야 한다.

이때 두 각 $\dfrac{10}{k}\pi$와 $\dfrac{12}{k}\pi$가 직선 $x=\dfrac{\pi}{2}$에 대하여 대칭이므로

$\dfrac{1}{2}\left(\dfrac{10}{k}\pi+\dfrac{12}{k}\pi\right)=\dfrac{\pi}{2}$　　$\therefore k=22$

(i), (ii)에서 $n(A_k)=11$을 만족시키는 k의 값은

$k=11$ 또는 $k=20$ 또는 $k=22$

따라서 모든 k의 값의 합은

$11+20+22=53$

Step 5 옳은 것 구하기

따라서 보기 중 옳은 것은 ㄱ, ㄴ이다.

13
일차

01 ④	02 ③	03 ④	04 7	05 ②	06 ①	07 ⑤	08 ②	09 36	10 ②	11 ③	12 ③
13 ③	14 2	15 ④	16 ③	17 ④	18 ⑤	19 ①	20 ⑤	21 ③	22 40	23 84	24 ④
25 30	26 ④	27 ④	28 ②	29 15	30 8	31 ②	32 ②	33 ③	34 ①	35 ③	36 32
37 ④	38 ①	39 ②	40 110								

13
일차

문제편 185쪽~197쪽

01 삼각방정식 – 이차식 꼴   정답 ④ | 정답률 88%

문제 보기

$0 \le x < 2\pi$일 때, 방정식

$\cos^2 x = \sin^2 x - \sin x$ → 삼각함수 사이의 관계를 이용하여 한 종류의 삼각함수에 대한 방정식으로 변형한다.

의 모든 해의 합은? [3점]

① 2π ② $\dfrac{5}{2}\pi$ ③ 3π ④ $\dfrac{7}{2}\pi$ ⑤ 4π

Step 1 $\sin x$에 대한 방정식으로 변형하여 $\sin x$의 값 구하기

$\cos^2 x = \sin^2 x - \sin x$에서

$1 - \sin^2 x = \sin^2 x - \sin x$

$2\sin^2 x - \sin x - 1 = 0$

$(2\sin x + 1)(\sin x - 1) = 0$

$\therefore \sin x = -\dfrac{1}{2}$ 또는 $\sin x = 1$

Step 2 주어진 방정식의 모든 해의 합 구하기

이때 $0 \le x < 2\pi$이므로

$\sin x = -\dfrac{1}{2}$에서 $x = \dfrac{7}{6}\pi$ 또는 $x = \dfrac{11}{6}\pi$

$\sin x = 1$에서 $x = \dfrac{\pi}{2}$

따라서 주어진 방정식의 모든 해의 합은

$\dfrac{7}{6}\pi + \dfrac{11}{6}\pi + \dfrac{\pi}{2} = \dfrac{7}{2}\pi$

02 삼각방정식 – 일차식 꼴   정답 ③ | 정답률 91%

문제 보기

$0 \le x \le \pi$일 때, 방정식

$1 + \sqrt{2}\sin 2x = 0$ → $2x = t$로 치환하여 $\sin t = k$ 꼴로 변형한다.

의 모든 해의 합은? [3점]

① π ② $\dfrac{5\pi}{4}$ ③ $\dfrac{3\pi}{2}$ ④ $\dfrac{7\pi}{4}$ ⑤ 2π

Step 1 $2x = t$로 치환하기

$1 + \sqrt{2}\sin 2x = 0$에서 $\sqrt{2}\sin 2x = -1$

$\therefore \sin 2x = -\dfrac{\sqrt{2}}{2}$

$2x = t$로 놓으면 $0 \le x \le \pi$에서 $0 \le t \le 2\pi$이고 주어진 방정식은

$\sin t = -\dfrac{\sqrt{2}}{2}$

Step 2 주어진 방정식의 모든 해의 합 구하기

오른쪽 그림과 같이 $0 \le t \le 2\pi$에서 함수 $y = \sin t$의 그래프와 직선 $y = -\dfrac{\sqrt{2}}{2}$의 교점의 t좌표는

$\dfrac{5}{4}\pi$, $\dfrac{7}{4}\pi$이고 $t = 2x$이므로

$2x = \dfrac{5}{4}\pi$ 또는 $2x = \dfrac{7}{4}\pi$

$\therefore x = \dfrac{5}{8}\pi$ 또는 $x = \dfrac{7}{8}\pi$

따라서 주어진 방정식의 모든 해의 합은

$\dfrac{5}{8}\pi + \dfrac{7}{8}\pi = \dfrac{3}{2}\pi$

03 삼각방정식 – 이차식 꼴   정답 ④ | 정답률 93%

문제 보기

$0 \le x < 2\pi$일 때, 방정식

$2\sin^2 x + 3\cos x = 3$ — 삼각함수 사이의 관계를 이용하여 한 종류의
삼각함수에 대한 방정식으로 변형한다.

의 모든 해의 합은? [3점]

① $\dfrac{\pi}{2}$ ② π ③ $\dfrac{3\pi}{2}$ ④ 2π ⑤ $\dfrac{5\pi}{2}$

Step 1 $\cos x$에 대한 방정식으로 변형하여 $\cos x$의 값 구하기

$2\sin^2 x + 3\cos x = 3$에서

$2(1 - \cos^2 x) + 3\cos x = 3$

$2 - 2\cos^2 x + 3\cos x = 3$

$2\cos^2 x - 3\cos x + 1 = 0$

$(2\cos x - 1)(\cos x - 1) = 0$

$\therefore \cos x = \dfrac{1}{2}$ 또는 $\cos x = 1$

Step 2 주어진 방정식의 모든 해의 합 구하기

이때 $0 \le x < 2\pi$이므로

$\cos x = \dfrac{1}{2}$에서 $x = \dfrac{\pi}{3}$ 또는 $x = \dfrac{5}{3}\pi$

$\cos x = 1$에서 $x = 0$

따라서 주어진 방정식의 모든 해의 합은

$\dfrac{\pi}{3} + \dfrac{5}{3}\pi + 0 = 2\pi$

04 삼각방정식 – 이차식 꼴   정답 7 | 정답률 86%

문제 보기

$0 < x < 2\pi$일 때, 방정식 $\cos^2 x - \sin x = 1$의 모든 실근의 합은 $\dfrac{q}{p}\pi$이

└ 삼각함수 사이의 관계를 이용하여 한 종류
의 삼각함수에 대한 방정식으로 변형한다.

다. $p + q$의 값을 구하시오. (단, p, q는 서로소인 자연수이다.) [3점]

Step 1 $\sin x$에 대한 방정식으로 변형하여 $\sin x$의 값 구하기

$\cos^2 x - \sin x = 1$에서

$(1 - \sin^2 x) - \sin x = 1$

$\sin^2 x + \sin x = 0$

$\sin x(\sin x + 1) = 0$

$\therefore \sin x = -1$ 또는 $\sin x = 0$

Step 2 $p + q$의 값 구하기

이때 $0 < x < 2\pi$이므로

$\sin x = -1$에서 $x = \dfrac{3}{2}\pi$

$\sin x = 0$에서 $x = \pi$

주어진 방정식의 모든 실근의 합은

$\dfrac{3}{2}\pi + \pi = \dfrac{5}{2}\pi$

따라서 $p = 2$, $q = 5$이므로

$p + q = 2 + 5 = 7$

05 삼각방정식 – 이차식 꼴

정답 ② | 정답률 68%

문제 보기

$0 \leq x < 4\pi$일 때, 방정식

$$4\sin^2 x - 4\cos\left(\frac{\pi}{2} + x\right) - 3 = 0$$ → 삼각함수의 성질을 이용하여 한 종류의 삼각함수에 대한 방정식으로 변형한다.

의 모든 해의 합은? [4점]

① 5π ② 6π ③ 7π ④ 8π ⑤ 9π

Step 1 $\sin x$에 대한 방정식으로 변형하여 $\sin x$의 값 구하기

$4\sin^2 x - 4\cos\left(\frac{\pi}{2} + x\right) - 3 = 0$에서

$4\sin^2 x + 4\sin x - 3 = 0$

$(2\sin x + 3)(2\sin x - 1) = 0$

$\therefore \sin x = \frac{1}{2} \ (\because -1 \leq \sin x \leq 1)$

Step 2 주어진 방정식의 모든 해의 합 구하기

이때 $0 \leq x < 4\pi$이므로 방정식 $\sin x = \frac{1}{2}$의 해는

$x = \frac{\pi}{6}$ 또는 $x = \frac{5}{6}\pi$ 또는 $x = \frac{13}{6}\pi$ 또는 $x = \frac{17}{6}\pi$

따라서 주어진 방정식의 모든 해의 합은

$\frac{\pi}{6} + \frac{5}{6}\pi + \frac{13}{6}\pi + \frac{17}{6}\pi = 6\pi$

06 삼각방정식 – 이차식 꼴

정답 ① | 정답률 87%

문제 보기

$0 \leq x \leq \pi$일 때, 방정식 $(\sin x + \cos x)^2 = \sqrt{3}\sin x + 1$의 모든 실근의 합은? [3점]

└ 삼각함수 사이의 관계를 이용하여 간단히 한다.

① $\frac{7}{6}\pi$ ② $\frac{4}{3}\pi$ ③ $\frac{3}{2}\pi$ ④ $\frac{5}{3}\pi$ ⑤ $\frac{11}{6}\pi$

Step 1 방정식을 변형하여 $\sin x$, $\cos x$의 값 구하기

$(\sin x + \cos x)^2 = \sqrt{3}\sin x + 1$에서

$\sin^2 x + 2\sin x\cos x + \cos^2 x = \sqrt{3}\sin x + 1$

$1 + 2\sin x\cos x = \sqrt{3}\sin x + 1$

$2\sin x\cos x - \sqrt{3}\sin x = 0$

$\sin x(2\cos x - \sqrt{3}) = 0$

$\therefore \sin x = 0$ 또는 $\cos x = \frac{\sqrt{3}}{2}$

Step 2 주어진 방정식의 모든 실근의 합 구하기

이때 $0 \leq x \leq \pi$이므로

$\sin x = 0$에서 $x = 0$ 또는 $x = \pi$

$\cos x = \frac{\sqrt{3}}{2}$에서 $x = \frac{\pi}{6}$

따라서 주어진 방정식의 모든 실근의 합은

$0 + \pi + \frac{\pi}{6} = \frac{7}{6}\pi$

문제 보기

$0 \le x < 2\pi$일 때, 방정식
$$\sin x = \sqrt{3}(1 + \cos x)$$ → 양변을 제곱한 후 삼각함수 사이의 관계를 이용하여 한 종류의 삼각함수에 대한 방정식으로 변형한다.
의 모든 해의 합은? [3점]

① $\dfrac{\pi}{3}$ ② $\dfrac{2}{3}\pi$ ③ π ④ $\dfrac{4}{3}\pi$ ⑤ $\dfrac{5}{3}\pi$

Step 1 $\cos x$에 대한 방정식으로 변형하여 $\cos x$의 값 구하기

$\sin x = \sqrt{3}(1 + \cos x)$의 양변을 제곱하면

$\sin^2 x = 3(1 + \cos x)^2$

$1 - \cos^2 x = 3(1 + 2\cos x + \cos^2 x)$

$2\cos^2 x + 3\cos x + 1 = 0$

$(\cos x + 1)(2\cos x + 1) = 0$

$\therefore \cos x = -1$ 또는 $\cos x = -\dfrac{1}{2}$

Step 2   방정식의 해 구하기

이때 $0 \le x < 2\pi$이므로

(i) $\cos x = -1$일 때, $x = \pi$

   $x = \pi$이면 $\sin \pi = 0$이므로 주어진 방정식은 성립한다.

(ii) $\cos x = -\dfrac{1}{2}$일 때, $x = \dfrac{2}{3}\pi$ 또는 $x = \dfrac{4}{3}\pi$

   $x = \dfrac{2}{3}\pi$이면 $\sin \dfrac{2}{3}\pi = \dfrac{\sqrt{3}}{2}$이므로 주어진 방정식은 성립한다.

   $x = \dfrac{4}{3}\pi$이면 $\sin \dfrac{4}{3}\pi = -\dfrac{\sqrt{3}}{2}$이므로 주어진 방정식은 성립하지 않는다.

Step 3   주어진 방정식의 모든 해의 합 구하기

(i), (ii)에서 주어진 방정식의 모든 해의 합은

$\pi + \dfrac{2}{3}\pi = \dfrac{5}{3}\pi$

문제 보기

$0 < x < 2\pi$일 때, 방정식 $4\cos^2 x - 1 = 0$과 부등식 $\sin x \cos x < 0$을
삼각함수의 값의 부호를 이용하여 x의 값의 범위를 구한다.
동시에 만족시키는 모든 x의 값의 합은? [3점]

① 2π ② $\dfrac{7}{3}\pi$ ③ $\dfrac{8}{3}\pi$ ④ 3π ⑤ $\dfrac{10}{3}\pi$

Step 1   방정식 $4\cos^2 x - 1 = 0$의 해 구하기

$4\cos^2 x - 1 = 0$에서

$(2\cos x + 1)(2\cos x - 1) = 0$

$\therefore \cos x = -\dfrac{1}{2}$ 또는 $\cos x = \dfrac{1}{2}$

이때 $0 < x < 2\pi$이므로

$\cos x = -\dfrac{1}{2}$에서 $x = \dfrac{2}{3}\pi$ 또는 $x = \dfrac{4}{3}\pi$

$\cos x = \dfrac{1}{2}$에서 $x = \dfrac{\pi}{3}$ 또는 $x = \dfrac{5}{3}\pi$

따라서 주어진 방정식의 해는

$x = \dfrac{\pi}{3}$ 또는 $x = \dfrac{2}{3}\pi$ 또는 $x = \dfrac{4}{3}\pi$ 또는 $x = \dfrac{5}{3}\pi$ …… ㉠

Step 2 $\sin x \cos x < 0$을 만족시키는 x의 값의 범위 구하기

$\sin x \cos x < 0$에서 $\sin x$와 $\cos x$의 값의 부호가 다르므로 x는 제2사분면의 각 또는 제4사분면의 각이다.

$\therefore \dfrac{\pi}{2} < x < \pi$ 또는 $\dfrac{3}{2}\pi < x < 2\pi$ …… ㉡

Step 3   모든 x의 값의 합 구하기

㉠, ㉡을 동시에 만족시키는 x의 값은

$x = \dfrac{2}{3}\pi$ 또는 $x = \dfrac{5}{3}\pi$

따라서 구하는 모든 x의 값의 합은

$\dfrac{2}{3}\pi + \dfrac{5}{3}\pi = \dfrac{7}{3}\pi$

09 삼각방정식 – 합성함수 정답 36 | 정답률 35%

문제 보기

두 함수 $f(x)=2x^2+2x-1$, $g(x)=\cos\dfrac{\pi}{3}x$에 대하여 $0 \le x < 12$에서 방정식

$$f(g(x))=g(x) \longrightarrow g(x)=t \text{로 치환하여 } \cos\dfrac{\pi}{3}x \text{의 값을 구한다.}$$

를 만족시키는 모든 실수 x의 값의 합을 구하시오. [4점]

Step 1 주어진 방정식을 변형하여 $\cos\dfrac{\pi}{3}x$의 값 구하기

$f(g(x))=g(x)$에서 $g(x)=t\,(-1 \le t \le 1)$로 놓으면

$f(t)=t$이므로 $2t^2+2t-1=t$, $2t^2+t-1=0$

$(t+1)(2t-1)=0$ ∴ $t=-1$ 또는 $t=\dfrac{1}{2}$

따라서 $g(x)=-1$ 또는 $g(x)=\dfrac{1}{2}$이므로

$\cos\dfrac{\pi}{3}x=-1$ 또는 $\cos\dfrac{\pi}{3}x=\dfrac{1}{2}$

Step 2 방정식의 해 구하기

$0 \le x < 12$에서 함수 $y=\cos\dfrac{\pi}{3}x$의 그래프와 두 직선 $y=-1$, $y=\dfrac{1}{2}$은 다음 그림과 같다.

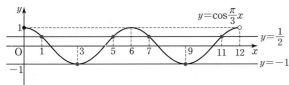

$\cos\dfrac{\pi}{3}x=-1$에서 $x=3$ 또는 $x=9$

$\cos\dfrac{\pi}{3}x=\dfrac{1}{2}$에서 $x=1$ 또는 $x=5$ 또는 $x=7$ 또는 $x=11$

Step 3 주어진 방정식의 모든 해의 합 구하기

따라서 주어진 방정식을 만족시키는 모든 실수 x의 값의 합은
$3+9+1+5+7+11=36$

10 삼각방정식 – 삼각함수의 그래프의 교점
정답 ② | 정답률 72%

문제 보기

$0 \le x < 2\pi$일 때, 두 함수 $y=\sin x$와 $y=\cos\left(x+\dfrac{\pi}{2}\right)+1$의 그래프가 만나는 모든 점의 x좌표의 합은? [3점]

$\longrightarrow$ 방정식 $\sin x=\cos\left(x+\dfrac{\pi}{2}\right)+1$의 해를 구한다.

① $\dfrac{\pi}{2}$ ② π ③ $\dfrac{3}{2}\pi$ ④ 2π ⑤ $\dfrac{5}{2}\pi$

Step 1 주어진 조건을 만족시키는 방정식 세우기

두 함수 $y=\sin x$와 $y=\cos\left(x+\dfrac{\pi}{2}\right)+1$의 그래프가 만나는 점의 y좌표가 같으므로

$\sin x=\cos\left(x+\dfrac{\pi}{2}\right)+1$

$\sin x=-\sin x+1$, $2\sin x=1$

∴ $\sin x=\dfrac{1}{2}$

Step 2 두 함수의 그래프가 만나는 모든 점의 x좌표의 합 구하기

$0 \le x < 2\pi$에서 방정식 $\sin x=\dfrac{1}{2}$의 해는

$x=\dfrac{\pi}{6}$ 또는 $x=\dfrac{5}{6}\pi$

따라서 두 함수의 그래프가 만나는 모든 점의 x좌표의 합은

$\dfrac{\pi}{6}+\dfrac{5}{6}\pi=\pi$

11 삼각방정식　　　　　　정답 ③ | 정답률 58%

문제 보기

함수

$$f(x)=a-\sqrt{3}\tan 2x$$

가 $-\dfrac{\pi}{6}\leq x\leq b$에서 최댓값 7, 최솟값 3을 가질 때, $a\times b$의 값은?
└ 탄젠트함수의 그래프의 성질을 이용하여　　　(단, a, b는 상수이다.) [4점]
　　최댓값, 최솟값을 갖는 x의 값을 구한다.

① $\dfrac{\pi}{2}$　　② $\dfrac{5\pi}{12}$　　③ $\dfrac{\pi}{3}$　　④ $\dfrac{\pi}{4}$　　⑤ $\dfrac{\pi}{6}$

Step 1 a의 값 구하기

함수 $f(x)=a-\sqrt{3}\tan 2x$의 주기는 $\dfrac{\pi}{2}$이고 $-\dfrac{\pi}{6}\leq x\leq b$에서 최댓값과

최솟값을 가지므로

$$-\dfrac{\pi}{6}<b<\dfrac{\pi}{4}$$

이때 함수 $y=f(x)$의 그래프는 오른쪽 그림과

같으므로 $x=-\dfrac{\pi}{6}$에서 최댓값을 갖고 $x=b$에서

최솟값을 갖는다.

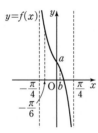

$f\left(-\dfrac{\pi}{6}\right)=7$에서 $a-\sqrt{3}\tan\left(-\dfrac{\pi}{3}\right)=7$

$\therefore a=7-\sqrt{3}\tan\dfrac{\pi}{3}=7-3=4$

Step 2 b의 값 구하기

또 $f(b)=3$에서 $a-\sqrt{3}\tan 2b=3$

$\sqrt{3}\tan 2b=1$　　$\therefore \tan 2b=\dfrac{1}{\sqrt{3}}$

이때 $-\dfrac{\pi}{3}<2b<\dfrac{\pi}{2}$이므로

$2b=\dfrac{\pi}{6}$　　$\therefore b=\dfrac{\pi}{12}$

Step 3 $a\times b$의 값 구하기

$\therefore a\times b=4\times\dfrac{\pi}{12}=\dfrac{\pi}{3}$

---

12 삼각방정식－삼각함수의 그래프의 교점
　　　　　　　　　　　　정답 ③ | 정답률 63%

문제 보기

그림과 같이 양의 상수 a에 대하여 곡선 $y=2\cos ax\left(0\leq x\leq\dfrac{2\pi}{a}\right)$와

직선 $y=1$이 만나는 두 점을 각각 A, B라 하자. $\overline{\mathrm{AB}}=\dfrac{8}{3}$일 때, a의
　　　　　　　　└ 두 점 A, B의 좌표를 구한다.　　　└ a에 대한 식을 세운다.
값은? [3점]

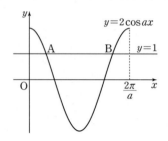

① $\dfrac{\pi}{3}$　　② $\dfrac{5\pi}{12}$　　③ $\dfrac{\pi}{2}$　　④ $\dfrac{7\pi}{12}$　　⑤ $\dfrac{2\pi}{3}$

Step 1 두 점 A, B의 좌표를 a를 이용하여 나타내기

$2\cos ax=1$에서 $\cos ax=\dfrac{1}{2}$

$ax=t$로 놓으면 $0\leq x\leq\dfrac{2}{a}\pi$에서 $0\leq t\leq 2\pi$이고

$\cos t=\dfrac{1}{2}$　　$\therefore t=\dfrac{\pi}{3}$ 또는 $t=\dfrac{5}{3}\pi$

즉, $ax=\dfrac{\pi}{3}$ 또는 $ax=\dfrac{5}{3}\pi$이므로 $x=\dfrac{\pi}{3a}$ 또는 $x=\dfrac{5}{3a}\pi$

$\therefore \mathrm{A}\left(\dfrac{\pi}{3a},\ 1\right), \mathrm{B}\left(\dfrac{5}{3a}\pi,\ 1\right)$

Step 2 양수 a의 값 구하기

$\overline{\mathrm{AB}}=\dfrac{8}{3}$이므로 $\dfrac{5}{3a}\pi-\dfrac{\pi}{3a}=\dfrac{8}{3}$

$\dfrac{4}{3a}\pi=\dfrac{8}{3}$, $8a=4\pi$

$\therefore a=\dfrac{\pi}{2}$

13 삼각방정식 – 삼각함수의 그래프의 교점

정답 ③ | 정답률 69%

문제 보기

두 양수 a, b에 대하여 곡선 $y=a\sin b\pi x \left(0 \le x \le \dfrac{3}{b}\right)$이 직선 $y=a$와
└ 두 점 A, B의 좌표를 구한다.

만나는 서로 다른 두 점을 A, B라 하자. 삼각형 OAB의 넓이가 5이고
└ a, b에 대한 식을 세운다.

직선 OA의 기울기와 직선 OB의 기울기의 곱이 $\dfrac{5}{4}$일 때, $a+b$의 값
└ a, b에 대한 식을 세운다.

은? (단, O는 원점이다.) [4점]

① 1　　② 2　　③ 3　　④ 4　　⑤ 5

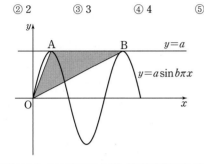

Step 1 두 점 A, B의 좌표를 a, b를 이용하여 나타내기

$a\sin b\pi x=a$에서 $\sin b\pi x=1$

$b\pi x=t$로 놓으면 $0 \le x \le \dfrac{3}{b}$에서 $0 \le t \le 3\pi$이고

$\sin t=1$　∴ $t=\dfrac{\pi}{2}$ 또는 $t=\dfrac{5}{2}\pi$

즉, $b\pi x=\dfrac{\pi}{2}$ 또는 $b\pi x=\dfrac{5}{2}\pi$이므로 $x=\dfrac{1}{2b}$ 또는 $x=\dfrac{5}{2b}$

∴ $A\left(\dfrac{1}{2b},\ a\right)$, $B\left(\dfrac{5}{2b},\ a\right)$

Step 2 a, b에 대한 식 세우기

삼각형 OAB의 넓이가 5이므로

$\dfrac{1}{2} \times \left(\dfrac{5}{2b}-\dfrac{1}{2b}\right) \times a=5$

$\dfrac{a}{b}=5$　∴ $a=5b$　　　…… ㉠

직선 OA의 기울기와 직선 OB의 기울기의 곱이 $\dfrac{5}{4}$이므로

$\dfrac{a}{\dfrac{1}{2b}} \times \dfrac{a}{\dfrac{5}{2b}}=\dfrac{5}{4}$

$\dfrac{4a^2b^2}{5}=\dfrac{5}{4}$, $a^2b^2=\dfrac{25}{16}$

∴ $ab=\dfrac{5}{4}$ ($\because a>0$, $b>0$)　　…… ㉡

Step 3 $a+b$의 값 구하기

㉠을 ㉡에 대입하면

$5b^2=\dfrac{5}{4}$, $b^2=\dfrac{1}{4}$　∴ $b=\dfrac{1}{2}$ ($\because b>0$)

이를 ㉠에 대입하면 $a=\dfrac{5}{2}$

∴ $a+b=\dfrac{5}{2}+\dfrac{1}{2}=3$

---

14 삼각방정식 – 삼각함수의 그래프의 교점

정답 2 | 정답률 63%

문제 보기

양수 a에 대하여 $0 \le x \le 3$에서 정의된 두 함수

　　$f(x)=a\sin \pi x$, $g(x)=a\cos \pi x$

가 있다. 두 곡선 $y=f(x)$와 $y=g(x)$가 만나는 서로 다른 세 점을 꼭
└ 세 점의 좌표를 구한다.

짓점으로 하는 삼각형의 넓이가 2일 때, a^2의 값을 구하시오. [3점]
└ a에 대한 식을 세운다.

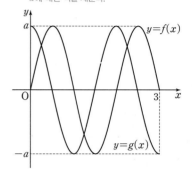

Step 1 두 곡선 $y=f(x)$, $y=g(x)$가 만나는 세 점의 좌표 구하기

두 곡선 $y=f(x)$, $y=g(x)$가 만나는 점의 x좌표는 방정식 $f(x)=g(x)$
의 실근이므로

$a\sin \pi x=a\cos \pi x$, $\dfrac{\sin \pi x}{\cos \pi x}=1$　∴ $\tan \pi x=1$

$0 \le \pi x \le 3\pi$에서 $\pi x=\dfrac{\pi}{4}$ 또는 $\pi x=\dfrac{5}{4}\pi$ 또는 $\pi x=\dfrac{9}{4}\pi$이므로

$x=\dfrac{1}{4}$ 또는 $x=\dfrac{5}{4}$ 또는 $x=\dfrac{9}{4}$

따라서 두 곡선 $y=f(x)$, $y=g(x)$가 만나는 서로 다른 세 점의 좌표는

$\left(\dfrac{1}{4},\ \dfrac{\sqrt{2}}{2}a\right)$, $\left(\dfrac{5}{4},\ -\dfrac{\sqrt{2}}{2}a\right)$, $\left(\dfrac{9}{4},\ \dfrac{\sqrt{2}}{2}a\right)$

Step 2 a^2의 값 구하기

$A\left(\dfrac{1}{4},\ \dfrac{\sqrt{2}}{2}a\right)$, $B\left(\dfrac{5}{4},\ -\dfrac{\sqrt{2}}{2}a\right)$, $C\left(\dfrac{9}{4},\ \dfrac{\sqrt{2}}{2}a\right)$라 하고, 점 B에서 선분 AC
에 내린 수선의 발을 D라 하자.

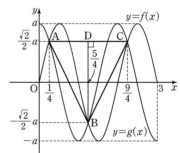

$\overline{AC}=\dfrac{9}{4}-\dfrac{1}{4}=2$, $\overline{BD}=\dfrac{\sqrt{2}}{2}a-\left(-\dfrac{\sqrt{2}}{2}a\right)=\sqrt{2}a$이므로 삼각형 ABC의 넓
이는

$\dfrac{1}{2} \times \overline{AC} \times \overline{BD}=\dfrac{1}{2} \times 2 \times \sqrt{2}a=\sqrt{2}a$

즉, $\sqrt{2}a=2$이므로 $a=\sqrt{2}$

∴ $a^2=(\sqrt{2})^2=2$

문제 보기

양수 a에 대하여 함수

$$f(x)=\left|4\sin\left(ax-\frac{\pi}{3}\right)+2\right|\ \left(0\le x<\frac{4\pi}{a}\right)$$

의 그래프가 직선 $y=2$와 만나는 서로 다른 점의 개수는 n이다. 이 n개

└─▶ 방정식 $\left|4\sin\left(ax-\frac{\pi}{3}\right)+2\right|=2$의 해를 구한다.

의 점의 x좌표의 합이 39일 때, $n\times a$의 값은? [4점]

① $\dfrac{\pi}{2}$ ② π ③ $\dfrac{3\pi}{2}$ ④ 2π ⑤ $\dfrac{5\pi}{2}$

Step 1 $y=f(x)$의 그래프와 직선 $y=2$가 만나는 점의 x좌표 구하기

$\left|4\sin\left(ax-\frac{\pi}{3}\right)+2\right|=2$에서

$4\sin\left(ax-\frac{\pi}{3}\right)+2=2$ 또는 $4\sin\left(ax-\frac{\pi}{3}\right)+2=-2$

$\therefore\ \sin\left(ax-\frac{\pi}{3}\right)=0$ 또는 $\sin\left(ax-\frac{\pi}{3}\right)=-1$

$ax-\frac{\pi}{3}=t$로 놓으면 $0\le x<\frac{4}{a}\pi$에서 $-\frac{\pi}{3}\le t<\frac{11}{3}\pi$이고

$\sin t=0$ 또는 $\sin t=-1$

(ⅰ) $\sin t=0$일 때,

$\quad t=0$ 또는 $t=\pi$ 또는 $t=2\pi$ 또는 $t=3\pi$

$\quad$ 즉, $ax-\frac{\pi}{3}=0$ 또는 $ax-\frac{\pi}{3}=\pi$ 또는 $ax-\frac{\pi}{3}=2\pi$

$\quad$ 또는 $ax-\frac{\pi}{3}=3\pi$이므로

$\quad x=\frac{\pi}{3a}$ 또는 $x=\frac{4}{3a}\pi$ 또는 $x=\frac{7}{3a}\pi$ 또는 $x=\frac{10}{3a}\pi$

(ⅱ) $\sin t=-1$일 때,

$\quad t=\frac{3}{2}\pi$ 또는 $t=\frac{7}{2}\pi$

$\quad$ 즉, $ax-\frac{\pi}{3}=\frac{3}{2}\pi$ 또는 $ax-\frac{\pi}{3}=\frac{7}{2}\pi$이므로

$\quad x=\frac{11}{6a}\pi$ 또는 $x=\frac{23}{6a}\pi$

(ⅰ), (ⅱ)에서

$x=\frac{\pi}{3a}$ 또는 $x=\frac{4}{3a}\pi$ 또는 $x=\frac{11}{6a}\pi$ 또는 $x=\frac{7}{3a}\pi$ 또는 $x=\frac{10}{3a}\pi$

또는 $x=\frac{23}{6a}\pi$

Step 2 n, a의 값 구하기

따라서 함수 $y=f(x)$의 그래프와 직선 $y=2$가 만나는 서로 다른 점은 6개이므로

$n=6$

또 6개의 점의 x좌표의 합이 39이므로

$\frac{\pi}{3a}+\frac{4}{3a}\pi+\frac{11}{6a}\pi+\frac{7}{3a}\pi+\frac{10}{3a}\pi+\frac{23}{6a}\pi=39$

$\frac{13}{a}\pi=39$ $\therefore\ a=\frac{\pi}{3}$

Step 3 $n\times a$의 값 구하기

$\therefore\ n\times a=6\times\frac{\pi}{3}=2\pi$

문제 보기

$0\le x\le 12$에서 정의된 두 함수

$$f(x)=\cos\frac{\pi x}{6},\ g(x)=-3\cos\frac{\pi x}{6}-1$$

이 있다. 곡선 $y=f(x)$와 직선 $y=k$가 만나는 두 점의 x좌표를 α_1, α_2

└─▶ 코사인함수의 그래프의 대칭성을 이용하여 $\alpha_1+\alpha_2$의 값을 구한다.

라 할 때, $|\alpha_1-\alpha_2|=8$이다. 곡선 $y=g(x)$와 직선 $y=k$가 만나는 두 점의 x좌표를 β_1, β_2라 할 때, $|\beta_1-\beta_2|$의 값은?

(단, k는 $-1<k<1$인 상수이다.) [4점]

① 3   ② $\dfrac{7}{2}$ ③ 4   ④ $\dfrac{9}{2}$ ⑤ 5

Step 1 k의 값 구하기

함수 $f(x)=\cos\dfrac{\pi x}{6}$의 주기는 $\dfrac{2\pi}{\frac{\pi}{6}}=12$이므로 $0\le x\le 12$에서 곡선

$y=f(x)$의 그래프와 직선 $y=k\,(-1<k<1)$가 만나는 두 점의 x좌표 α_1, α_2는 직선 $x=6$에 대하여 대칭이다.

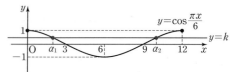

$\frac{\alpha_1+\alpha_2}{2}=6$에서

$\alpha_1+\alpha_2=12$ …… ㉠

$\alpha_1<\alpha_2$라 하면 $|\alpha_1-\alpha_2|=8$에서

$\alpha_1-\alpha_2=-8$ …… ㉡

㉠, ㉡을 연립하여 풀면 $\alpha_1=2$, $\alpha_2=10$

$f(\alpha_1)=k$에서 $f(2)=k$이므로

$k=\cos\dfrac{2\pi}{6}=\cos\dfrac{\pi}{3}=\dfrac{1}{2}$ ──▶ $\alpha_1>\alpha_2$인 경우에도 같은 방법으로 하면 $\alpha_1=10$, $\alpha_2=2$, $k=\dfrac{1}{2}$이야.

Step 2 $|\beta_1-\beta_2|$의 값 구하기

$-3\cos\dfrac{\pi x}{6}-1=\dfrac{1}{2}$에서 $-3\cos\dfrac{\pi x}{6}=\dfrac{3}{2}$

$\therefore\ \cos\dfrac{\pi x}{6}=-\dfrac{1}{2}$

$\dfrac{\pi x}{6}=t$로 놓으면 $0\le x\le 12$에서 $0\le t\le 2\pi$이고

$\cos t=-\dfrac{1}{2}$ $\therefore\ t=\dfrac{2}{3}\pi$ 또는 $t=\dfrac{4}{3}\pi$

즉, $\dfrac{\pi x}{6}=\dfrac{2}{3}\pi$ 또는 $\dfrac{\pi x}{6}=\dfrac{4}{3}\pi$이므로

$x=4$ 또는 $x=8$

따라서 $\beta_1=4$, $\beta_2=8$ 또는 $\beta_1=8$, $\beta_2=4$이므로

$|\beta_1-\beta_2|=4$

17 삼각방정식 – 삼각함수의 대칭성 정답 ④ | 정답률 76%

문제 보기

$0 \leq x \leq 2\pi$일 때, 방정식 $\sin 2x = \dfrac{1}{3}$의 모든 해의 합은? [3점]

└ 사인함수의 그래프의 대칭성을 이용한다.

① $\dfrac{3}{2}\pi$ ② 2π ③ $\dfrac{5}{2}\pi$ ④ 3π ⑤ $\dfrac{7}{2}\pi$

Step 1 주어진 방정식의 모든 해의 합 구하기

$0 \leq x \leq 2\pi$에서 방정식 $\sin 2x = \dfrac{1}{3}$의 해는 함수 $y = \sin 2x$의 그래프와 직

선 $y = \dfrac{1}{3}$의 교점의 x좌표와 같다.

└ 주기가 π야.

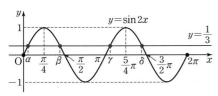

함수 $y = \sin 2x$의 그래프와 직선 $y = \dfrac{1}{3}$의 교점의 x좌표를 작은 것부터

차례대로 α, β, γ, δ라 하면 α, β는 직선 $x = \dfrac{\pi}{4}$에 대하여 대칭이고, γ,

δ는 직선 $x = \dfrac{5}{4}\pi$에 대하여 대칭이므로

$\dfrac{\alpha + \beta}{2} = \dfrac{\pi}{4}$, $\dfrac{\gamma + \delta}{2} = \dfrac{5}{4}\pi$

$\therefore \alpha + \beta = \dfrac{\pi}{2}$, $\gamma + \delta = \dfrac{5}{2}\pi$

따라서 주어진 방정식의 모든 해의 합은

$\alpha + \beta + \gamma + \delta = \dfrac{\pi}{2} + \dfrac{5}{2}\pi = 3\pi$

다른 풀이 방정식의 해를 한 문자에 대하여 나타내기

함수 $y = \sin 2x$의 그래프와 직선 $y = \dfrac{1}{3}$의 교점의 x좌표를 작은 것부터

차례대로 α, β, γ, δ라 하면

$\beta = \dfrac{\pi}{2} - \alpha$, $\gamma = \pi + \alpha$, $\delta = \dfrac{3}{2}\pi - \alpha$

따라서 주어진 방정식의 모든 해의 합은

$\alpha + \beta + \gamma + \delta = \alpha + \left(\dfrac{\pi}{2} - \alpha\right) + (\pi + \alpha) + \left(\dfrac{3}{2}\pi - \alpha\right) = 3\pi$

18 삼각방정식 – 삼각함수의 대칭성 정답 ⑤ | 정답률 67%

문제 보기

$0 \leq x < 2\pi$일 때, 방정식

$3\cos^2 x + 5\sin x - 1 = 0$ ── 삼각함수 사이의 관계를 이용하여 한 종류의

의 모든 해의 합은? [4점]   삼각함수에 대한 방정식으로 변형한다.

① π ② $\dfrac{3}{2}\pi$ ③ 2π ④ $\dfrac{5}{2}\pi$ ⑤ 3π

Step 1 $\sin x$에 대한 방정식으로 변형하여 $\sin x$의 값 구하기

$3\cos^2 x + 5\sin x - 1 = 0$에서

$3(1 - \sin^2 x) + 5\sin x - 1 = 0$

$3\sin^2 x - 5\sin x - 2 = 0$

$(3\sin x + 1)(\sin x - 2) = 0$

$\therefore \sin x = -\dfrac{1}{3}$ ($\because -1 \leq \sin x \leq 1$)

Step 2 주어진 방정식의 모든 해의 합 구하기

$0 \leq x < 2\pi$에서 방정식 $\sin x = -\dfrac{1}{3}$의 해는 함수 $y = \sin x$의 그래프와 직

선 $y = -\dfrac{1}{3}$의 교점의 x좌표와 같다.

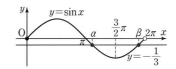

함수 $y = \sin x$의 그래프와 직선 $y = -\dfrac{1}{3}$의 교점의 x좌표를 작은 것부터

차례대로 α, β라 하면 α, β는 직선 $x = \dfrac{3}{2}\pi$에 대하여 대칭이므로

$\dfrac{\alpha + \beta}{2} = \dfrac{3}{2}\pi$ $\therefore \alpha + \beta = 3\pi$

따라서 주어진 방정식의 모든 해의 합은 3π

문제 보기

상수 $k\,(0<k<1)$에 대하여 $0\le x<2\pi$일 때, 방정식 $\sin x=k$의 두 근을 $\alpha,\ \beta\,(\alpha<\beta)$라 하자. $\sin\dfrac{\beta-\alpha}{2}=\dfrac{5}{7}$일 때, k의 값은? [4점]

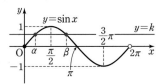
└─ 사인함수의 그래프의 대칭성을   └─ 삼각함수의 성질을 이용하여 α에 대한
　 이용하여 $\alpha+\beta$의 값을 구한다.　　삼각함수의 값을 구한다.

① $\dfrac{2\sqrt6}{7}$　② $\dfrac{\sqrt{26}}{7}$　③ $\dfrac{2\sqrt7}{7}$　④ $\dfrac{\sqrt{30}}{7}$　⑤ $\dfrac{4\sqrt2}{7}$

Step 1 $\alpha+\beta$의 값 구하기

$0\le x<2\pi$에서 방정식 $\sin x=k$의 해는 함수 $y=\sin x$의 그래프와 직선 $y=k$의 교점의 x좌표와 같다.

[그래프: $y=\sin x$, $y=k$, α, $\dfrac{\pi}{2}$, β, π, $\dfrac{3}{2}\pi$, 2π]

함수 $y=\sin x$의 그래프와 직선 $y=k$의 교점의 x좌표 α, β는 직선 $x=\dfrac{\pi}{2}$에 대하여 대칭이므로

$\dfrac{\alpha+\beta}{2}=\dfrac{\pi}{2}$ $\therefore\ \alpha+\beta=\pi$

Step 2 k의 값 구하기

$\alpha+\beta=\pi$에서 $\beta=\pi-\alpha$이므로

$\sin\dfrac{\beta-\alpha}{2}=\sin\dfrac{(\pi-\alpha)-\alpha}{2}=\sin\left(\dfrac{\pi}{2}-\alpha\right)=\cos\alpha$

$\therefore\ \cos\alpha=\dfrac{5}{7}$

이때 $\sin^2\alpha+\cos^2\alpha=1$이므로

$\sin^2\alpha=1-\cos^2\alpha=1-\left(\dfrac{5}{7}\right)^2=\dfrac{24}{49}$

$\therefore\ k=\sin\alpha=\sqrt{\dfrac{24}{49}}=\dfrac{2\sqrt6}{7}\ (\because\ 0<k<1)$

문제 보기

$0\le x<\pi$일 때, x에 대한 방정식

　$\sin nx=\dfrac{1}{5}$ (n은 자연수)

의 모든 해의 합을 $f(n)$이라 하자. $f(2)+f(5)$의 값은? [4점]

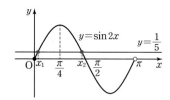
└─ 사인함수의 그래프의 대칭성을 이용한다.

① $\dfrac{3}{2}\pi$　② 2π　③ $\dfrac{5}{2}\pi$　④ 3π　⑤ $\dfrac{7}{2}\pi$

Step 1 $f(2)$의 값 구하기

$n=2$일 때, $0\le x<\pi$에서 방정식 $\sin 2x=\dfrac{1}{5}$의 해는 함수 $y=\sin 2x$의
└─ 주기가 π야.
그래프와 직선 $y=\dfrac{1}{5}$의 교점의 x좌표와 같다.

[그래프: $y=\sin 2x$, $y=\dfrac{1}{5}$, x_1, $\dfrac{\pi}{4}$, x_2, $\dfrac{\pi}{2}$, π]

함수 $y=\sin 2x$의 그래프와 직선 $y=\dfrac{1}{5}$의 교점의 x좌표를 작은 것부터 차례대로 x_1, x_2라 하면 x_1, x_2는 직선 $x=\dfrac{\pi}{4}$에 대하여 대칭이므로

$\dfrac{x_1+x_2}{2}=\dfrac{\pi}{4}$ $\therefore\ x_1+x_2=\dfrac{\pi}{2}$

$\therefore\ f(2)=\dfrac{\pi}{2}$

Step 2 $f(5)$의 값 구하기

$n=5$일 때, $0\le x<\pi$에서 방정식 $\sin 5x=\dfrac{1}{5}$의 해는 함수 $y=\sin 5x$의 그
└─ 주기가 $\dfrac{2}{5}\pi$야.
래프와 직선 $y=\dfrac{1}{5}$의 교점의 x좌표와 같다.

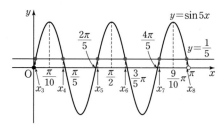

함수 $y=\sin 5x$의 그래프와 직선 $y=\dfrac{1}{5}$의 교점의 x좌표를 작은 것부터 차례대로 x_3, x_4, x_5, x_6, x_7, x_8이라 하면 x_3, x_4는 직선 $x=\dfrac{\pi}{10}$에 대하여 대칭, x_5, x_6은 직선 $x=\dfrac{\pi}{2}$에 대하여 대칭, x_7, x_8은 직선 $x=\dfrac{9}{10}\pi$에 대하여 대칭이므로

$\dfrac{x_3+x_4}{2}=\dfrac{\pi}{10},\ \dfrac{x_5+x_6}{2}=\dfrac{\pi}{2},\ \dfrac{x_7+x_8}{2}=\dfrac{9}{10}\pi$

$\therefore\ x_3+x_4=\dfrac{\pi}{5},\ x_5+x_6=\pi,\ x_7+x_8=\dfrac{9}{5}\pi$

$\therefore\ f(5)=\dfrac{\pi}{5}+\pi+\dfrac{9}{5}\pi=3\pi$

Step 3 $f(2)+f(5)$의 값 구하기

$\therefore\ f(2)+f(5)=\dfrac{\pi}{2}+3\pi=\dfrac{7}{2}\pi$

21 삼각방정식 – 삼각함수의 대칭성　정답 ③ | 정답률 57%

문제 보기

자연수 k에 대하여 $0 \leq x < 2\pi$일 때, x에 대한 방정식 $\sin kx = \dfrac{1}{3}$의 서로 다른 실근의 개수가 8이다. $0 \leq x < 2\pi$일 때, x에 대한 **방정식**
　└─ 함수 $y = \sin kx$의 그래프와 직선 $y = \dfrac{1}{3}$이 서로 다른 8개의 점에서 만난다.

$\sin kx = \dfrac{1}{3}$의 모든 해의 합은? [4점]
　└─ 사인함수의 그래프의 대칭성을 이용한다.

① 5π　　② 6π　　③ 7π　　④ 8π　　⑤ 9π

Step 1 k의 값 구하기

$0 \leq x < 2\pi$에서 방정식 $\sin kx = \dfrac{1}{3}$의 실근은 함수 $y = \sin kx$의 그래프와

직선 $y = \dfrac{1}{3}$의 교점의 x좌표와 같다.

이때 방정식 $\sin kx = \dfrac{1}{3}$의 서로 다른 실근의 개수가 8이므로 다음 그림과

같이 함수 $y = \sin kx$의 주기는 $\dfrac{\pi}{2}$이어야 한다.

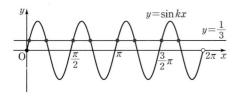

따라서 $\dfrac{2\pi}{k} = \dfrac{\pi}{2}$이므로 $k = 4$

Step 2 주어진 방정식의 모든 해의 합 구하기

함수 $y = \sin 4x$의 그래프와 직선 $y = \dfrac{1}{3}$의 교점의 x좌표를 작은 것부터

차례대로 $x_1, x_2, x_3, x_4, x_5, x_6, x_7, x_8$이라 하면 x_1, x_2는 직선 $x = \dfrac{\pi}{8}$에

대하여 대칭, x_3, x_4는 직선 $x = \dfrac{5}{8}\pi$에 대하여 대칭, x_5, x_6은 직선 $x = \dfrac{9}{8}\pi$

에 대하여 대칭, x_7, x_8은 직선 $x = \dfrac{13}{8}\pi$에 대하여 대칭이므로

$\dfrac{x_1 + x_2}{2} = \dfrac{\pi}{8}$, $\dfrac{x_3 + x_4}{2} = \dfrac{5}{8}\pi$, $\dfrac{x_5 + x_6}{2} = \dfrac{9}{8}\pi$, $\dfrac{x_7 + x_8}{2} = \dfrac{13}{8}\pi$

$\therefore x_1 + x_2 = \dfrac{\pi}{4}$, $x_3 + x_4 = \dfrac{5}{4}\pi$, $x_5 + x_6 = \dfrac{9}{4}\pi$, $x_7 + x_8 = \dfrac{13}{4}\pi$

따라서 주어진 방정식의 모든 해의 합은

$$x_1 + x_2 + x_3 + x_4 + x_5 + x_6 + x_7 + x_8 = \dfrac{\pi}{4} + \dfrac{5}{4}\pi + \dfrac{9}{4}\pi + \dfrac{13}{4}\pi$$
$$= 7\pi$$

---

22 삼각방정식 – 삼각함수의 대칭성　정답 40 | 정답률 42%

문제 보기

$0 < a < \dfrac{4}{7}$인 실수 a와 유리수 b에 대하여 $-\dfrac{\pi}{a} \leq x \leq \dfrac{2\pi}{a}$에서 정의된

함수 $f(x) = 2\sin(ax) + b$가 있다. 함수 $y = f(x)$의 그래프가 두 점

$A\left(-\dfrac{\pi}{2},\ 0\right)$, $B\left(\dfrac{7}{2}\pi,\ 0\right)$을 지날 때, $30(a+b)$의 값을 구하시오.
　└─ $f\left(-\dfrac{\pi}{2}\right) = f\left(\dfrac{7}{2}\pi\right)$임을 이용하여 식을 세운다.　　[4점]

Step 1 a의 값 구하기

함수 $f(x) = 2\sin(ax) + b$의 그래프가 두 점 $A\left(-\dfrac{\pi}{2},\ 0\right)$, $B\left(\dfrac{7}{2}\pi,\ 0\right)$

을 지나므로 $f\left(-\dfrac{\pi}{2}\right) = f\left(\dfrac{7}{2}\pi\right)$에서
　　└─ 두 점의 y좌표가 같아.

$2\sin\left(-\dfrac{a}{2}\pi\right) + b = 2\sin\dfrac{7a}{2}\pi + b$

$\therefore \sin\dfrac{7a}{2}\pi = -\sin\dfrac{a}{2}\pi$

이때 $0 < a < \dfrac{4}{7}$에서 $0 < \dfrac{a}{2}\pi < \dfrac{2}{7}\pi$, $0 < \dfrac{7a}{2}\pi < 2\pi$

$\sin\dfrac{a}{2}\pi = k$라 하면 $\sin\dfrac{7a}{2}\pi = -k$이

고, 오른쪽 그림과 같이 함수 $y = \sin x$

의 그래프를 그리면 사인함수의 그래프

의 대칭성에 의하여

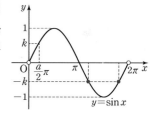

$\dfrac{7a}{2}\pi = \pi + \dfrac{a}{2}\pi$ 또는 $\dfrac{7a}{2}\pi = 2\pi - \dfrac{a}{2}\pi$

$\therefore a = \dfrac{1}{3}$ 또는 $a = \dfrac{1}{2}$

Step 2 b의 값 구하기

(i) $a = \dfrac{1}{3}$일 때,

　$f(x) = 2\sin\dfrac{1}{3}x + b$에서

　$f\left(-\dfrac{\pi}{2}\right) = 2\sin\left(-\dfrac{\pi}{6}\right) + b = 2 \times \left(-\dfrac{1}{2}\right) + b$
　　　　　 $= -1 + b$

　즉, $-1 + b = 0$이므로 $b = 1$

　$\therefore f\left(\dfrac{7}{2}\pi\right) = 0$

(ii) $a = \dfrac{1}{2}$일 때,

　$f(x) = 2\sin\dfrac{1}{2}x + b$에서

　$f\left(-\dfrac{\pi}{2}\right) = 2\sin\left(-\dfrac{\pi}{4}\right) + b = 2 \times \left(-\dfrac{\sqrt{2}}{2}\right) + b$
　　　　　 $= -\sqrt{2} + b$

　즉, $-\sqrt{2} + b = 0$이므로 $b = \sqrt{2}$

　이는 b가 유리수라는 조건을 만족시키지 않는다.

(i), (ii)에서 $a = \dfrac{1}{3}$, $b = 1$

Step 3 $30(a+b)$의 값 구하기

$\therefore 30(a+b) = 30 \times \left(\dfrac{1}{3} + 1\right) = 40$

문제 보기

두 상수 a, $b(a>0)$에 대하여 함수 $f(x)=|\sin a\pi x+b|$가 다음 조건을 만족시킬 때, $60(a+b)$의 값을 구하시오. [3점]

> (가) $f(x)=0$이고 $|x|\le\dfrac{1}{a}$인 모든 실수 x의 값의 합은 $\dfrac{1}{2}$이다.
> └ b의 값의 범위에 따라 사인함수의 대칭성을 이용하여 조건을 만족시키는 a의 값을 구한다.
>
> (나) $f(x)=\dfrac{2}{5}$이고 $|x|\le\dfrac{1}{a}$인 모든 실수 x의 값의 합은 $\dfrac{3}{4}$이다.
> └ 함수 $y=f(x)$의 그래프와 직선 $y=\dfrac{2}{5}$가 조건을 만족시키는 위치 관계를 생각한다.

Step 1 $f(x)$의 주기 구하기

$a>0$이므로 함수 $f(x)$의 주기는

$$\frac{2\pi}{a\pi}=\frac{2}{a}$$

Step 2 a의 값 구하기

(i) $b>0$일 때,

함수 $y=f(x)$의 그래프는 오른쪽 그림과 같고, $-\dfrac{1}{a}\le x\le\dfrac{1}{a}$에서 함수 $y=f(x)$의 그래프와 x축의 교점의 x좌표는 모두 음수이다.

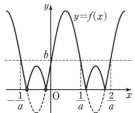

따라서 $f(x)=0$이고 $|x|\le\dfrac{1}{a}$인 모든 실수 x의 값의 합이 음수이므로 조건 (가)를 만족시키지 않는다.

(ii) $b=0$일 때,

함수 $y=f(x)$의 그래프는 오른쪽 그림과 같고, $-\dfrac{1}{a}\le x\le\dfrac{1}{a}$에서 함수 $y=f(x)$의 그래프와 x축의 교점의 x좌표는 $-\dfrac{1}{a}$, 0, $\dfrac{1}{a}$이다.

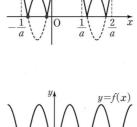

따라서 $f(x)=0$이고 $|x|\le\dfrac{1}{a}$인 모든 실수 x의 값의 합이 0이므로 조건 (가)를 만족시키지 않는다.

(iii) $b<0$일 때,

함수 $y=f(x)$의 그래프는 오른쪽 그림과 같고, $-\dfrac{1}{a}\le x\le\dfrac{1}{a}$에서 함수 $y=f(x)$의 그래프와 x축의 교점의 x좌표를 각각 x_1, x_2라 하면 x_1, x_2는 직선 $x=\dfrac{1}{2a}$에 대하여 대칭이므로

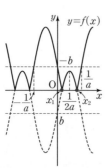

$$\frac{x_1+x_2}{2}=\frac{1}{2a}\quad\therefore x_1+x_2=\frac{1}{a}$$

이때 조건 (가)에서 $x_1+x_2=\dfrac{1}{2}$이므로

$$\frac{1}{a}=\frac{1}{2}\quad\therefore a=2$$

(i), (ii), (iii)에서 $a=2$

Step 3 b의 값 구하기

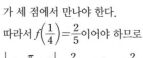

이때 함수 $y=f(x)$의 그래프는 두 직선 $x=-\dfrac{1}{4}$, $x=\dfrac{1}{4}$에 대하여 각각 대칭이므로 조건 (나)를 만족시키려면 오른쪽 그림과 같이 $-\dfrac{1}{2}\le x\le\dfrac{1}{2}$에서 함수 $y=f(x)$의 그래프와 직선 $y=\dfrac{2}{5}$가 세 점에서 만나야 한다.

따라서 $f\left(\dfrac{1}{4}\right)=\dfrac{2}{5}$이어야 하므로

$$\left|\sin\frac{\pi}{2}+b\right|=\frac{2}{5},\ 1+b=\pm\frac{2}{5}$$

$$\therefore b=-\frac{7}{5}\ \text{또는}\ b=-\frac{3}{5}$$

그런데 $b=-\dfrac{7}{5}$이면 함수 $y=f(x)$의 그래프는 x축과 만나지 않으므로

$$b=-\frac{3}{5}$$

Step 4 $60(a+b)$의 값 구하기

$$\therefore 60(a+b)=60\left\{2+\left(-\frac{3}{5}\right)\right\}=84$$

24 삼각방정식 – 삼각함수의 대칭성   정답 ④ | 정답률 43%

문제 보기

두 함수

$$f(x)=x^2+ax+b, \; g(x)=\sin x$$

가 다음 조건을 만족시킬 때, $f(2)$의 값은?

(단, a, b는 상수이고, $0 \le a \le 2$이다.) [4점]

> (가) $\{g(a\pi)\}^2=1$ ⟶ $g(a\pi)=-1$ 또는 $g(a\pi)=1$임을 이용한다.
>
> (나) $0 \le x \le 2\pi$일 때, 방정식 $f(g(x))=0$의 모든 해의 합은 $\dfrac{5}{2}\pi$이다.
>   ⟶ $g(x)=t$로 놓고 사인함수의 그래프의 대칭성을 이용한다.

① 3   ② $\dfrac{7}{2}$ ③ 4   ④ $\dfrac{9}{2}$ ⑤ 5

Step 1 a의 값 구하기

조건 (가)에서 $g(a\pi)=-1$ 또는 $g(a\pi)=1$

$g(a\pi)=-1$일 때, $\sin a\pi=-1$

$\therefore a=\dfrac{3}{2} \; (\because 0 \le a \le 2)$

$g(a\pi)=1$일 때, $\sin a\pi=1$

$\therefore a=\dfrac{1}{2} \; (\because 0 \le a \le 2)$

따라서 조건 (가)를 만족시키는 a의 값은

$a=\dfrac{1}{2}$ 또는 $a=\dfrac{3}{2}$

Step 2   방정식 $f(x)=0$의 해의 조건 구하기

조건 (나)에서 방정식 $f(g(x))=0$의 해가 존재하므로 $g(x)=t$로 놓으면 $-1 \le t \le 1$이고 $f(t)=0$인 실수 t가 존재한다.

$0 \le x \le 2\pi$에서 방정식 $g(x)=t$, 즉 $\sin x=t$의 해는 함수 $y=\sin x$의 그래프와 직선 $y=t$의 교점의 x좌표와 같다.

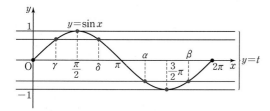

(i) $t=-1$일 때,

함수 $y=\sin x$의 그래프와 직선 $y=-1$의 교점의 x좌표는 $\dfrac{3}{2}\pi$이므로 방정식 $\sin x=-1$의 해는

$x=\dfrac{3}{2}\pi$

(ii) $-1 < t \le 0$일 때,

함수 $y=\sin x$의 그래프와 직선 $y=t$의 교점의 x좌표를 작은 것부터 차례대로 α, β라 하면 α, β는 직선 $x=\dfrac{3}{2}\pi$에 대하여 대칭이므로

$\dfrac{\alpha+\beta}{2}=\dfrac{3}{2}\pi$

$\therefore \alpha+\beta=3\pi$

따라서 방정식 $\sin x=t$의 모든 해의 합은 3π이다.

(iii) $0 < t < 1$일 때,

함수 $y=\sin x$의 그래프와 직선 $y=t$의 교점의 x좌표를 작은 것부터 차례대로 γ, δ라 하면 γ, δ는 직선 $x=\dfrac{\pi}{2}$에 대하여 대칭이므로

$\dfrac{\gamma+\delta}{2}=\dfrac{\pi}{2}$

$\therefore \gamma+\delta=\pi$

따라서 방정식 $\sin x=t$의 모든 해의 합은 π이다.

(iv) $t=1$일 때,

함수 $y=\sin x$의 그래프와 직선 $y=1$의 교점의 x좌표는 $\dfrac{\pi}{2}$이므로 방정식 $\sin x=1$의 해는

$x=\dfrac{\pi}{2}$

이때 조건 (나)에서 $0 \le x \le 2\pi$일 때 방정식 $f(g(x))=0$의 모든 해의 합이 $\dfrac{5}{2}\pi$이므로 방정식 $f(t)=0$은 두 실근 -1, $k\,(0<k<1)$를 갖는다.
   ⟶ (i), (iii)의 경우야.

즉, 방정식 $f(x)=0$은 두 실근 -1, $k\,(0<k<1)$를 갖는다.

Step 3 $f(x)$ 구하기

(i) $a=\dfrac{1}{2}$일 때,

$f(x)=x^2+\dfrac{1}{2}x+b$에서 $f(-1)=0$이므로

$1-\dfrac{1}{2}+b=0$ $\therefore b=-\dfrac{1}{2}$

방정식 $f(x)=0$에서

$x^2+\dfrac{1}{2}x-\dfrac{1}{2}=0, \; 2x^2+x-1=0$

$(x+1)(2x-1)=0$

$\therefore x=-1$ 또는 $x=\dfrac{1}{2}$

(ii) $a=\dfrac{3}{2}$일 때,

$f(x)=x^2+\dfrac{3}{2}x+b$에서 $f(-1)=0$이므로

$1-\dfrac{3}{2}+b=0$ $\therefore b=\dfrac{1}{2}$

방정식 $f(x)=0$에서

$x^2+\dfrac{3}{2}x+\dfrac{1}{2}=0, \; 2x^2+3x+1=0$

$(x+1)(2x+1)=0$

$\therefore x=-1$ 또는 $x=-\dfrac{1}{2}$

이는 조건을 만족시키지 않는다.

(i), (ii)에서 $f(x)=x^2+\dfrac{1}{2}x-\dfrac{1}{2}$

Step 4 $f(2)$의 값 구하기

$\therefore f(2)=4+1-\dfrac{1}{2}=\dfrac{9}{2}$

13
일차

221

문제 보기

x에 대한 방정식 $\left|\cos x+\dfrac{1}{4}\right|=k$가 서로 다른 3개의 실근을 갖도록 하

└→ 함수 $y=\left|\cos x+\dfrac{1}{4}\right|$의 그래프와 직선 $y=k$가

서로 다른 세 점에서 만난다.

는 실수 k의 값을 α라 할 때, 40α의 값을 구하시오. (단, $0\le x<2\pi$)

[4점]

Step 1 함수 $y=\left|\cos x+\dfrac{1}{4}\right|$의 그래프 그리기

함수 $y=\cos x+\dfrac{1}{4}$의 그래프는 함수 $y=\cos x$의 그래프를 y축의 방향으

로 $\dfrac{1}{4}$만큼 평행이동한 것이고 최댓값은 $1+\dfrac{1}{4}=\dfrac{5}{4}$, 최솟값은

$-1+\dfrac{1}{4}=-\dfrac{3}{4}$, 주기는 2π이다.

함수 $y=\left|\cos x+\dfrac{1}{4}\right|$의 그래프는 $y=\cos x+\dfrac{1}{4}$의 그래프를 그린 후

$y\ge0$인 부분은 그대로 두고 $y<0$인 부분은 x축에 대하여 대칭이동한 그

래프이므로 다음 그림과 같다.

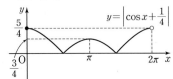

Step 2 40α의 값 구하기

$0\le x<2\pi$에서 주어진 방정식이 서로 다른 3개의 실근을 가지려면 다음

그림과 같이 함수 $y=\left|\cos x+\dfrac{1}{4}\right|$의 그래프와 직선 $y=k$가 서로 다른 세

점에서 만나야 한다.

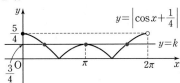

즉, $k=\dfrac{3}{4}$이어야 하므로 $\alpha=\dfrac{3}{4}$

$\therefore 40\alpha=30$

문제 보기

$0\le x<2\pi$일 때, 방정식 $\sin 4x=\dfrac{1}{2}$의 서로 다른 실근의 개수는?

└→ 함수 $y=\sin 4x$의 그래프와 직선 $y=\dfrac{1}{2}$의   [3점]

교점의 개수를 구한다.

① 2   ② 4   ③ 6   ④ 8   ⑤ 10

Step 1 주어진 방정식의 실근의 개수 구하기

$0\le x<2\pi$에서 방정식 $\sin 4x=\dfrac{1}{2}$의 실근은 함수 $y=\sin 4x$의 그래프와

직선 $y=\dfrac{1}{2}$의 교점의 x좌표와 같다.

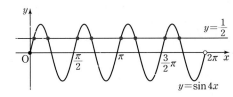

위의 그림에서 함수 $y=\sin 4x$의 그래프와 직선 $y=\dfrac{1}{2}$의 교점의 개수는 8

이므로 주어진 방정식의 서로 다른 실근의 개수는 8이다.

27 삼각방정식의 실근의 개수 정답 ④ ㅣ 정답률 83%

문제 보기

$0 \le x < 2\pi$일 때, 방정식

$$|\sin 2x| = \frac{1}{2}$$

의 모든 실근의 개수는? [3점]

└ 함수 $y = |\sin 2x|$의 그래프와 직선 $y = \frac{1}{2}$의 교점의 개수를 구한다.

① 2 ② 4 ③ 6 ④ 8 ⑤ 10

Step 1 주어진 방정식의 실근의 개수 구하기

$0 \le x < 2\pi$에서 방정식 $|\sin 2x| = \frac{1}{2}$의 실근은 함수 $y = |\sin 2x|$의 그래프와 직선 $y = \frac{1}{2}$의 교점의 x좌표와 같다.

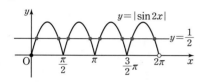

위의 그림에서 함수 $y = |\sin 2x|$의 그래프와 직선 $y = \frac{1}{2}$의 교점의 개수는 8이므로 주어진 방정식의 모든 실근의 개수는 8이다.

28 삼각방정식의 실근의 개수 정답 ② ㅣ 정답률 52%

문제 보기

$0 \le x \le 2\pi$일 때, 방정식 $2\sin^2 x - 3\cos x = k$의 서로 다른 실근의 개
└ 방정식을 $\cos x$에 대하여 정리한 후 서로 다른 실근의 개수가 3인 경우를 생각해 본다.

수가 3이다. 이 세 실근 중 가장 큰 실근을 α라 할 때, $k \times \alpha$의 값은?
(단, k는 상수이다.) [4점]

① $\frac{7}{2}\pi$ ② 4π ③ $\frac{9}{2}\pi$ ④ 5π ⑤ $\frac{11}{2}\pi$

Step 1 k의 값 구하기

$2\sin^2 x - 3\cos x = k$에서

$2(1 - \cos^2 x) - 3\cos x = k$

$2\cos^2 x + 3\cos x + k - 2 = 0$ ······ ㉠

한편 $0 \le x \le 2\pi$에서 함수 $y = \cos x$의 그래프는 다음 그림과 같다.

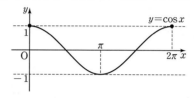

상수 $a(-1 \le a \le 1)$에 대하여 $0 \le x \le 2\pi$에서 곡선 $y = \cos x$와 직선 $y = a$가 만나는 서로 다른 점의 개수는 $a = -1$일 때 1이고, $-1 < a \le 1$일 때 2이다.

따라서 $0 \le x \le 2\pi$일 때, 방정식 ㉠의 서로 다른 실근의 개수가 3이려면 $\cos x = -1$, 즉 $x = \pi$가 이 방정식의 한 실근이어야 한다.

$x = \pi$를 ㉠에 대입하면

$2 \times (-1)^2 + 3 \times (-1) + k - 2 = 0$

$2 - 3 + k - 2 = 0$

$\therefore k = 3$

Step 2 α의 값 구하기

$k = 3$을 ㉠에 대입하면

$2\cos^2 x + 3\cos x + 1 = 0, (\cos x + 1)(2\cos x + 1) = 0$

$\therefore \cos x = -1$ 또는 $\cos x = -\frac{1}{2}$

$\therefore x = \pi$ 또는 $x = \frac{2}{3}\pi$ 또는 $x = \frac{4}{3}\pi$ ($\because 0 \le x \le 2\pi$)

따라서 세 실근 중 가장 큰 실근은 $\frac{4}{3}\pi$이므로

$$\alpha = \frac{4}{3}\pi$$

Step 3 $k \times \alpha$의 값 구하기

$$\therefore k \times \alpha = 3 \times \frac{4}{3}\pi = 4\pi$$

문제 보기

$0 \leq x \leq 2\pi$에서 정의된 함수

$$f(x) = \begin{cases} \sin x - 1 & (0 \leq x < \pi) \\ -\sqrt{2}\sin x - 1 & (\pi \leq x \leq 2\pi) \end{cases}$$

가 있다. $0 \leq t \leq 2\pi$인 실수 t에 대하여 x에 대한 방정식 $f(x) = f(t)$의

서로 다른 실근의 개수가 3이 되도록 하는 모든 t의 값의 합은 $\dfrac{q}{p}\pi$이

    └ 곡선 $y=f(x)$와 직선 $y=f(t)$의 교점의 개수가 3이 되도록 하는

     t의 값을 구한다.

다. $p+q$의 값을 구하시오. (단, p와 q는 서로소인 자연수이다.) [4점]

Step 1 방정식 $f(x)=f(t)$의 서로 다른 실근의 개수가 3이 되는 $f(t)$의 값 구하기

$0 \leq x \leq 2\pi$에서 함수 $y=f(x)$의 그래프는 다음 그림과 같다.

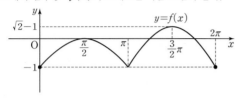

x에 대한 방정식 $f(x)=f(t)$의 서로 다른 실근의 개수는 곡선 $y=f(x)$와 직선 $y=f(t)$의 교점의 개수와 같으므로 $0 \leq x \leq 2\pi$에서 방정식 $f(x)=f(t)$의 서로 다른 실근의 개수가 3이 되려면 $f(t)=-1$ 또는 $f(t)=0$이어야 한다.

Step 2 조건을 만족시키는 t의 값 구하기

(i) $f(t)=-1$일 때,

    $0 \leq t < \pi$에서 $\sin t - 1 = -1$이므로

    $\sin t = 0$ $\therefore t = 0$

    $\pi \leq t \leq 2\pi$에서 $-\sqrt{2}\sin t - 1 = -1$이므로

    $\sin t = 0$ $\therefore t = \pi$ 또는 $t = 2\pi$

(ii) $f(t)=0$일 때,

    $0 \leq t < \pi$에서 $\sin t - 1 = 0$이므로

    $\sin t = 1$ $\therefore t = \dfrac{\pi}{2}$

    $\pi \leq t \leq 2\pi$에서 $-\sqrt{2}\sin t - 1 = 0$이므로

    $\sin t = -\dfrac{\sqrt{2}}{2}$ $\therefore t = \dfrac{5}{4}\pi$ 또는 $t = \dfrac{7}{4}\pi$

Step 3 $p+q$의 값 구하기

(i), (ii)에서 모든 t의 값의 합은

$0 + \pi + 2\pi + \dfrac{\pi}{2} + \dfrac{5}{4}\pi + \dfrac{7}{4}\pi = \dfrac{13}{2}\pi$

따라서 $p=2$, $q=13$이므로

$p+q = 2+13 = 15$

문제 보기

두 자연수 a, b에 대하여 함수

$$f(x) = a\sin bx + 8 - a$$

가 다음 조건을 만족시킬 때, $a+b$의 값을 구하시오. [3점]

> (가) 모든 실수 x에 대하여 $f(x) \geq 0$이다.
>   └ 함수 $f(x)$의 최솟값을 구한다.
>
> (나) $0 \leq x < 2\pi$일 때, x에 대한 방정식 $f(x)=0$의 서로 다른 실근의 개수는 4이다.
>   └ 함수 $y=a\sin bx + 8 - a$의 그래프와 x축이 서로 다른 4개의 점에서 만난다.

Step 1 a의 값 구하기

함수 $f(x)$의 최솟값은

$-a + 8 - a = 8 - 2a$

조건 (가)를 만족시키려면

$8 - 2a \geq 0$, $-2a \geq -8$ $\therefore a \leq 4$

따라서 a가 될 수 있는 자연수는 1, 2, 3, 4이다.

그런데 $a=1$ 또는 $a=2$ 또는 $a=3$, 즉 $f(x) = \sin bx + 7$ 또는 $f(x) = 2\sin bx + 6$ 또는 $f(x) = 3\sin bx + 5$일 때 함수 $f(x)$의 최솟값이 0보다 크므로 조건 (나)를 만족시키지 않는다.

$\therefore a = 4$

Step 2 b의 값 구하기

따라서 $f(x) = 4\sin bx + 4$이고 함수 $y=f(x)$의 최댓값은 8, 최솟값은 0, 주기는 $\dfrac{2\pi}{b}$이므로 그래프는 다음 그림과 같다.

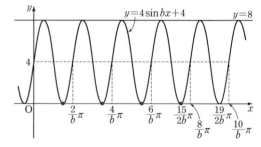

$0 \leq x < 2\pi$에서 방정식 $f(x)=0$이 서로 다른 4개의 실근을 가지려면 함수 $y=f(x)$의 그래프와 x축은 서로 다른 4개의 점에서 만나야 하므로

$\dfrac{15}{2b}\pi < 2\pi \leq \dfrac{19}{2b}\pi$

$\dfrac{15}{2b}\pi < 2\pi$에서 $b > \dfrac{15}{4}$

$\dfrac{19}{2b}\pi \geq 2\pi$에서 $b \leq \dfrac{19}{4}$

$\therefore \dfrac{15}{4} < b \leq \dfrac{19}{4}$

따라서 자연수 b의 값은

$b = 4$

Step 3 $a+b$의 값 구하기

$\therefore a+b = 4+4 = 8$

31 삼각방정식의 실근의 개수   정답 ② | 정답률 48%

문제 보기

자연수 n에 대하여 $0<x<\dfrac{n}{12}\pi$일 때, 방정식

$\underline{\sin^2(4x)-1=0}$ → $4x=t$로 치환하여 t의 값의 범위를 구한 후 함수 $y=\sin t$의 그래프를 그린다.

의 실근의 개수를 $f(n)$이라 하자. $f(n)=33$이 되도록 하는 모든 n의 값의 합은? [4점]

① 295   ② 297   ③ 299   ④ 301   ⑤ 303

Step 1 $4x=t$로 치환하여 $\sin t$의 값 구하기

$4x=t$로 놓으면 $0<x<\dfrac{n}{12}\pi$에서 $0<t<\dfrac{n}{3}\pi$이고 주어진 방정식은

$\sin^2 t-1=0$

$(\sin t+1)(\sin t-1)=0$

$\therefore \sin t=-1$ 또는 $\sin t=1$

Step 2   모든 n의 값의 합 구하기

방정식 $\sin^2 t-1=0$의 실근은 함수 $y=\sin t$의 그래프가 직선 $y=1$ 또는 직선 $y=-1$과 만나는 점의 t좌표와 같다.

즉, $f(n)=33$이 되려면 $0<t<\dfrac{n}{3}\pi$에서 함수 $y=\sin t$의 그래프가 직선 $y=1$ 또는 직선 $y=-1$과 만나는 점의 개수가 33이어야 한다.

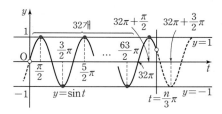

$0<t\le 2\pi$에서 함수 $y=\sin t$의 그래프가 직선 $y=1$ 또는 직선 $y=-1$과 만나는 점의 개수는 2이다.

이때 함수 $y=\sin t$의 주기가 2π이므로 $0<t\le 32\pi$에서 함수 $y=\sin t$의 그래프가 직선 $y=1$ 또는 직선 $y=-1$과 만나는 점의 개수는

$2\times 16=32$

따라서 $32\pi<t<\dfrac{n}{3}\pi$에서 함수 $y=\sin t$의 그래프가 직선 $y=1$ 또는 직선 $y=-1$과 만나는 점의 개수가 1이어야 하므로

$32\pi+\dfrac{\pi}{2}<\dfrac{n}{3}\pi\le 32\pi+\dfrac{3}{2}\pi$, $\dfrac{65}{2}\pi<\dfrac{n}{3}\pi\le\dfrac{67}{2}\pi$

$\therefore 97.5<n\le 100.5$

따라서 자연수 n의 값은 98, 99, 100이므로 구하는 합은

$98+99+100=297$

---

32 삼각부등식   정답 ② | 정답률 77%

문제 보기

$0\le x<2\pi$에서 부등식 $\underline{2\sin x+1<0}$의 해가 $\alpha<x<\beta$일 때,
└─ 부등식을 $\sin x<k$ 꼴로 변형한다.

$\cos(\beta-\alpha)$의 값은? [3점]

① $-\dfrac{\sqrt{3}}{2}$ ② $-\dfrac{1}{2}$ ③ 0   ④ $\dfrac{1}{2}$ ⑤ $\dfrac{\sqrt{3}}{2}$

Step 1 α, β의 값 구하기

$2\sin x+1<0$에서 $\sin x<-\dfrac{1}{2}$

$0\le x<2\pi$에서 부등식 $\sin x<-\dfrac{1}{2}$의 해는 함수 $y=\sin x$의 그래프가 직선 $y=-\dfrac{1}{2}$보다 아래쪽에 있는 x의 값의 범위와 같다.

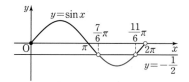

따라서 주어진 부등식의 해는 $\dfrac{7}{6}\pi<x<\dfrac{11}{6}\pi$이므로

$\alpha=\dfrac{7}{6}\pi$, $\beta=\dfrac{11}{6}\pi$

Step 2 $\cos(\beta-\alpha)$의 값 구하기

$\therefore \cos(\beta-\alpha)=\cos\left(\dfrac{11}{6}\pi-\dfrac{7}{6}\pi\right)=\cos\dfrac{2}{3}\pi$

$\qquad\qquad\quad =\cos\left(\pi-\dfrac{\pi}{3}\right)=-\cos\dfrac{\pi}{3}=-\dfrac{1}{2}$

33 삼각부등식   정답 ③ | 정답률 82%

문제 보기

$0<x<\pi$에서 부등식

$$\left(2^x-8\right)\left(\cos x-\frac{1}{2}\right)<0$$

└ $2^x-8>0$, $\cos x-\frac{1}{2}<0$인 경우와 $2^x-8<0$, $\cos x-\frac{1}{2}>0$인 경우로
나누어 생각한다.

의 해가 $a<x<b$ 또는 $c<x<d$일 때, $(b-a)+(d-c)$의 값은?
(단, $b<c$) [3점]

① $\pi-3$ ② $\frac{7\pi}{6}-3$ ③ $\frac{4\pi}{3}-3$ ④ $3-\frac{\pi}{3}$ ⑤ $3-\frac{\pi}{6}$

Step 1   **부등식의 해 구하기**

부등식 $\left(2^x-8\right)\left(\cos x-\frac{1}{2}\right)<0$에서

(i) $2^x-8>0$, $\cos x-\frac{1}{2}<0$일 때,

  $2^x-8>0$에서 $2^x>8$, $2^x>2^3$

  밑이 1보다 크므로 $x>3$

  이때 $0<x<\pi$이므로

  $3<x<\pi$ …… ㉠

  $\cos x-\frac{1}{2}<0$에서 $\cos x<\frac{1}{2}$

  이때 $0<x<\pi$이므로

  $\frac{\pi}{3}<x<\pi$ …… ㉡

  ㉠, ㉡에서 $3<x<\pi$

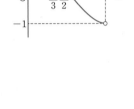

(ii) $2^x-8<0$, $\cos x-\frac{1}{2}>0$일 때,

  $2^x-8<0$에서 $2^x<8$, $2^x<2^3$

  밑이 1보다 크므로 $x<3$

  이때 $0<x<\pi$이므로

  $0<x<3$ …… ㉢

  $\cos x-\frac{1}{2}>0$에서 $\cos x>\frac{1}{2}$

  이때 $0<x<\pi$이므로

  $0<x<\frac{\pi}{3}$ …… ㉣

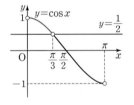

  ㉢, ㉣에서 $0<x<\frac{\pi}{3}$

(i), (ii)에서 주어진 부등식의 해는

$0<x<\frac{\pi}{3}$ 또는 $3<x<\pi$

Step 2 $(b-a)+(d-c)$**의 값 구하기**

따라서 $a=0$, $b=\frac{\pi}{3}$, $c=3$, $d=\pi$이므로

$$(b-a)+(d-c)=\left(\frac{\pi}{3}-0\right)+(\pi-3)=\frac{4}{3}\pi-3$$

---

34 삼각부등식   정답 ① | 정답률 79%

문제 보기

$0<x\le2\pi$일 때, 방정식 $\sin^2x=\cos^2x+\cos x$와 부등식
└ 삼각함수 사이의 관계를 이용하여 한 종류의
     삼각함수에 대한 방정식으로 변형한다.

$\sin x>\cos x$를 동시에 만족시키는 모든 x의 값의 합은? [3점]
└ 두 함수 $y=\sin x$, $y=\cos x$의 그래프를 이용하여 부등식의 해를 구한다.

① $\frac{4}{3}\pi$ ② $\frac{5}{3}\pi$ ③ 2π ④ $\frac{7}{3}\pi$ ⑤ $\frac{8}{3}\pi$

Step 1   **방정식 $\sin^2x=\cos^2x+\cos x$의 해 구하기**

$\sin^2x=\cos^2x+\cos x$에서

$1-\cos^2x=\cos^2x+\cos x$

$2\cos^2x+\cos x-1=0$

$(\cos x+1)(2\cos x-1)=0$

$\therefore \cos x=-1$ 또는 $\cos x=\frac{1}{2}$

이때 $0<x\le2\pi$이므로

$\cos x=-1$에서 $x=\pi$

$\cos x=\frac{1}{2}$에서 $x=\frac{\pi}{3}$ 또는 $x=\frac{5}{3}\pi$

따라서 주어진 방정식의 해는

$x=\frac{\pi}{3}$ 또는 $x=\pi$ 또는 $x=\frac{5}{3}\pi$ …… ㉠

Step 2   **부등식 $\sin x>\cos x$의 해 구하기**

$0<x\le2\pi$에서 부등식 $\sin x>\cos x$
의 해는 함수 $y=\sin x$의 그래프가
함수 $y=\cos x$의 그래프보다 위쪽에
있는 x의 값의 범위와 같다.
따라서 주어진 부등식의 해는

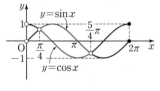

$\frac{\pi}{4}<x<\frac{5}{4}\pi$ …… ㉡

Step 3   **모든 x의 값의 합 구하기**

㉠, ㉡을 동시에 만족시키는 x의 값은

$x=\frac{\pi}{3}$ 또는 $x=\pi$

따라서 구하는 모든 x의 값의 합은

$$\frac{\pi}{3}+\pi=\frac{4}{3}\pi$$

35 삼각부등식   정답 ③ | 정답률 53%

문제 보기

$0 \leq x \leq 2\pi$일 때, 부등식

$\boxed{\cos x \leq \sin \dfrac{\pi}{7}}$ → $\cos x \leq \cos k$(k는 상수) 꼴로 변형한다.

를 만족시키는 모든 x의 값의 범위는 $\alpha \leq x \leq \beta$이다. $\beta - \alpha$의 값은?

[4점]

① $\dfrac{8}{7}\pi$ ② $\dfrac{17}{14}\pi$ ③ $\dfrac{9}{7}\pi$ ④ $\dfrac{19}{14}\pi$ ⑤ $\dfrac{10}{7}\pi$

Step 1 α, β의 값 구하기

$\sin \dfrac{\pi}{7} = \cos\left(\dfrac{\pi}{2} - \dfrac{\pi}{7}\right) = \cos \dfrac{5}{14}\pi$이므로 $0 \leq x \leq 2\pi$에서 방정식

$\cos x = \sin \dfrac{\pi}{7}$, 즉 $\cos x = \cos \dfrac{5}{14}\pi$의 해는

$x = \dfrac{5}{14}\pi$ 또는 $x = \dfrac{23}{14}\pi$

따라서 $0 \leq x \leq 2\pi$에서 부등식 $\cos x \leq \sin \dfrac{\pi}{7}$의 해는 함수 $y = \cos x$의 그래프가 직선 $y = \cos \dfrac{5}{14}\pi$와 만나거나 직선 $y = \cos \dfrac{5}{14}\pi$보다 아래쪽에 있는 x의 값의 범위와 같다.

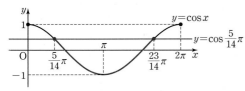

따라서 주어진 부등식의 해는 $\dfrac{5}{14}\pi \leq x \leq \dfrac{23}{14}\pi$이므로

$\alpha = \dfrac{5}{14}\pi$, $\beta = \dfrac{23}{14}\pi$

Step 2 $\beta - \alpha$의 값 구하기

$\therefore \beta - \alpha = \dfrac{23}{14}\pi - \dfrac{5}{14}\pi = \dfrac{9}{7}\pi$

---

36 삼각부등식   정답 32 | 정답률 26%

문제 보기

함수 $f(x) = \sin \dfrac{\pi}{4}x$라 할 때, $0 < x < 16$에서 부등식

$\boxed{f(2+x)f(2-x) < \dfrac{1}{4}}$ $\sin\left(\dfrac{\pi}{2} \pm \theta\right) = \cos\theta$임을 이용하여 코사인함수에 대한 부등식으로 나타낸다.

을 만족시키는 모든 자연수 x의 값의 합을 구하시오. [3점]

Step 1 부등식 $f(2+x)f(2-x) < \dfrac{1}{4}$을 코사인함수에 대한 부등식으로 나타내기

$f(2+x)f(2-x) < \dfrac{1}{4}$에서

$\sin\left\{\dfrac{\pi}{4}(2+x)\right\} \sin\left\{\dfrac{\pi}{4}(2-x)\right\} < \dfrac{1}{4}$

$\dfrac{\sin\left(\dfrac{\pi}{2} + \dfrac{\pi}{4}x\right) \sin\left(\dfrac{\pi}{2} - \dfrac{\pi}{4}x\right) < \dfrac{1}{4}}{\cos^2 \dfrac{\pi}{4}x < \dfrac{1}{4}}$ $\sin\left(\dfrac{\pi}{2} + \dfrac{\pi}{4}x\right) = \cos\dfrac{\pi}{4}x$, $\sin\left(\dfrac{\pi}{2} - \dfrac{\pi}{4}x\right) = \cos\dfrac{\pi}{4}x$

$\therefore -\dfrac{1}{2} < \cos \dfrac{\pi}{4}x < \dfrac{1}{2}$

Step 2 자연수 x의 값의 합 구하기

따라서 $0 < x < 16$에서 부등식 $f(2+x)f(2-x) < \dfrac{1}{4}$의 해는 함수 $y = \cos \dfrac{\pi}{4}x$의 그래프가 직선 $y = -\dfrac{1}{2}$보다 위쪽에 있고 직선 $y = \dfrac{1}{2}$보다 아래쪽에 있는 x의 값의 범위와 같다.

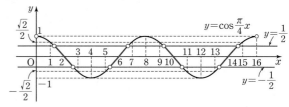

따라서 주어진 부등식을 만족시키는 자연수 x의 값은 2, 6, 10, 14이므로 구하는 합은

$2 + 6 + 10 + 14 = 32$

37 삼각부등식의 응용 　　　　　정답 ④ | 정답률 88%

문제 보기

$0 \le \theta < 2\pi$일 때, x에 대한 이차방정식

$$6x^2 + (4\cos\theta)x + \sin\theta = 0$$

이 실근을 갖지 않도록 하는 모든 θ의 값의 범위는 $\alpha < \theta < \beta$이다.

$3\alpha + \beta$의 값은? [3점]　└─ 판별식 $D < 0$임을 이용한다.

① $\dfrac{5}{6}\pi$　　② π　　③ $\dfrac{7}{6}\pi$　　④ $\dfrac{4}{3}\pi$　　⑤ $\dfrac{3}{2}\pi$

Step 1 θ에 대한 부등식 세우기

이차방정식 $6x^2 + (4\cos\theta)x + \sin\theta = 0$의 판별식을 D라 하면

$$\frac{D}{4} = 4\cos^2\theta - 6\sin\theta < 0$$

$$2\cos^2\theta - 3\sin\theta < 0$$

$$2(1 - \sin^2\theta) - 3\sin\theta < 0$$

$$\therefore\ 2\sin^2\theta + 3\sin\theta - 2 > 0$$

Step 2 θ의 값의 범위 구하기

$2\sin^2\theta + 3\sin\theta - 2 > 0$에서

$(\sin\theta + 2)(2\sin\theta - 1) > 0$

$\therefore\ \sin\theta > \dfrac{1}{2}\ (\because\ \underline{\sin\theta + 2 > 0})$

따라서 θ의 값의 범위는 └─ $-1 \le \sin\theta \le 1$이므로 $1 \le \sin\theta + 2 \le 3$

$$\frac{\pi}{6} < \theta < \frac{5}{6}\pi$$

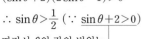

Step 3 $3\alpha + \beta$의 값 구하기

따라서 $\alpha = \dfrac{\pi}{6}$, $\beta = \dfrac{5}{6}\pi$이므로

$$3\alpha + \beta = 3 \times \frac{\pi}{6} + \frac{5}{6}\pi = \frac{4}{3}\pi$$

---

38 삼각부등식의 응용 　　　　　정답 ① | 정답률 82%

문제 보기

$0 \le \theta < 2\pi$일 때, x에 대한 이차방정식

$$x^2 - (2\sin\theta)x - 3\cos^2\theta - 5\sin\theta + 5 = 0$$

이 실근을 갖도록 하는 θ의 최솟값과 최댓값을 각각 α, β라 하자.

　　└─ 판별식 $D \ge 0$임을 이용한다.

$4\beta - 2\alpha$의 값은? [4점]

① 3π　　② 4π　　③ 5π　　④ 6π　　⑤ 7π

Step 1 θ에 대한 부등식 세우기

이차방정식 $x^2 - (2\sin\theta)x - 3\cos^2\theta - 5\sin\theta + 5 = 0$의 판별식을 D라 하면

$$\frac{D}{4} = (-\sin\theta)^2 - (-3\cos^2\theta - 5\sin\theta + 5) \ge 0$$

$$\sin^2\theta + 3\cos^2\theta + 5\sin\theta - 5 \ge 0$$

$$\sin^2\theta + 3(1 - \sin^2\theta) + 5\sin\theta - 5 \ge 0$$

$$\therefore\ 2\sin^2\theta - 5\sin\theta + 2 \le 0$$

Step 2 θ의 값의 범위 구하기

$2\sin^2\theta - 5\sin\theta + 2 \le 0$에서

$(2\sin\theta - 1)(\sin\theta - 2) \le 0$

$\therefore\ \sin\theta \ge \dfrac{1}{2}\ (\because\ \underline{\sin\theta - 2 < 0})$

따라서 θ의 값의 범위는 └─ $-1 \le \sin\theta \le 1$이므로 $-3 \le \sin\theta - 2 \le -1$

$$\frac{\pi}{6} \le \theta \le \frac{5}{6}\pi$$

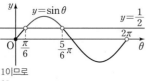

Step 3 $4\beta - 2\alpha$의 값 구하기

따라서 $\alpha = \dfrac{\pi}{6}$, $\beta = \dfrac{5}{6}\pi$이므로

$$4\beta - 2\alpha = 4 \times \frac{5}{6}\pi - 2 \times \frac{\pi}{6} = 3\pi$$

39 삼각방정식의 응용   정답 ② | 정답률 22%

문제 보기

$-1 \leq t \leq 1$인 실수 t에 대하여 x에 대한 방정식

$$\left(\sin\frac{\pi x}{2} - t\right)\left(\cos\frac{\pi x}{2} - t\right) = 0$$

의 실근 중에서 집합 $\{x \mid 0 \leq x < 4\}$에 속하는 가장 작은 값을 $\alpha(t)$, 가
└→ 두 함수 $y = \sin\frac{\pi x}{2}$, $y = \cos\frac{\pi x}{2}$의 그래프와 직선 $y = t$의 교점을 구한다.

장 큰 값을 $\beta(t)$라 하자. 〈보기〉에서 옳은 것만을 있는 대로 고른 것
은? [4점]

〈 보기 〉

ㄱ. $-1 \leq t < 0$인 모든 실수 t에 대하여 $\alpha(t) + \beta(t) = 5$이다.

ㄴ. $\{t \mid \beta(t) - \alpha(t) = \beta(0) - \alpha(0)\} = \left\{t \mid 0 \leq t \leq \frac{\sqrt{2}}{2}\right\}$
  └→ $\alpha(0)$, $\beta(0)$의 값을 구한다.

ㄷ. $\alpha(t_1) = \alpha(t_2)$인 두 실수 t_1, t_2에 대하여 $t_2 - t_1 = \frac{1}{2}$이면 $t_1 \times t_2 = \frac{1}{3}$
  이다. └→ $\alpha(t_1) = \alpha(t_2) = \alpha$라 하면 $t_1 = \sin\frac{\pi\alpha}{2}$, $t_2 = \cos\frac{\pi\alpha}{2}$임을 이용한다.

① ㄱ   ② ㄱ, ㄴ   ③ ㄱ, ㄷ   ④ ㄴ, ㄷ   ⑤ ㄱ, ㄴ, ㄷ

Step 1 ㄱ이 옳은지 확인하기

ㄱ. 방정식 $\left(\sin\frac{\pi x}{2} - t\right)\left(\cos\frac{\pi x}{2} - t\right) = 0$에서

$\sin\frac{\pi x}{2} = t$ 또는 $\cos\frac{\pi x}{2} = t$

이 방정식의 실근은 두 함수 $y = \sin\frac{\pi x}{2}$, $y = \cos\frac{\pi x}{2}$의 그래프와 직
선 $y = t$의 교점의 x좌표와 같다.

한편 두 함수 $y = \sin\frac{\pi x}{2}$, $y = \cos\frac{\pi x}{2}$의 그래프의 주기는 모두 4이므
로 $-1 \leq t < 0$일 때의 두 함수 $y = \sin\frac{\pi x}{2}$, $y = \cos\frac{\pi x}{2}$의 그래프와
직선 $y = t$는 다음 그림과 같다.

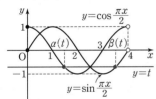

이때 함수 $y = \cos\frac{\pi x}{2}$의 그래프는 함수 $y = \sin\frac{\pi x}{2}$의 그래프를 평행
이동하면 겹쳐질 수 있고, 사인함수의 그래프의 대칭성에 의하여
$\alpha(t) = 1 + k \, (0 < k \leq 1)$라 하면

$\beta(t) = 4 - k$

$\therefore \alpha(t) + \beta(t) = 5$

Step 2 ㄴ이 옳은지 확인하기

ㄴ. $\alpha(t)$, $\beta(t)$는 집합 $\{x \mid 0 \leq x < 4\}$의 원소이므로

$\alpha(0) = 0$, $\beta(0) = 3$

$\therefore \{t \mid \beta(t) - \alpha(t) = \beta(0) - \alpha(0)\} = \{t \mid \beta(t) - \alpha(t) = 3\}$

(i) $-1 \leq t < 0$일 때,

$1 < \alpha(t) \leq 2$, $3 \leq \beta(t) < 4$이므로

$1 \leq \beta(t) - \alpha(t) < 3$

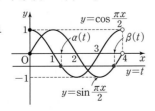

(ii) $0 \leq t \leq \frac{\sqrt{2}}{2}$일 때,

ⓘ $t = 0$인 경우

$\beta(0) - \alpha(0) = 3$

ⓘⓘ $t \neq 0$인 경우

$\alpha(t) = p \left(0 < p \leq \frac{1}{2}\right)$라 하면

$\beta(t) = 3 + p$

$\therefore \beta(t) - \alpha(t) = 3$

ⓘ, ⓘⓘ에서 $\beta(t) - \alpha(t) = 3$

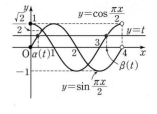

(iii) $\frac{\sqrt{2}}{2} < t < 1$일 때,

$\alpha(t) = q \left(0 < q < \frac{1}{2}\right)$라 하면

$\beta(t) = 4 - q$

$\therefore \beta(t) - \alpha(t) = 4 - 2q$

(단, $0 < 2q < 1$)

(iv) $t = 1$일 때,

$\alpha(1) = 0$, $\beta(1) = 1$이므로

$\beta(1) - \alpha(1) = 1$

(i)~(iv)에서

$\{t \mid \beta(t) - \alpha(t) = 3\} = \left\{t \mid 0 \leq t \leq \frac{\sqrt{2}}{2}\right\}$

Step 3 ㄷ이 옳은지 확인하기

ㄷ. $\alpha(t_1) = \alpha(t_2)$이려면

$0 < t_1 < \frac{\sqrt{2}}{2} < t_2$

$\alpha(t_1) = \alpha(t_2) = \alpha$라 하면

$t_1 = \sin\frac{\pi\alpha}{2}$, $t_2 = \cos\frac{\pi\alpha}{2}$

이때 $t_2 = t_1 + \frac{1}{2}$이므로

$\cos\frac{\pi\alpha}{2} = \sin\frac{\pi\alpha}{2} + \frac{1}{2}$

이를 $\sin^2\frac{\pi\alpha}{2} + \cos^2\frac{\pi\alpha}{2} = 1$에 대입하면

$\sin^2\frac{\pi\alpha}{2} + \left(\sin\frac{\pi\alpha}{2} + \frac{1}{2}\right)^2 = 1$

$2\sin^2\frac{\pi\alpha}{2} + \sin\frac{\pi\alpha}{2} + \frac{1}{4} = 1$

$8\sin^2\frac{\pi\alpha}{2} + 4\sin\frac{\pi\alpha}{2} - 3 = 0$

$\therefore \sin\frac{\pi\alpha}{2} = \frac{-1+\sqrt{7}}{4} \left(\because \sin\frac{\pi\alpha}{2} > 0\right)$

따라서 $t_1 = \frac{-1+\sqrt{7}}{4}$, $t_2 = t_1 + \frac{1}{2} = \frac{1+\sqrt{7}}{4}$이므로

$t_1 \times t_2 = \frac{-1+\sqrt{7}}{4} \times \frac{1+\sqrt{7}}{4} = \frac{3}{8}$

Step 4 옳은 것 구하기

따라서 보기 중 옳은 것은 ㄱ, ㄴ이다.

문제 보기

두 실수 $a\,(0<a<2\pi)$와 k에 대하여 $0\leq x\leq 2\pi$에서 정의된 함수 $f(x)$는

$$f(x)=\begin{cases}\sin x-\dfrac{1}{2} & (0\leq x<a)\\[2mm] k\sin x-\dfrac{1}{2} & (a\leq x\leq 2\pi)\end{cases}$$

→ 삼각함수의 그래프를 이용하여 a의 값의 범위를 구한다.

이고, 다음 조건을 만족시킨다.

> ㈎ 함수 $|f(x)|$의 최댓값은 $\dfrac{1}{2}$이다.
>
> ㈏ 방정식 $f(x)=0$의 실근의 개수는 3이다.
> └→ $k>0$, $k=0$, $k<0$인 경우로 나누어 조건을 만족시키는 k의 값을 구한다.

방정식 $|f(x)|=\dfrac{1}{4}$의 모든 실근의 합을 S라 할 때, $20\left(\dfrac{a+S}{\pi}+k\right)$의 값을 구하시오. [4점]

Step 1 a의 값의 범위 구하기

함수 $y=\sin x-\dfrac{1}{2}$의 그래프는 오른쪽 그림과 같다.
이때 $a>\pi$이면 함수 $y=\sin x-\dfrac{1}{2}$의 그래프에서

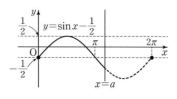

$\pi<x<a$일 때 $\sin x-\dfrac{1}{2}<-\dfrac{1}{2}$

즉, $\left|\sin x-\dfrac{1}{2}\right|>\dfrac{1}{2}$이므로 조건 ㈎를 만족시키지 않는다.

$\therefore 0<a\leq \pi$ …… ㉠

Step 2 a, k의 값 구하기

(i) $k>0$일 때,

$0\leq x\leq 2\pi$에서 함수 $y=f(x)$의 그래프는 오른쪽 그림과 같다.
이때 $a\leq x\leq 2\pi$에서 함수

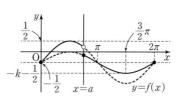

$y=k\sin x-\dfrac{1}{2}$은 $x=\dfrac{3}{2}\pi$에서 최솟값 $-k-\dfrac{1}{2}$을 갖는다.

따라서 함수 $|f(x)|$의 최댓값은 $k+\dfrac{1}{2}$이고, $k+\dfrac{1}{2}>\dfrac{1}{2}$이므로 조건 ㈎를 만족시키지 않는다.

(ii) $k=0$일 때,

$$f(x)=\begin{cases}\sin x-\dfrac{1}{2} & (0\leq x<a)\\[2mm] -\dfrac{1}{2} & (a\leq x\leq 2\pi)\end{cases}$$

이므로 함수 $y=f(x)$의 그래프는 다음 그림과 같다.

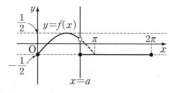

이때 방정식 $f(x)=0$의 실근의 개수는 2 이하이므로 조건 ㈏를 만족시키지 않는다.

(iii) $k<0$일 때,

$0<a<\pi$이면 $f(a)=k\sin a-\dfrac{1}{2}<-\dfrac{1}{2}$

즉, $|f(a)|>\dfrac{1}{2}$이므로 조건 ㈎를 만족시키지 않는다.

$\therefore a=\pi$ $(\because ㉠)$

함수 $y=f(x)$의 그래프는 오른쪽 그림과 같고, 조건 ㈏에서 방정식 $f(x)=0$의 서로 다른 실근의 개수가 3이므로

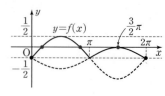

$f\left(\dfrac{3}{2}\pi\right)=0$이어야 한다.

$f\left(\dfrac{3}{2}\pi\right)=0$에서 $k\sin\dfrac{3}{2}\pi-\dfrac{1}{2}=0$

$-k-\dfrac{1}{2}=0$ $\therefore k=-\dfrac{1}{2}$

(i), (ii), (iii)에서 $a=\pi$, $k=-\dfrac{1}{2}$

Step 3 $20\left(\dfrac{a+S}{\pi}+k\right)$의 값 구하기

따라서 $f(x)=\begin{cases}\sin x-\dfrac{1}{2} & (0\leq x<\pi)\\[2mm] -\dfrac{1}{2}\sin x-\dfrac{1}{2} & (\pi\leq x\leq 2\pi)\end{cases}$ 이므로 $0\leq x\leq 2\pi$에서 방정식 $|f(x)|=\dfrac{1}{4}$의 해는 함수 $y=|f(x)|$의 그래프와 직선 $y=\dfrac{1}{4}$의 교점의 x좌표와 같다.

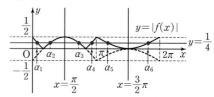

함수 $y=|f(x)|$의 그래프와 직선 $y=\dfrac{1}{4}$의 교점의 x좌표를 작은 것부터 차례대로 α_1, α_2, α_3, α_4, α_5, α_6이라 하면 사인함수의 그래프의 대칭성에 의하여

$\dfrac{\alpha_1+\alpha_4}{2}=\dfrac{\pi}{2}$, $\dfrac{\alpha_2+\alpha_3}{2}=\dfrac{\pi}{2}$, $\dfrac{\alpha_5+\alpha_6}{2}=\dfrac{3}{2}\pi$

$\therefore \alpha_1+\alpha_4=\pi$, $\alpha_2+\alpha_3=\pi$, $\alpha_5+\alpha_6=3\pi$

따라서 $S=\alpha_1+\alpha_2+\alpha_3+\alpha_4+\alpha_5+\alpha_6=\pi+\pi+3\pi=5\pi$이므로

$20\left(\dfrac{a+S}{\pi}+k\right)=20\left(\dfrac{\pi+5\pi}{\pi}-\dfrac{1}{2}\right)=20\times\dfrac{11}{2}=110$

14
일차

01 ③	02 ④	03 ③	04 ①	05 ①	06 192	07 41	08 25	09 ①	10 ②	11 7	12 ②
13 ②	14 ①	15 ①	16 27	17 ③	18 ①	19 ②	20 ①	21 ⑤	22 6	23 ⑤	24 22
25 ①	26 ④	27 98	28 ②	29 ②	30 ③	31 84	32 ⑤	33 ④	34 ③	35 ③	36 ⑤
37 ①	38 ④	39 ①	40 63	41 ①	42 ⑤	43 ⑤	44 15	45 64			

문제편 202쪽~219쪽

14
일차

---

01 사인법칙   정답 ③ | 정답률 84%

문제 보기

$\overline{AB}=8$이고 $\angle A=45°$, $\angle B=15°$인 삼각형 ABC에서 선분 BC의 길이는? [3점]

└ $\dfrac{\overline{BC}}{\sin A}=\dfrac{\overline{AB}}{\sin C}$임을 이용한다.

① $2\sqrt{6}$ ② $\dfrac{7\sqrt{6}}{3}$ ③ $\dfrac{8\sqrt{6}}{3}$ ④ $3\sqrt{6}$ ⑤ $\dfrac{10\sqrt{6}}{3}$

Step 1 $\overline{BC}$의 길이 구하기

삼각형 ABC에서 $\angle C=180°-(45°+15°)=120°$이므로 사인법칙에 의하여

$$\dfrac{\overline{BC}}{\sin 45°}=\dfrac{8}{\sin 120°}$$

$$\therefore \overline{BC}=8\times\dfrac{2}{\sqrt{3}}\times\dfrac{\sqrt{2}}{2}=\dfrac{8\sqrt{6}}{3}$$

02 사인법칙   정답 ④ | 정답률 82%

문제 보기

그림과 같이 반지름의 길이가 4인 원에 내접하고 변 AC의 길이가 5인 삼각형 ABC가 있다. $\angle ABC=\theta$라 할 때, $\sin\theta$의 값은?

└ $\dfrac{\overline{AC}}{\sin\theta}=2R$임을 이용한다.

(단, $0<\theta<\pi$) [3점]

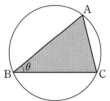

① $\dfrac{1}{4}$ ② $\dfrac{3}{8}$ ③ $\dfrac{1}{2}$ ④ $\dfrac{5}{8}$ ⑤ $\dfrac{3}{4}$

Step 1 $\sin\theta$의 값 구하기

삼각형 ABC에서 사인법칙에 의하여

$$\dfrac{5}{\sin\theta}=2\times 4$$

$$\therefore \sin\theta=\dfrac{5}{8}$$

문제 보기

반지름의 길이가 15인 원에 내접하는 삼각형 ABC에서 $\sin B=\dfrac{7}{10}$일 때, 선분 AC의 길이는? [3점]　└ $\dfrac{\overline{AC}}{\sin B}=2R$임을 이용한다.

① 15　　② 18　　③ 21　　④ 24　　⑤ 27

Step 1 **$\overline{AC}$의 길이 구하기**

삼각형 ABC에서 사인법칙에 의하여

$$\dfrac{\overline{AC}}{\sin B}=2\times 15$$

$$\therefore \overline{AC}=30\sin B=30\times\dfrac{7}{10}=21$$

문제 보기

$\angle A>\dfrac{\pi}{2}$인 삼각형 ABC의 꼭짓점 A에서 선분 BC에 내린 수선의 발을 H라 하자.

$\overline{AB}:\overline{AC}=\sqrt{2}:1,\ \overline{AH}=2$
└ $\overline{AC}=x$, $\angle ABC=\theta$로 놓고 사인법칙과 피타고라스 정리를 이용하여 $\overline{AB}$, $\overline{BH}$의 길이를 구한다.

이고, 삼각형 ABC의 외접원의 넓이가 50π일 때, 선분 BH의 길이는?
└ 외접원의 반지름의 길이를 구한다.　　　　　　[4점]

① 6　　② $\dfrac{25}{4}$　　③ $\dfrac{13}{2}$　　④ $\dfrac{27}{4}$　　⑤ 7

Step 1 **삼각형 ABC의 외접원의 반지름의 길이 구하기**

삼각형 ABC의 외접원의 반지름의 길이를 R라 하면

$$\pi R^2=50\pi \qquad \therefore R=5\sqrt{2}$$

Step 2 **$\overline{AB}$의 길이 구하기**

$\overline{AB}:\overline{AC}=\sqrt{2}:1$에서 $\overline{AC}=x\,(x>0)$ 라 하면

$\overline{AB}=\sqrt{2}x$

$\angle ABC=\theta$라 하면 삼각형 ABC에서 사인법칙에 의하여

$$\dfrac{\overline{AC}}{\sin\theta}=2R,\ \dfrac{x}{\sin\theta}=2\times 5\sqrt{2}$$

$$\therefore \sin\theta=\dfrac{x}{10\sqrt{2}} \qquad \cdots\cdots ㉠$$

$\overline{AH}=2$이므로 직각삼각형 ABH에서

$$\sin\theta=\dfrac{\overline{AH}}{\overline{AB}}=\dfrac{2}{\sqrt{2}x} \qquad \cdots\cdots ㉡$$

㉠, ㉡에서 $\dfrac{x}{10\sqrt{2}}=\dfrac{2}{\sqrt{2}x}$

$x^2=20 \qquad \therefore x=2\sqrt{5}\ (\because x>0)$

$\therefore \overline{AB}=\sqrt{2}x=\sqrt{2}\times 2\sqrt{5}=2\sqrt{10}$

Step 3 **$\overline{BH}$의 길이 구하기**

따라서 직각삼각형 ABH에서

$$\overline{BH}=\sqrt{\overline{AB}^2-\overline{AH}^2}$$
$$=\sqrt{(2\sqrt{10})^2-2^2}=6$$

문제 보기

그림과 같이 $\angle ABC = \dfrac{\pi}{2}$인 삼각형 ABC에 내접하고 반지름의 길이

가 3인 원의 중심을 O라 하자. 직선 AO가 선분 BC와 만나는 점을 D

　　└ 삼각형의 닮음과 내심의 성질을 이용하여
　　　sin(∠CAD)의 값과 $\overline{\rm CD}$의 길이를 구한다.

라 할 때, $\overline{\rm DB} = 4$이다. 삼각형 ADC의 외접원의 넓이는? [4점]

　　　　　　└ 사인법칙을 이용하여 외접원의 반지름의 길이를 구한다.

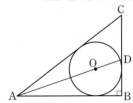

① $\dfrac{125}{2}\pi$　② 63π　③ $\dfrac{127}{2}\pi$　④ 64π　⑤ $\dfrac{129}{2}\pi$

Step 1   sin(∠CAD)의 **값 구하기**

삼각형 ABC에 내접하는 원이 세 선분
CA, AB, BC와 만나는 점을 각각 P, Q,
R라 하자.

$\overline{\rm OQ} = \overline{\rm OR} = 3$이므로

$\overline{\rm DR} = \overline{\rm DB} - \overline{\rm RB} = 4 - 3 = 1$

$\overline{\rm DO} = \sqrt{3^2 + 1^2} = \sqrt{10}$이므로

$\sin(\angle {\rm DOR}) = \dfrac{1}{\sqrt{10}}$

또 $\overline{\rm OR} /\!/ \overline{\rm AB}$이므로 $\angle {\rm DAB} = \angle {\rm DOR}$ $\qquad$ …… ㉠

따라서 삼각형 DOR와 삼각형 OAQ는 닮음이므로

$\overline{\rm AQ} : \overline{\rm OR} = \overline{\rm OQ} : \overline{\rm DR} = 3 : 1$

$\therefore \overline{\rm AQ} = 3 \times \overline{\rm OR} = 9$

이때 점 O가 삼각형 ABC의 내심이므로

$\overline{\rm AP} = \overline{\rm AQ} = 9$

$\angle {\rm CAD} = \angle {\rm DAB}$ $\qquad$ …… ㉡

㉠, ㉡에서 $\angle {\rm CAD} = \angle {\rm DOR}$이므로

$\sin(\angle {\rm CAD}) = \sin(\angle {\rm DOR}) = \dfrac{1}{\sqrt{10}}$

Step 2 $\overline{\rm CD}$의 **길이 구하기**

$\overline{\rm CP} = \overline{\rm CR} = k \, (k > 0)$라 하면 삼각형 ABC에서 피타고라스 정리에 의하여

$(k+9)^2 = 12^2 + (k+3)^2$

$k^2 + 18k + 81 = k^2 + 6k + 153, \ 12k = 72$ $\quad \therefore k = 6$

$\therefore \overline{\rm CD} = \overline{\rm CR} - \overline{\rm DR} = 6 - 1 = 5$

Step 3   **삼각형 ADC의 외접원의 넓이 구하기**

삼각형 ADC의 외접원의 반지름의 길이를 R라 하면 사인법칙에 의하여

$\dfrac{\overline{\rm CD}}{\sin(\angle {\rm CAD})} = 2R$

$\therefore R = 5 \times \sqrt{10} \times \dfrac{1}{2} = \dfrac{5\sqrt{10}}{2}$

따라서 삼각형 ADC의 외접원의 넓이는

$\pi \times \left(\dfrac{5\sqrt{10}}{2} \right)^2 = \dfrac{125}{2}\pi$

문제 보기

그림과 같이 반지름의 길이가 6인 원에 내접하는 사각형 ABCD에 대

하여 $\overline{\rm AB} = \overline{\rm CD} = 3\sqrt{3}$, $\overline{\rm BD} = 8\sqrt{2}$일 때, 사각형 ABCD의 넓이를 S라

　　　　└ 삼각형 ABD에서 사인법칙을 이용하여 　　　　└ 사각형 ABCD의 모양을 확인한
　　　　　sin(∠ADB)의 값을 구한다. 　　　　　후 넓이를 구하기 위해 필요한 변
　　　　　　　　　　　　　　　　　　　　　　의 길이를 먼저 구한다.

하자. $\dfrac{S^2}{13}$의 값을 구하시오. [4점]

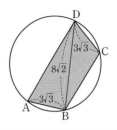

Step 1   sin(∠ADB)의 **값 구하기**

삼각형 ABD에서 사인법칙에 의하여

$\dfrac{3\sqrt{3}}{\sin(\angle {\rm ADB})} = 2 \times 6$

$\therefore \sin(\angle {\rm ADB}) = \dfrac{\sqrt{3}}{4}$

Step 2   cos(∠ADB)의 **값 구하기**

$0 < \angle {\rm ADB} < \dfrac{\pi}{2}$이므로

$\cos(\angle {\rm ADB}) = \sqrt{1 - \sin^2(\angle {\rm ADB})}$

$\qquad\qquad\quad = \sqrt{1 - \left(\dfrac{\sqrt{3}}{4} \right)^2} = \dfrac{\sqrt{13}}{4}$

Step 3 S의 **값 구하기**

$\overline{\rm AB} = \overline{\rm CD}$에서 $\overset{\frown}{\rm AB} = \overset{\frown}{\rm CD}$

$\therefore \angle {\rm ADB} = \angle {\rm CBD}$

이때 $\angle {\rm ADB}$와 $\angle {\rm CBD}$는 엇각이므로

$\overline{\rm AD} /\!/ \overline{\rm BC}$

따라서 사각형 ABCD는 등변사다리꼴이다.

두 점 B, C에서 선분 AD에 내린 수선의 발을

각각 H_1, H_2라 하면

$\overline{\rm DH_1} = \overline{\rm BD} \cos(\angle {\rm ADB}) = 8\sqrt{2} \times \dfrac{\sqrt{13}}{4} = 2\sqrt{26}$

$\overline{\rm BH_1} = \overline{\rm BD} \sin(\angle {\rm ADB}) = 8\sqrt{2} \times \dfrac{\sqrt{3}}{4} = 2\sqrt{6}$

따라서 사각형 ABCD의 넓이 S는

$S = \dfrac{1}{2} \times (\overline{\rm AD} + \overline{\rm BC}) \times \overline{\rm BH_1}$

$\quad = \dfrac{1}{2} \times \{ (\overline{\rm DH_1} + \overline{\rm AH_1}) + (\overline{\rm DH_1} - \overline{\rm DH_2}) \} \times \overline{\rm BH_1}$

$\quad = \dfrac{1}{2} \times 2\overline{\rm DH_1} \times \overline{\rm BH_1} \ (\because \overline{\rm AH_1} = \overline{\rm DH_2})$

$\quad = \overline{\rm DH_1} \times \overline{\rm BH_1}$

$\quad = 2\sqrt{26} \times 2\sqrt{6} = 8\sqrt{39}$

Step 4 $\dfrac{S^2}{13}$의 **값 구하기**

$\therefore \dfrac{S^2}{13} = \dfrac{(8\sqrt{39})^2}{13} = 192$

문제 보기

$\overline{AB}=6$, $\overline{AC}=10$인 삼각형 ABC가 있다. 선분 AC 위에 점 D를
$\overline{AB}=\overline{AD}$가 되도록 잡는다. $\overline{BD}=\sqrt{15}$일 때, 선분 BC의 길이를 k라
└ 삼각형 ABD에서 코사인법칙을 이용하여
하자. k^2의 값을 구하시오. [3점] $\cos A$의 값을 구한다.
└ 삼각형 ABC에서
코사인법칙을 이용한다.

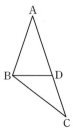

Step 1 $\cos A$의 값 구하기

삼각형 ABD에서 $\overline{AB}=\overline{AD}=6$, $\overline{BD}=\sqrt{15}$이므로 코사인법칙에 의하여

$$\cos A=\frac{6^2+6^2-(\sqrt{15})^2}{2\times6\times6}=\frac{19}{24}$$

Step 2 k^2의 값 구하기

삼각형 ABC에서 코사인법칙에 의하여

$$\overline{BC}^2=6^2+10^2-2\times6\times10\times\frac{19}{24}=41$$

$$\therefore k^2=\overline{BC}^2=41$$

문제 보기

그림과 같이 $\overline{AB}=3$, $\overline{BC}=6$인 직사각형 ABCD에서 선분 BC를
└ AC의 길이를 구한다.
$1:5$로 내분하는 점을 E라 하자. $\angle EAC=\theta$라 할 때, $50\sin\theta\cos\theta$
└ BE, EC의 길이를 구한다.   삼각형 AEC에서 코사인법칙을 이용한다. ┘
의 값을 구하시오. [4점]

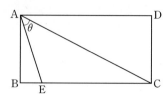

Step 1 $\overline{AC}$, $\overline{AE}$의 길이 구하기

직각삼각형 ABC에서

$$\overline{AC}=\sqrt{3^2+6^2}=3\sqrt{5}$$

$\overline{BE}=6\times\frac{1}{6}=1$이므로 직각삼각형 ABE에서

$$\overline{AE}=\sqrt{3^2+1^2}=\sqrt{10}$$

Step 2 $\cos\theta$의 값 구하기

$\overline{EC}=\overline{BC}-\overline{BE}=6-1=5$이므로 삼각형 AEC에서 코사인법칙에 의하여

$$\cos\theta=\frac{(\sqrt{10})^2+(3\sqrt{5})^2-5^2}{2\times\sqrt{10}\times3\sqrt{5}}=\frac{1}{\sqrt{2}}=\frac{\sqrt{2}}{2}$$

Step 3 $\sin\theta$의 값 구하기

$0<\theta<\dfrac{\pi}{2}$이므로

$$\sin\theta=\sqrt{1-\cos^2\theta}=\sqrt{1-\left(\frac{\sqrt{2}}{2}\right)^2}=\frac{\sqrt{2}}{2}$$

Step 4 $50\sin\theta\cos\theta$의 값 구하기

$$\therefore 50\sin\theta\cos\theta=50\times\frac{\sqrt{2}}{2}\times\frac{\sqrt{2}}{2}=25$$

다른 풀이   삼각형의 넓이 이용하기

직각삼각형 ABC에서

$$\overline{AC}=\sqrt{3^2+6^2}=3\sqrt{5}$$

$\overline{BE}=6\times\frac{1}{6}=1$이므로 직각삼각형 ABE에서

$$\overline{AE}=\sqrt{3^2+1^2}=\sqrt{10}$$

$\overline{EC}=6-1=5$이므로 삼각형 AEC의 넓이는

$$\frac{1}{2}\times\sqrt{10}\times3\sqrt{5}\times\sin\theta=\frac{1}{2}\times5\times3$$

$$\therefore \sin\theta=\frac{\sqrt{2}}{2}$$

$0<\theta<\dfrac{\pi}{2}$이므로 $\cos\theta=\sqrt{1-\left(\dfrac{\sqrt{2}}{2}\right)^2}=\dfrac{\sqrt{2}}{2}$

$$\therefore 50\sin\theta\cos\theta=50\times\frac{\sqrt{2}}{2}\times\frac{\sqrt{2}}{2}=25$$

09 코사인법칙
정답 ① | 정답률 65%

문제 보기

그림과 같이 평면 위에 한 변의 길이가 3인 정사각형 ABCD와 한 변의 길이가 4인 정사각형 CEFG가 있다. $\angle DCG = \theta \, (0 < \theta < \pi)$라 할 때, $\sin\theta = \dfrac{\sqrt{11}}{6}$이다. $\overline{DG} \times \overline{BE}$의 값은? [4점]

└→ 삼각형 DCG와 삼각형 BCE에서 각각 코사인법칙을 이용한다.

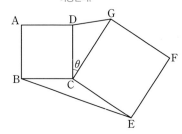

① 15　　② 17　　③ 19　　④ 21　　⑤ 23

Step 1 $\overline{DG}^2$, $\overline{BE}^2$의 값 구하기

$\angle DCG = \theta \, (0 < \theta < \pi)$이고 $\angle BCD = \angle ECG = \dfrac{\pi}{2}$이므로

$\angle BCE = \pi - \theta$

삼각형 DCG에서 코사인법칙에 의하여
$$\overline{DG}^2 = 3^2 + 4^2 - 2 \times 3 \times 4 \times \cos\theta$$
$$= 25 - 24\cos\theta$$

삼각형 BCE에서 코사인법칙에 의하여
$$\overline{BE}^2 = 3^2 + 4^2 - 2 \times 3 \times 4 \times \cos(\pi - \theta)$$
$$= 25 - 24\cos(\pi - \theta)$$
$$= 25 + 24\cos\theta$$

Step 2 $\overline{DG} \times \overline{BE}$의 값 구하기

$$\therefore \overline{DG} \times \overline{BE} = \sqrt{25 - 24\cos\theta} \times \sqrt{25 + 24\cos\theta}$$
$$= \sqrt{25^2 - (24\cos\theta)^2}$$
$$= \sqrt{25^2 - 24^2 \times \cos^2\theta}$$
$$= \sqrt{25^2 - 24^2 \times (1 - \sin^2\theta)}$$
$$= \sqrt{25^2 - 24^2 \times \left\{1 - \left(\dfrac{\sqrt{11}}{6}\right)^2\right\}}$$
$$= \sqrt{25^2 - 24^2 \times \dfrac{25}{36}}$$
$$= \sqrt{625 - 400} = \sqrt{225} = 15$$

10 코사인법칙
정답 ② | 정답률 93%

문제 보기

$\angle A = \dfrac{\pi}{3}$이고 $\overline{AB} : \overline{AC} = 3 : 1$인 삼각형 ABC가 있다. 삼각형 ABC

└→ $\overline{AC} = k \, (k > 0)$로 놓으면 $\overline{AB} = 3k$

의 외접원의 반지름의 길이가 7일 때, 선분 AC의 길이는? [3점]

└→ 사인법칙을 이용하여 $\overline{BC}$의 길이를 구한다.　└→ 코사인법칙을 이용한다.

① $2\sqrt{5}$　　② $\sqrt{21}$　　③ $\sqrt{22}$　　④ $\sqrt{23}$　　⑤ $2\sqrt{6}$

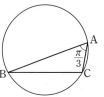

Step 1 $\overline{BC}$의 길이 구하기

삼각형 ABC에서 사인법칙에 의하여
$$\dfrac{\overline{BC}}{\sin\dfrac{\pi}{3}} = 2 \times 7$$

$$\therefore \overline{BC} = 14 \times \dfrac{\sqrt{3}}{2} = 7\sqrt{3}$$

Step 2 $\overline{AC}$의 길이 구하기

$\overline{AC} = k \, (k > 0)$라 하면 $\overline{AB} : \overline{AC} = 3 : 1$에서 $\overline{AB} = 3\overline{AC}$이므로
$\overline{AB} = 3k$

삼각형 ABC에서 코사인법칙에 의하여
$$(7\sqrt{3})^2 = (3k)^2 + k^2 - 2 \times 3k \times k \times \cos\dfrac{\pi}{3}$$
$$147 = 7k^2, \ k^2 = 21 \qquad \therefore k = \sqrt{21} \, (\because k > 0)$$
$$\therefore \overline{AC} = \sqrt{21}$$

$\overline{AB} : \overline{BC} : \overline{CA} = 1 : 2 : \sqrt{2}$인 삼각형 ABC가 있다. 삼각형 ABC의
└→ 코사인법칙을 이용하여 $\cos B$의 값을 구한 후 $\sin B$의 값을 구한다.

외접원의 넓이가 28π일 때, 선분 CA의 길이를 구하시오. [4점]
└→ 삼각형 ABC의 외접원의 반지름의 길이를 구한다.

Step 1 $\sin B$의 값 구하기

삼각형 ABC에서 $\overline{AB} : \overline{BC} : \overline{CA} = 1 : 2 : \sqrt{2}$

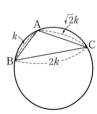

이므로 $\overline{AB} = k$, $\overline{BC} = 2k$, $\overline{CA} = \sqrt{2}k$ ($k > 0$)라

하면 코사인법칙에 의하여

$(\sqrt{2}k)^2 = k^2 + (2k)^2 - 2 \times k \times 2k \times \cos B$

$4k^2 \cos B = 3k^2$

$\therefore \cos B = \dfrac{3}{4}$

$\therefore \sin B = \sqrt{1 - \cos^2 B} = \sqrt{1 - \dfrac{9}{16}} = \dfrac{\sqrt{7}}{4}$

Step 2 삼각형 ABC의 외접원의 반지름의 길이 구하기

삼각형 ABC의 외접원의 반지름의 길이를 R라 하면 외접원의 넓이가

28π이므로

$\pi R^2 = 28\pi$　　$\therefore R = 2\sqrt{7}$

Step 3 $\overline{CA}$의 길이 구하기

삼각형 ABC에서 사인법칙에 의하여

$\dfrac{\overline{CA}}{\sin B} = 2R$, $\dfrac{\overline{CA}}{\frac{\sqrt{7}}{4}} = 4\sqrt{7}$

$\therefore \overline{CA} = 7$

길이가 각각 10, a, b인 세 선분 AB, BC, CA를 각 변으로 하는 예각

삼각형 ABC가 있다. 삼각형 ABC의 세 꼭짓점을 지나는 원의 반지름

의 길이가 $3\sqrt{5}$이고 $\dfrac{a^2 + b^2 - ab\cos C}{ab} = \dfrac{4}{3}$일 때, ab의 값은? [4점]
　└→ 사인법칙을 이용하여 $\sin C$의 값을 구한다.　└→ 코사인법칙을 이용한다.

① 140　　② 150　　③ 160　　④ 170　　⑤ 180

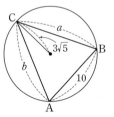

Step 1 $\sin C$의 값 구하기

삼각형 ABC에서 사인법칙에 의하여

$\dfrac{10}{\sin C} = 2 \times 3\sqrt{5}$

$\therefore \sin C = \dfrac{\sqrt{5}}{3}$

Step 2 $\cos C$의 값 구하기

$0 < C < \dfrac{\pi}{2}$이므로

$\cos C = \sqrt{1 - \sin^2 C} = \sqrt{1 - \left(\dfrac{\sqrt{5}}{3}\right)^2} = \dfrac{2}{3}$　　　…… ㉠

Step 3 ab의 값 구하기

삼각형 ABC에서 코사인법칙에 의하여

$10^2 = a^2 + b^2 - 2ab\cos C$

$100 + ab\cos C = a^2 + b^2 - ab\cos C$

$\dfrac{a^2 + b^2 - ab\cos C}{ab} = \dfrac{4}{3}$에서

$\dfrac{100 + ab\cos C}{ab} = \dfrac{4}{3}$

$\dfrac{100 + \frac{2}{3}ab}{ab} = \dfrac{4}{3}$ ($\because$ ㉠)

$300 + 2ab = 4ab$, $2ab = 300$

$\therefore ab = 150$

문제 보기

반지름의 길이가 $2\sqrt{7}$인 원에 내접하고 $\angle A=\dfrac{\pi}{3}$인 삼각형 ABC가 있
└ 삼각형 ABC에서 사인법칙을 이용하여 BC의 길이를 구한다.

다. 점 A를 포함하지 않는 호 BC 위의 점 D에 대하여

$\sin(\angle BCD)=\dfrac{2\sqrt{7}}{7}$일 때, $\overline{BD}+\overline{CD}$의 값은? [4점]
└ 삼각형 BCD에서 사인법칙을 이용하여 BD의 길이를 구한다.

① $\dfrac{19}{2}$ ② 10   ③ $\dfrac{21}{2}$ ④ 11   ⑤ $\dfrac{23}{2}$

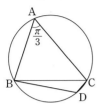

Step 1 $\overline{BC}$, $\overline{BD}$의 길이 구하기

삼각형 ABC에서 사인법칙에 의하여

$\dfrac{\overline{BC}}{\sin\frac{\pi}{3}}=2\times 2\sqrt{7}$

$\therefore \overline{BC}=4\sqrt{7}\times\dfrac{\sqrt{3}}{2}=2\sqrt{21}$

또 삼각형 BCD에서 사인법칙에 의하여

$\dfrac{\overline{BD}}{\sin(\angle BCD)}=2\times 2\sqrt{7}$

$\therefore \overline{BD}=4\sqrt{7}\times\dfrac{2\sqrt{7}}{7}=8$

Step 2 $\overline{CD}$의 길이 구하기

사각형 ABDC는 원에 내접하므로

$\angle BDC=\pi-\angle BAC=\dfrac{2}{3}\pi$

$\overline{CD}=x$라 하면 삼각형 BCD에서 코사인법칙에 의하여

$(2\sqrt{21})^2=8^2+x^2-2\times 8\times x\times\cos\dfrac{2}{3}\pi$

$x^2+8x-20=0,\ (x+10)(x-2)=0$

$\therefore x=2\ (\because x>0)$

$\therefore \overline{CD}=2$

Step 3 $\overline{BD}+\overline{CD}$의 값 구하기

$\therefore \overline{BD}+\overline{CD}=8+2=10$

문제 보기

정삼각형 ABC가 반지름의 길이가 r인 원에 내접하고 있다. 선분 AC
와 선분 BD가 만나고 $\overline{BD}=\sqrt{2}$가 되도록 원 위에서 점 D를 잡는다.

$\angle DBC=\theta$라 할 때, $\sin\theta=\dfrac{\sqrt{3}}{3}$이다. 반지름의 길이 r의 값은? [4점]

① $\dfrac{6-\sqrt{6}}{5}$ ② $\dfrac{6-\sqrt{5}}{5}$ ③ $\dfrac{4}{5}$ ④ $\dfrac{6-\sqrt{3}}{5}$ ⑤ $\dfrac{6-\sqrt{2}}{5}$

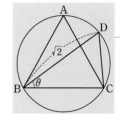

└ 삼각형 BCD에서 사인법칙을 이용하여 CD, BC의 길이를 r에 대한 식으로 나타낸다.

Step 1 $\overline{CD}$, $\overline{BC}$를 r에 대한 식으로 나타내기

삼각형 BCD의 외접원의 반지름의 길이가 r이므로 사인법칙에 의하여

$\overline{CD}=2r\sin\theta=2r\times\dfrac{\sqrt{3}}{3}=\dfrac{2\sqrt{3}}{3}r$

또 삼각형 ABC가 정삼각형이므로 $\angle BAC=\dfrac{\pi}{3}$이고, 호 BC에 대한 원주각의 크기는 서로 같으므로

$\angle BDC=\angle BAC=\dfrac{\pi}{3}$

$\therefore \overline{BC}=2r\sin\dfrac{\pi}{3}=2r\times\dfrac{\sqrt{3}}{2}=\sqrt{3}r$

Step 2 r의 값 구하기

삼각형 BCD에서 코사인법칙에 의하여

$(\sqrt{3}r)^2=(\sqrt{2})^2+\left(\dfrac{2\sqrt{3}}{3}r\right)^2-2\times\sqrt{2}\times\dfrac{2\sqrt{3}}{3}r\times\cos\dfrac{\pi}{3}$

$3r^2=2+\dfrac{4}{3}r^2-\dfrac{2\sqrt{6}}{3}r$

$5r^2+2\sqrt{6}r-6=0$

$\therefore r=\dfrac{6-\sqrt{6}}{5}\ (\because r>0)$

문제 보기

그림과 같이 사각형 ABCD가 한 원에 내접하고

$$\overline{AB}=5,\ \overline{AC}=3\sqrt{5},\ \overline{AD}=7,\ \angle BAC=\angle CAD$$
└─ 코사인법칙을 이용하여 $\overline{BC}$의 길이를 구한다.

일 때, 이 원의 반지름의 길이는? [4점]
└─ 삼각형 ABC에서 사인법칙을 이용한다.

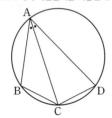

① $\dfrac{5\sqrt{2}}{2}$ ② $\dfrac{8\sqrt{5}}{5}$ ③ $\dfrac{5\sqrt{5}}{3}$ ④ $\dfrac{8\sqrt{2}}{3}$ ⑤ $\dfrac{9\sqrt{3}}{4}$

Step 1 $\overline{BC}$의 길이 구하기

$\angle BAC=\angle CAD=\theta$라 하자.

삼각형 ABC에서 코사인법칙에 의하여

$$\overline{BC}^2=5^2+(3\sqrt{5})^2-2\times5\times3\sqrt{5}\times\cos\theta$$
$$=70-30\sqrt{5}\cos\theta\quad\cdots\cdots\ \bigcirc$$

삼각형 ACD에서 코사인법칙에 의하여

$$\overline{CD}^2=7^2+(3\sqrt{5})^2-2\times7\times3\sqrt{5}\times\cos\theta$$
$$=94-42\sqrt{5}\cos\theta$$

한편 $\angle BAC=\angle CAD$에서 $\overset{\frown}{BC}=\overset{\frown}{CD}$이므로

$$\overline{BC}=\overline{CD}$$

따라서 $\overline{BC}^2=\overline{CD}^2$이므로

$$70-30\sqrt{5}\cos\theta=94-42\sqrt{5}\cos\theta$$
$$12\sqrt{5}\cos\theta=24$$
$$\therefore\ \cos\theta=\frac{2\sqrt{5}}{5}$$

이를 ㉠에 대입하면

$$\overline{BC}^2=70-30\sqrt{5}\times\frac{2\sqrt{5}}{5}=10$$
$$\therefore\ \overline{BC}=\sqrt{10}\ (\because\ \overline{BC}>0)$$

Step 2 원의 반지름의 길이 구하기

한편 $\cos\theta=\dfrac{2\sqrt{5}}{5}$이므로

$$\sin\theta=\sqrt{1-\cos^2\theta}=\sqrt{1-\left(\frac{2\sqrt{5}}{5}\right)^2}=\frac{\sqrt{5}}{5}$$

삼각형 ABC의 외접원의 반지름의 길이를 R라 하면 사인법칙에 의하여

$$\frac{\overline{BC}}{\sin\theta}=2R$$
$$\therefore\ R=\frac{1}{2}\times\sqrt{10}\times\frac{5}{\sqrt{5}}=\frac{5\sqrt{2}}{2}$$

문제 보기

그림과 같이 선분 AB를 지름으로 하는 원 위의 점 C에 대하여
└─ $\angle BCA=\dfrac{\pi}{2}$

$$\overline{BC}=12\sqrt{2},\ \cos(\angle CAB)=\frac{1}{3}$$
└─ $\sin(\angle CAB)$의 값과 $\overline{AB}$, $\overline{AC}$의 길이를 구한다.

이다. 선분 AB를 5 : 4로 내분하는 점을 D라 할 때, 삼각형 CAD의
└─ $\overline{AD}$의 길이를 구한다.

외접원의 넓이는 S이다. $\dfrac{S}{\pi}$의 값을 구하시오. [4점]
└─ 코사인법칙을 이용하여 $\overline{CD}$의 길이를 구한 후 사인법칙을 이용하여 외접원의 반지름의 길이를 구한다.

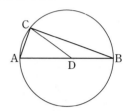

Step 1 $\sin(\angle CAB)$의 값 구하기

$0<\angle CAB<\dfrac{\pi}{2}$이므로

$$\sin(\angle CAB)=\sqrt{1-\cos^2(\angle CAB)}=\sqrt{1-\left(\frac{1}{3}\right)^2}=\frac{2\sqrt{2}}{3}$$

Step 2 $\overline{AC}$, $\overline{AD}$의 길이 구하기

$\angle BCA=\dfrac{\pi}{2}$이므로 삼각형 ABC에서

$$\overline{BC}=\overline{AB}\sin(\angle CAB)$$
$$\therefore\ \overline{AB}=\overline{BC}\times\frac{1}{\sin(\angle CAB)}=12\sqrt{2}\times\frac{3}{2\sqrt{2}}=18$$
$$\therefore\ \overline{AC}=\overline{AB}\cos(\angle CAB)=18\times\frac{1}{3}=6$$

이때 점 D는 선분 AB를 5 : 4로 내분하는 점이므로

$$\overline{AD}=\frac{5}{9}\overline{AB}=\frac{5}{9}\times18=10$$

Step 3 $\overline{CD}$의 길이 구하기

삼각형 CAD에서 코사인법칙에 의하여

$$\overline{CD}^2=6^2+10^2-2\times6\times10\times\frac{1}{3}=96$$
$$\therefore\ \overline{CD}=4\sqrt{6}\ (\because\ \overline{CD}>0)$$

Step 4 $\dfrac{S}{\pi}$의 값 구하기

삼각형 CAD의 외접원의 반지름의 길이를 R라 하면 사인법칙에 의하여

$$\frac{\overline{CD}}{\sin(\angle CAB)}=2R$$
$$\therefore\ R=\frac{1}{2}\times4\sqrt{6}\times\frac{3}{2\sqrt{2}}=3\sqrt{3}$$

따라서 삼각형 CAD의 외접원의 넓이 S는

$$S=\pi R^2=27\pi\qquad\therefore\ \frac{S}{\pi}=27$$

17 코사인법칙   정답 ③ | 정답률 50%

문제 보기

그림과 같이 $\overline{AB}=3$, $\overline{BC}=2$, $\overline{AC}>3$이고 $\cos(\angle BAC)=\dfrac{7}{8}$인 삼
    └ 코사인법칙을 이용하여 $\overline{AC}$의 길이를 구한다.

각형 ABC가 있다. 선분 AC의 중점을 M, 삼각형 ABC의 외접원이
       └ $\overline{AM}=\overline{MC}=\dfrac{1}{2}\overline{AC}$임을 이용한다.

직선 BM과 만나는 점 중 B가 아닌 점을 D라 할 때, 선분 MD의 길이
는? [4점]   두 삼각형 AMD, BMC의 닮음을 이용한다. ┘

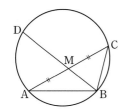

① $\dfrac{3\sqrt{10}}{5}$ ② $\dfrac{7\sqrt{10}}{10}$ ③ $\dfrac{4\sqrt{10}}{5}$ ④ $\dfrac{9\sqrt{10}}{10}$ ⑤ $\sqrt{10}$

Step 1 $\overline{AM}$의 길이 구하기

$\overline{AC}=a\,(a>3)$라 하면 삼각형 ABC에서 코사인법칙에 의하여

$2^2=a^2+3^2-2\times a\times 3\times\dfrac{7}{8}$

$a^2-\dfrac{21}{4}a+5=0$, $4a^2-21a+20=0$

$(4a-5)(a-4)=0$ $\therefore a=4\ (\because a>3)$

$\overline{AC}=4$이므로

$\overline{AM}=\overline{MC}=\dfrac{1}{2}\overline{AC}=2$

Step 2 $\overline{BM}$의 길이 구하기

삼각형 ABM에서 코사인법칙에 의하여

$\overline{BM}^2=2^2+3^2-2\times 2\times 3\times\dfrac{7}{8}=\dfrac{5}{2}$

$\therefore \overline{BM}=\dfrac{\sqrt{10}}{2}\ (\because \overline{BM}>0)$

Step 3 $\overline{MD}$의 길이 구하기

호 AB에 대한 원주각의 크기는 서로 같으므로

$\angle ADB=\angle BCA$

또 $\angle AMD=\angle BMC$이므로 삼각형 AMD와 삼각형 BMC는 서로 닮음이다.

따라서 $\overline{AM}:\overline{MD}=\overline{BM}:\overline{MC}$이므로

$2:\overline{MD}=\dfrac{\sqrt{10}}{2}:2$

$\dfrac{\sqrt{10}}{2}\overline{MD}=4$ $\therefore \overline{MD}=\dfrac{8}{\sqrt{10}}=\dfrac{4\sqrt{10}}{5}$

18 코사인법칙   정답 ① | 정답률 43%

문제 보기

그림과 같이 원 C에 내접하고 $\overline{AB}=3$, $\angle BAC=\dfrac{\pi}{3}$인 삼각형 ABC

가 있다. 원 C의 넓이가 $\dfrac{49}{3}\pi$일 때, 원 C 위의 점 P에 대하여 삼각형
       └ 사인법칙을 이용하여 $\overline{BC}$의 길이, 코사인법칙을 이용하여 $\overline{AC}$의 길이를 구한다.

PAC의 넓이의 최댓값은? (단, 점 P는 점 A도 아니고 점 C도 아니다.)
       └ 이때의 점 P는 선분 AC의 수직이등분선과 원 C의 두 교점 중   [4점]
           직선 AC에서 멀리 떨어져 있는 점이다.

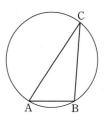

① $\dfrac{32}{3}\sqrt{3}$ ② $\dfrac{34}{3}\sqrt{3}$ ③ $12\sqrt{3}$ ④ $\dfrac{38}{3}\sqrt{3}$ ⑤ $\dfrac{40}{3}\sqrt{3}$

Step 1 $\overline{BC}$의 길이 구하기

원 C의 반지름의 길이를 R라 하면 원 C의 넓이가 $\dfrac{49}{3}\pi$이므로

$\pi R^2=\dfrac{49}{3}\pi$ $\therefore R=\dfrac{7\sqrt{3}}{3}$

삼각형 ABC에서 사인법칙에 의하여

$\dfrac{\overline{BC}}{\sin\dfrac{\pi}{3}}=2\times\dfrac{7\sqrt{3}}{3}$

$\therefore \overline{BC}=\dfrac{14\sqrt{3}}{3}\times\dfrac{\sqrt{3}}{2}=7$

Step 2 $\overline{AC}$의 길이 구하기

$\overline{AC}=a$라 하면 삼각형 ABC에서 코사인법칙에 의하여

$7^2=a^2+3^2-2\times a\times 3\times\cos\dfrac{\pi}{3}$

$a^2-3a-40=0$, $(a+5)(a-8)=0$

$\therefore a=8\ (\because a>0)$

$\therefore \overline{AC}=8$

Step 3 삼각형 PAC의 넓이의 최댓값 구하기

삼각형 PAC의 넓이가 최대가 되려면 점 P는 선분 AC의 수직이등분선과 원 C의 두 교점 중 직선 AC로부터 멀리 떨어져 있는 점이어야 한다.

오른쪽 그림과 같이 원 C의 중심을 O, 점 P에서 선분 AC에 내린 수선의 발을 H라 하면 선분 PH는 점 O를 지난다.

$\overline{AH}=\overline{CH}=4$이고 직각삼각형 AHO에서

$\overline{OH}=\sqrt{\left(\dfrac{7\sqrt{3}}{3}\right)^2-4^2}=\dfrac{\sqrt{3}}{3}$

$\therefore \overline{PH}=\overline{OP}+\overline{OH}$

$\qquad =\dfrac{7\sqrt{3}}{3}+\dfrac{\sqrt{3}}{3}=\dfrac{8\sqrt{3}}{3}$

따라서 삼각형 PAC의 넓이의 최댓값은

$\dfrac{1}{2}\times 8\times\dfrac{8\sqrt{3}}{3}=\dfrac{32\sqrt{3}}{3}$

문제 보기

그림과 같이

$$2\overline{AB}=\overline{BC},\ \cos(\angle ABC)=-\frac{5}{8}$$

└─ 코사인법칙을 이용하여 $\overline{AC}^2$의 값을 구한 후 $\overline{BC}$의 길이를 구한다.

인 삼각형 ABC의 외접원을 O라 하자. 원 O 위의 점에 대하여 삼각형 PAC의 넓이가 최대가 되도록 하는 점 P를 Q라 할 때, $\overline{QA}=6\sqrt{10}$

└─ 점 P가 선분 AC의 수직이등분선의 교점 중 선분 AC에서 먼 점일 때 삼각형 PAC의 넓이가 최대이다.

이다. 선분 AC 위의 점 D에 대하여 $\angle CDB=\frac{2}{3}\pi$일 때, 삼각형 CDB의 외접원의 반지름의 길이는? [4점]

└─ 사인법칙을 이용한다.

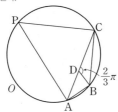

① $3\sqrt{3}$ ② $4\sqrt{3}$ ③ $3\sqrt{6}$ ④ $5\sqrt{3}$ ⑤ $4\sqrt{6}$

Step 1 $\overline{AC}^2$의 값 구하기

점 P가 점 B를 지나지 않는 호 AC와 선분 AC의 수직이등분선의 교점일 때 삼각형 PAC의 넓이가 최대가 되므로 이때의 점 P가 점 Q이다.

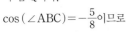

$\cos(\angle ABC)=-\frac{5}{8}$이므로

$$\begin{aligned}\cos(\angle CQA)&=\cos(\pi-\angle ABC)\\&=-\cos(\angle ABC)=\frac{5}{8}\end{aligned}$$

삼각형 QAC는 $\overline{QA}=\overline{QC}$인 이등변삼각형이므로

$$\overline{QC}=\overline{QA}=6\sqrt{10}$$

따라서 삼각형 QAC에서 코사인법칙에 의하여

$$\begin{aligned}\overline{AC}^2&=(6\sqrt{10})^2+(6\sqrt{10})^2-2\times6\sqrt{10}\times6\sqrt{10}\times\frac{5}{8}\\&=360+360-450=270\quad\cdots\cdots\ \bigcirc\end{aligned}$$

Step 2 $\overline{BC}$의 길이 구하기

$\overline{AB}=a\,(a>0)$라 하면 $2\overline{AB}=\overline{BC}$에서 $\overline{BC}=2a$

삼각형 ABC에서 코사인법칙에 의하여

$$\begin{aligned}\overline{AC}^2&=a^2+(2a)^2-2\times a\times2a\times\left(-\frac{5}{8}\right)\\&=a^2+4a^2+\frac{5}{2}a^2=\frac{15}{2}a^2\quad\cdots\cdots\ \bigcirc\end{aligned}$$

$\bigcirc$, $\bigcirc$에서 $\frac{15}{2}a^2=270$이므로

$$a^2=36\quad\therefore\ a=6\ (\because\ a>0)$$

$$\therefore\ \overline{BC}=2\times6=12$$

Step 3 삼각형 CDB의 외접원의 반지름의 길이 구하기

삼각형 CDB의 외접원의 반지름의 길이를 R라 하면 삼각형 CDB에서 사인법칙에 의하여

$$2R=\frac{\overline{BC}}{\sin(\angle CDB)}=\frac{12}{\sin\frac{2}{3}\pi}=\frac{12}{\frac{\sqrt{3}}{2}}=8\sqrt{3}$$

$$\therefore\ R=4\sqrt{3}$$

문제 보기

그림과 같이

$$\overline{BC}=\frac{36\sqrt{7}}{7},\ \sin(\angle BAC)=\frac{2\sqrt{7}}{7},\ \angle ACB=\frac{\pi}{3}$$

└─ 사인법칙을 이용하여 삼각형 ABC의 외접원의 반지름의 길이를 구한다.

인 삼각형 ABC가 있다. 삼각형 ABC의 외접원의 중심을 O, 직선 AO가 변 BC와 만나는 점을 D라 하자. 삼각형 ADC의 외접원의 중심을 O′이라 할 때, $\overline{AO'}=5\sqrt{3}$이다. $\overline{OO'}^2$의 값은?

└─ 원주각과 중심각 사이의 관계를 이용하여 $\angle AO'D$의 크기를 구한 후 이등변삼각형의 성질을 이용하여 $\angle DAO'$의 크기를 구한다.

└─ 삼각형 AOO′에서 코사인법칙을 이용한다.

$\left(\text{단},\ 0<\angle BAC<\dfrac{\pi}{2}\right)$ [4점]

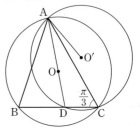

① 21   ② $\frac{91}{4}$ ③ $\frac{49}{2}$ ④ $\frac{105}{4}$ ⑤ 28

Step 1 삼각형 ABC의 외접원의 반지름의 길이 구하기

삼각형 ABC의 외접원의 반지름의 길이를 R라 하면 삼각형 ABC에서 사인법칙에 의하여

$$\frac{\overline{BC}}{\sin(\angle BAC)}=2R$$

$$\frac{\frac{36\sqrt{7}}{7}}{\frac{2\sqrt{7}}{7}}=2R\quad\therefore\ R=9$$

Step 2 $\angle DAO'$의 크기 구하기

삼각형 ADC의 외접원에서 $\angle AO'D$는 호 AD의 중심각, $\angle ACD$는 호 AD의 원주각이므로

$$\angle AO'D=2\angle ACD=\frac{2}{3}\pi$$

이때 삼각형 O′AD는 이등변삼각형이므로

$$\angle DAO'=\left(\pi-\frac{2}{3}\pi\right)\times\frac{1}{2}=\frac{\pi}{6}$$

Step 3 $\overline{OO'}^2$의 값 구하기

따라서 $\overline{OA}=R=9$, $\overline{AO'}=5\sqrt{3}$, $\angle OAO'=\frac{\pi}{6}$이므로 삼각형 AOO′에서 코사인법칙에 의하여

$$\begin{aligned}\overline{OO'}^2&=9^2+(5\sqrt{3})^2-2\times9\times5\sqrt{3}\times\cos\frac{\pi}{6}\\&=81+75-135=21\end{aligned}$$

21 코사인법칙   정답 ⑤ | 정답률 33%

문제 보기

그림과 같이 한 원에 내접하는 사각형 ABCD에 대하여
$\overline{AB}=4$, $\overline{BC}=2\sqrt{30}$, $\overline{CD}=8$ ← *

이다. $\angle BAC=\alpha$, $\angle ACD=\beta$라 할 때, $\cos(\alpha+\beta)=-\dfrac{5}{12}$이다. 두 → 원주각의 성질을 이용하여 닮음인 두 삼각형을 찾는다.

선분 AC와 BD의 교점을 E라 할 때, 선분 AE의 길이는? → *에서 코사인법칙을 이용하여 BE의 길이를 구한다.

$\left(\text{단, } 0<\alpha<\dfrac{\pi}{2},\ 0<\beta<\dfrac{\pi}{2}\right)$ [4점]

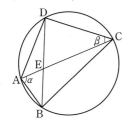

① $\sqrt{6}$ ② $\dfrac{\sqrt{26}}{2}$ ③ $\sqrt{7}$ ④ $\dfrac{\sqrt{30}}{2}$ ⑤ $2\sqrt{2}$

Step 1 $\overline{BE}$의 길이 구하기

호 BC에 대한 원주각의 크기는 서로 같으므로
$\angle BAC=\angle BDC=\alpha$
호 AD에 대한 원주각의 크기는 서로 같으므로
$\angle ABD=\angle ACD=\beta$
따라서 삼각형 ABE와 삼각형 DCE는 닮음이고
$\overline{AB}:\overline{CD}=4:8=1:2$이므로
$\overline{BE}:\overline{CE}=1:2$
따라서 $\overline{BE}=k\,(k>0)$라 하면 $\overline{CE}=2k$
삼각형 BCE에서 $\angle BEC=\alpha+\beta$이므로 코사인법칙에 의하여
$(2\sqrt{30})^2=k^2+(2k)^2-2\times k\times 2k\times\cos(\alpha+\beta)$
$120=5k^2-4k^2\times\left(-\dfrac{5}{12}\right)$
$120=\dfrac{20}{3}k^2$, $k^2=18$
$\therefore k=3\sqrt{2}\ (\because k>0)$

Step 2 $\overline{AE}$의 길이 구하기

$\overline{AE}=t\,(t>0)$라 하면 삼각형 ABE에서 $0<\alpha<\dfrac{\pi}{2}$이므로
$\overline{BE}^2<\overline{AB}^2+\overline{AE}^2$
$(3\sqrt{2})^2<4^2+t^2$, $t^2>2$
$\therefore t>\sqrt{2}\ (\because t>0)$ ……㉠
삼각형 ABE에서 $\angle AEB=\pi-(\alpha+\beta)$이므로 코사인법칙에 의하여
$4^2=t^2+(3\sqrt{2})^2-2\times t\times 3\sqrt{2}\times\underbrace{\cos(\pi-(\alpha+\beta))}_{-\cos(\alpha+\beta)}$
$16=t^2+18-6\sqrt{2}t\times\dfrac{5}{12}$
$2t^2-5\sqrt{2}t+4=0$
$\therefore t=\dfrac{\sqrt{2}}{2}$ 또는 $t=2\sqrt{2}$
그런데 ㉠에서 $t=2\sqrt{2}$
$\therefore \overline{AE}=2\sqrt{2}$

22 코사인법칙   정답 6 | 정답률 13%

문제 보기

그림과 같이 선분 BC를 지름으로 하는 원에 두 삼각형 ABC와 ADE가 모두 내접한다. 두 선분 AD와 BC가 점 F에서 만나고
$\overline{BC}=\overline{DE}=4$, $\overline{BF}=\overline{CE}$, $\sin(\angle CAE)=\dfrac{1}{4}$ → 사인법칙을 이용하여 CE의 길이를 구한다.

이다. $\overline{AF}=k$일 때, k^2의 값을 구하시오. [4점]

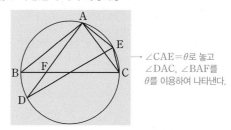

→ $\angle CAE=\theta$로 놓고 $\angle DAC$, $\angle BAF$를 θ를 이용하여 나타낸다.

Step 1 $\overline{CE}$의 길이 구하기

$\angle CAE=\theta$라 하면 삼각형 ACE의 외접원의 지름의 길이가 4이므로 삼각형 ACE에서 사인법칙에 의하여
$\dfrac{\overline{CE}}{\sin\theta}=4$
$\therefore \overline{CE}=4\sin\theta=4\times\dfrac{1}{4}=1$

Step 2 $\overline{AC}$의 길이를 k에 대한 식으로 나타내기

이때 $\overline{DE}$는 원의 지름이므로 삼각형 ADE에서
$\angle DAE=\angle DAC+\angle CAE=\dfrac{\pi}{2}$
$\therefore \angle DAC=\dfrac{\pi}{2}-\theta$
또 삼각형 ABC에서
$\angle BAC=\angle BAF+\angle DAC=\dfrac{\pi}{2}$
$\therefore \angle BAF=\dfrac{\pi}{2}-\angle DAC=\dfrac{\pi}{2}-\left(\dfrac{\pi}{2}-\theta\right)=\theta$
$\angle ABC=\alpha$라 하면 삼각형 ABF에서 사인법칙에 의하여
$\dfrac{\overline{AF}}{\sin\alpha}=\dfrac{\overline{BF}}{\sin\theta}$
이때 $\overline{BF}=\overline{CE}=1$이므로
$\dfrac{k}{\sin\alpha}=\dfrac{1}{\sin\theta}$, $\sin\alpha=k\sin\theta$
$\therefore \sin\alpha=\dfrac{k}{4}$ ……㉠
삼각형 ABC에서 사인법칙에 의하여
$\dfrac{\overline{AC}}{\sin\alpha}=4$ $\therefore \sin\alpha=\dfrac{\overline{AC}}{4}$ ……㉡
㉠, ㉡에서
$\dfrac{k}{4}=\dfrac{\overline{AC}}{4}$ $\therefore \overline{AC}=k$

Step 3 k^2의 값 구하기

따라서 $\overline{AF}=k$, $\overline{AC}=k$이고, $\overline{FC}=\overline{BC}-\overline{BF}=4-1=3$이므로 삼각형 AFC에서 코사인법칙에 의하여
$3^2=k^2+k^2-2\times k\times k\times\underbrace{\cos\left(\dfrac{\pi}{2}-\theta\right)}_{\sin\theta}$
$9=2k^2-2k^2\times\dfrac{1}{4}$, $\dfrac{3}{2}k^2=9$
$\therefore k^2=6$

23 코사인법칙   정답 ⑤ | 정답률 26%

문제 보기

그림과 같이 선분 AB를 지름으로 하는 반원의 호 AB 위에 두 점 C, D가 있다. 선분 AB의 중점 O에 대하여 두 선분 AD, CO가 점 E에서 만나고,

$$\overline{\text{CE}}=4,\ \overline{\text{ED}}=3\sqrt{2},\ \angle\text{CEA}=\frac{3}{4}\pi$$ → 삼각형 CED에서 코사인법칙을 이용하여 $\overline{\text{CD}}$의 길이를 구한다.

이다. $\overline{\text{AC}}\times\overline{\text{CD}}$의 값은? [4점]

└ 사인법칙을 이용하여 $\overline{\text{AC}}$, $\overline{\text{AE}}$의 길이를 삼각형 ADC의 외접원의 반지름의 길이에 대한 식으로 나타낸다.

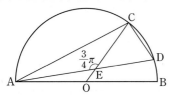

① $6\sqrt{10}$ ② $10\sqrt{5}$ ③ $16\sqrt{2}$ ④ $12\sqrt{5}$ ⑤ $20\sqrt{2}$

Step 1 $\overline{\text{CD}}$의 길이 구하기

$\angle\text{CED}=\pi-\angle\text{CEA}=\dfrac{\pi}{4}$이므로 삼각형 CED에서 코사인법칙에 의하여

$$\overline{\text{CD}}^2=4^2+(3\sqrt{2})^2-2\times4\times3\sqrt{2}\times\cos\frac{\pi}{4}=10$$

$$\therefore \overline{\text{CD}}=\sqrt{10}\ (\because \overline{\text{CD}}>0)$$

Step 2 $\overline{\text{AC}}$의 길이 구하기

$\angle\text{CDE}=\theta\left(0<\theta<\dfrac{\pi}{2}\right)$라 하면 삼각형 CED에서 코사인법칙에 의하여

$$\cos\theta=\frac{(\sqrt{10})^2+(3\sqrt{2})^2-4^2}{2\times\sqrt{10}\times3\sqrt{2}}=\frac{1}{\sqrt{5}}$$

$0<\theta<\dfrac{\pi}{2}$이므로

$$\sin\theta=\sqrt{1-\cos^2\theta}=\sqrt{1-\left(\frac{1}{\sqrt{5}}\right)^2}=\frac{2}{\sqrt{5}}$$

삼각형 ADC의 외접원의 반지름의 길이를 R라 하면 사인법칙에 의하여

$$\frac{\overline{\text{AC}}}{\sin\theta}=2R \qquad \therefore \overline{\text{AC}}=\frac{4}{\sqrt{5}}R$$

호 AC에 대한 원주각의 크기는 같으므로

$$\angle\text{CBA}=\angle\text{CDA}=\theta$$

$\angle\text{ACB}=\dfrac{\pi}{2}$이므로 $\angle\text{BAC}=\dfrac{\pi}{2}-\theta$

삼각형 AOC는 $\overline{\text{OA}}=\overline{\text{OC}}$인 이등변삼각형이므로

$$\angle\text{OCA}=\angle\text{OAC}=\frac{\pi}{2}-\theta$$

$\angle\text{ACE}=\dfrac{\pi}{2}-\theta$이므로 삼각형 AEC에서 사인법칙에 의하여

$$\frac{\overline{\text{AC}}}{\sin\frac{3}{4}\pi}=\frac{\overline{\text{AE}}}{\sin\left(\frac{\pi}{2}-\theta\right)} \qquad \therefore \overline{\text{AE}}=\frac{\overline{\text{AC}}\cos\theta}{\sin\frac{3}{4}\pi}=\frac{4\sqrt{2}}{5}R$$

삼각형 AEC에서 코사인법칙에 의하여

$$\left(\frac{4}{\sqrt{5}}R\right)^2=\left(\frac{4\sqrt{2}}{5}R\right)^2+4^2-2\times\frac{4\sqrt{2}}{5}R\times4\times\cos\frac{3}{4}\pi$$

$$\frac{16}{5}R^2=\frac{32}{25}R^2+16+\frac{32}{5}R,\ 3R^2-10R-25=0$$

$$(3R+5)(R-5)=0 \qquad \therefore R=5\ (\because R>0)$$

$$\therefore \overline{\text{AC}}=\frac{4}{\sqrt{5}}\times5=4\sqrt{5}$$

Step 3 $\overline{\text{AC}}\times\overline{\text{CD}}$의 값 구하기

$$\therefore \overline{\text{AC}}\times\overline{\text{CD}}=4\sqrt{5}\times\sqrt{10}=20\sqrt{2}$$

다른 풀이 **Step 2** 에서 원의 성질을 이용하여 $\overline{\text{AC}}$의 길이 구하기

$\angle\text{CDE}=\theta\left(0<\theta<\dfrac{\pi}{2}\right)$라 하면 삼각형 CED에서 코사인법칙에 의하여

$$\cos\theta=\frac{(\sqrt{10})^2+(3\sqrt{2})^2-4^2}{2\times\sqrt{10}\times3\sqrt{2}}=\frac{1}{\sqrt{5}}$$

$0<\theta<\dfrac{\pi}{2}$이므로

$$\sin\theta=\sqrt{1-\cos^2\theta}=\sqrt{1-\left(\frac{1}{\sqrt{5}}\right)^2}=\frac{2}{\sqrt{5}}$$

오른쪽 그림과 같이 직선 OC가 선분 AB를 지름으로 하는 원과 만나는 점 중 C가 아닌 점을 F라 하고, $\overline{\text{OE}}=a,\ \overline{\text{AE}}=b\,(a>0,\ b>0)$라 하자.

$\overline{\text{OC}}=\overline{\text{OE}}+\overline{\text{CE}}=a+4$이므로

$\overline{\text{OF}}=\overline{\text{OC}}=a+4$

$$\therefore \overline{\text{EF}}=\overline{\text{OF}}+\overline{\text{OE}}=2a+4=2(a+2)$$

호 DF에 대한 원주각의 크기는 같으므로

$$\angle\text{FAD}=\angle\text{DCF}$$

또 $\angle\text{AEF}=\angle\text{CED}$이므로 삼각형 AEF와 삼각형 CED는 서로 닮음이다.

따라서 $\overline{\text{AE}}:\overline{\text{EF}}=\overline{\text{CE}}:\overline{\text{ED}}$이므로

$$b:2(a+2)=4:3\sqrt{2}$$

$$8(a+2)=3\sqrt{2}b$$

$$\therefore b=\frac{4\sqrt{2}}{3}(a+2) \qquad \cdots\cdots \bigcirc$$

$\angle\text{AEO}=\angle\text{CED}=\dfrac{\pi}{4}$, $\overline{\text{OA}}=\overline{\text{OC}}=a+4$이므로 삼각형 AOE에서 코사인법칙에 의하여

$$(a+4)^2=a^2+b^2-2\times a\times b\times\cos\frac{\pi}{4}$$

$$\therefore b^2-\sqrt{2}ab-8a-16=0$$

$\bigcirc$을 대입하면

$$\frac{32}{9}(a+2)^2-\frac{8}{3}a(a+2)-8a-16=0$$

$$a^2+a-2=0,\ (a+2)(a-1)=0$$

$$\therefore a=1\ (\because a>0)$$

이를 $\bigcirc$에 대입하면

$$b=4\sqrt{2}$$

$\overline{\text{AE}}=4\sqrt{2}$이므로 삼각형 AEC에서 코사인법칙에 의하여

$$\overline{\text{AC}}^2=(4\sqrt{2})^2+4^2-2\times4\sqrt{2}\times4\times\cos\frac{3}{4}\pi=80$$

$$\therefore \overline{\text{AC}}=4\sqrt{5}\ (\because \overline{\text{AC}}>0)$$

문제 보기

좌표평면 위의 두 점 $O(0, 0)$, $A(2, 0)$과 y좌표가 양수인 서로 다른
두 점 P, Q가 다음 조건을 만족시킨다. └─ $\overline{OA}=2$

> (가) $\overline{AP}=\overline{AQ}=2\sqrt{15}$이고 $\overline{OP}>\overline{OQ}$이다.
> (나) $\cos(\angle OPA)=\cos(\angle OQA)=\dfrac{\sqrt{15}}{4}$
>   └─ $\angle OPA=\angle OQA$이므로 네 점 O, A, P, Q는 한 원 위에 있음을
>   이용한다.

사각형 OAPQ의 넓이가 $\dfrac{q}{p}\sqrt{15}$일 때, $p\times q$의 값을 구하시오.

(단, p와 q는 서로소인 자연수이다.) [4점]

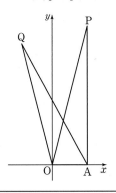

Step 1 $\overline{OP}$, $\overline{OQ}$의 길이 구하기

$\overline{OP}=k_1$, $\overline{OQ}=k_2$라 하자.
삼각형 OAP에서 코사인법칙에 의하여

$$2^2=k_1^2+(2\sqrt{15})^2-2\times k_1\times 2\sqrt{15}\times\dfrac{\sqrt{15}}{4}$$

삼각형 OAQ에서 코사인법칙에 의하여

$$2^2=k_2^2+(2\sqrt{15})^2-2\times k_2\times 2\sqrt{15}\times\dfrac{\sqrt{15}}{4}$$

따라서 두 실수 k_1, k_2는 이차방정식

$$2^2=x^2+(2\sqrt{15})^2-2\times x\times 2\sqrt{15}\times\dfrac{\sqrt{15}}{4} \quad \cdots\cdots \ominus$$

의 서로 다른 두 실근이다.
$\ominus$을 정리하면
$x^2-15x+56=0$
$(x-7)(x-8)=0$ $\therefore x=7$ 또는 $x=8$
조건 (가)에서 $k_1>k_2$이므로
$k_1=8$, $k_2=7$

Step 2 사각형 OAPQ의 넓이 구하기

$0<\angle OPA<\pi$, $0<\angle OQA<\pi$이므로
$\cos(\angle OPA)=\cos(\angle OQA)$에서
$\angle OPA=\angle OQA$
또 두 점 P, Q는 직선 OA를 기준으로 같
은 쪽에 있으므로 네 점 O, A, P, Q는 한
원 위에 있다.

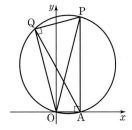

삼각형 OAP에서 $\overline{OP}=8$, $\overline{AP}=2\sqrt{15}$,
$\overline{OA}=2$이므로
$\overline{OP}^2=\overline{OA}^2+\overline{AP}^2$
따라서 삼각형 OAP는 $\angle OAP=\dfrac{\pi}{2}$인 직

각삼각형이고 반원의 원주각은 $\dfrac{\pi}{2}$이므로 선분 OP는 네 점 O, A, P, Q
를 지나는 원의 지름이다.

이때 $\angle OQP=\pi-\angle OAP=\dfrac{\pi}{2}$이므로 직각삼각형 OPQ에서
$\overline{PQ}^2=\overline{OP}^2-\overline{OQ}^2=8^2-7^2=15$
$\therefore \overline{PQ}=\sqrt{15}$ ($\because \overline{PQ}>0$)
따라서 사각형 OAPQ의 넓이는 두 직각삼각형 OAP, OPQ의 넓이의 합
과 같으므로
$$\dfrac{1}{2}\times 2\times 2\sqrt{15}+\dfrac{1}{2}\times 7\times\sqrt{15}=\dfrac{11\sqrt{15}}{2}$$

Step 3 $p\times q$의 값 구하기

따라서 $p=2$, $q=11$이므로
$p\times q=2\times 11=22$

25 코사인법칙

문제 보기

그림과 같이 $\overline{AB}=2$, $\overline{BC}=3\sqrt{3}$, $\overline{CA}=\sqrt{13}$인 삼각형 ABC가 있다. 선분 BC 위에 점 B가 아닌 점 D를 $\overline{AD}=2$가 되도록 잡고, 선분 AC 위에 양 끝점 A, C가 아닌 점 E를 사각형 ABDE가 원에 내접하도록 잡는다.

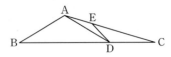

다음은 선분 DE의 길이를 구하는 과정이다.

삼각형 ABC에서 코사인법칙에 의하여
┗ 코사인법칙을 이용하여 $\cos(\angle ABC)$, $\cos(\angle ACB)$의 값을 구한다.

$$\cos(\angle ABC)= \boxed{(가)}$$

이다. 삼각형 ABD에서 $\sin(\angle ABD)=\sqrt{1-(\boxed{(가)})^2}$
이므로 사인법칙에 의하여 삼각형 ABD의 외접원의 반지름의 길이는

$\boxed{(나)}$ 이다.

삼각형 ADC에서 사인법칙에 의하여
┗ 코사인법칙을 이용하여 CD의 길이를 구한다.

$$\frac{\overline{CD}}{\sin(\angle CAD)}=\frac{\overline{AD}}{\sin(\angle ACD)}$$

이므로 $\sin(\angle CAD)=\dfrac{\overline{CD}}{\overline{AD}}\times\sin(\angle ACD)$이다.

삼각형 ADE에서 사인법칙에 의하여

$$\overline{DE}=\boxed{(다)}$$
┗ 삼각형 ADE가 원에 내접함을 이용한다.

이다.

위의 (가), (나), (다)에 알맞은 수를 각각 p, q, r라 할 때, $p\times q\times r$의 값은? [4점]

① $\dfrac{6\sqrt{13}}{13}$ ② $\dfrac{7\sqrt{13}}{13}$ ③ $\dfrac{8\sqrt{13}}{13}$ ④ $\dfrac{9\sqrt{13}}{13}$ ⑤ $\dfrac{10\sqrt{13}}{13}$

Step 1 (가)에 알맞은 수 구하기

삼각형 ABC에서 코사인법칙에 의하여

$$\cos(\angle ABC)=\frac{2^2+(3\sqrt{3})^2-(\sqrt{13})^2}{2\times2\times3\sqrt{3}}$$
$$=\frac{18}{12\sqrt{3}}=\boxed{^{(가)}\ \frac{\sqrt{3}}{2}}$$

Step 2 (나)에 알맞은 수 구하기

삼각형 ABD에서

$$\sin(\angle ABD)=\sqrt{1-\cos^2(\angle ABD)}=\sqrt{1-\left(\frac{\sqrt{3}}{2}\right)^2}=\frac{1}{2}$$

삼각형 ABD의 외접원의 반지름의 길이를 R라 하면 사인법칙에 의하여

$$\frac{\overline{AD}}{\sin(\angle ABD)}=2R, \quad \frac{2}{\frac{1}{2}}=2R \qquad \therefore\ R=2$$

따라서 삼각형 ABD의 외접원의 반지름의 길이는 $^{(나)}\boxed{2}$이다.

Step 3 (다)에 알맞은 수 구하기

삼각형 ABC에서 코사인법칙에 의하여

$$\cos(\angle ACB)=\frac{(\sqrt{13})^2+(3\sqrt{3})^2-2^2}{2\times\sqrt{13}\times3\sqrt{3}}$$
$$=\frac{36}{6\sqrt{39}}=\frac{2\sqrt{39}}{13}$$

$$\therefore\ \sin(\angle ACB)=\sqrt{1-\cos^2(\angle ACB)}=\sqrt{1-\left(\frac{2\sqrt{39}}{13}\right)^2}=\frac{\sqrt{13}}{13}$$

$\overline{CD}=x\,(x<3\sqrt{3})$라 하면 삼각형 ADC에서 코사인법칙에 의하여

$$\cos(\angle ACD)=\frac{(\sqrt{13})^2+x^2-2^2}{2\times\sqrt{13}\times x}$$

$$\frac{2\sqrt{39}}{13}=\frac{9+x^2}{2\sqrt{13}x}$$

$$x^2-4\sqrt{3}x+9=0,\ (x-\sqrt{3})(x-3\sqrt{3})=0$$

$$\therefore\ x=\sqrt{3}\ \text{또는}\ x=3\sqrt{3}$$

그런데 $x<3\sqrt{3}$이므로 $x=\sqrt{3}$

$$\therefore\ \overline{CD}=\sqrt{3}$$

삼각형 ADC에서 사인법칙에 의하여

$$\frac{\overline{CD}}{\sin(\angle CAD)}=\frac{\overline{AD}}{\sin(\angle ACD)}$$

$$\therefore\ \sin(\angle CAD)=\frac{\overline{CD}}{\overline{AD}}\sin(\angle ACD)$$

$$=\frac{\sqrt{3}}{2}\times\frac{\sqrt{13}}{13}=\frac{\sqrt{39}}{26}$$

삼각형 ADE에서 사인법칙에 의하여

$$\frac{\overline{DE}}{\sin(\angle EAD)}=2\times2$$

$$\therefore\ \overline{DE}=4\sin(\angle EAD)=4\times\frac{\sqrt{39}}{26}=\boxed{^{(다)}\ \frac{2\sqrt{39}}{13}}$$

Step 4 $p\times q\times r$의 값 구하기

따라서 $p=\dfrac{\sqrt{3}}{2}$, $q=2$, $r=\dfrac{2\sqrt{39}}{13}$이므로

$$p\times q\times r=\frac{\sqrt{3}}{2}\times2\times\frac{2\sqrt{39}}{13}=\frac{6\sqrt{13}}{13}$$

26 코사인법칙   정답 ④ | 정답률 42%

문제 보기

그림과 같이 원에 내접하는 사각형 ABCD에 대하여

$$\overline{AB}=\overline{BC}=2, \ \overline{AD}=3, \ \angle BAD=\frac{\pi}{3}$$

이다. 두 직선 AD, BC의 교점을 E라 하자.

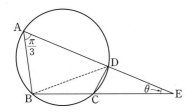

다음은 $\angle AEB=\theta$일 때, $\sin\theta$의 값을 구하는 과정이다.

삼각형 ABD와 삼각형 BCD에서 코사인법칙을 이용하면

$\overline{CD}=\boxed{(\text{가})}$ → 코사인법칙을 이용하여 삼각형 ABD에서 $\overline{BD}$의 길이, 삼각형 BCD에서 CD의 길이를 구한다.

이다. 삼각형 EAB와 삼각형 ECD에서

$\angle AEB$는 공통, $\angle EAB = \angle ECD$

이므로 삼각형 EAB와 삼각형 ECD는 닮음이다.

이를 이용하면 → 두 삼각형 EAB, ECD의 닮음비를 이용한다.

$\overline{ED}=\boxed{(\text{나})}$

이다. 삼각형 ECD에서 사인법칙을 이용하면

$\sin\theta=\boxed{(\text{다})}$

이다.

위의 (가), (나), (다)에 알맞은 수를 각각 p, q, r라 할 때, $(p+q)\times r$의 값은? [4점]

① $\dfrac{\sqrt{3}}{2}$ ② $\dfrac{4\sqrt{3}}{7}$ ③ $\dfrac{9\sqrt{3}}{14}$ ④ $\dfrac{5\sqrt{3}}{7}$ ⑤ $\dfrac{11\sqrt{3}}{14}$

Step 1 (가)에 알맞은 수 구하기

삼각형 ABD에서 코사인법칙에 의하여

$$\overline{BD}^2=2^2+3^2-2\times2\times3\times\cos\frac{\pi}{3}=7$$

$\therefore \overline{BD}=\sqrt{7} \ (\because \overline{BD}>0)$

사각형 ABCD는 원에 내접하므로

$$\angle BCD=\pi-\angle BAD=\pi-\frac{\pi}{3}=\frac{2}{3}\pi$$

$\overline{CD}=x$라 하면 삼각형 BCD에서 코사인법칙에 의하여

$$(\sqrt{7})^2=2^2+x^2-2\times2\times x\times\cos\frac{2}{3}\pi$$

$x^2+2x-3=0$

$(x+3)(x-1)=0$

$\therefore x=1 \ (\because x>0)$

$\therefore \overline{CD}=\boxed{^{(\text{가})}1}$

Step 2 (나)에 알맞은 수 구하기

삼각형 EAB와 삼각형 ECD에서

$\angle AEB$는 공통, $\angle EAB=\angle ECD$

이므로 삼각형 EAB와 삼각형 ECD는 서로 닮음이다.

즉, $\dfrac{\overline{EA}}{\overline{EC}}=\dfrac{\overline{EB}}{\overline{ED}}=\dfrac{\overline{AB}}{\overline{CD}}$이므로 $\dfrac{\overline{EA}}{\overline{EC}}=\dfrac{\overline{EB}}{\overline{ED}}=2$

$\overline{EA}=\overline{AD}+\overline{ED}=3+\overline{ED}$이므로 $\dfrac{\overline{EA}}{\overline{EC}}=2$에서

$\dfrac{3+\overline{ED}}{\overline{EC}}=2$ $\therefore 3+\overline{ED}=2\overline{EC}$ ······ ㉠

$\overline{EB}=\overline{BC}+\overline{EC}=2+\overline{EC}$이므로 $\dfrac{\overline{EB}}{\overline{ED}}=2$에서

$\dfrac{2+\overline{EC}}{\overline{ED}}=2$ $\therefore \overline{EC}=2\overline{ED}-2$

이를 ㉠의 우변에 대입하면

$3+\overline{ED}=2(2\overline{ED}-2), \ 7=3\overline{ED}$

$\therefore \overline{ED}=\boxed{^{(\text{나})}\dfrac{7}{3}}$

Step 3 (다)에 알맞은 수 구하기

$\angle ECD=\pi-\angle BCD=\dfrac{\pi}{3}$이므로 삼각형 ECD에서 사인법칙에 의하여

$$\frac{\overline{ED}}{\sin(\angle ECD)}=\frac{\overline{CD}}{\sin\theta}, \ \frac{\frac{7}{3}}{\sin\frac{\pi}{3}}=\frac{1}{\sin\theta}$$

$\therefore \sin\theta=\dfrac{\sqrt{3}}{2}\times\dfrac{3}{7}=\boxed{^{(\text{다})}\dfrac{3\sqrt{3}}{14}}$

Step 4 $(p+q)\times r$의 값 구하기

따라서 $p=1$, $q=\dfrac{7}{3}$, $r=\dfrac{3\sqrt{3}}{14}$이므로

$$(p+q)\times r=\left(1+\frac{7}{3}\right)\times\frac{3\sqrt{3}}{14}=\frac{5\sqrt{3}}{7}$$

문제 보기

그림과 같이

$$\overline{AB}=2, \ \overline{AD}=1, \ \angle DAB=\frac{2}{3}\pi, \ \angle BCD=\frac{3}{4}\pi$$

인 사각형 ABCD가 있다. 삼각형 BCD의 외접원의 반지름의 길이를 R_1, 삼각형 ABD의 외접원의 반지름의 길이를 R_2라 하자.

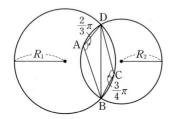

다음은 $R_1 \times R_2$의 값을 구하는 과정이다.

삼각형 BCD에서 사인법칙에 의하여

$$R_1=\frac{\sqrt{2}}{2}\times\overline{BD}$$

이고, 삼각형 ABD에서 사인법칙에 의하여

$$R_2=\boxed{\text{(가)}}\times\overline{BD}\ \longrightarrow\ \text{사인법칙을 이용하여 삼각형 ABD에서 외접원}$$
$$\text{의 반지름의 길이를 }\overline{BD}\text{를 사용하여 나타낸다.}$$

이다. 삼각형 ABD에서 코사인법칙에 의하여

$$\overline{BD}^2=2^2+1^2-(\boxed{\text{(나)}})\ \longrightarrow\ \text{코사인법칙을 이용하여 삼각형 ABD에서 }\overline{BD}^2\text{의 값을 구한다.}$$

이므로

$$R_1\times R_2=\boxed{\text{(다)}}$$

이다.

위의 (가), (나), (다)에 알맞은 수를 각각 p, q, r이라 할 때, $9\times(p\times q\times r)^2$의 값을 구하시오. [4점]

Step 1 (가)에 알맞은 수 구하기

삼각형 BCD에서 사인법칙에 의하여

$$\frac{\overline{BD}}{\sin\frac{3}{4}\pi}=2R_1, \ \frac{\overline{BD}}{\frac{\sqrt{2}}{2}}=2R_1 \quad \therefore R_1=\frac{\sqrt{2}}{2}\times\overline{BD}$$

삼각형 ABD에서 사인법칙에 의하여

$$\frac{\overline{BD}}{\sin\frac{2}{3}\pi}=2R_2, \ \frac{\overline{BD}}{\frac{\sqrt{3}}{2}}=2R_2 \quad \therefore R_2=\boxed{^{(가)}\frac{\sqrt{3}}{3}}\times\overline{BD}$$

Step 2 (나)에 알맞은 수 구하기

삼각형 ABD에서 코사인법칙에 의하여

$$\overline{BD}^2=\overline{AB}^2+\overline{AD}^2-2\times\overline{AB}\times\overline{AD}\times\cos\frac{2}{3}\pi$$

$$=2^2+1^2-2\times2\times1\times\left(-\frac{1}{2}\right)$$

$$=2^2+1^2-(\boxed{^{(나)}-2})=7$$

Step 3 (다)에 알맞은 수 구하기

$$\therefore R_1\times R_2=\frac{\sqrt{2}}{2}\times\frac{\sqrt{3}}{3}\times\overline{BD}^2=\frac{\sqrt{2}}{2}\times\frac{\sqrt{3}}{3}\times7=\boxed{^{(다)}\frac{7\sqrt{6}}{6}}$$

Step 4 $9\times(p\times q\times r)^2$의 값 구하기

따라서 $p=\frac{\sqrt{3}}{3}$, $q=-2$, $r=\frac{7\sqrt{6}}{6}$이므로

$$9\times(p\times q\times r)^2=9\times\left\{\frac{\sqrt{3}}{3}\times(-2)\times\frac{7\sqrt{6}}{6}\right\}^2=98$$

문제 보기

두 점 O_1, O_2를 각각 중심으로 하고 반지름의 길이가 $\overline{O_1O_2}$인 두 원 C_1, C_2가 있다. 그림과 같이 원 C_1 위의 서로 다른 세 점 A, B, C와 원 C_2 위의 점 D가 주어져 있고, 세 점 A, O_1, O_2와 세 점 C, O_2, D가 각각 한 직선 위에 있다.

이때 $\angle BO_1A=\theta_1$, $\angle O_2O_1C=\theta_2$, $\angle O_1O_2D=\theta_3$이라 하자.

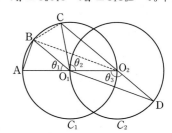

다음은 $\overline{AB}:\overline{O_1D}=1:2\sqrt{2}$이고 $\theta_3=\theta_1+\theta_2$일 때, 선분 AB와 선분 CD의 길이의 비를 구하는 과정이다.

$\angle CO_2O_1+\angle O_1O_2D=\pi$이므로 $\theta_3=\frac{\pi}{2}+\frac{\theta_2}{2}$이고

$\theta_3=\theta_1+\theta_2$에서 $2\theta_1+\theta_2=\pi$이므로 $\angle CO_1B=\theta_1$이다.

이때 $\angle O_2O_1B=\theta_1+\theta_2=\theta_3$이므로 삼각형 O_1O_2B와 삼각형 O_2O_1D는 합동이다.

$\overline{AB}=k$라 할 때

$\overline{BO_2}=\overline{O_1D}=2\sqrt{2}k$이므로 $\overline{AO_2}=\boxed{\text{(가)}}$이고,
$\longrightarrow\ \angle ABO_2=\frac{\pi}{2}$이므로 삼각형 O_2BA에서 피타고라스 정리를 이용한다.

$\angle BO_2A=\frac{\theta_1}{2}$이므로 $\cos\frac{\theta_1}{2}=\boxed{\text{(나)}}$이다.
$\longrightarrow\ \angle ABO_2=\frac{\pi}{2}$이므로 삼각형 O_2BA에서 삼각비를 이용한다.

삼각형 O_2BC에서

$\overline{BC}=k$, $\overline{BO_2}=2\sqrt{2}k$, $\angle CO_2B=\frac{\theta_1}{2}$이므로

코사인법칙에 의하여 $\overline{O_2C}=\boxed{\text{(다)}}$이다.
$\longrightarrow\ \text{삼각형 } O_2CB\text{에서 코사인법칙을 이용한다.}$

$\overline{CD}=\overline{O_2D}+\overline{O_2C}=\overline{O_1O_2}+\overline{O_2C}$이므로

$$\overline{AB}:\overline{CD}=k:\left(\frac{\boxed{\text{(가)}}}{2}+\boxed{\text{(다)}}\right)$$이다.

위의 (가), (다)에 알맞은 식을 각각 $f(k)$, $g(k)$라 하고, (나)에 알맞은 수를 p라 할 때, $f(p)\times g(p)$의 값은? [4점]

① $\frac{169}{27}$　② $\frac{56}{9}$　③ $\frac{167}{27}$　④ $\frac{166}{27}$　⑤ $\frac{55}{9}$

Step 1 (가)에 알맞은 식 구하기

$\angle ABO_2=\frac{\pi}{2}$이므로 삼각형 O_2BA에서

$$\overline{AO_2}^2=\overline{AB}^2+\overline{BO_2}^2$$

$\overline{AB}=k$라 할 때 $\overline{BO_2}=\overline{O_1D}=2\sqrt{2}k$이므로

$$\overline{AO_2}^2=k^2+(2\sqrt{2}k)^2=9k^2$$

$$\therefore \overline{AO_2}=\boxed{^{(가)}3k}$$

Step 2 (나)에 알맞은 수 구하기

삼각형 O_2BA에서 $\angle BO_2A=\frac{\theta_1}{2}$이므로

$$\cos\frac{\theta_1}{2}=\frac{\overline{BO_2}}{\overline{AO_2}}=\frac{2\sqrt{2}k}{3k}=\boxed{^{(나)}\frac{2\sqrt{2}}{3}}$$

Step 3 ㈐에 알맞은 식 구하기

삼각형 O_2CB에서 $\overline{BC}=k$, $\overline{BO_2}=2\sqrt{2}k$, $\angle CO_2B=\dfrac{\theta_1}{2}$이므로

$\overline{O_2C}=a$라 하면 코사인법칙에 의하여

$k^2=(2\sqrt{2}k)^2+a^2-2\times 2\sqrt{2}k\times a\times\cos\dfrac{\theta_1}{2}$

$k^2=8k^2+a^2-\dfrac{16}{3}ak \left(\because \cos\dfrac{\theta_1}{2}=\dfrac{2\sqrt{2}}{3}\right)$

$a^2-\dfrac{16}{3}ak+7k^2=0$

$3a^2-16ak+21k^2=0$

$(3a-7k)(a-3k)=0$

$\therefore a=\dfrac{7}{3}k$ 또는 $a=3k$

이때 $a=3k$이면 $\angle O_2BC=\dfrac{\pi}{2}$이므로 $a=\dfrac{7}{3}k$

$\therefore \overline{O_2C}=\boxed{^{(\text{다})}\ \dfrac{7}{3}k}$

Step 4 $f(p)\times g(p)$의 값 구하기

따라서 $f(k)=3k$, $g(k)=\dfrac{7}{3}k$, $p=\dfrac{2\sqrt{2}}{3}$이므로

$f(p)\times g(p)=f\left(\dfrac{2\sqrt{2}}{3}\right)\times g\left(\dfrac{2\sqrt{2}}{3}\right)=2\sqrt{2}\times\dfrac{14\sqrt{2}}{9}=\dfrac{56}{9}$

---

29 코사인법칙 정답 ② | 정답률 25%

문제 보기

그림과 같이 $\overline{AB}=5$, $\overline{BC}=4$, $\cos(\angle ABC)=\dfrac{1}{8}$인 삼각형 ABC가 있다. $\angle ABC$의 이등분선과 $\angle CAB$의 이등분선이 만나는 점을 D, 선분 BD의 연장선과 삼각형 ABC의 외접원이 만나는 점을 E라 할 때, 〈보기〉에서 옳은 것만을 있는 대로 고른 것은? [4점]

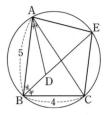

〈 보기 〉
ㄱ. $\overline{AC}=6$ → 삼각형 ABC에서 코사인법칙을 이용한다.
ㄴ. $\overline{EA}=\overline{EC}$ → 원주각의 성질을 이용한다.
ㄷ. $\overline{ED}=\dfrac{31}{8}$ → 코사인법칙을 이용한다.

① ㄱ   ② ㄱ, ㄴ   ③ ㄱ, ㄷ   ④ ㄴ, ㄷ   ⑤ ㄱ, ㄴ, ㄷ

Step 1 ㄱ이 옳은지 확인하기

ㄱ. 삼각형 ABC에서 코사인법칙에 의하여

$\overline{AC}^2=5^2+4^2-2\times 5\times 4\times\dfrac{1}{8}=36$

$\therefore \overline{AC}=6\ (\because \overline{AC}>0)$

Step 2 ㄴ이 옳은지 확인하기

ㄴ. 호 EA에 대한 원주각의 크기는 서로 같으므로
$\angle ACE=\angle ABE$
호 CE에 대한 원주각의 크기는 서로 같으므로
$\angle EAC=\angle EBC$
이때 $\angle ABE=\angle EBC$이므로 $\angle ACE=\angle EAC$
따라서 삼각형 EAC는 $\overline{EA}=\overline{EC}$인 이등변삼각형이다.

Step 3 ㄷ이 옳은지 확인하기

ㄷ. 삼각형 ABD에서
$\angle ADE=\angle DAB+\angle ABD$
$\qquad\quad\ =\angle CAD+\angle EBC$
$\qquad\quad\ =\angle CAD+\angle EAC$
$\qquad\quad\ =\angle EAD$
즉, 삼각형 EAD는 $\overline{EA}=\overline{ED}$인 이등변삼각형이다.
$\overline{EA}=x$라 하면 $\overline{EC}=\overline{EA}=x$이므로 삼각형 EAC에서 코사인법칙에 의하여

$6^2=x^2+x^2-2\times x\times x\times\underbrace{\cos(\pi-\angle ABC)}_{-\cos(\angle ABC)}$

$36=2x^2-2\times x^2\times\left(-\dfrac{1}{8}\right)$

$x^2=16 \qquad \therefore x=4\ (\because x>0)$

$\therefore \overline{ED}=\overline{EA}=4$

Step 4 옳은 것 구하기

따라서 보기 중 옳은 것은 ㄱ, ㄴ이다.

문제 보기

그림과 같이 $\overline{AB}=4$, $\overline{AC}=5$이고 $\cos(\angle BAC)=\dfrac{1}{8}$인 삼각형
└ 삼각형 ABC에서 코사인법칙을 이용한다.

$\underline{ABC}$가 있다. 선분 AC 위의 점 D와 선분 BC 위의 점 E에 대하여

$$\angle BAC = \angle BDA = \angle BED$$

일 때, 선분 DE의 길이는? [4점]

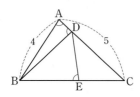

① $\dfrac{7}{3}$ ② $\dfrac{5}{2}$ ③ $\dfrac{8}{3}$ ④ $\dfrac{17}{6}$ ⑤ 3

Step 1 $\overline{DB}$, $\overline{DC}$의 길이 구하기

삼각형 ABD에서 $\angle BAC = \angle BDA$이므로
$\overline{DB} = \overline{AB} = 4$
점 B에서 선분 AD에 내린 수선의 발을 H
라 하면
$\overline{AH} = \overline{AB}\cos(\angle BAC)$

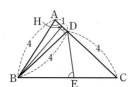

$\qquad = 4 \times \dfrac{1}{8} = \dfrac{1}{2}$

$\therefore \overline{AD} = 2\overline{AH} = 2 \times \dfrac{1}{2} = 1$

$\therefore \overline{DC} = \overline{AC} - \overline{AD} = 5 - 1 = 4$

Step 2 점 D에서 $\overline{BC}$에 내린 수선의 발을 H′이라 할 때, $\overline{BH'}$의 길이 구하기

삼각형 ABC에서 코사인법칙에 의하여
$\overline{BC}^2 = 4^2 + 5^2 - 2 \times 4 \times 5 \times \dfrac{1}{8} = 36$
$\therefore \overline{BC} = 6 \ (\because \overline{BC} > 0)$
이때 삼각형 BCD는 $\overline{DB} = \overline{DC} = 4$인 이등
변삼각형이므로 점 D에서 변 BC에 내린
수선의 발을 H′이라 하면

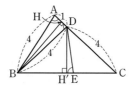

$\overline{BH'} = \dfrac{1}{2}\overline{BC} = \dfrac{1}{2} \times 6 = 3$

Step 3 $\overline{DE}$의 길이 구하기

직각삼각형 DBH′에서 피타고라스 정리에 의하여
$\overline{DH'}^2 = \overline{DB}^2 - \overline{BH'}^2 = 4^2 - 3^2 = 7 \quad \cdots\cdots \ \bigcirc$
한편 $\overline{DE} = x$라 하면 직각삼각형 DEH′에서
$\overline{DH'} = x\sin(\angle BED)$
$\qquad = x \times \sqrt{1 - \cos^2(\angle BED)}$
$\qquad = x \times \sqrt{1 - \left(\dfrac{1}{8}\right)^2} \ (\because \angle BED = \angle BAC)$
$\qquad = \dfrac{\sqrt{63}}{8}x \quad \cdots\cdots \ \bigcirc$
$\bigcirc$을 $\bigcirc$에 대입하면
$\dfrac{63}{64}x^2 = 7$, $x^2 = \dfrac{64}{9}$ $\therefore x = \dfrac{8}{3} \ (\because x > 0)$

$\therefore \overline{DE} = \dfrac{8}{3}$

문제 보기

$\overline{AB}=6$, $\overline{AC}=8$인 예각삼각형 ABC에서 $\angle A$의 이등분선과 삼각형
ABC의 외접원이 만나는 점을 D, 점 D에서 선분 AC에 내린 수선의
발을 E라 하자. 선분 AE의 길이를 k라 할 때, $12k$의 값을 구하시오.
└ 두 삼각형 ABD, ACD에서 코사인법칙을 이용한다.
[4점]

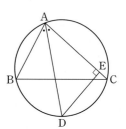

Step 1 $\overline{BD} = \overline{CD}$임을 알기

호 BD에 대한 원주각의 크기는 서로 같으므로
$\angle BAD = \angle BCD$
호 CD에 대한 원주각의 크기는 서로 같으므로
$\angle CAD = \angle CBD$
이때 $\angle BAD = \angle CAD$이므로
$\angle BCD = \angle CBD$
따라서 삼각형 BCD는 $\overline{BD} = \overline{CD}$인 이등변삼각
형이다.

Step 2 $\overline{BD}^2$, $\overline{CD}^2$의 값 구하기

$\overline{AD} = a$, $\angle BAD = \angle CAD = \theta$라 하면
삼각형 ABD에서 코사인법칙에 의하여
$\overline{BD}^2 = 6^2 + a^2 - 2 \times 6 \times a \times \cos\theta$
$\qquad = 36 + a^2 - 12a\cos\theta$
삼각형 ACD에서 코사인법칙에 의하여
$\overline{CD}^2 = 8^2 + a^2 - 2 \times 8 \times a \times \cos\theta$
$\qquad = 64 + a^2 - 16a\cos\theta$

Step 3 $12k$의 값 구하기

이때 $\overline{BD} = \overline{CD}$에서 $\overline{BD}^2 = \overline{CD}^2$이므로
$36 + a^2 - 12a\cos\theta = 64 + a^2 - 16a\cos\theta$
$4a\cos\theta = 28$ $\therefore a\cos\theta = 7$
직각삼각형 ADE에서 $\overline{AE} = \overline{AD}\cos\theta$이므로
$k = a\cos\theta = 7$
$\therefore 12k = 84$

32 삼각형의 넓이   정답 ⑤ ㅣ 정답률 89%

문제 보기

$\overline{\text{AB}}=2$, $\overline{\text{AC}}=\sqrt{7}$인 예각삼각형 ABC의 넓이가 $\sqrt{6}$이다. $\angle \text{A}=\theta$일 때, $\sin\left(\dfrac{\pi}{2}+\theta\right)$의 값은? [3점]
└ 삼각형의 넓이 공식을 이용하여 $\sin\theta$의 값을 구한다.
└ $\sin\left(\dfrac{\pi}{2}+\theta\right)=\cos\theta$임을 이용한다.

① $\dfrac{\sqrt{3}}{7}$ ② $\dfrac{2}{7}$ ③ $\dfrac{\sqrt{5}}{7}$ ④ $\dfrac{\sqrt{6}}{7}$ ⑤ $\dfrac{\sqrt{7}}{7}$

Step 1 $\sin\theta$**의 값 구하기**

삼각형 ABC의 넓이가 $\sqrt{6}$이므로

$\dfrac{1}{2}\times 2\times\sqrt{7}\times\sin\theta=\sqrt{6}$

$\therefore \sin\theta=\dfrac{\sqrt{6}}{\sqrt{7}}=\dfrac{\sqrt{42}}{7}$

Step 2 $\sin\left(\dfrac{\pi}{2}+\theta\right)$**의 값 구하기**

$\therefore \sin\left(\dfrac{\pi}{2}+\theta\right)=\cos\theta=\sqrt{1-\sin^2\theta}\ \left(\because\ 0<\theta<\dfrac{\pi}{2}\right)$

$\qquad\qquad\qquad =\sqrt{1-\left(\dfrac{\sqrt{42}}{7}\right)^2}=\dfrac{\sqrt{7}}{7}$

33 삼각형의 넓이   정답 ④ ㅣ 정답률 90%

문제 보기

그림과 같이 중심각의 크기가 $\dfrac{\pi}{3}$인 부채꼴 OAB에서 선분 OA를 3 : 1 로 내분하는 점을 P, 선분 OB를 1 : 2로 내분하는 점을 Q라 하자. 삼
└ 부채꼴의 반지름의 길이를 r로 놓고 $\overline{\text{OP}}=\dfrac{3}{4}r$, $\overline{\text{OQ}}=\dfrac{1}{3}r$임을 이용한다.
각형 OPQ의 넓이가 $4\sqrt{3}$일 때, 호 AB의 길이는? [3점]
└ 삼각형의 넓이 공식을 이용하여 r의 값을 구한다.   └ $l=r\theta$임을 이용한다.

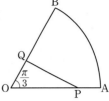

① $\dfrac{5}{3}\pi$ ② 2π ③ $\dfrac{7}{3}\pi$ ④ $\dfrac{8}{3}\pi$ ⑤ 3π

Step 1 **부채꼴의 반지름의 길이 구하기**

부채꼴 OAB의 반지름의 길이를 r라 하면

$\overline{\text{OP}}=\dfrac{3}{4}r$, $\overline{\text{OQ}}=\dfrac{1}{3}r$

삼각형 OPQ의 넓이가 $4\sqrt{3}$이므로

$\dfrac{1}{2}\times\dfrac{3}{4}r\times\dfrac{1}{3}r\times\sin\dfrac{\pi}{3}=4\sqrt{3}$

$\dfrac{\sqrt{3}}{16}r^2=4\sqrt{3}$, $r^2=64$

$\therefore r=8\ (\because\ r>0)$

Step 2 **호 AB의 길이 구하기**

따라서 부채꼴의 호 AB의 길이는

$8\times\dfrac{\pi}{3}=\dfrac{8}{3}\pi$

문제 보기

그림과 같이 ∠BAC=60°, $\overline{\text{AB}}=2\sqrt{2}$, $\overline{\text{BC}}=2\sqrt{3}$인 삼각형 ABC가
  └ 삼각형 ABC에서 코사인법칙을 이용하여 AC의 길이를 구한다.
있다. 삼각형 ABC의 내부의 점 P에 대하여 ∠PBC=30°,
∠PCB=15°일 때, 삼각형 APC의 넓이는? [4점]
  └ 삼각형 PBC에서 사인법칙을 이용하여 PC의 길이를 구한다.

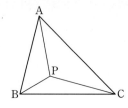

① $\dfrac{3+\sqrt{3}}{4}$ ② $\dfrac{3+2\sqrt{3}}{4}$ ③ $\dfrac{3+\sqrt{3}}{2}$ ④ $\dfrac{3+2\sqrt{3}}{2}$ ⑤ $2+\sqrt{3}$

Step 1 $\overline{\text{PC}}$의 길이 구하기

삼각형 PBC에서 ∠BPC=180°−(30°+15°)=135°이므로 사인법칙에
의하여

$$\frac{\overline{\text{PC}}}{\sin 30°}=\frac{2\sqrt{3}}{\sin 135°}$$

$$\therefore \overline{\text{PC}}=2\sqrt{3}\times\frac{2}{\sqrt{2}}\times\frac{1}{2}=\sqrt{6}$$

Step 2 $\overline{\text{AC}}$의 길이 구하기

$\overline{\text{AC}}=x$라 하면 삼각형 ABC에서 코사인법칙에 의하여
$(2\sqrt{3})^2=(2\sqrt{2})^2+x^2-2\times 2\sqrt{2}\times x\times\cos 60°$
$x^2-2\sqrt{2}x-4=0$
$\therefore x=\sqrt{2}+\sqrt{6}$ $(\because x>0)$
$\therefore \overline{\text{AC}}=\sqrt{2}+\sqrt{6}$

Step 3 삼각형 APC의 넓이 구하기

삼각형 ABC에서 사인법칙에 의하여

$$\frac{2\sqrt{3}}{\sin 60°}=\frac{2\sqrt{2}}{\sin(\angle\text{ACB})}$$

$$\therefore \sin(\angle\text{ACB})=2\sqrt{2}\times\frac{1}{2\sqrt{3}}\times\frac{\sqrt{3}}{2}=\frac{\sqrt{2}}{2}$$

이때 ∠BAC=60°에서 ∠ACB<120°이므로
∠ACB=45°
$\therefore$ ∠PCA=45°−15°=30°
따라서 삼각형 APC의 넓이는
$$\frac{1}{2}\times\sqrt{6}\times(\sqrt{2}+\sqrt{6})\times\sin 30°=\frac{1}{2}\times\sqrt{6}\times(\sqrt{2}+\sqrt{6})\times\frac{1}{2}$$
$$=\frac{3+\sqrt{3}}{2}$$

문제 보기

그림과 같이 중심이 O이고 반지름의 길이가 $\sqrt{10}$인 원에 내접하는 예각
  └ 삼각형 ABC에서 코사인법칙을 이용하여 AC의 길이를 구한다.
삼각형 ABC에 대하여 두 삼각형 OAB, OCA의 넓이를 각각 S_1, S_2
                                    └ 삼각형의 넓이 공식을 이용하여 S_1, S_2를 구한다.
라 하자. $3S_1=4S_2$이고 $\overline{\text{BC}}=2\sqrt{5}$일 때, 선분 AB의 길이는? [4점]
         └ 조건을 이용하여 방정식을 세운 후 └ 코사인법칙을 이용한다.
          삼각함수의 성질을 이용한다.

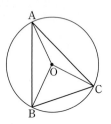

① $2\sqrt{7}$ ② $\sqrt{30}$ ③ $4\sqrt{2}$ ④ $\sqrt{34}$ ⑤ 6

Step 1 ∠BOC의 크기 구하기

$\overline{\text{BC}}=2\sqrt{5}$, $\overline{\text{OB}}=\overline{\text{OC}}=\sqrt{10}$에서 $\overline{\text{OB}}^2+\overline{\text{OC}}^2=\overline{\text{BC}}^2$이므로 삼각형 OBC
는 $\overline{\text{OB}}=\overline{\text{OC}}$인 직각이등변삼각형이다.

$\therefore$ ∠BOC$=\dfrac{\pi}{2}$

Step 2 $\cos(\angle\text{AOB})$의 값 구하기

∠AOB=α, ∠AOC=β라 하면

$$S_1=\frac{1}{2}\times(\sqrt{10})^2\times\sin\alpha=5\sin\alpha$$
$$S_2=\frac{1}{2}\times(\sqrt{10})^2\times\sin\beta=5\sin\beta$$

$3S_1=4S_2$이므로
$3\times 5\sin\alpha=4\times 5\sin\beta$
$\therefore \sin\alpha=\dfrac{4}{3}\sin\beta$

이때 $\alpha+\beta=2\pi-\dfrac{\pi}{2}=\dfrac{3}{2}\pi$이므로 $\beta=\dfrac{3}{2}\pi-\alpha$

$$\therefore \sin\alpha=\frac{4}{3}\sin\left(\frac{3}{2}\pi-\alpha\right)=\frac{4}{3}\sin\left(\pi+\frac{\pi}{2}-\alpha\right)$$
$$=-\frac{4}{3}\sin\left(\frac{\pi}{2}-\alpha\right)=-\frac{4}{3}\cos\alpha \quad\cdots\cdots\ \ominus$$

$\sin^2\alpha+\cos^2\alpha=1$에서
$$\frac{16}{9}\cos^2\alpha+\cos^2\alpha=1$$
$$\therefore \cos^2\alpha=\frac{9}{25}$$

$\sin\alpha>0$이므로 $\ominus$에서 $\cos\alpha<0$
$\therefore \cos\alpha=-\dfrac{3}{5}$

Step 3 선분 AB의 길이 구하기

삼각형 AOB에서 코사인법칙에 의하여

$$\overline{\text{AB}}^2=(\sqrt{10})^2+(\sqrt{10})^2-2\times\sqrt{10}\times\sqrt{10}\times\left(-\frac{3}{5}\right)=32$$

$\therefore \overline{\text{AB}}=4\sqrt{2}$ $(\because \overline{\text{AB}}>0)$

36 삼각형의 넓이 　　　　정답 ⑤ | 정답률 59%

문제 보기

다음 조건을 만족시키는 삼각형 ABC의 외접원의 넓이가 9π일 때, 삼각형 ABC의 넓이는? [4점]
　　└ 외접원의 반지름의 길이를 구한다.

> (가) $3\sin A=2\sin B$ → 사인법칙을 이용하여 두 변의 길이의 관계식을 구한다.
> (나) $\cos B=\cos C$ → 두 각 B, C의 크기의 관계를 파악한다.

① $\dfrac{32}{9}\sqrt{2}$ 　② $\dfrac{40}{9}\sqrt{2}$ 　③ $\dfrac{16}{3}\sqrt{2}$ 　④ $\dfrac{56}{9}\sqrt{2}$ 　⑤ $\dfrac{64}{9}\sqrt{2}$

Step 1 $\sin A$의 값 구하기

삼각형 ABC에서 $\overline{BC}=a$, $\overline{CA}=b$, $\overline{AB}=c$라 하고 삼각형 ABC의 외접원의 반지름의 길이를 R라 하자.
삼각형 ABC의 외접원의 넓이가 9π이므로
$\pi R^2=9\pi$ 　　$\therefore R=3$
삼각형 ABC에서 사인법칙에 의하여
$\dfrac{a}{\sin A}=\dfrac{b}{\sin B}=2R$이므로
$\sin A=\dfrac{a}{2R}$, $\sin B=\dfrac{b}{2R}$
조건 (가)에서 $3\sin A=2\sin B$이므로
$3\times\dfrac{a}{2R}=2\times\dfrac{b}{2R}$ 　　$\therefore b=\dfrac{3}{2}a$ 　⋯⋯ ㉠
조건 (나)에서 $\cos B=\cos C$이므로
$B=C$ ($\because 0<B<\pi$, $0<C<\pi$)
$\therefore b=c$ 　⋯⋯ ㉡
$a=2k\,(k>0)$라 하면 ㉠, ㉡에서 $b=c=3k$이므로 삼각형 ABC에서 코사인법칙에 의하여
$\cos A=\dfrac{(3k)^2+(3k)^2-(2k)^2}{2\times 3k\times 3k}=\dfrac{7}{9}$
$\therefore \sin A=\sqrt{1-\left(\dfrac{7}{9}\right)^2}=\dfrac{4\sqrt{2}}{9}$

Step 2 $\overline{CA}$, $\overline{AB}$의 길이 구하기

$\dfrac{a}{\sin A}=2R$이므로
$a=2R\times\sin A=2\times 3\times\dfrac{4\sqrt{2}}{9}=\dfrac{8\sqrt{2}}{3}$
$\therefore b=c=\dfrac{3}{2}a=\dfrac{3}{2}\times\dfrac{8\sqrt{2}}{3}=4\sqrt{2}$

Step 3 삼각형 ABC의 넓이 구하기

따라서 삼각형 ABC의 넓이는
$\dfrac{1}{2}bc\sin A=\dfrac{1}{2}\times 4\sqrt{2}\times 4\sqrt{2}\times\dfrac{4\sqrt{2}}{9}=\dfrac{64\sqrt{2}}{9}$

37 삼각형의 넓이 　　　　정답 ① | 정답률 44%

문제 보기

그림과 같이
$$\overline{AB}=3,\ \overline{BC}=\sqrt{13},\ \overline{AD}\times\overline{CD}=9,\ \angle BAC=\dfrac{\pi}{3}$$
　　　└ 삼각형 ABC에서 코사인법칙을 이용하여 ┘
　　　　$\overline{AC}$의 길이를 구한다.
인 사각형 ABCD가 있다. 삼각형 ABC의 넓이를 S_1, 삼각형 ACD의 넓이를 S_2라 하고, 삼각형 ACD의 외접원의 반지름의 길이를 R이라 하자.
　　　　└ 삼각형 ACD에서 사인법칙을 이용하여
　　　　　R를 $\sin(\angle ADC)$에 대하여 나타낸다.
$S_2=\dfrac{5}{6}S_1$일 때, $\dfrac{R}{\sin(\angle ADC)}$의 값은? [4점]
　　└ 삼각형의 넓이 공식과 *을 이용하여 $\sin(\angle ADC)$의 값을 구한다.

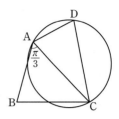

① $\dfrac{54}{25}$ 　② $\dfrac{117}{50}$ 　③ $\dfrac{63}{25}$ 　④ $\dfrac{27}{10}$ 　⑤ $\dfrac{72}{25}$

Step 1 $\overline{AC}$의 길이 구하기

$\overline{AC}=x$라 하면 삼각형 ABC에서 코사인법칙에 의하여
$(\sqrt{13})^2=3^2+x^2-2\times 3\times x\times\cos\dfrac{\pi}{3}$
$x^2-3x-4=0$, $(x+1)(x-4)=0$
$\therefore x=4$ ($\because x>0$)
$\therefore \overline{AC}=4$

Step 2 $\sin(\angle ADC)$의 값 구하기

$\therefore S_1=\dfrac{1}{2}\times 3\times 4\times\sin\dfrac{\pi}{3}$
　　$=\dfrac{1}{2}\times 3\times 4\times\dfrac{\sqrt{3}}{2}=3\sqrt{3}$
또 $\overline{AD}\times\overline{CD}=9$이므로
$S_2=\dfrac{1}{2}\times\overline{AD}\times\overline{CD}\times\sin(\angle ADC)$
　　$=\dfrac{9}{2}\sin(\angle ADC)$
이때 $S_2=\dfrac{5}{6}S_1$이므로
$\dfrac{9}{2}\sin(\angle ADC)=\dfrac{5}{6}\times 3\sqrt{3}$
$\therefore \sin(\angle ADC)=\dfrac{5\sqrt{3}}{9}$

Step 3 $\dfrac{R}{\sin(\angle ADC)}$의 값 구하기

삼각형 ACD에서 사인법칙에 의하여
$\dfrac{4}{\sin(\angle ADC)}=2R$ 　　$\therefore R=\dfrac{2}{\sin(\angle ADC)}$
$\therefore \dfrac{R}{\sin(\angle ADC)}=\dfrac{2}{\sin^2(\angle ADC)}$
　　　　　　　　$=\dfrac{2}{\left(\dfrac{5\sqrt{3}}{9}\right)^2}=\dfrac{54}{25}$

문제 보기

그림과 같이 삼각형 ABC에서 선분 AB 위에 $\overline{AD}:\overline{DB}=3:2$인 점 D를 잡고, 점 A를 중심으로 하고 점 D를 지나는 원을 O, 원 O와 선분 AC가 만나는 점을 E라 하자. $\sin A : \sin C=8:5$이고, 삼각형

└─ 사인법칙을 이용하여 $\overline{BC}:\overline{AB}$를 구한다.

ADE와 삼각형 ABC의 넓이의 비가 $9:35$이다. 삼각형 ABC의 외

└─ 삼각형의 넓이 공식을 이용한다.

접원의 반지름의 길이가 7일 때, 원 O 위의 점 P에 대하여 삼각형

└─ 사인법칙을 이용한다.

PBC의 넓이의 최댓값은? (단, $\overline{AB}<\overline{AC}$) [4점]

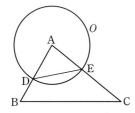

① $18+15\sqrt{3}$ ② $24+20\sqrt{3}$ ③ $30+25\sqrt{3}$

④ $36+30\sqrt{3}$ ⑤ $42+35\sqrt{3}$

Step 1 $\overline{AD}=3k$, $\overline{DB}=2k$로 놓고 $\overline{BC}$의 길이를 k에 대한 식으로 나타내기

$\overline{AD}:\overline{DB}=3:2$이므로 $\overline{AD}=3k$, $\overline{DB}=2k\,(k>0)$라 하면

$\overline{AB}=3k+2k=5k$

삼각형 ABC에서 사인법칙에 의하여

$\overline{BC}:\overline{AB}=\sin A:\sin C=8:5$

$\overline{BC}:5k=8:5$

$\therefore \overline{BC}=8k$

Step 2 $\overline{AC}$의 길이를 k에 대한 식으로 나타내기

$\overline{AE}=\overline{AD}=3k$이므로

$\triangle ADE=\dfrac{1}{2}\times 3k\times 3k\times \sin A=\dfrac{9}{2}k^2\sin A$

$\triangle ABC=\dfrac{1}{2}\times 5k\times \overline{AC}\times \sin A=\dfrac{5}{2}k\overline{AC}\sin A$

$\therefore \triangle ADE:\triangle ABC=\dfrac{9}{2}k^2\sin A:\dfrac{5}{2}k\overline{AC}\sin A$

$\qquad\qquad\qquad\qquad =9k:5\overline{AC}$

$\triangle ADE:\triangle ABC=9:35$에서

$9k:5\overline{AC}=9:35$

$\therefore \overline{AC}=7k$

Step 3 $\sin B$의 값 구하기

삼각형 ABC에서 코사인법칙에 의하여

$\cos B=\dfrac{(5k)^2+(8k)^2-(7k)^2}{2\times 5k\times 8k}=\dfrac{1}{2}$

이때 $0<B<\pi$이므로 $\sin B>0$

$\therefore \sin B=\sqrt{1-\cos^2 B}=\sqrt{1-\left(\dfrac{1}{2}\right)^2}=\dfrac{\sqrt{3}}{2}$

Step 4 k의 값 구하기

삼각형 ABC의 외접원의 반지름의 길이가 7이므로 사인법칙에 의하여

$\dfrac{7k}{\dfrac{\sqrt{3}}{2}}=2\times 7 \qquad \therefore k=\sqrt{3}$

Step 5 삼각형 PBC의 넓이의 최댓값 구하기

오른쪽 그림과 같이 점 A에서 $\overline{BC}$에 내린 수선의 발을 H라 하고 직선 AH와 원 O가 만나는 점 중 점 H로부터 더 멀리 떨어진 점이 P일 때 삼각형 PBC의 넓이가 최대이다.

삼각형 ABH에서 $\overline{AB}=5\sqrt{3}$이므로

$\overline{AH}=\overline{AB}\sin B=5\sqrt{3}\times\dfrac{\sqrt{3}}{2}=\dfrac{15}{2}$

또 $\overline{BC}=8\sqrt{3}$, $\overline{AP}=\overline{AD}=3\sqrt{3}$이므로 삼각형 PBC의 넓이의 최댓값은

$\dfrac{1}{2}\times 8\sqrt{3}\times\left(3\sqrt{3}+\dfrac{15}{2}\right)=36+30\sqrt{3}$

39 삼각형의 넓이   정답 ① | 정답률 25%

문제 보기

그림과 같이 평행사변형 ABCD가 있다. 점 A에서 선분 BD에 내린

   └ 평행선의 엇각의 성질을 이용하여 크기가 같은 각을 찾는다.

수선의 발을 E라 하고, 직선 CE가 선분 AB와 만나는 점을 F라 하자.

$\cos(\angle AFC)=\dfrac{\sqrt{10}}{10}$, $\overline{EC}=10$이고 삼각형 CDE의 외접원의 반지름

   └ $\sin^2\theta+\cos^2\theta=1$임을 이용하여 $\sin\theta$의 값을 구한다.

의 길이가 $5\sqrt{2}$일 때, 삼각형 AFE의 넓이는? [4점]

   └ 삼각형 CDE에서 사인법칙을 이용한다.

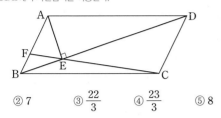

① $\dfrac{20}{3}$ ② 7 ③ $\dfrac{22}{3}$ ④ $\dfrac{23}{3}$ ⑤ 8

Step 1 $\overline{CD}$의 길이 구하기

$\angle AFC=\alpha$, $\angle CDE=\beta$라 하자.

$\cos\alpha=\dfrac{\sqrt{10}}{10}$이고, $0<\alpha<\dfrac{\pi}{2}$에서 $\sin\alpha>0$이므로

$\sin\alpha=\sqrt{1-\cos^2\alpha}=\sqrt{1-\left(\dfrac{\sqrt{10}}{10}\right)^2}=\dfrac{3\sqrt{10}}{10}$

$\angle ECD=\angle EFB=\pi-\alpha$이므로 삼각형 CDE에서 사인법칙에 의하여

$\dfrac{\overline{ED}}{\sin(\pi-\alpha)}=\dfrac{\overline{EC}}{\sin\beta}=10\sqrt{2}$

$\dfrac{\overline{ED}}{\sin(\pi-\alpha)}=10\sqrt{2}$에서

$\overline{ED}=10\sqrt{2}\sin(\pi-\alpha)=10\sqrt{2}\sin\alpha=10\sqrt{2}\times\dfrac{3\sqrt{10}}{10}=6\sqrt{5}$

$\dfrac{\overline{EC}}{\sin\beta}=10\sqrt{2}$에서 $\sin\beta=\dfrac{\overline{EC}}{10\sqrt{2}}=\dfrac{10}{10\sqrt{2}}=\dfrac{\sqrt{2}}{2}$

이때 $0<\beta<\dfrac{\pi}{2}$이므로 $\beta=\dfrac{\pi}{4}$ …… ㉠

$\overline{CD}=x$라 하면 삼각형 CDE에서 코사인법칙에 의하여

$(6\sqrt{5})^2=x^2+10^2-2\times x\times10\times\cos(\pi-\alpha)$

$180=x^2+100+2\times x\times10\times\cos\alpha$

$180=x^2+100+2\times x\times10\times\dfrac{\sqrt{10}}{10}$

$x^2+2\sqrt{10}x-80=0$ $\therefore x=2\sqrt{10}$ ($\because x>0$)

$\therefore \overline{CD}=2\sqrt{10}$

Step 2 $\overline{AE}$, $\overline{AF}$의 길이 구하기

㉠에서 $\angle CDE=\angle ABE=\dfrac{\pi}{4}$이므로 $\angle BAE=\pi-\left(\dfrac{\pi}{2}+\dfrac{\pi}{4}\right)=\dfrac{\pi}{4}$

따라서 삼각형 ABE는 $\overline{AE}=\overline{BE}$인 직각삼각형이다.

이때 $\overline{AB}=\overline{CD}=2\sqrt{10}$이므로 $\overline{AE}=\overline{BE}=2\sqrt{5}$

또 두 삼각형 BEF, DEC는 서로 닮음이고, 닮음비는

$\overline{BE}:\overline{DE}=2\sqrt{5}:6\sqrt{5}=1:3$

따라서 $\overline{BF}:\overline{DC}=1:3$이므로

$\overline{BF}:2\sqrt{10}=1:3$ $\therefore \overline{BF}=\dfrac{2\sqrt{10}}{3}$

$\therefore \overline{AF}=\overline{AB}-\overline{BF}=2\sqrt{10}-\dfrac{2\sqrt{10}}{3}=\dfrac{4\sqrt{10}}{3}$

Step 3 삼각형 AFE의 넓이 구하기

따라서 삼각형 AFE의 넓이는

$\dfrac{1}{2}\times\overline{AF}\times\overline{AE}\times\sin\dfrac{\pi}{4}=\dfrac{1}{2}\times\dfrac{4\sqrt{10}}{3}\times2\sqrt{5}\times\dfrac{\sqrt{2}}{2}=\dfrac{20}{3}$

---

40 삼각형의 넓이   정답 63 | 정답률 12%

문제 보기

그림과 같이 예각삼각형 ABC가 한 원에 내접하고 있다. $\overline{AB}=6$이고,

$\angle ABC=\alpha$라 할 때 $\cos\alpha=\dfrac{3}{4}$이다. 점 A를 지나지 않는 호 BC 위의

점 D에 대하여 $\overline{CD}=4$이다. 두 삼각형 ABD, CBD의 넓이를 각각

S_1, S_2라 할 때, $S_1:S_2=9:5$이다. 삼각형 ADC의 넓이를 S라 할 때,

   └ $\angle BAD=\angle BCD$임을 이용하여   └ $\angle ADC=\angle ABC=\alpha$임을 이용한다.
     S_1, S_2를 구한 후 비례식에 대입한다.

S^2의 값을 구하시오. [4점]

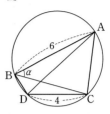

Step 1 S_1, S_2 구하기

$\angle BAD=\angle BCD=\theta$ (BD에 대한 원주각), $\overline{AD}=a$, $\overline{CB}=b$라 하면

$S_1=\dfrac{1}{2}\times6\times a\times\sin\theta=3a\sin\theta$

$S_2=\dfrac{1}{2}\times b\times4\times\sin\theta=2b\sin\theta$

Step 2 $\overline{AD}$의 길이 구하기

$S_1:S_2=9:5$이므로 $3a\sin\theta:2b\sin\theta=9:5$

$3a:2b=9:5$ $\therefore a:b=6:5$

$a=6k$, $b=5k$ ($k>0$)라 하면 삼각형 ABC에서 코사인법칙에 의하여

$\overline{AC}^2=6^2+(5k)^2-2\times6\times5k\times\cos\alpha$

$=25k^2-45k+36$ …… ㉠

또 $\angle ABC=\angle ADC=\alpha$ (AC에 대한 원주각)이므로 삼각형 ADC에서

코사인법칙에 의하여

$\overline{AC}^2=(6k)^2+4^2-2\times6k\times4\times\cos\alpha$

$=36k^2-36k+16$ …… ㉡

㉠, ㉡에서

$25k^2-45k+36=36k^2-36k+16$

$11k^2+9k-20=0$, $(11k+20)(k-1)=0$

$\therefore k=1$ ($\because k>0$)

$\therefore \overline{AD}=6$

Step 3 S^2의 값 구하기

따라서 삼각형 ADC의 넓이 S는

$S=\dfrac{1}{2}\times\overline{AD}\times\overline{DC}\times\sin\alpha$

$=\dfrac{1}{2}\times\overline{AD}\times\overline{DC}\times\sqrt{1-\cos^2\alpha}$

$=\dfrac{1}{2}\times6\times4\times\sqrt{1-\left(\dfrac{3}{4}\right)^2}=3\sqrt{7}$

$\therefore S^2=(3\sqrt{7})^2=63$

문제 보기

그림과 같이

$$\overline{BC}=3,\ \overline{CD}=2,\ \cos(\angle BCD)=-\frac{1}{3},\ \angle DAB>\frac{\pi}{2}$$
└─ 코사인법칙을 이용하여 $\overline{BD}^2$의 값을 구한다.

인 사각형 ABCD에서 두 삼각형 ABC와 ACD는 모두 예각삼각형이다. 선분 AC를 1 : 2로 내분하는 점 E에 대하여 선분 AE를 지름으로 하는 원이 두 선분 AB, AD와 만나는 점 중 A가 아닌 점을 각각 P_1, P_2라 하고, 선분 CE를 지름으로 하는 원이 두 선분 BC, CD와 만나는 점 중 C가 아닌 점을 각각 Q_1, Q_2라 하자. $\overline{P_1P_2} : \overline{Q_1Q_2}=3 : 5\sqrt{2}$이고
└─ 두 원은 각각 두 삼각형 AP_1P_2, CQ_1Q_2의 외접원이므로 사인법칙을 이용한다.

삼각형 ABD의 넓이가 2일 때, $\overline{AB}+\overline{AD}$의 값은? (단, $\overline{AB}>\overline{AD}$)
└─ 삼각형의 넓이 공식을 이용하여 $\overline{AB}\times\overline{AD}$의 값을 구한다.

[4점]

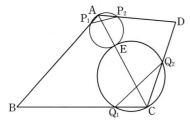

① $\sqrt{21}$　　② $\sqrt{22}$　　③ $\sqrt{23}$　　④ $2\sqrt{6}$　　⑤ 5

Step 1 $\cos(\angle DAB)$의 값 구하기

$\angle BCD=\alpha$, $\angle DAB=\beta$, $\overline{AB}=a$, $\overline{AD}=b$라 하자.

삼각형 BCD에서 $\overline{BC}=3$, $\overline{CD}=2$, $\cos\alpha=-\frac{1}{3}$이므로 코사인법칙에 의하여

$$\overline{BD}^2=3^2+2^2-2\times3\times2\times\left(-\frac{1}{3}\right)=17$$

따라서 삼각형 ABD에서 코사인법칙에 의하여

$$a^2+b^2-2ab\cos\beta=17 \qquad \cdots\cdots \text{㉠}$$

한편 점 E는 선분 AC를 1 : 2로 내분하는 점이므로 두 삼각형 AP_1P_2, CQ_1Q_2의 외접원의 반지름의 길이를 각각 r, $2r(r>0)$라 하면 두 삼각형 AP_1P_2, CQ_1Q_2에서 사인법칙에 의하여

$$\frac{\overline{P_1P_2}}{\sin\beta}=2r,\ \frac{\overline{Q_1Q_2}}{\sin\alpha}=4r$$

$$\therefore\ \overline{P_1P_2}=2r\sin\beta,\ \overline{Q_1Q_2}=4r\sin\alpha$$

$\overline{P_1P_2} : \overline{Q_1Q_2}=3 : 5\sqrt{2}$이므로

$$2r\sin\beta : 4r\sin\alpha=3 : 5\sqrt{2},\ 12r\sin\alpha=10\sqrt{2}r\sin\beta$$

$$\therefore\ \sin\beta=\frac{6\sin\alpha}{5\sqrt{2}}\ (\because\ r>0)$$

이때 $\sin\alpha>0$이므로

$$\sin\alpha=\sqrt{1-\cos^2\alpha}=\sqrt{1-\left(-\frac{1}{3}\right)^2}=\frac{2\sqrt{2}}{3}$$

$$\therefore\ \sin\beta=\frac{6}{5\sqrt{2}}\times\frac{2\sqrt{2}}{3}=\frac{4}{5}$$

또 $\frac{\pi}{2}<\beta<\pi$이므로 $\cos\beta<0$

$$\therefore\ \cos\beta=-\sqrt{1-\sin^2\beta}$$

$$=-\sqrt{1-\left(\frac{4}{5}\right)^2}=-\frac{3}{5} \qquad \cdots\cdots \text{㉡}$$

Step 2 $\overline{AB}+\overline{AD}$의 값 구하기

한편 삼각형 ABD의 넓이가 2이므로

$$\frac{1}{2}ab\sin\beta=2,\ \frac{1}{2}ab\times\frac{4}{5}=2$$

$$\therefore\ ab=5 \qquad \cdots\cdots \text{㉢}$$

㉡, ㉢을 ㉠에 대입하면

$$a^2+b^2-2\times5\times\left(-\frac{3}{5}\right)=17$$

$$\therefore\ a^2+b^2=11$$

이때 $(a+b)^2=a^2+b^2+2ab$이므로

$$(a+b)^2=a^2+b^2+2ab$$

$$=11+2\times5=21$$

$$\therefore\ a+b=\sqrt{21}\ (\because\ a>0,\ b>0)$$

$$\therefore\ \overline{AB}+\overline{AD}=\sqrt{21}$$

42 삼각형의 넓이   정답 ⑤ | 정답률 42%

문제 보기

길이가 14인 선분 AB를 지름으로 하는 반원의 호 AB 위에 점 C를
$\overline{BC}=6$이 되도록 잡는다. 점 D가 호 AC 위의 점일 때, 〈보기〉에서 옳
$\qquad$└→ $\angle ACB=\dfrac{\pi}{2}$
은 것만을 있는 대로 고른 것은?

(단, 점 D는 점 A와 점 C가 아닌 점이다.) [4점]

┌─────────────〈 보기 〉─────────────┐

ㄱ. $\sin(\angle CBA)=\dfrac{2\sqrt{10}}{7}$ → 삼각함수 사이의 관계를 이용한다.

ㄴ. $\overline{CD}=7$일 때, $\overline{AD}=-3+2\sqrt{30}$
$\qquad$└→ 삼각형 ACD에서 코사인법칙을 이용한다.

ㄷ. 사각형 ABCD의 넓이의 최댓값은 $20\sqrt{10}$이다.
$\qquad$└→ □ABCD=△ACD+△ABC임을 이용한다.

└────────────────────────────────┘

① ㄱ   ② ㄱ, ㄴ   ③ ㄱ, ㄷ   ④ ㄴ, ㄷ   ⑤ ㄱ, ㄴ, ㄷ

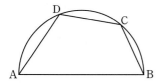

Step 1   ㄱ이 옳은지 확인하기

ㄱ. $\angle CBA=\theta\left(0<\theta<\dfrac{\pi}{2}\right)$라 하면 $\angle ACB=\dfrac{\pi}{2}$이므로 직각삼각형
ABC에서 $\qquad$└→ 반원에 대한 원주각의 크기는 $\dfrac{\pi}{2}$야.

$\cos\theta=\dfrac{\overline{BC}}{\overline{AB}}=\dfrac{6}{14}=\dfrac{3}{7}$

이때 $0<\theta<\dfrac{\pi}{2}$이므로 $\sin\theta>0$

$\therefore \sin\theta=\sqrt{1-\cos^2\theta}$

$\qquad =\sqrt{1-\left(\dfrac{3}{7}\right)^2}=\dfrac{2\sqrt{10}}{7}$ ...... ㉠

Step 2   ㄴ이 옳은지 확인하기

ㄴ. 사각형 ABCD가 원에 내접하므로

$\theta+\angle ADC=\pi$

$\therefore \angle ADC=\pi-\theta$

㉠에서 $\sin\theta=\dfrac{2\sqrt{10}}{7}$이므로 직각삼각형 ABC에서

$\overline{AC}=\overline{AB}\sin\theta=14\times\dfrac{2\sqrt{10}}{7}=4\sqrt{10}$

$\overline{CD}=7$일 때 $\overline{AD}=a$라 하면 삼각형 ACD에서 코사인법칙에 의하여

$(4\sqrt{10})^2=a^2+7^2-2\times a\times 7\times \underline{\cos(\pi-\theta)}$
$\qquad\qquad\qquad\qquad\qquad\qquad\quad$└→ $-\cos\theta$

$160=a^2+49+14a\times\dfrac{3}{7}$

$a^2+6a-111=0$ $\therefore a=-3+2\sqrt{30}$ ($\because a>0$)

$\therefore \overline{AD}=-3+2\sqrt{30}$

Step 3   ㄷ이 옳은지 확인하기

ㄷ. 사각형 ABCD의 넓이가 최대가 되려면 삼각형 ACD의 넓이가 최대
가 되어야 하므로 점 D는 선분 AC의 수직이등분선이 호 AC와 만나
는 점이어야 한다.

오른쪽 그림과 같이 반원의 중심을
O라 하면 △AOD≡△COD이므
로
$\overline{AD}=\overline{CD}$

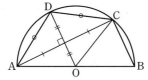

$\overline{AD}=b$라 하면 삼각형 ACD에서 코사인법칙에 의하여

$(4\sqrt{10})^2=b^2+b^2-2\times b\times b\times\cos(\pi-\theta)$

$160=2b^2+2b^2\times\dfrac{3}{7}$, $b^2=56$

$\therefore b=2\sqrt{14}$ ($\because b>0$)

$\therefore \overline{AD}=2\sqrt{14}$

$\therefore \square ABCD=\triangle ACD+\triangle ABC$

$\qquad =\dfrac{1}{2}\times 2\sqrt{14}\times 2\sqrt{14}\times\underline{\sin(\pi-\theta)}+\dfrac{1}{2}\times 4\sqrt{10}\times 6$
$\qquad\qquad\qquad\qquad\qquad\qquad\qquad$└→ $\sin\theta$

$\qquad =\dfrac{1}{2}\times 2\sqrt{14}\times 2\sqrt{14}\times\dfrac{2\sqrt{10}}{7}+\dfrac{1}{2}\times 4\sqrt{10}\times 6$

$\qquad =8\sqrt{10}+12\sqrt{10}=20\sqrt{10}$

Step 4   옳은 것 구하기

따라서 보기 중 옳은 것은 ㄱ, ㄴ, ㄷ이다.

문제 보기

그림과 같이 반지름의 길이가 $R(5<R<5\sqrt{5})$인 원에 내접하는 사각형 ABCD가 다음 조건을 만족시킨다.

- $\overline{AB}=\overline{AD}$이고 $\overline{AC}=10$이다.
- 사각형 ABCD의 넓이는 40이다.

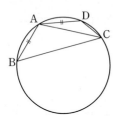

다음은 선분 BD의 길이와 R의 비를 구하는 과정이다.

> $\overline{AB}=\overline{AD}=k$라 할 때
> 두 삼각형 ABC, ACD에서 각각 코사인법칙에 의하여
> $$\cos(\angle ACB)=\frac{1}{20}\left(\overline{BC}+\frac{\boxed{(가)}}{\overline{BC}}\right),$$
> $$\cos(\angle DCA)=\frac{1}{20}\left(\overline{CD}+\frac{\boxed{(가)}}{\overline{CD}}\right) \longrightarrow *$$
> 이다.
> 이때 두 호 AB, AD에 대한 원주각의 크기가 같으므로
> $\cos(\angle ACB)=\cos(\angle DCA)$이다. ← *을 대입하여 $\overline{BC}$, $\overline{CD}$에 대한 식을 세운다.
> 사각형 ABCD의 넓이는
> 두 삼각형 ABD, BCD의 넓이의 합과 같으므로
> $$\frac{1}{2}k^2\sin(\angle BAD)+\frac{1}{2}\times\overline{BC}\times\overline{CD}\times\sin(\pi-\angle BAD)=40$$
> $\qquad\qquad\qquad\qquad\qquad\quad\;\downarrow\; \sin(\pi-\angle BAD)$
> $\qquad\qquad\qquad\qquad\qquad\quad\;\;\; =\sin(\angle BAD)$
> 에서 $\sin(\angle BAD)=\boxed{(나)}$이다.
> 따라서 삼각형 ABD에서 사인법칙에 의하여
> $\overline{BD}:R=\boxed{(다)}:1$이다.

위의 (가)에 알맞은 식을 $f(k)$라 하고, (나), (다)에 알맞은 수를 각각 p, q라 할 때, $\dfrac{f(10p)}{q}$의 값은? [4점]

① $\dfrac{25}{2}$　　② 15　　③ $\dfrac{35}{2}$　　④ 20　　⑤ $\dfrac{45}{2}$

Step 1 (가)에 알맞은 식 구하기

$\overline{AB}=\overline{AD}=k$라 하면 삼각형 ABC에서 코사인법칙에 의하여
$$\cos(\angle ACB)=\frac{10^2+\overline{BC}^2-k^2}{2\times 10\times\overline{BC}}$$
$$=\frac{\overline{BC}^2+100-k^2}{20\overline{BC}}$$
$$=\frac{1}{20}\left(\overline{BC}+\frac{\overset{(가)}{100-k^2}}{\overline{BC}}\right)$$

또 삼각형 ACD에서 코사인법칙에 의하여
$$\cos(\angle DCA)=\frac{10^2+\overline{CD}^2-k^2}{2\times 10\times\overline{CD}}$$
$$=\frac{\overline{CD}^2+100-k^2}{20\overline{CD}}$$
$$=\frac{1}{20}\left(\overline{CD}+\frac{\overset{(가)}{100-k^2}}{\overline{CD}}\right)$$

Step 2 (나)에 알맞은 수 구하기

이때 두 호 AB, AD에 대한 원주각의 크기가 같으므로
$$\cos(\angle ACB)=\cos(\angle DCA)$$
즉, $\dfrac{1}{20}\left(\overline{BC}+\dfrac{100-k^2}{\overline{BC}}\right)=\dfrac{1}{20}\left(\overline{CD}+\dfrac{100-k^2}{\overline{CD}}\right)$이므로
$$\overline{BC}-\overline{CD}=(100-k^2)\times\left(\frac{1}{\overline{CD}}-\frac{1}{\overline{BC}}\right)$$
$$=(100-k^2)\times\frac{\overline{BC}-\overline{CD}}{\overline{BC}\times\overline{CD}}$$

$\overline{AC}=10<2R$이므로 $\overline{BC}\neq\overline{CD}$ → $\overline{AC}=2R$, 즉 원의 지름이 $\overline{AC}$이면
$\therefore\ \overline{BC}\times\overline{CD}=100-k^2$ 　　△ABC≡△ACD에서 $\overline{BC}=\overline{CD}$야.

사각형 ABCD의 넓이는 두 삼각형 ABD, BCD의 넓이의 합과 같으므로
$$\frac{1}{2}k^2\sin(\angle BAD)+\frac{1}{2}\times\overline{BC}\times\overline{CD}\times\sin(\pi-\angle BAD)$$
$$=\frac{1}{2}k^2\sin(\angle BAD)+\frac{1}{2}(100-k^2)\sin(\angle BAD)$$
$$=50\sin(\angle BAD)$$
즉, $50\sin(\angle BAD)=40$이므로
$$\sin(\angle BAD)=\boxed{\overset{(나)}{\dfrac{4}{5}}}$$

Step 3 (다)에 알맞은 수 구하기

삼각형 ABD에서 사인법칙에 의하여
$$\frac{\overline{BD}}{\sin(\angle BAD)}=2R,\ \overline{BD}=\frac{8}{5}R$$
$$\therefore\ \overline{BD}:R=\boxed{\overset{(다)}{\dfrac{8}{5}}}:1$$

Step 4 $\dfrac{f(10p)}{q}$의 값 구하기

따라서 $f(k)=100-k^2$, $p=\dfrac{4}{5}$, $q=\dfrac{8}{5}$이므로
$$\frac{f(10p)}{q}=(100-8^2)\times\frac{5}{8}=36\times\frac{5}{8}=\frac{45}{2}$$

44 코사인법칙 정답 15 | 정답률 7%

문제 보기

그림과 같이 $\overline{AB}=2$, $\overline{AC}\parallel\overline{BD}$, $\overline{AC}:\overline{BD}=1:2$인 두 삼각형 ABC, ABD가 있다. 점 C에서 선분 AB에 내린 수선의 발 H는 선분 AB를 1 : 3으로 내분한다.
└─ $\overline{AH}$의 길이를 구한다.

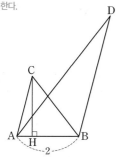

두 삼각형 ABC, ABD의 외접원의 반지름의 길이를 각각 r, R라 할
└─ 사인법칙을 이용하여 $\overline{BC}$, $\overline{AD}$의 길이를 각각 r, R에 대한 식으로 나타낸 후 코사인법칙을 이용하여 $\overline{BC}^2$, $\overline{AD}^2$을 구한 값과 비교한다.

때, $4(R^2-r^2)\times\sin^2(\angle CAB)=51$이다. $\overline{AC}^2$의 값을 구하시오.

$\left(단, \angle CAB<\dfrac{\pi}{2}\right)$ [4점]

Step 1 $\overline{AH}$의 길이 구하기

$\overline{AH}:\overline{HB}=1:3$이므로 $\overline{AH}=\dfrac{1}{4}\overline{AB}=\dfrac{1}{4}\times2=\dfrac{1}{2}$

Step 2 $\overline{BC}$, $\overline{AD}$의 길이를 r, R에 대한 식으로 나타내기

$\angle CAB=\theta$라 하면 삼각형 ABC에서 사인법칙에 의하여

$\dfrac{\overline{BC}}{\sin\theta}=2r$ $\quad\therefore \overline{BC}=2r\sin\theta$ $\quad\cdots\cdots$ ㉠

삼각형 ABD에서 사인법칙에 의하여

$\dfrac{\overline{AD}}{\sin(\pi-\theta)}=2R \rightarrow \overline{AC}\parallel\overline{BD}$이므로 $\angle CAB=\theta$라 하면 $\angle ABD=\pi-\theta$야.

$\dfrac{\overline{AD}}{\sin\theta}=2R$ $\quad\therefore \overline{AD}=2R\sin\theta$ $\quad\cdots\cdots$ ㉡

Step 3 $\overline{AC}=k$로 놓고 $\overline{BC}^2$, $\overline{AD}^2$을 k에 대한 식으로 나타내기

$\overline{AC}=k$라 하면 $\overline{BD}=2k$이고 직각삼각형 AHC에서

$\cos\theta=\dfrac{\overline{AH}}{\overline{AC}}=\dfrac{1}{2k}$

삼각형 ABC에서 코사인법칙에 의하여

$\overline{BC}^2=2^2+k^2-2\times2\times k\times\dfrac{1}{2k}$

$\quad=k^2+2$ $\quad\cdots\cdots$ ㉢

삼각형 ABD에서 코사인법칙에 의하여

$\overline{AD}^2=2^2+(2k)^2-2\times2\times2k\times\underbrace{\cos(\pi-\theta)}_{-\cos\theta}$

$\quad=2^2+(2k)^2+2\times2\times2k\times\dfrac{1}{2k}$

$\quad=4k^2+8$ $\quad\cdots\cdots$ ㉣

Step 4 $\overline{AC}^2$의 값 구하기

㉠을 ㉢에 대입하면 $4r^2\sin^2\theta=k^2+2$

㉡을 ㉣에 대입하면 $4R^2\sin^2\theta=4k^2+8$

$4(R^2-r^2)\times\sin^2(\angle CAB)=51$에서

$4R^2\sin^2\theta-4r^2\sin^2\theta=51$

$4k^2+8-(k^2+2)=51$ $\quad\therefore k^2=15$

$\therefore \overline{AC}^2=15$

---

45 코사인법칙 정답 64 | 정답률 4%

문제 보기

그림과 같이 중심이 O, 반지름의 길이가 6이고 중심각의 크기가 $\dfrac{\pi}{2}$인 부채꼴 OAB가 있다. 호 AB 위에 점 C를 $\overline{AC}=4\sqrt{2}$가 되도록 잡는다. 호 AC 위의 한 점 D에 대하여 점 D를 지나고 선분 OA에 평행한 직선과 점 C를 지나고 선분 AC에 수직인 직선이 만나는 점을 E라 하자.
└─ 중심이 O이고 반지름의 길이가 6인 원을 C라 하고, 원 C와 직선 OA가 만나는 점 중 A가 아닌 점을 F라 하면 $\angle FCA=\dfrac{\pi}{2}$이므로 세 점 C, E, F는 한 직선에 있다.

삼각형 CED의 외접원의 반지름의 길이가 $3\sqrt{2}$일 때, $\overline{AD}=p+q\sqrt{7}$을 만족시키는 두 유리수 p, q에 대하여 $9\times|p\times q|$의 값을 구하시오. (단, 점 D는 점 A도 아니고 점 C도 아니다.) [4점]

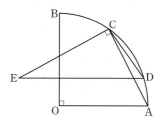

Step 1 $\overline{CD}$의 길이 구하기

오른쪽 그림과 같이 중심이 O이고 반지름의 길이가 6인 원을 C라 하고, 원 C와 직선 OA가 만나는 점 중 A가 아닌 점을 F라 하자.

선분 FA는 원 C의 지름이므로

$\angle FCA=\dfrac{\pi}{2}$이고, $\angle ECA=\dfrac{\pi}{2}$이므로 세 점 C, E, F는 한 직선 위에 있다.

직선 ED와 직선 OA가 서로 평행하므로

$\sin(\angle DEC)=\sin(\angle AFC)=\dfrac{\overline{AC}}{\overline{AF}}=\dfrac{4\sqrt{2}}{12}=\dfrac{\sqrt{2}}{3}$

삼각형 CED의 외접원의 반지름의 길이가 $3\sqrt{2}$이므로 사인법칙에 의하여

$\dfrac{\overline{CD}}{\sin(\angle DEC)}=2\times3\sqrt{2}$

$\dfrac{\overline{CD}}{\frac{\sqrt{2}}{3}}=6\sqrt{2}$ $\quad\therefore \overline{CD}=6\sqrt{2}\times\dfrac{\sqrt{2}}{3}=4$

Step 2 $\overline{AD}$의 길이 구하기

사각형 ADCF가 원 C에 내접하므로

$\cos(\angle CDA)=\cos(\pi-\angle AFC)=-\cos(\angle AFC)$

$\quad=-\sqrt{1-\sin^2(\angle DEC)}$

$\quad=-\sqrt{1-\left(\dfrac{\sqrt{2}}{3}\right)^2}=-\dfrac{\sqrt{7}}{3}$

삼각형 ADC에서 코사인법칙에 의하여

$(4\sqrt{2})^2=4^2+\overline{AD}^2-2\times4\times\overline{AD}\times\left(-\dfrac{\sqrt{7}}{3}\right)$

$\overline{AD}^2+\dfrac{8\sqrt{7}}{3}\times\overline{AD}-16=0$, $3\times\overline{AD}^2+8\sqrt{7}\times\overline{AD}-48=0$

$\therefore \overline{AD}=\dfrac{16}{3}-\dfrac{4}{3}\sqrt{7}\ (\because \overline{AD}>0)$

Step 3 $9\times|p\times q|$의 값 구하기

따라서 $p=\dfrac{16}{3}$, $q=-\dfrac{4}{3}$이므로

$9\times|p\times q|=9\times\left|\dfrac{16}{3}\times\left(-\dfrac{4}{3}\right)\right|=64$

15
일차

01 11	02 ②	03 ⑤	04 22	05 ①	06 ③	07 ①	08 12	09 26	10 3	11 ①	12 ①
13 ⑤	14 ③	15 ①	16 ③	17 ①	18 16	19 50	20 35	21 ③	22 7	23 ④	24 ④
25 ⑤	26 14	27 26	28 ②	29 ①	30 ③	31 ④	32 ⑤	33 22	34 ③	35 ③	36 137
37 102	38 20	39 ②	40 ①	41 ①	42 ③						

문제편 223쪽~233쪽

01 등차수열의 항 구하기-첫째항이 주어진 경우
정답 11 | 정답률 90%

문제 보기

첫째항이 2인 등차수열 $\{a_n\}$이

$a_7 + a_{11} = 20$ → 공차를 d로 놓고 d에 대한 방정식을 세워 d의 값을 구한다.

을 만족시킬 때, a_{10}의 값을 구하시오. [3점]

Step 1 공차 구하기

등차수열 $\{a_n\}$의 공차를 d라 하면 $a_7 + a_{11} = 20$에서

$(2+6d) + (2+10d) = 20$ → $a_7 = a_1 + (7-1)d$, $a_{11} = a_1 + (11-1)d$

$4 + 16d = 20$, $16d = 16$

$\therefore d = 1$

Step 2 a_{10}의 값 구하기

따라서 수열 $\{a_n\}$의 첫째항이 2, 공차가 1이므로

$a_{10} = 2 + 9 \times 1 = 11$ → $a_n = 2 + (n-1) \times 1$

02 등차수열의 항 구하기-첫째항과 공차가 주어진 경우
정답 ② | 정답률 89%

문제 보기

첫째항이 7, 공차가 3인 등차수열의 제7항은? [2점]
└→ 등차수열의 일반항을 구한다.

① 24 ② 25 ③ 26 ④ 27 ⑤ 28

Step 1 제7항 구하기

첫째항이 7, 공차가 3인 등차수열의 일반항을 a_n이라 하면

$a_n = 7 + (n-1) \times 3 = 3n + 4$

$\therefore a_7 = 3 \times 7 + 4 = 25$

03 등차수열의 항 구하기-첫째항이 주어진 경우
정답 ⑤ | 정답률 96%

문제 보기

등차수열 $\{a_n\}$에 대하여 $a_1 = 2$, $a_3 = 10$일 때, a_5의 값은? [3점]
└→ 공차를 d로 놓고 $a_3 = a_1 + 2d$임을 이용하여 d의 값을 구한다.

① 14 ② 15 ③ 16 ④ 17 ⑤ 18

Step 1 공차 구하기

등차수열 $\{a_n\}$의 공차를 d라 하면

$a_3 = a_1 + 2d$

즉, $2 + 2d = 10$이므로 $2d = 8$

$\therefore d = 4$

Step 2 a_5의 값 구하기

따라서 수열 $\{a_n\}$의 첫째항이 2, 공차가 4이므로

$a_5 = 2 + 4 \times 4 = 18$ → $a_n = 2 + (n-1) \times 4$

다른 풀이 두 항 사이의 관계 이용하기

등차수열 $\{a_n\}$의 공차를 d라 하면

$a_3 - a_1 = 2d$

즉, $2d = 10 - 2 = 8$이므로 $d = 4$

$\therefore a_5 = a_3 + 2d = 10 + 2 \times 4 = 18$

04 등차수열의 항 구하기 – 첫째항이 주어진 경우
정답 22 | 정답률 84%

문제 보기

첫째항이 6인 등차수열 $\{a_n\}$에 대하여 $2a_4=a_{10}$일 때, a_9의 값을 구하시오. [3점]
→ 공차를 d로 놓고 d에 대한 방정식을 세워 d의 값을 구한다.

Step 1 공차 구하기

등차수열 $\{a_n\}$의 공차를 d라 하면 $2a_4=a_{10}$에서
→ $a_4=a_1+(4-1)d$, $a_{10}=a_1+(10-1)d$

$2(6+3d)=6+9d$

$12+6d=6+9d$

$3d=6$ ∴ $d=2$

Step 2 a_9의 값 구하기

따라서 수열 $\{a_n\}$의 첫째항이 6, 공차가 2이므로

$a_9=6+8\times2=22$ → $a_n=6+(n-1)\times2$

05 등차수열의 항 구하기 – 첫째항이 주어진 경우
정답 ① | 정답률 97%

문제 보기

첫째항이 2인 등차수열 $\{a_n\}$에 대하여 $a_9=3a_3$일 때, a_5의 값은? [3점]
→ 공차를 d로 놓고 d에 대한 방정식을 세워 d의 값을 구한다.

① 10 ② 11 ③ 12 ④ 13 ⑤ 14

Step 1 공차 구하기

등차수열 $\{a_n\}$의 공차를 d라 하면 $a_9=3a_3$에서
→ $a_9=a_1+(9-1)d$, $a_3=a_1+(3-1)d$

$2+8d=3(2+2d)$

$2+8d=6+6d$

$2d=4$ ∴ $d=2$

Step 2 a_5의 값 구하기

따라서 수열 $\{a_n\}$의 첫째항이 2, 공차가 2이므로

$a_5=2+4\times2=10$ → $a_n=2+(n-1)\times2$

06 등차수열의 항 구하기 – 첫째항이 주어진 경우
정답 ③ | 정답률 90%

문제 보기

첫째항이 1인 등차수열 $\{a_n\}$에 대하여 $a_5-a_3=8$일 때, a_2의 값은?
공차를 d로 놓고 d에 대한 방정식을 세워 →
d의 값을 구한다.　　　　　　　　　　　[3점]

① 3 ② 4 ③ 5 ④ 6 ⑤ 7

Step 1 공차 구하기

등차수열 $\{a_n\}$의 공차를 d라 하면 $a_5-a_3=8$에서
→ $a_5=a_1+(5-1)d$, $a_3=a_1+(3-1)d$

$(1+4d)-(1+2d)=8$

$2d=8$ ∴ $d=4$

Step 2 a_2의 값 구하기

따라서 수열 $\{a_n\}$의 첫째항이 1, 공차가 4이므로

$a_2=1+1\times4=5$ → $a_n=1+(n-1)\times4$

07 등차수열의 항 구하기 – 첫째항이 주어진 경우
정답 ① | 정답률 93%

문제 보기

첫째항이 4인 등차수열 $\{a_n\}$에 대하여

$a_{10}-a_7=6$ → 공차를 d로 놓고 d에 대한 방정식을 세워 d의 값을 구한다.

일 때, a_4의 값은? [3점]

① 10 ② 11 ③ 12 ④ 13 ⑤ 14

Step 1 공차 구하기

등차수열 $\{a_n\}$의 공차를 d라 하면 $a_{10}-a_7=6$에서
→ $a_{10}=a_1+(10-1)d$, $a_7=a_1+(7-1)d$

$(4+9d)-(4+6d)=6$

$3d=6$ ∴ $d=2$

Step 2 a_4의 값 구하기

따라서 수열 $\{a_n\}$의 첫째항이 4, 공차가 2이므로

$a_4=4+3\times2=10$ → $a_n=4+(n-1)\times2$

08 등차수열의 항 구하기 – 첫째항이 주어진 경우

정답 **12** | 정답률 **90%**

문제 보기

등차수열 $\{a_n\}$에 대하여 $a_1=6$, $a_3+a_6=a_{11}$일 때, a_4의 값을 구하시오. [3점]

└─ 공차를 d로 놓고 d에 대한 방정식을 세워 d의 값을 구한다.

Step 1 공차 구하기

등차수열 $\{a_n\}$의 공차를 d라 하면 $a_3+a_6=a_{11}$에서

$(6+2d)+(6+5d)=6+10d$

└─ $a_3=a_1+(3-1)d$, $a_6=a_1+(6-1)d$, $a_{11}=a_1+(11-1)d$

$12+7d=6+10d$

$3d=6$ $\therefore d=2$

Step 2 a_4의 값 구하기

따라서 수열 $\{a_n\}$의 첫째항이 6, 공차가 2이므로

$a_4=6+3\times2=12$

└─ $a_n=6+(n-1)\times2$

09 등차수열의 항 구하기 – 첫째항이 주어진 경우

정답 **26** | 정답률 **90%**

문제 보기

등차수열 $\{a_n\}$에 대하여 $a_1=2$, $a_4+a_{10}=28$일 때, a_{13}의 값을 구하시오. [3점]

└─ 공차를 d로 놓고 d에 대한 방정식을 세워 d의 값을 구한다.

Step 1 공차 구하기

등차수열 $\{a_n\}$의 공차를 d라 하면 $a_4+a_{10}=28$에서

$(2+3d)+(2+9d)=28$

└─ $a_4=a_1+(4-1)d$, $a_{10}=a_1+(10-1)d$

$4+12d=28$

$12d=24$ $\therefore d=2$

Step 2 a_{13}의 값 구하기

따라서 수열 $\{a_n\}$의 첫째항이 2, 공차가 2이므로

$a_{13}=2+12\times2=26$

└─ $a_n=2+(n-1)\times2$

10 등차수열의 공차 구하기 – 첫째항이 주어진 경우

정답 **3** | 정답률 **93%**

문제 보기

첫째항이 2인 등차수열 $\{a_n\}$에 대하여

$2(a_2+a_3)=a_9$

└─ $a_n=a+(n-1)d$를 이용하여 식을 세운다.

일 때, 수열 $\{a_n\}$의 공차를 구하시오. [3점]

Step 1 공차 구하기

등차수열 $\{a_n\}$의 공차를 d라 하면 $2(a_2+a_3)=a_9$에서

$2\{(2+d)+(2+2d)\}=2+8d$

└─ $a_2=a_1+(2-1)d$, $a_3=a_1+(3-1)d$, $a_9=a_1+(9-1)d$

$8+6d=2+8d$

$2d=6$ $\therefore d=3$

11 등차수열의 항 구하기 – 첫째항이 주어진 경우
정답 ① | 정답률 97%

문제 보기

등차수열 $\{a_n\}$에 대하여

$\quad a_1=1,\ a_4+a_5+a_6+a_7+a_8=55$ → 공차를 구한다.

일 때, a_{11}의 값은? [3점]

① 21   ② 24   ③ 27   ④ 30   ⑤ 33

Step 1 공차 구하기

등차수열 $\{a_n\}$의 공차를 d라 하면 $a_4+a_5+a_6+a_7+a_8=55$에서

$(1+3d)+(1+4d)+(1+5d)+(1+6d)+(1+7d)=55$

$5+25d=55,\ 25d=50$

$\therefore d=2$

Step 2 a_{11}의 값 구하기

따라서 수열 $\{a_n\}$의 첫째항이 1, 공차가 2이므로

$a_{11}=1+10\times2=21$

다른 풀이 등차중항 이용하기

등차수열 $\{a_n\}$에서 a_6은 a_5와 a_7, a_4와 a_8의 등차중항이므로

$2a_6=a_5+a_7=a_4+a_8$

$\therefore a_4+a_5+a_6+a_7+a_8=(a_4+a_8)+(a_5+a_7)+a_6$

$\qquad\qquad\qquad\qquad\qquad =2a_6+2a_6+a_6=5a_6$

즉, $5a_6=55$이므로 $a_6=11$

등차수열 $\{a_n\}$의 공차를 d라 하면

$a_6=a_1+5d$

즉, $1+5d=11$이므로 $5d=10$

$\therefore d=2$

따라서 수열 $\{a_n\}$의 첫째항이 1, 공차가 2이므로

$a_{11}=1+10\times2=21$

12 등차수열의 항 구하기 – 첫째항이 주어진 경우
정답 ① | 정답률 89%

문제 보기

등차수열 $\{a_n\}$에 대하여

$\quad a_1=-15,\ |a_3|-a_4=0$ → $|a_3|=a_4$에서 $a_4=a_3$인 경우와 $a_4=-a_3$인 경우로 나누어 공차를 구한다.

일 때, a_7의 값은? [3점]

① 21   ② 23   ③ 25   ④ 27   ⑤ 29

Step 1 공차 구하기

$|a_3|-a_4=0$에서 $a_4=|a_3|$

$\therefore a_4=a_3$ 또는 $a_4=-a_3$

등차수열 $\{a_n\}$의 공차를 d라 하면

(i) $a_4=a_3$일 때,

$\quad d=0$이므로 $a_4=a_3=a_1=-15$

$\quad$ 이때 $a_4\ne|a_3|$이므로 조건을 만족시키지 않는다.

(ii) $a_4=-a_3$일 때,

$\quad -15+3d=-(-15+2d)$이므로

$\quad 5d=30\quad \therefore d=6$

(i), (ii)에서 $d=6$

Step 2 a_7의 값 구하기

따라서 수열 $\{a_n\}$의 첫째항이 -15, 공차가 6이므로

$a_7=-15+6\times6=21$

13 등차수열에서 조건을 만족시키는 자연수 구하기 − 첫째항이 주어진 경우

정답 ⑤ | 정답률 86%

문제 보기

등차수열 $\{a_n\}$에 대하여 $a_1=3$, $a_5=a_3+4$일 때, $a_n>100$을 만족시키는 자연수 n의 최솟값은? [3점]

└→ 공차를 구한다. └→ a_n을 대입하여 n의 값의 범위를 구한다.

① 46   ② 47   ③ 48   ④ 49   ⑤ 50

Step 1 공차 구하기

등차수열 $\{a_n\}$의 공차를 d라 하면 $a_5=a_3+4$에서

$3+4d=(3+2d)+4$

$2d=4$ $\therefore d=2$

Step 2 a_n 구하기

$a_1=3$, $d=2$이므로 등차수열 $\{a_n\}$의 일반항 a_n은

$a_n=3+(n-1)\times2=2n+1$

Step 3 자연수 n의 최솟값 구하기

$a_n>100$에서 $2n+1>100$, $2n>99$

$\therefore n>\dfrac{99}{2}=49.5$

따라서 자연수 n의 최솟값은 50이다.

14 등차수열의 항 구하기 − 공차가 주어진 경우

정답 ③ | 정답률 91%

문제 보기

공차가 -3인 등차수열 $\{a_n\}$에 대하여

$a_3a_7=64$, $a_8>0$ └→ 첫째항을 a로 놓고 a에 대한 식을 세워 a의 값을 구한다.

일 때, a_2의 값은? [3점]

① 17   ② 18   ③ 19   ④ 20   ⑤ 21

Step 1 첫째항 구하기

등차수열 $\{a_n\}$의 첫째항을 a라 하면 $a_3a_7=64$에서

$\{a+2\times(-3)\}\{a+6\times(-3)\}=64$, $(a-6)(a-18)=64$

$a^2-24a+44=0$, $(a-2)(a-22)=0$

$\therefore a=2$ 또는 $a=22$

(i) $a=2$일 때,

$a_8=2+7\times(-3)=-19<0$이므로 조건을 만족시키지 않는다.

(ii) $a=22$일 때,

$a_8=22+7\times(-3)=1>0$

(i), (ii)에서 $a=22$

Step 2 a_2의 값 구하기

따라서 수열 $\{a_n\}$의 첫째항이 22, 공차가 -3이므로

$a_2=22-3=19$

15 등차수열의 항 구하기 − 공차가 주어진 경우

정답 ① | 정답률 91%

문제 보기

공차가 2인 등차수열 $\{a_n\}$에 대하여 a_5-a_2의 값은? [2점]

└→ $a_n=a+(n-1)d$를 이용하여 식을 세운다.

① 6   ② 7   ③ 8   ④ 9   ⑤ 10

Step 1 a_5-a_2의 값 구하기

등차수열 $\{a_n\}$의 첫째항을 a라 하면

$a_5-a_2=(a+4\times2)-(a+2)$

$\qquad=8-2=6$

16 등차수열의 항 구하기 − 공차가 주어진 경우

정답 ③ | 정답률 95%

문제 보기

공차가 7인 등차수열 $\{a_n\}$에 대하여 $a_{13}-a_{11}$의 값은? [3점]

└→ $a_n=a+(n-1)d$를 이용하여 식을 세운다.

① 10   ② 12   ③ 14   ④ 16   ⑤ 18

Step 1 $a_{13}-a_{11}$의 값 구하기

등차수열 $\{a_n\}$의 첫째항을 a라 하면

$a_{13}-a_{11}=(a+12\times7)-(a+10\times7)$

$\qquad=84-70=14$

17 등차수열의 항 구하기 – 공차가 주어진 경우

정답 ① | 정답률 90%

문제 보기

공차가 3인 등차수열 $\{a_n\}$에 대하여 $a_4=100$일 때, a_1의 값은? [2점]

$\llcorner$ $a_n=a_1+(n-1)d$임을 이용하여 a_1에 대한 식을 세운다.

① 91 ② 93 ③ 95 ④ 97 ⑤ 99

Step 1 a_1의 값 구하기

등차수열 $\{a_n\}$의 첫째항이 a_1, 공차가 3이므로

$a_4=a_1+3\times3$

즉, $a_1+9=100$이므로

$a_1=91$

---

18 등차수열의 항 구하기 – 공차가 주어진 경우

정답 16 | 정답률 80%

문제 보기

수열 $\{a_n\}$과 공차가 3인 등차수열 $\{b_n\}$에 대하여

$\llcorner$ b_n을 구한다.

$b_n-a_n=2n$ $\longrightarrow$ b_n을 대입하여 a_n을 구한다.

이 성립한다. $a_{10}=11$일 때, b_5의 값을 구하시오. [3점]

$\llcorner$ a_n에 $n=10$을 대입하여 수열 $\{b_n\}$의 첫째항을 구한다.

Step 1 b_n 구하기

등차수열 $\{b_n\}$의 첫째항을 b라 하면 일반항 b_n은

$b_n=b+(n-1)\times3$

$\quad=3n-3+b$ ······ ㉠

Step 2 a_n 구하기

$b_n-a_n=2n$에 ㉠을 대입하면

$3n-3+b-a_n=2n$

$\therefore a_n=n-3+b$ ······ ㉡

Step 3 등차수열 $\{b_n\}$의 첫째항 구하기

㉡에 $n=10$을 대입하면 $a_{10}=7+b$이므로

$7+b=11$ $\quad\therefore b=4$

Step 4 b_5의 값 구하기

따라서 수열 $\{b_n\}$의 첫째항이 4, 공차가 3이므로

$b_5=4+4\times3=16$

다른 풀이 $b_n-a_n=2n$에 $n=10$을 대입하기

$b_n-a_n=2n$에 $n=10$을 대입하면

$b_{10}-a_{10}=20$

이때 $a_{10}=11$이므로

$b_{10}-11=20$ $\quad\therefore b_{10}=31$

등차수열 $\{b_n\}$의 첫째항을 b라 하면

$b_{10}=b+9\times3$

즉, $b+27=31$이므로 $b=4$

따라서 수열 $\{b_n\}$의 첫째항이 4, 공차가 3이므로

$b_5=4+4\times3=16$

19 등차수열에서 조건을 만족시키는 자연수 구하기
– 공차가 주어진 경우
정답 50 | 정답률 74%

문제 보기

공차가 2인 등차수열 $\{a_n\}$이

$|a_3-1|=|a_6-3|$ → 첫째항을 구한다.

을 만족시킨다. 이때, $a_n>92$를 만족시키는 자연수 n의 최솟값을 구하시오. [3점]
         └→ a_n을 대입하여 n의 값의 범위를 구한다.

Step 1 첫째항 구하기

등차수열 $\{a_n\}$의 첫째항을 a라 하면 $|a_3-1|=|a_6-3|$에서

$|(a+2\times2)-1|=|(a+5\times2)-3|$

$|a+3|=|a+7|$, $a+3=\pm(a+7)$

이때 $a+3<a+7$이므로

$a+3=-(a+7)$, $2a=-10$ ∴ $a=-5$

Step 2 a_n 구하기

첫째항이 -5, 공차가 2이므로 등차수열 $\{a_n\}$의 일반항 a_n은

$a_n=-5+(n-1)\times2=2n-7$

Step 3 자연수 n의 최솟값 구하기

$a_n>92$에서 $2n-7>92$, $2n>99$

∴ $n>\dfrac{99}{2}=49.5$

따라서 자연수 n의 최솟값은 50이다.

---

20 등차수열의 항 구하기 – 첫째항, 공차가 주어지지 않은 경우
정답 35 | 정답률 83%

문제 보기

등차수열 $\{a_n\}$에 대하여

$a_5=5$, $a_{15}=25$ → 첫째항을 a, 공차를 d로 놓고 a, d에 대한 식을 세운다.

일 때, a_{20}의 값을 구하시오. [3점]

Step 1 첫째항과 공차 구하기

등차수열 $\{a_n\}$의 첫째항을 a, 공차를 d라 하면

$a_5=5$에서 $a+4d=5$ …… ㉠

$a_{15}=25$에서 $a+14d=25$ …… ㉡

㉠, ㉡을 연립하여 풀면 $a=-3$, $d=2$

Step 2 a_{20}의 값 구하기

따라서 수열 $\{a_n\}$의 첫째항이 -3, 공차가 2이므로

$a_{20}=-3+19\times2=35$

다른 풀이 두 항 사이의 관계 이용하기

등차수열 $\{a_n\}$의 공차를 d라 하면

$a_{15}-a_5=10d$

즉, $10d=25-5=20$이므로 $d=2$

∴ $a_{20}=a_{15}+5d=25+5\times2=35$

---

21 등차수열의 공차 구하기 – 첫째항이 주어지지 않은 경우
정답 ③ | 정답률 94%

문제 보기

등차수열 $\{a_n\}$에 대하여 $a_2=3$, $a_4=9$일 때, 수열 $\{a_n\}$의 공차는?
       └→ 첫째항을 a, 공차를 d로 놓고 a, d에 대한 식을 세운다. [2점]

① 1   ② 2   ③ 3   ④ 4   ⑤ 5

Step 1 공차 구하기

등차수열 $\{a_n\}$의 첫째항을 a, 공차를 d라 하면

$a_2=3$에서 $a+d=3$ …… ㉠

$a_4=9$에서 $a+3d=9$ …… ㉡

㉡−㉠을 하면

$2d=6$ ∴ $d=3$

다른 풀이 두 항 사이의 관계 이용하기

등차수열 $\{a_n\}$의 공차를 d라 하면

$a_4-a_2=2d$

즉, $2d=9-3=6$이므로 $d=3$

---

22 등차수열의 공차 구하기 – 첫째항이 주어지지 않은 경우
정답 7 | 정답률 91%

문제 보기

등차수열 $\{a_n\}$에 대하여 $a_8-a_4=28$일 때, 수열 $\{a_n\}$의 공차를 구하시오. [3점]
       └→ $a_n=a+(n-1)d$를 이용하여 식을 세운다.

Step 1 공차 구하기

등차수열 $\{a_n\}$의 첫째항을 a, 공차를 d라 하면 $a_8-a_4=28$에서

$(a+7d)-(a+3d)=28$

$4d=28$ ∴ $d=7$

23 등차수열의 공차 구하기 – 첫째항이 주어지지 않은 경우
정답 ④ | 정답률 87%

문제 보기

등차수열 $\{a_n\}$에 대하여

$a_2+a_3=2(a_1+12)$ → $a_n=a+(n-1)d$를 이용하여 식을 세운다.

일 때, 수열 $\{a_n\}$의 공차는? [3점]

① 2　　　② 4　　　③ 6　　　④ 8　　　⑤ 10

Step 1 공차 구하기

등차수열 $\{a_n\}$의 공차를 d라 하면 $a_2+a_3=2(a_1+12)$에서

$(a_1+d)+(a_1+2d)=2(a_1+12)$

$3d=24$　∴ $d=8$

24 등차수열의 공차 구하기 – 첫째항이 주어지지 않은 경우
정답 ④ | 정답률 92%

문제 보기

등차수열 $\{a_n\}$에 대하여

$a_1+a_2+a_3=15,\ a_3+a_4+a_5=39$ → 공차를 d로 놓고 a_1, d에 대한 식을 세운다.

일 때, 수열 $\{a_n\}$의 공차는? [3점]

① 1　　　② 2　　　③ 3　　　④ 4　　　⑤ 5

Step 1 공차 구하기

등차수열 $\{a_n\}$의 공차를 d라 하면

$a_1+a_2+a_3=15$에서 $a_1+(a_1+d)+(a_1+2d)=15$

$3a_1+3d=15$　∴ $a_1+d=5$　……㉠

$a_3+a_4+a_5=39$에서 $(a_1+2d)+(a_1+3d)+(a_1+4d)=39$

$3a_1+9d=39$　∴ $a_1+3d=13$　……㉡

㉡－㉠을 하면

$2d=8$　∴ $d=4$

다른 풀이 두 항 사이의 관계 이용하기

등차수열 $\{a_n\}$의 공차를 d라 하면

$a_3+a_4+a_5=(a_1+2d)+(a_2+2d)+(a_3+2d)$

$\qquad\qquad\quad=(a_1+a_2+a_3)+6d$

즉, $39=15+6d$이므로

$6d=24$　∴ $d=4$

25 등차수열의 항 구하기 – 첫째항, 공차가 주어지지 않은 경우
정답 ⑤ | 정답률 93%

문제 보기

등차수열 $\{a_n\}$에 대하여 $a_1+a_3=20$일 때, a_2의 값은? [2점]

└→ 공차를 d로 놓고 a_1, d에 대한 식을 세운다.

① 6　　　② 7　　　③ 8　　　④ 9　　　⑤ 10

Step 1 a_2의 값 구하기

등차수열 $\{a_n\}$의 공차를 d라 하면 $a_1+a_3=20$에서

$a_1+(a_1+2d)=20,\ 2a_1+2d=20$

∴ $a_2=a_1+d=10$

다른 풀이 등차중항 이용하기

등차수열 $\{a_n\}$에서 a_2는 a_1과 a_3의 등차중항이므로

$a_2=\dfrac{a_1+a_3}{2}=\dfrac{20}{2}=10$

26 등차수열의 항 구하기 – 첫째항, 공차가 주어지지 않은 경우
정답 14 | 정답률 81%

문제 보기

등차수열 $\{a_n\}$에 대하여 $a_2=2,\ a_5-a_3=6$일 때, a_6의 값을 구하시오.

└→ 첫째항을 a, 공차를 d로 놓고 a, d에 대한 식을 세운다. [3점]

Step 1 첫째항과 공차 구하기

등차수열 $\{a_n\}$의 첫째항을 a, 공차를 d라 하면

$a_2=2$에서 $a+d=2$　……㉠

$a_5-a_3=6$에서 $(a+4d)-(a+2d)=6$

$2d=6$　∴ $d=3$

이를 ㉠에 대입하면

$a+3=2$　∴ $a=-1$

Step 2 a_6의 값 구하기

따라서 수열 $\{a_n\}$의 첫째항이 -1, 공차가 3이므로

$a_6=-1+5\times3=14$

다른 풀이 두 항 사이의 관계 이용하기

등차수열 $\{a_n\}$의 공차를 d라 하면

$a_5-a_3=2d$

즉, $2d=6$이므로 $d=3$

∴ $a_6=a_2+4d=2+4\times3=14$

27 등차수열의 항 구하기 - 첫째항, 공차가 주어지지 않은 경우
정답 26 | 정답률 88%

문제 보기

등차수열 $\{a_n\}$에 대하여 $a_3=8$, $a_6-a_4=12$일 때, a_6의 값을 구하시오. [3점]

└→ 첫째항을 a, 공차를 d로 놓고 a, d에 대한 식을 세운다.

Step 1 첫째항과 공차 구하기

등차수열 $\{a_n\}$의 첫째항을 a, 공차를 d라 하면

$a_3=8$에서 $a+2d=8$ ······ ㉠

$a_6-a_4=12$에서 $(a+5d)-(a+3d)=12$

$2d=12$ ∴ $d=6$

이를 ㉠에 대입하면

$a+12=8$ ∴ $a=-4$

Step 2 a_6의 값 구하기

따라서 수열 $\{a_n\}$의 첫째항이 -4, 공차가 6이므로

$a_6=-4+5\times6=26$

다른 풀이 두 항 사이의 관계 이용하기

등차수열 $\{a_n\}$의 공차를 d라 하면

$a_6-a_4=2d$

즉, $2d=12$이므로 $d=6$

∴ $a_6=a_3+3d=8+3\times6=26$

28 등차수열의 항 구하기 - 첫째항, 공차가 주어지지 않은 경우
정답 ② | 정답률 95%

문제 보기

등차수열 $\{a_n\}$에 대하여 $a_3=2$, $a_7=62$일 때, a_5의 값은? [2점]

└→ 첫째항을 a, 공차를 d로 놓고 a, d에 대한 식을 세운다.

① 30 ② 32 ③ 34 ④ 36 ⑤ 38

Step 1 첫째항과 공차 구하기

등차수열 $\{a_n\}$의 첫째항을 a, 공차를 d라 하면

$a_3=2$에서 $a+2d=2$ ······ ㉠

$a_7=62$에서 $a+6d=62$ ······ ㉡

㉠, ㉡을 연립하여 풀면 $a=-28$, $d=15$

Step 2 a_5의 값 구하기

따라서 수열 $\{a_n\}$의 첫째항이 -28, 공차가 15이므로

$a_5=-28+4\times15=32$

다른 풀이 두 항 사이의 관계 이용하기

등차수열 $\{a_n\}$의 공차를 d라 하면

$a_7-a_3=4d$

즉, $4d=62-2=60$이므로 $d=15$

∴ $a_5=a_3+2d=2+2\times15=32$

다른 풀이 등차중항 이용하기

등차수열 $\{a_n\}$에서 a_5는 a_3과 a_7의 등차중항이므로

$a_5=\dfrac{a_3+a_7}{2}=\dfrac{2+62}{2}=32$

29	등차수열의 항 구하기−첫째항, 공차가 주어지지 않은 경우

정답 ① | 정답률 93%

문제 보기

등차수열 $\{a_n\}$에 대하여 $a_2=5$, $a_5=11$일 때, a_8의 값은? [2점]
└→ 첫째항을 a, 공차를 d로 놓고 a, d에 대한 식을 세운다.

① 17　　② 18　　③ 19　　④ 20　　⑤ 21

Step 1　첫째항과 공차 구하기

등차수열 $\{a_n\}$의 첫째항을 a, 공차를 d라 하면

$a_2=5$에서 $a+d=5$　　……　㉠

$a_5=11$에서 $a+4d=11$　　……　㉡

㉠, ㉡을 연립하여 풀면 $a=3$, $d=2$

Step 2　a_8의 값 구하기

따라서 수열 $\{a_n\}$의 첫째항이 3, 공차가 2이므로

$a_8=3+7\times2=17$

다른 풀이　두 항 사이의 관계 이용하기

등차수열 $\{a_n\}$의 공차를 d라 하면

$a_5-a_2=3d$

즉, $3d=11-5=6$이므로 $d=2$

$\therefore a_8=a_5+3d=11+3\times2=17$

다른 풀이　등차중항 이용하기

등차수열 $\{a_n\}$에서 a_5는 a_2와 a_8의 등차중항이므로

$a_2+a_8=2a_5$

즉, $5+a_8=22$이므로 $a_8=17$

30	등차수열의 항 구하기−첫째항, 공차가 주어지지 않은 경우

정답 ③ | 정답률 93%

문제 보기

등차수열 $\{a_n\}$에 대하여 $a_4=9$, $a_7=21$일 때, a_3+a_8의 값은? [3점]
└→ 첫째항을 a, 공차를 d로 놓고 a, d에 대한 식을 세운다.

① 28　　② 29　　③ 30　　④ 31　　⑤ 32

Step 1　첫째항과 공차 구하기

등차수열 $\{a_n\}$의 첫째항을 a, 공차를 d라 하면

$a_4=9$에서 $a+3d=9$　　……　㉠

$a_7=21$에서 $a+6d=21$　　……　㉡

㉠, ㉡을 연립하여 풀면 $a=-3$, $d=4$

Step 2　a_3+a_8의 값 구하기

따라서 수열 $\{a_n\}$의 첫째항이 -3, 공차가 4이므로

$a_3+a_8=(-3+2\times4)+(-3+7\times4)=5+25=30$

다른 풀이　두 항 사이의 관계 이용하기

등차수열 $\{a_n\}$의 공차를 d라 하면

$a_3+a_8=(a_4-d)+(a_7+d)$

　　$=a_4+a_7$

　　$=9+21=30$

31 등차수열의 항 구하기 – 공차가 주어지지 않은 경우
정답 ④ | 정답률 83%

문제 보기

등차수열 $\{a_n\}$에 대하여

$a_4=6,\ 2a_7=a_{19}$ → 공차를 d로 놓고 a_1, d에 대한 식을 세운다.

일 때, a_1의 값은? [3점]

① 1　　　② 2　　　③ 3　　　④ 4　　　⑤ 5

Step 1 a_1의 값 구하기

등차수열 $\{a_n\}$의 공차를 d라 하면

$a_4=6$에서 $a_1+3d=6$ ······ ㉠

$2a_7=a_{19}$에서 $2(a_1+6d)=a_1+18d$

$\therefore a_1=6d$ ······ ㉡

㉠, ㉡을 연립하여 풀면 $a_1=4$

다른 풀이 두 항 사이의 관계 이용하기

등차수열 $\{a_n\}$의 공차를 d라 하면 $2a_7=a_{19}$에서

$2(a_4+3d)=a_4+15d$

$\therefore a_4=9d$

즉, $9d=6$이므로 $d=\dfrac{2}{3}$

$a_4=6$에서 $a_1+3d=6$

$\therefore a_1=6-3d=6-3\times\dfrac{2}{3}=4$

32 등차수열의 항 구하기 – 첫째항, 공차가 주어지지 않은 경우
정답 ⑤ | 정답률 89%

문제 보기

등차수열 $\{a_n\}$에 대하여

$a_2=6,\ a_4+a_6=36$ → 첫째항을 a, 공차를 d로 놓고 a, d에 대한 식을 세운다.

일 때, a_{10}의 값은? [3점]

① 30　　　② 32　　　③ 34　　　④ 36　　　⑤ 38

Step 1 첫째항과 공차 구하기

등차수열 $\{a_n\}$의 첫째항을 a, 공차를 d라 하면

$a_2=6$에서 $a+d=6$ ······ ㉠

$a_4+a_6=36$에서 $(a+3d)+(a+5d)=36$

$2a+8d=36$　$\therefore a+4d=18$ ······ ㉡

㉠, ㉡을 연립하여 풀면 $a=2$, $d=4$

Step 2 a_{10}의 값 구하기

따라서 수열 $\{a_n\}$의 첫째항이 2, 공차가 4이므로

$a_{10}=2+9\times4=38$

다른 풀이 두 항 사이의 관계 이용하기

등차수열 $\{a_n\}$의 공차를 d라 하면

$a_4+a_6=(a_2+2d)+(a_2+4d)$

$\qquad=2a_2+6d$

즉, $36=12+6d$이므로

$6d=24$　$\therefore d=4$

$\therefore a_{10}=a_2+8d=6+8\times4=38$

33 등차수열의 항 구하기 – 첫째항, 공차가 주어지지 않은 경우
정답 22 | 정답률 92%

문제 보기

등차수열 $\{a_n\}$에 대하여 $a_3=10$, $a_2+a_5=24$일 때, a_6의 값을 구하시오. [3점]
└─→ 첫째항을 a, 공차를 d로 놓고 a, d에 대한 식을 세운다.

Step 1 첫째항과 공차 구하기

등차수열 $\{a_n\}$의 첫째항을 a, 공차를 d라 하면

$a_3=10$에서 $a+2d=10$ ······ ㉠

$a_2+a_5=24$에서 $(a+d)+(a+4d)=24$

$\therefore 2a+5d=24$ ······ ㉡

㉠, ㉡을 연립하여 풀면 $a=2$, $d=4$

Step 2 a_6의 값 구하기

따라서 수열 $\{a_n\}$의 첫째항이 2, 공차가 4이므로

$a_6=2+5\times4=22$

다른 풀이 두 항 사이의 관계 이용하기

등차수열 $\{a_n\}$의 공차를 d라 하면

$a_2+a_5=(a_3-d)+(a_3+2d)$
$\qquad\quad =2a_3+d$

즉, $24=20+d$이므로 $d=4$

$\therefore a_6=a_3+3d=10+3\times4=22$

34 등차수열의 항 구하기 – 첫째항, 공차가 주어지지 않은 경우
정답 ③ | 정답률 85%

문제 보기

등차수열 $\{a_n\}$에 대하여

$a_8=a_2+12$, $a_1+a_2+a_3=15$ ─→ 공차를 d로 놓고 a_1, d에 대한 식을 세운다.

일 때, a_{10}의 값은? [3점]

① 17 ② 19 ③ 21 ④ 23 ⑤ 25

Step 1 첫째항과 공차 구하기

등차수열 $\{a_n\}$의 공차를 d라 하면

$a_8=a_2+12$에서 $a_1+7d=(a_1+d)+12$

$6d=12$ $\therefore d=2$ ······ ㉠

$a_1+a_2+a_3=15$에서 $a_1+(a_1+d)+(a_1+2d)=15$

$3a_1+3d=15$ $\therefore a_1+d=5$ ······ ㉡

㉠을 ㉡에 대입하면

$a_1+2=5$ $\therefore a_1=3$

Step 2 a_{10}의 값 구하기

따라서 수열 $\{a_n\}$의 첫째항이 3, 공차가 2이므로

$a_{10}=3+9\times2=21$

다른 풀이 등차중항 이용하기

등차수열 $\{a_n\}$의 공차를 d라 하면 $a_8=a_2+12$에서

$a_8-a_2=12$ ─→ $a_8-a_2=6d$

즉, $6d=12$이므로 $d=2$

또 등차수열 $\{a_n\}$에서 a_2는 a_1과 a_3의 등차중항이므로

$a_1+a_3=2a_2$

$a_1+a_2+a_3=15$에서 $a_2+2a_2=15$

$3a_2=15$ $\therefore a_2=5$

$\therefore a_{10}=a_2+8d=5+8\times2=21$

35 등차수열의 항 구하기 – 첫째항, 공차가 주어지지 않은 경우

정답 ③ | 정답률 91%

문제 보기

등차수열 $\{a_n\}$에 대하여

$a_1 = 2a_5$, $a_8 + a_{12} = -6$ ── 공차를 d로 놓고 a_1, d에 대한 식을 세운다.

일 때, a_2의 값은? [3점]

① 17   ② 19   ③ 21   ④ 23   ⑤ 25

Step 1 첫째항과 공차 구하기

등차수열 $\{a_n\}$의 공차를 d라 하면

$a_1 = 2a_5$에서 $a_1 = 2(a_1 + 4d)$

$\therefore a_1 = -8d$ ······ ㉠

$a_8 + a_{12} = -6$에서 $(a_1 + 7d) + (a_1 + 11d) = -6$

$\therefore a_1 + 9d = -3$ ······ ㉡

㉠, ㉡을 연립하여 풀면 $a_1 = 24$, $d = -3$

Step 2 a_2의 값 구하기

따라서 수열 $\{a_n\}$의 첫째항이 24, 공차가 -3이므로

$a_2 = 24 + (-3) = 21$

36 등차수열의 항 구하기 – 첫째항, 공차가 주어지지 않은 경우

정답 137 | 정답률 87%

문제 보기

등차수열 $\{a_n\}$에 대하여 $a_2 + a_4 = 54$, $a_{12} + a_{14} = 254$일 때, a_{14}의 값을

구하시오. [3점] ── 첫째항을 a, 공차를 d로 놓고 a, d에 대한 식을 세운다.

Step 1 첫째항과 공차 구하기

등차수열 $\{a_n\}$의 첫째항을 a, 공차를 d라 하면

$a_2 + a_4 = 54$에서 $(a + d) + (a + 3d) = 54$

$2a + 4d = 54$ $\therefore a + 2d = 27$ ······ ㉠

$a_{12} + a_{14} = 254$에서 $(a + 11d) + (a + 13d) = 254$

$2a + 24d = 254$ $\therefore a + 12d = 127$ ······ ㉡

㉠, ㉡을 연립하여 풀면 $a = 7$, $d = 10$

Step 2 a_{14}의 값 구하기

따라서 수열 $\{a_n\}$의 첫째항이 7, 공차가 10이므로

$a_{14} = 7 + 13 \times 10 = 137$

다른 풀이 등차중항 이용하기

등차수열 $\{a_n\}$에서 a_3은 a_2와 a_4의 등차중항이고, a_{13}은 a_{12}와 a_{14}의 등차중항이므로

$a_3 = \dfrac{a_2 + a_4}{2} = \dfrac{54}{2} = 27$, $a_{13} = \dfrac{a_{12} + a_{14}}{2} = \dfrac{254}{2} = 127$

등차수열 $\{a_n\}$의 공차를 d라 하면 $a_{13} = a_3 + 10d$이므로

$127 = 27 + 10d$, $10d = 100$ $\therefore d = 10$

$\therefore a_{14} = a_{13} + d = 127 + 10 = 137$

37 등차수열의 항 구하기-첫째항, 공차가 주어지지 않은 경우
정답 102 ㅣ 정답률 84%

문제 보기

등차수열 $\{a_n\}$이

$a_1+a_2+a_3=21,\ a_7+a_8+a_9=75$ ─ 공차를 d로 놓고 a_1, d에 대한 식을 세운다.

를 만족시킬 때, $a_{10}+a_{11}+a_{12}$의 값을 구하시오. [3점]

Step 1 첫째항과 공차 구하기

등차수열 $\{a_n\}$의 공차를 d라 하면

$a_1+a_2+a_3=21$에서 $a_1+(a_1+d)+(a_1+2d)=21$

$3a_1+3d=21$ ∴ $a_1+d=7$ ······ ㉠

$a_7+a_8+a_9=75$에서 $(a_1+6d)+(a_1+7d)+(a_1+8d)=75$

$3a_1+21d=75$ ∴ $a_1+7d=25$ ······ ㉡

㉠, ㉡을 연립하여 풀면 $a_1=4$, $d=3$

Step 2 $a_{10}+a_{11}+a_{12}$의 값 구하기

따라서 수열 $\{a_n\}$의 첫째항이 4, 공차가 3이므로

$a_{10}+a_{11}+a_{12}=(4+9\times3)+(4+10\times3)+(4+11\times3)$

$=31+34+37=102$

다른 풀이 두 항 사이의 관계 이용하기

등차수열 $\{a_n\}$의 공차를 d라 하면

$a_7+a_8+a_9=(a_1+6d)+(a_2+6d)+(a_3+6d)$

$=(a_1+a_2+a_3)+18d$

즉, $75=21+18d$이므로

$18d=54$ ∴ $d=3$

∴ $a_{10}+a_{11}+a_{12}=(a_7+3d)+(a_8+3d)+(a_9+3d)$

$=(a_7+a_8+a_9)+9d$

$=75+9\times3=102$

---

38 등차수열의 항 구하기-첫째항, 공차가 주어지지 않은 경우
정답 20 ㅣ 정답률 84%

문제 보기

첫째항과 공차가 같은 등차수열 $\{a_n\}$이

$a_2+a_4=24$ ─ 첫째항과 공차를 d로 놓고 d에 대한 식을 세운다.

를 만족시킬 때, a_5의 값을 구하시오. [3점]

Step 1 첫째항과 공차 구하기

첫째항과 공차가 같으므로 등차수열 $\{a_n\}$의 첫째항과 공차를 d라 하면

$a_2+a_4=24$에서

$(d+d)+(d+3d)=24$

$6d=24$ ∴ $d=4$

Step 2 a_5의 값 구하기

따라서 수열 $\{a_n\}$의 첫째항과 공차가 모두 4이므로

$a_5=4+4\times4=20$

문제 보기

등차수열 $\{a_n\}$에 대하여

$a_1 = a_3 + 8$, $2a_4 - 3a_6 = 3$ → 첫째항과 공차를 구한다.

일 때, $a_k < 0$을 만족시키는 자연수 k의 최솟값은? [3점]

a_k를 대입하여 k의 값의 범위를 구한다.

① 8 ② 10 ③ 12 ④ 14 ⑤ 16

Step 1 첫째항과 공차 구하기

등차수열 $\{a_n\}$의 공차를 d라 하면

$a_1 = a_3 + 8$에서 $a_1 = (a_1 + 2d) + 8$

$2d = -8$ ∴ $d = -4$ ⋯⋯ ㉠

$2a_4 - 3a_6 = 3$에서 $2(a_1 + 3d) - 3(a_1 + 5d) = 3$

∴ $a_1 + 9d = -3$ ⋯⋯ ㉡

㉠을 ㉡에 대입하면

$a_1 - 36 = -3$ ∴ $a_1 = 33$

Step 2 a_n 구하기

첫째항이 33, 공차가 -4이므로 등차수열 $\{a_n\}$의 일반항 a_n은

$a_n = 33 + (n-1) \times (-4) = -4n + 37$

Step 3 자연수 k의 최솟값 구하기

$a_k < 0$에서 $-4k + 37 < 0$, $4k > 37$

∴ $k > \dfrac{37}{4} = 9.25$

따라서 자연수 k의 최솟값은 10이다.

문제 보기

등차수열 $\{a_n\}$에 대하여

$a_3 = 26$, $a_9 = 8$ → 첫째항과 공차를 구한다.

일 때, 첫째항부터 제n항까지의 합이 최대가 되도록 하는 자연수 n의 값은? [3점]

$a_n > 0$을 만족시키는 n의 값의 범위를 구한다.

① 11 ② 12 ③ 13 ④ 14 ⑤ 15

Step 1 첫째항과 공차 구하기

등차수열 $\{a_n\}$의 첫째항을 a, 공차를 d라 하면

$a_3 = 26$에서 $a + 2d = 26$ ⋯⋯ ㉠

$a_9 = 8$에서 $a + 8d = 8$ ⋯⋯ ㉡

㉠, ㉡을 연립하여 풀면 $a = 32$, $d = -3$

Step 2 a_n 구하기

첫째항이 32, 공차가 -3이므로 등차수열 $\{a_n\}$의 일반항 a_n은

$a_n = 32 + (n-1) \times (-3) = -3n + 35$

Step 3 자연수 n의 값 구하기

수열 $\{a_n\}$의 첫째항부터 제n항까지의 합이 최대가 되려면 $a_n > 0$이어야

하므로 → 양수인 항만을 더했을 때 합이 최대가 되기 때문이야.

$-3n + 35 > 0$, $3n < 35$

∴ $n < \dfrac{35}{3} = 11.6\cdots$

따라서 자연수 n의 값은 11이다.

41 등차수열의 항 구하기－첫째항, 공차가 주어지지 않은 경우
정답 ① | 정답률 90%

문제 보기

공차가 양수인 등차수열 $\{a_n\}$이 다음 조건을 만족시킬 때, a_2의 값은?
└─ 공차가 양수임에 유의한다. [4점]

(가) $a_6 + a_8 = 0$ ─→ 첫째항을 a, 공차를 d로 놓고 a, d에 대한 식을 세운다.
(나) $|a_6| = |a_7| + 3$

① -15 ② -13 ③ -11 ④ -9 ⑤ -7

Step 1 첫째항과 공차 구하기

등차수열 $\{a_n\}$의 첫째항을 a, 공차를 $d(d > 0)$라 하면
조건 (가)에서 $(a+5d) + (a+7d) = 0$
$2a = -12d$ ∴ $a = -6d$ …… ㉠
조건 (나)에서
$|a+5d| = |a+6d| + 3$ …… ㉡
㉠을 ㉡에 대입하면
$|-6d+5d| = |-6d+6d| + 3$
$|-d| = 3$ ∴ $d = 3 \; (\because d > 0)$
이를 ㉠에 대입하면 $a = -18$

Step 2 a_2의 값 구하기

따라서 수열 $\{a_n\}$의 첫째항이 -18, 공차가 3이므로
$a_2 = -18 + 3 = -15$

다른 풀이 등차중항 이용하기

등차수열 $\{a_n\}$에서 a_7은 a_6과 a_8의 등차중항이므로
$a_6 + a_8 = 2a_7$
조건 (가)에서 $a_6 + a_8 = 0$이므로
$a_7 = 0$
이를 조건 (나)에 대입하면
$|a_6| = 3$
이때 공차가 양수이고, $a_7 = 0$이므로
$a_6 < 0$ ∴ $a_6 = -3$
등차수열 $\{a_n\}$의 공차를 d라 하면
$d = a_7 - a_6 = 0 - (-3) = 3$
∴ $a_2 = a_7 - 5d = 0 - 5 \times 3 = -15$

---

42 등차수열의 항 구하기－첫째항, 공차가 주어지지 않은 경우
정답 ③ | 정답률 66%

문제 보기

모든 항이 자연수인 두 등차수열 $\{a_n\}$, $\{b_n\}$에 대하여
$a_5 - b_5 = a_6 - b_7 = 0$ ─→ 등차수열 $\{a_n\}$, $\{b_n\}$의 공차 사이의 관계식을 구한다.
이다. $a_7 = 27$이고 $b_7 \leq 24$일 때, $b_1 - a_1$의 값은? [4점]

① 4 ② 6 ③ 8 ④ 10 ⑤ 12

Step 1 등차수열 $\{a_n\}$, $\{b_n\}$의 공차의 조건 구하기

등차수열 $\{a_n\}$, $\{b_n\}$의 공차를 각각 d, l이라 하자.
$a_5 - b_5 = a_6 - b_7 = 0$에서
$a_6 - a_5 = b_7 - b_5$ ∴ $d = 2l$
또 $a_6 - b_7 = 0$에서 $a_6 = b_7$
이때 $d = 0$이면 $a_6 = a_7 = 27$이므로 $b_7 = a_6 = 27$
이는 $b_7 \leq 24$를 만족시키지 않는다.
∴ $d \neq 0$
따라서 $d = 2l$에서 d와 l은 모두 자연수이므로 d는 2의 배수이다.
…… ㉠

Step 2 등차수열 $\{a_n\}$, $\{b_n\}$의 공차 구하기

$a_7 = 27$에서 $a_1 + 6d = 27$ ∴ $a_1 = 27 - 6d$
이때 등차수열 $\{a_n\}$의 모든 항이 자연수이므로
$a_1 = 27 - 6d > 0$ ∴ $d = 2$ 또는 $d = 4 \; (\because ㉠)$
(i) $d = 2$일 때,
$a_1 = 27 - 6 \times 2 = 15$
∴ $b_7 = a_6 = a_1 + 5d$
$= 15 + 5 \times 2 = 25$
이는 $b_7 \leq 24$를 만족시키지 않는다.
(ii) $d = 4$일 때,
$a_1 = 27 - 6 \times 4 = 3$
∴ $b_7 = a_6 = a_1 + 5d$
$= 3 + 5 \times 4 = 23$
이는 $b_7 \leq 24$를 만족시킨다.
(i), (ii)에서 $d = 4$이므로
$l = \dfrac{1}{2}d = \dfrac{1}{2} \times 4 = 2$

Step 3 $b_1 - a_1$의 값 구하기

∴ $b_1 - a_1 = b_5 - 4l - (a_5 - 4d)$
$= (b_5 - a_5) + 4(d - l)$
$= 0 + 4 \times 2 = 8$

16
일차

01 24	**02** 12	**03** ④	**04** ③	**05** ③	**06** 80	**07** 24	**08** ①	**09** 73	**10** ③	**11** ②	**12** ⑤
13 ②	**14** ①	**15** 43	**16** ②	**17** ①	**18** ⑤	**19** ①	**20** 30	**21** ③	**22** ⑤	**23** ②	**24** 37
25 ②	**26** 61	**27** 273								

문제편 234쪽~243쪽

---

01   등차중항   정답 24 | 정답률 89%

문제 보기

네 수 x, 7, y, 13이 이 순서대로 등차수열을 이룰 때, $x+2y$의 값을 구하시오. [3점]
    └ 등차중항을 이용하여 x, y의 값을 구한다.

Step 1 y의 값 구하기

세 수 7, y, 13이 이 순서대로 등차수열을 이루므로 → y는 7과 13의 등차중항
$2y=7+13=20$ $\therefore y=10$ 이야.

Step 2 x의 값 구하기

세 수 x, 7, y가 이 순서대로 등차수열을 이루므로 → 7은 x와 y의 등차중항이야.
$14=x+y$
$x+10=14$ $\therefore x=4$

Step 3 $x+2y$의 값 구하기

$\therefore x+2y=4+2\times10=24$

02   등차중항   정답 12 | 정답률 60%

문제 보기

이차방정식 $x^2-24x+10=0$의 두 근 α, β에 대하여 세 수 α, k, β가
    └ 이차방정식의 근과 계수의 관계를 이용하여 $\alpha+\beta$의 값을 구한다.
이 순서대로 등차수열을 이룬다. 상수 k의 값을 구하시오. [3점]
    └ k는 α와 β의 등차중항임을 이용한다.

Step 1   등차중항의 성질을 이용하여 식 세우기

세 수 α, k, β가 이 순서대로 등차수열을 이루므로
$k=\dfrac{\alpha+\beta}{2}$ …… ㉠

Step 2 k의 값 구하기

이차방정식 $x^2-24x+10=0$의 두 근이 α, β이므로 근과 계수의 관계에 의하여
$\alpha+\beta=24$
이를 ㉠에 대입하면
$k=\dfrac{24}{2}=12$

03   등차중항   정답 ④ | 정답률 83%

문제 보기

양의 실수 x에 대하여
    $f(x)=\log x$ → $f(3)$, $f(3^t+3)$, $f(12)$의 값을 구한다.
이다. 세 실수 $f(3)$, $f(3^t+3)$, $f(12)$가 이 순서대로 등차수열을 이룰 때,
실수 t의 값은? [3점]   └ $f(3^t+3)$은 $f(3)$과 $f(12)$의 등차중항임을 이용한다.

① $\dfrac{1}{4}$ ② $\dfrac{1}{2}$ ③ $\dfrac{3}{4}$ ④ 1   ⑤ $\dfrac{5}{4}$

Step 1   등차중항의 성질을 이용하여 식 세우기

세 실수 $f(3)$, $f(3^t+3)$, $f(12)$가 이 순서대로 등차수열을 이루므로
$f(3^t+3)=\dfrac{f(3)+f(12)}{2}$ …… ㉠

Step 2   실수 t의 값 구하기

$f(x)=\log x$이므로
$f(3^t+3)=\log(3^t+3)$, $f(3)=\log 3$, $f(12)=\log 12$
이를 ㉠에 대입하면
$\log(3^t+3)=\dfrac{\log 3+\log 12}{2}$
$\qquad\qquad=\dfrac{1}{2}\log 36=\log\sqrt{36}=\log 6$
즉, $3^t+3=6$이므로 $3^t=3$
$\therefore t=1$

04 등차중항
정답 ③ | 정답률 86%

16
일차

문제 보기

등차수열 $\{a_n\}$에 대하여 세 수 a_1, a_1+a_2, a_2+a_3이 이 순서대로 등차

수열을 이룰 때, $\dfrac{a_3}{a_2}$의 값은? (단, $a_1 \neq 0$) [3점]

a_1+a_2는 a_1과 a_2+a_3의 등차중항임을 이용한다.

① $\dfrac{1}{2}$ ② 1 ③ $\dfrac{3}{2}$ ④ 2 ⑤ $\dfrac{5}{2}$

Step 1 등차중항의 성질을 이용하여 식 세우기

세 수 a_1, a_1+a_2, a_2+a_3이 이 순서대로 등차수열을 이루므로

$2(a_1+a_2)=a_1+a_2+a_3$

$\therefore a_1+a_2=a_3$ ⋯⋯ ㉠

Step 2 $\dfrac{a_3}{a_2}$의 값 구하기

등차수열 $\{a_n\}$의 공차를 d라 하면 ㉠에서

$a_1+(a_1+d)=a_1+2d$ $\therefore a_1=d$

$\therefore \dfrac{a_3}{a_2}=\dfrac{a_1+2d}{a_1+d}=\dfrac{3d}{2d}=\dfrac{3}{2}$

05 등차중항
정답 ③ | 정답률 81%

문제 보기

자연수 n에 대하여 x에 대한 이차방정식

$x^2-nx+4(n-4)=0$ → 이차방정식의 해를 구한다.

이 서로 다른 두 실근 α, β $(\alpha<\beta)$를 갖고, 세 수 1, α, β가 이 순서대

로 등차수열을 이룰 때, n의 값은? [3점]

α는 1과 β의 등차중항임을 이용한다.

① 5 ② 8 ③ 11 ④ 14 ⑤ 17

Step 1 등차중항의 성질을 이용하여 식 세우기

세 수 1, α, β가 이 순서대로 등차수열을 이루므로

$2\alpha=1+\beta$ ⋯⋯ ㉠

Step 2 이차방정식 풀기

이차방정식 $x^2-nx+4(n-4)=0$에서

$(x-4)\{x-(n-4)\}=0$

$\therefore x=4$ 또는 $x=n-4$

Step 3 자연수 n의 값 구하기

(ⅰ) $4<n-4$일 때,

  $\alpha=4$, $\beta=n-4$

  ㉠에서 $8=1+(n-4)$

  $n-3=8$ $\therefore n=11$

(ⅱ) $4>n-4$일 때,

  $\alpha=n-4$, $\beta=4$

  ㉠에서 $2(n-4)=1+4$

  $2n-8=5$, $2n=13$

  $\therefore n=\dfrac{13}{2}$

  이는 n이 자연수라는 조건을 만족시키지 않는다.

(ⅰ), (ⅱ)에서 $n=11$

등차중항   정답 80 | 정답률 73%

문제 보기

세 실수 a, b, c가 이 순서대로 등차수열을 이루고 다음 조건을 만족시킬 때, abc의 값을 구하시오. [4점]
└→ $2b=a+c$

(가) $\dfrac{2^a \times 2^c}{2^b}=32$ → 지수법칙을 이용하여 식을 정리한 후 b의 값을 구한다.

(나) $a+c+ca=26$ → ca의 값을 구한다.

Step 1 b의 값 구하기

세 실수 a, b, c가 이 순서대로 등차수열을 이루므로
$2b=a+c$ ······ ㉠
조건 (가)에서 $2^{a+c-b}=32=2^5$
∴ $a+c-b=5$
㉠을 대입하면 $2b-b=5$
∴ $b=5$

Step 2 ca의 값 구하기

조건 (나)에 ㉠을 대입하면
$2b+ca=26$, $10+ca=26$
∴ $ca=16$

Step 3 abc의 값 구하기

∴ $abc=16\times5=80$

---

07 등차중항   정답 24 | 정답률 50%

문제 보기

0이 아닌 세 실수 α, β, γ가 이 순서대로 등차수열을 이룬다. → $2\beta=\alpha+\gamma$
$x^{\frac{1}{\alpha}}=y^{-\frac{1}{\beta}}=z^{\frac{2}{\gamma}}$일 때, $16xz^2+9y^2$의 최솟값을 구하시오.
└→ $x^{\frac{1}{\alpha}}=y^{-\frac{1}{\beta}}=z^{\frac{2}{\gamma}}=k$로 놓고   └→ 산술평균과 기하평균의 관계를 이용한다.
x, y, z를 k에 대한 식으로   (단, x, y, z는 1이 아닌 양수이다.) [4점]
나타낸다.

Step 1 등차중항의 성질을 이용하여 식 세우기

세 실수 α, β, γ가 이 순서대로 등차수열을 이루므로
$2\beta=\alpha+\gamma$ ······ ㉠

Step 2 $x^{\frac{1}{\alpha}}=y^{-\frac{1}{\beta}}=z^{\frac{2}{\gamma}}=k$로 놓고 $16xz^2+9y^2$을 k에 대한 식으로 나타내기

$x^{\frac{1}{\alpha}}=y^{-\frac{1}{\beta}}=z^{\frac{2}{\gamma}}=k\,(k>0)$로 놓으면
$x=k^\alpha$, $y=k^{-\beta}$, $z=k^{\frac{\gamma}{2}}$
∴ $16xz^2+9y^2=16\times k^\alpha \times (k^{\frac{\gamma}{2}})^2+9\times(k^{-\beta})^2$
$=16k^{\alpha+\gamma}+9k^{-2\beta}$
$=16k^{2\beta}+9k^{-2\beta}$ (∵ ㉠)

Step 3 $16xz^2+9y^2$의 최솟값 구하기

$16k^{2\beta}>0$, $9k^{-2\beta}>0$이므로 산술평균과 기하평균의 관계에 의하여
└→ $a>0$, $b>0$일 때, $a+b\geq2\sqrt{ab}$
$16k^{2\beta}+9k^{-2\beta}\geq2\sqrt{16k^{2\beta}\times9k^{-2\beta}}$
(단, 등호는 $a=b$일 때 성립)
$=24$ (단, 등호는 $16k^{2\beta}=9k^{-2\beta}$일 때 성립)
따라서 구하는 최솟값은 24이다.

---

08 등차수열의 활용 - 등차중항   정답 ① | 정답률 83%

문제 보기

두 함수 $f(x)=x^2$과 $g(x)=-(x-3)^2+k\,(k>0)$에 대하여 직선 $y=k$와 함수 $y=f(x)$의 그래프가 만나는 두 점을 A, B라 하고, 함수
└→ $f(x)=k$를 만족시키는 x의 값을 구한다.
$y=g(x)$의 꼭짓점을 C라 하자. 세 점 A, B, C의 x좌표가 이 순서대
└→ 점 C의 x좌표는 3이다.   └→ 점 B의 x좌표는 두 점 A, C의
로 등차수열을 이룰 때, 상수 k의 값은? x좌표의 등차중항임을 이용한다.

(단, A는 제2사분면 위의 점이다.) [3점]

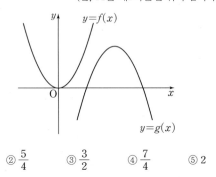

① 1   ② $\dfrac{5}{4}$ ③ $\dfrac{3}{2}$ ④ $\dfrac{7}{4}$ ⑤ 2

Step 1 세 점 A, B, C의 x좌표 구하기

직선 $y=k\,(k>0)$와 함수 $y=f(x)$의 그래프가 만나는 점의 x좌표는
$x^2=k$에서 $x=\pm\sqrt{k}$
이때 점 A는 제2사분면 위의 점이므로 두 점 A, B의 x좌표는 각각 $-\sqrt{k}$, $\sqrt{k}$이다.
한편 $g(x)=-(x-3)^2+k$의 그래프의 꼭짓점 C의 x좌표는 3이다.

Step 2 k의 값 구하기

세 수 $-\sqrt{k}$, $\sqrt{k}$, 3이 이 순서대로 등차수열을 이루므로
$2\sqrt{k}=-\sqrt{k}+3$
$3\sqrt{k}=3$, $\sqrt{k}=1$ ∴ $k=1$

09 등차수열의 활용 – 등차중항   정답 73 | 정답률 70%

문제 보기

함수 $f(x)=\log_2 x$에 대하여 좌표평면에서 네 점
$$(t, f(t)), (t, 0), (t+2, 0), (t+2, f(t+2)) \ (단, t>1)$$
을 꼭짓점으로 하는 사각형의 넓이를 $S(t)$라 하자. $S(2), S(4), S(a)$
가 이 순서대로 등차수열을 이룰 때, $a=\sqrt{n}-1$이다. 자연수 n의 값을
구하시오. [4점]   └ $S(4)$는 $S(2)$와 $S(a)$의 등차중항임을 이용한다.

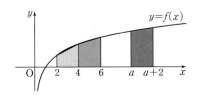

Step 1 $S(2), S(4), S(a)$의 값 구하기

주어진 사각형은 사다리꼴이므로
$$S(2)=\frac{1}{2}\times(\log_2 2+\log_2 4)\times 2=\log_2 8=3$$
$$S(4)=\frac{1}{2}\times(\log_2 4+\log_2 6)\times 2=\log_2 24$$
$$S(a)=\frac{1}{2}\times\{\log_2 a+\log_2(a+2)\}\times 2=\log_2 a(a+2)$$

Step 2 자연수 n의 값 구하기

$S(2), S(4), S(a)$가 이 순서대로 등차수열을 이루므로
$2S(4)=S(2)+S(a)$에서
$2\log_2 24=3+\log_2 a(a+2)$
$\log_2 24^2=\log_2 8a(a+2)$
즉, $576=8a(a+2)$이므로 $a(a+2)=72$
$a^2+2a-72=0$ $\therefore a=-1\pm\sqrt{73}$
그런데 $a>1$이므로 $a=-1+\sqrt{73}$
$\therefore n=73$

10 등차수열의 활용 – 등차중항   정답 ③ | 정답률 63%

문제 보기

그림과 같이 함수 $y=|x^2-9|$의 그래프가 직선 $y=k$와 서로 다른 네
점에서 만날 때, 네 점의 x좌표를 각각 a_1, a_2, a_3, a_4라 하자. 네 수 a_1,
    └ $|x^2-9|=k$를 만족시키는 x의 값을 구한다.
a_2, a_3, a_4가 이 순서대로 등차수열을 이룰 때, 상수 k의 값은?
    └ 등차중항의 성질을 이용한다.
                                                (단, $a_1<a_2<a_3<a_4$) [4점]

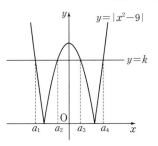

① $\dfrac{34}{5}$ ② 7   ③ $\dfrac{36}{5}$ ④ $\dfrac{37}{5}$ ⑤ $\dfrac{38}{5}$

Step 1 a_1, a_2, a_3, a_4의 값 구하기

함수 $y=|x^2-9|$의 그래프가 직선 $y=k$와 만나는 점의 x좌표는
$|x^2-9|=k$에서 $x^2-9=k$ 또는 $x^2-9=-k$
$x^2=9+k$ 또는 $x^2=9-k$
$\therefore x=\pm\sqrt{9+k}$ 또는 $x=\pm\sqrt{9-k}$
이때 $a_1<a_2<a_3<a_4$이므로
$a_1=-\sqrt{9+k}, \ a_2=-\sqrt{9-k}, \ a_3=\sqrt{9-k}, \ a_4=\sqrt{9+k}$

Step 2 k의 값 구하기

네 수 $-\sqrt{9+k}, \ -\sqrt{9-k}, \ \sqrt{9-k}, \ \sqrt{9+k}$가 이 순서대로 등차수열을 이루므로
$-2\sqrt{9-k}=-\sqrt{9+k}+\sqrt{9-k}$ → $-\sqrt{9-k}$는 $-\sqrt{9+k}$와 $\sqrt{9-k}$의 등차중항임을 이용한 거야.
$3\sqrt{9-k}=\sqrt{9+k}$
양변을 제곱하면 $9(9-k)=9+k$
$81-9k=9+k, \ 10k=72$
$\therefore k=\dfrac{36}{5}$

다른 풀이 등차수열을 이루는 네 수를 a, d로 나타내기

네 수 a_1, a_2, a_3, a_4가 이 순서대로 등차수열을 이루므로
$a_1=a-3d, \ a_2=a-d, \ a_3=a+d, \ a_4=a+3d$
라 하자.
함수 $y=|x^2-9|$의 그래프는 y축에 대하여 대칭이므로
$a_2=-a_3$
즉, $a-d=-(a+d)$이므로 $a=0$
$\therefore a_1=-3d, \ a_2=-d, \ a_3=d, \ a_4=3d$
a_3은 함수 $y=-x^2+9$의 그래프와 직선 $y=k$의 교점의 x좌표이므로
$k=-d^2+9$ $\therefore d^2=9-k$ ······ ㉠
a_4는 함수 $y=x^2-9$의 그래프와 직선 $y=k$의 교점의 x좌표이므로
$k=(3d)^2-9$ $\therefore k=9d^2-9$ ······ ㉡
㉠을 ㉡에 대입하면 $k=9(9-k)-9$
$k=72-9k, \ 10k=72$ $\therefore k=\dfrac{36}{5}$

11 등차수열의 합   정답 ② | 정답률 63% / 61%

문제 보기

공차가 2인 등차수열 $\{a_n\}$의 첫째항부터 제n항까지의 합을 S_n이라 하자. $S_k=-16$, $S_{k+2}=-12$를 만족시키는 자연수 k에 대하여 a_{2k}의 값

└ 첫째항을 a로 놓고 a, └ $S_{k+2}-S_k=a_{k+1}+a_{k+2}$임을 이용한다. k에 대한 식으로 나타낸다.

은? [4점]

① 6   ② 7   ③ 8   ④ 9   ⑤ 10

Step 1 첫째항과 k의 값 구하기

$S_{k+2}-S_k=(a_1+a_2+\cdots+a_{k+2})-(a_1+a_2+\cdots+a_k)$

$\qquad\qquad=a_{k+1}+a_{k+2}$

이므로

$a_{k+1}+a_{k+2}=-12-(-16)=4$

등차수열 $\{a_n\}$의 첫째항을 a라 하면

$(a+2k)+\{a+2(k+1)\}=4$ ── 등차수열 $\{a_n\}$의 공차가 2야.

$a+2k=1$ $\therefore a=1-2k$ ······ ㉠

한편 $S_k=-16$에서

$\dfrac{k\{2a+(k-1)\times 2\}}{2}=-16$

$\therefore k(a+k-1)=-16$ ······ ㉡

㉠을 ㉡에 대입하면

$k(1-2k+k-1)=-16$

$k^2=16$ $\therefore k=4$ ($\because k>0$)

이를 ㉠에 대입하면

$a=1-8=-7$

Step 2 a_{2k}의 값 구하기

따라서 수열 $\{a_n\}$의 첫째항이 -7, 공차가 2이고 $k=4$이므로

$a_{2k}=a_8=-7+7\times 2=7$

---

12 등차수열의 합   정답 ⑤ | 정답률 90%

문제 보기

첫째항이 3이고 공차가 2인 등차수열 $\{a_n\}$의 첫째항부터 제10항까지의 합은? [3점]   └ 등차수열의 합의 공식을 이용한다.

① 80   ② 90   ③ 100   ④ 110   ⑤ 120

Step 1 등차수열의 합 구하기

등차수열 $\{a_n\}$의 첫째항부터 제n항까지의 합을 S_n이라 하면

$S_{10}=\dfrac{10\{2\times 3+(10-1)\times 2\}}{2}=120$

---

13 등차수열의 합 – 부분의 합   정답 ② | 정답률 86%

문제 보기

첫째항이 2인 등차수열 $\{a_n\}$의 첫째항부터 제n항까지의 합을 S_n이라 하자.

$a_6=2(S_3-S_2)$ ── 공차를 d로 놓고 d에 대한 식으로 나타낸다.

일 때, S_{10}의 값은? [3점]

① 100   ② 110   ③ 120   ④ 130   ⑤ 140

Step 1 공차 구하기

등차수열 $\{a_n\}$의 공차를 d라 하면 $a_6=2(S_3-S_2)$에서

$2+5d=2\times\left[\dfrac{3\{2\times 2+(3-1)d\}}{2}-\dfrac{2\{2\times 2+(2-1)d\}}{2}\right]$

$2+5d=4+4d$ $\therefore d=2$

Step 2 S_{10}의 값 구하기

$\therefore S_{10}=\dfrac{10\{2\times 2+(10-1)\times 2\}}{2}=110$

다른 풀이 S_3-S_2를 항의 합으로 나타내기

등차수열 $\{a_n\}$의 공차를 d라 하면

$a_6=2+5d$

$S_3-S_2=(a_1+a_2+a_3)-(a_1+a_2)$

$\qquad\quad=a_3=2+2d$

$a_6=2(S_3-S_2)$에서

$2+5d=2(2+2d)$ $\therefore d=2$

$\therefore S_{10}=\dfrac{10\{2\times 2+(10-1)\times 2\}}{2}=110$

문제 보기

첫째항이 6이고 공차가 d인 등차수열 $\{a_n\}$의 첫째항부터 제n항까지의
합을 S_n이라 할 때,

$$\frac{a_8-a_6}{S_8-S_6}=2$$ → d에 대한 식으로 나타낸다.

가 성립한다. d의 값은? [3점]

① -1 ② -2 ③ -3 ④ -4 ⑤ -5

Step 1 a_8-a_6, S_8-S_6을 각각 d에 대한 식으로 나타내기

등차수열 $\{a_n\}$의 첫째항이 6, 공차가 d이므로

$a_8-a_6=(6+7d)-(6+5d)=2d$

$$S_8-S_6=\frac{8\{2\times6+(8-1)d\}}{2}-\frac{6\{2\times6+(6-1)d\}}{2}$$
$$=4(12+7d)-3(12+5d)$$
$$=12+13d$$

Step 2 d의 값 구하기

$\dfrac{a_8-a_6}{S_8-S_6}=2$에서 $\dfrac{2d}{12+13d}=2$

$2d=2(12+13d)$, $d=12+13d$

$-12d=12$ ∴ $d=-1$

다른 풀이 S_8-S_6을 항의 합으로 나타내기

등차수열 $\{a_n\}$의 첫째항이 6, 공차가 d이므로

$a_8-a_6=(6+7d)-(6+5d)=2d$

$$S_8-S_6=(a_1+a_2+a_3+\cdots+a_8)-(a_1+a_2+a_3+\cdots+a_6)$$
$$=a_7+a_8$$
$$=(6+6d)+(6+7d)$$
$$=12+13d$$

$\dfrac{a_8-a_6}{S_8-S_6}=2$에서 $\dfrac{2d}{12+13d}=2$

$2d=2(12+13d)$, $d=12+13d$

$-12d=12$ ∴ $d=-1$

문제 보기

등차수열 $\{a_n\}$의 첫째항부터 제n항까지의 합을 S_n이라 하자.

$$a_2=7, \ S_7-S_5=50$$ → 첫째항을 a, 공차를 d로 놓고 a, d에 대한 식으로 나타낸다.

일 때, a_{11}의 값을 구하시오. [3점]

Step 1   첫째항과 공차 구하기

등차수열 $\{a_n\}$의 첫째항을 a, 공차를 d라 하면

$a_2=7$에서 $a+d=7$ …… ㉠

$S_7-S_5=50$에서

$$\frac{7\{2a+(7-1)d\}}{2}-\frac{5\{2a+(5-1)d\}}{2}=50$$

∴ $2a+11d=50$ …… ㉡

㉠, ㉡을 연립하여 풀면 $a=3$, $d=4$

Step 2 a_{11}의 값 구하기

따라서 수열 $\{a_n\}$의 첫째항이 3, 공차가 4이므로

$a_{11}=3+10\times4=43$

다른 풀이 S_7-S_5를 항의 합으로 나타내기

등차수열 $\{a_n\}$의 첫째항을 a, 공차를 d라 하면

$a_2=7$에서 $a+d=7$ …… ㉠

$$S_7-S_5=(a_1+a_2+a_3+\cdots+a_7)-(a_1+a_2+a_3+a_4+a_5)$$
$$=a_6+a_7$$

이므로 $S_7-S_5=50$에서

$(a+5d)+(a+6d)=50$

∴ $2a+11d=50$ …… ㉡

㉠, ㉡을 연립하여 풀면 $a=3$, $d=4$

따라서 수열 $\{a_n\}$의 첫째항이 3, 공차가 4이므로

$a_{11}=3+10\times4=43$

16
일차

문제 보기

등차수열 $\{a_n\}$의 첫째항부터 제n항까지의 합을 S_n이라 할 때, $S_7-S_4=0$, $S_6=30$ ─── 첫째항을 a, 공차를 d로 놓고 a, d에 대한 식으로 나타낸다. 이다. a_2의 값은? [3점]

① 6   ② 8   ③ 10   ④ 12   ⑤ 14

Step 1 첫째항과 공차 구하기

등차수열 $\{a_n\}$의 첫째항을 a, 공차를 d라 하면

$S_7-S_4=0$에서

$$\frac{7\{2a+(7-1)d\}}{2}-\frac{4\{2a+(4-1)d\}}{2}=0$$

$\therefore a+5d=0$ …… ㉠

$S_6=30$에서

$$\frac{6\{2a+(6-1)d\}}{2}=30$$

$\therefore 2a+5d=10$ …… ㉡

㉠, ㉡을 연립하여 풀면

$a=10$, $d=-2$

Step 2 a_2의 값 구하기

따라서 수열 $\{a_n\}$의 첫째항이 10, 공차가 -2이므로

$a_2=10-2=8$

문제 보기

공차가 양수인 등차수열 $\{a_n\}$의 첫째항부터 제n항까지의 합을 S_n이라 하자. $S_9=|S_3|=27$일 때, a_{10}의 값은? [4점]
└─ 공차가 양수이므로 $S_9=-S_3$이다.

① 23   ② 24   ③ 25   ④ 26   ⑤ 27

Step 1 첫째항과 공차 구하기

공차가 양수이므로 $S_9>S_3$이어야 한다.

$\therefore S_9=-S_3=27$

등차수열 $\{a_n\}$의 첫째항을 a, 공차를 d라 하면

$S_9=27$에서 $\dfrac{9\{2a+(9-1)d\}}{2}=27$

$\therefore a+4d=3$ …… ㉠

$S_3=-27$에서 $\dfrac{3\{2a+(3-1)d\}}{2}=-27$

$\therefore a+d=-9$ …… ㉡

㉠, ㉡을 연립하여 풀면 $a=-13$, $d=4$

Step 2 a_{10}의 값 구하기

따라서 수열 $\{a_n\}$의 첫째항이 -13, 공차가 4이므로

$a_{10}=-13+9\times4=23$

다른 풀이 절댓값의 성질 이용하기

등차수열 $\{a_n\}$의 첫째항을 a, 공차를 $d\,(d>0)$라 하면

$S_9=27$에서 $\dfrac{9\{2a+(9-1)d\}}{2}=27$

$\therefore a+4d=3$ …… ㉠

$|S_3|=27$에서 $\left|\dfrac{3\{2a+(3-1)d\}}{2}\right|=27$

$|a+d|=9$

$\therefore a+d=9$ 또는 $a+d=-9$

(i) $a+d=9$일 때,

㉠과 $a+d=9$를 연립하여 풀면

$a=11$, $d=-2$

이는 $d>0$이라는 조건을 만족시키지 않는다.

(ii) $a+d=-9$일 때,

㉠과 $a+d=-9$를 연립하여 풀면

$a=-13$, $d=4$

(i), (ii)에서 $a=-13$, $d=4$

따라서 수열 $\{a_n\}$의 첫째항이 -13, 공차가 4이므로

$a_{10}=-13+9\times4=23$

18 등차수열의 합   정답 ⑤ | 정답률 65%

문제 보기

공차가 $d(0<d<1)$인 등차수열 $\{a_n\}$이 다음 조건을 만족시킨다.
↳ *

(가) a_5는 자연수이다. → 첫째항을 a로 놓고 a_5를 a, d에 대한 식으로 나타낸 후 조건 (나)와 *을 이용하여 a_5의 값을 구한다.

(나) 수열 $\{a_n\}$의 첫째항부터 제n항까지의 합을 S_n이라 할 때, $S_8=\dfrac{68}{3}$이다. → a, d에 대한 식을 세운다.

a_{16}의 값은? [4점]

① $\dfrac{19}{3}$ ② $\dfrac{77}{12}$ ③ $\dfrac{13}{2}$ ④ $\dfrac{79}{12}$ ⑤ $\dfrac{20}{3}$

Step 1 첫째항과 공차 구하기

등차수열 $\{a_n\}$의 첫째항을 a라 하면 공차가 d이므로
$a_5=a+4d$ …… ㉠
조건 (나)에서 $\dfrac{8(2a+7d)}{2}=\dfrac{68}{3}$이므로

$4(2a+7d)=\dfrac{68}{3}$, $2a+7d=\dfrac{17}{3}$

$2(a+4d)-d=\dfrac{17}{3}$, $2a_5-d=\dfrac{17}{3}$ (∵ ㉠)

$\therefore a_5=\dfrac{1}{2}d+\dfrac{17}{6}$ …… ㉡

한편 $0<d<1$이므로

$0<\dfrac{1}{2}d<\dfrac{1}{2}$, $\dfrac{17}{6}<\dfrac{1}{2}d+\dfrac{17}{6}<\dfrac{10}{3}$

$\therefore \dfrac{17}{6}<a_5<\dfrac{10}{3}$ (∵ ㉡)

이때 조건 (가)에서 $a_5=3$
이를 ㉡에 대입하면

$3=\dfrac{1}{2}d+\dfrac{17}{6}$ $\therefore d=\dfrac{1}{3}$

$a_5=3$, $d=\dfrac{1}{3}$을 ㉠에 대입하면

$3=a+4\times\dfrac{1}{3}$ $\therefore a=\dfrac{5}{3}$

Step 2 a_{16}의 값 구하기

따라서 수열 $\{a_n\}$의 첫째항이 $\dfrac{5}{3}$, 공차가 $\dfrac{1}{3}$이므로

$a_{16}=\dfrac{5}{3}+15\times\dfrac{1}{3}=\dfrac{20}{3}$

---

19 등차수열의 합   정답 ① | 정답률 25%

문제 보기

첫째항이 양수인 등차수열 $\{a_n\}$의 첫째항부터 제n항까지의 합을 S_n이라 하자.

$|S_3|=|S_6|=|S_{11}|-3$ → 첫째항을 a, 공차를 d로 놓고 $S_3=S_6$, $S_3=-S_6$인 경우로 나누어 a, d에 대한 식으로 나타낸다.

을 만족시키는 모든 수열 $\{a_n\}$의 첫째항의 합은? [4점]

① $\dfrac{31}{5}$ ② $\dfrac{33}{5}$ ③ 7 ④ $\dfrac{37}{5}$ ⑤ $\dfrac{39}{5}$

Step 1 공차의 부호 정하기

등차수열 $\{a_n\}$의 첫째항을 $a(a>0)$, 공차를 d라 하자.
$d\geq0$이면 모든 자연수 n에 대하여 $a_n>0$이므로 조건을 만족시키지 않는다.

$\therefore d<0$

Step 2 모든 수열 $\{a_n\}$의 첫째항의 합 구하기

$|S_3|=|S_6|$에서 $S_3=S_6$ 또는 $S_3=-S_6$

(i) $S_3=S_6$인 경우

$\dfrac{3\{2a+(3-1)d\}}{2}=\dfrac{6\{2a+(6-1)d\}}{2}$에서

$a+d=2a+5d$ $\therefore a=-4d$

이때 $S_3=S_6=\dfrac{3(2a+2d)}{2}=-9d>0$,

$S_{11}=\dfrac{11\{2a+(11-1)d\}}{2}=11d<0$이므로 $|S_3|=|S_{11}|-3$에서

$S_3=-S_{11}-3$, $-9d=-11d-3$

$2d=-3$ $\therefore d=-\dfrac{3}{2}$

$\therefore a=-4d=-4\times\left(-\dfrac{3}{2}\right)=6$

(ii) $S_3=-S_6$인 경우

$\dfrac{3\{2a+(3-1)d\}}{2}=-\dfrac{6\{2a+(6-1)d\}}{2}$에서

$a+d=-2a-5d$ $\therefore a=-2d$

이때 $S_3=-S_6=\dfrac{3(2a+2d)}{2}=-3d>0$,

$S_{11}=\dfrac{11\{2a+(11-1)d\}}{2}=33d<0$이므로 $|S_3|=|S_{11}|-3$에서

$S_3=-S_{11}-3$, $-3d=-33d-3$

$30d=-3$ $\therefore d=-\dfrac{1}{10}$

$\therefore a=-2d=-2\times\left(-\dfrac{1}{10}\right)=\dfrac{1}{5}$

(i), (ii)에서 모든 수열 $\{a_n\}$의 첫째항의 합은

$6+\dfrac{1}{5}=\dfrac{31}{5}$

문제 보기

등차수열 $\{a_n\}$의 첫째항부터 제n항까지의 합을 S_n이라 하자. S_n이 다음 조건을 만족시킬 때, a_{13}의 값을 구하시오. [4점]

> (가) S_n은 $n=7$, $n=8$에서 최솟값을 갖는다.
> └→ $S_7=S_8$이므로 $a_8=0$이고, S_n이 최솟값이므로 $a_9>0$이다.
> (나) $|S_m|=|S_{2m}|=162$인 자연수 $m(m>8)$이 존재한다.
> └→ S_m, S_{2m}의 부호를 알아본다.

Step 1 m의 값 구하기

조건 (가)에서 $S_7=S_8$이므로

$a_8=S_8-S_7=0$

등차수열 $\{a_n\}$의 공차를 d라 하면

$a_8=a_1+7d=0$

$\therefore a_1=-7d$ $\cdots\cdots$ ㉠

S_n의 값은 $n=8$에서 최소이므로 $S_9>S_8$

$\therefore a_9=a_8+d=d>0$

$n\geq9$인 모든 자연수 n에 대하여 $a_n>0$이므로 $m>8$일 때, $S_{2m}>S_m$

따라서 조건 (나)에서 $-S_m=S_{2m}=162$이므로

$$-\frac{m\{2a_1+(m-1)d\}}{2}=\frac{2m\{2a_1+(2m-1)d\}}{2}$$

$-2a_1-(m-1)d=4a_1+2(2m-1)d\ (\because m\neq0)$

㉠을 대입하면

$14d-(m-1)d=-28d+2(2m-1)d$

$-m+15=4m-30\ (\because d\neq0)$

$5m=45$ $\therefore m=9$

Step 2   공차와 a_1의 값 구하기

$S_9=-162$에서

$$\frac{9\{2\times a_1+(9-1)d\}}{2}=-162$$

㉠을 대입하면

$$\frac{9\{2\times(-7d)+8d\}}{2}=-162$$

$-6d=-36$ $\therefore d=6$

이를 ㉠에 대입하면

$a_1=(-7)\times6=-42$

Step 3 a_{13}의 값 구하기

따라서 수열 $\{a_n\}$의 첫째항이 -42, 공차가 6이므로

$a_{13}=-42+12\times6=30$

문제 보기

등차수열 $\{a_n\}$의 첫째항부터 제n항까지의 합을 S_n이라 하자. $a_3=42$

└→ 첫째항을 a, 공차를 d로 놓고 a, d에 대한 식으로 나타낸다.

일 때, 다음 조건을 만족시키는 4 이상의 자연수 k의 값은? [4점]

> (가) $a_{k-3}+a_{k-1}=-24$ →등차수열의 일반항을 이용하여 a, d에 대한 식으로 나타낸다.
> (나) $S_k=k^2$
> └→ 등차수열의 합을 이용하여 a, d에 대한 식으로 나타낸다.

① 13   ② 14   ③ 15   ④ 16   ⑤ 17

Step 1   조건 (가), (나)를 첫째항과 공차에 대한 식으로 나타내기

등차수열 $\{a_n\}$의 첫째항을 a, 공차를 d라 하면

$a_3=42$에서 $a+2d=42$

$\therefore a=42-2d$ $\cdots\cdots$ ㉠

조건 (가)에서 $\{a+(k-4)d\}+\{a+(k-2)d\}=-24$

$\therefore a+(k-3)d=-12$ $\cdots\cdots$ ㉡

또 조건 (나)에서 $\dfrac{k\{2a+(k-1)d\}}{2}=k^2$이고, $k>0$이므로

$2a+(k-1)d=2k$ $\cdots\cdots$ ㉢

Step 2   자연수 k의 값 구하기

㉠을 ㉡에 대입하면 $42-2d+(k-3)d=-12$

$\therefore (k-5)d=-54$ $\cdots\cdots$ ㉣

또 ㉠을 ㉢에 대입하면 $2(42-2d)+(k-1)d=2k$

$\therefore (k-5)d=2k-84$ $\cdots\cdots$ ㉤

㉣, ㉤에서 $2k-84=-54$

$2k=30$ $\therefore k=15$

다른 풀이   등차중항 이용하기

등차수열 $\{a_n\}$의 첫째항을 a, 공차를 d라 하면 $a_3=42$에서

$a+2d=42$ $\cdots\cdots$ ㉠

등차수열 $\{a_n\}$에서 a_{k-2}는 a_{k-3}과 a_{k-1}의 등차중항이므로

$$a_{k-2}=\frac{a_{k-3}+a_{k-1}}{2}$$

조건 (가)에서 $a_{k-2}=-\dfrac{24}{2}=-12$

$\therefore a+(k-3)d=-12$ $\cdots\cdots$ ㉡

또 조건 (나)에서 $\dfrac{k\{2a+(k-1)d\}}{2}=k^2$이고, $k>0$이므로

$2a+(k-1)d=2k$

$(a+2d)+\{a+(k-3)d\}=2k$

㉠, ㉡에서 $42+(-12)=2k$

$2k=30$ $\therefore k=15$

다른 풀이   첫째항과 끝항이 주어진 등차수열의 합 이용하기

등차수열 $\{a_n\}$에서 a_{k-2}는 a_{k-3}과 a_{k-1}의 등차중항이므로

$$a_{k-2}=\frac{a_{k-3}+a_{k-1}}{2}$$

조건 (가)에서 $a_{k-2}=-\dfrac{24}{2}=-12$

$a_3=42$, $a_{k-2}=-12$이고, $a_1+a_k=a_3+a_{k-2}$이므로

$$S_k=\frac{k(a_1+a_k)}{2}=\frac{k(a_3+a_{k-2})}{2}$$

┌→ $a_1+a_k=a_1+\{a_1+(k-1)d\}$
　　　　$=2a_1+(k-1)d$
　　$a_3+a_{k-2}=a_1+2d+\{a_1+(k-3)d\}$
　　　　$=2a_1+(k-1)d$

$$=\frac{k\{42+(-12)\}}{2}=15k$$

따라서 $k^2=15k$이고 $k>0$이므로 $k=15$

22 등차수열의 합   정답 ⑤ | 정답률 51%

문제 보기

두 수 2와 4 사이에 n개의 수 a_1, a_2, a_3, $\cdots$, a_n을 넣어 만든 $(n+2)$개의 수 2, a_1, a_2, a_3, $\cdots$, a_n, 4가 이 순서대로 등차수열을 이룬다. 집합 $A_n = \{2,\ a_1,\ a_2,\ a_3,\ \cdots,\ a_n,\ 4\}$에 대하여 〈보기〉에서 옳은 것만을 있는 대로 고른 것은? (단, n은 자연수이다.) [4점]

> ─〈 보기 〉─
> ㄱ. n이 홀수이면 $3 \in A_n$ → 등차중항의 성질을 이용한다.
> ㄴ. 모든 자연수 n에 대하여 $A_n \subset A_{2n+1}$
>   └ 두 집합 A_n, A_{2n+1}의 원소를 구한다.
> ㄷ. 집합 $A_{2n+1} - A_n$의 모든 원소의 합을 S_n이라 할 때,
> $S_6 + S_{13} = 63$이다.
>   └ 집합 $A_{2n+1} - A_n$의 원소를 구한 후 등차수열의 합을 이용하여 S_n을 구한다.

① ㄱ   ② ㄷ   ③ ㄱ, ㄴ   ④ ㄴ, ㄷ   ⑤ ㄱ, ㄴ, ㄷ

Step 1 ㄱ이 옳은지 확인하기

ㄱ. n이 홀수이면 항의 개수는 $n+2$이므로 홀수이고, 두 수 2와 4의 등차중항은 $\dfrac{2+4}{2} = 3$이므로 $3 \in A_n$

Step 2 ㄴ이 옳은지 확인하기

ㄴ. 집합 A_n에 대하여 $(n+2)$개의 모든 원소 2, a_1, a_2, a_3, $\cdots$, a_n, 4가

이 순서대로 등차수열을 이루므로

이 수열의 공차를 d_1이라 하면

$\quad a_1 = 2 + d_1$
$\quad a_2 = 2 + 2d_1$
$\quad \vdots$
$\quad a_n = 2 + nd_1$
$\quad 4 = 2 + (n+1)d_1$

$2 + (n+1)d_1 = 4$

$(n+1)d_1 = 2 \qquad \therefore d_1 = \dfrac{2}{n+1}$

따라서 집합 A_n의 모든 원소는

$2,\ 2 + \dfrac{2}{n+1},\ 2 + \dfrac{4}{n+1},\ \cdots,\ 2 + \dfrac{2n}{n+1},\ 4$

집합 A_{2n+1}에 대하여 $(2n+3)$개의 모든 원소 2, a_1, a_2, a_3, $\cdots$, a_{2n+1}, 4가 이 순서대로 등차수열을 이루므로

$\quad a_1 = 2 + d_2$
$\quad a_2 = 2 + 2d_2$
$\quad \vdots$
$\quad a_{2n+1} = 2 + (2n+1)d_2$
$\quad 4 = 2 + (2n+2)d_2$

이 수열의 공차를 d_2라 하면

$2 + (2n+2)d_2 = 4$

$(n+1)d_2 = 1 \qquad \therefore d_2 = \dfrac{1}{n+1}$

따라서 집합 A_{2n+1}의 모든 원소는

$2,\ 2 + \dfrac{1}{n+1},\ 2 + \dfrac{2}{n+1},\ \cdots,\ 2 + \dfrac{2n+1}{n+1},\ 4$

$\therefore A_n \subset A_{2n+1}$

Step 3 ㄷ이 옳은지 확인하기

ㄷ. ㄴ에 의하여 집합 $A_{2n+1} - A_n$의 모든 원소는

$2 + \dfrac{1}{n+1},\ 2 + \dfrac{3}{n+1},\ 2 + \dfrac{5}{n+1},\ \cdots,\ 2 + \dfrac{2n+1}{n+1}$ → 공차가 $\dfrac{2}{n+1}$인 등차수열이야.

즉, 첫째항이 $2 + \dfrac{1}{n+1}$, 끝항이 $2 + \dfrac{2n+1}{n+1}$이고, 항수가 $n+1$인 등차수열이므로

$S_n = \dfrac{(n+1)\left\{\left(2 + \dfrac{1}{n+1}\right) + \left(2 + \dfrac{2n+1}{n+1}\right)\right\}}{2}$

$\quad = 3(n+1)$

$\therefore S_6 + S_{13} = 3(6+1) + 3(13+1)$

$\qquad\qquad = 21 + 42 = 63$

Step 4 옳은 것 구하기

따라서 보기 중 옳은 것은 ㄱ, ㄴ, ㄷ이다.

---

23 등차수열의 합   정답 ② | 정답률 43%

문제 보기

첫째항이 30이고 공차가 $-d$인 등차수열 $\{a_n\}$에 대하여 등식

$a_m + a_{m+1} + a_{m+2} + \cdots + a_{m+k} = 0$ → 첫째항과 끝항이 주어진 등차수열의 합의 공식을 이용한다.

을 만족시키는 두 자연수 m, k가 존재하도록 하는 자연수 d의 개수는? [4점]

① 11   ② 12   ③ 13   ④ 14   ⑤ 15

Step 1 자연수 d의 조건 구하기

첫째항이 30이고 공차가 $-d$인 등차수열 $\{a_n\}$의 일반항 a_n은

$a_n = 30 + (n-1) \times (-d) = 30 - (n-1)d$

$a_m + a_{m+1} + a_{m+2} + \cdots + a_{m+k}$ → 첫째항이 a_m, 끝항이 a_{m+k}이고 항수가 $k+1$인 등차수열의 합이야.

$\quad = \dfrac{(k+1)(a_m + a_{m+k})}{2}$

$\quad = \dfrac{(k+1)\{30 - (m-1)d + 30 - (m+k-1)d\}}{2}$

$\quad = \dfrac{(k+1)\{60 - (2m+k-2)d\}}{2}$

즉, $\dfrac{(k+1)\{60 - (2m+k-2)d\}}{2} = 0$이고 $k+1 > 0$이므로

$60 - (2m+k-2)d = 0$

$(2m+k-2)d = 60$

$2m + k - 2 = \dfrac{60}{d} \qquad \therefore 2m + k = 2 + \dfrac{60}{d}$

따라서 자연수 m, k가 존재하도록 하는 자연수 d는 60의 약수이어야 한다.

Step 2 자연수 d의 개수 구하기

$60 = 2^2 \times 3 \times 5$이므로 60의 양의 약수의 개수는

$(2+1) \times (1+1) \times (1+1) = 12$ → 자연수 A가 $A = a^m \times b^n$(a, b는 서로 다른 소수, m, n은 자연수)으로 소인수분해될 때, A의 양의 약수의 개수는 $(m+1) \times (n+1)$

따라서 주어진 조건을 만족시키는 자연수 d의 개수는 12이다.

└ d의 값은 1, 2, 2^2, 3, 5, 2×3, $2^2 \times 3$, 2×5, $2^2 \times 5$, 3×5, $2 \times 3 \times 5$, $2^2 \times 3 \times 5$야.

문제 보기

첫째항이 a이고 공차가 -4인 등차수열 $\{a_n\}$의 첫째항부터 제n항까지
└─ 첫째항과 공차가 주어진 등차수열의 합의 공식을 이용한다.
의 합을 S_n이라 하자. 모든 자연수 n에 대하여 $S_n < 200$일 때, 자연수 a의 최댓값을 구하시오. [4점]

Step 1 $S_n < 200$을 이용하여 부등식 세우기

등차수열 $\{a_n\}$의 첫째항이 a이고 공차가 -4이므로
$$S_n = \frac{n\{2a+(n-1)\times(-4)\}}{2} = -2n^2+(a+2)n$$
모든 자연수 n에 대하여 $S_n < 200$이므로
$$-2n^2+(a+2)n < 200$$
$$\therefore 2n^2-(a+2)n+200 > 0 \quad \cdots\cdots \text{㉠}$$
└─ 이 이차부등식이 항상 성립하려면 이차방정식 $2n^2-(a+2)n+200=0$의 실근이 존재하지 않아야 해.

Step 2 자연수 a의 최댓값 구하기

모든 자연수 n에 대하여 이차부등식 ㉠이 항상 성립하려면 이차방정식 $2n^2-(a+2)n+200=0$의 판별식을 D라 할 때,
$$D = \{-(a+2)\}^2 - 1600 < 0$$
$$(a+2)^2 < 1600, \quad -40 < a+2 < 40$$
$$\therefore -42 < a < 38$$
따라서 자연수 a의 최댓값은 37이다.

다른 풀이 산술평균과 기하평균의 관계 이용하기

$$S_n = \frac{n\{2a+(n-1)\times(-4)\}}{2} = -2n^2+(a+2)n$$
모든 자연수 n에 대하여 $S_n < 200$이므로
$$-2n^2+(a+2)n < 200$$에서
$$2n^2+200 > (a+2)n$$
양변을 n으로 나누면
$$2n + \frac{200}{n} > a+2 \quad \cdots\cdots \text{㉠}$$

$2n > 0$, $\frac{200}{n} > 0$이므로 산술평균과 기하평균의 관계에 의하여
└─ $a > 0$, $b > 0$일 때, $a+b \geq 2\sqrt{ab}$ (단, 등호는 $a=b$일 때 성립)
$$2n + \frac{200}{n} \geq 2\sqrt{2n \times \frac{200}{n}}$$
$$= 2\sqrt{400}$$
$$= 40 \text{ (단, 등호는 } n=10\text{일 때 성립)}$$
└─ $2n = \frac{200}{n}$에서 $n^2 = 100$ $\therefore n=10$ ($\because n>0$)
모든 자연수 n에 대하여 부등식 ㉠이 성립하려면 $a+2 < 40$이어야 하므로
$$a < 38$$
따라서 자연수 a의 최댓값은 37이다.

문제 보기

자연수 n에 대하여 다음과 같은 규칙으로 제n행에 n개의 정수를 적는다.

> (가) 제1행에는 100을 적는다.
> (나) 제$(n+1)$행의 왼쪽 끝에 적힌 수는 제n행의 오른쪽 끝에 적힌 수보다 1이 작다.→ 제n행의 왼쪽 끝에 적힌 수의 규칙을 찾는다.
> (다) 제n행의 수들은 왼쪽부터 순서대로 공차가 -1인 등차수열을 이룬다. ($n \geq 2$)→ 등차수열의 합의 공식을 이용하여 제n행의 모든 수의 합을 구한다.

제n행에 적힌 모든 수의 합을 a_n이라 할 때, $a_{13} - a_{12}$의 값은? [4점]

① -136 ② -134 ③ -132 ④ -130 ⑤ -128

제1행	100				
제2행	99	98			
제3행	97	96	95		
제4행	94	93	92	91	
제5행	90	89	88	87	86

$\vdots$ $\vdots$ $\ddots$

Step 1 제n행의 왼쪽 끝에 적힌 수 구하기

제n행의 왼쪽 끝에 적힌 수를 l_n이라 하면
$$l_n = 100 - 1 - 2 - \cdots - (n-1)$$
$$= 100 - \{1+2+3+\cdots+(n-1)\}$$
$$= 100 - \frac{(n-1)\{1+(n-1)\}}{2}$$
└─ 첫째항이 1, 끝항이 $n-1$, 항수가 $n-1$인 등차수열의 합이야.
$$= 100 - \frac{n(n-1)}{2}$$

Step 2 a_n 구하기

제n행에 적힌 모든 수의 합 a_n은 첫째항이 $100 - \frac{n(n-1)}{2}$이고 공차가 -1, 항수가 n인 등차수열의 합과 같으므로
$$a_n = \frac{n\left[2\times\left\{100-\frac{n(n-1)}{2}\right\}+(n-1)\times(-1)\right]}{2} = \frac{n(201-n^2)}{2}$$

Step 3 $a_{13} - a_{12}$의 값 구하기

$$\therefore a_{13} - a_{12} = \frac{13(201-13^2)}{2} - \frac{12(201-12^2)}{2} = 208 - 342 = -134$$

다른 풀이 두 항의 차의 규칙 찾기

이웃하는 두 항의 차 $a_{n+1} - a_n$의 n에 1, 2, 3, $\cdots$을 차례대로 대입하면
$$a_2 - a_1 = (99+98) - 100 = 98 - 1$$
$$a_3 - a_2 = (97+96+95) - (99+98) = 95 - 2\times2$$
$$a_4 - a_3 = (94+93+92+91) - (97+96+95) = 91 - 3\times3$$
$\vdots$ → $a_{n+1} - a_n$=(제$(n+1)$행의 오른쪽 끝에 적힌 수)$-n\times n$임을 알 수 있어.
$$\therefore a_{13} - a_{12} = (\text{제13행의 오른쪽 끝에 적힌 수}) - 12\times12$$
$n \geq 2$일 때, 제n행의 오른쪽 끝에 적힌 수를 A_n이라 하면
$$A_n = 100 - 2 - 3 - 4 - \cdots - n$$
$$= 100 - (2+3+4+\cdots+n)$$
$$= 100 - \frac{(n-1)(2+n)}{2}$$
└─ 첫째항이 2, 끝항이 n, 항수가 $n-1$인 등차수열의 합이야.
$$\therefore A_{13} = 100 - \frac{12\times15}{2} = 10$$
$$\therefore a_{13} - a_{12} = 10 - 12\times12 = -134$$

26 등차수열의 합 정답 61 | 정답률 22%

문제 보기

첫째항이 60인 등차수열 $\{a_n\}$에 대하여 수열 $\{T_n\}$을

$$T_n=|a_1+a_2+a_3+\cdots+a_n|$$

이라 하자. 수열 $\{T_n\}$이 다음 조건을 만족시킨다.

> (가) $T_{19}<T_{20}$　　　　　　(나) $T_{20}=T_{21}$ → $a_{21}=0$

$T_n>T_{n+1}$을 만족시키는 n의 최솟값과 최댓값의 합을 구하시오. [4점]
└ 그래프를 그려 n의 값의 범위를 구한다.

Step 1 등차수열 $\{a_n\}$의 공차와 T_n 구하기

조건 (나)에서 $|a_1+a_2+a_3+\cdots+a_{20}|=|a_1+a_2+a_3+\cdots+a_{20}+a_{21}|$이므로
$a_{21}=0$
이때 등차수열 $\{a_n\}$의 공차를 d라 하면
$60+20d=0$　　$\therefore d=-3$

$$\therefore T_n=\left|\frac{n\{120+(n-1)\times(-3)\}}{2}\right|=\left|\frac{-3n^2+123n}{2}\right|$$

Step 2 $T_n>T_{n+1}$을 만족시키는 n의 최솟값과 최댓값의 합 구하기

$f(x)=\left|\dfrac{-3x^2+123x}{2}\right|$라 하면 $\dfrac{-3x^2+123x}{2}=0$에서

$x(x-41)=0$　　$\therefore x=0$ 또는 $x=41$
따라서 $y=f(x)$의 그래프는 오른쪽 그림과 같다. 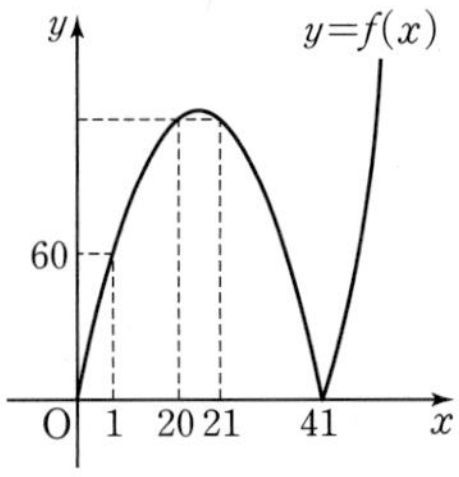
그래프를 이용하면
$T_{21}>T_{22}>T_{23}>\cdots>T_{41}=0$,
$T_{41}<T_{42}<\cdots$이므로 $T_n>T_{n+1}$을 만족시
키는 n의 값의 범위는
$21\leq n\leq \underline{40}$　→ $n=41$이면 $T_{41}<T_{42}$이므로 41은
　　　　　　　포함되지 않아.
따라서 n의 최솟값은 21, 최댓값은 40이므로 구하는 합은
$21+40=61$

다른 풀이 **Step 1** 에서 수열의 합의 공식을 이용하여 공차 구하기

첫째항이 60인 등차수열 $\{a_n\}$의 공차를 d라 하면

$$T_n=\left|\frac{n\{120+(n-1)d\}}{2}\right|$$

조건 (나)에서 $T_{20}=T_{21}$이므로 $\left|\dfrac{20(120+19d)}{2}\right|=\left|\dfrac{21(120+20d)}{2}\right|$

(i) $\dfrac{20(120+19d)}{2}=\dfrac{21(120+20d)}{2}$일 때,

$120+19d=126+21d,\ 2d=-6$　$\therefore d=-3$

$\therefore T_{19}=\left|\dfrac{19\{120+18\times(-3)\}}{2}\right|=627$,

$T_{20}=\left|\dfrac{20\{120+19\times(-3)\}}{2}\right|=630$

따라서 $T_{19}<T_{20}$이므로 조건 (가)를 만족시킨다.

(ii) $\dfrac{20(120+19d)}{2}=-\dfrac{21(120+20d)}{2}$일 때,

$120+19d=-126-21d,\ 40d=-246$　$\therefore d=-\dfrac{123}{20}$

$\therefore T_{19}=\left|\dfrac{19\left\{120+18\times\left(-\dfrac{123}{20}\right)\right\}}{2}\right|=\dfrac{1767}{20}$,

$T_{20}=\left|\dfrac{20\left\{120+19\times\left(-\dfrac{123}{20}\right)\right\}}{2}\right|=\dfrac{63}{2}$

따라서 $T_{19}>T_{20}$이므로 조건 (가)를 만족시키지 않는다.

(i), (ii)에서 $d=-3$

---

27 등차수열의 합-규칙 찾기 정답 273 | 정답률 11%

문제 보기

첫째항이 0이 아닌 등차수열 $\{a_n\}$의 첫째항부터 제n항까지의 합 S_n에
대하여 $S_9=S_{18}$이다. 집합 T_n을
└ 첫째항과 공차에 대한 식을 세운다.

$$T_n=\{S_k\,|\,k=1,\,2,\,3,\,\cdots,\,n\}$$
　　　└ $T_1=\{S_1\}$, $T_2=\{S_1,\,S_2\}$, $T_3=\{S_1,\,S_2,\,S_3\}$, $\cdots$
　　　　이때 S_k의 값이 같은 경우가 있음에 유의한다.

이라 하자. 집합 T_n의 원소의 개수가 13이 되도록 하는 모든 자연수 n
　　　　　└ 집합 T_n의 원소의 개수가 13이므로 S_k에서 $k\geq 13$

의 값의 합을 구하시오. [4점]

Step 1 등차수열 $\{a_n\}$의 첫째항과 공차에 대한 식 세우기

등차수열 $\{a_n\}$의 첫째항을 $a\,(a\neq 0)$, 공차를 d라 하면 $S_9=S_{18}$에서

$$\frac{9(2a+8d)}{2}=\frac{18(2a+17d)}{2}$$

$2a+8d=2(2a+17d)$
$2a=-26d$　　$\therefore a=-13d$　　$\cdots\cdots\ \bigcirc$

Step 2 같은 값을 갖는 S_n의 규칙 찾기

$$S_n=\frac{n\{2a+(n-1)d\}}{2}=\frac{n\{-26d+(n-1)d\}}{2}\ (\because\ \bigcirc)$$
$$=\frac{n(-27d+nd)}{2}=\frac{d}{2}n(n-27)$$

이므로

$S_1=S_{26}=-13d$　→ $S_1=\dfrac{d}{2}\times 1\times(-26)=\dfrac{d}{2}\times 26\times(-1)=S_{26}$

$S_2=S_{25}=-25d$　→ $S_2=\dfrac{d}{2}\times 2\times(-25)=\dfrac{d}{2}\times 25\times(-2)=S_{25}$

$S_3=S_{24}=-36d$　→ $S_3=\dfrac{d}{2}\times 3\times(-24)=\dfrac{d}{2}\times 24\times(-3)=S_{24}$
　　　$\vdots$

$S_{13}=S_{14}=-91d$　→ $S_{13}=\dfrac{d}{2}\times 13\times(-14)=\dfrac{d}{2}\times 14\times(-13)=S_{14}$

$S_{27}=0,\ S_{28}=14d,\ S_{29}=29d,\ \cdots$

Step 3 자연수 n의 값의 합 구하기

따라서 집합 T_n에서 등차수열의 합이 같은 경우에는 집합의 같은 원소가
중복되므로

$T_{13}=T_{14}=T_{15}=\cdots=T_{26}=\{S_1,\,S_2,\,S_3,\,\cdots,\,S_{13}\}$

따라서 집합 T_n의 원소의 개수가 13이 되도록 하는 자연수 n의 값은
13, 14, 15, $\cdots$, 26
이므로 구하는 자연수 n의 값의 합은

$$13+14+15+\cdots+26=\frac{14(13+26)}{2}=273$$
└ 첫째항이 13, 끝항이 26, 항수가 14인 등차수열의 합이야.

17
일차

01 ④	02 ②	03 ④	04 ④	05 ④	06 ②	07 12	08 ⑤	09 96	10 ③	11 19	12 16
13 20	14 25	15 ③	16 ③	17 36	18 ⑤	19 ②	20 ④	21 ②	22 96	23 ④	24 ⑤
25 ①	26 ①	27 4	28 ⑤	29 ①	30 ①	31 ④	32 ⑤	33 ④	34 ③	35 ⑤	36 ①
37 ③	38 ②	39 ①	40 12	41 ①	42 ②	43 ⑤	44 72	45 ①	46 ③	47 18	48 477
49 11											

문제편 247쪽~259쪽

01 등비수열의 항 구하기 – 첫째항이 주어진 경우
정답 ④ | 정답률 95%

문제 보기

첫째항이 1이고 공비가 양수인 등비수열 $\{a_n\}$에 대하여
$a_3=a_2+6$ — 공비를 $r\,(r>0)$로 놓고 r에 대한 방정식을 세워 r의 값을 구한다.
일 때, a_4의 값은? [2점]

① 18   ② 21   ③ 24   ④ 27   ⑤ 30

Step 1 공비 구하기

등비수열 $\{a_n\}$의 공비를 $r\,(r>0)$라 하면 $a_3=a_2+6$에서
$r^2=r+6$, $r^2-r-6=0$
— $a_3=a_1r^{3-1}$, $a_2=a_1r$
$(r+2)(r-3)=0$
$\therefore r=3\ (\because r>0)$

Step 2 a_4의 값 구하기

따라서 수열 $\{a_n\}$의 첫째항이 1, 공비가 3이므로
$a_4=1\times 3^3=27$ — $a_n=1\times 3^{n-1}$

02 등비수열의 항 구하기 – 첫째항이 주어진 경우
정답 ② | 정답률 92%

문제 보기

첫째항이 2이고 공비가 5인 등비수열 $\{a_n\}$에 대하여 a_2의 값은? [2점]
— a_n을 구한다.

① 5   ② 10   ③ 15   ④ 20   ⑤ 25

Step 1 a_2의 값 구하기

첫째항이 2이고 공비가 5인 등비수열 $\{a_n\}$의 일반항 a_n은
$a_n=2\times 5^{n-1}$
$\therefore a_2=2\times 5=10$

03 등비수열의 항 구하기 – 첫째항이 주어진 경우
정답 ④ | 정답률 95%

문제 보기

공비가 양수인 등비수열 $\{a_n\}$에 대하여 $a_1=3$, $a_5=48$일 때, a_3의 값은? [3점]
— 공비를 $r\,(r>0)$로 놓고 $a_5=a_1r^4$임을 이용하여 r의 값을 구한다.

① 18   ② 16   ③ 14   ④ 12   ⑤ 10

Step 1 공비 구하기

등비수열 $\{a_n\}$의 공비를 $r\,(r>0)$라 하면 $a_5=a_1r^4$
즉, $3r^4=48$이므로 $r^4=16$
$\therefore r=2\ (\because r>0)$

Step 2 a_3의 값 구하기

따라서 수열 $\{a_n\}$의 첫째항이 3, 공비가 2이므로
$a_3=3\times 2^2=12$ — $a_n=3\times 2^{n-1}$

다른 풀이 등비중항 이용하기

등비수열 $\{a_n\}$에서 a_3은 a_1과 a_5의 등비중항이므로
$a_3^2=a_1a_5=3\times 48=144$
이때 첫째항과 공비가 양수이므로 $a_3>0$
$\therefore a_3=12$

04 등비수열의 항 구하기 – 첫째항이 주어진 경우

정답 ④ | 정답률 91%

문제 보기

첫째항이 $\dfrac{1}{8}$인 등비수열 $\{a_n\}$에 대하여 $\dfrac{a_3}{a_2}=2$일 때, a_5의 값은? [2점]

└→ 공비를 r로 놓고 r의 값을 구한다.

① $\dfrac{1}{4}$ ② $\dfrac{1}{2}$ ③ 1 ④ 2 ⑤ 4

Step 1 공비 구하기

등비수열 $\{a_n\}$의 공비를 r라 하면 $\dfrac{a_3}{a_2}=2$에서

└→ $a_3=a_1 r^{3-1}$, $a_2=a_1 r^{2-1}$

$\dfrac{\frac{1}{8}r^2}{\frac{1}{8}r}=2$ $\therefore r=2$

Step 2 a_5의 값 구하기

따라서 수열 $\{a_n\}$의 첫째항이 $\dfrac{1}{8}$, 공비가 2이므로

$a_5=\dfrac{1}{8}\times 2^4=2$

└→ $a_n=\dfrac{1}{8}\times 2^{n-1}$

---

05 등비수열의 항 구하기 – 첫째항이 주어진 경우

정답 ④ | 정답률 97%

문제 보기

모든 항이 양수인 등비수열 $\{a_n\}$에 대하여 $a_1=3$, $\dfrac{a_5}{a_3}=4$일 때, a_4의

└→ 공비가 양수이다.

공비를 r로 놓고 r에 대한 방정식을 → 세워 r의 값을 구한다.

값은? [2점]

① 15 ② 18 ③ 21 ④ 24 ⑤ 27

Step 1 공비 구하기

모든 항이 양수이므로 등비수열 $\{a_n\}$의 공비는 양수이다.

등비수열 $\{a_n\}$의 공비를 r라 하면 $\dfrac{a_5}{a_3}=4$에서

└→ $a_5=a_1 r^{5-1}$, $a_3=a_1 r^{3-1}$

$\dfrac{3r^4}{3r^2}=4$, $r^2=4$

$\therefore r=2$ ($\because r>0$)

Step 2 a_4의 값 구하기

따라서 수열 $\{a_n\}$의 첫째항이 3, 공비가 2이므로

$a_4=3\times 2^3=24$

└→ $a_n=3\times 2^{n-1}$

---

06 등비수열의 항 구하기 – 첫째항이 주어진 경우

정답 ② | 정답률 91%

문제 보기

첫째항이 1이고 공비가 양수인 등비수열 $\{a_n\}$에 대하여

$\dfrac{a_7}{a_5}=4$ → 공비를 r($r>0$)로 놓고 r에 대한 방정식을 세워 r의 값을 구한다.

일 때, a_4의 값은? [3점]

① 6 ② 8 ③ 10 ④ 12 ⑤ 14

Step 1 공비 구하기

등비수열 $\{a_n\}$의 공비를 r($r>0$)라 하면 $\dfrac{a_7}{a_5}=4$에서

└→ $a_7=a_1 r^{7-1}$, $a_5=a_1 r^{5-1}$

$\dfrac{r^6}{r^4}=4$, $r^2=4$

$\therefore r=2$ ($\because r>0$)

Step 2 a_4의 값 구하기

따라서 수열 $\{a_n\}$의 첫째항이 1, 공비가 2이므로

$a_4=1\times 2^3=8$

└→ $a_n=1\times 2^{n-1}$

---

07 등비수열의 항 구하기 – 첫째항이 주어진 경우

정답 12 | 정답률 89% / 96%

문제 보기

공비가 0이 아닌 등비수열 $\{a_n\}$에 대하여 $a_1=4$, $3a_5=a_7$일 때, a_3의

값을 구하시오. [3점]

공비를 r로 놓고 r에 대한 방정식을 → 세워 r^2의 값을 구한다.

Step 1 공비를 r로 놓고 r^2의 값 구하기

등비수열 $\{a_n\}$의 공비를 r($r\neq 0$)라 하면 $3a_5=a_7$에서

$3\times 4r^4=4r^6$ $\therefore r^2=3$

└→ $a_5=a_1 r^{5-1}$, $a_7=a_1 r^{7-1}$

Step 2 a_3의 값 구하기

$\therefore a_3=4r^2=4\times 3=12$

문제 보기

등비수열 $\{a_n\}$에 대하여

$a_1=2$, $a_2a_4=36$ ── 공비를 r로 놓고 r에 대한 방정식을 세워 r^4의 값을 구한다.

일 때, $\dfrac{a_7}{a_3}$의 값은? [3점]

① 1　　② $\sqrt{3}$　　③ 3　　④ $3\sqrt{3}$　　⑤ 9

Step 1 공비를 r로 놓고 r^4의 값 구하기

등비수열 $\{a_n\}$의 공비를 r라 하면 $a_2a_4=36$에서

$2r \times 2r^3=36$　　∴ $r^4=9$ ── $a_2=a_1r^{2-1}$, $a_4=a_1r^{4-1}$

Step 2 $\dfrac{a_7}{a_3}$의 값 구하기

∴ $\dfrac{a_7}{a_3}=\dfrac{2r^6}{2r^2}=r^4=9$

문제 보기

모든 항이 양수인 등비수열 $\{a_n\}$에 대하여 $a_1=3$, $\dfrac{a_4a_5}{a_2a_3}=16$일 때, a_6
└ 공비가 양수이다.
의 값을 구하시오. [3점]　공비를 $r(r>0)$로 놓고 r에 대한 방정식을 세워 r의 값을 구한다.

Step 1 공비 구하기

모든 항이 양수이므로 등비수열 $\{a_n\}$의 공비는 양수이다.

등비수열 $\{a_n\}$의 공비를 r라 하면 $\dfrac{a_4a_5}{a_2a_3}=16$에서

$\dfrac{3r^3 \times 3r^4}{3r \times 3r^2}=16$, $r^4=16$ ── $a_2=a_1r$, $a_3=a_1r^{3-1}$, $a_4=a_1r^{4-1}$, $a_5=a_1r^{5-1}$

∴ $r=2$ ($\because r>0$)

Step 2 a_6의 값 구하기

따라서 수열 $\{a_n\}$의 첫째항이 3, 공비가 2이므로

$a_6=3 \times 2^5=96$ ── $a_n=3 \times 2^{n-1}$

문제 보기

모든 항이 양수인 등비수열 $\{a_n\}$에 대하여
└ 공비가 양수이다.

$a_1=\dfrac{1}{4}$, $a_2+a_3=\dfrac{3}{2}$　공비를 $r(r>0)$로 놓고 r에 대한 방정식을
세워 r의 값을 구한다.

일 때, a_6+a_7의 값은? [3점]

① 16　　② 20　　③ 24　　④ 28　　⑤ 32

Step 1 공비 구하기

모든 항이 양수이므로 등비수열 $\{a_n\}$의 공비는 양수이다.

등비수열 $\{a_n\}$의 공비를 r라 하면 $a_2+a_3=\dfrac{3}{2}$에서

$\dfrac{1}{4}r+\dfrac{1}{4}r^2=\dfrac{3}{2}$, $r^2+r-6=0$ ── $a_2=a_1r^{2-1}$, $a_3=a_1r^{3-1}$

$(r+3)(r-2)=0$

∴ $r=2$ ($\because r>0$)

Step 2 a_6+a_7의 값 구하기

따라서 수열 $\{a_n\}$의 첫째항이 $\dfrac{1}{4}$, 공비가 2이므로

$a_6+a_7=\dfrac{1}{4}\times 2^5+\dfrac{1}{4}\times 2^6=8+16=24$ ── $a_n=\dfrac{1}{4}\times 2^{n-1}$

문제 보기

첫째항이 3인 등비수열 $\{a_n\}$에 대하여

$\dfrac{a_3}{a_2}-\dfrac{a_6}{a_4}=\dfrac{1}{4}$ ── 공비를 r로 놓고 r에 대한 방정식을 세워 r의 값을 구한다.

일 때, $a_5=\dfrac{q}{p}$이다. $p+q$의 값을 구하시오.

(단, p와 q는 서로소인 자연수이다.) [4점]

Step 1 공비 구하기

등비수열 $\{a_n\}$의 공비를 r라 하면 $\dfrac{a_3}{a_2}-\dfrac{a_6}{a_4}=\dfrac{1}{4}$에서

$\dfrac{3r^2}{3r}-\dfrac{3r^5}{3r^3}=\dfrac{1}{4}$, $r-r^2=\dfrac{1}{4}$ ── $a_2=a_1r$, $a_3=a_1r^{3-1}$, $a_4=a_1r^{4-1}$, $a_6=a_1r^{6-1}$

$4r^2-4r+1=0$, $(2r-1)^2=0$

∴ $r=\dfrac{1}{2}$

Step 2 a_5의 값 구하기

즉, 수열 $\{a_n\}$의 첫째항이 3, 공비가 $\dfrac{1}{2}$이므로

$a_5=3\times\left(\dfrac{1}{2}\right)^4=\dfrac{3}{16}$ ── $a_n=3\times\left(\dfrac{1}{2}\right)^{n-1}$

Step 3 $p+q$의 값 구하기

따라서 $p=16$, $q=3$이므로

$p+q=19$

12 등비수열의 항 구하기 – 첫째항이 주어진 경우
정답 16 | 정답률 62%

문제 보기

첫째항이 $\frac{1}{4}$이고 공비가 양수인 등비수열 $\{a_n\}$에 대하여

$a_3 + a_5 = \dfrac{1}{a_3} + \dfrac{1}{a_5}$ ← 공비를 $r\,(r>0)$로 놓고 r에 대한 방정식을 세워 r^3의 값을 구한다.

일 때, a_{10}의 값을 구하시오. [3점]

Step 1 공비 구하기

$a_3 + a_5 = \dfrac{1}{a_3} + \dfrac{1}{a_5}$ 에서

$a_3 + a_5 = \dfrac{a_3 + a_5}{a_3 a_5}$ $\quad \therefore a_3 a_5 = 1$

등비수열 $\{a_n\}$의 공비를 $r\,(r>0)$라 하면 $\underline{a_3 a_5 = 1}$에서
$\qquad\qquad\qquad\qquad\qquad\quad$ ← $a_3 = a_1 r^{3-1}$, $a_5 = a_1 r^{5-1}$

$\dfrac{1}{4}r^2 \times \dfrac{1}{4}r^4 = 1$

$r^6 = 16$ $\quad \therefore r^3 = 4 \ (\because r>0)$

Step 2 a_{10}의 값 구하기

$\therefore a_{10} = \dfrac{1}{4}r^9 = \dfrac{1}{4}(r^3)^3 = \dfrac{1}{4} \times 4^3 = 16$

13 등비수열의 항 구하기 – 공비가 주어진 경우
정답 20 | 정답률 94%

문제 보기

공비가 2인 등비수열 $\{a_n\}$에 대하여 $\underline{a_1 + a_2 + a_4 = 55}$일 때, a_3의 값을
$\qquad\qquad\qquad\qquad\qquad\qquad\qquad$ ← a_1에 대한 식을 세워 a_1의 값을 구한다.
구하시오. [3점]

Step 1 a_1의 값 구하기

등비수열 $\{a_n\}$의 공비가 2이므로 $a_1 + a_2 + a_4 = 55$에서

$a_1 + a_1 \times 2 + a_1 \times 2^3 = 55$

$11a_1 = 55$ $\quad \therefore a_1 = 5$

Step 2 a_3의 값 구하기

따라서 수열 $\{a_n\}$의 첫째항이 5, 공비가 2이므로

$a_3 = 5 \times 2^2 = 20$

14 등비수열의 항 구하기 – 공비가 주어진 경우
정답 25 | 정답률 86%

문제 보기

공비가 5인 등비수열 $\{a_n\}$에 대하여 $\dfrac{a_5}{a_3}$의 값을 구하시오. (단, $a_3 \neq 0$)
$\qquad\qquad\qquad\qquad\qquad\quad$ ← $a_n = ar^{n-1}$을 이용하여
$\qquad\qquad\qquad\qquad\qquad\qquad$ 식을 세운다. [3점]

Step 1 $\dfrac{a_5}{a_3}$의 값 구하기

등비수열 $\{a_n\}$의 첫째항을 a라 하면

$\dfrac{a_5}{a_3} = \dfrac{a \times 5^4}{a \times 5^2} = 5^2 = 25$

15 등비수열의 항 구하기 – 공비가 주어진 경우
정답 ③ | 정답률 96%

문제 보기

공비가 2인 등비수열 $\{a_n\}$에 대하여 $a_3 = 12$일 때, a_5의 값은? [3점]
$\qquad\qquad\qquad\qquad\qquad\qquad$ ← 첫째항을 a로 놓고 a에 대한
$\qquad\qquad\qquad\qquad\qquad\qquad\quad$ 식을 세워 a의 값을 구한다.

① 24 ② 36 ③ 48 ④ 60 ⑤ 72

Step 1 첫째항 구하기

등비수열 $\{a_n\}$의 첫째항을 a라 하면 $a_3 = 12$에서

$a \times 2^2 = 12$ $\quad \therefore a = 3$

Step 2 a_5의 값 구하기

따라서 수열 $\{a_n\}$의 첫째항이 3, 공비가 2이므로

$a_5 = 3 \times 2^4 = 48$

다른 풀이 두 항 사이의 관계 이용하기

등비수열 $\{a_n\}$의 공비가 2이므로

$a_5 = a_3 r^2 = 12 \times 2^2 = 48$

등비수열의 항 구하기-공비가 주어진 경우

정답 ③ | 정답률 92%

문제 보기

공비가 2인 등비수열 $\{a_n\}$에 대하여 $a_3+a_4=36$일 때, a_6의 값은?
└→ 첫째항을 a로 놓고 a에 대한 식을 세워 a의 값을 구한다. [3점]

① 48   ② 64   ③ 96   ④ 108   ⑤ 128

Step 1 첫째항 구하기

등비수열 $\{a_n\}$의 첫째항을 a라 하면 $a_3+a_4=36$에서

$a\times 2^2+a\times 2^3=36$

$12a=36$ $\therefore a=3$

Step 2 a_6의 값 구하기

따라서 수열 $\{a_n\}$의 첫째항이 3, 공비가 2이므로

$a_6=3\times 2^5=96$

---

18 등비수열의 항 구하기-첫째항, 공비가 주어지지 않은 경우

정답 ⑤ | 정답률 86%

문제 보기

첫째항과 공비가 모두 양수 k인 등비수열 $\{a_n\}$이

$\dfrac{a_4}{a_2}+\dfrac{a_2}{a_1}=30$ →k에 대한 식을 세워 k의 값을 구한다.

을 만족시킬 때, k의 값은? [3점]

① 1   ② 2   ③ 3   ④ 4   ⑤ 5

Step 1 a_n을 k에 대한 식으로 나타내기

등비수열 $\{a_n\}$의 첫째항과 공비가 모두 $k\,(k>0)$이므로 일반항 a_n은

$a_n=k^n$

Step 2 k의 값 구하기

$\dfrac{a_4}{a_2}+\dfrac{a_2}{a_1}=30$에서

$\dfrac{k^4}{k^2}+\dfrac{k^2}{k}=30$, $k^2+k=30$

$k^2+k-30=0$, $(k+6)(k-5)=0$

$\therefore k=5\ (\because k>0)$

---

17 등비수열의 항 구하기-첫째항, 공비가 주어지지 않은 경우

정답 36 | 정답률 82%

문제 보기

모든 항이 양수인 등비수열 $\{a_n\}$에 대하여
└→ 첫째항과 공비가 양수이다.

$\dfrac{a_{16}}{a_{14}}+\dfrac{a_8}{a_7}=12$ →공비를 r로 놓고 a_1, r에 대한 식을 세워 r의 값을 구한다.

일 때, $\dfrac{a_3}{a_1}+\dfrac{a_6}{a_3}$의 값을 구하시오. [3점]
└→ 공비를 이용하여 구한다.

Step 1 공비 구하기

모든 항이 양수이므로 등비수열 $\{a_n\}$의 첫째항과 공비는 양수이다.

등비수열 $\{a_n\}$의 공비를 r라 하면 $\dfrac{a_{16}}{a_{14}}+\dfrac{a_8}{a_7}=12$에서

$\dfrac{a_1 r^{15}}{a_1 r^{13}}+\dfrac{a_1 r^7}{a_1 r^6}=12$, $r^2+r=12$

$r^2+r-12=0$, $(r+4)(r-3)=0$

$\therefore r=3\ (\because r>0)$

Step 2 $\dfrac{a_3}{a_1}+\dfrac{a_6}{a_3}$의 값 구하기

$\therefore \dfrac{a_3}{a_1}+\dfrac{a_6}{a_3}=\dfrac{a_1\times 3^2}{a_1}+\dfrac{a_1\times 3^5}{a_1\times 3^2}$

$=3^2+3^3=9+27=36$

---

19 등비수열의 항 구하기-첫째항, 공비가 주어지지 않은 경우

정답 ② | 정답률 87%

문제 보기

등비수열 $\{a_n\}$에 대하여 $a_2=3$, $a_3=6$일 때, $\dfrac{a_2}{a_1}$의 값은? [2점]
공비를 r로 놓고 a_1, r에 대한 └→   └→ 공비를 이용하여 구한다.
식을 세워 r의 값을 구한다.

① 1   ② 2   ③ 3   ④ 4   ⑤ 5

Step 1 공비 구하기

등비수열 $\{a_n\}$의 공비를 r라 하면

$a_2=3$에서 $a_1 r=3$ …… ㉠

$a_3=6$에서 $a_1 r^2=6$ …… ㉡

㉡÷㉠을 하면 $r=2$

Step 2 $\dfrac{a_2}{a_1}$의 값 구하기

$\therefore \dfrac{a_2}{a_1}=\dfrac{a_1 r}{a_1}=r=2$

다른 풀이 두 항 사이의 관계 이용하기

등비수열 $\{a_n\}$의 공비를 r라 하면 $a_3=a_2 r$이므로

$\dfrac{a_3}{a_2}=r=2$

$a_2=a_1 r$이므로 $\dfrac{a_2}{a_1}=r=2$

20 등비수열의 항 구하기−첫째항, 공비가 주어지지 않은 경우
정답 ④ | 정답률 85%

문제 보기

모든 항이 양수인 등비수열 $\{a_n\}$에 대하여 $a_2=5$, $a_{10}=80$일 때, $\dfrac{a_5}{a_1}$의 값은? [3점]
└ 첫째항과 공비가 양수이다.
┌ 공비를 이용하여 구한다.
└ 공비를 r로 놓고 a_1에 대한 식을 세워 r의 값을 구한다.

① $\sqrt{2}$　　② 2　　③ $2\sqrt{2}$　　④ 4　　⑤ $4\sqrt{2}$

Step 1 공비 구하기

모든 항이 양수이므로 등비수열 $\{a_n\}$의 첫째항과 공비는 양수이다.
등비수열 $\{a_n\}$의 공비를 r라 하면
$a_2=5$에서 $a_1r=5$　　······ ㉠
$a_{10}=80$에서 $a_1r^9=80$　　······ ㉡
㉡÷㉠을 하면 $r^8=16$
∴ $r=\sqrt{2}$ $(\because r>0)$

Step 2 $\dfrac{a_5}{a_1}$의 값 구하기

∴ $\dfrac{a_5}{a_1}=\dfrac{a_1r^4}{a_1}=r^4=(\sqrt{2})^4=4$

다른 풀이 두 항 사이의 관계 이용하기

모든 항이 양수이므로 등비수열 $\{a_n\}$의 첫째항과 공비는 양수이다.
등비수열 $\{a_n\}$의 공비를 r라 하면 $a_{10}=a_2r^8$에서
$\dfrac{a_{10}}{a_2}=r^8$이므로 $r^8=\dfrac{80}{5}=16$
$a_5=a_1r^4$이므로
$\dfrac{a_5}{a_1}=r^4=(r^8)^{\frac{1}{2}}=16^{\frac{1}{2}}=4$

---

21 등비수열의 항 구하기−첫째항, 공비가 주어지지 않은 경우
정답 ② | 정답률 87%

문제 보기

등비수열 $\{a_n\}$에 대하여 $a_2=\dfrac{1}{2}$, $a_3=1$일 때, a_5의 값은? [2점]
└ 첫째항을 a, 공비를 r로 놓고 a, r에 대한 식을 세운다.

① 2　　② 4　　③ 6　　④ 8　　⑤ 10

Step 1 첫째항과 공비 구하기

등비수열 $\{a_n\}$의 첫째항을 a, 공비를 r라 하면
$a_2=\dfrac{1}{2}$에서 $ar=\dfrac{1}{2}$　　······ ㉠
$a_3=1$에서 $ar^2=1$　　······ ㉡
㉡÷㉠을 하면 $r=2$
이를 ㉠에 대입하여 풀면 $a=\dfrac{1}{4}$

Step 2 a_5의 값 구하기

따라서 수열 $\{a_n\}$의 첫째항이 $\dfrac{1}{4}$, 공비가 2이므로
$a_5=\dfrac{1}{4}\times 2^4=4$

다른 풀이 두 항 사이의 관계 이용하기

등비수열 $\{a_n\}$의 공비를 r라 하면 $a_3=a_2r$에서
$\dfrac{a_3}{a_2}=r$이므로 $r=\dfrac{1}{\frac{1}{2}}=2$
∴ $a_5=a_3r^2=1\times 2^2=4$

22 등비수열의 항 구하기 – 첫째항, 공비가 주어지지 않은 경우
정답 96 | 정답률 87%

문제 보기

등비수열 $\{a_n\}$에서 $a_2=6$, $a_5=48$이다. a_6의 값을 구하시오. [3점]
└ 첫째항을 a, 공비를 r로 놓고 a, r에 대한 식을 세운다.

Step 1 첫째항과 공비 구하기

등비수열 $\{a_n\}$의 첫째항을 a, 공비를 r라 하면

$a_2=6$에서 $ar=6$ ······ ㉠

$a_5=48$에서 $ar^4=48$ ······ ㉡

㉡÷㉠을 하면 $r^3=8$ ∴ $r=2$

이를 ㉠에 대입하여 풀면 $a=3$

Step 2 a_6의 값 구하기

따라서 수열 $\{a_n\}$의 첫째항이 3, 공비가 2이므로

$a_6=3\times2^5=96$

다른 풀이 두 항 사이의 관계 이용하기

등비수열 $\{a_n\}$의 공비를 r라 하면 $a_5=a_2r^3$에서

$\dfrac{a_5}{a_2}=r^3$이므로 $r^3=\dfrac{48}{6}=8$ ∴ $r=2$

∴ $a_6=a_5r=48\times2=96$

---

23 등비수열의 항 구하기 – 첫째항, 공비가 주어지지 않은 경우
정답 ④ | 정답률 78%

문제 보기

등비수열 $\{a_n\}$에 대하여 $a_2=4$, $a_4=8$일 때, a_6의 값은? [2점]
└ 첫째항을 a, 공비를 r로 놓고 a, r에 대한 식을 세운다.

① 10　　② 12　　③ 14　　④ 16　　⑤ 18

Step 1 공비를 r로 놓고 r^2의 값 구하기

등비수열 $\{a_n\}$의 첫째항을 a, 공비를 r라 하면

$a_2=4$에서 $ar=4$ ······ ㉠

$a_4=8$에서 $ar^3=8$ ······ ㉡

㉡÷㉠을 하면 $r^2=2$

Step 2 a_6의 값 구하기

∴ $a_6=a_4\times r^2=8\times2=16$

다른 풀이 등비중항 이용하기

등비수열 $\{a_n\}$에서 a_4는 a_2와 a_6의 등비중항이므로

$a_4{}^2=a_2a_6$

즉, $8^2=4\times a_6$이므로 $a_6=16$

---

24 등비수열의 항 구하기 – 첫째항, 공비가 주어지지 않은 경우
정답 ⑤ | 정답률 88%

문제 보기

모든 항이 실수인 등비수열 $\{a_n\}$에 대하여 $a_2{}^3=8$, $a_3=4$일 때, a_5의 값은? [3점]
└ 첫째항을 a, 공비를 r로 놓고 a, r에 대한 식을 세운다.

① 4　　② $4\sqrt{2}$　　③ 8　　④ $8\sqrt{2}$　　⑤ 16

Step 1 첫째항과 공비 구하기

등비수열 $\{a_n\}$의 첫째항을 a, 공비를 r라 하면

$a_2{}^3=8$에서 $a_2=2$ ∴ $ar=2$ ······ ㉠

$a_3=4$에서 $ar^2=4$ ······ ㉡

㉡÷㉠을 하면 $r=2$

이를 ㉠에 대입하여 풀면 $a=1$

Step 2 a_5의 값 구하기

따라서 수열 $\{a_n\}$의 첫째항이 1, 공비가 2이므로

$a_5=1\times2^4=16$

다른 풀이 두 항 사이의 관계 이용하기

$a_2{}^3=8$에서 $a_2=2$

등비수열 $\{a_n\}$의 공비를 r라 하면 $a_3=a_2r$에서

$\dfrac{a_3}{a_2}=r$이므로 $r=\dfrac{4}{2}=2$

∴ $a_5=a_3r^2=4\times2^2=16$

---

25 등비수열의 항 구하기 – 첫째항, 공비가 주어지지 않은 경우
정답 ① | 정답률 94%

문제 보기

등비수열 $\{a_n\}$에 대하여 $a_5=2$일 때, $a_4\times a_6$의 값은? [2점]
└ 첫째항을 a, 공비를 r로 놓고 a, r에 대한 식을 세운다. / a, r로 나타낸다.

① 4　　② 8　　③ 12　　④ 16　　⑤ 20

Step 1 $a_5=2$를 첫째항과 공비로 나타내기

등비수열 $\{a_n\}$의 첫째항을 a, 공비를 r라 하면 $a_5=2$에서

$ar^4=2$

Step 2 $a_4\times a_6$의 값 구하기

∴ $a_4\times a_6=ar^3\times ar^5=a^2r^8=(ar^4)^2=2^2=4$

다른 풀이 등비중항 이용하기

등비수열 $\{a_n\}$에서 a_5는 a_4와 a_6의 등비중항이므로

$a_5{}^2=a_4a_6$ ∴ $a_4\times a_6=2^2=4$

26 등비수열의 항 구하기 – 첫째항, 공비가 주어지지 않은 경우
정답 ① | 정답률 93%

문제 보기

등비수열 $\{a_n\}$에 대하여 $a_1a_9=4$일 때, $a_2a_8+a_4a_6$의 값은? [3점]
　　공비를 r로 놓고 a_1, r에 대한 ┘　└ a_1, r로 나타낸다.
　　식을 세운다.

① 8　　② 9　　③ 10　　④ 11　　⑤ 12

Step 1 $a_1a_9=4$를 첫째항과 공비로 나타내기

등비수열 $\{a_n\}$의 공비를 r라 하면 $a_1a_9=4$에서

$a_1 \times a_1 r^8 = 4$　　∴ $a_1^2 r^8 = 4$

Step 2 $a_2a_8+a_4a_6$의 값 구하기

∴ $a_2a_8+a_4a_6 = a_1 r \times a_1 r^7 + a_1 r^3 \times a_1 r^5$

$\qquad\qquad = 2a_1^2 r^8 = 2 \times 4 = 8$

다른 풀이 등비중항 이용하기

등비수열 $\{a_n\}$에서 a_5는 a_1과 a_9, a_2와 a_8, a_4와 a_6의 등비중항이므로

$a_5^2 = a_1 a_9 = a_2 a_8 = a_4 a_6 = 4$

∴ $a_2 a_8 + a_4 a_6 = 4 + 4 = 8$

27 등비수열의 항 구하기 – 첫째항, 공비가 주어지지 않은 경우
정답 4 | 정답률 80%

문제 보기

모든 항이 양수인 등비수열 $\{a_n\}$에 대하여
　　└ 첫째항과 공비가 양수이다.

$a_2 = 36$, $a_7 = \dfrac{1}{3} a_5$ ─ 공비를 r로 놓고 r^2의 값을 구한다.

일 때, a_6의 값을 구하시오. [3점]

Step 1 공비를 r로 놓고 r^2의 값 구하기

모든 항이 양수이므로 등비수열 $\{a_n\}$의 첫째항과 공비는 양수이다.

등비수열 $\{a_n\}$의 첫째항을 a, 공비를 r라 하면

$a_7 = \dfrac{1}{3} a_5$에서 $ar^6 = \dfrac{1}{3} ar^4$

$a > 0$, $r > 0$이므로 양변을 ar^4으로 나누면

$r^2 = \dfrac{1}{3}$

Step 2 a_6의 값 구하기

∴ $a_6 = a_2 r^4 = 36 \times \left(\dfrac{1}{3}\right)^2 = 4$

28 등비수열의 항 구하기 – 첫째항, 공비가 주어지지 않은 경우
정답 ⑤ | 정답률 81%

문제 보기

등비수열 $\{a_n\}$에 대하여 $a_2 = 1$, $a_5 = 2(a_3)^2$일 때, a_6의 값은? [3점]
　　　　　　　└ 첫째항을 a, 공비를 r로 놓고 a, r에 대한 식을 세운다.

① 8　　② 10　　③ 12　　④ 14　　⑤ 16

Step 1 첫째항과 공비 구하기

등비수열 $\{a_n\}$의 첫째항을 $a\,(a \neq 0)$, 공비를 $r\,(r \neq 0)$라 하면

$a_2 = 1$에서 $ar = 1$　　…… ㉠

$a_5 = 2(a_3)^2$에서 $ar^4 = 2(ar^2)^2$　　∴ $ar^4 = 2a^2 r^4$

$a \neq 0$, $r \neq 0$이므로 양변을 ar^4으로 나누면

$1 = 2a$　　∴ $a = \dfrac{1}{2}$

이를 ㉠에 대입하여 풀면 $r = 2$

Step 2 a_6의 값 구하기

따라서 수열 $\{a_n\}$의 첫째항이 $\dfrac{1}{2}$, 공비가 2이므로

$a_6 = \dfrac{1}{2} \times 2^5 = 16$

다른 풀이 두 항 사이의 관계 이용하기

등비수열 $\{a_n\}$의 공비를 $r\,(r \neq 0)$라 하면 $a_3 = a_2 r$, $a_5 = a_2 r^3$이므로

$a_5 = 2(a_3)^2$에서 $r^3 = 2r^2$

$r \neq 0$이므로 양변을 r^2으로 나누면 $r = 2$

∴ $a_6 = a_2 r^4 = 1 \times 2^4 = 16$

29 등비수열의 항 구하기 – 첫째항, 공비가 주어지지 않은 경우
정답 ① | 정답률 77%

문제 보기

등비수열 $\{a_n\}$이

$a_5 = 4$, $a_7 = 4a_6 - 16$ ─ 공비를 r로 놓고 a_5, r에 대한 식을 세워 r의 값을 구한다.

을 만족시킬 때, a_8의 값은? [3점]

① 32　　② 34　　③ 36　　④ 38　　⑤ 40

Step 1 공비 구하기

등비수열 $\{a_n\}$의 공비를 r라 하면 $a_7 = 4a_6 - 16$에서

$a_5 r^2 = 4a_5 r - 16$

$4r^2 = 16r - 16$, $r^2 - 4r + 4 = 0$

$(r-2)^2 = 0$　　∴ $r = 2$

Step 2 a_8의 값 구하기

∴ $a_8 = a_5 r^3 = 4 \times 2^3 = 32$

30 등비수열의 항 구하기–첫째항, 공비가 주어지지 않은 경우
정답 ① | 정답률 87%

문제 보기

$a_1a_2<0$인 등비수열 $\{a_n\}$에 대하여
└─ 공비가 음수임을 확인한다.

$a_6=16$, $2a_8-3a_7=32$ → 공비를 r로 놓고 a_6, r에 대한 식을 세워
r의 값을 구한다.

일 때, a_9+a_{11}의 값은? [3점]

① $-\dfrac{5}{2}$　② $-\dfrac{3}{2}$　③ $-\dfrac{1}{2}$　④ $\dfrac{1}{2}$　⑤ $\dfrac{3}{2}$

Step 1 공비 구하기

등비수열 $\{a_n\}$의 공비를 r라 하면

$a_1a_2<0$에서 $a_1^2r<0$　∴ $r<0$ $(\because a_1^2>0)$

$2a_8-3a_7=32$에서

$2\times a_6r^2-3\times a_6r=32$

$2\times16r^2-3\times16r=32$, $2r^2-3r-2=0$

$(2r+1)(r-2)=0$　∴ $r=-\dfrac{1}{2}$ $(\because r<0)$

Step 2 a_9+a_{11}의 값 구하기

∴ $a_9+a_{11}=a_6r^3+a_6r^5$

$\quad =16\times\left(-\dfrac{1}{2}\right)^3+16\times\left(-\dfrac{1}{2}\right)^5$

$\quad =-2+\left(-\dfrac{1}{2}\right)=-\dfrac{5}{2}$

---

31 등비수열의 항 구하기–첫째항, 공비가 주어지지 않은 경우
정답 ④ | 정답률 96%

문제 보기

모든 항이 실수인 등비수열 $\{a_n\}$에 대하여

$a_2a_3=2$, $a_4=4$ → 첫째항을 a, 공비를 r로 놓고 a, r에 대한 식을 세운다.

일 때, a_6의 값은? [3점]

① 10　② 12　③ 14　④ 16　⑤ 18

Step 1 첫째항과 공비 구하기

등비수열 $\{a_n\}$의 첫째항을 a, 공비를 r라 하면

$a_2a_3=2$에서 $ar\times ar^2=2$

∴ $a^2r^3=2$　……㉠

$a_4=4$에서 $ar^3=4$　……㉡

㉠÷㉡을 하면 $a=\dfrac{1}{2}$

이를 ㉡에 대입하면

$\dfrac{1}{2}r^3=4$, $r^3=8$

이때 r는 실수이므로 $r=2$

Step 2 a_6의 값 구하기

∴ $a_6=ar^5=\dfrac{1}{2}\times2^5=16$

---

32 등비수열의 항 구하기–첫째항, 공비가 주어지지 않은 경우
정답 ⑤ | 정답률 84%

문제 보기

모든 항이 양수인 등비수열 $\{a_n\}$에 대하여
└─ 공비가 양수이다.

$\dfrac{a_3a_8}{a_6}=12$, $a_5+a_7=36$ → 첫째항을 a, 공비를 r로 놓고 a, r에 대한 식을 세운다.

일 때, a_{11}의 값은? [3점]

① 72　② 78　③ 84　④ 90　⑤ 96

Step 1 공비 구하기

모든 항이 양수이므로 등비수열 $\{a_n\}$의 공비는 양수이다.

등비수열 $\{a_n\}$의 첫째항을 a, 공비를 r라 하면

$\dfrac{a_3a_8}{a_6}=12$에서 $\dfrac{ar^2\times ar^7}{ar^5}=12$

∴ $ar^4=12$　……㉠

㉠에서 $a_5=12$

$a_5+a_7=36$에서 $12+ar^6=36$

∴ $ar^6=24$　……㉡

㉡÷㉠을 하면 $r^2=2$

∴ $r=\sqrt{2}$ $(\because r>0)$

Step 2 a_{11}의 값 구하기

∴ $a_{11}=a_5\times r^6=12\times(\sqrt{2})^6=96$

---

33 등비수열의 항 구하기–첫째항, 공비가 주어지지 않은 경우
정답 ④ | 정답률 89%

문제 보기

모든 항이 양수인 등비수열 $\{a_n\}$에 대하여
└─ 첫째항과 공비가 양수이다.

$a_3^2=a_6$, $a_2-a_1=2$ → 공비를 r로 놓고 a_1, r에 대한 식을 세운다.

일 때, a_5의 값은? [3점]

① 20　② 24　③ 28　④ 32　⑤ 36

Step 1 첫째항과 공비 구하기

모든 항이 양수이므로 등비수열 $\{a_n\}$의 첫째항과 공비는 양수이다.

등비수열 $\{a_n\}$의 공비를 r라 하면

$a_3^2=a_6$에서 $(a_1r^2)^2=a_1r^5$, $a_1r^4(a_1-r)=0$

$a_1>0$, $r>0$이므로 양변을 a_1r^4으로 나누면

$a_1-r=0$　∴ $a_1=r$　……㉠

$a_2-a_1=2$에서 $a_1r-a_1=2$, $r^2-r=2$ $(\because ㉠)$

$r^2-r-2=0$, $(r+1)(r-2)=0$

∴ $r=2$ $(\because r>0)$

㉠에서 $a_1=2$

Step 2 a_5의 값 구하기

따라서 수열 $\{a_n\}$의 첫째항과 공비가 모두 2이므로

$a_5=2\times2^4=32$

34 등비수열의 항 구하기-첫째항, 공비가 주어지지 않은 경우
정답 ③ | 정답률 93%

문제 보기

공비가 양수인 등비수열 $\{a_n\}$이

$$a_1+a_2=12,\ \frac{a_3+a_7}{a_1+a_5}=4 \quad \rightarrow \text{공비를 구한다.}$$
$\quad\quad\quad\quad\quad\quad$ └ 공비를 이용하여 첫째항을 구한다.

를 만족시킬 때, a_4의 값은? [3점]

① 24 ② 28 ③ 32 ④ 36 ⑤ 40

Step 1 첫째항과 공비 구하기

등비수열 $\{a_n\}$의 공비를 $r\ (r>0)$라 하면

$a_1+a_2=12$에서 $a_1+a_1r=12$ $\quad$ …… ㉠

$\dfrac{a_3+a_7}{a_1+a_5}=4$에서 $\dfrac{a_1r^2+a_1r^6}{a_1+a_1r^4}=4$

$\dfrac{r^2(a_1+a_1r^4)}{a_1+a_1r^4}=4,\ r^2=4$

$\therefore r=2\ (\because r>0)$

이를 ㉠에 대입하면 $a_1+2a_1=12$

$3a_1=12 \quad \therefore a_1=4$

Step 2 a_4의 값 구하기

따라서 수열 $\{a_n\}$의 첫째항이 4, 공비가 2이므로

$a_4=4\times2^3=32$

35 등비수열의 항 구하기-첫째항, 공비가 주어지지 않은 경우
정답 ⑤ | 정답률 85%

문제 보기

모든 항이 양수인 등비수열 $\{a_n\}$에 대하여
$\quad$ └ 첫째항과 공비가 양수이다.

$$\frac{a_3+a_4}{a_1+a_2}=4,\ a_2a_4=1 \quad \rightarrow \text{공비를 } r\text{로 놓고 } a_1,\ r\text{에 대한 식을 세운다.}$$

일 때, a_6+a_7의 값은? [3점]

① 16 ② 18 ③ 20 ④ 22 ⑤ 24

Step 1 첫째항과 공비 구하기

모든 항이 양수이므로 등비수열 $\{a_n\}$의 첫째항과 공비는 양수이다.
등비수열 $\{a_n\}$의 공비를 r라 하면

$\dfrac{a_3+a_4}{a_1+a_2}=4$에서 $\dfrac{a_1r^2+a_1r^3}{a_1+a_1r}=4$

$\dfrac{r^2(a_1+a_1r)}{a_1+a_1r}=4,\ r^2=4 \quad \therefore r=2\ (\because r>0)$ $\quad$ …… ㉠

$a_2a_4=1$에서 $a_1r\times a_1r^3=1$

$a_1^2r^4=1,\ 16a_1^2=1\ (\because ㉠)$

$\therefore a_1=\dfrac{1}{4}\ (\because a_1>0)$

Step 2 a_6+a_7의 값 구하기

따라서 수열 $\{a_n\}$의 첫째항이 $\dfrac{1}{4}$, 공비가 2이므로

$a_6=\dfrac{1}{4}\times2^5=8,\ a_7=\dfrac{1}{4}\times2^6=16$

$\therefore a_6+a_7=8+16=24$

36 등비수열의 항 구하기-첫째항, 공비가 주어지지 않은 경우
정답 ① | 정답률 89%

문제 보기

첫째항이 0이 아닌 등비수열 $\{a_n\}$에 대하여

$$a_3=4a_1,\ a_7=(a_6)^2 \quad \rightarrow \text{공비를 } r\text{로 놓고 } a_1,\ r\text{에 대한 식을 세운다.}$$

일 때, 첫째항 a_1의 값은? [3점]

① $\dfrac{1}{16}$ ② $\dfrac{1}{8}$ ③ $\dfrac{3}{16}$ ④ $\dfrac{1}{4}$ ⑤ $\dfrac{5}{16}$

Step 1 a_1의 값 구하기

등비수열 $\{a_n\}$의 공비를 r라 하면

$a_3=4a_1$에서 $a_1r^2=4a_1 \quad \therefore r^2=4$ $\quad$ …… ㉠

$a_7=(a_6)^2$에서 $a_1r^6=(a_1r^5)^2$

$a_1r^6=a_1^2r^{10},\ a_1r^4=1$

$a_1\times(r^2)^2=1,\ a_1\times4^2=1\ (\because ㉠)$

$\therefore a_1=\dfrac{1}{16}$

다른 풀이 등비중항 이용하기

등비수열 $\{a_n\}$의 공비를 r라 하면 $a_3=4a_1$에서

$\dfrac{a_3}{a_1}=4,\ \dfrac{a_1r^2}{a_1}=4 \quad \therefore r^2=4$ $\quad$ …… ㉠

등비수열 $\{a_n\}$에서 a_6은 a_5와 a_7의 등비중항이므로 $(a_6)^2=a_5a_7$

이때 $(a_6)^2=a_7$이므로 $a_5=1$

즉, $a_1r^4=1$이므로 $a_1\times(r^2)^2=1$

$a_1\times4^2=1\ (\because ㉠) \quad \therefore a_1=\dfrac{1}{16}$

37 등비수열의 항 구하기 – 첫째항, 공비가 주어지지 않은 경우

정답 ③ | 정답률 88%

문제 보기

모든 항이 양수인 등비수열 $\{a_n\}$에 대하여
└ 첫째항과 공비가 양수이다.

$a_1a_3=4$, $a_3a_5=64$ → 공비를 r로 놓고 a_1, r에 대한 식을 세운다.

일 때, a_6의 값은? [3점]

① 16　　② $16\sqrt{2}$　　③ 32　　④ $32\sqrt{2}$　　⑤ 64

Step 1 첫째항과 공비 구하기

모든 항이 양수이므로 등비수열 $\{a_n\}$의 첫째항과 공비는 양수이다.
등비수열 $\{a_n\}$의 공비를 r라 하면
$a_1a_3=4$에서 $a_1 \times a_1r^2=4$, $(a_1r)^2=2^2$
$\therefore a_1r=2$ $(\because a_1>0, r>0)$ ······ ㉠
$a_3a_5=64$에서 $a_1r^2 \times a_1r^4=64$, $(a_1r^3)^2=8^2$
$\therefore a_1r^3=8$ $(\because a_1>0, r>0)$ ······ ㉡
㉡÷㉠을 하면 $r^2=4$ $\therefore r=2$ $(\because r>0)$
이를 ㉠에 대입하여 풀면 $a_1=1$

Step 2 a_6의 값 구하기

따라서 수열 $\{a_n\}$의 첫째항이 1, 공비가 2이므로
$a_6=1 \times 2^5=32$

다른 풀이 등비중항 이용하기

모든 항이 양수이므로 등비수열 $\{a_n\}$의 첫째항과 공비는 양수이다.
등비수열 $\{a_n\}$에서 a_2는 a_1과 a_3의 등비중항이고, a_4는 a_3과 a_5의 등비중항이므로
$(a_2)^2=a_1a_3$, $(a_4)^2=a_3a_5$
$a_1a_3=4$에서 $(a_2)^2=4$ $\therefore a_2=2$ $(\because a_n>0)$
$a_3a_5=64$에서 $(a_4)^2=64$ $\therefore a_4=8$ $(\because a_n>0)$
등비수열 $\{a_n\}$의 공비를 r라 하면
$a_2=2$에서 $a_1r=2$ ······ ㉠
$a_4=8$에서 $a_1r^3=8$ ······ ㉡
㉡÷㉠을 하면 $r^2=4$ $\therefore r=2$ $(\because r>0)$
$\therefore a_6=a_4r^2=8 \times 2^2=32$

---

38 등비수열의 항 구하기 – 첫째항, 공비가 주어지지 않은 경우

정답 ② | 정답률 86%

문제 보기

모든 항이 양수인 등비수열 $\{a_n\}$에 대하여
└ 첫째항과 공비가 양수이다.

$a_1a_3=\dfrac{1}{36}$, $a_5=\dfrac{4}{81}$ → 공비를 r로 놓고 a_1, r에 대한 식을 세운다.

일 때, a_4의 값은? [3점]

① $\dfrac{1}{27}$　　② $\dfrac{2}{27}$　　③ $\dfrac{1}{9}$　　④ $\dfrac{4}{27}$　　⑤ $\dfrac{5}{27}$

Step 1 첫째항과 공비 구하기

모든 항이 양수이므로 등비수열 $\{a_n\}$의 첫째항과 공비는 양수이다.
등비수열 $\{a_n\}$의 공비를 r라 하면
$a_1a_3=\dfrac{1}{36}$에서 $a_1 \times a_1r^2=\dfrac{1}{36}$, $(a_1r)^2=\left(\dfrac{1}{6}\right)^2$
$\therefore a_1r=\dfrac{1}{6}$ $(\because a_1>0, r>0)$ ······ ㉠
$a_5=\dfrac{4}{81}$에서 $a_1r^4=\dfrac{4}{81}$ ······ ㉡
㉡÷㉠을 하면 $r^3=\dfrac{8}{27}$ $\therefore r=\dfrac{2}{3}$
이를 ㉠에 대입하여 풀면 $a_1=\dfrac{1}{4}$

Step 2 a_4의 값 구하기

따라서 수열 $\{a_n\}$의 첫째항이 $\dfrac{1}{4}$, 공비가 $\dfrac{2}{3}$이므로
$a_4=\dfrac{1}{4} \times \left(\dfrac{2}{3}\right)^3=\dfrac{2}{27}$

다른 풀이 등비중항 이용하기

등비수열 $\{a_n\}$에서 a_2는 a_1과 a_3의 등비중항이므로
$(a_2)^2=a_1a_3$
$a_1a_3=\dfrac{1}{36}$에서 $(a_2)^2=\dfrac{1}{36}$ $\therefore a_2=\dfrac{1}{6}$ $(\because a_n>0)$
등비수열 $\{a_n\}$의 공비를 r라 하면
$a_2=\dfrac{1}{6}$에서 $a_1r=\dfrac{1}{6}$ ······ ㉠
$a_5=\dfrac{4}{81}$에서 $a_1r^4=\dfrac{4}{81}$ ······ ㉡
㉡÷㉠을 하면 $r^3=\dfrac{8}{27}$ $\therefore r=\dfrac{2}{3}$
$\therefore a_4=a_2r^2=\dfrac{1}{6} \times \left(\dfrac{2}{3}\right)^2=\dfrac{2}{27}$

39 등비수열의 항 구하기 – 첫째항, 공비가 주어지지 않은 경우
정답 ① | 정답률 80%

문제 보기

공비가 양수인 등비수열 $\{a_n\}$이

$a_2+a_4=30$, $a_4+a_6=\dfrac{15}{2}$ → 공비를 r로 놓고 a_1, r에 대한 식을 세운다.

를 만족시킬 때, a_1의 값은? [3점]

① 48　　② 56　　③ 64　　④ 72　　⑤ 80

Step 1 공비 구하기

등비수열 $\{a_n\}$의 공비를 $r\,(r>0)$라 하면

$a_2+a_4=30$에서 $a_1r+a_1r^3=30$

∴ $a_1r(1+r^2)=30$　　······ ㉠

$a_4+a_6=\dfrac{15}{2}$에서 $a_1r^3+a_1r^5=\dfrac{15}{2}$

∴ $a_1r^3(1+r^2)=\dfrac{15}{2}$　　······ ㉡

㉡÷㉠을 하면

$r^2=\dfrac{1}{4}$　　∴ $r=\dfrac{1}{2}$ ($\because r>0$)

Step 2 a_1의 값 구하기

$r=\dfrac{1}{2}$을 ㉠에 대입하면

$\dfrac{1}{2}a_1\left(1+\dfrac{1}{4}\right)=30$, $\dfrac{5}{8}a_1=30$

∴ $a_1=48$

40 등비수열의 항 구하기 – 첫째항, 공비가 주어지지 않은 경우
정답 12 | 정답률 65%

문제 보기

모든 항이 실수인 등비수열 $\{a_n\}$에 대하여

$a_3+a_2=1$, $a_6-a_4=18$ → 공비를 r로 놓고 a_1, r에 대한 식을 세운다.

일 때, $\dfrac{1}{a_1}$의 값을 구하시오. [4점]

Step 1 공비 구하기

등비수열 $\{a_n\}$의 공비를 r라 하면

$a_3+a_2=1$에서 $a_1r^2+a_1r=1$

∴ $a_1r(r+1)=1$　　······ ㉠

$a_6-a_4=18$에서 $a_1r^5-a_1r^3=18$

∴ $a_1r^3(r^2-1)=18$　　······ ㉡

㉡÷㉠을 하면

$r^2(r-1)=18$, $r^3-r^2-18=0$

$(r-3)(r^2+2r+6)=0$

이때 $r^2+2r+6=(r+1)^2+5>0$이므로

$r-3=0$　　∴ $r=3$

Step 2 $\dfrac{1}{a_1}$의 값 구하기

$r=3$을 ㉠에 대입하면

$3a_1(3+1)=1$, $12a_1=1$

∴ $\dfrac{1}{a_1}=12$

41 등비수열의 항 구하기 – 첫째항, 공비가 주어지지 않은 경우
정답 ① | 정답률 84%

문제 보기

첫째항이 양수인 등비수열 $\{a_n\}$이
　　↳ *

$a_1=4a_3$, $a_2+a_3=-12$ → 공비를 r로 놓고 a_1, r에 대한 식을 세운다. 이때 *을 이용하여 부호를 확인한다.

를 만족시킬 때, a_5의 값은? [3점]

① 3　　② 4　　③ 5　　④ 6　　⑤ 7

Step 1 공비 구하기

등비수열 $\{a_n\}$의 공비를 r라 하면

$a_1=4a_3$에서 $a_1=4a_1r^2$

$r^2=\dfrac{1}{4}$　　∴ $r=-\dfrac{1}{2}$ 또는 $r=\dfrac{1}{2}$

$a_2+a_3=-12$에서 $a_1r+a_1r^2=-12$

$a_1(r+r^2)=-12$　　······ ㉠

이때 $a_1>0$이므로 $r+r^2<0$

즉, $r<0$이어야 하므로 $r=-\dfrac{1}{2}$

Step 2 첫째항 구하기

$r=-\dfrac{1}{2}$을 ㉠에 대입하면

$a_1\left(-\dfrac{1}{2}+\dfrac{1}{4}\right)=-12$　　∴ $a_1=48$

Step 3 a_5의 값 구하기

따라서 수열 $\{a_n\}$의 첫째항이 48, 공비가 $-\dfrac{1}{2}$이므로

$a_5=48\times\left(-\dfrac{1}{2}\right)^4=3$

42 등비수열의 항 구하기 – 첫째항, 공비가 주어지지 않은 경우
정답 ② | 정답률 86%

문제 보기

공비가 1보다 큰 등비수열 $\{a_n\}$이 다음 조건을 만족시킨다.

> (가) $a_3 \times a_5 \times a_7 = 125$ → 첫째항과 공비에 대한 식으로 나타낸다.
>
> (나) $\dfrac{a_4 + a_8}{a_6} = \dfrac{13}{6}$ → 공비 r에 대하여 r^2의 값을 구한다.

a_9의 값은? [3점]

① 10 ② $\dfrac{45}{4}$ ③ $\dfrac{25}{2}$ ④ $\dfrac{55}{4}$ ⑤ 15

Step 1 조건 (가)를 첫째항과 공비에 대한 식으로 나타내기

등비수열 $\{a_n\}$의 첫째항을 a, 공비를 r라 하면

조건 (가)에서 $ar^2 \times ar^4 \times ar^6 = 125$

$(ar^4)^3 = 5^3$

$\therefore ar^4 = 5$ ...... ㉠

Step 2 공비 r에 대하여 r^2의 값 구하기

조건 (나)에서 $\dfrac{ar^3 + ar^7}{ar^5} = \dfrac{13}{6}$ $\therefore \dfrac{1}{r^2} + r^2 = \dfrac{13}{6}$

$r^2 = X$로 놓으면 $\dfrac{1}{X} + X = \dfrac{13}{6}$에서

$6X^2 - 13X + 6 = 0$, $(3X - 2)(2X - 3) = 0$

$\therefore X = \dfrac{2}{3}$ 또는 $X = \dfrac{3}{2}$

이때 공비가 1보다 크므로 $r^2 > 1$

$\therefore r^2 = \dfrac{3}{2}$ ...... ㉡

Step 3 a_9의 값 구하기

$\therefore a_9 = ar^8 = ar^4 \times r^4$

$= 5 \times \left(\dfrac{3}{2}\right)^2$ $(\because$ ㉠, ㉡$)$

$= \dfrac{45}{4}$

---

43 등차수열과 등비수열
정답 ⑤ | 정답률 69%

문제 보기

공차가 자연수인 등차수열 $\{a_n\}$과 공비가 자연수인 등비수열 $\{b_n\}$이 $a_6 = b_6 = 9$이고, 다음 조건을 만족시킨다.

> (가) $a_7 = b_7$ → 수열 $\{a_n\}$의 공차를 d, 수열 $\{b_n\}$의 공비를 r로 놓고 d, r 사이의 관계를 구한다.
>
> (나) $94 < a_{11} < 109$ → $a_{11} = a_6 + 5d$를 이용하여 d의 값을 구한다.

$a_7 + b_8$의 값은? [4점]

① 96 ② 99 ③ 102 ④ 105 ⑤ 108

Step 1 조건 (가)를 이용하여 수열 $\{a_n\}$의 공차와 수열 $\{b_n\}$의 공비 사이의 관계 구하기

등차수열 $\{a_n\}$의 공차를 d, 등비수열 $\{b_n\}$의 공비를 r라 하면

조건 (가)에서 $a_7 = b_7$이므로 $a_6 + d = b_6 r$

$9 + d = 9r$ $\therefore r = 1 + \dfrac{d}{9}$ ...... ㉠

이때 r는 자연수이므로 d는 9의 배수이어야 한다.

Step 2 조건 (나)를 이용하여 수열 $\{a_n\}$의 공차, 수열 $\{b_n\}$의 공비 구하기

$a_{11} = a_6 + 5d = 9 + 5d$이므로 조건 (나)에서

$94 < 9 + 5d < 109$

$85 < 5d < 100$ $\therefore 17 < d < 20$

이때 d는 9의 배수이므로 $d = 18$

이를 ㉠에 대입하면

$r = 1 + \dfrac{18}{9} = 3$

Step 3 $a_7 + b_8$의 값 구하기

$\therefore a_7 + b_8 = (a_6 + d) + b_6 r^2$

$= (9 + 18) + (9 \times 3^2)$

$= 27 + 81 = 108$

44 등차수열과 등비수열   정답 72 | 정답률 92% / 93%

문제 보기

a, 10, 17, b는 이 순서대로 등차수열을 이루고 a, x, y, b는 이 순서대
   └─→ 공차를 구하여 a, b의 값을 구한다.

로 등비수열을 이루고 있다. xy의 값을 구하시오. [3점]
   └─→ $ab=xy$임을 이용한다.

Step 1 a, b의 값 구하기

a, 10, 17, b는 이 순서대로 등차수열을 이루므로 이 수열의 공차는

$17-10=7$

$\therefore a=10-7=3$, $b=17+7=24$

Step 2 xy의 값 구하기

a, x, y, b는 이 순서대로 등비수열을 이루므로   ──→ 이 수열의 공비를 r라 하면
$xy=ab=3\times 24=72$ $x=ar$, $y=ar^2$, $b=ar^3$
                                             $\therefore ab=xy=a^2r^3$

다른 풀이   등차중항 이용하기

a, 10, 17이 이 순서대로 등차수열을 이루므로

$20=a+17$ $\therefore a=3$

10, 17, b가 이 순서대로 등차수열을 이루므로

$34=10+b$ $\therefore b=24$

---

45 등차수열과 등비수열   정답 ① | 정답률 81%

문제 보기

등차수열 $\{a_n\}$, 등비수열 $\{b_n\}$에 대하여 $a_1=b_1=3$이고
   └─→ 수열 $\{a_n\}$의 공차를 d, 수열 $\{b_n\}$의 공비를 r로 놓고 일반항을 구한다.

     $b_3=-a_2$, $a_2+b_2=a_3+b_3$ ──→ r의 값을 구한 후 d의 값을 구한다.

일 때, a_3의 값은? [3점]

① -9 ② -3 ③ 0 ④ 3 ⑤ 9

Step 1 a_n, b_n 구하기

등차수열 $\{a_n\}$의 공차를 d, 등비수열 $\{b_n\}$의 공비를 r라 하면 두 수열의
일반항 a_n, b_n은

$a_n=3+(n-1)d$, $b_n=3r^{n-1}$

Step 2   수열 $\{a_n\}$의 공차 구하기

$a_2+b_2=a_3+b_3$에 $b_3=-a_2$를 대입하면

$a_2+b_2=a_3-a_2=d$

즉, $(3+d)+3r=d$이므로

$3r=-3$ $\therefore r=-1$ …… ㉠

$b_3=-a_2$에서 $3r^2=-(3+d)$

㉠을 대입하면

$3=-(3+d)$ $\therefore d=-6$

Step 3 a_3의 값 구하기

따라서 수열 $\{a_n\}$의 첫째항이 3, 공차가 -6이므로

$a_3=3+2\times(-6)=-9$

46 등차수열과 등비수열 정답 ③ | 정답률 89%

문제 보기

공차가 3인 등차수열 $\{a_n\}$과 공비가 2인 등비수열 $\{b_n\}$이

$a_2=b_2$, $a_4=b_4$ $\longrightarrow a_1,\ b_1$에 대한 식을 세운다.

$\quad\quad\quad\quad\quad\quad\quad\quad\quad\hookrightarrow$ 일반항을 구한다.

를 만족시킬 때, a_1+b_1의 값은? [3점]

① -2　　② -1　　③ 0　　④ 1　　⑤ 2

Step 1 a_n, b_n 구하기

등차수열 $\{a_n\}$의 공차가 3, 등비수열 $\{b_n\}$의 공비가 2이므로 두 수열의 일반항 a_n, b_n은

$a_n=a_1+3(n-1)$, $b_n=b_1\times 2^{n-1}$

Step 2 a_1, b_1의 값 구하기

$a_2=b_2$에서 $a_1+3\times 1=b_1\times 2^1$

$\therefore a_1-2b_1=-3$ ……… ㉠

$a_4=b_4$에서 $a_1+3\times 3=b_1\times 2^3$

$\therefore a_1-8b_1=-9$ ……… ㉡

㉠, ㉡을 연립하여 풀면

$a_1=-1$, $b_1=1$

Step 3 a_1+b_1의 값 구하기

$\therefore a_1+b_1=-1+1=0$

---

47 등차수열과 등비수열 정답 18 | 정답률 47%

문제 보기

등차수열 $\{a_n\}$과 공비가 1보다 작은 등비수열 $\{b_n\}$이

$\quad\quad\quad\quad\quad\quad\quad\quad\hookrightarrow$ 공비가 1보다 작으므로 $b_n>b_{n+1}$

$a_1+a_8=8$, $b_2b_7=12$, $a_4=b_4$, $a_5=b_5$ $\longrightarrow a_4a_5$의 값을 구한다.

$\quad\quad\quad\hookrightarrow a_4+a_5$의 값을 구한다.

를 모두 만족시킬 때, a_1의 값을 구하시오. [4점]

Step 1 주어진 조건 파악하기

등차수열 $\{a_n\}$에 대하여

$a_1+a_8=a_4+a_5=8$ …… ㉠ $\longrightarrow$ 수열 $\{a_n\}$의 공차를 d라 하면

등비수열 $\{b_n\}$에 대하여 $\quad\quad a_1+a_8=a_1+(a_1+7d)$

$b_2b_7=b_4b_5=12$ $\longrightarrow$ 수열 $\{b_n\}$의 공비를 r라 하면 $\quad\quad\quad\quad=(a_1+3d)+(a_1+4d)=a_4+a_5$

이때 $a_4=b_4$, $a_5=b_5$이므로 $\quad b_2b_7=b_1r\times b_1r^6=b_1r^3\times b_1r^4=b_4b_5$

$a_4a_5=b_4b_5=12$ …… ㉡

Step 2 a_4, a_5의 값 구하기

㉠, ㉡에서 $a_4+a_5=8$, $a_4a_5=12$이므로 a_4, a_5를 두 근으로 하고 x^2의 계수가 1인 이차방정식은

$x^2-8x+12=0$

$(x-2)(x-6)=0$ $\quad\therefore x=2$ 또는 $x=6$

이때 등비수열 $\{b_n\}$의 공비가 1보다 작으므로

$b_4>b_5$ $\quad\therefore a_4>a_5$

$\therefore a_4=6$, $a_5=2$

Step 3 a_1의 값 구하기

따라서 수열 $\{a_n\}$의 공차는 $a_5-a_4=2-6=-4$이므로 $a_4=6$에서

$a_1+3\times(-4)=6$

$\therefore a_1=18$

문제 보기

자연수 m에 대하여 다음 조건을 만족시키는 모든 자연수 k의 값의 합을 $A(m)$이라 하자.

> 3×2^m은 첫째항이 3이고 공비가 2 이상의 자연수인 등비수열의 제k항이다.

예를 들어, 3×2^2은 첫째항이 3이고 공비가 2인 등비수열의 제3항, 첫째항이 3이고 공비가 4인 등비수열의 제2항이 되므로 $A(2) = 3 + 2 = 5$이다. $A(200)$의 값을 구하시오. [4점]

     └ 등비수열의 제k항이 3×2^{200}이 되는 모든 자연수 k의 값의 합이다.

Step 1 공비의 조건 파악하기

$A(200)$은 첫째항이 3이고 공비가 2 이상의 자연수인 등비수열의 제k항이 3×2^{200}이 되는 모든 자연수 k의 값의 합이다.

첫째항이 3이므로 등비수열의 공비는 2의 거듭제곱 꼴이어야 한다.

이때 $2^{200} = (2^2)^{100} = (2^4)^{50} = (2^5)^{40} = \cdots = (2^{200})^1$이므로 공비를 2^p (p는 자연수)라 하면 $2^{200} = (2^p)^{\frac{200}{p}}$이고 $\frac{200}{p}$은 자연수이어야 하므로 p는 200의 약수이다.

Step 2 $A(200)$의 값 구하기

$3 \times 2^{200} = 3 \times (2^p)^{\frac{200}{p}} = 3 \times (2^p)^{\frac{200}{p}+1-1}$이므로 3×2^{200}은 첫째항이 3이고 공비가 2^p인 등비수열의 제$\left(\frac{200}{p}+1\right)$항이다.

$p = 1$일 때, 3×2^{200}은 첫째항이 3이고 공비가 2인 등비수열의 제201항이다. $\therefore k = 201$

$p = 2$일 때, $3 \times (2^2)^{100}$은 첫째항이 3이고 공비가 2^2인 등비수열의 제101항이다. $\therefore k = 101$

$p = 4$일 때, $3 \times (2^4)^{50}$은 첫째항이 3이고 공비가 2^4인 등비수열의 제51항이다. $\therefore k = 51$

$p = 5$일 때, $3 \times (2^5)^{40}$은 첫째항이 3이고 공비가 2^5인 등비수열의 제41항이다. $\therefore k = 41$

$p = 8$일 때, $3 \times (2^8)^{25}$은 첫째항이 3이고 공비가 2^8인 등비수열의 제26항이다. $\therefore k = 26$

$p = 10$일 때, $3 \times (2^{10})^{20}$은 첫째항이 3이고 공비가 2^{10}인 등비수열의 제21항이다. $\therefore k = 21$

$p = 20$일 때, $3 \times (2^{20})^{10}$은 첫째항이 3이고 공비가 2^{20}인 등비수열의 제11항이다. $\therefore k = 11$

$p = 25$일 때, $3 \times (2^{25})^8$은 첫째항이 3이고 공비가 2^{25}인 등비수열의 제9항이다. $\therefore k = 9$

$p = 40$일 때, $3 \times (2^{40})^5$은 첫째항이 3이고 공비가 2^{40}인 등비수열의 제6항이다. $\therefore k = 6$

$p = 50$일 때, $3 \times (2^{50})^4$은 첫째항이 3이고 공비가 2^{50}인 등비수열의 제5항이다. $\therefore k = 5$

$p = 100$일 때, $3 \times (2^{100})^2$은 첫째항이 3이고 공비가 2^{100}인 등비수열의 제3항이다. $\therefore k = 3$

$p = 200$일 때, $3 \times (2^{200})^1$은 첫째항이 3이고 공비가 2^{200}인 등비수열의 제2항이다. $\therefore k = 2$

$\therefore A(200) = 201 + 101 + 51 + 41 + 26 + 21 + 11 + 9 + 6 + 5 + 3 + 2$
$\qquad\qquad = 477$

문제 보기

두 수열 $\{a_n\}$, $\{b_n\}$이 다음 조건을 만족시킨다.

> (가) $a_1 = b_1 = 6$
> (나) 수열 $\{a_n\}$은 공차가 p인 등차수열이고, 수열 $\{b_n\}$은 공비가 p인 등비수열이다. → a_n, b_n을 구한다.

수열 $\{b_n\}$의 모든 항이 수열 $\{a_n\}$의 항이 되도록 하는 1보다 큰 모든 자연수 p의 합을 구하시오. [4점]

     └ 수열 $\{b_n\}$의 모든 항은 첫째항이 6이고 공차가 p인 등차수열의 항이어야 한다.

Step 1 a_n, b_n 구하기

수열 $\{a_n\}$의 첫째항이 6, 공차가 p이므로 일반항 a_n은
$a_n = 6 + (n-1)p$

수열 $\{b_n\}$의 첫째항이 6, 공비가 p이므로 일반항 b_n은
$b_n = 6 \times p^{n-1}$

Step 2 자연수 p의 합 구하기

수열 $\{b_n\}$의 모든 항이 수열 $\{a_n\}$의 항이 되려면 모든 자연수 n에 대하여 $6p^{n-1} = 6 + (m-1)p$인 자연수 m이 존재해야 한다.

$(m-1)p = 6p^{n-1} - 6$

$m - 1 = 6p^{n-2} - \dfrac{6}{p}$

$\therefore m = 6p^{n-2} - \dfrac{6}{p} + 1$

이때 m과 p^{n-2} ($n \geq 2$)은 모두 자연수이므로 $\dfrac{6}{p}$도 자연수이어야 한다.

즉, p는 1보다 큰 6의 약수이므로
$p = 2$ 또는 $p = 3$ 또는 $p = 6$

따라서 모든 자연수 p의 합은
$2 + 3 + 6 = 11$

18
일차

01 ②	**02** ③	**03** 12	**04** 6	**05** 36	**06** ⑤	**07** ④	**08** ①	**09** ②	**10** 117	**11** ①	**12** ③
13 ④	**14** 63	**15** ④	**16** 10	**17** ②	**18** 9	**19** 64	**20** ⑤	**21** ②	**22** ②	**23** ②	**24** ①
25 ②	**26** 99	**27** 18	**28** ②	**29** ④	**30** ②	**31** 11	**32** ③	**33** ②	**34** ①	**35** ①	

문제편 260쪽~269쪽

01 등비중항   정답 ② | 정답률 92%

문제 보기

세 수 $\dfrac{9}{4}$, a, 4가 이 순서대로 등비수열을 이룰 때, 양수 a의 값은?

└→ a는 $\dfrac{9}{4}$와 4의 등비중항임을 이용한다.   [3점]

① $\dfrac{8}{3}$ ② 3   ③ $\dfrac{10}{3}$ ④ $\dfrac{11}{3}$ ⑤ 4

Step 1 등비중항의 성질을 이용하여 a의 값 구하기

세 수 $\dfrac{9}{4}$, a, 4가 이 순서대로 등비수열을 이루므로

$a^2 = \dfrac{9}{4} \times 4 = 9$

$\therefore a = 3 \ (\because a > 0)$

02 등비중항   정답 ③ | 정답률 90%

문제 보기

세 수 3, -6, a가 이 순서대로 등비수열을 이룰 때, a의 값은? [3점]

└→ -6은 3과 a의 등비중항임을 이용한다.

① 8   ② 10   ③ 12   ④ 14   ⑤ 16

Step 1 등비중항의 성질을 이용하여 a의 값 구하기

세 수 3, -6, a가 이 순서대로 등비수열을 이루므로

$(-6)^2 = 3a$ $\therefore a = 12$

03 등비중항   정답 12 | 정답률 89%

문제 보기

두 양수 a, b에 대하여 세 수 a^2, 12, b^2이 이 순서대로 등비수열을 이룰

때, $a \times b$의 값을 구하시오. [3점]   └→ 12는 a^2과 b^2의 등비중항임을 이용한다.

Step 1 등비중항의 성질을 이용하여 $a \times b$의 값 구하기

세 수 a^2, 12, b^2이 이 순서대로 등비수열을 이루므로

$12^2 = a^2 b^2 = (ab)^2$

이때 a, b가 양수이므로

$a \times b = 12$

04 등비중항   정답 6 | 정답률 83%

문제 보기

세 수 $a+3$, a, 4가 이 순서대로 등비수열을 이룰 때, 양수 a의 값을

구하시오. [3점]   └→ a는 $a+3$과 4의 등비중항임을 이용한다.

Step 1 등비중항의 성질을 이용하여 a의 값 구하기

세 수 $a+3$, a, 4가 이 순서대로 등비수열을 이루므로

$a^2 = (a+3) \times 4$

$a^2 - 4a - 12 = 0$, $(a+2)(a-6) = 0$

$\therefore a = 6 \ (\because a > 0)$

05 등비중항 　　　　　　　정답 36 | 정답률 70%

문제 보기

세 실수 3, a, b가 이 순서대로 등비수열을 이루고 $\log_a 3b + \log_3 b = 5$
　└ a는 3과 b의 등비중항임을 이용하여 얻은 관계식을 　　　　└ *
　　 *에 대입한다.
를 만족시킨다. $a + b$의 값을 구하시오. [4점]

Step 1 a, b에 대한 식으로 나타내기

세 수 3, a, b가 이 순서대로 등비수열을 이루므로
$a^2 = 3b$ 　…… ㉠

Step 2 b의 값 구하기

$\log_a 3b + \log_3 b = 5$에 ㉠을 대입하면
$\log_a a^2 + \log_3 b = 5$, $2 + \log_3 b = 5$
$\log_3 b = 3$ 　∴ $b = 3^3 = 27$

Step 3 a의 값 구하기

$b = 27$을 ㉠에 대입하면 $a^2 = 81$
∴ $a = 9$ 또는 $a = -9$
이때 로그의 밑의 조건에서 $a > 0$, $a \neq 1$이므로
$a = 9$

Step 4 $a + b$의 값 구하기

∴ $a + b = 9 + 27 = 36$

06 등비중항 　　　　　　　정답 ⑤ | 정답률 86%

문제 보기

첫째항이 a이고 공비가 $\frac{1}{2}$인 등비수열 $\{a_n\}$에 대하여 세 수 a_3, 2, a_7이

이 순서대로 등비수열을 이룰 때, 양수 a의 값은? [3점]
　└ a_3, a_7을 첫째항과 공비에 대한 식으로 나타낸 후 2는 a_3과 a_7의 등비중항임을 이용한다.

① 16　　　② 20　　　③ 24　　　④ 28　　　⑤ 32

Step 1 a_3, a_7을 첫째항과 공비에 대한 식으로 나타내기

등비수열 $\{a_n\}$의 첫째항이 a이고 공비가 $\frac{1}{2}$이므로
$a_3 = a\left(\frac{1}{2}\right)^2$, $a_7 = a\left(\frac{1}{2}\right)^6$

Step 2 양수 a의 값 구하기

세 수 a_3, 2, a_7이 이 순서대로 등비수열을 이루므로 $2^2 = a_3 a_7$에서
$a\left(\frac{1}{2}\right)^2 \times a\left(\frac{1}{2}\right)^6 = 2^2$, $\frac{a^2}{2^8} = 2^2$
$a^2 = 2^{10} = (2^5)^2$
∴ $a = 2^5 = 32$ ($\because a > 0$)

07 등비중항 　　　　　　　정답 ④ | 정답률 75%

문제 보기

첫째항과 공차가 모두 0이 아닌 등차수열 $\{a_n\}$에 대하여 세 항 a_2, a_5,
　　　　　　　　　　　└ 조건에 유의한다.
a_{14}가 이 순서대로 등비수열을 이룰 때, $\dfrac{a_{23}}{a_3}$의 값은? [4점]
　└ a_2, a_5, a_{14}를 첫째항과 공차에 대한 식으로
　　 나타낸 후 a_5는 a_2와 a_{14}의 등비중항임을 이용한다.

① 6　　　② 7　　　③ 8　　　④ 9　　　⑤ 10

Step 1 a_2, a_5, a_{14}를 첫째항과 공차에 대한 식으로 나타내기

등차수열 $\{a_n\}$의 첫째항을 a, 공차를 d라 하면
$a_2 = a + d$, $a_5 = a + 4d$, $a_{14} = a + 13d$

Step 2 첫째항과 공차 사이의 관계 구하기

세 항 a_2, a_5, a_{14}가 이 순서대로 등비수열을 이루므로 $(a_5)^2 = a_2 a_{14}$에서
$(a + 4d)^2 = (a + d)(a + 13d)$
$a^2 + 8ad + 16d^2 = a^2 + 14ad + 13d^2$
$3d^2 - 6ad = 0$, $3d(d - 2a) = 0$
이때 $d \neq 0$이므로 $d = 2a$

Step 3 $\dfrac{a_{23}}{a_3}$의 값 구하기

∴ $\dfrac{a_{23}}{a_3} = \dfrac{a + 22d}{a + 2d} = \dfrac{a + 44a}{a + 4a} = \dfrac{45a}{5a} = 9$

문제 보기

서로 다른 두 실수 a, b에 대하여 <mark>세 수 a, b, 6이 이 순서대로 등차수</mark>
└─ 조건에 유의한다.   └─ b는 a와 6의 등차중항임을 이용한다.

<mark>열을 이루고, 세 수 a, 6, b가 이 순서대로 등비수열을 이룬다.</mark> $a+b$의
└─ 6은 a와 b의 등비중항임을 이용한다.

값은? [4점]

① -15 ② -8 ③ -1 ④ 6   ⑤ 13

Step 1 a, b에 대한 식 세우기

세 수 a, b, 6이 이 순서대로 등차수열을 이루므로

$2b=a+6$

$\therefore a=2b-6$ …… ㉠

세 수 a, 6, b가 이 순서대로 등비수열을 이루므로

$6^2=ab$

$\therefore ab=36$ …… ㉡

Step 2 a, b의 값 구하기

㉠을 ㉡에 대입하면

$(2b-6) \times b=36$

$b^2-3b-18=0$, $(b+3)(b-6)=0$

$\therefore b=-3$ 또는 $b=6$

(ⅰ) $b=-3$일 때,

   이를 ㉠에 대입하면 $a=-6-6=-12$

(ⅱ) $b=6$일 때,

   이를 ㉠에 대입하면 $a=12-6=6$

   이는 a, b가 서로 다른 두 실수라는 조건을 만족시키지 않는다.

(ⅰ), (ⅱ)에서 $a=-12$, $b=-3$

Step 3 $a+b$의 값 구하기

$\therefore a+b=-12+(-3)=-15$

문제 보기

공차가 6인 등차수열 $\{a_n\}$에 대하여 <mark>세 항 a_2, a_k, a_8은 이 순서대로 등</mark>
└─ a_k는 a_2와 a_8의 등차중항임을
이용하여 k의 값을 구한다.

<mark>차수열을 이루고, 세 항 a_1, a_2, a_k는 이 순서대로 등비수열을 이룬다.</mark>

$k+a_1$의 값은? [4점]   └─ a_2는 a_1과 a_k의 등비중항임을 이용하여 a_1의 값을 구한다.

① 7   ② 8   ③ 9   ④ 10   ⑤ 11

Step 1 k의 값 구하기

세 항 a_2, a_k, a_8은 이 순서대로 등차수열을 이루므로 $2a_k=a_2+a_8$에서

$2\{a_1+6(k-1)\}=(a_1+6)+(a_1+42)$

$2a_1+12k-12=2a_1+48$

$12k=60$ $\therefore k=5$

Step 2 a_1의 값 구하기

세 항 a_1, a_2, a_5는 이 순서대로 등비수열을 이루므로 $(a_2)^2=a_1a_5$에서

$(a_1+6)^2=a_1(a_1+24)$

$a_1^2+12a_1+36=a_1^2+24a_1$

$12a_1=36$ $\therefore a_1=3$

Step 3 $k+a_1$의 값 구하기

$\therefore k+a_1=5+3=8$

문제 보기

공차가 d이고 모든 항이 자연수인 등차수열 $\{a_n\}$이 다음 조건을 만족
시킨다.
   └── 첫째항과 공차가 자연수이다.

(가) $a_1 \le d$

(나) 어떤 자연수 $k\,(k \ge 3)$에 대하여

  세 항 $a_2,\ a_k,\ a_{3k-1}$이 이 순서대로 등비수열을 이룬다.
       └── a_k는 a_2와 a_{3k-1}의 등비중항임을 이용한다.

$90 \le a_{16} \le 100$일 때, a_{20}의 값을 구하시오. [4점]

Step 1 $a_1,\ d,\ k$에 대한 관계식 세우기

모든 항이 자연수이므로 등차수열 $\{a_n\}$의 첫째항과 공차는 자연수이다.

첫째항이 a_1이고 공차가 d인 등차수열 $\{a_n\}$의 일반항 a_n은

$a_n = a_1 + (n-1)d$

조건 (나)에서 세 항 $a_2,\ a_k,\ a_{3k-1}$은 이 순서대로 등비수열을 이루므로

$a_k^2 = a_2 a_{3k-1}$에서

$\{a_1 + (k-1)d\}^2 = (a_1 + d)\{a_1 + (3k-2)d\}$

$a_1^2 + 2(k-1)a_1 d + (k-1)^2 d^2 = a_1^2 + (3k-1)a_1 d + (3k-2)d^2$

$(k^2 - 5k + 3)d^2 = (k+1)a_1 d$

$\therefore (k^2 - 5k + 3)d = (k+1)a_1$ …… ㉠

Step 2 k의 값 구하기

조건 (가)의 $a_1 \le d$에서 양변에 $k+1$을 곱하면

$(k+1)a_1 \le (k+1)d$ $(\because k+1 \ge 4)$

$(k^2 - 5k + 3)d \le (k+1)d$ $(\because$ ㉠$)$

$k^2 - 5k + 3 \le k+1$ $(\because d > 0)$

$k^2 - 6k + 2 \le 0$

$\therefore 3 - \sqrt{7} \le k \le 3 + \sqrt{7}$

그런데 $k \ge 3$이므로

$3 \le k \le 3 + \sqrt{7}$

따라서 자연수 k의 값은 3, 4, 5이다.

이때 ㉠에서 $k^2 - 5k + 3 > 0$이어야 하므로

$k = 5$

Step 3 $a_1,\ d$의 값 구하기

$k = 5$를 ㉠에 대입하면

$3d = 6a_1$ $\therefore d = 2a_1$

즉, $a_{16} = a_1 + 15d = 31a_1$이므로 $90 \le a_{16} \le 100$에서

$90 \le 31a_1 \le 100$

$\therefore a_1 = 3$ $(\because a_1$은 자연수$)$

$\therefore d = 2a_1 = 6$

Step 4 a_{20}의 값 구하기

$\therefore a_{20} = a_1 + 19d = 3 + 19 \times 6 = 117$

문제 보기

$x > 0$에서 정의된 함수 $f(x) = \dfrac{p}{x}\,(p > 1)$의 그래프는 그림과 같다.

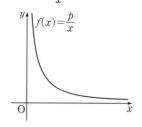

세 수 $f(a),\ f(\sqrt{3}),\ f(a+2)$가 이 순서대로 등비수열을 이룰 때, 양수
           └── $f(\sqrt{3})$은 $f(a)$와 $f(a+2)$의 등비중항임을 이용한다.
a의 값은? [3점]

① 1   ② $\dfrac{9}{8}$ ③ $\dfrac{5}{4}$ ④ $\dfrac{11}{8}$ ⑤ $\dfrac{3}{2}$

Step 1   등비중항을 이용하여 a의 값 구하기

세 수 $f(a),\ f(\sqrt{3}),\ f(a+2)$가 이 순서대로 등비수열을 이루므로

$\{f(\sqrt{3})\}^2 = f(a) \times f(a+2)$

$\left(\dfrac{p}{\sqrt{3}}\right)^2 = \dfrac{p}{a} \times \dfrac{p}{a+2}, \ \dfrac{p^2}{3} = \dfrac{p^2}{a(a+2)}$

$a(a+2) = 3,\ a^2 + 2a - 3 = 0$

$(a+3)(a-1) = 0$ $\therefore a = 1\ (\because a > 0)$

18
일차

12 등비수열의 활용 – 등비중항 정답 ③ | 정답률 86% / 93%

문제 보기

그림과 같이 두 함수 $y=3\sqrt{x}$, $y=\sqrt{x}$의 그래프와 직선 $x=k$가 만나는

점을 각각 A, B라 하고, 직선 $x=k$가 x축과 만나는 점을 C라 하자.

└─ 세 점 A, B, C의 좌표를 구한다.

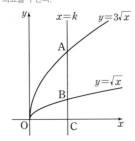

$\overline{\mathrm{BC}}$, $\overline{\mathrm{OC}}$, $\overline{\mathrm{AC}}$가 이 순서대로 등비수열을 이룰 때, 상수 k의 값은?

└─ $\overline{\mathrm{BC}}$, $\overline{\mathrm{OC}}$, $\overline{\mathrm{AC}}$를 k에 대한 식으로 (단, $k>0$이고, O는 원점이다.) [3점]
나타낸 후 $\overline{\mathrm{OC}}$는 $\overline{\mathrm{BC}}$와 $\overline{\mathrm{AC}}$의 등
비중항임을 이용한다.

① 1　　② $\sqrt{3}$　　③ 3　　④ $3\sqrt{3}$　　⑤ 9

Step 1 $\overline{\mathrm{BC}}$, $\overline{\mathrm{OC}}$, $\overline{\mathrm{AC}}$를 각각 k에 대한 식으로 나타내기

$\mathrm{A}(k, 3\sqrt{k})$, $\mathrm{B}(k, \sqrt{k})$, $\mathrm{C}(k, 0)$이므로

$\overline{\mathrm{BC}}=\sqrt{k}$, $\overline{\mathrm{OC}}=k$, $\overline{\mathrm{AC}}=3\sqrt{k}$

Step 2 k의 값 구하기

$\overline{\mathrm{BC}}$, $\overline{\mathrm{OC}}$, $\overline{\mathrm{AC}}$가 이 순서대로 등비수열을 이루므로

$k^2=\sqrt{k}\times 3\sqrt{k}$

$k^2-3k=0$, $k(k-3)=0$

$\therefore k=3 \ (\because k>0)$

---

13 등비수열의 활용 – 등비중항 정답 ④ | 정답률 80%

문제 보기

그림과 같이 좌표평면 위의 두 원

　$C_1: x^2+y^2=1$ ─→ 중심이 점 $(0, 0)$이고, 반지름의 길이가 1인 원이다.

　$C_2: (x-1)^2+y^2=r^2 \ (0<r<\sqrt{2})$ ─→ 중심이 점 $(1, 0)$이고, 반지름의
길이가 r인 원이다.

이 제1사분면에서 만나는 점을 P라 하자.

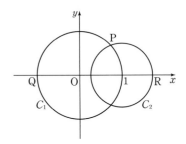

원 C_1이 x축과 만나는 점 중에서 x좌표가 0보다 작은 점을 Q, 원 C_2가

x축과 만나는 점 중에서 x좌표가 1보다 큰 점을 R라 하자. $\overline{\mathrm{OP}}$, $\overline{\mathrm{OR}}$,

$\overline{\mathrm{QR}}$가 이 순서대로 등비수열을 이룰 때, 원 C_2의 반지름의 길이는?

└─ $\overline{\mathrm{OP}}$, $\overline{\mathrm{OR}}$, $\overline{\mathrm{QR}}$를 r에 대한 식으로 나타낸 후 (단, O는 원점이다.) [3점]
$\overline{\mathrm{OR}}$는 $\overline{\mathrm{OP}}$와 $\overline{\mathrm{QR}}$의 등비중항임을 이용한다.

① $\dfrac{-2+\sqrt{5}}{2}$　　② $\dfrac{2-\sqrt{3}}{2}$　　③ $\dfrac{-1+\sqrt{3}}{2}$

④ $\dfrac{-1+\sqrt{5}}{2}$　　⑤ $\dfrac{3-\sqrt{3}}{2}$

Step 1 $\overline{\mathrm{OP}}$의 길이를 구하고 $\overline{\mathrm{OR}}$, $\overline{\mathrm{QR}}$를 각각 r에 대한 식으로 나타내기

$\overline{\mathrm{OP}}$, $\overline{\mathrm{OQ}}$는 원 C_1의 반지름이므로

$\overline{\mathrm{OP}}=\overline{\mathrm{OQ}}=1$

원 C_2의 반지름의 길이가 r이므로

$\overline{\mathrm{OR}}=1+r$

$\therefore \overline{\mathrm{QR}}=\overline{\mathrm{OQ}}+\overline{\mathrm{OR}}=1+(1+r)=2+r$

Step 2 원 C_2의 반지름의 길이 구하기

$\overline{\mathrm{OP}}$, $\overline{\mathrm{OR}}$, $\overline{\mathrm{QR}}$가 이 순서대로 등비수열을 이루므로

$\overline{\mathrm{OR}}^2=\overline{\mathrm{OP}}\times\overline{\mathrm{QR}}$

$(1+r)^2=1\times(2+r)$

$1+2r+r^2=2+r$, $r^2+r-1=0$

$\therefore r=\dfrac{-1+\sqrt{5}}{2} \ (\because 0<r<\sqrt{2})$

14 등비수열의 합 – 부분의 합   정답 63 | 정답률 75%

문제 보기

첫째항이 7인 등비수열 $\{a_n\}$의 첫째항부터 제n항까지의 합을 S_n이라 하자.

$$\dfrac{S_9-S_5}{S_6-S_2}=3$$ $S_9-S_5=a_6+a_7+a_8+a_9$, $S_6-S_2=a_3+a_4+a_5+a_6$임을 이용한다.

일 때, a_7의 값을 구하시오. [3점]

Step 1 S_9-S_5, S_6-S_2를 각각 공비에 대한 식으로 나타내기

등비수열 $\{a_n\}$의 공비를 r라 하면

$$S_9-S_5=a_6+a_7+a_8+a_9$$
$$=7r^5+7r^6+7r^7+7r^8$$
$$=7r^5(1+r+r^2+r^3)$$
$$S_6-S_2=a_3+a_4+a_5+a_6$$
$$=7r^2+7r^3+7r^4+7r^5$$
$$=7r^2(1+r+r^2+r^3)$$

Step 2 a_7의 값 구하기

$\dfrac{S_9-S_5}{S_6-S_2}=3$에서

$$\dfrac{7r^5(1+r+r^2+r^3)}{7r^2(1+r+r^2+r^3)}=3$$

$$\therefore r^3=3$$
$$\therefore a_7=7r^6=7\times(r^3)^2=7\times3^2=63$$

다른 풀이   두 항 사이의 관계 이용하기

등비수열 $\{a_n\}$의 공비를 r라 하면

$$\dfrac{S_9-S_5}{S_6-S_2}=\dfrac{a_6+a_7+a_8+a_9}{a_3+a_4+a_5+a_6}$$
$$=\dfrac{a_3r^3+a_4r^3+a_5r^3+a_6r^3}{a_3+a_4+a_5+a_6}$$
$$=\dfrac{r^3(a_3+a_4+a_5+a_6)}{a_3+a_4+a_5+a_6}$$
$$=r^3$$

$$\therefore r^3=3$$
$$\therefore a_7=7r^6=7\times(r^3)^2=7\times3^2=63$$

15 등비수열의 합 – 부분의 합   정답 ④ | 정답률 82%

문제 보기

등비수열 $\{a_n\}$의 첫째항부터 제n항까지의 합을 S_n이라 하자.

$$S_4-S_2=3a_4,\ a_5=\dfrac{3}{4}$$ $S_4-S_2=a_3+a_4$임을 이용한다.

일 때, a_1+a_2의 값은? [3점]

① 27   ② 24   ③ 21   ④ 18   ⑤ 15

Step 1   공비 구하기

$S_4-S_2=3a_4$에서 $S_4-S_2=a_3+a_4$이므로

$$a_3+a_4=3a_4 \quad\therefore a_3=2a_4$$

등비수열 $\{a_n\}$의 공비를 r라 하면

$$a_1r^2=2a_1r^3 \quad\therefore r=\dfrac{1}{2}$$

Step 2 a_1의 값 구하기

$a_5=\dfrac{3}{4}$에서 $a_1r^4=\dfrac{3}{4}$, $a_1\times\left(\dfrac{1}{2}\right)^4=\dfrac{3}{4}$

$$\therefore a_1=12$$

Step 3 a_1+a_2의 값 구하기

따라서 수열 $\{a_n\}$의 첫째항이 12, 공비가 $\dfrac{1}{2}$이므로

$$a_1+a_2=12+12\times\dfrac{1}{2}=18$$

16 등비수열의 합 – 부분의 합   정답 10 | 정답률 81%

문제 보기

모든 항이 양수인 등비수열 $\{a_n\}$의 첫째항부터 제n항까지의 합을 S_n이라 하자. 첫째항과 공비가 양수이다.

$$S_4-S_3=2,\ S_6-S_5=50$$ $S_4-S_3=a_4$, $S_6-S_5=a_6$임을 이용한다.

일 때, a_5의 값을 구하시오. [4점]

Step 1 S_4-S_3, S_6-S_5를 각각 첫째항과 공비에 대한 식으로 나타내기

모든 항이 양수이므로 등비수열 $\{a_n\}$의 첫째항과 공비는 양수이다.

등비수열 $\{a_n\}$의 첫째항을 a, 공비를 r라 하면

$S_4-S_3=2$에서 $a_4=2$

$$\therefore ar^3=2 \quad\cdots\cdots\ \bigcirc$$

$S_6-S_5=50$에서 $a_6=50$

$$\therefore ar^5=50 \quad\cdots\cdots\ \bigcirc$$

Step 2   공비 구하기

$\bigcirc\div\bigcirc$을 하면 $r^2=25$

$$\therefore r=5\ (\because r>0)$$

Step 3 a_5의 값 구하기

$$\therefore a_5=a_4r=2\times5=10$$

17 등비수열의 합－부분의 합   정답 ② | 정답률 85%

문제 보기

공비가 양수인 등비수열 $\{a_n\}$의 첫째항부터 제n항까지의 합을 S_n이라 하자.

$$4(S_4-S_2)=S_6-S_4,\ a_3=12$$
└ $S_4-S_2=a_3+a_4$, $S_6-S_4=a_5+a_6$임을 이용한다.

일 때, S_3의 값은? [3점]

① 18   ② 21   ③ 24   ④ 27   ⑤ 30

Step 1 S_4-S_2, S_6-S_4를 각각 첫째항과 공비에 대한 식으로 나타내기

등비수열 $\{a_n\}$의 공비를 r라 하면

$S_4-S_2=a_3+a_4=a_1r^2+a_1r^3=a_1r^2(1+r)$

$S_6-S_4=a_5+a_6=a_1r^4+a_1r^5=a_1r^4(1+r)$

Step 2   공비 구하기

$4(S_4-S_2)=S_6-S_4$에서

$4a_1r^2(1+r)=a_1r^4(1+r)$

$r^2=4$ $\therefore r=2\ (\because r>0)$

Step 3   첫째항 구하기

$a_3=12$에서 $a_1r^2=12$

$4a_1=12$ $\therefore a_1=3$

Step 4 S_3의 값 구하기

따라서 수열 $\{a_n\}$의 첫째항이 3, 공비가 2이므로

$S_3=a_1+a_2+a_3$

$\quad=3+3\times2+3\times2^2=21$

---

18 등비수열의 합－부분의 합   정답 9 | 정답률 75%

문제 보기

등비수열 $\{a_n\}$의 첫째항부터 제n항까지의 합을 S_n이라 하자. 모든 자연수 n에 대하여

$$S_{n+3}-S_n=13\times3^{n-1}$$
→ $S_{n+3}-S_n=a_{n+1}+a_{n+2}+a_{n+3}$임을 이용한다.

일 때, a_4의 값을 구하시오. [4점]

Step 1 $S_{n+3}-S_n$을 첫째항과 공비에 대한 식으로 나타내기

$S_{n+3}-S_n=a_{n+1}+a_{n+2}+a_{n+3}$이므로 모든 자연수 n에 대하여

$a_{n+1}+a_{n+2}+a_{n+3}=13\times3^{n-1}$

등비수열 $\{a_n\}$의 첫째항을 a, 공비를 r라 하면

$ar^n+ar^{n+1}+ar^{n+2}=13\times3^{n-1}$

$\therefore ar^n(1+r+r^2)=13\times3^{n-1}$ ······ ㉠

Step 2   공비 구하기

㉠에 $n=1$을 대입하면

$ar(1+r+r^2)=13$ ······ ㉡

㉠에 $n=2$를 대입하면

$ar^2(1+r+r^2)=39$ ······ ㉢

㉢÷㉡을 하면 $r=3$

Step 3   첫째항 구하기

$r=3$을 ㉡에 대입하면

$3a(1+3+3^2)=13$

$39a=13$ $\therefore a=\dfrac{1}{3}$

Step 4 a_4의 값 구하기

따라서 수열 $\{a_n\}$의 첫째항이 $\dfrac{1}{3}$, 공비가 3이므로

$a_4=\dfrac{1}{3}\times3^3=9$

19 등비수열의 합
정답 64 | 정답률 67%

문제 보기

등비수열 $\{a_n\}$의 첫째항부터 제n항까지의 합을 S_n이라 하자.

$$a_1=1, \quad \frac{S_6}{S_3}=2a_4-7 \longrightarrow \text{공비를 } r\text{로 놓고 } r\text{에 대한 식으로 나타낸다.}$$

일 때, a_7의 값을 구하시오. [3점]

Step 1 공비 구하기

등비수열 $\{a_n\}$의 공비를 r라 하면

$$\frac{S_6}{S_3}=\frac{\frac{r^6-1}{r-1}}{\frac{r^3-1}{r-1}}=\frac{r^6-1}{r^3-1}=\frac{(r^3+1)(r^3-1)}{r^3-1}=r^3+1$$

$$2a_4-7=2r^3-7$$

$\dfrac{S_6}{S_3}=2a_4-7$에서

$$r^3+1=2r^3-7$$

$$r^3=8 \qquad \therefore \ r=2$$

Step 2 a_7의 값 구하기

따라서 수열 $\{a_n\}$의 첫째항이 1, 공비가 2이므로

$$a_7=2^6=64$$

20 등비수열의 합 (2)
정답 ⑤ | 정답률 77%

문제 보기

공비가 1보다 큰 등비수열 $\{a_n\}$의 첫째항부터 제n항까지의 합을 S_n이
라 하자. $\quad \longrightarrow$ 조건에 유의한다.

$$\frac{S_4}{S_2}=5, \ a_5=48$$
$\qquad \longrightarrow$ 공비를 r로 놓고 r에 대한 식으로 나타낸다.

일 때, a_1+a_4의 값은? [3점]

① 39　　② 36　　③ 33　　④ 30　　⑤ 27

Step 1 공비 구하기

등비수열 $\{a_n\}$의 공비를 $r\,(r>1)$라 하면

$$\frac{S_4}{S_2}=5\text{에서} \ \frac{\frac{a_1(r^4-1)}{r-1}}{\frac{a_1(r^2-1)}{r-1}}=5$$

$$\frac{r^4-1}{r^2-1}=5, \ \frac{(r^2+1)(r^2-1)}{r^2-1}=5$$

$$r^2+1=5, \ r^2=4 \qquad \therefore \ r=2 \ (\because \ r>1)$$

Step 2 a_1+a_4의 값 구하기

$a_5=48$에서 $a_1\times2^4=48 \qquad \therefore \ a_1=3$

$$\therefore \ a_4=3\times2^3=24$$

$$\therefore \ a_1+a_4=3+24=27$$

21 등비수열의 합
정답 ② | 정답률 79%

문제 보기

첫째항이 $a\,(a>0)$이고, 공비가 r인 등비수열 $\{a_n\}$의 첫째항부터 제n
$\qquad \longrightarrow$ 조건에 유의한다.

항까지의 합을 S_n이라 하자.

$2a=S_2+S_3$, $r^2=64a^2$일 때, a_5의 값은? [3점]
$\qquad \longrightarrow a, r$에 대한 식으로 나타낸다.

① 2　　② 4　　③ 6　　④ 8　　⑤ 10

Step 1 a, r의 값 구하기

첫째항이 a이고 공비가 r인 등비수열 $\{a_n\}$의 일반항 a_n은

$$a_n=ar^{n-1}$$

$2a=S_2+S_3$에서

$$2a=(a+ar)+(a+ar+ar^2)$$

$$2a=2a+2ar+ar^2, \ ar^2+2ar=0$$

$a>0$이므로 양변을 a로 나누면

$$r^2+2r=0, \ r(r+2)=0$$

$$\therefore \ r=-2 \ \text{또는} \ r=0$$

(ⅰ) $r=-2$일 때,

$r^2=64a^2$에서 $4=64a^2$

$$a^2=\frac{1}{16} \qquad \therefore \ a=\frac{1}{4} \ (\because \ a>0)$$

(ⅱ) $r=0$일 때,

$r^2=64a^2$에서 $a=0$

이는 $a>0$인 조건을 만족시키지 않는다.

(ⅰ), (ⅱ)에서 $a=\dfrac{1}{4}, \ r=-2$

Step 2 a_5의 값 구하기

$$\therefore \ a_5=\frac{1}{4}\times(-2)^4=4$$

22 등비수열의 합   정답 ② | 정답률 71%

문제 보기

모든 항이 양수인 등비수열 $\{a_n\}$에 대하여 $a_1a_2=a_{10}$, $a_1+a_9=20$일 때,
  └ 첫째항과 공비가 양수이다.   └ 공비를 r로 놓고 a_1, r에 대한 식으로 나타낸다.

$(a_1+a_3+a_5+a_7+a_9)(a_1-a_3+a_5-a_7+a_9)$의 값은? [4점]
  └ 첫째항이 a_1, 공비가 r^2인 등비수열   └ 첫째항이 a_1, 공비가 $-r^2$인 등비수열
    의 첫째항부터 제5항까지의 합이다.   의 첫째항부터 제5항까지의 합이다.

① 494   ② 496   ③ 498   ④ 500   ⑤ 502

Step 1 a_1의 값 구하기

모든 항이 양수이므로 등비수열 $\{a_n\}$의 첫째항과 공비는 양수이다.

등비수열 $\{a_n\}$의 공비를 r라 하면

$a_1a_2=a_{10}$에서 $a_1 \times a_1r=a_1r^9$

$\therefore a_1=r^8$ ······ ㉠

$a_1+a_9=20$에서 $a_1+a_1r^8=20$

㉠을 대입하면 $a_1+a_1^2=20$

$a_1^2+a_1-20=0$, $(a_1+5)(a_1-4)=0$

$\therefore a_1=4$ $(\because a_1>0)$

Step 2 $(a_1+a_3+a_5+a_7+a_9)(a_1-a_3+a_5-a_7+a_9)$의 값 구하기

$a_1=4$를 ㉠에 대입하면

$r^8=4$ $\therefore r^4=2$ $(\because r>0)$

$\therefore (a_1+a_3+a_5+a_7+a_9)(a_1-a_3+a_5-a_7+a_9)$

$=\dfrac{4\{1-(r^2)^5\}}{1-r^2} \times \dfrac{4\{1-(-r^2)^5\}}{1-(-r^2)}$

$=\dfrac{4(1-r^{10})}{1-r^2} \times \dfrac{4(1+r^{10})}{1+r^2}$

$=\dfrac{16(1-r^{20})}{1-r^4}$

$=\dfrac{16\{1-(r^4)^5\}}{1-r^4}$

$=\dfrac{16(1-2^5)}{1-2}$

$=16 \times 31=496$

---

23 등비수열의 합의 활용   정답 ② | 정답률 87%

문제 보기

그림은 16개의 칸 중 3개의 칸에 다음 규칙을 만족시키도록 수를 써 넣은 것이다.

> ㈎ 가로로 인접한 두 칸에서 오른쪽 칸의 수는 왼쪽 칸의 수의 2배이다.
> ㈏ 세로로 인접한 두 칸에서 아래쪽 칸의 수는 위쪽 칸의 수의 2배이다.

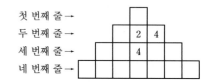

첫 번째 줄 →
두 번째 줄 →
세 번째 줄 →
네 번째 줄 →

이 규칙을 만족시키도록 나머지 칸에 수를 써 넣을 때, 네 번째 줄에 있는 모든 수의 합은? [3점]
  └ 네 번째 줄에 있는 수의 규칙을 찾는다.

① 119   ② 127   ③ 135   ④ 143   ⑤ 151

Step 1 네 번째 줄에 있는 수의 규칙 찾기

조건 ㈎에서 네 번째 줄에 있는 수는 공비가 2인 등비수열이다.

또 조건 ㈏에서 네 번째 줄의 네 번째 칸에 들어갈 수는 $4 \times 2=8$

이때 등비수열의 첫째항을 a라 하면 제4항이 8이므로

$a \times 2^3=8$ $\therefore a=1$

Step 2 네 번째 줄에 있는 모든 수의 합 구하기

따라서 네 번째 줄에 있는 모든 수의 합은 첫째항이 1, 공비가 2인 등비수열의 첫째항부터 제7항까지의 합이므로

$\dfrac{1 \times (2^7-1)}{2-1}=127$

24 등비수열의 합의 활용   정답 ① | 정답률 44%

문제 보기

그림과 같이 한 변의 길이가 2인 정사각형 모양의 종이 ABCD에서 각 변의 중점을 각각 A_1, B_1, C_1, D_1이라 하고 $\overline{A_1B_1}$, $\overline{B_1C_1}$, $\overline{C_1D_1}$, $\overline{D_1A_1}$ 을 접는 선으로 하여 네 점 A, B, C, D가 한 점에서 만나도록 접은 모양을 S_1이라 하자. S_1에서 정사각형 $A_1B_1C_1D_1$의 각 변의 중점을 각각 A_2, B_2, C_2, D_2라 하고 $\overline{A_2B_2}$, $\overline{B_2C_2}$, $\overline{C_2D_2}$, $\overline{D_2A_2}$를 접는 선으로 하여 네 점 A_1, B_1, C_1, D_1이 한 점에서 만나도록 접은 모양을 S_2라 하자. 이와 같은 과정을 계속하여 n번째 얻은 모양을 S_n이라 하고, S_n을 정사각형 모양의 종이 ABCD와 같도록 펼쳤을 때 <mark>접힌 모든 선들의 길이의 합</mark>을 l_n이라 하자. 예를 들어, $l_1=4\sqrt{2}$이다. l_5의 값은?
> S_1, S_2, S_3, …에서 새로 접힌 선들의 길이의 합의 규칙을 찾는다.
> 이때 종이를 접을수록 여러 겹이 됨에 주의한다.

(단, 종이의 두께는 고려하지 않는다.) [4점]

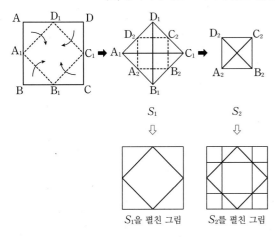

S_1을 펼친 그림 S_2를 펼친 그림

① $24+28\sqrt{2}$ ② $28+28\sqrt{2}$ ③ $28+32\sqrt{2}$
④ $32+32\sqrt{2}$ ⑤ $36+32\sqrt{2}$

Step 1 새로 접힌 모든 선들의 길이의 합의 규칙 찾기

사각형 ABCD, S_1, S_2, …를 규칙에 따라 접은 모양은 한 변의 길이가 각각 $\sqrt{2}$, 1, $\frac{\sqrt{2}}{2}$, …인 정사각형이고, 종이는 1겹, 2겹, 4겹, …이므로 새로 접
> $\overline{A_1B_1}=\sqrt{1^2+1^2}=\sqrt{2}$

힌 모든 선들의 길이의 합은
$4\sqrt{2}$
$2\times4\times1=8$
$4\times4\times\dfrac{\sqrt{2}}{2}=8\sqrt{2}$
   ⋮

즉, 새로 접힌 모든 선들의 길이의 합은 첫째항이 $4\sqrt{2}$, 공비가 $\sqrt{2}$인 등비수열이다.

Step 2 l_5의 값 구하기

따라서 l_5는 첫째항이 $4\sqrt{2}$, 공비가 $\sqrt{2}$인 등비수열의 첫째항부터 제5항까지의 합이므로
$$l_5=\frac{4\sqrt{2}\{(\sqrt{2})^5-1\}}{\sqrt{2}-1}=24+28\sqrt{2}$$

---

25 수열의 합과 일반항 사이의 관계   정답 ② | 정답률 92%

문제 보기

수열 $\{a_n\}$의 첫째항부터 제n항까지의 합 S_n이 $S_n=\dfrac{n}{n+1}$일 때, a_4의 값은? [3점]
> $n\geq2$일 때, $a_n=S_n-S_{n-1}$임을 이용하여 a_n을 구한다.

① $\dfrac{1}{22}$ ② $\dfrac{1}{20}$ ③ $\dfrac{1}{18}$ ④ $\dfrac{1}{16}$ ⑤ $\dfrac{1}{14}$

Step 1 a_n 구하기

$S_n=\dfrac{n}{n+1}$에서 $n\geq2$일 때,
$a_n=S_n-S_{n-1}$
$=\dfrac{n}{n+1}-\dfrac{n-1}{n}$
$=\dfrac{1}{n(n+1)}$

Step 2 a_4의 값 구하기

$\therefore a_4=\dfrac{1}{4\times5}=\dfrac{1}{20}$

다른 풀이 $a_4=S_4-S_3$임을 이용하기

$a_4=S_4-S_3=\dfrac{4}{5}-\dfrac{3}{4}=\dfrac{1}{20}$

26 수열의 합과 일반항 사이의 관계 정답 99 | 정답률 82%

문제 보기

수열 $\{a_n\}$의 첫째항부터 제n항까지의 합 S_n이 $S_n=n^2$일 때, a_{50}의 값을 구하시오. [3점] $\underset{\text{이용하여 } a_n \text{을 구한다.}}{n\geq 2일 \text{ 때, } a_n=S_n-S_{n-1}임을}$

Step 1 a_n 구하기

$S_n=n^2$에서 $n\geq 2$일 때,

$a_n=S_n-S_{n-1}$
$\quad=n^2-(n-1)^2$
$\quad=2n-1$

Step 2 a_{50}의 값 구하기

$\therefore a_{50}=2\times 50-1=99$

다른 풀이 $a_{50}=S_{50}-S_{49}$임을 이용하기

$a_{50}=S_{50}-S_{49}=50^2-49^2$
$\quad=(50+49)(50-49)=99$

27 수열의 합과 일반항 사이의 관계 정답 18 | 정답률 84%

문제 보기

수열 $\{a_n\}$의 첫째항부터 제n항까지의 합 S_n이 $S_n=3^n-1$일 때, a_3의 값을 구하시오. [3점] $\underset{\text{이용하여 } a_n \text{을 구한다.}}{n\geq 2일 \text{ 때, } a_n=S_n-S_{n-1}임을}$

Step 1 a_n 구하기

$S_n=3^n-1$에서 $n\geq 2$일 때,

$a_n=S_n-S_{n-1}$
$\quad=(3^n-1)-(3^{n-1}-1)$
$\quad=2\times 3^{n-1}$

Step 2 a_3의 값 구하기

$\therefore a_3=2\times 3^2=18$

다른 풀이 $a_3=S_3-S_2$임을 이용하기

$a_3=S_3-S_2=(3^3-1)-(3^2-1)$
$\quad=26-8=18$

28 수열의 합과 일반항 사이의 관계 정답 ② | 정답률 89%

문제 보기

수열 $\{a_n\}$의 첫째항부터 제n항까지의 합 S_n이 $S_n=n+2^n$일 때, a_6의 값은? [3점] $\underset{\text{이용하여 } a_n \text{을 구한다.}}{n\geq 2일 \text{ 때, } a_n=S_n-S_{n-1}임을}$

① 31 ② 33 ③ 35 ④ 37 ⑤ 39

Step 1 a_n 구하기

$S_n=n+2^n$에서 $n\geq 2$일 때,

$a_n=S_n-S_{n-1}$
$\quad=(n+2^n)-\{(n-1)+2^{n-1}\}$
$\quad=2^{n-1}+1$

Step 2 a_6의 값 구하기

$\therefore a_6=2^5+1=33$

다른 풀이 $a_6=S_6-S_5$임을 이용하기

$a_6=S_6-S_5=(6+2^6)-(5+2^5)$
$\quad=70-37=33$

29 수열의 합과 일반항 사이의 관계 정답 ④ | 정답률 89%

문제 보기

수열 $\{a_n\}$의 첫째항부터 제n항까지의 합 S_n이 $S_n=2n^2+n$일 때, $a_3+a_4+a_5$의 값은? [3점] $\underset{\text{임을 이용하여 } a_n \text{을 구한다.}}{n\geq 2일 \text{ 때, } a_n=S_n-S_{n-1}}$

① 30 ② 35 ③ 40 ④ 45 ⑤ 50

Step 1 a_n 구하기

$S_n=2n^2+n$에서 $n\geq 2$일 때,

$a_n=S_n-S_{n-1}$
$\quad=(2n^2+n)-\{2(n-1)^2+(n-1)\}$
$\quad=4n-1$

Step 2 $a_3+a_4+a_5$의 값 구하기

$\therefore a_3+a_4+a_5=(4\times 3-1)+(4\times 4-1)+(4\times 5-1)$
$\qquad\qquad=11+15+19=45$

다른 풀이 $a_3+a_4+a_5=S_5-S_2$임을 이용하기

$a_3+a_4+a_5=S_5-S_2=(2\times 5^2+5)-(2\times 2^2+2)$
$\qquad\qquad=55-10=45$

30 수열의 합과 일반항 사이의 관계　정답 ② | 정답률 81%

문제 보기

공차가 d인 등차수열 $\{a_n\}$의 첫째항부터 제n항까지의 합이 n^2-5n일 때, a_1+d의 값은? [3점]
$\quad\longmapsto n\geq2$일 때, $a_n=S_n-S_{n-1}$임을 이용하여 a_n을 구한다.
$\quad\longmapsto a_1+d=a_2$임을 이용한다.

① -4　　② -2　　③ 0　　④ 2　　⑤ 4

Step 1 a_n 구하기

등차수열 $\{a_n\}$의 첫째항부터 제n항까지의 합을 S_n이라 하면 $S_n=n^2-5n$에서 $n\geq2$일 때,

$a_n=S_n-S_{n-1}$
$\quad=n^2-5n-\{(n-1)^2-5(n-1)\}$
$\quad=2n-6$

Step 2 a_1+d의 값 구하기

$\therefore a_1+d=a_2=2\times2-6=-2$

다른 풀이 $a_2=S_2-S_1$임을 이용하기

등차수열 $\{a_n\}$의 첫째항부터 제n항까지의 합을 S_n이라 하면
$a_1+d=a_2=S_2-S_1=(2^2-5\times2)-(1^2-5\times1)$
$\qquad\quad=-6-(-4)=-2$

31 수열의 합과 일반항 사이의 관계　정답 11 | 정답률 93%

문제 보기

수열 $\{a_n\}$의 첫째항부터 제n항까지의 합을 S_n이라 하자.
$\qquad S_n=n^2+n+1 \longmapsto$ 수열의 합과 일반항 사이의 관계를 이용하여 a_n을 구한다.
일 때, a_1+a_4의 값을 구하시오. [3점]

Step 1 a_n 구하기

$S_n=n^2+n+1$에서
(i) $n=1$일 때, $a_1=S_1=3$　　……㉠
(ii) $n\geq2$일 때,
$\quad a_n=S_n-S_{n-1}$
$\qquad=(n^2+n+1)-\{(n-1)^2+(n-1)+1\}$
$\qquad=2n$　　……㉡
이때 ㉠은 ㉡에 $n=1$을 대입한 값과 같지 않으므로
$a_1=3,\ a_n=2n\ (n\geq2)$

Step 2 a_1+a_4의 값 구하기

$\therefore a_1+a_4=3+2\times4=11$

다른 풀이 $a_4=S_4-S_3$임을 이용하기

$a_1=S_1=3$
$a_4=S_4-S_3=(4^2+4+1)-(3^2+3+1)$
$\quad=21-13=8$
$\therefore a_1+a_4=3+8=11$

문제 보기

이차함수 $f(x)=-\dfrac{1}{2}x^2+3x$의 그래프는 그림과 같다.

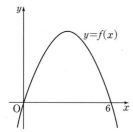

수열 $\{a_n\}$의 첫째항부터 제n항까지의 합을 S_n이라 할 때, $S_n=2f(n)$
이다. a_6의 값은? [3점]
　　　　　　　　　　　　　　　└ S_n을 구한다.

① -9　　② -7　　③ -5　　④ -3　　⑤ -1

Step 1 S_n **구하기**

$S_n=2f(n)$에서

$S_n=2\times\left(-\dfrac{1}{2}n^2+3n\right)=-n^2+6n$

Step 2 a_n **구하기**

$S_n=-n^2+6n$에서 $n\ge2$일 때,

$a_n=S_n-S_{n-1}$
　　$=(-n^2+6n)-\{-(n-1)^2+6(n-1)\}$
　　$=-2n+7$

Step 3 a_6**의 값 구하기**

$\therefore a_6=-2\times6+7=-5$

다른 풀이　$a_6=S_6-S_5$임을 이용하기

$S_n=2f(n)$에서

$S_n=2\times\left(-\dfrac{1}{2}n^2+3n\right)=-n^2+6n$

$\therefore a_6=S_6-S_5=(-6^2+6\times6)-(-5^2+6\times5)$
　　　$=0-5=-5$

문제 보기

수열 $\{a_n\}$의 첫째항부터 제n항까지의 합을 S_n이라 할 때,
$S_n=2n^2-3n$이다. $a_n>100$을 만족시키는 자연수 n의 최솟값은?
　└ a_n을 구한다.　　　　└ a_n을 대입하여 n의 값의 범위를 구한다.　[3점]

① 25　　② 27　　③ 29　　④ 31　　⑤ 33

Step 1 a_n **구하기**

$S_n=2n^2-3n$에서

(i) $n=1$일 때, $a_1=S_1=-1$　　……… ㉠

(ii) $n\ge2$일 때,
　$a_n=S_n-S_{n-1}$
　　$=(2n^2-3n)-\{2(n-1)^2-3(n-1)\}$
　　$=4n-5$　　　　　……… ㉡

이때 ㉠은 ㉡에 $n=1$을 대입한 값과 같으므로
$a_n=4n-5$

Step 2 **자연수** n**의 최솟값 구하기**

$a_n>100$에서 $4n-5>100$

$4n>105$　　$\therefore n>\dfrac{105}{4}=26.25$

따라서 자연수 n의 최솟값은 27이다.

문제 보기

수열 $\{a_n\}$의 첫째항부터 제n항까지의 합 S_n이 $S_n=n^2-10n$일 때, $a_n<0$을 만족시키는 자연수 n의 개수는? [3점]
└ a_n을 구한다.
└ a_n을 대입하여 n의 값의 범위를 구한다.

① 5　　　② 6　　　③ 7　　　④ 8　　　⑤ 9

Step 1 a_n 구하기

$S_n=n^2-10n$에서

(i) $n=1$일 때, $a_1=S_1=-9$ 　······ ㉠

(ii) $n\geq2$일 때,

$\begin{aligned} a_n&=S_n-S_{n-1}\\ &=(n^2-10n)-\{(n-1)^2-10(n-1)\}\\ &=2n-11 \qquad\qquad ······ ㉡ \end{aligned}$

이때 ㉠은 ㉡에 $n=1$을 대입한 값과 같으므로

$a_n=2n-11$

Step 2 자연수 n의 개수 구하기

$a_n<0$에서 $2n-11<0$

$2n<11$ 　∴ $n<\dfrac{11}{2}=5.5$

따라서 자연수 n은 1, 2, 3, 4, 5의 5개이다.

문제 보기

수열 $\{a_n\}$의 첫째항부터 제n항까지의 합을 S_n이라 하자. 두 자연수 p, q에 대하여 $S_n=pn^2-36n+q$일 때, S_n이 다음 조건을 만족시키도록
└ a_n을 구한다.
하는 p의 최솟값을 p_1이라 하자.

임의의 두 자연수 i, j에 대하여 $i\neq j$이면 $S_i\neq S_j$이다.
└ i, j에 대한 식을 세운다.

$p=p_1$일 때, $|a_k|<a_1$을 만족시키는 자연수 k의 개수가 3이 되도록 하는 모든 q의 값의 합은? [4점]

① 372　　　② 377　　　③ 382　　　④ 387　　　⑤ 392

Step 1 p_1의 값 구하기

임의의 두 자연수 i, j에 대하여 $i\neq j$이면 $S_i\neq S_j$이므로

$S_i-S_j\neq0$

$pi^2-36i+q-(pj^2-36j+q)\neq0$

$p(i^2-j^2)-36(i-j)\neq0$

$(i-j)(pi+pj-36)\neq0$

이때 $i\neq j$에서 $i-j\neq0$이므로

$pi+pj-36\neq0$

∴ $i+j\neq\dfrac{36}{p}$

이때 i, j는 자연수이므로 p는 36의 약수가 아니다.

따라서 p의 최솟값은 5이므로

$p_1=5$

Step 2 q의 값의 합 구하기

$p=5$일 때, $S_n=5n^2-36n+q$

(i) $n=1$일 때, $a_1=S_1=q-31$

(ii) $n\geq2$일 때,

$\begin{aligned} a_n&=S_n-S_{n-1}\\ &=(5n^2-36n+q)-\{5(n-1)^2-36(n-1)+q\}\\ &=10n-41 \end{aligned}$

(i), (ii)에서

$a_1=q-31$, $a_2=-21$, $a_3=-11$, $a_4=-1$, $a_5=9$, $a_6=19$, $a_7=29$, $\cdots$

즉, $|a_2|=21$, $|a_3|=11$, $|a_4|=1$, $|a_5|=9$, $|a_6|=19$, $|a_7|=29$, $\cdots$

이므로 $|a_k|<a_1$을 만족시키는 자연수 k의 개수가 3이 되려면 k의 값은 3, 4, 5이어야 한다.

따라서 $11<a_1\leq19$이므로

$11<q-31\leq19$ 　∴ $42<q\leq50$

따라서 조건을 만족시키는 자연수 q의 값은 43, 44, 45, $\cdots$, 50이므로 그 합은

$\dfrac{8(43+50)}{2}=372$

19 일차

01 ①	**02** ⑤	**03** 29	**04** ②	**05** 34	**06** 12	**07** 113	**08** 96	**09** ③	**10** ①	**11** ⑤	**12** ④
13 24	**14** ②	**15** ③	**16** 13	**17** 22	**18** 65	**19** 9	**20** 9	**21** 110	**22** ⑤	**23** 14	**24** 37
25 12	**26** ①	**27** 3	**28** 55	**29** 85	**30** 2	**31** ④	**32** ⑤	**33** 109	**34** 150	**35** ⑤	**36** 91
37 ⑤	**38** 427	**39** ④	**40** ③	**41** ②	**42** ④	**43** ②	**44** ⑤	**45** ⑤	**46** ④	**47** 315	**48** 184
49 120											

문제편 273쪽~287쪽

01 ∑의 뜻 정답 ① | 정답률 87%

문제 보기

수열 $\{a_n\}$이

$$\sum_{k=1}^{7} a_k = \sum_{k=1}^{6}(a_k+1) \longrightarrow \sum \text{ 기호를 사용하지 않은 식으로 나타낸다.}$$

을 만족시킬 때, a_7의 값은? [3점]

① 6 ② 7 ③ 8 ④ 9 ⑤ 10

Step 1 a_7의 값 구하기

$\sum_{k=1}^{7} a_k = \sum_{k=1}^{6}(a_k+1)$에서

$a_1+a_2+a_3+\cdots+a_7 = (a_1+1)+(a_2+1)+(a_3+1)+\cdots+(a_6+1)$

$\therefore a_7 = 6$

다른 풀이 ∑의 성질 이용하기

$\sum_{k=1}^{6}(a_k+1) = \sum_{k=1}^{6} a_k + \sum_{k=1}^{6} 1 = \sum_{k=1}^{6} a_k + 1 \times 6$

$\sum_{k=1}^{7} a_k = \sum_{k=1}^{6}(a_k+1)$에서

$\sum_{k=1}^{7} a_k = \sum_{k=1}^{6} a_k + 6$

$\sum_{k=1}^{7} a_k - \sum_{k=1}^{6} a_k = 6$

$\therefore a_7 = 6$ $\longrightarrow \sum_{k=1}^{7} a_k - \sum_{k=1}^{6} a_k = (a_1+a_2+a_3+\cdots+a_7)-(a_1+a_2+a_3+\cdots+a_6)=a_7$

02 ∑의 뜻 정답 ⑤ | 정답률 83%

문제 보기

등식 $\sum_{k=1}^{5} \dfrac{1}{k} = a + \sum_{k=1}^{5} \dfrac{1}{k+1}$ 을 만족시키는 a의 값은? [3점]

$\longrightarrow \sum$ 기호를 사용하지 않은 식으로 나타낸다.

① $\dfrac{1}{6}$ ② $\dfrac{1}{3}$ ③ $\dfrac{1}{2}$ ④ $\dfrac{2}{3}$ ⑤ $\dfrac{5}{6}$

Step 1 a의 값 구하기

$\sum_{k=1}^{5} \dfrac{1}{k} = a + \sum_{k=1}^{5} \dfrac{1}{k+1}$에서

$1 + \dfrac{1}{2} + \dfrac{1}{3} + \dfrac{1}{4} + \dfrac{1}{5} = a + \left(\dfrac{1}{2} + \dfrac{1}{3} + \dfrac{1}{4} + \dfrac{1}{5} + \dfrac{1}{6}\right)$

$1 = a + \dfrac{1}{6}$

$\therefore a = \dfrac{5}{6}$

03 ∑의 뜻 정답 29 | 정답률 87%

문제 보기

수열 $\{a_n\}$에 대하여

$$\sum_{k=1}^{10} ka_k = 36, \quad \sum_{k=1}^{9} ka_{k+1} = 7 \longrightarrow \sum \text{ 기호를 사용하지 않은 식으로 나타낸다.}$$

일 때, $\sum_{k=1}^{10} a_k$의 값을 구하시오. [3점]

Step 1 $\sum_{k=1}^{10} a_k$의 값 구하기

$\sum_{k=1}^{10} ka_k = 36$에서

$a_1 + 2a_2 + 3a_3 + \cdots + 10a_{10} = 36$ ...... ㉠

$\sum_{k=1}^{9} ka_{k+1} = 7$에서

$a_2 + 2a_3 + 3a_4 + \cdots + 9a_{10} = 7$ ...... ㉡

㉠ $-$ ㉡을 하면

$a_1 + a_2 + a_3 + \cdots + a_{10} = 29$

$\therefore \sum_{k=1}^{10} a_k = 29$

04 ∑의 뜻   정답 ② | 정답률 81%

문제 보기

수열 $\{a_n\}$은 $a_1=1$이고, 모든 자연수 n에 대하여

$$\sum_{k=1}^{n}(a_k-a_{k+1})=-n^2+n \longrightarrow a_{n+1}$을 구한다.$$

을 만족시킨다. a_{11}의 값은? [3점]

① 88   ② 91   ③ 94   ④ 97   ⑤ 100

Step 1 a_{n+1} **구하기**

$\sum_{k=1}^{n}(a_k-a_{k+1})=-n^2+n$에서

$(a_1-a_2)+(a_2-a_3)+(a_3-a_4)+\cdots+(a_n-a_{n+1})=-n^2+n$

$a_1-a_{n+1}=-n^2+n$

이때 $a_1=1$이므로

$1-a_{n+1}=-n^2+n$

$\therefore a_{n+1}=n^2-n+1$

Step 2 a_{11}**의 값 구하기**

$a_{n+1}=n^2-n+1$에 $n=10$을 대입하면

$a_{11}=10^2-10+1=91$

05 ∑의 뜻   정답 34 | 정답률 60% / 87%

문제 보기

수열 $\{a_n\}$은 $a_1=15$이고,

$$\sum_{k=1}^{n}(a_{k+1}-a_k)=2n+1 \ (n\geq1) \longrightarrow a_{n+1}$을 구한다.$$

을 만족시킨다. a_{10}의 값을 구하시오. [4점]

Step 1 a_{n+1} **구하기**

$\sum_{k=1}^{n}(a_{k+1}-a_k)=2n+1$에서

$(a_2-a_1)+(a_3-a_2)+(a_4-a_3)+\cdots+(a_{n+1}-a_n)=2n+1$

$a_{n+1}-a_1=2n+1$

이때 $a_1=15$이므로

$a_{n+1}-15=2n+1$

$\therefore a_{n+1}=2n+16$

Step 2 a_{10}**의 값 구하기**

$a_{n+1}=2n+16$에 $n=9$를 대입하면

$a_{10}=2\times9+16=34$

06 ∑의 뜻   정답 12 | 정답률 69%

문제 보기

수열 $\{a_n\}$에 대하여

$$\sum_{k=1}^{10}a_k-\sum_{k=1}^{7}\frac{a_k}{2}=56, \ \sum_{k=1}^{10}2a_k-\sum_{k=1}^{8}a_k=100 \longrightarrow \sum \text{ 기호를 사용하지 않은 식으로 나타낸다.}$$

일 때, a_8의 값을 구하시오. [3점]

Step 1 a_8**의 값 구하기**

$\sum_{k=1}^{10}a_k-\sum_{k=1}^{7}\frac{a_k}{2}=56$에서

$a_1+a_2+a_3+\cdots+a_{10}-\left(\dfrac{a_1}{2}+\dfrac{a_2}{2}+\dfrac{a_3}{2}+\cdots+\dfrac{a_7}{2}\right)=56$

$\therefore \dfrac{a_1}{2}+\dfrac{a_2}{2}+\dfrac{a_3}{2}+\cdots+\dfrac{a_7}{2}+a_8+a_9+a_{10}=56$ ······ ㉠

$\sum_{k=1}^{10}2a_k-\sum_{k=1}^{8}a_k=100$에서

$2a_1+2a_2+2a_3+\cdots+2a_{10}-(a_1+a_2+a_3+\cdots+a_8)=100$

$\therefore a_1+a_2+a_3+\cdots+a_8+2a_9+2a_{10}=100$ ······ ㉡

$2\times㉠-㉡$을 하면

$a_8=12$

다른 풀이   **∑의 성질 이용하기**

$\sum_{k=1}^{10}a_k-\sum_{k=1}^{7}\frac{a_k}{2}=56$에서

$\sum_{k=1}^{10}a_k-\dfrac{1}{2}\sum_{k=1}^{7}a_k=56$ ······ ㉠

$\sum_{k=1}^{10}2a_k-\sum_{k=1}^{8}a_k=100$에서

$2\sum_{k=1}^{10}a_k-\sum_{k=1}^{8}a_k=100$ ······ ㉡

$2\times㉠-㉡$을 하면

$-\sum_{k=1}^{7}a_k+\sum_{k=1}^{8}a_k=12$ $\therefore a_8=12$

$\qquad \sum_{k=1}^{8}a_k-\sum_{k=1}^{7}a_k=(a_1+a_2+a_3+\cdots+a_8)-(a_1+a_2+a_3+\cdots+a_7)=a_8$

문제 보기

수열 $\{a_n\}$에 대하여

$$\sum_{k=1}^{10} a_k + \sum_{k=1}^{9} a_k = 137, \ \sum_{k=1}^{10} a_k - \sum_{k=1}^{9} 2a_k = 101 \longrightarrow$$ ∑ 기호를 사용하지 않은 식으로 나타낸다.

일 때, a_{10}의 값을 구하시오. [3점]

Step 1 a_{10}의 값 구하기

$\sum_{k=1}^{10} a_k + \sum_{k=1}^{9} a_k = 137$에서

$a_1 + a_2 + a_3 + \cdots + a_{10} + (a_1 + a_2 + a_3 + \cdots + a_9) = 137$

$\therefore 2(a_1 + a_2 + a_3 + \cdots + a_9) + a_{10} = 137 \quad \cdots\cdots \ \bigcirc$

$\sum_{k=1}^{10} a_k - \sum_{k=1}^{9} 2a_k = 101$에서

$a_1 + a_2 + a_3 + \cdots + a_{10} - (2a_1 + 2a_2 + 2a_3 + \cdots + 2a_9) = 101$

$\therefore a_{10} - (a_1 + a_2 + a_3 + \cdots + a_9) = 101 \quad \cdots\cdots \ \bigcirc$

$\bigcirc + 2 \times \bigcirc$을 하면

$3a_{10} = 339 \qquad \therefore a_{10} = 113$

다른 풀이 ∑의 성질 이용하기

$\sum_{k=1}^{10} a_k + \sum_{k=1}^{9} a_k = 137 \quad \cdots\cdots \ \bigcirc$

$\sum_{k=1}^{10} a_k - \sum_{k=1}^{9} 2a_k = 101$에서

$\sum_{k=1}^{10} a_k - 2\sum_{k=1}^{9} a_k = 101 \quad \cdots\cdots \ \bigcirc$

$2 \times \bigcirc + \bigcirc$을 하면

$3\sum_{k=1}^{10} a_k = 375 \qquad \therefore \sum_{k=1}^{10} a_k = 125$

이를 $\bigcirc$에 대입하면

$125 + \sum_{k=1}^{9} a_k = 137 \qquad \therefore \sum_{k=1}^{9} a_k = 12$

$\therefore a_{10} = \sum_{k=1}^{10} a_k - \sum_{k=1}^{9} a_k = 125 - 12 = 113$

문제 보기

수열 $\{a_n\}$이 모든 자연수 n에 대하여

$$a_n + a_{n+4} = 12 \longrightarrow$$ n에 1, 2, 3, 4, 9, 10, 11, 12를 차례대로 대입한다.

를 만족시킬 때, $\sum_{n=1}^{16} a_n$의 값을 구하시오. [3점]

Step 1 $a_1 + a_2 + a_3 + \cdots + a_8$의 값 구하기

$a_n + a_{n+4} = 12$에 $n = 1, 2, 3, 4$를 차례대로 대입하면

$a_1 + a_5 = 12, \ a_2 + a_6 = 12, \ a_3 + a_7 = 12, \ a_4 + a_8 = 12$

$\therefore a_1 + a_2 + a_3 + \cdots + a_8 = 12 \times 4 = 48$

Step 2 $a_9 + a_{10} + a_{11} + \cdots + a_{16}$의 값 구하기

$a_n + a_{n+4} = 12$에 $n = 9, 10, 11, 12$를 차례대로 대입하면

$a_9 + a_{13} = 12, \ a_{10} + a_{14} = 12, \ a_{11} + a_{15} = 12, \ a_{12} + a_{16} = 12$

$\therefore a_9 + a_{10} + a_{11} + \cdots + a_{16} = 12 \times 4 = 48$

Step 3 $\sum_{n=1}^{16} a_n$의 값 구하기

$\therefore \sum_{n=1}^{16} a_n = a_1 + a_2 + a_3 + \cdots + a_{16}$

$\qquad = (a_1 + a_2 + a_3 + \cdots + a_8) + (a_9 + a_{10} + a_{11} + \cdots + a_{16})$

$\qquad = 48 + 48 = 96$

09 ∑의 뜻
정답 ③ | 정답률 65%

문제 보기

수열 $\{a_n\}$이 다음 조건을 만족시킨다.

> (가) $1 \le n \le 4$인 모든 자연수 n에 대하여 $a_n + a_{n+4} = 15$이다.
> └─ n에 1, 2, 3, 4를 차례로 대입하여 $a_1 + a_2 + \cdots + a_8$의 값을 구한다.
> (나) $n \ge 5$인 모든 자연수 n에 대하여 $a_{n+1} - a_n = n$이다.
> └─ $a_{n+1} = a_n + n$임을 이용하여 a_6, a_7, a_8을 a_5로 나타낸다.

$\displaystyle\sum_{n=1}^{4} a_n = 6$일 때, a_5의 값은? [4점]
└─ $a_1 + a_2 + a_3 + a_4 = 6$

① 1   ② 3   ③ 5   ④ 7   ⑤ 9

Step 1 $a_1 + a_2 + a_3 + \cdots + a_8$을 a_5에 대한 식으로 나타내기

조건 (가)에서 $a_1 + a_5 = 15$, $a_2 + a_6 = 15$, $a_3 + a_7 = 15$, $a_4 + a_8 = 15$이므로

$a_1 + a_2 + a_3 + a_4 + a_5 + a_6 + a_7 + a_8 = 15 \times 4 = 60$ ······ ㉠

$\displaystyle\sum_{n=1}^{4} a_n = 6$이므로

$a_1 + a_2 + a_3 + a_4 = 6$

조건 (나)에서 $n \ge 5$일 때, $a_{n+1} = a_n + n$이므로

$a_6 = a_5 + 5$

$a_7 = a_6 + 6 = (a_5 + 5) + 6 = a_5 + 11$

$a_8 = a_7 + 7 = (a_5 + 11) + 7 = a_5 + 18$

$\therefore a_1 + a_2 + a_3 + a_4 + a_5 + a_6 + a_7 + a_8$
$\quad = 6 + a_5 + (a_5 + 5) + (a_5 + 11) + (a_5 + 18)$
$\quad = 4a_5 + 40$ ······ ㉡

Step 2 a_5의 값 구하기

㉠, ㉡에서 $60 = 4a_5 + 40$이므로

$4a_5 = 20$ $\therefore a_5 = 5$

---

10 ∑의 뜻
정답 ① | 정답률 43%

문제 보기

수열 $\{a_n\}$의 첫째항부터 제n항까지의 합 S_n이 다음 조건을 만족시킨다.

> (가) S_n은 n에 대한 이차식이다. ─┐
> (나) $S_{10} = S_{50} = 10$ ├─ $S_n = a(n-30)^2 + 410$
> (다) S_n은 $n = 30$에서 최댓값 410을 갖는다. ─┘ $(a < 0)$으로 놓는다.

50보다 작은 자연수 m에 대하여 $S_m > S_{50}$을 만족시키는 m의 최솟값
└─ (나)를 이용하여 m의 값의 범위를 구한다.

을 p, 최댓값을 q라 할 때, $\displaystyle\sum_{k=p}^{q} a_k$의 값은? [4점]

① 39   ② 40   ③ 41   ④ 42   ⑤ 43

Step 1 S_n 구하기

조건 (가), (다)에서 S_n은 n에 대한 이차식이고 $n = 30$에서 최댓값 410을 가

지므로 $S_n = a(n-30)^2 + 410 (a < 0)$이라 하자.

이때 $S_{10} = 10$이므로 └─ $x = p$에서 최댓값 q를 갖는 이차함수는
                            $y = a(x-p)^2 + q (a < 0)$ 꼴이야.

$10 = a(10-30)^2 + 410$

$400a = -400$ $\therefore a = -1$

$\therefore S_n = -(n-30)^2 + 410$

Step 2 p, q의 값 구하기

S_n을 이차함수의 그래프로 나타내면 오
른쪽 그림과 같고, 조건 (나)에서
$S_{10} = S_{50} = 10$이므로 $S_m > S_{50}$을 만족시
키는 자연수 m의 값의 범위는
$10 < m < 50$
따라서 m의 최솟값은 11, 최댓값은 49
이므로
$p = 11$, $q = 49$

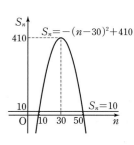

Step 3 $\displaystyle\sum_{k=p}^{q} a_k$의 값 구하기

$\displaystyle\therefore \sum_{k=p}^{q} a_k = \sum_{k=11}^{49} a_k$ → $(a_1 + a_2 + a_3 + \cdots + a_{49}) - (a_1 + a_2 + a_3 + \cdots + a_{10})$

$\displaystyle\qquad = S_{49} - S_{10}$ $\displaystyle = \sum_{k=1}^{49} a_k - \sum_{k=1}^{10} a_k = S_{49} - S_{10}$

$\qquad = \{-(49-30)^2 + 410\} - 10$

$\qquad = 39$

문제 보기

두 수열 $\{a_n\}$, $\{b_n\}$에 대하여

$$\sum_{k=1}^{5} a_k = 8, \quad \sum_{k=1}^{5} b_k = 9 \longrightarrow *$$

일 때, $\sum_{k=1}^{5} (2a_k - b_k + 4)$의 값은? [3점]

└→ *을 이용할 수 있도록 ∑의 성질을 이용하여 식을 변형한다.

① 19   ② 21   ③ 23   ④ 25   ⑤ 27

Step 1 $\sum_{k=1}^{5} (2a_k - b_k + 4)$의 값 구하기

$\sum_{k=1}^{5} a_k = 8$, $\sum_{k=1}^{5} b_k = 9$이므로

$$\sum_{k=1}^{5} (2a_k - b_k + 4) = 2\sum_{k=1}^{5} a_k - \sum_{k=1}^{5} b_k + \sum_{k=1}^{5} 4$$
$$= 2 \times 8 - 9 + 4 \times 5 = 27$$

문제 보기

수열 $\{a_n\}$에 대하여

$$\sum_{k=1}^{10} a_k = 3, \quad \sum_{k=1}^{10} a_k^2 = 7 \longrightarrow *$$

일 때, $\sum_{k=1}^{10} (2a_k^2 - a_k)$의 값은? [3점]

└→ *을 이용할 수 있도록 ∑의 성질을 이용하여 식을 변형한다.

① 8   ② 9   ③ 10   ④ 11   ⑤ 12

Step 1 $\sum_{k=1}^{10} (2a_k^2 - a_k)$의 값 구하기

$\sum_{k=1}^{10} a_k = 3$, $\sum_{k=1}^{10} a_k^2 = 7$이므로

$$\sum_{k=1}^{10} (2a_k^2 - a_k) = 2\sum_{k=1}^{10} a_k^2 - \sum_{k=1}^{10} a_k$$
$$= 2 \times 7 - 3 = 11$$

문제 보기

두 수열 $\{a_n\}$, $\{b_n\}$에 대하여

$$\sum_{k=1}^{10} (2a_k - b_k) = 34, \quad \sum_{k=1}^{10} a_k = 10 \longrightarrow *$$

일 때, $\sum_{k=1}^{10} (a_k - b_k)$의 값을 구하시오. [3점]

└→ *을 이용할 수 있도록 ∑의 성질을 이용하여 식을 변형한다.

Step 1 $\sum_{k=1}^{10} (a_k - b_k)$의 값 구하기

$$\sum_{k=1}^{10} (a_k - b_k) = \sum_{k=1}^{10} \{(2a_k - b_k) - a_k\}$$
$$= \sum_{k=1}^{10} (2a_k - b_k) - \sum_{k=1}^{10} a_k$$
$$= 34 - 10 = 24$$

다른 풀이 $\sum b_k$의 값 구하기

$\sum_{k=1}^{10} (2a_k - b_k) = 34$에서 $2\sum_{k=1}^{10} a_k - \sum_{k=1}^{10} b_k = 34$

$\therefore \sum_{k=1}^{10} b_k = 2 \times 10 - 34 = -14$

$\therefore \sum_{k=1}^{10} (a_k - b_k) = \sum_{k=1}^{10} a_k - \sum_{k=1}^{10} b_k = 10 - (-14) = 24$

문제 보기

수열 $\{a_n\}$에 대하여 $\sum_{k=1}^{10} (2a_k + 3) = 60$일 때, $\sum_{k=1}^{10} a_k$의 값은? [3점]

└→ $\sum_{k=1}^{10} a_k$의 값을 구할 수 있도록 ∑의 성질을 이용하여 식을 변형한다.

① 10   ② 15   ③ 20   ④ 25   ⑤ 30

Step 1 $\sum_{k=1}^{10} a_k$의 값 구하기

$\sum_{k=1}^{10} (2a_k + 3) = 60$에서 $2\sum_{k=1}^{10} a_k + \sum_{k=1}^{10} 3 = 60$

$2\sum_{k=1}^{10} a_k + 3 \times 10 = 60$, $2\sum_{k=1}^{10} a_k = 30$

$\therefore \sum_{k=1}^{10} a_k = 15$

15 ∑의 성질   정답 ③ | 정답률 92%

문제 보기

수열 $\{a_n\}$에 대하여 $\sum\limits_{k=1}^{5}(a_k+1)=9$이고 $a_6=4$일 때, $\sum\limits_{k=1}^{6}a_k$의 값은?

$\sum\limits_{k=1}^{5}a_k$의 값을 구한다. $\sum\limits_{k=1}^{5}a_k$의 값을 이용한다.   [3점]

① 6   ② 7   ③ 8   ④ 9   ⑤ 10

Step 1 $\sum\limits_{k=1}^{5}a_k$의 값 구하기

$\sum\limits_{k=1}^{5}(a_k+1)=9$에서 $\sum\limits_{k=1}^{5}a_k+\sum\limits_{k=1}^{5}1=9$

$\sum\limits_{k=1}^{5}a_k+5=9$ $\therefore$ $\sum\limits_{k=1}^{5}a_k=9-5=4$

Step 2 $\sum\limits_{k=1}^{6}a_k$의 값 구하기

이때 $a_6=4$이므로

$\sum\limits_{k=1}^{6}a_k=\sum\limits_{k=1}^{5}a_k+a_6=4+4=8$

16 ∑의 성질   정답 13 | 정답률 77%

문제 보기

수열 $\{a_n\}$에 대하여 $\sum\limits_{k=1}^{5}a_k=10$일 때,

$\sum\limits_{k=1}^{5}ca_k=65+\sum\limits_{k=1}^{5}c$

*을 이용할 수 있도록 ∑의 성질을 이용하여 식을 변형한다.

를 만족시키는 상수 c의 값을 구하시오. [3점]

Step 1 c의 값 구하기

$\sum\limits_{k=1}^{5}ca_k=65+\sum\limits_{k=1}^{5}c$에서

$c\sum\limits_{k=1}^{5}a_k=65+\sum\limits_{k=1}^{5}c$

$10c=65+5c$, $5c=65$

$\therefore$ $c=13$

17 ∑의 성질   정답 22 | 정답률 77%

문제 보기

두 수열 $\{a_n\}$, $\{b_n\}$에 대하여

$\sum\limits_{k=1}^{5}(3a_k+5)=55$, $\sum\limits_{k=1}^{5}(a_k+b_k)=32$ → $\sum\limits_{k=1}^{5}a_k$의 값을 이용할 수 있도록 ∑의 성질을 이용하여 식을 변형한다.

$\sum\limits_{k=1}^{5}a_k$의 값을 구한다.

일 때, $\sum\limits_{k=1}^{5}b_k$의 값을 구하시오. [3점]

Step 1 $\sum\limits_{k=1}^{5}a_k$의 값 구하기

$\sum\limits_{k=1}^{5}(3a_k+5)=55$에서 $3\sum\limits_{k=1}^{5}a_k+\sum\limits_{k=1}^{5}5=55$

$3\sum\limits_{k=1}^{5}a_k+5\times5=55$

$\therefore$ $\sum\limits_{k=1}^{5}a_k=\dfrac{1}{3}\times(55-25)=10$

Step 2 $\sum\limits_{k=1}^{5}b_k$의 값 구하기

$\sum\limits_{k=1}^{5}(a_k+b_k)=32$에서 $\sum\limits_{k=1}^{5}a_k+\sum\limits_{k=1}^{5}b_k=32$

$\therefore$ $\sum\limits_{k=1}^{5}b_k=32-\sum\limits_{k=1}^{5}a_k=32-10=22$

18 ∑의 성질   정답 65 | 정답률 73%

문제 보기

두 수열 $\{a_n\}$, $\{b_n\}$에 대하여

$\sum\limits_{k=1}^{10}(2a_k+3)=40$, $\sum\limits_{k=1}^{10}(a_k-b_k)=-10$ → $\sum\limits_{k=1}^{10}a_k$의 값을 이용할 수 있도록 ∑의 성질을 이용하여 식을 변형한다.

$\sum\limits_{k=1}^{10}a_k$의 값을 구한다.

일 때, $\sum\limits_{k=1}^{10}(b_k+5)$의 값을 구하시오. [3점]

Step 1 $\sum\limits_{k=1}^{10}a_k$의 값 구하기

$\sum\limits_{k=1}^{10}(2a_k+3)=40$에서 $2\sum\limits_{k=1}^{10}a_k+\sum\limits_{k=1}^{10}3=40$

$2\sum\limits_{k=1}^{10}a_k+3\times10=40$

$\therefore$ $\sum\limits_{k=1}^{10}a_k=\dfrac{1}{2}\times(40-30)=5$

Step 2 $\sum\limits_{k=1}^{10}b_k$의 값 구하기

$\sum\limits_{k=1}^{10}(a_k-b_k)=-10$에서 $\sum\limits_{k=1}^{10}a_k-\sum\limits_{k=1}^{10}b_k=-10$

$\therefore$ $\sum\limits_{k=1}^{10}b_k=\sum\limits_{k=1}^{10}a_k+10=5+10=15$

Step 3 $\sum\limits_{k=1}^{10}(b_k+5)$의 값 구하기

$\therefore$ $\sum\limits_{k=1}^{10}(b_k+5)=\sum\limits_{k=1}^{10}b_k+\sum\limits_{k=1}^{10}5=15+5\times10=65$

19 ∑의 성질   정답 9 | 정답률 71%

문제 보기

두 수열 $\{a_n\}$, $\{b_n\}$에 대하여

$$\sum_{k=1}^{10}(a_k+2b_k)=45,\ \sum_{k=1}^{10}(a_k-b_k)=3 \longrightarrow \sum_{k=1}^{10}b_k\text{의 값을 구한다.}$$

일 때, $\displaystyle\sum_{k=1}^{10}\left(b_k-\frac{1}{2}\right)$의 값을 구하시오. [3점]

└─ $\displaystyle\sum_{k=1}^{10}b_k$의 값을 이용할 수 있도록 ∑의 성질을 이용하여 식을 변형한다.

Step 1 $\displaystyle\sum_{k=1}^{10}b_k$**의 값 구하기**

$\displaystyle\sum_{k=1}^{10}(a_k+2b_k)=45$에서

$\displaystyle\sum_{k=1}^{10}a_k+2\sum_{k=1}^{10}b_k=45$ ······ ㉠

$\displaystyle\sum_{k=1}^{10}(a_k-b_k)=3$에서

$\displaystyle\sum_{k=1}^{10}a_k-\sum_{k=1}^{10}b_k=3$ ······ ㉡

㉠−㉡을 하면

$3\displaystyle\sum_{k=1}^{10}b_k=42$ ∴ $\displaystyle\sum_{k=1}^{10}b_k=14$

Step 2 $\displaystyle\sum_{k=1}^{10}\left(b_k-\frac{1}{2}\right)$**의 값 구하기**

∴ $\displaystyle\sum_{k=1}^{10}\left(b_k-\frac{1}{2}\right)=\sum_{k=1}^{10}b_k-\sum_{k=1}^{10}\frac{1}{2}=14-\frac{1}{2}\times10=9$

20 ∑의 성질   정답 9 | 정답률 76%

문제 보기

두 수열 $\{a_n\}$, $\{b_n\}$에 대하여

$$\sum_{k=1}^{10}a_k=\sum_{k=1}^{10}(2b_k-1),\ \sum_{k=1}^{10}(3a_k+b_k)=33$$

└─ ∑의 성질을 이용하여 식을 변형한다.

일 때, $\displaystyle\sum_{k=1}^{10}b_k$의 값을 구하시오. [3점]

Step 1 $\displaystyle\sum_{k=1}^{10}b_k$**의 값 구하기**

$\displaystyle\sum_{k=1}^{10}a_k=\sum_{k=1}^{10}(2b_k-1)$에서

$\displaystyle\sum_{k=1}^{10}a_k=2\sum_{k=1}^{10}b_k-\sum_{k=1}^{10}1$

$\displaystyle\sum_{k=1}^{10}a_k=2\sum_{k=1}^{10}b_k-1\times10$

∴ $\displaystyle\sum_{k=1}^{10}a_k-2\sum_{k=1}^{10}b_k=-10$ ······ ㉠

$\displaystyle\sum_{k=1}^{10}(3a_k+b_k)=33$에서

$3\displaystyle\sum_{k=1}^{10}a_k+\sum_{k=1}^{10}b_k=33$ ······ ㉡

㉡−㉠×3을 하면

$7\displaystyle\sum_{k=1}^{10}b_k=63$ ∴ $\displaystyle\sum_{k=1}^{10}b_k=9$

21 ∑의 성질   정답 110 | 정답률 79%

문제 보기

두 수열 $\{a_n\}$, $\{b_n\}$에 대하여

$$\sum_{k=1}^{10}(a_k-b_k+2)=50,\ \sum_{k=1}^{10}(a_k-2b_k)=-10 \longrightarrow \sum_{k=1}^{10}a_k,\ \sum_{k=1}^{10}b_k\text{의 값을 구한다.}$$

일 때, $\displaystyle\sum_{k=1}^{10}(a_k+b_k)$의 값을 구하시오. [3점]

Step 1 $\displaystyle\sum_{k=1}^{10}a_k,\ \sum_{k=1}^{10}b_k$**의 값 구하기**

$\displaystyle\sum_{k=1}^{10}(a_k-b_k+2)=50$에서

$\displaystyle\sum_{k=1}^{10}a_k-\sum_{k=1}^{10}b_k+\sum_{k=1}^{10}2=50$

$\displaystyle\sum_{k=1}^{10}a_k-\sum_{k=1}^{10}b_k+2\times10=50$

∴ $\displaystyle\sum_{k=1}^{10}a_k-\sum_{k=1}^{10}b_k=30$ ······ ㉠

$\displaystyle\sum_{k=1}^{10}(a_k-2b_k)=-10$에서

$\displaystyle\sum_{k=1}^{10}a_k-2\sum_{k=1}^{10}b_k=-10$ ······ ㉡

㉠−㉡을 하면

$\displaystyle\sum_{k=1}^{10}b_k=40$

이를 ㉠에 대입하면

$\displaystyle\sum_{k=1}^{10}a_k-40=30$ ∴ $\displaystyle\sum_{k=1}^{10}a_k=70$

Step 2 $\displaystyle\sum_{k=1}^{10}(a_k+b_k)$**의 값 구하기**

∴ $\displaystyle\sum_{k=1}^{10}(a_k+b_k)=\sum_{k=1}^{10}a_k+\sum_{k=1}^{10}b_k$

$=70+40=110$

22 ∑의 성질   정답 ⑤ | 정답률 90%

문제 보기

수열 $\{a_n\}$에 대하여 $\sum\limits_{k=1}^{10} a_k = 4$, $\boxed{\sum\limits_{k=1}^{10}(a_k+2)^2=67}$일 때, $\sum\limits_{k=1}^{10}(a_k)^2$의 값은? [3점]

⌞ $\sum\limits_{k=1}^{10}(a_k)^2$, $\sum\limits_{k=1}^{10} a_k$를 이용한 식으로 변형한다.

① 7   ② 8   ③ 9   ④ 10   ⑤ 11

Step 1 $\sum\limits_{k=1}^{10}(a_k)^2$의 값 구하기

$\sum\limits_{k=1}^{10}(a_k+2)^2=67$에서 $\sum\limits_{k=1}^{10}\{(a_k)^2+4a_k+4\}=67$

$\sum\limits_{k=1}^{10}(a_k)^2+4\sum\limits_{k=1}^{10} a_k+\sum\limits_{k=1}^{10} 4=67$

$\sum\limits_{k=1}^{10}(a_k)^2+4\times 4+4\times 10=67$ $\sum\limits_{k=1}^{10}(a_k)^2\neq\left(\sum\limits_{k=1}^{10} a_k\right)^2$이므로 주의해.

$\therefore \sum\limits_{k=1}^{10}(a_k)^2=67-56=11$

23 ∑의 성질   정답 14 | 정답률 71%

문제 보기

수열 $\{a_n\}$에 대하여

$\boxed{\sum\limits_{k=1}^{10}(a_k+1)^2=28}$, $\boxed{\sum\limits_{k=1}^{10} a_k(a_k+1)=16}$ ⌞ $\sum\limits_{k=1}^{10}(a_k)^2$, $\sum\limits_{k=1}^{10} a_k$를 이용한 식으로 변형한다.

일 때, $\sum\limits_{k=1}^{10}(a_k)^2$의 값을 구하시오. [4점]

Step 1 $\sum\limits_{k=1}^{10}(a_k)^2$의 값 구하기

$\sum\limits_{k=1}^{10}(a_k+1)^2=28$에서 $\sum\limits_{k=1}^{10}\{(a_k)^2+2a_k+1\}=28$

$\sum\limits_{k=1}^{10}(a_k)^2+2\sum\limits_{k=1}^{10} a_k+\sum\limits_{k=1}^{10} 1=28$, $\sum\limits_{k=1}^{10}(a_k)^2+2\sum\limits_{k=1}^{10} a_k+1\times 10=28$

$\therefore \sum\limits_{k=1}^{10}(a_k)^2+2\sum\limits_{k=1}^{10} a_k=18$ ...... ㉠

$\sum\limits_{k=1}^{10} a_k(a_k+1)=16$에서 $\sum\limits_{k=1}^{10}\{(a_k)^2+a_k\}=16$

$\therefore \sum\limits_{k=1}^{10}(a_k)^2+\sum\limits_{k=1}^{10} a_k=16$ ...... ㉡

$2\times$㉡$-$㉠을 하면 $\sum\limits_{k=1}^{10}(a_k)^2=14$

다른 풀이 $\sum\limits_{k=1}^{10}(a_k)^2$을 변형하기

$\sum\limits_{k=1}^{10}(a_k)^2=\sum\limits_{k=1}^{10}\{2a_k(a_k+1)-(a_k+1)^2+1\}$

$\quad=2\sum\limits_{k=1}^{10} a_k(a_k+1)-\sum\limits_{k=1}^{10}(a_k+1)^2+\sum\limits_{k=1}^{10} 1$

$\quad=2\times 16-28+1\times 10=14$

24 ∑의 성질   정답 37 | 정답률 76%

문제 보기

수열 $\{a_n\}$에 대하여

$\boxed{\sum\limits_{k=1}^{15}(3a_k+2)=45}$, $\boxed{2\sum\limits_{k=1}^{15} a_k=42+\sum\limits_{k=1}^{14} a_k}$

⌞ $\sum\limits_{k=1}^{15} a_k$의 값을 구한다.   ⌞ $\sum\limits_{k=1}^{14} a_k$의 값을 구한다.

일 때, a_{15}의 값을 구하시오. [3점]

⌞ $a_{15}=\sum\limits_{k=1}^{15} a_k-\sum\limits_{k=1}^{14} a_k$

Step 1 $\sum\limits_{k=1}^{15} a_k$의 값 구하기

$\sum\limits_{k=1}^{15}(3a_k+2)=45$에서 $3\sum\limits_{k=1}^{15} a_k+\sum\limits_{k=1}^{15} 2=45$

$3\sum\limits_{k=1}^{15} a_k+15\times 2=45$, $3\sum\limits_{k=1}^{15} a_k=15$

$\therefore \sum\limits_{k=1}^{15} a_k=5$

Step 2 $\sum\limits_{k=1}^{14} a_k$의 값 구하기

$2\sum\limits_{k=1}^{15} a_k=42+\sum\limits_{k=1}^{14} a_k$에서 $2\times 5=42+\sum\limits_{k=1}^{14} a_k$

$\therefore \sum\limits_{k=1}^{14} a_k=-32$

Step 3 a_{15}의 값 구하기

$\therefore a_{15}=\sum\limits_{k=1}^{15} a_k-\sum\limits_{k=1}^{14} a_k=5-(-32)=37$

25 ∑의 성질   정답 12 | 정답률 78%

문제 보기

수열 $\{a_n\}$과 상수 c에 대하여

$\boxed{\sum\limits_{n=1}^{9} ca_n=16}$, $\boxed{\sum\limits_{n=1}^{9}(a_n+c)=24}$ → *

⌞ $\sum\limits_{n=1}^{9} a_n$의 값을 c를 사용한 식으로 나타낸 후 *에 대입한다.

일 때, $\sum\limits_{n=1}^{9} a_n$의 값을 구하시오. [3점]

Step 1 $\sum\limits_{n=1}^{9} a_n$의 값 구하기

$\sum\limits_{n=1}^{9} ca_n=16$에서

$c\sum\limits_{n=1}^{9} a_n=16$ $\therefore \sum\limits_{n=1}^{9} a_n=\dfrac{16}{c}$ ...... ㉠

$\sum\limits_{n=1}^{9}(a_n+c)=24$에서

$\sum\limits_{n=1}^{9} a_n+\sum\limits_{n=1}^{9} c=24$, $\sum\limits_{n=1}^{9} a_n+9c=24$

㉠을 대입하면 $\dfrac{16}{c}+9c=24$

$9c^2-24c+16=0$

$(3c-4)^2=0$ $\therefore c=\dfrac{4}{3}$

이를 ㉠에 대입하면 $\sum\limits_{n=1}^{9} a_n=12$

26 ∑의 성질
정답 ① | 정답률 87%

문제 보기

두 수열 $\{a_n\}$, $\{b_n\}$이 모든 자연수 n에 대하여 $a_n+b_n=10$을 만족시

킨다. $\sum\limits_{k=1}^{10}(a_k+2b_k)=160$일 때, $\sum\limits_{k=1}^{10}b_k$의 값은? [3점]

└→ *을 이용할 수 있도록 식을 변형한다.

① 60   ② 70   ③ 80   ④ 90   ⑤ 100

Step 1 ∑의 성질을 이용하여 식 변형하기

모든 자연수 n에 대하여 $a_n+b_n=10$을 만족시키므로

$a_k+b_k=10$

$\therefore \sum\limits_{k=1}^{10}(a_k+2b_k)=\sum\limits_{k=1}^{10}\{(a_k+b_k)+b_k\}$

$\qquad\qquad\qquad = \sum\limits_{k=1}^{10}(10+b_k)=\sum\limits_{k=1}^{10}10+\sum\limits_{k=1}^{10}b_k$

$\qquad\qquad\qquad = 10\times10+\sum\limits_{k=1}^{10}b_k$

Step 2 $\sum\limits_{k=1}^{10}b_k$의 값 구하기

즉, $100+\sum\limits_{k=1}^{10}b_k=160$이므로

$\sum\limits_{k=1}^{10}b_k=60$

27 자연수의 거듭제곱의 합
정답 3 | 정답률 81%

문제 보기

$\sum\limits_{k=1}^{10}(4k+a)=250$일 때, 상수 a의 값을 구하시오. [3점]

└→ a에 대한 식으로 나타낸다.

Step 1 $\sum\limits_{k=1}^{10}(4k+a)$를 a에 대한 식으로 나타내기

$\sum\limits_{k=1}^{10}(4k+a)=4\sum\limits_{k=1}^{10}k+\sum\limits_{k=1}^{10}a$

$\qquad\qquad\qquad =4\times\dfrac{10\times11}{2}+a\times10$

$\qquad\qquad\qquad =220+10a$

Step 2 a의 값 구하기

즉, $220+10a=250$이므로

$10a=30 \qquad \therefore a=3$

28 자연수의 거듭제곱의 합
정답 55 | 정답률 82%

문제 보기

$\sum\limits_{k=1}^{5}k^2$의 값을 구하시오. [3점]

└→ 자연수의 거듭제곱의 합의 공식을 이용한다.

Step 1 $\sum\limits_{k=1}^{5}k^2$의 값 구하기

$\sum\limits_{k=1}^{5}k^2=\dfrac{5\times6\times11}{6}=55$

29 자연수의 거듭제곱의 합
정답 85 | 정답률 76%

문제 보기

수열 $\{a_n\}$에 대하여 $\sum\limits_{k=1}^{10}a_k=30$일 때, $\sum\limits_{k=1}^{10}(k+a_k)$의 값을 구하시오.

└→ ∑의 성질을 이용하여   [3점]
     식을 변형한다.

Step 1 $\sum\limits_{k=1}^{10}(k+a_k)$의 값 구하기

$\sum\limits_{k=1}^{10}a_k=30$이므로

$\sum\limits_{k=1}^{10}(k+a_k)=\sum\limits_{k=1}^{10}k+\sum\limits_{k=1}^{10}a_k$

$\qquad\qquad\qquad =\dfrac{10\times11}{2}+30=85$

30 자연수의 거듭제곱의 합   정답 2 | 정답률 87%

문제 보기

$\displaystyle\sum_{k=1}^{9}(ak^2-10k)=120$일 때, 상수 a의 값을 구하시오. [3점]

└─→ a에 대한 식으로 나타낸다.

Step 1 $\displaystyle\sum_{k=1}^{9}(ak^2-10k)$를 a에 대한 식으로 나타내기

$\displaystyle\sum_{k=1}^{9}(ak^2-10k)=a\sum_{k=1}^{9}k^2-10\sum_{k=1}^{9}k$

$\displaystyle\qquad\qquad\qquad = a\times\frac{9\times10\times19}{6}-10\times\frac{9\times10}{2}$

$\displaystyle\qquad\qquad\qquad = 285a-450$

Step 2 a의 값 구하기

즉, $285a-450=120$이므로

$285a=570$ $\therefore a=2$

31 자연수의 거듭제곱의 합   정답 ④ | 정답률 89%

문제 보기

$\displaystyle\sum_{n=1}^{20}(-1)^n n^2$의 값은? [3점]

└─→ 자연수의 거듭제곱의 합을 이용할 수 있도록 식을 변형한다.

① 195   ② 200   ③ 205   ④ 210   ⑤ 215

Step 1 $\displaystyle\sum_{n=1}^{20}(-1)^n n^2$의 값 구하기

$\displaystyle\sum_{n=1}^{20}(-1)^n n^2=-1^2+2^2-3^2+4^2-\cdots-19^2+20^2$

$\displaystyle\qquad = (2^2+4^2+6^2+\cdots+20^2)-(1^2+3^2+5^2+\cdots+19^2)$

$\displaystyle\qquad = \sum_{n=1}^{10}(2n)^2-\sum_{n=1}^{10}(2n-1)^2$

$\displaystyle\qquad = \sum_{n=1}^{10}\{(2n)^2-(2n-1)^2\}$

$\displaystyle\qquad = \sum_{n=1}^{10}\{4n^2-(4n^2-4n+1)\}$

$\displaystyle\qquad = \sum_{n=1}^{10}(4n-1)$

$\displaystyle\qquad = 4\sum_{n=1}^{10}n-\sum_{n=1}^{10}1$

$\displaystyle\qquad = 4\times\frac{10\times11}{2}-1\times10=210$

다른 풀이 곱셈 공식 이용하기

$\displaystyle\sum_{n=1}^{20}(-1)^n n^2=(-1^2+2^2)+(-3^2+4^2)+\cdots+(-19^2+20^2)$

$\displaystyle\qquad = (-1+2)(1+2)+(-3+4)(3+4)$

$\displaystyle\qquad\qquad\qquad +\cdots+(-19+20)(19+20)$

$\displaystyle\qquad = 1+2+3+\cdots+20$

$\displaystyle\qquad = \sum_{n=1}^{20}n$

$\displaystyle\qquad = \frac{20\times21}{2}=210$

문제 보기

$\displaystyle\sum_{k=1}^{9}(k+1)^2-\sum_{k=1}^{10}(k-1)^2$의 값은? [3점]

$\lvdash$ $\displaystyle\sum_{k=1}^{9}(k-1)^2+(10-1)^2$으로 변형한다.

① 91　　② 93　　③ 95　　④ 97　　⑤ 99

Step 1 $\displaystyle\sum_{k=1}^{9}(k+1)^2-\sum_{k=1}^{10}(k-1)^2$의 값 구하기

$$\sum_{k=1}^{9}(k+1)^2-\sum_{k=1}^{10}(k-1)^2=\sum_{k=1}^{9}(k+1)^2-\left\{\sum_{k=1}^{9}(k-1)^2+(10-1)^2\right\}$$
$$=\sum_{k=1}^{9}(k+1)^2-\sum_{k=1}^{9}(k-1)^2-81$$
$$=\sum_{k=1}^{9}\{(k+1)^2-(k-1)^2\}-81$$
$$=\sum_{k=1}^{9}\{k^2+2k+1-(k^2-2k+1)\}-81$$
$$=\sum_{k=1}^{9}4k-81=4\sum_{k=1}^{9}k-81$$
$$=4\times\frac{9\times10}{2}-81=99$$

다른 풀이 　합의 꼴로 나타내기

$$\sum_{k=1}^{9}(k+1)^2-\sum_{k=1}^{10}(k-1)^2$$
$$=(2^2+3^2+4^2+\cdots+10^2)-(0^2+1^2+2^2+\cdots+9^2)$$
$$=10^2-1^2=99$$

문제 보기

$\displaystyle\sum_{k=1}^{6}(k+1)^2-\sum_{k=1}^{5}(k-1)^2$의 값을 구하시오. [3점]

$\lvdash$ $\displaystyle\sum_{k=1}^{5}(k+1)^2+(6+1)^2$으로 변형한다.

Step 1 $\displaystyle\sum_{k=1}^{6}(k+1)^2-\sum_{k=1}^{5}(k-1)^2$의 값 구하기

$$\sum_{k=1}^{6}(k+1)^2-\sum_{k=1}^{5}(k-1)^2=\sum_{k=1}^{5}(k+1)^2+(6+1)^2-\sum_{k=1}^{5}(k-1)^2$$
$$=\sum_{k=1}^{5}\{(k+1)^2-(k-1)^2\}+49$$
$$=\sum_{k=1}^{5}\{k^2+2k+1-(k^2-2k+1)\}+49$$
$$=\sum_{k=1}^{5}4k+49=4\sum_{k=1}^{5}k+49$$
$$=4\times\frac{5\times6}{2}+49=109$$

다른 풀이 　합의 꼴로 나타내기

$$\sum_{k=1}^{6}(k+1)^2-\sum_{k=1}^{5}(k-1)^2$$
$$=(2^2+3^2+4^2+5^2+6^2+7^2)-(0^2+1^2+2^2+3^2+4^2)$$
$$=5^2+6^2+7^2-1^2$$
$$=25+36+49-1=109$$

문제 보기

함수 $f(x)=\dfrac{1}{2}x+2$에 대하여 $\displaystyle\sum_{k=1}^{15}f(2k)$의 값을 구하시오. [3점]

$\lvdash$ $f(2k)$를 구한다.

Step 1 $f(2k)$ 구하기

$$f(2k)=\frac{1}{2}\times2k+2=k+2$$

Step 2 $\displaystyle\sum_{k=1}^{15}f(2k)$의 값 구하기

$$\therefore\sum_{k=1}^{15}f(2k)=\sum_{k=1}^{15}(k+2)$$
$$=\sum_{k=1}^{15}k+\sum_{k=1}^{15}2$$
$$=\frac{15\times16}{2}+2\times15=150$$

다른 풀이 　합의 꼴로 나타내기

$$\sum_{k=1}^{15}f(2k)=f(2)+f(4)+f(6)+\cdots+f(30)$$
$$=3+4+5+\cdots+17$$
$$=\sum_{k=1}^{17}k-(1+2)$$
$$=\frac{17\times18}{2}-3=150$$

문제 보기

수열 $\{a_n\}$의 일반항이

$$a_n=\begin{cases}\dfrac{(n+1)^2}{2} & (n\text{이 홀수인 경우})\\[2mm]\dfrac{n^2}{2}+n+1 & (n\text{이 짝수인 경우})\end{cases}$$

$\rightarrow$ 자연수 k에 대하여 $n=2k-1$, $n=2k$일 때로 나누어 a_n을 구한다. (*)

일 때, $\displaystyle\sum_{n=1}^{10}a_n$의 값은? [3점]

$\lvdash$ *을 이용할 수 있도록 식을 변형한다.

① 235　　② 240　　③ 245　　④ 250　　⑤ 255

Step 1 자연수 k에 대하여 $n=2k-1$, $n=2k$일 때, a_n 구하기

자연수 k에 대하여

$n=2k-1$일 때, $a_n=a_{2k-1}=\dfrac{\{(2k-1)+1\}^2}{2}=2k^2$

$n=2k$일 때, $a_n=a_{2k}=\dfrac{(2k)^2}{2}+2k+1=2k^2+2k+1$

Step 2 $\displaystyle\sum_{n=1}^{10}a_n$의 값 구하기

$$\therefore\sum_{n=1}^{10}a_n=\sum_{k=1}^{5}(a_{2k-1}+a_{2k})=\sum_{k=1}^{5}\{2k^2+(2k^2+2k+1)\}$$
$$=\sum_{k=1}^{5}(4k^2+2k+1)=4\sum_{k=1}^{5}k^2+2\sum_{k=1}^{5}k+\sum_{k=1}^{5}1$$
$$=4\times\frac{5\times6\times11}{6}+2\times\frac{5\times6}{2}+1\times5=255$$

36 자연수의 거듭제곱의 합의 활용   정답 91 | 정답률 65%

문제 보기

자연수 n에 대하여 다항식 $2x^2-3x+1$을 $x-n$으로 나누었을 때의 나머지를 a_n이라 할 때, $\sum\limits_{n=1}^{7}(a_n-n^2+n)$의 값을 구하시오. [3점]

└─ 나머지정리를 이용하여 a_n을 구한다.

Step 1 a_n **구하기**

다항식 $2x^2-3x+1$을 $x-n$으로 나누었을 때의 나머지는 나머지정리에 의하여

$a_n=2n^2-3n+1$

Step 2 $\sum\limits_{n=1}^{7}(a_n-n^2+n)$**의 값 구하기**

$\therefore \sum\limits_{n=1}^{7}(a_n-n^2+n)=\sum\limits_{n=1}^{7}\{(2n^2-3n+1)-n^2+n\}$

$\qquad\qquad\qquad\qquad =\sum\limits_{n=1}^{7}(n^2-2n+1)$

$\qquad\qquad\qquad\qquad =\sum\limits_{n=1}^{7}n^2-2\sum\limits_{n=1}^{7}n+\sum\limits_{n=1}^{7}1$

$\qquad\qquad\qquad\qquad =\dfrac{7\times8\times15}{6}-2\times\dfrac{7\times8}{2}+1\times7=91$

37 자연수의 거듭제곱의 합의 활용   정답 ⑤ | 정답률 83%

문제 보기

x에 대한 이차방정식 $nx^2-(2n^2-n)x-5=0$의 두 근의 합을 a_n (n은

└─ 이차방정식의 근과 계수의 관계를 이용하여 a_n을 구한다.

자연수)라 하자. $\sum\limits_{k=1}^{10}a_k$의 값은? [3점]

① 88   ② 91   ③ 94   ④ 97   ⑤ 100

Step 1 a_n **구하기**

이차방정식 $nx^2-(2n^2-n)x-5=0$에서 근과 계수의 관계에 의하여

$a_n=\dfrac{2n^2-n}{n}=2n-1$

Step 2 $\sum\limits_{k=1}^{10}a_k$**의 값 구하기**

$\therefore \sum\limits_{k=1}^{10}a_k=\sum\limits_{k=1}^{10}(2k-1)$

$\qquad\qquad =2\sum\limits_{k=1}^{10}k-\sum\limits_{k=1}^{10}1$

$\qquad\qquad =2\times\dfrac{10\times11}{2}-1\times10=100$

38 자연수의 거듭제곱의 합의 활용   정답 427 | 정답률 51%

문제 보기

n이 자연수일 때, x에 대한 이차방정식

$\qquad x^2-5nx+4n^2=0$ → 이차방정식을 풀어서 a_n, β_n을 구한다.

의 두 근을 a_n, β_n이라 하자.

$\sum\limits_{n=1}^{7}(1-a_n)(1-\beta_n)$의 값을 구하시오. [3점]

Step 1 a_n, β_n **구하기**

$x^2-5nx+4n^2=0$에서

$(x-n)(x-4n)=0$

$\therefore x=n$ 또는 $x=4n$

$\therefore a_n=n$, $\beta_n=4n$ 또는 $a_n=4n$, $\beta_n=n$

Step 2 $\sum\limits_{n=1}^{7}(1-a_n)(1-\beta_n)$**의 값 구하기**

$\therefore \sum\limits_{n=1}^{7}(1-a_n)(1-\beta_n)=\sum\limits_{n=1}^{7}(1-n)(1-4n)$

$\qquad\qquad\qquad\qquad\qquad =\sum\limits_{n=1}^{7}(1-5n+4n^2)$

$\qquad\qquad\qquad\qquad\qquad =\sum\limits_{n=1}^{7}1-5\sum\limits_{n=1}^{7}n+4\sum\limits_{n=1}^{7}n^2$

$\qquad\qquad\qquad\qquad\qquad =1\times7-5\times\dfrac{7\times8}{2}+4\times\dfrac{7\times8\times15}{6}$

$\qquad\qquad\qquad\qquad\qquad =427$

다른 풀이   이차방정식의 근과 계수의 관계 이용하기

이차방정식 $x^2-5nx+4n^2=0$에서 근과 계수의 관계에 의하여

$a_n+\beta_n=5n$, $a_n\beta_n=4n^2$

$\therefore \sum\limits_{n=1}^{7}(1-a_n)(1-\beta_n)=\sum\limits_{n=1}^{7}\{1-(a_n+\beta_n)+a_n\beta_n\}$

$\qquad\qquad\qquad\qquad\qquad =\sum\limits_{n=1}^{7}(1-5n+4n^2)$

$\qquad\qquad\qquad\qquad\qquad =\sum\limits_{n=1}^{7}1-5\sum\limits_{n=1}^{7}n+4\sum\limits_{n=1}^{7}n^2$

$\qquad\qquad\qquad\qquad\qquad =1\times7-5\times\dfrac{7\times8}{2}+4\times\dfrac{7\times8\times15}{6}$

$\qquad\qquad\qquad\qquad\qquad =427$

문제 보기

자연수 n에 대하여 $f(n)$이 다음과 같다.

$$f(n)=\begin{cases}\log_3 n & (n\text{이 홀수})\\ \log_2 n & (n\text{이 짝수})\end{cases}$$

수열 $\{a_n\}$이 $\underline{a_n=f(6^n)-f(3^n)}$일 때, $\displaystyle\sum_{n=1}^{15}a_n$의 값은? [3점]

　└→ 6^n, 3^n이 짝수인지 홀수인지 확인한 후 $f(n)$에 대입하여 a_n을 구한다.

① $120(\log_2 3-1)$　　② $105\log_3 2$　　③ $105\log_2 3$

④ $120\log_2 3$　　　　⑤ $120(\log_3 2+1)$

Step 1 a_n 구하기

자연수 n에 대하여 6^n은 짝수이고 3^n은 홀수이므로

$f(6^n)=\log_2 6^n=n\log_2 6=n(1+\log_2 3)$

$f(3^n)=\log_3 3^n=n$

$\therefore a_n=n(1+\log_2 3)-n=n\log_2 3$

Step 2 $\displaystyle\sum_{n=1}^{15}a_n$의 값 구하기

$\displaystyle \therefore \sum_{n=1}^{15}a_n=\sum_{n=1}^{15}n\log_2 3=\log_2 3\sum_{n=1}^{15}n$

$\displaystyle \qquad\qquad =\log_2 3\times\frac{15\times 16}{2}=120\log_2 3$

문제 보기

수열 $\{a_n\}$의 각 항이

　$a_1=1$

　$a_2=1+3$

　$a_3=1+3+5$

　　$\vdots$

　$\underline{a_n=1+3+5+\cdots+(2n-1)}$ → 등차수열의 합의 공식을 이용하여 a_n을 구한다.

　　$\vdots$

일 때, $\log_4(2^{a_1}\times 2^{a_2}\times 2^{a_3}\times\cdots\times 2^{a_{12}})$의 값은? [4점]

　└→ 지수법칙을 이용하여 식을 변형한다.

① 315　　② 320　　③ 325　　④ 330　　⑤ 335

Step 1 a_n 구하기

$a_n=1+3+5+\cdots+(2n-1)$은 첫째항이 1, 공차가 2인 등차수열의 첫째항부터 제n항까지의 합이므로

$\displaystyle a_n=\frac{n\{2+(n-1)\times 2\}}{2}=n^2$

Step 2 $\log_4(2^{a_1}\times 2^{a_2}\times 2^{a_3}\times\cdots\times 2^{a_{12}})$의 값 구하기

$\displaystyle \therefore \log_4(2^{a_1}\times 2^{a_2}\times 2^{a_3}\times\cdots\times 2^{a_{12}})=\log_{2^2}2^{a_1+a_2+\cdots+a_{12}}$

$\displaystyle \qquad\qquad =\frac{1}{2}(a_1+a_2+a_3+\cdots+a_{12})$

$\displaystyle \qquad\qquad =\frac{1}{2}\sum_{k=1}^{12}a_k=\frac{1}{2}\sum_{k=1}^{12}k^2$

$\displaystyle \qquad\qquad =\frac{1}{2}\times\frac{12\times 13\times 25}{6}=325$

문제 보기

자연수 n에 대하여

$$\left|\left(n+\frac{1}{2}\right)^2-m\right|<\frac{1}{2}$$

을 만족시키는 자연수 m을 a_n이라 하자. $\displaystyle\sum_{k=1}^{5}a_k$의 값은? [4점]

　└→ m, n이 자연수임을 이용하여 m을 n에 대한 식으로 나타낸다.

① 65　　② 70　　③ 75　　④ 80　　⑤ 85

Step 1 a_n 구하기

$\left|\left(n+\dfrac{1}{2}\right)^2-m\right|<\dfrac{1}{2}$에서

$-\dfrac{1}{2}<\left(n+\dfrac{1}{2}\right)^2-m<\dfrac{1}{2}$

$-\dfrac{1}{2}<n^2+n+\dfrac{1}{4}-m<\dfrac{1}{2}$

$\therefore -\dfrac{3}{4}<n^2+n-m<\dfrac{1}{4}$

이때 m, n은 자연수이므로 n^2+n-m은 정수이다.

즉, $n^2+n-m=0$이므로 $m=n^2+n$

$\therefore a_n=n^2+n$

Step 2 $\displaystyle\sum_{k=1}^{5}a_k$의 값 구하기

$\displaystyle \therefore \sum_{k=1}^{5}a_k=\sum_{k=1}^{5}(k^2+k)$

$\displaystyle \qquad\qquad =\sum_{k=1}^{5}k^2+\sum_{k=1}^{5}k$

$\displaystyle \qquad\qquad =\frac{5\times 6\times 11}{6}+\frac{5\times 6}{2}=70$

42 자연수의 거듭제곱의 합의 활용 정답 ③ | 정답률 60%

문제 보기

수열 $\{a_n\}$에 대하여 $\sum\limits_{n=1}^{20} a_n = p$라 할 때, 등식

$2a_n + n = p \ (n \geq 1)$ → $\sum\limits_{n=1}^{20}(2a_n+n) = \sum\limits_{n=1}^{20} p$를 이용하여 p의 값을 구한다.

가 성립한다. a_{10}의 값은? (단, p는 상수이다.) [4점]

① $\dfrac{2}{3}$ ② $\dfrac{3}{4}$ ③ $\dfrac{5}{6}$ ④ $\dfrac{11}{12}$ ⑤ 1

Step 1 p의 값 구하기

$2a_n + n = p$의 양변에 $\sum\limits_{n=1}^{20}$을 취하면

$\sum\limits_{n=1}^{20}(2a_n+n) = \sum\limits_{n=1}^{20} p$

$2\sum\limits_{n=1}^{20} a_n + \sum\limits_{n=1}^{20} n = \sum\limits_{n=1}^{20} p$

$2p + \dfrac{20 \times 21}{2} = 20p$

$18p = 210$ $\therefore p = \dfrac{35}{3}$

Step 2 a_{10}의 값 구하기

$2a_n + n = \dfrac{35}{3}$에 $n=10$을 대입하면

$2a_{10} + 10 = \dfrac{35}{3}$, $2a_{10} = \dfrac{5}{3}$

$\therefore a_{10} = \dfrac{5}{6}$

다른 풀이 주어진 n에 1, 2, 3, ···, 20을 차례대로 대입하기

$2a_n + n = p$에 $n=1, 2, 3, ···, 20$을 차례대로 대입하면

$2a_1 + 1 = p$

$2a_2 + 2 = p$

$\vdots$

$2a_{20} + 20 = p$

위의 식을 변끼리 더하면

$2(a_1 + a_2 + \cdots + a_{20}) + (1 + 2 + \cdots + 20) = 20p$

$2\sum\limits_{n=1}^{20} a_n + \sum\limits_{n=1}^{20} n = 20p$

$2p + \dfrac{20 \times 21}{2} = 20p$

$18p = 210$ $\therefore p = \dfrac{35}{3}$

따라서 $2a_{10} + 10 = \dfrac{35}{3}$이므로

$2a_{10} = \dfrac{5}{3}$ $\therefore a_{10} = \dfrac{5}{6}$

---

43 자연수의 거듭제곱의 합의 활용 정답 ② | 정답률 75%

문제 보기

수열 $\{a_n\}$은 등차수열이고, 수열 $\{b_n\}$은 모든 자연수 n에 대하여

$b_n = \sum\limits_{k=1}^{n}(-1)^{k+1} a_k$ → *을 이용하여 b_{2n-1}, b_{2n}을 구한다.

를 만족시킨다. $b_2 = -2$, $b_3 + b_7 = 0$일 때, 수열 $\{b_n\}$의 첫째항부터 제9항까지의 합은? [4점]

→ $\sum\limits_{n=1}^{9} b_n = \sum\limits_{n=1}^{5} b_{2n-1} + \sum\limits_{n=1}^{4} b_{2n}$

① -22 ② -20 ③ -18 ④ -16 ⑤ -14

Step 1 등차수열 $\{a_n\}$의 첫째항과 공차 구하기

등차수열 $\{a_n\}$의 공차를 d라 하면

$b_n = \sum\limits_{k=1}^{n}(-1)^{k+1} a_k$에서

$b_{2n-1} = \sum\limits_{k=1}^{2n-1}(-1)^{k+1} a_k$

$= a_1 + \{(-a_2) + a_3\} + \{(-a_4) + a_5\} + \cdots + \{(-a_{2n-2}) + a_{2n-1}\}$

$= a_1 + (n-1)d = a_n$ $\cdots\cdots$ ㉠

$b_{2n} = \sum\limits_{k=1}^{2n}(-1)^{k+1} a_k$

$= (a_1 - a_2) + (a_3 - a_4) + \cdots + (a_{2n-1} - a_{2n})$

$= n \times (-d) = -nd$ $\cdots\cdots$ ㉡

$b_2 = -2$이므로 ㉡에 $n=1$을 대입하면

$-2 = -d$ $\therefore d = 2$

㉠에서 $b_3 = a_2$, $b_7 = a_4$이므로

$b_3 + b_7 = 0$에서 $a_2 + a_4 = 0$

이때 a_3은 a_2, a_4의 등차중항이므로

$2a_3 = 0$ $\therefore a_3 = 0$

즉, $a_3 = a_1 + 2 \times 2 = 0$이므로

$a_1 = -4$

Step 2 수열 $\{b_n\}$의 첫째항부터 제9항까지의 합 구하기

따라서 $a_n = -4 + (n-1) \times 2 = 2n - 6$이므로

$b_{2n-1} = 2n - 6$

또 $b_{2n} = -2n$이므로

$\sum\limits_{n=1}^{9} b_n = \sum\limits_{n=1}^{5} b_{2n-1} + \sum\limits_{n=1}^{4} b_{2n}$

$= \sum\limits_{n=1}^{5}(2n-6) + \sum\limits_{n=1}^{4}(-2n)$

$= 2\sum\limits_{n=1}^{5} n - \sum\limits_{n=1}^{5} 6 - 2\sum\limits_{n=1}^{4} n$

$= 2 \times \dfrac{5 \times 6}{2} - 6 \times 5 - 2 \times \dfrac{4 \times 5}{2}$

$= 30 - 30 - 20$

$= -20$

44 자연수의 거듭제곱의 합의 활용 정답 ⑤ | 정답률 74%

수열 $\{a_n\}$이 모든 자연수 n에 대하여

$a_n + a_{n+1} = 2n$ ── 자연수 k에 대하여 $n=2k-1$, $n=2k$일 때로 나누어 생각한다.

을 만족시킬 때, $a_1 + a_{22}$의 값은? [4점]

└─ $a_1 + a_{22} = \displaystyle\sum_{n=1}^{22} a_n - \sum_{n=2}^{21} a_n$임을 이용한다.

① 18 ② 19 ③ 20 ④ 21 ⑤ 22

Step 1 $a_1 + a_{22}$의 값 구하기

자연수 k에 대하여

(i) $n=2k-1$일 때,

$a_{2k-1} + a_{2k} = 2(2k-1) = 4k-2$이므로

$\displaystyle\sum_{n=1}^{22} a_n = \sum_{k=1}^{11} (a_{2k-1} + a_{2k})$

$\qquad = \displaystyle\sum_{k=1}^{11} (4k-2)$

$\qquad = 4\displaystyle\sum_{k=1}^{11} k - \sum_{k=1}^{11} 2$

$\qquad = 4 \times \dfrac{11 \times 12}{2} - 2 \times 11 = 242$

(ii) $n=2k$일 때,

$a_{2k} + a_{2k+1} = 2 \times 2k = 4k$이므로

$\displaystyle\sum_{n=2}^{21} a_n = \sum_{k=1}^{10} (a_{2k} + a_{2k+1})$

$\qquad = \displaystyle\sum_{k=1}^{10} 4k$

$\qquad = 4\displaystyle\sum_{k=1}^{10} k$

$\qquad = 4 \times \dfrac{10 \times 11}{2} = 220$

(i), (ii)에서

$a_1 + a_{22} = \displaystyle\sum_{n=1}^{22} a_n - \sum_{n=2}^{21} a_n = 242 - 220 = 22$

---

45 자연수의 거듭제곱의 합의 활용 정답 ⑤ | 정답률 38%

4 이상의 자연수 n에 대하여 다음 조건을 만족시키는 n 이하의 네 자연수 a, b, c, d가 있다.

- $a > b$
- 좌표평면 위의 두 점 $A(a, b)$, $B(c, d)$와 원점 O에 대하여 삼각형 OAB는 $\angle A = \dfrac{\pi}{2}$인 직각이등변삼각형이다.

다음은 a, b, c, d의 모든 순서쌍 (a, b, c, d)의 개수를 T_n이라 할 때, $\displaystyle\sum_{n=4}^{20} T_n$의 값을 구하는 과정이다.

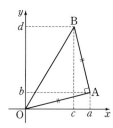

점 $A(a, b)$에 대하여 점 $B(c, d)$가 $\overline{OA} \perp \overline{AB}$, $\overline{OA} = \overline{AB}$를 만족시키려면 $c = a-b$, $d = a+b$이어야 한다.

이때, $a > b$이고 d가 n 이하의 자연수이므로 $b < \dfrac{n}{2}$이다.

$\dfrac{n}{2}$ 미만의 자연수 k에 대하여 $b=k$일 때, $a+b \le n$을 만족시키는 자연수 a의 개수는 $n-2k$이다.

2 이상의 자연수 m에 대하여

(i) $n = 2m$인 경우

b가 될 수 있는 자연수는 1부터 [(가)] 까지이므로

└─ $b < \dfrac{n}{2}$임을 이용한다.

$T_{2m} = \displaystyle\sum_{k=1}^{\;\;(가)} (2m-2k) = $ [(나)]   ── 자연수의 거듭제곱의 합을 이용하여 구한다.

(ii) $n = 2m+1$인 경우

$T_{2m+1} = $ [(다)]   ── $\sum$로 나타낸 후 자연수의 거듭제곱의 합을 이용하여 구한다.

(i), (ii)에 의해 $\displaystyle\sum_{n=4}^{20} T_n = 614$

위의 (가), (나), (다)에 알맞은 식을 각각 $f(m)$, $g(m)$, $h(m)$이라 할 때, $f(5) + g(6) + h(7)$의 값은? [4점]

① 71 ② 74 ③ 77 ④ 80 ⑤ 83

Step 1 (가), (나)에 알맞은 식 구하기

(i) $n = 2m$인 경우

$b < \dfrac{n}{2}$에서 $b < m$

따라서 b가 될 수 있는 자연수는 1부터 [(가) $m-1$] 까지이므로

$T_{2m} = \displaystyle\sum_{k=1}^{\;(가)\,m-1} (2m-2k)$

$\qquad = 2m\displaystyle\sum_{k=1}^{m-1} 1 - 2\sum_{k=1}^{m-1} k$

$\qquad = 2m \times 1 \times (m-1) - 2 \times \dfrac{(m-1)m}{2}$

$\qquad = $ [(나) $m^2 - m$]

Step 2 (다)에 알맞은 식 구하기

(ii) $n=2m+1$인 경우

$b<\dfrac{n}{2}$에서 $b<m+\dfrac{1}{2}$

따라서 b가 될 수 있는 자연수는 1부터 m까지이므로

$T_{2m+1}=\displaystyle\sum_{k=1}^{m}(2m+1-2k)$

$=2m\displaystyle\sum_{k=1}^{m}1+\sum_{k=1}^{m}1-2\sum_{k=1}^{m}k$

$=2m\times1\times m+1\times m-2\times\dfrac{m(m+1)}{2}$

$=\boxed{^{(\text{다})}m^2}$

Step 3 $f(5)+g(6)+h(7)$의 값 구하기

따라서 $f(m)=m-1$, $g(m)=m^2-m$, $h(m)=m^2$이므로
$f(5)+g(6)+h(7)=4+30+49=83$

---

46 ∑의 뜻   정답 ④ | 정답률 49%

문제 보기

수열 $\{a_n\}$의 일반항은

$$a_n=\log_2\sqrt{\dfrac{2(n+1)}{n+2}}$$

이다. $\displaystyle\sum_{k=1}^{m}a_k$의 값이 100 이하의 자연수가 되도록 하는 모든 자연수 m의

    └→ a_n을 대입하여 m에 대한 식으로 나타낸다.

값의 합은? [4점]

① 150   ② 154   ③ 158   ④ 162   ⑤ 166

Step 1 $\displaystyle\sum_{k=1}^{m}a_k$를 m에 대한 식으로 나타내기

$\displaystyle\sum_{k=1}^{m}a_k=\sum_{k=1}^{m}\log_2\sqrt{\dfrac{2(k+1)}{k+2}}=\dfrac{1}{2}\sum_{k=1}^{m}\log_2\dfrac{2(k+1)}{k+2}$

$=\dfrac{1}{2}\left\{\log_2\dfrac{2\times2}{3}+\log_2\dfrac{2\times3}{4}+\log_2\dfrac{2\times4}{5}+\cdots+\log_2\dfrac{2(m+1)}{m+2}\right\}$

$=\dfrac{1}{2}\log_2\left\{\dfrac{2\times2}{3}\times\dfrac{2\times3}{4}\times\dfrac{2\times4}{5}\times\cdots\times\dfrac{2(m+1)}{m+2}\right\}$

$=\dfrac{1}{2}\log_2\dfrac{2^{m+1}}{m+2}$

Step 2 자연수 m의 값의 합 구하기

$\displaystyle\sum_{k=1}^{m}a_k=N$ (N은 100 이하의 자연수)이라 하면

$\dfrac{1}{2}\log_2\dfrac{2^{m+1}}{m+2}=N$, $\dfrac{2^{m+1}}{m+2}=2^{2N}$, $\dfrac{2^{m+1}}{2^{2N}}=m+2$

$\therefore 2^{m+1-2N}=m+2$

즉, $m+2$는 2보다 큰 2의 거듭제곱이어야 한다.

(i) $m+2=2^2$, 즉 $m=2$일 때,

    $2^{3-2N}=2^2$에서 $3-2N=2$ $\therefore N=\dfrac{1}{2}$

    이는 주어진 조건을 만족시키지 않는다.

(ii) $m+2=2^3$, 즉 $m=6$일 때,

    $2^{7-2N}=2^3$에서 $7-2N=3$ $\therefore N=2$

(iii) $m+2=2^4$, 즉 $m=14$일 때,

    $2^{15-2N}=2^4$에서 $15-2N=4$ $\therefore N=\dfrac{11}{2}$

    이는 주어진 조건을 만족시키지 않는다.

(iv) $m+2=2^5$, 즉 $m=30$일 때,

    $2^{31-2N}=2^5$에서 $31-2N=5$ $\therefore N=13$

(v) $m+2=2^6$, 즉 $m=62$일 때,

    $2^{63-2N}=2^6$에서 $63-2N=6$ $\therefore N=\dfrac{57}{2}$

    이는 주어진 조건을 만족시키지 않는다.

(vi) $m+2=2^7$, 즉 $m=126$일 때,

    $2^{127-2N}=2^7$에서 $127-2N=7$ $\therefore N=60$

(vii) $m+2\geq2^8$일 때, $N>100$

(i)~(vii)에서 $m=6$ 또는 $m=30$ 또는 $m=126$

따라서 모든 자연수 m의 값의 합은
$6+30+126=162$

47 ∑의 뜻 정답 315 ㅣ 정답률 36%

문제 보기

수열 $\{a_n\}$이 다음 조건을 만족시킨다.

> (가) $|a_n|+a_{n+1}=n+6 \ (n \geq 1)$ 조건 (가)의 n에 1, 3, 5, …, 39를 차례대
> (나) $\displaystyle\sum_{n=1}^{40} a_n = 520$ → 로 대입하여 항의 합을 구한 후 조건 (나)와 비교한다.

$\displaystyle\sum_{n=1}^{30} a_n$의 값을 구하시오. [4점]

Step 1 수열 $\{a_n\}$의 항의 부호 알아보기

조건 (가)의 n에 1, 3, 5, …, 39를 차례대로 대입하면

$|a_1|+a_2=1+6$
$|a_3|+a_4=3+6$
$|a_5|+a_6=5+6$
$\vdots$
$|a_{39}|+a_{40}=39+6$

위의 식을 변끼리 더하여 정리하면

$(|a_1|+|a_3|+|a_5|+\cdots+|a_{39}|)+(a_2+a_4+a_6+\cdots+a_{40})$
$=(1+3+5+\cdots+39)+20\times6$
$=\dfrac{20(1+39)}{2}+120$ → 첫째항이 1, 제20항이 39인 등차수열의 첫째항부터 제20항까지의 합이야.
$=520$

$\therefore |a_1|+a_2+|a_3|+a_4+\cdots+|a_{39}|+a_{40}=520$

이때 조건 (나)에서 $\displaystyle\sum_{n=1}^{40} a_n=520$이므로 모든 자연수 n에 대하여

$|a_n|=a_n$ → $a_1+a_2+a_3+\cdots+a_{40}=520$

Step 2 $\displaystyle\sum_{n=1}^{30} a_n$의 값 구하기

$|a_n|=a_n$이므로 조건 (가)에서 $a_n+a_{n+1}=n+6$

$\therefore \displaystyle\sum_{n=1}^{30} a_n=a_1+a_2+a_3+\cdots+a_{30}$
$=(1+6)+(3+6)+(5+6)+\cdots+(29+6)$
$=(1+3+5+\cdots+29)+15\times6$
$=\dfrac{15(1+29)}{2}+90$ → 첫째항이 1, 제15항이 29인 등차수열의 첫째항부터 제15항까지의 합이야.
$=315$

다른 풀이 자연수의 거듭제곱의 합 이용하기

$|a_n|\geq a_n$이므로 조건 (가)에서

$a_n+a_{n+1}\leq |a_n|+a_{n+1}=n+6$

$n=2k-1$일 때, $a_{2k-1}+a_{2k}\leq |a_{2k-1}|+a_{2k}=2k+5$

$\therefore \displaystyle\sum_{k=1}^{20}(a_{2k-1}+a_{2k})\leq \sum_{k=1}^{20}(2k+5)$

$\displaystyle\sum_{k=1}^{20}(a_{2k-1}+a_{2k})=\sum_{k=1}^{40} a_k$이고,

$\displaystyle\sum_{k=1}^{20}(2k+5)=2\sum_{k=1}^{20}k+\sum_{k=1}^{20}5=2\times\dfrac{20\times21}{2}+5\times20=520$이므로

$\displaystyle\sum_{k=1}^{40} a_k\leq 520$

이때 조건 (나)에서 $\displaystyle\sum_{n=1}^{40} a_n=520$이므로 모든 자연수 n에 대하여

$a_n=|a_n|$

따라서 조건 (가)에서 $a_n+a_{n+1}=n+6$

$\therefore a_{2k-1}+a_{2k}=2k+5$

$\therefore \displaystyle\sum_{n=1}^{30} a_n=\sum_{k=1}^{15}(a_{2k-1}+a_{2k})=\sum_{k=1}^{15}(2k+5)$
$=2\displaystyle\sum_{k=1}^{15}k+\sum_{k=1}^{15}5=2\times\dfrac{15\times16}{2}+5\times15=315$

---

48 자연수의 거듭제곱의 합 정답 184 ㅣ 정답률 10%

문제 보기

집합 $U=\{x\,|\,x$는 30 이하의 자연수$\}$의 부분집합
$A=\{a_1, a_2, a_3, \cdots, a_{15}\}$가 다음 조건을 만족시킨다.

> (가) 집합 A의 임의의 두 원소 $a_i, a_j \ (i\neq j)$에 대하여
> $a_i+a_j\neq31$ → $a_j\neq31-a_i$이므로 $31-a_i\notin A$
> (나) $\displaystyle\sum_{i=1}^{15} a_i=264$

$\dfrac{1}{31}\displaystyle\sum_{i=1}^{15} a_i^2$의 값을 구하시오. [4점]

Step 1 $\dfrac{1}{31}\displaystyle\sum_{i=1}^{15} a_i^2$의 값 구하기

조건 (가)에서 집합 A의 임의의 두 원소 $a_i, a_j \ (i\neq j)$에 대하여

$a_i+a_j\neq31$이므로 $a_j\neq31-a_i$

즉, 원소 $31-a_i \ (1\leq i\leq15)$는 집합 A에 속하지 않는다.
   → 예를 들어 3이 집합 A의 원소이면 $31-3=28$은 집합 A^c의 원소야. 이때 집합 A의 원소가 15개이므로 합이 31이 되는 두 수 15쌍 중에서 하나의 수는 반드시 A의 원소이어야 해.

$\displaystyle\sum_{i=1}^{15} a_i^2$과 $\displaystyle\sum_{i=1}^{15}(31-a_i)^2$의 합은 집합 U의 모든 원소의 제곱의 합과 같으므로

$\displaystyle\sum_{i=1}^{15} a_i^2+\sum_{i=1}^{15}(31-a_i)^2=\sum_{k=1}^{30}k^2$

$\displaystyle\sum_{i=1}^{15} a_i^2+\sum_{i=1}^{15}31^2-62\sum_{i=1}^{15}a_i+\sum_{i=1}^{15}a_i^2=\dfrac{30\times31\times61}{6}$

$\therefore 2\displaystyle\sum_{i=1}^{15} a_i^2=5\times31\times61-15\times31^2+62\times264 \ (\because$ 조건 (나)$)$
$=31(5\times61-15\times31+2\times264)$
$=31(305-465+528)$
$=31\times368$

$\therefore \dfrac{1}{31}\displaystyle\sum_{i=1}^{15} a_i^2=\dfrac{1}{31}\times\dfrac{1}{2}\times31\times368=184$

49 자연수의 거듭제곱의 합   정답 120 | 정답률 17%

문제 보기

2 이상의 자연수 n에 대하여 다음 조건을 만족시키는 자연수 a, b의 모든 순서쌍 (a, b)의 개수가 300 이상이 되도록 하는 가장 작은 자연수 k의 값을 $f(n)$이라 할 때, $f(2) \times f(3) \times f(4)$의 값을 구하시오. [4점]

> (가) $a < n^k$이면 $b \leq \log_n a$이다.
>   └→ $a < n^k$에서 $b = \log_n a$의 그래프를 그린다.
> (나) $a \geq n^k$이면 $b \leq -(a-n^k)^2 + k^2$이다.
>   └→ $a \geq n^k$에서 $b = -(a-n^k)^2 + k^2$의 그래프를 그린다.

Step 1 두 함수 $b = \log_n a$ $(a < n^k)$, $b = -(a-n^k)^2 + k^2$ $(a \geq n^k)$의 그래프 그리기

$g_n(a) = \log_n a$, $h_n(a) = -(a-n^k)^2 + k^2$ (k는 상수)이라 하면 $g_n(n^k) = \log_n n^k = k$, $h_n(n^k) = k^2$이므로 $a < n^k$에서 $b = \log_n a$의 그래프와 $a \geq n^k$에서 $b = -(a-n^k)^2 + k^2$의 그래프는 다음 그림과 같다.

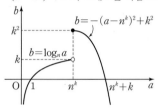

Step 2 조건 (가)를 만족시키는 순서쌍 (a, b)의 개수 구하기

조건 (가)를 만족시키는 순서쌍 (a, b)의 개수는 부등식 $1 \leq a < n^k$, $b \leq \log_n a$를 만족시키는 자연수 a, b의 순서쌍 (a, b)의 개수와 같다.

$1 \leq a < n$일 때, $0 \leq \log_n a < 1$이므로 0개
$n \leq a < n^2$일 때, $1 \leq \log_n a < 2$이므로 $b = 1$
∴ $1 \times (n^2 - n) = n^2 - n$(개)
$n^2 \leq a < n^3$일 때, $2 \leq \log_n a < 3$이므로 $b = 1, 2$
∴ $2 \times (n^3 - n^2) = 2n^3 - 2n^2$(개)
$n^3 \leq a < n^4$일 때, $3 \leq \log_n a < 4$이므로 $b = 1, 2, 3$
∴ $3 \times (n^4 - n^3) = 3n^4 - 3n^3$(개)
     ⋮
$n^{k-1} \leq a < n^k$일 때, $k-1 \leq \log_n a < k$이므로
$b = 1, 2, 3, \cdots, k-1$
∴ $(k-1) \times (n^k - n^{k-1}) = (k-1)n^k - (k-1)n^{k-1}$(개)
따라서 조건 (가)를 만족시키는 순서쌍 (a, b)의 개수는
$(n^2 - n) + (2n^3 - 2n^2) + (3n^4 - 3n^3) + \cdots + (k-1)n^k - (k-1)n^{k-1}$
$= (k-1)n^k - (n + n^2 + n^3 + \cdots + n^{k-1})$
$= (k-1)n^k - \dfrac{n(n^{k-1} - 1)}{n-1}$ └→ 첫째항이 n, 공비가 n인 등비수열의 첫째항부터 제$(k-1)$항까지의 합이야.
$= (k-1)n^k - \dfrac{n^k - n}{n-1}$ ······ ㉠

Step 3 조건 (나)를 만족시키는 순서쌍 (a, b)의 개수 구하기

조건 (나)를 만족시키는 순서쌍 (a, b)의 개수는 부등식 $n^k \leq a < n^k + k$, $b \leq -(a-n^k)^2 + k^2$을 만족시키는 자연수 a, b의 순서쌍 (a, b)의 개수와 같다.

$a = n^k$일 때, $0 < b \leq k^2$이므로 k^2개
$a = n^k + 1$일 때, $0 < b \leq k^2 - 1^2$이므로 $(k^2 - 1^2)$개
$a = n^k + 2$일 때, $0 < b \leq k^2 - 2^2$이므로 $(k^2 - 2^2)$개
     ⋮
$a = n^k + k - 1$일 때, $0 < b \leq k^2 - (k-1)^2$이므로
$\{k^2 - (k-1)^2\}$개

따라서 조건 (나)를 만족시키는 순서쌍 (a, b)의 개수는
$k^2 + (k^2 - 1^2) + (k^2 - 2^2) + \cdots + \{k^2 - (k-1)^2\}$
$= k \times k^2 - \{1^2 + 2^2 + \cdots + (k-1)^2\}$
$= k^3 - \dfrac{(k-1)k(2k-1)}{6}$ └→ $\sum\limits_{n=1}^{k-1} n^2$
$= \dfrac{k\{6k^2 - (2k^2 - 3k + 1)\}}{6}$
$= \dfrac{k(4k^2 + 3k - 1)}{6}$
$= \dfrac{k(k+1)(4k-1)}{6}$ ······ ㉡

Step 4 $f(2)$, $f(3)$, $f(4)$의 값 구하기

조건 (가), (나)를 만족시키는 순서쌍 (a, b)의 개수를 $A(n)$이라 하면 ㉠, ㉡에서
$$A(n) = (k-1)n^k - \dfrac{n^k - n}{n-1} + \dfrac{k(k+1)(4k-1)}{6}$$

(ⅰ) $n = 2$일 때,
$$A(2) = (k-1)2^k - (2^k - 2) + \dfrac{k(k+1)(4k-1)}{6}$$
$$= (k-2)2^k + 2 + \dfrac{k(k+1)(4k-1)}{6}$$
$k = 5$이면 $A(2) = 3 \times 2^5 + 2 + \dfrac{5 \times 6 \times 19}{6} = 193$
$k = 6$이면 $A(2) = 4 \times 2^6 + 2 + \dfrac{6 \times 7 \times 23}{6} = 419$
즉, $A(2) \geq 300$을 만족시키는 자연수 k의 최솟값은 6이므로
$f(2) = 6$

(ⅱ) $n = 3$일 때,
$$A(3) = (k-1)3^k - \dfrac{3^k - 3}{2} + \dfrac{k(k+1)(4k-1)}{6}$$
$k = 4$이면 $A(3) = 3 \times 3^4 - \dfrac{3^4 - 3}{2} + \dfrac{4 \times 5 \times 15}{6} = 254$
$k = 5$이면 $A(3) = 4 \times 3^5 - \dfrac{3^5 - 3}{2} + \dfrac{5 \times 6 \times 19}{6} = 947$
즉, $A(3) \geq 300$을 만족시키는 자연수 k의 최솟값은 5이므로
$f(3) = 5$

(ⅲ) $n = 4$일 때,
$$A(4) = (k-1)4^k - \dfrac{4^k - 4}{3} + \dfrac{k(k+1)(4k-1)}{6}$$
$k = 3$이면 $A(4) = 2 \times 4^3 - \dfrac{4^3 - 4}{3} + \dfrac{3 \times 4 \times 11}{6} = 130$
$k = 4$이면 $A(4) = 3 \times 4^4 - \dfrac{4^4 - 4}{3} + \dfrac{4 \times 5 \times 15}{6} = 734$
즉, $A(4) \geq 300$을 만족시키는 자연수 k의 최솟값은 4이므로
$f(4) = 4$

Step 5 $f(2) \times f(3) \times f(4)$의 값 구하기

(ⅰ), (ⅱ), (ⅲ)에서
$f(2) \times f(3) \times f(4) = 6 \times 5 \times 4 = 120$

20 일차

01 ①	**02** 88	**03** ②	**04** 120	**05** 160	**06** ②	**07** ③	**08** ②	**09** ①	**10** ②	**11** ③	**12** ④
13 19	**14** 26	**15** ②	**16** ④	**17** ③	**18** 80	**19** 105	**20** 13	**21** ②	**22** ①	**23** ①	**24** 502
25 162	**26** ④	**27** 4	**28** ④	**29** 120	**30** 58	**31** ①	**32** 15	**33** ①	**34** ⑤	**35** ②	**36** ④
37 ⑤	**38** ①	**39** ④	**40** 201	**41** ①	**42** ①	**43** ②	**44** 9	**45** ④	**46** 103	**47** 170	**48** 117

문제편 292쪽~305쪽

01 ∑와 등차수열

정답 ① | 정답률 80%

문제 보기

등차수열 $\{a_n\}$이

$$a_5+a_{13}=3a_9, \quad \sum_{k=1}^{18} a_k=\frac{9}{2}$$

→ 등차수열의 일반항과 합의 공식을 이용하여 첫째항과 공차를 구한다.

를 만족시킬 때, a_{13}의 값은? [4점]

① 2   ② 1   ③ 0   ④ −1   ⑤ −2

Step 1 첫째항과 공차 구하기

등차수열 $\{a_n\}$의 첫째항을 a, 공차를 d라 하면

$a_5+a_{13}=3a_9$에서 $(a+4d)+(a+12d)=3(a+8d)$

$2a+16d=3a+24d$

$\therefore a+8d=0$ …… ㉠

$\sum_{k=1}^{18} a_k=\frac{9}{2}$에서 $\dfrac{18\{2a+(18-1)d\}}{2}=\dfrac{9}{2}$ → 첫째항이 a, 공차가 d인 등차수열의 첫째항부터 제18항까지의 합이야.

$2(2a+17d)=1$

$\therefore 4a+34d=1$ …… ㉡

㉠, ㉡을 연립하여 풀면 $a=-4$, $d=\dfrac{1}{2}$

Step 2 a_{13}의 값 구하기

따라서 수열 $\{a_n\}$의 첫째항이 -4, 공차가 $\dfrac{1}{2}$이므로

$a_{13}=-4+12\times\dfrac{1}{2}=2$

다른 풀이 등차중항 이용하기

등차수열 $\{a_n\}$에서 a_9는 a_5와 a_{13}의 등차중항이므로

$2a_9=a_5+a_{13}$

이를 $a_5+a_{13}=3a_9$에 대입하면

$2a_9=3a_9$ $\therefore a_9=0$ …… ㉠

등차중항의 성질에 의하여

$2a_9=a_1+a_{17}=a_2+a_{16}=\cdots=a_8+a_{10}=0$이므로

$\sum_{k=1}^{18} a_k=a_1+a_2+a_3+\cdots+a_{17}+a_{18}$

$=(a_1+a_{17})+(a_2+a_{16})+\cdots+(a_8+a_{10})+a_9+a_{18}$

$=a_{18}$ (∵ ㉠)

$\therefore a_{18}=\dfrac{9}{2}$ …… ㉡

등차수열 $\{a_n\}$의 첫째항을 a, 공차를 d라 하면 ㉠, ㉡에서

$a+8d=0$, $a+17d=\dfrac{9}{2}$

두 식을 연립하여 풀면 $a=-4$, $d=\dfrac{1}{2}$

따라서 수열 $\{a_n\}$의 첫째항이 -4, 공차가 $\dfrac{1}{2}$이므로

$a_{13}=-4+12\times\dfrac{1}{2}=2$

02 ∑와 등차수열

정답 88 | 정답률 88%

문제 보기

등차수열 $\{a_n\}$에 대하여 $a_1+a_{10}=22$일 때, $\sum_{k=2}^{9} a_k$의 값을 구하시오.

공차를 d로 놓고 a_1, d에 대한 ─┘ 식을 세운다.

└─ 등차수열의 합의 공식을 이용한다.   [3점]

Step 1 $a_1+a_{10}=22$를 첫째항과 공차에 대한 식으로 나타내기

등차수열 $\{a_n\}$의 공차를 d라 하면 $a_1+a_{10}=22$에서

$a_1+(a_1+9d)=22$

$\therefore 2a_1+9d=22$ …… ㉠

Step 2 $\sum_{k=2}^{9} a_k$의 값 구하기

$\therefore \sum_{k=2}^{9} a_k=a_2+a_3+a_4+\cdots+a_9$

$=\dfrac{8(a_2+a_9)}{2}$

$=\dfrac{8\{(a_1+d)+(a_1+8d)\}}{2}$

$=4(2a_1+9d)$

$=4\times22=88$ (∵ ㉠)

다른 풀이 등차수열의 성질 이용하기

수열 $\{a_n\}$이 등차수열이므로

$a_1+a_{10}=a_2+a_9=a_3+a_8=a_4+a_7=a_5+a_6=22$

$a_1+(a_1+9d)=(a_1+d)+(a_1+8d)=\cdots =2a_1+9d$

$\therefore \sum_{k=2}^{9} a_k=a_2+a_3+a_4+\cdots+a_9$

$=(a_2+a_9)+(a_3+a_8)+(a_4+a_7)+(a_5+a_6)$

$=4\times22=88$

03 ∑와 등차수열

정답 ② | 정답률 81%

문제 보기

공차가 양수인 등차수열 $\{a_n\}$에 대하여 이차방정식 $x^2-14x+24=0$
└→ 이차방정식의 근과 계수의 관계를 이용하여 a_3+a_8의 값을 구한다.
의 두 근이 a_3, a_8이다. $\sum\limits_{n=3}^{8} a_n$의 값은? [4점]
└→ 등차수열의 합의 공식을 이용한다.

① 40   ② 42   ③ 44   ④ 46   ⑤ 48

Step 1 a_3+a_8의 값 구하기

이차방정식의 근과 계수의 관계에 의하여

$a_3+a_8=14$ ……㉠
└→ 이차방정식 $ax^2+bx+c=0$의 두 근을 α, β라 할 때, $\alpha+\beta=-\dfrac{b}{a}$

Step 2 $\sum\limits_{n=3}^{8} a_n$의 값 구하기

수열 $\{a_n\}$이 등차수열이므로

$$\sum_{n=3}^{8} a_n=a_3+a_4+a_5+a_6+a_7+a_8$$
$$=\frac{6(a_3+a_8)}{2}$$
$$=3\times14=42\ (\because ㉠)$$

다른 풀이   등차수열의 성질 이용하기

이차방정식의 근과 계수의 관계에 의하여

$a_3+a_8=14$

수열 $\{a_n\}$이 등차수열이므로

$a_3+a_8=a_4+a_7=a_5+a_6=14$

$$\therefore \sum_{n=3}^{8} a_n=a_3+a_4+a_5+a_6+a_7+a_8$$
$$=(a_3+a_8)+(a_4+a_7)+(a_5+a_6)$$
$$=3\times14=42$$

다른 풀이   등차수열의 일반항 이용하기

이차방정식 $x^2-14x+24=0$에서

$(x-2)(x-12)=0$ $\therefore x=2$ 또는 $x=12$

이때 이 이차방정식의 두 근이 a_3, a_8이고, 등차수열 $\{a_n\}$의 공차가 양수이므로

$a_3<a_8$

$\therefore a_3=2$, $a_8=12$

등차수열 $\{a_n\}$의 첫째항을 a, 공차를 d라 하면

$a_3=2$에서 $a+2d=2$ ……㉠

$a_8=12$에서 $a+7d=12$ ……㉡

㉠, ㉡을 연립하여 풀면 $a=-2$, $d=2$

$\therefore a_n=-2+(n-1)\times2=2n-4$

$$\therefore \sum_{n=3}^{8} a_n=\sum_{n=1}^{8} a_n-(a_1+a_2)$$
$$=\sum_{n=1}^{8}(2n-4)-(-2+0)$$
$$=2\times\frac{8\times9}{2}-4\times8+2$$
$$=72-32+2=42$$

---

04 ∑와 등차수열

정답 120 | 정답률 62%

문제 보기

첫째항이 3인 등차수열 $\{a_n\}$에 대하여 $\sum\limits_{n=1}^{10}(a_{5n}-a_n)=440$일 때,
└→ 공차를 구한다.

$\sum\limits_{n=1}^{10} a_n$의 값을 구하시오. [4점]
└→ 등차수열의 합의 공식을 이용한다.

Step 1   공차 구하기

등차수열 $\{a_n\}$의 공차를 d라 하면 일반항 a_n은

$a_n=3+(n-1)d$

$a_{5n}-a_n=\{3+(5n-1)d\}-\{3+(n-1)d\}=4dn$이므로

$$\sum_{n=1}^{10}(a_{5n}-a_n)=\sum_{n=1}^{10}4dn$$
$$=4d\times\frac{10\times11}{2}=220d$$

즉, $220d=440$이므로 $d=2$

Step 2 $\sum\limits_{n=1}^{10} a_n$의 값 구하기

따라서 수열 $\{a_n\}$의 첫째항이 3, 공차가 2이므로

$$\sum_{n=1}^{10} a_n=\frac{10(2\times3+9\times2)}{2}=120$$

다른 풀이   등차수열의 일반항 이용하기

등차수열 $\{a_n\}$의 공차를 d라 하면 일반항 a_n은

$a_n=3+(n-1)d$

$a_{5n}-a_n=\{3+(5n-1)d\}-\{3+(n-1)d\}=4dn$이므로

$$\sum_{n=1}^{10}(a_{5n}-a_n)=\sum_{n=1}^{10}4dn$$
$$=4d\times\frac{10\times11}{2}=220d$$

즉, $220d=440$이므로 $d=2$

$\therefore a_n=3+(n-1)\times2=2n+1$

$$\therefore \sum_{n=1}^{10} a_n=\sum_{n=1}^{10}(2n+1)$$
$$=2\times\frac{10\times11}{2}+10=120$$

05 ∑와 등차수열 　　정답 160 | 정답률 81%

문제 보기

첫째항이 3인 등차수열 $\{a_n\}$에 대하여 $\sum\limits_{k=1}^{5} a_k = 55$일 때, $\sum\limits_{k=1}^{5} k(a_k - 3)$
의 값을 구하시오. [3점]
　　　└─ 등차수열의 합의 공식을 이용하여
　　　　　공차를 구한다.

Step 1 　공차 구하기

등차수열 $\{a_n\}$의 공차를 d라 하면 $\sum\limits_{k=1}^{5} a_k = 55$에서

$$\frac{5\{2 \times 3 + (5-1) \times d\}}{2} = 55$$

$3 + 2d = 11,\ 2d = 8 \quad \therefore d = 4$

Step 2 　$\sum\limits_{k=1}^{5} k(a_k - 3)$의 값 구하기

따라서 $a_n = 3 + (n-1) \times 4 = 4n - 1$이므로

$$\sum_{k=1}^{5} k(a_k - 3) = \sum_{k=1}^{5} k(4k - 4) = 4 \sum_{k=1}^{5} (k^2 - k)$$
$$= 4\left(\frac{5 \times 6 \times 11}{6} - \frac{5 \times 6}{2}\right) = 4 \times 40 = 160$$

---

06 ∑와 등차수열 　　정답 ② | 정답률 74%

문제 보기

공차가 양수인 등차수열 $\{a_n\}$에 대하여 $a_5 = 5$이고 $\sum\limits_{k=3}^{7} |2a_k - 10| = 20$
이다. a_6의 값은? [4점]
　　　　　　　공차를 d로 놓고 d에 대한 ┘
　　　　　　　식으로 나타낸다.

① 6　　② $\dfrac{20}{3}$　　③ $\dfrac{22}{3}$　　④ 8　　⑤ $\dfrac{26}{3}$

Step 1 　공차 구하기

등차수열 $\{a_n\}$의 공차를 $d\,(d>0)$라 하면 $a_5 = 5$이므로
$a_3 = a_5 - 2d = 5 - 2d,\ a_4 = a_5 - d = 5 - d,\ a_6 = a_5 + d = 5 + d,$
$a_7 = a_5 + 2d = 5 + 2d$

$$\therefore \sum_{k=3}^{7} |2a_k - 10| = |2a_3 - 10| + |2a_4 - 10| + |2a_5 - 10|$$
$$\qquad\qquad\qquad\qquad\quad + |2a_6 - 10| + |2a_7 - 10|$$
$$= |2(5-2d) - 10| + |2(5-d) - 10|$$
$$\qquad\qquad + |2(5+d) - 10| + |2(5+2d) - 10|$$
$$= |-4d| + |-2d| + |2d| + |4d|$$
$$= 12d$$

즉, $12d = 20$이므로 $d = \dfrac{5}{3}$

Step 2 　a_6의 값 구하기

$$\therefore a_6 = a_5 + d = 5 + \frac{5}{3} = \frac{20}{3}$$

---

07 ∑와 등차수열 　　정답 ③ | 정답률 56%

문제 보기

공차가 3인 등차수열 $\{a_n\}$이 다음 조건을 만족시킬 때, a_{10}의 값은?
　　　　　　　　　　　　　　　　　　　　　　　　　[4점]

> (가) $a_5 \times a_7 < 0$ ── 공차가 양수이므로 $a_5,\ a_7$의 부호를 알 수 있다.
> (나) $\sum\limits_{k=1}^{6} |a_{k+6}| = 6 + \sum\limits_{k=1}^{6} |a_{2k}|$

① $\dfrac{21}{2}$　　② 11　　③ $\dfrac{23}{2}$　　④ 12　　⑤ $\dfrac{25}{2}$

Step 1 　수열 $\{a_n\}$의 부호 파악하기

등차수열 $\{a_n\}$의 공차가 3, 즉 양수이고 조건 (가)에서 $a_5 \times a_7 < 0$이므로
$a_5 < 0,\ a_7 > 0$
따라서 $n \le 5$일 때 $a_n < 0$이고, $n \ge 7$일 때 $a_n > 0$이다.

Step 2 　첫째항 구하기

조건 (나)에서
$|a_7| + |a_8| + |a_9| + |a_{10}| + |a_{11}| + |a_{12}|$
$= 6 + |a_2| + |a_4| + |a_6| + |a_8| + |a_{10}| + |a_{12}|$
$a_7 + a_9 + a_{11} = 6 - a_2 - a_4 + |a_6|$
등차수열 $\{a_n\}$의 첫째항을 a라 하면 공차가 3이므로
$(a+18) + (a+24) + (a+30) = 6 - (a+3) - (a+9) + |a+15|$
$\therefore |a+15| = 5a + 78 \quad\cdots\cdots\ \bigcirc$

(i) $a + 15 \ge 0$, 즉 $a \ge -15$일 때,
　$\bigcirc$에서 $a + 15 = 5a + 78$
　$-4a = 63 \quad \therefore a = -\dfrac{63}{4}$
　이는 $a \ge -15$라는 조건을 만족시키지 않는다.

(ii) $a + 15 < 0$, 즉 $a < -15$일 때,
　$\bigcirc$에서 $-(a+15) = 5a + 78$
　$-6a = 93 \quad \therefore a = -\dfrac{31}{2}$

(i), (ii)에서 $a = -\dfrac{31}{2}$

Step 3 　a_{10}의 값 구하기

따라서 수열 $\{a_n\}$의 첫째항이 $-\dfrac{31}{2}$, 공차가 3이므로

$$a_{10} = -\frac{31}{2} + 9 \times 3 = \frac{23}{2}$$

문제 보기

공차가 양수인 등차수열 $\{a_n\}$이 다음 조건을 만족시킬 때, a_{10}의 값은?
   └→ 조건에 유의한다.   [4점]

(개) $|a_4|+|a_6|=8$ →a_4, a_6의 부호를 조사한다.

(내) $\displaystyle\sum_{k=1}^{9} a_k=27$ → 첫째항을 a, 공차를 d로 놓고 등차수열의 합의 공식을 이용한다.

① 21   ② 23   ③ 25   ④ 27   ⑤ 29

Step 1   공차 구하기

등차수열 $\{a_n\}$의 첫째항을 a, 공차를 $d\,(d>0)$라 하면 조건 (내)에서

$$\frac{9\{2a+(9-1)d\}}{2}=27$$

$9(2a+8d)=54$ ∴ $a+4d=3$

∴ $a_5=3$

$a_5>0$, $d>0$이므로 $a_6>0$

(ⅰ) $a_4<0$일 때,

    조건 (개)에서 $-a_4+a_6=8$

    $-(a+3d)+(a+5d)=8$

    $2d=8$ ∴ $d=4$

(ⅱ) $a_4\geq0$일 때,

    조건 (개)에서 $a_4+a_6=8$

    $(a+3d)+(a+5d)=8$

    $2a+8d=8$ ∴ $a+4d=4$

    ∴ $a_5=4$

    그런데 $a_5=3$이므로 조건을 만족시키지 않는다.

(ⅰ), (ⅱ)에서 $d=4$

Step 2 a_{10}의 값 구하기

∴ $a_{10}=a_5+5d=3+5\times4=23$

문제 보기

공차가 정수인 두 등차수열 $\{a_n\}$, $\{b_n\}$과 자연수 $m\,(m\geq3)$이 다음 조건을 만족시킨다.

(개) $|a_1-b_1|=5$

(내) $a_m=b_m$, $a_{m+1}<b_{m+1}$
     └→ 두 등차수열 $\{a_n\}$, $\{b_n\}$의 공차를 각각 d, d'으로 놓고
          d, d'의 대소 관계를 비교하여 a_1-b_1의 부호를 파악한다.

$\displaystyle\sum_{k=1}^{m} a_k=9$일 때, $\displaystyle\sum_{k=1}^{m} b_k$의 값은? [4점]
    └→ 등차수열의 합의 공식을 이용한다.

① -6 ② -5 ③ -4 ④ -3 ⑤ -2

Step 1 m의 값 구하기

두 등차수열 $\{a_n\}$, $\{b_n\}$의 공차를 각각 d, d'이라 하면

$a_n=a_1+(n-1)d$, $b_n=b_1+(n-1)d'$

조건 (내)에서

$a_m-b_m=\{a_1+(m-1)d\}-\{b_1+(m-1)d'\}$

            $=(a_1-b_1)+(m-1)(d-d')=0$

∴ $a_1-b_1=(m-1)(d'-d)$

이때 $b_{m+1}-a_{m+1}=(b_m+d')-(a_m+d)=d'-d>0$이고 $m-1>0$이므로

$a_1-b_1>0$

따라서 조건 (개)에서 $a_1-b_1=5$이므로

$(m-1)(d'-d)=5$

이때 $m-1$, $d'-d$가 모두 자연수이고 $m\geq3$이므로 $m-1=5$, $d'-d=1$이어야 한다.

∴ $m=6$

Step 2 $\displaystyle\sum_{k=1}^{m} b_k$의 값 구하기

∴ $\displaystyle\sum_{k=1}^{m} b_k=\sum_{k=1}^{6} b_k=\frac{6(b_1+b_6)}{2}$

             $=\dfrac{6\{(a_1-5)+a_6\}}{2}$

             $=\dfrac{6(a_1+a_6)}{2}-15$

             $=\displaystyle\sum_{k=1}^{6} a_k-15$

             $=9-15=-6$

20
일차

10 $\sum$와 등차수열 정답 ② | 정답률 62%

문제 보기

공차가 음의 정수인 등차수열 $\{a_n\}$에 대하여

$a_6=-2$, $\displaystyle\sum_{k=1}^{8}|a_k|=\sum_{k=1}^{8}a_k+42$ ── a_5가 음수인 경우와 음수가 아닌 경우로 나누어 주어진 조건을 만족시키는지 확인한다.

일 때, $\displaystyle\sum_{k=1}^{8}a_k$의 값은? [4점]

① 40 ② 44 ③ 48 ④ 52 ⑤ 56

Step 1 a_5의 조건 파악하기

등차수열 $\{a_n\}$의 공차를 d $(d<0)$라 하면 a_6, d가 모두 정수이므로 등차수열 $\{a_n\}$의 모든 항은 정수이다.

$a_6=-2$이고, d는 음의 정수이므로 $a_5>-2$

따라서 $a_5=-1$ 또는 a_5는 음이 아닌 정수이다.

이때 $a_5=-1$이라 하면

$d=a_6-a_5=-2-(-1)=-1$이므로

$a_6=a_1+5\times(-1)=-2$에서 $a_1=3$

$\therefore a_n=3+(n-1)\times(-1)=-n+4$

$\therefore \displaystyle\sum_{k=1}^{8}a_k=\sum_{k=1}^{8}(-k+4)=-\frac{8\times9}{2}+4\times8$

$\qquad\qquad =-36+32=-4$,

$\displaystyle\sum_{k=1}^{8}|a_k|=\sum_{k=1}^{4}a_k+\left(-\sum_{k=5}^{8}a_k\right)$

$\qquad\quad =a_1+a_2+a_3+a_4-a_5-a_6-a_7-a_8$

$\qquad\quad =3+2+1+0-(-1)-(-2)-(-3)-(-4)$

$\qquad\quad =16$

따라서 $\displaystyle\sum_{k=1}^{8}|a_k|=\sum_{k=1}^{8}a_k+42$를 만족시키지 않으므로 a_5는 음이 아닌 정수이다.

Step 2 a_n 구하기

$a_5\geq0$, $a_6=-2$이고 공차가 음의 정수이므로

$n\leq5$일 때, $a_n\geq0$ $\quad\therefore |a_n|=a_n$

$n\geq6$일 때, $a_n<0$ $\quad\therefore |a_n|=-a_n$

$\displaystyle\sum_{k=1}^{8}|a_k|=\sum_{k=1}^{8}a_k+42$에서

$-a_6-a_7-a_8=a_6+a_7+a_8+42$

$\therefore a_6+a_7+a_8=-21$

이때 a_7은 a_6과 a_8의 등차중항이므로 $a_6+a_8=2a_7$

따라서 $2a_7+a_7=-21$이므로 $a_7=-7$

$\therefore d=a_7-a_6=-7-(-2)=-5$

$a_6=a_1+5\times(-5)=-2$에서 $a_1=23$

$\therefore a_n=23+(n-1)\times(-5)=-5n+28$

Step 3 $\displaystyle\sum_{k=1}^{8}a_k$의 값 구하기

$\therefore \displaystyle\sum_{k=1}^{8}a_k=\sum_{k=1}^{8}(-5k+28)$

$\qquad\qquad =-5\times\frac{8\times9}{2}+28\times8$

$\qquad\qquad =-180+224=44$

---

11 $\sum$와 등차수열 정답 ③ | 정답률 56%

문제 보기

모든 항이 정수이고 공차가 5인 등차수열 $\{a_n\}$과 자연수 m이 다음 조건을 만족시킨다.

(가) $\displaystyle\sum_{k=1}^{2m+1}a_k<0$ ── 첫째항을 a로 놓고 등차수열의 합의 공식을 이용하여 a, m에 대한 부등식을 세운다.

(나) $|a_m|+|a_{m+1}|+|a_{m+2}|<13$ ── a_m, a_{m+1}의 부호를 알아본 후 a_{m+2}의 부호에 따라 경우를 나누어 a_{m+1}의 값을 구한다.

$24<a_{21}<29$일 때, m의 값은? [4점]

① 10 ② 12 ③ 14 ④ 16 ⑤ 18

Step 1 첫째항을 a로 놓고 조건 (가)를 이용하여 a, m에 대한 부등식 세우기

등차수열 $\{a_n\}$의 첫째항을 a라 하면 조건 (가)에서

$\displaystyle\sum_{k=1}^{2m+1}a_k=\frac{(2m+1)\{2a+(2m+1-1)\times5\}}{2}$

$\qquad\qquad =(2m+1)(a+5m)<0$

그런데 m은 자연수이므로 $2m+1>0$

$\therefore a+5m<0$ $\quad\cdots\cdots$ ㉠

Step 2 조건 (나)를 만족시키는 a_{m+1}의 값 구하기

수열 $\{a_n\}$은 공차가 5인 등차수열이므로

$a_m=a+5m-5$, $a_{m+1}=a+5m$, $a_{m+2}=a+5m+5$

이때 ㉠에 의하여

$a_m<0$, $a_{m+1}<0$

(i) $a_{m+2}<0$인 경우

조건 (나)에서 $-a_m-a_{m+1}-a_{m+2}<13$

$-(a+5m-5)-(a+5m)-(a+5m+5)<13$

$-3(a+5m)<13$

$\therefore a+5m>-\dfrac{13}{3}$ $\quad\cdots\cdots$ ㉡

또 $a_{m+2}<0$에서 $a+5m+5<0$

$\therefore a+5m<-5$ $\quad\cdots\cdots$ ㉢

㉡, ㉢에서 $-\dfrac{13}{3}<a+5m<-5$

$\therefore -\dfrac{13}{3}<a_{m+1}<-5$

이때 정수 a_{m+1}의 값은 존재하지 않는다.

(ii) $a_{m+2}\geq0$인 경우

조건 (나)에서 $-a_m-a_{m+1}+a_{m+2}<13$

$-(a+5m-5)-(a+5m)+(a+5m+5)<13$

$-(a+5m)<3$ $\quad\therefore a+5m>-3$

또 ㉠에서 $a+5m<0$이므로

$-3<a+5m<0$ $\quad\therefore -3<a_{m+1}<0$

이때 수열 $\{a_n\}$의 모든 항이 정수이므로

$a_{m+1}=-2$ 또는 $a_{m+1}=-1$

(i), (ii)에서

$a_{m+1}=-2$ 또는 $a_{m+1}=-1$

Step 3 $24<a_{21}<29$를 만족시키는 a_{m+1}의 값 구하기

이때 $a_{m+1}=-1$이면

$a_{m+6}=-1+5\times5=24$, $a_{m+7}=-1+5\times6=29$

따라서 $24<a_{21}<29$를 만족시키는 a_{21}의 값은 존재하지 않는다.

$\therefore a_{m+1}=-2$

Step 4 m의 값 구하기

$a_{m+1}=-2$이므로

$a_{m+6}=-2+5\times5=23$

$a_{m+7}=-2+5\times6=28$

$a_{m+8}=-2+5\times7=33$

이때 $24<a_{21}<29$이므로

$a_{21}=a_{m+7}$

$21=m+7$ $\therefore m=14$

다른 풀이 m의 값 구하기

㉠에서 $a_{m+1}<0$이므로

(i) $a_{m+1}=-1$일 때,

$a_m=-6$, $a_{m+2}=4$이므로

$|-6|+|-1|+|4|=11<13$

따라서 조건 (나)를 만족시킨다.

$a_{m+1}=-1$이므로

$a_{m+6}=-1+5\times5=24$

$a_{m+7}=-1+5+6=29$

따라서 $24<a_{21}<29$를 만족시키는 a_{21}의 값이 존재하지 않는다.

(ii) $a_{m+1}=-2$일 때,

$a_m=-7$, $a_{m+2}=3$이므로

$|-7|+|-2|+|3|=12<13$

따라서 조건 (나)를 만족시킨다.

$a_{m+1}=-2$이므로

$a_{m+7}=-2+5\times6=28$

따라서 $24<a_{m+7}<29$이므로

$a_{m+7}=a_{21}$

$m+7=21$ $\therefore m=14$

(iii) $a_{m+1}\leq-3$일 때,

$a_m\leq-8$, $a_{m+2}\leq2$이므로

$|a_m|+|a_{m+1}|+|a_{m+2}|\geq13$

따라서 조건 (나)를 만족시키지 않는다.

(i), (ii), (iii)에서 $m=14$

---

12 $\sum$와 등차수열

정답 ④ | 정답률 41%

문제 보기

첫째항이 50이고 공차가 -4인 등차수열의 첫째항부터 제n항까지의 합을 S_n이라 할 때, $\sum\limits_{k=m}^{m+4}S_k$의 값이 최대가 되도록 하는 자연수 m의 값은?

└ 등차수열의 합의 공식을 이용하여 S_n을 구한다. [4점]

① 8   ② 9   ③ 10   ④ 11   ⑤ 12

Step 1 S_n 구하기

주어진 등차수열의 첫째항이 50, 공차가 -4이므로

$$S_n=\frac{n\{2\times50+(n-1)\times(-4)\}}{2}$$

$$=-2n^2+52n$$

Step 2 자연수 m의 값 구하기

$S_n=-2n^2+52n=-2(n-13)^2+338$

S_n을 n에 대한 이차함수라 생각하면 오른쪽 그림과 같이 S_n의 값은 $n=13$일 때 최대이고 그래프는 직선 $n=13$에 대하여 대칭이다.

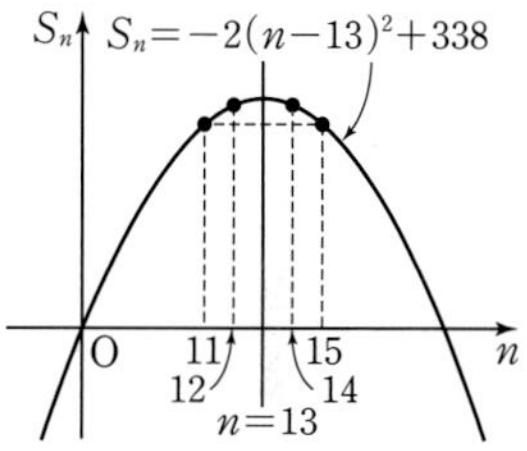

이때

$\sum\limits_{k=m}^{m+4}S_k$

$=S_m+S_{m+1}+S_{m+2}+S_{m+3}+S_{m+4}$

에서 S_{m+2}가 S_{13}일 때 $\sum\limits_{k=m}^{m+4}S_k$의 값이 최대이므로

$m+2=13$ $\therefore m=11$

다른 풀이 등차수열의 일반항 이용하기

$\sum\limits_{k=m}^{m+4}S_k=S_m+S_{m+1}+S_{m+2}+S_{m+3}+S_{m+4}$이므로 S_{m+2}가 최대일 때, $\sum\limits_{k=m}^{m+4}S_k$의 값은 최대가 된다.

첫째항이 50, 공차가 -4인 등차수열의 일반항을 a_n이라 하면

$a_n=50+(n-1)\times(-4)=-4n+54$

공차가 0보다 작으므로 $\sum\limits_{k=m}^{m+4}S_k$의 값이 최대가 되려면 S_n이 최대이어야 한다.

이때 S_n이 최대이려면 $a_n\geq0$을 만족시키는 n의 최댓값을 구해야 하므로

$-4n+54\geq0$, $4n\leq54$

$\therefore n\leq\frac{54}{4}=13.5$

즉, S_{13}의 값이 최대이므로

$m+2=13$ $\therefore m=11$

문제 보기

모든 항이 자연수인 등차수열 $\{a_n\}$의 첫째항부터 제n항까지의 합을 S_n
이라 하자. a_7이 13의 배수이고 $\sum_{k=1}^{7} S_k = 644$일 때, a_2의 값을 구하시오.
└ 등차수열의 합 공식을 이용하여 첫
째항과 공차 사이의 관계식을 세운다. [4점]

Step 1   첫째항과 공차 사이의 관계식 구하기

모든 항이 자연수이므로 등차수열 $\{a_n\}$의 첫째항은 자연수이고 공차는 정
수이다.

첫째항을 a, 공차를 d라 하면

$$S_n = \frac{n\{2a+(n-1)d\}}{2} = \frac{d}{2}n^2 + \left(a - \frac{d}{2}\right)n$$

$$\therefore \sum_{k=1}^{7} S_k = \sum_{k=1}^{7} \left\{ \frac{d}{2}k^2 + \left(a - \frac{d}{2}\right)k \right\}$$

$$= \frac{d}{2} \sum_{k=1}^{7} k^2 + \left(a - \frac{d}{2}\right) \sum_{k=1}^{7} k$$

$$= \frac{d}{2} \times \frac{7 \times 8 \times 15}{6} + \left(a - \frac{d}{2}\right) \times \frac{7 \times 8}{2}$$

$$= 70d + 28\left(a - \frac{d}{2}\right)$$

$$= 28a + 56d$$

즉, $28a + 56d = 644$이므로

$$d = \frac{23 - a}{2} \qquad \cdots\cdots \text{㉠}$$

Step 2   첫째항과 공차 구하기

$$\therefore a_7 = a + 6d$$
$$= a + 6 \times \frac{23 - a}{2}$$
$$= 69 - 2a$$

이때 a는 자연수이고 a_7은 13의 배수이므로 a_7이 될 수 있는 수는 13, 39,
65이다.

(i) $a_7 = 13$일 때,

  $13 = 69 - 2a$이므로 $a = 28$

  이를 ㉠에 대입하면 $d = -\dfrac{5}{2}$

  이는 d가 정수라는 조건을 만족시키지 않는다.

(ii) $a_7 = 39$일 때,

  $39 = 69 - 2a$이므로 $a = 15$

  이를 ㉠에 대입하면 $d = 4$

(iii) $a_7 = 65$일 때,

  $65 = 69 - 2a$이므로 $a = 2$

  이를 ㉠에 대입하면 $d = \dfrac{21}{2}$

  이는 d가 정수라는 조건을 만족시키지 않는다.

(i), (ii), (iii)에서 $a = 15$, $d = 4$

Step 3 a_2의 값 구하기

따라서 수열 $\{a_n\}$의 첫째항이 15, 공차가 4이므로
$$a_2 = 15 + 4 = 19$$

문제 보기

등차수열 $\{a_n\}$이 다음 조건을 만족시킨다.

> (가) $a_1 + a_2 + a_3 = 159$ → $a_1 + a_m$의 값을 구한다.
>
> (나) $a_{m-2} + a_{m-1} + a_m = 96$인 자연수 m에 대하여
>
> $\sum_{k=1}^{m} a_k = 425$ (단, $m > 3$)
> └ $a_1 + a_m$의 값을 이용하여 m의 값을 구한다.

a_{11}의 값을 구하시오. [4점]

Step 1   조건 (가), (나)를 이용하여 a_1, a_m 사이의 관계식 구하기

등차수열 $\{a_n\}$의 공차를 d라 하면 조건 (가)에서
$$a_1 + (a_1 + d) + (a_1 + 2d) = 159$$
$$3a_1 + 3d = 159 \qquad \therefore a_1 + d = 53 \qquad \cdots\cdots \text{㉠}$$
조건 (나)에서 $a_{m-2} + a_{m-1} + a_m = 96$
$$(a_m - 2d) + (a_m - d) + a_m = 96$$
$$3a_m - 3d = 96 \qquad \therefore a_m - d = 32 \qquad \cdots\cdots \text{㉡}$$
㉠ + ㉡을 하면 $a_1 + a_m = 85$ $\cdots\cdots$ ㉢

Step 2 m의 값 구하기

조건 (나)에서
$$\sum_{k=1}^{m} a_k = a_1 + a_2 + a_3 + \cdots + a_m = \frac{m(a_1 + a_m)}{2}$$
즉, $\dfrac{m(a_1 + a_m)}{2} = 425$이므로

$$\frac{m}{2} \times 85 = 425 \ (\because \text{㉢}) \qquad \therefore m = 10$$

Step 3 a_{11}의 값 구하기

㉡에 $m = 10$을 대입하면 $a_{10} - d = 32$
$$(a_1 + 9d) - d = 32 \qquad \therefore a_1 + 8d = 32 \qquad \cdots\cdots \text{㉣}$$
㉠, ㉣을 연립하여 풀면 $a_1 = 56$, $d = -3$
따라서 수열 $\{a_n\}$의 첫째항이 56, 공차가 -3이므로
$$a_{11} = 56 + 10 \times (-3) = 26$$

다른 풀이   등차중항 이용하기

등차수열 $\{a_n\}$에서 a_2는 a_1과 a_3의 등차중항이므로
$$2a_2 = a_1 + a_3$$
이를 조건 (가)의 식에 대입하면
$$3a_2 = 159 \qquad \therefore a_2 = 53$$
또 a_{m-1}은 a_{m-2}와 a_m의 등차중항이므로
$$2a_{m-1} = a_{m-2} + a_m$$
이를 조건 (나)의 $a_{m-2} + a_{m-1} + a_m = 96$에 대입하면
$$3a_{m-1} = 96 \qquad \therefore a_{m-1} = 32$$
등차수열 $\{a_n\}$의 공차를 d라 하면 $a_1 = a_2 - d$, $a_m = a_{m-1} + d$이므로
$$\sum_{k=1}^{m} a_k = \frac{m(a_1 + a_m)}{2} = \frac{m\{(53-d) + (32+d)\}}{2} = \frac{85}{2}m$$
즉, $\dfrac{85}{2}m = 425$이므로 $m = 10$
따라서 $a_2 = 53$, $a_9 = 32$이므로
$$a_9 - a_2 = 7d = -21 \qquad \therefore d = -3$$
$$\therefore a_{11} = a_9 + 2d = 32 + 2 \times (-3) = 26$$

15 ∑와 등차수열 정답 ② | 정답률 48%

문제 보기

첫째항이 -45이고 공차가 d인 등차수열 $\{a_n\}$이 다음 조건을 만족시키도록 하는 모든 자연수 d의 값의 합은? [4점]

(가) $|a_m| = |a_{m+3}|$인 자연수 m이 존재한다.
  └ $a_m = -a_{m+3}$임을 이용하여 d, m에 대한 식을 세운다.

(나) 모든 자연수 n에 대하여 $\displaystyle\sum_{k=1}^{n} a_k > -100$이다.
  └ 등차수열의 합의 공식을 이용하여 d, n에 대한 부등식을 세운다.

① 44   ② 48   ③ 52   ④ 56   ⑤ 60

Step 1 조건 (가)를 이용하여 d, m에 대한 식 세우기

$a_m \neq a_{m+3}$이므로 조건 (가)에 의하여
$$a_m = -a_{m+3}$$
즉, $a_m + a_{m+3} = 0$이고, 등차수열 $\{a_n\}$은 첫째항이 -45이므로
$$\{-45 + (m-1)d\} + \{-45 + (m+2)d\} = 0$$
$$-90 + (2m+1)d = 0$$
$$\therefore (2m+1)d = 90 \quad\quad \cdots\cdots \text{㉠}$$

Step 2 조건 (나)를 이용하여 d에 대한 부등식 세우기

조건 (나)에서
$$\frac{n\{2 \times (-45) + (n-1)d\}}{2} > -100$$
$$n\{-90 + (n-1)d\} > -200$$
$$\therefore dn^2 - (d+90)n + 200 > 0$$
이를 n에 대한 이차부등식이라 하면 이 부등식이 모든 자연수 n에 대하여 성립하므로 이차방정식 $dn^2 - (d+90)n + 200 = 0$의 판별식을 D라 하면
$$D = (d+90)^2 - 800d < 0 \quad\quad \cdots\cdots \text{㉡}$$

Step 3 자연수 d의 값의 합 구하기

㉠에서 $2m+1$은 1보다 큰 홀수이므로 d는 짝수이고, $90 = 2 \times 3^2 \times 5$이므로 d가 될 수 있는 값은
2, 6, 10, 18, 30
이때 ㉡을 만족시키는 값은 18, 30
따라서 모든 자연수 d의 값의 합은
$$18 + 30 = 48$$

---

16 ∑와 등차수열 정답 ④ | 정답률 57%

문제 보기

등차수열 $\{a_n\}$에 대하여
$$S_n = \sum_{k=1}^{n} a_k, \quad T_n = \sum_{k=1}^{n} |a_k|$$
라 할 때, 수열 $\{a_n\}$이 다음 조건을 만족시킨다.

(가) $a_7 = a_6 + a_8$ ── 등차중항을 이용하여 첫째항과 공차 사이의 관계식을 구한다.

(나) 6 이상의 모든 자연수 n에 대하여 $S_n + T_n = 84$이다.
  └ 공차의 부호에 따라 조건을 만족시키는지 확인한다.

T_{15}의 값은? [4점]

① 96   ② 102   ③ 108   ④ 114   ⑤ 120

Step 1 첫째항과 공차 사이의 관계식 구하기

a_7은 a_6과 a_8의 등차중항이므로
$$2a_7 = a_6 + a_8$$
이를 조건 (가)의 식에 대입하면
$$a_7 = 2a_7 \quad \therefore a_7 = 0$$
등차수열 $\{a_n\}$의 첫째항을 a, 공차를 d라 하면
$$a + 6d = 0 \quad \therefore a = -6d \quad\quad \cdots\cdots \text{㉠}$$

Step 2 공차 구하기

(i) $d > 0$일 때,
  $n \geq 7$인 자연수 n에 대하여
  $$S_n + T_n < S_{n+1} + T_{n+1}$$
  이는 조건 (나)를 만족시키지 않는다.
  $S_7 + T_7 = 84$,
  $S_8 + T_8 = (S_7 + d) + (T_7 + d) = 84 + 2d$
  이므로 $S_7 + T_7 < S_8 + T_8$

(ii) $d = 0$일 때,
  모든 자연수 n에 대하여 $a_n = 0$이므로
  $$S_n + T_n = 0$$
  이는 조건 (나)를 만족시키지 않는다.

(iii) $d < 0$일 때,
  $n \geq 7$인 자연수 n에 대하여
  $$S_n + T_n = S_{n+1} + T_{n+1}$$
  이는 조건 (나)를 만족시킨다.
  $S_7 + T_7 = 84$,
  $S_8 + T_8 = (S_7 + d) + (T_7 - d) = 84$
  이므로 $S_7 + T_7 = S_8 + T_8$

(i), (ii), (iii)에서 $d < 0$
$d < 0$이고, $a_7 = 0$이므로 $n \leq 7$인 자연수 n에 대하여
$$a_n \geq 0, \quad S_7 = T_7$$
조건 (나)에 의하여 $S_7 = T_7 = 42$
$$S_7 = \sum_{k=1}^{7} a_k$$
$$= \frac{7(2a + 6d)}{2} = \frac{7(-12d + 6d)}{2} \ (\because \text{㉠})$$
$$= -21d$$
즉, $-21d = 42$이므로 $d = -2$

Step 3 T_{15}의 값 구하기

$$S_{15} = \sum_{k=1}^{15} a_k$$
$$= \frac{15(2a + 14d)}{2} = \frac{15(-12d + 14d)}{2} \ (\because \text{㉠})$$
$$= 15d = 15 \times (-2) = -30$$
이때 $S_{15} + T_{15} = 84$이므로
$$-30 + T_{15} = 84 \quad \therefore T_{15} = 114$$

문제 보기

등비수열 $\{a_n\}$에 대하여

$a_3=4(a_2-a_1)$, $\sum\limits_{k=1}^{6}a_k=15$ → 등비수열의 일반항과 합의 공식을 이용하여
첫째항과 공비를 구한다.

일 때, $a_1+a_3+a_5$의 값은? [4점]

① 3   ② 4   ③ 5   ④ 6   ⑤ 7

Step 1   공비 구하기

등비수열 $\{a_n\}$의 공비를 r라 하면 $a_3=4(a_2-a_1)$에서

$a_1r^2=4(a_1r-a_1)$, $a_1r^2-4a_1r+4a_1=0$

$a_1(r^2-4r+4)=0$, $a_1(r-2)^2=0$

이때 $\sum\limits_{k=1}^{6}a_k\neq0$이므로 $a_1\neq0$

$\therefore r=2$

Step 2 a_1의 값 구하기

$\sum\limits_{k=1}^{6}a_k=15$에서 $\dfrac{a_1(2^6-1)}{2-1}=15$ → 첫째항이 a_1, 공비가 2인 등비수열의
첫째항부터 제6항까지의 합이야.

$63a_1=15$ $\therefore a_1=\dfrac{5}{21}$

Step 3 $a_1+a_3+a_5$의 값 구하기

따라서 수열 $\{a_n\}$의 첫째항이 $\dfrac{5}{21}$, 공비가 2이므로

$a_1+a_3+a_5=\dfrac{5}{21}+\dfrac{5}{21}\times2^2+\dfrac{5}{21}\times2^4$

$\qquad\qquad\quad =\dfrac{5}{21}(1+2^2+2^4)=5$

문제 보기

공비가 양수인 등비수열 $\{a_n\}$에 대하여

$a_1=2$, $\dfrac{a_5}{a_3}=9$ → 공비를 구한다.

일 때, $\sum\limits_{k=1}^{4}a_k$의 값을 구하시오. [3점]
└ 등비수열의 합의 공식을 이용한다.

Step 1   공비 구하기

등비수열 $\{a_n\}$의 공비를 $r\,(r>0)$라 하면 $\dfrac{a_5}{a_3}=9$에서

$r^2=9$

$\therefore r=3\ (\because r>0)$

Step 2 $\sum\limits_{k=1}^{4}a_k$의 값 구하기

따라서 수열 $\{a_n\}$의 첫째항이 2, 공비가 3이므로

$\sum\limits_{k=1}^{4}a_k=\dfrac{2(3^4-1)}{3-1}=80$

문제 보기

부등식 $\sum\limits_{k=1}^{5}2^{k-1}<\sum\limits_{k=1}^{n}(2k-1)<\sum\limits_{k=1}^{5}(2\times3^{k-1})$을 만족시키는 모든 자
└ 자연수의 거듭제곱의 합의 공식과 등비수열의 합의 공식을 이용하여
n에 대한 부등식으로 나타낸다.

연수 n의 값의 합을 구하시오. [3점]

Step 1   주어진 부등식을 n에 대한 부등식으로 나타내기

$\sum\limits_{k=1}^{5}2^{k-1}<\sum\limits_{k=1}^{n}(2k-1)<\sum\limits_{k=1}^{5}(2\times3^{k-1})$에서

$\dfrac{2^5-1}{2-1}<2\times\dfrac{n(n+1)}{2}-n<\dfrac{2(3^5-1)}{3-1}$

$\therefore 31<n^2<242$

Step 2   자연수 n의 값의 합 구하기

이때 $5^2=25$, $6^2=36$, $15^2=225$, $16^2=256$이므로 조건을 만족시키는 자연
수 n의 값은 6, 7, 8, $\cdots$, 15이다.

따라서 모든 자연수 n의 값의 합은

$6+7+8+\cdots+15=\dfrac{10(6+15)}{2}=105$

20 ∑와 등비수열

정답 13 | 정답률 70%

문제 보기

수열 $\{a_n\}$은 첫째항이 양수이고 공비가 1보다 큰 등비수열이다.

$a_3 a_5 = a_1$일 때, $\displaystyle\sum_{k=1}^{n} \frac{1}{a_k} = \sum_{k=1}^{n} a_k$를 만족시키는 자연수 n의 값을 구하시오.

└ 첫째항과 공비 사이의 관계식을 구한다. └ 등비수열의 합의 공식을 이용한다. [4점]

Step 1 첫째항과 공비 사이의 관계식 구하기

등비수열 $\{a_n\}$의 공비를 r $(r>1)$라 하면 $a_3 a_5 = a_1$에서
$(a_1 r^2) \times (a_1 r^4) = a_1$, $a_1^2 r^6 = a_1$

$\therefore a_1 = \dfrac{1}{r^6}$ ...... ㉠

Step 2 자연수 n의 값 구하기

$\displaystyle\sum_{k=1}^{n} \frac{1}{a_k} = \sum_{k=1}^{n} a_k$에서 → 수열 $\left\{\dfrac{1}{a_n}\right\}$은 첫째항이 $\dfrac{1}{a_1}$ $\left(\dfrac{1}{a_1}>0\right)$, 공비가 $\dfrac{1}{r}$ $\left(\dfrac{1}{r}<1\right)$인 등비수열이야.

$\dfrac{\dfrac{1}{a_1}\left(1-\dfrac{1}{r^n}\right)}{1-\dfrac{1}{r}} = \dfrac{a_1(r^n-1)}{r-1}$

$\dfrac{r(r^n-1)}{a_1 r^n(r-1)} = \dfrac{a_1(r^n-1)}{r-1}$

$\therefore r^{n-1} = \dfrac{1}{a_1^2}$ ...... ㉡

㉠을 ㉡에 대입하면
$r^{n-1} = (r^6)^2 = r^{12}$
따라서 $n-1=12$이므로
$n=13$

다른 풀이 등비수열의 일반항 이용하기

등비수열 $\{a_n\}$의 공비를 r $(r>1)$라 하면 $a_3 a_5 = a_1$에서
$(a_1 r^2) \times (a_1 r^4) = a_1$ $\therefore a_1^2 r^6 = a_1$

$\therefore a_1 = \dfrac{1}{r^6}$

즉, 등비수열 $\{a_n\}$의 일반항 a_n은
$a_n = a_1 r^{n-1} = \dfrac{1}{r^6} \times r^{n-1} = r^{n-7}$

$\displaystyle\sum_{k=1}^{n} a_k = \sum_{k=1}^{n} r^{k-7} = r^{-6} + r^{-5} + r^{-4} + \cdots + r^{n-7}$

$\displaystyle\sum_{k=1}^{n} \frac{1}{a_k} = \sum_{k=1}^{n} \frac{1}{r^{k-7}} = \sum_{k=1}^{n} r^{7-k} = r^6 + r^5 + r^4 + \cdots + r^{7-n}$

이때 $\displaystyle\sum_{k=1}^{n} a_k = \sum_{k=1}^{n} \frac{1}{a_k}$이고 $r>1$이므로
$r^{-6} = r^{7-n}$
따라서 $-6 = 7-n$이므로
$n=13$

---

21 ∑와 등비수열

정답 ② | 정답률 71%

문제 보기

공비가 $\sqrt{3}$인 등비수열 $\{a_n\}$과 공비가 $-\sqrt{3}$인 등비수열 $\{b_n\}$에 대하여

$a_1 = b_1$, $\displaystyle\sum_{n=1}^{8} a_n + \sum_{n=1}^{8} b_n = 160$

└ 등비수열의 일반항을 이용하여 두 수열 사이의 관계를 파악한다.

└ $n=2k-1$일 때 $a_n=b_n$, $n=2k$일 때 $a_n=-b_n$임을 이용한다.

일 때, $a_3 + b_3$의 값은? [3점]

① 9 ② 12 ③ 15 ④ 18 ⑤ 21

Step 1 a_1의 값 구하기

$a_1 = b_1$이므로 두 등비수열 $\{a_n\}$, $\{b_n\}$의 일반항은 각각
$a_n = a_1 \times (\sqrt{3})^{n-1}$, $b_n = a_1 \times (-\sqrt{3})^{n-1}$
따라서 자연수 k에 대하여
$n=2k-1$일 때, $a_n = b_n$
$n=2k$일 때, $a_n = -b_n$

$\therefore \displaystyle\sum_{n=1}^{8} a_n + \sum_{n=1}^{8} b_n$

$= (a_1 + a_2 + a_3 + a_4 + a_5 + a_6 + a_7 + a_8)$
$\qquad\qquad + (b_1 + b_2 + b_3 + b_4 + b_5 + b_6 + b_7 + b_8)$

$= (a_1 + a_2 + a_3 + a_4 + a_5 + a_6 + a_7 + a_8)$
$\qquad\qquad + (a_1 - a_2 + a_3 - a_4 + a_5 - a_6 + a_7 - a_8)$

$= 2(a_1 + a_3 + a_5 + a_7)$

$= 2 \times \dfrac{a_1(3^4-1)}{3-1} = 80 a_1$ → 첫째항이 a_1이고 공비가 $(\sqrt{3})^2 = 3$인 등비수열의 첫째항부터 제4항까지의 합이야.

즉, $80 a_1 = 160$이므로
$a_1 = 2$

Step 2 $a_3 + b_3$의 값 구하기

따라서 수열 $\{a_n\}$의 첫째항이 2, 공비가 $\sqrt{3}$이므로
$a_3 + b_3 = 2a_3 = 2\{2 \times (\sqrt{3})^2\} = 12$

문제 보기

모든 항이 양수인 등비수열 $\{a_n\}$이 다음 조건을 만족시킬 때, a_3의 값은?

[4점]

> (가) $\sum\limits_{k=1}^{4} a_k = 45$ — 등비수열의 합의 공식을 이용한다.
>
> (나) $\sum\limits_{k=1}^{6} \dfrac{a_2 \times a_5}{a_k} = 189$ — $(a_2 \times a_5)\sum\limits_{k=1}^{6}\dfrac{1}{a_k}$이므로 등비수열의 합의 공식을
> 이용한다.

① 12   ② 15   ③ 18   ④ 21   ⑤ 24

Step 1 공비 구하기

등비수열 $\{a_n\}$의 첫째항을 $a\,(a>0)$, 공비를 $r\,(r>0)$라 하자.

$r=1$이라 가정하면 $a_n = a$

조건 (가)에서 $\sum\limits_{k=1}^{4} a = 45$

$4a = 45$ $\therefore a = \dfrac{45}{4}$ …… ㉠

조건 (나)에서 $\sum\limits_{k=1}^{6} a = 189$

$6a = 189$ $\therefore a = \dfrac{63}{2}$ …… ㉡

㉠, ㉡에서 a의 값이 다르므로 $r \neq 1$

조건 (가)에서 $\dfrac{a(r^4-1)}{r-1} = 45$ …… ㉢

조건 (나)에서

$\sum\limits_{k=1}^{6} \dfrac{a_2 \times a_5}{a_k} = (a_2 \times a_5)\sum\limits_{k=1}^{6}\dfrac{1}{a_k}$ — 수열 $\left\{\dfrac{1}{a_n}\right\}$은 첫째항이 $\dfrac{1}{a}\left(\dfrac{1}{a}>0\right)$,

$= ar \times ar^4 \times \dfrac{\dfrac{1}{a}\left\{1-\left(\dfrac{1}{r}\right)^6\right\}}{1-\dfrac{1}{r}}$ 공비가 $\dfrac{1}{r}\left(\dfrac{1}{r}>0\right)$인 등비수열이야.

$= a^2 r^5 \times \dfrac{r(r^6-1)}{ar^6(r-1)} = \dfrac{a(r^6-1)}{r-1}$

$\therefore \dfrac{a(r^6-1)}{r-1} = 189$ …… ㉣

㉣÷㉢을 하면 $\dfrac{r^6-1}{r^4-1} = \dfrac{21}{5}$

$\dfrac{(r^2-1)(r^4+r^2+1)}{(r^2-1)(r^2+1)} = \dfrac{21}{5}$, $\dfrac{r^4+r^2+1}{r^2+1} = \dfrac{21}{5}$

$5r^4 + 5r^2 + 5 = 21r^2 + 21$

$5r^4 - 16r^2 - 16 = 0$, $(5r^2+4)(r^2-4) = 0$

$\therefore r = 2\ (\because r > 0)$

Step 2 첫째항 구하기

$r=2$를 ㉢에 대입하면

$\dfrac{a(2^4-1)}{2-1} = 45$, $15a = 45$

$\therefore a = 3$

Step 3 a_3의 값 구하기

따라서 수열 $\{a_n\}$의 첫째항이 3, 공비가 2이므로

$a_3 = 3 \times 2^2 = 12$

문제 보기

첫째항이 양수이고 공비가 -2인 등비수열 $\{a_n\}$에 대하여

               — $a_{2n-1} > 0$, $a_{2n} < 0$임을 알 수 있다.

$\sum\limits_{k=1}^{9}(\,|a_k| + a_k\,) = 66$ — $n=2k-1$인 경우와 $n=2k$인 경우로 나누어 생각한다.

일 때, a_1의 값은? [4점]

① $\dfrac{3}{31}$ ② $\dfrac{5}{31}$ ③ $\dfrac{7}{31}$ ④ $\dfrac{9}{31}$ ⑤ $\dfrac{11}{31}$

Step 1 a_1의 값 구하기

등비수열 $\{a_n\}$의 일반항 a_n은

$a_n = a_1 \times (-2)^{n-1}$

(i) $n = 2k-1\,(k$는 자연수)일 때,

    $a_n > 0$이므로

    $|a_{2k-1}| + a_{2k-1} = a_{2k-1} + a_{2k-1} = 2a_{2k-1}$

(ii) $n = 2k\,(k$는 자연수)일 때,

    $a_n < 0$이므로

    $|a_{2k}| + a_{2k} = -a_{2k} + a_{2k} = 0$

$a_{2k-1} = a_1 \times (-2)^{2k-1-1} = a_1 \times \{(-2)^2\}^{k-1} = a_1 \times 4^{k-1}$이므로 수열 $\{a_{2k-1}\}$

은 첫째항이 a_1, 공비가 4인 등비수열이다.

$\therefore \sum\limits_{k=1}^{9}(\,|a_k| + a_k\,) = \sum\limits_{k=1}^{5}(\,|a_{2k-1}| + a_{2k-1}\,) + \sum\limits_{k=1}^{4}(\,|a_{2k}| + a_{2k}\,)$

                    $= \sum\limits_{k=1}^{5} 2a_{2k-1} = 2 \times \dfrac{a_1(4^5-1)}{4-1} = 682a_1$

따라서 $682a_1 = 66$이므로 $a_1 = \dfrac{3}{31}$

24 ∑와 등비수열   정답 502 | 정답률 52%

문제 보기

모든 항이 양의 실수인 등비수열 $\{a_n\}$의 첫째항부터 제n항까지의 합을 S_n이라 하자. $S_3=7a_3$일 때, $\sum\limits_{n=1}^{8}\dfrac{S_n}{a_n}$의 값을 구하시오. [4점]

└ 공비를 구한다.   └ 등비수열의 일반항과 합의 공식을 이용한다.

Step 1   공비 구하기

등비수열 $\{a_n\}$의 첫째항을 a $(a>0)$, 공비를 r $(r>0)$라 하면 $S_3=7a_3$에서
$a+ar+ar^2=7ar^2$
$a>0$이므로 $1+r+r^2=7r^2$
$6r^2-r-1=0$, $(3r+1)(2r-1)=0$
$\therefore r=\dfrac{1}{2}$ $(\because r>0)$

Step 2 $\sum\limits_{n=1}^{8}\dfrac{S_n}{a_n}$의 값 구하기

따라서 수열 $\{a_n\}$의 첫째항이 a, 공비가 $\dfrac{1}{2}$이므로

$a_n=a\left(\dfrac{1}{2}\right)^{n-1}$, $S_n=\dfrac{a\left\{1-\left(\dfrac{1}{2}\right)^n\right\}}{1-\dfrac{1}{2}}=2a\left\{1-\left(\dfrac{1}{2}\right)^n\right\}$

$\therefore \sum\limits_{n=1}^{8}\dfrac{S_n}{a_n}=\sum\limits_{n=1}^{8}\dfrac{2a\left\{1-\left(\dfrac{1}{2}\right)^n\right\}}{a\left(\dfrac{1}{2}\right)^{n-1}}=\sum\limits_{n=1}^{8}(2^n-1)$

$\qquad\qquad\quad =\dfrac{2(2^8-1)}{2-1}-1\times 8=502$

다른 풀이   등비수열의 합의 공식 이용하기

등비수열 $\{a_n\}$의 첫째항을 a $(a>0)$, 공비를 r $(r>0)$라 하면
(i) $r=1$일 때,
   $S_3=7a_3$에서 $a+a+a=7a$
   $4a=0$에서 $a=0$
   이는 $a>0$이라는 조건을 만족시키지 않는다.
(ii) $r\neq 1$일 때,
   $S_3=7a_3$에서 $\dfrac{a(1-r^3)}{1-r}=7ar^2$

   $\dfrac{a(1-r)(1+r+r^2)}{1-r}=7ar^2$

   $a(1+r+r^2)=7ar^2$
   $a>0$이므로 $1+r+r^2=7r^2$
   $6r^2-r-1=0$, $(3r+1)(2r-1)=0$
   $\therefore r=\dfrac{1}{2}$ $(\because r>0)$

$\therefore \sum\limits_{n=1}^{8}\dfrac{S_n}{a_n}=\sum\limits_{n=1}^{8}\dfrac{2a\left\{1-\left(\dfrac{1}{2}\right)^n\right\}}{a\left(\dfrac{1}{2}\right)^{n-1}}=\sum\limits_{n=1}^{8}(2^n-1)$

$\qquad\qquad\quad =\dfrac{2(2^8-1)}{2-1}-1\times 8=502$

---

25 ∑와 등비수열   정답 162 | 정답률 47%

문제 보기

첫째항이 2이고 공비가 정수인 등비수열 $\{a_n\}$과 자연수 m이 다음 조건을 만족시킬 때, a_m의 값을 구하시오. [4점]

(가) $4<a_2+a_3\leq 12$ → 공비를 구한다.

(나) $\sum\limits_{k=1}^{m}a_k=122$ → 등비수열의 합의 공식을 이용하여 자연수 m의 값을 구한다.

Step 1   공비 구하기

등비수열 $\{a_n\}$의 공비를 r (r는 정수)라 하면 조건 (가)에서
$4<2r+2r^2\leq 12$
$\therefore 2<r+r^2\leq 6$
$r+r^2>2$에서
$r^2+r-2>0$, $(r+2)(r-1)>0$
$\therefore r<-2$ 또는 $r>1$ …… ㉠
$r+r^2\leq 6$에서
$r^2+r-6\leq 0$, $(r+3)(r-2)\leq 0$
$\therefore -3\leq r\leq 2$ …… ㉡
㉠, ㉡에서
$-3\leq r<-2$ 또는 $1<r\leq 2$
이때 r는 정수이므로 $r=-3$ 또는 $r=2$

Step 2 m의 값 구하기

(i) $r=-3$일 때,
   조건 (나)에서
   $\sum\limits_{k=1}^{m}a_k=\dfrac{2\{1-(-3)^m\}}{1-(-3)}=\dfrac{1-(-3)^m}{2}$

   즉, $\dfrac{1-(-3)^m}{2}=122$이므로

   $1-(-3)^m=244$
   $(-3)^m=-243=(-3)^5$ $\therefore m=5$

(ii) $r=2$일 때,
   조건 (나)에서
   $\sum\limits_{k=1}^{m}a_k=\dfrac{2(2^m-1)}{2-1}$

   즉, $2(2^m-1)=122$이므로
   $2^m=62$
   이를 만족시키는 자연수 m의 값은 존재하지 않는다.
(i), (ii)에서 $r=-3$, $m=5$

Step 3 a_m의 값 구하기

따라서 수열 $\{a_n\}$의 첫째항이 2, 공비가 -3이므로
$a_m=a_5=2\times(-3)^4=162$

문제 보기

수열 $\{a_n\}$에 대하여

$$\sum_{k=1}^{n} a_k = n^2 - n \ (n \geq 1)$$ ─ 수열의 합과 일반항 사이의 관계를 이용하여 a_n을 구한다.

일 때, $\displaystyle\sum_{k=1}^{10} k a_{4k+1}$의 값은? [3점]

① 2960   ② 3000   ③ 3040   ④ 3080   ⑤ 3120

Step 1 a_n 구하기

$S_n = \displaystyle\sum_{k=1}^{n} a_k = n^2 - n$이라 하면

(i) $n=1$일 때, $a_1 = S_1 = 0$ …… ㉠

(ii) $n \geq 2$일 때,

$\quad a_n = S_n - S_{n-1}$

$\qquad = (n^2 - n) - \{(n-1)^2 - (n-1)\}$

$\qquad = 2n - 2$ …… ㉡

이때 ㉠은 ㉡에 $n=1$을 대입한 값과 같으므로

$a_n = 2n - 2$

Step 2 $\displaystyle\sum_{k=1}^{10} k a_{4k+1}$의 값 구하기

따라서 $a_{4k+1} = 2(4k+1) - 2 = 8k$이므로

$\displaystyle\sum_{k=1}^{10} k a_{4k+1} = \sum_{k=1}^{10} 8k^2 = 8 \times \frac{10 \times 11 \times 21}{6} = 3080$

문제 보기

수열 $\{a_n\}$에 대하여

$$\sum_{k=1}^{n} a_k = \log_2 (n^2 + n)$$ ─ 수열의 합과 일반항 사이의 관계를 이용하여 $n \geq 2$일 때 a_n을 구한다.

일 때, $\displaystyle\sum_{n=1}^{15} a_{2n+1}$의 값을 구하시오. [3점]

Step 1 a_n 구하기

$S_n = \displaystyle\sum_{k=1}^{n} a_k = \log_2 (n^2 + n)$이라 하면 $n \geq 2$일 때,

$a_n = S_n - S_{n-1}$

$\quad = \log_2 (n^2 + n) - \log_2 \{(n-1)^2 + (n-1)\}$

$\quad = \log_2 (n^2 + n) - \log_2 (n^2 - n)$

$\quad = \log_2 \dfrac{n^2 + n}{n^2 - n} = \log_2 \dfrac{n+1}{n-1}$

Step 2 $\displaystyle\sum_{n=1}^{15} a_{2n+1}$의 값 구하기

따라서 $a_{2n+1} = \log_2 \dfrac{(2n+1)+1}{(2n+1)-1} = \log_2 \dfrac{n+1}{n} \ (n \geq 1)$이므로

$\displaystyle\sum_{n=1}^{15} a_{2n+1} = \sum_{n=1}^{15} \log_2 \frac{n+1}{n}$

$\qquad = \log_2 \dfrac{2}{1} + \log_2 \dfrac{3}{2} + \log_2 \dfrac{4}{3} + \cdots + \log_2 \dfrac{16}{15}$

$\qquad = \log_2 \left(\dfrac{2}{1} \times \dfrac{3}{2} \times \dfrac{4}{3} \times \cdots \times \dfrac{16}{15} \right)$

$\qquad = \log_2 16 = \log_2 2^4 = 4$

28 ∑로 표현된 수열의 합과 일반항 사이의 관계
정답 ④ | 정답률 83%

문제 보기

등차수열 $\{a_n\}$이 $\displaystyle\sum_{k=1}^{n} a_{2k-1}=3n^2+n$을 만족시킬 때, a_8의 값은? [4점]

└─ 수열의 합과 일반항 사이의 관계를 이용하여
　　$n\geq2$일 때 a_{2n-1}을 구한다.

① 16　　② 19　　③ 22　　④ 25　　⑤ 28

Step 1 a_{2n-1} 구하기

$S_n=\displaystyle\sum_{k=1}^{n} a_{2k-1}=3n^2+n$이라 하면 $n\geq2$일 때,

$a_{2n-1}=S_n-S_{n-1}$
$=(3n^2+n)-\{3(n-1)^2+(n-1)\}$
$=6n-2$　······ ㉠

Step 2 a_8의 값 구하기

a_8은 a_7과 a_9의 등차중항이므로

$a_8=\dfrac{a_7+a_9}{2}$

㉠에 $n=4$, $n=5$를 각각 대입하면

$a_7=6\times4-2=22$, $a_9=6\times5-2=28$

$\therefore a_8=\dfrac{a_7+a_9}{2}=\dfrac{22+28}{2}=25$

다른 풀이 등차수열의 일반항 이용하기

$\displaystyle\sum_{k=1}^{1} a_{2k-1}=3\times1^2+1$이므로 $a_1=4$　······ ㉠

$\displaystyle\sum_{k=1}^{2} a_{2k-1}=3\times2^2+2$이므로 $a_1+a_3=14$　······ ㉡

㉡-㉠을 하면 $a_3=10$

이때 수열 $\{a_n\}$의 공차를 d라 하면 수열 $\{a_{2n-1}\}$의 공차는 $2d$이므로

$2d=a_3-a_1=10-4=6$　$\therefore d=3$

따라서 수열 $\{a_n\}$의 첫째항이 4, 공차가 3이므로

$a_8=4+7\times3=25$

다른 풀이 등차수열의 합 이용하기

등차수열 $\{a_n\}$의 공차를 d라 하면

$\displaystyle\sum_{k=1}^{n} a_{2k-1}=a_1+a_3+a_5+\cdots+a_{2n-1}$
$=a_1+(a_1+2d)+(a_1+4d)+\cdots+\{a_1+(2n-2)d\}$
$=na_1+\{2+4+\cdots+(2n-2)\}d$
$=na_1+2\{1+2+\cdots+(n-1)\}d$
$=na_1+2\times\dfrac{n(n-1)}{2}d$
$=na_1+(n^2-n)d$
$=dn^2+(a_1-d)n$

즉, $dn^2+(a_1-d)n=3n^2+n$이므로

$d=3$, $a_1-d=1$　$\therefore a_1=4$

$\therefore a_8=a_1+7d=4+7\times3=25$

29 ∑로 표현된 수열의 합과 일반항 사이의 관계
정답 120 | 정답률 57%

문제 보기

수열 $\{a_n\}$에 대하여

$$\sum_{k=1}^{n}(2k-1)a_k=n(n+1)(4n-1)$$

└─ 수열의 합과 일반항 사이의 관계를
이용하여 $n\geq2$일 때 $(2n-1)a_n$을
구한다.

일 때, a_{20}의 값을 구하시오. [4점]

Step 1 a_n 구하기

$S_n=\displaystyle\sum_{k=1}^{n}(2k-1)a_k=n(n+1)(4n-1)$이라 하면 $n\geq2$일 때,

$(2n-1)a_n=S_n-S_{n-1}$
$=n(n+1)(4n-1)-(n-1)n(4n-5)$
$=n\{(n+1)(4n-1)-(n-1)(4n-5)\}$
$=n(12n-6)=6n(2n-1)$

$n\geq2$일 때, $2n-1\neq0$이므로 $(2n-1)a_n=6n(2n-1)$의 양변을 $2n-1$로 나누면

$a_n=6n\ (n\geq2)$

Step 2 a_{20}의 값 구하기

$\therefore a_{20}=6\times20=120$

30 ∑로 표현된 수열의 합과 일반항 사이의 관계
정답 58 | 정답률 53%

문제 보기

수열 $\{a_n\}$이 모든 자연수 n에 대하여

$$\sum_{k=1}^{n}\dfrac{4k-3}{a_k}=2n^2+7n$$

└─ 수열의 합과 일반항 사이의 관계를 이용하여
$n\geq2$일 때 $\dfrac{4n-3}{a_n}$을 구한다.

을 만족시킨다. $a_5\times a_7\times a_9=\dfrac{q}{p}$일 때, $p+q$의 값을 구하시오.

(단, p와 q는 서로소인 자연수이다.) [4점]

Step 1 a_n 구하기

$S_n=\displaystyle\sum_{k=1}^{n}\dfrac{4k-3}{a_k}=2n^2+7n$이라 하면 $n\geq2$일 때,

$\dfrac{4n-3}{a_n}=S_n-S_{n-1}$
$=(2n^2+7n)-\{2(n-1)^2+7(n-1)\}$
$=4n+5$

$n\geq2$일 때, $4n+5>0$이므로 $\dfrac{4n-3}{a_n}=4n+5$에서

$a_n=\dfrac{4n-3}{4n+5}\ (n\geq2)$

Step 2 $a_5\times a_7\times a_9$의 값 구하기

$\therefore a_5\times a_7\times a_9=\dfrac{17}{25}\times\dfrac{25}{33}\times\dfrac{33}{41}=\dfrac{17}{41}$

Step 3 $p+q$의 값 구하기

따라서 $p=41$, $q=17$이므로 $p+q=58$

문제 보기

$a_1=2$인 수열 $\{a_n\}$과 $b_1=2$인 등차수열 $\{b_n\}$이 모든 자연수 n에 대하여
└→ b_n을 구한다.

$$\sum_{k=1}^{n}\frac{a_k}{b_{k+1}}=\frac{1}{2}n^2$$ ← 수열의 합과 일반항 사이의 관계를 이용하여 $n\geq 2$일 때
└→ $\frac{a_n}{b_{n+1}}$을 구한다.

을 만족시킬 때, $\sum_{k=1}^{5}a_k$의 값은? [4점]

① 120 ② 125 ③ 130 ④ 135 ⑤ 140

Step 1 $\frac{a_n}{b_{n+1}}$ **구하기**

$S_n=\sum_{k=1}^{n}\frac{a_k}{b_{k+1}}=\frac{1}{2}n^2$이라 하면 $n\geq 2$일 때,

$$\frac{a_n}{b_{n+1}}=S_n-S_{n-1}$$
$$=\frac{1}{2}n^2-\frac{1}{2}(n-1)^2$$
$$=n-\frac{1}{2}$$

Step 2 b_n **구하기**

$\sum_{k=1}^{n}\frac{a_k}{b_{k+1}}=\frac{1}{2}n^2$에서 $n=1$일 때,

$\frac{a_1}{b_2}=\frac{1}{2}$

이때 $a_1=2$이므로

$\frac{2}{b_2}=\frac{1}{2}$ ∴ $b_2=4$

따라서 등차수열 $\{b_n\}$의 첫째항이 2, 공차가 $4-2=2$이므로

$b_n=2+(n-1)\times 2=2n$

Step 3 a_n **구하기**

$b_{n+1}=2(n+1)$이므로 $\frac{a_n}{b_{n+1}}=n-\frac{1}{2}$ $(n\geq 2)$에서

$\frac{a_n}{2(n+1)}=n-\frac{1}{2}$

∴ $a_n=2(n+1)\left(n-\frac{1}{2}\right)$
$=2n^2+n-1$ $(n\geq 2)$

Step 4 $\sum_{k=1}^{5}a_k$**의 값 구하기**

$a_2=2\times 2^2+2-1=9$

$a_3=2\times 3^2+3-1=20$

$a_4=2\times 4^2+4-1=35$

$a_5=2\times 5^2+5-1=54$

∴ $\sum_{k=1}^{5}a_k=a_1+a_2+a_3+a_4+a_5$
$=2+9+20+35+54=120$

문제 보기

첫째항이 2, 공차가 4인 등차수열 $\{a_n\}$에 대하여
└→ a_n을 구한다.

$$\sum_{k=1}^{n}a_kb_k=4n^3+3n^2-n$$ 일 때, b_5의 값을 구하시오. [4점]
└→ 수열의 합과 일반항 사이의 관계를 이용하여 $n\geq 2$일 때 a_nb_n을 구한다.

Step 1 a_nb_n **구하기**

$S_n=\sum_{k=1}^{n}a_kb_k=4n^3+3n^2-n=n(4n-1)(n+1)$이라 하면 $n\geq 2$일 때,

$a_nb_n=S_n-S_{n-1}$
$=n(4n-1)(n+1)-n(n-1)(4n-5)$
$=n\{(4n^2+3n-1)-(4n^2-9n+5)\}$
$=n(12n-6)=6n(2n-1)$

Step 2 a_n **구하기**

등차수열 $\{a_n\}$의 첫째항이 2, 공차가 4이므로 일반항 a_n은

$a_n=2+(n-1)\times 4=4n-2$

Step 3 b_n **구하기**

$a_n=4n-2=2(2n-1)$이므로 $a_nb_n=6n(2n-1)$ $(n\geq 2)$에서

$2(2n-1)b_n=6n(2n-1)$

$n\geq 2$일 때, $2n-1\neq 0$이므로 $2(2n-1)b_n=6n(2n-1)$의 양변을 $2n-1$로 나누면

$2b_n=6n$ ∴ $b_n=3n$ $(n\geq 2)$

Step 4 b_5**의 값 구하기**

∴ $b_5=3\times 5=15$

다른 풀이 $a_5b_5=\sum_{k=1}^{5}a_kb_k-\sum_{k=1}^{4}a_kb_k$임을 이용하기

등차수열 $\{a_n\}$의 첫째항이 2, 공차가 4이므로

$a_5=2+4\times 4=18$

$a_5b_5=\sum_{k=1}^{5}a_kb_k-\sum_{k=1}^{4}a_kb_k$
$=(4\times 5^3+3\times 5^2-5)-(4\times 4^3+3\times 4^2-4)$
$=570-300=270$

$a_5b_5=270$에 $a_5=18$을 대입하면

$18\times b_5=270$ ∴ $b_5=15$

33 ∑로 표현된 수열의 합과 일반항 사이의 관계
정답 ① | 정답률 48%

문제 보기

첫째항이 2인 수열 $\{a_n\}$의 첫째항부터 제n항까지의 합을 S_n이라 하자. 다음은 모든 자연수 n에 대하여

$$\sum_{k=1}^{n} \frac{3S_k}{k+2} = S_n$$

이 성립할 때, a_{10}의 값을 구하는 과정이다.

$n \geq 2$인 모든 자연수 n에 대하여

$a_n = S_n - S_{n-1}$

$= \sum_{k=1}^{n} \frac{3S_k}{k+2} - \sum_{k=1}^{n-1} \frac{3S_k}{k+2} = \frac{3S_n}{n+2}$

이므로 $3S_n = (n+2) \times a_n \ (n \geq 2)$ ──→ *

이다.

$S_1 = a_1$에서 $3S_1 = 3a_1$이므로

$3S_n = (n+2) \times a_n \ (n \geq 1)$

이다.

$3a_n = 3(S_n - S_{n-1})$

$= (n+2) \times a_n - (\boxed{(가)}) \times a_{n-1} \ (n \geq 2)$ ──→ *을 이용하여 구한다.

$\dfrac{a_n}{a_{n-1}} = \boxed{(나)} \ (n \geq 2)$ ──→ **

따라서

$a_{10} = a_1 \times \dfrac{a_2}{a_1} \times \dfrac{a_3}{a_2} \times \dfrac{a_4}{a_3} \times \cdots \times \dfrac{a_9}{a_8} \times \dfrac{a_{10}}{a_9}$

$= \boxed{(다)}$ ──→ **의 n에 2, 3, 4, …, 10을 대입한다.

위의 (가), (나)에 알맞은 식을 각각 $f(n)$, $g(n)$이라 하고, (다)에 알맞은 수를 p라 할 때, $\dfrac{f(p)}{g(p)}$의 값은? [4점]

① 109   ② 112   ③ 115   ④ 118   ⑤ 121

Step 1 (가), (나)에 알맞은 식 구하기

$3S_n = (n+2) \times a_n \ (n \geq 1)$이므로

$3a_n = 3(S_n - S_{n-1})$

$= 3S_n - 3S_{n-1}$

$= (n+2) \times a_n - (\boxed{(가) \ n+1}) \times a_{n-1} \ (n \geq 2)$

즉, $(n-1)a_n = (n+1)a_{n-1}$이므로

$\dfrac{a_n}{a_{n-1}} = \boxed{(나) \ \dfrac{n+1}{n-1}} \ (n \geq 2)$

Step 2 (다)에 알맞은 수 구하기

$\therefore a_{10} = a_1 \times \dfrac{a_2}{a_1} \times \dfrac{a_3}{a_2} \times \dfrac{a_4}{a_3} \times \cdots \times \dfrac{a_9}{a_8} \times \dfrac{a_{10}}{a_9}$

$= 2 \times \dfrac{3}{1} \times \dfrac{4}{2} \times \dfrac{5}{3} \times \cdots \times \dfrac{10}{8} \times \dfrac{11}{9}$

$= \boxed{(다) \ 110}$

Step 3 $\dfrac{f(p)}{g(p)}$의 값 구하기

따라서 $f(n) = n+1$, $g(n) = \dfrac{n+1}{n-1}$, $p = 110$이므로

$\dfrac{f(p)}{g(p)} = \dfrac{111}{\dfrac{111}{109}} = 109$

---

34 분수 꼴인 수열의 합
정답 ⑤ | 정답률 90%

문제 보기

$\displaystyle\sum_{k=1}^{n} \frac{4}{k(k+1)} = \frac{15}{4}$일 때, n의 값은? [3점]

──→ $\dfrac{1}{AB} = \dfrac{1}{B-A}\left(\dfrac{1}{A} - \dfrac{1}{B}\right)$임을 이용하여 식을 변형한다.

① 11   ② 12   ③ 13   ④ 14   ⑤ 15

Step 1 $\displaystyle\sum_{k=1}^{n} \frac{4}{k(k+1)}$를 ∑를 사용하지 않고 나타내기

$\displaystyle\sum_{k=1}^{n} \frac{4}{k(k+1)} = 4\sum_{k=1}^{n}\left(\frac{1}{k} - \frac{1}{k+1}\right)$

$= 4\left\{\left(1 - \frac{1}{2}\right) + \left(\frac{1}{2} - \frac{1}{3}\right) + \cdots + \left(\frac{1}{n} - \frac{1}{n+1}\right)\right\}$

$= 4\left(1 - \frac{1}{n+1}\right) = \frac{4n}{n+1}$

Step 2 n의 값 구하기

즉, $\dfrac{4n}{n+1} = \dfrac{15}{4}$이므로

$16n = 15(n+1)$ $\therefore n = 15$

---

35 분수 꼴인 수열의 합
정답 ② | 정답률 92%

문제 보기

수열 $\{a_n\}$의 일반항이 $a_n = 2n+1$일 때, $\displaystyle\sum_{n=1}^{12} \frac{1}{a_n a_{n+1}}$의 값은? [3점]

──→ $\dfrac{1}{AB} = \dfrac{1}{B-A}\left(\dfrac{1}{A} - \dfrac{1}{B}\right)$임을 이용하여 식을 변형한다.

① $\dfrac{1}{9}$ ② $\dfrac{4}{27}$ ③ $\dfrac{5}{27}$ ④ $\dfrac{2}{9}$ ⑤ $\dfrac{7}{27}$

Step 1 $\displaystyle\sum_{n=1}^{12} \frac{1}{a_n a_{n+1}}$의 값 구하기

$a_{n+1} = 2(n+1) + 1 = 2n+3$이므로

$\displaystyle\sum_{n=1}^{12} \frac{1}{a_n a_{n+1}} = \sum_{n=1}^{12} \frac{1}{(2n+1)(2n+3)}$

$= \dfrac{1}{2}\sum_{n=1}^{12}\left(\frac{1}{2n+1} - \frac{1}{2n+3}\right)$

$= \dfrac{1}{2}\left\{\left(\frac{1}{3} - \frac{1}{5}\right) + \left(\frac{1}{5} - \frac{1}{7}\right) + \cdots + \left(\frac{1}{25} - \frac{1}{27}\right)\right\}$

$= \dfrac{1}{2}\left(\frac{1}{3} - \frac{1}{27}\right) = \dfrac{1}{2} \times \frac{8}{27} = \frac{4}{27}$

36 분수 꼴인 수열의 합

정답 ④ | 정답률 70%

문제 보기

수열 $\{a_n\}$은 $a_1=-4$이고, 모든 자연수 n에 대하여

$$\sum_{k=1}^{n}\frac{a_{k+1}-a_k}{a_k a_{k+1}}=\frac{1}{n}$$

$\longrightarrow \dfrac{1}{AB}=\dfrac{1}{B-A}\left(\dfrac{1}{A}-\dfrac{1}{B}\right)$임을 이용하여 식을 변형한다.

을 만족시킨다. a_{13}의 값은? [3점]

① -9 ② -7 ③ -5 ④ -3 ⑤ -1

Step 1 $\displaystyle\sum_{k=1}^{n}\frac{a_{k+1}-a_k}{a_k a_{k+1}}$ 를 $\sum$를 사용하지 않고 나타내기

$$\sum_{k=1}^{n}\frac{a_{k+1}-a_k}{a_k a_{k+1}}=\sum_{k=1}^{n}\left(\frac{1}{a_k}-\frac{1}{a_{k+1}}\right)$$

$$=\left(\frac{1}{a_1}-\frac{1}{a_2}\right)+\left(\frac{1}{a_2}-\frac{1}{a_3}\right)+\cdots+\left(\frac{1}{a_n}-\frac{1}{a_{n+1}}\right)$$

$$=\frac{1}{a_1}-\frac{1}{a_{n+1}}$$

Step 2 a_{13}의 값 구하기

즉, $\dfrac{1}{a_1}-\dfrac{1}{a_{n+1}}=\dfrac{1}{n}$이므로 $n=12$를 대입하면

$$-\frac{1}{4}-\frac{1}{a_{13}}=\frac{1}{12},\ \frac{1}{a_{13}}=-\frac{1}{3}$$

$$\therefore a_{13}=-3$$

---

37 분수 꼴인 수열의 합

정답 ⑤ | 정답률 72%

문제 보기

수열 $\{a_n\}$의 첫째항부터 제n항까지의 합을 S_n이라 하자.

$$S_n=\frac{1}{n(n+1)}$$ 일 때, $\displaystyle\sum_{k=1}^{10}(S_k-a_k)$의 값은? [3점]

$\longrightarrow$ * $\qquad\longrightarrow$ *을 이용하여 S_n-a_n을 구한다.

① $\dfrac{1}{2}$ ② $\dfrac{3}{5}$ ③ $\dfrac{7}{10}$ ④ $\dfrac{4}{5}$ ⑤ $\dfrac{9}{10}$

Step 1 S_n-a_n 구하기

$$S_n=\frac{1}{n(n+1)}=\frac{1}{n}-\frac{1}{n+1}$$에서

$n=1$일 때, $S_1-a_1=0$

$n\geq2$일 때, $S_n-a_n=S_{n-1}=\dfrac{1}{n-1}-\dfrac{1}{n}$

$$\therefore S_1-a_1=0,\ S_n-a_n=\frac{1}{n-1}-\frac{1}{n}\ (n\geq2)$$

Step 2 $\displaystyle\sum_{k=1}^{10}(S_k-a_k)$의 값 구하기

$$\therefore \sum_{k=1}^{10}(S_k-a_k)=(S_1-a_1)+\sum_{k=2}^{10}(S_k-a_k)$$

$$=\sum_{k=2}^{10}\left(\frac{1}{k-1}-\frac{1}{k}\right)$$

$$=\left(1-\frac{1}{2}\right)+\left(\frac{1}{2}-\frac{1}{3}\right)+\cdots+\left(\frac{1}{9}-\frac{1}{10}\right)$$

$$=1-\frac{1}{10}=\frac{9}{10}$$

다른 풀이 $\sum$의 성질 이용하기

$$S_n=\frac{1}{n(n+1)}=\frac{1}{n}-\frac{1}{n+1}$$이므로

$$\sum_{k=1}^{10}(S_k-a_k)$$

$$=\sum_{k=1}^{10}S_k-\sum_{k=1}^{10}a_k$$

$$=\sum_{k=1}^{10}S_k-S_{10}$$

$$=\left\{\left(1-\frac{1}{2}\right)+\left(\frac{1}{2}-\frac{1}{3}\right)+\cdots+\left(\frac{1}{9}-\frac{1}{10}\right)+\left(\frac{1}{10}-\frac{1}{11}\right)\right\}-\left(\frac{1}{10}-\frac{1}{11}\right)$$

$$=1-\frac{1}{10}=\frac{9}{10}$$

38 분수 꼴인 수열의 합   정답 ① | 정답률 46%

문제 보기

수열 $\{a_n\}$이 모든 자연수 n에 대하여

$$\sum_{k=1}^{n} \frac{1}{(2k-1)a_k} = n^2 + 2n$$ → 수열의 합과 일반항 사이의 관계를 이용하여 a_n을 구한다.

을 만족시킬 때, $\sum_{n=1}^{10} a_n$의 값은? [4점]

① $\dfrac{10}{21}$ ② $\dfrac{4}{7}$ ③ $\dfrac{2}{3}$ ④ $\dfrac{16}{21}$ ⑤ $\dfrac{6}{7}$

Step 1 a_n 구하기

$\sum_{k=1}^{n} \dfrac{1}{(2k-1)a_k} = n^2 + 2n$에서

(ⅰ) $n=1$일 때, $\dfrac{1}{a_1} = 3$ $\therefore a_1 = \dfrac{1}{3}$ ⋯⋯ ㉠

(ⅱ) $n \geq 2$일 때,

$$\frac{1}{(2n-1)a_n} = \sum_{k=1}^{n} \frac{1}{(2k-1)a_k} - \sum_{k=1}^{n-1} \frac{1}{(2k-1)a_k}$$
$$= n^2 + 2n - \{(n-1)^2 + 2(n-1)\}$$
$$= 2n+1$$

따라서 $(2n-1)a_n = \dfrac{1}{2n+1}$이므로

$$a_n = \frac{1}{(2n-1)(2n+1)}$$ ⋯⋯ ㉡

이때 ㉠은 ㉡에 $n=1$을 대입한 값과 같으므로

$$a_n = \frac{1}{(2n-1)(2n+1)}$$

Step 2 $\sum_{n=1}^{10} a_n$의 값 구하기

$$\therefore \sum_{n=1}^{10} a_n = \sum_{n=1}^{10} \frac{1}{(2n-1)(2n+1)}$$
$$= \frac{1}{2} \sum_{n=1}^{10} \left(\frac{1}{2n-1} - \frac{1}{2n+1} \right)$$
$$= \frac{1}{2} \left\{ \left(1 - \frac{1}{3}\right) + \left(\frac{1}{3} - \frac{1}{5}\right) + \cdots + \left(\frac{1}{19} - \frac{1}{21}\right) \right\}$$
$$= \frac{1}{2} \left(1 - \frac{1}{21}\right) = \frac{10}{21}$$

39 분수 꼴인 수열의 합   정답 ④ | 정답률 76%

문제 보기

n이 자연수일 때, x에 대한 다항식 $x^3 + (1-n)x^2 + n$을 $x-n$으로 나눈 나머지를 a_n이라 하자. $\sum_{n=1}^{10} \dfrac{1}{a_n}$의 값은? [3점]

  → 나머지정리를 이용하여 a_n을 구한다.

① $\dfrac{7}{8}$ ② $\dfrac{8}{9}$ ③ $\dfrac{9}{10}$ ④ $\dfrac{10}{11}$ ⑤ $\dfrac{11}{12}$

Step 1 a_n 구하기

나머지정리에 의하여

$a_n = n^3 + (1-n)n^2 + n$ → x에 대한 다항식 $f(x)$를 $x-\alpha$로 나누었을 때의 나머지 ⇨ $f(\alpha)$

$ = n^2 + n = n(n+1)$

Step 2 $\sum_{n=1}^{10} \dfrac{1}{a_n}$의 값 구하기

$$\therefore \sum_{n=1}^{10} \frac{1}{a_n} = \sum_{n=1}^{10} \frac{1}{n(n+1)}$$
$$= \sum_{n=1}^{10} \left(\frac{1}{n} - \frac{1}{n+1} \right)$$
$$= \left(1 - \frac{1}{2}\right) + \left(\frac{1}{2} - \frac{1}{3}\right) + \cdots + \left(\frac{1}{10} - \frac{1}{11}\right)$$
$$= 1 - \frac{1}{11} = \frac{10}{11}$$

40 분수 꼴인 수열의 합 정답 201 | 정답률 56%

문제 보기

함수 $f(x)=x^2+x-\dfrac{1}{3}$에 대하여 부등식

$f(n)<k<f(n)+1\ (n=1,\ 2,\ 3,\ \cdots)$ ──→ $f(n)$을 대입하여 a_n을 구한다.

을 만족시키는 정수 k의 값을 a_n이라 하자. $\displaystyle\sum_{n=1}^{100}\dfrac{1}{a_n}=\dfrac{q}{p}$일 때, $p+q$의

값을 구하시오. (단, p와 q는 서로소인 자연수이다.) [4점]

Step 1 a_n 구하기

$f(x)=x^2+x-\dfrac{1}{3}$이므로 부등식 $f(n)<k<f(n)+1$에서

$n^2+n-\dfrac{1}{3}<k<n^2+n+\dfrac{2}{3}$

이 부등식을 만족시키는 정수 k는 n^2+n이므로

$a_n=n^2+n=n(n+1)$

Step 2 $\displaystyle\sum_{n=1}^{100}\dfrac{1}{a_n}$의 값 구하기

$\therefore \displaystyle\sum_{n=1}^{100}\dfrac{1}{a_n}=\sum_{n=1}^{100}\dfrac{1}{n(n+1)}$

$\qquad =\displaystyle\sum_{n=1}^{100}\left(\dfrac{1}{n}-\dfrac{1}{n+1}\right)$

$\qquad =\left(1-\dfrac{1}{2}\right)+\left(\dfrac{1}{2}-\dfrac{1}{3}\right)+\cdots+\left(\dfrac{1}{100}-\dfrac{1}{101}\right)$

$\qquad =1-\dfrac{1}{101}=\dfrac{100}{101}$

Step 3 $p+q$의 값 구하기

따라서 $p=101$, $q=100$이므로

$p+q=201$

41 분수 꼴인 수열의 합 정답 ① | 정답률 65%

문제 보기

공차가 0이 아닌 등차수열 $\{a_n\}$에 대하여 $a_9=2a_3$일 때,

$\displaystyle\sum_{n=1}^{24}\dfrac{(a_{n+1}-a_n)^2}{a_n a_{n+1}}$의 값은? [4점] ──→ 공차를 d로 놓고 a_1과 d 사이의 관계식을 구한다.

└──→ $a_{n+1}-a_n=d$를 대입한다.

① $\dfrac{3}{14}$ ② $\dfrac{2}{7}$ ③ $\dfrac{5}{14}$ ④ $\dfrac{3}{7}$ ⑤ $\dfrac{1}{2}$

Step 1 첫째항과 공차 사이의 관계식 구하기

등차수열 $\{a_n\}$의 공차를 $d\ (d\neq0)$라 하면 $a_9=2a_3$에서

$a_1+8d=2(a_1+2d)$

$\therefore a_1=4d$ $\qquad$ …… ㉠

Step 2 $\displaystyle\sum_{n=1}^{24}\dfrac{(a_{n+1}-a_n)^2}{a_n a_{n+1}}$의 값 구하기

$a_{n+1}-a_n=d$이므로

$\displaystyle\sum_{n=1}^{24}\dfrac{(a_{n+1}-a_n)^2}{a_n a_{n+1}}=\sum_{n=1}^{24}\dfrac{d^2}{a_n a_{n+1}}=d^2\sum_{n=1}^{24}\dfrac{1}{a_n a_{n+1}}$

$\qquad =d^2\displaystyle\sum_{n=1}^{24}\dfrac{1}{a_{n+1}-a_n}\left(\dfrac{1}{a_n}-\dfrac{1}{a_{n+1}}\right)$

$\qquad =d^2\displaystyle\sum_{n=1}^{24}\dfrac{1}{d}\left(\dfrac{1}{a_n}-\dfrac{1}{a_{n+1}}\right)$

$\qquad =d\displaystyle\sum_{n=1}^{24}\left(\dfrac{1}{a_n}-\dfrac{1}{a_{n+1}}\right)$

$\qquad =d\left\{\left(\dfrac{1}{a_1}-\dfrac{1}{a_2}\right)+\left(\dfrac{1}{a_2}-\dfrac{1}{a_3}\right)+\cdots+\left(\dfrac{1}{a_{24}}-\dfrac{1}{a_{25}}\right)\right\}$

$\qquad =d\left(\dfrac{1}{a_1}-\dfrac{1}{a_{25}}\right)$

$\qquad =d\left(\dfrac{1}{a_1}-\dfrac{1}{a_1+24d}\right)$

$\qquad =d\left(\dfrac{1}{4d}-\dfrac{1}{28d}\right)\ (\because ㉠)$

$\qquad =\dfrac{1}{4}-\dfrac{1}{28}=\dfrac{3}{14}$

42 분수 꼴인 수열의 합   정답 ① | 정답률 51%

문제 보기

공차가 0이 아닌 등차수열 $\{a_n\}$에 대하여

$|a_6|=a_8$, $\displaystyle\sum_{k=1}^{5}\frac{1}{a_k a_{k+1}}=\frac{5}{96}$ → $\dfrac{1}{AB}=\dfrac{1}{B-A}\left(\dfrac{1}{A}-\dfrac{1}{B}\right)$임을

└ 첫째항을 공차를 이용하여   이용하여 식을 변형한다.
나타내고, 공차의 부호를 파악한다.

일 때, $\displaystyle\sum_{k=1}^{15}a_k$의 값은? [4점]

① 60   ② 65   ③ 70   ④ 75   ⑤ 80

Step 1 첫째항을 공차를 이용하여 나타내고, 공차의 부호 파악하기

등차수열 $\{a_n\}$의 공차를 $d\,(d\neq0)$라 하면 $|a_6|=a_8$에서

$|a_1+5d|=a_1+7d$ ······ ㉠

(ⅰ) $a_1+5d\geq0$일 때,

㉠에서 $a_1+5d=a_1+7d$

∴ $d=0$

이는 공차가 0이 아니라는 조건을 만족시키지 않는다.

(ⅱ) $a_1+5d<0$일 때,

㉠에서 $-a_1-5d=a_1+7d$

$-2a_1=12d$ ∴ $a_1=-6d$

이를 $a_1+5d<0$에 대입하면 $-6d+5d<0$

$-d<0$ ∴ $d>0$

(ⅰ), (ⅱ)에서 $a_1=-6d$, $d>0$

Step 2 공차 구하기

따라서 수열 $\{a_n\}$의 첫째항이 $-6d$, 공차가 d이므로

$a_n=-6d+(n-1)d=(n-7)d$ ······ ㉡

$\therefore \displaystyle\sum_{k=1}^{5}\frac{1}{a_k a_{k+1}}=\sum_{k=1}^{5}\frac{1}{(k-7)d\times(k-6)d}$

$\qquad\qquad\quad =\dfrac{1}{d^2}\displaystyle\sum_{k=1}^{5}\frac{1}{(k-7)(k-6)}$

$\qquad\qquad\quad =\dfrac{1}{d^2}\displaystyle\sum_{k=1}^{5}\left(\frac{1}{k-7}-\frac{1}{k-6}\right)$

$\qquad\qquad\quad =\dfrac{1}{d^2}\left\{\left(-\dfrac{1}{6}+\dfrac{1}{5}\right)+\left(-\dfrac{1}{5}+\dfrac{1}{4}\right)+\cdots+\left(-\dfrac{1}{2}+1\right)\right\}$

$\qquad\qquad\quad =\dfrac{1}{d^2}\left(-\dfrac{1}{6}+1\right)=\dfrac{1}{d^2}\times\dfrac{5}{6}$

즉, $\dfrac{1}{d^2}\times\dfrac{5}{6}=\dfrac{5}{96}$이므로

$d^2=16$ ∴ $d=4\,(\because d>0)$

Step 3 $\displaystyle\sum_{k=1}^{15}a_k$의 값 구하기

$d=4$를 ㉡에 대입하면

$a_n=4n-28$

$\therefore \displaystyle\sum_{k=1}^{15}a_k=\sum_{k=1}^{15}(4k-28)$

$\qquad\qquad =4\displaystyle\sum_{k=1}^{15}k-\sum_{k=1}^{15}28$

$\qquad\qquad =4\times\dfrac{15\times16}{2}-28\times15$

$\qquad\qquad =60$

43 분모에 근호가 포함된 수열의 합   정답 ② | 정답률 82%

문제 보기

첫째항이 4이고 공차가 1인 등차수열 $\{a_n\}$에 대하여

└ a_n을 구한다.

$\displaystyle\sum_{k=1}^{12}\frac{1}{\sqrt{a_{k+1}}+\sqrt{a_k}}$ — a_{k+1}, a_k를 대입한 후 분모를 유리화한다.

의 값은? [4점]

① 1   ② 2   ③ 3   ④ 4   ⑤ 5

Step 1 a_n 구하기

첫째항이 4이고 공차가 1인 등차수열 $\{a_n\}$의 일반항 a_n은

$a_n=4+(n-1)\times1=n+3$

Step 2 $\displaystyle\sum_{k=1}^{12}\frac{1}{\sqrt{a_{k+1}}+\sqrt{a_k}}$의 값 구하기

$\therefore \displaystyle\sum_{k=1}^{12}\frac{1}{\sqrt{a_{k+1}}+\sqrt{a_k}}=\sum_{k=1}^{12}\frac{1}{\sqrt{k+4}+\sqrt{k+3}}$

$\qquad\qquad\qquad\quad =\displaystyle\sum_{k=1}^{12}\frac{\sqrt{k+4}-\sqrt{k+3}}{(\sqrt{k+4}+\sqrt{k+3})(\sqrt{k+4}-\sqrt{k+3})}$

$\qquad\qquad\qquad\quad =\displaystyle\sum_{k=1}^{12}(\sqrt{k+4}-\sqrt{k+3})$

$\qquad\qquad\qquad\quad =(\sqrt{5}-\sqrt{4})+(\sqrt{6}-\sqrt{5})+\cdots+(\sqrt{16}-\sqrt{15})$

$\qquad\qquad\qquad\quad =\sqrt{16}-\sqrt{4}=4-2=2$

문제 보기

n이 자연수일 때, x에 대한 이차방정식

$$x^2-(2n-1)x+n(n-1)=0$$

의 두 근을 α_n, β_n이라 하자. $\sum\limits_{n=1}^{81}\dfrac{1}{\sqrt{\alpha_n}+\sqrt{\beta_n}}$의 값을 구하시오. [4점]

└→ α_n, β_n을 구한다.   └→ α_n, β_n을 대입한 후 분모를 유리화한다.

Step 1 이차방정식의 두 근 α_n, β_n 구하기

$x^2-(2n-1)x+n(n-1)=0$에서

$(x-n)\{x-(n-1)\}=0$

$\therefore x=n$ 또는 $x=n-1$

따라서 이차방정식의 두 근은

$\alpha_n=n$, $\beta_n=n-1$ 또는 $\alpha_n=n-1$, $\beta_n=n$

Step 2 $\sum\limits_{n=1}^{81}\dfrac{1}{\sqrt{\alpha_n}+\sqrt{\beta_n}}$의 값 구하기

$$\therefore \sum_{n=1}^{81}\frac{1}{\sqrt{\alpha_n}+\sqrt{\beta_n}}=\sum_{n=1}^{81}\frac{1}{\sqrt{n}+\sqrt{n-1}}$$

$$=\sum_{n=1}^{81}\frac{\sqrt{n}-\sqrt{n-1}}{(\sqrt{n}+\sqrt{n-1})(\sqrt{n}-\sqrt{n-1})}$$

$$=\sum_{n=1}^{81}(\sqrt{n}-\sqrt{n-1})$$

$$=(1-0)+(\sqrt{2}-1)+(\sqrt{3}-\sqrt{2})+\cdots+(\sqrt{81}-\sqrt{80})$$

$$=\sqrt{81}=9$$

문제 보기

모든 항이 양수이고 첫째항과 공차가 같은 등차수열 $\{a_n\}$이

└→ 첫째항과 공차를 d로 놓고 a_n을 구한다.

$$\sum_{k=1}^{15}\frac{1}{\sqrt{a_k}+\sqrt{a_{k+1}}}=2$$ →a_{k+1}, a_k를 대입한 후 d에 대한 식을 세운다.

를 만족시킬 때, a_4의 값은? [3점]

① 6   ② 7   ③ 8   ④ 9   ⑤ 10

Step 1 a_n 구하기

등차수열 $\{a_n\}$의 첫째항과 공차가 같으므로 첫째항과 공차를 $d\,(d>0)$라 하면 일반항 a_n은

$$a_n=d+(n-1)d=dn$$

Step 2 공차 구하기

$$\therefore \sum_{k=1}^{15}\frac{1}{\sqrt{a_k}+\sqrt{a_{k+1}}}=\sum_{k=1}^{15}\frac{1}{\sqrt{dk}+\sqrt{d(k+1)}}$$

$$=\sum_{k=1}^{15}\frac{\sqrt{dk}-\sqrt{dk+d}}{(\sqrt{dk}+\sqrt{dk+d})(\sqrt{dk}-\sqrt{dk+d})}$$

$$=\frac{1}{d}\sum_{k=1}^{15}(\sqrt{dk+d}-\sqrt{dk})$$

$$=\frac{1}{d}\{(\sqrt{2d}-\sqrt{d})+(\sqrt{3d}-\sqrt{2d})$$
$$+\cdots+(\sqrt{16d}-\sqrt{15d})\}$$

$$=\frac{1}{d}(\sqrt{16d}-\sqrt{d})$$

$$=\frac{3\sqrt{d}}{d}$$

즉, $\dfrac{3\sqrt{d}}{d}=2$이므로 $3\sqrt{d}=2d$

양변을 제곱하면

$$9d=4d^2,\ 4d\left(d-\frac{9}{4}\right)=0\qquad\therefore d=\frac{9}{4}\ (\because d>0)$$

Step 3 a_4의 값 구하기

$$\therefore a_4=4d=4\times\frac{9}{4}=9$$

46 분수 꼴인 수열의 합   정답 103 | 정답률 25%

문제 보기

자연수 n에 대하여 부등식 $4^k-(2^n+4^n)2^k+8^n\leq1$을 만족시키는 모든 자연수 k의 합을 a_n이라 하자. $\displaystyle\sum_{n=1}^{20}\dfrac{1}{a_n}=\dfrac{q}{p}$일 때, $p+q$의 값을 구하

└ 부등식을 만족시키는 k의 값의 범위를 구한 후 a_n을 구한다.

시오. (단, p와 q는 서로소인 자연수이다.) [4점]

Step 1 a_n 구하기

$4^k-(2^n+4^n)2^k+8^n\leq1$에서

$2^{2k}-(2^n+4^n)2^k+2^n\times4^n\leq1$

$\therefore (2^k-2^n)(2^k-2^{2n})\leq1$

$f(k)=2^k-2^n$, $g(k)=2^k-2^{2n}$이라 하면

$f(k)g(k)\leq1$ ······ ㉠

(i) $k<n$일 때,

$f(k)<-1$, $g(k)<-1$이므로 → $k=1$, $n=2$일 때 $f(k)$, $g(k)$가 최대이므로 $f(k)\leq-2$, $g(k)\leq-14$

$f(k)g(k)>1$

따라서 부등식 ㉠을 만족시키지 않는다.

(ii) $n\leq k\leq2n$일 때,

$f(k)\geq0$, $g(k)\leq0$이므로 → $2^n\leq2^k\leq2^{2n}$이므로 $2^k-2^n\geq0$, $2^k-2^{2n}\leq0$

$f(k)g(k)\leq0$

따라서 부등식 ㉠을 만족시킨다.

(iii) $k>2n$일 때,

$f(k)>1$, $g(k)>1$이므로 → $k=3$, $n=1$일 때 $f(k)$, $g(k)$가 최소이므로 $f(k)\geq6$, $g(k)\geq4$

$f(k)g(k)>1$

따라서 부등식 ㉠을 만족시키지 않는다.

(i), (ii), (iii)에서 부등식 ㉠을 만족시키는 자연수 k의 값의 범위는

$n\leq k\leq2n$

따라서 모든 자연수 k의 합 a_n은

$a_n=n+(n+1)+(n+2)+\cdots+2n$ → 첫째항이 n이고 끝항이 $2n$인 등차수열의 첫째항부터 제$(n+1)$항까지의 합이야.

$=\dfrac{(n+1)(n+2n)}{2}$

$=\dfrac{3n(n+1)}{2}$

Step 2 $\displaystyle\sum_{n=1}^{20}\dfrac{1}{a_n}$의 값 구하기

$\therefore \displaystyle\sum_{n=1}^{20}\dfrac{1}{a_n}=\sum_{n=1}^{20}\dfrac{2}{3n(n+1)}=\dfrac{2}{3}\sum_{n=1}^{20}\left(\dfrac{1}{n}-\dfrac{1}{n+1}\right)$

$=\dfrac{2}{3}\left\{\left(1-\dfrac{1}{2}\right)+\left(\dfrac{1}{2}-\dfrac{1}{3}\right)+\cdots+\left(\dfrac{1}{20}-\dfrac{1}{21}\right)\right\}$

$=\dfrac{2}{3}\left(1-\dfrac{1}{21}\right)=\dfrac{40}{63}$

Step 3 $p+q$의 값 구하기

따라서 $p=63$, $q=40$이므로

$p+q=103$

---

47 $\sum$와 등차수열   정답 170 | 정답률 3%

문제 보기

공차가 자연수 d이고 모든 항이 정수인 등차수열 $\{a_n\}$이 다음 조건을 만

└ 조건에 유의한다.

족시키도록 하는 모든 d의 값의 합을 구하시오. [4점]

(가) 모든 자연수 n에 대하여 $a_n\neq0$이다.

(나) $a_{2m}=-a_m$이고 $\displaystyle\sum_{k=m}^{2m}|a_k|=128$인 자연수 m이 존재한다.

└ $m\leq n\leq2m$에서 a_n의 부호를 파악한다.

Step 1 수열 $\{a_n\}$의 부호 파악하기

수열 $\{a_n\}$은 공차가 d인 등차수열이므로

$a_{2m}=a_m+(2m-m)d=a_m+md$ → $n>m$일 때, $a_n=a_m+(n-m)d$야.

조건 (나)의 $a_{2m}=-a_m$에서 $a_m+md=-a_m$

$\therefore 2a_m=-md$

즉, m과 d 중에서 적어도 하나는 짝수이다.

$m=2p$(p는 자연수)라 하면

$a_{2m}+a_m=a_{4p}+a_{2p}$

$=\{a_1+(4p-1)d\}+\{a_1+(2p-1)d\}$

$=2\{a_1+(3p-1)d\}$

$=2a_{3p}$

이때 조건 (나)의 $a_{2m}=-a_m$에서 $a_{2m}+a_m=0$이므로

$2a_{3p}=0$ $\therefore a_{3p}=0$

이는 조건 (가)를 만족시키지 않는다.

따라서 m은 홀수이고 d는 짝수이다.

$m=2l-1$(l은 자연수)이라 하면 $a_{2m}=-a_m$에서 $a_{4l-2}=-a_{2l-1}$이고,

$a_{4l-2}=a_{3l-1}+\{(4l-2)-(3l-1)\}d=a_{3l-1}+(l-1)d$이므로

$a_{3l-1}=a_{4l-2}-(l-1)d$

$=-a_{2l-1}-(l-1)d$

$=-\{a_{2l-1}+(l-1)d\}$

$=-[a_{2l-1}+\{(3l-2)-(2l-1)\}d]$

$=-a_{3l-2}$

이때 $d>0$이므로

$1\leq n\leq3l-2$일 때, $a_n<0$

$n\geq3l-1$일 때, $a_n>0$

Step 2 $\displaystyle\sum_{k=m}^{2m}|a_k|$를 d에 대한 식으로 나타내기

$\therefore \displaystyle\sum_{k=m}^{2m}|a_k|=\sum_{k=2l-1}^{4l-2}|a_k|$

$=|a_{2l-1}|+|a_{2l}|+|a_{2l+1}|+\cdots+|a_{3l-2}|+|a_{3l-1}|+|a_{3l}|$
$+\cdots+|a_{4l-2}|$

$=-a_{2l-1}-a_{2l}-a_{2l+1}-\cdots-a_{3l-2}+a_{3l-1}+a_{3l}+\cdots+a_{4l-2}$

$=-a_{2l-1}-(a_{2l-1}+d)-(a_{2l-1}+2d)-\cdots-\{a_{2l-1}+(l-1)d\}$
$+(a_{2l-1}+ld)+\{a_{2l-1}+(l+1)d\}+\cdots+\{a_{2l-1}+(2l-1)d\}$

$=-\{1+2+3+\cdots+(l-1)\}d$
$+\{l+(l+1)+(l+2)+\cdots+(2l-1)\}d$

$=-\dfrac{l(l-1)d}{2}+\dfrac{l\{l+(2l-1)\}d}{2}$

$=l^2d$

Step 3 모든 d의 값의 합 구하기

즉, 조건 (나)에서 $l^2d=128$이므로 자연수 l과 짝수 d에 대하여 모든 순서쌍 (l, d)는 $(1, 128)$, $(2, 32)$, $(4, 8)$, $(8, 2)$

따라서 모든 d의 값의 합은

$2+8+32+128=170$

문제 보기

첫째항이 자연수이고 공차가 음의 정수인 등차수열 $\{a_n\}$과 첫째항이 자
   → a_1, a_2, $\cdots$, a_5의 부호를 알 수 있다.
연수이고 공비가 음의 정수인 등비수열 $\{b_n\}$이 다음 조건을 만족시킬 때,
a_7+b_7의 값을 구하시오. [4점]   → b_1, b_2, $\cdots$, b_5의 부호를 알 수 있다.

> (가) $\displaystyle\sum_{n=1}^{5}(a_n+b_n)=27$ ┐ $\displaystyle\sum_{n=1}^{5}(|b_n|-b_n)=40$
>
> (나) $\displaystyle\sum_{n=1}^{5}(a_n+|b_n|)=67$ ┘┐
>
> (다) $\displaystyle\sum_{n=1}^{5}(|a_n|+|b_n|)=81$ ┘ $\displaystyle\sum_{n=1}^{5}(a_n-|a_n|)=-14$

Step 1 수열 $\{b_n\}$의 부호를 이용하여 식 정리하기

조건 (나)의 식에서 조건 (가)의 식을 변끼리 빼면

$$\sum_{n=1}^{5}(a_n+|b_n|)-\sum_{n=1}^{5}(a_n+b_n)=40$$

$$\therefore \sum_{n=1}^{5}(|b_n|-b_n)=40$$

이때 등비수열 $\{b_n\}$의 첫째항이 자연수이고 공비가 음의 정수이므로
$b_1>0$, $b_2<0$, $b_3>0$, $b_4<0$, $b_5>0$

$$\therefore \sum_{n=1}^{5}(|b_n|-b_n)=(b_1-b_1)+(-b_2-b_2)+(b_3-b_3)$$
$$+(-b_4-b_4)+(b_5-b_5)$$
$$=-2(b_2+b_4)$$

즉, $-2(b_2+b_4)=40$이므로
$b_2+b_4=-20$

Step 2 b_n 구하기

등비수열 $\{b_n\}$의 공비를 r (r는 음의 정수)라 하면 $b_2+b_4=-20$에서
$b_1r+b_1r^3=-20$

$$\therefore b_1r(1+r^2)=-20 \qquad \cdots\cdots \text{㉠}$$

이때 b_1은 자연수, r는 음의 정수, $1+r^2$은 자연수이므로 b_1, $|r|$, $1+r^2$은
모두 20의 양의 약수이어야 한다.

$1+r^2$이 될 수 있는 수는 1, 2, 4, 5, 10, 20이므로 r^2이 될 수 있는 수는
1, 3, 4, 9, 19

이때 $|r|$도 20의 약수이므로 $|r|$가 될 수 있는 값은 1, 2이다.

㉠에서 b_1은 자연수, r는 음의 정수이어야 하므로

$r=-1$이면
$b_1\times(-1)\times2=-20 \qquad \therefore b_1=10$

$r=-2$이면
$b_1\times(-2)\times5=-20 \qquad \therefore b_1=2$

(i) $b_1=10$, $r=-1$일 때,

$$\sum_{n=1}^{5}b_n=\frac{10\{1-(-1)^5\}}{1-(-1)}=10$$

조건 (가)에서 $\displaystyle\sum_{n=1}^{5}a_n+\sum_{n=1}^{5}b_n=27$이므로 $\displaystyle\sum_{n=1}^{5}a_n=17$

이때 등차수열 $\{a_n\}$에서

$$\sum_{n=1}^{5}a_n=a_1+a_2+a_3+a_4+a_5$$
$$=(a_1+a_5)+(a_2+a_4)+a_3$$
$$=2a_3+2a_3+a_3 \quad \rightarrow a_1과 a_5, a_2와 a_4의 등차중항은 모두 a_3이야.$$
$$=5a_3$$

즉, $5a_3=17$에서 $a_3=\dfrac{17}{5}$

그런데 등차수열 $\{a_n\}$의 첫째항이 자연수이고 공차가 음의 정수이므
로 등차수열 $\{a_n\}$의 모든 항은 정수이다.

따라서 $b_1=10$, $r=-1$은 주어진 조건을 만족시키지 않는다.

(ii) $b_1=2$, $r=-2$일 때,

$$\sum_{n=1}^{5}b_n=\frac{2\{1-(-2)^5\}}{1-(-2)}=22$$

조건 (가)에서 $\displaystyle\sum_{n=1}^{5}a_n+\sum_{n=1}^{5}b_n=27$이므로 $\displaystyle\sum_{n=1}^{5}a_n=5$

$\displaystyle\sum_{n=1}^{5}a_n=5a_3=5$에서 $a_3=1 \qquad \cdots\cdots \text{㉡}$

(i), (ii)에서 $b_1=2$, $r=-2$이므로 등비수열 $\{b_n\}$의 일반항 b_n은
$b_n=2\times(-2)^{n-1}$

Step 3 a_n 구하기

조건 (나)의 식에서 조건 (다)의 식을 변끼리 빼면

$$\sum_{n=1}^{5}(a_n+|b_n|)-\sum_{n=1}^{5}(|a_n|+|b_n|)=-14$$

$$\therefore \sum_{n=1}^{5}(a_n-|a_n|)=-14$$

이때 등차수열 $\{a_n\}$의 첫째항이 자연수이고 공차가 음의 정수이므로 ㉡에서
$a_1>a_2>a_3>0\geq a_4>a_5$

$$\therefore \sum_{n=1}^{5}(a_n-|a_n|)=(a_1-a_1)+(a_2-a_2)+(a_3-a_3)$$
$$+(a_4+a_4)+(a_5+a_5)$$
$$=2(a_4+a_5)$$

즉, $2(a_4+a_5)=-14$이므로
$a_4+a_5=-7$

등차수열 $\{a_n\}$의 공차를 d (d는 음의 정수)라 하면 $a_4+a_5=-7$에서
$(a_3+d)+(a_3+2d)=-7$
$2+3d=-7$, $3d=-9 \qquad \therefore d=-3$

$\therefore a_1=a_3-2d=1-2\times(-3)=7$

따라서 $a_1=7$, $d=-3$이므로 등차수열 $\{a_n\}$의 일반항 a_n은
$a_n=7+(n-1)\times(-3)=-3n+10$

Step 4 a_7+b_7의 값 구하기

$$\therefore a_7+b_7=(-3\times7+10)+\{2\times(-2)^6\}$$
$$=-11+128=117$$

21
일차

01 ①	02 502	03 ③	04 ①	05 ⑤	06 ③	07 ①	08 ⑤	09 ①	10 169	11 ③	12 ①
13 ④	14 ⑤	15 ③	16 ③	17 ①	18 ①	19 ①	20 ③	21 ⑤	22 ①	23 ①	24 200
25 ③	26 ①	27 16	28 ③	29 8	30 ⑤	31 ④	32 553	33 725	34 525	35 ④	36 320
37 427	38 164										

21
일차

문제편 306쪽~319쪽

---

01   수열의 합의 활용 – 로그   정답 ① | 정답률 61%

문제 보기

자연수 n의 양의 약수의 개수를 $f(n)$이라 하고, 36의 모든 양의 약수를 a_1, a_2, a_3, $\cdots$, a_9라 하자. $\sum_{k=1}^{9}\{(-1)^{f(a_k)}\times\log a_k\}$의 값은? [4점]

→ $f(a_k)$의 값이 홀수인지 짝수인지 확인한 후 로그의 성질을 이용한다.

① $\log 2+\log 3$ ② $2\log 2+\log 3$ ③ $\log 2+2\log 3$

④ $2\log 2+2\log 3$ ⑤ $3\log 2+2\log 3$

Step 1 $f(a_k)$ 구하기

$36=2^2\times 3^2$의 양의 약수는

1, 2, 3, 2^2, 2×3, 3^2, $2^2\times 3$, 2×3^2, $2^2\times 3^2$

이므로

$f(1)=1$, $f(2)=f(3)=2$,

$f(2^2)=f(3^2)=3$, $f(2\times 3)=4$,

$f(2^2\times 3)=f(2\times 3^2)=6$, $f(2^2\times 3^2)=9$

Step 2 $\sum_{k=1}^{9}\{(-1)^{f(a_k)}\times\log a_k\}$의 값 구하기

이때 $f(1)$, $f(2^2)$, $f(3^2)$, $f(2^2\times 3^2)$의 값은 홀수이고, $f(2)$, $f(3)$, $f(2\times 3)$, $f(2^2\times 3)$, $f(2\times 3^2)$의 값은 짝수이므로

$\sum_{k=1}^{9}\{(-1)^{f(a_k)}\times\log a_k\}$

$=-\log 1+\log 2+\log 3-\log 2^2+\log(2\times 3)-\log 3^2$
$\qquad\qquad\qquad +\log(2^2\times 3)+\log(2\times 3^2)-\log(2^2\times 3^2)$

$=-\{\log 1+\log 2^2+\log 3^2+\log(2^2\times 3^2)\}$
$\qquad\quad +\{\log 2+\log 3+\log(2\times 3)+\log(2^2\times 3)+\log(2\times 3^2)\}$

$=-\log(2^4\times 3^4)+\log(2^5\times 3^5)$

$=\log\dfrac{2^5\times 3^5}{2^4\times 3^4}$

$=\log(2\times 3)$

$=\log 2+\log 3$

---

02   수열의 합의 활용 – 약수   정답 502 | 정답률 71%

문제 보기

자연수 n에 대하여 2^{n-1}의 모든 양의 약수의 합을 a_n이라 할 때, $\sum_{n=1}^{8}a_n$의 값을 구하시오. [3점]

→ 2^{n-1}의 양의 약수 1, 2, 2^2, $\cdots$, 2^{n-1}은 등비수열을 이룬다.

Step 1 a_n 구하기

2^{n-1}의 양의 약수는 1, 2, 2^2, $\cdots$, 2^{n-1}이므로

$a_n=1+2+2^2+\cdots+2^{n-1}$

$\quad=\dfrac{2^n-1}{2-1}=2^n-1$

Step 2 $\sum_{n=1}^{8}a_n$의 값 구하기

$\therefore \sum_{n=1}^{8}a_n=\sum_{n=1}^{8}(2^n-1)=\dfrac{2(2^8-1)}{2-1}-8$

$\qquad\qquad =2^9-2-8=502$

문제 보기

2 이상의 자연수 n에 대하여 $(n-5)$의 n제곱근 중 실수인 것의 개수
를 $f(n)$이라 할 때, $\sum\limits_{n=2}^{10} f(n)$의 값은? [4점]   └ $n-5>0$, $n-5=0$, $n-5<0$
인 경우로 나누어 생각한다.

① 8   ② 9   ③ 10   ④ 11   ⑤ 12

Step 1 $f(n)$ 구하기

(i) $n-5>0$, 즉 $n>5$일 때,

    $(n-5)$의 n제곱근 중 실수는 n의 값이 짝수이면 2개, 홀수이면 1개
이므로

    $f(6)=f(8)=f(10)=\cdots=2$, $f(7)=f(9)=\cdots=1$

(ii) $n-5=0$, 즉 $n=5$일 때,

    $(n-5)$의 n제곱근 중 실수는 0의 1개이다.

    ∴ $f(5)=1$

(iii) $n-5<0$, 즉 $n<5$일 때,

    $(n-5)$의 n제곱근 중 실수는 n의 값이 짝수이면 0개, 홀수이면 1개
이므로

    $f(2)=f(4)=0$, $f(3)=1$

Step 2 $\sum\limits_{n=2}^{10} f(n)$의 값 구하기

(i), (ii), (iii)에서

$\sum\limits_{n=2}^{10} f(n)=f(2)+f(3)+f(4)+\cdots+f(10)$

            $=0+1+0+1+2+1+2+1+2=10$

문제 보기

자연수 $n(n\geq2)$에 대하여 $n^2-16n+48$의 n제곱근 중 실수인 것의
개수를 $f(n)$이라 할 때, $\sum\limits_{n=2}^{10} f(n)$의 값은? [4점]
  └ n이 홀수인 경우와 짝수인 경우로 나누어 생각한다.

① 7   ② 9   ③ 11   ④ 13   ⑤ 15

Step 1 n이 홀수일 때, $f(n)$ 구하기

(i) n이 홀수일 때,

    $n^2-16n+48$의 n제곱근 중 실수인 것은 항상 1개이므로

    $f(3)=f(5)=f(7)=f(9)=1$

Step 2 n이 짝수일 때, $f(n)$ 구하기

(ii) n이 짝수일 때,

  ① $n^2-16n+48<0$인 경우

    $(n-4)(n-12)<0$에서

    $4<n<12$

    이때 $n^2-16n+48$의 n제곱근 중 실수인 것은 없으므로

    $f(6)=f(8)=f(10)=0$

  ② $n^2-16n+48=0$인 경우

    $(n-4)(n-12)=0$에서

    $n=4$ 또는 $n=12$

    이때 $n^2-16n+48$의 n제곱근은 0의 1개이므로

    $f(4)=1$

  ③ $n^2-16n+48>0$인 경우

    $(n-4)(n-12)>0$에서

    $n<4$ 또는 $n>12$

    이때 $n^2-16n+48$의 n제곱근 중 실수인 것은 2개이므로

    $f(2)=2$

Step 3 $\sum\limits_{n=2}^{10} f(n)$의 값 구하기

(i), (ii)에서

$\sum\limits_{n=2}^{10} f(n)=f(2)+f(3)+\cdots+f(10)$

            $=2+1\times4+1+0\times3=7$

05 수열의 합의 활용 – 주기가 있는 함수

정답 ⑤ | 정답률 61%

문제 보기

실수 전체의 집합에서 정의된 함수 $f(x)$가 $0 < x \le 1$에서

$$f(x) = \begin{cases} 3 & (0 < x < 1) \\ 1 & (x=1) \end{cases}$$ — $f(x)=1$이 되는 x의 값을 먼저 구한 후
$f(x)=3$이 되는 x의 값을 구한다.

이고, 모든 실수 x에 대하여 $f(x+1)=f(x)$를 만족시킨다.

$\sum_{k=1}^{20} \dfrac{k \times f(\sqrt{k})}{3}$의 값은? [4점]

① 150 ② 160 ③ 170 ④ 180 ⑤ 190

Step 1 $f(\sqrt{k})$의 값 구하기

$f(1)=1$이므로 $f(x+1)=f(x)$에서

$f(1)=f(2)=f(3)=f(4)=1$

즉, k의 값이 1, 4, 9, 16일 때, $f(\sqrt{k})=1$

따라서 k의 값이 1, 4, 9, 16이 아닐 때, $f(\sqrt{k})=3$

Step 2 $\sum_{k=1}^{20} \dfrac{k \times f(\sqrt{k})}{3}$의 값 구하기

$\sum_{k=1}^{20} k = \dfrac{20 \times 21}{2} = 210$이고, $1+4+9+16=30$이므로

$$\sum_{k=1}^{20} \frac{k \times f(\sqrt{k})}{3} = \frac{1}{3} \sum_{k=1}^{20} \{k \times f(\sqrt{k})\}$$
$$= \frac{1}{3} \{30 \times 1 + (210-30) \times 3\}$$
$$= \frac{1}{3} \times 570 = 190$$

---

06 수열의 합의 활용 – 거듭제곱근

정답 ③ | 정답률 51%

문제 보기

자연수 $m(m \ge 2)$에 대하여 m^{12}의 n제곱근 중에서 정수가 존재하도록
— 소수 p에 대하여 p^q 꼴로 나타낸 후
q가 자연수가 되도록 한다.

하는 2 이상의 자연수 n의 개수를 $f(m)$이라 할 때, $\sum_{m=2}^{9} f(m)$의 값은?

[4점]

① 37 ② 42 ③ 47 ④ 52 ⑤ 57

Step 1 $f(2)$, $f(3)$, $f(5)$, $f(6)$, $f(7)$의 값 구하기

(i) $m=2, 3, 5, 6, 7$일 때,

소수 m에 대하여 $\sqrt[n]{m^{12}} = m^{\frac{12}{n}}$이 정수가 되려면 $\dfrac{12}{n}$가 자연수이어야 한다.

즉, n은 12의 약수이어야 하므로 n의 값은

2, 3, 4, 6, 12 — n은 2 이상의 자연수이므로 1은 포함되지 않아.

$\therefore f(2)=f(3)=f(5)=f(6)=f(7)=5$

Step 2 $f(4)$, $f(9)$의 값 구하기

(ii) $m=4, 9$일 때,

$\sqrt[n]{4^{12}} = 4^{\frac{12}{n}} = 2^{\frac{24}{n}}$, $\sqrt[n]{9^{12}} = 9^{\frac{12}{n}} = 3^{\frac{24}{n}}$이 정수가 되려면 $\dfrac{24}{n}$가 자연수이어야 한다.

즉, n은 24의 약수이어야 하므로 n의 값은

2, 3, 4, 6, 8, 12, 24 — n은 2 이상의 자연수이므로 1은 포함되지 않아.

$\therefore f(4)=f(9)=7$

Step 3 $f(8)$의 값 구하기

(iii) $m=8$일 때,

$\sqrt[n]{8^{12}} = 8^{\frac{12}{n}} = 2^{\frac{36}{n}}$이 정수가 되려면 $\dfrac{36}{n}$이 자연수이어야 한다.

즉, n은 36의 약수이어야 하므로 n의 값은

2, 3, 4, 6, 9, 12, 18, 36 — n은 2 이상의 자연수이므로 1은 포함되지 않아.

$\therefore f(8)=8$

Step 4 $\sum_{m=2}^{9} f(m)$의 값 구하기

(i), (ii), (iii)에서

$$\sum_{m=2}^{9} f(m) = f(2)+f(3)+f(4)+f(5)+f(6)+f(7)+f(8)+f(9)$$
$$= 5 \times 5 + 2 \times 7 + 8 = 47$$

문제 보기

수열 $\{a_n\}$은 15와 서로소인 자연수를 작은 수부터 차례대로 모두 나열
└→ 3의 배수와 5의 배수가 아닌 자연수이다.

하여 만든 것이다. 예를 들면 $a_2=2$, $a_4=7$이다. $\sum\limits_{n=1}^{16} a_n$의 값은? [4점]

① 240　　② 280　　③ 320　　④ 360　　⑤ 400

Step 1　수열 $\{a_n\}$의 규칙 찾기

$15=3\times5$이므로 15와 서로소인 자연수는 3의 배수도 아니고 5의 배수도
아니다.

$1\le n\le15$를 만족시키는 자연수 n 중 3의 배수는 5개, 5의 배수는 3개,
15의 배수는 1개이므로 15와 서로소인 자연수의 개수는

$15-(5+3-1)=8$

$16\le n\le30$을 만족시키는 자연수 n 중 3의 배수는 5개, 5의 배수는 3개,
15의 배수는 1개이므로 15와 서로소인 자연수의 개수는

$15-(5+3-1)=8$

⋮

즉, $15(k-1)+1\le n\le15k\,(k=1,\ 2,\ 3,\ \cdots)$를 만족시키는 자연수 n 중
15와 서로소인 자연수의 개수는 8이다.

Step 2　$\sum\limits_{n=1}^{16} a_n$의 값 구하기

$1\le n\le30$을 만족시키는 자연수 n 중 15와 서로소인 자연수의 개수가

$8+8=16$이므로 $\sum\limits_{n=1}^{16}a_n$은 1부터 30까지의 자연수 중 15와 서로소인 수들

의 합, 즉 1부터 30까지의 자연수의 합에서 3의 배수 또는 5의 배수의 합
을 뺀 것과 같다.

이때 1부터 30까지의 자연수 중 3의 배수는 10개, 5의 배수는 6개, 15의
배수는 2개이므로

$\sum\limits_{n=1}^{16}a_n=\sum\limits_{n=1}^{30}n-\left(\sum\limits_{n=1}^{10}3n+\sum\limits_{n=1}^{6}5n-\sum\limits_{n=1}^{2}15n\right)$
　　　　　　　└→ (3의 배수의 합)＋(5의 배수의 합)−(15의 배수의 합)

　　　$=\dfrac{30\times31}{2}-\left(3\times\dfrac{10\times11}{2}+5\times\dfrac{6\times7}{2}-15\times\dfrac{2\times3}{2}\right)$

　　　$=465-(165+105-45)=240$

다른 풀이　수열 $\{a_n\}$의 항 나열하기

수열 $\{a_n\}$의 항을 나열하면

$a_1=1$, $a_2=2$, $a_3=4$, $a_4=7$, $a_5=8$, $a_6=11$, $a_7=13$, $a_8=14$, $\cdots$

이때 $k\,(1\le k\le15)$가 15와 서로소이면 $15+k$도 15와 서로소이므로

$a_9=a_1+15$, $a_{10}=a_2+15$, $\cdots$, $a_{16}=a_8+15$

$\sum\limits_{n=1}^{8}a_n=1+2+4+7+8+11+13+14=60$이므로

$\sum\limits_{n=1}^{16}a_n=\sum\limits_{n=1}^{8}a_n+\sum\limits_{n=9}^{16}a_n$

　　　$=\sum\limits_{n=1}^{8}a_n+\sum\limits_{n=1}^{8}(a_n+15)$

　　　$=2\sum\limits_{n=1}^{8}a_n+15\times8$

　　　$=2\times60+120=240$

문제 보기

$a>1$인 실수 a에 대하여 $a^{\log_5 16}$이 $2^n\,(n=1,\ 2,\ 3,\ \cdots)$이 되도록 하는
└→ 로그의 성질을 이용하여 a를 n에 대한 식으로 나타낸다.

a를 작은 수부터 크기순으로 나열할 때, k번째 수를 a_k라 하자.

$\sum\limits_{k=1}^{40}\log_5 a_k$의 값은? [4점]

① 185　　② 190　　③ 195　　④ 200　　⑤ 205

Step 1　a를 n에 대한 식으로 나타내기

$a^{\log_5 16}=16^{\log_5 a}=2^{4\log_5 a}$이므로 자연수 n에 대하여

$2^{4\log_5 a}=2^n$

즉, $4\log_5 a=n$이므로 $\log_5 a=\dfrac{n}{4}$

$\therefore a=5^{\frac{n}{4}}$

Step 2　$\sum\limits_{k=1}^{40}\log_5 a_k$의 값 구하기

이때 $a>1$에서 $5^{\frac{n}{4}}>1$이고, $a_k=5^{\frac{k}{4}}$

$\therefore \sum\limits_{k=1}^{40}\log_5 a_k=\sum\limits_{k=1}^{40}\log_5 5^{\frac{k}{4}}=\sum\limits_{k=1}^{40}\dfrac{k}{4}=\dfrac{1}{4}\sum\limits_{k=1}^{40}k$

　　　　　　$=\dfrac{1}{4}\times\dfrac{40\times41}{2}=205$

문제 보기

자연수 n에 대하여 $0<x<n\pi$일 때, 방정식 $\sin x=\dfrac{3}{n}$의 모든 실근의 개수를 a_n이라 하자. $\sum_{n=1}^{7} a_n$의 값은? [4점]

└→ n의 값에 따른 방정식의 실근의 개수를 구한다.

① 26　② 27　③ 28　④ 29　⑤ 30

Step 1 a_n 구하기

함수 $y=\sin x$의 최댓값은 1이므로 n의 값의 범위에 따라 방정식의 실근의 개수를 구해 보면 다음과 같다.

(i) $n=1$, 2일 때,

$\dfrac{3}{n}>1$이므로 방정식 $\sin x=\dfrac{3}{n}$의 실근은 존재하지 않는다.

∴ $a_1=a_2=0$

(ii) $n=3$일 때,

오른쪽 그림에서 $0<x<3\pi$일 때, 방정식 $\sin x=1$의 실근의 개수는 2이므로

$a_3=2$

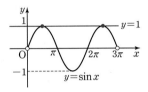

(iii) $n\geq 4$일 때,

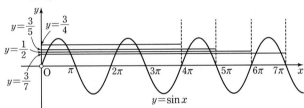

위의 그림에서 $0<x<n\pi$일 때, 방정식 $\sin x=\dfrac{3}{n}$의 실근의 개수는 $n=4$일 때 4, $n=5$일 때 6, $n=6$일 때 6, $n=7$일 때 8이므로

$a_4=4$, $a_5=6$, $a_6=6$, $a_7=8$

Step 2 $\sum_{n=1}^{7} a_n$의 값 구하기

$\therefore \displaystyle\sum_{n=1}^{7} a_n = a_1+a_2+a_3+a_4+a_5+a_6+a_7$
$= 0+0+2+4+6+6+8=26$

문제 보기

자연수 n에 대하여 $0\leq x<2^{n+1}$일 때, 부등식

$\cos\left(\dfrac{\pi}{2^n}x\right)\leq -\dfrac{1}{2}$　→ $\dfrac{\pi}{2^n}x=t$로 치환하여 부등식의 해를 구한다.

을 만족시키는 서로 다른 모든 자연수 x의 개수를 a_n이라 하자. $\sum_{n=1}^{7} a_n$의 값을 구하시오. [4점]

Step 1 주어진 부등식의 해 구하기

$0\leq x<2^{n+1}$에서 $0\leq \dfrac{1}{2^n}x<2$　∴ $0\leq \dfrac{\pi}{2^n}x<2\pi$

$\dfrac{\pi}{2^n}x=t$로 놓으면 $0\leq t<2\pi$에서 부등식 $\cos t\leq -\dfrac{1}{2}$의 해는 함수 $y=\cos t$의 그래프가 직선 $y=-\dfrac{1}{2}$과 만나거나 아래쪽에 있는 t의 값의 범위와 같다.

따라서 t의 값의 범위는 $\dfrac{2}{3}\pi \leq t \leq \dfrac{4}{3}\pi$이므로

$\dfrac{2}{3}\pi \leq \dfrac{\pi}{2^n}x \leq \dfrac{4}{3}\pi$　∴ $\dfrac{2^{n+1}}{3} \leq x \leq \dfrac{2^{n+2}}{3}$

Step 2 $\sum_{n=1}^{7} a_n$의 값 구하기

a_1은 $\dfrac{2^2}{3}\leq x \leq \dfrac{2^3}{3}$을 만족시키는 자연수 x의 개수,

a_2는 $\dfrac{2^3}{3}\leq x \leq \dfrac{2^4}{3}$을 만족시키는 자연수 x의 개수,

$\vdots$

a_7은 $\dfrac{2^8}{3}\leq x \leq \dfrac{2^9}{3}$을 만족시키는 자연수 x의 개수이다.

따라서 $\displaystyle\sum_{n=1}^{7} a_n$은 $\dfrac{2^2}{3}\leq x \leq \dfrac{2^9}{3}$을 만족시키는 자연수 x의 개수와 같다.

이때 $\dfrac{2^2}{3}=1.3\cdots$, $\dfrac{2^9}{3}=170.6\cdots$이므로

$\displaystyle\sum_{n=1}^{7} a_n = 170-1=169$

문제 보기

자연수 n에 대하여 다음과 같이 모든 자연수를 작은 것부터 n행에 n개씩 차례로 나열하였다. 이때 n행에 있는 n의 배수를 a_n이라 하자. 예를 들어 $a_2=2$, $a_5=15$이다.
→ n이 홀수인 경우와 짝수인 경우로 나누어 a_n을 구한다.

1행	1
2행	2　3
3행	4　5　6
4행	7　8　9　10
5행	11　12　13　14　15
6행	16　17　18　19　20　21
⋮	⋮　　⋱

수열 $\{a_n\}$에 대하여 $\sum\limits_{n=1}^{30} a_n$의 값은? [4점]

① 4800　　② 4820　　③ 4840　　④ 4860　　⑤ 4880

Step 1 a_n 구하기

1행	①→a_1
2행	②　3　→a_2
3행	4　5　⑥→a_3
4행	7　⑧　9　10　→a_4
5행	11　12　13　14　⑮→a_5
6행	16　17　⑱　19　20　21　→a_6
⋮	⋮　　⋱

(i) n이 홀수일 때,

$n=2k-1$(k는 자연수)이면 n행의 맨 오른쪽 수는 n의 배수이다.

이때 n행의 맨 오른쪽 수는 1부터 n까지의 자연수의 합과 같으므로

$a_{2k-1}=1+2+3+\cdots+(2k-1)$

$\qquad=\dfrac{(2k-1)\times 2k}{2}=2k^2-k$

(ii) n이 짝수일 때,

$n=2k$(k는 자연수)이면 n행의 k번째 수가 n의 배수이다.

이때 n행의 k번째 수는 $(n-1)$행의 맨 오른쪽 수보다 k만큼 큰 수이므로

$a_{2k}=(2k^2-k)+k=2k^2$

Step 2 $\sum\limits_{n=1}^{30} a_n$의 값 구하기

$\therefore \sum\limits_{n=1}^{30} a_n=\sum\limits_{k=1}^{15}(a_{2k-1}+a_{2k})$

$\qquad=\sum\limits_{k=1}^{15}\{(2k^2-k)+2k^2\}$

$\qquad=\sum\limits_{k=1}^{15}(4k^2-k)$

$\qquad=4\times\dfrac{15\times 16\times 31}{6}-\dfrac{15\times 16}{2}=4840$

문제 보기

첫째항이 1인 수열 $\{a_n\}$의 첫째항부터 제n항까지의 합을 S_n이라 하자. 다음은 모든 자연수 n에 대하여

$$(n+1)S_{n+1}=\log_2(n+2)+\sum\limits_{k=1}^{n}S_k \quad \cdots (*)$$

가 성립할 때, $\sum\limits_{k=1}^{n}ka_k$를 구하는 과정이다.

주어진 식 $(*)$에 의하여

$$nS_n=\log_2(n+1)+\sum\limits_{k=1}^{n-1}S_k\ (n\geq 2) \quad \cdots ㉠$$

이다. $(*)$에서 ㉠을 빼서 정리하면

$(n+1)S_{n+1}-nS_n$ → $S_{n+1}=a_{n+1}+S_n$임을 이용한다.

$\qquad=\log_2(n+2)-\log_2(n+1)+\sum\limits_{k=1}^{n}S_k-\sum\limits_{k=1}^{n-1}S_k\ (n\geq 2)$

이므로

$$\left(\boxed{\ (가)\ }\right)\times a_{n+1}=\log_2\dfrac{n+2}{n+1}\ (n\geq 2)$$

이다.

$a_1=1=\log_2 2$이고,

$2S_2=\log_2 3+S_1=\log_2 3+a_1$이므로
→ $2(a_1+a_2)$임을 이용한다.

모든 자연수 n에 대하여

$$na_n=\boxed{\ (나)\ }$$

이다. 따라서

$$\sum\limits_{k=1}^{n}ka_k=\boxed{\ (다)\ }$$

이다.

위의 (가), (나), (다)에 알맞은 식을 각각 $f(n)$, $g(n)$, $h(n)$이라 할 때, $f(8)-g(8)+h(8)$의 값은? [4점]

① 12　　② 13　　③ 14　　④ 15　　⑤ 16

Step 1 (가)에 알맞은 식 구하기

$(n+1)S_{n+1}-nS_n=\log_2(n+2)-\log_2(n+1)+\sum\limits_{k=1}^{n}S_k-\sum\limits_{k=1}^{n-1}S_k$에서

(좌변)$=(n+1)(a_{n+1}+S_n)-nS_n$

$\qquad=(n+1)a_{n+1}+(n+1)S_n-nS_n$

$\qquad=(n+1)a_{n+1}+S_n$

(우변)$=\log_2\dfrac{n+2}{n+1}+S_n$

즉, $(n+1)a_{n+1}+S_n=\log_2\dfrac{n+2}{n+1}+S_n$이므로

$\left(\boxed{^{(가)}\ n+1}\right)\times a_{n+1}=\log_2\dfrac{n+2}{n+1}\ (n\geq 2)$ ……㉡

Step 2 (나)에 알맞은 식 구하기

$a_1=1=\log_2 2$이고,

㉠에서 $2S_2=\log_2 3+S_1=\log_2 3+a_1$이므로

$2(a_1+a_2)=\log_2 3+a_1$

$\therefore 2a_2=\log_2 3-a_1$

$\qquad=\log_2 3-\log_2 2$

$\qquad=\log_2\dfrac{3}{2}$

즉, $n=1$일 때, ㉡이 성립하므로 모든 자연수 n에 대하여

$na_n=\boxed{^{(나)}\ \log_2\dfrac{n+1}{n}}$

Step 3 (다)에 알맞은 식 구하기

$$\therefore \sum_{k=1}^{n} ka_k = \sum_{k=1}^{n} \log_2 \frac{k+1}{k}$$

$$= \log_2 \frac{2}{1} + \log_2 \frac{3}{2} + \log_2 \frac{4}{3} + \cdots + \log_2 \frac{n+1}{n}$$

$$= \log_2 \left(\frac{2}{1} \times \frac{3}{2} \times \frac{4}{3} \times \cdots \times \frac{n+1}{n} \right)$$

$$= \boxed{^{(\text{다})} \log_2 (n+1)}$$

Step 4 $f(8)-g(8)+h(8)$의 값 구하기

따라서 $f(n)=n+1$, $g(n)=\log_2 \frac{n+1}{n}$, $h(n)=\log_2 (n+1)$이므로

$$f(8)-g(8)+h(8)=9-\log_2 \frac{9}{8}+\log_2 9$$

$$=9+\log_2 \frac{8}{9}+\log_2 9$$

$$=9+\log_2 \left(\frac{8}{9} \times 9 \right)$$

$$=9+\log_2 2^3$$

$$=9+3=12$$

---

13 수열의 합의 활용 – 도형의 넓이   정답 ④ | 정답률 81%

문제 보기

자연수 n에 대하여 곡선 $y=\dfrac{3}{x}(x>0)$ 위의 점 $\left(n, \dfrac{3}{n}\right)$과 두 점 $(n-1, 0)$, $(n+1, 0)$을 세 꼭짓점으로 하는 삼각형의 넓이를 a_n이라 할 때, $\sum_{n=1}^{10} \dfrac{9}{a_n a_{n+1}}$의 값은? [4점] └ 세 점의 좌표를 이용하여 삼각형의 넓이 a_n을 구한다.

① 410   ② 420   ③ 430   ④ 440   ⑤ 450

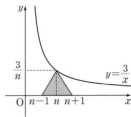

Step 1 a_n 구하기

세 점 $\left(n, \dfrac{3}{n}\right)$, $(n-1, 0)$, $(n+1, 0)$을 꼭짓점으로 하는 삼각형의 밑변의 길이는 $(n+1)-(n-1)=2$이고 높이는 $\dfrac{3}{n}$이므로 삼각형의 넓이는

$$\frac{1}{2} \times 2 \times \frac{3}{n} = \frac{3}{n}$$

$$\therefore a_n = \frac{3}{n}$$

Step 2 $\sum_{n=1}^{10} \dfrac{9}{a_n a_{n+1}}$의 값 구하기

따라서 $a_n a_{n+1} = \dfrac{3}{n} \times \dfrac{3}{n+1} = \dfrac{9}{n(n+1)}$이므로

$$\sum_{n=1}^{10} \frac{9}{a_n a_{n+1}} = \sum_{n=1}^{10} \left\{ 9 \times \frac{n(n+1)}{9} \right\}$$

$$= \sum_{n=1}^{10} n(n+1)$$

$$= \sum_{n=1}^{10} (n^2+n)$$

$$= \frac{10 \times 11 \times 21}{6} + \frac{10 \times 11}{2} = 440$$

14 수열의 합의 활용 – 도형의 넓이 　정답 ⑤ | 정답률 77%

문제 보기

그림과 같이 한 변의 길이가 1인 정사각형 3개로 이루어진 도형 R가 있다.

$$R$$

자연수 n에 대하여 **$2n$개의 도형 R를 겹치지 않게 빈틈없이 붙여서 만든 직사각형의 넓이를 a_n**이라 할 때, $\sum\limits_{n=10}^{15} a_n$의 값은? [3점]

┗ 도형 R의 넓이를 이용하여 a_n을 구한다.　　┗ $\sum\limits_{n=10}^{15} a_n = \sum\limits_{n=1}^{15} a_n - \sum\limits_{n=1}^{9} a_n$임을 이용한다.

① 378　　② 396　　③ 414　　④ 432　　⑤ 450

Step 1 a_n **구하기**

도형 R의 넓이가 $(1 \times 1) \times 3 = 3$이므로 $2n$개의 도형 R를 겹치지 않게 빈틈없이 붙여서 만든 직사각형의 넓이는

$3 \times 2n = 6n$

$\therefore a_n = 6n$

Step 2 $\sum\limits_{n=10}^{15} a_n$**의 값 구하기**

$\therefore \sum\limits_{n=10}^{15} a_n = \sum\limits_{n=10}^{15} 6n$

$\qquad = \sum\limits_{n=1}^{15} 6n - \sum\limits_{n=1}^{9} 6n$

$\qquad = 6 \times \dfrac{15 \times 16}{2} - 6 \times \dfrac{9 \times 10}{2} = 450$

15 수열의 합의 활용 – 도형의 길이 　정답 ③ | 정답률 69%

문제 보기

자연수 n에 대하여 좌표평면 위의 점 P_n을 다음 규칙에 따라 정한다.

㉮ 점 A의 좌표는 $(1, 0)$이다.

㉯ 점 P_n은 선분 OA를 $2^n : 1$로 내분하는 점이다.

　┗ 점 P_n의 좌표를 구한다.

$l_n = \overline{OP_n}$이라 할 때, $\sum\limits_{n=1}^{10} \dfrac{1}{l_n}$의 값은? (단, O는 원점이다.) [4점]

① $10 - \left(\dfrac{1}{2}\right)^{10}$　　② $10 + \left(\dfrac{1}{2}\right)^{10}$　　③ $11 - \left(\dfrac{1}{2}\right)^{10}$

④ $11 + \left(\dfrac{1}{2}\right)^{10}$　　⑤ $12 - \left(\dfrac{1}{2}\right)^{10}$

Step 1 l_n **구하기**

선분 OA를 $2^n : 1$로 내분하는 점 P_n의 좌표는

$\left(\dfrac{2^n \times 1 + 1 \times 0}{2^n + 1}, 0\right)$　　$\therefore \left(\dfrac{2^n}{2^n + 1}, 0\right)$

이때 점 P_n은 x축 위의 점이고, $l_n = \overline{OP_n}$이므로

$l_n = \dfrac{2^n}{2^n + 1}$

Step 2 $\sum\limits_{n=1}^{10} \dfrac{1}{l_n}$**의 값 구하기**

$\therefore \sum\limits_{n=1}^{10} \dfrac{1}{l_n} = \sum\limits_{n=1}^{10} \dfrac{2^n + 1}{2^n} = \sum\limits_{n=1}^{10} \left(1 + \dfrac{1}{2^n}\right)$

$\qquad = 1 \times 10 + \dfrac{\dfrac{1}{2}\left\{1 - \left(\dfrac{1}{2}\right)^{10}\right\}}{1 - \dfrac{1}{2}}$

$\qquad = 10 + 1 - \left(\dfrac{1}{2}\right)^{10} = 11 - \left(\dfrac{1}{2}\right)^{10}$

16 수열의 합의 활용 – 도형의 넓이   정답 ③ | 정답률 69%

문제 보기

좌표평면에서 자연수 n에 대하여 그림과 같이 <u>곡선 $y=x^2$과 직선</u>
<u>$y=\sqrt{n}x$가 제1사분면에서 만나는 점을 P_n이라 하자.</u>
└ 점 P_n의 좌표를 구한다.

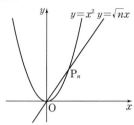

점 P_n을 지나고 직선 $y=\sqrt{n}x$와 수직인 직선이 x축, y축과 만나는 점
을 각각 Q_n, R_n이라 하자. 삼각형 OQ_nR_n의 넓이를 S_n이라 할 때,
└ x축, y축과 만나는 점은 각각 $y=0$, $x=0$임   └ $\overline{OQ_n}$, $\overline{OR_n}$의 길이를 이용하여
을 이용하여 두 점 Q_n, R_n의 좌표를 구한다. S_n을 구한다.

$\sum\limits_{n=1}^{5}\dfrac{2S_n}{\sqrt{n}}$의 값은? (단, O는 원점이다.) [4점]

① 80   ② 85   ③ 90   ④ 95   ⑤ 100

Step 1 점 P_n의 좌표 구하기

곡선 $y=x^2$과 직선 $y=\sqrt{n}x$가 만나는 점 P_n의 x좌표는
$x^2=\sqrt{n}x$에서 $x^2-\sqrt{n}x=0$
$x(x-\sqrt{n})=0$ ∴ $x=\sqrt{n}$ ($\because x>0$)   → 점 P_n이 제1사분면 위의 점이므로
이때 점 P_n이 곡선 $y=x^2$ 위에 있으므로 $x>0$, $y>0$이야.
$P_n(\sqrt{n},\ n)$

Step 2 두 점 Q_n, R_n의 좌표 구하기

점 $P_n(\sqrt{n},\ n)$을 지나고 직선 $y=\sqrt{n}x$와 수직인 직선의 방정식은
$y-n=-\dfrac{1}{\sqrt{n}}(x-\sqrt{n})$ → 수직인 두 직선의 기울기의 곱은 -1이야.

∴ $y=-\dfrac{1}{\sqrt{n}}x+n+1$
따라서 이 직선의 x절편은 $\sqrt{n}(n+1)$, y절편은 $n+1$이므로
$Q_n(\sqrt{n}(n+1),\ 0)$, $R_n(0,\ n+1)$

Step 3 S_n 구하기

오른쪽 그림에서 삼각형 OQ_nR_n은 직
각삼각형이므로
$S_n=\dfrac{1}{2}\times\overline{OQ_n}\times\overline{OR_n}$

$=\dfrac{1}{2}\times\sqrt{n}(n+1)\times(n+1)$

$=\dfrac{\sqrt{n}(n+1)^2}{2}$

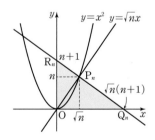

Step 4 $\sum\limits_{n=1}^{5}\dfrac{2S_n}{\sqrt{n}}$의 값 구하기

∴ $\sum\limits_{n=1}^{5}\dfrac{2S_n}{\sqrt{n}}=\sum\limits_{n=1}^{5}\left\{\dfrac{2}{\sqrt{n}}\times\dfrac{\sqrt{n}(n+1)^2}{2}\right\}$

$=\sum\limits_{n=1}^{5}(n+1)^2=\sum\limits_{n=1}^{5}(n^2+2n+1)$

$=\dfrac{5\times6\times11}{6}+2\times\dfrac{5\times6}{2}+1\times5=90$

17 수열의 합의 활용 – 도형의 넓이   정답 ① | 정답률 67%

문제 보기

그림과 같이 자연수 n에 대하여 <u>함수 $y=a^x-1\ (a>1)$의 그래프가 두</u>
<u>직선 $y=n$, $y=n+1$과 만나는 점을 각각 A_n, A_{n+1}이라 하자.</u>
└ 두 점 A_n, A_{n+1}의 좌표를 구한다.

<u>선분 A_nA_{n+1}을 대각선으로 하고, 각 변이 x축 또는 y축과 평행한 직</u>
<u>사각형의 넓이를 S_n이라 하자.</u> $\sum\limits_{n=1}^{14}S_n=6$일 때, 상수 a의 값은? [4점]
└ 직사각형의 가로의 길이를 구하여 S_n을 구한다.

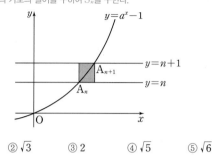

① $\sqrt{2}$ ② $\sqrt{3}$ ③ 2   ④ $\sqrt{5}$ ⑤ $\sqrt{6}$

Step 1 두 점 A_n, A_{n+1}의 좌표 구하기

함수 $y=a^x-1\ (a>1)$의 그래프와 직선 $y=n$이 만나는 점 A_n의 x좌표는
$a^x-1=n$에서 $a^x=n+1$ ∴ $x=\log_a(n+1)$
∴ $A_n(\log_a(n+1),\ n)$
함수 $y=a^x-1\ (a>1)$의 그래프와 직선 $y=n+1$이 만나는 점 A_{n+1}의 x
좌표는
$a^x-1=n+1$에서 $a^x=n+2$ ∴ $x=\log_a(n+2)$
∴ $A_{n+1}(\log_a(n+2),\ n+1)$

Step 2 S_n 구하기

선분 A_nA_{n+1}을 대각선으로 하는 직사각형의 가로의 길이는
$\log_a(n+2)-\log_a(n+1)=\log_a\dfrac{n+2}{n+1}$이고, 세로의 길이는 1이므로
$S_n=\log_a\dfrac{n+2}{n+1}$

Step 3 $\sum\limits_{n=1}^{14}S_n$의 값 구하기

∴ $\sum\limits_{n=1}^{14}S_n=\sum\limits_{n=1}^{14}\log_a\dfrac{n+2}{n+1}$

$=\log_a\dfrac{3}{2}+\log_a\dfrac{4}{3}+\log_a\dfrac{5}{4}+\cdots+\log_a\dfrac{16}{15}$

$=\log_a\left(\dfrac{3}{2}\times\dfrac{4}{3}\times\dfrac{5}{4}\times\cdots\times\dfrac{16}{15}\right)$

$=\log_a 8$

Step 4 a의 값 구하기

$\sum\limits_{n=1}^{14}S_n=6$에서 $\log_a 8=6$
$a^6=8=2^3$
∴ $a=\sqrt{2}$ ($\because a>1$)

문제 보기

그림과 같이 자연수 n에 대하여 중심이 직선 $y=\dfrac{n}{n+1}x$ 위에 있는 원이 원점을 지난다. 이 원이 x축과 만나는 점 중에서 x좌표가 양수인 점을 A, y축과 만나는 점 중에서 y좌표가 양수인 점을 B라 하자.

$\overline{OB}=2n$이고 삼각형 OAB의 넓이를 S_n이라 할 때, $\displaystyle\sum_{n=1}^{10}\dfrac{1}{S_n}$의 값은?
　└ 원의 중심의 좌표를 이용하여
　　$\overline{OA}$의 길이를 구한다.
　　　　　　　　　　(단, O는 원점이다.) [4점]

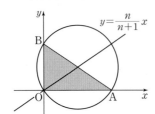

① $\dfrac{5}{11}$　② $\dfrac{6}{11}$　③ $\dfrac{7}{11}$　④ $\dfrac{8}{11}$　⑤ $\dfrac{9}{11}$

Step 1 원의 중심의 좌표 구하기

$\angle BOA=\dfrac{\pi}{2}$이므로 $\overline{AB}$는 원의 지름이고,

원의 중심이 직선 $y=\dfrac{n}{n+1}x$ 위에 있으므

로 원의 중심은 $\overline{AB}$와 직선 $y=\dfrac{n}{n+1}x$의

교점이다.

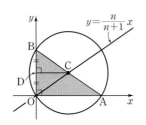

한편 원의 중심을 C라 하고 오른쪽 그림과 같이 점 C에서 y축에 내린 수선의 발을 D라 하면 삼각형 CBO는 $\overline{CB}=\overline{CO}$인 이등변삼각형이므로 선분 CD는 선분 BO를 수직이등분한다.

$\therefore \overline{OD}=\overline{BD}=\dfrac{1}{2}\overline{OB}=n$

즉, 점 C의 y좌표가 n이므로 $y=n$을 $y=\dfrac{n}{n+1}x$에 대입하면

$n=\dfrac{n}{n+1}x$ 　$\therefore x=n+1$

따라서 원의 중심인 점 C의 좌표는 $(n+1, n)$

Step 2 S_n 구하기

오른쪽 그림과 같이 점 C에서 $\overline{OA}$에 내린 수선의 발을 E라 하면 삼각형 COA는 $\overline{CO}=\overline{CA}$인 이등변삼각형이므로 선분 CE는 선분 OA를 수직이등분한다.

$\therefore \overline{OA}=2\overline{OE}=2(n+1)$

따라서 삼각형 OAB의 넓이는

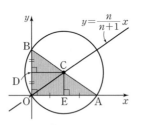

$S_n=\dfrac{1}{2}\times 2(n+1)\times 2n$

　　$=2n(n+1)$

Step 3 $\displaystyle\sum_{n=1}^{10}\dfrac{1}{S_n}$의 값 구하기

$\therefore \displaystyle\sum_{n=1}^{10}\dfrac{1}{S_n}=\sum_{n=1}^{10}\dfrac{1}{2n(n+1)}=\dfrac{1}{2}\sum_{n=1}^{10}\left(\dfrac{1}{n}-\dfrac{1}{n+1}\right)$

　　　　$=\dfrac{1}{2}\left\{\left(1-\dfrac{1}{2}\right)+\left(\dfrac{1}{2}-\dfrac{1}{3}\right)+\cdots+\left(\dfrac{1}{10}-\dfrac{1}{11}\right)\right\}$

　　　　$=\dfrac{1}{2}\left(1-\dfrac{1}{11}\right)=\dfrac{5}{11}$

문제 보기

그림과 같이 자연수 n에 대하여 좌표평면 위의 곡선 $y=2^x$ 위를 움직이는 점 $P_n(n, 2^n)$이 있다. 점 P_n을 지나고 기울기가 -1인 직선이 곡선
　└ 직선 $y=-x+n+2^n$임을 이용한다.

$y=\log_2 x$와 만나는 점을 Q_n이라 하자. 삼각형 P_nOQ_n의 넓이를 S_n이라 할 때, $2\displaystyle\sum_{n=1}^{5}S_n$의 값은? (단, O는 원점이다.) [4점]

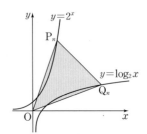

① 1309　② 1311　③ 1313　④ 1315　⑤ 1317

Step 1 직선 P_nQ_n의 방정식 구하기

직선 P_nQ_n은 기울기가 -1이고 점 $P_n(n, 2^n)$을 지나므로

$y-2^n=-(x-n)$ 　$\therefore y=-x+n+2^n$

Step 2 S_n 구하기

두 점 P_n, Q_n은 직선 $y=x$에 대하여 대칭이므로
$Q_n(2^n, n)$ └ 두 함수 $y=2^x$, $y=\log_2 x$는 서로 역함수 관계야.

오른쪽 그림과 같이 직선 P_nQ_n과 x축의 교점을 R_n이라 하면

$\overline{OR_n}=n+2^n$

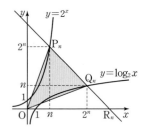

$\therefore S_n=\triangle P_nOR_n-\triangle Q_nOR_n$

　　$=\dfrac{1}{2}\times(n+2^n)\times 2^n$

　　　$-\dfrac{1}{2}\times(n+2^n)\times n$

　　$=\dfrac{1}{2}\{(2^n)^2-n^2\}=\dfrac{4^n-n^2}{2}$

Step 3 $2\displaystyle\sum_{n=1}^{5}S_n$의 값 구하기

$\therefore 2\displaystyle\sum_{n=1}^{5}S_n=\sum_{n=1}^{5}(4^n-n^2)$

　　　　$=\dfrac{4(4^5-1)}{4-1}-\dfrac{5\times 6\times 11}{6}=1309$

다른 풀이 $\overline{P_nQ_n}$을 밑변으로 하여 S_n 구하기

두 점 P_n, Q_n은 직선 $y=x$에 대하여 대칭이므로 $Q_n(2^n, n)$

삼각형 P_nOQ_n에서 밑변을 $\overline{P_nQ_n}$이라 하면

$\overline{P_nQ_n}=\sqrt{(n-2^n)^2+(2^n-n)^2}=\sqrt{2}(2^n-n)$ ($\because 2^n>n$)

한편 기울기가 -1이고 점 $P_n(n, 2^n)$을 지나는 직선 P_nQ_n의 방정식은

$y-2^n=-(x-n)$ 　$\therefore x+y-n-2^n=0$

삼각형 P_nOQ_n에서 높이는 원점 O와 직선 P_nQ_n 사이의 거리 d와 같으므로

$d=\dfrac{|-2^n-n|}{\sqrt{1^2+1^2}}=\dfrac{2^n+n}{\sqrt{2}}$

$\therefore S_n=\dfrac{1}{2}\times\sqrt{2}(2^n-n)\times\dfrac{2^n+n}{\sqrt{2}}=\dfrac{4^n-n^2}{2}$

$\therefore 2\displaystyle\sum_{n=1}^{5}S_n=\sum_{n=1}^{5}(4^n-n^2)$

　　　　$=\dfrac{4(4^5-1)}{4-1}-\dfrac{5\times 6\times 11}{6}=1309$

20 수열의 합의 활용 – 도형의 넓이   정답 ③ | 정답률 47%

문제 보기

그림과 같이 자연수 n에 대하여 한 변의 길이가 $2n$인 정사각형 ABCD가 있고, 네 점 E, F, G, H가 각각 네 변 AB, BC, CD, DA 위에 있다. 선분 HF의 길이는 $\sqrt{4n^2+1}$이고 선분 HF와 선분 EG가 서로 수
└ 선분 EG의 길이를 구한다.
직일 때, 사각형 EFGH의 넓이를 S_n이라 하자. $\sum\limits_{n=1}^{10} S_n$의 값은? [4점]
└ $\frac{1}{2} \times \overline{EG} \times \overline{HF}$임을 이용한다.

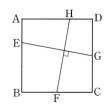

① 765   ② 770   ③ 775   ④ 780   ⑤ 785

Step 1 S_n 구하기

오른쪽 그림과 같이 점 H에서 선분 BC에 내린 수선의 발을 I라 하고 점 E에서 선분 CD에 내린 수선의 발을 J라 하자.
또 두 선분 HF, HI와 선분 EJ가 만나는 점을 각각 K, L이라 하고, 선분 EG와 선분 HF가 만나는 점을 N이라 하면
$\triangle$HKL과 $\triangle$EKN에서

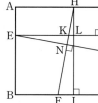

$\angle$HKL$=\angle$EKN (맞꼭지각),
$\angle$KLH$=\angle$KNE$=90°$이므로
$\angle$LHK$=\angle$NEK
또 $\overline{HI}=\overline{EJ}$이고 $\angle$FIH$=\angle$GJE$=90°$이므로
$\triangle$HFI$\equiv\triangle$EGJ (ASA 합동)
즉, $\overline{EG}=\overline{HF}=\sqrt{4n^2+1}$이므로 사각형 EFGH의 넓이 S_n은

$S_n=\dfrac{1}{2}\times\overline{EG}\times\overline{HF}$

$=\dfrac{1}{2}\times\sqrt{4n^2+1}\times\sqrt{4n^2+1}$

$=\dfrac{4n^2+1}{2}=2n^2+\dfrac{1}{2}$

Step 2 $\sum\limits_{n=1}^{10} S_n$의 값 구하기

$\therefore \sum\limits_{n=1}^{10} S_n=\sum\limits_{n=1}^{10}\left(2n^2+\dfrac{1}{2}\right)$

$=2\times\dfrac{10\times11\times21}{6}+\dfrac{1}{2}\times10=775$

---

21 수열의 합의 활용 – 도형의 넓이   정답 ⑤ | 정답률 64%

문제 보기

자연수 n에 대하여 점 $A_n(n, n^2)$을 지나고 직선 $y=nx$에 수직인 직선이 x축과 만나는 점을 B_n이라 하자.

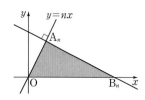

다음은 삼각형 A_nOB_n의 넓이를 S_n이라 할 때, $\sum\limits_{n=1}^{8}\dfrac{S_n}{n^3}$의 값을 구하는 과정이다. (단, O는 원점이다.)

> 점 $A_n(n, n^2)$을 지나고 직선 $y=nx$에 수직인 직선의 방정식은
> $y=\boxed{\text{(가)}}\times x+n^2+1$ *   └ 기울기가 $-\dfrac{1}{n}$이다.
> 이므로 두 점 A_n, B_n의 좌표를 이용하여 S_n을 구하면
> $S_n=\boxed{\text{(나)}}$ └ 직선 *의 x절편을 구한다.
> 따라서
> $\sum\limits_{n=1}^{8}\dfrac{S_n}{n^3}=\boxed{\text{(다)}}$ → 자연수의 거듭제곱의 합을 이용한다.
> 이다.

위의 (가), (나)에 알맞은 식을 각각 $f(n)$, $g(n)$이라 하고, (다)에 알맞은 수를 r라 할 때, $f(1)+g(2)+r$의 값은? [4점]

① 105   ② 110   ③ 115   ④ 120   ⑤ 125

Step 1 (가)에 알맞은 식 구하기

직선 $y=nx$에 수직인 직선의 기울기는 $-\dfrac{1}{n}$이므로 점 $A_n(n, n^2)$을 지나고 기울기가 $-\dfrac{1}{n}$인 직선의 방정식은

$y-n^2=-\dfrac{1}{n}(x-n)$ $\therefore y=\boxed{\text{(가)} -\dfrac{1}{n}}\times x+n^2+1$

Step 2 (나)에 알맞은 식 구하기

점 B_n의 x좌표를 구하면 $-\dfrac{1}{n}x+n^2+1=0$에서

$\dfrac{1}{n}x=n^2+1$ $\therefore x=n^3+n$

따라서 점 B_n의 좌표는 $(n^3+n, 0)$이므로

$S_n=\dfrac{1}{2}\times(n^3+n)\times n^2=\boxed{\text{(나)} \dfrac{n^5+n^3}{2}}$

Step 3 (다)에 알맞은 수 구하기

$\therefore \sum\limits_{n=1}^{8}\dfrac{S_n}{n^3}=\sum\limits_{n=1}^{8}\dfrac{n^5+n^3}{2n^3}=\sum\limits_{n=1}^{8}\dfrac{n^2+1}{2}$

$=\dfrac{1}{2}\sum\limits_{n=1}^{8}n^2+\dfrac{1}{2}\sum\limits_{n=1}^{8}1$

$=\dfrac{1}{2}\times\dfrac{8\times9\times17}{6}+\dfrac{1}{2}\times1\times8$

$=\boxed{\text{(다)} 106}$

Step 4 $f(1)+g(2)+r$의 값 구하기

따라서 $f(n)=-\dfrac{1}{n}$, $g(n)=\dfrac{n^5+n^3}{2}$, $r=106$이므로

$f(1)+g(2)+r=-1+20+106=125$

문제 보기

그림과 같이 제1사분면에 있는 곡선 $y=\log_2(x+1)$ 위의 점 P를 지나
└→ *
고 기울기가 -1인 직선이 x축과 만나는 점을 Q라 하자. 자연수 n에
대하여 $\overline{PQ}=\sqrt{2n}$이 되도록 하는 점 Q의 x좌표를 x_n이라 할 때, $\displaystyle\sum_{k=1}^{5}x_k$
└→ 점 P의 좌표를 구한 후 *에 대입하여 x_n을 구한다.
의 값은? [4점]

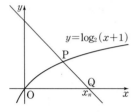

① 72　　② 84　　③ 96　　④ 108　　⑤ 120

───────────────

Step 1 x_n 구하기

점 P에서 x축에 내린 수선의 발을 H라
하면 두 점 P, Q를 지나는 직선의 기울
기가 -1이므로 삼각형 PHQ는
$\overline{PH}=\overline{QH}$인 직각이등변삼각형이다.
따라서 $\overline{PQ}=\sqrt{2n}$이므로
$\overline{PH}=\overline{QH}=n$

이때 점 Q의 좌표가 $(x_n,\ 0)$이므로 점
P의 좌표는 $(x_n-n,\ n)$
점 P가 곡선 $y=\log_2(x+1)$ 위에 있으므로
$n=\log_2(x_n-n+1)$
$x_n-n+1=2^n$ 　∴ $x_n=2^n+n-1$

Step 2 $\displaystyle\sum_{k=1}^{5}x_k$의 값 구하기

∴ $\displaystyle\sum_{k=1}^{5}x_k=\sum_{k=1}^{5}(2^k+k-1)$
$\qquad\qquad=\dfrac{2(2^5-1)}{2-1}+\dfrac{5\times6}{2}-1\times5=72$

다른 풀이　$\overline{PQ}$의 길이 이용하기

점 P의 좌표를 $(a,\ b)\ (a>0,\ b>0)$라 하면 점 Q의 좌표가 $(x_n,\ 0)$이고
직선 PQ의 기울기가 -1이므로
$\dfrac{0-b}{x_n-a}=-1,\ x_n-a=b$ 　∴ $x_n=a+b$ 　…… ㉠
∴ $\overline{PQ}=\sqrt{(x_n-a)^2+(0-b)^2}$
$\qquad\quad=\sqrt{b^2+b^2}=\sqrt{2b^2}=\sqrt{2}b\ (\because ㉠)$
이때 $\overline{PQ}=\sqrt{2n}$이므로 $\sqrt{2}b=\sqrt{2n}$ 　∴ $b=n$
따라서 점 P의 좌표는 $(a,\ n)$이고, 점 P가 곡선 $y=\log_2(x+1)$ 위에 있
으므로
$n=\log_2(a+1)$
$a+1=2^n$ 　∴ $a=2^n-1$
$a=2^n-1,\ b=n$을 ㉠에 대입하면
$x_n=a+b=2^n+n-1$
∴ $\displaystyle\sum_{k=1}^{5}x_k=\sum_{k=1}^{5}(2^k+k-1)$
$\qquad\qquad=\dfrac{2(2^5-1)}{2-1}+\dfrac{5\times6}{2}-1\times5=72$

문제 보기

좌표평면에서 자연수 n에 대하여 두 곡선 $y=\log_2 x,\ y=\log_2(2^n-x)$
가 만나는 점의 x좌표를 a_n이라 할 때, $\displaystyle\sum_{n=1}^{5}a_n$의 값은? [3점]
└→ 방정식 $\log_2 x=\log_2(2^n-x)$를
만족시키는 x의 값을 구한다.

① 31　　② 32　　③ 33　　④ 34　　⑤ 35

───────────────

Step 1 a_n 구하기

두 곡선 $y=\log_2 x,\ y=\log_2(2^n-x)$가 만나는 점의 x좌표는
$\log_2 x=\log_2(2^n-x)$
즉, $x=2^n-x$이므로 $2x=2^n$ 　∴ $x=2^{n-1}$
∴ $a_n=2^{n-1}$

Step 2 $\displaystyle\sum_{n=1}^{5}a_n$의 값 구하기

∴ $\displaystyle\sum_{n=1}^{5}a_n=\sum_{n=1}^{5}2^{n-1}=\dfrac{2^5-1}{2-1}=31$

24 수열의 합의 활용 – 함수의 그래프   정답 200 | 정답률 56%

문제 보기

좌표평면에 그림과 같이 직선 l이 있다. 자연수 n에 대하여 점 $(n, 0)$을 지나고 x축에 수직인 직선이 직선 l과 만나는 점의 y좌표를 a_n이라 하자. $a_4 = \dfrac{7}{2}$, $a_7 = 5$일 때, $\displaystyle\sum_{k=1}^{25} a_k$의 값을 구하시오. [4점]

└ 두 점 $\left(4, \dfrac{7}{2}\right)$, $(7, 5)$를 지나는 직선 l의 방정식을 구한다.

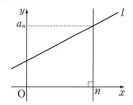

Step 1 직선 l의 방정식 구하기

$a_4 = \dfrac{7}{2}$, $a_7 = 5$이므로 직선 l은 두 점 $\left(4, \dfrac{7}{2}\right)$, $(7, 5)$를 지난다.

즉, 직선 l의 기울기는 $\dfrac{5 - \dfrac{7}{2}}{7 - 4} = \dfrac{1}{2}$이므로 직선 l의 방정식은

$$y - 5 = \dfrac{1}{2}(x - 7) \qquad \therefore\ y = \dfrac{1}{2}x + \dfrac{3}{2}$$

Step 2 a_n 구하기

점 $(n, 0)$을 지나고 x축에 수직인 직선이 직선 l과 만나는 점의 y좌표가 a_n이므로

$$a_n = \dfrac{1}{2}n + \dfrac{3}{2}$$

Step 3 $\displaystyle\sum_{k=1}^{25} a_k$의 값 구하기

$$\therefore \sum_{k=1}^{25} a_k = \sum_{k=1}^{25}\left(\dfrac{1}{2}k + \dfrac{3}{2}\right)$$
$$= \dfrac{1}{2} \times \dfrac{25 \times 26}{2} + \dfrac{3}{2} \times 25 = 200$$

다른 풀이 등차수열의 합 이용하기

점 $(n, 0)$을 지나고 x축에 수직인 직선이 일차함수의 그래프와 만나는 점의 y좌표를 a_n이라 하면 a_n을 n에 대한 일차식으로 나타낼 수 있으므로 수열 $\{a_n\}$은 등차수열이다. ——— 일반항 a_n이 n에 대한 일차식인 수열 $\{a_n\}$은 등차수열이야.

등차수열 $\{a_n\}$의 첫째항을 a, 공차를 d라 하면

$a_4 = \dfrac{7}{2}$에서 $a + 3d = \dfrac{7}{2}$ ····· ㉠

$a_7 = 5$에서 $a + 6d = 5$ ····· ㉡

㉠, ㉡을 연립하여 풀면 $a = 2$, $d = \dfrac{1}{2}$

따라서 수열 $\{a_n\}$의 첫째항이 2이고 공차가 $\dfrac{1}{2}$이므로

$$\sum_{k=1}^{25} a_k = \dfrac{25\left(4 + 24 \times \dfrac{1}{2}\right)}{2} = \dfrac{25 \times 16}{2} = 200$$

25 수열의 합의 활용 – 함수의 그래프   정답 ③ | 정답률 67%

문제 보기

자연수 n에 대하여 좌표평면 위의 점 $(n, 0)$을 중심으로 하고 반지름의 길이가 1인 원을 O_n이라 하자. 점 $(-1, 0)$을 지나고 원 O_n과 제1사분면에서 접하는 직선의 기울기를 a_n이라 할 때, $\displaystyle\sum_{n=1}^{5} a_n{}^2$의 값은? [3점]

└ 접선의 방정식을 구한 후 원과 접선 사이의 거리를 이용하여 $a_n{}^2$을 구한다.

① $\dfrac{1}{2}$ ② $\dfrac{23}{42}$ ③ $\dfrac{25}{42}$ ④ $\dfrac{9}{14}$ ⑤ $\dfrac{29}{42}$

Step 1 $a_n{}^2$ 구하기

점 $(-1, 0)$을 지나고 기울기가 a_n인 직선의 방정식은

$$y = a_n(x + 1) \qquad \therefore\ a_n(x+1) - y = 0$$

원의 중심 $(n, 0)$과 직선 $a_n(x+1) - y = 0\,(a_n > 0)$ 사이의 거리는 원 O_n의 반지름의 길이 1과 같아야 하므로

$$\dfrac{|a_n(n+1)|}{\sqrt{a_n{}^2 + (-1)^2}} = 1, \quad |a_n(n+1)| = \sqrt{a_n{}^2 + 1}$$

양변을 제곱하면

$$\{a_n(n+1)\}^2 = a_n{}^2 + 1, \quad a_n{}^2(n+1)^2 = a_n{}^2 + 1$$

$$a_n{}^2(n^2 + 2n) = 1 \qquad \therefore\ a_n{}^2 = \dfrac{1}{n(n+2)}$$

Step 2 $\displaystyle\sum_{n=1}^{5} a_n{}^2$의 값 구하기

$$\therefore \sum_{n=1}^{5} a_n{}^2 = \sum_{n=1}^{5} \dfrac{1}{n(n+2)}$$
$$= \dfrac{1}{2}\sum_{n=1}^{5}\left(\dfrac{1}{n} - \dfrac{1}{n+2}\right)$$
$$= \dfrac{1}{2}\left\{\left(1 - \dfrac{1}{3}\right) + \left(\dfrac{1}{2} - \dfrac{1}{4}\right) + \cdots + \left(\dfrac{1}{5} - \dfrac{1}{7}\right)\right\}$$
$$= \dfrac{1}{2}\left(1 + \dfrac{1}{2} - \dfrac{1}{6} - \dfrac{1}{7}\right) = \dfrac{25}{42}$$

문제 보기

자연수 n에 대하여 다음 조건을 만족시키는 가장 작은 자연수 m을 a_n 이라 할 때, $\sum\limits_{n=1}^{10} a_n$의 값은? [4점]

> (가) 점 A의 좌표는 $(2^n, 0)$이다.
>
> (나) 두 점 B$(1, 0)$과 C$(2^m, m)$을 지나는 직선 위의 점 중 x좌표가 2^n인 점을 D라 할 때, 삼각형 ABD의 넓이는 $\dfrac{m}{2}$보다 작거나 같다.
> └─ 직선의 방정식을 구하여 점 D의 좌표를 구한다.

① 109　　② 111　　③ 113　　④ 115　　⑤ 117

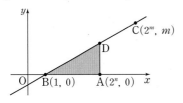

Step 1　점 D의 좌표 구하기

두 점 B$(1, 0)$, C$(2^m, m)$을 지나는 직선의 방정식은

$$y = \frac{m}{2^m - 1}(x - 1)$$

이 직선 위의 점 D의 x좌표는 2^n이므로 점 D의 좌표는

$$\left(2^n, \frac{m(2^n - 1)}{2^m - 1}\right)$$

Step 2　a_n 구하기

조건 (나)에서 삼각형 ABD의 넓이가 $\dfrac{m}{2}$보다 작거나 같으므로

$$\frac{1}{2} \times (2^n - 1) \times \frac{m(2^n - 1)}{2^m - 1} \leq \frac{m}{2}$$

$$\frac{(2^n - 1)^2}{2^m - 1} \leq 1 \ (\because m > 0)$$

자연수 m에 대하여 $2^m - 1 > 0$이므로 양변에 $2^m - 1$을 곱하면

$$(2^n - 1)^2 \leq 2^m - 1$$

$$\therefore (2^n - 1)^2 + 1 \leq 2^m$$

이 부등식의 n에 1, 2, 3, …을 대입하면

$n = 1$일 때, $2 \leq 2^m$에서 $a_1 = 1$

$n = 2$일 때, $10 \leq 2^m$에서 $a_2 = 4$

$n = 3$일 때, $50 \leq 2^m$에서 $a_3 = 6$

$n = 4$일 때, $226 \leq 2^m$에서 $a_4 = 8$

$n = 5$일 때, $962 \leq 2^m$에서 $a_5 = 10$

$\qquad\qquad \vdots$

$\therefore a_1 = 1, \ a_n = 2n \ (n \geq 2)$

Step 3　$\sum\limits_{n=1}^{10} a_n$의 값 구하기

$$\therefore \sum_{n=1}^{10} a_n = a_1 + \sum_{n=2}^{10} 2n = a_1 + \left(\sum_{n=1}^{10} 2n - 2\right)$$

$$= 1 + 2 \times \frac{10 \times 11}{2} - 2 = 109$$

문제 보기

유리함수 $f(x) = \dfrac{8x}{2x - 15}$와 수열 $\{a_n\}$에 대하여 $a_n = f(n)$이다.

└─ 함수 $y = f(x)$의 그래프를 그려 대칭성을 파악한다.

$\sum\limits_{n=1}^{m} a_n \leq 73$을 만족시키는 자연수 m의 최댓값을 구하시오. [4점]

─────────────────────

Step 1　함수 $y = f(x)$의 그래프 그리기

$f(x) = \dfrac{8x}{2x - 15} = 4 + \dfrac{60}{2x - 15}$이므로 함수 $y = f(x)$의 그래프는 다음 그림과 같다.

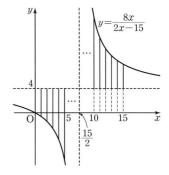

Step 2　유리함수의 그래프의 대칭성을 이용하여 함숫값 구하기

함수 $y = f(x)$의 그래프는 점 $\left(\dfrac{15}{2}, 4\right)$에 대하여 대칭이므로

$f(7) + f(8) = 8, \ f(6) + f(9) = 8, \ f(5) + f(10) = 8, \ f(4) + f(11) = 8,$

$f(3) + f(12) = 8, \ f(2) + f(13) = 8, \ f(1) + f(14) = 8$

Step 3　$\sum\limits_{n=1}^{m} a_n \leq 73$을 만족시키는 자연수 m의 최댓값 구하기

이때 $\sum\limits_{n=1}^{14} a_n = f(1) + f(2) + f(3) + \cdots + f(14) = 56$이고,

$a_{15} = f(15) = 4 + \dfrac{60}{2 \times 15 - 15} = 8$이므로 $\sum\limits_{n=1}^{15} a_n = 64$

$a_{16} = f(16) = 4 + \dfrac{60}{2 \times 16 - 15} = 7 + \dfrac{9}{17} < 8$이므로 $\sum\limits_{n=1}^{16} a_n < 73$

$a_{17} = f(17) = 4 + \dfrac{60}{2 \times 17 - 15} = 7 + \dfrac{3}{19}$이므로 $\sum\limits_{n=1}^{17} a_n > 73$

$$\therefore \sum_{n=1}^{16} a_n < 73 < \sum_{n=1}^{17} a_n$$

따라서 자연수 m의 최댓값은 16이다.

28 수열의 합의 활용 – 점의 이동 정답 ③ | 정답률 66%

문제 보기

좌표평면의 원점에 점 P가 있다. 한 개의 동전을 1번 던질 때마다 다음 규칙에 따라 점 P를 이동시키는 시행을 한다.

> (개) 앞면이 나오면 x축의 방향으로 1만큼 평행이동시킨다.
> (내) 뒷면이 나오면 y축의 방향으로 1만큼 평행이동시킨다.

시행을 1번 한 후 점 P가 위치할 수 있는 점들을 x좌표가 작은 것부터 차례로 P_1, P_2라 하고, 시행을 2번 한 후 점 P가 위치할 수 있는 점들을
└─ $P_1(0, 1)$, $P_2(1, 0)$
x좌표가 작은 것부터 차례로 P_3, P_4, P_5라 하자. 예를 들어, 점 P_5의 좌
└─ $P_3(0, 2)$, $P_4(1, 1)$, $P_5(2, 0)$
표는 $(2, 0)$이고 점 P_6의 좌표는 $(0, 3)$이다. 이와 같은 방법으로 정해진 점 P_{100}의 좌표를 (a, b)라 할 때, $a-b$의 값은? [4점]
└─ 점 P_{100}은 시행을 몇 번 한 후 위치할 수 있는 점인지 알아본다.

① 1   ② 3   ③ 5   ④ 7   ⑤ 9

Step 1 점 P가 위치할 수 있는 점들의 개수 구하기

동전을 n번 던질 때 점 P가 위치할 수 있는 점의 좌표는 $(0, n)$, $(1, n-1)$, $\cdots$, $(n, 0)$으로 $(n+1)$개이다.

Step 2 점 P_{100}의 좌표 구하기

시행을 n번 한 후 점 P가 위치할 수 있는 모든 점의 개수의 합은
$$2+3+\cdots+(n+1)=\sum_{k=1}^{n}(k+1)$$
$$=\frac{n(n+1)}{2}+n$$
$$=\frac{n(n+3)}{2}$$

이때 $n=12$이면 점 P가 위치할 수 있는 모든 점의 개수의 합은
$\frac{12\times15}{2}=90$이므로 점 P_{100}은 시행을 13번 한 후 x좌표가 10번째로 작은 점이다.
즉, 앞면이 9번 나오는 경우이므로 $P_{100}(9, 4)$가 된다.

Step 3 $a-b$의 값 구하기

따라서 $a=9$, $b=4$이므로 $a-b=5$

다른 풀이 점 P_n을 나열하여 규칙 찾기

1번 시행: $P_1(0, 1)$, $P_2(1, 0)$ ⇨ 2개
2번 시행: $P_3(0, 2)$, $P_4(1, 1)$, $P_5(2, 0)$ ⇨ 3개
3번 시행: $P_6(0, 3)$, $P_7(1, 2)$, $P_8(2, 1)$, $P_9(3, 0)$ ⇨ 4개
$\vdots$
n번 시행: $P_{\frac{n(n+1)}{2}}$, $\cdots$, $P_{\frac{n(n+3)}{2}}$ ⇨ $(n+1)$개

이때 $\frac{13\times14}{2}<100<\frac{13\times16}{2}$이므로 점 P_{100}은 시행을 13번 한 후 위치할 수 있는 점이다.
즉, $P_{91}(0, 13)$, $\cdots$, $P_{104}(13, 0)$이므로 $P_{100}(9, 4)$
따라서 $a=9$, $b=4$이므로 $a-b=5$

29 수열의 합의 활용 – 점의 이동 정답 8 | 정답률 27%

문제 보기

좌표평면에서 그림과 같이 길이가 1인 선분이 수직으로 만나도록 연결
└─ *
된 경로가 있다. 이 경로를 따라 원점에서 멀어지도록 움직이는 점 P의 위치를 나타내는 점 A_n을 다음과 같은 규칙으로 정한다.

> (i) A_0은 원점이다.
> (ii) n이 자연수일 때, A_n은 점 A_{n-1}에서 점 P가 경로를 따라 $\frac{2n-1}{25}$ 만큼 이동한 위치에 있는 점이다.
> └─ 점 A_0에서 점 A_n까지 점 P가 이동한 거리를 구한다.

예를 들어, 점 A_2와 A_6의 좌표는 각각 $\left(\frac{4}{25}, 0\right)$, $\left(1, \frac{11}{25}\right)$이다. 자연수 n에 대하여 점 A_n 중 직선 $y=x$ 위에 있는 점을 원점에서 가까운 순
└─ *에 의하여 점 P가 이동한 거리는 짝수이어야 한다.
서대로 나열할 때, 두 번째 점의 x좌표를 a라 하자. a의 값을 구하시오.
[4점]

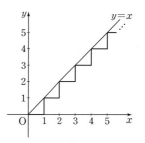

Step 1 점 A_0에서 점 A_n까지 점 P가 이동한 거리 구하기

점 A_0에서 점 A_1까지 점 P가 이동한 거리는 $\frac{1}{25}$

점 A_0에서 점 A_2까지 점 P가 이동한 거리는 $\frac{1}{25}+\frac{3}{25}$

점 A_0에서 점 A_3까지 점 P가 이동한 거리는 $\frac{1}{25}+\frac{3}{25}+\frac{5}{25}$
$\vdots$
점 A_0에서 점 A_n까지 점 P가 이동한 거리는
$$\frac{1}{25}+\frac{3}{25}+\frac{5}{25}+\cdots+\frac{2n-1}{25}=\sum_{k=1}^{n}\frac{2k-1}{25}$$
$$=\frac{1}{25}\sum_{k=1}^{n}(2k-1)$$
$$=\frac{1}{25}\left\{2\times\frac{n(n+1)}{2}-n\right\}$$
$$=\frac{n^2}{25}=\left(\frac{n}{5}\right)^2 \quad\cdots\cdots\ \unicode{x3254}$$

Step 2 a의 값 구하기

점 A_n이 직선 $y=x$ 위에 있으려면 점 A_0에서 점 A_n까지 점 P가 이동한 거리가 짝수이어야 한다. ── 직선 $y=x$ 위의 점의 좌표는 (k, k)이고, 이때 점 P가 움직인 거리는 x축의 양의 방향으로 k만큼, y축의 양의 방향으로 k만큼 이동한 것이므로 총 $2k$만큼 이동한 거야.
즉, $\left(\frac{n}{5}\right)^2$은 짝수이어야 하므로 $\frac{n}{5}$도 짝수이어야 한다.
└─ 자연수 n에 대하여 n^2이 짝수이면 n도 짝수, n^2이 홀수이면 n도 홀수야.
$\frac{n}{5}=2m$ (m은 자연수)이라 하면 $n=10m$
즉, 점 A_n 중 직선 $y=x$ 위에 있는 두 번째 점은 $m=2$, 즉 $n=20$일 때이므로 점 A_{20}이다.
따라서 점 A_0에서 점 A_{20}까지 점 P가 이동한 거리는 ㉠에서
$\left(\frac{20}{5}\right)^2=4^2=16$이므로 점 A_{20}의 x좌표는 8이다.
└─ 이동한 거리가 16이므로 점 A_{20}의 좌표는 $(8, 8)$이야.
$\therefore a=8$

문제 보기

그림과 같이 좌표평면에 x축 위의 두 점 F, F′과 점 P$(0, n)$ $(n>0)$이 있다. 삼각형 PF′F가 $\angle$FPF′$=\dfrac{\pi}{2}$인 직각이등변삼각형이다.

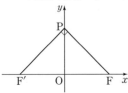
└─ $\overline{PO}=\overline{F'O}=\overline{FO}$임을 이용하여 두 점 F′, F의 좌표를 구한다.

n이 자연수일 때 삼각형 PF′F의 세 변 위에 있는 점 중에서 x좌표와 y좌표가 모두 정수인 점의 개수를 a_n이라 하자. $\displaystyle\sum_{n=1}^{5} a_n$의 값은? [3점]

① 40   ② 45   ③ 50   ④ 55   ⑤ 60

Step 1 두 점 F′, F의 좌표 구하기

삼각형 PF′F가 직각이등변삼각형이므로
$$\overline{PO}=\overline{F'O}=\overline{FO}$$
이때 점 P의 좌표가 $(0, n)$이므로
F′$(-n, 0)$, F$(n, 0)$

Step 2 a_n 구하기

직선 PF의 방정식은 $y=-x+n$, 직선 PF′의 방정식은 $y=x+n$이고 n은 자연수이므로 두 직선 위의 점 중에서 x좌표가 정수인 점은 y좌표도 정수이다.
즉, 두 변 PF′, PF 위에 있는 점 중에서 x좌표와 y좌표가 모두 정수인 점의 개수는 $(n+1)+n=2n+1$이고, 변 F′F 위에 있는 점 중에서 x좌표와 y좌표가 모두 정수인 점의 개수도 $(n+1)+n=2n+1$이다.
이때 두 점 F′과 F를 중복하여 세었으므로
$$a_n=(2n+1)+(2n+1)-2=4n$$

Step 3 $\displaystyle\sum_{n=1}^{5} a_n$의 값 구하기

$$\therefore \sum_{n=1}^{5} a_n=\sum_{n=1}^{5} 4n=4\times\frac{5\times6}{2}=60$$

문제 보기

다음은 2 이상의 자연수 n에 대하여 함수 $y=\sqrt{x}$의 그래프와 x축 및 직선 $x=n^2$으로 둘러싸인 도형의 내부에 있는 점 중에서 x좌표와 y좌표가 모두 정수인 점의 개수 a_n을 구하는 과정이다.

> $n=2$일 때, 곡선 $y=\sqrt{x}$, x축 및 직선 $x=4$로 둘러싸인 도형의 내부에 있는 점 중에서 x좌표와 y좌표가 모두 정수인 점은 $(2, 1)$, $(3, 1)$이므로
> $$a_2=\boxed{(가)}$$
> 이다.
> 3 이상의 자연수 n에 대하여 a_n을 구하여 보자.
>
>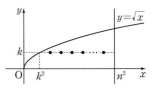
>
> 위의 그림과 같이 $1\le k\le n-1$인 정수 k에 대하여 주어진 도형의 내부에 있는 점 중에서 x좌표가 정수이고, y좌표가 k인 점은
> $$(k^2+1, k), (k^2+2, k), \cdots, (\boxed{(나)}, k)$$
> └─ x좌표가 정수인 것에 유의하여 y좌표가 k로 일정할 때의 점의 개수의 규칙을 찾는다.
> 이므로 이 점의 개수를 b_k라 하면
> $$b_k=\boxed{(나)}-k^2$$
> 이다. 따라서
> $$a_n=\sum_{k=1}^{n-1} b_k=\boxed{(다)}$$
> 이다.

위의 (가)에 알맞은 수를 p라 하고, (나), (다)에 알맞은 식을 각각 $f(n)$, $g(n)$이라 할 때, $p+f(4)+g(6)$의 값은? [4점]

① 131   ② 133   ③ 135   ④ 137   ⑤ 139

Step 1 (가)에 알맞은 수 구하기

$n=2$일 때, 곡선 $y=\sqrt{x}$, x축 및 직선 $x=4$로 둘러싸인 도형의 내부에 있는 점 중에서 x좌표와 y좌표가 모두 정수인 점은 $(2, 1)$, $(3, 1)$이므로
$a_2=\boxed{(가)\ 2}$

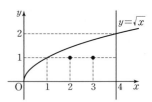

Step 2 (나)에 알맞은 식 구하기

$n\ge3$일 때, $1\le k\le n-1$인 정수 k에 대하여 주어진 도형의 내부에 있는 점 중에서 x좌표가 정수이고 y좌표가 k인 점은
$(k^2+1, k), (k^2+2, k), \cdots, (\boxed{(나)\ n^2-1}, k)$ → y좌표는 k로 일정하고 x좌표는 1씩 증가해.
이므로 이 점의 개수를 b_k라 하면
$b_k=\boxed{(나)\ n^2-1}-k^2$ → $(n^2-1)-(k^2+1)+1=(n^2-1)-k^2$

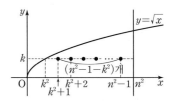

Step 3 (다)에 알맞은 식 구하기

$$\therefore a_n = \sum_{k=1}^{n-1} b_k = \sum_{k=1}^{n-1} (n^2 - 1 - k^2)$$

$$= (n^2 - 1)(n-1) - \sum_{k=1}^{n-1} k^2$$

$$= (n-1)(n^2-1) - \frac{(n-1)n(2n-1)}{6}$$

$$= (n-1) \left\{ n^2 - 1 - \frac{n(2n-1)}{6} \right\}$$

$$= \boxed{\overset{\text{(다)}}{\frac{(n-1)(4n^2+n-6)}{6}}}$$

Step 4 $p + f(4) + g(6)$의 값 구하기

따라서 $p = 2$, $f(n) = n^2 - 1$, $g(n) = \dfrac{(n-1)(4n^2+n-6)}{6}$ 이므로

$$p + f(4) + g(6) = 2 + (4^2 - 1) + \frac{5 \times 144}{6} = 137$$

---

32 수열의 합의 활용 – 점의 개수   정답 553 | 정답률 31%

문제 보기

함수 $f(x)$가 다음 조건을 만족시킨다.

> (가) $-1 \le x < 1$에서 $f(x) = |2x|$이다.
> (나) 모든 실수 x에 대하여 $f(x+2) = f(x)$이다.
> └→ 주기가 2인 주기함수이다.

자연수 n에 대하여 함수 $y = f(x)$의 그래프와 함수 $y = \log_{2n} x$의 그래프가 만나는 점의 개수를 a_n이라 하자. $\displaystyle\sum_{n=1}^{7} a_n$의 값을 구하시오. [4점]
└→ 두 함수 $y = f(x)$, $y = \log_{2n} x$의 그래프를 그려 a_n의 규칙을 찾는다.

Step 1 두 함수 $y = f(x)$, $y = \log_{2n} x$의 그래프 그리기

조건 (가), (나)에서 함수 $y = f(x)$는 $-1 \le x < 1$에서 $f(x) = |2x|$이고, 주기가 2인 주기함수이다.

또 함수 $y = \log_{2n} x$의 그래프는 두 점 $(1, 0)$, $(4n^2, 2)$를 지난다.

따라서 두 함수 $y = f(x)$, $y = \log_{2n} x$의 그래프를 그리면 다음 그림과 같다.

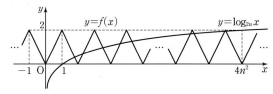

Step 2 a_n 구하기

$n = 1$일 때, $y = \log_2 x$의 그래프는 점 $(4, 2)$를 지나므로 교점의 개수는
$a_1 = 3 = 4 - 1$ └→ $1 \le x \le 2$, $2 \le x \le 3$, $3 \le x \le 4$에서 각각 1개야.

$n = 2$일 때, $y = \log_4 x$의 그래프는 점 $(16, 2)$를 지나므로 교점의 개수는
$a_2 = 15 = 16 - 1$ └→ $1 \le x \le 2$, $2 \le x \le 3$, $\cdots$, $15 \le x \le 16$에서 각각 1개야.

$\vdots$

$n = k$일 때, $y = \log_{2k} x$의 그래프는 점 $(4k^2, 2)$를 지나므로 교점의 개수는
$a_k = 4k^2 - 1$

$\therefore a_n = 4n^2 - 1$

Step 3 $\displaystyle\sum_{n=1}^{7} a_n$의 값 구하기

$$\therefore \sum_{n=1}^{7} a_n = \sum_{n=1}^{7} (4n^2 - 1)$$

$$= 4 \times \frac{7 \times 8 \times 15}{6} - 1 \times 7 = 553$$

문제 보기

그림과 같이 자연수 n에 대하여 기울기가 1이고 y절편이 양수인 직선
이 원 $x^2+y^2=\dfrac{n^2}{2}$에 접할 때, 이 직선이 x축, y축과 만나는 점을 각각
A$_n$, B$_n$이라 하자. 점 A$_n$을 지나고 기울기가 -2인 직선이 y축과 만나
└ 원의 접선의 방정식을 구하여 두 점 A$_n$, B$_n$의 좌표를 구한다.
는 점을 C$_n$이라 할 때, 삼각형 A$_n$C$_n$B$_n$과 그 내부의 점들 중 x좌표와
└ 직선의 방정식을 구하여 점 C$_n$의 좌표를 구한다.
y좌표가 모두 정수인 점의 개수를 a_n이라 하자. $\displaystyle\sum_{n=1}^{10} a_n$의 값을 구하시오.

[4점]

Step 1 세 점 A$_n$, B$_n$, C$_n$의 좌표 구하기

원 $x^2+y^2=\dfrac{n^2}{2}$에 접하고 기울기가 1, y절편이 양수인 접선의 방정식은

$y=x+\dfrac{n}{\sqrt{2}}\sqrt{1^2+1}$

$\therefore y=x+n$

직선 $y=x+n$이 x축, y축과 만나는 점은 각각

A$_n(-n, 0)$, B$_n(0, n)$

점 A$_n$을 지나고 기울기가 -2인 직선의 방정식은

$y=-2(x+n)$

$\therefore y=-2x-2n$

이때 이 직선이 y축과 만나는 점은

C$_n(0, -2n)$

Step 2 a_n 구하기

삼각형 A$_n$C$_n$B$_n$과 그 내부의 점들 중 x좌표와 y좌표가 모두 정수인 점의
개수 a_n은

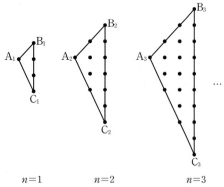

$n=1$ $n=2$ $n=3$

$n=1$일 때, x좌표가 -1인 점의 개수는 1, x좌표가 0인 점의 개수는 4이
므로

$a_1=1+4=5$

$n=2$일 때, x좌표가 -2인 점의 개수는 1, x좌표가 -1인 점의 개수는 4,
x좌표가 0인 점의 개수는 7이므로

$a_2=1+4+7=12$

$n=3$일 때, x좌표가 -3인 점의 개수는 1, x좌표가 -2인 점의 개수는 4,
x좌표가 -1인 점의 개수는 7, x좌표가 0인 점의 개수는 10이므로

$a_3=1+4+7+10=22$

$\quad\vdots$

$\therefore a_n=1+\{4+7+10+\cdots+(3n+1)\}$

$\qquad =1+\dfrac{n\{2\times4+(n-1)\times3\}}{2}$

$\qquad =\dfrac{3}{2}n^2+\dfrac{5}{2}n+1$

Step 3 $\displaystyle\sum_{n=1}^{10} a_n$의 값 구하기

$\therefore \displaystyle\sum_{n=1}^{10} a_n=\sum_{n=1}^{10}\left(\dfrac{3}{2}n^2+\dfrac{5}{2}n+1\right)$

$\qquad =\dfrac{3}{2}\times\dfrac{10\times11\times21}{6}+\dfrac{5}{2}\times\dfrac{10\times11}{2}+1\times10=725$

34 수열의 합의 활용 – 순서쌍의 개수　정답 525 | 정답률 26%

문제 보기

다음 조건을 만족시키는 자연수 a, b, c의 모든 순서쌍 (a, b, c)의 개수를 구하시오. [4점]

> (가) $a < b < c \leq 20$
> (나) 세 변의 길이가 a, b, c인 삼각형이 존재한다.
> └→ $a + b > c$임을 이용한다.

Step 1 c의 값에 따른 순서쌍 (a, b, c)의 개수의 규칙 찾기

자연수 a, b, c에 대하여 조건 (가)에서 $a < b < c$이고 조건 (나)에서 $a + b > c$
이므로 $c \geq 4$　→ $c = 3$이면 $a = 1$, $b = 2$ ⇒ $a + b = c$이므로 삼각형이 결정되지 않아.

(ⅰ) $c = 2k$ $(k = 2, 3, 4, \cdots, 10)$일 때,

$a < b < c$이고, $a + b > c$이어야 하므로

$b = 2k - 1$이면 $2 \leq a \leq 2k - 2$　→ $(2k-2) - 2 + 1 = 2k - 3$(개)

$b = 2k - 2$이면 $3 \leq a \leq 2k - 3$　→ $(2k-3) - 3 + 1 = 2k - 5$(개)

$b = 2k - 3$이면 $4 \leq a \leq 2k - 4$　→ $(2k-4) - 4 + 1 = 2k - 7$(개)

$\vdots$

$b = k + 2$이면 $k - 1 \leq a \leq k + 1$　→ 3개

$b = k + 1$이면 $a = k$　→ 1개

따라서 순서쌍 (a, b, c)의 개수는

$(2k-3) + (2k-5) + (2k-7) + \cdots + 3 + 1$

$= \dfrac{(k-1)\{(2k-3) + 1\}}{2}$

$= \dfrac{(k-1)(2k-2)}{2}$

$= (k-1)^2$

(ⅱ) $c = 2k + 1$ $(k = 2, 3, 4, \cdots, 9)$일 때,

$b = 2k$이면 $2 \leq a \leq 2k - 1$　→ $(2k-1) - 2 + 1 = 2k - 2$(개)

$b = 2k - 1$이면 $3 \leq a \leq 2k - 2$　→ $(2k-2) - 3 + 1 = 2k - 4$(개)

$b = 2k - 2$이면 $4 \leq a \leq 2k - 3$　→ $(2k-3) - 4 + 1 = 2k - 6$(개)

$\vdots$

$b = k + 3$이면 $k - 1 \leq a \leq k + 2$　→ 4개

$b = k + 2$이면 $k \leq a \leq k + 1$　→ 2개

따라서 순서쌍 (a, b, c)의 개수는

$(2k-2) + (2k-4) + (2k-6) + \cdots + 4 + 2$

$= \dfrac{(k-1)\{(2k-2) + 2\}}{2}$

$= \dfrac{(k-1) \times 2k}{2}$

$= k(k-1)$

Step 2 순서쌍 (a, b, c)의 개수 구하기

(ⅰ), (ⅱ)에서 모든 순서쌍 (a, b, c)의 개수는

$\displaystyle\sum_{k=2}^{10} (k-1)^2 + \sum_{k=2}^{9} k(k-1) = \sum_{k=1}^{9} k^2 + \sum_{k=1}^{9} (k^2 - k)$　→ $1^2 - 1 = 0$이므로

$\displaystyle\sum_{k=2}^{9} k(k-1) = \sum_{k=1}^{9} k(k-1)$

$\displaystyle= \sum_{k=1}^{9} k^2 + \sum_{k=1}^{9} k^2 - \sum_{k=1}^{9} k$

$\displaystyle= 2\sum_{k=1}^{9} k^2 - \sum_{k=1}^{9} k$

$= 2 \times \dfrac{9 \times 10 \times 19}{6} - \dfrac{9 \times 10}{2} = 525$

35 수열의 합의 활용 – 점의 개수　정답 ④ | 정답률 36%

문제 보기

좌표평면에서 함수

$$f(x) = \begin{cases} -x + 10 & (x < 10) \\ (x-10)^2 & (x \geq 10) \end{cases}$$　→ 함수 $y = f(x)$의 그래프를 그린다.

과 자연수 n에 대하여 점 $(n, f(n))$을 중심으로 하고 반지름의 길이가 3인 원 O_n이 있다. x좌표와 y좌표가 모두 정수인 점 중에서 원 O_n의 내부에 있고 함수 $y = f(x)$의 그래프의 아랫부분에 있는 모든 점의 개수를 A_n, 원 O_n의 내부에 있고 함수 $y = f(x)$의 그래프의 윗부분에 있는 모든 점의 개수를 B_n이라 하자. $\displaystyle\sum_{n=1}^{20} (A_n - B_n)$의 값은? [4점]

└→ 원 O_n의 중심의 좌표 $(n, f(n))$이 변함에 따라 A_n, B_n의 값의 변화를 살펴본다.

① 19　② 21　③ 23　④ 25　⑤ 27

Step 1 함수 $y = f(x)$의 그래프 그리기

함수 $f(x) = \begin{cases} -x + 10 & (x < 10) \\ (x-10)^2 & (x \geq 10) \end{cases}$의 그래프는

오른쪽 그림과 같다.

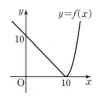

Step 2 n의 값의 범위를 나누어 $A_n - B_n$의 값 구하기

(ⅰ) $n \leq 7$일 때,　→ 직선 $y = -x + 10$만 원 O_n의 내부를 지나.

오른쪽 그림과 같이 중심이 $(n, -n+10)$인
원 O_n에 대하여 원 O_n의 내부에 있고 함수
$y = f(x)$의 그래프의 아랫부분에 있는 모든
점의 개수인 A_n과 원 O_n의 내부에 있고 함수
$y = f(x)$의 그래프의 윗부분에 있는 모든 점
의 개수인 B_n이 서로 같으므로

$A_n - B_n = 0$

$(n, -n+10)$

(ⅱ) $n = 8$일 때,　┌→ 함수 $y = f(x)$의 그래프 위의 점 $(10, 0)$이 처음으로 원 O_n에 포함돼.

오른쪽 그림과 같이 중심이 $(8, 2)$인 원 O_8에 대하여

$A_8 - B_8 = 10 - 10 = 0$

$(8, 2)$

(ⅲ) $n = 9$일 때,

오른쪽 그림과 같이 중심이 $(9, 1)$인 원 O_9에 대하여

$A_9 - B_9 = 12 - 8 = 4$

$(9, 1)$

(ⅳ) $n = 10$일 때,

오른쪽 그림과 같이 중심이 $(10, 0)$인 원 O_{10}에 대하여

$A_{10} - B_{10} = 17 - 4 = 13$

$(10, 0)$

(ⅴ) $n = 11$일 때,

오른쪽 그림과 같이 중심이 $(11, 1)$인 원 O_{11}에 대하여

$A_{11} - B_{11} = 15 - 7 = 8$

$(11, 1)$

(ⅵ) $12 \leq n \leq 20$일 때,　┌→ 곡선 $y = (x-10)^2$만 원 O_n의 내부를 지나.

오른쪽 그림과 같이 중심이 $(n, (n-10)^2)$인 원 O_n에 대하여 (ⅰ)과 마찬가지로 A_n과
B_n이 서로 같으므로

$A_n - B_n = 0$

$(n, (n-10)^2)$

Step 3 $\displaystyle\sum_{n=1}^{20} (A_n - B_n)$의 값 구하기

(ⅰ)~(ⅵ)에서 $\displaystyle\sum_{n=1}^{20} (A_n - B_n) = 4 + 13 + 8 = 25$

문제 보기

n이 자연수일 때, 함수 $f(x)=\dfrac{x+2n}{2x-p}$이

$$f(1)<f(5)<f(3)$$

을 만족시키도록 하는 자연수 p의 최솟값을 m이라 하자. 자연수 n에
└▶ 함수 $y=f(x)$의 그래프와 점근선을 이용하여 m의 값을 구한다.

대하여 $p=m$일 때의 함수 $f(x)$와 함수 $g(x)=\dfrac{2x+n}{x+q}$이

$$g(f(5))<g(f(3))<g(f(1))$$

을 만족시키도록 하는 자연수 q의 개수를 a_n이라 하자. $\displaystyle\sum_{k=1}^{20}a_k$의 값을 구
하시오. [4점] └▶ 함수 $y=g(x)$의 그래프와 점근선을 이용하여 q의 값의 범위를 구한다.

Step 1 m의 값 구하기

$f(x)=\dfrac{x+2n}{2x-p}=\dfrac{\dfrac{1}{2}(2x-p)+\dfrac{p}{2}+2n}{2x-p}=\dfrac{1}{2}+\dfrac{\dfrac{p}{2}+2n}{2x-p}$이므로 함수

$y=f(x)$의 그래프의 점근선의 방정식은

$x=\dfrac{p}{2}$, $y=\dfrac{1}{2}$

p와 n이 모두 자연수이므로 $\dfrac{p}{2}+2n>0$

$f(1)<f(5)<f(3)$ …… ㉠

이 성립하려면 함수 $y=f(x)$의 그래프는 오
른쪽 그림과 같아야 한다.

즉, $1<\dfrac{p}{2}<3$이어야 하므로 $2<p<6$

따라서 자연수 p의 최솟값은 3이므로

$m=3$

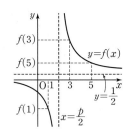

Step 2 q의 값의 범위 구하기

$g(x)=\dfrac{2x+n}{x+q}=\dfrac{2(x+q)+n-2q}{x+q}=2+\dfrac{n-2q}{x+q}$이므로 함수 $y=g(x)$의

그래프의 점근선의 방정식은

$x=-q$, $y=2$

$p=3$일 때, $f(x)=\dfrac{x+2n}{2x-3}$에 대하여

$f(1)=-2n-1$, $f(3)=\dfrac{2n+3}{3}$, $f(5)=\dfrac{2n+5}{7}$

$f(1)=x_1$, $f(3)=x_2$, $f(5)=x_3$이라 하면 ㉠에 의하여

$x_1<x_3<x_2$

$g(f(5))<g(f(3))<g(f(1))$이 성립하려
면 함수 $y=g(x)$의 그래프는 오른쪽 그림
과 같아야 한다.

즉, $x_1<-q<x_3$이고 $n-2q<0$이어야 하
므로

$-2n-1<-q<\dfrac{2n+5}{7}$, $q>\dfrac{n}{2}$

$\therefore \dfrac{n}{2}<q<2n+1$

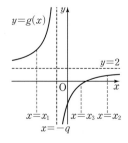

Step 3 $\displaystyle\sum_{k=1}^{20}a_k$의 값 구하기

(i) n이 홀수, 즉 $n=2l-1$(l은 자연수)일 때,

$\dfrac{2l-1}{2}<q<2(2l-1)+1$에서

$l-\dfrac{1}{2}<q<4l-1$

즉, 자연수 q는 l, $l+1$, ⋯, $4l-2$이므로 그 개수는

$3l-1$ ──▶ $(4l-2)-l+1=3l-1$

(ii) n이 짝수, 즉 $n=2l$(l은 자연수)일 때,

$\dfrac{2l}{2}<q<2\times2l+1$에서

$l<q<4l+1$

즉, 자연수 q는 $l+1$, $l+2$, ⋯, $4l$이므로 그 개수는

$3l$ ──▶ $4l-(l+1)+1=3l$

(i), (ii)에서 $a_{2l-1}=3l-1$, $a_{2l}=3l$

$\therefore \displaystyle\sum_{k=1}^{20}a_k=\sum_{l=1}^{10}(a_{2l-1}+a_{2l})$

$\qquad =\displaystyle\sum_{l=1}^{10}\{(3l-1)+3l\}$

$\qquad =\displaystyle\sum_{l=1}^{10}(6l-1)$

$\qquad =6\times\dfrac{10\times11}{2}-1\times10=320$

37 수열의 합의 활용−순서쌍의 개수 정답 427 | 정답률 21%

문제 보기

함수 $f(x)$가 $0 \leq x \leq 2$에서 $f(x) = |x-1|$이고, 모든 실수 x에 대하여 $f(x) = f(x+2)$를 만족시킬 때, 함수 $g(x)$를

$g(x) = x + f(x)$ → 함수 $y = g(x)$의 그래프를 그려 조건을 만족시키는 a_n을 구한다.

라 하자. 자연수 n에 대하여 다음 조건을 만족시키는 두 자연수 a, b의 순서쌍 (a, b)의 개수를 a_n이라 할 때, $\sum_{n=1}^{15} a_n$의 값을 구하시오. [4점]

> (가) $n \leq a \leq n+2$ → a가 될 수 있는 값은 n, $n+1$, $n+2$임을 이용한다.
> (나) $0 < b \leq g(a)$

Step 1 a_n 구하기

$0 \leq x \leq 2$에서 $f(x) = |x-1| = \begin{cases} -x+1 & (0 \leq x < 1) \\ x-1 & (1 \leq x \leq 2) \end{cases}$ 이므로

$g(x) = x + f(x) = \begin{cases} 1 & (0 \leq x < 1) \\ 2x-1 & (1 \leq x \leq 2) \end{cases}$

모든 실수 x에 대하여 $f(x) = f(x+2)$이므로

$g(x+2) = (x+2) + f(x+2)$
$= x+2 + f(x) = g(x) + 2$

따라서 제1사분면에서 함수 $y = g(x)$의 그래프는 오른쪽 그림과 같다.

이때 a, b는 자연수이므로 순서쌍 (a, b)는 함수 $y = g(x)$의 그래프에서 x좌표와 y좌표가 모두 자연수인 점의 좌표와 같다.

또 $a = n$일 때 주어진 조건을 만족시키는 순서쌍 (a, b)의 개수는 $g(n)$의 값과 같다.

따라서 조건 (가)에서 자연수 a의 값은 n 또는 $n+1$ 또는 $n+2$이므로 주어진 조건을 만족시키는 순서쌍 (a, b)의 개수 a_n은

$a_n = g(n) + g(n+1) + g(n+2)$ ······ ㉠

Step 2 $\sum_{n=1}^{15} a_n$의 값 구하기

㉠의 n에 1, 2, 3, 4, …를 차례대로 대입하면

$a_1 = g(1) + g(2) + g(3) = 1+3+3 = 7$
$a_2 = g(2) + g(3) + g(4) = 3+3+5 = 11$
$a_3 = g(3) + g(4) + g(5) = 3+5+5 = 13$
$a_4 = g(4) + g(5) + g(6) = 5+5+7 = 17$
$a_5 = g(5) + g(6) + g(7) = 5+7+7 = 19$
$a_6 = g(6) + g(7) + g(8) = 7+7+9 = 23$
$a_7 = g(7) + g(8) + g(9) = 7+9+9 = 25$
$a_8 = g(8) + g(9) + g(10) = 9+9+11 = 29$
⋮

(i) n이 홀수, 즉 $n = 2k-1$(k는 자연수)일 때,
7, 13, 19, 25, …이므로 첫째항이 7, 공차가 6인 등차수열이다.
∴ $a_{2k-1} = 7 + (k-1) \times 6 = 6k+1$

(ii) n이 짝수, 즉 $n = 2k$(k는 자연수)일 때,
11, 17, 23, 29, …이므로 첫째항이 11, 공차가 6인 등차수열이다.
∴ $a_{2k} = 11 + (k-1) \times 6 = 6k+5$

∴ $\sum_{n=1}^{15} a_n = \sum_{k=1}^{8} a_{2k-1} + \sum_{k=1}^{7} a_{2k}$

$= \sum_{k=1}^{8} (6k+1) + \sum_{k=1}^{7} (6k+5)$

$= \left(6 \times \frac{8 \times 9}{2} + 1 \times 8 \right) + \left(6 \times \frac{7 \times 8}{2} + 5 \times 7 \right) = 427$

---

38 수열의 합의 활용−정사각형의 개수 정답 164 | 정답률 19%

문제 보기

자연수 n에 대하여 두 점 $A(0, n+5)$, $B(n+4, 0)$과 원점 O를 꼭짓점으로 하는 삼각형 AOB가 있다. 삼각형 AOB의 내부에 포함된 정사각형 중 한 변의 길이가 1이고 꼭짓점의 x좌표와 y좌표가 모두 자연수인 정사각형의 개수를 a_n이라 하자. $\sum_{n=1}^{8} a_n$의 값을 구하시오. [4점]

→ n에 1, 2, 3, …을 대입하여 규칙을 찾아 a_n을 구한다.

Step 1 a_n 구하기

(i) $n = 1$일 때,
두 점 $A(0, 6)$, $B(5, 0)$이므로 오른쪽 그림에서
$a_1 = 1+2 = 3$

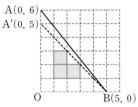

(ii) $n = 2$일 때,
두 점 $A(0, 7)$, $B(6, 0)$이므로 오른쪽 그림에서
$a_2 = 1+2+3 = 6$

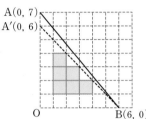

(iii) $n = 3$일 때,
두 점 $A(0, 8)$, $B(7, 0)$이므로 오른쪽 그림에서
$a_3 = 1+2+3+4 = 10$

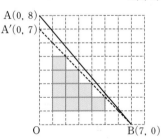

⋮

∴ $a_n = 1+2+3+\cdots+n+(n+1)$
$= \frac{(n+1)(n+2)}{2}$

Step 2 $\sum_{n=1}^{8} a_n$의 값 구하기

∴ $\sum_{n=1}^{8} a_n = \sum_{n=1}^{8} \frac{(n+1)(n+2)}{2} = \frac{1}{2} \sum_{n=1}^{8} (n^2 + 3n + 2)$

$= \frac{1}{2} \left(\frac{8 \times 9 \times 17}{6} + 3 \times \frac{8 \times 9}{2} + 2 \times 8 \right)$

$= 164$

문제편 323쪽~330쪽

01 등비수열의 귀납적 정의   정답 256 | 정답률 79%

문제 보기

수열 $\{a_n\}$이 다음 조건을 만족시킨다.

(가) $a_1 = a_2 + 3$ → 조건 (나)에 $n=1$을 대입하여 a_2를 a_1에 대한 식으로
                  나타낸 후 a_1의 값을 구한다.
(나) $a_{n+1} = -2a_n \ (n \geq 1)$
      → 수열 $\{a_n\}$은 공비가 -2인 등비수열이다.

a_9의 값을 구하시오. [3점]

Step 1 a_1의 값 구하기

$a_{n+1} = -2a_n$에 $n=1$을 대입하면 $a_2 = -2a_1$
이를 조건 (가)의 식에 대입하면
$a_1 = -2a_1 + 3$, $3a_1 = 3$ ∴ $a_1 = 1$

Step 2 a_9의 값 구하기

조건 (나)에서 수열 $\{a_n\}$은 공비가 -2인 등비수열이고 첫째항이 1이므로
$a_9 = 1 \times (-2)^8 = 256$

02 등비수열의 귀납적 정의   정답 ⑤ | 정답률 86%

문제 보기

수열 $\{a_n\}$이 모든 자연수 n에 대하여

     $a_{n+1} = 3a_n$ → 수열 $\{a_n\}$은 공비가 3인 등비수열이다.

을 만족시킨다. $a_2 = 2$일 때, a_4의 값은? [3점]
               → 공비를 이용하여 첫째항을 구한다.

① 6   ② 9   ③ 12   ④ 15   ⑤ 18

Step 1   첫째항 구하기

수열 $\{a_n\}$은 공비가 3인 등비수열이므로 첫째항을 a라 하면 $a_2 = 2$에서
$3a = 2$ ∴ $a = \dfrac{2}{3}$

Step 2 a_4의 값 구하기

따라서 등비수열 $\{a_n\}$의 첫째항이 $\dfrac{2}{3}$이고 공비가 3이므로
$a_4 = \dfrac{2}{3} \times 3^3 = 18$

다른 풀이   두 항 사이의 관계 이용하기

수열 $\{a_n\}$은 공비가 3인 등비수열이고 $a_2 = 2$이므로
$a_4 = a_2 \times 3^2 = 2 \times 3^2 = 18$

03 등비수열의 귀납적 정의   정답 ① | 정답률 90%

문제 보기

모든 항이 양수인 수열 $\{a_n\}$이 $a_1=2$이고,

$$\log_2 a_{n+1}=1+\log_2 a_n \ (n\geq1)$$ ← 로그의 성질을 이용하여 a_n과 a_{n+1} 사이의 관계식을 구한다.

을 만족시킨다. $a_1\times a_2\times a_3\times\cdots\times a_8=2^k$일 때 상수 k의 값은? [3점]
└ 지수법칙을 이용하여 2의 거듭제곱으로 나타낸다.

① 36   ② 40   ③ 44   ④ 48   ⑤ 52

Step 1 a_n과 a_{n+1} 사이의 관계식 구하기

$\log_2 a_{n+1}=1+\log_2 a_n \ (n\geq1)$에서

$\log_2 a_{n+1}=\log_2 2+\log_2 a_n$

$\log_2 a_{n+1}=\log_2 2a_n$

$\therefore a_{n+1}=2a_n \ (n\geq1)$

Step 2 a_n 구하기

따라서 수열 $\{a_n\}$은 첫째항이 $a_1=2$이고 공비가 2인 등비수열이므로

$a_n=2\times 2^{n-1}=2^n$

Step 3 k의 값 구하기

$\therefore a_1\times a_2\times a_3\times\cdots\times a_8=2\times 2^2\times 2^3\times\cdots\times 2^8$

$\qquad\qquad\qquad\qquad\qquad = 2^{1+2+3+\cdots+8}$

$\qquad\qquad\qquad\qquad\qquad = 2^{\frac{8\times9}{2}}=2^{36}$

즉, $2^{36}=2^k$이므로 $k=36$

---

04 등비수열의 귀납적 정의   정답 510 | 정답률 55%

문제 보기

첫째항이 2이고 모든 항이 양수인 수열 $\{a_n\}$이 있다. x에 대한 이차방정식
└ *

$$a_n x^2-a_{n+1}x+a_n=0$$

이 모든 자연수 n에 대하여 중근을 가질 때, $\sum_{k=1}^{8} a_k$의 값을 구하시오.
└ 판별식 $D=0$임을 이용하여 a_n과 a_{n+1} 사이의 관계식을 구한다. 이때 *을 확인한다.   [4점]

Step 1 a_n과 a_{n+1} 사이의 관계식 구하기

이차방정식 $a_n x^2-a_{n+1}x+a_n=0$이 모든 자연수 n에 대하여 중근을 가지므로 판별식을 D라 하면

$D=(-a_{n+1})^2-4(a_n)^2=0$

$(a_{n+1}+2a_n)(a_{n+1}-2a_n)=0$

이때 수열 $\{a_n\}$의 모든 항이 양수이므로

$a_{n+1}=2a_n$

Step 2 $\sum_{k=1}^{8} a_k$의 값 구하기

따라서 수열 $\{a_n\}$은 첫째항이 2이고 공비가 2인 등비수열이므로

$$\sum_{k=1}^{8} a_k=\frac{2(2^8-1)}{2-1}=510$$

22
일차

문제 보기

수열 $\{a_n\}$의 첫째항부터 제n항까지의 합을 S_n이라 하자. 모든 자연수 n에 대하여

$$a_{n+1}=1-4\times S_n$$ → 수열의 합과 일반항 사이의 관계를 이용하여 a_n과 a_{n+1} 사이의 관계식을 구한다.

이고 $a_4=4$일 때, $a_1\times a_6$의 값은? [4점]

① 5   ② 10   ③ 15   ④ 20   ⑤ 25

Step 1 a_n과 a_{n+1} 사이의 관계식 구하기

$a_{n+1}=1-4\times S_n$에서 $S_n=\dfrac{1}{4}-\dfrac{1}{4}a_{n+1}$

(i) $n=1$일 때,

$a_1=S_1=\dfrac{1}{4}-\dfrac{1}{4}a_2$ ...... ㉠

(ii) $n\geq2$일 때,

$a_n=S_n-S_{n-1}$

$\quad=\left(\dfrac{1}{4}-\dfrac{1}{4}a_{n+1}\right)-\left(\dfrac{1}{4}-\dfrac{1}{4}a_n\right)$

$\quad=-\dfrac{1}{4}a_{n+1}+\dfrac{1}{4}a_n$

$\therefore a_{n+1}=-3a_n \ (n\geq2)$

Step 2 $a_1\times a_6$의 값 구하기

따라서 수열 $\{a_{n+1}\}$은 첫째항이 a_2이고 공비가 -3인 등비수열이므로

$a_4=4$에서 $a_2\times(-3)^2=4$

$\therefore a_2=\dfrac{4}{9}$

이를 ㉠에 대입하면

$a_1=\dfrac{1}{4}-\dfrac{1}{4}\times\dfrac{4}{9}=\dfrac{5}{36}$

또 $a_6=a_4\times(-3)^2=4\times9=36$이므로

$a_1\times a_6=\dfrac{5}{36}\times36=5$

문제 보기

$a_2=-4$이고 공차가 0이 아닌 등차수열 $\{a_n\}$에 대하여 수열 $\{b_n\}$을 $b_n=a_n+a_{n+1}\,(n\geq1)$이라 하고, 두 집합 A, B를
└ 수열 $\{a_n\}$의 공차를 d로 놓고 수열 $\{b_n\}$의 특징을 알아본다.

$$A=\{a_1,\ a_2,\ a_3,\ a_4,\ a_5\},\ B=\{b_1,\ b_2,\ b_3,\ b_4,\ b_5\}$$

라 하자. $n(A\cap B)=3$이 되도록 하는 모든 수열 $\{a_n\}$에 대하여 a_{20}의 값의 합은? [4점]

① 30   ② 34   ③ 38   ④ 42   ⑤ 46

Step 1 $n(A\cap B)=3$이 되는 조건 파악하기

등차수열 $\{a_n\}$의 공차를 $d\ (d\neq0)$라 하자.

$b_n=a_n+a_{n+1}$이므로

$b_{n+1}-b_n=(a_{n+1}+a_{n+2})-(a_n+a_{n+1})$

$\qquad\qquad=a_{n+2}-a_n$

$\qquad\qquad=2d$

즉, 수열 $\{b_n\}$은 공차가 $2d$인 등차수열이다.

따라서 집합 A의 모든 원소는 작은 것부터 크기순으로 d씩 차이가 나거나 $-d$씩 차이가 나고 집합 B의 모든 원소는 작은 것부터 크기순으로 $2d$씩 차이가 나거나 $-2d$씩 차이가 나므로 $n(A\cap B)=3$이 되려면 $a_1\in B$, $a_3\in B$, $a_5\in B$이어야 한다.

Step 2 a_{20}의 값 구하기

또 수열 $\{a_n\}$의 공차가 d이고, 수열 $\{b_n\}$의 공차가 $2d$이므로 $a_n<a_{n+1}$이면 $b_n<b_{n+1}$이고 $a_n>a_{n+1}$이면 $b_n>b_{n+1}$이어야 한다.

즉, $b_1=a_1$ 또는 $b_2=a_1$ 또는 $b_3=a_1$이어야 한다.

(i) $b_1=a_1$일 때,

$b_1=a_1+a_2$이므로

$a_1+a_2=a_1$

$\therefore a_2=0$

이는 $a_2=-4$라는 조건을 만족시키지 않는다.

(ii) $b_2=a_1$일 때,

$b_2=a_2+a_3$이므로

$a_2+a_3=a_1$

$-4+(-4+d)=-4-d$

$2d=4 \quad \therefore d=2$

$\therefore a_{20}=a_2+18d$

$\qquad\quad=-4+18\times2=32$

(iii) $b_3=a_1$일 때,

$b_3=a_3+a_4$이므로

$a_3+a_4=a_1$

$(-4+d)+(-4+2d)=-4-d$

$4d=4 \quad \therefore d=1$

$\therefore a_{20}=a_2+18d$

$\qquad\quad=-4+18\times1=14$

(i), (ii), (iii)에서

$a_{20}=14$ 또는 $a_{20}=32$

Step 3 a_{20}의 값의 합 구하기

따라서 a_{20}의 값의 합은

$14+32=46$

07 수열의 귀납적 정의 $-a_{n+1}=a_n+f(n)$ 꼴

정답 ③ | 정답률 84%

문제 보기

수열 $\{a_n\}$이 모든 자연수 n에 대하여

$$a_{n+1}=a_n+3n \ \longrightarrow *$$

을 만족시킨다. $2a_1=a_2+3$일 때, a_{10}의 값은? [3점]

$\llcorner$ a_1의 값을 구한다. $\llcorner$ *의 n에 1, 2, 3, $\cdots$, 9를 차례대로 대입하여 변끼리 더한다.

① 135   ② 138   ③ 141   ④ 144   ⑤ 147

Step 1 a_1의 값 구하기

$a_{n+1}=a_n+3n$에 $n=1$을 대입하면

$a_2=a_1+3$

이를 $2a_1=a_2+3$에 대입하면

$2a_1=a_1+6$ $\therefore a_1=6$

Step 2 a_{10}의 값 구하기

$a_{n+1}=a_n+3n$의 n에 1, 2, 3, $\cdots$, 9를 차례대로 대입하여 변끼리 더하면

$a_2=a_1+3\times1$
$a_3=a_2+3\times2$
$a_4=a_3+3\times3$
$\vdots$
$+)\ a_{10}=a_9+3\times9$

$a_{10}=a_1+\sum\limits_{k=1}^{9}3k$

$=6+3\times\dfrac{9\times10}{2}$

$=141$

다른 풀이 항의 값을 차례대로 구하기

$a_{n+1}=a_n+3n$에 $n=1$을 대입하면

$a_2=a_1+3$

이를 $2a_1=a_2+3$에 대입하면

$2a_1=a_1+6$ $\therefore a_1=6$

$a_{n+1}=a_n+3n$의 n에 1, 2, 3, $\cdots$, 9를 차례대로 대입하면

$a_2=a_1+3\times1=6+3=9$
$a_3=a_2+3\times2=9+6=15$
$a_4=a_3+3\times3=15+9=24$
$a_5=a_4+3\times4=24+12=36$
$a_6=a_5+3\times5=36+15=51$
$a_7=a_6+3\times6=51+18=69$
$a_8=a_7+3\times7=69+21=90$
$a_9=a_8+3\times8=90+24=114$
$\therefore a_{10}=a_9+3\times9=114+27=141$

---

08 수열의 귀납적 정의 $-a_{n+1}=a_nf(n)$ 꼴

정답 ① | 정답률 86%

문제 보기

수열 $\{a_n\}$이 모든 자연수 n에 대하여

$$a_{n+1}=\dfrac{n+4}{2n-1}a_n \ \longrightarrow *$$

을 만족시킨다. $a_1=1$일 때, a_5의 값은? [3점]

$\llcorner$ *의 n에 1, 2, 3, 4를 차례대로 대입하여 변끼리 곱한다.

① 16   ② 18   ③ 20   ④ 22   ⑤ 24

Step 1 a_5의 값 구하기

$a_{n+1}=\dfrac{n+4}{2n-1}a_n$의 n에 1, 2, 3, 4를 차례대로 대입하여 변끼리 곱하면

$a_2=5a_1$
$a_3=\dfrac{6}{3}a_2$
$a_4=\dfrac{7}{5}a_3$
$\times)\ a_5=\dfrac{8}{7}a_4$

$a_5=a_1\times\left(5\times\dfrac{6}{3}\times\dfrac{7}{5}\times\dfrac{8}{7}\right)=16$

다른 풀이 항의 값을 차례대로 구하기

$a_{n+1}=\dfrac{n+4}{2n-1}a_n$의 n에 1, 2, 3, 4를 차례대로 대입하면

$a_2=5a_1=5\times1=5$

$a_3=\dfrac{6}{3}a_2=2\times5=10$

$a_4=\dfrac{7}{5}a_3=\dfrac{7}{5}\times10=14$

$\therefore a_5=\dfrac{8}{7}a_4=\dfrac{8}{7}\times14=16$

22
일차

문제 보기

수열 $\{a_n\}$이 모든 자연수 n에 대하여

$$a_{n+1}+a_n=3n-1 \longrightarrow *$$

을 만족시킨다. $a_3=4$일 때, a_1+a_5의 값을 구하시오. [3점]

└─ *의 n에 1, 2를 차례대로 대입하여 a_1의 값을 구한다.

└─ *의 n에 3, 4를 차례대로 대입한다.

___

Step 1 a_1의 값 구하기

$a_{n+1}+a_n=3n-1$에서

$a_{n+1}=-a_n+3n-1$ ······ ㉠

㉠의 n에 1, 2를 차례대로 대입하면

$a_2=-a_1+3\times1-1=-a_1+2$ ······ ㉡

$a_3=-a_2+3\times2-1=-a_2+5$

이때 $a_3=4$이므로

$4=-a_2+5$ ∴ $a_2=1$

이를 ㉡에 대입하면

$1=-a_1+2$ ∴ $a_1=1$

Step 2 a_5의 값 구하기

㉠의 n에 3, 4를 차례대로 대입하면

$a_4=-a_3+3\times3-1=-4+8=4$

$a_5=-a_4+3\times4-1=-4+11=7$

Step 3 a_1+a_5의 값 구하기

∴ $a_1+a_5=1+7=8$

문제 보기

수열 $\{a_n\}$이 $a_1=2$이고, 모든 자연수 n에 대하여

$$a_{n+1}=2(a_n+2) \longrightarrow *$$

를 만족시킨다. a_5의 값을 구하시오. [3점]

└─ *의 n에 1, 2, 3, 4를 차례대로 대입한다.

___

Step 1 a_5의 값 구하기

$a_{n+1}=2(a_n+2)$의 n에 1, 2, 3, 4를 차례대로 대입하면

$a_2=2(a_1+2)=2(2+2)=8$

$a_3=2(a_2+2)=2(8+2)=20$

$a_4=2(a_3+2)=2(20+2)=44$

∴ $a_5=2(a_4+2)=2(44+2)=92$

문제 보기

수열 $\{a_n\}$이 $a_1=1$이고 모든 자연수 n에 대하여

$$a_{n+1}=\frac{a_n+1}{3a_n-2} \longrightarrow *$$

을 만족시킬 때, a_4의 값은? [3점]

└─ *의 n에 1, 2, 3을 차례대로 대입한다.

① 1　　　② 3　　　③ 5　　　④ 7　　　⑤ 9

___

Step 1 a_4의 값 구하기

$a_{n+1}=\dfrac{a_n+1}{3a_n-2}$의 n에 1, 2, 3을 차례대로 대입하면

$a_2=\dfrac{a_1+1}{3a_1-2}=\dfrac{1+1}{3\times1-2}=2$

$a_3=\dfrac{a_2+1}{3a_2-2}=\dfrac{2+1}{3\times2-2}=\dfrac{3}{4}$

∴ $a_4=\dfrac{a_3+1}{3a_3-2}=\dfrac{\dfrac{3}{4}+1}{3\times\dfrac{3}{4}-2}=7$

12 여러 가지 수열의 귀납적 정의　정답 ④ | 정답률 82%

문제 보기

수열 $\{a_n\}$은 $a_1=1$이고, 모든 자연수 n에 대하여

$$a_{n+1}+(-1)^n \times a_n=2^n \longrightarrow *$$

을 만족시킨다. a_5의 값은? [3점]

└→ *의 n에 1, 2, 3, 4를 차례대로 대입한다.

① 1　　② 3　　③ 5　　④ 7　　⑤ 9

Step 1 a_5의 값 구하기

$a_{n+1}+(-1)^n \times a_n=2^n$에서

$a_{n+1}=-(-1)^n \times a_n+2^n=(-1)^{n+1} \times a_n+2^n$

이 식의 n에 1, 2, 3, 4를 차례대로 대입하면

$a_2=(-1)^2 \times a_1+2=1+2=3$

$a_3=(-1)^3 \times a_2+2^2=-3+4=1$

$a_4=(-1)^4 \times a_3+2^3=1+8=9$

$\therefore a_5=(-1)^5 \times a_4+2^4=-9+16=7$

13 여러 가지 수열의 귀납적 정의　정답 139 | 정답률 74%

문제 보기

수열 $\{a_n\}$은 $a_1=1$이고 모든 자연수 n에 대하여

$$a_{n+1}+3a_n=(-1)^n \times n \longrightarrow *$$

을 만족시킨다. a_5의 값을 구하시오. [4점]

└→ *의 n에 1, 2, 3, 4를 차례대로 대입한다.

Step 1 a_5의 값 구하기

$a_{n+1}+3a_n=(-1)^n \times n$에서

$a_{n+1}=-3a_n+(-1)^n \times n$

이 식의 n에 1, 2, 3, 4를 차례대로 대입하면

$a_2=-3a_1+(-1)=-3-1=-4$

$a_3=-3a_2+(-1)^2 \times 2=-3 \times (-4)+2=14$

$a_4=-3a_3+(-1)^3 \times 3=-3 \times 14-3=-45$

$\therefore a_5=-3a_4+(-1)^4 \times 4=-3 \times (-45)+4=139$

14 여러 가지 수열의 귀납적 정의　정답 ① | 정답률 79%

문제 보기

수열 $\{a_n\}$은 $a_1=2$, $a_2=3$이고, 모든 자연수 n에 대하여

$$a_{n+2}-a_{n+1}+2a_n=5 \longrightarrow *$$

를 만족시킨다. a_6의 값은? [3점]

└→ *의 n에 1, 2, 3, 4를 차례대로 대입한다.

① -1　　② 0　　③ 1　　④ 2　　⑤ 3

Step 1 a_6의 값 구하기

$a_{n+2}-a_{n+1}+2a_n=5$에서

$a_{n+2}=a_{n+1}-2a_n+5$

이 식의 n에 1, 2, 3, 4를 차례대로 대입하면

$a_3=a_2-2a_1+5=3-2 \times 2+5=4$

$a_4=a_3-2a_2+5=4-2 \times 3+5=3$

$a_5=a_4-2a_3+5=3-2 \times 4+5=0$

$\therefore a_6=a_5-2a_4+5=0-2 \times 3+5=-1$

15 여러 가지 수열의 귀납적 정의　정답 ③ | 정답률 87%

문제 보기

수열 $\{a_n\}$이 모든 자연수 n에 대하여

$$a_1=1, \quad a_{n+1}=\frac{k}{a_n+2} \longrightarrow *$$

를 만족시킬 때, $a_3=\frac{3}{2}$이 되도록 하는 상수 k의 값은? [3점]

└→ *의 n에 1, 2를 차례대로 대입하여 a_3을 k에 대한 식으로 나타낸다.

① 4　　② 5　　③ 6　　④ 7　　⑤ 8

Step 1 k의 값 구하기

$a_{n+1}=\dfrac{k}{a_n+2}$의 n에 1, 2를 차례대로 대입하면

$a_2=\dfrac{k}{a_1+2}=\dfrac{k}{3}$

$a_3=\dfrac{k}{a_2+2}=\dfrac{k}{\dfrac{k}{3}+2}=\dfrac{3k}{k+6}$

즉, $\dfrac{3k}{k+6}=\dfrac{3}{2}$이므로 $6k=3k+18$

$3k=18$　　$\therefore k=6$

여러 가지 수열의 귀납적 정의   정답 ② | 정답률 90%

문제 보기

수열 $\{a_n\}$이 모든 자연수 n에 대하여

$$a_n a_{n+1} = 2n \longrightarrow *$$

이고 $a_3=1$일 때, a_2+a_5의 값은? [3점]

　*에 $n=2$를 대입한다.　　　　　*의 n에 3, 4를 차례대로 대입한다.

① $\dfrac{13}{3}$ ② $\dfrac{16}{3}$ ③ $\dfrac{19}{3}$ ④ $\dfrac{22}{3}$ ⑤ $\dfrac{25}{3}$

Step 1 a_2, a_5의 값 구하기

$a_n a_{n+1} = 2n$의 n에 2, 3, 4를 차례대로 대입하면

$a_2 a_3 = 2 \times 2 = 4$에서 $a_2 = 4$

$a_3 a_4 = 2 \times 3 = 6$에서 $a_4 = 6$

$a_4 a_5 = 2 \times 4 = 8$에서

$6a_5 = 8 \qquad \therefore a_5 = \dfrac{4}{3}$

Step 2 $a_2 + a_5$의 값 구하기

$$\therefore a_2 + a_5 = 4 + \dfrac{4}{3} = \dfrac{16}{3}$$

---

17 여러 가지 수열의 귀납적 정의   정답 ④ | 정답률 87%

문제 보기

수열 $\{a_n\}$은 $a_1=12$이고, 모든 자연수 n에 대하여

$$a_{n+1} + a_n = (-1)^{n+1} \times n \longrightarrow *$$

을 만족시킨다. $a_k > a_1$인 자연수 k의 최솟값은? [3점]

　　　　　　　└─ *의 n에 1, 2, 3, …을 차례대로 대입하여 처음으로 12보다
　　　　　　　　　큰 값을 갖는 k의 값을 구한다.

① 2   ② 4   ③ 6   ④ 8   ⑤ 10

Step 1 주어진 식의 n에 1, 2, 3, …을 차례대로 대입하기

$a_{n+1} + a_n = (-1)^{n+1} \times n$에서

$a_{n+1} = -a_n + (-1)^{n+1} \times n$

이 식의 n에 1, 2, 3, …을 차례대로 대입하면

$a_2 = -a_1 + (-1)^2 \times 1 = -12+1 = -11$

$a_3 = -a_2 + (-1)^3 \times 2 = 11-2 = 9$

$a_4 = -a_3 + (-1)^4 \times 3 = -9+3 = -6$

$a_5 = -a_4 + (-1)^5 \times 4 = 6-4 = 2$

$a_6 = -a_5 + (-1)^6 \times 5 = -2+5 = 3$

$a_7 = -a_6 + (-1)^7 \times 6 = -3-6 = -9$

$a_8 = -a_7 + (-1)^8 \times 7 = 9+7 = 16$

Step 2 $a_k > a_1$인 자연수 k의 최솟값 구하기

이때 $a_8 > a_1$이므로 $a_k > a_1$을 만족시키는 자연수 k의 최솟값은 8이다.

---

18 여러 가지 수열의 귀납적 정의   정답 15 | 정답률 73%

문제 보기

첫째항이 4인 수열 $\{a_n\}$이 모든 자연수 n에 대하여

　└─ $a_1=4$

$$a_{n+2} = a_{n+1} + a_n \longrightarrow *$$

을 만족시킨다. $a_4=34$일 때, a_2의 값을 구하시오. [3점]

　　　　　　└─ *의 n에 1, 2를 차례대로 대입하여 a_4를 a_2에 대한 식으로 나타낸다.

Step 1 a_2의 값 구하기

$a_{n+2} = a_{n+1} + a_n$의 n에 1, 2를 차례대로 대입하면

$a_3 = a_2 + a_1 = a_2 + 4$

$a_4 = a_3 + a_2 = (a_2+4) + a_2 = 2a_2 + 4$

이때 $a_4 = 34$이므로

$2a_2 + 4 = 34$, $2a_2 = 30$

$\therefore a_2 = 15$

19 여러 가지 수열의 귀납적 정의   정답 ④ | 정답률 72%

문제 보기

수열 $\{a_n\}$이 모든 자연수 n에 대하여

$a_{n+1}=\sum\limits_{k=1}^{n} ka_k$ — 수열의 합과 일반항 사이의 관계를 이용하여 a_{n+1}과 a_n 사이의 관계식을 구한다.

를 만족시킨다. $a_1=2$일 때, $a_2+\dfrac{a_{51}}{a_{50}}$의 값은? [4점]

① 47   ② 49   ③ 51   ④ 53   ⑤ 55

Step 1 a_{n+1}과 a_n 사이의 관계식 구하기

$a_{n+1}=\sum\limits_{k=1}^{n} ka_k$에서

(i) $n=1$일 때, $a_2=a_1=2$

(ii) $n\geq 2$일 때,

$a_n=\sum\limits_{k=1}^{n-1} ka_k$이므로

$a_{n+1}-a_n=\sum\limits_{k=1}^{n} ka_k-\sum\limits_{k=1}^{n-1} ka_k=na_n$

∴ $a_{n+1}=(n+1)a_n$

(i), (ii)에서

$a_1=a_2=2$, $a_{n+1}=(n+1)a_n \ (n\geq 2)$

Step 2 $\dfrac{a_{51}}{a_{50}}$의 값 구하기

$a_{n+1}=(n+1)a_n$에 $n=50$을 대입하면

$a_{51}=51a_{50}$

이때 $a_{50}>0$이므로

$\dfrac{a_{51}}{a_{50}}=51$

Step 3 $a_2+\dfrac{a_{51}}{a_{50}}$의 값 구하기

∴ $a_2+\dfrac{a_{51}}{a_{50}}=2+51=53$

20 여러 가지 수열의 귀납적 정의   정답 180 | 정답률 28%

문제 보기

수열 $\{a_n\}$이 모든 자연수 n에 대하여 다음 조건을 만족시킨다.

(가) $\sum\limits_{k=1}^{2n} a_k=17n$ — n에 1, 2, 3, …을 차례대로 대입하여 규칙을 찾는다.

(나) $|a_{n+1}-a_n|=2n-1$

$a_2=9$일 때, $\sum\limits_{n=1}^{10} a_{2n}$의 값을 구하시오. [4점]

Step 1 조건 (가)에서 규칙 찾기

조건 (가)의 식의 n에 1, 2, 3, …을 차례대로 대입하면

$\sum\limits_{k=1}^{2} a_k=17$, $\sum\limits_{k=1}^{4} a_k=34$, $\sum\limits_{k=1}^{6} a_k=51$, …

$a_1+a_2=17$, $a_1+a_2+a_3+a_4=34$, $a_1+a_2+a_3+a_4+a_5+a_6=51$, …

∴ $a_1+a_2=a_3+a_4=a_5+a_6=\cdots=a_{2n-1}+a_{2n}=17$ …… ㉠

Step 2 a_{2n} 구하기

$a_2=9$이고 ㉠에서 $a_1+a_2=17$이므로 $a_1=8$

조건 (나)의 식에 $n=2$를 대입하면

$|a_3-a_2|=3$, $|a_3-9|=3$

$a_3-9=3$ 또는 $a_3-9=-3$

∴ $a_3=12$ 또는 $a_3=6$

㉠에서 $a_3+a_4=17$이므로

$a_3=12$일 때 $a_4=5$, $a_3=6$일 때 $a_4=11$

이때 조건 (나)의 식에 $n=3$을 대입하면 $|a_4-a_3|=5$이므로

$a_3=6$, $a_4=11$

또 조건 (나)의 식에 $n=4$를 대입하면

$|a_5-a_4|=7$, $|a_5-11|=7$

$a_5-11=7$ 또는 $a_5-11=-7$

∴ $a_5=18$ 또는 $a_5=4$

㉠에서 $a_5+a_6=17$이므로

$a_5=18$일 때 $a_6=-1$, $a_5=4$일 때 $a_6=13$

이때 조건 (나)의 식에 $n=5$를 대입하면 $|a_6-a_5|=9$이므로

$a_5=4$, $a_6=13$

같은 방법으로 하면

$a_8=15$, $a_{10}=17$, $a_{12}=19$, …

따라서 수열 $\{a_{2n}\}$은 첫째항이 9, 공차가 2인 등차수열이므로

$a_{2n}=9+(n-1)\times 2=2n+7$

Step 3 $\sum\limits_{n=1}^{10} a_{2n}$의 값 구하기

∴ $\sum\limits_{n=1}^{10} a_{2n}=\sum\limits_{n=1}^{10}(2n+7)$

$=2\times\dfrac{10\times 11}{2}+7\times 10$

$=180$

문제 보기

수열 $\{a_n\}$의 첫째항부터 제n항까지의 합을 S_n이라 하자.

$a_1=2$, $a_2=4$이고 2 이상의 모든 자연수 n에 대하여
└→ S_1, S_2의 값을 구한다.

$$a_{n+1}S_n=a_nS_{n+1}$$ →$S_{n+1}=a_{n+1}+S_n$임을 이용하여 식을 변형한다. (∗)

이 성립할 때, S_5의 값을 구하시오. [3점]
└→∗에서 구한 식의 n에 2, 3, 4를 차례로 대입한다.

Step 1 S_1, S_2의 값 구하기

$a_1=2$, $a_2=4$이므로

$S_1=a_1=2$

$S_2=a_1+a_2=2+4=6$

Step 2 $a_{n+1}S_n=a_nS_{n+1}$ 변형하기

$S_{n+1}=a_{n+1}+S_n$이므로 $a_{n+1}S_n=a_nS_{n+1}$에서

$a_{n+1}S_n=a_n(a_{n+1}+S_n)$

$(S_n-a_n)a_{n+1}=a_nS_n$

$S_{n-1}a_{n+1}=a_nS_n$

$\therefore a_{n+1}=\dfrac{a_nS_n}{S_{n-1}}$ ($n\geq2$)

Step 3 S_5의 값 구하기

$a_{n+1}=\dfrac{a_nS_n}{S_{n-1}}$의 n에 2, 3, 4를 차례로 대입하면

$a_3=\dfrac{a_2S_2}{S_1}=\dfrac{4\times6}{2}=12$

$\therefore S_3=S_2+a_3=6+12=18$

$a_4=\dfrac{a_3S_3}{S_2}=\dfrac{12\times18}{6}=36$

$\therefore S_4=S_3+a_4=18+36=54$

$a_5=\dfrac{a_4S_4}{S_3}=\dfrac{36\times54}{18}=108$

$\therefore S_5=S_4+a_5=54+108=162$

다른 풀이   수열의 합과 일반항 사이의 관계 이용하기

$a_1=2$, $a_2=4$이므로

$S_1=a_1=2$, $S_2=a_1+a_2=2+4=6$

$a_{n+1}S_n=a_nS_{n+1}$에서

$(S_{n+1}-S_n)S_n=(S_n-S_{n-1})S_{n+1}$

$S_{n+1}S_n-S_n^2=S_nS_{n+1}-S_{n-1}S_{n+1}$

$S_n^2=S_{n-1}S_{n+1}$ ($n\geq2$)→S_n은 S_{n-1}과 S_{n+1}의 등비중항이야.

즉, 수열 $\{S_n\}$은 첫째항이 $S_1=2$, 공비가 $\dfrac{S_2}{S_1}=3$인 등비수열이므로

수열 $\{S_n\}$의 일반항 S_n은 $S_n=2\times3^{n-1}$

$\therefore S_5=2\times3^4=162$

문제 보기

양수 k에 대하여 $a_1=k$인 수열 $\{a_n\}$이 다음 조건을 만족시킨다.

> (가) $a_2\times a_3<0$ →∗
>
> (나) 모든 자연수 n에 대하여 $\left(a_{n+1}-a_n+\dfrac{2}{3}k\right)(a_{n+1}+ka_n)=0$이다.
> └→$a_{n+1}=a_n-\dfrac{2}{3}k$ 또는 $a_{n+1}=-ka_n$임을 이용하여 a_2, a_3을 k에 대한 식으로 나타낸 후 ∗을 확인한다.

$a_5=0$이 되도록 하는 서로 다른 모든 양수 k에 대하여 k^2의 값의 합을 구하시오. [4점]

Step 1 a_3의 값을 k로 나타내기

조건 (나)에서

$a_{n+1}=a_n-\dfrac{2}{3}k$ 또는 $a_{n+1}=-ka_n$

이때 $a_1=k$이므로

$a_2=k-\dfrac{2}{3}k=\dfrac{k}{3}$ 또는 $a_2=-k^2$

$a_2=\dfrac{k}{3}$일 때, $a_3=\dfrac{k}{3}-\dfrac{2}{3}k=-\dfrac{k}{3}$ 또는 $a_3=-k\times\dfrac{k}{3}=-\dfrac{k^2}{3}$

$a_2=-k^2$일 때, $a_3=-k^2-\dfrac{2}{3}k$ 또는 $a_3=-k\times(-k^2)=k^3$

이 중에서 $a_2=-k^2$, $a_3=-k^2-\dfrac{2}{3}k$인 경우는 양수 k에 대하여 $a_2<0$, $a_3<0$이므로 조건 (가)를 만족시키지 않고, 나머지 세 경우는 조건 (가)를 만족시킨다.

Step 2 $a_5=0$이 되도록 하는 양수 k의 값 구하기

(i) $a_3=-\dfrac{k}{3}$일 때,

    $a_4=-\dfrac{k}{3}-\dfrac{2}{3}k=-k$ 또는 $a_4=-k\times\left(-\dfrac{k}{3}\right)=\dfrac{k^2}{3}$

    ① $a_4=-k$일 때,

        $a_5=-k-\dfrac{2}{3}k=-\dfrac{5}{3}k$ 또는 $a_5=-k\times(-k)=k^2$

    ② $a_4=\dfrac{k^2}{3}$일 때,

        $a_5=\dfrac{k^2}{3}-\dfrac{2}{3}k$ 또는 $a_5=-k\times\dfrac{k^2}{3}=-\dfrac{k^3}{3}$

    이때 $a_5=0$을 만족시키는 양수 k의 값은

    $\dfrac{k^2}{3}-\dfrac{2}{3}k=0$에서 $\dfrac{k}{3}(k-2)=0$ $\therefore k=2$

(ii) $a_3=-\dfrac{k^2}{3}$일 때,

    $a_4=-\dfrac{k^2}{3}-\dfrac{2}{3}k$ 또는 $a_4=-k\times\left(-\dfrac{k^2}{3}\right)=\dfrac{k^3}{3}$

    ① $a_4=-\dfrac{k^2}{3}-\dfrac{2}{3}k$일 때,

        $a_5=-\dfrac{k^2}{3}-\dfrac{2}{3}k-\dfrac{2}{3}k=-\dfrac{k^2}{3}-\dfrac{4}{3}k$

        또는 $a_5=-k\times\left(-\dfrac{k^2}{3}-\dfrac{2}{3}k\right)=\dfrac{k^3}{3}+\dfrac{2}{3}k^2$

    ② $a_4=\dfrac{k^3}{3}$일 때,

        $a_5=\dfrac{k^3}{3}-\dfrac{2}{3}k$ 또는 $a_5=-k\times\dfrac{k^3}{3}=-\dfrac{k^4}{3}$

    이때 $a_5=0$을 만족시키는 양수 k의 값은

    $\dfrac{k^3}{3}-\dfrac{2}{3}k=0$에서 $\dfrac{k}{3}(k^2-2)=0$ $\therefore k=\sqrt{2}$

(iii) $a_3 = k^3$일 때,

$$a_4 = k^3 - \frac{2}{3}k \ \text{또는} \ a_4 = -k \times k^3 = -k^4$$

① $a_4 = k^3 - \frac{2}{3}k$일 때,

$$a_5 = k^3 - \frac{2}{3}k - \frac{2}{3}k = k^3 - \frac{4}{3}k$$

$$\text{또는} \ a_5 = -k \times \left(k^3 - \frac{2}{3}k\right) = -k^4 + \frac{2}{3}k^2$$

② $a_4 = -k^4$일 때,

$$a_5 = -k^4 - \frac{2}{3}k \ \text{또는} \ a_5 = -k \times (-k^4) = k^5$$

이때 $a_5 = 0$을 만족시키는 양수 k의 값은

$$k^3 - \frac{4}{3}k = 0$$에서 $k\left(k^2 - \frac{4}{3}\right) = 0$ $\therefore k = \frac{2}{\sqrt{3}}$

$$-k^4 + \frac{2}{3}k^2 = 0$$에서 $-k^2\left(k^2 - \frac{2}{3}\right) = 0$ $\therefore k = \sqrt{\frac{2}{3}}$

Step 3 k^2의 값의 합 구하기

(i), (ii), (iii)에서 k의 값은 2, $\sqrt{2}$, $\frac{2}{\sqrt{3}}$, $\sqrt{\frac{2}{3}}$이므로 모든 k^2의 값의 합은

$$4 + 2 + \frac{4}{3} + \frac{2}{3} = 8$$

---

23 여러 가지 수열의 귀납적 정의   정답 678 | 정답률 24%

문제 보기

수열 $\{a_n\}$이 다음 조건을 만족시킨다.

> (가) $|a_1| = 2$
> (나) 모든 자연수 n에 대하여 $|a_{n+1}| = 2|a_n|$이다.
> └─ n에 1, 2, 3, $\cdots$, 9를 차례대로 대입하여 각 항을 구한다.
> (다) $\sum_{n=1}^{10} a_n = -14$

$a_1 + a_3 + a_5 + a_7 + a_9$의 값을 구하시오. [4점]

Step 1 a_1, a_2, a_3, $\cdots$, a_{10}이 될 수 있는 값 구하기

조건 (나)에서 $|a_{n+1}| = 2|a_n|$의 n에 1, 2, 3, $\cdots$, 9를 차례대로 대입하면

$|a_2| = 2|a_1| = 2 \times 2 = 4$
$|a_3| = 2|a_2| = 2 \times 4 = 8$
$|a_4| = 2|a_3| = 2 \times 8 = 16$
$|a_5| = 2|a_4| = 2 \times 16 = 32$
$|a_6| = 2|a_5| = 2 \times 32 = 64$
$|a_7| = 2|a_6| = 2 \times 64 = 128$
$|a_8| = 2|a_7| = 2 \times 128 = 256$
$|a_9| = 2|a_8| = 2 \times 256 = 512$
$|a_{10}| = 2|a_9| = 2 \times 512 = 1024$

따라서 $a_1 = \pm 2$, $a_2 = \pm 4$, $a_3 = \pm 8$, $a_4 = \pm 16$, $a_5 = \pm 32$, $a_6 = \pm 64$, $a_7 = \pm 128$, $a_8 = \pm 256$, $a_9 = \pm 512$, $a_{10} = \pm 1024$가 될 수 있다.

Step 2 a_1, a_2, a_3, $\cdots$, a_{10}의 값 구하기

(i) $a_{10} = 1024$일 때,

조건 (다)에서 $\sum_{n=1}^{10} a_n = -14$이므로 a_1, a_2, $\cdots$, a_9의 값을 모두 음수라 하면

$$a_1 + a_2 + a_3 + \cdots + a_9 = -2 - 4 - 8 - \cdots - 512$$ ─ 첫째항이 -2, 공비가 2 인 등비수열의 첫째항부 터 제9항까지의 합이야.
$$= -\frac{2(2^9 - 1)}{2 - 1} = -1022$$

즉, $\sum_{n=1}^{10} a_n = -1022 + 1024 = 2$이므로 조건 (다)를 만족시키지 않는다.

(ii) $a_{10} = -1024$일 때,

조건 (다)에서 $\sum_{n=1}^{10} a_n = -14$이므로 a_1, a_2, $\cdots$, a_9의 값을 모두 양수라 하면

$$a_1 + a_2 + a_3 + \cdots + a_9 = 2 + 4 + 8 + \cdots + 512$$ ─ 첫째항이 2, 공비가 2인 등 비수열의 첫째항부터 제9항 까지의 합이야.
$$= \frac{2(2^9 - 1)}{2 - 1} = 1022$$

즉, $\sum_{n=1}^{10} a_n = 1022 - 1024 = -2$이므로 $\sum_{n=1}^{10} a_n = -14$를 만족시키도록 a_1의 값부터 차례대로 음수로 생각해 보자.

① $a_1 < 0$일 때,

$$\sum_{n=1}^{10} a_n = 1022 - 1024 - 2a_1 = -2 - 4 = -6$$

② $a_1 < 0$, $a_2 < 0$일 때,

$$\sum_{n=1}^{10} a_n = 1022 - 1024 - 2a_1 - 2a_2 = -2 - 4 - 8 = -14$$

(i), (ii)에서 $a_1 = -2$, $a_2 = -4$, $a_3 = 8$, $a_4 = 16$, $a_5 = 32$, $a_6 = 64$, $a_7 = 128$, $a_8 = 256$, $a_9 = 512$, $a_{10} = -1024$

Step 3 $a_1 + a_3 + a_5 + a_7 + a_9$의 값 구하기

$\therefore a_1 + a_3 + a_5 + a_7 + a_9 = -2 + 8 + 32 + 128 + 512 = 678$

24 여러 가지 수열의 귀납적 정의   정답 79 | 정답률 8%

문제 보기

두 수열 $\{a_n\}$, $\{b_n\}$이 모든 자연수 n에 대하여 다음 조건을 만족시킨다.

> (가) $a_{2n}=b_n+2$ → $a_{2n}+a_{2n+1}=2b_n+1$임을 이용한다.
> (나) $a_{2n+1}=b_n-1$
> (다) $b_{2n}=3a_n-2$ → $b_{2n}+b_{2n+1}=2a_n+1$임을 이용한다.
> (라) $b_{2n+1}=-a_n+3$

$a_{48}=9$이고 $\displaystyle\sum_{n=1}^{63}a_n-\sum_{n=1}^{31}b_n=155$일 때, b_{32}의 값을 구하시오. [4점]
   → b_1의 값을 구한다.

Step 1 b_1의 값 구하기

조건 (가), (나), (다)에서

$a_{48}=b_{24}+2=(3a_{12}-2)+2=3(b_6+2)$

$\quad=3(3a_3-2)+6=9(b_1-1)$

$\quad=9b_1-9$

즉, $9=9b_1-9$이므로 $9b_1=18$ $\therefore b_1=2$

Step 2 a_1의 값 구하기

두 조건 (가), (나)의 식을 변끼리 더하면

$a_{2n}+a_{2n+1}=2b_n+1$ ……㉠

두 조건 (다), (라)의 식을 변끼리 더하면

$b_{2n}+b_{2n+1}=2a_n+1$ ……㉡

㉠에 $n=1$을 대입하면

$a_2+a_3=2b_1+1=2\times2+1=5$

㉡의 n에 2, 3을 각각 대입하여 더하면

$(b_4+b_5)+(b_6+b_7)=(2a_2+1)+(2a_3+1)$

$\qquad\qquad\qquad\quad=2(a_2+a_3)+2=2\times5+2=12$

㉠의 n에 4, 5, 6, 7을 각각 대입하여 더하면

$(a_8+a_9)+\cdots+(a_{14}+a_{15})=(2b_4+1)+\cdots+(2b_7+1)$

$\qquad\qquad\qquad\qquad\quad=2(b_4+b_5+b_6+b_7)+4$

$\qquad\qquad\qquad\qquad\quad=2\times12+4=28$

㉡의 n에 8, 9, $\cdots$, 15를 각각 대입하여 더하면

$(b_{16}+b_{17})+\cdots+(b_{30}+b_{31})=2(a_8+a_9+\cdots+a_{14}+a_{15})+8$

$\qquad\qquad\qquad\qquad\qquad=2\times28+8=64$

㉠의 n에 16, 17, $\cdots$, 31을 각각 대입하여 더하면

$(a_{32}+a_{33})+\cdots+(a_{62}+a_{63})=(2b_{16}+1)+\cdots+(2b_{31}+1)$

$\qquad\qquad\qquad\qquad\qquad=2(b_{16}+b_{17}+\cdots+b_{30}+b_{31})+16$

$\qquad\qquad\qquad\qquad\qquad=2\times64+16=144$

같은 방법으로 하면

$b_2+b_3=2a_1+1$

$(a_4+a_5)+(a_6+a_7)=2(b_2+b_3)+2$

$\qquad\qquad\qquad\quad=2(2a_1+1)+2=4a_1+4$

$(b_8+b_9)+\cdots+(b_{14}+b_{15})=2(a_4+a_5+a_6+a_7)+4$

$\qquad\qquad\qquad\qquad\quad=2(4a_1+4)+4$

$\qquad\qquad\qquad\qquad\quad=8a_1+12$

$(a_{16}+a_{17})+\cdots+(a_{30}+a_{31})=2(b_8+b_9+\cdots+b_{14}+b_{15})+8$

$\qquad\qquad\qquad\qquad\qquad=2(8a_1+12)+8$

$\qquad\qquad\qquad\qquad\qquad=16a_1+32$

$\therefore \displaystyle\sum_{n=1}^{63}a_n-\sum_{n=1}^{31}b_n=a_1+5+(4a_1+4)+28+(16a_1+32)+144$

$\qquad\qquad\qquad\qquad\quad-\{2+(2a_1+1)+12+(8a_1+12)+64\}$

$\qquad\qquad\qquad\quad=21a_1+213-(10a_1+91)=11a_1+122$

즉, $11a_1+122=155$이므로

$11a_1=33$ $\therefore a_1=3$

Step 3 b_{32}의 값 구하기

$\therefore b_{32}=3a_{16}-2=3(b_8+2)-2=3(3a_4-2)+4$

$\quad=9(b_2+2)-2=9(3a_1-2)+16$

$\quad=27a_1-2=27\times3-2=79$

다른 풀이 $\sum$의 성질 이용하기

$a_{2n}+a_{2n+1}=2b_n+1$, $b_{2n}+b_{2n+1}=2a_n+1$이므로

$\displaystyle\sum_{n=1}^{63}a_n-\sum_{n=1}^{31}b_n=a_1+\sum_{n=1}^{31}(a_{2n}+a_{2n+1})-\sum_{n=1}^{31}b_n$

$\qquad\qquad\qquad=a_1+\sum_{n=1}^{31}(2b_n+1)-\sum_{n=1}^{31}b_n$

$\qquad\qquad\qquad=a_1+2\sum_{n=1}^{31}b_n+31-\sum_{n=1}^{31}b_n$

$\qquad\qquad\qquad=a_1+\sum_{n=1}^{31}b_n+31$

$\qquad\qquad\qquad=a_1+b_1+\sum_{n=1}^{15}(b_{2n}+b_{2n+1})+31$

$\qquad\qquad\qquad=a_1+b_1+\sum_{n=1}^{15}(2a_n+1)+31$

$\qquad\qquad\qquad=a_1+b_1+2\sum_{n=1}^{15}a_n+15+31$

$\qquad\qquad\qquad=a_1+b_1+2\left\{a_1+\sum_{n=1}^{7}(a_{2n}+a_{2n+1})\right\}+46$

$\qquad\qquad\qquad=a_1+b_1+2\left\{a_1+\sum_{n=1}^{7}(2b_n+1)\right\}+46$

$\qquad\qquad\qquad=a_1+b_1+2a_1+4\sum_{n=1}^{7}b_n+14+46$

$\qquad\qquad\qquad=3a_1+b_1+4\left\{b_1+\sum_{n=1}^{3}(b_{2n}+b_{2n+1})\right\}+60$

$\qquad\qquad\qquad=3a_1+b_1+4\left\{b_1+\sum_{n=1}^{3}(2a_n+1)\right\}+60$

$\qquad\qquad\qquad=3a_1+b_1+4b_1+8\sum_{n=1}^{3}a_n+12+60$

$\qquad\qquad\qquad=3a_1+5b_1+8a_1+8(2b_1+1)+72$

$\qquad\qquad\qquad=3a_1+5b_1+8a_1+16b_1+8+72$

$\qquad\qquad\qquad=11a_1+21b_1+80$

즉, $11a_1+21b_1+80=155$이므로

$11a_1+21b_1=75$ ……㉠

조건 (가), (나), (다)에서

$a_{48}=b_{24}+2=(3a_{12}-2)+2=3(b_6+2)$

$\quad=3(3a_3-2)+6=9(b_1-1)$

즉, $9(b_1-1)=9$이므로 $b_1=2$

이를 ㉠에 대입하면 $a_1=3$

$\therefore b_{32}=3a_{16}-2=3(b_8+2)-2=3(3a_4-2)+4$

$\quad=9(b_2+2)-2=9(3a_1-2)+16$

$\quad=27a_1-2=27\times3-2=79$

문제편 331쪽~347쪽

---

01 여러 가지 수열의 귀납적 정의 – 경우에 따라 다르게 정의된 수열　정답 ② | 정답률 84%

문제 보기

수열 $\{a_n\}$은 $a_1=2$이고, 모든 자연수 n에 대하여

$$a_{n+1}=\begin{cases} a_n-1 & (a_n\text{이 짝수인 경우}) \\ a_n+n & (a_n\text{이 홀수인 경우}) \end{cases} \longrightarrow *$$

를 만족시킨다. a_7의 값은? [3점]

└→ a_n의 값이 홀수, 짝수인지 확인한 후 *의 n에 1, 2, 3, 4, 5, 6을 차례대로 대입한다.

① 7　　　② 9　　　③ 11　　　④ 13　　　⑤ 15

Step 1 a_7의 값 구하기

주어진 조건의 n에 1, 2, 3, 4, 5, 6을 차례대로 대입하면
$a_1=2$는 짝수이므로 $a_2=a_1-1=2-1=1$
a_2는 홀수이므로 $a_3=a_2+2=1+2=3$
a_3은 홀수이므로 $a_4=a_3+3=3+3=6$
a_4는 짝수이므로 $a_5=a_4-1=6-1=5$
a_5는 홀수이므로 $a_6=a_5+5=5+5=10$
a_6은 짝수이므로 $a_7=a_6-1=10-1=9$

---

02 여러 가지 수열의 귀납적 정의 – 경우에 따라 다르게 정의된 수열　정답 ⑤ | 정답률 88%

문제 보기

수열 $\{a_n\}$은 $a_1=1$이고, 모든 자연수 n에 대하여

$$a_{n+1}=\begin{cases} (a_n)^2+1 & (a_n\text{이 짝수인 경우}) \\ 3a_n-1 & (a_n\text{이 홀수인 경우}) \end{cases} \longrightarrow *$$

를 만족시킨다. a_4의 값은? [3점]

└→ a_n의 값이 홀수, 짝수인지 확인한 후 *의 n에 1, 2, 3을 차례대로 대입한다.

① 10　　　② 11　　　③ 12　　　④ 13　　　⑤ 14

Step 1 a_4의 값 구하기

주어진 조건의 n에 1, 2, 3을 차례대로 대입하면
$a_1=1$은 홀수이므로 $a_2=3a_1-1=3-1=2$
a_2는 짝수이므로 $a_3=(a_2)^2+1=2^2+1=5$
a_3은 홀수이므로 $a_4=3a_3-1=3\times5-1=14$

03 여러 가지 수열의 귀납적 정의
— 경우에 따라 다르게 정의된 수열　정답 ④ | 정답률 88%

문제 보기

수열 $\{a_n\}$은 $a_1=7$이고, 모든 자연수 n에 대하여

$$a_{n+1}=\begin{cases} \dfrac{a_n+3}{2} & (a_n\text{이 소수인 경우}) \\ a_n+n & (a_n\text{이 소수가 아닌 경우}) \end{cases} \longrightarrow *$$

를 만족시킨다. a_8의 값은? [3점]
└→ a_n의 값이 소수인지 확인한 후 *의 n에 1, 2, 3, 4, 5, 6, 7을
　　차례대로 대입한다.

① 11　　② 13　　③ 15　　④ 17　　⑤ 19

Step 1 a_8의 값 구하기

주어진 조건의 n에 1, 2, 3, 4, 5, 6, 7을 차례대로 대입하면

$a_1=7$은 소수이므로 $a_2=\dfrac{a_1+3}{2}=\dfrac{7+3}{2}=5$

a_2는 소수이므로 $a_3=\dfrac{a_2+3}{2}=\dfrac{5+3}{2}=4$

a_3은 소수가 아니므로 $a_4=a_3+3=4+3=7$

a_4는 소수이므로 $a_5=\dfrac{a_4+3}{2}=\dfrac{7+3}{2}=5$

a_5는 소수이므로 $a_6=\dfrac{a_5+3}{2}=\dfrac{5+3}{2}=4$

a_6은 소수가 아니므로 $a_7=a_6+6=4+6=10$

a_7은 소수가 아니므로 $a_8=a_7+7=10+7=17$

---

04 여러 가지 수열의 귀납적 정의
— 경우에 따라 다르게 정의된 수열　정답 ③ | 정답률 85%

문제 보기

수열 $\{a_n\}$은 $a_1=1$이고, 모든 자연수 n에 대하여
　　　└→ $a_{3n+1}=a_n+1$에 $n=1$을 대입하여 a_4의 값을 구한다.

$$\begin{cases} a_{3n-1}=2a_n+1 \\ a_{3n}=-a_n+2 \\ a_{3n+1}=a_n+1 \end{cases} \longrightarrow *$$

을 만족시킨다. $a_{11}+a_{12}+a_{13}$의 값은? [4점]
　　　└→ $11=3\times4-1$, $12=3\times4$, $13=3\times4+1$이므로
　　　　　*에 $n=4$를 대입한다.

① 6　　② 7　　③ 8　　④ 9　　⑤ 10

Step 1 a_4의 값 구하기

$a_{11}=2a_4+1$, $a_{12}=-a_4+2$, $a_{13}=a_4+1$이므로 a_4의 값을 구해야 한다.

$a_{3n+1}=a_n+1$에 $n=1$을 대입하면

$a_4=a_1+1=1+1=2$

Step 2 $a_{11}+a_{12}+a_{13}$의 값 구하기

주어진 조건에 $n=4$를 대입하면

$a_{11}=2a_4+1=2\times2+1=5$

$a_{12}=-a_4+2=-2+2=0$

$a_{13}=a_4+1=2+1=3$

$\therefore a_{11}+a_{12}+a_{13}=5+0+3=8$

05 여러 가지 수열의 귀납적 정의 – 경우에 따라 다르게 정의된 수열   정답 8 | 정답률 69%

문제 보기

첫째항이 6인 수열 $\{a_n\}$이 모든 자연수 n에 대하여
↳ $a_1 = 6$

$$a_{n+1} = \begin{cases} 2 - a_n & (a_n \geq 0) \\ a_n + p & (a_n < 0) \end{cases}$$

→ a_n의 값의 부호를 확인한 후 주어진 조건의 n에 1, 2를 차례대로 대입하여 a_3을 p에 대한 식으로 나타낸다.

을 만족시킨다. $a_4 = 0$이 되도록 하는 모든 실수 p의 값의 합을 구하시오. [4점]
↳ $a_3 \geq 0$, $a_3 < 0$인 경우로 나누어 생각한다.

Step 1 a_3을 p에 대한 식으로 나타내기

주어진 조건의 n에 1, 2를 차례대로 대입하면

$a_1 = 6 \geq 0$이므로

$a_2 = 2 - a_1 = 2 - 6 = -4$

$a_2 < 0$이므로

$a_3 = a_2 + p = -4 + p$

Step 2 $a_4 = 0$이 되도록 하는 p의 값 구하기

(i) $-4 + p \geq 0$, 즉 $p \geq 4$일 때,

$a_4 = 2 - a_3 = 2 - (-4 + p) = 6 - p$

이때 $a_4 = 0$이 되려면

$6 - p = 0$ ∴ $p = 6$ → $p \geq 4$를 만족해.

(ii) $-4 + p < 0$, 즉 $p < 4$일 때,

$a_4 = a_3 + p = (-4 + p) + p = -4 + 2p$

이때 $a_4 = 0$이 되려면

$-4 + 2p = 0$, $2p = 4$ ∴ $p = 2$ → $p < 4$를 만족해.

(i), (ii)에서

$p = 2$ 또는 $p = 6$

Step 3 실수 p의 값의 합 구하기

따라서 구하는 모든 실수 p의 값의 합은

$2 + 6 = 8$

06 여러 가지 수열의 귀납적 정의 – 경우에 따라 다르게 정의된 수열   정답 ⑤ | 정답률 79%

문제 보기

수열 $\{a_n\}$이 모든 자연수 n에 대하여

$$a_{n+1} = \begin{cases} \dfrac{1}{a_n} & (n \text{이 홀수인 경우}) \\ 8a_n & (n \text{이 짝수인 경우}) \end{cases} *$$

이고 $a_{12} = \dfrac{1}{2}$일 때, $a_1 + a_4$의 값은? [4점]
↳ *의 n에 11, 10, 9, …, 1을 차례대로 대입하여 a_1, a_4의 값을 구한다.

① $\dfrac{3}{4}$ ② $\dfrac{9}{4}$ ③ $\dfrac{5}{2}$ ④ $\dfrac{17}{4}$ ⑤ $\dfrac{9}{2}$

Step 1 a_1, a_4의 값 구하기

주어진 조건의 n에 11, 10, 9, …, 1을 차례대로 대입하면

$n = 11$은 홀수이므로 $a_{12} = \dfrac{1}{a_{11}} = \dfrac{1}{2}$ ∴ $a_{11} = 2$

$n = 10$은 짝수이므로 $a_{11} = 8a_{10} = 2$ ∴ $a_{10} = \dfrac{1}{4}$

$n = 9$는 홀수이므로 $a_{10} = \dfrac{1}{a_9} = \dfrac{1}{4}$ ∴ $a_9 = 4$

$n = 8$은 짝수이므로 $a_9 = 8a_8 = 4$ ∴ $a_8 = \dfrac{1}{2}$

$n = 7$은 홀수이므로 $a_8 = \dfrac{1}{a_7} = \dfrac{1}{2}$ ∴ $a_7 = 2$

$n = 6$은 짝수이므로 $a_7 = 8a_6 = 2$ ∴ $a_6 = \dfrac{1}{4}$

$n = 5$는 홀수이므로 $a_6 = \dfrac{1}{a_5} = \dfrac{1}{4}$ ∴ $a_5 = 4$

$n = 4$는 짝수이므로 $a_5 = 8a_4 = 4$ ∴ $a_4 = \dfrac{1}{2}$

$n = 3$은 홀수이므로 $a_4 = \dfrac{1}{a_3} = \dfrac{1}{2}$ ∴ $a_3 = 2$

$n = 2$는 짝수이므로 $a_3 = 8a_2 = 2$ ∴ $a_2 = \dfrac{1}{4}$

$n = 1$은 홀수이므로 $a_2 = \dfrac{1}{a_1} = \dfrac{1}{4}$ ∴ $a_1 = 4$

Step 2 $a_1 + a_4$의 값 구하기

∴ $a_1 + a_4 = 4 + \dfrac{1}{2} = \dfrac{9}{2}$

07 여러 가지 수열의 귀납적 정의 - 경우에 따라 다르게 정의된 수열 정답 ⑤ | 정답률 66%

문제 보기

첫째항이 a인 수열 $\{a_n\}$은 모든 자연수 n에 대하여

→ $a_1=a$

$$a_{n+1}=\begin{cases} a_n+(-1)^n\times 2 & (n\text{이 3의 배수가 아닌 경우}) \\ a_n+1 & (n\text{이 3의 배수인 경우}) \end{cases}$$ → *

를 만족시킨다. $a_{15}=43$일 때, a의 값은? [4점]

→ *의 n에 1, 2, 3, …, 14를 차례대로 대입하여 a_{15}를 a에 대한 식으로 나타낸다.

① 35 ② 36 ③ 37 ④ 38 ⑤ 39

Step 1 a_{15}를 a에 대한 식으로 나타내기

주어진 조건의 n에 1, 2, 3, …, 14를 차례대로 대입하면

$a_2=a_1+(-1)\times 2=a-2$

$a_3=a_2+(-1)^2\times 2=(a-2)+2=a$

$a_4=a_3+1=a+1$

$a_5=a_4+(-1)^4\times 2=(a+1)+2=a+3$

$a_6=a_5+(-1)^5\times 2=(a+3)-2=a+1$

$a_7=a_6+1=(a+1)+1=a+2$

$a_8=a_7+(-1)^7\times 2=(a+2)-2=a$

$a_9=a_8+(-1)^8\times 2=a+2$

$a_{10}=a_9+1=(a+2)+1=a+3$

$a_{11}=a_{10}+(-1)^{10}\times 2=(a+3)+2=a+5$

$a_{12}=a_{11}+(-1)^{11}\times 2=(a+5)-2=a+3$

$a_{13}=a_{12}+1=(a+3)+1=a+4$

$a_{14}=a_{13}+(-1)^{13}\times 2=(a+4)-2=a+2$

$\therefore a_{15}=a_{14}+(-1)^{14}\times 2=(a+2)+2=a+4$

Step 2 a의 값 구하기

이때 $a_{15}=43$이므로 $a+4=43$

$\therefore a=39$

다른 풀이 수열 $\{a_n\}$의 규칙 찾기

$a_1=a$

$a_2=a_1+(-1)\times 2=a-2$

$a_3=a_2+(-1)^2\times 2=(a-2)+2=a$

$a_4=a_3+1=a+1$

$a_5=a_4+(-1)^4\times 2=(a+1)+2=a+3$

$a_6=a_5+(-1)^5\times 2=(a+3)-2=a+1$

$a_7=a_6+1=(a+1)+1=a+2$

$a_8=a_7+(-1)^7\times 2=(a+2)-2=a$

$a_9=a_8+(-1)^8\times 2=a+2$

⋮

따라서 6개의 항을 기준으로 규칙이 나타나고, 모든 자연수 n에 대하여

$a_{n+6}=a_n+2$

이때 $a_{15}=a_9+2=(a_3+2)+2=a_3+4=a+4$이므로

$43=a+4$ $\therefore a=39$

08 여러 가지 수열의 귀납적 정의 - 경우에 따라 다르게 정의된 수열 정답 ③ | 정답률 51%

문제 보기

수열 $\{a_n\}$이 모든 자연수 n에 대하여

$$a_{n+1}=\begin{cases} a_n & (a_n>n) \\ 3n-2-a_n & (a_n\le n) \end{cases}$$ → *

을 만족시킬 때, $a_5=5$가 되도록 하는 모든 a_1의 값의 곱은? [4점]

→ *을 이용하여 a_4, a_3, a_2, a_1의 값을 차례대로 구한다.

① 20 ② 30 ③ 40 ④ 50 ⑤ 60

Step 1 a_3의 값 구하기

$a_4\le 4$이면 $a_5=3\times 4-2-a_4=10-a_4=5$에서 $a_4=5$이므로 $a_4\le 4$를 만족시키지 않는다.

따라서 $a_4>4$이므로 $a_4=a_5=5$

$a_3>3$이면 $a_3=a_4=5$

$a_3\le 3$이면 $a_4=3\times 3-2-a_3=7-a_3=5$에서 $a_3=2$

Step 2 a_1의 값 구하기

(i) $a_3=5$일 때,

ⓘ $a_2>2$이면 $a_2=a_3=5$

$a_1>1$이면 $a_1=a_2=5$

$a_1\le 1$이면 $a_2=3\times 1-2-a_1=1-a_1=5$에서 $a_1=-4$

ⓘⓘ $a_2\le 2$이면 $a_3=3\times 2-2-a_2=4-a_2=5$에서 $a_2=-1$

$a_1>1$이면 $a_1=a_2=-1$이므로 $a_1>1$을 만족시키지 않는다.

$a_1\le 1$이면 $a_2=3\times 1-2-a_1=1-a_1=-1$에서 $a_1=2$이므로 $a_1\le 1$을 만족시키지 않는다.

(ii) $a_3=2$일 때,

ⓘ $a_2>2$이면 $a_2=a_3=2$이므로 $a_2>2$를 만족시키지 않는다.

ⓘⓘ $a_2\le 2$이면 $a_3=3\times 2-2-a_2=4-a_2=2$에서 $a_2=2$

$a_1>1$이면 $a_1=a_2=2$

$a_1\le 1$이면 $a_2=3\times 1-2-a_1=1-a_1=2$에서 $a_1=-1$

(i), (ii)에서 $a_1=5$ 또는 $a_1=-4$ 또는 $a_1=2$ 또는 $a_1=-1$

Step 3 a_1의 값의 곱 구하기

따라서 모든 a_1의 값의 곱은

$5\times(-4)\times 2\times(-1)=40$

09 여러 가지 수열의 귀납적 정의 — 경우에 따라 다르게 정의된 수열 정답 ① 정답률 48%

문제 보기

첫째항이 자연수인 수열 $\{a_n\}$이 모든 자연수 n에 대하여

$$a_{n+1}=\begin{cases} a_n+1 & (a_n \text{이 홀수인 경우}) \\ \dfrac{1}{2}a_n & (a_n \text{이 짝수인 경우}) \end{cases} \longrightarrow *$$

를 만족시킬 때, $a_2+a_4=40$이 되도록 하는 모든 a_1의 값의 합은? [4점]
└→ *을 이용하여 a_2의 값을 구한다.

① 172　　② 175　　③ 178　　④ 181　　⑤ 184

Step 1 a_1의 값 구하기

수열 $\{a_n\}$의 첫째항은 자연수이므로 수열 $\{a_n\}$의 모든 항은 자연수이다.
　　　　　　　　　　　　　　　　　　　…… ㉠

이때 a_2의 값에 따라 a_4의 값이 정해지므로 다음과 같이 나누어 생각할 수 있다.

(i) a_2가 홀수일 때,

$a_3=a_2+1$이고 a_3은 짝수이므로

$a_4=\dfrac{1}{2}a_3=\dfrac{1}{2}(a_2+1)$

$a_2+a_4=40$에서

$a_2+\dfrac{1}{2}(a_2+1)=40$ $\quad\therefore a_2=\dfrac{79}{3}$

이때 a_2는 자연수가 아니므로 ㉠을 만족시키지 않는다.

(ii) a_2가 짝수일 때,

$a_3=\dfrac{1}{2}a_2$

① a_3이 홀수일 때,

$a_4=a_3+1=\dfrac{1}{2}a_2+1$

$a_2+a_4=40$에서

$a_2+\dfrac{1}{2}a_2+1=40$ $\quad\therefore a_2=26$

ⓐ a_1이 홀수일 때,

$a_2=a_1+1$이므로

$26=a_1+1$ $\quad\therefore a_1=25$

ⓑ a_1이 짝수일 때,

$a_2=\dfrac{1}{2}a_1$이므로

$26=\dfrac{1}{2}a_1$ $\quad\therefore a_1=52$

ⓘ a_3이 짝수일 때,

$a_4=\dfrac{1}{2}a_3=\dfrac{1}{4}a_2$

$a_2+a_4=40$에서

$a_2+\dfrac{1}{4}a_2=40$ $\quad\therefore a_2=32$

ⓐ a_1이 홀수일 때,

$a_2=a_1+1$이므로

$32=a_1+1$ $\quad\therefore a_1=31$

ⓑ a_1이 짝수일 때,

$a_2=\dfrac{1}{2}a_1$이므로

$32=\dfrac{1}{2}a_1$ $\quad\therefore a_1=64$

(i), (ii)에서 $a_1=25$ 또는 $a_1=52$ 또는 $a_1=31$ 또는 $a_1=64$

Step 2 a_1의 값의 합 구하기

따라서 모든 a_1의 값의 합은

$25+52+31+64=172$

---

10 여러 가지 수열의 귀납적 정의 — 경우에 따라 다르게 정의된 수열 정답 70 정답률 28%

문제 보기

수열 $\{a_n\}$은 $1<a_1<2$이고, 모든 자연수 n에 대하여

$$a_{n+1}=\begin{cases} -2a_n & (a_n<0) \\ a_n-2 & (a_n\geq0) \end{cases} \longrightarrow *$$

을 만족시킨다. $a_7=-1$일 때, $40\times a_1$의 값을 구하시오. [4점]
└→ *의 n에 1, 2, 3, 4, 5, 6을 차례대로 대입하여
a_7을 a_1에 대한 식으로 나타낸다.

Step 1 a_7을 a_1에 대한 식으로 나타내기

주어진 조건의 n에 1, 2, 3, 4, 5, 6을 차례대로 대입하면

$1<a_1<2$에서 $a_1\geq0$이므로

$a_2=a_1-2$

$-1<a_1-2<0$에서 $a_2<0$이므로

$a_3=-2a_2=-2(a_1-2)$

$0<-2(a_1-2)<2$에서 $a_3\geq0$이므로

$a_4=a_3-2=-2(a_1-2)-2=-2(a_1-1)$

$-2<-2(a_1-1)<0$에서 $a_4<0$이므로

$a_5=-2a_4=4(a_1-1)$

$0<4(a_1-1)<4$에서 $a_5\geq0$이므로

$a_6=a_5-2=4(a_1-1)-2=4a_1-6$

이때 $-2<4a_1-6<2$이고, $a_6<0$이면 $a_7=-2a_6>0$이므로 $a_7=-1$이라는 조건을 만족시키지 않는다.

따라서 $a_6\geq0$이므로

$a_7=a_6-2=(4a_1-6)-2=4a_1-8$

Step 2 a_1의 값 구하기

즉, $4a_1-8=-1$이므로

$4a_1=7$ $\quad\therefore a_1=\dfrac{7}{4}$

Step 3 $40\times a_1$의 값 구하기

$\therefore 40\times a_1=40\times\dfrac{7}{4}=70$

11 여러 가지 수열의 귀납적 정의
– 경우에 따라 다르게 정의된 수열   정답 ② | 정답률 40%

문제 보기

첫째항이 자연수인 수열 $\{a_n\}$이 모든 자연수 n에 대하여
└─ *에서 모든 항이 음이 아닌 정수임을 파악한다.

$$a_{n+1}=\begin{cases} \dfrac{1}{2}a_n & \left(\dfrac{1}{2}a_n\text{이 자연수인 경우}\right) \\[2mm] (a_n-1)^2 & \left(\dfrac{1}{2}a_n\text{이 자연수가 아닌 경우}\right) \end{cases}$$ ─ *

를 만족시킬 때, $a_7=1$이 되도록 하는 모든 a_1의 값의 합은? [4점]
└─ *을 이용하여 a_1의 값을 구한다.

① 120   ② 125   ③ 130   ④ 135   ⑤ 140

Step 1 수열 $\{a_n\}$의 모든 항이 음이 아닌 정수임을 파악하기

$\dfrac{1}{2}a_n$이 자연수이면 $a_{n+1}=\dfrac{1}{2}a_n$은 자연수이고, a_1이 자연수이므로 $\dfrac{1}{2}a_n$이 자연수가 아니면 $a_{n+1}=(a_n-1)^2$은 음이 아닌 정수이다.

따라서 수열 $\{a_n\}$의 모든 항은 음이 아닌 정수이다.

Step 2 a_1의 값 구하기

$a_7=1$이므로 $a_7=\dfrac{1}{2}a_6$ 또는 $a_7=(a_6-1)^2$에서

$1=\dfrac{1}{2}a_6$ 또는 $1=(a_6-1)^2$

$\therefore a_6=2$ 또는 $a_6=0$
└─ $a_{n+1}=1$이면 $a_n=0$ 또는 $a_n=2$임을 알 수 있어.

(i) $a_6=0$일 때,

$\dfrac{1}{2}a_5$가 자연수이면 $\dfrac{1}{2}a_5=a_6=0$에서 $a_5=0$이고, 이는 조건을 만족시키지 않는다.

따라서 $a_6=(a_5-1)^2$에서

$0=(a_5-1)^2$ $\therefore a_5=1$
└─ $a_{n+1}=0$이면 $a_n=1$임을 알 수 있어.

이때 $a_4=0$ 또는 $a_4=2$이므로

① $a_4=0$일 때,

$a_3=1$이므로 $a_2=0$ 또는 $a_2=2$

ⓐ $a_2=0$일 때, $a_1=1$

ⓑ $a_2=2$일 때,

$a_2=\dfrac{1}{2}a_1$에서 $2=\dfrac{1}{2}a_1$ $\therefore a_1=4$

$a_2=(a_1-1)^2$에서 $2=(a_1-1)^2$을 만족시키는 음이 아닌 정수 a_1은 존재하지 않는다. → $a_{n+1}=2$이면 $a_n=4$임을 알 수 있어.

② $a_4=2$일 때,

$a_3=4$이므로 $a_3=\dfrac{1}{2}a_2$ 또는 $a_3=(a_2-1)^2$에서

$4=\dfrac{1}{2}a_2$ 또는 $4=(a_2-1)^2$

$\therefore a_2=8$ 또는 $a_2=3$
ⓐ $a_2=3$일 때, └─ $a_{n+1}=4$이면 $a_n=3$ 또는 $a_n=8$임을 알 수 있어.

$a_2=\dfrac{1}{2}a_1$에서 $3=\dfrac{1}{2}a_1$ $\therefore a_1=6$

$a_2=(a_1-1)^2$에서 $3=(a_1-1)^2$을 만족시키는 음이 아닌 정수 a_1은 존재하지 않는다. → $a_{n+1}=3$이면 $a_n=6$임을 알 수 있어.

ⓑ $a_2=8$일 때,

$a_2=\dfrac{1}{2}a_1$에서 $8=\dfrac{1}{2}a_1$ $\therefore a_1=16$

$a_2=(a_1-1)^2$에서 $8=(a_1-1)^2$을 만족시키는 음이 아닌 정수 a_1은 존재하지 않는다. → $a_{n+1}=8$이면 $a_n=16$임을 알 수 있어.

(ii) $a_6=2$일 때,

$a_5=4$이므로 $a_4=3$ 또는 $a_4=8$

① $a_4=3$일 때,

$a_3=6$이므로 $a_3=\dfrac{1}{2}a_2$에서

$6=\dfrac{1}{2}a_2$ $\therefore a_2=12$

$a_3=(a_2-1)^2$에서 $6=(a_2-1)^2$을 만족시키는 음이 아닌 정수 a_2는 존재하지 않는다.

이때 $a_2=\dfrac{1}{2}a_1$에서 $12=\dfrac{1}{2}a_1$ $\therefore a_1=24$

$a_2=(a_1-1)^2$에서 $12=(a_1-1)^2$을 만족시키는 음이 아닌 정수 a_1은 존재하지 않는다.

② $a_4=8$일 때,

$a_3=16$이므로 $a_3=\dfrac{1}{2}a_2$ 또는 $a_3=(a_2-1)^2$에서

$16=\dfrac{1}{2}a_2$ 또는 $16=(a_2-1)^2$

$\therefore a_2=32$ 또는 $a_2=5$

ⓐ $a_2=5$일 때,

$a_2=\dfrac{1}{2}a_1$에서 $5=\dfrac{1}{2}a_1$ $\therefore a_1=10$

$a_2=(a_1-1)^2$에서 $5=(a_1-1)^2$을 만족시키는 음이 아닌 정수 a_1은 존재하지 않는다.

ⓑ $a_2=32$일 때,

$a_2=\dfrac{1}{2}a_1$에서 $32=\dfrac{1}{2}a_1$ $\therefore a_1=64$

$a_2=(a_1-1)^2$에서 $32=(a_1-1)^2$을 만족시키는 음이 아닌 정수 a_1은 존재하지 않는다.

(i), (ii)에서 $a_1=1$ 또는 $a_1=4$ 또는 $a_1=6$ 또는 $a_1=16$ 또는 $a_1=24$ 또는 $a_1=10$ 또는 $a_1=64$

Step 3 a_1의 값의 합 구하기

따라서 모든 a_1의 값의 합은
$1+4+6+16+24+10+64=125$

12 여러 가지 수열의 귀납적 정의
– 경우에 따라 다르게 정의된 수열   정답 ④ | 정답률 56%

문제 보기

모든 항이 자연수인 수열 $\{a_n\}$이 모든 자연수 n에 대하여

$$a_{n+1}=\begin{cases} \dfrac{a_n}{n} & (n\text{이 } a_n\text{의 약수인 경우}) \\ 3a_n+1 & (n\text{이 } a_n\text{의 약수가 아닌 경우}) \end{cases}$$ ⎯⎯ *

를 만족시킬 때, $a_6=2$가 되도록 하는 모든 a_1의 값의 합은? [4점]
　　└─ *을 이용하여 a_5의 값을 구한다.

① 254　　② 264　　③ 274　　④ 284　　⑤ 294

Step 1　a_5의 값 구하기

5가 a_5의 약수이면 $a_6=\dfrac{a_5}{5}$이므로

$2=\dfrac{a_5}{5}$　　∴ $a_5=10$

5가 a_5의 약수가 아니면 $a_6=3a_5+1$이므로

$2=3a_5+1$　　∴ $a_5=\dfrac{1}{3}$

이때 수열 $\{a_n\}$의 모든 항이 자연수이므로

$a_5=10$

Step 2　a_1의 값 구하기

(i) 4가 a_4의 약수일 때,

　$a_5=\dfrac{a_4}{4}$이므로 $10=\dfrac{a_4}{4}$　　∴ $a_4=40$

　ⓘ 3이 a_3의 약수일 때,

　　$a_4=\dfrac{a_3}{3}$이므로 $40=\dfrac{a_3}{3}$　　∴ $a_3=120$

　　ⓐ 2가 a_2의 약수일 때,

　　　$a_3=\dfrac{a_2}{2}$이므로 $120=\dfrac{a_2}{2}$　　∴ $a_2=240$

　　　이때 1은 모든 수의 약수이므로

　　　$a_2=a_1=240$ ⎯ a_2의 값이 자연수이면 $a_2=a_1$임을 알 수 있어.

　　ⓑ 2가 a_2의 약수가 아닐 때,

　　　$a_3=3a_2+1$이므로 $120=3a_2+1$　　∴ $a_2=\dfrac{119}{3}$

　　　이는 모든 항이 자연수라는 조건을 만족시키지 않는다.

　ⓘⓘ 3이 a_3의 약수가 아닐 때,

　　$a_4=3a_3+1$이므로 $40=3a_3+1$　　∴ $a_3=13$

　　ⓐ 2가 a_2의 약수일 때,

　　　$a_3=\dfrac{a_2}{2}$이므로 $13=\dfrac{a_2}{2}$　　∴ $a_2=26$

　　　∴ $a_1=a_2=26$

　　ⓑ 2가 a_2의 약수가 아닐 때,

　　　$a_3=3a_2+1$이므로 $13=3a_2+1$　　∴ $a_2=4$

　　　이는 2가 a_2의 약수가 아니라는 조건을 만족시키지 않는다.

(ii) 4가 a_4의 약수가 아닐 때,

　$a_5=3a_4+1$이므로 $10=3a_4+1$　　∴ $a_4=3$

　ⓘ 3이 a_3의 약수일 때,

　　$a_4=\dfrac{a_3}{3}$이므로 $3=\dfrac{a_3}{3}$　　∴ $a_3=9$

　　ⓐ 2가 a_2의 약수일 때,

　　　$a_3=\dfrac{a_2}{2}$이므로 $9=\dfrac{a_2}{2}$　　∴ $a_2=18$

　　　∴ $a_1=a_2=18$

　　ⓑ 2가 a_2의 약수가 아닐 때,

　　　$a_3=3a_2+1$이므로 $9=3a_2+1$　　∴ $a_2=\dfrac{8}{3}$

　　　이는 모든 항이 자연수라는 조건을 만족시키지 않는다.

ⓘⓘ 3이 a_3의 약수가 아닐 때,

　$a_4=3a_3+1$이므로 $3=3a_3+1$　　∴ $a_3=\dfrac{2}{3}$

　이는 모든 항이 자연수라는 조건을 만족시키지 않는다.

(i), (ii)에서 $a_1=240$ 또는 $a_1=26$ 또는 $a_1=18$

Step 3　a_1의 값의 합 구하기

따라서 모든 a_1의 값의 합은

$240+26+18=284$

문제 보기

첫째항이 자연수인 수열 $\{a_n\}$이 모든 자연수 n에 대하여
└→ *에서 모든 항이 자연수임을 파악한다.

$$a_{n+1}=\begin{cases} \dfrac{a_n}{3} & (a_n\text{이 3의 배수인 경우}) \\[2mm] \dfrac{a_n{}^2+5}{3} & (a_n\text{이 3의 배수가 아닌 경우}) \end{cases} \quad\text{─ *}$$

를 만족시킬 때, $a_4+a_5=5$가 되도록 하는 모든 a_1의 값의 합은? [4점]
└→ *을 이용하여 a_1의 값을 구한다.

① 63　② 66　③ 69　④ 72　⑤ 75

Step 1 모든 자연수 n에 대하여 a_n은 자연수임을 파악하기

a_1이 자연수이고, a_n이 자연수라 가정하면 자연수 k에 대하여
$a_n=3k-2$이면
$$a_{n+1}=\frac{(3k-2)^2+5}{3}=\frac{9k^2-12k+9}{3}=3k^2-4k+3$$
$a_n=3k-1$이면
$$a_{n+1}=\frac{(3k-1)^2+5}{3}=\frac{9k^2-6k+6}{3}=3k^2-2k+2$$
$a_n=3k$이면
$$a_{n+1}=\frac{3k}{3}=k$$
따라서 a_n이 자연수이면 a_{n+1}도 자연수이므로 모든 자연수 n에 대하여 a_n은 자연수이다. ······ ㉠

Step 2 a_4의 값 구하기

a_4가 3의 배수이면 $a_5=\dfrac{a_4}{3}$이므로 $a_4+a_5=5$에서
$$a_4+\frac{a_4}{3}=5 \qquad \therefore a_4=\frac{15}{4}$$
이는 ㉠을 만족시키지 않으므로 a_4는 3의 배수가 아니다.
따라서 $a_5=\dfrac{a_4{}^2+5}{3}$이므로 $a_4+a_5=5$에서
$$a_4+\frac{a_4{}^2+5}{3}=5,\ a_4{}^2+3a_4-10=0$$
$$(a_4+5)(a_4-2)=0$$
$$\therefore a_4=2\ (\because ㉠)$$

Step 3 a_1의 값 구하기

(ⅰ) a_3이 3의 배수일 때,
　$a_4=\dfrac{a_3}{3}=2$이므로 $a_3=6$
　① a_2가 3의 배수일 때,
　　$a_3=\dfrac{a_2}{3}=6$이므로 $a_2=18$
　　ⓐ a_1이 3의 배수일 때,
　　　$a_2=\dfrac{a_1}{3}=18$이므로 $a_1=54$
　　ⓑ a_1이 3의 배수가 아닐 때,
　　　$a_2=\dfrac{a_1{}^2+5}{3}=18$이므로 $a_1{}^2=49$
　　　$\therefore a_1=7\ (\because ㉠)$
　② a_2가 3의 배수가 아닐 때,
　　$a_3=\dfrac{a_2{}^2+5}{3}=6$이므로 $a_2{}^2=13$이 되어 ㉠을 만족시키지 않는다.
(ⅱ) a_3이 3의 배수가 아닐 때,
　$a_4=\dfrac{a_3{}^2+5}{3}=2$이므로 $a_3{}^2=1$
　$\therefore a_3=1\ (\because ㉠)$

① a_2가 3의 배수일 때,
　$a_3=\dfrac{a_2}{3}=1$이므로 $a_2=3$
　ⓐ a_1이 3의 배수일 때,
　　$a_2=\dfrac{a_1}{3}=3$이므로 $a_1=9$
　ⓑ a_1이 3의 배수가 아닐 때,
　　$a_2=\dfrac{a_1{}^2+5}{3}=3$이므로 $a_1{}^2=4$
　　$\therefore a_1=2\ (\because ㉠)$
② a_2가 3의 배수가 아닐 때,
　$a_3=\dfrac{a_2{}^2+5}{3}=1$이므로 $a_2{}^2=-2$가 되어 ㉠을 만족시키지 않는다.

(ⅰ), (ⅱ)에서 $a_1=54$ 또는 $a_1=7$ 또는 $a_1=9$ 또는 $a_1=2$

Step 4 a_1의 값의 합 구하기

따라서 모든 a_1의 값의 합은
$54+7+9+2=72$

14 여러 가지 수열의 귀납적 정의
— 경우에 따라 다르게 정의된 수열 정답 ③ | 정답률 59%

문제 보기

첫째항이 자연수인 수열 $\{a_n\}$이 모든 자연수 n에 대하여

$$a_{n+1}=\begin{cases} 2^{a_n} & (a_n \text{이 홀수인 경우}) \\ \dfrac{1}{2}a_n & (a_n \text{이 짝수인 경우}) \end{cases} \longrightarrow *$$

를 만족시킬 때, $a_6+a_7=3$이 되도록 하는 모든 a_1의 값의 합은? [4점]
└ a_6의 값에 따라 경우를 나눈 후 $*$을 이용하여 a_1의 값을 구한다.

① 139   ② 146   ③ 153   ④ 160   ⑤ 167

Step 1 조건을 만족시키는 a_6의 값을 구한 후 경우를 나누어 a_1의 값 구하기

수열 $\{a_n\}$의 첫째항은 자연수이므로 수열 $\{a_n\}$의 모든 항은 자연수이다.
이때 $a_6+a_7=3$이 되도록 하는 자연수 $a_6,\ a_7$의 값은
$a_6=1,\ a_7=2$ 또는 $a_6=2,\ a_7=1$

(i) $a_6=1$일 때,

a_5가 홀수이면 $a_6=2^{a_5}$이므로 $1=2^{a_5}$ ∴ $a_5=0$
이는 a_5가 홀수라는 가정을 만족시키지 않으므로 a_5는 짝수이다.
즉, $a_6=\dfrac{1}{2}a_5$이므로 $1=\dfrac{1}{2}a_5$ ∴ $a_5=2$
└ $a_{n+1}=1$일 때, a_n은 짝수임을 알 수 있어.

ⓘ a_4가 홀수일 때,

$a_5=2^{a_4}$이므로 $2=2^{a_4}$ ∴ $a_4=1$
이때 a_3은 짝수이므로 $a_4=\dfrac{1}{2}a_3$에서

$1=\dfrac{1}{2}a_3$ ∴ $a_3=2$

ⓐ a_2가 홀수일 때,

$a_3=2^{a_2}$이므로 $2=2^{a_2}$ ∴ $a_2=1$
이때 a_1은 짝수이므로 $a_2=\dfrac{1}{2}a_1$에서

$1=\dfrac{1}{2}a_1$ ∴ $a_1=2$

ⓑ a_2가 짝수일 때,

$a_3=\dfrac{1}{2}a_2$이므로 $2=\dfrac{1}{2}a_2$ ∴ $a_2=4$
이때 a_1이 홀수이면 $a_2=2^{a_1}$이므로
$4=2^{a_1}$ ∴ $a_1=2$
이는 a_1이 홀수라는 가정을 만족시키지 않는다.
따라서 a_1은 짝수이므로 $a_2=\dfrac{1}{2}a_1$에서

$4=\dfrac{1}{2}a_1$ ∴ $a_1=8$

ⓘ a_4가 짝수일 때,

$a_5=\dfrac{1}{2}a_4$이므로 $2=\dfrac{1}{2}a_4$ ∴ $a_4=4$
이때 a_3이 홀수이면 $a_4=2^{a_3}$이므로
$4=2^{a_3}$ ∴ $a_3=2$
이는 a_3이 홀수라는 가정을 만족시키지 않는다.
따라서 a_3은 짝수이므로 $a_4=\dfrac{1}{2}a_3$에서

$4=\dfrac{1}{2}a_3$ ∴ $a_3=8$

ⓐ a_2가 홀수일 때,

$a_3=2^{a_2}$이므로 $8=2^{a_2}$ ∴ $a_2=3$
이때 a_1이 홀수이면 $a_2=2^{a_1}$이므로 $3=2^{a_1}$
이를 만족시키는 자연수 a_1의 값은 존재하지 않는다.
따라서 a_1은 짝수이므로 $a_2=\dfrac{1}{2}a_1$에서

$3=\dfrac{1}{2}a_1$ ∴ $a_1=6$

ⓑ a_2가 짝수일 때,

$a_3=\dfrac{1}{2}a_2$이므로 $8=\dfrac{1}{2}a_2$ ∴ $a_2=16$
이때 a_1이 홀수이면 $a_2=2^{a_1}$이므로
$16=2^{a_1}$ ∴ $a_1=4$
이는 a_1이 홀수라는 가정을 만족시키지 않는다.
따라서 a_1은 짝수이므로 $a_2=\dfrac{1}{2}a_1$에서

$16=\dfrac{1}{2}a_1$ ∴ $a_1=32$

(ii) $a_6=2$일 때

ⓘ a_5가 홀수일 때,

$a_6=2^{a_5}$이므로 $2=2^{a_5}$ ∴ $a_5=1$
이때 a_4는 짝수이므로 $a_5=\dfrac{1}{2}a_4$에서

$1=\dfrac{1}{2}a_4$ ∴ $a_4=2$

ⓐ a_3이 홀수일 때,

$a_4=2^{a_3}$이므로 $2=2^{a_3}$ ∴ $a_3=1$
이때 a_2는 짝수이므로 $a_3=\dfrac{1}{2}a_2$에서

$1=\dfrac{1}{2}a_2$ ∴ $a_2=2$

❶ a_1이 홀수일 때,
$a_2=2^{a_1}$이므로 $2=2^{a_1}$ ∴ $a_1=1$

❷ a_1이 짝수일 때,
$a_2=\dfrac{1}{2}a_1$이므로 $2=\dfrac{1}{2}a_1$ ∴ $a_1=4$

ⓑ a_3이 짝수일 때,

$a_4=\dfrac{1}{2}a_3$이므로 $2=\dfrac{1}{2}a_3$ ∴ $a_3=4$
이때 a_2가 홀수이면 $a_3=2^{a_2}$이므로
$4=2^{a_2}$ ∴ $a_2=2$
이는 a_2가 홀수라는 가정을 만족시키지 않는다.
따라서 a_2는 짝수이므로 $a_3=\dfrac{1}{2}a_2$에서

$4=\dfrac{1}{2}a_2$ ∴ $a_2=8$

❶ a_1이 홀수일 때,
$a_2=2^{a_1}$이므로 $8=2^{a_1}$ ∴ $a_1=3$

❷ a_1이 짝수일 때,
$a_2=\dfrac{1}{2}a_1$이므로 $8=\dfrac{1}{2}a_1$ ∴ $a_1=16$

ⓘ a_5가 짝수일 때,

$a_6=\dfrac{1}{2}a_5$이므로 $2=\dfrac{1}{2}a_5$ ∴ $a_5=4$
이때 a_4가 홀수이면 $a_5=2^{a_4}$이므로
$4=2^{a_4}$ ∴ $a_4=2$
이는 a_4가 홀수라는 가정을 만족시키지 않는다.
따라서 a_4는 짝수이므로 $a_5=\dfrac{1}{2}a_4$에서

$4=\dfrac{1}{2}a_4$ ∴ $a_4=8$

ⓐ a_3이 홀수일 때,

$a_4=2^{a_3}$이므로 $8=2^{a_3}$ ∴ $a_3=3$
이때 a_2가 홀수이면 $a_3=2^{a_2}$이므로 $3=2^{a_2}$
이를 만족시키는 자연수 a_2의 값은 존재하지 않는다.
따라서 a_2는 짝수이므로 $a_3=\dfrac{1}{2}a_2$에서

$3=\dfrac{1}{2}a_2$ ∴ $a_2=6$

이때 a_1이 홀수이면 $a_2=2^{a_1}$이므로 $6=2^{a_1}$
이를 만족시키는 자연수 a_1의 값은 존재하지 않는다.

따라서 a_1은 짝수이므로 $a_2=\dfrac{1}{2}a_1$에서

$6=\dfrac{1}{2}a_1$ $\therefore a_1=12$

ⓑ a_3이 짝수일 때,

$a_4=\dfrac{1}{2}a_3$이므로 $8=\dfrac{1}{2}a_3$ $\therefore a_3=16$

이때 a_2가 홀수이면 $a_3=2^{a_2}$이므로

$16=2^{a_2}$ $\therefore a_2=4$

이는 a_2가 홀수라는 가정을 만족시키지 않는다.

따라서 a_2는 짝수이므로 $a_3=\dfrac{1}{2}a_2$에서

$16=\dfrac{1}{2}a_2$ $\therefore a_2=32$

❶ a_1이 홀수일 때,

$a_2=2^{a_1}$이므로 $32=2^{a_1}$ $\therefore a_1=5$

❷ a_1이 짝수일 때,

$a_2=\dfrac{1}{2}a_1$이므로 $32=\dfrac{1}{2}a_1$ $\therefore a_1=64$

(i), (ii)에서 $a_1=1$ 또는 $a_1=2$ 또는 $a_1=3$ 또는 $a_1=4$ 또는 $a_1=5$
또는 $a_1=6$ 또는 $a_1=8$ 또는 $a_1=12$ 또는 $a_1=16$ 또는 $a_1=32$
또는 $a_1=64$

Step 2 a_1의 값의 합 구하기

따라서 모든 a_1의 값의 합은

$1+2+3+4+5+6+8+12+16+32+64=153$

---

15 여러 가지 수열의 귀납적 정의
－ 경우에 따라 다르게 정의된 수열   정답 231 | 정답률 7%

문제 보기

수열 $\{a_n\}$은

$a_2=-a_1$

이고, $n\geq2$인 모든 자연수 n에 대하여

$$a_{n+1}=\begin{cases} a_n-\sqrt{n}\times a_{\sqrt{n}} & (\sqrt{n}\text{이 자연수이고 } a_n>0\text{인 경우}) \\ a_n+1 & (\text{그 외의 경우}) \end{cases}$$

를 만족시킨다. $a_{15}=1$이 되도록 하는 모든 a_1의 값의 곱을 구하시오.

    └─ ＊의 n에 14, 13, 12, …를 차례대로 대입하여
        a_1의 값을 구한다.   [4점]

Step 1 a_{10}의 값 구하기

$2\leq n\leq15$인 자연수 n에 대하여 $n\neq4$, $n\neq9$일 때,

$a_{n+1}=a_n+1$ $\therefore a_n=a_{n+1}-1$

$a_{15}=1$이므로

$a_{14}=a_{15}-1=1-1=0$

$a_{13}=a_{14}-1=0-1=-1$

$a_{12}=a_{13}-1=-1-1=-2$

$a_{11}=a_{12}-1=-2-1=-3$

$a_{10}=a_{11}-1=-3-1=-4$

Step 2 $a_9>0$일 때 a_1의 값 구하기

(i) $a_9>0$일 때,

$a_{10}=a_9-\sqrt{9}\times a_{\sqrt{9}}$이므로

$-4=a_9-3a_3$ $\therefore a_9=3a_3-4$

$a_8=a_9-1=3a_3-4-1=3a_3-5$

$a_7=a_8-1=3a_3-5-1=3a_3-6$

$a_6=a_7-1=3a_3-6-1=3a_3-7$

$a_5=a_6-1=3a_3-7-1=3a_3-8$

① $a_4>0$일 때,

$a_5=a_4-\sqrt{4}\times a_{\sqrt{4}}$이므로

$3a_3-8=a_4-2a_2$ $\therefore a_4=3a_3+2a_2-8$

$a_3=a_4-1=3a_3+2a_2-8-1=3a_3+2a_2-9$

$\therefore a_3=-a_2+\dfrac{9}{2}$

$a_2=a_3-1=-a_2+\dfrac{9}{2}-1=-a_2+\dfrac{7}{2}$

$\therefore a_2=\dfrac{7}{4}$, $a_3=a_2+1=\dfrac{7}{4}+1=\dfrac{11}{4}$

이때 $a_4=a_3+1=\dfrac{11}{4}+1=\dfrac{15}{4}>0$,

$a_9=3a_3-4=3\times\dfrac{11}{4}-4=\dfrac{17}{4}>0$이므로 조건을 만족시킨다.

$\therefore a_1=-a_2=-\dfrac{7}{4}$

② $a_4\leq0$일 때,

$a_4=a_5-1=3a_3-8-1=3a_3-9$

$a_3=a_4-1=3a_3-9-1=3a_3-10$

$\therefore a_3=5$

그런데 $a_3=5$이면 $a_4=a_3+1=5+1=6>0$이므로 조건을 만족시
키지 않는다.

Step 3 $a_9\leq0$일 때 a_1의 값 구하기

(ii) $a_9\leq0$일 때,

$a_9=a_{10}-1=-4-1=-5$

$a_8=a_9-1=-5-1=-6$

398

$a_7=a_8-1=-6-1=-7$

$a_6=a_7-1=-7-1=-8$

$a_5=a_6-1=-8-1=-9$

ⓘ $a_4>0$일 때,

$a_5=a_4-\sqrt{4}\times a_{\sqrt{4}}$이므로

$-9=a_4-2a_2$ ∴ $a_4=2a_2-9$

$a_3=a_4-1=2a_2-9-1=2a_2-10$

$a_2=a_3-1=2a_2-10-1=2a_2-11$

∴ $a_2=11$

이때 $a_4=2a_2-9=2\times 11-9=13>0$이므로 조건을 만족시킨다.

∴ $a_1=-a_2=-11$

ⓘⓘ $a_4\leq 0$일 때,

$a_4=a_5-1=-9-1=-10$

$a_3=a_4-1=-10-1=-11$

$a_2=a_3-1=-11-1=-12$

∴ $a_1=-a_2=12$

Step 4 a_1의 값의 곱 구하기

(i), (ii)에서 a_1의 값이 될 수 있는 수는 $-\dfrac{7}{4}$, -11, 12이므로 모든 a_1의 값의 곱은

$-\dfrac{7}{4}\times(-11)\times 12=231$

---

16 여러 가지 수열의 귀납적 정의 – 경우에 따라 다르게 정의된 수열   정답 ④ | 정답률 35%

문제 보기

다음 조건을 만족시키는 모든 수열 $\{a_n\}$에 대하여 a_1의 최댓값을 M, 최솟값을 m이라 할 때, $\log_2 \dfrac{M}{m}$의 값은? [4점]

⑦ 모든 자연수 n에 대하여

$$a_{n+1}=\begin{cases} 2^{n-2} & (a_n<1) \\ \log_2 a_n & (a_n\geq 1)\end{cases}$$

이다.

④ $a_5+a_6=1$ → 먼저 a_5, a_6의 값을 구한 후 a_4, a_3, a_2, a_1의 값을 구한다.

① 12   ② 13   ③ 14   ④ 15   ⑤ 16

Step 1 a_5, a_6의 값 구하기

$a_n<1$이면 $a_{n+1}=2^{n-2}>0$

$a_n\geq 1$이면 $a_{n+1}=\log_2 a_n\geq 0$

따라서 2 이상의 모든 자연수 n에 대하여 $a_n\geq 0$이다.

(i) $0\leq a_5<1$일 때,

$a_6=2^{5-2}=8$이므로 $a_5+a_6\geq 8$

이는 조건 ④를 만족시키지 않는다.

(ii) $a_5\geq 1$일 때,

$a_6=\log_2 a_5\geq 0$이므로 $a_5+a_6\geq 1$

이때 $a_5+a_6=1$을 만족시키려면 $a_5=1$, $a_6=0$이어야 한다.

(i), (ii)에서 $a_5=1$, $a_6=0$

Step 2 a_4의 값 구하기

(i) $0\leq a_4<1$일 때,

$a_5=2^{4-2}=4$이므로 $a_5=1$을 만족시키지 않는다.

(ii) $a_4\geq 1$일 때,

$a_5=\log_2 a_4=1$이므로 $a_4=2$

(i), (ii)에서 $a_4=2$

Step 3 a_1, a_2, a_3의 값 구하기

(i) $0\leq a_3<1$일 때,

$a_4=2^{3-2}=2$

ⓘ $0\leq a_2<1$일 때,

$a_3=2^{2-2}=1$이므로 $0\leq a_3<1$을 만족시키지 않는다.

ⓘⓘ $a_2\geq 1$일 때,

$a_3=\log_2 a_2$이고, $a_3<1$이므로 $1\leq a_2<2$

$a_1<1$이면 $a_2=2^{1-2}=\dfrac{1}{2}$이므로 $1\leq a_2<2$를 만족시키지 않는다.

$a_1\geq 1$이면 $a_2=\log_2 a_1$이고, $1\leq a_2<2$이므로 $2\leq a_1<4$

(ii) $a_3\geq 1$일 때,

$a_4=\log_2 a_3$에서 $a_3=2^2=4$

ⓘ $0\leq a_2<1$일 때,

$a_3=2^{2-2}=1$이므로 $a_3=4$를 만족시키지 않는다.

ⓘⓘ $a_2\geq 1$일 때,

$a_3=\log_2 a_2$이므로 $a_2=2^4=16$

$a_1<1$이면 $a_2=2^{1-2}=\dfrac{1}{2}$이므로 $a_2=16$을 만족시키지 않는다.

$a_1\geq 1$이면 $a_2=\log_2 a_1$이므로 $a_1=2^{16}$

(i), (ii)에서 a_1의 값은

$2\leq a_1<4$ 또는 $a_1=2^{16}$

Step 4 $\log_2 \dfrac{M}{m}$의 값 구하기

따라서 a_1의 최댓값은 2^{16}, 최솟값은 2이므로

$M = 2^{16}$, $m = 2$

$\therefore \log_2 \dfrac{M}{m} = \log_2 \dfrac{2^{16}}{2} = \log_2 2^{15} = 15$

문제 보기

모든 항이 자연수인 수열 $\{a_n\}$이 다음 조건을 만족시킨다.

(가) $a_1 < 300$

(나) 모든 자연수 n에 대하여

$$a_{n+1} = \begin{cases} \dfrac{1}{3} a_n & (\log_3 a_n \text{이 자연수인 경우}) \\ a_n + 6 & (\log_3 a_n \text{이 자연수가 아닌 경우}) \end{cases} \quad \longrightarrow *$$

이다.

$\displaystyle\sum_{k=4}^{7} a_k = 40$이 되도록 하는 모든 a_1의 값의 합은? [4점]

└─ *에서 a_4, a_5, a_6, a_7 중 3^m(m은 자연수) 꼴이 있는 경우와 없는 경우로 나누어서 생각한다.

① 315   ② 321   ③ 327   ④ 333   ⑤ 339

Step 1 $\log_3 a_n$의 값에 따라 조건을 만족시키는 a_1의 값 구하기

(i) $4 \leq n \leq 7$인 모든 자연수 n에 대하여 $\log_3 a_n$이 자연수가 아닌 경우

$a_5 = a_4 + 6$, $a_6 = a_5 + 6 = a_4 + 12$, $a_7 = a_6 + 6 = a_4 + 18$이므로

$\displaystyle\sum_{k=4}^{7} a_k = 4a_4 + 36$

$\displaystyle\sum_{k=4}^{7} a_k = 40$에서

$4a_4 + 36 = 40 \qquad \therefore a_4 = 1$

따라서 조건 (가), (나)를 만족시키는 순서쌍 (a_1, a_2, a_3)은 $(27, 9, 3)$뿐이므로

$a_1 = 27$

(ii) $4 \leq n \leq 7$인 자연수 n에 대하여 $\log_3 a_n$이 자연수인 n이 존재하는 경우

ⓘ a_4, a_5, a_6, a_7 중 3^m($m \geq 4$인 자연수)이 존재할 때,

수열 $\{a_n\}$의 모든 항이 자연수이므로 $\displaystyle\sum_{k=4}^{7} a_k > 40$

이는 $\displaystyle\sum_{k=4}^{7} a_k = 40$을 만족시키지 않는다.

ⓘⓘ a_4, a_5, a_6, a_7 중 3^3이 존재하지 않을 때,

a_4, a_5, a_6, a_7 중 3^2 또는 3이 존재해야 한다.

ⓐ $a_4 = 9$일 때,

$a_5 = 3$, $a_6 = 1$, $a_7 = 7$이므로

$\displaystyle\sum_{k=4}^{7} a_k = 9 + 3 + 1 + 7 = 20 < 40$

이는 $\displaystyle\sum_{k=4}^{7} a_k = 40$을 만족시키지 않는다.

ⓑ $a_5 = 9$ 또는 $a_6 = 9$ 또는 $a_7 = 9$일 때,

$a_4 = 27$ 또는 $a_5 = 27$ 또는 $a_6 = 27$이므로 a_4, a_5, a_6, a_7 중 3^3이 존재하지 않는다는 가정을 만족시키지 않는다.

ⓒ $a_4 = 3$일 때,

$a_5 = 1$, $a_6 = 7$, $a_7 = 13$이므로

$\displaystyle\sum_{k=4}^{7} a_k = 3 + 1 + 7 + 13 = 24 < 40$

이는 $\displaystyle\sum_{k=4}^{7} a_k = 40$을 만족시키지 않는다.

ⓓ $a_6 = 3$ 또는 $a_7 = 3$일 때,

$a_4 = 27$ 또는 $a_5 = 27$이므로 a_4, a_5, a_6, a_7 중 3^3이 존재하지 않는다는 가정을 만족시키지 않는다.

ⓘⓘⓘ a_4, a_5, a_6, a_7 중 3^3이 존재할 때,

a_5, a_6, a_7 중 하나가 27이면 $\displaystyle\sum_{k=4}^{7} a_k > 40$이므로 $a_4 = 27$

즉, $a_5 = 9$, $a_6 = 3$, $a_7 = 1$이므로

$\displaystyle\sum_{k=4}^{7} a_k = 27 + 9 + 3 + 1 = 40$

따라서 $a_4=27$일 때, 조건 ㉮, ㉯를 만족시키는 순서쌍 (a_1, a_2, a_3)
은 $(69, 75, 81), (237, 243, 81)$이므로
$a_1=69$ 또는 $a_1=237$

Step 2 a_1의 값의 합 구하기

(i), (ii)에서 모든 a_1의 값의 합은
$27+69+237=333$

---

18 여러 가지 수열의 귀납적 정의 – 경우에 따라 다르게 정의된 수열   정답 13 | 정답률 35%

문제 보기

공차가 0이 아닌 등차수열 $\{a_n\}$이 있다. 수열 $\{b_n\}$은
$$b_1=a_1$$
이고, 2 이상의 자연수 n에 대하여
$$b_n=\begin{cases} b_{n-1}+a_n & (n\text{이 } 3\text{의 배수가 아닌 경우}) \\ b_{n-1}-a_n & (n\text{이 } 3\text{의 배수인 경우}) \end{cases}$$
이다. $b_{10}=a_{10}$일 때, $\dfrac{b_8}{b_{10}}=\dfrac{q}{p}$이다. $p+q$의 값을 구하시오.

     └ a_1과 수열 $\{a_n\}$의 공차에 대한 식으로 나타낸다.

(단, p와 q는 서로소인 자연수이다.) [4점]

Step 1 b_{10}을 a_1과 공차에 대한 식으로 나타내기

등차수열 $\{a_n\}$의 공차를 $d\,(d\neq0)$라 하면 $a_n=a_1+(n-1)d$
주어진 조건의 n에 2, 3, 4, …, 10을 차례대로 대입하면
$b_2=b_1+a_2=a_1+(a_1+d)=2a_1+d$
$b_3=b_2-a_3=(2a_1+d)-(a_1+2d)=a_1-d$
$b_4=b_3+a_4=(a_1-d)+(a_1+3d)=2a_1+2d$
$b_5=b_4+a_5=(2a_1+2d)+(a_1+4d)=3a_1+6d$
$b_6=b_5-a_6=(3a_1+6d)-(a_1+5d)=2a_1+d$
$b_7=b_6+a_7=(2a_1+d)+(a_1+6d)=3a_1+7d$
$b_8=b_7+a_8=(3a_1+7d)+(a_1+7d)=4a_1+14d$
$b_9=b_8-a_9=(4a_1+14d)-(a_1+8d)=3a_1+6d$
$\therefore b_{10}=b_9+a_{10}=(3a_1+6d)+(a_1+9d)=4a_1+15d$

Step 2 $\dfrac{b_8}{b_{10}}$의 값 구하기

이때 $b_{10}=a_{10}$이므로
$4a_1+15d=a_1+9d, \ 3a_1=-6d \qquad \therefore a_1=-2d$
$\therefore \dfrac{b_8}{b_{10}}=\dfrac{4a_1+14d}{4a_1+15d}=\dfrac{4\times(-2d)+14d}{4\times(-2d)+15d}=\dfrac{6d}{7d}=\dfrac{6}{7}$

Step 3 $p+q$의 값 구하기

따라서 $p=7, q=6$이므로 $p+q=13$

다른 풀이

주어진 조건의 n에 2, 3, 4, …, 10을 차례대로 대입하면
$b_2=b_1+a_2, \ b_3=b_2-a_3$
$b_4=b_3+a_4, \ b_5=b_4+a_5$
$b_6=b_5-a_6, \ b_7=b_6+a_7$
$b_8=b_7+a_8$
$b_9=b_8-a_9 \qquad \cdots\cdots ㉠$
$b_{10}=b_9+a_{10} \qquad \cdots\cdots ㉡$
이 식을 각 변끼리 더하면
$b_{10}=b_1+a_2-a_3+a_4+a_5-a_6+a_7+a_8-a_9+a_{10}$이므로
$a_{10}=a_1+a_2-a_3+a_4+a_5-a_6+a_7+a_8-a_9+a_{10}$ ($\because a_1=b_1, a_{10}=b_{10}$)
$\therefore a_1+a_2-a_3+a_4+a_5-a_6+a_7+a_8-a_9=0$
이때 등차수열 $\{a_n\}$의 공차를 $d\,(d\neq0)$라 하면
$a_1+(a_1+d)-(a_1+2d)+(a_1+3d)+(a_1+4d)-(a_1+5d)$
$\qquad\qquad\qquad +(a_1+6d)+(a_1+7d)-(a_1+8d)=0$
$3a_1+6d=0 \qquad \therefore a_1=-2d$
등차수열 $\{a_n\}$의 일반항은 $a_n=-2d+(n-1)d=(n-3)d$
㉡에서 $b_9=b_{10}-a_{10}=0$이므로 ㉠에서 $b_8=b_9+a_9=0+6d=6d$
$\therefore \dfrac{b_8}{b_{10}}=\dfrac{6d}{7d}=\dfrac{6}{7}$
따라서 $p=7, q=6$이므로 $p+q=13$

문제 보기

수열 $\{a_n\}$은 $0 < a_1 < 1$이고, 모든 자연수 n에 대하여 다음 조건을 만족시킨다.
→ *

(가) $a_{2n} = a_2 \times a_n + 1$
(나) $a_{2n+1} = a_2 \times a_n - 2$

두 조건 (가), (나)의 식에 $n=1$을 대입하여 *을 만족시키는 a_2의 값을 구한다.

$a_7 = 2$일 때, a_{25}의 값은? [4점]
→ $a_2 \times a_3$의 값을 구한다.

① 78　　② 80　　③ 82　　④ 84　　⑤ 86

Step 1 $a_2 \times a_3$의 값 구하기

$a_{2n+1} = a_2 \times a_n - 2$에 $n=3$을 대입하면

$a_7 = a_2 \times a_3 - 2$

이때 $a_7 = 2$이므로 $a_2 \times a_3 - 2 = 2$

$\therefore a_2 \times a_3 = 4$　……㉠

Step 2 a_2의 값 구하기

두 조건 (가), (나)의 식에 각각 $n=1$을 대입하면

$a_2 = a_2 \times a_1 + 1$　……㉡

$a_3 = a_2 \times a_1 - 2$

두 식을 변끼리 곱하면 ㉠에 의하여

$(a_2 \times a_1 + 1) \times (a_2 \times a_1 - 2) = 4$

$a_2 \times a_1 = k$라 하면

$(k+1)(k-2) = 4$

$k^2 - k - 6 = 0$, $(k+2)(k-3) = 0$

$\therefore k = -2$ 또는 $k = 3$

(i) $k = -2$, 즉 $a_2 \times a_1 = -2$일 때,

㉡에서 $a_2 = -2 + 1 = -1$

$-a_1 = -2$　$\therefore a_1 = 2$

이는 $0 < a_1 < 1$이라는 조건을 만족시키지 않는다.

(ii) $k = 3$, 즉 $a_2 \times a_1 = 3$일 때,

㉡에서 $a_2 = 3 + 1 = 4$

$4a_1 = 3$　$\therefore a_1 = \dfrac{3}{4}$

(i), (ii)에서 $a_1 = \dfrac{3}{4}$, $a_2 = 4$

Step 3 a_{25}의 값 구하기

$a_{2n} = a_2 \times a_n + 1$에 $n=3$을 대입하면

$a_6 = a_2 \times a_3 + 1 = 4 + 1 = 5$ ($\because$ ㉠)

$a_{2n} = a_2 \times a_n + 1$에 $n=6$을 대입하면

$a_{12} = a_2 \times a_6 + 1 = 4 \times 5 + 1 = 21$

$a_{2n+1} = a_2 \times a_n - 2$에 $n=12$를 대입하면

$a_{25} = a_2 \times a_{12} - 2 = 4 \times 21 - 2 = 82$

문제 보기

모든 항이 자연수인 수열 $\{a_n\}$이 모든 자연수 n에 대하여

$$a_{n+2} = \begin{cases} a_{n+1} + a_n & (a_{n+1} + a_n \text{이 홀수인 경우}) \\ \dfrac{1}{2}(a_{n+1} + a_n) & (a_{n+1} + a_n \text{이 짝수인 경우}) \end{cases}$$

를 만족시킨다. $a_1 = 1$일 때, $a_6 = 34$가 되도록 하는 모든 a_2의 값의 합은? [4점]
→ *을 이용하여 a_4, a_5가 홀수인지 짝수인지 파악한다.

① 60　　② 64　　③ 68　　④ 72　　⑤ 76

Step 1 a_4, a_5가 홀수인지 짝수인지 파악하기

$a_5 + a_4$가 홀수이면 $a_6 = a_5 + a_4$이므로 a_6은 홀수이다.

그런데 $a_6 = 34$이므로 조건을 만족시키지 않는다.

따라서 $a_5 + a_4$는 짝수이므로 a_4, a_5는 모두 짝수이거나 모두 홀수이다.

이때 a_4, a_5가 모두 짝수이면 $a_5 = a_4 + a_3$인 경우 a_3은 짝수이고,

$a_5 = \dfrac{1}{2}(a_4 + a_3)$인 경우 a_3은 짝수이다.

따라서 a_4, a_5가 모두 짝수이면 a_3도 짝수이다.

같은 방법으로 하면 a_2, a_1도 모두 짝수이고, 이는 $a_1 = 1$을 만족시키지 않는다.

따라서 a_4, a_5는 모두 홀수이다.

Step 2 a_2의 값 구하기

(i) a_2가 홀수일 때,

$a_2 = 2k - 1$ (k는 자연수)이라 하면

$a_2 + a_1 = (2k-1) + 1 = 2k$

즉, $a_2 + a_1$은 짝수이므로

$a_3 = \dfrac{1}{2}(a_2 + a_1) = \dfrac{1}{2} \times 2k = k$

ⓘ a_3이 홀수일 때,

$a_3 + a_2$는 짝수이므로

$a_4 = \dfrac{1}{2}(a_3 + a_2) = \dfrac{1}{2}\{k + (2k-1)\} = \dfrac{3}{2}k - \dfrac{1}{2}$

$a_4 + a_3$은 짝수이므로

$a_5 = \dfrac{1}{2}(a_4 + a_3) = \dfrac{1}{2}\left\{\left(\dfrac{3}{2}k - \dfrac{1}{2}\right) + k\right\} = \dfrac{5}{4}k - \dfrac{1}{4}$

$a_5 + a_4$는 짝수이므로

$a_6 = \dfrac{1}{2}(a_5 + a_4) = \dfrac{1}{2}\left\{\left(\dfrac{5}{4}k - \dfrac{1}{4}\right) + \left(\dfrac{3}{2}k - \dfrac{1}{2}\right)\right\} = \dfrac{11}{8}k - \dfrac{3}{8}$

즉, $\dfrac{11}{8}k - \dfrac{3}{8} = 34$이므로 $k = 25$

$\therefore a_2 = 2 \times 25 - 1 = 49$

ⓘⓘ a_3이 짝수일 때,

$a_3 + a_2$는 홀수이므로

$a_4 = a_3 + a_2 = k + (2k-1) = 3k - 1$

$a_4 + a_3$은 홀수이므로

$a_5 = a_4 + a_3 = (3k-1) + k = 4k - 1$

$a_5 + a_4$는 짝수이므로

$a_6 = \dfrac{1}{2}(a_5 + a_4) = \dfrac{1}{2}\{(4k-1) + (3k-1)\} = \dfrac{7}{2}k - 1$

즉, $\dfrac{7}{2}k - 1 = 34$이므로 $k = 10$

$\therefore a_2 = 2 \times 10 - 1 = 19$

ⓘ, ⓘⓘ에서 a_2의 값은 19, 49이다.

(ii) a_2가 짝수일 때,

$a_2 = 2l$ (l은 자연수)이라 하면

$a_2 + a_1 = 2l + 1$

즉, a_2+a_1은 홀수이므로
$a_3=a_2+a_1=2l+1$
a_3+a_2는 홀수이므로
$a_4=a_3+a_2=(2l+1)+2l=4l+1$
a_4+a_3은 짝수이므로
$a_5=\dfrac{1}{2}(a_4+a_3)=\dfrac{1}{2}\{(4l+1)+(2l+1)\}=3l+1$
a_5+a_4는 짝수이므로
$a_6=\dfrac{1}{2}(a_5+a_4)=\dfrac{1}{2}\{(3l+1)+(4l+1)\}=\dfrac{7}{2}l+1$
즉, $\dfrac{7}{2}l+1=34$이므로 $l=\dfrac{66}{7}$

그런데 l은 자연수이므로 조건을 만족시키지 않는다.

Step 3 a_2의 값의 합 구하기

(i), (ii)에서 모든 a_2의 값의 합은
$19+49=68$

---

21 여러 가지 수열의 귀납적 정의
 ─ 같은 수가 반복되는 수열 　　정답 ① | 정답률 82%

문제 보기

수열 $\{a_n\}$은 $a_1=2$이고, 모든 자연수 n에 대하여

$$a_{n+1}=\begin{cases} \dfrac{a_n}{2-3a_n} & (n\text{이 홀수인 경우}) \\ 1+a_n & (n\text{이 짝수인 경우}) \end{cases}$$
　n에 1, 2, 3, …을 차례대로 대입하여 규칙을 찾는다.

를 만족시킨다. $\sum\limits_{n=1}^{40} a_n$의 값은? [3점]

① 30　　② 35　　③ 40　　④ 45　　⑤ 50

Step 1 수열 $\{a_n\}$의 규칙 찾기

주어진 조건의 n에 1, 2, 3, …을 차례대로 대입하면

$n=1$은 홀수이므로 $a_2=\dfrac{a_1}{2-3a_1}=\dfrac{2}{2-3\times 2}=-\dfrac{1}{2}$

$n=2$는 짝수이므로 $a_3=1+a_2=1+\left(-\dfrac{1}{2}\right)=\dfrac{1}{2}$

$n=3$은 홀수이므로 $a_4=\dfrac{a_3}{2-3a_3}=\dfrac{\dfrac{1}{2}}{2-3\times\dfrac{1}{2}}=1$

$n=4$는 짝수이므로 $a_5=1+a_4=1+1=2$
　　　　　　　　　　　　　　　　└─→ a_1
⋮

즉, 수열 $\{a_n\}$은 4개의 수 2, $-\dfrac{1}{2}$, $\dfrac{1}{2}$, 1이 이 순서대로 반복하여 나타난다.

Step 2 $\sum\limits_{n=1}^{40} a_n$의 값 구하기

$\sum\limits_{n=1}^{4} a_n=2+\left(-\dfrac{1}{2}\right)+\dfrac{1}{2}+1=3$이고, $40=10\times 4$이므로

$\sum\limits_{n=1}^{40} a_n=10\sum\limits_{n=1}^{4} a_n=10\times 3=30$

22 여러 가지 수열의 귀납적 정의 — 같은 수가 반복되는 수열
정답 ④ | 정답률 88%

문제 보기

수열 $\{a_n\}$은 $a_1=10$이고, 모든 자연수 n에 대하여

$$a_{n+1}=\begin{cases} 5-\dfrac{10}{a_n} & (a_n\text{이 정수인 경우}) \\ -2a_n+3 & (a_n\text{이 정수가 아닌 경우}) \end{cases}$$

n에 1, 2, 3, …을 차례대로 대입하여 규칙을 찾는다.

를 만족시킨다. a_9+a_{12}의 값은? [3점]

① 5   ② 6   ③ 7   ④ 8   ⑤ 9

Step 1 수열 $\{a_n\}$의 규칙 찾기

주어진 조건의 n에 1, 2, 3, …을 차례대로 대입하면

$a_1=10$은 정수이므로 $a_2=5-\dfrac{10}{a_1}=5-\dfrac{10}{10}=4$

a_2는 정수이므로 $a_3=5-\dfrac{10}{a_2}=5-\dfrac{10}{4}=\dfrac{5}{2}$

a_3은 정수가 아니므로 $a_4=-2a_3+3=-2\times\dfrac{5}{2}+3=-2$

a_4는 정수이므로 $a_5=5-\dfrac{10}{a_4}=5-\dfrac{10}{-2}=10$ (a_1)

⋮

즉, 수열 $\{a_n\}$은 4개의 수 10, 4, $\dfrac{5}{2}$, -2가 이 순서대로 반복하여 나타난다.

Step 2 a_9+a_{12}의 값 구하기

$9=2\times4+1$, $12=3\times4$이므로

$a_9=a_1=10$, $a_{12}=a_4=-2$

∴ $a_9+a_{12}=10+(-2)=8$

---

24 여러 가지 수열의 귀납적 정의 — 같은 수가 반복되는 수열
정답 ② | 정답률 78%

문제 보기

첫째항이 $\dfrac{1}{2}$인 수열 $\{a_n\}$이 모든 자연수 n에 대하여

($a_1=\dfrac{1}{2}$)

$$a_{n+1}=\begin{cases} a_n+1 & (a_n<0) \\ -2a_n+1 & (a_n\geq0) \end{cases}$$

n에 1, 2, 3, …을 차례대로 대입하여 규칙을 찾는다.

일 때, $a_{10}+a_{20}$의 값은? [3점]

① -2 ② -1 ③ 0   ④ 1   ⑤ 2

Step 1 수열 $\{a_n\}$의 규칙 찾기

주어진 조건의 n에 1, 2, 3, …을 차례대로 대입하면

$a_1=\dfrac{1}{2}\geq0$이므로 $a_2=-2a_1+1=-2\times\dfrac{1}{2}+1=0$

$a_2\geq0$이므로 $a_3=-2a_2+1=-2\times0+1=1$

$a_3\geq0$이므로 $a_4=-2a_3+1=-2\times1+1=-1$

$a_4<0$이므로 $a_5=a_4+1=-1+1=0$ (a_2)

⋮

즉, 수열 $\{a_n\}$은 $n\geq2$일 때, 3개의 수 0, 1, -1이 이 순서대로 반복하여 나타난다.

Step 2 $a_{10}+a_{20}$의 값 구하기

$10=1+3\times3$, $20=1+3\times6+1$이므로

$a_{10}=a_4=-1$, $a_{20}=a_2=0$

∴ $a_{10}+a_{20}=-1+0=-1$

---

23 여러 가지 수열의 귀납적 정의 — 같은 수가 반복되는 수열
정답 ③ | 정답률 86%

문제 보기

수열 $\{a_n\}$이 $a_1=1$이고 모든 자연수 n에 대하여

$$a_{n+1}=\begin{cases} 2^{a_n} & (a_n\leq1) \\ \log_{a_n}\sqrt{2} & (a_n>1) \end{cases}$$

n에 1, 2, 3, …을 차례대로 대입하여 규칙을 찾는다.

을 만족시킬 때, $a_{12}\times a_{13}$의 값은? [3점]

① $\dfrac{1}{2}$ ② 1   ③ $\sqrt{2}$ ④ 2   ⑤ $2\sqrt{2}$

Step 1 수열 $\{a_n\}$의 규칙 찾기

주어진 조건의 n에 1, 2, 3, …을 차례대로 대입하면

$a_1=1\leq1$이므로 $a_2=2^{a_1}=2$

$a_2>1$이므로 $a_3=\log_{a_2}\sqrt{2}=\log_2\sqrt{2}=\log_2 2^{\frac{1}{2}}=\dfrac{1}{2}$

$a_3\leq1$이므로 $a_4=2^{a_3}=2^{\frac{1}{2}}=\sqrt{2}$

$a_4>1$이므로 $a_5=\log_{a_4}\sqrt{2}=\log_{\sqrt{2}}\sqrt{2}=1$ (a_1)

⋮

즉, 수열 $\{a_n\}$은 4개의 수 1, 2, $\dfrac{1}{2}$, $\sqrt{2}$가 이 순서대로 반복하여 나타난다.

Step 2 $a_{12}\times a_{13}$의 값 구하기

$12=3\times4$, $13=3\times4+1$이므로

$a_{12}=a_4=\sqrt{2}$, $a_{13}=a_1=1$

∴ $a_{12}\times a_{13}=\sqrt{2}\times1=\sqrt{2}$

---

25 여러 가지 수열의 귀납적 정의 — 같은 수가 반복되는 수열
정답 ① | 정답률 81%

문제 보기

첫째항이 1인 수열 $\{a_n\}$이 모든 자연수 n에 대하여

($a_1=1$)

$$a_{n+1}=\begin{cases} 2a_n & (a_n<7) \\ a_n-7 & (a_n\geq7) \end{cases}$$

n에 1, 2, 3, …을 차례대로 대입하여 규칙을 찾는다.

일 때, $\displaystyle\sum_{k=1}^{8}a_k$의 값은? [3점]

① 30   ② 32   ③ 34   ④ 36   ⑤ 38

Step 1 수열 $\{a_n\}$의 규칙 찾기

주어진 조건의 n에 1, 2, 3, …을 차례대로 대입하면

$a_1=1<7$이므로 $a_2=2a_1=2\times1=2$

$a_2<7$이므로 $a_3=2a_2=2\times2=4$

$a_3<7$이므로 $a_4=2a_3=2\times4=8$

$a_4\geq7$이므로 $a_5=a_4-7=8-7=1$ (a_1)

⋮

즉, 수열 $\{a_n\}$은 4개의 수 1, 2, 4, 8이 이 순서대로 반복하여 나타난다.

Step 2 $\displaystyle\sum_{k=1}^{8}a_k$의 값 구하기

$\displaystyle\sum_{k=1}^{4}a_k=1+2+4+8=15$이고, $8=2\times4$이므로

$\displaystyle\sum_{k=1}^{8}a_k=2\sum_{k=1}^{4}a_k=2\times15=30$

26 여러 가지 수열의 귀납적 정의 – 같은 수가 반복되는 수열
정답 ③ | 정답률 84%

문제 보기

첫째항이 $\dfrac{1}{5}$인 수열 $\{a_n\}$이 모든 자연수 n에 대하여

$\quad\quad\Large_{\rightarrow a_1=\frac{1}{5}}$

$$a_{n+1}=\begin{cases} 2a_n & (a_n \leq 1) \\ a_n-1 & (a_n > 1) \end{cases}$$ $\longrightarrow$ n에 1, 2, 3, …을 차례대로 대입하여 규칙을 찾는다.

을 만족시킬 때, $\displaystyle\sum_{n=1}^{20} a_n$의 값은? [3점]

① 13　　② 14　　③ 15　　④ 16　　⑤ 17

Step 1 수열 $\{a_n\}$의 규칙 찾기

주어진 조건의 n에 1, 2, 3, …을 차례대로 대입하면

$a_1=\dfrac{1}{5}\leq 1$이므로 $a_2=2a_1=2\times\dfrac{1}{5}=\dfrac{2}{5}$

$a_2\leq 1$이므로 $a_3=2a_2=2\times\dfrac{2}{5}=\dfrac{4}{5}$

$a_3\leq 1$이므로 $a_4=2a_3=2\times\dfrac{4}{5}=\dfrac{8}{5}$

$a_4>1$이므로 $a_5=a_4-1=\dfrac{8}{5}-1=\dfrac{3}{5}$

$a_5\leq 1$이므로 $a_6=2a_5=2\times\dfrac{3}{5}=\dfrac{6}{5}$

$a_6>1$이므로 $a_7=a_6-1=\dfrac{6}{5}-1=\dfrac{1}{5}$
$\quad\quad\quad\quad\quad\quad\quad\quad\quad\quad\Large_{\rightarrow a_1}$
　　⋮

즉, 수열 $\{a_n\}$은 6개의 수 $\dfrac{1}{5}$, $\dfrac{2}{5}$, $\dfrac{4}{5}$, $\dfrac{8}{5}$, $\dfrac{3}{5}$, $\dfrac{6}{5}$이 이 순서대로 반복하여 나타난다.

Step 2 $\displaystyle\sum_{n=1}^{20} a_n$의 값 구하기

$\displaystyle\sum_{n=1}^{6} a_n=\dfrac{1}{5}+\dfrac{2}{5}+\dfrac{4}{5}+\dfrac{8}{5}+\dfrac{3}{5}+\dfrac{6}{5}=\dfrac{24}{5}$이고, $20=3\times6+2$이므로

$\displaystyle\sum_{n=1}^{20} a_n=3\sum_{n=1}^{6} a_n+a_{19}+a_{20}$

$\quad\quad\quad=3\displaystyle\sum_{n=1}^{6} a_n+a_1+a_2$

$\quad\quad\quad=3\times\dfrac{24}{5}+\dfrac{1}{5}+\dfrac{2}{5}=15$

---

27 여러 가지 수열의 귀납적 정의 – 같은 수가 반복되는 수열
정답 235 | 정답률 62%

문제 보기

수열 $\{a_n\}$이 $a_1=3$이고,

$$a_{n+1}=\begin{cases} \dfrac{a_n}{2} & (a_n\text{은 짝수}) \\[2mm] \dfrac{a_n+93}{2} & (a_n\text{은 홀수}) \end{cases}$$ $\longrightarrow$ n에 1, 2, 3, …을 차례대로 대입하여 규칙을 찾는다.

가 성립한다. $a_k=3$을 만족시키는 50 이하의 모든 자연수 k의 값의 합을 구하시오. [4점]

Step 1 수열 $\{a_n\}$의 규칙 찾기

주어진 조건의 n에 1, 2, 3, …을 차례대로 대입하면

$a_1=3$은 홀수이므로 $a_2=\dfrac{a_1+93}{2}=\dfrac{3+93}{2}=48$

a_2는 짝수이므로 $a_3=\dfrac{a_2}{2}=\dfrac{48}{2}=24$

a_3은 짝수이므로 $a_4=\dfrac{a_3}{2}=\dfrac{24}{2}=12$

a_4는 짝수이므로 $a_5=\dfrac{a_4}{2}=\dfrac{12}{2}=6$

a_5는 짝수이므로 $a_6=\dfrac{a_5}{2}=\dfrac{6}{2}=3$
$\quad\quad\quad\quad\quad\quad\quad\quad\quad\quad\Large_{\rightarrow a_1}$
　　⋮

즉, 수열 $\{a_n\}$은 5개의 수 3, 48, 24, 12, 6이 이 순서대로 반복하여 나타난다.

Step 2 자연수 k의 값의 합 구하기

수열 $\{a_n\}$은 5개의 수가 반복되고 $a_1=3$이므로 $a_k=3$을 만족시키는 50 이하의 자연수 k는

1, 6, 11, 16, …, 46

이 수열은 첫째항이 1이고 공차가 5인 등차수열이고, 항의 개수는 10이다.

따라서 $a_k=3$을 만족시키는 50 이하의 자연수 k의 값의 합은

$\dfrac{10\{2+(10-1)\times5\}}{2}=235$

문제 보기

수열 $\{a_n\}$은 $a_1=9$, $a_2=3$이고, 모든 자연수 n에 대하여

$a_{n+2}=a_{n+1}-a_n$ → n에 1, 2, 3, …을 차례대로 대입하여 규칙을 찾는다.

을 만족시킨다. $|a_k|=3$을 만족시키는 100 이하의 자연수 k의 개수를 구하시오. [3점]

Step 1 수열 $\{a_n\}$의 규칙 찾기

주어진 식의 n에 1, 2, 3, …을 차례대로 대입하면

$a_3=a_2-a_1=3-9=-6$
$a_4=a_3-a_2=-6-3=-9$
$a_5=a_4-a_3=-9-(-6)=-3$
$a_6=a_5-a_4=-3-(-9)=6$
$a_7=a_6-a_5=6-(-3)=9$ ⌐ a_1
$a_8=a_7-a_6=9-6=3$ ⌐ a_2
⋮

즉, 수열 $\{a_n\}$은 6개의 수 9, 3, -6, -9, -3, 6이 이 순서대로 반복하여 나타난다.

Step 2 자연수 k의 개수 구하기

이때 $|a_k|=3$을 만족시키는 항은 항의 값이 -3 또는 3일 때이므로 제6항까지 a_2, a_5의 2개가 있다.

$100=16\times6+4$이므로 구하는 자연수 k의 개수는

$16\times2+1=33$

문제 보기

첫째항이 20인 수열 $\{a_n\}$이 모든 자연수 n에 대하여

$a_{n+1}=|a_n|-2$ → $a_n\geq0$이면 수열 $\{a_n\}$은 등차수열이므로 $a_n=0$인 n의 값을 기준으로 생각한다.

를 만족시킬 때, $\sum\limits_{n=1}^{30}a_n$의 값은? [3점]

① 88   ② 90   ③ 92   ④ 94   ⑤ 96

Step 1 수열 $\{a_n\}$의 규칙 찾기

$a_n\geq0$이면 수열 $\{a_n\}$은 첫째항이 20, 공차가 -2인 등차수열이므로

$a_n=20+(n-1)\times(-2)=-2n+22$

$a_n\geq0$에서 $-2n+22\geq0$ ∴ $n\leq11$

이때 $a_{11}=0$이므로

$a_{12}=|a_{11}|-2=0-2=-2$
$a_{13}=|a_{12}|-2=2-2=0$
$a_{14}=|a_{13}|-2=0-2=-2$
⋮

즉, 수열 $\{a_n\}$은 $1\leq n\leq11$일 때 $a_n=-2n+22$이고, $n\geq12$일 때 2개의 수 -2, 0이 이 순서대로 반복하여 나타난다.

└─ n이 짝수일 때 -2야.

Step 2 $\sum\limits_{n=1}^{30}a_n$의 값 구하기

∴ $\sum\limits_{n=1}^{30}a_n=\sum\limits_{n=1}^{11}a_n+\sum\limits_{n=12}^{30}a_n$

$=\sum\limits_{n=1}^{11}(-2n+22)+\sum\limits_{n=12}^{30}a_n$

$=\left(-2\times\dfrac{11\times12}{2}+22\times11\right)+\underline{10\times(-2)}$

└─ $12\leq n\leq30$인 짝수가 10개야.

$=110-20=90$

30 여러 가지 수열의 귀납적 정의 – 같은 수가 반복되는 수열
정답 11 | 정답률 67%

문제 보기

수열 $\{a_n\}$은 $a_1=7$이고, 다음 조건을 만족시킨다.

(가) $a_{n+2}=a_n-4$ ($n=1, 2, 3, 4$)
 └→ n에 1, 2, 3, 4를 차례대로 대입하여 각 항을 구한다.

(나) 모든 자연수 n에 대하여 $a_{n+6}=a_n$이다.
 └→ 수열 $\{a_n\}$은 6개의 수가 반복된다.

$\displaystyle\sum_{k=1}^{50} a_k=258$일 때, a_2의 값을 구하시오. [4점]

Step 1 조건 (가)의 식의 n에 1, 2, 3, 4를 차례대로 대입하기

$a_2=p$ (p는 상수)라 하고 조건 (가)의 식의 n에 1, 2, 3, 4를 차례대로 대입하면

$a_3=a_1-4=7-4=3$

$a_4=a_2-4=p-4$

$a_5=a_3-4=3-4=-1$

$a_6=a_4-4=(p-4)-4=p-8$

Step 2 a_2의 값 구하기

조건 (나)에 의하여 수열 $\{a_n\}$은 6개의 수가 반복되므로

$\displaystyle\sum_{k=1}^{6} a_k=7+p+3+(p-4)+(-1)+(p-8)=3p-3$

이때 $50=8\times6+2$이므로

$\displaystyle\sum_{k=1}^{50} a_k=8\sum_{k=1}^{6} a_k+a_{49}+a_{50}$

$\qquad =8\displaystyle\sum_{k=1}^{6} a_k+a_1+a_2$

$\qquad =8(3p-3)+7+p$

$\qquad =25p-17$

즉, $25p-17=258$이므로

$25p=275$

$\therefore a_2=p=11$

31 여러 가지 수열의 귀납적 정의 – 같은 수가 반복되는 수열
정답 7 | 정답률 67%

문제 보기

수열 $\{a_n\}$이 다음 조건을 만족시킨다.

(가) $a_{n+2}=\begin{cases} a_n-3 \ (n=1, 3) \\ a_n+3 \ (n=2, 4) \end{cases}$ └→ n에 1, 2, 3, 4를 차례대로 대입하여 각 항을 구한다.

(나) 모든 자연수 n에 대하여 $a_n=a_{n+6}$이 성립한다.
 └→ 수열 $\{a_n\}$은 6개의 수가 반복된다.

$\displaystyle\sum_{k=1}^{32} a_k=112$일 때, a_1+a_2의 값을 구하시오. [3점]

Step 1 조건 (가)의 식의 n에 1, 2, 3, 4를 차례대로 대입하기

조건 (가)의 식의 n에 1, 2, 3, 4를 차례대로 대입하면

$a_3=a_1-3$

$a_4=a_2+3$

$a_5=a_3-3=(a_1-3)-3=a_1-6$

$a_6=a_4+3=(a_2+3)+3=a_2+6$

Step 2 a_1+a_2의 값 구하기

조건 (나)에 의하여 수열 $\{a_n\}$은 6개의 수가 반복되므로

$\displaystyle\sum_{k=1}^{6} a_k=a_1+a_2+(a_1-3)+(a_2+3)+(a_1-6)+(a_2+6)$

$\qquad =3(a_1+a_2)$

이때 $32=5\times6+2$이므로

$\displaystyle\sum_{k=1}^{32} a_k=5\sum_{k=1}^{6} a_k+a_{31}+a_{32}$

$\qquad =5\displaystyle\sum_{k=1}^{6} a_k+a_1+a_2$

$\qquad =15(a_1+a_2)+a_1+a_2$

$\qquad =16(a_1+a_2)$

즉, $16(a_1+a_2)=112$이므로

$a_1+a_2=7$

문제 보기

수열 $\{a_n\}$은 다음 조건을 만족시킨다.

> (가) $a_1=1$, $a_2=2$
> (나) a_n은 a_{n-2}와 a_{n-1}의 합을 4로 나눈 나머지 $(n \geq 3)$
> └→ a_3, a_4, a_5, …의 값을 구하여 규칙을 찾는다.

$\sum\limits_{k=1}^{m} a_k = 166$일 때, m의 값을 구하시오. [4점]

Step 1 수열 $\{a_n\}$의 규칙 찾기

a_3은 $a_1+a_2=1+2=3$을 4로 나누었을 때의 나머지이므로 $a_3=3$
a_4는 $a_2+a_3=2+3=5$를 4로 나누었을 때의 나머지이므로 $a_4=1$
a_5는 $a_3+a_4=3+1=4$를 4로 나누었을 때의 나머지이므로 $a_5=0$
a_6은 $a_4+a_5=1+0=1$을 4로 나누었을 때의 나머지이므로 $a_6=1$
a_7은 $a_5+a_6=0+1=1$을 4로 나누었을 때의 나머지이므로 $a_7=1$ └→ a_1
a_8은 $a_6+a_7=1+1=2$를 4로 나누었을 때의 나머지이므로 $a_8=2$ └→ a_2

즉, 수열 $\{a_n\}$은 6개의 수 1, 2, 3, 1, 0, 1이 이 순서대로 반복하여 나타난다.

Step 2 m의 값 구하기

$\sum\limits_{k=1}^{6} a_k = 1+2+3+1+0+1=8$이므로

$\sum\limits_{k=1}^{120} a_k = 20 \sum\limits_{k=1}^{6} a_k = 20 \times 8 = 160$

$a_{121}=a_1=1$, $a_{122}=a_2=2$, $a_{123}=a_3=3$이므로

$\sum\limits_{k=1}^{123} a_k = \sum\limits_{k=1}^{120} a_k + a_{121} + a_{122} + a_{123}$

$\qquad = 160+1+2+3=166$

$\therefore m=123$

문제 보기

두 수열 $\{a_n\}$, $\{b_n\}$은 $a_1=a_2=1$, $b_1=k$이고, 모든 자연수 n에 대하여

$a_{n+2}=(a_{n+1})^2-(a_n)^2$, $b_{n+1}=a_n-b_n+n$ ─*
　　└→ n에 1, 2, 3, …을 차례대로 대입하여 규칙을 찾는다.

을 만족시킨다. $b_{20}=14$일 때, k의 값은? [4점]
　　└→ *의 n에 1, 2, 3, …, 19를 차례대로 대입하여 b_{20}을 k에 대한 식으로 나타낸다.

① -3　　② -1　　③ 1　　④ 3　　⑤ 5

Step 1 수열 $\{a_n\}$의 규칙 찾기

$a_{n+2}=(a_{n+1})^2-(a_n)^2$의 n에 1, 2, 3, …을 차례대로 대입하면

$a_3=(a_2)^2-(a_1)^2=1^2-1^2=0$
$a_4=(a_3)^2-(a_2)^2=0^2-1^2=-1$
$a_5=(a_4)^2-(a_3)^2=(-1)^2-0^2=1$ └→ a_2
$a_6=(a_5)^2-(a_4)^2=1^2-(-1)^2=0$ └→ a_3
$a_7=(a_6)^2-(a_5)^2=0^2-1^2=-1$ └→ a_4
⋮

즉, 수열 $\{a_n\}$은 $n \geq 2$일 때, 3개의 수 1, 0, -1이 이 순서대로 반복하여 나타난다.

Step 2 k의 값 구하기

$b_{n+1}=a_n-b_n+n$의 n에 1, 2, 3, …, 19를 차례대로 대입하면

$b_2=a_1-b_1+1=1-k+1=2-k$
$b_3=a_2-b_2+2=1-(2-k)+2=1+k$
$b_4=a_3-b_3+3=0-(1+k)+3=2-k$
$b_5=a_4-b_4+4=-1-(2-k)+4=1+k$
$b_6=a_5-b_5+5=1-(1+k)+5=5-k$
$b_7=a_6-b_6+6=0-(5-k)+6=1+k$
$b_8=a_7-b_7+7=-1-(1+k)+7=5-k$
$b_9=a_8-b_8+8=1-(5-k)+8=4+k$
$b_{10}=a_9-b_9+9=0-(4+k)+9=5-k$
$b_{11}=a_{10}-b_{10}+10=-1-(5-k)+10=4+k$
$b_{12}=a_{11}-b_{11}+11=1-(4+k)+11=8-k$
$b_{13}=a_{12}-b_{12}+12=0-(8-k)+12=4+k$
$b_{14}=a_{13}-b_{13}+13=-1-(4+k)+13=8-k$
$b_{15}=a_{14}-b_{14}+14=1-(8-k)+14=7+k$
$b_{16}=a_{15}-b_{15}+15=0-(7+k)+15=8-k$
$b_{17}=a_{16}-b_{16}+16=-1-(8-k)+16=7+k$
$b_{18}=a_{17}-b_{17}+17=1-(7+k)+17=11-k$
$b_{19}=a_{18}-b_{18}+18=0-(11-k)+18=7+k$
$b_{20}=a_{19}-b_{19}+19=-1-(7+k)+19=11-k$
이때 $b_{20}=14$이므로 $11-k=14$
$\therefore k=-3$

34 여러 가지 수열의 귀납적 정의
－같은 수가 반복되는 수열   정답 5 | 정답률 28%

문제 보기

첫째항이 자연수인 수열 $\{a_n\}$이 모든 자연수 n에 대하여
└→ a_1의 값이 1, 2, 3, 4, …인 경우를 생각한다.

$$a_{n+1}=\begin{cases} a_n-2 & (a_n\geq0) \\ a_n+5 & (a_n<0) \end{cases} →*$$

을 만족시킨다. $a_{15}<0$이 되도록 하는 a_1의 최솟값을 구하시오. [4점]
└→ *의 n에 1, 2, 3, …을 차례대로 대입한다.

Step 1 a_{15}의 값 구하기

주어진 조건의 n에 1, 2, 3, 4, …를 차례대로 대입하면

(i) $a_1=1$일 때,

$a_1\geq0$이므로 $a_2=a_1-2=1-2=-1$
$a_2<0$이므로 $a_3=a_2+5=-1+5=4$
$a_3\geq0$이므로 $a_4=a_3-2=4-2=2$
$a_4\geq0$이므로 $a_5=a_4-2=2-2=0$
$a_5\geq0$이므로 $a_6=a_5-2=0-2=-2$
$a_6<0$이므로 $a_7=a_6+5=-2+5=3$
$a_7\geq0$이므로 $a_8=a_7-2=3-2=1$
⋮   └→ a_1

즉, 수열 $\{a_n\}$은 7개의 수 1, -1, 4, 2, 0, -2, 3이 이 순서대로 반복하여 나타나므로

$a_{15}=a_8=a_1=1$

(ii) $a_1=2$일 때,

(i)과 같은 방법으로 하면 수열 $\{a_n\}$은 7개의 수 반복하여 나타나므로

$a_{15}=a_8=a_1=2$

(iii) $a_1=3$일 때,

(i)과 같은 방법으로 하면 수열 $\{a_n\}$은 7개의 수 반복하여 나타나므로

$a_{15}=a_8=a_1=3$

(iv) $a_1=4$일 때,

(i)과 같은 방법으로 하면 수열 $\{a_n\}$은 7개의 수 반복하여 나타나므로

$a_{15}=a_8=a_1=4$

(v) $a_1=5$일 때,

$a_1\geq0$이므로 $a_2=a_1-2=5-2=3$
$a_2\geq0$이므로 $a_3=a_2-2=3-2=1$
$a_3\geq0$이므로 $a_4=a_3-2=1-2=-1$
$a_4<0$이므로 $a_5=a_4+5=-1+5=4$
$a_5\geq0$이므로 $a_6=a_5-2=4-2=2$
$a_6\geq0$이므로 $a_7=a_6-2=2-2=0$
$a_7\geq0$이므로 $a_8=a_7-2=0-2=-2$
$a_8<0$이므로 $a_9=a_8+5=-2+5=3$
⋮   └→ a_2

즉, 수열 $\{a_n\}$은 $n\geq2$일 때, 7개의 수 3, 1, -1, 4, 2, 0, -2가 이 순서대로 반복하여 나타나므로

$a_{15}=a_8=-2$

Step 2 a_1의 최솟값 구하기

(i)~(v)에서 $a_{15}<0$이 되도록 하는 a_1의 최솟값은 5이다.

---

35 여러 가지 수열의 귀납적 정의
－같은 수가 반복되는 수열   정답 ② | 정답률 26%

문제 보기

자연수 k에 대하여 다음 조건을 만족시키는 수열 $\{a_n\}$이 있다.

$a_1=0$이고, 모든 자연수 n에 대하여

$$a_{n+1}=\begin{cases} a_n+\dfrac{1}{k+1} & (a_n\leq0) \\ a_n-\dfrac{1}{k} & (a_n>0) \end{cases}$$
└→ n에 1, 2, 3, …을 차례대로 대입하여 규칙을 찾는다.

이다.

$a_{22}=0$이 되도록 하는 모든 k의 값의 합은? [4점]

① 12   ② 14   ③ 16   ④ 18   ⑤ 20

Step 1 수열 $\{a_n\}$의 규칙을 찾아 $a_{22}=0$을 만족시키는 k의 값 구하기

$a_1=0$이므로 $a_2=a_1+\dfrac{1}{k+1}=\dfrac{1}{k+1}$

$a_2>0$이므로 $a_3=a_2-\dfrac{1}{k}=\dfrac{1}{k+1}-\dfrac{1}{k}=-\dfrac{1}{k(k+1)}$

$a_3\leq0$이므로 $a_4=a_3+\dfrac{1}{k+1}=-\dfrac{1}{k(k+1)}+\dfrac{1}{k+1}=\dfrac{k-1}{k(k+1)}$

이때 $k=1$이면 $a_4=0$이므로 수열 $\{a_n\}$은 3개의 수 0, $\dfrac{1}{k+1}$, $-\dfrac{1}{k(k+1)}$
이 이 순서대로 반복하여 나타난다.

∴ $a_{22}=a_{19}=a_{16}=\cdots=a_1=0$

따라서 $k=1$일 때, $a_{22}=0$

한편 $k>1$이면 $a_4>0$이므로 $a_5=a_4-\dfrac{1}{k}=\dfrac{k-1}{k(k+1)}-\dfrac{1}{k}=-\dfrac{2}{k(k+1)}$

$a_5\leq0$이므로 $a_6=a_5+\dfrac{1}{k+1}=-\dfrac{2}{k(k+1)}+\dfrac{1}{k+1}=\dfrac{k-2}{k(k+1)}$

이때 $k=2$이면 $a_6=0$이므로 수열 $\{a_n\}$은 5개의 수 0, $\dfrac{1}{k+1}$, $-\dfrac{1}{k(k+1)}$,

$\dfrac{k-1}{k(k+1)}$, $-\dfrac{2}{k(k+1)}$가 이 순서대로 반복하여 나타난다.

∴ $a_{22}=a_{17}=a_{12}=\cdots=a_2=\dfrac{1}{k+1}$

따라서 $k=2$일 때, $a_{22}\neq0$

또 $k>2$이면 $a_6>0$이므로 $a_7=a_6-\dfrac{1}{k}=\dfrac{k-2}{k(k+1)}-\dfrac{1}{k}=-\dfrac{3}{k(k+1)}$

$a_7\leq0$이므로 $a_8=a_7+\dfrac{1}{k+1}=-\dfrac{3}{k(k+1)}+\dfrac{1}{k+1}=\dfrac{k-3}{k(k+1)}$

이때 $k=3$이면 $a_8=0$이므로 수열 $\{a_n\}$은 7개의 수 0, $\dfrac{1}{k+1}$, $-\dfrac{1}{k(k+1)}$,

$\dfrac{k-1}{k(k+1)}$, $-\dfrac{2}{k(k+1)}$, $\dfrac{k-2}{k(k+1)}$, $-\dfrac{3}{k(k+1)}$이 이 순서대로 반복하여 나타난다.

∴ $a_{22}=a_{15}=a_8=a_1=0$

따라서 $k=3$일 때, $a_{22}=0$

같은 방법으로 계속하면

$k=4$일 때, 수열 $\{a_n\}$은 9개의 수가 반복하여 나타나므로
$a_{22}=a_{13}=a_4\neq0$

$k=5$일 때, 수열 $\{a_n\}$은 11개의 수가 반복하여 나타나므로
$a_{22}=a_{11}\neq0$

$k=6$일 때, 수열 $\{a_n\}$은 13개의 수가 반복하여 나타나므로
$a_{22}=a_9\neq0$

$k=7$일 때, 수열 $\{a_n\}$은 15개의 수가 반복하여 나타나므로
$a_{22}=a_7\neq0$

$k=8$일 때, 수열 $\{a_n\}$은 17개의 수가 반복하여 나타나므로
$a_{22}=a_5\neq0$

23
일차

409

$k=9$일 때, 수열 $\{a_n\}$은 19개의 수가 반복하여 나타나므로

$a_{22}=a_3\neq0$

$k=10$일 때, 수열 $\{a_n\}$은 21개의 수가 반복하여 나타나므로

$a_{22}=a_1=0$

$k\geq11$일 때, $a_{22}\neq0$

Step 2 자연수 k의 값의 합 구하기

따라서 조건을 만족시키는 k의 값은 1, 3, 10이므로 그 합은

$1+3+10=14$

문제 보기

수열 $\{a_n\}$은 $0<a_1<1$이고, 모든 자연수 n에 대하여 다음 조건을 만족시킨다.
└→ 조건에 유의한다.

> (가) $a_{2n}=a_2\times a_n+1$　→ 두 조건 (가), (나)의 식에 $n=1$을 대입하여 두 식을
> (나) $a_{2n+1}=a_2\times a_n-2$　변끼리 뺀 후 a_3을 a_2에 대한 식으로 나타낸다.

$a_8-a_{15}=63$일 때, $\dfrac{a_8}{a_1}$의 값은? [4점]
└→ a_8, a_{15}를 a_2에 대한 식으로 나타낸다.

① 91　　② 92　　③ 93　　④ 94　　⑤ 95

Step 1 a_3을 a_2에 대한 식으로 나타내기

두 조건 (가), (나)의 식에 각각 $n=1$을 대입하면

$a_2=a_2\times a_1+1$　　……　㉠

$a_3=a_2\times a_1-2$

두 식을 변끼리 빼면

$a_2-a_3=3$

∴ $a_3=a_2-3$　　　　……　㉡

Step 2 a_8, a_{15}를 a_2에 대한 식으로 나타내기

$a_8=a_2\times a_4+1$

　$=a_2\times(a_2\times a_2+1)+1$

　$=a_2^3+a_2+1$　　……　㉢

$a_{15}=a_2\times a_7-2$

　$=a_2\times(a_2\times a_3-2)-2$

　$=a_2\times\{a_2\times(a_2-3)-2\}-2\ (\because ㉡)$

　$=a_2^3-3a_2^2-2a_2-2$

Step 3 a_1, a_2의 값 구하기

$a_8-a_{15}=(a_2^3+a_2+1)-(a_2^3-3a_2^2-2a_2-2)$

　　　$=3a_2^2+3a_2+3$

즉, $3a_2^2+3a_2+3=63$이므로

$a_2^2+a_2-20=0$

$(a_2+5)(a_2-4)=0$

∴ $a_2=-5$ 또는 $a_2=4$

(ⅰ) $a_2=-5$일 때,

㉠에서 $-5=-5a_1+1$

$-5a_1=-6$　　∴ $a_1=\dfrac{6}{5}$

이는 $0<a_1<1$이라는 조건을 만족시키지 않는다.

(ⅱ) $a_2=4$일 때,

㉠에서 $4=4a_1+1$

$4a_1=3$　　∴ $a_1=\dfrac{3}{4}$

(ⅰ), (ⅱ)에서 $a_1=\dfrac{3}{4}$, $a_2=4$

Step 4 $\dfrac{a_8}{a_1}$의 값 구하기

㉢에서 $a_8=4^3+4+1=69$

∴ $\dfrac{a_8}{a_1}=\dfrac{69}{\dfrac{3}{4}}=92$

37　여러 가지 수열의 귀납적 정의
－ 경우에 따라 다르게 정의된 수열　정답 ⑤ | 정답률 27%

문제 보기

모든 항이 자연수이고 다음 조건을 만족시키는 모든 수열 $\{a_n\}$에 대하여 a_9의 최댓값과 최솟값을 각각 M, m이라 할 때, $M+m$의 값은?
└→ *을 이용하여 a_6의 값을 구한 후 a_8, a_9의 값을 구한다. ［4점］

(가) $a_7=40$

(나) 모든 자연수 n에 대하여

$$a_{n+2}=\begin{cases} a_{n+1}+a_n & (a_{n+1}\text{이 3의 배수가 아닌 경우}) \\ \dfrac{1}{3}a_{n+1} & (a_{n+1}\text{이 3의 배수인 경우}) \end{cases} \longrightarrow *$$

이다.

---

① 216　　② 218　　③ 220　　④ 222　　⑤ 224

Step 1　a_9의 값 구하기

(i) a_6이 3의 배수인 경우

$a_7=\dfrac{1}{3}a_6$이므로 $40=\dfrac{1}{3}a_6$　∴ $a_6=120$

a_7은 3의 배수가 아니므로

$a_8=a_7+a_6=40+120=160$

a_8은 3의 배수가 아니므로

$a_9=a_8+a_7=160+40=200$

(ii) a_6이 3의 배수가 아닌 경우

① $a_6=3k+1$(k는 음이 아닌 정수)일 때,

$a_7=a_6+a_5$이므로 $40=3k+1+a_5$

∴ $a_5=-3k+39$

a_5는 3의 배수이므로 $a_6=\dfrac{1}{3}a_5$에서 $3k+1=\dfrac{1}{3}(-3k+39)$

$3k+1=-k+13$, $4k=12$　∴ $k=3$

∴ $a_6=3\times3+1=10$

a_7은 3의 배수가 아니므로

$a_8=a_7+a_6=40+10=50$

a_8은 3의 배수가 아니므로

$a_9=a_8+a_7=50+40=90$

② $a_6=3k+2$(k는 음이 아닌 정수)일 때,

$a_7=a_6+a_5$이므로 $40=3k+2+a_5$

∴ $a_5=-3k+38$

a_5는 3의 배수가 아니므로 $a_6=a_5+a_4$에서

$3k+2=-3k+38+a_4$

∴ $a_4=6k-36$

a_4는 3의 배수이므로 $a_5=\dfrac{1}{3}a_4$에서 $-3k+38=\dfrac{1}{3}(6k-36)$

$-3k+38=2k-12$, $5k=50$　∴ $k=10$

∴ $a_6=3\times10+2=32$

a_7은 3의 배수가 아니므로

$a_8=a_7+a_6=40+32=72$

a_8은 3의 배수이므로

$a_9=\dfrac{1}{3}a_8=\dfrac{1}{3}\times72=24$

(i), (ii)에서 $a_9=24$ 또는 $a_9=90$ 또는 $a_9=200$

Step 2　$M+m$의 값 구하기

따라서 $M=200$, $m=24$이므로

$M+m=224$

38　여러 가지 수열의 귀납적 정의
－ 경우에 따라 다르게 정의된 수열　정답 ② | 정답률 27%

문제 보기

모든 항이 자연수인 수열 $\{a_n\}$이 다음 조건을 만족시킨다.

(가) 모든 자연수 n에 대하여

$$a_{n+1}=\begin{cases} \dfrac{1}{2}a_n+2n & (a_n\text{이 4의 배수인 경우}) \\ a_n+2n & (a_n\text{이 4의 배수가 아닌 경우}) \end{cases}$$

이다.
└→ a_3이 4의 배수인 경우와 4의 배수가 아닌 경우로 나누어
　　*을 만족시키는 a_1의 값을 구한다.

(나) $a_3>a_5$ ──→ *

$50<a_4+a_5<60$이 되도록 하는 a_1의 최댓값과 최솟값을 각각 M, m
└→ *

이라 할 때, $M+m$의 값은? ［4점］

① 224　　② 228　　③ 232　　④ 236　　⑤ 240

Step 1　a_3이 4의 배수일 때, a_1의 값 구하기

(i) a_3이 4의 배수일 때,

$a_3=4k$(k는 자연수)라 하면

$a_4=\dfrac{1}{2}a_3+6=2k+6$

① k가 홀수인 경우

a_4는 4의 배수이므로

$a_5=\dfrac{1}{2}a_4+8=\dfrac{1}{2}(2k+6)+8=k+11$

∴ $a_4+a_5=2k+6+(k+11)=3k+17$

$50<a_4+a_5<60$에서 $50<3k+17<60$

∴ $11<k<\dfrac{43}{3}$　　　……㉠

조건 (나)에서 $a_3>a_5$이므로

$4k>k+11$　∴ $k>\dfrac{11}{3}$　　　……㉡

㉠, ㉡에서 $11<k<\dfrac{43}{3}$이고 k는 홀수이므로 $k=13$

∴ $a_3=4k=52$

ⓐ a_2가 4의 배수일 때,

$a_3=\dfrac{1}{2}a_2+4$이므로

$52=\dfrac{1}{2}a_2+4$　∴ $a_2=96$

❶ a_1이 4의 배수일 때,

$a_2=\dfrac{1}{2}a_1+2$이므로

$96=\dfrac{1}{2}a_1+2$　∴ $a_1=188$

❷ a_1이 4의 배수가 아닐 때,

$a_2=a_1+2$이므로

$96=a_1+2$　∴ $a_1=94$

ⓑ a_2가 4의 배수가 아닐 때,

$a_3=a_2+4$이므로

$52=a_2+4$　∴ $a_2=48$

이는 a_2가 4의 배수가 아니라는 가정을 만족시키지 않는다.

② k가 짝수인 경우

a_4는 4의 배수가 아니므로

$a_5=a_4+8=2k+14$

∴ $a_4+a_5=2k+6+(2k+14)=4k+20$

$50<a_4+a_5<60$에서 $50<4k+20<60$

∴ $\dfrac{15}{2}<k<10$　　　……㉢

조건 (나)에서 $a_3>a_5$이므로
$4k>2k+14$ $\therefore k>7$ ...... ㉣

㉢, ㉣에서 $\dfrac{15}{2}<k<10$이고 k는 짝수이므로 $k=8$

$\therefore a_3=4k=32$

ⓐ a_2가 4의 배수일 때,

$a_3=\dfrac{1}{2}a_2+4$이므로

$32=\dfrac{1}{2}a_2+4$ $\therefore a_2=56$

❶ a_1이 4의 배수일 때,

$a_2=\dfrac{1}{2}a_1+2$이므로

$56=\dfrac{1}{2}a_1+2$ $\therefore a_1=108$

❷ a_1이 4의 배수가 아닐 때,

$a_2=a_1+2$이므로

$56=a_1+2$ $\therefore a_1=54$

ⓑ a_2가 4의 배수가 아닐 때,

$a_3=a_2+4$이므로

$32=a_2+4$ $\therefore a_2=28$

이는 a_2가 4의 배수가 아니라는 가정을 만족시키지 않는다.

Step 2 a_3이 4의 배수가 아닐 때, a_1의 값 구하기

(ii) a_3이 4의 배수가 아닐 때,

$a_3=4k-1$ 또는 $a_3=4k-2$ 또는 $a_3=4k-3$ (k는 자연수) 꼴이고
$a_4=a_3+6$

ⓘ $a_3=4k-1$ 또는 $a_3=4k-3$ (k는 자연수) 꼴인 경우

$a_4=4k+5$ 또는 $a_4=4k+3$

이때 a_4는 4의 배수가 아니므로

$a_5=a_4+8$

$\therefore a_5=4k+13$ 또는 $a_5=4k+11$

이때 $a_3<a_5$이므로 조건 (나)를 만족시키지 않는다.

ⓘⓘ $a_3=4k-2$ (k는 자연수) 꼴인 경우

$a_4=4k+4=4(k+1)$

따라서 a_4는 4의 배수이므로

$a_5=\dfrac{1}{2}a_4+8=\dfrac{1}{2}\times 4(k+1)+8=2k+10$

$\therefore a_4+a_5=4(k+1)+(2k+10)=6k+14$

$50<a_4+a_5<60$에서 $50<6k+14<60$

$\therefore 6<k<\dfrac{23}{3}$ ...... ㉤

조건 (나)에서 $a_3>a_5$이므로

$4k-2>2k+10$ $\therefore k>6$ ...... ㉥

㉤, ㉥에서 $6<k<\dfrac{23}{3}$이고 k는 자연수이므로 $k=7$

$\therefore a_3=4k-2=26$

ⓐ a_2가 4의 배수일 때,

$a_3=\dfrac{1}{2}a_2+4$이므로

$26=\dfrac{1}{2}a_2+4$ $\therefore a_2=44$

❶ a_1이 4의 배수일 때,

$a_2=\dfrac{1}{2}a_1+2$이므로

$44=\dfrac{1}{2}a_1+2$ $\therefore a_1=84$

❷ a_1이 4의 배수가 아닐 때,

$a_2=a_1+2$이므로

$44=a_1+2$ $\therefore a_1=42$

ⓑ a_2가 4의 배수가 아닐 때,

$a_3=a_2+4$이므로

$26=a_2+4$ $\therefore a_2=22$

❶ a_1이 4의 배수일 때,

$a_2=\dfrac{1}{2}a_1+2$이므로

$22=\dfrac{1}{2}a_1+2$ $\therefore a_1=40$

❷ a_1이 4의 배수가 아닐 때,

$a_2=a_1+2$이므로

$22=a_1+2$ $\therefore a_1=20$

이는 a_1이 4의 배수가 아니라는 가정을 만족시키지 않는다.

Step 3 $M+m$의 값 구하기

(i), (ii)에서 $a_1=188$ 또는 $a_1=94$ 또는 $a_1=108$ 또는 $a_1=54$
또는 $a_1=84$ 또는 $a_1=42$ 또는 $a_1=40$

따라서 $M=188$, $m=40$이므로

$M+m=228$

39 여러 가지 수열의 귀납적 정의 – 경우에 따라 다르게 정의된 수열 정답 ② | 정답률 21%

문제 보기

자연수 k에 대하여 다음 조건을 만족시키는 수열 $\{a_n\}$이 있다.

> $a_1=k$이고, 모든 자연수 n에 대하여
> $$a_{n+1}=\begin{cases} a_n+2n-k & (a_n\leq0) \\ a_n-2n-k & (a_n>0) \end{cases} \longrightarrow *$$
> 이다.

$a_3\times a_4\times a_5\times a_6<0$이 되도록 하는 모든 k의 값의 합은? [4점]
└─ *의 n에 1, 2, 3, 4, 5를 차례대로 대입하여 a_3, a_4, a_5, a_6의 부호를 알아본다.

① 10   ② 14   ③ 18   ④ 22   ⑤ 26

Step 1 a_2의 값 구하기

$a_1=k>0$이므로 $a_2=a_1-2-k=-2$

Step 2 경우에 따라 k의 값 구하기

$a_2<0$이므로 $a_3=a_2+4-k=2-k$

이때 $a_3\times a_4\times a_5\times a_6<0$이므로 a_3, a_4, a_5, a_6은 어느 것도 0이 될 수 없다.

(i) $a_3>0$일 때,

$2-k>0$에서 $k<2$이므로 $0<k<2$

따라서 $k=1$이므로 $a_3=2-1=1$

$a_4=a_3-6-k=1-6-1=-6<0$

$a_5=a_4+8-k=-6+8-1=1>0$

$a_6=a_5-10-k=1-10-1=-10<0$

따라서 $a_3\times a_4\times a_5\times a_6>0$이므로 주어진 조건을 만족시키지 않는다.

(ii) $a_3<0$일 때,

$2-k<0$에서 $k>2$이고

$a_4=a_3+6-k=8-2k$

① $a_4>0$일 때,

$8-2k>0$에서 $k<4$이므로 $2<k<4$

따라서 $k=3$이므로 $a_4=8-6=2$

$a_5=a_4-8-k=2-8-3=-9<0$

$a_6=a_5+10-k=-9+10-3=-2<0$

따라서 $a_3\times a_4\times a_5\times a_6<0$이므로 주어진 조건을 만족시킨다.

② $a_4<0$일 때,

$8-2k<0$에서 $k>4$이고

$a_5=a_4+8-k=16-3k$

ⓐ $a_5>0$일 때,

$16-3k>0$에서 $k<\dfrac{16}{3}$이므로 $4<k<\dfrac{16}{3}$

따라서 $k=5$이므로 $a_5=16-15=1$

$a_6=a_5-10-k=1-10-5=-14<0$

따라서 $a_3\times a_4\times a_5\times a_6<0$이므로 조건을 만족시킨다.

ⓑ $a_5<0$일 때,

$16-3k<0$에서 $k>\dfrac{16}{3}$이고

$a_6=a_5+10-k=26-4k$

이때 $a_3\times a_4\times a_5\times a_6<0$이 되려면 $a_6>0$이어야 하므로

$a_6=26-4k>0$ $\therefore k<\dfrac{13}{2}$

따라서 $\dfrac{16}{3}<k<\dfrac{13}{2}$이므로 $k=6$

Step 3 k의 값의 합 구하기

(i), (ii)에서 주어진 조건을 만족시키는 k의 값은 3, 5, 6이므로 그 합은
$3+5+6=14$

---

40 여러 가지 수열의 귀납적 정의 – 경우에 따라 다르게 정의된 수열 정답 ③ | 정답률 32%

문제 보기

수열 $\{a_n\}$이 다음 조건을 만족시킨다.

> (가) 모든 자연수 k에 대하여 $a_{4k}=r^k$이다.
>   └─ $0<|a_{4k}|<1$이다.
>   (단, r는 $0<|r|<1$인 상수이다.)
> (나) $a_1<0$이고, 모든 자연수 n에 대하여   └─ 조건에 유의한다.
> $$a_{n+1}=\begin{cases} a_n+3 & (|a_n|<5) \\ -\dfrac{1}{2}a_n & (|a_n|\geq5) \end{cases}$$
> $\longrightarrow a_{4k+4}$를 구한 후 $a_{4(k+1)}=r^{k+1}$임을 이용하여 r의 값을 구한다.
> 이다.

$|a_m|\geq5$를 만족시키는 100 이하의 자연수 m의 개수를 p라 할 때, $p+a_1$의 값은? [4점]

① 8   ② 10   ③ 12   ④ 14   ⑤ 16

Step 1 r의 값 구하기

조건 (가)에서 $0<|r|<1$이므로 $0<|r^k|<1$

$\therefore 0<|a_{4k}|<1$

즉, $|a_{4k}|<5$이므로 조건 (나)에서

$a_{4k+1}=a_{4k}+3=r^k+3$

$|a_{4k+1}|<5$이므로 $a_{4k+2}=a_{4k+1}+3=(r^k+3)+3=r^k+6$

$|a_{4k+2}|\geq5$이므로 $a_{4k+3}=-\dfrac{1}{2}a_{4k+2}=-\dfrac{1}{2}(r^k+6)=-\dfrac{1}{2}r^k-3$

$|a_{4k+3}|<5$이므로 $a_{4k+4}=a_{4k+3}+3=\left(-\dfrac{1}{2}r^k-3\right)+3=-\dfrac{1}{2}r^k$

이때 $a_{4(k+1)}=r^{k+1}$이므로

$r^{k+1}=-\dfrac{1}{2}r^k$ $\therefore r=-\dfrac{1}{2}$ $(\because r\neq0)$

Step 2 a_1의 값 구하기

$r=-\dfrac{1}{2}$이므로 조건 (가)에서 $a_4=-\dfrac{1}{2}$

$|a_3|\geq5$이면 $a_4=-\dfrac{1}{2}a_3$에서 $-\dfrac{1}{2}=-\dfrac{1}{2}a_3$ $\therefore a_3=1$

이는 $|a_3|\geq5$라는 조건을 만족시키지 않으므로 $|a_3|<5$이다.

따라서 $a_4=a_3+3$에서 $-\dfrac{1}{2}=a_3+3$ $\therefore a_3=-\dfrac{7}{2}$

$|a_2|\geq5$이면 $a_3=-\dfrac{1}{2}a_2$에서 $-\dfrac{7}{2}=-\dfrac{1}{2}a_2$ $\therefore a_2=7$

$|a_2|<5$이면 $a_3=a_2+3$에서 $-\dfrac{7}{2}=a_2+3$ $\therefore a_2=-\dfrac{13}{2}$

이는 $|a_2|<5$라는 조건을 만족시키지 않으므로 $a_2=7$

$|a_1|\geq5$이면 $a_2=-\dfrac{1}{2}a_1$에서 $7=-\dfrac{1}{2}a_1$ $\therefore a_1=-14$

$|a_1|<5$이면 $a_2=a_1+3$에서 $7=a_1+3$ $\therefore a_1=4$

이는 조건 (나)의 $a_1<0$을 만족시키지 않으므로 $a_1=-14$

Step 3 p의 값 구하기

따라서 $|a_m|\geq5$를 만족시키는 100 이하의 자연수 m의 값은

$m<4$일 때, 1, 2의 2개

$m\geq4$일 때, $m=4k+2$ 꼴이므로 24개 $\longrightarrow 100=2+4\times24+2$

$\therefore p=2+24=26$

Step 4 $p+a_1$의 값 구하기

$\therefore p+a_1=26+(-14)=12$

문제 보기

수열 $\{a_n\}$이 모든 자연수 n에 대하여 다음 조건을 만족시킨다.

> (가) $a_{2n}=a_n-1$ ─── a_{30}의 값을 이용하여 a_{10}, a_5, a_2, a_1의 값을 구한다.
> (나) $a_{2n+1}=2a_n+1$

$a_{20}=1$일 때, $\sum\limits_{n=1}^{63} a_n$의 값은? [4점]

① 704   ② 712   ③ 720   ④ 728   ⑤ 736

Step 1 a_1의 값 구하기

$a_{2n}=a_n-1$에 $n=10$을 대입하면

$a_{20}=a_{10}-1$, $1=a_{10}-1$ ∴ $a_{10}=2$

$a_{2n}=a_n-1$에 $n=5$를 대입하면

$a_{10}=a_5-1$, $2=a_5-1$ ∴ $a_5=3$

$a_{2n+1}=2a_n+1$에 $n=2$를 대입하면

$a_5=2a_2+1$, $3=2a_2+1$ ∴ $a_2=1$

$a_{2n}=a_n-1$에 $n=1$을 대입하면

$a_2=a_1-1$, $1=a_1-1$ ∴ $a_1=2$

Step 2 수열의 합을 a_1에 대한 식으로 나타내기

두 조건 (가), (나)의 식을 변끼리 더하면

$a_{2n}+a_{2n+1}=(a_n-1)+(2a_n+1)$

∴ $a_{2n}+a_{2n+1}=3a_n$ ······ ㉠

㉠에 $n=1$을 대입하면

$a_2+a_3=3a_1$ ······ ㉡

㉠의 n에 2, 3을 각각 대입하여 더하면

$(a_4+a_5)+(a_6+a_7)=3a_2+3a_3$
$\qquad\qquad\qquad\quad =3(a_2+a_3)=3\times 3a_1 (∵ ㉡)$
$\qquad\qquad\qquad\quad =3^2a_1$ ······ ㉢

㉠의 n에 4, 5, 6, 7을 각각 대입하여 더하면

$(a_8+a_9)+(a_{10}+a_{11})+(a_{12}+a_{13})+(a_{14}+a_{15})$
$=3a_4+3a_5+3a_6+3a_7$
$=3(a_4+a_5+a_6+a_7)=3\times 3^2a_1 (∵ ㉢)$
$=3^3a_1$ ······ ㉣

㉠의 n에 8, 9, 10, ⋯, 15를 각각 대입하여 더하면

$(a_{16}+a_{17})+(a_{18}+a_{19})+(a_{20}+a_{21})+\cdots+(a_{30}+a_{31})$
$=3a_8+3a_9+3a_{10}+\cdots+3a_{15}$
$=3(a_8+a_9+a_{10}+\cdots+a_{15})=3\times 3^3a_1 (∵ ㉣)$
$=3^4a_1$ ······ ㉤

㉠의 n에 16, 17, 18, ⋯, 31을 각각 대입하여 더하면

$(a_{32}+a_{33})+(a_{34}+a_{35})+(a_{36}+a_{37})+\cdots+(a_{62}+a_{63})$
$=3a_{16}+3a_{17}+3a_{18}+\cdots+3a_{31}$
$=3(a_{16}+a_{17}+a_{18}+\cdots+a_{31})=3\times 3^4a_1 (∵ ㉤)$
$=3^5a_1$

Step 3 $\sum\limits_{n=1}^{63} a_n$의 값 구하기

∴ $\sum\limits_{n=1}^{63} a_n=a_1+(a_2+a_3)+(a_4+\cdots+a_7)+(a_8+\cdots+a_{15})$
$\qquad\qquad\qquad\qquad +(a_{16}+\cdots+a_{31})+(a_{32}+\cdots+a_{63})$
$=a_1+3a_1+3^2a_1+3^3a_1+3^4a_1+3^5a_1$
$=a_1(1+3+3^2+3^3+3^4+3^5)$
$=2\times\dfrac{3^6-1}{3-1}=728$

문제 보기

수열 $\{a_n\}$은 $|a_1|\leq 1$이고, 모든 자연수 n에 대하여

$$a_{n+1}=\begin{cases} -2a_n-2 & \left(-1\leq a_n<-\dfrac{1}{2}\right) \\ 2a_n & \left(-\dfrac{1}{2}\leq a_n\leq\dfrac{1}{2}\right) \\ -2a_n+2 & \left(\dfrac{1}{2}<a_n\leq 1\right) \end{cases}$$ ─── *

을 만족시킨다. $a_5+a_6=0$이고 $\sum\limits_{k=1}^{5} a_k>0$이 되도록 하는 모든 a_1의 값의 합은? [4점]

─── *을 이용하여 a_5의 값을 구한다.

① $\dfrac{9}{2}$ ② 5   ③ $\dfrac{11}{2}$ ④ 6   ⑤ $\dfrac{13}{2}$

Step 1 a_5의 값 구하기

$-1\leq a_5<-\dfrac{1}{2}$이면 $a_6=-2a_5-2$이므로 $a_5+a_6=0$에서

$-a_5-2=0$ ∴ $a_5=-2$

그런데 $-1\leq a_5<-\dfrac{1}{2}$이므로 a_5의 값은 존재하지 않는다.

$-\dfrac{1}{2}\leq a_5\leq\dfrac{1}{2}$이면 $a_6=2a_5$이므로 $a_5+a_6=0$에서

$3a_5=0$ ∴ $a_5=0$

이때 $-\dfrac{1}{2}\leq a_5\leq\dfrac{1}{2}$이므로 $a_5=0$

$\dfrac{1}{2}<a_5\leq 1$이면 $a_6=-2a_5+2$이므로 $a_5+a_6=0$에서

$-a_5+2=0$ ∴ $a_5=2$

그런데 $\dfrac{1}{2}<a_5\leq 1$이므로 a_5의 값은 존재하지 않는다.

∴ $a_5=0$

Step 2 a_1의 값 구하기

$$a_{n+1}=\begin{cases} -2a_n-2 & \left(-1\leq a_n<-\dfrac{1}{2}\right) \\ 2a_n & \left(-\dfrac{1}{2}\leq a_n\leq\dfrac{1}{2}\right) \\ -2a_n+2 & \left(\dfrac{1}{2}<a_n\leq 1\right) \end{cases}$$ 에서 $a_5=0$이 되려면 $a_4=-1$ 또는

$a_4=0$ 또는 $a_4=1$이어야 한다.

(i) $a_4=-1$일 때,

$-1\leq a_3<-\dfrac{1}{2}$이면 $a_4=-2a_3-2$이므로 $a_3=-\dfrac{1}{2}$

그런데 $-1\leq a_3<-\dfrac{1}{2}$이므로 a_3의 값은 존재하지 않는다.

$-\dfrac{1}{2}\leq a_3\leq\dfrac{1}{2}$이면 $a_4=2a_3$이므로 $a_3=-\dfrac{1}{2}$

이때 $-\dfrac{1}{2}\leq a_3\leq\dfrac{1}{2}$이므로 $a_3=-\dfrac{1}{2}$

$\dfrac{1}{2}<a_3\leq 1$이면 $a_4=-2a_3+2$이므로 $a_3=\dfrac{3}{2}$

그런데 $\dfrac{1}{2}<a_3\leq 1$이므로 a_3의 값은 존재하지 않는다.

∴ $a_3=-\dfrac{1}{2}$

같은 방법으로 a_2, a_1의 값을 구하여 순서쌍 (a_4, a_3, a_2, a_1)로 나타내면

$\left(-1, -\dfrac{1}{2}, -\dfrac{3}{4}, -\dfrac{5}{8}\right)$, $\left(-1, -\dfrac{1}{2}, -\dfrac{3}{4}, -\dfrac{3}{8}\right)$,

$\left(-1, -\dfrac{1}{2}, -\dfrac{1}{4}, -\dfrac{7}{8}\right)$, $\left(-1, -\dfrac{1}{2}, -\dfrac{1}{4}, -\dfrac{1}{8}\right)$

따라서 $\sum\limits_{k=1}^{5} a_k > 0$을 만족시키는 순서쌍 $(a_4,\ a_3,\ a_2,\ a_1)$은 존재하지 않는다.

(ii) $a_4 = 0$일 때,

① $-1 \leq a_3 < -\dfrac{1}{2}$이면 $a_4 = -2a_3 - 2$이므로 $a_3 = -1$

이때 $-1 \leq a_3 < -\dfrac{1}{2}$이므로 $a_3 = -1$

같은 방법으로 $a_2,\ a_1$의 값을 구하여 순서쌍 $(a_4,\ a_3,\ a_2,\ a_1)$로 나타내면

$\left(0,\ -1,\ -\dfrac{1}{2},\ -\dfrac{3}{4}\right),\ \left(0,\ -1,\ -\dfrac{1}{2},\ -\dfrac{1}{4}\right)$

따라서 $\sum\limits_{k=1}^{5} a_k > 0$을 만족시키는 순서쌍 $(a_4,\ a_3,\ a_2,\ a_1)$은 존재하지 않는다.

② $-\dfrac{1}{2} \leq a_3 \leq \dfrac{1}{2}$이면 $a_4 = 2a_3$이므로 $a_3 = 0$

이때 $-\dfrac{1}{2} \leq a_3 \leq \dfrac{1}{2}$이므로 $a_3 = 0$

같은 방법으로 $a_2,\ a_1$의 값을 구하여 순서쌍 $(a_4,\ a_3,\ a_2,\ a_1)$로 나타내면

$\left(0,\ 0,\ -1,\ -\dfrac{1}{2}\right),\ (0,\ 0,\ 0,\ -1),\ (0,\ 0,\ 0,\ 0),\ (0,\ 0,\ 0,\ 1),$

$\left(0,\ 0,\ 1,\ \dfrac{1}{2}\right)$

이때 $\sum\limits_{k=1}^{5} a_k > 0$을 만족시키는 순서쌍 $(a_4,\ a_3,\ a_2,\ a_1)$은

$(0,\ 0,\ 0,\ 1),\ \left(0,\ 0,\ 1,\ \dfrac{1}{2}\right)$이므로 $a_1 = 1$ 또는 $a_1 = \dfrac{1}{2}$

③ $\dfrac{1}{2} < a_3 \leq 1$이면 $a_4 = -2a_3 + 2$이므로 $a_3 = 1$

이때 $\dfrac{1}{2} < a_3 \leq 1$이므로 $a_3 = 1$

같은 방법으로 $a_2,\ a_1$의 값을 구하여 순서쌍 $(a_4,\ a_3,\ a_2,\ a_1)$로 나타내면

$\left(0,\ 1,\ \dfrac{1}{2},\ \dfrac{1}{4}\right),\ \left(0,\ 1,\ \dfrac{1}{2},\ \dfrac{3}{4}\right)$

이때 두 순서쌍 모두 $\sum\limits_{k=1}^{5} a_k > 0$을 만족시키므로

$a_1 = \dfrac{1}{4}$ 또는 $a_1 = \dfrac{3}{4}$

①, ②, ③에서 $a_1 = \dfrac{1}{4}$ 또는 $a_1 = \dfrac{1}{2}$ 또는 $a_1 = \dfrac{3}{4}$ 또는 $a_1 = 1$

(iii) $a_4 = 1$일 때,

$-1 \leq a_3 < -\dfrac{1}{2}$이면 $a_4 = -2a_3 - 2$이므로 $a_3 = -\dfrac{3}{2}$

그런데 $-1 \leq a_3 < -\dfrac{1}{2}$이므로 a_3의 값은 존재하지 않는다.

$-\dfrac{1}{2} \leq a_3 \leq \dfrac{1}{2}$이면 $a_4 = 2a_3$이므로 $a_3 = \dfrac{1}{2}$

이때 $-\dfrac{1}{2} \leq a_3 \leq \dfrac{1}{2}$이므로 $a_3 = \dfrac{1}{2}$

$\dfrac{1}{2} < a_3 \leq 1$이면 $a_4 = -2a_3 + 2$이므로 $a_3 = \dfrac{1}{2}$

그런데 $\dfrac{1}{2} < a_3 \leq 1$이므로 a_3의 값은 존재하지 않는다.

$\therefore a_3 = \dfrac{1}{2}$

같은 방법으로 $a_2,\ a_1$의 값을 구하여 순서쌍 $(a_4,\ a_3,\ a_2,\ a_1)$로 나타내면

$\left(1,\ \dfrac{1}{2},\ \dfrac{1}{4},\ \dfrac{1}{8}\right),\ \left(1,\ \dfrac{1}{2},\ \dfrac{1}{4},\ \dfrac{7}{8}\right),\ \left(1,\ \dfrac{1}{2},\ \dfrac{3}{4},\ \dfrac{3}{8}\right),\ \left(1,\ \dfrac{1}{2},\ \dfrac{3}{4},\ \dfrac{5}{8}\right)$

이때 네 순서쌍 모두 $\sum\limits_{k=1}^{5} a_k > 0$을 만족시키므로

$a_1 = \dfrac{1}{8}$ 또는 $a_1 = \dfrac{7}{8}$ 또는 $a_1 = \dfrac{3}{8}$ 또는 $a_1 = \dfrac{5}{8}$

(i), (ii), (iii)에서 $a_1 = \dfrac{1}{8}$ 또는 $a_1 = \dfrac{1}{4}$ 또는 $a_1 = \dfrac{3}{8}$ 또는 $a_1 = \dfrac{1}{2}$ 또는 $a_1 = \dfrac{5}{8}$

또는 $a_1 = \dfrac{3}{4}$ 또는 $a_1 = \dfrac{7}{8}$ 또는 $a_1 = 1$

Step 3 a_1의 값의 합 구하기

따라서 모든 a_1의 값의 합은

$\dfrac{1}{8} + \dfrac{1}{4} + \dfrac{3}{8} + \dfrac{1}{2} + \dfrac{5}{8} + \dfrac{3}{4} + \dfrac{7}{8} + 1 = \dfrac{9}{2}$

문제 보기

첫째항이 양수이고 공차가 -1보다 작은 등차수열 $\{a_n\}$에 대하여 수열 $\{b_n\}$은 다음과 같다.   └─ $a_1>a_2>a_3>\cdots>0>\cdots$임을 알 수 있다.

$$b_n=\begin{cases} a_{n+1}-\dfrac{n}{2} & (a_n\geq0) \\[2mm] a_n+\dfrac{n}{2} & (a_n<0) \end{cases}$$

수열 $\{b_n\}$의 첫째항부터 제n항까지의 합을 S_n이라 할 때, 수열 $\{b_n\}$은 다음 조건을 만족시킨다.

> (가) $b_5<b_6$ ─→ 처음으로 $a_n<0$이 되는 항을 구한다.
> (나) $S_5=S_9=0$ ─→ 수열 $\{a_n\}$의 일반항을 구한다.

$S_n\leq-70$을 만족시키는 자연수 n의 최솟값은? [4점]

① 13   ② 15   ③ 17   ④ 19   ⑤ 21

Step 1   수열 $\{a_n\}$에서 부호가 바뀌는 항 구하기

$a_6\geq0$이라 가정하고 b_n의 n에 5, 6을 대입하면

$b_5=a_6-\dfrac{5}{2}$, $b_6=a_7-\dfrac{6}{2}$

이때 $a_6>a_7$이므로 $b_5>b_6$

이는 조건 (가)를 만족시키지 않는다.

$a_5<0$이라 가정하고 b_n의 n에 5, 6을 대입하면

$b_5=a_5+\dfrac{5}{2}$, $b_6=a_6+\dfrac{6}{2}$

이때 $a_5>a_6$이고 수열 $\{a_n\}$의 공차가 -1보다 작으므로 $b_5>b_6$

이는 조건 (가)를 만족시키지 않는다.

따라서 수열 $\{a_n\}$에서 $a_5\geq0$, $a_6<0$

Step 2   조건 (나)를 이용하여 a_n 구하기

조건 (나)에서 $S_5=S_9=0$이므로

$b_1+b_2+b_3+b_4+b_5=0$ ······ ㉠ ┌→ $S_5=0$이니까 $S_9=0$이면
$b_6+b_7+b_8+b_9=0$ ······ ㉡ $b_6+b_7+b_8+b_9=0$이야.

㉠에서 $b_1=a_2-\dfrac{1}{2}$, $b_2=a_3-\dfrac{2}{2}$, $b_3=a_4-\dfrac{3}{2}$, $b_4=a_5-\dfrac{4}{2}$, $b_5=a_6-\dfrac{5}{2}$이므로

$(a_2+a_3+a_4+a_5+a_6)-\left(\dfrac{1}{2}+\dfrac{2}{2}+\dfrac{3}{2}+\dfrac{4}{2}+\dfrac{5}{2}\right)=0$
└→ 첫째항이 a_2, 끝항이 a_6, 항의 개수가 5인 등차수열의 합이야.

$\dfrac{5(a_2+a_6)}{2}-\dfrac{15}{2}=0$, $5(a_2+a_6)=15$

$\therefore a_2+a_6=3$ ······ ㉢

㉡에서 $b_6=a_6+\dfrac{6}{2}$, $b_7=a_7+\dfrac{7}{2}$, $b_8=a_8+\dfrac{8}{2}$, $b_9=a_9+\dfrac{9}{2}$이므로

$(a_6+a_7+a_8+a_9)+\left(\dfrac{6}{2}+\dfrac{7}{2}+\dfrac{8}{2}+\dfrac{9}{2}\right)=0$
└→ 첫째항이 a_6, 끝항이 a_9, 항의 개수가 4인 등차수열의 합이야.

$\dfrac{4(a_6+a_9)}{2}+15=0$, $2(a_6+a_9)=-15$

$\therefore a_6+a_9=-\dfrac{15}{2}$ ······ ㉣

수열 $\{a_n\}$의 첫째항을 a, 공차를 d라 하면

㉢에서 $(a+d)+(a+5d)=3$

$\therefore 2a+6d=3$ ······ ㉤

㉣에서 $(a+5d)+(a+8d)=-\dfrac{15}{2}$

$\therefore 2a+13d=-\dfrac{15}{2}$ ······ ㉥

㉤, ㉥을 연립하여 풀면 $a=6$, $d=-\dfrac{3}{2}$

따라서 등차수열 $\{a_n\}$의 첫째항이 6, 공차가 $-\dfrac{3}{2}$이므로 일반항 a_n은

$a_n=6+(n-1)\times\left(-\dfrac{3}{2}\right)=-\dfrac{3}{2}n+\dfrac{15}{2}$

Step 3   자연수 n의 최솟값 구하기

$S_n\leq-70$에서 $S_9=0$이므로

$b_{10}+b_{11}+b_{12}+\cdots+b_n\leq-70$

이때 $n\geq6$에서 $b_n=a_n+\dfrac{n}{2}=\left(-\dfrac{3}{2}n+\dfrac{15}{2}\right)+\dfrac{n}{2}=-n+\dfrac{15}{2}$이므로

$n\geq6$에서 수열 $\{b_n\}$은 등차수열을 이룬다.

즉, $\dfrac{(n-9)(b_{10}+b_n)}{2}\leq-70$이므로

$\dfrac{(n-9)\left\{-\dfrac{5}{2}+\left(-n+\dfrac{15}{2}\right)\right\}}{2}\leq-70$

$(n-9)(-n+5)\leq-140$, $(n-9)(n-5)\geq140$

$n^2-14n-95\geq0$, $(n-19)(n+5)\geq0$

$\therefore n\geq19 \ (\because n>0)$

따라서 자연수 n의 최솟값은 19이다.

44 여러 가지 수열의 귀납적 정의 − 경우에 따라 다르게 정의된 수열   정답 64 | 정답률 3%

문제 보기

모든 항이 정수이고 다음 조건을 만족시키는 모든 수열 $\{a_n\}$에 대하여 $|a_1|$의 값의 합을 구하시오. [4점]

> (가) 모든 자연수 n에 대하여
> $$a_{n+1}=\begin{cases} a_n-3 & (|a_n|\text{이 홀수인 경우}) \\ \dfrac{1}{2}a_n & (a_n=0 \text{ 또는 } |a_n|\text{이 짝수인 경우}) \end{cases} \longrightarrow *$$
> 이다.
> (나) $|a_m|=|a_{m+2}|$인 자연수 m의 최솟값은 3이다.
> └ $|a_3|=|a_5|$이므로 a_3의 값에 따라 경우를 나눈 후 *을 이용하여 a_1의 값을 구한다.

Step 1 a_1의 값 구하기

조건 (나)에서 $|a_3|=|a_5|$이므로 a_3의 값에 따라 다음과 같이 나누어 생각할 수 있다.

(i) $a_3=4k\,(k\text{는 정수})$일 때,

$a_3=0$ 또는 $|a_3|$은 짝수이므로 $a_4=\dfrac{1}{2}a_3=2k$

$a_4=0$ 또는 $|a_4|$는 짝수이므로 $a_5=\dfrac{1}{2}a_4=k$

$|a_3|=|a_5|$에서 $|4k|=|k|$ ∴ $k=0$

∴ $a_3=0,\ a_4=0,\ a_5=0$

① $|a_2|$가 홀수일 때,

$a_3=a_2-3$이므로 $0=a_2-3$ ∴ $a_2=3$

ⓐ $|a_1|$이 홀수일 때,

$a_2=a_1-3$이므로 $3=a_1-3$ ∴ $a_1=6$

이는 $|a_1|$이 홀수라는 조건을 만족시키지 않는다.

└ $|a_{n+1}|$이 홀수이면 $|a_n|$이 홀수가 아니라는 것을 알 수 있어.

ⓑ $a_1=0$ 또는 $|a_1|$이 짝수일 때,

$a_2=\dfrac{1}{2}a_1$이므로 $3=\dfrac{1}{2}a_1$ ∴ $a_1=6$

② $a_2=0$ 또는 $|a_2|$가 짝수일 때,

$a_3=\dfrac{1}{2}a_2$이므로 $0=\dfrac{1}{2}a_2$ ∴ $a_2=0$

이는 조건 (나)의 $|a_2|\neq|a_4|$를 만족시키지 않는다.

(ii) $a_3=4k+1\,(k\text{는 정수})$일 때,

$|a_3|$은 홀수이므로 $a_4=a_3-3=4k-2$

$|a_4|$는 짝수이므로 $a_5=\dfrac{1}{2}a_4=2k-1$

$|a_3|=|a_5|$에서 $|4k+1|=|2k-1|$

$4k+1=\pm(2k-1)$ ∴ $k=-1$ 또는 $k=0$

① $k=-1$일 때,

$a_3=-3,\ a_4=-6,\ a_5=-3$

이때 $a_2=0$ 또는 $|a_2|$가 짝수이므로 $a_3=\dfrac{1}{2}a_2$에서

$-3=\dfrac{1}{2}a_2$ ∴ $a_2=-6$

이는 조건 (나)의 $|a_2|\neq|a_4|$를 만족시키지 않는다.

② $k=0$일 때,

$a_3=1,\ a_4=-2,\ a_5=-1$

이때 $a_2=0$ 또는 $|a_2|$가 짝수이므로 $a_3=\dfrac{1}{2}a_2$에서

$1=\dfrac{1}{2}a_2$ ∴ $a_2=2$

이는 조건 (나)의 $|a_2|\neq|a_4|$를 만족시키지 않는다.

(iii) $a_3=4k+2\,(k\text{는 정수})$일 때,

$|a_3|$은 짝수이므로 $a_4=\dfrac{1}{2}a_3=2k+1$

$|a_4|$는 홀수이므로 $a_5=a_4-3=2k-2$

$|a_3|=|a_5|$에서 $|4k+2|=|2k-2|$

$4k+2=\pm(2k-2)$ ∴ $k=-2$ 또는 $k=0$

① $k=-2$일 때,

$a_3=-6,\ a_4=-3,\ a_5=-6$

ⓐ $|a_2|$가 홀수일 때,

$a_3=a_2-3$이므로 $-6=a_2-3$ ∴ $a_2=-3$

이는 조건 (나)의 $|a_2|\neq|a_4|$를 만족시키지 않는다.

ⓑ $a_2=0$ 또는 $|a_2|$가 짝수일 때,

$a_3=\dfrac{1}{2}a_2$이므로 $-6=\dfrac{1}{2}a_2$ ∴ $a_2=-12$

❶ $|a_1|$이 홀수일 때,

$a_2=a_1-3$이므로 $-12=a_1-3$ ∴ $a_1=-9$

❷ $a_1=0$ 또는 $|a_1|$이 짝수일 때,

$a_2=\dfrac{1}{2}a_1$이므로 $-12=\dfrac{1}{2}a_1$ ∴ $a_1=-24$

② $k=0$일 때,

$a_3=2,\ a_4=1,\ a_5=-2$

ⓐ $|a_2|$가 홀수일 때,

$a_3=a_2-3$이므로 $2=a_2-3$ ∴ $a_2=5$

이때 $a_1=0$ 또는 $|a_1|$이 짝수이므로 $a_2=\dfrac{1}{2}a_1$에서

$5=\dfrac{1}{2}a_1$ ∴ $a_1=10$

ⓑ $a_2=0$ 또는 $|a_2|$가 짝수일 때,

$a_3=\dfrac{1}{2}a_2$이므로 $2=\dfrac{1}{2}a_2$ ∴ $a_2=4$

❶ $|a_1|$이 홀수일 때,

$a_2=a_1-3$이므로 $4=a_1-3$ ∴ $a_1=7$

❷ $a_1=0$ 또는 $|a_1|$이 짝수일 때,

$a_2=\dfrac{1}{2}a_1$이므로 $4=\dfrac{1}{2}a_1$ ∴ $a_1=8$

(iv) $a_3=4k+3\,(k\text{는 정수})$일 때,

$|a_3|$은 홀수이므로 $a_4=a_3-3=4k$

$a_4=0$ 또는 $|a_4|$는 짝수이므로 $a_5=\dfrac{1}{2}a_4=2k$

$|a_3|=|a_5|$에서 $|4k+3|=|2k|$

이를 만족시키는 정수 k는 존재하지 않는다.

(i)~(iv)에서 $a_1=6$ 또는 $a_1=-9$ 또는 $a_1=-24$ 또는 $a_1=10$ 또는 $a_1=7$ 또는 $a_1=8$

Step 2 $|a_1|$의 값의 합 구하기

따라서 $|a_1|$의 값의 합은

$|6|+|-9|+|-24|+|10|+|7|+|8|=64$

417

45 여러 가지 수열의 귀납적 정의
－ 경우에 따라 다르게 정의된 수열   정답 142 | 정답률 16%

문제 보기

첫째항이 짝수인 수열 $\{a_n\}$은 모든 자연수 n에 대하여
└─ 조건에 유의한다.

$$a_{n+1}=\begin{cases} a_n+3 & (a_n\text{이 홀수인 경우}) \\ \dfrac{a_n}{2} & (a_n\text{이 짝수인 경우}) \end{cases}$$ → a_n의 값이 홀수인 경우와 짝수인 경우로 나누어 생각한다.

를 만족시킨다. $a_5=5$일 때, 수열 $\{a_n\}$의 첫째항이 될 수 있는 모든 수
└─ a_4, a_3, a_2, a_1의 값을 차례대로 구한다.

의 합을 구하시오. [4점]

Step 1 a_n과 a_{n+1} 사이의 관계 파악하기

주어진 조건에서 a_n이 홀수이면 a_n+3, 즉 a_{n+1}이 짝수이고, a_n이 짝수이면 $\dfrac{a_n}{2}$, 즉 a_{n+1}이 홀수 또는 짝수이다.

따라서 a_{n+1}이 홀수이면 a_n은 짝수이고, a_{n+1}이 짝수이면 a_n은 홀수 또는 짝수이다.

Step 2 a_1의 값 구하기

$a_5=5$가 홀수이므로 a_4는 짝수이다.

즉, $\dfrac{a_4}{2}=5$에서 $a_4=10$

또 a_4가 짝수이므로 a_3은 홀수 또는 짝수이다.

a_3이 홀수일 때, $a_3+3=10$에서 $a_3=7$

a_3이 짝수일 때, $\dfrac{a_3}{2}=10$에서 $a_3=20$

(i) $a_3=7$일 때,

  a_3이 홀수이므로 a_2는 짝수이다.

  즉, $\dfrac{a_2}{2}=7$에서 $a_2=14$

  a_2가 짝수이므로 a_1은 홀수 또는 짝수이다.

  그런데 첫째항은 짝수이므로

  $\dfrac{a_1}{2}=14$에서 $a_1=28$

(ii) $a_3=20$일 때,

  a_3이 짝수이므로 a_2는 홀수 또는 짝수이다.

  a_2가 홀수일 때, $a_2+3=20$에서 $a_2=17$

  a_2가 짝수일 때, $\dfrac{a_2}{2}=20$에서 $a_2=40$

  ① $a_2=17$일 때,

    a_2가 홀수이므로 a_1은 짝수이다.

    즉, $\dfrac{a_1}{2}=17$에서 $a_1=34$

  ② $a_2=40$일 때,

    a_2가 짝수이므로 a_1은 홀수 또는 짝수이다.

    그런데 첫째항은 짝수이므로

    $\dfrac{a_1}{2}=40$에서 $a_1=80$

Step 3 첫째항이 될 수 있는 모든 수의 합 구하기

(i), (ii)에서 수열 $\{a_n\}$의 첫째항이 될 수 있는 수는 28, 34, 80이므로 구하는 합은

$28+34+80=142$

다른 풀이 항의 값을 차례대로 첫째항을 이용하여 나타내기

a_1이 짝수이므로 $a_1=4k$인 경우와 $a_1=4k+2$인 경우로 나누어 $a_5=5$가 되는 정수 k의 값을 구하면 다음 표와 같다.

a_1	$4k$			$4k+2$	
a_2	$2k$			$2k+1$	
a_3	k			$2k+4$	
a_4	a_3이 홀수	a_3이 짝수		$k+2$	
	$k+3$	$\dfrac{k}{2}$			
a_5	$\dfrac{k+3}{2}$	a_4가 홀수	a_4가 짝수	a_4가 홀수	a_4가 짝수
		$\dfrac{k}{2}+3$	$\dfrac{k}{4}$	$k+5$	$\dfrac{k+2}{2}$
k	7	4	20	0	8

$k=4$일 때, $a_4=\dfrac{k}{2}$가 짝수이므로 $a_5\neq\dfrac{k}{2}+3$

$k=0$일 때, $a_4=k+2$가 짝수이므로 $a_5\neq k+5$

$\therefore$ $k=7$ 또는 $k=20$ 또는 $k=8$

따라서 a_1이 될 수 있는 수는 28, 80, 34이므로 구하는 합은

$28+34+80=142$

46 여러 가지 수열의 귀납적 정의
－경우에 따라 다르게 정의된 수열　정답 ②｜정답률 27%

문제 보기

수열 $\{a_n\}$은 모든 자연수 n에 대하여

$$a_{n+2}=\begin{cases} 2a_n+a_{n+1} & (a_n \le a_{n+1}) \\ a_n+a_{n+1} & (a_n > a_{n+1}) \end{cases}$$

→ $a_1 \le a_2$인 경우와 $a_1 > a_2$인 경우로 나누어 생각한다.

을 만족시킨다. $a_3=2$, $a_6=19$가 되도록 하는 모든 a_1의 값의 합은?

[4점]

① $-\dfrac{1}{2}$　② $-\dfrac{1}{4}$　③ 0　④ $\dfrac{1}{4}$　⑤ $\dfrac{1}{2}$

Step 1 $a_1 \le a_2$일 때, a_1의 값 구하기

(i) $a_1 \le a_2$일 때,

$a_{n+2}=2a_n+a_{n+1}$에서

$a_3=2a_1+a_2$, $2a_1+a_2=2$　……　㉠

$\therefore a_2>0$

ⓘ $a_2 \ge 0$일 때,

$a_2 \le a_3$이므로 → $a_3=2a_1+a_2$이고 $a_1 \ge 0$이므로 $a_2 \le 2a_1+a_2=a_3$

$a_4=2a_2+a_3=2a_2+2$

$a_3 \le a_4$이므로 → $a_4=2a_2+2$이고 $a_2>0$, $a_3=2$이므로 $a_3 \le 2a_2+2=a_4$

$a_5=2a_3+a_4=4+(2a_2+2)=2a_2+6$

$a_4 \le a_5$이므로 → $a_4=2a_2+2$, $a_5=2a_2+6$이므로 $a_4 \le a_5$

$a_6=2a_4+a_5=2(2a_2+2)+(2a_2+6)=6a_2+10$

이때 $a_6=19$이므로

$19=6a_2+10$　$\therefore a_2=\dfrac{3}{2}$

이를 ㉠에 대입하면

$2a_1+\dfrac{3}{2}=2$　$\therefore a_1=\dfrac{1}{4}$

ⓒ $a_1<0$일 때,

$a_2>a_3$이므로 → $a_3=2a_1+a_2$이고 $a_1<0$이므로 $a_2>2a_1+a_2=a_3$

$a_4=a_2+a_3=a_2+2$

$a_3 \le a_4$이므로 → $a_4=a_2+2$이고 $a_2>0$이므로 $a_3 \le a_2+2=a_4$

$a_5=2a_3+a_4=4+(a_2+2)=a_2+6$

$a_4 \le a_5$이므로 → $a_4=a_2+2$, $a_5=a_2+6$이므로 $a_4 \le a_5$

$a_6=2a_4+a_5=2(a_2+2)+(a_2+6)=3a_2+10$

이때 $a_6=19$이므로

$19=3a_2+10$　$\therefore a_2=3$

이를 ㉠에 대입하면

$2a_1+3=2$　$\therefore a_1=-\dfrac{1}{2}$

Step 2 $a_1 > a_2$일 때, a_1의 값 구하기

(ii) $a_1>a_2$일 때,

$a_{n+2}=a_n+a_{n+1}$에서

$a_3=a_1+a_2$, $a_1+a_2=2$　……　㉡

$\therefore a_1>0$

ⓘ $a_2 \ge 0$일 때,

$a_2 \le a_3$이므로 → $a_3=a_1+a_2$이고 $a_1>0$이므로 $a_2 \le a_1+a_2=a_3$

$a_4=2a_2+a_3=2a_2+2$

$a_3 \le a_4$이므로 → $a_4=2a_2+2$이고 $a_2 \ge 0$, $a_3=2$이므로 $a_3 \le 2a_2+2=a_4$

$a_5=2a_3+a_4=4+(2a_2+2)=2a_2+6$

$a_4 \le a_5$이므로 → $a_4=2a_2+2$, $a_5=2a_2+6$이므로 $a_4 \le a_5$

$a_6=2a_4+a_5=2(2a_2+2)+(2a_2+6)=6a_2+10$

이때 $a_6=19$이므로

$19=6a_2+10$　$\therefore a_2=\dfrac{3}{2}$

이를 ㉡에 대입하면

$a_1+\dfrac{3}{2}=2$　$\therefore a_1=\dfrac{1}{2}$

이는 $a_1>a_2$라는 조건을 만족시키지 않는다.

ⓒ $a_2<0$일 때,

$a_2 \le a_3$이므로 → $a_2<0$, $a_3=2$이므로 $a_2<a_3$

$a_4=2a_2+a_3=2a_2+2$

$a_3>a_4$이므로 → $a_4=2a_2+2$이고 $a_2<0$, $a_3=2$이므로 $a_3>2a_2+2=a_4$

$a_5=a_3+a_4=2+(2a_2+2)=2a_2+4$

$a_4 \le a_5$이므로 → $a_4=2a_2+2$, $a_5=2a_2+4$이므로 $a_4 \le a_5$

$a_6=2a_4+a_5=2(2a_2+2)+(2a_2+4)=6a_2+8$

이때 $a_6=19$이므로

$19=6a_2+8$　$\therefore a_2=\dfrac{11}{6}$

이는 $a_2<0$이라는 조건을 만족시키지 않는다.

Step 3 a_1의 값의 합 구하기

(i), (ii)에서 $a_1=\dfrac{1}{4}$ 또는 $a_1=-\dfrac{1}{2}$

따라서 모든 a_1의 값의 합은

$\dfrac{1}{4}+\left(-\dfrac{1}{2}\right)=-\dfrac{1}{4}$

24 일차

01 165 **02** ① **03** ⑤ **04** ⑤ **05** ⑤ **06** ① **07** 8 **08** ② **09** 132 **10** 255 **11** ④ **12** ⑤
13 ⑤ **14** ③ **15** ③ **16** ⑤ **17** ③ **18** ③ **19** 616

문제편 351쪽~360쪽

01 수열의 귀납적 정의의 활용 정답 165 | 정답률 71%

문제 보기

다음 [단계]에 따라 반지름의 길이가 같은 원들을 외접하도록 그린다.

> [단계 1] 3개의 원을 외접하게 그려서 〈그림 1〉을 얻는다.
> [단계 2] 〈그림 1〉의 아래에 3개의 원을 외접하게 그려서 〈그림 2〉를 얻는다.
> [단계 3] 〈그림 2〉의 아래에 4개의 원을 외접하게 그려서 〈그림 3〉을 얻는다.
> ⋮
> [단계 m] 〈그림 $m-1$〉의 아래에 $(m+1)$개의 원을 외접하게 그려서 〈그림 m〉을 얻는다. $(m\geq 2)$

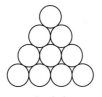

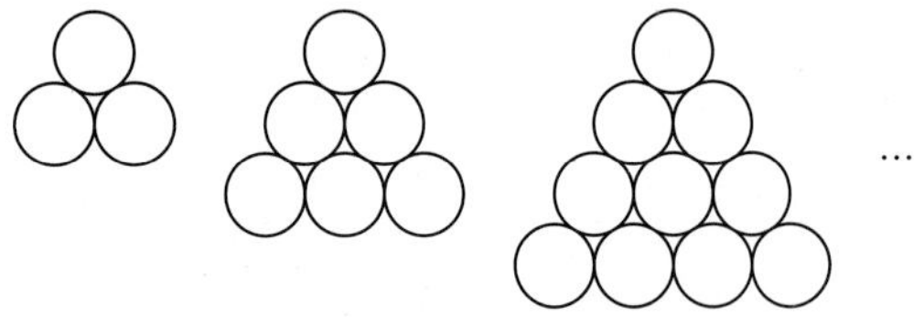

〈그림 1〉 〈그림 2〉 〈그림 3〉 ⋯

〈그림 n〉에 그려진 원의 모든 접점의 개수를 $a_n(n=1, 2, 3, \cdots)$이라
└→ a_1, a_2, a_3, ⋯을 나열하여 a_n과 a_{n+1} 사이의 관계식을 구한다.
하자. 예를 들어, $a_1=3$, $a_2=9$이다. a_{10}의 값을 구하시오. [4점]

Step 1 a_n과 a_{n+1} 사이의 관계식 구하기

$a_1=3$ → 〈그림 1〉에서 원의 접점의 개수는 3이야.

$a_2=a_1+6=a_1+\underline{3\times 2}$ → 〈그림 2〉에서 추가된 원의 접점의 개수야.

$a_3=a_2+9=a_2+\underline{3\times 3}$ → 〈그림 3〉에서 추가된 원의 접점의 개수야.

⋮

$\therefore a_{n+1}=a_n+3(n+1)$

Step 2 a_{10}의 값 구하기

$a_{n+1}=a_n+3(n+1)$의 n에 1, 2, 3, ⋯, 9를 차례대로 대입하여 변끼리 더하면

$$a_2=a_1+3\times 2$$
$$a_3=a_2+3\times 3$$
$$a_4=a_3+3\times 4$$
$$\vdots$$
$$+)\ \underline{a_{10}=a_9+3\times 10}$$
$$a_{10}=a_1+3\times 2+3\times 3+\cdots+3\times 10$$
$$=3\times 1+3\times 2+3\times 3+\cdots+3\times 10$$
$$=\sum_{k=1}^{10} 3k$$
$$=3\times\frac{10\times 11}{2}=165$$

다른 풀이 항의 값을 차례대로 구하기

$a_{n+1}=a_n+3(n+1)$의 n에 1, 2, 3, ⋯, 9를 차례대로 대입하면

$a_2=a_1+3\times 2=3+6=9$

$a_3=a_2+3\times 3=9+9=18$

$a_4=a_3+3\times 4=18+12=30$

$a_5=a_4+3\times 5=30+15=45$

$a_6=a_5+3\times 6=45+18=63$

$a_7=a_6+3\times 7=63+21=84$

$a_8=a_7+3\times 8=84+24=108$

$a_9=a_8+3\times 9=108+27=135$

$\therefore a_{10}=a_9+3\times 10=135+30=165$

02 수열의 귀납적 정의의 활용   정답 ① | 정답률 49%

문제 보기

두 곡선 $y=16^x$, $y=2^x$과 한 점 $A(64, 2^{64})$이 있다. 점 A를 지나며 x축과 평행한 직선이 곡선 $y=16^x$과 만나는 점을 P_1이라 하고, 점 P_1을 지나며 y축과 평행한 직선이 곡선 $y=2^x$과 만나는 점을 Q_1이라 하자. 점 Q_1을 지나며 x축과 평행한 직선이 곡선 $y=16^x$과 만나는 점을 P_2라 하고, 점 P_2를 지나며 y축과 평행한 직선이 곡선 $y=2^x$과 만나는 점을 Q_2라 하자.

이와 같은 과정을 계속하여 n번째 얻은 두 점을 각각 P_n, Q_n이라 하고 점 Q_n의 x좌표를 x_n이라 할 때, $x_n<\dfrac{1}{k}$을 만족시키는 n의 최솟값이 6
  └─ 수열 $\{x_n\}$의 규칙을 구한다.
이 되도록 하는 자연수 k의 개수는? [4점]

① 48   ② 51   ③ 54   ④ 57   ⑤ 60

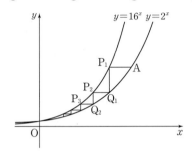

Step 1 x_n 구하기

점 $A(64, 2^{64})$에서 점 P_1의 y좌표는 2^{64}이므로 x좌표는
$16^x=2^{64}$, $2^{4x}=2^{64}$
$4x=64$ $\therefore x=16$
$\therefore P_1(16, 2^{64})$
점 Q_1의 x좌표는 점 P_1의 x좌표와 같으므로
$x_1=16$
점 Q_n의 x좌표는 x_n이므로 y좌표는
$y=2^{x_n}$ $\therefore Q_n(x_n, 2^{x_n})$
점 P_{n+1}의 x좌표는 점 $Q_{n+1}(x_{n+1}, 2^{x_{n+1}})$의 x좌표와 같으므로 점 P_{n+1}의 y좌표는
$y=16^{x_{n+1}}$ $\therefore P_{n+1}(x_{n+1}, 16^{x_{n+1}})$
이때 점 P_{n+1}의 y좌표는 점 Q_n의 y좌표와 같으므로
$16^{x_{n+1}}=2^{x_n}$, $2^{4x_{n+1}}=2^{x_n}$
$4x_{n+1}=x_n$
$\therefore x_{n+1}=\dfrac{1}{4}x_n$

따라서 수열 $\{x_n\}$은 첫째항이 16, 공비가 $\dfrac{1}{4}$인 등비수열이므로

$x_n=16\times\left(\dfrac{1}{4}\right)^{n-1}=2^{6-2n}$

Step 2 자연수 k의 개수 구하기

$x_n<\dfrac{1}{k}$을 만족시키는 n의 최솟값이 6이 되려면

$x_6<\dfrac{1}{k}\leq x_5$

이때 $x_6=\dfrac{1}{64}$, $x_5=\dfrac{1}{16}$이므로 $\dfrac{1}{64}<\dfrac{1}{k}\leq\dfrac{1}{16}$

$\therefore 16\leq k<64$
따라서 자연수 k의 개수는
$64-16=48$

다른 풀이   **Step 1** 에서 항의 값을 차례대로 구하기

점 $A(64, 2^{64})$에서 점 P_1의 y좌표는 2^{64}이므로 x좌표는
$16^x=2^{64}$, $2^{4x}=2^{64}$
$4x=64$ $\therefore x=16$
$\therefore P_1(16, 2^{64})$
점 Q_1의 x좌표는 16이므로 y좌표는
$y=2^{16}$ $\therefore Q_1(16, 2^{16})$
점 P_2의 y좌표는 2^{16}이므로 x좌표는
$16^x=2^{16}$, $2^{4x}=2^{16}$
$4x=16$ $\therefore x=4$
$\therefore P_2(4, 2^{16})$
점 Q_2의 x좌표는 4이므로 y좌표는
$y=2^4$ $\therefore Q_2(4, 2^4)$
점 P_3의 y좌표는 2^4이므로 x좌표는
$16^x=2^4$, $2^{4x}=2^4$
$4x=4$ $\therefore x=1$
$\therefore P_3(1, 2^4)$
점 Q_3의 x좌표는 1이므로 y좌표는
$y=2^1$ $\therefore Q_3(1, 2)$
   ⋮
즉, $x_1=16$, $x_2=4$, $x_3=1$, …이므로 수열 $\{x_n\}$은 첫째항이 16, 공비가 $\dfrac{1}{4}$인 등비수열이다.

$\therefore x_n=16\times\left(\dfrac{1}{4}\right)^{n-1}=2^{6-2n}$

문제 보기

모든 자연수 n에 대하여 다음 조건을 만족시키는 x축 위의 점 P_n과 곡선 $y=\sqrt{3x}$ 위의 점 Q_n이 있다.

> • 선분 OP_n과 선분 P_nQ_n이 서로 수직이다.
> • 선분 OQ_n과 선분 Q_nP_{n+1}이 서로 수직이다.

다음은 점 P_1의 좌표가 $(1, 0)$일 때, 삼각형 $OP_{n+1}Q_n$의 넓이 A_n을 구하는 과정이다. (단, O는 원점이다.)

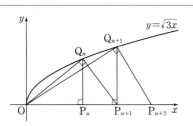

모든 자연수 n에 대하여 점 P_n의 좌표를 $(a_n, 0)$이라 하자.
$\overline{OP_{n+1}}=\overline{OP_n}+\overline{P_nP_{n+1}}$이므로

$a_{n+1}=a_n+\overline{P_nP_{n+1}}$ → 수열 $\{a_n\}$의 규칙을 구한다.

이다. 삼각형 OP_nQ_n과 삼각형 $Q_nP_nP_{n+1}$이 닮음이므로

$\overline{OP_n} : \overline{P_nQ_n}=\overline{P_nQ_n} : \overline{P_nP_{n+1}}$ → 두 점 P_n, Q_n의 좌표를 이용하여 ㈎에 알맞은 수를 구한다.

이고, 점 Q_n의 좌표는 $(a_n, \sqrt{3a_n})$이므로

$\overline{P_nP_{n+1}}=$ ㈎

이다. 따라서 삼각형 $OP_{n+1}Q_n$의 넓이 A_n은

$A_n=\dfrac{1}{2}\times($ ㈏ $)\times\sqrt{9n-6}$ → $A_n=\dfrac{1}{2}\times\overline{OP_{n+1}}\times\overline{P_nQ_n}$ 임을 이용한다.

이다.

위의 ㈎에 알맞은 수를 p, ㈏에 알맞은 식을 $f(n)$이라 할 때, $p+f(8)$의 값은? [4점]

① 20 ② 22 ③ 24 ④ 26 ⑤ 28

Step 1 ㈎에 알맞은 수 구하기

$\overline{OP_n} : \overline{P_nQ_n}=\overline{P_nQ_n} : \overline{P_nP_{n+1}}$이고, 점 Q_n의 좌표는 $(a_n, \sqrt{3a_n})$이므로

$a_n : \sqrt{3a_n}=\sqrt{3a_n} : \overline{P_nP_{n+1}}$

$\therefore \overline{P_nP_{n+1}}=\dfrac{(\sqrt{3a_n})^2}{a_n}=\boxed{^{㈎}3}$

Step 2 ㈏에 알맞은 식 구하기

이때 $a_{n+1}=a_n+\overline{P_nP_{n+1}}=a_n+3$이므로 수열 $\{a_n\}$은 첫째항이 1, 공차가 3인 등차수열이다.

$\therefore a_n=1+(n-1)\times3=3n-2$

따라서 삼각형 $OP_{n+1}Q_n$의 넓이 A_n은

$A_n=\dfrac{1}{2}\times\overline{OP_{n+1}}\times\overline{P_nQ_n}$

$=\dfrac{1}{2}\times a_{n+1}\times\sqrt{3a_n}$

$=\dfrac{1}{2}\times\{3(n+1)-2\}\times\sqrt{3(3n-2)}$

$=\dfrac{1}{2}\times(\boxed{^{㈏}3n+1})\times\sqrt{9n-6}$

Step 3 $p+f(8)$의 값 구하기

따라서 $p=3$, $f(n)=3n+1$이므로

$p+f(8)=3+25=28$

문제 보기

상수 $k(k>1)$에 대하여 다음 조건을 만족시키는 수열 $\{a_n\}$이 있다.

> 모든 자연수 n에 대하여 $a_n<a_{n+1}$이고 곡선 $y=2^x$ 위의 두 점 $P_n(a_n, 2^{a_n})$, $P_{n+1}(a_{n+1}, 2^{a_{n+1}})$을 지나는 직선의 기울기는 $k\times2^{a_n}$이다.

점 P_n을 지나고 x축에 평행한 직선과 점 P_{n+1}을 지나고 y축에 평행한 직선이 만나는 점을 Q_n이라 하고 삼각형 $P_nQ_nP_{n+1}$의 넓이를 A_n이라 하자. 다음은 $a_1=1$, $\dfrac{A_3}{A_1}=16$일 때, A_n을 구하는 과정이다.

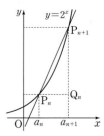

두 점 P_n, P_{n+1}을 지나는 직선의 기울기가 $k\times2^{a_n}$이므로

$2^{a_{n+1}-a_n}=k(a_{n+1}-a_n)+1$

이다. 즉, 모든 자연수 n에 대하여 $a_{n+1}-a_n$은 방정식 $2^x=kx+1$의 해이다.

$k>1$이므로 방정식 $2^x=kx+1$은 오직 하나의 양의 실근 d를 갖는다. 따라서 모든 자연수 n에 대하여 $a_{n+1}-a_n=d$이고, 수열 $\{a_n\}$은 공차가 d인 등차수열이다.

점 Q_n의 좌표가 $(a_{n+1}, 2^{a_n})$이므로

$A_n=\dfrac{1}{2}(a_{n+1}-a_n)(2^{a_{n+1}}-2^{a_n})$ → *

이다. $\dfrac{A_3}{A_1}=16$이므로 d의 값은 ㈎ 이고, 수열 $\{a_n\}$의 일반항은

$a_n=$ ㈏

→ *에 $n=1$, $n=3$을 대입한 후 $a_n=a+(n-1)d$를 이용하여 d의 값을 구한다.

이다. 따라서 모든 자연수 n에 대하여 $A_n=$ ㈐ 이다.

위의 ㈎에 알맞은 수를 p, ㈏와 ㈐에 알맞은 식을 각각 $f(n)$, $g(n)$이라 할 때, $p+\dfrac{g(4)}{f(2)}$의 값은? [4점]

① 118 ② 121 ③ 124 ④ 127 ⑤ 130

Step 1 ㈎에 알맞은 수 구하기

두 점 $P_n(a_n, 2^{a_n})$, $P_{n+1}(a_{n+1}, 2^{a_{n+1}})$을 지나는 직선의 기울기가 $k\times2^{a_n}$이므로

$\dfrac{2^{a_{n+1}}-2^{a_n}}{a_{n+1}-a_n}=k\times2^{a_n}$

$2^{a_{n+1}}-2^{a_n}=k\times2^{a_n}\times(a_{n+1}-a_n)$

양변을 2^{a_n}으로 나누면

$2^{a_{n+1}-a_n}-1=k(a_{n+1}-a_n)$

$\therefore 2^{a_{n+1}-a_n}=k(a_{n+1}-a_n)+1$

즉, 모든 자연수 n에 대하여 $a_{n+1}-a_n$은 방정식 $2^x=kx+1$의 해이다.

$k>1$이므로 방정식 $2^x=kx+1$은 오직 하나의 양의 실근 d를 갖는다. 따라서 모든 자연수 n에 대하여 $a_{n+1}-a_n=d$이고, 수열 $\{a_n\}$은 공차가 d인 등차수열이다.

점 Q_n의 좌표가 $(a_{n+1}, 2^{a_n})$이므로

$A_n=\dfrac{1}{2}(a_{n+1}-a_n)(2^{a_{n+1}}-2^{a_n})$

$\dfrac{A_3}{A_1}=\dfrac{\dfrac{1}{2}(a_4-a_3)(2^{a_4}-2^{a_3})}{\dfrac{1}{2}(a_2-a_1)(2^{a_2}-2^{a_1})}=\dfrac{2^{a_4}-2^{a_3}}{2^{a_2}-2^{a_1}}$

$=\dfrac{2^{1+3d}-2^{1+2d}}{2^{1+d}-2}=\dfrac{2^{1+2d}(2^d-1)}{2(2^d-1)}=\dfrac{2^{1+2d}}{2}=2^{2d}$

즉, $2^{2d}=16=2^4$이므로

$2d=4$ $\therefore d=\boxed{^{(7h)}\ 2}$

Step 2 (나)에 알맞은 식 구하기

수열 $\{a_n\}$은 첫째항이 1, 공차가 2인 등차수열이므로 일반항은

$a_n=1+(n-1)\times2=\boxed{^{(L\!\!\!/)}\ 2n-1}$

Step 3 (다)에 알맞은 식 구하기

따라서 모든 자연수 n에 대하여

$A_n=\boxed{^{(L\!\!\!/)}\ 2^{2n+1}-2^{2n-1}}$

Step 4 $p+\dfrac{g(4)}{f(2)}$의 값 구하기

따라서 $p=2$, $f(n)=2n-1$, $g(n)=2^{2n+1}-2^{2n-1}$이므로

$p+\dfrac{g(4)}{f(2)}=2+\dfrac{2^9-2^7}{3}=2+\dfrac{2^7(2^2-1)}{3}=130$

---

05   수열의 귀납적 정의의 활용   정답 ⑤ | 정답률 40%

문제 보기

모든 자연수 n에 대하여 직선 $l: x-2y+\sqrt{5}=0$ 위의 점 P_n과 x축 위의 점 Q_n이 다음 조건을 만족시킨다.

- 직선 P_nQ_n과 직선 l이 서로 수직이다.
- $\overline{P_nQ_n}=\overline{P_nP_{n+1}}$이고 점 P_{n+1}의 x좌표는 점 P_n의 x좌표보다 크다.

다음은 점 P_1이 원 $x^2+y^2=1$과 직선 l의 접점일 때, 2 이상의 모든 자연수 n에 대하여 삼각형 OQ_nP_n의 넓이를 구하는 과정이다.

(단, O는 원점이다.)

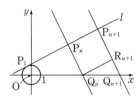

자연수 n에 대하여 점 Q_n을 지나고 직선 l과 평행한 직선이 선분 $P_{n+1}Q_{n+1}$과 만나는 점을 R_{n+1}이라 하면 사각형 $P_nQ_nR_{n+1}P_{n+1}$은 정사각형이다.

직선 l의 기울기가 $\dfrac{1}{2}$이므로 → 직선 Q_nR_{n+1}의 기울기가 $\dfrac{1}{2}$이다.

$\overline{R_{n+1}Q_{n+1}}=\boxed{\text{(가)}}\times\overline{P_nP_{n+1}}$

이고

$\overline{P_{n+1}Q_{n+1}}=(1+\boxed{\text{(가)}})\times\overline{P_nQ_n}$

이다. 이때, $\overline{P_1Q_1}=1$이므로 $\overline{P_nQ_n}=\boxed{\text{(나)}}$이다.

그러므로 2 이상의 자연수 n에 대하여

$\overline{P_1P_n}=\sum\limits_{k=1}^{n-1}\overline{P_kP_{k+1}}=\boxed{\text{(다)}}$ → $\overline{P_nQ_n}=\overline{P_nP_{n+1}}$임을 이용한다.

이다. 따라서 2 이상의 자연수 n에 대하여 삼각형 OQ_nP_n의 넓이는

$\dfrac{1}{2}\times\overline{P_nQ_n}\times\overline{P_1P_n}=\dfrac{1}{2}\times\boxed{\text{(나)}}\times(\boxed{\text{(다)}})$

이다.

위의 (가)에 알맞은 수를 p, (나)와 (다)에 알맞은 식을 각각 $f(n)$, $g(n)$이라 할 때, $f(6p)+g(8p)$의 값은? [4점]

① 3   ② 4   ③ 5   ④ 6   ⑤ 7

Step 1 (가)에 알맞은 수 구하기

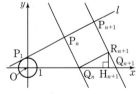

점 R_{n+1}에서 x축에 내린 수선의 발을 H_{n+1}이라 하자.

직선 l의 기울기가 $\dfrac{1}{2}$이므로 직선 Q_nR_{n+1}의 기울기도 $\dfrac{1}{2}$이다.

$\therefore \overline{Q_nH_{n+1}}:\overline{H_{n+1}R_{n+1}}=2:1$ → 평행한 두 직선의 기울기는 서로 같아.

직각삼각형 $Q_nR_{n+1}Q_{n+1}$과 직각삼각형 $Q_nH_{n+1}R_{n+1}$은 서로 닮음이므로

$\overline{Q_nR_{n+1}}:\overline{R_{n+1}Q_{n+1}}=2:1$에서

$\overline{R_{n+1}Q_{n+1}}=\dfrac{1}{2}\times\overline{Q_nR_{n+1}}$

이때 $\overline{Q_nR_{n+1}}=\overline{P_nP_{n+1}}$이므로

$\overline{R_{n+1}Q_{n+1}}=\boxed{^{(7h)}\ \dfrac{1}{2}}\times\overline{P_nP_{n+1}}$

(나)에 알맞은 식 구하기

$\overline{P_{n+1}Q_{n+1}}=\left(1+\boxed{^{(7\!\!\!\text{개})}\dfrac{1}{2}}\right)\times\overline{P_nQ_n}=\dfrac{3}{2}\times\overline{P_nQ_n}$ 이고 $\overline{P_1Q_1}=1$이므로 선분

P_nQ_n의 길이는 첫째항이 1, 공비가 $\dfrac{3}{2}$인 등비수열이다.

$\therefore \overline{P_nQ_n}=1\times\left(\dfrac{3}{2}\right)^{n-1}=\boxed{^{(\text{나})}\left(\dfrac{3}{2}\right)^{n-1}}$

Step 3 (다)에 알맞은 식 구하기

$\overline{P_nP_{n+1}}=\overline{P_nQ_n}$이므로

$\overline{P_1P_n}=\displaystyle\sum_{k=1}^{n-1}\overline{P_kP_{k+1}}$

$\phantom{\overline{P_1P_n}}=\displaystyle\sum_{k=1}^{n-1}\overline{P_kQ_k}$

$\phantom{\overline{P_1P_n}}=\dfrac{1\times\left\{\left(\dfrac{3}{2}\right)^{n-1}-1\right\}}{\dfrac{3}{2}-1}$

$\phantom{\overline{P_1P_n}}=\boxed{^{(\text{다})}2\left\{\left(\dfrac{3}{2}\right)^{n-1}-1\right\}}$

Step 4 $f(6p)+g(8p)$의 값 구하기

따라서 $p=\dfrac{1}{2}$, $f(n)=\left(\dfrac{3}{2}\right)^{n-1}$, $g(n)=2\left\{\left(\dfrac{3}{2}\right)^{n-1}-1\right\}$ 이므로

$f(6p)+g(8p)=f(3)+g(4)=\dfrac{9}{4}+\dfrac{19}{4}=7$

---

06 수열의 귀납적 정의의 활용 정답 ① | 정답률 78%

문제 보기

자연수 n에 대하여 좌표평면 위의 점 $P_n(x_n, y_n)$을 다음 규칙에 따라 정한다.

(가) $x_1=y_1=1$

(나) $\begin{cases} x_{n+1}=x_n+(n+1) \\ y_{n+1}=y_n+(-1)^n\times(n+1) \end{cases}$ $(n\geq1)$

└ $x_{n+1}-x_n$, $y_{n+1}-y_n$을 이용하여 점 P_n에서 점 P_{n+1}로 갈 때, 점 Q가 이동하는 횟수를 구한다.

점 Q는 원점 O를 출발하여 $\overline{OP_1}$을 따라 점 P_1에 도착한다. 자연수 n에 대하여 점 P_n에 도착한 점 Q는 점 P_{n+1}을 향하여 $\overline{P_nP_{n+1}}$을 따라 이동한다. 점 Q는 한 번에 $\sqrt{2}$만큼 이동한다. 예를 들어, 원점에서 출발하여 7번 이동한 점 Q의 좌표는 $(7, 1)$이다. 원점에서 출발하여 55번 이동한 점 Q의 y좌표는? [4점]

└ 점 Q의 위치를 파악한다.

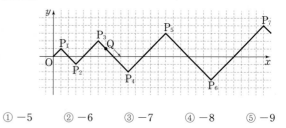

① -5 ② -6 ③ -7 ④ -8 ⑤ -9

Step 1 점 Q의 위치 파악하기

조건 (가)에서 $P_1(1, 1)$

$\therefore \overline{OP_1}=\sqrt{1^2+1^2}=\sqrt{2}$

점 Q는 한 번에 $\sqrt{2}$만큼 이동하므로 점 Q가 원점에서 점 P_1로 갈 때 이동하는 횟수는 1이다.

조건 (나)에서 $x_{n+1}-x_n=n+1$, $y_{n+1}-y_n=(-1)^n\times(n+1)$

$\therefore \overline{P_nP_{n+1}}=\sqrt{(x_{n+1}-x_n)^2+(y_{n+1}-y_n)^2}$

$\phantom{\therefore \overline{P_nP_{n+1}}}=\sqrt{(n+1)^2+\{(-1)^n\times(n+1)\}^2}$

$\phantom{\therefore \overline{P_nP_{n+1}}}=\sqrt{(n+1)^2+(-1)^{2n}\times(n+1)^2}$

$\phantom{\therefore \overline{P_nP_{n+1}}}=\sqrt{2(n+1)^2}$

$\phantom{\therefore \overline{P_nP_{n+1}}}=\sqrt{2}(n+1)$

즉, 점 Q가 한 번에 $\sqrt{2}$만큼 이동하므로 점 Q가 점 P_n에서 점 P_{n+1}로 갈 때 이동하는 횟수는 $n+1$이다.

따라서 점 Q가 원점에서 출발하여 점 P_n에 도착할 때까지 이동하는 횟수는

$1+2+3+\cdots+n=\dfrac{n(n+1)}{2}$

이때 $\dfrac{10\times11}{2}=55$이므로 점 Q가 원점에서 출발하여 55번 이동한 점은 점 P_{10}이다.

Step 2 점 Q의 y좌표 구하기

점 P_{10}의 y좌표는 y_{10}이므로 $y_{n+1}=y_n+(-1)^n\times(n+1)$의 n에 1, 2, 3, $\cdots$, 9를 차례대로 대입하여 변끼리 더하면

$y_2=y_1+(-1)\times2$

$y_3=y_2+(-1)^2\times3$

$y_4=y_3+(-1)^3\times4$

$\quad\vdots$

$+)\ y_{10}=y_9+(-1)^9\times10$

$y_{10}=y_1+(-2+3-4+\cdots-10)$

$\phantom{y_{10}}=1+\{(-2+3)+(-4+5)+(-6+7)+(-8+9)-10\}$

$\phantom{y_{10}}=1+(4-10)=-5$

따라서 구하는 점 Q의 y좌표는 -5이다.

다른 풀이 그림을 이용하여 점 Q의 위치 구하기

주어진 그림에서 $\overline{OP_1}=\sqrt{2}$, $\overline{P_1P_2}=2\sqrt{2}$, $\overline{P_2P_3}=3\sqrt{2}$, …이고 점 Q는 한 번에 $\sqrt{2}$만큼 이동하므로 점 Q가 점 P_n에서 점 P_{n+1}로 갈 때 $(n+1)$번 이동해야 한다.

이때 $1+2+3+\cdots+10=\dfrac{10\times11}{2}=55$이므로 점 Q가 원점에서 출발하여 55번 이동한 점은 점 P_{10}이다.

따라서 점 Q의 y좌표는 $y_{n+1}=y_n+(-1)^n\times(n+1)$의 n에 1, 2, 3, …, 9를 차례대로 대입하면

$y_2=y_1+(-1)\times2=1-2=-1$

$y_3=y_2+(-1)^2\times3=-1+3=2$

$y_4=y_3+(-1)^3\times4=2-4=-2$

$y_5=y_4+(-1)^4\times5=-2+5=3$

$y_6=y_5+(-1)^5\times6=3-6=-3$

$y_7=y_6+(-1)^6\times7=-3+7=4$

$y_8=y_7+(-1)^7\times8=4-8=-4$

$y_9=y_8+(-1)^8\times9=-4+9=5$

$\therefore y_{10}=y_9+(-1)^9\times10=5-10=-5$

---

07 수열의 귀납적 정의의 활용 — 같은 수가 반복되는 수열

정답 8 | 정답률 76%

문제 보기

자연수 n에 대하여 순서쌍 $(x_n,\ y_n)$을 다음 규칙에 따라 정한다.

> (가) $(x_1,\ y_1)=(1,\ 1)$
>
> (나) n이 홀수이면 $(x_{n+1},\ y_{n+1})=(x_n,\ (y_n-3)^2)$이고,
> n이 짝수이면 $(x_{n+1},\ y_{n+1})=((x_n-3)^2,\ y_n)$이다.
> └→ n에 1, 2, 3, …을 차례대로 대입하여 규칙을 찾는다.

순서쌍 $(x_{2015},\ y_{2015})$에서 $x_{2015}+y_{2015}$의 값을 구하시오. [4점]

Step 1 순서쌍 $(x_n,\ y_n)$의 규칙 찾기

조건 (나)의 n에 1, 2, 3, …을 차례대로 대입하면

$(x_2,\ y_2)=(x_1,\ (y_1-3)^2)=(1,\ 4)$

$(x_3,\ y_3)=((x_2-3)^2,\ y_2)=(4,\ 4)$

$(x_4,\ y_4)=(x_3,\ (y_3-3)^2)=(4,\ 1)$

$(x_5,\ y_5)=((x_4-3)^2,\ y_4)=(1,\ 1)$

$(x_6,\ y_6)=(x_5,\ (y_5-3)^2)=(1,\ 4)$

⋮

즉, 순서쌍 $(x_n,\ y_n)$은 $(1,\ 1)$, $(1,\ 4)$, $(4,\ 4)$, $(4,\ 1)$이 이 순서대로 반복하여 나타난다.

Step 2 순서쌍 $(x_{2015},\ y_{2015})$ 구하기

$2015=503\times4+3$이므로

$(x_{2015},\ y_{2015})=(x_3,\ y_3)=(4,\ 4)$

Step 3 $x_{2015}+y_{2015}$의 값 구하기

따라서 $x_{2015}=4$, $y_{2015}=4$이므로

$x_{2015}+y_{2015}=8$

문제 보기

자연수 n에 대하여 좌표평면 위의 점 A_n을 다음 규칙에 따라 정한다.

> (가) 점 A_1의 좌표는 $(0, 0)$이다.
> (나) n이 짝수이면 점 A_n은 점 A_{n-1}을 y축의 방향으로 $(-1)^{\frac{n}{2}} \times (n+1)$만큼 평행이동한 점이다.
> (다) n이 3 이상의 홀수이면 점 A_n은 점 A_{n-1}을 x축의 방향으로 $(-1)^{\frac{n-1}{2}} \times n$만큼 평행이동한 점이다.
> └ 점 A_2, A_3, A_4, …의 좌표를 구하여 규칙을 찾는다.

위의 규칙에 따라 정해진 점 A_{30}의 좌표를 (p, q)라 할 때, $p+q$의 값은? [4점]

① -6　② -3　③ 0　④ 3　⑤ 6

Step 1 점 A_n의 좌표의 규칙 찾기

$A_1(0, 0)$

점 A_2는 점 $A_1(0, 0)$을 y축의 방향으로 $(-1)^1 \times 3 = -3$만큼 평행이동한 점이므로 $A_2(0, -3)$

점 A_3은 점 $A_2(0, -3)$을 x축의 방향으로 $(-1)^1 \times 3 = -3$만큼 평행이동한 점이므로 $A_3(-3, -3)$

점 A_4는 점 $A_3(-3, -3)$을 y축의 방향으로 $(-1)^2 \times 5 = 5$만큼 평행이동한 점이므로 $A_4(-3, -3+5)$

점 A_5는 점 $A_4(-3, -3+5)$를 x축의 방향으로 $(-1)^2 \times 5 = 5$만큼 평행이동한 점이므로 $A_5(-3+5, -3+5)$

점 A_6은 점 $A_5(-3+5, -3+5)$를 y축의 방향으로 $(-1)^3 \times 7 = -7$만큼 평행이동한 점이므로 $A_6(-3+5, -3+5-7)$

점 A_7은 점 $A_6(-3+5, -3+5-7)$을 x축의 방향으로 $(-1)^3 \times 7 = -7$만큼 평행이동한 점이므로 $A_7(-3+5-7, -3+5-7)$
$\vdots$

이때 n이 홀수일 때, x좌표와 y좌표가 같음을 알 수 있다.

Step 2 점 A_{30}의 좌표 구하기

$A_{29}(-3+5-7+\cdots-27+29, -3+5-7+\cdots-27+29)$이고, 점 A_{30}은 점 A_{29}를 y축의 방향으로 $(-1)^{15} \times 31 = -31$만큼 평행이동한 점이므로
$A_{30}(-3+5-7+\cdots-27+29, -3+5-7+\cdots-27+29-31)$

Step 3 $p+q$의 값 구하기

점 A_{30}의 좌표가 (p, q)이므로
$p = -3+5-7+\cdots-27+29$
$\quad = (-3+5)+(-7+9)+\cdots+(-27+29)$
$\quad = 2 \times 7 = 14$
$q = -3+5-7+\cdots-27+29-31$
$\quad = (-3+5)+(-7+9)+\cdots+(-27+29)-31$
$\quad = 2 \times 7 - 31 = -17$
$\therefore p+q = 14+(-17) = -3$

문제 보기

자연수 n에 대하여 좌표평면 위의 점 P_n의 좌표를 $(n, an-a)$라 하자. 두 점 Q_n, Q_{n+1}에 대하여 점 P_n이 삼각형 $Q_nQ_{n+1}Q_{n+2}$의 무게중심이 되도록 점 Q_{n+2}를 정한다. 두 점 Q_1, Q_2의 좌표가 각각 $(0, 0)$,
└ 점 Q_3, Q_4, Q_5, …의 좌표를 구하여 규칙을 찾는다.
$(1, -1)$이고 점 Q_{10}의 좌표가 $(9, 90)$이다. 점 Q_{13}의 좌표를 (p, q)라 할 때, $p+q$의 값을 구하시오. (단, $a>1$) [4점]

Step 1 점 Q_n의 좌표의 규칙 찾기

두 점 Q_1, Q_2의 좌표가 각각 $(0, 0)$, $(1, -1)$이고 점 Q_3의 좌표를 (a_3, b_3)이라 하면 삼각형 $Q_1Q_2Q_3$의 무게중심의 좌표는
$$\left(\frac{0+1+a_3}{3}, \frac{0-1+b_3}{3} \right)$$
이때 점 P_1이 삼각형 $Q_1Q_2Q_3$의 무게중심이고, 점 P_1의 좌표가 $(1, 0)$이므로
$$\frac{1+a_3}{3}=1, \frac{-1+b_3}{3}=0 \quad \therefore a_3=2, b_3=1$$
따라서 점 Q_3의 좌표는 $(2, 1)$

두 점 Q_2, Q_3의 좌표가 각각 $(1, -1)$, $(2, 1)$이고 점 Q_4의 좌표를 (a_4, b_4)라 하면 삼각형 $Q_2Q_3Q_4$의 무게중심의 좌표는
$$\left(\frac{1+2+a_4}{3}, \frac{-1+1+b_4}{3} \right)$$
이때 점 P_2가 삼각형 $Q_2Q_3Q_4$의 무게중심이고, 점 P_2의 좌표가 $(2, a)$이므로
$$\frac{3+a_4}{3}=2, \frac{b_4}{3}=a \quad \therefore a_4=3, b_4=3a$$
따라서 점 Q_4의 좌표는 $(3, 3a)$

두 점 Q_3, Q_4의 좌표가 각각 $(2, 1)$, $(3, 3a)$이고 점 Q_5의 좌표를 (a_5, b_5)라 하면 삼각형 $Q_3Q_4Q_5$의 무게중심의 좌표는
$$\left(\frac{2+3+a_5}{3}, \frac{1+3a+b_5}{3} \right)$$
이때 점 P_3이 삼각형 $Q_3Q_4Q_5$의 무게중심이고, 점 P_3의 좌표가 $(3, 2a)$이므로
$$\frac{5+a_5}{3}=3, \frac{1+3a+b_5}{3}=2a \quad \therefore a_5=4, b_5=3a-1$$
따라서 점 Q_5의 좌표는 $(4, 3a-1)$

같은 방법으로 하면 두 점 Q_4, Q_5의 좌표가 각각 $(3, 3a)$, $(4, 3a-1)$이고 점 P_4의 좌표가 $(4, 3a)$이므로 점 Q_6의 좌표는 $(5, 3a+1)$

두 점 Q_5, Q_6의 좌표가 각각 $(4, 3a-1)$, $(5, 3a+1)$이고 점 P_5의 좌표가 $(5, 4a)$이므로 점 Q_7의 좌표는 $(6, 6a)$

두 점 Q_6, Q_7의 좌표가 각각 $(5, 3a+1)$, $(6, 6a)$이고 점 P_6의 좌표가 $(6, 5a)$이므로 점 Q_8의 좌표는 $(7, 6a-1)$

두 점 Q_7, Q_8의 좌표가 각각 $(6, 6a)$, $(7, 6a-1)$이고 점 P_7의 좌표가 $(7, 6a)$이므로 점 Q_9의 좌표는 $(8, 6a+1)$

두 점 Q_8, Q_9의 좌표가 각각 $(7, 6a-1)$, $(8, 6a+1)$이고 점 P_8의 좌표가 $(8, 7a)$이므로 점 Q_{10}의 좌표는 $(9, 9a)$
$\vdots$

즉, 자연수 k에 대하여 점 Q_{3k+1}의 좌표는
$Q_{3k+1}(3k, 3ka)$　……… ㉠

Step 2 a의 값 구하기

점 Q_{10}의 좌표가 $(9, 90)$이므로
$9a=90 \quad \therefore a=10$

Step 3 $p+q$의 값 구하기

㉠에 $k=4$를 대입하면 점 Q_{13}의 좌표는 $(12, 120)$
따라서 $p=12$, $q=120$이므로 $p+q=132$

10 수열의 귀납적 정의의 활용

정답 255 | 정답률 35%

문제 보기

그림과 같이 직사각형에서 세로를 각각 이등분하는 점 2개를 연결하는 선분을 그린 그림을 [그림 1]이라 하자. [그림 1]을 $\frac{1}{2}$만큼 축소시킨 도형을 [그림 1]의 오른쪽 맨 아래 꼭짓점을 하나의 꼭짓점으로 하여 오른쪽에 이어 붙인 그림을 [그림 2]라 하자. 이와 같이 3 이상의 자연수 k에 대하여 [그림 1]을 $\frac{1}{2^{k-1}}$만큼 축소시킨 도형을 [그림 $k-1$]의 오른쪽 맨 아래 꼭짓점을 하나의 꼭짓점으로 하여 오른쪽에 이어 붙인 그림을 [그림 k]라 하자. 자연수 n에 대하여 [그림 n]에서 왼쪽 맨 위 꼭짓점을 A_n, 오른쪽 맨 아래 꼭짓점을 B_n이라 할 때, 점 A_n에서 점 B_n까지 선을 따라 최단거리로 가는 경로의 수를 a_n이라 하자. a_7의 값을 구하시오. [4점]

└ [그림 1], [그림 2], [그림 3], …에서 최단거리로 가는 경로의 수를 구하여 규칙을 찾는다.

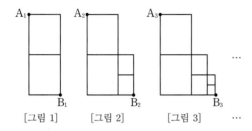

[그림 1]   [그림 2]   [그림 3]   …

Step 1 경로의 수의 규칙 찾기

[그림 1]의 점 A_1에서 점 B_1까지 최단거리로 가는 경로는 오른쪽 그림과 같다.

$\therefore a_1 = 3$

[그림 2]에서 C_2, D_2 지점을 표시하면 점 A_2에서 점 B_2까지 최단거리로 가는 경로는
$A_2 \rightarrow C_2 \rightarrow B_2$ 또는 $A_2 \rightarrow D_2 \rightarrow B_2$
$A_2 \rightarrow C_2$로 가는 방법이 2가지, $C_2 \rightarrow B_2$로 가는 방법이 a_1가지이므로 $A_2 \rightarrow C_2 \rightarrow B_2$를 따라 최단거리로 가는 경로의 수는 $2 \times a_1$
$A_2 \rightarrow D_2 \rightarrow B_2$를 따라 최단거리로 가는 경로의 수는 1
$\therefore a_2 = 2 \times a_1 + 1$

[그림 3]에서 C_3, D_3 지점을 표시하면 점 A_3에서 점 B_3까지 최단거리로 가는 경로는
$A_3 \rightarrow C_3 \rightarrow B_3$ 또는 $A_3 \rightarrow D_3 \rightarrow B_3$
$A_3 \rightarrow C_3$으로 가는 방법이 2가지, $C_3 \rightarrow B_3$으로 가는 방법이 a_2가지이므로 $A_3 \rightarrow C_3 \rightarrow B_3$을 따라 최단거리로 가는 경로의 수는 $2 \times a_2$
$A_3 \rightarrow D_3 \rightarrow B_3$을 따라 최단거리로 가는 경로의 수는 1
$\therefore a_3 = 2 \times a_2 + 1$
$\vdots$

이와 같은 방법으로 a_n과 a_{n+1} 사이의 관계식을 구하면
$$a_{n+1} = 2a_n + 1$$

Step 2 a_7의 값 구하기

$a_{n+1} = 2a_n + 1$의 n에 1, 2, 3, …, 6을 차례대로 대입하면
$a_2 = 2a_1 + 1 = 2 \times 3 + 1 = 7$, $a_3 = 2a_2 + 1 = 2 \times 7 + 1 = 15$
$a_4 = 2a_3 + 1 = 2 \times 15 + 1 = 31$, $a_5 = 2a_4 + 1 = 2 \times 31 + 1 = 63$
$a_6 = 2a_5 + 1 = 2 \times 63 + 1 = 127$ $\therefore a_7 = 2a_6 + 1 = 2 \times 127 + 1 = 255$

---

11 수학적 귀납법 – 등식의 증명

정답 ④ | 정답률 82%

문제 보기

수열 $\{a_n\}$의 일반항은
$$a_n = (2^{2n} - 1) \times 2^{n(n-1)} + (n-1) \times 2^{-n} \rightarrow \text{①}$$
이다. 다음은 모든 자연수 n에 대하여
$$\sum_{k=1}^{n} a_k = 2^{n(n+1)} - (n+1) \times 2^{-n} \quad \cdots\cdots (*)$$
임을 수학적 귀납법을 이용하여 증명한 것이다.

> (i) $n=1$일 때, (좌변)$=3$, (우변)$=3$이므로 $(*)$이 성립한다.
>
> (ii) $n=m$일 때, $(*)$이 성립한다고 가정하면
> $$\sum_{k=1}^{m} a_k = 2^{m(m+1)} - (m+1) \times 2^{-m}$$
> 이다. $n=m+1$일 때,
> $$\sum_{k=1}^{m+1} a_k = 2^{m(m+1)} - (m+1) \times 2^{-m}$$
> $$+ (2^{2m+2} - 1) \times \boxed{\text{(가)}} + m \times 2^{-m-1} \quad \text{①에 } n=m+1\text{을 대입한다.}$$
> $$= \boxed{\text{(가)}} \times \boxed{\text{(나)}} - \frac{m+2}{2} \times 2^{-m}$$
> $$= 2^{(m+1)(m+2)} - (m+2) \times 2^{-(m+1)}$$
> 이다. 따라서 $n=m+1$일 때도 $(*)$이 성립한다.
>
> (i), (ii)에 의하여 모든 자연수 n에 대하여
> $$\sum_{k=1}^{n} a_k = 2^{n(n+1)} - (n+1) \times 2^{-n}$$
> 이다.

위의 (가), (나)에 알맞은 식을 각각 $f(m)$, $g(m)$이라 할 때, $\frac{g(7)}{f(3)}$의 값은? [4점]

① 2   ② 4   ③ 8   ④ 16   ⑤ 32

Step 1 (가), (나)에 알맞은 식 구하기

(ii) $n=m$일 때, $(*)$이 성립한다고 가정하면
$$\sum_{k=1}^{m} a_k = 2^{m(m+1)} - (m+1) \times 2^{-m}$$
$n=m+1$일 때,
$$\sum_{k=1}^{m+1} a_k = \sum_{k=1}^{m} a_k + a_{m+1}$$
$$= 2^{m(m+1)} - (m+1) \times 2^{-m}$$
$$+ \{2^{2(m+1)} - 1\} \times 2^{(m+1)m} + m \times 2^{-(m+1)}$$
$$= 2^{m(m+1)} - (m+1) \times 2^{-m}$$
$$+ (2^{2m+2} - 1) \times \boxed{\text{(가)} \ 2^{m(m+1)}} + m \times 2^{-m-1}$$
$$= 2^{m(m+1)} \times 2^{2m+2} + \{-(m+1) + m \times 2^{-1}\} \times 2^{-m}$$
$$= \boxed{\text{(가)} \ 2^{m(m+1)}} \times \boxed{\text{(나)} \ 2^{2m+2}} - \frac{m+2}{2} \times 2^{-m}$$
$$= 2^{(m+1)(m+2)} - (m+2) \times 2^{-(m+1)}$$

Step 2 $\frac{g(7)}{f(3)}$의 값 구하기

따라서 $f(m) = 2^{m(m+1)}$, $g(m) = 2^{2m+2}$이므로
$$\frac{g(7)}{f(3)} = \frac{2^{16}}{2^{12}} = 2^4 = 16$$

문제 보기

다음은 모든 자연수 n에 대하여

$$\frac{4}{3}+\frac{8}{3^2}+\frac{12}{3^3}+\cdots+\frac{4n}{3^n}=3-\frac{2n+3}{3^n} \qquad \cdots\cdots (*)$$

이 성립함을 수학적 귀납법으로 증명한 것이다.

〈증명〉

(1) $n=1$일 때, (좌변)$=\dfrac{4}{3}$, (우변)$=3-\dfrac{5}{3}=\dfrac{4}{3}$이므로

   $(*)$이 성립한다.

(2) $n=k$일 때, $(*)$이 성립한다고 가정하면

$$\frac{4}{3}+\frac{8}{3^2}+\frac{12}{3^3}+\cdots+\frac{4k}{3^k}=3-\frac{2k+3}{3^k}$$

이다.

위 등식의 양변에 $\dfrac{4(k+1)}{3^{k+1}}$을 더하여 정리하면

$$\frac{4}{3}+\frac{8}{3^2}+\frac{12}{3^3}+\cdots+\frac{4k}{3^k}+\frac{4(k+1)}{3^{k+1}}$$

$$=3-\frac{1}{3^k}\left\{(2k+3)-\left(\boxed{\text{(가)}}\right)\right\} \to 3-\frac{2k+3}{3^k}+\frac{4(k+1)}{3^{k+1}} \text{을}$$
변형한다.

$$=3-\frac{\boxed{\text{(나)}}}{3^{k+1}}$$

따라서 $n=k+1$일 때도 $(*)$이 성립한다.

(1), (2)에 의하여 모든 자연수 n에 대하여 $(*)$이 성립한다.

위의 (가), (나)에 알맞은 식을 각각 $f(k)$, $g(k)$라 할 때, $f(3)\times g(2)$의 값은? [4점]

① 36   ② 39   ③ 42   ④ 45   ⑤ 48

Step 1 (가), (나)에 알맞은 식 구하기

(2) $n=k$일 때, $(*)$이 성립한다고 가정하면

$$\frac{4}{3}+\frac{8}{3^2}+\frac{12}{3^3}+\cdots+\frac{4k}{3^k}=3-\frac{2k+3}{3^k}$$

위 등식의 양변에 $\dfrac{4(k+1)}{3^{k+1}}$을 더하면

$$\frac{4}{3}+\frac{8}{3^2}+\frac{12}{3^3}+\cdots+\frac{4k}{3^k}+\frac{4(k+1)}{3^{k+1}}$$

$$=3-\frac{2k+3}{3^k}+\frac{4(k+1)}{3^{k+1}}$$

$$=3-\frac{1}{3^k}\left\{(2k+3)-\boxed{\overset{\text{(가)}}{\frac{4(k+1)}{3}}}\right\}$$

$$=3-\frac{1}{3^k}\times\frac{2k+5}{3}$$

$$=3-\frac{\boxed{\overset{\text{(나)}}{2k+5}}}{3^{k+1}}$$

Step 2 $f(3)\times g(2)$의 값 구하기

따라서 $f(k)=\dfrac{4(k+1)}{3}$, $g(k)=2k+5$이므로

$$f(3)\times g(2)=\frac{16}{3}\times 9=48$$

문제 보기

수열 $\{a_n\}$은 $a_1=3$이고

$$na_{n+1}-2na_n+\frac{n+2}{n+1}=0 \ (n\geq 1)$$

을 만족시킨다. 다음은 일반항 a_n이

$$a_n=2^n+\frac{1}{n} \qquad \cdots\cdots (*)$$

임을 수학적 귀납법을 이용하여 증명한 것이다.

(ⅰ) $n=1$일 때, (좌변)$=a_1=3$, (우변)$=2^1+\dfrac{1}{1}=3$이므로

   $(*)$이 성립한다.

(ⅱ) $n=k$일 때 $(*)$이 성립한다고 가정하면

$$a_k=2^k+\frac{1}{k}\text{이므로} \quad \text{❶}$$

$$ka_{k+1}=2ka_k-\frac{k+2}{k+1} \quad \text{❶을 대입하여 정리한다.}$$

$$=\boxed{\text{(가)}}-\frac{k+2}{k+1}$$

$$=k2^{k+1}+\boxed{\text{(나)}}$$

이다. 따라서 $a_{k+1}=2^{k+1}+\dfrac{1}{k+1}$이므로

$n=k+1$일 때도 $(*)$이 성립한다.

(ⅰ), (ⅱ)에 의하여 모든 자연수 n에 대하여

$a_n=2^n+\dfrac{1}{n}$이다.

위의 (가), (나)에 알맞은 식을 각각 $f(k)$, $g(k)$라 할 때, $f(3)\times g(4)$의 값은? [3점]

① 32   ② 34   ③ 36   ④ 38   ⑤ 40

Step 1 (가), (나)에 알맞은 식 구하기

(ⅱ) $n=k$일 때, $(*)$이 성립한다고 가정하면

$$a_k=2^k+\frac{1}{k}\text{이므로}$$

$$ka_{k+1}=2ka_k-\frac{k+2}{k+1}=2k\left(2^k+\frac{1}{k}\right)-\frac{k+2}{k+1}$$

$$=\boxed{\overset{\text{(가)}}{k2^{k+1}+2}}-\frac{k+2}{k+1}$$

$$=k2^{k+1}+\boxed{\overset{\text{(나)}}{\frac{k}{k+1}}}$$

Step 2 $f(3)\times g(4)$의 값 구하기

따라서 $f(k)=k2^{k+1}+2$, $g(k)=\dfrac{k}{k+1}$이므로

$$f(3)\times g(4)=(3\times 2^4+2)\times\frac{4}{5}=40$$

문제 보기

다음은 모든 자연수 n에 대하여

$$\sum_{k=1}^{n}(-1)^{k+1}k^2=(-1)^{n+1}\cdot\frac{n(n+1)}{2}\qquad\cdots\cdots(*)$$

이 성립함을 수학적 귀납법으로 증명한 것이다.

(i) $n=1$일 때,

(좌변)$=(-1)^2\times1^2=1$

(우변)$=(-1)^2\times\dfrac{1\times2}{2}=1$

따라서 $(*)$이 성립한다.

(ii) $n=m$일 때, $(*)$이 성립한다고 가정하면

$$\underset{\to\,❶}{\sum_{k=1}^{m+1}(-1)^{k+1}k^2}=\sum_{k=1}^{m}(-1)^{k+1}k^2+\boxed{\text{(가)}}$$

$\to$❶에 $k=m+1$을 대입한다.

$$=\boxed{\text{(나)}}+\boxed{\text{(가)}}$$

$$=(-1)^{m+2}\cdot\frac{(m+1)(m+2)}{2}$$

이다.

따라서 $n=m+1$일 때도 $(*)$이 성립한다.

(i), (ii)에 의하여 모든 자연수 n에 대하여 $(*)$이 성립한다.

위의 (가), (나)에 알맞은 식을 각각 $f(m)$, $g(m)$이라 할 때, $\dfrac{f(5)}{g(2)}$의 값은? [4점]

① 8 ② 10 ③ 12 ④ 14 ⑤ 16

Step 1 (가), (나)에 알맞은 식 구하기

(ii) $n=m$일 때, $(*)$이 성립한다고 가정하면

$$\sum_{k=1}^{m}(-1)^{k+1}k^2=(-1)^{m+1}\times\frac{m(m+1)}{2}\qquad\cdots\cdots\ㄱ$$

이므로

$$\sum_{k=1}^{m+1}(-1)^{k+1}k^2$$

$$=\sum_{k=1}^{m}(-1)^{k+1}k^2+\boxed{^{\text{(가)}}(-1)^{m+2}(m+1)^2}$$

$$=\boxed{^{\text{(나)}}(-1)^{m+1}\times\frac{m(m+1)}{2}}+\boxed{^{\text{(가)}}(-1)^{m+2}(m+1)^2}\ (\because\ ㄱ)$$

$$=(-1)^{m+1}\left\{\frac{m(m+1)}{2}-(m+1)^2\right\}$$

$$=(-1)^{m+2}\times\frac{(m+1)(m+2)}{2}$$

Step 2 $\dfrac{f(5)}{g(2)}$의 값 구하기

따라서 $f(m)=(-1)^{m+2}(m+1)^2$, $g(m)=(-1)^{m+1}\times\dfrac{m(m+1)}{2}$이므로

$$\frac{f(5)}{g(2)}=\frac{(-1)^7\times6^2}{(-1)^3\times\dfrac{2\times3}{2}}=12$$

문제 보기

다음은 모든 자연수 n에 대하여

$$\sum_{k=1}^{n}(2k-1)(2n+1-2k)^2=\frac{n^2(2n^2+1)}{3}$$

이 성립함을 수학적 귀납법으로 증명한 것이다.

(i) $n=1$일 때, (좌변)$=1$, (우변)$=1$이므로 주어진 등식은 성립한다.

(ii) $n=m$일 때, 등식

$$\sum_{k=1}^{m}(2k-1)(2m+1-2k)^2=\frac{m^2(2m^2+1)}{3}$$

이 성립한다고 가정하자. $n=m+1$일 때,

$$\sum_{k=1}^{m+1}(2k-1)(2m+3-2k)^2\,{}^*$$

$$=\sum_{k=1}^{m}(2k-1)(2m+3-2k)^2+\boxed{\text{(가)}}$$

$\to{}^*$에 $k=m+1$을 대입하여 정리한다.

$$=\sum_{k=1}^{m}(2k-1)(2m+1-2k)^2$$

$$+\boxed{\text{(나)}}\times\sum_{k=1}^{m}(2k-1)(m+1-k)+\boxed{\text{(가)}}$$

$$=\frac{(m+1)^2\{2(m+1)^2+1\}}{3}$$

이다. 따라서 $n=m+1$일 때도 주어진 등식이 성립한다.

(i), (ii)에 의하여 모든 자연수 n에 대하여 주어진 등식이 성립한다.

위의 (가)에 알맞은 식을 $f(m)$, (나)에 알맞은 수를 p라 할 때, $f(3)+p$의 값은? [4점]

① 11 ② 13 ③ 15 ④ 17 ⑤ 19

Step 1 (가), (나)에 알맞은 것 구하기

(ii) $n=m$일 때, 등식

$$\sum_{k=1}^{m}(2k-1)(2m+1-2k)^2=\frac{m^2(2m^2+1)}{3}$$

이 성립한다고 가정하자.

$n=m+1$일 때,

$$\sum_{k=1}^{m+1}(2k-1)(2m+3-2k)^2$$

$$=\sum_{k=1}^{m}(2k-1)(2m+3-2k)^2+\{2(m+1)-1\}\{2m+3-2(m+1)\}^2$$

$$=\sum_{k=1}^{m}(2k-1)(2m+3-2k)^2+\boxed{^{\text{(가)}}2m+1}$$

$$=\sum_{k=1}^{m}(2k-1)\{(2m+1-2k)+2\}^2+2m+1$$

$$=\sum_{k=1}^{m}(2k-1)\{(2m+1-2k)^2+4(2m+1-2k)+4\}+2m+1$$

$$=\sum_{k=1}^{m}(2k-1)\{(2m+1-2k)^2+8(m+1-k)\}+2m+1$$

$$=\sum_{k=1}^{m}(2k-1)(2m+1-2k)^2$$

$$+\boxed{^{\text{(나)}}8}\times\sum_{k=1}^{m}(2k-1)(m+1-k)+\boxed{^{\text{(가)}}2m+1}$$

$$=\frac{(m+1)^2\{2(m+1)^2+1\}}{3}$$

Step 2 $f(3)+p$의 값 구하기

따라서 $f(m)=2m+1$, $p=8$이므로

$$f(3)+p=7+8=15$$

24
일차

16 수학적 귀납법−등식의 증명   정답 ⑤ | 정답률 48% / 30%

일반항이 $a_n = n^2$인 수열 $\{a_n\}$의 첫째항부터 제n항까지의 합을 S_n이라 하자. 다음은 모든 자연수 n에 대하여

$$(n+1)S_n - \sum_{k=1}^{n} S_k = \sum_{k=1}^{n} k^3 \quad \cdots\cdots \; (*)$$

이 성립함을 수학적 귀납법으로 증명한 것이다.

(i) $n=1$일 때,

(좌변)$=2S_1 - S_1 = 1$, (우변)$=1$이므로 $(*)$이 성립한다.

(ii) $n=m$일 때 $(*)$이 성립한다고 가정하면

$$(m+1)S_m - \sum_{k=1}^{m} S_k = \sum_{k=1}^{m} k^3 \text{이다.}$$

$n=m+1$일 때 $(*)$이 성립함을 보이자.

$$(m+2)S_{m+1} - \sum_{k=1}^{m+1} S_k \; \left(\sum_{k=1}^{m} S_k + S_{m+1} \text{임을 이용한다.} \right)$$

$$= \boxed{\text{(가)}} S_{m+1} - \sum_{k=1}^{m} S_k$$
　　　↳ $S_m + a_{m+1}$임을 이용한다.

$$= \boxed{\text{(가)}} S_m + \boxed{\text{(나)}} - \sum_{k=1}^{m} S_k$$

$$= \sum_{k=1}^{m+1} k^3 \text{이다.}$$

따라서 $n=m+1$일 때도 $(*)$이 성립한다.

(i), (ii)에 의하여 주어진 식은 모든 자연수 n에 대하여 성립한다.

위의 (가), (나)에 알맞은 식을 각각 $f(m)$, $g(m)$이라 할 때, $f(2)+g(1)$의 값은? [4점]

① 7　　　② 8　　　③ 9　　　④ 10　　　⑤ 11

Step 1 (가), (나)에 알맞은 식 구하기

(ii) $n=m$일 때, $(*)$이 성립한다고 가정하면

$$(m+1)S_m - \sum_{k=1}^{m} S_k = \sum_{k=1}^{m} k^3$$

$n=m+1$일 때,

$$(m+2)S_{m+1} - \sum_{k=1}^{m+1} S_k$$

$$= (m+2)S_{m+1} - \left(\sum_{k=1}^{m} S_k + S_{m+1} \right)$$

$$= (m+2-1)S_{m+1} - \sum_{k=1}^{m} S_k$$

$$= \boxed{^{(가)} (m+1)} S_{m+1} - \sum_{k=1}^{m} S_k$$

$$= (m+1)S_m + (m+1)a_{m+1} - \sum_{k=1}^{m} S_k$$

$$= \boxed{^{(가)} (m+1)} S_m + \boxed{^{(나)} (m+1)^3} - \sum_{k=1}^{m} S_k$$

$$= \sum_{k=1}^{m} k^3 + (m+1)^3$$

$$= \sum_{k=1}^{m+1} k^3$$

Step 2 $f(2)+g(1)$의 값 구하기

따라서 $f(m)=m+1$, $g(m)=(m+1)^3$이므로

$$f(2)+g(1)=3+2^3=11$$

---

17 수학적 귀납법−등식의 증명   정답 ③ | 정답률 57%

3 이상의 자연수 n에 대하여 집합

$$A_n = \{(p, q) \,|\, p < q \text{이고 } p, q \text{는 } n \text{ 이하의 자연수}\}$$

이다. 집합 A_n의 모든 원소 (p, q)에 대하여 q의 값의 평균을 a_n이라 하자. 다음은 3 이상의 자연수 n에 대하여 $a_n = \dfrac{2n+2}{3}$임을 수학적 귀납법을 이용하여 증명한 것이다.

(i) $n=3$일 때, $A_3 = \{(1, 2), (1, 3), (2, 3)\}$이므로

$$a_3 = \frac{2+3+3}{3} = \frac{8}{3} \text{이고 } \frac{2 \times 3 + 2}{3} = \frac{8}{3} \text{이다.}$$

그러므로 $a_n = \dfrac{2n+2}{3}$가 성립한다.

(ii) $n=k \,(k \geq 3)$일 때, $a_k = \dfrac{2k+2}{3}$가 성립한다고 가정하자.

$n=k+1$일 때,

$$A_{k+1} = A_k \cup \{(1, k+1), (2, k+1), \cdots, (k, k+1)\} \longrightarrow *$$

이고 집합 A_k의 원소의 개수는 $\boxed{\text{(가)}}$ 이므로
　　↳ k 이하의 자연수 중에서 2개를 택하는 조합의 수와 같다.

$$a_{k+1} = \frac{\boxed{\text{(가)}} \times \dfrac{2k+2}{3} + \boxed{\text{(나)}}}{{}_{k+1}C_2} \longrightarrow \text{집합 } * \text{에서 } q \text{의 값의 총합을 구한다.}$$

$$= \frac{2k+4}{3} = \frac{2(k+1)+2}{3}$$

이다. 따라서 $n=k+1$일 때도 $a_n = \dfrac{2n+2}{3}$가 성립한다.

(i), (ii)에 의하여 3 이상의 자연수 n에 대하여 $a_n = \dfrac{2n+2}{3}$이다.

위의 (가), (나)에 알맞은 식을 각각 $f(k)$, $g(k)$라 할 때, $f(10)+g(9)$의 값은? [4점]

① 131　　② 133　　③ 135　　④ 137　　⑤ 139

Step 1 (가), (나)에 알맞은 식 구하기

(ii) 집합 A_k의 원소의 개수는 k 이하의 자연수 중에서 2개를 택하는 조합의 수와 같으므로

$${}_kC_2 = \boxed{^{(가)} \dfrac{k(k-1)}{2}}$$

$a_k = \dfrac{2k+2}{3}$이고 집합 A_k의 원소의 개수가 $\boxed{^{(가)} \dfrac{k(k-1)}{2}}$이므로 집합 A_k의 모든 원소 (p, q)에 대하여 q의 값의 총합은

$$\frac{k(k-1)}{2} \times \frac{2k+2}{3}$$

집합 $\{(1, k+1), (2, k+1), \cdots, (k, k+1)\}$에서 모든 원소 (p, q)에 대하여 q의 값은 $k+1$이 k개이므로 총합은

$$k(k+1)$$

$$\therefore a_{k+1} = \frac{\boxed{^{(가)} \dfrac{k(k-1)}{2}} \times \dfrac{2k+2}{3} + \boxed{^{(나)} k(k+1)}}{{}_{k+1}C_2}$$

Step 2 $f(10)+g(9)$의 값 구하기

따라서 $f(k)=\dfrac{k(k-1)}{2}$, $g(k)=k(k+1)$이므로

$$f(10)+g(9) = \frac{10 \times 9}{2} + 9 \times 10 = 135$$

18 수학적 귀납법 – 부등식의 증명

정답 ③ | 정답률 53% / 72%

문제 보기

다음은 모든 자연수 n에 대하여

$$\frac{1}{2} \times \frac{3}{4} \times \frac{5}{6} \times \cdots \times \frac{2n-1}{2n} \leq \frac{1}{\sqrt{3n+1}} \quad \cdots\cdots (\bigstar)$$

이 성립함을 증명하는 과정이다.

〈증명〉

(i) $n=1$일 때

$\dfrac{1}{2} \leq \dfrac{1}{\sqrt{4}}$ 이므로 $(\bigstar)$이 성립한다.

(ii) $n=k$일 때 $(\bigstar)$이 성립한다고 가정하면

$$\frac{1}{2} \times \frac{3}{4} \times \frac{5}{6} \times \cdots \times \frac{2k-1}{2k} \times \frac{2k+1}{2k+2}$$

$$\leq \frac{1}{\sqrt{3k+1}} \cdot \frac{2k+1}{2k+2} = \frac{1}{\sqrt{3k+1}} \cdot \frac{1}{1+\boxed{(가)}}$$

└── 식을 정리하여 (가)의 식을 구한다.

$$= \frac{1}{\sqrt{3k+1}} \cdot \frac{1}{\sqrt{(1+\boxed{(가)})^2}}$$

$$= \frac{1}{\sqrt{3k+1+2(3k+1)\cdot(\boxed{(가)})+(3k+1)\cdot(\boxed{(가)})^2}}$$

$$< \frac{1}{\sqrt{3k+1+2(3k+1)\cdot(\boxed{(가)})+(\boxed{(나)})\cdot(\boxed{(가)})^2}}$$

└── 전개하여 *이 되도록 하는 (나)의 식을 구한다.

$$= \frac{1}{\sqrt{3(k+1)+1}} \longrightarrow *$$

따라서 $n=k+1$일 때도 $(\bigstar)$이 성립한다.

그러므로 (i), (ii)에 의하여 모든 자연수 n에 대하여 $(\bigstar)$이 성립한다.

위의 증명에서 (가), (나)에 알맞은 식을 각각 $f(k)$, $g(k)$라 할 때, $f(4) \times g(13)$의 값은? [4점]

① 1   ② 2   ③ 3   ④ 4   ⑤ 5

Step 1 (가), (나)에 알맞은 식 구하기

(ii) $n=k$일 때 $(\bigstar)$이 성립한다고 가정하면

$$\frac{1}{2} \times \frac{3}{4} \times \frac{5}{6} \times \cdots \times \frac{2k-1}{2k} \times \frac{2k+1}{2k+2}$$

$$\leq \frac{1}{\sqrt{3k+1}} \times \frac{2k+1}{2k+2} = \frac{1}{\sqrt{3k+1}} \times \frac{1}{1+\boxed{\dfrac{1}{2k+1}}^{(가)}}$$

$$= \frac{1}{\sqrt{3k+1}} \times \frac{1}{\sqrt{\left(1+\boxed{\dfrac{1}{2k+1}}^{(가)}\right)^2}}$$

$$= \frac{1}{\sqrt{3k+1}} \times \frac{1}{\sqrt{1+\dfrac{2}{2k+1}+\left(\dfrac{1}{2k+1}\right)^2}}$$

$$= \frac{1}{\sqrt{3k+1+2(3k+1)\times\left(\boxed{\dfrac{1}{2k+1}}^{(가)}\right)+(3k+1)\times\left(\boxed{\dfrac{1}{2k+1}}^{(가)}\right)^2}}$$

$$< \frac{1}{\sqrt{3k+1+2(3k+1)\times\left(\boxed{\dfrac{1}{2k+1}}^{(가)}\right)+(\boxed{2k+1}^{(나)})\times\left(\boxed{\dfrac{1}{2k+1}}^{(가)}\right)^2}}$$

$$= \frac{1}{\sqrt{3(k+1)+1}}$$

Step 2 $f(4) \times g(13)$의 값 구하기

따라서 $f(k)=\dfrac{1}{2k+1}$, $g(k)=2k+1$이므로

$$f(4) \times g(13) = \frac{1}{9} \times 27 = 3$$

---

19 수열의 귀납적 정의의 활용

정답 616 | 정답률 32%

문제 보기

그림과 같이 한 변의 길이가 1인 정육면체 모양의 블록 5개를 사용하여 T_1을 만들고 T_1의 겉넓이를 a_1이라 하자. 입체도형 T_1에 9개의 블록을 더 쌓아서 입체도형 T_2를 만들고, T_2의 겉넓이를 a_2라 하자. 입체도형 T_2에 16개의 블록을 더 쌓아서 입체도형 T_3을 만들고 T_3의 겉넓이를 a_3이라 하자. 이와 같은 방법으로 n번째 얻은 입체도형 T_n에 $(n+2)^2$개의 블록을 더 쌓아서 도형 T_{n+1}을 만들고 T_{n+1}의 겉넓이를 a_{n+1}이라 하자. 예를 들어 $a_1=22$, $a_2=48$이다. 이때 a_{10}의 값을 구하시오. [4점]

T_n을 여러 방향에서 본 넓이를 각각 구하여 겉넓이를 구한다.

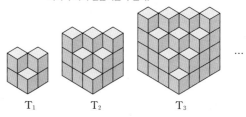

T_1 T_2 T_3

Step 1 입체도형 T_{10}을 위, 아래에서 본 넓이 구하기

입체도형 T_1을 위에서 본 넓이는

$1+2=3$

입체도형 T_2를 위에서 본 넓이는

$1+2+3=6$

입체도형 T_3을 위에서 본 넓이는

$1+2+3+4=10$

$\vdots$

입체도형 T_{10}을 위에서 본 넓이는

$1+2+3+\cdots+11=\dfrac{11\times12}{2}=66$

이때 입체도형 T_n을 아래에서 본 넓이는 위에서 본 넓이와 같으므로 입체도형 T_{10}을 위, 아래에서 본 넓이의 합은

$2 \times 66 = 132$

Step 2 입체도형 T_{10}을 위, 아래를 제외한 방향에서 본 넓이 구하기

오른쪽 그림과 같이 입체도형 T_n을 ①, ②, ③, ④에서 본다고 하자.

입체도형 T_1을 ①에서 본 넓이는

$2 \times 2 = 4$

입체도형 T_2를 ①에서 본 넓이는

$3 \times 3 = 9$

입체도형 T_3을 ①에서 본 넓이는

$4 \times 4 = 16$

$\vdots$

입체도형 T_{10}을 ①에서 본 넓이는

$11 \times 11 = 121$

이때 입체도형 T_n을 ②, ③, ④에서 본 넓이는 ①에서 본 넓이와 같으므로 입체도형 T_{10}을 ①, ②, ③, ④에서 본 넓이의 합은

$4 \times 121 = 484$

Step 3 a_{10}의 값 구하기

따라서 입체도형 T_{10}의 겉넓이 a_{10}은

$a_{10} = 132 + 484 = 616$

Memo